MEYERS
HANDBUCH
WELTALL

MEYERS HANDBUCH WELTALL

7., völlig neu bearbeitete und
erweiterte Auflage

von Dr. Joachim Krautter und
Prof. Dr. Erwin Sedlmayr sowie
Dr. Karl Schaifers und
Prof. Dr. Gerhard Traving

MEYERS LEXIKONVERLAG
Mannheim·Leipzig·Wien·Zürich

Redaktionelle Betreuung:
Dr. Gernot Gruber

Umschlagbild:
Der Trifidnebel, M 20, NGC 6514, ein $7^{\text{m}}5$ heller,
etwa 5000 Lichtjahre entfernter Emissionsnebel
im Sternbild Schütze. Er verdankt seinen Namen der Gliederung
in drei Sektoren durch Dunkelwolken.

Die Deutsche Bibliothek – CIP-Einheitsaufnahme
Meyers Handbuch Weltall
von Joachim Krautter ... – 7., völlig neu bearb. und erw. Aufl. –
Mannheim; Leipzig; Wien; Zürich: Meyers Lexikonverl., 1994
ISBN 3-411-07757-3
NE: Krautter, Joachim; Handbuch Weltall

Das Wort MEYER ist für Bücher aller Art für das
Bibliographische Institut als Warenzeichen geschützt.
Alle Rechte vorbehalten
Nachdruck, auch auszugsweise, verboten
© Bibliographisches Institut & F. A. Brockhaus AG,
Mannheim 1994
Satz: SCS Schwarz Satz und Bild digital,
Leinfelden-Echterdingen
Druck und Bindearbeit: Druckerei Parzeller, Fulda
Printed in Germany
ISBN 3-411-07757-3

Vorwort

In über drei Jahrzehnten hat sich das Handbuch Weltall als verläßlicher Wegweiser und Begleiter durch die faszinierende Welt der Astronomie erwiesen, als kompetentes Lehr- und Lesebuch und als umfangreiche und zuverlässige astronomische Daten- und Faktensammlung. Seinen Autoren war stets daran gelegen, den unterschiedlichen Nutzerinteressen – vom beiläufig Interessierten bis zum passionierten Amateurastronom, vom astronomiebegeisterten Schüler bis zum engagierten Studenten und Lehrer – gleichermaßen gerecht zu werden.

Um den Ansprüchen einer zeitgemäßen Form zu genügen, war das Handbuch von K. Schaifers und G. Traving für die 6. Auflage praktisch neu geschrieben worden, so daß es ab 1984 als ein Werk vorlag, das bezüglich Aufbau, Inhalt und Darstellung den Erfordernissen der achtziger und frühen neunziger Jahre entsprach. Die großen Fortschritte der Forschung in der letzten Dekade verlangten nun eine erneute Anpassung des Handbuchs an den aktuellen Stand des astronomischen und astrophysikalischen Wissens. Leitlinie für die Neuauflage war, unter Beibehaltung der Grundstruktur der 6. Auflage die Inhalte und Einzelthemen zu überarbeiten und die Tabellen und Zahlenwerte auf den neuesten Stand zu bringen. Dabei sollten neben den derzeitigen Forschungsaktivitäten auch die wichtigen Entwicklungen auf dem Beobachtungssektor und in der theoretischen Astrophysik berücksichtigt werden. Diese werden heute vorrangig von den Möglichkeiten der vorhandenen oder in naher Zukunft verfügbaren Großteleskope und Beobachtungssatelliten sowie von der Leistungsfähigkeit der modernen Rechner und den Fortschritten in den numerischen Methoden bestimmt.

Um diese Sachverhalte bei der Überarbeitung angemessen zu berücksichtigen, waren in allen Kapiteln mehr oder weniger tiefe Eingriffe in den vorhandenen Text notwendig, gelegentlich auch Kürzungen und Umstellungen. Wir haben uns bemüht, die erforderlichen Änderungen organisch einzufügen und die Lesbarkeit und den logischen Fluß zu bewahren.

Eine auffällige Änderung gegenüber der vorigen Auflage besteht in der Erweiterung des separaten Farbteils, der nun außer Farbphotos auch kodierte Falschfarbaufnahmen enthält. Die mit deren Hilfe mögliche Visualisierung auch komplizierter Sachverhalte ist heute Standard in der wissenschaftlichen Bildverarbeitung; ihre ästhetische Qualität wird von vielen Menschen unmittelbar als Schönheit empfunden. Die Sternkarten sind jetzt ungebunden beigelegt, was ihren Gebrauch sehr erleichtern wird.

Bei der Neubearbeitung haben uns viele Kollegen und Mitarbeiter, die wir nicht alle namentlich nennen können und die wir dafür um Verständnis bitten, durch wertvolle Hinweise, Kritik und Verbesserungsvorschläge unterstützt. Dafür möchten wir uns herzlich bedanken. Für eventuelle Fehler und Irrtümer tragen wir jedoch die alleinige Verantwortung wie nun im übrigen auch für den ganzen Inhalts des Handbuchs und dessen Darstellung. Unser besonderer Dank gilt Herrn Dr. G. Gruber von Meyers Lexikonverlag, der diese Auflage engagiert betreut hat und uns stets mit Rat und tatkräftiger Hilfe zur Seite stand.

Heidelberg und Berlin im August 1994
J. Krautter und E. Sedlmayr

Inhalt

	Astronomie, Wissenschaft vom Weltall	1
1	**Astronomie im täglichen Leben**	**5**
1.1	Auf- und Untergang der Sonne	5
1.2	Dämmerung und Dämmerungserscheinungen	6
1.3	Koordinatensysteme	8
1.4	Die tägliche Drehung des Himmelsgewölbes	12
1.5	Die Zeit	14
	1.5.1 Sternzeit – Sonnenzeit	14
	1.5.2 Zeitgleichung	16
	1.5.3 Weltzeit (UT)	16
	1.5.4 Zonenzeit	17
	1.5.5 Ephemeridenzeit (ET und TD)	17
	1.5.6 Internationale Atomzeit (TAI)	19
	1.5.7 Koordinierte Weltzeit (UTC)	19
	1.5.8 Das Jahr	20
1.6	Die Bewegung der Sonne an der Sphäre	21
1.7	Lauf und Bewegung des Monds	24
1.8	Finsternisse	26
1.9	Kalender	28
	1.9.1 Bürgerlicher Kalender und christliche Festtagsrechnung	30
	1.9.2 Jüdischer und Islamischer Kalender	31
	1.9.3 Julianisches Datum	33
2	**Die Erde und ihr Mond**	**37**
2.1	Die Erde als Planet	37
	2.1.1 Figur und Dimensionen der Erde	38
	2.1.2 Aufbau des Erdkörpers	43
	2.1.3 Die Erdrotation und ihre Änderungen	47
	2.1.4 Polbewegung	48
	2.1.5 Präzession und Nutation	49
2.2	Die Erdatmosphäre	54
2.3	Einfluß der Erdatmosphäre auf astronomische und astrophysikalische Beobachtungen	58
	2.3.1 Die Extinktion	59
	2.3.2 Die Szintillation	60
	2.3.3 Die astronomische Refraktion	61
2.4	Das Magnetfeld der Erde	62
2.5	Der Erdmond	64

	2.5.1 Entfernung, Bahn, physikalische Daten	64
	2.5.2 Mondbahn und Mondbewegung	65
	2.5.3 Wechselwirkungen im Erde–Mond-System	67
2.6	Morphologie der Mondoberfläche	67
	2.6.1 Beobachtungen von der Erde aus	67
	2.6.2 Erkundungen durch Raumfahrt-Unternehmungen	75
2.7	Gesteine und Mineralien des Monds	79
	2.7.1 Altersbestimmung an Mondgestein	81
2.8	Seismik und innerer Aufbau des Monds	81
2.9	Die Entstehung des Monds	83

3 Die Planeten 85

3.1	Geozentrisches und heliozentrisches Weltbild	85
3.2	Planetenbewegungen	87
	3.2.1 Keplersche Gesetze	88
	3.2.2 Newtonsches Gravitationsgesetz	89
	3.2.3 Himmelsmechanik	90
	3.2.4 Definition der Bahnelemente und der aus ihnen abgeleiteten weiteren Größen	90
3.3	Bahndaten der Planeten und Entfernungen im Sonnensystem	92
3.4	Monde der Planeten	94
3.5	Die Planeten und ihre Monde einzeln vorgestellt	96
	3.5.1 Merkur	96
	3.5.2 Venus	99
	3.5.3 Mars	103
	3.5.4 Jupiter	118
	3.5.5 Saturn	126
	3.5.6 Uranus	132
	3.5.7 Neptun	135
	3.5.8 Pluto	136
	3.5.9 Intramerkurieller Planet, Transpluto	138

4 Kleinkörper im Sonnensystem 141

4.1	Planetoide	141
4.2	Kometen	146
	4.2.1 Entdeckung, Benennung	147
	4.2.2 Bahnen und Bahnelemente	148
	4.2.3 Helligkeitsbestimmungen	152
	4.2.4 Untersuchungen an Kometen	152
	4.2.5 Ursachen der Leuchterscheinungen	155

		4.2.6 Dimensionen und Massen von Kometen	156
		4.2.7 Die Giotto-Mission	157
		4.2.8 Auflösung und Herkunft der Kometen	163
	4.3	Meteore und Meteorite	164
		4.3.1 Die Leuchterscheinung – Meteore	164
		4.3.2 Meteorströme	165
		4.3.3 Einteilung und Charakterisierung der Meteorite	166
		4.3.4 Das Alter der Meteorite	168
		4.3.5 Die Herkunft der Meteorite	169
		4.3.6 Meteoriteneinschläge und Meteoritenkrater	169
	4.4	Interplanetare Materie	172
		4.4.1 Das Koronalicht	173
		4.4.2 Das Zodiakal- oder Tierkreislicht	173
		4.4.3 Mikrometeorite	175
		4.4.4 Das interplanetare Gas	176

5 Die Sonne 177

	5.1	Die Sonne als Stern	177
	5.2	Die Solarkonstante	178
	5.3	Das Spektrum der Sonne	178
	5.4	Der Aufbau der Sonne	181
		5.4.1 Das Sonneninnere	181
		5.4.2 Die Photosphäre	183
		5.4.3 Solare Seismologie	187
		5.4.4 Chromosphäre und Korona	187
	5.5	Sonnenaktivität	191
		5.5.1 Sonnenflecken	191
		5.5.2 Fackeln	194
		5.5.3 Protuberanzen und Filamente	194
		5.5.4 Flares	195
		5.5.5 Radiobursts	196
	5.6	Solar-terrestrische Beziehungen	198

6 Stellarastronomie 199

	6.1	Sternbilder, Sternnamen, Benennungen heller Objekte	199
	6.2	Sternkarten	206
	6.3	Die scheinbaren Helligkeiten	209
	6.4	Katalog der Sterne mit einer scheinbaren Helligkeit $m_{vis} \leq 3^m5$	211

6.5	Daten über die Sterne der näheren und weiteren Sonnenumgebung	221

7 Die Zustandsgrößen der Sterne 225

7.1	Sternspektren	225
	7.1.1 Spektralklassifikation	225
	7.1.2 Helligkeits- und Farbsysteme	231
7.2	Sterntemperaturen, Bolometrische Helligkeiten	235
7.3	Sternentfernungen und ihre Bestimmung	239
	7.3.1 Trigonometrische Parallaxen	239
	7.3.2 Entfernungsmaß	240
	7.3.3 Sternstromparallaxen	240
	7.3.4 Säkulare Parallaxen	242
	7.3.5 Spektroskopische Parallaxen	242
7.4	Die Bewegung der Sterne	243
	7.4.1 Raumbewegung und Eigenbewegung	243
	7.4.2 Fundamental-Koordinatensystem	245
	7.4.3 Radialgeschwindigkeit	245
7.5	Die absoluten Helligkeiten	247
7.6	Das Hertzsprung-Russell-Diagramm (HRD)	249
7.7	Durchmesser, Massen, Rotation, Magnetfelder	256
	7.7.1 Sterndurchmesser	256
	7.7.2 Sternmassen	260
	7.7.3 Die Rotation der Sterne	262
	7.7.4 Magnetfelder der Sterne	265

8 Spezielle Sterntypen 267

8.1	Die physischen Veränderlichen	267
	8.1.1 Häufigkeiten, Lichtkurven und kurze Charakteristika der Pulsationsveränderlichen	269
	8.1.2 Rotationsveränderliche	272
	8.1.3 Häufigkeiten, Lichtkurven und kurze Charakteristika der eruptiven Veränderlichen	274
	8.1.4 Junge irreguläre Veränderliche	276
	8.1.5 Kleiner Veränderlichen-Katalog	276
8.2	Pulsationsveränderliche	278
	8.2.1 Typeneinteilung, Vorkommen im Hertzsprung-Russell-Diagramm	278
	8.2.2 Bemerkungen zum Mechanismus der Pulsation	280
	8.2.3 Die Perioden-Leuchtkraft-Beziehung	282
	8.2.4 Halb- und Langperiodische Veränderliche	283

8.3	Die eruptiven Veränderlichen	284
	8.3.1 Kataklysmische Veränderliche	285
	8.3.2 Klassische Novae	287
	8.3.3 Rekurrierende Novae	293
	8.3.4 Zwergnovae	294
	8.3.5 Nova-ähnliche Veränderliche	295
8.4	Supernovae und Supernova-Überreste	295
	8.4.1 Klassifikation der Supernovae	296
	8.4.2 Die Mechanismen der Supernova-Explosionen	297
	8.4.3 Supernova-Überreste (SNR)	302
8.5	Planetarische Nebel und ihre Zentralsterne	308
8.6	Weiße Zwerge	312
	8.6.1 Beobachtungsdaten über Weiße Zwerge und ihre Interpretation	312
	8.6.2 Der innere Aufbau der Weißen Zwerge	313
	8.6.3 Weiße Zwerge als Endstadien der Sternentwicklung	314
8.7	Neutronensterne und Pulsare	314
	8.7.1 Der innere Aufbau der Neutronensterne	315
	8.7.2 Die Beobachtung von Neutronensternen	316
	8.7.3 Schwarze Löcher	325
8.8	Sterne mit Emissionslinien	326
8.9	Vor-Hauptreihensterne und Infrarotobjekte	331

9 Innerer Aufbau, Entwicklung und Alter der Sterne — 337

9.1	Innerer Aufbau, allgemeine Grundlagen	337
	9.1.1 Energiebilanz	337
	9.1.2 Die wichtigsten Kernreaktionen	338
	9.1.3 Zustand der Materie	342
	9.1.4 Energietransport	345
9.2	Innerer Aufbau, Sternmodelle	347
	9.2.1 Die Grundgleichungen	347
	9.2.2 Randbedingungen	348
	9.2.3 Stabilität	349
9.3	Sternentwicklung	352
	9.3.1 Entwicklungsstadien eines Modellsterns	352
	9.3.2 Allgemeine Resultate der Modellrechnungen	355
	9.3.3 Durchmischung, Masseverlust, Materieaustausch	357

9.4	Das Alter der Sterne	359
	9.4.1 Das Entwicklungsalter	359
	9.4.2 Die Auflösung offener Sternhaufen	361
	9.4.3 Die Expansion von Assoziationen	362
	9.4.4 Ausreißer	362
	9.4.5 Vergleich verschiedener Bestimmungsmethoden	363

10 Interstellare Materie 365

10.1	Interstellare Absorptionslinien	365
10.2	Interstellare Emissionslinien	367
	10.2.1 Die 21 cm-Linie des Wasserstoffs	367
	10.2.2 Moleküle im interstellaren Raum	369
	10.2.3 Molekülwolken	369
10.3	Leuchtende Gasnebel	371
	10.3.1 Reflexionsnebel	375
10.4	Die Staubkomponente des interstellaren Mediums	375
	10.4.1 Die allgemeine interstellare Extinktion	377
	10.4.2 Dunkelwolken	377
	10.4.3 Infrarotquellen	379
	10.4.4 Die Natur des interstellaren Staubs	380
	10.4.5 Der Ursprung des interstellaren Staubs	383
10.5	Obere Grenze für den Masseanteil des interstellaren Mediums	385
10.6	Die heiße Komponente des interstellaren Mediums	385
10.7	Bemerkungen zur räumlichen Verteilung und zum physikalischen Zustand des interstellaren Mediums	386
10.8	Die kosmische Strahlung	388

11 Sternentstehung und Protosterne 393

11.1	Orte der Sternentstehung	393
11.2	Sternmassen	394
11.3	Mehrfachsysteme	396
11.4	Drehimpulse	396
11.5	Gravitationsstabilität und thermische Instabilität	397
11.6	Fragmentation	398
11.7	Protosterne	399
11.8	Die Entstehung des Planetensystems	401

12 Doppelsterne, Assoziationen, Sternhaufen   405

12.1 Doppelsterne – optische und physische Systeme   405
    12.1.1 Visuelle Doppelsterne   406
    12.1.2 Massenbestimmung bei visuellen Doppelsternen   406
    12.1.3 Kataloge und Häufigkeiten von Doppelsternen   408
    12.1.4 Astrometrische Doppelsterne   409
    12.1.5 Spektroskopische Doppelsterne   412
    12.1.6 Photometrische Doppelsterne, Bedeckungsveränderliche   415
    12.1.7 Häufigkeiten von Doppel- und Mehrfachsystemen   419
    12.1.8 Das Roche-Modell eines engen Doppelstern-Systems   420

12.2 Sternhaufen   422
    12.2.1 Assoziationen   423
    12.2.2 Offene Sternhaufen   426
    12.2.3 Kugelförmige Sternhaufen   430
    12.2.4 Leuchtkraftfunktion und Masse von Sternhaufen   432

13 Das Milchstraßensystem   435

13.1 Struktur und Gestalt   435
13.2 Rotation   440
13.3 Masse   441
13.4 Sternpopulationen   443
13.5 Einige Daten zum Milchstraßensystem   449
13.6 Der galaktische Kern   449

14 Galaxien   457

14.1 Der hierarchische Aufbau des Kosmos   457
14.2 Historische Bemerkungen, Kataloge   457
14.3 Klassifikation   460
14.4 Die Entfernungen der Galaxien   471
14.5 Verteilung der Galaxien im Raum   476
    14.5.1 Die Lokale Gruppe   476
    14.5.2 Galaxienhaufen   478
14.6 Die Massen von Galaxien, Masse-Leuchtkraft-Verhältnis, Sternpopulationen   483

	14.6.1 Die Massen	483
	14.6.2 Masse-Leuchtkraft-Verhältnis, Sternpopulationen	485
14.7	Aktive Galaxien	488
	14.7.1 Radiogalaxien	489

15 Die Welt als Ganzes — 501

15.1	Beobachtungen	501
	15.1.1 Die Expansion	501
	15.1.2 Die allgemeine Hintergrundstrahlung	503
15.2	Das Alter des Kosmos	505
	15.2.1 Expansion	505
	15.2.2 Sternentwicklung	505
	15.2.3 Erde	505
	15.2.4 Atome	505
15.3	Raum und Zeit	506
	15.3.1 Spezielle Relativitätstheorie	506
	15.3.2 Allgemeine Relativitätstheorie	508
	15.3.3 Der Bruch der Symmetrie	510
15.4	Weltmodelle	512
	15.4.1 Isotropie und Homogenität	512
	15.4.2 Ein stationäres Modell	514
	15.4.3 Das Standardmodell	514
	15.4.4 Das Olberssche Paradoxon	518
	15.4.5 Probleme des Standardmodells	519
	15.4.6 Erweiterung des Standardmodells	521
15.5	Der Feuerball	522

A 1 Elektromagnetische Strahlung — 529

A 1.1	Ausbreitung	529
A 1.2	Beugung	531
A 1.3	Polarisation	532
A 1.4	Intensität	532
A 1.5	Spektrum	533
A 1.6	Doppler-Effekt	534
A 1.7	Wechselwirkung von Strahlung und Materie, Absorption und Emission	535
	A 1.7.1 Lichtstreuung	535
	A 1.7.2 Absorption	536
	A 1.7.3 Spektral-Linien	536
	A 1.7.4 Molekülspektren	538

	A 1.7.5 Kontinua	538
	A 1.7.6 Übergangswahrscheinlichkeit	538
	A 1.7.7 Optische Dicke	538
	A 1.7.8 Absorption in der Erdatmosphäre	540
	A 1.7.9 Emission	542

A 2 Astronomische Instrumente und Beobachtungsmethoden 547

A 2.1	Vorbemerkungen	547
A 2.2	Optische Systeme	553
	A 2.2.1 Refraktoren	554
	A 2.2.2 Astrographen	554
	A 2.2.3 Reflektoren	555
	A 2.2.4 Komafreie Spiegelteleskope	562
	A 2.2.5 Bildfehler	565
A 2.3	Strahlungsempfänger (Detektoren)	566
	A 2.3.1 Das Auge	566
	A 2.3.2 Die photographische Platte	567
	A 2.3.3 Elektronische Detektoren	569
A 2.4	Spektrographen	572
	A 2.4.1 Spaltspektrograph	572
	A 2.4.2 Spaltlose Spektrographen	575
	A 2.4.3 Fasergekoppelte Spektrographen	575
	A 2.4.4 Breitbandige Zerlegung, Photometrie	576
A 2.5	Instrumente der Radioastronomie	577
	A 2.5.1 Antennen	577
	A 2.5.2 Empfänger	586
A 2.6	Instrumente für die Beobachtung der Sonne	587
A 2.7	Optische Beobachtungen mit hoher Winkelauflösung	590
A 2.8	Hochenergieastronomie	594
	A 2.8.1 Röntgenastronomie	594
	A 2.8.2 Gamma-Astronomie	600
	A 2.8.3 Kosmische Strahlung	603
	A 2.8.4 Neutrinostrahlung	603
	A 2.8.5 Gravitationswellen-Detektoren	604

A 3 Physikalische Größen und Einheiten 605

A 3.1	SI-Basiseinheiten	605
A 3.2	SI-Vorsätze für Vielfache und Potenzschreibweise	607
A 3.3	Abgeleitete und ergänzende SI-Einheiten	608

| A 3.4 | Einheiten, die neben dem SI benutzt werden | 609 |
| A 3.5 | Konstanten und Umrechnungsbeziehungen | 610 |

A 4 Tafeln zur Geschichte der Astronomie 615

A 4.1	Vor- und Frühgeschichte	615
A 4.2	Griechische Astronomie	616
A 4.3	Weiterbildung der antiken Astronomie durch die Araber	617
A 4.4	Vom geozentrischen zum heliozentrischen Weltbild	618
A 4.5	Newton und seine Zeit	620
A 4.6	Astronomie im 18. Jahrhundert	621
A 4.7	Friedrich Wilhelm (William) Herschel	622
A 4.8	Das 19. Jahrhundert	623
A 4.9	Astronomie und Astrophysik in der 1. Hälfte des 20. Jahrhunderts	626
A 4.10	Astronomie, Astrophysik, Kosmologie und Weltraumforschung nach 1950	629

A 5 Literatur 633

A 5.1	Allgemeine Abhandlungen, Gesamtdarstellungen	633
	A 5.1.1 Allgemein verständliche Darstellungen	633
	A 5.1.2 Einführungen, Lehrbücher der Astronomie und der Astrophysik	635
	A 5.1.3 Handbücher, Sammelwerke	636
	A 5.1.4 Bibliographie, Nachschlagewerke, Lexika und allgemeine Tabellen	637
	A 5.1.5 Für den Astronomieunterricht, Bildbände, Dia-Serien	637
	A 5.1.6 Astrologie	638
A 5.2	Instrumente und Beobachtungsverfahren	639
A 5.3	Amateurastronomie	640
A 5.4	Sphärische Astronomie, Positionsastronomie, Ortsbestimmung, Kartographie	640
	A 5.4.1 Allgemeine Darstellungen, Lehrbücher	640
	A 5.4.2 Jahrbücher, Astronomische Kalender, Tabellen	641
	A 5.4.3 Sternkarten, Himmelsatlanten, Kartographie	641
A 5.5	Himmelsmechanik, Bahnbestimmung	642
A 5.6	Die Erde und ihr Mond	643
	A 5.6.1 Erdkörper, Atmosphäre	643
	A 5.6.2 Der Mond	643

A 5.7	Das Planetensystem		644
	A 5.7.1	Gesamtdarstellungen, Ursprung und Entwicklung	644
	A 5.7.2	Die großen Planeten in Einzeldarstellungen	645
	A 5.7.3	Die Kleinkörper des Planetensystems	646
A 5.8	Die Sonne		646
	A 5.8.1	Allgemeine Abhandlungen, Gesamtdarstellungen	646
	A 5.8.2	Sonnenatmosphäre und Korona	647
	A 5.8.3	Sonnenaktivität	647
A 5.9	Physik des einzelnen Sterns		647
	A 5.9.1	Sternatmosphären, Spektren der Sterne	647
	A 5.9.2	Innerer Aufbau und Entwicklung der Sterne	648
	A 5.9.3	Sterne besonderen Typs	648
A 5.10	Das Milchstraßensystem		650
	A 5.10.1	Allgemeine Darstellung, Struktur und Dynamik	650
	A 5.10.2	Katalog galaktischer und extragalaktischer Objekte	650
	A 5.10.3	Interstellare Materie	651
	A 5.10.4	Entstehung und Häufigkeit der chemischen Elemente	651
	A 5.10.5	Sternentstehung und -entwicklung	652
	A 5.10.6	Hochenergie-Astrophysik	652
A 5.11	Sternsysteme, die Welt als Ganzes		652
	A 5.11.1	Galaxien, Galaxienhaufen	652
	A 5.11.2	Relativitätstheorie, Kosmologie	653
	A 5.11.3	Radiogalaxien, Quasistellare Objekte	655
A 5.12	Weltraumforschung		656
	A 5.12.1	Künstliche Satelliten und Raumsonden	656
	A 5.12.2	Leben auf anderen Himmelskörpern	656
A 5.13	Geschichte der Astronomie		657
A 5.14	Zeitschriften		658

Farbtafeln nach Seite 198

Register 661

Astronomie, Wissenschaft vom Weltall

Durch alle Zeitalter war es ein Bedürfnis der Menschen, die Gesetzmäßigkeiten des Universums zu erforschen, d. h. die Welt zu verstehen und in ihr ihren Ort zu finden. Darum hat die Astronomie zu allen Zeiten eine besondere Bedeutung für die geistige und kulturelle Entwicklung der Menschheit gehabt. Alle Hochkulturen widmeten ihr ein großes Potential an geistigen und wirtschaftlichen Kräften und betrachteten sie als Spiegel ihres kulturellen Entwicklungsstands.
Unser Jahrhundert begreift das Universum und seine Strukturen als Objekte moderner Naturforschung. Astronomie, mit ihren Methoden und Denkweisen, ist in diesem Kontext eine tragende Säule des heutigen Weltbilds, in engem Austausch mit Physik, Mathematik, Chemie und Technik, mit deren Fortschritt unmittelbar auch der Zuwachs an astronomischer Erkenntnis einhergeht. In dem Maß, wie das Verständnis des Kosmos und seiner Abläufe zunimmt, wächst die Bedeutung der Physik im Rahmen der Astronomie, d. h. die Astronomie wird zur Astrophysik, worin die Gegenstände des Kosmos, ja sogar das Universum als Ganzes als physikalische Objekte betrachtet werden, deren Erscheinungsform, Eigenschaften und Entwicklung mittels physikalischer Methoden beschrieben und erklärt werden können.
Das jeweils herrschende Weltbild der Astronomie hatte niemals nur rein wissenschaftlich Bedeutung, sondern betraf immer auch das Selbstverständnis der Menschen, denn jede wesentliche Aussage über den Kosmos bedeutete zugleich eine Aussage über das Verhältnis der Menschen zu dieser Welt. Es ist eine Aussage über die Befindlichkeit des Menschen, die ihn unmittelbar betrifft. Das wird deutlich, wenn man sich vor Augen führt, daß es schließlich die Folge astronomischer Erkenntnisse war, daß der Mensch seinen Platz im Zentrum der Welt verlor.
In der Zeit der Assyrer und Babylonier – die Astronomie war damals bloß eine Meß- und Beobachtungskunde – gab es eine enge Verbindung zwischen der Astronomie und dem Priestertum. Der beobachtete Lauf der Gestirne – insbesondere die Bewegungen der Wandelsterne (Planeten) unter den Fixsternen – war von schicksalhaftem Belang. Denn man sah in ihnen eine Steuerung der Geschicke der Völker oder der Könige, die über sie herrschten. Es sei hier nur an den »Stern der Weisen« erinnert.
In der Astrologie hat sich dieser Aspekt der Beziehung des Menschen zu den Gestirnen bis in die Gegenwart erhalten. Wie alt diese astrologische Tradition auch sein mag, Astrologie erfüllt dennoch in keiner Weise die Kriterien einer ernstzunehmenden Wissenschaft. Sie ist ein Phänomen, das dem verständlichen, aber irrationalen Wunsch des Menschen entspricht, sein Leben in eine mystische, ja sogar schicksalhafte Verbindung zum kosmischen Geschehen zu bringen und verweist damit auf ein eher psychologisch

begründetes Bedürfnis, mit dem sich heute folgerichtig weniger die Astronomen als vielmehr die Psychologen beschäftigen.

In der griechischen Antike wandte man sich den kinematischen Theorien der Planetenbewegungen zu. Aristoteles, Eudoxos, Heraklit, Eratosthenes – um nur einige griechische Philosophen zu nennen – entwickelten Vorstellungen über den Bau des Kosmos und erhielten durch Abschätzungen und Messungen erste Werte über Entfernungen und Größen von Sonne, Mond und Erde. Ihren Höhepunkt erreichte die griechische Astronomie mit dem Werk von Ptolemäus, welches das gesamte astronomische Wissen der antiken Welt umfaßte. Dieses Wissen verschmolz mit dem der Inder, wurde dann von den Arabern übernommen, vervollkommnet und unter der Fahne des Islam verbreitet. So gelangte es im »Herbst des Mittelalters« in unseren abendländischen Raum, wo es von Kündern der Neuzeit, wie Peurbach, Regiomontanus und Kopernikus, zum heliozentrischen Weltbild umgeformt wurde.

Männer wie Galilei, Kepler und Newton eröffneten Wege zu einem völlig neuen Verständnis der Natur. Man entdeckte die mathematische Struktur der Naturgesetze. In dieser großen Zeit waren Naturerkenntnis und Fortschritte in der Astronomie fast synonym. Es waren Fortschritte, die einen ungeheuren Wandel des Weltbilds bedeuteten. Die Erde, und damit die Menschen, war nicht länger im Zentrum des Weltgeschehens, und auch die Sonne, der Zentralkörper des Planetensystems war – wie schon Giordano Bruno vermutete – nur ein Stern unter Millionen andern.

Seit jener Zeit hat sich die Astronomie in vielfältiger Weise entwickelt und besonders in diesem Jahrhundert ungeahnte Fortschritte gemacht. Es soll hier nicht versucht werden, die Geschichte dieser Entwicklung – vom »Orchideenfach« zur Großforschung, von den kleinen Universitätssternwarten zu den international betriebenen Großobservatorien, von den erdgebundenen optischen Fernrohren zu den heute den gesamten Spektralbereich überdeckenden Beobachtungssatelliten – im einzelnen nachzuzeichnen, wohl aber scheint es nötig, auf einen Aspekt dieser Entwicklung hinzuweisen, der leider nur allzuleicht der Aufmerksamkeit entgeht. Es ist dies die Abhängigkeit der Fortschritte der astronomischen Forschung von dem Stand der technologischen Entwicklung der jeweiligen Epoche. Dieser Zusammenhang sei an einer Reihe von Beispielen deutlich gemacht.

Astronomische Untersuchungen über den engen Bereich unseres Planetensystems hinaus, wie auch die Entdeckung der äußersten Planeten und die ersten Studien der Planetenoberflächen waren erst möglich, nachdem man gelernt hatte, große Spiegel zu schleifen, bzw. nachdem das Prinzip des achromatischen Objektivs entdeckt worden war. Die Messung der ersten Fixsternparallaxen setzte einen hohen Stand der Feinmechanik voraus. Die Entdeckung und Entwicklung der Photographie hat die astronomische Beobachtungstechnik sehr stark beeinflußt. Die Entwicklung der Sternspektroskopie, die Entdeckung der kosmischen Rotverschiebung und damit der Expansion der Welt wäre ohne die Verwendung dieser Technik undenkbar. Ein vergleichbarer Impuls kam in diesem Jahrhundert durch die gezielte Anwendung des photoelektrischen Effekts. Die Genauigkeit von Helligkeitsmessungen konnte mindestens um eine Größenordnung gesteigert werden: die höhere Quantenausbeute und die Möglichkeit der Bildverstärkung hat die Grenzgrößen für viele Beobachtungen um mehr als fünf Größenklassen verschoben. Die Entwicklung der Hochfrequenztechnik und ihrer Bauelemente ermöglichten den Einsatz radioastronomischer Beobachtungsmethoden. Dadurch wurden unsere Kenntnisse über den Kosmos in ungeahnter Weise erweitert. Genannt seien die Beobachtung des gesamten Milchstraßensystems in der 21 cm-Linie, das Finden aktiver Galaxien, sowie der Quasare und Pulsare, die Entdeckung interstellarer Moleküle und nicht zuletzt das Auffinden der isotropen Hintergrundstrahlung, eines Relikts aus der Frühphase der Entwicklung unseres Kosmos.

Natürlich muß in diesem Zusammenhang auch die Entwicklung von Halbleiterdetektoren für infrarote Strahlung erwähnt werden, ebenso wie die Möglichkeit, im UV-, Röntgen- und γ-Bereich von Satelliten aus Messungen auszuführen. Jedem, der die Entwicklung in den letzten drei Jahrzehnten verfolgt hat, und sei es auch nur beiläufig, ist deutlich, wie sehr die Raumfahrttechnik zur Erforschung des Weltalls durch Satellitenobservatorien oder unseres Planetensystems durch Raumsonden beigetragen hat. Weniger spektakulär, aber von nicht geringerem Einfluß war die Entwicklung von leistungsfähigen Großrechnern, und damit einhergehend von entsprechenden numerischen Verfahren, die gegenwärtig als das wichtigste Hilfsmittel der theoretischen Astronomie, insbesondere im Bereich der Astrophysik, angesehen werden müssen. Mit ihrer Hilfe kann man Modellvorstellungen quantitativ realisieren und sie direkt mit den entsprechenden Beobachtungen vergleichen.

Es ließe sich noch in vielen weiteren Beispielen aufzeigen, wie und wo Fortschritte in der Astronomie durch Zu- und Rückgriffe auf technische, instrumentelle, physikalische oder mathematische Entwicklungen möglich wurden. Viele der ehemaligen Sternwarten sind inzwischen von international betriebenen Großobservatorien mit Hochtechnologielabors abgelöst worden, an denen Experten der verschiedenen Fachrichtungen zusammenarbeiten. Sicherlich geht die Zahl derer, die unmittelbar zur Erforschung des Kosmos beitragen – es sei nur an die Mitarbeiter in den ständig wachsenden Raumfahrt-, Computer- und Kommunikationsindustrien erinnert –, bereits in die Millionen.

Dies unterstreicht den bedeutenden kulturellen und wissenschaftlichen Stellenwert, der der Astronomie zuerkannt wird, und zeigt, daß auch in unserer Zeit die Erforschung des Universums ein existentielles menschliches Anliegen ist, das – unabhängig von Nationalität und Hautfarbe, vom Kulturkreis und politischen System – die Menschen in friedlicher Weise herausfordert und mit reichen Erkenntnissen belohnt.

Aufnahme des Sternhimmels in Richtung zum Himmelspol mit feststehender Kamera bei dreistündiger Belichtungszeit (Aufnahme H. Vehrenberg).

1 Astronomie im täglichen Leben

Normalerweise wird uns kaum bewußt, daß der Ablauf unseres Lebens einschneidend durch kosmische Vorgänge und Abläufe geregelt und gemessen wird. Tag und Nacht, Monat und Jahr, Sommer und Winter bestimmen unseren Lebenslauf. Die Energie der Sonne, der Erde seit vielen Millionen von Jahren zugestrahlt, ermöglicht erst das Leben auf diesem Planeten.

Es ist verständlich, daß der Mensch schon in der Vorzeit die Abhängigkeit von dem kosmischen Geschehen erkannte, wahrscheinlich in viel stärkerem Maß als wir heute. Beobachtend und deutend versuchte er den Ablauf zu begreifen. Da ihm dies nicht gelang, personifizierte er die Gestirne und überließ sich der Macht der Götter.

Unkenntnis der wahren Zusammenhänge konnte eine astrologische Schicksaldeutung entstehen lassen. Unkenntnis ist auch heute noch oft der Grund für das Festhalten an astrologischen Vorstellungen und Vorhersagen.

1.1 Auf- und Untergang der Sonne

Die Sonne geht morgens am östlichen Himmel auf und abends am westlichen unter. Auf- und Untergang erfolgen aber nicht immer an der gleichen Stelle des Horizonts. Am Tag des Frühlingsanfangs (21. März) und an dem des Herbstanfangs (23. September) geht die Sonne genau im Osten auf und im Westen unter. An allen anderen Tagen des Sommerhalbjahrs der nördlichen Erdhalbkugel geht sie nördlich vom Ostpunkt auf und dementsprechend nördlich des Westpunkts unter. Ihren größten Abstand vom Ost- bzw. Westpunkt erreicht sie am Tag der Sommersonnenwende (21. Juni). Von diesem Tag an nimmt der Abstand zwischen dem Ostpunkt und dem Aufgangspunkt der Sonne, die Morgenweite, wieder ab, bis am Tag des Herbstanfangs die Sonne wieder genau im Osten aufgeht. Im Winterhalbjahr liegen die Aufgangspunkte südlich des Ostpunkts und die Untergangspunkte entsprechend südlich des Westpunkts. Am Tag der Wintersonnenwende (21. Dezember) hat die Sonne ihren größten südlichen Abstand vom Ost- bzw. Westpunkt erreicht.

Morgen- und Abendweite

Der Abstand der auf- oder untergehenden Sonne vom Ost- bzw. Westpunkt, die Morgen- bzw. Abendweite, ist für ein und denselben Tag nicht für alle Orte gleich, sondern er ändert sich mit der geographischen Breite. Je höher die geographische Breite eines Orts ist, um so größer sind Morgen- und Abendweite. Dementsprechend ändert sich mit der geographischen Breite auch die Dauer von Tag und Nacht.

Wird die Strahlenbrechung in der Erdatmosphäre, die Refraktion, mit berücksichtigt, so erhält man die folgende Tabelle der mittleren möglichen Sonnenscheindauer in unseren geographischen Breiten.

Mittlere mögliche Sonnenscheindauer

in Stunden für die einzelnen Monate

Monat	47°	48°	49°	50°	51°	52°	53°
Januar	276	273	269	265	261	256	251
Februar	286	284	282	280	278	275	273
März	367	366	366	366	366	365	365
April	406	407	409	411	412	414	416
Mai	464	468	471	475	479	483	488
Juni	473	477	482	486	491	497	503
Juli	478	482	486	491	495	500	505
August	439	441	444	447	449	452	455
September	376	377	378	378	379	379	380
Oktober	337	335	334	333	331	330	328
November	281	277	274	271	268	264	260
Dezember	264	260	257	251	246	241	235

In Schaltjahren sind die Februarwerte um 10 Stunden größer.

In einem gewöhnlichen Jahr erhält man für die geographische Breite von 50° eine mittlere mögliche Sonnenscheindauer von 4454 Stunden. Da die Stundenzahl des Jahrs 8766 beträgt, ergibt sich im Mittel 4313 als jährliche Zahl der Stunden ohne Sonne. Alle diese Zahlen gelten für den Meereshorizont.

Tageslängen des längsten und des kürzesten Tags

in Abhängigkeit von der geographischen Breite, bezogen auf den Mittelpunkt der Sonne und den Meereshorizont, ohne Berücksichtigung der Strahlenbrechung in der Erdatmosphäre, der Refraktion.
Ab 70° sind für die Südhalbkugel die für Tag und für Nacht angegebenen Werte zu vertauschen.

geogr. Breite	längster Tag	kürzester Tag	Unterschied
0°	$12^h\ 0^m$	$12^h\ 0^m$	$0^h\ 0^m$
5°	$12^h 17^m$	$11^h 43^m$	$0^h 34^m$
10°	$12^h 35^m$	$11^h 25^m$	$1^h 10^m$
15°	$12^h 53^m$	$11^h\ 7^m$	$1^h 46^m$
20°	$13^h 13^m$	$10^h 47^m$	$2^h 26^m$
25°	$13^h 33^m$	$10^h 27^m$	$3^h\ 6^m$
30°	$13^h 56^m$	$10^h\ 4^m$	$3^h 52^m$
35°	$14^h 21^m$	$9^h 39^m$	$4^h 42^m$
40°	$14^h 51^m$	$9^h\ 9^m$	$5^h 42^m$
45°	$15^h 26^m$	$8^h 34^m$	$6^h 52^m$
50°	$16^h\ 9^m$	$7^h 51^m$	$8^h 18^m$
55°	$17^h\ 6^m$	$6^h 54^m$	$10^h 12^m$
60°	$18^h 30^m$	$5^h 30^m$	$13^h\ 0^m$
66° 33′	24^h Tag	24^h Nacht	
70°	Tag: 65 Tage	Nacht: 60 Tage	
80°	Tag: 134 Tage	Nacht: 127 Tage	
90°	Tag: 186 Tage	Nacht: 179 Tage	

1.2 Dämmerung und Dämmerungserscheinungen

Der Übergang vom Tag zur Nacht bzw. von der Nacht zum Tag erfolgt nicht plötzlich, sondern es treten eine Reihe von Dämmerungserscheinungen auf. Beim Übergang vom Tag- zum Nachthimmel beobachtet man einzelne Unstetigkeitsstellen in Gestalt von Dämmerungsbögen. Diese entstehen durch Reflexion der Strahlen der unter dem Horizont stehenden Sonne an verschieden

1.2 Dämmerung und Dämmerungserscheinungen

Schichtgrenzen in der Atmosphäre

hohen Unstetigkeitsschichten der Atmosphäre. Der erste oder auch leuchtende Dämmerungsbogen verschwindet am Horizont bzw. taucht auf, wenn die Sonne einen Stand von etwa 6°...7° unter dem Horizont erreicht hat. Man bezeichnet diesen Zeitpunkt als Ende bzw. Beginn der bürgerlichen Dämmerung. Die Schichtgrenze, die diesen leuchtenden Dämmerungsbogen verursacht, liegt bei etwa 11 bis 12 km Höhe und ist die Grenze zur Stratosphäre, die sogenannte Tropopause. Bei einem Sonnenstand von 17° bis 18° unter dem Horizont sinkt der zweite oder auch Hauptdämmerungsbogen unter den Westhorizont, bzw. erscheint dieser Dämmerungsbogen am Morgen am Osthorizont. Dieser Zeitpunkt ist das Ende oder der Beginn der astronomischen Dämmerung. Zwischen deren Ende und Beginn herrscht vollkommene Dunkelheit, so daß in dieser Zeit die mit bloßem Auge sichtbaren Sterne beobachtbar sind. Trotzdem kann man bei einem Sonnenstand von 24° unter dem Horizont noch das Verschwinden eines Nachtdämmerungsbogens beobachten. Die diese Dämmerungserscheinungen verursachenden Schichtgrenzen in der Atmosphäre liegen etwa bei 60 km (Stratopause) und bei 130 km Höhe. Selbst nach Abschluß dieser Erscheinungen ist die ganze Nacht über noch ein mehr oder weniger starkes Nachthimmelslicht vorhanden, dessen wechselnde Intensität dem aufmerksamen Beobachter auffällt.

Die Dauer der Dämmerung wird bestimmt durch die Steilheit der scheinbaren täglichen Sonnenbahn zum Horizont. Deshalb dauert in den tropischen Zonen die Dämmerung nur kurze Zeit, weil dort die Sonnenbahn sehr steil auf dem Horizont steht. Neben der geographischen Breite des Beobachtungsorts (φ) bestimmt noch die jeweilige Deklination (s. 1.3) der Sonne die Länge der Dämmerungserscheinungen. So steht die Sonne zur Sommersonnenwende in unseren Breiten selbst um Mitternacht nur so wenig unter dem Nordhorizont, daß die ganze Nacht über Dämmerung ist.

Dauer der bürgerlichen Dämmerung (in Minuten) für die Mitte des Monats

Monat	Breitengrad 42°	43°	44°	45°	46°	47°	48°	49°	50°	51°
Januar	33	33	34	35	35	36	37	38	39	40
Februar	31	31	32	32	33	34	34	35	36	37
März	30	30	31	31	32	32	33	34	34	35
April	31	31	32	33	33	34	35	36	36	37
Mai	34	35	35	36	37	38	39	40	41	43
Juni	36	37	38	39	40	41	43	44	45	47
Juli	35	36	37	38	38	39	41	42	43	44
August	32	32	33	34	35	36	36	37	38	39
September	30	30	31	32	32	33	33	34	35	36
Oktober	30	30	31	32	32	34	34	34	35	36
November	32	33	33	34	34	35	36	37	38	39
Dezember	33	34	35	35	36	37	38	39	40	42

Dauer der astronomischen Dämmerung für den ersten Tag des Monats

Monat	Breitengrad	0°	10°	20°	30°	40°	50°	60°
Januar		$1^h 16^m$	$1^h 16^m$	$1^h 20^m$	$1^h 27^m$	$1^h 39^m$	$2^h 01^m$	$2^h 48^m$
Februar		$1^h 13^m$	$1^h 14^m$	$1^h 17^m$	$1^h 23^m$	$1^h 34^m$	$1^h 54^m$	$2^h 30^m$
März		$1^h 10^m$	$1^h 11^m$	$1^h 14^m$	$1^h 21^m$	$1^h 31^m$	$1^h 49^m$	$2^h 21^m$
April		$1^h 10^m$	$1^h 11^m$	$1^h 15^m$	$1^h 22^m$	$1^h 34^m$	$1^h 55^m$	$2^h 41^m$
Mai		$1^h 12^m$	$1^h 14^m$	$1^h 19^m$	$1^h 28^m$	$1^h 45^m$	$2^h 21^m$	–
Juni		$1^h 15^m$	$1^h 18^m$	$1^h 24^m$	$1^h 36^m$	$2^h 00^m$	$3^h 45^m$	–
Juli		$1^h 16^m$	$1^h 19^m$	$1^h 25^m$	$1^h 38^m$	$2^h 04^m$	–	–
August		$1^h 14^m$	$1^h 16^m$	$1^h 21^m$	$1^h 32^m$	$1^h 51^m$	$2^h 41^m$	–
September		$1^h 11^m$	$1^h 12^m$	$1^h 17^m$	$1^h 24^m$	$1^h 37^m$	$2^h 03^m$	$3^h 08^m$
Oktober		$1^h 10^m$	$1^h 11^m$	$1^h 14^m$	$1^h 21^m$	$1^h 32^m$	$1^h 50^m$	$2^h 25^m$
November		$1^h 12^m$	$1^h 12^m$	$1^h 16^m$	$1^h 22^m$	$1^h 33^m$	$1^h 52^m$	$2^h 26^m$
Dezember		$1^h 15^m$	$1^h 15^m$	$1^h 19^m$	$1^h 26^m$	$1^h 37^m$	$1^h 59^m$	$2^h 50^m$

Es läßt sich aus der Erfahrung heraus eine mittlere Zeitdauer angeben, die nach Sonnenuntergang verstrichen sein muß, bevor in der Nähe des Zenits Sterne einer bestimmten Größe zu sehen sind. Diese Zahlen gelten für mondlose Nächte und vollkommen klaren Himmel. Sie sind als unterste Grenze aufzufassen, vor der die Sterne der betreffenden Größe nicht sichtbar werden.

Sichtbarkeit der Sterne nach Sonnenuntergang

Helligkeit	1	2	3	4	5	6 mag
Zeit nach Sonnenuntergang	8	18	32	45	60	80 min

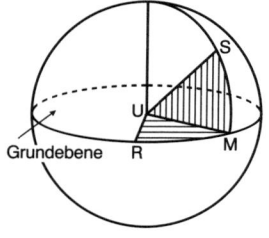

Ortsangaben in sphärischen Koordinaten

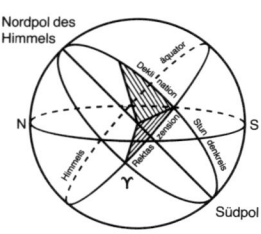

Bewegtes Äquatorsystem

1.3 Koordinatensysteme

Die Untersuchung der Verteilung und der Bewegung der Gestirne am Himmel setzt voraus, daß deren Orte eindeutig bestimmt werden können. Da das Anvisieren eines Himmelskörpers unmittelbar nur dessen Richtung ergibt und die Entfernung meist nicht bekannt oder für bestimmte Aufgaben nicht wichtig ist, wird der Ort eines Himmelskörpers mit zwei Winkeln angegeben. Diese Winkel werden bei allen in der Astronomie gebräuchlichen Koordinatensystemen auf eine Grundebene und eine in dieser festgelegte Richtung bezogen; die verschiedenen Koordinatensysteme unterscheiden sich durch die Wahl der Bezugsebene. Die jeweilige Grundebene schneidet die als sehr groß, mit der Erde im Mittelpunkt gedachte Himmelssphäre oder -kugel in einem als Grundkreis bezeichneten Großkreis. Die senkrecht zur Grundebene durch den Mittelpunkt des Grundkreises und durch den Beobachtungsort verlaufende Gerade durchstößt die Sphäre in den beiden als Pole bezeichneten Punkten. Ein solches, durch eine Grundebene und eine Polachse definiertes, Koordinatensystem wird als sphärisches Koordinatensystem oder als Polarkoordinatensystem bezeichnet.

1.3 Koordinatensysteme

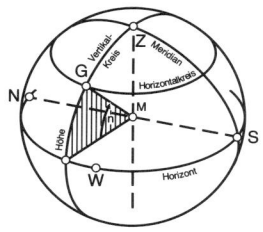

Horizontsystem

Um die Richtung eines Punkts S an der Sphäre vom Beobachtungsort, dem Koordinatenursprung U aus zu bestimmen, wählt man auf dem Grundkreis einen Punkt R als Nullpunkt. Die Lage des Punkts S ist dann eindeutig gegeben durch den Winkel SUM, den der Strahl von U nach S mit der Grundebene bildet, sowie durch den Winkel RUM, den die Ebene des Großkreises durch S und durch die beiden Pole mit dem Strahl von U nach R bildet.

Exakt können die in den einzelnen Systemen gemessenen Koordinaten mit den Formeln der sphärischen Trigonometrie in andere Systeme umgerechnet werden. Dazu ist die Lage des Grundkreis-Pols des einen im anderen System nötig. Allgemein gibt man die Koordinaten der Pole im Äquatorsystem an.

Neben Polarkoordinatensystemen werden für spezielle Aufgaben auch rechtwinklige Koordinatensysteme mit rechtwinklig einander zugeordneten X-, Y-, Z-Achsen benutzt. Je nach Lage des Ursprungspunkts des Systems spricht man von geozentrischen Systemen, heliozentrischen Systemen oder baryzentrischen Systemen (Ursprung im Schwerpunkt mehrerer Himmelskörper liegend).

Die gebräuchlichen astronomischen Koordinatensysteme

Grundkreis und Pole	Nullpunkt und Richtung der Zählung	Zählung zw. Grundkreis und Pol	Name der Koordinaten und Symbol	
Horizontsystem				
Horizont	Südpunkt	Horizont	Azimut	A
Zenit	über Westen	zum Zenit oder Nadir	Höhe	h
Nadir	in Grad	0° bis ±90°, auch 90° − h = z gebräuchlich	Zenitdistanz	z
Festes Äquatorsystem				
Himmelsäquator	Meridian	Äquator	Stundenwinkel	t
Nord- und Südpol	über Westen im Zeitmaß	zu den Polen 0° bis ±90°	Deklination	δ
Bewegtes Äquatorsystem				
Himmelsäquator	Frühlingspunkt	Äquator	Rektaszension	α oder AR
Nord- und Südpol	entgegen der tägl. Bewegung im Zeitmaß	zu den Polen 0° bis ±90°	Deklination	δ
Ekliptikales System				
Ekliptik;	Frühlingspunkt	Ekliptik	ekliptikale	
ihr Nord- und	in wachsender	zu den Polen	Länge	λ
Südpol	Rektaszension in Grad	0° bis ±90°	Breite	β
Galaktisches System				
Mittellinie	galaktisches	Milchstraßenebene	galaktische	
der Milchstraße;	Zentrum in wach-	zu den Polen	Länge	l
ihr Nord- und	sender Rekt.	0° bis ±90°	Breite	b
Südpol	in Grad			

Rechtwinkliges Netz l, b;
Kurvenschar α, δ für
die Epoche 1950.0

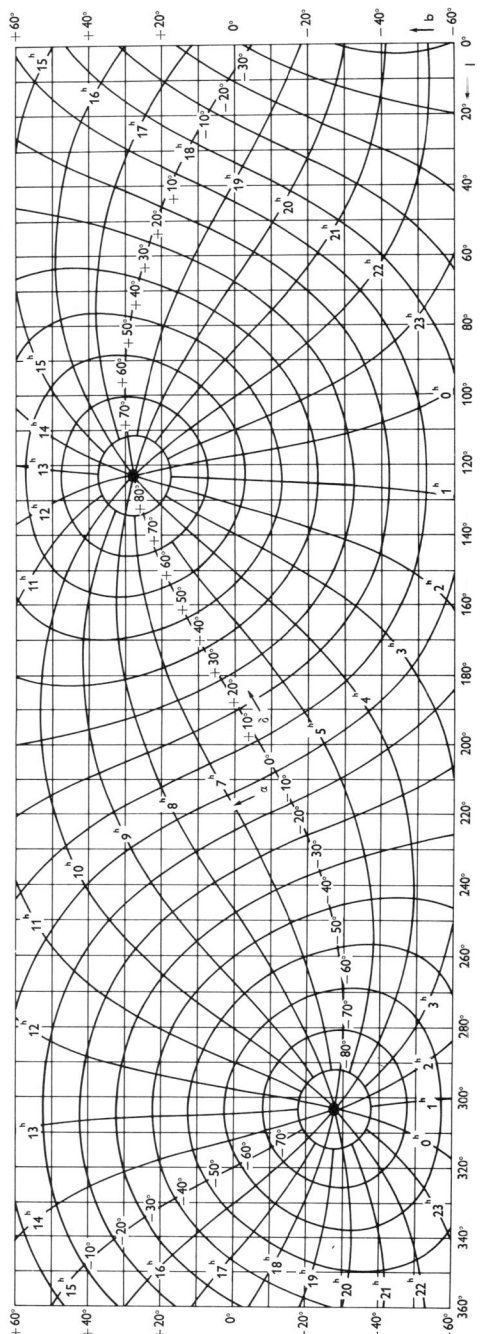

1.3 Koordinatensysteme

Diagramme zur Umwandlung äquatorialer Koordinaten in galaktische und umgekehrt

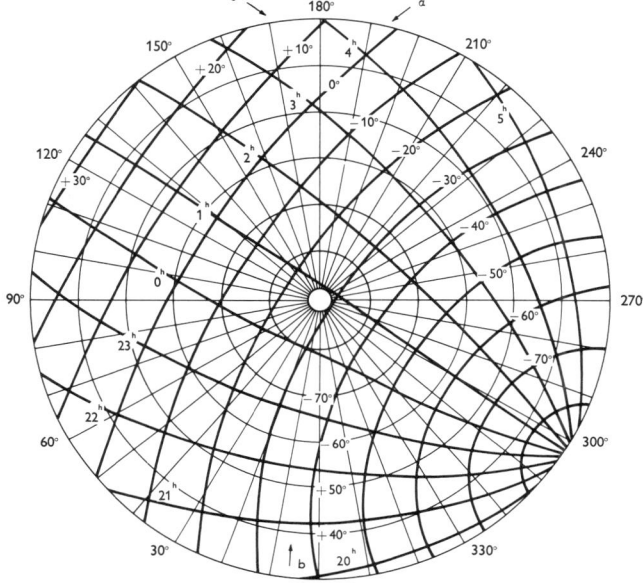

Galaktischer Südpol

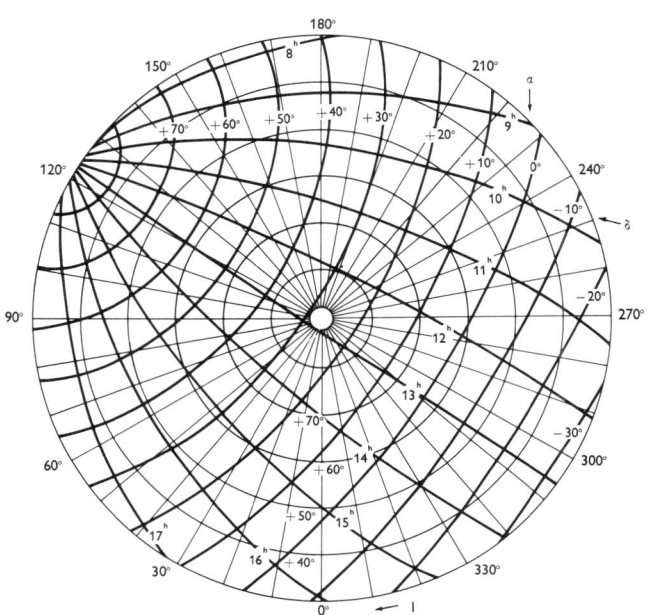

Galaktischer Nordpol

Zeitmaß und Gradmaß

Die Rektaszension wird üblicherweise in Stunden (^{h}), Zeitminuten (^{m}) und Zeitsekunden (^{s}) angegeben. Deklination, Azimut und Höhe sowie die galaktischen Koordinaten Länge und Breite aber in Grad ($°$), Bogenminuten ($'$) und Bogensekunden ($''$).

Voller Kreis	=	24^h			Stunde
		1^h	=	60^m	Minute
			1^m	= 60^s	Sekunde
Voller Kreis	=	24^h	= $1\,440^m$	= $86\,400^s$	

Voller Kreis	=	$360°$			Winkelgrad
		$1°$	=	$60'$	Bogenminute
			$1'$	= $60''$	Bogensekunde
Voller Kreis	=	$360°$	= $21\,600'$	= $1\,296\,000''$	

An einem Rechenbeispiel soll eine Umwandlung vom Zeitmaß ins Gradmaß und umgekehrt dargestellt werden.

Gegeben: $11^h\,32^m\,35\overset{s}{.}16 = ?$ (im Gradmaß)

Man dividiert die Sekunden durch 60 und erhält sie als
Dezimalteile der Minuten: $\quad 35.16 : 60 = 0.586$.
Dazu addiert man die vollen Minuten: $\quad 32.586$,
die wiederum durch 60 dividiert werden: $\quad 32.586 : 60 = 0.5431$.
Dies sind die Minuten und Sekunden in Dezimalteilen der Stunde;
dazu die obigen Stunden addiert ergibt $\quad 11\overset{h}{.}5431$.
(Eine Division durch 24 ergibt – wenn obige Angabe eine Zeit gewesen sein sollte – diese in Dezimalteilen des Tags.)
Eine Multiplikation mit 15 wandelt den Winkel im Zeitmaß in Winkelgrade um (da $1^h = 15°$): $\quad 11\overset{h}{.}5431 = 173\overset{°}{.}1465$.
Umkehrung: $\quad 173\overset{°}{.}1465 = ?$ (im Zeitmaß)
Man dividiert durch 15 und erhält $\quad = 11\overset{h}{.}5431$.
Der Dezimalteil wird mit 60 multipliziert und ergibt

$$0.5431 \cdot 60 = 32^m 586$$

Wiederum den Dezimalteil mit 60 multiplizieren ergibt

$$0.586 \cdot 60 = 35\overset{s}{.}16$$

1.4 Die tägliche Drehung des Himmelsgewölbes

Infolge der Rotation der Erde um ihre Achse in der Richtung von West nach Ost scheint sich der Himmel mit seinen Gestirnen in entgegengesetzter Richtung, also von Ost nach West, zu drehen. Die Sterne durchlaufen dabei parallele Kreise. Als Aufgang eines Gestirns bezeichnet man den Moment seines Erscheinens am östlichen Horizont und als Untergang sein Verschwinden am westlichen Horizont. Den Bogen des Horizonts zwischen dem Aufgangs- bzw. Untergangspunkt eines Gestirns und dem Ost- bzw. Westpunkt des Himmels nennt man die Morgen- bzw. Abendweite des Gestirns. Jedes Gestirn passiert während einer vollen,

1.4 Die tägliche Drehung des Himmelsgewölbes

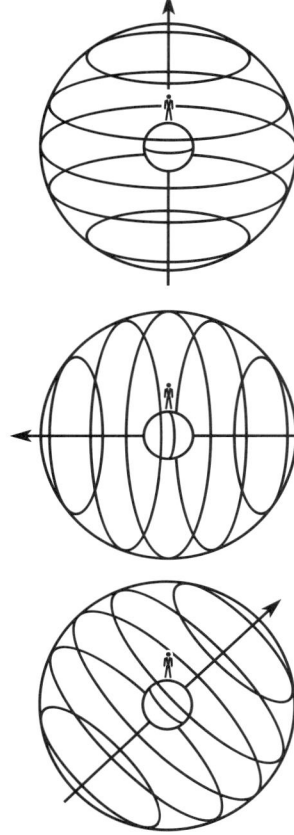

Die scheinbaren Bahnen der Sterne für einen Beobachter am Pol, am Erdäquator und in mittleren geographischen Breiten (von oben)

24stündigen scheinbaren Drehung des Himmelsgewölbes zweimal den Meridian; einmal beim Übergang von der östlichen auf die westliche und 12 Stunden später beim Übergang von der westlichen auf die östliche Himmelshalbkugel. Obere Kulmination nennt man den ersten Meridiandurchgang und untere Kulmination den zweiten Durchgang.

Den Bogen der Kreisbahn vom Aufgangspunkt bis zum Untergangspunkt eines Gestirns bezeichnet man als seinen Tagbogen. Die Lage des Tagbogens zum Horizont hängt von der geographischen Breite des Beobachtungsorts ab. An den Erdpolen (90° geogr. Breite) verläuft die tägliche Bewegung eines Gestirns, also sein Tagbogen, parallel zum Horizont. Die Sterne der einen Himmelshalbkugel sind dort ständig über dem Horizont, die der anderen stets unter dem Horizont und deshalb für den Beobachter dort nie sichtbar. Der Tagbogen der Gestirne steht für einen Beobachter am Erdäquator stets senkrecht auf dem Horizont; alle Sterne stehen gleichlang über wie unter dem Horizont. In allen anderen geographischen Breiten liegt der Tagbogen schräg zur Horizontebene. Dabei wird ein Teil der Sterne, und zwar die dem Pol nahestehenden sog. Zirkumpolarsterne, nicht unter den Horizont sinken. Der andere Teil wird je nach seiner Deklination einen mehr oder weniger weiten Tagbogen über den Himmel beschreiben. An einem Ort mit der geographischen Breite φ sind alle diejenigen Sterne zirkumpolar, für deren Deklination $\delta \geq \varphi$ gilt.

Eine drehbare Sternkarte liefert meist ausreichende Angaben über Auf- und Untergangszeiten eines Gestirns. Wie lange ein Stern oder Sonne, Mond, Planeten usw., bei bekannter Deklination und bekannter geographischer Breite des Beobachtungsorts, über dem Horizont sind, also wie groß der Tagbogen eines Gestirns ist, kann Tabellen entnommen werden. Aber auch mit einem Taschenrechner läßt sich der halbe Tagbogen, die Zeit also vom Aufgang eines Gestirns bis zu seiner oberen Kulmination, bzw. von seiner oberen Kulmination bis zum Untergang, leicht berechnen.

Beispiel:
Wie groß ist der halbe Tagbogen des Sterns α Tau (Aldebaran), $AR = 4^\mathrm{h} 35\overset{\mathrm{m}}{.}9$,
Dekl. $= +16° 30'$, in Heidelberg?

Es sei

φ die geogr. Breite bzw. Polhöhe des Beobachtungsorts: $49°\!.4$,
δ die Deklination des Gestirns: $+16°\!.5$,
t_0 der gesuchte halbe Tagbogen.

Aus den Gleichungen der sphärischen Trigonometrie ergibt sich die Formel:

$\cos t_0 = -\tan \varphi \cdot \tan \delta$;

$\tan \varphi = 1.16672$
$\tan \delta = 0.29621$
___
$\cos t_0 = -0.34559$, $t_0 = 110°\!.21832$.

Umwandlung vom Grad- ins Zeitmaß:

$$t_0 = 7^\mathrm{h}\, 20^\mathrm{m}\, 52\overset{\mathrm{s}}{.}4.$$

Vergleicht man diesen Wert mit dem einer Tafel entnommenen, so stellt man eine Differenz von einigen Minuten fest. Diese Abweichung wird durch eine Verkürzung der vollständigen Formel verursacht, in der die Strahlenbrechung am Horizont, die Refraktion (s. 2.3.3) in Rechnung gestellt ist. Bei genauem Vorgehen muß auch die Höhe N. N. des Beobachtungsorts über dem Meeresspiegel eingesetzt, sowie bei Sonne und Mond eine Korrektur auf den Mittelpunkt der Gestirnsscheibe angebracht und deren Äquatorial-Horizontal-Parallaxe berücksichtigt werden.

1.5 Die Zeit

Als Einheit der Zeitmessung bietet sich uns der tägliche scheinbare Umlauf des Sternhimmels oder eines Himmelskörpers, etwa der Sonne, an. Beginn und Ende einer vollen täglichen Umdrehung werden dadurch gegeben, daß eine feste Marke auf der Erde und ein vereinbarter Punkt am Himmel in eine Richtung fallen. Als eine solche feste Marke wählt man den Ortsmeridian. Als Fixpunkt an der Himmelssphäre nimmt man zweckmäßigerweise den Frühlingspunkt – als Ausgangspunkt der Rektaszensionszählung – oder aber den Mittelpunkt der Sonnenscheibe. Beide Markierungspunkte an der Sphäre liegen zwar nicht fest, aber ihre Bewegungen können genau berechnet werden.

1.5.1 Sternzeit – Sonnenzeit

Die Sonne bewegt sich mit ungleichförmiger Geschwindigkeit in der gegen den Äquator geneigten Ekliptik. Sie eignet sich deshalb nicht sehr gut als Zeitmarke, obwohl sie den eigentlichen Tagesablauf bestimmt. Um die Schwierigkeiten der ungleichförmigen Geschwindigkeit zu eliminieren, führt man für die Zeitmessung eine fiktive »mittlere« Sonne ein, das heißt, man läßt eine »gedachte« Sonne mit einer mittleren Geschwindigkeit in derselben Zeit wie die wahre Sonne, also in einem Jahr, im Äquator umlaufen. Dementsprechend wird der Mittelwert aller Sonnentage, die ein Jahr enthält, ein mittlerer Sonnentag genannt.

Je nach benutztem Fixpunkt an der Himmelssphäre, also Frühlingspunkt oder Mittelpunkt der Sonnenscheibe, unterscheidet man verschiedene Tageslängen und Zeitangaben:

Sterntag: Die Zeit zwischen zwei aufeinanderfolgenden oberen Durchgängen (Kulminationen) des Frühlingspunkts durch den Meridian.

Sternzeit: Der Stundenwinkel des Frühlingspunkts.

Wahrer Sonnentag: Die Zeit zwischen zwei aufeinanderfolgenden unteren Durchgängen der Sonne (zu Mitternacht unter dem Horizont) durch den Meridian.

1.5 Die Zeit

Wahre Sonnenzeit: Stundenwinkel der wahren Sonne. Eine einfache Sonnenuhr zeigt die wahre Sonnenzeit.

Die Länge eines wahren Sonnentags ist aus zwei Gründen veränderlich. Zum einen erfolgt die scheinbare Bewegung der Sonne nicht im Äquator, sondern in der Ekliptik. Und zum andern ist die jährliche Bewegung der Sonne in der Ekliptik wegen der Exzentrizität der Erdbahn ungleichförmig (s. 3.2). Deshalb die Definition einer mittleren Tageslänge und Zeit:

Mittlerer Sonnentag: Die Zeit zwischen zwei aufeinander folgenden unteren Kulminationen der mittleren Sonne.

Mittlere Sonnenzeit: Stundenwinkel der fiktiven mittleren Sonne $+12^h$.

Die mittlere Sonne rückt, relativ zum Frühlingspunkt, täglich um 0.99 Winkelgrade von West nach Ost im Äquator weiter. Der mittlere Sonnentag ist deshalb um die entsprechende Zeitspanne, nämlich $3^m 56\overset{s}{.}55$ länger als der Sterntag.

Es ist also

ein Sterntag	= 0.997 27 mittlere Sonnentage
1 d*	= $23h_u 56m_u 04.0905 s_u$
ein mittlerer Sonnentag	= 1.002 74 Sterntage
1 d_u	= $24 h^* 03 m^* 56.5554 s^*$

Sternzeit und mittlere bzw. wahre Sonnenzeit sind ihrer Definition nach Ortszeiten, weil der Stundenwinkel vom Ortsmeridian aus gezählt wird.

Zeitgleichung

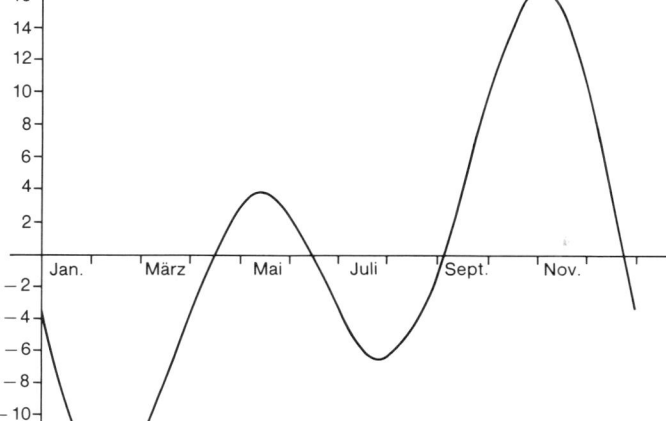

1 Astronomie im täglichen Leben

1.5.2 Zeitgleichung

Der Unterschied zwischen den beiden Systemen von Sonnenzeiten im Sinn der Definition wird Zeitgleichung genannt:

Wahre Zeit minus mittlere Zeit = Zeitgleichung.

Die Zeitgleichung ist also der Unterschied in der ungleichförmigen Bewegung der wahren Sonne gegenüber der gleichförmigen Bewegung der mittleren Sonne. Die Zeitgleichung hat viermal im Jahr den Wert Null. Ihr größter Betrag ist ungefähr ± 15 Minuten. Die Tabelle gibt die Zeitgleichung von 10 zu 10 Tagen in einem Jahr.

Zeitgleichung

Die Werte sind von Jahr zu Jahr etwas anders

Monat	Tag	Wert	Monat	Tag	Wert
Januar	1	− 3^m 26^s	Juli	10	− 5^m 3^s
	11	− 7^m 51^s		20	− 6^m 8^s
	21	− 11^m 19^s		30	− 6^m 17^s
	31	− 13^m 31^s	August	9	− 5^m 28^s
Februar	10	− 14^m 23^s		19	− 3^m 40^s
	20	− 13^m 57^s		29	− 1^m 3^s
März	2	− 12^m 24^s	September	8	+ 2^m 8^s
	12	− 10^m 2^s		18	+ 5^m 38^s
	22	− 7^m 10^s		28	+ 9^m 7^s
April	1	− 4^m 6^s	Oktober	8	+ 12^m 14^s
	11	− 1^m 13^s		18	+ 14^m 39^s
	21	+ 1^m 12^s		28	+ 16^m 5^s
Mai	1	+ 2^m 55^s	November	7	+ 16^m 15^s
	11	+ 3^m 45^s		17	+ 15^m 4^s
	21	+ 3^m 38^s		27	+ 12^m 29^s
	31	+ 2^m 38^s	Dezember	7	+ 8^m 42^s
Juni	10	+ 0^m 56^s		17	+ 4^m 5^s
	20	− 1^m 11^s		27	− 0^m 53^s
	30	− 3^m 17^s	Januar	6	− 5^m 38^s

Minimum: Februar 12 (− 14^m 24^s), Maximum: November 3 (+ 16^m 21^s)

1.5.3 Weltzeit (UT)

Die Ortszeit des Null-Meridians, des Meridians von Greenwich, wurde vor 1925 als Greenwich mean (solar) time (GMT) bezeichnet und von 12 Uhr Mittag zu Mittag gezählt (heute noch in der Julianischen Tageszählung erhalten). Ab 1925 gilt: 1924 Dez. 31, 12^h GMT = 1925 Jan. 1, 0^h UT. UT = Universal Time, Weltzeit, ist die Ortszeit des durch die Sternwarte Greenwich gehenden Null-Meridians. Sie wird allen astronomischen Beobachtungen und zahlreichen Berechnungen zugrunde gelegt. Diese Zeit wurde ab 1956 in mehreren Stufen modifiziert. So bezeichnet man heute – aufgrund exakterer Kenntnisse über die Unregelmäßigkeiten der Erdrotation (s. 2.1.3) – die »klassische« Weltzeit mit UT0. Bei Berücksichtigung der Polbewegung (s. 2.1.4), wie sie sich aus Beobachtungen des Internationalen Breitendiensts ergeben, geht die UT0 über in die UT1 (Weltzeit korrigiert um Polbewegung). Moderne Uhren, erst Quarz- dann Atomuhren, zeigten, daß die Erddrehung auch saisonalen, also jahreszeitlichen

Schwankungen unterworfen ist. So bewirkt vor allem die vermehrte Aufnahme von Wasser durch Bäume und Pflanzen in den Sommermonaten und die damit verbundene Luftfeuchte, also auch die Wassermasse in der Luft, eine Verringerung der Drehgeschwindigkeit der Erde. Durch die verschiedene Land–Wasser-Verteilung auf der Nord- und Südhalbkugel der Erde wird dieser Effekt nicht ausgeglichen. Die um diese jahreszeitlichen Schwankungen korrigierte Zeit wird als UT2 bezeichnet. Die Korrekturen können naturgemäß erst im nachhinein an die UT1 angebracht werden. Sie werden regelmäßig vom Bureau International de l'Heure (BIH) in Paris publiziert.

1.5.4 Zonenzeit

Die Zeit für alle Orte auf dem gleichen Längengrad ist gleich. Der Unterschied zwischen zwei an verschiedenen Orten nach Ortszeit gehenden Uhren entspricht ihrem geographischen Längenunterschied, das heißt pro Längengrad 4 Minuten. Um die Störungen des bürgerlichen Lebens, die durch den Wechsel der Zeit von Ort zu Ort entstehen würden, zu beseitigen, hat man sogenannte Zonenzeiten eingeführt. Die entsprechenden Zeitzonen haben meist eine Breite von 15 Längengraden, so daß sich die Zonenzeiten um volle Stunden unterscheiden. Für Deutschland ist die Ortszeit des Meridians 15° östlicher Länge maßgebend. Die zugehörige Zonenzeit wird Mitteleuropäische Zeit (MEZ) genannt. Sie unterscheidet sich um 1 Stunde von der Weltzeit (UT), und zwar im Sinn

$$MEZ = UT + 1h.$$

Wie die Karte der »Zeitzonen der Erde« zeigt, gibt es von dieser Regel – durch Staatsgrenzen und Wirtschaftsräume bedingt – zahlreiche Abweichungen. Auch politische oder ökonomische Gesichtspunkte führen zu Zeitkorrekturen – meist um eine Stunde – durch Einführungen von Saisonalzeiten, wie Sommer- oder Winterzeit.

1.5.5 Ephemeridenzeit (ET und TD)

Die Zeiteinheit Sekunde war unter der Annahme, daß die Umdrehung der Erde um ihre Achse mit konstanter Geschwindigkeit vor sich geht, als 1/86400 des mittleren Sonnentags definiert worden. Jahrzehntelange, vielfältige Untersuchungen der Mondbewegung ließen aber zur Gewißheit werden, daß das Gleichmaß der »Erduhr« nicht gegeben ist. Auch bei Sonnen-, Merkur- und Venusbeobachtungen zeigten sich Abweichungen, die nur durch unterschiedliche Rotationsgeschwindigkeiten der Erde interpretiert werden konnten. Aufgrund der bei den genannten Himmelskörpern festgestellten Differenzen zwischen beobachtetem und berechnetem Wert war es möglich, ein auf empirischem Weg gefundenes Zeitmaß, die sogenannte Ephemeridenzeit, zu definieren, deren gleichförmige Zeiteinheit, die Ephemeridensekunde, der 31 556 925.9747te Teil des Tropischen Jahrs für die Epoche 1900 Jan. $0^d\,12^h$ ET (Ephemeris Time, Ephemeridenzeit) ist.

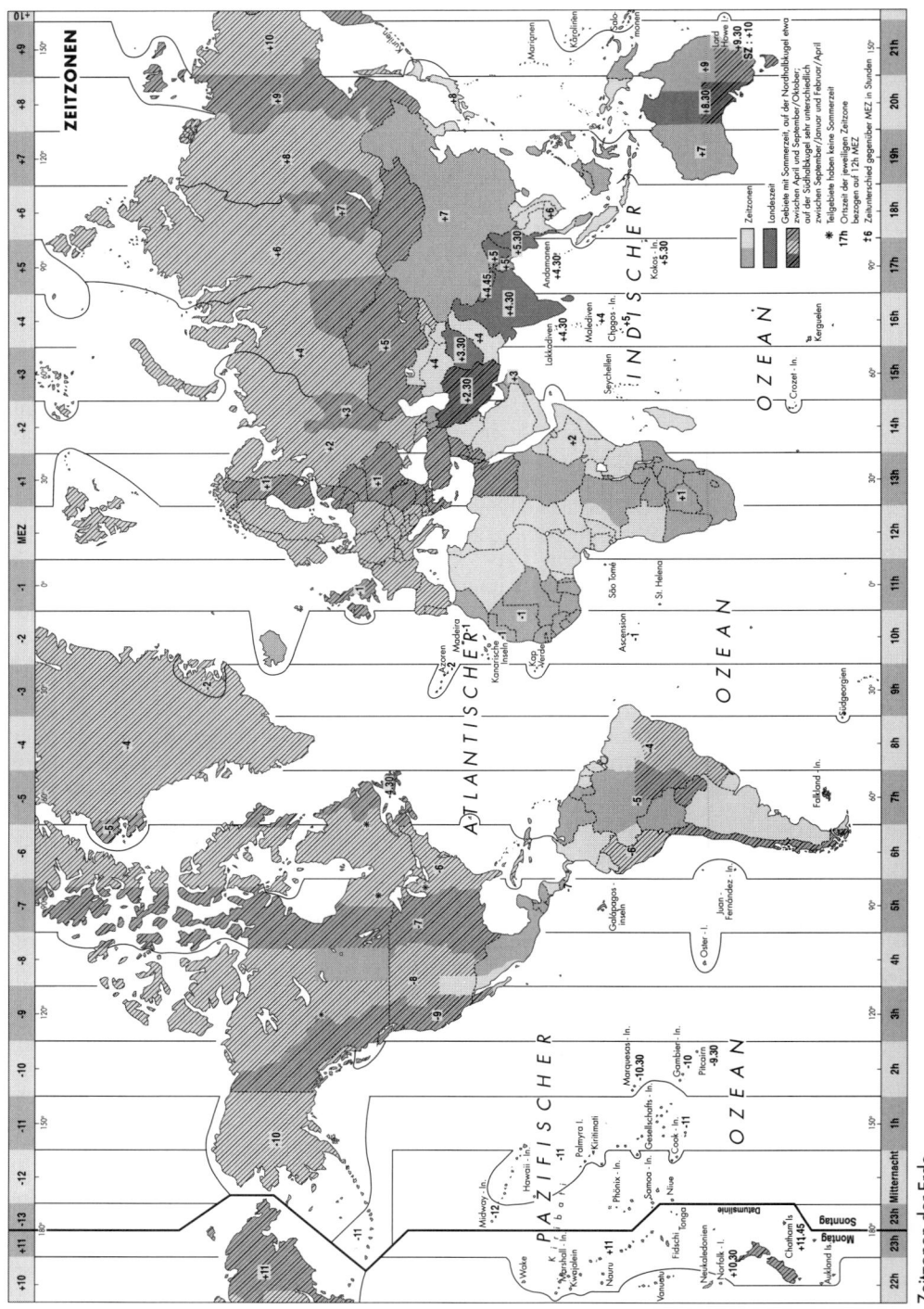

Zeitzonen der Erde

1.5 Die Zeit

Für die Astronomie war damit eine neue Zeitskale geschaffen, die seit 1960 in allen Jahrbüchern als Zeitargument für die Positionen im Sonnensystem benutzt wird. Es zeigte sich aber, daß die Realisierung und »Aufbewahrung« der Ephemeridensekunde im physikalisch-technischen Bereich auf erhebliche Schwierigkeiten stieß, so daß man schon bald zu einer atomphysikalischen Definition der Basiseinheit der Zeit überging. Ab 1984 wird in den Jahrbüchern für die Ephemeriden von Sonne, Mond und Planeten eine mit der Internationalen Atomzeit (s. 1.5.6) verknüpfte Ephemeridenzeit benutzt, die man mit Dynamical Time (TD) benannte. Reduktionswerte für die einzelnen Zeitskalen aufeinander sind im astronomischen Jahrbuch »The Astronomical Almanac«, tabuliert (s. auch 1.5.7).

1.5.6 Internationale Atomzeit (TAI)

Die Ephemeridensekunde konnte letztlich erst nach drei oder mehr Monaten aufgrund von Mondbeobachtungen, also nach umfangreichen Berechnungen, rückwirkend, mit der Angabe eines Verhältnisses zum Tropischen Jahr auf etwa 10^{-8} bestimmt werden. Die Meßunsicherheit wurde mit Einführung der neuen Grundeinheit im Internationalen Einheitensystem (SI), der SI- oder Atomsekunde, gleich um mehrere Größenordnungen auf etwa $5 \cdot 10^{-13}$ (Standardabweichung) verringert. Folgende Definition wurde für die SI-Sekunde (s) eingeführt:

> Die Sekunde ist die Dauer von 9 192 631 770 Perioden der Strahlung, die dem Übergang zwischen den beiden Hyperfeinstruktur-Niveaus des Grundzustands des Atoms Cäsium 133 entspricht.

Durch Aneinanderfügen von Atomsekunden und ihren Vielfachen, den SI-fremden Einheiten Minute (min oder m), Stunde (h) und Tag (d), gelangt man zu einer Atomzeitskale, zu deren Realisierung man Cäsium-Atomuhren benutzt. Aber auch Cs- und Rb-Gaszellen-Resonatoren und neuerdings Wasserstoff-Maser werden als Sekundärnormale in der Zeitmessung eingesetzt.

1.5.7 Koordinierte Weltzeit (UTC)

Die Atomzeit wurde auch als gültige Zeitskala für das öffentliche Leben eingeführt, und zwar über die von Zeitzeichensendern, dem Rundfunk und Fernsehen ausgestrahlte Koordinierte Weltzeit (UTC; C steht für englisch »coordinated«). Die UTC hat als Zeiteinheit die SI-Sekunde, und für sie gilt die Festsetzung, daß sie nicht mehr als 0.9 Sekunden von der Zeitskale UT1 abweichen darf. Wird die Abweichung zwischen den Zeitskalen UTC und UT1 größer, so wird auf Veranlassung des BIH in Paris eine positive oder negative »Schaltsekunde« eingefügt. Dabei soll die Schaltsekunde die letzte Sekunde des 31. Dezembers oder/und des 30. Juni in der Zeitskale UTC sein. Erstmals wurde eine solche Schaltsekunde am 30. Juni 1972 eingelegt.

In den Jahrbüchern findet man eine Tabelle zur Reduktion der Zeitskalen aufeinander. Zwei Korrekturgrößen werden gegeben:

$$\Delta T(A) = TAI + 32\overset{s}{.}184 - UT; \quad \Delta UT = UT - UTC$$

Der Wert von $\Delta T(A)$ ist näherungsweise $\Delta T = ET - UT$. Für 1984 Jan. 1 wird die extrapolierte Größe mit $\Delta T(A) = +53\overset{s}{.}7$ und für 1985 Jan. 1 mit $\Delta T(A) = 54\overset{s}{.}5$ angegeben.

1.5.8 Das Jahr

Zur Angabe größerer Zeiträume dient als Einheit das Jahr. Dieses ist die Dauer eines Umlaufs der Erde um die Sonne, nach deren Ablauf sich die gleichen Erscheinungen der Tageslängen, der Jahreszeiten usw. wiederholen. Da sich die wirkliche Bewegung der Erde um die Sonne in der scheinbaren Bewegung der Sonne an der Himmelskugel (s. 1.6) widerspiegelt, kann das Jahr auch im Hinblick auf den scheinbaren Lauf der Sonne definiert werden. Je nach dem Bezugspunkt, von dem an der Umlauf der Erde gezählt wird, oder an dem die Vollendung eines Umlaufs der Sonne in ihrer scheinbaren Bahn festgestellt wird, unterscheidet man verschiedene Jahreslängen.

Definitionen der Jahreslängen

Definition	Jahreslänge
Tropisches Jahr	
Zeitintervall zwischen zwei Durchgängen der mittleren Sonne durch den Frühlingspunkt	365.24219 9 Ephemeridentage
Siderisches Jahr	
Zeitintervall zwischen zwei Vorübergängen der mittleren Sonne an ein und demselben Fixstern	365.25636 6 Ephemeridentage
Anomalistisches Jahr	
Zeitintervall zwischen zwei Durchgängen der Erde durch ihr Perihel	365.25962 6 Ephemeridentage
Finsternis-Jahr	
Zeitintervall zwischen zwei Durchgängen der Sonne durch ein und denselben Mondknoten	346.62003 2 Ephemeridentage

Das (bürgerliche) Kalenderjahr ist im Kalenderwesen (s. 1.9), in der Chronologie, der Zeitabschnitt, der in ganzen Tagen etwa dem Umlauf der Erde um die Sonne entspricht.
Das Tropische Jahr ist – wie man aus den Zahlenwerten ersieht – etwas kürzer als das Siderische Jahr. Und zwar weil der Frühlingspunkt sich wegen der Präzession der Erdachse rückläufig in der Ekliptik bewegt.
Nach F. W. Bessel legt man den Anfang des Tropischen Jahrs auf den Zeitpunkt, da der Mittelpunkt der mittleren fiktiven Sonne die Rektaszension $18^h 40^m = 280°$ hat. Dieser Zeitpunkt fällt nahe mit dem Beginn des Kalenderjahrs zusammen. Das so definierte Jahr wird annus fictus oder auch Besselsches Jahr genannt. Es

beginnt aber, im Gegensatz zum Kalenderjahr, laut Definition im gleichen Moment auf der ganzen Erde. In astronomischer Schreibweise wird dieser Jahresanfang mit »Jahreszahl Punkt Null« geschrieben. Die Bruchteile des Jahrs drückt man ebenfalls dezimal aus. Zum Beispiel war 1980 Jan. $1\overset{d}{.}189$ ET der Beginn des Besselschen Jahrs 1980.0; der bürgerliche Jahresanfang hingegen war 1980 Jan. $0^d\,0^h\,0^m\,0^s$ mittlere Zonenzeit.

Die Bezeichnung Jahr wird auch für einen längeren astronomischen Zeitabschnitt benutzt, wie etwa für das Platonische Jahr, die Dauer eines Umlaufs des Frühlingspunkts in der Ekliptik aufgrund der Präzession der Erdachse. Das Platonische Jahr hat die gleiche Dauer wie die Periode dieser Präzessionsbewegung, nämlich etwa 25 800 Tropische Jahre.

1.6 Die Bewegung der Sonne an der Sphäre

Beobachten wir den Stand der Sonne unter den Sternen (etwa durch Distanzmessung zwischen der Sonne und hellen Sternen), so stellen wir fest, daß die Sonne täglich unter den Sternen ihren Ort verändert. Am Tag des Frühlingsanfangs (21. März) schneidet die Sonne auf ihrer scheinbaren Bahn den Himmelsäquator. Diesen Schnittpunkt zwischen der Sonnenbahn, der Ekliptik, und dem Äquator bezeichnet man als Frühlingspunkt; dort beginnt die Zählung der Rektaszension und die der ekliptikalen Länge (s. 1.3). Die Sonne hat also am 21. März im Frühlingspunkt die Rektaszension $\alpha = 0^h$ und die Länge $\lambda = 0°$. Da dieser Punkt auf dem Äquator liegt, beträgt auch die Deklination $\delta = 0°$. Im Lauf des Frühjahrs nehmen nun die Rektaszension und die Länge zu und erreichen am Tag des Sommeranfangs, der Sommersonnenwende $\alpha = 6^h$, $\lambda = 90°$, $\delta = +23°\,27'$. Am Herbstanfang, im Herbstpunkt, hat die Sonne die Rektaszension 12^h und die ekliptikale Länge $180°$. Ihre Deklination beträgt wieder $\delta = 0°$, sie wandert über den Äquator, und ihre Deklination wird nun negativ. Zur Wintersonnenwende (21. Dezember) hat die Sonne ihre größte negative Deklination, $\delta = -23°\,27'$, erreicht; es ist dann $\alpha = 18^h$, $\lambda = 270°$. Am Tag der Frühlings-Tagundnachtgleiche kommt die Sonne wieder am Frühlingspunkt an; sie hat dann einen Jahreslauf durch ihre scheinbare Bahn vollendet.

Tägliche Änderung der Sonnenlänge

Genaue Messungen zeigen, daß die täglichen Änderungen der ekliptikalen Sonnenlänge nicht gleichmäßig verlaufen:

Durchschnittliche tägliche Änderung der Länge: $59\overset{''}{.}135$
Maximaler Wert (Anfang Januar): $61'$
Minimaler Wert (Mitte Juli): $57'$

Wegen der variablen Entfernung Erde–Sonne ändert sich auch der scheinbare Durchmesser der Sonnenscheibe. Er ist am größten Anfang Januar zur Zeit der schnellsten Sonnenbewegung und am kleinsten Mitte Juli. Der Unterschied zwischen größtem und kleinstem scheinbarem Sonnendurchmesser beträgt $1'\,04''$.

Die unterschiedlichen täglichen Änderungen der ekliptikalen Sonnenlänge und die scheinbare Änderung des Sonnendurchmessers erklären sich dadurch, daß die Erdbahn um die Sonne eine Ellipse ist. Die Bahngeschwindigkeit der Erde verändert sich entsprechend der Entfernung Erde–Sonne. Anfang Januar geht die Erde durch den sonnennächsten, Mitte Juli durch den sonnenfernsten Punkt ihrer Bahn (s. 3.2.1).

Scheinbarer Sonnendurchmesser

Tag		scheinbarer Durchmesser	Tag		scheinbarer Durchmesser
Januar	1	32' 35''	Juli	20	31' 32''
	21	32' 33''	August	9	31' 36''
Februar	10	32' 28''		29	31' 44''
März	2	32' 19''	September	18	31' 54''
	22	32' 09''	Oktober	8	32' 04''
April	11	31' 58''		28	32' 15''
Mai	1	31' 47''	November	17	32' 25''
	21	31' 39''	Dezember	7	32' 32''
Juni	10	31' 33''		27	32' 35''
	30	31' 31''	Januar	6	32' 35''

Ausdehnung der Sternbilder des Tierkreises

Sternbild	ekliptikale Länge	Sternbild	ekliptikale Länge
Widder	26° – 50°	Waage	214° – 239°
Stier	50° – 89°	Skorpion	239° – 245°
Zwillinge	89° – 119°	Schütze	265° – 301°
Krebs	119° – 139°	Steinbock	301° – 329°
Löwe	139° – 174°	Wassermann	329° – 351°
Jungfrau	174° – 214°	Fische	351° – 26°

Zwischen der ekliptikalen Länge 245° und 265° verläuft die Ekliptik im Sternbild Schlangenträger, das aber nicht zu den Sternbildern des Tierkreises gehört.

Im Lauf eines Jahrs wandert die Sonne durch die Sternbilder des Tierkreises (Zodiakus). Diese Tierkreis-Sternbilder haben den gleichen Namen wie die Tierkreiszeichen, dürfen aber nicht mit diesen verwechselt werden: Neben der Einteilung der Ekliptik in 360 Grad ist auch eine Einteilung in 12 Teile zu je 30 Grad gebräuchlich, die vor allem in der Astrologie verwendet wird. Einen solchen Teil nennt man ein »Zeichen der Ekliptik«. Allerdings stimmen die tatsächlichen Sternbilder des Tierkreises nicht mehr mit diesen »Zeichen des Tierkreises« überein (man vergleiche die beiden Tabellen). Die Ursache hierfür liegt in der Präzession (s. 2.1.5) der Erdachse begründet, die in etwa 25 800 Jahren einen scheinbaren Kreis am Himmel beschreibt. Als Folge davon ändern sich die Lagen von Erdachse und Frühlingspunkt langsam gegenüber den Objekten am Himmel. Da die Einteilung der Ekliptik in »Zeichen des Tierkreises« etwas mehr als 2000 Jahre alt ist (was etwa einem Zwölftel der Präzessionsperiode entspricht), haben sich die »Zeichen des Tierkreises« etwa um ein ganzes Zeichen gegenüber den

1.6 Bewegung der Sonne an der Sphäre

wahren Sternbildern verschoben. Wenn die Sonne also »astrologisch« sich z. B. im »Zeichen des Tierkreises« Stier befinden soll, befindet sie sich tatsächlich im Sternzeichen Widder am Himmel, und mit der Zeit wird diese Diskrepanz immer größer. (Diese Diskrepanz ist eins von vielen Argumenten gegen die Astrologie, die leider noch immer einen starken und unheilvollen Einfluß ausübt.)

Tierkreiszeichen und Längen ihrer Anfangspunkte in der Ekliptik

Zeichen	Name deutsch	Name lateinisch	Anfangspunkt in der Ekliptik
♈	Widder	Aries	0°
♉	Stier	Taurus	30°
♊	Zwillinge	Gemini	60°
♋	Krebs	Cancer	90°
♌	Löwe	Leo	120°
♍	Jungfrau	Virgo	150°
♎	Waage	Libra	180°
♏	Skorpion	Scorpius	210°
♐	Schütze	Sagittarius	240°
♑	Steinbock	Capricornus	270°
♒	Wassermann	Aquarius	300°
♓	Fische	Pisces	330°

Am 21. März und am 23. September (Äquinoktien) haben Tag und Nacht die gleiche Länge. Am 21. Juni und am 21. Dezember (Solstitien), dem längsten bzw. dem kürzesten Tag des Jahrs, beträgt der Unterschied in der Sonnenscheindauer in unsern nördlichen Breiten etwa 8 Stunden. Die Sonne hat am Frühlings- und Herbstanfang die Deklination $\delta = 0°$. Am Tag der Sommer- bzw. Wintersonnenwende beträgt ihre Deklination $\delta = \pm 23° 27'$. Da die Lage des Himmelsäquators über dem Horizont von der geographischen Breite des Beobachtungsorts abhängig und für ein und denselben Ort immer gleich ist, erreicht also die Sonne zu verschiedenen Zeiten unterschiedliche Höhen über dem Horizont. Dieser Unterschied der Höhe, der zwischen den beiden Extremwerten rund 47° ausmacht, bedingt einen verschieden schrägen Einfall der Sonnenstrahlen auf die Erde und damit die Jahreszeiten.

Dauer der Jahreszeiten auf der Nordhalbkugel

Frühling	92 Tage	19 Stunden
Sommer	93 Tage	15 Stunden
zusammen:	186 Tage	10 Stunden
Herbst	89 Tage	19 Stunden
Winter	89 Tage	0 Stunde
zusammen:	178 Tage	19 Stunden
Unterschied zwischen Sommer- und Winterhalbjahr:	7 Tage	14 Stunden

Eine Gegenüberstellung der Dauern der einzelnen Jahreszeiten auf der Nordhalbkugel der Erde zeigt, daß diese nicht gleich lang sind. Auch diese Erscheinung ist, ebenso wie die unterschiedliche tägliche Änderung der Sonnenlänge, durch die wechselnde Geschwindigkeit der Bewegung der Erde um die Sonne zu erklären. So befindet sich die Erde Anfang Januar, also zur Zeit des Winterhalbjahrs auf der Nordhalbkugel, in Sonnennähe. Da sie zu dieser Zeit eine größere Bahngeschwindigkeit als im Sommerhalbjahr besitzt, versteht man leicht, daß das Sommerhalbjahr auf der Nordhalbkugel länger ist als das Winterhalbjahr.

1.7 Lauf und Bewegung des Monds

Die Bewegung des Monds unter den Sternen erfolgt mit ungleichförmiger Geschwindigkeit. Im Mittel bewegt sich der Mond bezüglich der Sterne täglich 13° 11′ in östlicher Richtung am Himmel weiter. Seine scheinbare Bahn an der Sphäre ist nahezu ein Großkreis, der im Mittel um 5° 8′ gegen die Ekliptik geneigt ist. Die Schnittpunkte der Mondbahn mit der Ekliptik werden Knoten genannt. Den Punkt, an dem der Mond von der Südseite zur Nordseite der Ekliptik überwechselt, nennt man den aufsteigenden, den andern den absteigenden Knoten. Die Knoten liegen nicht fest, sondern wandern jährlich um 19°.3 rückläufig in der Ekliptik, so daß in 18.6 Jahren der ganze Kreis einmal durchlaufen wird. Diese Knotenbewegung verursacht eine fortlaufende Änderung der Lage der Mondbahn an der Sphäre. Die beiden Extremlagen der Bahn treten ein, wenn der aufsteigende bzw. der absteigen-

Mondphasen. Mondlauf im Anblick von Norden auf die Mondbahnebene; ganz außen die Mondphasen wie von der Erde aus gesehen

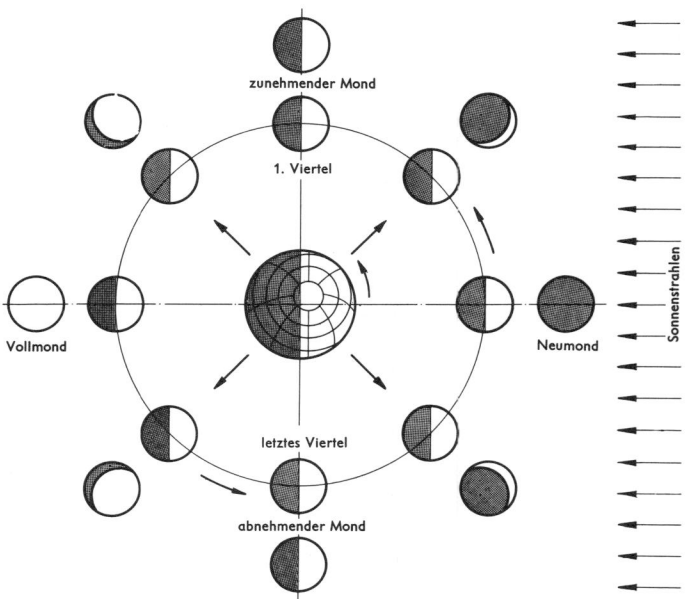

1.7 Lauf und Bewegung des Monds

de Knoten mit dem Frühlingspunkt zusammenfällt. Der Unterschied beträgt für einen gegebenen Beobachtungsort zwischen den beiden Lagen $11°\!.2$ in Höhe.

Die auffälligsten mit dem Mond verbundenen Erscheinungen sind seine Lichtphasen. Da der Mond kein eigenes Leuchten besitzt, sondern lediglich von der Sonne angestrahlt wird, sind die Mondphasen abhängig von der Stellung dieser beiden Himmelskörper zueinander. Man bezeichnet die Stellungen zweier Himmelskörper, in diesem Fall also von Sonne und Mond, entsprechend dem Unterschied ihrer ekliptikalen Längen als Konstellationen. Ein vollständiger Ablauf aller Phasen wird Lunation genannt.

Konstellationen

Name	ekliptikaler Längenunterschied	Mondphasen
Konjunktion	0°	Neumond
Opposition	180°	Vollmond
Quadratur	90°	erstes bzw. letztes Viertel

Die Trennlinie zwischen beleuchtetem und unbeleuchtetem Teil der Mondscheibe nennt man Terminator; er ist im ersten und im letzten Viertel eine gerade Linie, zu den andern Phasen eine Halbellipse. Die Verbindungslinie zwischen den beiden Enden des Terminators steht senkrecht auf der Linie Sonne–Mond. Vergegenwärtigt man sich die Stellung Sonne–Mond sowie den Bewegungssinn der Erdrotation und des Monds auf seiner Bahn, so sieht man, daß der zunehmende Mond nur am Abendhimmel, der abnehmende Mond nur am Morgenhimmel stehen kann.

Länge und Definition des Monats

Definition	Monatslänge
Tropischer Monat Zeitintervall, in dem die ekliptikale Länge des Monds um 360° wächst	$27^d\!.3216 = 27^d\,7^h\,43^m\,4^s\!.7$
Siderischer Monat Zeitintervall eines Bahnumlaufs des Monds, gemessen an den Sternen	$27^d\!.3217 = 27^d\,7^h\,43^m\,11^s\!.5$
Synodischer Monat Zeitintervall von Neumond zu Neumond	$29^d\!.5306 = 29^d\,12^h\,44^m\,2^s\!.8$
Drakonitischer Monat Zeitintervall zwischen zwei aufeinanderfolgenden Durchgängen durch den aufsteigenden Knoten	$27^d\!.2122 = 27^d\,5^h\,5^m\,35^s\!.7$
Anomalistischer Monat Zeitintervall zwischen zwei Durchgängen des Monds durch sein Perigäum, d. h. den der Erde nächsten Punkt seiner Bahn	$27^d\!.5546 = 27^d\,13^h\,18^m\,33^s\!.1$

Ebenso wie der scheinbare Sonnendurchmesser schwankt auch der scheinbare Monddurchmesser, und zwar zwischen den Werten 29̋.4 und 33̋.6; der mittlere scheinbare Durchmesser beträgt 31' 3''. Die bei Mondaufgang oder -untergang scheinbar zu beobachtende starke Vergrößerung der Mondscheibe ist eine optische Täuschung, wie durch Messen leicht festgestellt werden kann.

Die Bewegung und der Phasenwechsel des Monds haben zu der Zeiteinteilung nach Mondumläufen, nach Monaten, geführt. Je nach den Meßpunkten sind verschiedene Monatslängen in Gebrauch.

1.8 Finsternisse

Sonnen- und Mondfinsternisse sind geometrisch-optische Phänomene, die dann eintreten, wenn Sonne, Mond und Beobachtungsort (nahezu) auf einer Geraden liegen. Befindet sich dabei der Mond zwischen Sonne und Beobachter, so wird eine Sonnenfinsternis beobachtet; liegt dagegen die Erde zwischen Sonne und Mond, dann wird der Mond verfinstert. Daraus ergibt sich, daß Sonnenfinsternisse nur bei Neumond und Mondfinsternisse nur bei Vollmond eintreten können. Da die Mondbahn um 5° 8' gegen die Ekliptik geneigt ist, können beide Arten von Finsternissen aber nur eintreten, wenn der Mond in der Nähe eines seiner Knoten (s. 1.7) steht.

Der scheinbare Monddurchmesser ist nicht zu allen Zeiten größer als der scheinbare Sonnendurchmesser. So kann die Sonne durch den Mond so bedeckt werden, daß von ihr noch ein ringförmiger Saum sichtbar ist. Man spricht in diesem Fall von einer ringförmigen Sonnenfinsternis. Teil- oder partielle Sonnenfinsternisse nennt man solche, bei denen nur eine teilweise Bedeckung durch den Mond eintritt. Wegen des geringen Unterschieds der scheinbaren Durchmesser von Sonne und Mond und wegen des Distanzunterschieds Sonne–Erde bzw. Mond–Erde tritt eine totale Sonnenfinsternis nur für eine schmale Zone auf der Erde ein. Für Beobachtungsorte außerhalb dieser Totalitätszone ist die Finsternis nur mehr oder weniger partiell. Auch beim Mond ist eine teilweise oder partielle Verfinsterung möglich.

Sonnen- und Mondfinsternisse wiederholen sich innerhalb von 6585.3 Tagen oder 18 Jahren und 11.3 Tagen. Dieser Zeitraum – auch als Saros-Zyklus bezeichnet – war schon den alten Hochkulturen des Vorderen Orients bekannt. Wie man aus den Bahnen von Erde und Mond sowie ihren jeweiligen Durchmessern berechnen kann, sind in einem Jahr höchstens fünf Sonnenfinsternisse und drei Mondfinsternisse möglich. Aus dem Verhältnis der erlaubten Knotenabstände für Sonnen- bzw. Mondfinsternisse folgt, daß Sonnenfinsternisse 1.56mal häufiger sind als Mondfinsternisse. Dies gilt für die Gesamtzahl der Finsternisse auf der Erde; für einen bestimmten Ort sind Mondfinsternisse häufiger, da Sonnenfinsternisse immer nur auf einem schmalen Streifen, Mondfinsternisse jedoch auf der halben Erde sichtbar sind.

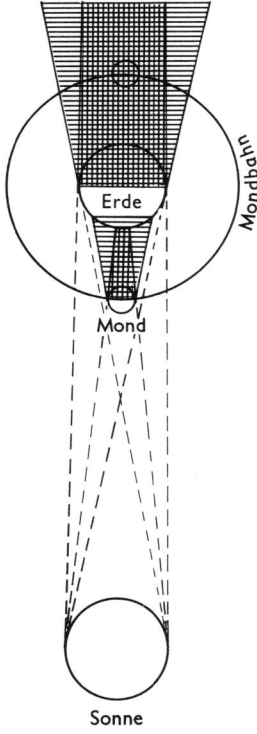

Sonnen- und Mondfinsternis (nicht maßstäblich)

1.8 Finsternisse

Die Sonnenfinsternisse zwischen 1990 und 2006

Jahr	Datum	Typ[1]	Verlauf der Totalität[2]	Sichtbarkeit in Deutschland[3]		
				Typ	Zeit	Anteil
1990	26. Jan.	r	Südatlantik	–	–	–
1990	22. Juli	t	Finnland, Eismeer, Sibirien	–	–	–
1991	15. Jan.	r	Australien, Neuseeland	–	–	–
1991	11. Juli	t	Mittelamerika, Kolumbien, Brasilien	–	–	–
1992	4. Jan.	r	Pazifik	–	–	–
1992	30. Juni	t	Südatlantik	–	–	–
1992	24. Dez.	p	–	–	–	–
1993	21. Mai	p	–	p	$16^h 35^m$	5 % in Norddeutschland
1993	13. Nov.	p	–	–	–	–
1994	10. Mai	r	USA, Marokko	p	nach Sonnenuntergang	51 %
1994	3. Nov.	t	Chile, Argentinien, Südafrika	–	–	–
1995	29. April	r	Peru, Brasilien	–	–	–
1995	24. Okt.	t	Persien, Indien, Südostasien	–	–	–
1996	17. April	p	–	–	–	–
1996	12. Okt.	p	–	p	$15^h 30^m$	65 %
1997	9. März	t	Rußland	–	–	–
1997	1. Sept.	p	–	–	–	–
1998	26. Febr.	t	Mittelamerika	–	–	–
1998	22. Aug.	r	Indonesien	–	–	–
1999	16. Febr.	r	Australien	–	–	–
1999	11. Aug.	t	Mitteleuropa, Vorderasien, Indien	t	$11^h 30^m$	Totalität d. Süddtld.
2000	5. Febr.	p	–	–	–	–
2000	1. Juli	p	–	–	–	–
2000	31. Juli	p	–	–	–	–
2000	25. Dez.	p	–	–	–	–
2001	21. Juni	t	Afrika, Madagaskar	–	–	–
2001	14. Dez.	r	–	–	–	–
2002	10. Juni	r	–	–	–	–
2002	4. Dez.	t	Südafrika, Australien	–	–	–
2003	31. Mai	r	–	–	–	–
2003	23. Nov.	t	Südl. Pazifik, Ind. Ozean	–	–	–
2004	19. April	p	–	–	–	–
2004	14. Okt.	p	–	–	–	–
2005	8. April	r	–	–	–	–
2005	3. Okt.	r	–	–	–	–
2006	29. März	t	Atlantik, Nordafrika, Türkei, Sibirien	–	–	–
2006	22. Sept.	r	–	–	–	–

[1] t total, r ringförmig, p partiell;
[2] Totalitätszone bei totaler bzw. Zone maximaler Bedeckung bei ringförmiger Sonnenfinsternis; Symbol –, wenn der Kernschatten die Erde gar nicht berührt;
[3] Zeit der maximalen Bedeckung, Anteil des bedeckten Sonnendurchmessers.

Die Mondfinsternisse zwischen 1990 und 2006

Jahr	Datum	Typ	Zeit der größten Bedeckung	halbe Dauer part. Phase	halbe Dauer totale Phase	Sichtbarkeit in Deutschland
1990	9. Febr.	t	$20^h 12^m$	102^m	23^m	t
1990	6. Aug.	p	$15^h 07^m$	87^m	–	–
1991	21. Dez.	p	$11^h 34^m$	35^m	–	–
1992	15. Juni	p	$5^h 57^m$	87^m	–	p
1992	10. Dez.	t	$0^h 43^m$	106^m	37^m	t
1993	4. Juni	t	$14^h 00^m$	110^m	49^m	–
1993	29. Nov.	t	$7^h 26^m$	103^m	25^m	t
1994	25. Mai	p	$4^h 28^m$	58^m	–	p
1995	15. April	p	$13^h 17^m$	39^m	–	–
1996	4. April	t	$1^h 09^m$	108^m	42^m	t
1996	27. Sept.	t	$3^h 53^m$	106^m	36^m	t
1997	24. März	p	$5^h 41^m$	97^m	–	p
1997	16. Sept.	t	$19^h 57^m$	105^m	33^m	t
1999	28. Juli	p	$12^h 36^m$	71^m	–	–
2000	21. Jan.	t	$5^h 44^m$	107^m	42^m	t
2000	16. Juli	t	$14^h 55^m$	112^m	51^m	–
2001	9. Jan.	t	$21^h 21^m$	105^m	33^m	t
2001	5. Juli	p	$15^h 58^m$	77^m	–	–
2003	16. Mai	t	$4^h 39^m$	104^m	29^m	t
2003	9. Nov.	t	$2^h 18^m$	100^m	12^m	t
2004	4. Mai	t	$2^h 18^m$	107^m	40^m	t
2004	28. Okt.	t	$4^h 04^m$	107^m	40^m	t
2005	17. Okt.	p	$13^h 02^m$	33^m	–	–
2006	7. Sept.	p	$19^h 53^m$	49^m	–	p

t totale, p partielle Mondfinsternis; Zeit der Bedeckung in MEZ

1.9 Kalender

Kalender sind allgemein Einteilungen von größeren Zeitabschnitten mit Hilfe der Zeiteinheiten Tag, Monat und Jahr. Da Monat und Jahr nach ihrer astronomischen Definition nicht ganzzahlige Vielfache der Einheit Tag sind, das Jahr darüber hinaus auch kein ganzzahliges Vielfaches der Einheit Monat, ergeben sich verschiedene Möglichkeiten, unter Verwendung von Tag, Monat und Jahr als Einheiten jeweils allgemein gültige Zeitskalen zu definieren. Solche Zeitskalen werden als Kalender bezeichnet, insbesondere wenn sie für das öffentliche oder staatliche Leben verbindlich sind. Die verschiedenen Kalender unterscheiden sich voneinander durch die Festlegung der Grundeinheit, von der die anderen Einheiten abgeleitet werden, und man bezeichnet sie entsprechend z. B. als Mondkalender oder als Sonnenkalender; ihnen allen ist jedoch gemeinsam, daß die größeren kalendarisch festgelegten Einheiten jeweils eine ganze Anzahl an Tagen enthalten.

Das durch den scheinbaren Sonnenlauf bzw. durch den Umlauf der Erde um die Sonne festgelegte Sonnenjahr hat keine ganze Anzahl von Tagen. Es verbleiben vielmehr Tagesbruchteile, die

1.9 Kalender

soll der kalendarische Jahresanfang gegenüber den Jahreszeiten fest bleiben – durch Schalttage ausgeglichen werden müssen.
In einem sich nach dem Mondlauf richtenden Jahr, einem sogenannten Mond- oder Lunarjahr, wie es im Islam das religiöse Leben bestimmt, ist die Monatslänge, also die Wiederkehr der Mondphasen, alleinige Orientierung. Da 12 Lunationen aber um etwa 11 Tage kürzer sind als ein Sonnenjahr, wandert der Jahresanfang im Islamischen Kalender im Lauf der Jahre durch unser (Gregorianisches) Kalenderjahr.

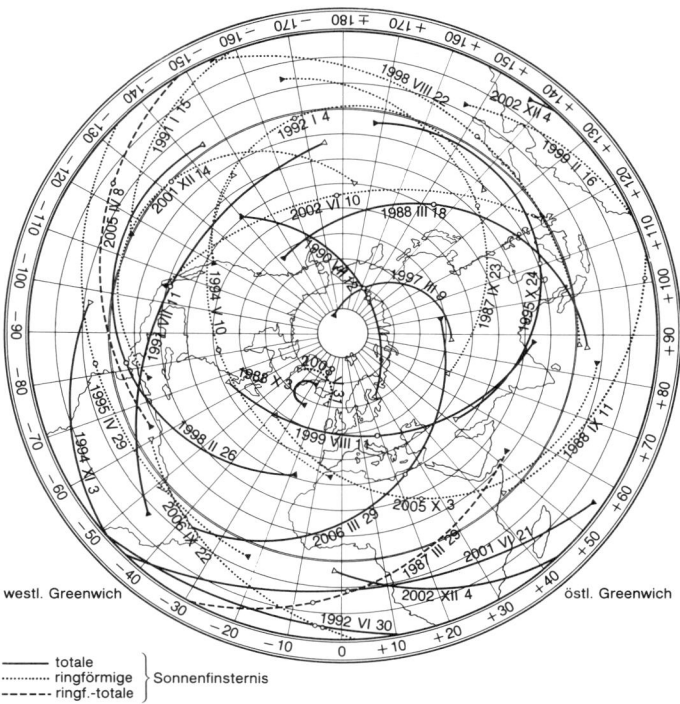

Verlauf der Totalitätszonen von Sonnenfinsternissen auf der Erdoberfläche

──── totale
············ ringförmige } Sonnenfinsternis
------ ringf.-totale

Ein Kalender, der sowohl den Wechsel der Mondphasen als auch den Ablauf der Jahreszeiten innerhalb des Jahrs berücksichtigt, muß zum Ausgleich in periodischen Folgen einen 13. Monat als Schaltmonat einfügen. Dieser Schaltmonat sorgt dafür, daß die Monate dem Mondlauf angepaßt bleiben, der Jahresanfang aber, bis auf kleine Schwankungen, festliegt. Ein solches Lunisolarjahr liegt dem Jüdischen Kalender zugrunde.
Allgemein sind Fragen des Kalenderwesens, und auch die seiner geschichtlichen Entwicklung, Aufgabe und Inhalt der technischen Chronologie. Die Festlegung genauer Zeitskalen mittels astronomischer Beobachtungen und die genauen Datierungen geschichtlicher und frühgeschichtlicher Ereignisse aufgrund astronomischer Angaben (z. B. des Orts und der Zeit von Finsternissen oder

bestimmter Planetenkonstellationen) ist Aufgabe der astronomischen Chronologie.

1.9.1 Bürgerlicher Kalender und christliche Festtagsrechnung

Grundlage des heute benutzten Gregorianischen Kalenders ist ein reines festes Sonnenjahr. Sein Vorläufer war der Julianische Kalender. Dieser, auf Anordnung von Julius Cäsar eingeführt und nach ihm benannt, beseitigte die im alten römischen, nach Lunisolarjahren eingeteilten Kalender sehr willkürlich gehandhabten Schaltregeln. Durch diese Julianische Kalenderreform ging man vom Lunisolarjahr zum reinen festen Sonnenjahr über. In diesem Kalender wurden die nicht mehr den Mondphasen entsprechenden Monatslängen zu 30 und 31 Tagen eingeführt. Lediglich der Monat Februar, in dem ein Schalttag eingeschoben werden kann, hatte 28 bzw. 29 Tage. Ein Tag war ihm abgestrichen worden, da man den nach Julius Cäsar und nach Augustus benannten Monaten Juli und August eine gleiche Länge von je 31 Tagen gab. Durch die einfache Schaltregel – alle vier Jahre ein Schalttag – hatte der Julianische Kalender eine Länge von 365.25 mittleren Sonnentagen. In ihm wurde gezählt »ab urbe condita«, das heißt »nach der Gründung der Stadt« (Rom); nach unserer Zeitrechnung liegt diese im Jahr 753 v. Chr.

Der Gregorianische Kalender, von Papst Gregor XIII. angeordnet, beseitigte den bis zum Ende des 16. Jahrhunderts angewachsenen Fehler von 10 Tagen im Jahresbeginn, der dadurch entstanden war, daß das Tropische Jahr um 0.0076 Tagesbruchteile kürzer ist als das Julianische Kalenderjahr. Man korrigierte dadurch, daß man auf den 4. Oktober 1582 den 15. Oktober 1582 folgen ließ, und zwar ohne Unterbrechung der Wochentagszählung. Der Frühlingsanfang eines jeden Jahres wurde auf den 21. März festgelegt.

Eine neue Schaltregel bestimmte diejenigen Jahre zu Schaltjahren, deren Jahreszahl durch vier teilbar ist. Alle 400 Jahre fallen aber drei Schaltjahre aus, und zwar diejenigen Säkularjahre, in deren Jahreszahl die Zahl der Jahrhunderte nicht durch vier teilbar ist. Also sind die Jahre 1700, 1800 und 1900 keine Schaltjahre gewesen, das Jahr 2000 hingegen wird eins sein. Die mit dieser Schaltregel noch verbleibenden Fehlerreste wachsen erst in 3333 Jahren auf einen vollen Tag an. Ausgangspunkt unserer Zeitrechnung ist, nach einem Vorschlag des Abts Dionysius Exiguus im Jahr 525, die Zählung der Jahre »nach Christi Geburt«.

Die christliche Festtagsrechnung in unserem Kalender geht zurück auf einen Beschluß des Konzils zu Nizäa (325 n. Chr.), auf dem beschlossen wurde, daß das Osterfest am ersten Sonntag nach dem Vollmond gefeiert wird, der dem Frühlingsanfang (Frühlings-Tagundnachtgleiche) folgt. Danach sind der 22. März und der 25. April die äußersten Daten, auf die Ostern fallen kann. Pfingsten wird am 50. Tag nach Ostern gefeiert. Im Gegensatz zu diesen beweglichen Festen liegt das Weihnachtsfest immer auf dem gleichen Datum.

Datum des Osterfests

Jahr	Datum
1990	15. April
1991	31. März
1992	19. April
1993	11. April
1994	3. April
1995	16. April
1996	7. April
1997	30. März
1998	12. April
1999	4. April
2000	23. April
2001	15. April
2002	31. März
2003	20. April
2004	11. April
2005	27. März
2006	16. April

1.9 Kalender

Trotz seiner mathematischen Richtigkeit ist der Gregorianische Kalender in einem Punkt nicht befriedigend: Die siebentägige Woche ist nicht ganzzahlig in der Anzahl der Tage eines Jahrs enthalten. Dadurch fällt das gleiche Datum jedes Jahr immer wieder auf einen anderen Wochentag. Ferner sind durch die verschiedenen Monatslängen die Vierteljahre nicht gleich lang, was bei statistischen Problemen immer wieder zu Schwierigkeiten führt.

1.9.2 Jüdischer und Islamischer Kalender

Die Kalender der Juden und der Muslime beruhen auf dem Mondjahr. Da nach $29\frac{1}{2}$ Tagen die gleiche Mondphase wiederkehrt (s. 1.7), hat das Mondjahr mit 12 Monaten eine Länge von 354 Tagen.

Jüdischer Kalender Ausgangspunkt des Jüdischen Kalenders ist die Jahreszählung »nach Erschaffung der Welt«, die aufgrund theologischer Studien auf das Jahr 3761 v. Chr. festgelegt wurde. Eine etwas umständliche Schaltregel beseitigt im Jüdischen Kalender die Unterschiede zwischen reinen Mondjahren und Jahreszeitwechsel (Lunisolarjahre).

Jahresform und Jahresanfang (Tischri 1) für die Jahre 5732 bis 5761 (1971 bis 2000)

abg. Gem.	= abgekürztes Gemeinjahr	von 353 Tagen
ord. Gem.	= ordentliches Gemeinjahr	von 354 Tagen
üb. Gem.	= überzähliges Gemeinjahr	von 355 Tagen
abg. Sch.	= abgekürztes Schaltjahr	von 383 Tagen
ord. Sch.	= ordentliches Schaltjahr	von 384 Tagen
üb. Sch.	= überzähliges Schaltjahr	von 385 Tagen

Jahr	Form	Gregorianisches Datum des Jahresanfangs	Jahr	Form	Gregorianisches Datum des Jahresanfangs
5732	üb. Gem.	1971 Sept. 20	5747	üb. Gem.	1986 Okt. 4
5733	abg. Sch.	1972 Sept. 9	5748	ord. Gem.	1987 Sept. 24
5734	üb. Gem.	1973 Sept. 27	5749	abg. Sch.	1988 Sept. 12
5735	ord. Gem.	1974 Sept. 17	5750	üb. Gem.	1989 Sept. 30
5736	üb. Sch.	1975 Sept. 6	5751	ord. Gem.	1990 Sept. 20
5737	abg. Gem.	1976 Sept. 25	5752	üb. Sch.	1991 Sept. 9
5738	ord. Sch.	1977 Sept. 13	5753	abg. Gem.	1992 Sept. 28
5739	üb. Gem.	1978 Okt. 2	5754	üb. Gem.	1993 Sept. 16
5740	üb. Gem.	1979 Sept. 22	5755	ord. Sch.	1994 Sept. 6
5741	abg. Sch.	1980 Sept. 11	5756	üb. Gem.	1995 Sept. 25
5742	ord. Gem.	1981 Sept. 29	5757	abg. Sch.	1996 Sept. 14
5743	üb. Gem.	1982 Sept. 18	5758	ord. Gem.	1997 Okt. 2
5744	üb. Sch.	1983 Sept. 8	5759	üb. Gem.	1998 Sept. 21
5745	ord. Gem.	1984 Sept. 27	5760	üb. Sch.	1999 Sept. 11
5746	abg. Sch.	1985 Sept. 16	5761	abg. Gem.	2000 Sept. 30

Einteilung der Jahre

Monat	Gemeinjahr			Schaltjahr		
	abgek.	ord.	überz.	abgek.	ord.	überz.
	Tage	Tage	Tage	Tage	Tage	Tage
Tischri	30	30	30	30	30	30
Marcheschwan	29	29	30	29	29	30
Kislev	29	30	30	29	30	30
Tebet	29	29	29	29	29	29
Schebat	30	30	30	30	30	30
Adar	29	29	29	30	30	30
Veadar	–	–	–	29	29	29
Nisan	30	30	30	30	30	30
Ijar	29	29	29	29	29	29
Sivan	30	30	30	30	30	30
Thamuz	29	29	29	29	29	29
Ab	30	30	30	30	30	30
Elul	29	29	29	29	29	29
	353	354	355	383	384	385

Islamischer Kalender Die Muslime zählen reine Mondjahre von der Auswanderung Mohammeds nach Medina an. Nach unserer Zeitrechnung entspricht dieser Anfang dem Jahr 622 n. Chr.

Jahresform und Jahresanfang (Moharrem 1) für die Jahre 1390 bis 1421 (1970 bis 2000)

Gem. = Gemeinjahr von 354 Tagen
Sch. = Schaltjahr von 355 Tagen

Jahr	Form	Gregorianisches Datum des Jahresanfangs	Jahr	Form	Gregorianisches Datum des Jahresanfangs
1390	Sch.	1970 März 9	1406	Sch.	1985 Sept. 16
1391	Gem.	1971 Febr. 27	1407	Gem.	1986 Sept. 6
1392	Gem.	1972 Febr. 16	1408	Gem.	1987 Aug. 26
1393	Sch.	1973 Febr. 4	1409	Sch.	1988 Aug. 14
1394	Gem.	1974 Jan. 25	1410	Gem.	1989 Aug. 4
1395	Gem.	1975 Jan. 14	1411	Gem.	1990 Juli 24
1396	Sch.	1976 Jan. 3	1412	Sch.	1991 Juli 13
1397	Gem.	1976 Dez. 23	1413	Gem.	1992 Juli 2
1398	Sch.	1977 Dez. 12	1414	Gem.	1993 Juni 21
1399	Gem.	1978 Dez. 2	1415	Sch.	1994 Juni 10
1400	Gem.	1979 Nov. 21	1416	Gem.	1995 Mai 31
1401	Sch.	1980 Nov. 9	1417	Sch.	1996 Mai 19
1402	Gem.	1981 Okt. 30	1418	Gem.	1997 Mai 9
1403	Gem.	1982 Okt. 19	1419	Gem.	1998 April 28
1404	Sch.	1983 Okt. 8	1420	Sch.	1999 April 17
1405	Gem.	1984 Sept. 27	1421	Gem.	2000 April 6

1.9 Kalender

Einteilung der Jahre

Monat	Gemeinjahr	Schaltjahr
	Tage	Tage
Moharrem	30	30
Safar	29	29
Rebî-el-awwel	30	30
Rebî-el-accher	29	29
Dschemâdi-el-awwel	30	30
Dschemâdi-el-accher	29	29
Redscheb	30	30
Schabân	29	29
Ramadân	30	30
Schewwâl	29	29
Dsû'l-kade	30	30
Dsû'l-hedsche	29	30
	354	355

1.9.3 Julianisches Datum

Außer der Zeiteinteilung in Jahre ist in der Astronomie ein System durchlaufender Tageszählung in Gebrauch, mit der sogenannten »Julianischen Periode« (7980 Jahre), nach einem Vorschlag von Joseph Justus Scaliger (1581). Der Anfangspunkt dieser Tageszählung ist der mittlere Mittag am 1. Jan. 4713 v. Chr. (der die Ordnungszahl 0 erhielt). Als »Julianisches Datum« (J. D.) bezeichnet man die Anzahl der seit diesem Moment verflossenen mittleren Sonnentage. Stunden, Minuten und Sekunden werden in dieser Zählung in Dezimalteilen des Tags ausgedrückt, wobei der Beginn des Tags, abweichend von der sonstigen Praxis, auf den mittleren Mittag von Greenwich (Weltzeit) gelegt wird. Das Julianische Datum ermöglicht die mühelose Berechnung von Zeitintervallen, während man sonst bei Benutzung der üblichen Daten die ungleiche Länge der Jahre und Monate berücksichtigen muß. Auch läßt sich aus dem Julianischen Datum leicht der Wochentag bestimmen. Man dividiert dazu das J. D. durch 7; ist der Rest 0, so handelt es sich um einen Montag, ist er 1, um einen Dienstag usw.

Das Julianische Datum erhält man durch Addition der Zahlenwerte der Tabellen a) und b). Die Stunden, Minuten und Sekunden werden dem Julianischen Datum als Dezimalstellen beigefügt. Um die Unterschiede zwischen gemeinen und Schaltjahren zu beseitigen, rechnet man das Jahr mit dem 1. März beginnend und zählt die Monate Januar und Februar zu dem jeweils vorigen Jahr.

Modifiziertes Julianisches Datum

Dem Julianischen Datum, wie vorstehend dargestellt, haften für die Gegenwart einige Umständlichkeiten an, so vor allem der Übergang von einem Julianischen Tag zum nächsten um 12^h Weltzeit (ursprünglich eingeführt, um in der nächtlichen Beobachtungszeit keinen Datumswechsel zu haben). Deshalb wurde von der Smithsonian Institution im Internationalen Geophysikalischen Jahr (1957/58) ein »Modifiziertes Julianisches Datum« (M. J. D.)

eingeführt, das sich in der Raumfahrt besonders schnell durchsetzte. Zum »Nullpunkt« wurde der 17. Nov. 1858, $0^h\,00^m\,00^s$ Weltzeit gewählt. Dieser Zeitpunkt ist identisch mit dem Julianischen Datum 2 400 000.5 J. D.

Es gilt also: 2 400 000.5 J. D. = 00 000.0 M. J. D.

Zu beachten ist, daß der Tagesbeginn nicht wie im Julianischen Datum der mittlere Mittag von Greenwich, also 12^h Weltzeit (UT), sondern 0^h Weltzeit ist.

Das M. J. D. kann leicht aus den Tabellen für das Julianische Datum entnommen werden; man muß lediglich in Tab. a) berücksichtigen, daß die Tageszählung dort um 12^h UT beginnt. Für die M. J. D. zum 1. März eines jeden Jahrs, 0^h UT, ist also die angegebene Julianische Tagesnummer um 1 zu vermindern, ferner ist 2 400 000 in Abzug zu bringen.

a) Anzahl der am Mittag des 1. März der Jahre 1890 bis 2009 n. Chr. seit Anfang der Julianischen Periode verflossenen Tage

Jahr	J. D.	Jahr	J. D.	Jahr	J. D.	Jahr	J. D.
1890	2 411 428	1920	2 422 385	1950	2 433 342	1980	2 444 300
1891	2 411 793	1921	2 422 750	1951	2 433 707	1981	2 444 665
1892	2 412 159	1922	2 423 115	1952	2 434 073	1982	2 445 030
1893	2 412 524	1923	2 423 480	1953	2 434 438	1983	2 445 395
1894	2 412 889	1924	2 423 846	1954	2 434 803	1984	2 445 761
1895	2 413 254	1925	2 424 211	1955	2 435 168	1985	2 446 126
1896	2 413 620	1926	2 424 576	1956	2 435 534	1986	2 446 491
1897	2 413 985	1927	2 424 941	1957	2 435 899	1987	2 446 856
1898	2 414 350	1928	2 425 307	1958	2 436 264	1988	2 447 222
1899	2 414 715	1929	2 425 672	1959	2 436 629	1989	2 447 587
1900	2 415 080	1930	2 426 037	1960	2 436 995	1990	2 447 952
1901	2 415 445	1931	2 426 402	1961	2 437 360	1991	2 448 317
1902	2 415 810	1932	2 426 768	1962	2 437 725	1992	2 448 683
1903	2 416 175	1933	2 427 133	1963	2 438 090	1993	2 449 048
1904	2 416 541	1934	2 427 498	1964	2 438 456	1994	2 449 413
1905	2 416 906	1935	2 427 863	1965	2 438 821	1995	2 449 778
1906	2 417 271	1936	2 428 229	1966	2 439 186	1996	2 450 144
1907	2 417 636	1937	2 428 594	1967	2 439 551	1997	2 450 509
1908	2 418 002	1938	2 428 959	1968	2 439 917	1998	2 450 874
1909	2 418 367	1939	2 429 324	1969	2 440 282	1999	2 451 239
1910	2 418 732	1940	2 429 690	1970	2 440 647	2000	2 451 605
1911	2 419 097	1941	2 430 055	1971	2 441 012	2001	2 451 970
1912	2 419 463	1942	2 430 420	1972	2 441 378	2002	2 452 335
1913	2 419 828	1943	2 430 785	1973	2 441 743	2003	2 452 700
1914	2 420 193	1944	2 431 151	1974	2 442 108	2004	2 453 066
1915	2 420 558	1945	2 431 516	1975	2 442 473	2005	2 453 431
1916	2 420 924	1946	2 431 881	1976	2 442 839	2006	2 453 796
1917	2 421 289	1947	2 432 246	1977	2 443 204	2007	2 454 161
1918	2 421 654	1948	2 432 612	1978	2 443 569	2008	2 454 527
1919	2 422 019	1949	2 432 977	1979	2 443 934	2009	2 454 892

1.9 Kalender

b) Anzahl der am Mittag des jeweiligen Tags seit dem Mittag des 1. März verflossenen Tage

Monats-tag	März	April	Mai	Juni	Juli	Aug.	Sept.	Okt.	Nov.	Dez.	Jan.	Febr.
1	0	31	61	92	122	153	184	214	245	275	306	337
2	1	32	62	93	123	154	185	215	246	276	307	338
3	2	33	63	94	124	155	186	216	247	277	308	339
4	3	34	64	95	125	156	187	217	248	278	309	340
5	4	35	65	96	126	157	188	218	249	279	310	341
6	5	36	66	97	127	158	189	219	250	280	311	342
7	6	37	67	98	128	159	190	220	251	281	312	343
8	7	38	68	99	129	160	191	221	252	282	313	344
9	8	39	69	100	130	161	192	222	253	283	314	345
10	9	40	70	101	131	162	193	223	254	284	315	346
11	10	41	71	102	132	163	194	224	255	285	316	347
12	11	42	72	103	133	164	195	225	256	286	317	348
13	12	43	73	104	134	165	196	226	257	287	318	349
14	13	44	74	105	135	166	197	227	258	288	319	350
15	14	45	75	106	136	167	198	228	259	289	320	351
16	15	46	76	107	137	168	199	229	260	290	321	352
17	16	47	77	108	138	169	200	230	261	291	322	353
18	17	48	78	109	139	170	201	231	262	292	323	354
19	18	49	79	110	140	171	202	232	263	293	324	355
20	19	50	80	111	141	172	203	233	264	294	325	356
21	20	51	81	112	142	173	204	234	265	295	326	357
22	21	52	82	113	143	174	205	235	266	296	327	358
23	22	53	83	114	144	175	206	236	267	297	328	359
24	23	54	84	115	145	176	207	237	268	298	329	360
25	24	55	85	116	146	177	208	238	269	299	330	361
26	25	56	86	117	147	178	209	239	270	300	331	362
27	26	57	87	118	148	179	210	240	271	301	332	363
28	27	58	88	119	149	180	211	241	272	302	333	364
29	28	59	89	120	150	181	212	242	273	303	334	365
30	29	60	90	121	151	182	213	243	274	304	335	
31	30		91		152	183		244		305	336	

2 Die Erde und ihr Mond

2.1 Die Erde als Planet

Die Erforschung der physikalischen Zustände und Prozesse unserer Erde sowie deren Beeinflussung durch andere Himmelskörper, insbesondere durch die Sonne und den Mond, sind an sich nicht Aufgabe der Astronomie, sondern der Geophysik. Diese Wissenschaft steht selbständig neben der Astrophysik und liegt eigentlich außerhalb unserer Betrachtungen. Für den Astronomen gibt es aber dennoch einige Gründe, sich mit den Ergebnissen geophysikalischer Forschung zu befassen.

Die Erde ist ein Planet, d. h. ein Körper des Sonnensystems, und ist als solcher auch Gegenstand astronomisch-astrophysikalischer Forschung. Ihre Nachbarplaneten – sie werden auch erdartige oder terrestrische Planeten genannt – haben sehr wahrscheinlich die gleichen Entstehungsgeschichten, und wie wir ja inzwischen durch »Augenschein« wissen, gibt es auf ihnen Erscheinungen und physikalische Vorgänge, die uns von der Erde her bekannt sind.

Es wurde inzwischen erfolgreich damit begonnen, geologische, geochemische, petrographische und seismische Untersuchungsmethoden der Erdwissenschaften zur Erforschung jener terrestrischen Planeten und auch unseres Mondes einzusetzen. Es läßt sich aber zwischen der Erde und dem sie umgebenden interplanetaren Raum auch keine scharfe Grenze ziehen. Die Übergänge von der Erdatmosphäre zum »leeren« Raum, vom terrestrischen Magnetfeld zur von der Sonne gespeisten Geokorona sind fließend, und daher geht die geophysikalische Forschung stetig in die astrophysikalische über.

Für den Astronomen ist die Erde immer noch die wichtigste Beobachtungsplattform im Raum. Aber Erdrotation, Erdumlauf um die Sonne, Polwanderung sowie Verlagerungen im und auf dem Erdkörper haben Einfluß auf die astronomischen Koordinatensysteme und verursachen Zeitskalen- und Kalenderprobleme. Die auf der Erde gewonnenen Beobachtungen sind darüber hinaus auch durch die auf dieser herrschenden Gegebenheiten, wie etwa Durchlässigkeit der Atmosphäre, Extinktion oder Brechung der von den Gestirnen kommenden Strahlung, beeinträchtigt. Nur genaue Kenntnisse der irdischen Verhältnisse gestatten eine Befreiung der Meßwerte von den auf diesen Verhältnissen beruhenden Einflüssen und Effekten. Erst nach solchen Reduktionen gelangt man zu gültigen Aussagen über astronomische und astrophysikalische Vorgänge und Zustände.

Entsprechend den für die Astronomie maßgebenden Gesichtspunkten wird hier eine Auswahl geophysikalischer Forschungsergebnisse dargestellt. Dabei kann auf die Erkenntnisse der andern Erdwissenschaften, wie Geodäsie, Geologie, Geographie, Geochemie, Mineralogie, nicht ausführlich eingegangen werden, wiewohl alle diese Disziplinen ihren Beitrag zu einem Gesamtbild unserer Erde liefern.

Masse und Dichte

Verhältnis der Sonnenmasse zur Erdmasse 332 946.0
Verhältnis der Sonnenmasse zur Masse des Systems Erde–Mond 328 900.5
Masse der Sonne $1.9891 \cdot 10^{30}$ kg
Masse der Erde $5.9742 \cdot 10^{24}$ kg
Mittlere Dichte der Erde 5.515 g cm^{-3}

2 Die Erde und ihr Mond

2.1.1 Figur und Dimensionen der Erde

Die Erde hat in erster Näherung die Gestalt einer Kugel. Wird die Näherung weitergetrieben, so muß der Erde die Gestalt eines abgeplatteten Rotationsellipsoids zugeschrieben werden. Einer solchen Figur ist gegenüber der Kugel auch aus physikalischen Gründen – nämlich wegen der Rotation um eine Achse und die dadurch auftretenden Fliehkräfte – der Vorzug zu geben. In aller Strenge ist der Erdkörper aber nicht durch eine einfache geometrische Figur wiedergebbar, denn neben geometrische Erwägungen müssen physikalische Messungen treten, die schließlich dazu führen, von der Erdfigur als dem Geoid zu sprechen, der durch das Schwerefeld der Erde definierten Figur.

Die Bestimmung der Erdfigur beruhte zunächst auf trigonometrischen Messungen. So konnte schon der Grieche Eratosthenes durch Messen des Meridianbogens zwischen Alexandria und Syene den Erdumfang bestimmen; der erhaltene Wert war um weniger als 1 Prozent fehlerhaft. Von historischem Interesse ist die auf Beschluß der französischen Nationalversammlung vom 26. 3. 1791 zur Schaffung eines feststehenden, jederzeit reproduzierbaren Maßes angeordnete Erdvermessung, die in den Jahren 1792 bis 1798 von P. Méchain und J. Delambre durchgeführt wurde. Aus dieser Messung ging das Meter als der 10 000 000. Teil des Erdquadranten hervor. Diese Vermessung ergab aber eine nach den heutigen Werten zu kleine Abplattung und einen zu kleinen Wert für den Meridianquadranten. Bis 1983 definierte man nach einem Platin-Iridium-Stab, der in Paris als »Urmeter« aufbewahrt wird, das Meter durch die jederzeit reproduzierbare Größe der Wellenlänge einer bestimmten Spektral-Linie. Danach wurde das Meter als die Länge von 1 650 763.73 Wellenlängen der orangeroten Strahlung des Edelgases Krypton 86 (^{86}Kr) festgelegt. Neuere, auf der Anwendung stabilisierter Laser beruhende Arbeiten wurden mit dem Ziel betrieben, die Länge des Meters über eine Festlegung der Lichtgeschwindigkeit im Vakuum zu definieren. So war es möglich, die hohe erreichte Genauigkeit bei der Darstellung der Sekunde (relative Unsicherheit $< 10^{-12}$) für die Darstellung des Meters zu nutzen. Die Definition für das Meter lautet heute: »Das Meter ist die Länge der Strecke, die Licht im Vakuum während des Intervalls von (1/299 792 458) s durchläuft«.

Die Internationale Union für Geodäsie und Geophysik hat 1924 die Werte eines Rotationsellipsoids festgelegt, das man »Internationales Ellipsoid« nennt. Schon bald nach dem Start der ersten künstlichen Erdsatelliten wurde aber festgestellt, daß die Abplattung der Erde um 0.35 % geringer ist als bisher angenommen, daß also der Polradius der Erde um 150 m größer ist als nach dem Internationalen Ellipsoid. Auch von der reinen Ellipsoidform weicht die Erdfigur ab, sie hat ein eher birnenförmiges Aussehen. Inzwischen weiß man noch Genaueres durch weitere Vermessungen der Bahnen künstlicher Satelliten, so daß man von der Beschreibung der Gestalt der Erde durch eine Rotationsfigur abgegangen ist und nun auf einem Globus direkt Zonen von »Anhebun-

Längenäquivalent in km eines Längengrads und eines Breitengrads in Abhängigkeit von der geographischen Breite

Geogr. Breite	Länge	Breite
0°	111.3239	110.5756
10°	109.6437	110.6125
20°	104.6514	110.7124
30°	96.4904	110.8633
40°	85.3977	111.0475
50°	71.6992	111.2427
60°	55.8028	111.4255
70°	38.1885	111.5737
80°	19.3945	111.6691
89°	1.9494	111.6999

2.1 Die Erde als Planet

Internationales Ellipsoid

Äquatorradius a	6 378 388 m (genau)
Polradius b	6 356 911.946 128 m
Abplattung $(a-b)/a$	1 : 297 (genau)
Mittlerer Radius $(2a+b)/3$	6 371 229.315 m
Radius der oberflächengleichen Kugel	6 371 227.709 m
Radius der volumengleichen Kugel	6 371 221.266 m
Äquatorquadrant	10 019 148.441 m
Meridianquadrant	10 002 288.299 m
Äquatorgrad	111 323.872 m
Mittlerer Meridiangrad	111 136.537 m
Oberfläche	510 100 933.5 km^2
Volumen	1 083 319 780 000 km^3

Ein über verschiedene Längenkreise gemittelter Schnitt durch den Erdkörper. Die durchgehende Linie entspricht dem Geoid nach Auswertung der Bahndaten von 27 künstlichen Erdsatelliten (Stand 1974; Zahlenangaben in m). Die gestrichelte Kurve gibt ein Sphäroid mit der Abplattung 1/298.25 wieder. Die Abweichungen sind etwa 80 000fach gedehnt

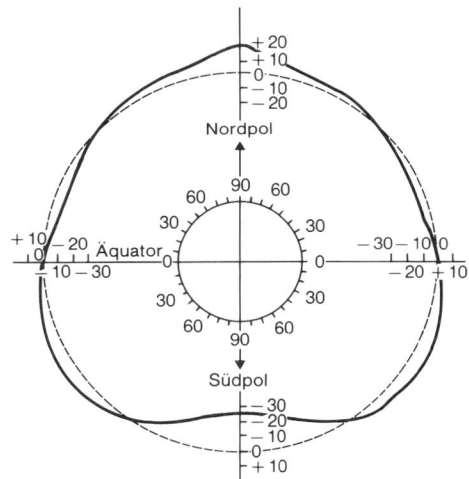

gen« und von »Depressionen«, bezogen auf eine exakte Sphäre, darstellt. Der Globus läßt sich in zwei zusammenhängende Gebiete teilen; der »angehobene« Teil erstreckt sich vom Nordpol aus etwa in 0° und 180° Länge bis ca. 40° südlicher Breite, während der »abgesenkte« Teil vom Südpol aus in Richtung 90° und 270° Länge bis hin zur Arktis verläuft.

Die Schwerebeschleunigung auf der Erdoberfläche ist abhängig vom örtlichen Erdradius (und von Schwereanomalien). In der Geophysik verwendet man als Einheit der Beschleunigung zu Ehren von Galilei:

$$1\,\text{Gal} = 1\,\text{cm}\,\text{s}^{-2} = 1 \cdot 10^{-2}\,\text{m}\,\text{s}^{-2}.$$

Schwerebeschleunigung

Normalschwere in 45° geograph. Breite:	980.629 Gal
Normalschwere am Äquator:	978.049 Gal
Normalschwere am Pol:	983.221 Gal
Arithmetisches Mittel von Äquator- und Polschwere:	980.635 Gal
Gravitation an der Oberfläche der nicht rotierenden, volumen- und massegleichen Kugel:	982.037 Gal

2 Die Erde und ihr Mond

GEOLOGIE, erdgeschichtliche Zeittafel

Die Historie der Meeresvorstöße und -rückzüge (Transgression und Regression) sowie die Synklinalentwicklung wurden bewußt nicht berücksichtigt. Bezüglich der entsprechenden Geologie wird auf die entsprechende Literatur verwiesen.
Abkürzungen: P Plattentektonik, G Gebirgsbildung, K Klima.

Ära	System	Abteilung	Stufe	Beginn vor heute (in Jahren)	geologische Vorgänge	Entwicklung des Lebens
Känozoikum (Neozoikum, Erdneuzeit)	Quartär	Holozän	Klimaoptimum	1 000–7 000	P: Die Verteilung der Kontinente entspricht der heutigen Situation. G: Es treten Hebungen in Gebirgszügen auf. K: Die Verteilungen von Eiszeiten und zwischengeschalteten Warmzeiten zeigen eine deutliche Korrelation zu Milankowić-Zyklen.	Die Hominiden beginnen ihre kulturelle Entwicklung. Erster Gebrauch des Feuers. Die Tierwelt entspricht etwa der heutigen, bis auf heute ausgestorbene Arten wie z. B. das Mammut. Die Faunen und Floren reflektieren in ihrer räumlichen Verteilung die Klimaschwankungen.
			jüngere Dryaszeit	11 000		
			Alleröd	11 800		
			ältere Dryaszeit	12 000		
			Böllingzeit	13 500		
		Pleistozän	Weichsel-/Würmkaltzeit	110 000		
			Eemwarmzeit	125 000		
			Saale-/Rißkaltzeit			
			Holsteinwarmzeit			
			Elster-/Mindelkaltzeit			
			Cromerwarmzeit	600 000		
			Menap-/Günzkaltzeit	900 000		
			Waalwarmzeit	1,4 Mill.		
			Eburonkaltzeit	1,6 Mill.		
			Tegelenwarmzeit	1,8 Mill.		
	Tertiär – Neogen (Jungtertiär)	Pliozän	Astium; Prätegelenkaltzeit	3 Mill.	P: Große Ähnlichkeit zur heutigen kontinentalen Verteilung: Südpol in der Antarktis und Nordpol im arktischen Meer. G: Rocky Mountains und Pyrenäen werden aufgefaltet. K: Paläozän kühl. Eozän Klimaoptimum (warm). Zum Ende des Tertiärs Abkühlung mit Hinweisen auf erste Vereisungen. Ab Oligozän Eis in der Antarktis (Vereisung der Pole).	Im Paläozän sterben die letzten Vertreter der Dinosaurier aus. Blütezeit der Säugetiere. Erste Primaten treten auf. Zum Ende des Tertiärs ähneln Fauna und Flora immer mehr heutigen Formen.
			Piacenzium/Reuverium			
			Tabianium/Zanclium	5 Mill.		
		Miozän	Messinium	8 Mill.		
			Tortonium	12 Mill.		
			Serravallium	15 Mill.		
			Langhium	16 Mill.		
			Burdigalium			
			Aquitanium	24 Mill.		
	Tertiär – Paläogen (Alttertiär)	Oligozän	Chattium	32 Mill.		
			Rupelium	37 Mill.		
		Eozän	Priabonium	40 Mill.		
			Bartonium	44 Mill.		
			Lutetium	49 Mill.		
			Ypresium	53 Mill.		
		Paläozän	Thanetium	60 Mill.		
			Danium	65 Mill.		
Mesozoikum (Erdmittelalter) →	Kreide	Oberkreide	Maastrichtium	70 Mill.	P: Der Atlantik öffnet sich. Kontinentale Verteilung ähnlich wie im Jura: nördliches Südamerika und Nordafrika liegen am Äquator; die Antarktis bewegt sich zum Südpol, so daß am Ende der Kreide die Zentralantarktis auf dem Südpol liegt. Australien ist noch mit der Antarktis verbunden. Der Nordpol liegt im Arktischen Meer. G: Es kommt u. a. zu Auffaltung bzw. Faltung in den Anden, Rocky Mountains und dem alpinen Gebirgsgürtel. K: Das Klima ist generell warm und humid. Die Pole sind eisfrei. Zum Ende der Kreide Abkühlung.	Höhepunkt und Ende der Saurier; am Ende der Kreidezeit sterben die Ammoniden aus. Im Albium beginnt das Känophytikum (Neuzeit der Pflanzenwelt).
			Campanium	78 Mill.		
			Santonium	82 Mill.		
			Coniacium	86 Mill.		
			Turonium	92 Mill.		
			Cenomanium	100 Mill.		
		Unterkreide	Albium	108 Mill.		
			Aptium	115 Mill.		
			Barremium	121 Mill.		
			Hauterivium	126 Mill.		
			Valanginium	131 Mill.		
			Berriasium	140 Mill.		

2.1 Die Erde als Planet

Ära	System	Abteilung	Stufe	Beginn vor heute (in Jahren)	geologische Vorgänge	Entwicklung des Lebens
Mesozoikum (Erdmittelalter)	Jura	Malm (Oberer oder Weißer Jura)	Tithonium	141 Mill.	P: Nördliches Südamerika, Nordafrika liegen am Äquator, Antarktis liegt in der Nähe des Südpols; Kamtschatka liegt nahe dem Nordpol. Süd- und Nordatlantik beginnen sich zu öffnen. G: Faltung in nordwestlichen Deutschland und in der Sierra Nevada (USA). K: Sehr ausgeglichen warm. Die Pole sind eisfreie aber kühlere Regionen.	Die Saurier erobern Meer, Land und Luft. Frühe Säugetiere und Vorläufer der Vögel treten auf. Ammoniden und andere Gruppen zeigen deutliche Veränderungen.
			Kimmeridgium	143 Mill.		
			Oxfordium	149 Mill.		
		Dogger (Mittlerer oder Brauner Jura)	Callovium	156 Mill.		
			Bathonium	165 Mill.		
			Bajocium	171 Mill.		
			Aalenium	174 Mill.		
		Lias (Unterer oder Schwarzer Jura)	Toarcium	177 Mill.		
			Pliensbachium	183 Mill.		
			Sinemurium	189 Mill.		
			Hettangium	195 Mill.		
	Trias	Obere Trias (Keuper)	Rhaetium		P: Alle Kontinente sind zu einem Großkontinent, der Pangäa, vereinigt; Die Antarktis liegt in der Nähe des Südpols; Kamtschatka in der Nähe des Nordpols; USA, nördliches Südamerika und Nordafrika am Äquator. G: Kräftige Faltungen in Japan. K: Ausgeglichen, trocken mit gelegentlichen Regenfällen; zum Ende des Trias zunehmend feuchter (humid).	Es treten zahlreiche neue Tiergruppen auf und breiten sich stark aus; viele alte Arten sterben aus; die Florenentwicklung zeigt keine dramatischen Effekte.
			Norium	(≈ 200 Mill.)		
			Karnium			
		Mittlere Trias (Muschelkalk)	Ladinium			
			Anisium			
		Untere Trias (Buntsandstein)	Skythium	220 Mill.		
Paläozoikum (Erdaltertum)	Perm	Oberperm (Zechstein)	Thuringium	240 Mill.	P: Gleiche Verteilung wie im Karbon. G: Durch Kollision der europäischen und der sibirischen Plattform wird der Ural aufgefaltet. K: Nach der permokarbonischen Eiszeit bildet sich äquatorial ein breiter tropischer Trockengürtel und um die Pole kühle gemäßigte Zonen aus. Allerzyklus (Z 4) Staßfurtzyklus (Z 3) Leinezyklus (Z 2) Werrazyklus (Z 1)	Pflanzen, Amphibien und Reptilien zeigen einen deutlichen Provinzialismus, wobei sie aber zueinander in Beziehung stehen. Bei den Reptilien erscheinen höher entwickelte Arten. Die Umbildung der paläozoischen in die mesozoische Tier- und Pflanzenwelt findet statt (Beginn des Mesophytikums, Mesozoikum).
			Saxonium	275 Mill.		
		Unterperm (Rotliegend)	Autunium	285 Mill.		
	Karbon	Oberkarbon (Silesium) Pennsylvanian	Stephanium	300 Mill.	P: Gondwana besteht weiterhin: USA, Europa, nordwestliches Südamerika und Nordafrika liegen am Äquator; die Arktis liegt am Südpol. G: Weltweite Bildung der variskischen Gebirge. K: Im Unterkarbon weltweit ausgeglichen; im Oberkarbon verschärfte Klimagegensätze mit Abkühlung und Vereisung der Polkappen zum Ende des Karbons (Permokarbone Eiszeit).	Alle Gruppen sterben aus; Pflanzen und Amphibien zeigen starke Entwicklung, erste Reptilien treten auf.
			Westfalium			
			Namurium	<320 Mill.		
		Unterkarbon (Dinantium) Mississippian	Viseum	320 Mill.		
			Tournaisium	350 Mill.		

GEOLOGIE, erdgeschichtliche Zeittafel (Forts.)

Ära	System	Abteilung	Stufe	Beginn vor heute (in Jahren)	geologische Vorgänge	Entwicklung des Lebens
Paläozoikum (Erdaltertum)	Devon	Oberdevon	Wocklum (V) / Famennium Dasberg (IV) / Hemberg (III) / Nehden (II)	360 Mill.	P: Kanada, Grönland, Europa und Nordaustralien liegen am Äquator; Südamerika liegt am Südpol. K: Äquatorial warm, Pole kühl. G: Acadische Faltung in den Apalachen.	Erste Süßwassermuscheln und Landschnecken, ungeflügelte und geflügelte Insekten treten auf. Quastenflosser und Lungenfische erscheinen; erste Vierfüßler, Amphibien betreten das Land. Gefäßpflanzen entfalten sich und erobern das Land.
			Frasnium Adorf (I)	370 Mill.		
		Mitteldevon	Givetium	380 Mill.		
			Eifelium			
		Unterdevon	Emsium / Siegenium / Gedinnium	400 Mill.		
	Silur	Obersilur	Pridolium / Ludlovium	430 Mill.	P: Gondwana existiert weiter; nordamerikanische Arktis und Australien liegen am Äquator; Südamerika liegt am Südpol. G: Kollision zwischen Nordamerika, Grönland und Europa führt zur kaledonischen Gebirgsbildung. K: Hinweise auf Vereisung am Südpol.	Korallen, Seelilien und Wirbeltiere nehmen an Formenvielfalt zu. Auf dem Festland treten Skorpione und Tausendfüßler auf. Erste Gefäßpflanzen erscheinen.
		Mittelsilur	Wenlockium			
		Untersilur	Llandoverium			
	Ordovizium	Oberordovizium	Ashgillium	450 Mill. (?)	P: Gondwana besteht weiter. Nordamerikanische Arktis, sibirische Plattform und Antarktis liegen am Äquator. Australien liegt nördlich des Äquators, Westafrika liegt am Südpol, Pazifik liegt am Nordpol. G: In den Apalachen finden erste Spaltungen statt. K: Eiskappen am Südpol, warme Bedingungen am Südpol.	Alle großen Stämme des Tierreichs sind jetzt vertreten. Korallen entwickeln sich und bilden erste Riffe. Bei den Brachiopoden überwiegen nun die Kalkschaler. Die Cephalopoden blühen zu großer Formenvielfalt auf. Erste Wirbeltiere treten auf.
			Caradocium			
		Mittelordovizium	Llandeilium			
			Llanvirnium			
		Unterordovizium	Arenigium	465 Mill.		
			Tremadocium	500 Mill.		
	Kambrium	Oberkambrium		505 Mill.	P: Die nordamerikanische Arktis, Teile Sibiriens und die Antarktis liegen am Äquator, Südamerika, Afrika, Antarktis, Australien und Indien bilden den Südkontinent (Gondwana). Zwischen Nordamerika und Europa öffnet sich der Iapetus (Protoatlantik). G: Konsolidierung findet nur in Zentralasien statt. K: Klima ist wahrscheinlich ausgeglichen. Die Pole sind nicht vereist.	Im Verlauf des Kambriums, insbesondere des Unterkambriums, treten Vertreter sämtlicher Tierstämme, außer der Wirbeltiere, auf (Trilobiten 60%, Brachiopoden 30%, Archäozyten 5%). Die Faunen zeigen einen deutlichen Provinzialismus.
		Mittelkambrium		530 Mill.		
		Unterkambrium		570 Mill.		
Proterozoikum	Präkambrium		jung	680 Mill.	P: Aus einem mobilen archaischen System entwickeln sich zum Ende des Präkambriums feste kontinentale Platten. Die Plattentektonik im heutigen Sinn existiert seit etwa 1 Mrd. Jahren. G: Faltungen fanden alle 200–300 Mill. Jahre statt, hatten aber regionalen Charakter. Nur drei Faltungen waren überregional verfolgbar. K: Das generell warme Klima des Archaikums differenziert sich mit Beginn des Proterozoikums. Hier sind vier Eiszeiten bekannt.	Älteste Lebensspuren sind 3,5 Mrd. Jahre alt. Das Leben entwickelte sich aus kernlosen (Prokarionten) über kerntragende Zellen (Enkarionten) zu vielzelligen Organismen (Metazoen). Die Stromatolithen, als Bildung kalkabscheidender Bakterien, sind seit 3,5 Mrd. Jahren bekannt. Erste Sedimentgesteine.
			mittel	1,9 Mrd.		
		bisher keine weltweit verwendbare Standardgliederung	alt	2,5 Mrd.		
Archaikum (Archäozoikum)				3,5–3,96 Mrd.		
				4,0 Mrd.		Entstehung des Lebens.

2.1 Die Erde als Planet

2.1.2 Aufbau des Erdkörpers

Um ein genaues Bild vom Aufbau des Erdkörpers und vom Verlauf der Zustandsgrößen im Erdinnern zu erhalten, müssen die Ergebnisse und Erkenntnisse der Teilgebiete der Geophysik, wie vor allem Seismologie und Lehre von den Eigenschwingungen der Erde, den Erdgezeiten und dem Erdmagnetismus zusammengefaßt werden.

Wesentlichen Aufschluß über den inneren Aufbau der Erde, aber auch des Monds – und in naher Zukunft wohl auch der andern erdähnlichen Planeten – gibt vor allem die Seismologie. Die Ausbreitung von Erdbebenwellen, insbesondere die Veränderungen der seismischen Geschwindigkeiten und die Art und Weise der Ausbreitung, haben zu einer systematischen Gliederung des Erdkörpers geführt. Die von K. E. Bullen angegebenen Bezeichnungen der einzelnen Schalen werden in der Geophysik jetzt allgemein benutzt.

Gliederung des Erdkörpers

Kugelschicht	Tiefenbereich in km	Bezeichnung nach Bullen
Kruste	0–40	A
Oberer Mantel	40–400	B
	400–670	C
Unterer Mantel	670–2700	D'
	2700–2900	D''
Äußerer Kern	2900–4980	E
Übergangsschicht	4980–5120	F
Innerer Kern	5120–6370	G

Zu obenstehender Tabelle noch einige Ergänzungen:

1. Die Kruste ist im allgemeinen unter den Kontinenten ca. 20 bis 40 km dick, kann aber unter Faltengebirgen bis zu 70 km Mächtigkeit anwachsen und unter den Ozeanen bis auf ca. 5 km Dicke abnehmen. Für die kontinentalen Platten wird eine granitische Zusammensetzung angenommen (mittlere Dichte: 2.7 g/cm³), während die ozeanischen Platten basaltische Zusammensetzung aufweisen (mittlere Dichte: 2.3 g/cm³). Nach unten wird die Kruste durch die Mohorovičić-Diskontinuität begrenzt.

2. Der obere Erdmantel besteht vorwiegend aus Peridotiten (Eisen-Magnesium-Silikate) und ist seinerseits aus drei Schichten aufgebaut. Unterhalb der Lithosphäre bei etwa 100 km Tiefe setzt großräumige Konvektion ein, da das Gestein trotz seiner kristallinen Struktur bei den hohen Drücken fließfähig ist. Einer Schicht mit vorwiegender Olivin-Struktur folgt zwischen 390 und 450 km ein Übergang zur Spinell-Struktur. Der untere Erdmantel besteht ebenfalls aus Silikatmineralien, jedoch von noch dichterer Ionenpackung, wobei die Schicht D'' in ihrer Dicke stark variiert. Inwieweit die Konvektion durch die Phasenübergänge strukturiert

Verlauf von Dichte und Druck im Erdinnern

Tiefe km	Dichte g cm^{-3}	Druck GPa
33	3.32	0.9
100	3.38	3.1
200	3.47	6.5
400	3.63	13.6
600	4.13	21.3
800	4.49	30
1000	4.68	39
1400	4.91	58
1800	5.13	78
2200	5.34	99
2600	5.54	120
2900	5.68	137

Grenze zwischen Erdmantel und Erdkern

2900	9.8	137
3000	10.0	147
3400	10.5	185
3800	11.1	222
4200	11.6	257
4600	12.0	287
5120	12.5	324

Grenze zwischen äußerem und innerem Kern

5120	12.8	324
5200	12.8	328
5600	12.9	345
6000	13.0	355
6371	13.1	358

wird, ist noch Gegenstand von Kontroversen. Die sogenannte Wiechert-Gutenberg-Diskontinuität begrenzt den Erdmantel gegen den Erdkern.

3. Der Erdkern ist sehr wahrscheinlich ein Eisen-Nickel-Kern. Sein äußerer Teil ist bis in eine Tiefe von 5120 km schmelzfähig und umhüllt den höchstwahrscheinlich kristallinen inneren Kern. Seine Existenz ist gesichert.

Wegen der geringen Viskosität des flüssigen äußeren Kerns finden dort sowohl Konvektionsströmungen als auch zyklonische Strömungen statt, die eng mit der Aufrechterhaltung des Erdmagnetfelds verknüpft sind (s. 2.4). Ebenso spiegelt die geometrische Verformung des Kerns (Kern-Undulation) sowohl die geographische Struktur der Geoid-Undulation, als auch die des erdmagnetischen Nichtdipol-Felds (das ist das Restmagnetfeld nach Abzug des erdmagnetischen Dipolfelds) wider. Die beim Nichtdipol-Feld festgestellte Westwärtswanderung scheint auch von der Erdkern-Undulation ausgeführt zu werden, und zwar um 18° pro 100 Jahre (0.03 cm s^{-1} am Äquator des Erdkerns).

Für die Bestimmung der Temperatur im Innern der Erde bieten sich folgende Methoden:

I. Berechnung mit Hilfe der elektrischen Leitfähigkeit;
II. Berechnung der adiabatischen Gradienten aus der Geschwindigkeit der Erdbebenwellen;
III. Messung der Schmelzpunkttemperatur unter Kernbedingungen in Diamantstempelzellen.

Tiefe in km	Temperatur in K bestimmt nach Methode			Tiefe in km	Temperatur in K bestimmt nach Methode		
	I	II	III		I	II	III
100	–	1780	–	1000	2250	2250	–
200	–	1850	–	1400	2500	2400	–
300	–	1900	–	1800	2600	2500	–
410	–	2000	–	2200	2700	2600	–
600	–	2100	–	2600	2800	2750	–
800	–	2200	–	2900	2900	2800	–

Die Temperatur an der Grenze zwischen äußerem und innerem Kern kann erst seit kurzem aus Hochdruckexperimenten direkt bestimmt werden. Die Temperaturen des gesamten Bereichs unterhalb der Kern–Mantel-Grenze gewinnt man dann aus der Extrapolation dieser Werte auf der Basis thermodynamischer Überlegungen. Danach liegen die Temperaturen am äußeren Rand des Kerns bereits bei (3700 ± 500)°C und steigen bis zur Grenze zum inneren Kern auf über 6000°C an. Im Zentrum herrscht demnach eine Temperatur um 7000°C.

2.1 Die Erde als Planet

Auch über die chemische Zusammensetzung des Erdkörpers können heute Angaben gemacht werden. Dabei geht man unter anderm von folgenden Hypothesen aus:

- Die Mineralien des Erdmantels sind in der Hauptsache:
  Peridotit $MgFeSiO_4$ Orthopyroxene $(Mg)_2[Si_2O_6]$
  Olivin $(MgFe)_2SiO_4$ Diopsid $(CaMg)[Si_2O_6]$
- Der Erdkern ist chemisch verschieden von der übrigen Materie, aus der sich die Erde zusammensetzt. Sein Hauptbestandteil ist zweifellos Eisen. Die Dichte läßt jedoch darauf schließen, daß ca. 8% leichtere Elemente (S, O, Si) beigemischt sind. Ebenso ist eine Eisen-Nickel-Legierung denkbar.

Hierauf beruhende Abschätzungen können mit andern Werten über Elementhäufigkeiten – etwa aus Untersuchungen von meteoritischem Material, von Mondgesteinsproben (s. 2.7) oder durch spektroskopische Analysen gewonnen – verglichen werden und geben unter Umständen Hinweise auf Prozesse der Planetenentstehung.

Plattentektonik

Nach den Vorstellungen der Theorie der Plattentektonik, die zwischen 1962 und 1970 aus der Theorie des Sea-Floor Spreading entwickelt wurde, besteht die Lithosphäre aus sechs großen und ungefähr zehn kleineren starren Platten von etwa 100 km Dicke. Die Platten bestehen aus ozeanischer Kruste und dem relativ starren Teil des oberen Erdmantels. Die Kontinente sind nicht selbständige »Schollen«, wie A. Wegener in seiner ursprünglichen Hypothese der Kontinentaldrift annahm, sondern sie liegen auf den zum Teil wesentlich größeren Platten und werden von diesen mitgenommen. Angetrieben wird die Plattenbewegung von Konvektionsprozessen im Erdmantel.

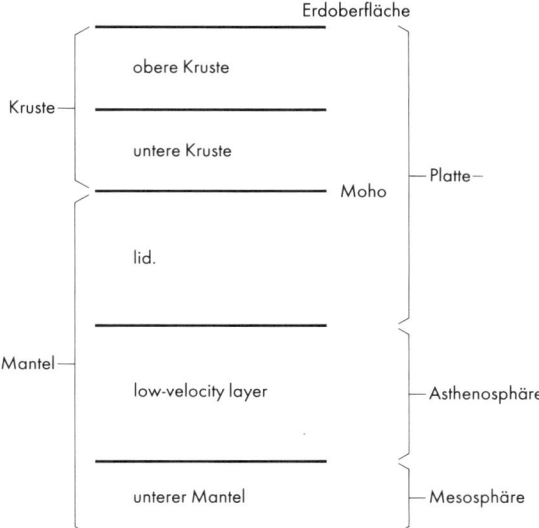

Der Aufbau der Platten auf der Grundlage seismischer Wellengeschwindigkeiten

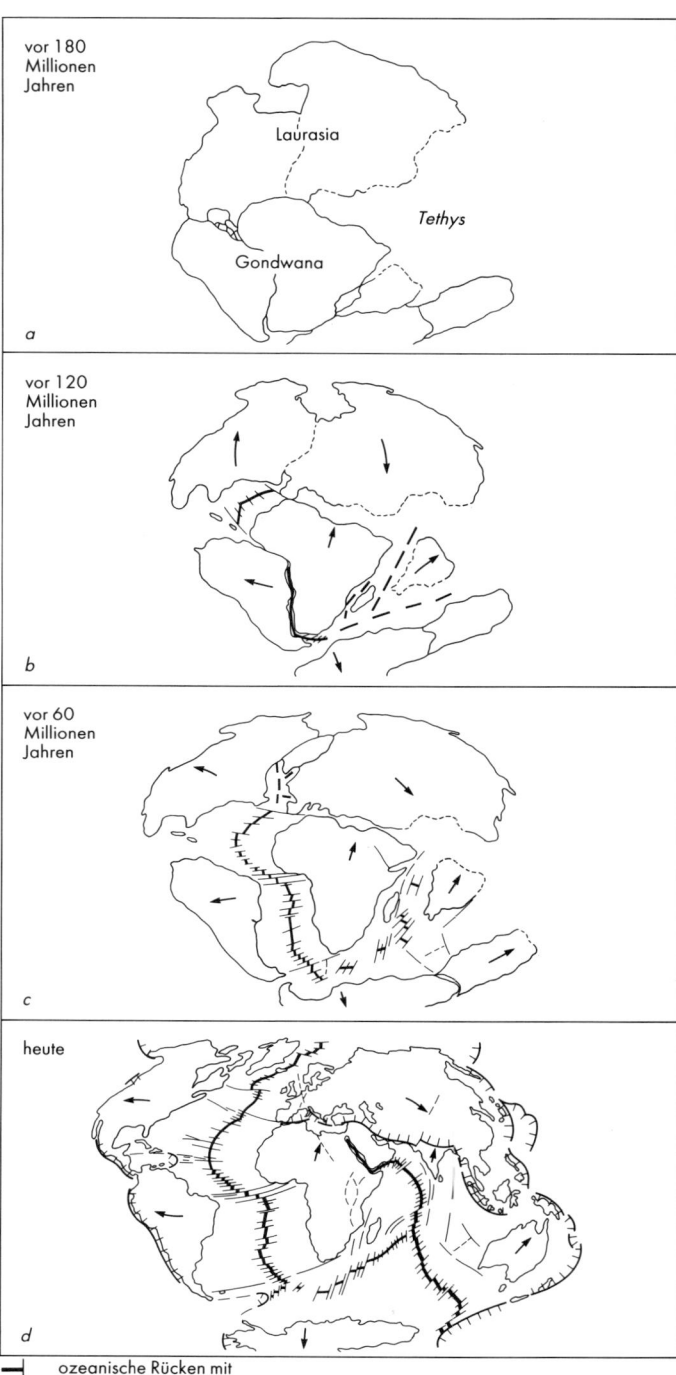

Die Aufspaltung von Pangäa (*a*) in die heutigen Kontinente (*d*) während der letzten 180 Millionen Jahre. In den einzelnen Landmassen deuten Pfeile die Richtung und die relative Größe der Geschwindigkeit ihrer Bewegung an

ozeanische Rücken mit Transformstörungen und Bruchzonen   Subduktionszonen

2.1 Die Erde als Planet

Mit der Entwicklung der seismischen Tomographie sind die zugrundeliegenden Strömungsfelder in jüngster Zeit einer detaillierten Analyse zugänglich geworden.

Zur heutigen Verteilung von Land und Wasser auf der Erdoberfläche:

Landfläche	$1.48 \cdot 10^{14}$ m²
Ozeanfläche	$3.63 \cdot 10^{14}$ m²
Mittlere Landerhebung	825 m
Mittlere Ozeantiefe	3770 m
Masse der Ozeane	$1.42 \cdot 10^{21}$ kg

Verteilung von Land und Wasser zwischen den Breitengraden

Geographische Breite	Nordhemisphäre				Südhemisphäre			
	Wasser	Land	Wasser	Land	Wasser	Land	Wasser	Land
	10⁶ km²		%		10⁶ km²		%	
90°–75°	7.266	1.496	82.9	17.1	0.522	8.239	6.0	94.0
75°–60°	9.993	15.652	38.9	61.1	19.721	5.924	76.9	23.1
60°–45°	17.540	23.137	43.0	57.0	40.087	0.590	98.3	1.7
45°–30°	29.246	23.586	55.4	44.6	48.698	4.734	91.0	9.0
30°–15°	40.082	21.261	65.4	34.6	47.035	14.308	76.8	23.2
15°– 0°	50.568	15.149	77.0	23.0	50.901	14.816	77.4	22.6
Zusammen	154.695	100.281	60.7	39.3	206.364	48.611	80.9	19.1

Alter der Erde

Die ältesten Gesteine der Erdkruste haben nach neuesten Ergebnissen ein Alter von $3.96 \cdot 10^9$ Jahren, während das Alter der Erde – mit dem des Sonnensystems gleichgesetzt – zu $4.6 \cdot 10^9$ Jahren angenommen wird. Man muß wohl davon ausgehen, daß vor etwa $4 \cdot 10^9$ Jahren ein Differenzierungsprozeß begonnen hat, der die an radioaktiven Metallen reicheren und leichter schmelzbaren Mineralien mehr in die Nähe der Erdoberfläche transportierte. Damit begann wohl die Bildung der Erdkruste.

Wie die Erdwissenschaften heute die geologische und biologische Entwicklung auf unserer Erde sehen, geht aus den erdgeschichtlichen Zeittafeln hervor.

2.1.3 Die Erdrotation und ihre Änderungen

Der Vorgang der Erdrotation diente der Astronomie bis vor wenigen Jahren zur Zeitmessung und Definition der Weltzeit-Skale (s. 1.5.3). Dabei wurde von der Voraussetzung ausgegangen, daß die Umdrehung der Erde um ihre Achse mit gleichbleibender Geschwindigkeit erfolgt. Wie aber in neuerer Zeit erkannt wurde, ist die Rotationsgeschwindigkeit der Erde nicht konstant, sondern sie zeigt kleine, sowohl zeitlich unregelmäßige als auch periodische Änderungen. Als Ursachen für solche Änderungen der Rotationsgeschwindigkeit der Erde sind vor allem die folgenden drei zu nennen:

1. Die Gezeitenreibung, d. h. die durch Ebbe und Flut bewirkte Verlagerung der Wassermassen der Ozeane, die zu einer konstanten Bremsung der Rotationsgeschwindigkeit führt (2.5.3).
2. Verlagerungen im Erdinnern, die zu unregelmäßigen Bremsungen oder Beschleunigungen der Rotationsgeschwindigkeit Anlaß geben.
3. Jahreszeitliche, meteorologisch bedingte Verlagerungen auf der Erdoberfläche, die Schwankungen der Rotationsgeschwindigkeit mit dem Jahresgang bewirken.

Änderungen in der Rotationsgeschwindigkeit der Erde sind nur mit Uhren höchster Konstanz über lange Zeiträume feststell- und nachweisbar. Seit 1972 liefern Atomuhren mit einer relativen Genauigkeit von wenigstens 10^{-12} einen solchen Zeitstandard.

Angaben zur Rotations- und Bahnbewegung der Erde

Verhältnis mittlerer Sonnentag zu Rotationsperiode	1.00274
Rotationsdauer in mittlerer Sonnenzeit	$0\overset{d}{.}99727 = 23^h 56^m 4\overset{s}{.}09053$
Rotationsgeschwindigkeit am Äquator	$465.12\ \text{m s}^{-1}$
Zentrifugalbeschleunigung am Äquator	$3.39\ \text{cm s}^{-2}$
Länge des Tropischen Jahrs (1992)	
(Frühlingspunkt – Frühlingspunkt)	$365\overset{d}{.}24219$
Länge des Siderischen Jahrs (1992)	
(Fixstern – Fixstern)	$365\overset{d}{.}256363$
Länge des Anomalistischen Jahrs (1992)	
(Perihel – Perihel)	$365\overset{d}{.}259635$
Mittlere Bahngeschwindigkeit der Erde	$29.8\ \text{km s}^{-1}$
Mittlere Zentripetalbeschleunigung der Erde durch die Sonne	$0.594\ \text{cm s}^{-2}$
Entfernung der Erde von der Sonne	
im Perihel	$147 \cdot 10^6\ \text{km}$
mittlere Entfernung (1992)	$149.5982 \cdot 10^6\ \text{km}$
im Aphel	$152 \cdot 10^6\ \text{km}$
1 Astronomische Einheit (AE)	$149.59787 \cdot 10^6\ \text{km}$

2.1.4 Polbewegung

Wie bereits früher dargelegt (s. 1.5.3), ist bei genauen Zeitangaben die aktuelle Längenänderung des Nullmeridians von Greenwich durch eine Korrektur zu berücksichtigen (Übergang von der unkorrigierten Weltzeit UT0 auf die Zeit UT1). Die Längen- und auch Breitenänderung wird durch die Verlagerung der Rotationsachse der Erde verursacht: Der Durchstoßpunkt der Rotationsachse durch die Erdoberfläche, also der Erdpol, liegt nicht fest, sondern bewegt sich ständig; mit dieser Verlagerung des Bezugspunkts des irdischen Koordinatensystems ändern sich geographische Länge und Breite aller Erdorte.

Seit der Jahrhundertwende wird die Polbewegung durch Observatorien des IPMS (International Polar Motion Service) verfolgt und untersucht. Analysen der genannten Daten zeigten, daß die Polbewegung – man bezeichnet sie auch als Breitenschwankung – aus mehreren, nicht vorherbestimmbaren Anteilen zusammengesetzt ist. Es sind dies:

2.1 Die Erde als Planet

1. Periodische Komponenten der Bewegung des instantanen (d. h. augenblicklichen) Pols um eine mittlere Position. Das ist eine Bewegung innerhalb eines Kreises von etwa 10 m Radius, die sich aus mehreren Komponenten zusammensetzt: Aus einer jährlichen konstanten Bewegungskomponente, deren Form meist elliptisch ist, bei einer Amplitude zwischen 0.06 bis 0.10 Bogensekunden. Als Ursache können jahreszeitlich bedingte Verlagerungen auf der Erdoberfläche angesehen werden. Dieser jährlichen Bewegung ist die sogenannte Chandlersche Bewegung überlagert (benannt nach S. C. Chandler, 1846–1913, Kaufmann und Amateurastronom). Diese verläuft fast kreisförmig mit einer sehr veränderlichen Amplitude zwischen 0.07 und 0.25 Bogensekunden und hat eine veränderliche Periode von etwa 412 bis 442 Tagen. Die Geophysik kann zeigen, daß es sich hier um sogenannte freie Schwingungen (Resonanzeffekte) im plastischen und elastischen Erdkörper handelt.

2. Unregelmäßige Schwankungen, die eventuell weitere periodische Komponenten mit kleineren Amplituden enthalten. Ursache sind wahrscheinlich Masseverlagerungen im Erdkörper durch Erdbeben und Vulkanausbrüche.

3. Säkulare Verlagerung der mittleren Polposition, wie sie sich auch in der Koordinatendarstellung der Polbewegung andeuten. Der Nullpunkt des x,y-Systems wird durch den mittleren Pol der Beobachtungsepoche 1900–1905 festgelegt. Die derzeitige Verlagerung beträgt etwa 0.003 Bogensekunden pro Jahr. Eine Extrapolation dieses Werts würde ergeben, daß der Pol sich in 100 000 Jahren um nur 10 km verlagert hätte.

2.1.5 Präzession und Nutation

Unter den Bezeichnungen Präzession und Nutation faßt man alle Bewegungen der Erdachse zusammen, die dieser durch äußere Kräfte aufgezwungen werden. Wirksam sind die Gravitationskräfte des Monds, der Sonne und in geringerem Maß die der Planeten. Die sich drehende Erde ist ein Kreisel. Da aber der Erdkörper nicht ideale Kugelgestalt besitzt und zudem die Masseverteilung im Erdinnern nicht gleichmäßig ist, wirken die Anziehungskräfte von Mond, Sonne und Planeten nicht auf alle Teile gleich ein, d. h. die resultierende Anziehungskraft greift nicht im Schwerpunkt der Erde an. Diese Kräfte versuchen vielmehr, die Rotationsachse der Erde aufzurichten, die ja gegen die Hauptebene des Sonnensystems, die Ekliptik, geneigt ist. Die instantane Rotationsachse folgt, entsprechend dem Verhalten eines sogenannten schweren Kreisels, diesem Drehmoment nicht, sondern sie bewegt sich auf einer Kegelfläche um den Pol der Ekliptik mit von Norden aus im Uhrzeigersinn erfolgender Drehung, wobei diese Kegelfläche in etwa 25 800 Jahren einmal umschrieben wird. Dieser Zeitraum wird als Platonisches Jahr bezeichnet. Durch Überlagerungen der Gravitationskräfte von Mond und Sonne werden dieser Bewegung

2 Die Erde und ihr Mond

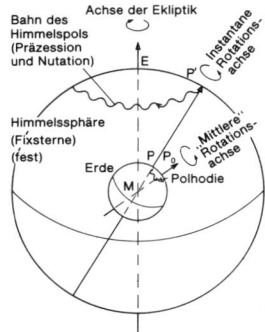

Rotation der Erde: Der Himmelspol P' beschreibt an der Sphäre um den Ekliptikpol E einen von kleinen Wellen überlagerten Kreis (Präzession und Nutation). Der instantane Rotationspol P beschreibt auf der Erdoberfläche um einen mittleren Pol P_0 eine komplizierte Bahn, die Polhodie

Bahn des Nordpols der Erdachse (Polhodie) 1982–1989, nach Beobachtungen des Internationalen Breitendiensts. Jahresviertel sind durch Punkte und Jahre durch eingekreiste Punkte markiert. Die x-Achse läuft in Richtung des Greenwich-Meridians ($\lambda = 0°$) und die y-Achse in Richtung $\lambda = 270°$. In der Darstellung entspricht ein Winkel von 0".5 etwa einer Strecke von 15.4 m (x,y-Werte nach IERS Bulletin B, Bureau Central de L'IERS, Paris)

noch Schwankungen mit einer Periode von 19 Jahren aufgeprägt. Dieses periodische Glied der Drehbewegung wird langperiodische Nutation genannt.

Die auf die Erde einwirkenden Drehmomente führen zu einer Verlagerung der Rotationsachse im Raum und zu einer entsprechenden Verlagerung des Himmelsäquators, der Grundebene des äquatorialen Koordinatensystems, an der Sphäre. Der Einfluß der Planeten auf die Bahnbewegung der Erde verändert zudem noch die Lage der Ekliptik, so daß eine ständige Wanderung des Schnittpunkts Äquator–Ekliptik eintritt, des Frühlingspunkts also, von dem alle Zählungen der astronomischen Koordinaten ausgehen. Man spricht hierbei von der Präzession.

Für die Positionsastronomie ist die genaue Kenntnis der Koordinatenänderungen mit der Zeit unbedingte Voraussetzung. Die sphärische Astronomie stellt den Formalismus zur Lösung der durch die Präzession aufgeworfenen Probleme bereit. Eine exakte Lösung mit Hilfe der Kreiseltheorie der Physik ist wegen der Unkenntnis über die Masseverteilung im Erdinnern nicht möglich, so daß wichtige Zahlenwerte aus empirischen Daten abgeleitet werden müssen. Die in der Astronomie übliche Aufspaltung der Gesamterscheinung der Drehbewegung der Erdachse in einen periodischen und einen säkularen Teil, in Nutation und allgemeine Präzession, sowie die Aufspaltung der letzteren in die Lunisolarpräzession und in die Präzession durch die Planeten hat formale Gründe.

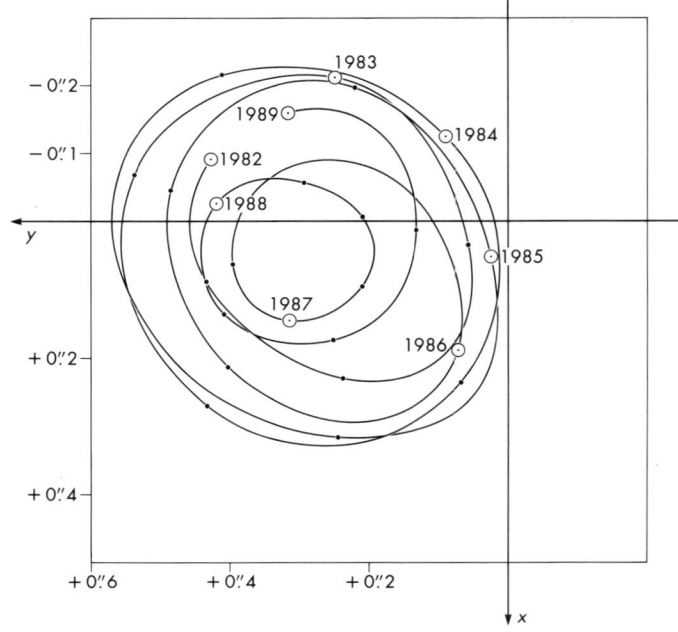

2.1 Die Erde als Planet

Astronomische Positionsmessungen an der Sphäre werden wesentlich erschwert durch die Drehbewegungen der Erdachse. Die in einem Koordinatensystem an der Sphäre gemessenen Winkel gelten zunächst nur für den Augenblick der Messung, d. h. für die Epoche der Beobachtung. Da die Ebene des Äquatorkreises und die der Ekliptik Grundebenen für die astronomischen Koordinatensysteme sind und der Schnittpunkt der beiden Kreise (Frühlingspunkt) als Ausgangspunkt der Koordinatenzählung benutzt wird, ändern sich durch die Bewegungen der Präzession und Nutation die Koordinaten eines Gestirns laufend. Diese Koordinatenänderungen, die nichts mit Bewegungen der Gestirne zu tun haben, müssen bei einer genauen Positionsbestimmung eines Gestirns mitberücksichtigt werden. Deshalb müssen gegebene Positionen grundsätzlich eine Angabe enthalten, auf welche Lage der Fundamentalebenen, d. h. auf welchen Frühlingspunkt (Äquinoktialpunkt), sich die Koordinaten beziehen bzw. für welches Äquinoktium sie gelten. Nach den in der sphärischen Astronomie gegebenen Formeln ist es dann möglich, die Koordinaten von dem Zeitpunkt ihrer Gültigkeit auf einen anderen, vergangenen, gegenwärtigen oder zukünftigen, Zeitpunkt umzurechnen.

Zahlenwerte der Präzession und der Nutation pro Jahr

Lunisolarpräzession in Länge, d. h. durch Mond und Sonne verursachte Präzession	50″.40
davon allein durch den Mond	∼30″
Durch die Planeten verursachte Planetarische Präzession in Rektaszension	0″.12
Aus der Relativitätstheorie abgeleitete Geodätische Präzession	0″.02
Allgemeine Präzession in Länge = Lunisolar- minus Planetenpräzession · $\cos \varepsilon$	50″.291
Schiefe der Ekliptik (ε)	23° 26′ 21″.4119
Änderung der Schiefe (1992)	3″.45/a
Mögliche Extremwerte für die Schiefe der Ekliptik in einem Zeitraum von rund 40 000 Jahren	21° 55′ 24° 18′
Präzessionskonstante (nach der Definition von Newcomb) Lunisolarpräzession/$\cos \varepsilon$	54″.94
Die periodischen Schwankungen der Präzession, in der Hauptsache hervorgerufen durch den Mond, werden zusammengefaßt unter dem Begriff der Nutation	
Nutationskonstante = Koeffizient des Hauptglieds der Nutation in Schiefe	9″.2025

(Die angegebenen Werte gelten alle für das Jahr 2000, soweit nicht anders angegeben)

Die Umrechnung von Gestirnsörtern von einem Äquinoktium auf ein anderes ist eine der häufigsten Rechenaufgaben der Beobachtungspraxis. Die folgenden Tafeln ermöglichen eine überschlägige, für die meisten Fälle ausreichende Berechnung der durch die Präzession hervorgerufenen Koordinatenänderungen für nicht zu große Zeitintervalle. Die Zahlenwerte sind für höhere Deklinationen ungenauer als für äquatornahe Zonen.

2 Die Erde und ihr Mond

Genäherte 10jährige Präzession in Rektaszension α für nördliche Deklination δ in Zeitsekunden

α^h \ δ°	0	+10	+20	+30	+40	+50	+60	+70	+75	+80	+82	+84	+86	+88
0	+31	+31	+31	+31	+31	+31	+31	+31	+31	+31	+31	+31	+31	+31
1	+31	+31	+32	+33	+34	+35	+37	+40	+44	+51	+56	+64	+80	+130
2	+31	+31	+33	+35	+37	+39	+43	+50	+56	+69	+79	+95	+127	+222
3	+31	+32	+34	+36	+39	+42	+47	+58	+67	+85	+98	+121	+166	+301
4	+31	+33	+35	+37	+41	+45	+51	+63	+74	+97	+113	+141	+196	+362
5	+31	+33	+36	+38	+42	+46	+53	+67	+79	+104	+123	+153	+215	+400
6	+31	+33	+36	+38	+42	+47	+54	+67	+81	+107	+126	+158	+222	+414
7	+31	+33	+36	+38	+42	+46	+53	+67	+79	+104	+123	+153	+215	+400
8	+31	+33	+35	+38	+41	+45	+51	+63	+74	+97	+113	+141	+196	+362
9	+31	+33	+34	+36	+39	+42	+47	+55	+66	+85	+98	+121	+166	+301
10	+31	+32	+33	+35	+37	+39	+43	+49	+56	+69	+79	+95	+127	+222
11	+31	+32	+32	+33	+34	+35	+37	+41	+44	+51	+56	+64	+80	+130
12	+31	+31	+31	+31	+31	+31	+31	+31	+31	+31	+31	+31	+31	+31
13	+31	+30	+30	+29	+28	+27	+24	+21	+18	+11	+6	−2	−18	−68
14	+31	+30	+28	+27	+25	+23	+19	+13	+6	−7	−17	−33	−65	−160
15	+31	+29	+27	+25	+23	+20	+14	+5	−4	−23	−34	−59	−104	−239
16	+31	+29	+27	+24	+21	+17	+11	−1	−12	−35	−51	−79	−134	−300
17	+31	+29	+26	+24	+20	+15	+9	−4	−17	−42	−61	−91	−153	−338
18	+31	+29	+26	+23	+20	+15	+8	−6	−19	−45	−64	−96	−160	−352
19	+31	+29	+26	+23	+20	+15	+9	−5	−17	−42	−61	−91	−153	−338
20	+31	+29	+27	+23	+20	+17	+11	−1	−12	−35	−51	−79	−134	−300
21	+31	+29	+28	+25	+23	+20	+15	+5	−4	−23	−36	−59	−104	−239
22	+31	+30	+29	+27	+25	+23	+19	+12	+6	−7	−17	−33	−65	−160
23	+31	+30	+30	+29	+28	+27	+25	+22	+18	+11	+6	−2	−18	−68

2.1 Die Erde als Planet

Genäherte 10jährige Präzession in Rektaszension α für südliche Deklination δ in Zeitsekunden

α^h / $\delta°$	0	−10	−20	−30	−40	−50	−60	−70	−75	−80	−82	−84	−86	−88
0	+31	+31	+31	+31	+31	+31	+31	+31	+31	+31	+31	+31	+31	+31
1	+31	+30	+30	+29	+28	+27	+25	+22	+18	+11	+6	−2	−18	−68
2	+31	+30	+29	+27	+25	+23	+19	+13	+6	−7	−17	−33	−65	−160
3	+31	+29	+28	+25	+23	+20	+15	+5	−4	−23	−36	−59	−104	−239
4	+31	+29	+27	+24	+21	+17	+11	−1	−12	−35	−51	−79	−134	−300
5	+31	+29	+26	+24	+20	+16	+9	−5	−17	−42	−61	−91	−153	−338
6	+31	+29	+26	+23	+20	+15	+8	−7	−19	−45	−64	−96	−160	−352
7	+31	+29	+26	+24	+20	+16	+9	−4	−17	−42	−61	−91	−153	−338
8	+31	+29	+27	+25	+23	+17	+11	−1	−12	−35	−51	−79	−134	−300
9	+31	+29	+28	+26	+24	+19	+15	+5	−4	−23	−36	−59	−104	−239
10	+31	+30	+29	+27	+26	+23	+19	+13	+6	−7	−17	−33	−65	−160
11	+31	+30	+30	+29	+29	+27	+25	+21	+18	+11	+6	−2	−18	−68
12	+31	+31	+31	+31	+31	+31	+31	+31	+31	+31	+31	+31	+31	−31
13	+31	+32	+32	+33	+33	+35	+37	+41	+44	+51	+56	+64	+80	+130
14	+31	+32	+33	+35	+36	+39	+43	+49	+56	+69	+79	+95	+127	+222
15	+31	+33	+34	+36	+38	+42	+47	+55	+66	+85	+98	+121	+166	+301
16	+31	+33	+35	+38	+41	+45	+51	+63	+74	+97	+113	+141	+196	+362
17	+31	+33	+36	+38	+42	+46	+53	+67	+79	+104	+123	+153	+215	+400
18	+31	+33	+36	+39	+42	+47	+54	+67	+81	+107	+126	+158	+222	+414
19	+31	+33	+36	+39	+42	+46	+53	+67	+79	+104	+123	+153	+215	+402
20	+31	+33	+35	+38	+41	+43	+51	+63	+74	+97	+113	+141	+196	+362
21	+31	+33	+34	+37	+39	+42	+47	+57	+66	+85	+98	+121	+166	+301
22	+31	+32	+33	+36	+37	+39	+43	+49	+56	+69	+79	+95	+127	+222
23	+31	+32	+32	+33	+34	+35	+37	+40	+44	+51	+56	+64	+80	+130

Genäherte 10jährige Präzession für Deklination in Bogensekunden

α^h	0^m	10^m	20^m	30^m	40^m	50^m	60^m
0	+ 200	+ 200	+ 200	+ 199	+ 197	+ 196	+ 194
1	+ 194	+ 191	+ 188	+ 185	+ 182	+ 178	+ 174
2	+ 174	+ 169	+ 164	+ 159	+ 154	+ 148	+ 142
3	+ 142	+ 135	+ 129	+ 122	+ 115	+ 108	+ 100
4	+ 100	+ 93	+ 85	+ 77	+ 69	+ 60	+ 52
5	+ 52	+ 43	+ 35	+ 26	+ 17	+ 9	+ 0
6	± 0	− 9	− 17	− 26	− 35	− 43	− 52
7	− 52	− 60	− 69	− 77	− 85	− 93	− 100
8	− 100	− 108	− 115	− 122	− 129	− 135	− 142
9	− 142	− 148	− 154	− 159	− 164	− 169	− 174
10	− 174	− 178	− 182	− 185	− 188	− 191	− 194
11	− 194	− 196	− 197	− 199	− 200	− 200	− 200
12	− 200	− 200	− 200	− 200	− 197	− 196	− 194
13	− 194	− 191	− 188	− 185	− 182	− 178	− 174
14	− 174	− 169	− 164	− 159	− 154	− 148	− 142
15	− 142	− 135	− 129	− 122	− 115	− 108	− 100
16	− 100	− 93	− 85	− 77	− 69	− 60	− 52
17	− 52	− 43	− 35	− 26	− 17	− 9	± 0
18	± 0	+ 9	+ 17	+ 26	+ 35	+ 43	+ 52
19	+ 52	+ 60	+ 69	+ 77	+ 85	+ 93	+ 100
20	+ 100	+ 108	+ 115	+ 122	+ 129	+ 135	+ 142
21	+ 142	+ 148	+ 154	+ 159	+ 164	+ 169	+ 194
22	+ 147	+ 178	+ 182	+ 185	+ 188	+ 191	+ 200
23	+ 194	+ 196	+ 197	+ 199	+ 200	+ 200	
24	+ 200						

2.2 Die Erdatmosphäre

Die feste Erdkugel ist von Luft umgeben. Diese besteht größtenteils aus einer Mischung von Gasen mit festem Mengenverhältnis. Nur einen geringen Anteil bilden Gase, deren Mengen zeitlichen und örtlichen Schwankungen unterworfen sind. Zu diesen letztgenannten Gasen gehört – neben den industriellen Abgasen – vor allem der Wasserdampf. Je nach der Menge des Wasserdampfs ändert sich der Anteil der übrigen Gase etwas. Die Atmosphäre der Erde ist in ihrer Zusammensetzung durch das Leben auf der Erde geprägt; sie kann deshalb nicht als Modell für andere Planetenatmosphären angesehen werden.

Die Zusammensetzung der Luft bleibt etwa bis in 15 km Höhe gleich. Darüber hinaus nimmt der Heliumgehalt auf Kosten des Sauerstoffs etwas zu. Diese Feststellungen gelten für Mitteleuropa, auch für andere geographische Breiten ergeben sich etwas abweichende Werte. Wichtig ist auch die Beobachtung, daß in Höhen von 15 bis 30 km der Gehalt an Ozon (O_3), das am Erdboden nur in verschwindender Menge vorhanden ist, stark ansteigt und bei einer Höhe von 25 km ein Maximum erreicht.

Die Tabelle gibt den konstanten Volumenanteil der verschiedenen Gase an der Zusammensetzung der Luft (an der Erdoberfläche).

2.2 Die Erdatmosphäre

Zusammensetzung trockener Luft

Gas	chemisches Symbol	Volumprozente
Stickstoff	N_2	78.084
Sauerstoff	O_2	20.946
Kohlendioxid	CO_2	0.035
Kohlenmonoxid	CO	$1.0 \cdot 10^{-5}$
Argon	Ar	0.934
Neon	Ne	$18.18 \cdot 10^{-4}$
Helium	He^4	$5.24 \cdot 10^{-4}$
Helium-Isotop	He^3	$6.55 \cdot 10^{-10}$
Krypton	Kr	$1.14 \cdot 10^{-4}$
Xenon	Xe	$0.87 \cdot 10^{-4}$
Wasserstoff	H_2	$0.5 \cdot 10^{-4}$
Methan	CH_4	$1.5 \cdot 10^{-4}$
Stickstoffoxydul	N_2O	$0.3 \cdot 10^{-4}$
Ozon	O_3	bis zu $0.1 \cdot 10^{-4}$

Ozonloch

Neben der Anwesenheit von Kohlendioxid und Wasserdampf spielt insbesondere das Ozon eine entscheidende Rolle im Strahlungshaushalt der Atmosphäre, da es die einzige für die lebensbedrohende UV-Strahlung »undurchsichtige« Komponente darstellt. Abgesehen von den jahreszeitlichen Schwankungen der Ozonhäufigkeit ist seit Mitte der 1980er Jahre eine stetige Abnahme der Ozonhäufigkeit über der Antarktis festgestellt worden, deren jeweiliges Minimum im antarktischen Frühling erreicht wird (Ozonloch). Als wesentlich verantwortlich für die dramatische Abnahme um 70% zwischen 1977 und 1990 hat sich die Zerstörung des Ozons durch Chlor aus industriell produzierten FCKWs (Fluorchlorkohlenwasserstoffe) herausgestellt. Diese bisher tiefgreifendste Störung der globalen Ökologie durch den Menschen hat in wenigen Jahren einen Wettlauf zwischen internationalen Bemühungen um Einstellung der FCKW-Produktion und der Regenerationsfähigkeit der oberen Atmosphäre ausgelöst.

Treibhauseffekt

Eine weitere Bedrohung des empfindlichen ökologischen Gleichgewichts der Atmosphäre durch den Menschen zeigt sich in der stetigen Zunahme des CO_2-Gehalts der Luft. Da das CO_2 die thermische Rückstrahlung der Erdoberfläche in den Weltraum

Daten über die Erdatmosphäre

Normaltemperatur T_0	$0°C = 273.16 K = 32°F$
Normaldruck P_0	1013.246 hPa (Hektopascal)
Normalschwere g_0	980.665 cm s^{-2}
Dichte der Luft ϱ_0	0.001 292 8 g cm^{-3}
Molekulargewicht M_0	28.970
Mittlere Molekularmasse	$4.810 \cdot 10^{-23}$ g
Moleküle pro cm^3	$2.688 \cdot 10^{19}$
Mittlere freie Weglänge	$6.98 \cdot 10^{-6}$ cm
Masse der Atmosphäre pro cm^2	1035 g
Gesamtmasse der Atmosphäre	$5.30 \cdot 10^{21}$ g
Adiabatischer Temperaturgradient	9.77 °C pro km
Mittlerer Temperaturgradient in der Troposphäre	6.5 °C pro km

und damit die Abkühlung reduziert (Treibhauseffekt), ist es für die Gleichgewichtstemperatur der Erdoberfläche wesentlich mitverantwortlich. Die langfristigen Folgen des veränderten CO_2-Gehalts sind wegen der hoch nichtlinearen Kopplung der damit verbundenen Regelprozesse bis heute nicht vollständig nachvollziehbar und Gegenstand internationaler Kontroversen.

Meteorologie und Aeronomie

Die Physik der unteren Atmosphäre heißt seit Aristoteles Meteorologie, während man für die Physik der oberen Atmosphäre 1954 den Namen Aeronomie gewählt hat. Unterhalb von 50 km befinden sich 99.9 % der Masse der Atmosphäre. Die restlichen 0.1 % verteilen sich auf ein Vielfaches des Erdvolumens. Die Meteorologie behandelt die mehr oder weniger räumlich begrenzten Vorgänge, die wir vom Wetter her kennen, während die Aeronomie sich mit Vorgängen – die meist globaler Natur sind – in stark verdünnten Gasen befaßt.

Zur Nomenklatur der Atmosphäre. Die Schichtgrenzen bei der Einteilung der Neutralgaskomponente nach dem Temperatur–Höhe-Verlauf sind durch Extremwerte definiert. (Der Temperatur- und Dichteverlauf in der Thermosphäre hängt von der aktuellen Sonneneinstrahlung und vom Sonnenfleckenzyklus ab.) Zur Kennzeichnung der Ionosphäreschichten ist rechts die Elektronendichte als Funktion der Höhe eingetragen. (Aus W. Kertz: Geophysik II)

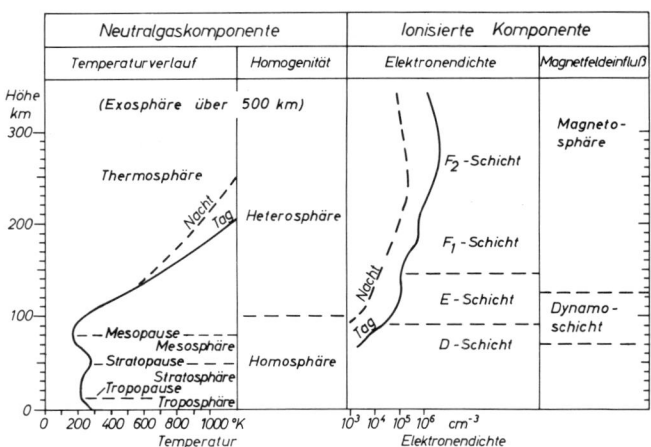

In der hohen Atmosphäre spielen sich Erscheinungen ab, die in ihrer Mannigfaltigkeit die Vorgänge in der unteren Atmosphäre noch übertreffen. Entsprechend vielfältig sind deshalb auch die Bezeichnungen für die Unterteilungen und Schichten der Atmosphäre. Nach dem Temperaturverlauf mit der Höhe unterscheidet man: Troposphäre, Stratosphäre, Mesosphäre und Thermosphäre. Die oberen Schichtgrenzen erhalten jeweils den Namen der Schicht mit dem Zusatz »-pause« (z. B. Tropopause). In einem zweiten Einteilungssystem unterscheidet man zwischen der Homosphäre, in der das Mischungsverhältnis der einzelnen Luftbestandteile konstant ist, und der Heterosphäre, in der aufgrund der Erdschwere eine Entmischung stattfindet, so daß die prozentualen Anteile der leichteren Gase auf Kosten der schwereren nach oben zunehmen. Schließlich wird die Dichte so gering, daß die einzelnen Neutralgasteilchen Keplerbahnen im Schwerefeld der Erde beschreiben können, ohne mit andern Teilchen zusammenzustoßen. Teilchen, deren Geschwindigkeit über der Flucht-

2.2 Die Erdatmosphäre

Druck, Temperatur und Dichte in der Erdatmosphäre in Abhängigkeit von der Höhe

Höhe km	Druck hPa	Temp. K	Dichte g cm^{-3}	Anzahl der Moleküle cm^{-3}	freie Weglänge cm
0	1013	288	$1.22 \cdot 10^{-3}$	$2.55 \cdot 10^{19}$	$7.4 \cdot 10^{-6}$
1	899	281	$1.11 \cdot 10^{-3}$	$2.31 \cdot 10^{19}$	$8.1 \cdot 10^{-6}$
2	795	275	$1.01 \cdot 10^{-3}$	$2.10 \cdot 10^{19}$	$8.9 \cdot 10^{-6}$
3	701	268	$9.1 \cdot 10^{-4}$	$1.89 \cdot 10^{19}$	$9.9 \cdot 10^{-6}$
4	616	262	$8.2 \cdot 10^{-4}$	$1.70 \cdot 10^{19}$	$1.1 \cdot 10^{-5}$
6	472	249	$6.6 \cdot 10^{-4}$	$1.37 \cdot 10^{19}$	$1.4 \cdot 10^{-5}$
8	356	236	$5.2 \cdot 10^{-4}$	$1.09 \cdot 10^{19}$	$1.7 \cdot 10^{-5}$
10	264	223	$4.1 \cdot 10^{-4}$	$8.6 \cdot 10^{18}$	$2.2 \cdot 10^{-5}$
15	121	214	$1.93 \cdot 10^{-4}$	$4.0 \cdot 10^{18}$	$4.6 \cdot 10^{-5}$
20	56	214	$8.9 \cdot 10^{-5}$	$1.85 \cdot 10^{18}$	$1.0 \cdot 10^{-4}$
30	12	225	$1.90 \cdot 10^{-5}$	$3.9 \cdot 10^{17}$	$4.8 \cdot 10^{-4}$
40	2.9	268	$3.9 \cdot 10^{-6}$	$7.6 \cdot 10^{16}$	$2.4 \cdot 10^{-3}$
50	0.97	276	$1.15 \cdot 10^{-6}$	$2.4 \cdot 10^{16}$	$8.5 \cdot 10^{-3}$
60	0.28	260	$3.9 \cdot 10^{-7}$	$7.7 \cdot 10^{15}$	0.025
70	0.08	219	$1.1 \cdot 10^{-7}$	$2.5 \cdot 10^{15}$	0.09
80	0.01	205	$2.7 \cdot 10^{-8}$	$5.0 \cdot 10^{14}$	0.41
100	$5.8 \cdot 10^{-4}$	230	$8.8 \cdot 10^{-10}$	$1.8 \cdot 10^{13}$	9
120	$6 \cdot 10^{-5}$	300	$5.6 \cdot 10^{-11}$	$1.8 \cdot 10^{12}$	130
150	$5 \cdot 10^{-6}$	450	$3.2 \cdot 10^{-12}$	$9 \cdot 10^{10}$	$1.8 \cdot 10^{3}$
200	$5 \cdot 10^{-7}$	700	$1.6 \cdot 10^{-13}$	$5 \cdot 10^{9}$	$3 \cdot 10^{4}$
250	$9 \cdot 10^{-8}$	800	$3 \cdot 10^{-14}$	$8 \cdot 10^{8}$	$3 \cdot 10^{5}$

geschwindigkeit liegt, können in den interplanetaren Raum entweichen. Dafür werden andere Teilchen von der Erde eingefangen. Diesen Bereich nennt man Exosphäre. Die Exosphäre beginnt zwischen 500 und 600 km Höhe. Temperaturverlauf und Entmischung der Gasanteile betreffen die neutrale Gaskomponente, während der durch die starke Sonneneinstrahlung teilweise ionisierte Gasanteil anderes physikalisches Verhalten zeigt.

Gliederung der Atmosphäre

Auch für die ionisierte Komponente gibt es zwei verschiedene Einteilungssysteme. Dies ist einmal der Verlauf der Elektronendichte als Maß für die Ionisation. Dieser Verlauf kann als das Ergebnis der Überlagerung mehrerer Einzelschichten aufgefaßt werden. Den Übergang von der Neutrosphäre bildet, nach Vorschlag von E. V. Appleton (1925), die sogenannte D-Schicht, der eine E- und F-Schicht bis in große Höhen überlagert sind. Die F-Schicht spaltet tagsüber in eine F_1- und eine F_2-Schicht auf. Ein zweites System beruht auf dem Einfluß des Erdmagnetfelds auf die ionisierte Komponente der Luft. Auf geladene Teilchen, die sich quer zum Magnetfeld bewegen, wirkt eine ablenkende Kraft senkrecht zu Magnetfeld und Teilchengeschwindigkeit. Elektronen werden ihrer geringen Masse wegen stärker beeinflußt als Ionen gleicher Geschwindigkeit. Die Ionisation nimmt mit der Höhe zu. Bis 70 km Höhe ist sie aber noch sehr gering. Erst darüber entstehen elektrische Felder – man spricht von der Dynamoschicht – in der elektrische Ströme fließen, die einen Großteil der erdmagnetischen Variationen hervorrufen. Oberhalb von 130 km ist die Dichte des Neutralgases so weit abgesunken, daß auch die

**Luftdichte
in der Exosphäre**

**Luftmasse
und Zenitreduktion
in Abhängigkeit
von der Zenitdistanz**

ζ	M	E
0°	1.000	0ᵐ00
10°	1.015	0ᵐ00
20°	1.064	0ᵐ01
25°	1.103	0ᵐ02
30°	1.154	0ᵐ03
35°	1.220	0ᵐ04
40°	1.304	0ᵐ06
45°	1.413	0ᵐ09
50°	1.553	0ᵐ12
52°	1.621	0ᵐ14
54°	1.698	0ᵐ16
56°	1.784	0ᵐ18
58°	1.882	0ᵐ20
60°	1.995	0ᵐ23
62°	2.123	0ᵐ26
64°	2.274	0ᵐ30
66°	2.447	0ᵐ34
68°	2.654	0ᵐ39
70°	2.904	0ᵐ45
72°	3.209	0ᵐ52
74°	3.588	0ᵐ60
76°	4.075	0ᵐ71
78°	4.716	0ᵐ83
80°	5.60	0ᵐ99
82°	6.88	1ᵐ19
84°	8.90	1ᵐ52
86°	12.44	2ᵐ12
87°	15.36	2ᵐ61

ζ Zenitdistanz,
M Luftmasse,
E Zenitreduktion für
visuelle Helligkeiten

Zusammenstöße zwischen Ionen und Neutralgas nicht mehr ins Gewicht fallen. Die Bewegungen aller ionisierten Teilchen werden im wesentlichen vom Magnetfeld der Erde gelenkt. Diesen Bereich nennt man Magnetosphäre; er erstreckt sich über viele Erdradien (s. 2.4).

Mit Hilfe von Satelliten konnten auch Werte über die Luftdichte in der Exosphäre gewonnen werden. Man beobachtete Bahnstörungen bzw. Änderungen der Satellitenbahnen, die nur durch eine Abbremsung aufgrund von Reibung an den dort noch vorhandenen Luftmolekülen erklärbar sind. Eine genaue Analyse der Abnahmen der großen Halbachsen der Satellitenbahnen ergab zudem noch eine beträchtliche Schwankung der Dichte der irdischen Hochatmosphäre. Die maßgeblichen Einflüsse dürften die folgenden sein:

1. Der Einfluß der variablen solaren UV-Strahlung, der sich in einer engen Korrelation zu der Sonnenfleckenrelativzahl (s. 5.5.1) und auch zu der solaren Radiostrahlung im Dezimeterwellen-Gebiet zeigt; verbunden damit ist ein starker Tag-Nacht-Effekt.

2. Der Einfluß von stark einfallenden Korpuskularwolken, die selbst in 200 km Höhe die Luftdichte noch um 20 % ansteigen lassen können.

3. Der Einfluß eines jährlichen Effekts, der ein Minimum im Mai–August und ein Maximum im September–April aufweist. Die Ursache ist noch wenig geklärt; eine plausible Annahme scheint zu sein, daß die interplanetare Materie etwas exzentrisch zum Sonnenmittelpunkt angeordnet ist.

2.3 Einfluß der Erdatmosphäre auf astronomische und astrophysikalische Beobachtungen

Die von den Gestirnen ausgehende Strahlung muß, bevor sie in die Beobachtungsinstrumente fällt, die Erdatmosphäre durchsetzen, die aber kein absolut durchsichtiges, sondern ein trübes Medium ist, für Strahlung bestimmter Wellenlängen sogar undurchsichtig. Dementsprechend erleidet die einfallende Strahlung eine Abschwächung oder sie wird sogar vollkommen absorbiert. Auf den Lichtstrahl wirkt ferner die Luftunruhe, die turbulente Strömung innerhalb der Atmosphäre, ein. Dies führt zu kurzperiodischen Richtungs- und Helligkeitsschwankungen, die zu dem allgemein bekannten Glitzern und Funkeln der Sterne Anlaß geben. Weiterhin erfährt ein von einem Gestirn kommender Lichtstrahl bei seinem Durchgang durch die Erdatmosphäre eine Ablenkung, analog der aus der Optik bekannten Strahlenbrechung in Medien wechselnder Dichte.

Diese drei Einwirkungen der irdischen Atmosphäre auf einen von außen kommenden Strahl bezeichnet man als Extinktion, als Szintillation und als astronomische Refraktion.

2.3 Einfluß der Erdatmosphäre

2.3.1 Die Extinktion

Die Schwächung eines von einem Himmelskörper kommenden Lichtstrahls hängt einmal von der Länge des durch die Erdatmosphäre gehenden Lichtwegs ab, zum andern von der Wellenlänge des Lichts, in dem beobachtet wird. Die Länge des Lichtwegs, in Einheiten der Luftmasse im Zenit gegeben, ist eine Funktion der Zenitdistanz. Um Helligkeiten von Gestirnen miteinander vergleichen zu können, müssen diese auf gleichlange Lichtwege reduziert werden, d. h. an jede Messung ist eine Reduktion auf die Luftmasse im Zenit anzubringen.

Zur Berechnung der Leuchtkräfte der Sterne (s. 7.5) bedarf es einer weiteren Reduktion auf den leeren Raum, d. h. auf den Wert, den die Helligkeit annehmen würde, wenn keine Abschwächung der Strahlung durch die Erdatmosphäre erfolgen würde. An die obigen Extinktionswerte wären in diesem Fall nochmals 0.23 Größenklassen (für visuelle Helligkeit) anzubringen.

Die Reduktionsbeträge wegen Extinktion sind mitunter starken Schwankungen unterworfen, denn die Durchsicht an einem Beobachtungsort kann selbst innerhalb einer Nacht stark variieren und nicht nur von der Zenitdistanz, sondern auch noch von der Himmelsrichtung, also vom Azimut (s. 1.3), abhängen. Die örtlichen Gegebenheiten, u. a. die Meereshöhe des Beobachtungsorts, wirken stark auf die jeweiligen Extinktionsbeträge, so daß diese für jede Sternwarte aus Beobachtungen gesondert zu bestimmen sind. Bei Präzisionsmessungen ist u. U. die Bestimmung der Extinktion gleichzeitig mit der Messung nötig.

Die Lichtabschwächung in der Atmosphäre hat drei Ursachen:

- die Bandenabsorption in den atmosphärischen Gasen,
- die Rayleigh-Streuung an den Luftmolekülen,
- die Streuung an den kolloidalen Partikeln der Luft.

Die Absorptionsbanden liegen in der Hauptsache außerhalb des visuellen Spektralbereichs. Sie engen vor allem die Beobachtungsmöglichkeiten nach dem Ultravioletten und dem Infraroten hin ein. Die Rayleigh-Streuung an den Molekülen der Luft ist, unabhängig von etwaigen zusätzlichen Trübungen, immer vorhanden. Sie ist stark abhängig von der Wellenlänge des Lichts und bewirkt die Blaufärbung des Taghimmels; man sagt, sie ist selektiv wirkend, wie die Tabelle zeigt. Sie gilt für einen Bodenluftdruck von 1013 hPa bei senkrecht durchsetzendem Lichtstrahl, also für den Zenit bzw. für die Luftmasse 1. Der variable Anteil der Extinktion wird von dem atmosphärischen Dunst verursacht. Kleinste kolloidale Partikeln mit Durchmessern von 0.1 bis 0.5 μm bewirken eine selektive, d. h. von der Wellenlänge abhängige Streuung. Größere Teilchen, wie Staub, Ruß und Wassertropfen, führen zu einer wellenlängenunabhängigen Abschwächung des Sternlichts.

Der Trübungskoeffizient E ist ein Maß für die Trübung; dabei entspricht etwa 0.01 einer Trübung im Hochgebirge, 0.05 sehr klar, 0.10 leicht getrübt, 0.20 starke Trübung.

Zenitextinktion durch Rayleigh-Streuung

Wellenlänge in nm	Absorption in Größenklassen
300	1.237
350	0.642
400	0.367
400	0.226
500	0.146
550	0.099
600	0.070
700	0.037
800	0.022
1000	0.009

2 Die Erde und ihr Mond

Zenitextinktion durch Dunststreuung

Wellenlänge in nm	Absorption in Größenklassen beim Trübungskoeffizient E von			
	0.01	0.05	0.10	0.20
300	0.052	0.260	0.520	1.040
350	0.041	0.207	0.415	0.830
400	0.036	0.179	0.357	0.714
450	0.031	0.153	0.307	0.614
500	0.027	0.133	0.267	0.534
550	0.024	0.118	0.236	0.471
600	0.021	0.105	0.211	0.421
700	0.017	0.087	0.173	0.345
800	0.015	0.073	0.145	0.290
1000	0.011	0.055	0.109	0.217

2.3.2 Die Szintillation

Die Lufthülle der Erde ist niemals in Ruhe, sondern immer in turbulenter Bewegung. Dadurch schwankt der Brechungsindex der Luft von Ort zu Ort und von Augenblick zu Augenblick. Durch die dauernde Variation des Brechungsindexes erleidet ein von einem Gestirn kommender Lichtstrahl eine ständig wechselnde Ablenkung. Die Größe der Luftschlieren, der Turbulenzelemente der Luft, die diese Szintillation hervorrufen, beträgt einige Zentimeter bis Dezimeter.

Mit bloßem Auge ist die Ortsszintillation nicht feststellbar, sie zeigt sich aber bei Beobachtungen an kleinen und mittleren Fernrohren in der Zitterbewegung des fokalen Sternscheibchens. Je nach Stärke der Luftunruhe schwankt das »Zitterscheibchen« um 0.5 bis 10 Bogensekunden um seine Mittellage. Dies führt bei photographischen Aufnahmen zu verwaschenen Sternscheibchen auf der Platte. Die Luftunruhe begrenzt die Beobachtungsmöglichkeiten, denn feinere Einzelheiten als die von der Größe des Zitterscheibchens sind gewöhnlich nicht erkennbar. Dies ist besonders bei Beobachtungen des Monds, der Sonne und der Planeten zu berücksichtigen, aber auch bei Doppelsternbeobachtungen oder bei Spektralaufnahmen mit spaltlosen Spektrographen.

Bei Teleskopen mit großer und sehr großer Öffnung zeigt sich die Wirkung der Richtungsszintillation jedoch anders. Durch ein Nebeneinanderlagern der von verschiedenen Luftschlieren abgelenkten Bilder erhält man beim visuellen Beobachten ein »Sternscheibchen«, das einen ebenso großen Bereich ausfüllt, wie ihn das vom kleinen Fernrohr erzeugte Sternbild zeitlich nacheinander überstreicht; also ein Bild, das dem integrierten photographischen Bild im kleinen Instrument entspricht.

Die Schlierenbildung, die Ursache für die Richtungsszintillation, muß man zu einem beträchtlichen Teil in der näheren Umgebung der Teleskope selbst suchen, etwa in der Erwärmung des Gebäudes und in Unterschieden zwischen Beobachtungsraum- und Außentemperatur. An großen Instrumenten und deren Kuppeln werden deshalb Vorkehrungen zur thermischen Isolierung (um Erwär-

2.3 Einfluß der Erdatmosphäre

Brechungsindex der Luft bei 1013 hPa und 0 °C

Wellenlänge in nm	Brech.-Index 1.000...
280	...3111
300	...3077
400	...2984
500	...2944
600	...2923
700	...2910
800	...2902

Astronomische Refraktion bei 1013 hPa und 0 °C

beobachtete Zenitdistanz	Refraktion
0°	0′ 00″
10°	0′ 11″
20°	0′ 22″
30°	0′ 35″
40°	0′ 51″
50°	1′ 11″
60°	1′ 45″
70°	2′ 45″
75°	3′ 42″
80°	5′ 31″
85°	10′ 15″
88°	19′ 7″
89°	25′ 36″
90°	36′ 38″

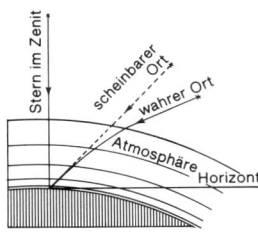

Astronomische Refraktion

mungen über Tag zu vermeiden) bzw. zum schnellen Temperaturausgleich zwischen innen und außen getroffen.

Neben der Ortsszintillation beobachten wir, auch mit bloßem Auge, eine Helligkeitsszintillation. Die Helligkeitsschwankungen gehen bis zu kurzzeitigem völligem Verschwinden der Beleuchtung durch den Stern an einzelnen Stellen. Die vom Stern einfallende Strahlung wird durch die Luftunruhe quasi moduliert, in Wechsellicht verwandelt. In der Nähe des Horizonts wird neben der Helligkeitsschwankung auch eine Farbschwankung des Sternlichts beobachtet. – Der von Laien wegen des Glitzerns und Funkelns der Sterne oft gerühmte »schöne Nachthimmel« macht wegen seiner starken Luftunruhe manche astronomische Beobachtung unmöglich.

Solche Begrenzungen lassen sich heute einerseits durch Beobachtung vom Weltraum aus, andererseits bei erdgebundenen Beobachtungen durch aktive Optiken oder fortschrittliche Methoden der Datenanalyse (wie z. B. Speckle-Interferometrie) umgehen (s. A 2.7).

2.3.3 Die astronomische Refraktion

Der Brechungsindex n des Vakuums ist 1. Derjenige der Luft weicht von diesem Wert nur wenig ab; er ist, wie bei anderen optischen Medien auch, wellenlängen-, temperatur- und dichteabhängig.

Die Abweichung von den wellenlängenabhängigen Normalwerten bei abweichenden Werten von Druck und Temperatur läßt sich leicht mit folgender Formel berechnen:

$$n - 1 = (n_0 - 1) \cdot (p/1013) \cdot (273/T)$$

In ihr ist $(n - 1)$ die Abweichung des Brechungsindexes von 1; n_0 ist der in der Tabelle gegebene Brechungsindex bei den Normalwerten für Druck und Temperatur. Der Druck p wird in Hektopascal (hPa), die Temperatur T in Kelvin eingesetzt.

Wegen der vertikalen Dichteabnahme und der entsprechenden Änderung des Brechungsindexes der Luft wird ein von außen kommender Lichtstrahl so gebrochen und abgelenkt, daß er eine zur Erdoberfläche konkav gekrümmte Bahn beschreibt. Deswegen erscheint ein Stern durch die Strahlenbrechung über seinen wahren Ort gehoben. Um den wahren Ort zu bestimmen, muß an die beobachtete Zenitdistanz eine Korrektion angebracht werden. Diese Korrektion bezeichnet man als astronomische Refraktion. Sie gibt an, um wieviel ein Stern bei beobachteter Zenitdistanz über seinen wahren Ort durch die Strahlenbrechung gehoben erscheint; sie bezeichnet also den Winkel zwischen dem an der Grenze der Atmosphäre auftreffenden Lichtstrahl und der ins Auge oder ins Fernrohr gelangenden Strahlenrichtung.

Bis zu einer Zenitdistanz von 80° ist die Refraktion praktisch unabhängig von der Konstitution der Atmosphäre. Nähert man sich weiter dem Horizont, so wird der vertikale Aufbau der Atmosphäre, vor allem die Temperaturschichtung, zunehmend wichtig.

2.4 Das Magnetfeld der Erde

Um 1600 beschrieb W. Gilbert (1544–1603) in seinem Buch »De Magnete« das Magnetfeld der Erde. Dessen Vorhandensein, auf dem auch die Funktion des Magnetkompasses beruht, war aber schon viel früher bekannt. Große Fortschritte sowohl in der Messung als auch in der Deutung des Erdmagnetfelds wurden 1831 von C. F. Gauß (1777–1855) und W. Weber (1804–1891) erzielt. Sie fanden, daß dieses in erster Näherung als Dipolfeld, d. h. als das Feld eines stabförmigen Magneten dargestellt werden kann.

Da dieser Dipol nicht genau in Richtung der Erdachse orientiert ist, weichen die magnetischen Pole von den geographischen ab, wobei ihre Position wegen eines hohen Nichtdipolanteils wesentlich ungenauer definiert ist. Obwohl die magnetischen Pole langfristig keineswegs ortsfest sind, kann ihre Bewegung in diesem Jahrhundert vernachlässigt werden. Die derzeitigen Positionen sind:

geomagnetischer Nordpol   79° N;   70° W
geomagnetischer Südpol   79° S;   110° O

Bei dem geomagnetischen Nordpol/Südpol handelt es sich physikalisch um einen magnetischen Südpol/Nordpol, denn er zieht den magnetischen Nordpol/Südpol der Kompaßnadel an.

Die magnetischen Feldlinien verlaufen nicht genau in Nord–Süd-Richtung, so daß auch die Kompaßnadel von ihr abweicht. Man nennt diese Abweichung die Deklination D. Die magnetischen Feldlinien sind auch gegen die Horizontale geneigt. Der Neigungswinkel wird Inklination I genannt. An den magnetischen Polen ist $I = 90°$, am magnetischen Äquator, in der Nähe des geographischen Äquators, ist $I = 0°$.

Die Stärke des Erdmagnetfelds wird in γ gemessen (s. A 3.4):

$$1\,\gamma = 10^{-5}\,\text{Gauß} = 10^{-9}\,\text{Tesla}.$$

Das Dipolfeld der Erde hat am magnetischen Äquator eine Feldstärke von $31 \cdot 10^3\,\gamma = 0.31$ Gauß, an den magnetischen Polen von $62 \cdot 10^3\,\gamma = 0.62$ Gauß.

Die Beschreibung des Erdmagnetfelds als Dipolfeld ist nur eine grobe Näherung, tatsächlich gibt es große Abweichungen davon. So gibt es sowohl auf der Nordhalbkugel in Zentralsibirien als auch auf der Südhalbkugel im südlichen Pazifik je ein zweites polähnliches Flußmaximum. Diese Abweichungen erreichen – selbst wenn man von lokalen Störungen wie etwa bei Kursk (südlich Moskau) absieht – die Größenordnung $+0.17$ Gauß und -0.15 Gauß und sind zeitlich variabel. Variationen mit kurzer Zeitskala (Stunden, Tage) haben ihre Ursache in Vorgängen in der Ionosphäre und werden damit letztlich durch Erscheinungen der Sonnenaktivität (s. 5.5) gesteuert. Säkulare Variationen mit Zeitskalen bis zu Hunderten von Jahren werden auf Vorgänge im Erdinnern zurückgeführt. Bemerkenswert ist eine langsame, nach Westen gerichtete Drift der dem Dipolfeld überlagerten Störungen mit einer Ge-

2.4 Das Magnetfeld der Erde

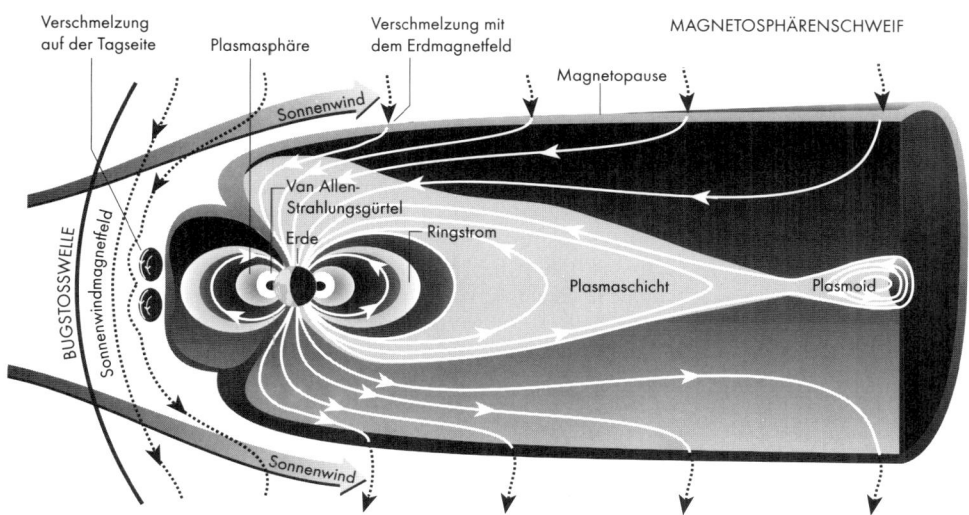

Schnitt durch die Magnetosphäre im Mittags–Mitternachts-Meridian. Die Magnetosphäre ist das von der Magnetopause eingeschlossene Gebiet. Die Van Allen-Gürtel liegen innerhalb der Magnetosphäre. Als Plasma-Schicht ist ein Gebiet erhöhter Teilchendichte bezeichnet. Bei der Verschmelzung von Magnetfeldlinien im Magnetschweif können Plasmaklumpen, sogenannte Plasmoide, abgeschnürt und aus dem Magnetosphärenschweif herauskatapultiert werden

schwindigkeit von im Mittel 0°2 pro Jahr. Sie wurde 1692 von E. Halley entdeckt.

Auch das Dipolfeld selber scheint zeitlich nicht konstant zu sein: So verringerte sich seine Stärke in den letzten 1000 Jahren um etwa 40 %. Aus dem Restmagnetismus alter Gesteinsformationen muß man darüberhinaus schließen, daß das Erdfeld im Lauf der Zeit viele Male seine Polarität gewechselt hat. Die Ursache dieses oft nur 10 000 Jahre dauernden Austauschs der Pole ist bislang ungeklärt.

Das Erdmagnetfeld wird durch elektrische Ströme, die im Erdkern fließen, erzeugt. Diese Ströme sind die Folge (sehr langsamer) konvektiver Materieströmungen im Kern, die überdies infolge einer komplizierten Kopplung mit dem Erdmagnetfeld zyklonische Substrukturen entwickeln. Diese walzenförmigen Konvektionszellen induzieren ihrerseits ein Magnetfeld, so daß der Prozeß insgesamt der Selbsterregung eines Dynamos verwandt ist. Derartige Dynamotheorien sind mathematisch sehr weit durchgearbeitet worden. Sie geben eine befriedigende Erklärung der Erscheinungen des Erdmagnetismus.

Das Dipolfeld der Erde nimmt im Außenraum mit zunehmender Entfernung r vom Erdmittelpunkt wie $1/r^3$ ab. Die Stärke der Störungen klingt noch rascher ab. Dieses theoretisch zu erwartende Verhalten der Felder wird jedoch schon in einem Abstand von etwa 10 Erdradien durch den Einfluß des Sonnenwinds (s. 4.4.4) erheblich verändert. Durch die von der Sonne stammende Strömung eines hoch ionisierten Gases (charakteristische Dichte: etwa 5 Protonen pro Kubikzentimeter; Geschwindigkeit: etwa 450 km/s) wird das Feld der Erde abgedrängt und hinter der Erde (also auf der sonnenabgewandten Seite) zu einem Schweif von etwa 1000 Erdradien Länge und 50 Erdradien Durchmesser ausgezogen. Damit

füllt das Magnetfeld der Erde ein begrenztes Volumen aus, die sogenannte Magnetosphäre. Die sie begrenzende Fläche heißt Magnetopause. Vor der Magnetopause bildet sich auf der sonnenzugewandten Seite eine Stoßwelle aus, die dadurch entsteht, daß die überschallschnelle Strömung des solaren Winds auf das Hindernis stößt, das die Erde mit ihrer Magnetosphäre darstellt.
Die Magnetosphäre im Sonnenwind wirkt als magnetohydrodynamischer Generator mit 10^5 bis 10^6 Megawatt und verursacht einen ständigen Energietransport vom Sonnenwind in die Magnetosphäre. Instabilitäten dieser Energietransportprozesse (magnetosphärische Substürme) haben die bekannten Polarlicht-Erscheinungen zur Folge und führen zur Ausbildung und Ablösung isolierter Magnetosphärenbereiche (Plasmoide), die die Energie an den Sonnenwind zurückgeben. Die Geometrie der Magnetosphäre sowie die Prozesse in magnetosphärischen Substürmen sind inzwischen durch Satelliten erforscht.

2.5 Der Erdmond

2.5.1 Entfernung, Bahn, physikalische Daten

Mittlere Entfernung von der Erde	384 403 km
in Erdhalbmessern	60.33
in Astronomischen Einheiten	0.002 696 AE
Größte Entfernung von der Erde	406 740 km
Kleinste Entfernung von der Erde	356 410 km
Mittlere Exzentrizität der Mondbahn	0.0549
Neigung der Bahn gegen die Ekliptik	5° 8′ 43″.4
Neigung des Mondäquators gegen die Ekliptik	1° 32′ 32″.7
Siderische Umlaufzeit	27.32166 mittlere Tage
Tropische Umlaufzeit	27.32158 mittlere Tage
Anomalistische Umlaufzeit	27.55455 mittlere Tage
Drakonitische Umlaufzeit	27.21222 mittlere Tage
Synodische Umlaufzeit	29.53059 mittlere Tage
Umlaufzeit des Knotens	18.6134 Tropische Jahre
Umlaufzeit des Perigäums	8.8479 Tropische Jahre

Scheinbarer Halbmesser			
bei mittlerer Entfernung von der Erde			15′ 31″.64
Wahrer Halbmesser	1 738.0 km	= 0.272	Erdhalbmesser
Umfang	10 920 km	= 0.272	Erdumfang
Oberfläche	$3.796 \cdot 10^7$ km²	= 0.0744	Erdoberfläche
Volumen	$2.199 \cdot 10^{10}$ km³	= 0.0203	Erdvolumen
Masse	$7.3483 \cdot 10^{22}$ kg	= 1/81.30	Erdmasse
Mittlere Dichte	3.341 g cm^{-3}	= 0.606	Erddichte
Schwerebeschleunigung an			
der Oberfläche	161.93 cm s^{-2}	= 1/6	Erdschwerkraft
Entweichgeschwindigkeit an der Oberfläche			2.38 km/s^{-1}
Mittlere Albedo			0.07
Oberflächentemperatur			
bei Vollmond			ca. +120 °C
bei Neumond			ca. −130 °C

2.5 Der Erdmond

Zur Orientierung auf dem Mond bedient man sich wie auf der Erde eines Gradnetzes. Der Null- oder Hauptmeridian verläuft durch die Mitte der sichtbaren Mondscheibe von oben nach unten, verbindet also die beiden Pole. Er wird in der Mitte vom Äquator geschnitten, der den Ost- und Westpunkt miteinander verbindet. Da die Himmelsrichtungen entsprechend dem Bild, das der Mond im umkehrenden astronomischen Fernrohr bietet, gerechnet werden, liegt der Nordpol unten, der Südpol oben, der Westpunkt links und der Ostpunkt rechts. Neuerdings werden Karten für astronautische Zwecke genau wie Erdkarten orientiert; d. h. N oben, S unten, W links, O rechts.

2.5.2 Mondbahn und Mondbewegung

Der Mond bewegt sich auf einer elliptischen Bahn um die Erde, aber diese Bewegung läßt sich allein mit den Keplerschen Gesetzen nur ungenau beschreiben, da das System Erde–Mond starken Störungen durch die Sonne unterliegt. Deshalb ist die Theorie der Mondbewegung eins der schwierigsten himmelsmechanischen Probleme. Nun liegen aber für die Bewegung des Monds um die Erde lange Beobachtungsreihen und ausgedehnte theoretische Untersuchungen vor, die uns zudem gute Grundlagen für die Erforschung der zeitlichen Veränderungen in den Elementen der Mondbahn liefern. Zu langperiodischen Änderungen der Bahnelemente, die Periodenlängen von vielen Tausenden, ja sogar von Millionen Jahren haben, treten säkulare, d. h. zeitlich dauernd fortschreitende Änderungen durch Gezeitenkräfte im System, die eine ständige Zunahme des mittleren Abstands Erde–Mond bewirken. So können heute aus Studien über die Bewegung des Monds, d. h. über die Veränderung der Mondbahnelemente, Fragen nach der Vergangenheit und der Zukunft des Erde–Mond-Systems mit Erfolg angegangen werden.

Man ist geneigt anzunehmen, daß die Bahn des Monds, da er um die Erde und mit dieser um die Sonne kreist, eine Schlangen- oder Wellenlinie sei. Oft wird dies so vereinfacht dargestellt. Da aber die Schwerebeschleunigung des Systems Erde–Mond zur Sonne etwa doppelt so groß ist wie jene des Monds zur Erde, ist die Mondbahn, auf die Sonne bezogen, d. h. im Planetensystem betrachtet, immer konkav zur Sonne hin gekrümmt. Lediglich die Stärke der Krümmung variiert, je nachdem ob sich (bei Vollmond) die Schwerebeschleunigungen durch Erde und Sonne addieren oder (bei Neumond) subtrahieren. Die Bahn um die Sonne ähnelt daher eher einem abgerundeten offenen Zwölfeck.

Wie bei allen Himmelskörpern, die in elliptischen Bahnen umlaufen, schwankt die »wahre« Bahngeschwindigkeit des Monds um eine »mittlere« Geschwindigkeit. Dieser Effekt, der bei dem System Erde–Sonne als Zeitgleichung bekannt ist (s. 1.5.2), wird in der Bewegung des Monds als Große Ungleichheit bezeichnet. Die mittlere Bahngeschwindigkeit des Monds wird einem fiktiven »mittleren Mond« zugeschrieben, der in einer mittleren Entfernung, d. h. mit der ihr zugehörigen mittleren großen Halbachse a, auf einer Kreisbahn umläuft. Der momentane Abstand des Monds von der Erde ändert sich aber von Tag zu Tag und schwankt, wegen der exzentrischen Bahn des Monds, während eines Umlaufs um die Extremwerte $a(1-e)$ und $a(1+e)$, wobei e die Exzentrizität der Bahnellipse bedeutet. Der Effekt der Großen Ungleichheit, auch Mittelpunktgleichung genannt, also die Abweichung zwischen wahrer und mittlerer Bewegung, kann einen maximalen Wert von 6° 17.3 annehmen. Andere Änderungen und Schwankungen in der Bewegung des Monds werden diesem zum einen als Störungen durch die Sonne bzw. durch die Bewegung der Erde um die Sonne aufgezwungen, zum andern aber verursacht auch durch die im System Erde–Mond nicht zu vernachlässigenden Effekte, die von Figur und Masseverteilung des Erdkörpers ausgehen. Die Zahl der Störungen in der Bewegung des Monds geht in die Hunderte.

Störung der Mondbewegung

Zu nennen sind u. a. zwei Änderungen der räumlichen Lage der Mondbahn: Das Rückwärtsschreiten der Knoten (der beiden Schnittpunkte der Mondbahn mit der Ekliptik) in 18.6 Jahren um 360° und ferner die bald rechtläufige bald rückläufige, insgesamt aber rechtläufige Bewegung der Apsidenlinie der Mondbahnellipse; d. h. die vom Frühlingspunkt längs der Ekliptik bis zum aufsteigenden Knoten, von dort aus längs der Bahn bis zum Perigäum (der Erdnähe) gezählte »Länge des Perigäums« durchläuft in 8.85 Jahren alle Werte von 0° bis 360°. Als Folge dieser Bewegung der Apsidenlinie ist die Anomalistische Umlaufzeit 5 bis 6 Stunden länger als die Siderische. Der in obiger Tabelle angegebene Wert der durchschnittlichen Anomalistischen Umlaufzeit kann aber wegen der Unregelmäßigkeit der Bewegung der Apsidenlinie vom einen zum andern Mal zwischen 25 und 29 Tagen variieren.

Folgende wichtige Störungen der Bewegung des Monds sollen noch aufgeführt werden:

Als Evektion wird eine periodische Störung der oben erklärten Großen Ungleichheit bezeichnet. Sie beruht auf der gegenseitigen unterschiedlichen Stellung von Sonne, Mond und Apsidenlinie der Mondbahn und erreicht ihren größten Wert von ±1° 16′ 26″, wenn die Elongation des Monds von der Sonne und die Elongation des Perigäums von der Sonne aus zusammen ±90° betragen. Die Periode dieser Störung beträgt 31.8 Tage. Betrag und Periode der Evektion waren schon C. Ptolemäus bekannt.

Die Variation, eine von T. Brahe entdeckte und von I. Newton erklärte Störung, zeigt sich als Beschleunigung oder Abbremsung des Monds in seiner Bahn mit halbmonatiger Periode. Ihr maximaler Wert beträgt 39′ 30″.

Die jährliche Ungleichheit (Amplitude ±11′ 11″) und die säkulare Akzeleration sind auf die Exzentrizität bzw. auf die säkulare Abnahme der Exzentrizität der Erdbahn zurückzuführen.

Neben der beschriebenen Bewegung in seiner Bahn führt der Mond auch eine Rotationsbewegung um seine Achse aus. Er wendet während seines Bahnumlaufs der Erde immer die gleiche Seite zu, so daß seine Rotationszeit gleich der mittleren Siderischen Umlaufzeit von 27.321 66 Tagen ist. Da aber die

Bewegung des Monds in seiner elliptischen Bahn ungleichmäßig ist, die Rotation dagegen gleichmäßig erfolgt, kann ein Beobachter auf der Erde, wenn der Mond im Perigäum steht, mehr von der rechten Mondseite, wenn er im Apogäum steht, mehr von der linken Seite sehen. Dieser Effekt wird als »Libration in Länge« bezeichnet. Eine zusätzliche »Libration in Breite« kommt dadurch zustande, daß die Rotationsachse des Monds nicht senkrecht auf seiner Ebene steht. So kann man im Lauf eines Monats mal über den Nordpol, mal über den Südpol des Monds hinwegsehen. Einen weiteren kleinen Beitrag zu diesen Effekten der Libration liefert die sogenannte »Parallaktische Libration«. Durch diese drei Librationseffekte können wir von der Erde aus etwa 59 % der Oberfläche des Erdmonds einsehen.

2.5.3 Wechselwirkungen im Erde–Mond-System
Die Folgen der Wechselwirkungen im System Erde–Mond–Sonne sind sehr verschiedener Natur. Es sind zum einen die der Erdachse aufgezwungenen Drehbewegungen der Lunisolar-Präzession und der Nutation durch die Gravitationskräfte des Monds, der Sonne und – in geringerem Maß – der Planeten, sowie die Bewegung des Systems Erde–Mond um seinen gemeinsamen Schwerpunkt. Zum andern sind es auf der Erde die Gezeiten, die durch ein Zusammenspiel von Gravitations- und Zentrifugalkräften entstehen. Sie beruhen auf den Unterschieden in der Anziehung und in der Zentrifugalkraft, die verschiedene Punkte auf und in der Erde in erster Linie durch den Mond und in geringerem Maß durch die Sonne erfahren. Die Gezeiten treten nicht nur als Ebbe und Flut in den Meeren in Erscheinung, sondern sie sind auch als Schwingungen in der Atmosphäre und im festen Erdkörper nachweisbar. Folge der Gezeiten ist eine Gezeitenreibung mit abbremsender Wirkung auf die Erdrotation und damit auf unser Zeitmaß (s. 2.1.3).

2.6 Morphologie der Mondoberfläche
Da der Mond keine Atmosphäre besitzt, kann seine Oberfläche unbehindert betrachtet werden. Seit Galilei als erster ein Fernrohr gegen den Himmel richtete, ist der Mond Forschungsobjekt. Der erdgebundenen Mondbeobachtung waren jedoch naturgegebene Grenzen gesetzt. So ist es verständlich, daß die besonders auch von Amateurastronomen betriebene Selenographie (Mondkunde) ihren Höhepunkt bereits im vorigen Jahrhundert überschritten hatte. Es gab zu Anfang dieses Jahrhunderts nur noch wenige Forscher, die sich mit dem Mond als Forschungsgegenstand beschäftigten. Erst die sich aus der Entwicklung der Raumfahrt ergebenden Möglichkeiten rückten den Mond wieder in den Interessenbereich der Forschung.

2.6.1 Beobachtungen von der Erde aus
Von der Erde aus sind Details der Bodenformen bis zur Größe von 200 m – bei besten Beobachtungsverhältnissen bis etwa 100 m

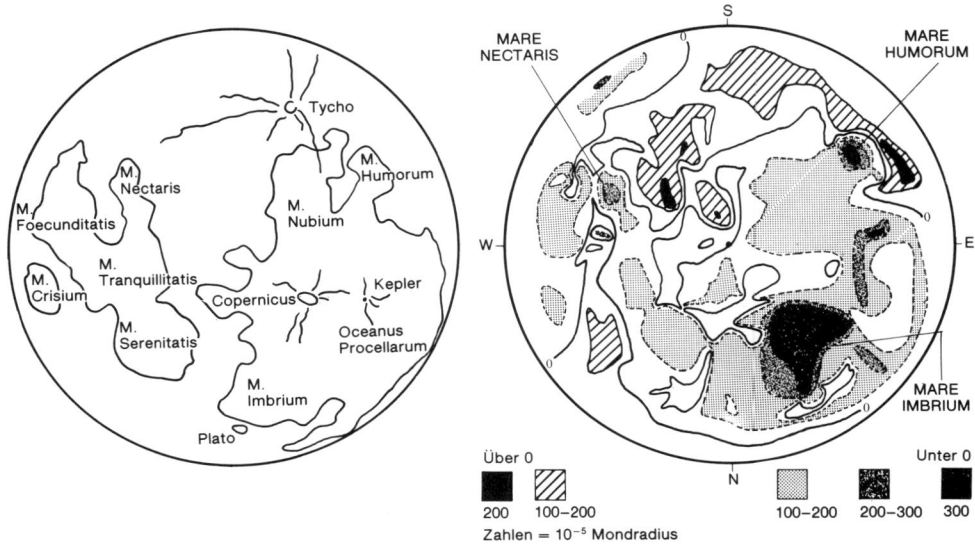

Links: Karte zur ersten Orientierung auf der Mondoberfläche (Norden ist unten)
Rechts: Die von R. Baldwin (1961) erstellte »contour map« der Vorderseite des Monds in vereinfachter Wiedergabe

Durchmesser – und Erhebungen von einigen Metern zu erkennen. Die selenographischen Karten stellen die Mondoberfläche etwa mit der gleichen Genauigkeit dar, wie geographische Karten mit dem Maßstab 1 : 5 000 000 die Erde. Höhepunkt der kartographischen Darstellung der Mondoberfläche ist wohl die aufgrund von visuellen Beobachtungen erstellte Mondkarte von P. Fauth, die den Mond im Maßstab 1 : 1 000 000 (Kartendurchmesser der Mondscheibe 3.5 m) darstellte. Der Abschluß der erdgebundenen Mondforschung mit konventionellen Methoden war der große photographische Mondatlas von G. P. Kuiper (1960); er basiert auf den besten Mondaufnahmen der großen nordamerikanischen Sternwarten und des Höhenobservatoriums Pic du Midi und stellt den Mond ebenfalls im Maßstab 1 : 1 000 000 dar.
Der Mond besitzt Bodenformen, die kein Analogon auf der Erde haben, andere Strukturen wiederum lassen sich mit aus der irdischen Geologie bekannten vergleichen. Lunare Formationen werden mit aus der Geographie entlehnten Begriffen bezeichnet, wie etwa Meere, Gebirge, Seen, Sümpfe und Krater. Die Terminologie ist jedoch nicht einheitlich, vielmehr wurden diese Bezeichnungen, je nach Ausgangspunkt und vorgefaßter Meinung, nach Geschmack oder Zeitmode und oft genug ohne Rücksicht auf den sonstigen Gebrauch gewählt, benutzt oder neu eingeführt. Die meisten Benennungen bringen außerdem ein genetisches Moment in die Nomenklatur, das eine geologische Deutung der Formation unbewußt – oder bewußt – in bestimmte Richtungen lenkt.

2.6 Morphologie der Mondoberfläche

Als großräumige Strukturen auf der Mondoberfläche fallen einmal die relativ hellen, hochliegenden, auch inselartig vorkommenden Flächen auf; sie sind für gewöhnlich deutlich reliefiert. Diese Gebiete werden Terrae (Einzahl: Terra) genannt. Dieses lateinische Wort darf aber nur deskriptiv aufgefaßt werden und nicht mit Land, Festland oder gar Kontinent übersetzt werden, genau so wenig wie die zweiten großräumigen Strukturen, die Maria (Einzahl: Mare), nicht mit irdischen Meeren oder Ozeanen gleichgesetzt werden können. Maria sind relativ dunkle und tiefliegende Areale auf der Mondoberfläche ohne auffällige Reliefs, oft völlig eben erscheinend. Diese beiden Großstrukturen sind als helle und dunkle Flächen mit bloßem Auge auf der Mondscheibe erkennbar. Die Maria tragen zum Teil recht romantische Namen, während die Terrae mit Gebirgsnamen, die aus der irdischen Geographie entlehnt sind, oder mit Namen von mehr oder weniger bekannten Männern der Wissenschaftsgeschichte benannt werden.

Die Maria

Das größte Mare ist der Oceanus Procellarum mit einer Ausdehnung von ca. $5 \cdot 10^6$ km²; dann folgt das Mare Nubium mit einer Fläche von $1 \cdot 10^6$ km² und das Mare Imbrium mit $0.9 \cdot 10^6$ km². Die andern Maria haben Größen zwischen 1 und $4 \cdot 10^5$ km².

Man unterscheidet zwischen den echten Maria (z. B. das Mare Imbrium), beckenförmigen, tiefliegenden Arealen, von Terra-Rändern umgeben und überhöht, meist gegen diese scharf abgegrenzt, und den epi-terra Maria (Schelfmeere), deren Abgrenzung gegen die Terra-Umrandung einen allmählichen Übergang zeigt (z. B. Mare Nubium). Typische Terra-Elemente, wie Riffe, Berge oder Krater, ragen bei diesen letzteren über die Oberfläche hinaus und nehmen an Zahl zu den Terrae hin zu. Auf der Nordhälfte der Mondvorderseite bemerkt man eine Tiefenzone der Kruste, in der sich mehrere echte, beckenförmige Maria aneinanderreihen (Mare Imbrium, Mare Serenitatis, Mare Crisium); diese Zone wird als »Mare-Gürtel« bezeichnet.

Lateinische und deutsche Namen der Maria

Mare Australe	Südmeer
Mare Crisium	Kritisches Meer
Mare Foecunditatis	Fruchtbares Meer
Mare Frigoris	Kaltes Meer
Mare Humorum	Feuchtes Meer
Mare Imbrium	Regenmeer
Mare Nectaris	Nektarmeer
Mare Nubium	Wolkenmeer
Mare Serenitatis	Heiteres Meer
Mare Tranquillitatis	Ruhiges Meer
Mare Vaporum	Dampfendes Meer
Oceanus Procellarum	Stürmischer Ozean
Sinus Medii	Zentralbucht

Die echten Mare-Becken und auch die ihnen anhängenden Schelfmeere liegen ausnahmslos unterhalb des mittleren Mondniveaus. So kann für das Mare Imbrium eine maximale »Tiefe« von 6000 m, für das Mare Nectaris eine solche bis zu 5000 m unterhalb des

Südliche Region des Monds mit Mare Nubium. Entsprechend dem astronomischen Brauch wird hier der Mond wie in einem astronomischen Fernrohr wiedergegeben, d. h. Süden oben, Norden unten. Die Krater am untern Bildrand sind Ptolemäus, Alphonsus und Albategnius. Die großen Ringgebirge und Krater zum Südpol-Gebiet des Monds hin sind durch Vergleich mit der nebenstehenden Mondkarte zu identifizieren

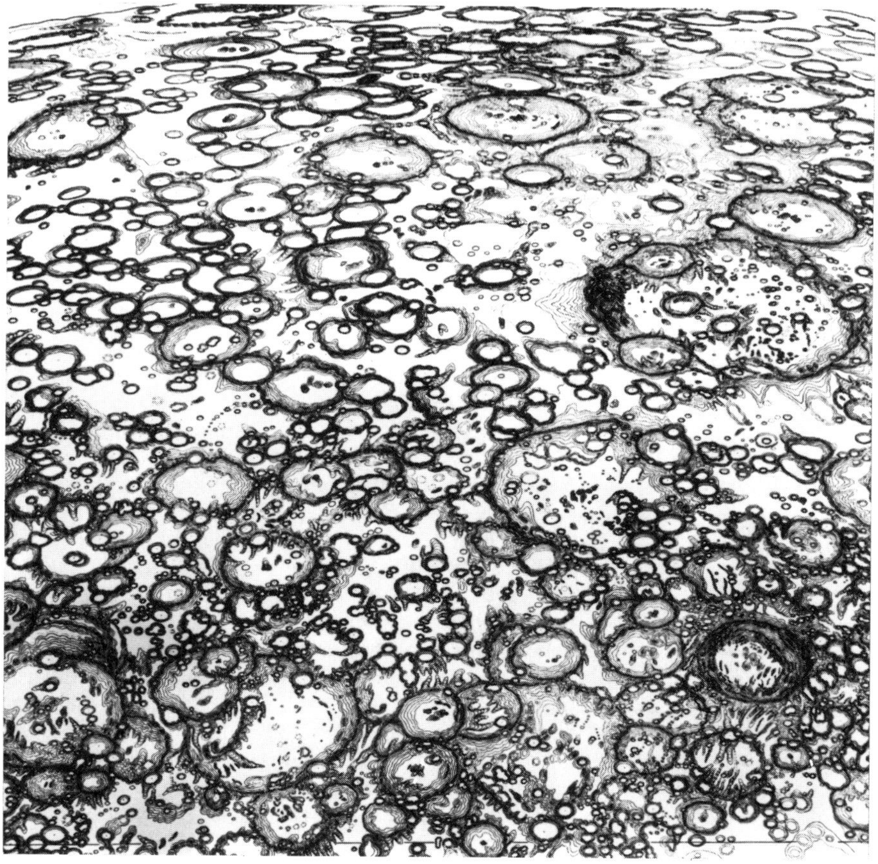

2.6 Morphologie der Mondoberfläche

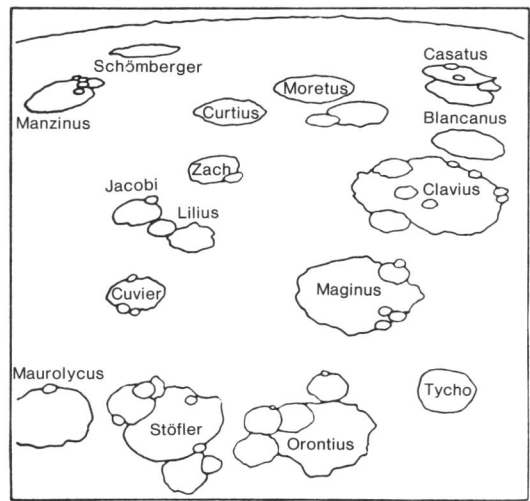

Verkleinerte Abbildung eines Blatts der Fauthschen Mondkarte. Südlicher Teil des Monds mit Clavius und Tycho. Die Lageskizze erleichtert das Auffinden

mittleren Kruste-Niveaus (Bezugsnull) angegeben werden. In den Maria trifft man auf auffallende Gebilde, die sogenannten Bergadern, die entfernt den hervortretenden Adern auf dem Handrücken ähneln. Es sind entweder symmetrisch-zweiseitig geböschte, flache, relativ schmale, dammartige Aufwölbungen der Mare-Oberfläche, die in ihrer Längsstreckung teilweise gradlinig, zumeist jedoch, Flußläufen ähnlich, leicht geschlängelt verlaufen. Leicht erkennbar im Fernrohr sind sie nur bei seitlicher Beleuchtung, also bei einem Verlauf in Meridianrichtung, während sie bei reiner Ost-West-Erstreckung infolge ihrer Flachheit wegen des fehlenden Schattenwurfs nahezu unsichtbar bleiben. Ein weiteres – besonders in jüngster Zeit – viel diskutiertes Strukturelement der Maria sind die sogenannten Beulen (engl. domes), auch Kuppeln genannt. Es sind niedrige Erhebungen von mehr oder minder kreisförmigem Grundriß, die sich trotz gleichartigem Gesteinsmaterial klar von ihrer ebenen Umgebung abheben. Sie treten meist in kleineren oder größeren Gruppen auf und sind nur bei günstiger Beleuchtung, bei flachem Lichteinfall, mit Sicherheit auszumachen. Die in den Terrae auftretenden Rundformen fehlen in den echten Maria fast vollkommen, jedoch treten in ihnen kleine, muldenförmige Flach-Kraterchen zahlreich auf.

Die Terrae

Die Terrae sind – wie wir nun aus den zahlreichen Aufnahmen von den Mondsonden und von den Apollo-Mannschaften wissen – das beherrschende großräumige Strukturelement der Mondrückseite. Von dort greift ein zusammenhängendes Stück über den Südpol hinweg und bildet auf der Vorderseite den gelegentlich sogenannten »Südkontinent«; er stößt bis über die Mitte der Mondscheibe nach Norden vor. Auf der Nord-Halbkugel der Mondvorderseite scheinen nur noch Reste der ursprünglichen Terra-Kruste vorhanden zu sein, man hat den Eindruck, als ob die »Lava-Mare« in sie »eingebrochen« seien. Die Reste des wohl ursprünglich geschlossenen Terra-Areals treten in Form der 650 km langen Apenninen, die sich im Kaukasus und in den Alpen fortsetzen, in Erscheinung. Eine für die Terrae auffällige Formation sind die mit dem Terminus »Krater« bezeichneten Gebilde. Moderne Mondkarten zeigen etwa 33 000 solcher Kratergebilde auf der Vorderseite des Monds. Sie werden nach Vorschlag des italienischen Jesuitenpaters Riccioli (1659) nach Astronomen und Naturforschern benannt. Dieser Brauch wird auch bei den auf der Rückseite des Monds lokalisierten Formationen beibehalten. Will man nur eine deskriptive, nicht genetische Einteilung der Krater geben, so muß man von ihrer Größe und Form ausgehen. Unter den Kleinstkratern – ihre Durchmesser liegen unter einem Kilometer – unterscheidet man solche ohne Zentralkegel und ohne Umwallung, auch Lochkrater genannt. Die Gebilde von 1 bis etwa 10 km Durchmesser zeigen meist eine geschlossene Umwallung und in ihrer Mitte einen Zentralberg oder Bergkegel. Mittlere Rundgebilde, von 10 bis 100 km Durchmesser, zeigen eine mehr oder weniger ausgeprägte Umwallung und flachen Boden; sie werden meist Ringgebirge genannt. Ihre Ränder und auch ihr flacher Boden werden oft von

2.6 Morphologie der Mondoberfläche

wesentlich kleineren Kratern gesäumt bzw. bedeckt. Die ganz großen Rundbauten der Mondoberfläche, mit Durchmessern über 100 km, werden Wall-Ebenen genannt. Sie unterscheiden sich nur in ihrer Größe von den vorgenannten Ringgebirgen.

Einige Mondgebirge

	Höhe über Umgebung in m
Karpaten	2 900
Pyrenäen	3 000
Alpen	3 900
Altai	4 000
Wall-Ebene des Kraters Kopernikus	4 000
Apenninen	5 500
Kaukasus	5 900
Massiv am Nordrand des Ringgebirges Curtius	8 000
höchste gemessene Erhebung	11 350

Lineare Strukturelemente sind die sogenannten Rillen, Spalten, Klüfte, Täler und Verwerfungen, die, da die Mondoberfläche nie unter der erodierenden Wirkung von Wasser gestanden ist, sicherlich tektonischen Ursprungs sind. Als Rillen werden grabenförmige, nicht tiefe, schmale Rinnen mit glatten Rändern, verschiedenen Profilen und geradem, geknicktem oder auch flußartigem Verlauf bezeichnet. Ihre Breiten liegen bei 1 km, ihre Längen können mehrere hundert Kilometer erreichen. Sie sind häufig von zahlreichen Kleinstkratern besetzt und begleitet. Als Spalte oder Klüfte bezeichnet man Einschnitte, bei denen – im Gegensatz zu den Rillen – ein Boden nicht erkennbar ist. Es kann sich bei ihnen also um klaffende oder geschlossene Risse im unter Spannung stehenden Gestein handeln. Da auch bei ihnen eine Säumung mit Kleinstkratern anzutreffen ist, deutet dies auf einen tektonischen bzw. vulkanischen Ursprung. Stehen die Gesteinsschichten entlang einer Spalte zu beiden Seiten verschieden hoch, liegen also Geländestufen vor, so bezeichnet man diese in Analogie zu irdischen »Sprüngen« als Verwerfungen.

Lunare Täler – bekannt ist das lunare »Alpental« – sind breite, lange, gerade, steilbegrenzte Rinnen mit breitem, flachem Boden, durch den sich, wie z. B. im Alpental, eine flußbettähnliche Rille mäanderförmig hindurchschlängeln kann. Nach der hier abgegrenzten Terminologie ist das sogenannte Schröter-Tal bei den Ringgebirgen Aristarch und Herodot als Rille anzusprechen. Das sogenannte Rheita-Tal erweist sich sogar nur als eine Verschmelzung benachbarter Krater, die ein Tal vortäuschen.

Höhenmessungen Die Bestimmung der relativen Höhen und Tiefen der Berge und Täler auf der Mondoberfläche bereitet im Prinzip keine großen Schwierigkeiten: Man mißt die Schattenlängen der Erhebungen bzw. Vertiefungen bei bekanntem Sonnenstand über der entsprechenden Mondgegend. Jedoch fehlt auf dem Mond eine einheitliche Bezugsebene für Höhenmessungen, dem Meeresspiegel auf der Erde vergleichbar, so daß nur die Höhe gegen das Niveau der unmittelbaren Umgebung bestimmt werden kann. Weitere Methoden zur Höhenmessung sind die Radarmethode, die nur auf einen relativ kleinen Bereich in der Mitte der Mondscheibe anwendbar ist, ferner eine photometrische Methode, die es in der Nähe des Terminators, der während einer Lunation über die Mondscheibe wandernden Lichtgrenze, gestattet, aus den sich ändernden Helligkeitsunterschieden den Neigungswinkel des Geländes und so durch Summierung Höhenunterschiede zu bestimmen.

In der ersten von J. Franz (1899) herausgegebenen Höhenschichtkarte wählte dieser als Nullniveau die mittlere Höhe der Gegenden um die beiden Mondpole. In modernen Bearbeitungen wird meist von einer mittleren Mondkugel mit vorgegebenem Radius ausgegangen. Im Prinzip ist die Wahl des Nullniveaus nicht von so großer Bedeutung, vielmehr tragen die unvermeidlichen Abrundungsfehler bei Anschlüssen über die ganze Mondscheibe dazu bei, daß das Problem einer Mond-Höhenschichtkarte noch nicht voll befriedigend gelöst ist. Auch zeigen sich immer noch zwischen einzelnen Höhen, die von verschiedenen Beobachtern gemessen wurden, sehr große, ja bis zu einige tausend Meter gehende Differenzen, so daß die bei den Tiefen der Maria und hier für Berghöhen gegebenen Werte mit gebotener Vorsicht aufzunehmen sind.

Auf eine auffällige lunare Erscheinung sei noch eingegangen. Es sind dies die hellen Strahlen bzw. Strahlensysteme, die unabhängig von Terra und Mare über beide hinwegziehen und bei hochstehender Sonne, d. h. bei Vollmond, besonders gut sichtbar sind. Es

Lunar Orbiter 2 nahm diesen Teil des Kopernikus-Kraters aus einer Höhe von 45 km über der Mondoberfläche auf. Die Erhebungen in der Bildmitte sind etwa 300 m hoch; im Hintergrund ist das 915 m hohe Gay-Lussac-Vorgebirge der Karpaten zu sehen. Die Entfernung vom Vordergund des Bilds bis zum Horizont beträgt 288 km

2.6 Morphologie der Mondoberfläche

handelt sich um zweidimensionale Gebilde und nicht um Landschaftselemente im strengen Sinn, denn sie werfen keine Schatten. Im typischen Fall gehen die hellen Strahlen von einem Zentrum, einem »Strahlenkrater«, aus. Von den etwa 60 gezählten Strahlenkratern der Mondvorderseite sind wohl Kopernikus und Tycho die auffälligsten. Von letzterem System kann man einen Strahl, mehrere Kilometer breit, über eine Länge von 1800 km verfolgen. Auch am Mondrand lassen sich helle Strahlen erkennen, deren Ausgangszentren auf der uns abgewandten Mondseite liegen. Ohne Zweifel handelt es sich bei den Strahlen um Material, dessen Albedo (Rückstrahlvermögen) höher ist als das der Umgebung, und es scheint aus den Strahlenkratern ausgeworfen worden zu sein.

2.6.2 Erkundungen durch Raumfahrt-Unternehmungen

Die Naherkundung des Monds begann mit der Luna 3-Mission der UdSSR im Oktober 1959. Sie lieferte die ersten, noch wenig detailreichen Bilder der Mondrückseite (die ja von der Erde aus nicht sichtbar ist). Erst mit den durch die Orbiter-Satelliten gewonnenen Photos zogen die USA nach. In wenigen Jahren gelang es dann, durch die Raumfahrtmissionen Ranger, Surveyor, Luna und Apollo den Mond so zu erforschen, daß er heute weitgehend eine Domäne der Erdwissenschaften, wie der Morphographie, der Geologie, der Petrographie und der Mineralogie, geworden ist. Dementsprechend können hier die Ergebnisse dieser neuen Mondforschung nur noch kursorisch abgehandelt werden.

Die vorherrschende Formation auf dem Mond sind Einschlagkrater, fast alle annähernd kreisförmig, im Gegensatz zu länglich gestreckten Formen bei Vulkankratern. Die Krater sind meist umgeben von sanft abfallenden, hügeligen Wällen, die weiter außen in radial gerichtete, unregelmäßige Rücken übergehen. Das Material außerhalb der Krater besteht aus den Auswürfen aus dem Innern, das in seiner Mächtigkeit radial nach außen abnimmt. Dort fallen dann sekundäre Krater auf, die durch Ausschleudern von Brocken aus dem Hauptkrater (auch Primärkrater genannt) entstanden sind. Sekundärkrater bilden oft Haufen oder Ketten, wobei unter Umständen Kraterketten als durchgehende Vertiefungen erscheinen.

Die Mechanismen der Kraterbildung durch Einschlag (engl. impact) eines kosmischen Körpers wurden in den letzten Jahren durch Hochgeschwindigkeitsexperimente geklärt. Die einschlagenden Körper treffen die Mondoberfläche mit Geschwindigkeiten von etwa 20 km s^{-1}. Es konnte dabei auch gezeigt werden, daß Kraterwälle mit Durchmessern größer als 15 km in Stufenterrassen wieder zusammenrutschen, wobei sich im Kraterboden ein Zentralberg aufbaut, ähnlich den Vorgängen beim Fall eines Steins ins Wasser. Kleinere Einschlagkrater zeigen keine Terrassenbildungen, keine abrutschenden Kraterwände und auch keine Zentralberge. Diese kleinen, eher schüsselförmig aussehenden Krater bedecken die gesamte Mondoberfläche und sind auf jedem Mondgelände zu finden. Der größte Mondkrater hat einen Durchmesser von fast 300 km (Krater Baily); Krater mit 100 km Durchmesser sind häufig.

Viele Impaktkrater zeigen Strahlensysteme aus Auswurfmaterial. Es konnte im Experiment gezeigt werden, daß nicht nur bei vertikalen Treffern der Krater nahezu kreisförmig ist, sondern diese Form bis zu fast horizontalem Einfall hin erhalten bleibt. Jedoch zeigen die Auswurfmuster oft deutlich die Einfallrichtung eines Körpers durch Vorwärtsstreuung des Auswurfmaterials.

Die Existenz eines Erosionsprozesses der Mondoberfläche war schon aufgrund von Aufnahmen der unbemannten Mondmissionen vermutet worden. Diese Erosion – verursacht durch die Partikelstrahlung des Sonnenwinds und der kosmischen Strahlung, ferner durch Mikrometeorite bis hin zum Einschlag mittelgroßer bis großer Meteorite – hat bewirkt, daß die Mondoberfläche mit einer mehrere Meter dicken Trümmerschuttschicht bedeckt ist. Diese Schuttschicht ist übersät mit Kraterchen von wenigen Zentimetern (sogar im mikroskopischen Bereich sind noch Einschläge nachweisbar) bis zu Kratern von 10 und mehr Meter Durchmesser. Nach Landung der Apollo 11-Mannschaft auf dem Mond konnte man – selbst am Fernsehschirm auf der Erde – ein Einsinken der Astronauten von 10 cm und mehr im lockeren und staubigen Oberflächenmaterial beobachten. Die Masse dieses Lunar-Regoliths besteht aus feinen, kleinen Teilchen, dem sogenannten Mondstaub, in dem Gesteinsbrocken und Bruchstücke eingebettet liegen. Im allgemeinen zeigten zur Erde gebrachte Bohrproben vier Abschnitte. Die oberste Schicht, etwa 3 mm dick, bestand aus losem, hellgrauem bis bräunlichgrauem Staub. Die nächste Schicht, 6 mm dick und dunkelgrau, war etwas verkrustet. Die dritte Schicht, 5 bis 15 cm dick, dunkelgrau bis kakaobraun, zeigte leichte Kohäsion. Die vierte Schicht, bis zum Ende der verschieden weit eingetriebenen Bohrproben, war der dritten Schicht ähnlich, doch war sie wesentlich fester und schwer zu durchdringen.

Die im Regolith eingebetteten Felsbruchstücke zeigen mannigfaltige Formen, hauptsächlich sind sie aber abgerundet bis rund; aber auch kantige Bruchstücke sind vorhanden, wobei die eckigen und kantigen Bruchflächen meist nach unten und teils in feinen Staub eingebettet lagen.

Die zur Erde gebrachten Proben können eingeteilt werden in:

- feinkörnige bis mittelkörnige, blasige, kristalline, magmatische Gesteinsbrocken;
- Breccien, die aus Bruchstücken verschiedenen Gesteins bestehen und durch feinen Mondstaub zusammengebacken sind;
- Mondstaub; dazu rechnet man alle jene Teilchen, deren Durchmesser unter 1 cm liegen. Etwa 50 Prozent dieses Materials besteht aus Glaskörnern.

Es ist nicht schwer, auf der Mondoberfläche Krater zu finden, deren Strukturen durch offensichtlich später erfolgte Einschläge

2.6 Morphologie der Mondoberfläche

Raumfahrt-Unternehmungen zur Erkundung des Monds

Unbemannte Umkreisungen

Oktober 1959	UdSSR	Lunik 3	Erste Photos von der Rückseite
März 1966	UdSSR	Luna 10	Erste stabile Mondumlaufbahn
Juli 1966—Januar 1968	USA	Orbiter 1 bis 5	Photos von 95.5 % der Mondoberfläche, Auflösung bis zu 1 m
August 1966	UdSSR	Luna 11	Photos
Oktober 1966	UdSSR	Luna 12	Testsatellit für Lunochod 1
April 1968	UdSSR	Luna 14	Testsatellit für Lunochod 1
September 1968	UdSSR	Zond 5	1. Rückkehr aus Mondumlaufbahn, Tiere und Pflanzen an Bord
November 1968	UdSSR	Zond 6	2. Rückkehr
August 1969	UdSSR	Zond 7	3. Rückkehr
August 1971	USA	Appolo 15	Subsatellit, Messungen des Mondschwerefelds
September 1971	UdSSR	Luna 19	Photos
Mai 1974	UdSSR	Luna 22	Photos und Messungen

Harte Landungen

September 1959	UdSSR	Lunik 2	Krater Autolycus
August 1964	USA	Ranger 7	Mare Cognitum, Photos
Februar 1965	USA	Ranger 8	Mare Tranquillitatis, Photos
März 1965	USA	Ranger 9	Krater Alphonsus, Photos

Weiche unbemannte Landungen

Februar 1966	UdSSR	Luna 9	Oceanus Procellarum, Photos
Juni 1966	USA	Surveyor I	Oceanus Procellarum, Photos
Dezember 1966	UdSSR	Luna 13	Oceanus Procellarum, Photos, Bodenerkundung
April 1967	USA	Surveyor III	Oceanus Procellarum, Photos, Bodenerkundung
September 1967	USA	Surveyor V	Mare Tranquillitatis, Photos, Bodenerkundung
November 1967	USA	Surveyor VI	Sinus Medii, Photos, Bodenerkundung, chem. Analysen
Januar 1968	USA	Surveyor VII	Krater Tycho, Photos, Bodenerkundung, chem. Analysen

Bemannte Umkreisungen

Dezember 1968	USA	Apollo 8	Photos, Vorbereitung der bemannten
Mai 1969	USA	Apollo 10	Unbemannte Landung

Bemannte Landungen

16. Juli 1969	USA	Apollo 11	Mare Tranquillitatis, 32 kg Proben
September 1969	USA	Apollo 12	Oceanus Procellarum, 34.4 kg Proben
Januar 1971	USA	Apollo 14	Fra Mauro Region, 43.5 kg Proben
Juli 1971	USA	Apollo 15	Mare Imbrium, Hadley-Berge mit Elektromobil, über 100 kg Proben
April 1972	USA	Apollo 16	Descartes-Region; sonst ähnlich wie Apollo 15
Dezember 1972	USA	Apollo 17	Erster Wissenschaftler auf dem Mond, Mare Serenitatis, Taurus-Berge, Littrow-Tal, 110.5 kg Proben

Unbemannte weiche Landungen, Probenrückkehr

September 1970	UdSSR	Luna 16	Mare Fecunditatis, 105 g Bodenproben, Bohrkern
November 1970	UdSSR	Luna 17	Mare Imbrium, Fernerkundung mit Mondfahrzeug Lunochod 1
Februar 1972	UdSSR	Luna 20	Apollonius-Hochland, 150 g Bodenproben, Bohrkern
Januar 1973	UdSSR	Luna 21	Mare Serenitatis, Lunochod 2
August 1976	UdSSR	Luna 24	Mare Crisium, Bodenproben, Bohrkern

von Meteoriten stark zerstört sind. Auch im Untergrund ihrer Umgebung versunkene oder mit flüssigem Material vollgelaufene Krater sind auszumachen. Die ausgedehnten Ebenen der Maria erscheinen unter steiler Beleuchtung flach und strukturlos. Bei niedrigem Sonnenstand zeigen sie jedoch zahlreiche Formationen, vor allem sind dann in den Nahaufnahmen der Mondsonden Myriaden von winzigen Kratern, niedrige Rücken sowie Rillen und Verwerfungen zu erkennen. Wellen von nur wenige Meter Höhe können ausgemacht werden. Das Erscheinungsbild ist jedoch weitgehend verschieden von demjenigen magmatischer und vulkanischer Ereignisse auf der Erde. So können auf dem Mond weder große Vulkankegel, Schildvulkane noch sonstige Austrittsstellen von Lava ausgemacht werden. Erst durch die Untersuchung von Mondgestein auf der Erde konnte dieses Problem der Mond-Maria gelöst werden. Geschmolzenes Mondgestein ist weitaus flüssiger als irgendeine auf der Erde gefundene Lava. Seine Viskosität entspricht etwa der von Maschinenöl.

Die in den Maria gefundenen Rücken, Verwerfungen und Bruchlinien werden deshalb heute als aus Abkühlungsprozessen sehr flüssiger Lava hervorgegangen verstanden. Niedrige Lava-Viskosität und dadurch bedingte große Fließgeschwindigkeit bei starker und schneller eruptiver Förderung erklären auch die zahlreichen gewundenen Rillen, Kanäle und Tunnels. Schröter-Tal und Hadley-Rille erreichen Längen bis über 100 km, bei Breiten von 4 bis 6 km; sie erinnern an irdische Flußläufe. Daß es aber nicht Wasser, sondern Lava war, die diese Formationen erzeugte – es hat zu keiner Zeit Wasser auf dem Mond gegeben – kann man an der Fließrichtung erkennen. Denn Ursprung der Rillen und Täler sind Krater oder Senken, aus denen sich ein breiter, später enger werdender Lavastrom ergoß. Natürliche Wasserläufe auf der Erde sind im Verhältnis zu ihrer Breite nicht so tief wie die Mondrillen und haben andere Anzeichen des Fließens.

Die Maria wurden nicht sofort als durch Einschläge kosmischer Körper verursacht aufgefaßt. Erst die Bilder der Orbiter-Sonden von dem – am Westrand des Monds von der Erde aus gerade noch erkennbaren – Orientale-Becken bewirkten einen Umschwung der Meinung zugunsten der Annahme, daß die Maria den gleichen Ursprung wie die Krater haben. So wurde die Einschlag-Theorie auch für die Entstehung der Becken akzeptiert. Von dieser Theorie ausgehend, kann man nun auch die Formationen um das Mare Imbrium sowie in ihm als Spuren des Einschlags eines kosmischen Körpers auf dem Mond verstehen, der fast ausreichte, diesen zu spalten. Die Bildung des Imbrium-Beckens – es ist das größte echte Mare – muß weitreichende Wirkungen auf die Oberfläche und das Innere des Monds gehabt haben. Nicht nur an dem riesigen Ring von Gebirgen von fast 1300 km Durchmesser, der die Mond-Apenninen, -Alpen und -Karpaten umfaßt, sondern auch an dem Muster von radialen und konzentrischen Bruchlinien, die sich fast über den ganzen Mond erstrecken, ist die Wirkung dieses Einschlags zu sehen. Er muß auch unter der Mondoberfläche verheerend gewesen sein, denn es ist davon auszugehen, daß der erzeugte Urkrater ein paar hundert Kilometer tief war. Erst über einen längeren Zeitraum hat sich das Mare-Becken dann mit Lava gefüllt. Das ist deutlich zu sehen an den großen Kratern Archimedes und Plato, die nach dem Imbrium-Einschlag entstanden sein müssen. Sie sind aber älter als die Lava-Füllung des Beckens, denn sie sind selbst mit Lava aufgefüllt worden. Aus Gesteinsproben der Apollo 15-Mission ergibt sich eine Datierung für den Imbrium-Einschlag von 3.9 Milliarden Jahren, während Lava-Überflutungen noch bis vor 3.3 Milliarden Jahren stattfanden. Auffällig ist das Fehlen von großen Maria und Becken auf der Rückseite des Monds. Hier beherrschen die Hochländer (Terrae) das Bild.

Diese Terrae wurden durch ein unausgesetztes Bombardement von Meteoriten gebildet, bei dem immer wieder die älteren Krater von neuen überdeckt und schließlich wieder zerstört wurden. Auf Aufnahmen von Hochländern sind meist alle Phasen des Zerfalls von Kratern zu sehen, angefangen von frischen Kratern mit scharf definierten Rändern, über Krater mit abgeschliffenen Rändern und vielen sie bedeckenden Kratern bis zu den ältesten Kratern, von denen nur noch Fragmente des Rands im Gewirr der jüngeren Einschläge sichtbar bleiben. Wie man aus Gesteinsuntersuchungen weiß, ist das Alter dieser Terrae nur ca. 700 Millionen Jahre höher als das des Imbrium-Einschlags. Die Kraterhäufigkeit zwischen Terrae und Maria zeigt, daß die Einschlagshäufigkeit in diesem Zeitabschnitt wesentlich höher gewesen sein muß.

2.7 Gesteine und Mineralien des Monds

Die Apollo-Mannschaften haben über 380 kg Gesteins-, Sand- und Staubproben zur Erde gebracht (auch durch die unbemannten sowjetischen Mondsonden gelangten Proben lunaren Gesteins zur Erde). Dieses Gestein wurde wohl eingehender und gründlicher untersucht als jedes irdische. Es zeigte sich, daß lunares Gestein im Vergleich zu irdischem sehr viel einfacher zusammengesetzt ist. Ursachen für diese Unterschiede sind:

– Die Gesteinsschmelzen zeichnen sich durch ihre Verarmung an volatilen (d. h. leichtflüchtigen) Elementen aus. Diese sind: Na, K, Ca, Rb, Cl, Br, Zn, Te, Hg, Cd, Ge, Pb. Hingegen findet man eine Anreicherung von FeO, Ti, U und Th.

– Es fehlt auf dem Mond eine oxidierende Atmosphäre. Auf der Erde gibt es aufgrund ihrer Atmosphäre hochoxidierte Verbindungen, wie z. B. Fe_2O_3.

– Es ist auf dem Mond kein H_2O, SO_2 oder CO_2 vorhanden, das die Gesteine beim Transport verändern könnte.

Die vier häufigsten Mondminerale sind Pyroxen, Plagioklas, Olivin und Ilmenit. Pyroxene bestehen aus unendlichen Ketten von $[Si_2O_6]^{4-}$-Doppeltetraedern, die durch zweiwertige Kationen, wie Fe, Ca, Mg, zu dreidimensionalen Gebilden verbunden werden

Mineralien des Monds (nach W. v. Engelhardt)

Elemente

Kamazit	Fe	Spinellgruppe	
Taenit	(Fe, Ni)	Chromit	$FeCr_2O_4$
Kupfer	Cu	Ulvöspinell	Fe_2TiO_4
		Hercynit	$FeAl_2O_4$
Sulfide, Phosphide, Carbide		Spinell	$MgAl_2O_4$
Troilit	FeS	Zirkonolith	(Ca, Fe) (Zr, Ce) (Ti, Nb)$_2$O$_7$
Kubanit	$CuFe_2S_3$	Armalcolit*	(Fe, Mg)Ti$_2$O$_5$
Bornit	Cu_5FeS_4		
Zinkblende	ZnS	**Phosphate**	
Schreibersit	(Fe, Ni, Co)$_3$P	Apatit	$Ca_5(P, Si)O_4)_3(F, Cl)$
Cohenit	(Fe, Ni)$_3$C	Whitlockit	$Ca_3((P, Si)O_4)_2$
Aluminiumcarbid	Al_4C_3	Monazit	(Ce, La, Y, Th)PO$_4$
		Silikate	
Oxide		Plagioklas	$NaAlSi_3O_8 - CaAl_2Si_2O_8$
Quarz	SiO_2	Kalifeldspat	$KAlSi_3O_8$
Tridymit	SiO_2	Orthopyroxen	(Mg, Fe)SiO$_3$
Cristobalit	SiO_2	Pigeonit	(Ca, Mg, Fe)SiO$_3$
Rutil	TiO_2	Augit	(Ca, Mg, Fe)SiO$_3$
Baddeleyit	ZrO_2	Pyroxferroit*	(Fe, Ca)SiO$_3$
Ilmenit	$FeTiO_3$	Olivin	(Mg, Fe)$_2$SiO$_4$
Korund	Al_2O_3	Tranquillityit*	Fe$_8$(Zr, Y)$_2$Ti$_3$Si$_3$O$_{24}$
		Zirkon	$ZrSiO_4$
		Titanit	$CaTiSiO_5$
		Thorit	$ThSiO_4$

Die mit * gezeichneten drei Minerale wurden erstmals auf dem Mond gefunden.

($CaMgSi_2O_6$, $CaFeSi_2O_6$, $MgSi_2O_6$, $FeSi_2O_6$). Die dem monoklinen Kristallsystem zuzurechnenden Pyroxene (vorwiegend Augit und Pigeonit) machen die Hauptmasse der lunaren Mineralien aus. Plagioklase bilden eine lückenlose Mischkristallreihe zwischen Albit ($NaAl_3O_8$) und Anorthit ($CaAl_2Si_2O_8$). Sie machen etwa 20 bis 40 Prozent der normalen Gesteine aus. Olivine sind eine lückenlose Mischkristallreihe zwischen Forsterit (Mg_2SiO_4) und Fayalit (Fe_2SiO_4). Es sind einfach gebaute Silikate, die nicht in allen Mondgesteinen vorhanden oder gar häufig sind. Ilmenit ist im Gegensatz zu den andern drei Mineralien ein opakes (d. h. nicht durchsichtiges oder durchscheinendes) Oxid mit der Formel Fe-TiO$_3$. Dieses Eisen-Titan-Mineral ist mit dem Pyroxen zusammen für die mehr oder weniger dunkle Färbung der Mondgesteine verantwortlich.

Je nach Sammelort der Mondproben gibt es in der Zusammensetzung der Gesteine Unterschiede. Die Maria-Basalte sind schwarzgrau, mit den Hauptmineralien Pyroxen (54...60 %), Plagioklas (30...33 %) und Ilmenit (2...10 %). Feinere Unterteilungen zeigen, daß die ilmenitreichen Maria-Basalte sich weiter in kaliumreiche und kaliumarme Gesteine einteilen lassen. Ebenso können die ilmenitarmen Basalte in zwei Gruppen – entsprechend ihrem Olivin- bzw. Quarzgehalt – unterteilt werden.

2.8 Seismik und innerer Aufbau des Monds

Das Gestein der Terrae zeichnet sich durch einen überwiegenden Plagioklasgehalt aus, der für die helle Färbung verantwortlich ist. Im übrigen herrscht hier eine größere Mannigfaltigkeit hinsichtlich des Gehalts an andern Mineralien. Die meisten Terrae-Gesteine haben das Gefüge von magmatischen Gesteinen, die in der Tiefe erstarrt sind. Daneben kommen aber auch vulkanische Gesteine, Terrae-Basalte, vor. Da die Terrae älter als die Maria sind und einem viel stärkeren Bombardement kosmischer Körper ausgesetzt waren, sind die Gesteine hier viel mehr zertrümmert, modifiziert und auch aufgeschmolzen worden. Das erschwert die Erkundung ihrer ursprünglichen Gefüge.

2.7.1 Altersbestimmung an Mondgestein

Zur Altersbestimmung der Mondgesteine benutzt man – wie auch bei irdischen Gesteinen – den Zerfall radioaktiver Elemente mit langer Halbwertszeit. Kalium 40 zerfällt direkt in Argon 40, Rubidium 87 in Strontium 87, während Uran 238 und 235 sowie Thorium 232 erst über etwa ein Dutzend Zwischenstufen in Blei übergehen.

Radioaktive Elemente mit langen Halbwertszeiten zur Altersbestimmung von Gesteinen

$$\text{Th 232} \xrightarrow{\frac{1.4 \cdot 10^{10}}{\text{Jahre}}} \text{Pb 208} \qquad \text{K 40} \xrightarrow{\frac{1.3 \cdot 10^{9}}{\text{Jahre}}} \text{Ar 40}$$

$$\text{U 238} \xrightarrow{\frac{4.5 \cdot 10^{9}}{\text{Jahre}}} \text{Pb 206} \qquad \text{Rb 87} \xrightarrow{\frac{5 \cdot 10^{10}}{\text{Jahre}}} \text{Sr 87}$$

$$\text{U 235} \xrightarrow{\frac{7.1 \cdot 10^{8}}{\text{Jahre}}} \text{Pb 207}$$

Die älteste auf dem Mond gefundene Gesteinsprobe – sie ist der Mondkruste zuzurechnen – hat ein Alter von ca. $4.5 \cdot 10^9$ Jahren. Das Alter von Gesteinen der Terrae – aufgeschmolzenes anorthositisches Krustenmaterial – beträgt 4.3 bis $3.8 \cdot 10^9$ Jahre. Für die Maria-Impakte und die durch Überflutung daraus resultierenden Maria-Basalte kann ein Alter von 4.0 bis $3.1 \cdot 10^9$ Jahren angegeben werden. Die Auffüllung eines der letztgebildeten Becken, des Mare Imbrium, mit einer Ergußmasse aus Lava, begann vor $3.9 \cdot 10^9$ Jahren und war erst nach ca. $600 \cdot 10^6$ Jahren beendet. Die auf den Mare-Ebenen zu findenden großen Krater, wie etwa die Krater Kopernikus und Tycho, sind jüngeren Datums; sie haben ein Alter von weniger als eine Milliarde Jahre.

2.8 Seismik und innerer Aufbau des Monds

Experimente zur Messung des Wärmestroms aus dem Mondinnern wurden von Mannschaften der Apollo 15- und 17-Missionen durchgeführt. Sie ergaben einen Wärmestrom etwa halb so groß wie bei der Erde. Die Temperatur stieg in einer Tiefe von 2 m um ein Grad. Die Theorie von einem vollkommen erkalteten Mond mußte deshalb aufgegeben werden: Das Mondinnere muß eine hohe Temperatur besitzen. Der Wärmestrom kann durch die im Gestein vorhandenen radioaktiven Elemente Kalium, Uran und Thorium erklärt werden.

Magnetfeldmessungen zeigten kein allgemeines Feld des Monds an. Jedoch gibt es Gebiete, in denen Spuren von Magnetismus gemessen wurden. Paläomagnetische Untersuchungen an Mondgestein deuten darauf hin, daß vor etwa 3 Milliarden Jahren ein merkliches allgemeines Feld vorhanden war.

Bei allen Apollo-Unternehmungen wurden von den Astronauten Seismometer zur Registrierung von Mondbeben mitgeführt. Man hoffte, durch die mit ihnen gewonnenen Meßergebnisse wie bei der Erde Erkenntnisse über das Mondinnere zu erhalten. Jedoch hatten die aufgezeichneten Signale keinerlei Ähnlichkeit mit den von der Erde bekannten. Es war auch unmöglich, durch Vergleich mit Erdsignalen auf den zugehörigen Quellenmechanismus zu schließen. Schließlich wurden künstliche Mondbeben durch Zünden von Sprengladungen oder durch Aufschlag von Landefähren und Raketenstufen erzeugt, die zu unerwartet lange andauernden Signalen führten.

Seither wurden zahlreiche echte Mondbeben (also nicht durch Aufschlag von kosmischen Körpern verursachte) festgestellt. Diese Beben treten in monatlichen Zyklen auf, mit einer für irdische Verhältnisse sehr geringen Stärke (unter 2 der Richter-Skala). Die gesamte freigesetzte Energie beträgt etwa $2 \cdot 10^6$ Joule pro Jahr (Erde 10^{17} bis 10^{18} Joule pro Jahr).

Aus den Laufzeiten der Mondbeben-Wellen kann auf folgenden inneren Aufbau des Monds geschlossen werden:

In etwa 1 km Tiefe gehen die äußeren Regolith-Schichten in festeres, kompakteres Material, zertrümmerten Basalt, über. Die Dichte des Gesteins wächst mit der Tiefe, um dann zwischen 20 und 60 km konstant zu bleiben. Dieser Befund kann mit der Annahme erklärt werden, daß diese Zone aus anorthitischem Gabbro besteht, einem Gesteinsmaterial mit ähnlichen Eigenschaften wie denen des Terra-Gesteins. Bei 60 km liegt die Grenze der Mondkruste. Der Mondmantel, wahrscheinlich reich an Pyroxenen und Olivinen, reicht bis 150 km. Die Lithosphäre darunter erstreckt sich bis etwa 1000 km; sie ist fest und starr. Mondbeben treten an ihrer Basis auf. Unterhalb dieser bei 1000 km liegenden Grenzschicht, in der Astenosphäre, ist wohl die Existenz eines teilweise flüssigen oder zumindest geschmolzenen Kerns mit einem Durchmesser von 1200 bis 1800 km sicher. Der wirkliche Kern, dessen Zusammensetzung unbekannt ist, könnte – wenn er aus reinem Eisen wäre – keinen größeren Durchmesser als 1000 km haben. Bei einer etwas anderen chemischen Zusammensetzung – etwa aus Eisensulfid (FeS) – kann der Durchmesser dieses inneren Kerns bis 1400 km betragen. – Die Kenntnisse über das Mondinnere sind noch sehr unvollständig.

2.9 Die Entstehung des Monds

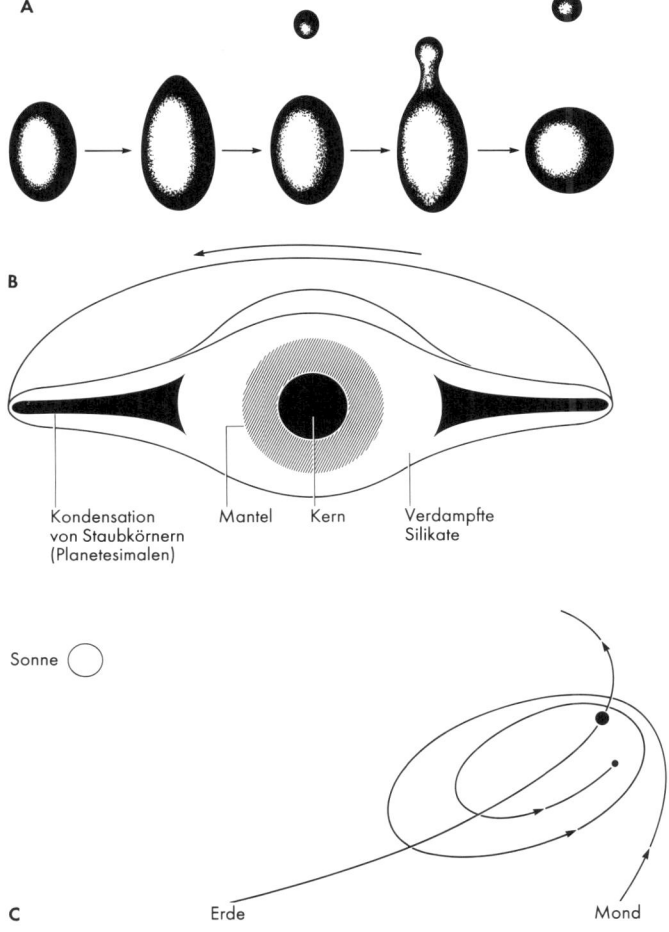

Mondentstehung. Nach der Abspaltungstheorie (Bild A) spaltete sich der Mond von der Erde infolge deren schneller Rotation ab. Bild B ist eine Illustration der Hypothese, daß der Mond durch Zusammenballung von Materie gleichzeitig mit der Erde entstand. Die Einfanghypothese (Bild C) geht davon aus, daß der Mond unabhängig von der Erde im Sonnensystem gebildet und später bei einer Annäherung an die Erde von dieser eingefangen wurde

2.9 Die Entstehung des Monds

Die Frage nach dem Ursprung des Monds ist noch nicht befriedigend geklärt. Nach wie vor werden drei im Prinzip unterschiedliche Szenarien diskutiert, die in der Abbildung illustriert sind.

A. Die Abspaltungstheorie: Dieser 1878 zuerst von G. H. Darwin vorgeschlagene Mechanismus beruht auf der Vorstellung, daß bei der Entstehung des Planetensystems Erde und Mond aus einem gemeinsamen schnell rotierenden flüssigen Körper bestanden, der durch die extremen Fliehkräfte in zwei Körper zerriß und so das Erde–Mond-System bildete. Dieses Szenario erscheint im Licht der heutigen Vorstellungen über die Bildung von Planetensystemen sehr unwahrscheinlich. Neuere numerische Simulationen, bei denen angenommen wird, daß der gemeinsame Erde–Mond-Körper durch eine Kollision mit einem andern Objekt (z. B. einem Planetoid) abrupt gestört wird, ergeben allerdings Lösungen für das entstehende System, die sowohl die Dimension des heutigen Erde–Mond-Systems als auch das ungewöhnliche Massenverhältnis $M_{Erde}/M_{Mond} = 81/1$, sowie systematische Unterschiede in der chemischen Zusammensetzung des Erdkörpers und des Mondmaterials erklären könnten.

B. Simultane Entstehung von Erde und Mond: Diese Theorie nimmt an, daß das Erde–Mond-System in einem gemeinsamen Vorgang bei der Bildung des Planetensystems entstand. Bis heute gibt es aber noch keine überzeugenden Modellrechnungen, so daß auch dieses Szenario, das nicht zuletzt durch die Existenz der andern Mondsysteme im Planetensystem (Jupiter, Saturn, ...) nahegelegt wird, nach wie vor als hypothetisch angesehen werden muß.

C. Die Einfanghypothese: Die hier zugrundeliegende Hypothese, die davon ausgeht, daß der Mond ursprünglich ein der Erde sehr naher selbständiger Planet war und irgendwann von dieser eingefangen wurde, ist theoretisch sehr unwahrscheinlich, da ein solcher Vorgang außerordentlich spezielle Anfangs- und Randbedingungen erfüllen müßte.

Die Kosmogenese des Erde–Mond-Systems ist bis heute eine offene Frage der Astrophysik.

3 Die Planeten

3.1 Geozentrisches und heliozentrisches Weltbild

Unter den Fixsternen, deren Orte zueinander unveränderbar scheinen, bewegen sich einige helle, in »ruhigem Licht« strahlende Objekte, die Planeten, früher auch Wandelsterne genannt. Ihre nicht gleichförmigen, öfter rückläufigen Bewegungen führten schon bei den Babyloniern zum Registrieren, Analysieren und dann zum Vorausberechnen.

Die Griechen vernachlässigten die beobachtende und messende Astronomie, stellten aber die ersten allgemeinen Hypothesen über die Gesetzmäßigkeiten am Himmel auf (s. A 4.2). Ihren Höhepunkt erreichte die griechische Astronomie mit dem Werk von C. Ptolemäus. In dem nach ihm benannten Ptolemäischen Weltsystem, das bis zum Ausgang des Mittelalters allgemeine Anerkennung fand, wurde die ruhende Erde umkreist von Sonne, Mond und Planeten sowie vom Himmelsgewölbe mit den an ihm befestigten Fixsternen.

Dieses geozentrische Weltbild – mit der Erde im Mittelpunkt – wurde durch das heliozentrische Weltbild des N. Kopernikus abgelöst. Dessen Hauptgedanken waren folgende:

1. Nicht das Himmelsgewölbe mit den Gestirnen dreht sich von Osten nach Westen um die Erde, sondern die Erde dreht sich in entgegengesetzter Richtung von Westen nach Osten.

2. Nicht die Erde steht im Mittelpunkt eines Systems von Himmelskörpern, sondern die Sonne. Die Erde läuft in einem Jahr in einer kreisähnlichen Bahn um die Sonne und verursacht die scheinbare jährliche Bewegung der Sonne über den Tierkreis. Um die Sonne als Mittelpunkt kreisen die Planeten, nicht aber der Mond; der Fixsternhimmel ruht in sich.

3. Die Rotationsachse der Erde steht nicht senkrecht auf der Bahnebene der Erde um die Sonne, sondern ist gegen diese Ebene geneigt. Ihre Lage im Raum bleibt ständig erhalten.

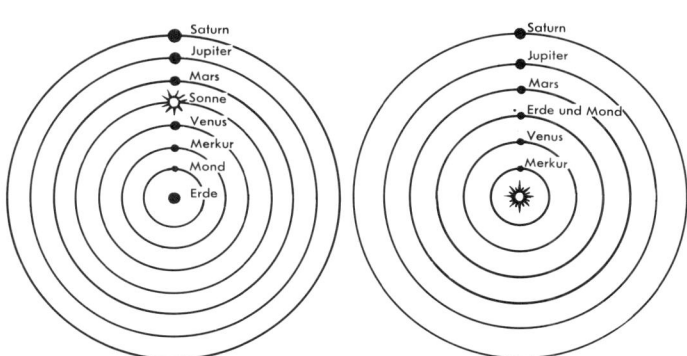

Das Ptolemäische (links) und das Kopernikanische Weltsystem (rechts)

3 Die Planeten

Einteilung der Planeten

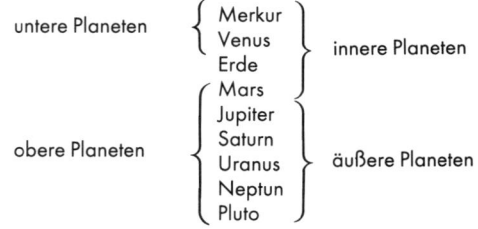

Die astronomischen Erkenntnisse des 17. und 18. Jahrhunderts zeigten die nur bedingte Gültigkeit des Kopernikanischen Weltsystems. Die Sonne steht nicht im Mittelpunkt der Welt, sondern sie wurde als ein Stern unter 100 Milliarden von Sternen erkannt. Zwar kennen wir nur unser, die Sonne umgebendes Planetensystem, jedoch muß aus einer Reihe von Beobachtungsbefunden und aus theoretischen Überlegungen geschlossen werden, daß auch andere Sterne mit einem Planetensystem ausgestattet sind.

Die Bezeichnungen »unser Planetensystem« und »unser Sonnensystem« werden meist synonym gebraucht. Man sollte aber unterscheiden, ob man nur die Planeten und Kleinkörper, wie Planetoiden, Kometen, Meteoroiden bis hin zum interplanetaren (in dem Raum zwischen den Planeten befindlichen) Staub, meint oder das Zentralgestirn Sonne mitsamt diesen Körpern.

Die Planeten werden – oft verwirrend – unterteilt in »innere« und »äußere« bzw. »erdähnliche« und »jupiterähnliche« Planeten und »untere« und »obere« Planeten, d. h. Planeten, die innerhalb oder außerhalb der Erdbahn die Sonne umlaufen.

Die Unterteilung in die erdähnlichen oder terrestrischen und in die großen oder jupiterähnlichen Planeten erfolgt nach deutlich unterscheidbaren physikalischen Eigenschaften. Zu den erdähnlichen gehören die vier inneren Planeten Merkur, Venus, Erde und Mars. Sie haben relativ kleine Massen und Durchmesser, besitzen jedoch hohe mittlere Dichten von 4 bis 5 g/cm^3. Sie setzen sich vor allem aus schweren Elementen zusammen, und ihre Oberfläche besteht aus festem felsigem Gestein. Infolge ihrer Nähe zur Sonne liegen die mittleren Oberflächentemperaturen bei 0°C oder darüber. Die jupiterähnlichen Planeten Jupiter, Saturn, Uranus und Neptun haben große Massen und Durchmesser, besitzen jedoch nur geringe mittlere Dichten von 1 bis 2 g/cm^3. Sie setzen sich vor allem aus den leichten Elementen Wasserstoff und Helium zusammen und haben keine festen Oberflächen. Die Unterschiede zwischen diesen beiden Gruppen können durch die Bedingungen bei der Entstehung des Planetensystems verstanden werden (s. auch 11.8). Der äußerste Planet Pluto läßt sich in keine der beiden Gruppen einreihen.

Die größten Monde im Planetensystem sind in vielen Eigenschaften den erdähnlichen Planeten vergleichbar. Hierzu gehören der Erdmond, die vier Jupitermonde Io, Europa, Ganymed und Callisto, der Saturnmond Titan und Neptuns Mond Triton. Diese

Monde sind in Masse und Größe vergleichbar mit Merkur und besitzen wie dieser feste Oberflächen, haben aber geringere mittlere Dichten und anders zusammengesetzte Kerne.

3.2 Planetenbewegungen

Im Lauf einer Nacht sind kaum Abweichungen der Bewegungen der Planeten von denen der Fixsterne festzustellen. Die Planetenbewegungen, besonders die der äußeren Planeten, sind klein, und man erkennt sie erst bei längeren Beobachtungszeiten. Ihre Bewegung durch die Tierkreiszone (den Zodiakus) erfolgt meist von rechts nach links, also von West nach Ost. Nur zu gewissen Zeiten verlangsamt ein Planet seine scheinbare Bewegung unter den Sternen, bleibt »stehen« und kehrt für einige Zeit seine Bewegungsrichtung um.

Die gewöhnliche West–Ost-Bewegung wird als rechtläufig, die entgegengesetzte als rückläufig bezeichnet. Die untenstehende Abbildung zeigt, wie diese Bewegungsabläufe zustande kommen.

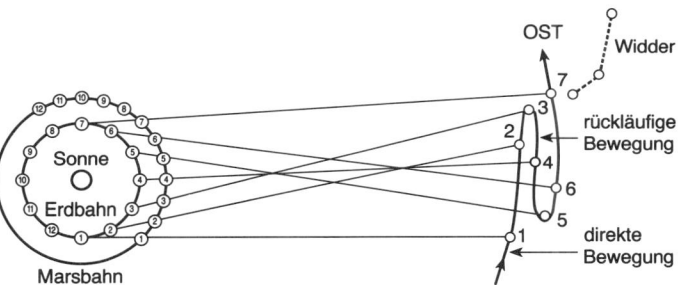

Schleifenbahn eines äußeren Planeten

Die Bewegung eines unteren Planeten veranschaulicht die Abbildung in 3.5.2. Ein solcher Planet steht der Erde am nächsten in der unteren Konjunktion. In dieser Konstellation ist er nicht beobachtbar, weil die vom Sonnenlicht beschienene Seite nicht sichtbar ist. Aus dieser Stellung bewegt sich der Planet am Himmel von der Sonne weg und erreicht als »Morgenstern« – er geht im Osten vor der Sonne auf – seine größte westliche Elongation. Die größte Entfernung zur Erde wird in der oberen Konjunktion erreicht. Am Himmel steht der Planet dann wieder in unmittelbarer Nachbarschaft zur Sonne. Er bewegt sich nun weiter nach Osten und erreicht die größte östliche Elongation. Er geht beim täglichen Umschwung des Himmelsgewölbes also nach der Sonne im Westen unter, er ist »Abendstern« geworden.

Das Verhältnis der Bahnradien von Merkur, Venus und Erde bestimmt die Größe der Elongation: bei Merkur ca. 28°, bei Venus ca. 48°. Die bei den unteren Planeten auftretenden Lichtphasen und die Änderungen ihrer scheinbaren Durchmesser hat schon Galilei als Beweis für die Richtigkeit des Kopernikanischen Weltsystems erkannt.

Ein oberer Planet, z. B. Mars, steht der Erde in seiner Opposition am nächsten. Er kulminiert, d. h. geht durch den Meridian, um Mitternacht wahrer Ortszeit. Er hat dann seinen größten scheinbaren Durchmesser und ist am günstigsten zu beobachten. In Konjunktion steht der Planet am Himmel in der Nähe der Sonne. Auch die oberen Planeten zeigen Lichtphasen, jedoch durchlaufen sie nicht den ganzen Bereich von »voll« bis »neu«. Als Phasenwinkel φ bezeichnet man den Winkel, den Sonne und Erde, vom Planeten aus gesehen, bilden; $\varphi/180°$ gibt also den Bruchteil der der Erde zugewandten Hemisphäre des Planeten an (φ in Grad), der dunkel ist. Der Phasenwinkel eines oberen Planeten durchläuft ein Maximum in der Quadratur, d. h., wenn Planet und Sonne am Himmel einen Winkel von 90° bilden. Der größte Phasenwinkel von Mars ist ca. 47°, der von Jupiter nur noch 12°. Für die Umlaufzeiten der inneren Planeten gilt

$$\frac{1}{S} = \frac{1}{P} - \frac{1}{P_\delta}$$

(S, P Synodische bzw. Siderische Umlaufzeit P_δ Siderische Umlaufzeit der Erde; s. auch 3.5.4). Nach dieser Beziehung ermittelte Kepler die wahre Gestalt der Marsbahn, und sie verhalf ihm zur Erkenntnis der nach ihm benannten Planetengesetze.

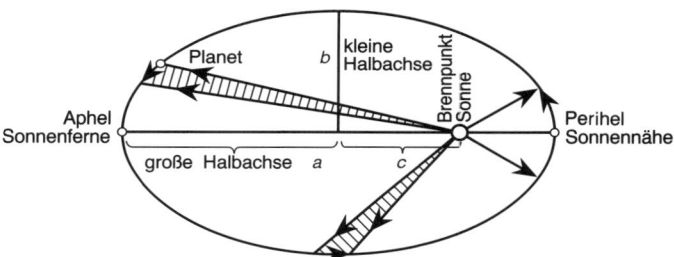

Kepler-Ellipse. Die schraffierten Flächen werden vom Radiusvektor in gleichen Zeiten überstrichen. — Der Quotient aus der linearen Exzentrizität c und der großen Halbachse a ist die numerische Exzentrizität

3.2.1 Keplersche Gesetze

Johannes Kepler wertete als Nachfolger im Amt des kaiserlichen Hofastronomen Tycho Brahe dessen vorzügliche Messungen von Marspositionen aus und erkannte in ihnen kinematisch-mathematische Gesetzmäßigkeiten der Planetenbewegungen. Diese formulierte er in drei berühmten Gesetzen. Die ersten beiden veröffentlichte er 1609 in seinem Werk »Astronomia nova«, das dritte fand er zehn Jahre später, ausgehend von seiner unerschütterlichen Überzeugung, daß in den Bahnelementen der Planeten die »Weltharmonik« zum Ausdruck kommen müsse; dementsprechend hieß auch sein 1619 veröffentlichtes Werk mit dem dritten Gesetz »Harmonices mundi«:

1. Gesetz von der Gestalt der Bahn:

    Die Planetenbahnen sind Ellipsen, in deren einem Brennpunkt die Sonne steht.

3.2 Planetenbewegungen

2. Gesetz der Flächen:

Der Radiusvektor eines Planeten (die Verbindungslinie Planet–Sonne) überstreicht in gleichen Zeiten gleiche Flächen. Daraus folgt, daß sich der Planet in Sonnenferne (im Aphel) langsamer bewegt als in Sonnennähe (im Perihel). Die in der Abbildung schraffierten Ellipsenausschnitte haben die gleiche Fläche, die verschieden langen Bahnbogen werden in gleicher Zeit durchlaufen.

3. Gesetz der Umlaufzeiten:

Die Quadrate der Umlaufzeiten U_1 und U_2 zweier Planeten verhalten sich wie die Kuben der großen Halbachsen ihrer Bahnellipsen (a_1 und a_2),

$$\frac{U_1^2}{a_1^3} = \frac{U_2^2}{a_2^3} = C;$$

das heißt allgemein, daß U^2 und a^3 proportional sind, oder

$$U^2 = C \cdot a^3.$$

Die Konstante C ist für alle Planeten, die dasselbe Zentralgestirn umkreisen, gleich. Das 3. Keplersche Gesetz gilt nur dann exakt, wenn die Planetenmassen gegen die Masse des Zentralkörpers, also der Sonne, vernachlässigt werden können.

3.2.2 Newtonsches Gravitationsgesetz

Isaac Newton erkannte etwa um 1666, daß die Planetenbewegung nur ein Sonderfall eines allgemeineren Gesetzes ist, nämlich des Gesetzes der Massenanziehung oder Gravitation. Nach dem von Newton formulierten und nach ihm benannten Gravitationsgesetz ziehen zwei Punktmassen sich mit einer Kraft an, die dem Produkt der Masse direkt und dem Quadrat ihrer Entfernung umgekehrt proportional ist. Sind m_1 und m_2 die sich anziehenden Massen und r deren Entfernung voneinander, so ist die gegenseitige Anziehungskraft F:

$$F = \frac{G\,m_1\,m_2}{r^2}.$$

G ist eine universelle, von der Beschaffenheit der Körper unabhängige Naturkonstante, die Gravitationskonstante. Sie hat den Wert

$$G = 6.684 \cdot 10^{-11}\,\mathrm{m}^3\,\mathrm{kg}^{-1}\,\mathrm{s}^{-2}.$$

Nach dem Newtonschen Gravitationsgesetz ist die Planetenbewegung dynamisch, d. h. als Wirkung einer Kraft, zu verstehen. Das 3. Keplersche Gesetz für einen Planeten der Masse m lautet unter seiner Verwendung, mit M als der Sonnenmasse:

$$\frac{a^3}{U^2} = \frac{G}{4\pi^2}\,M + m).$$

3.2.3 Himmelsmechanik

Eine theoretische Herleitung der Bewegungen der Körper des Sonnensystems aus dem Newtonschen Gravitationsgesetz zu liefern, ist Aufgabe der Himmelsmechanik. Das Gravitationsgesetz gestattet eine mathematisch strenge Lösung der Bewegungsgleichung für zwei Himmelskörper (Zweikörperproblem). Sind mehr als zwei Körper gegeben, so wirken die andern Massen störend auf die Kepler-Bewegung ein. Solche Mehrkörperprobleme lassen sich im allgemeinen nicht in geschlossener mathematischer Form lösen, sondern nur durch schrittweise Näherung.

Die vollständige Beschreibung der Bahn eines Planeten, aber auch derjenigen eines Kometen oder eines andern Körpers (etwa eines künstlichen Satelliten oder einer Planetensonde) im Schwerefeld einer gravitierenden Masse geben die sogenannten Bahnelemente. Deren Bestimmung bereitet keine Schwierigkeiten, wenn zahlreiche über die ganze Bahn verteilte Beobachtungen vorliegen. Bei den Kleinen Planeten (Planetoiden) und Kometen ist dies jedoch nicht immer der Fall. Der Mathematiker Carl Friedrich Gauß hat gezeigt, wie aus drei vollständigen Positionsbeobachtungen die sechs zur Bestimmung der Dimension der Bahn und ihrer Lage im Raum erforderlichen Bahnelemente gefunden werden. Die Gleichungen sind ziemlich schwierig und können nicht streng, sondern nur durch Näherungsverfahren gelöst werden.

Das Gegenstück zur Bahnbestimmung ist die Ephemeridenrechnung. Hier werden aus den vorliegenden Bahnelementen eines Planeten oder andern Körpers dessen geozentrische Koordinaten (etwa die ekliptikale Länge und Breite oder die Rektaszension und Deklination), die sogenannten Ephemeriden, zu bestimmten Zeitpunkten vorausberechnet.

Die Form der Bahnellipse ist durch deren große Halbachse a und ihre numerische Exzentrizität e bestimmt. (Bei nicht geschlossenen Parabel- oder Hyperbelbahnen tritt die Periheldistanz q an die Stelle der großen Halbachse.) Die Lage der Bahn im Raum wird durch drei Elemente beschrieben, nämlich durch die Neigung i der Bahnebene zur Ekliptik, die Länge Ω des aufsteigenden Knotens der Bahn und den Perihelwinkel ω. Das sechste Element, die Perihelzeit T, legt den Ort des Planeten in der Bahn zu einem gegebenen Zeitpunkt fest. Hierzu genügt ein Nullpunkt in der Zeit, da die Planetenbewegung durch das Bewegungsgesetz festlegt.

3.2.4 Definition der Bahnelemente und der aus ihnen abgeleiteten weiteren Größen

a, b	große und kleine Halbachse der Bahn
e	$= \sqrt{a^2-b^2}/a$, numerische Exzentrizität der Bahnellipse
i	Neigung der Bahnebene gegen die Ekliptik
Ω	Länge des aufsteigenden Knotens der Bahn, auf der Ekliptik vom Frühlingspunkt aus gezählt
ω	Abstand des Perihels vom aufsteigenden Knoten
T	Perihelzeit, Zeit des Durchgangs des Planeten durch das Perihel

3.2 Planetenbewegungen

$\tilde{\omega}$ $= \Omega + \omega$, Länge des Perihels in der Bahn; gezählt auf der Ekliptik vom Frühlingspunkt bis zum aufsteigenden Knoten der Bahn, dann in der Bahnebene selbst bis zum Perihel

P Siderische Umlaufzeit (volle Umlaufzeit um die Sonne bezüglich der Fixsterne)

S Synodische Umlaufzeit (Umlaufzeit bezüglich der Richtung Sonne–Erde)

n $= 2\pi/P$, mittlere tägliche Siderische Bewegung des Planeten

t_p Zeit in Tagen seit dem Periheldurchgang

M $= n \cdot t_p$, mittlere Anomalie

f wahre Anomalie (Winkel zwischen Perihelrichtung und Radiusvektor)

L $= \tilde{\omega} + M$, mittlere Länge des Planeten in der Bahn, zur Epoche

L' $= \tilde{\omega} + f$, wahre Länge in der Bahn

v mittlere Geschwindigkeit in der Bahn

ET   Ephemeridenzeit (s. 1.5.5)

Die große Halbachse einer Planeten- oder Kometenbahn wird meist auf die große Halbachse der Erdbahn bezogen, die man als Astronomische Einheit (AE oder engl. AU) bezeichnet. Die genaue Kenntnis dieser Größe ist sehr wichtig, da sie letztlich allen kosmischen Entfernungsangaben als Maßstab zugrunde liegt. Die früher mit Hilfe himmelsmechanischer Rechnungen durchgeführten Bestimmungen der Astronomischen Einheit sind inzwischen an Genauigkeit durch Radarmessungen, vor allem an dem Planeten Venus, übertroffen worden. Der von der Internationalen Astronomischen Union (IAU) festgelegte Wert beträgt

$$AE = 1.495\,978\,70 \cdot 10^{11}\ \text{m};$$

fast immer wird jedoch mit dem aufgerundeten Wert von

$$AE = 149.600 \cdot 10^6\ \text{km}$$

gerechnet.

Bahnelemente

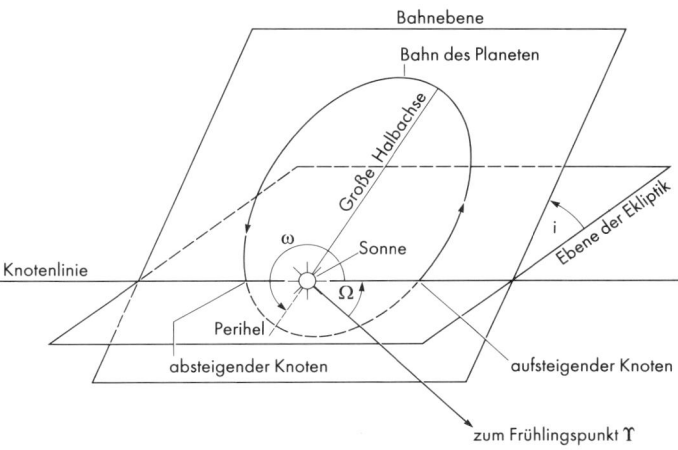

3.3 Bahndaten der Planeten und Entfernungen im Sonnensystem

In den folgenden Tabellen sind die mittleren Bahnelemente der Planeten angegeben. Die Werte für Merkur, Venus, Erde und Mars gelten exakt für die Epoche 1990 Jan. 0.5 ET, bezogen auf Ekliptik und mittleres Äquinoktium, die Bahnwerte der Planeten Jupiter bis Pluto sind sogenannte oskulierende Elemente, exakt für 1989 Nov. 10, Ekliptik und Äquinoktium der Epoche.

	i	Ω	ω	L	e
Merkur	7° 0′ 16″.4	48° 12′ 45″.9	77° 17′ 59″.5	62° 47′ 48″.6	0.205 632 6
Venus	3° 23′ 40″.3	76° 35′ 23″.4	131° 25′ 48″.9	89° 15′ 25″.0	0.006 777 7
Erde	–	–	102° 46′ 6″.4	99° 53′ 46″.1	0.016 713 4
Mars	1° 50′ 59″.0	49° 28′ 49″.2	335° 52′ 29″.9	241° 0′ 54″.6	0.093 395 8
Jupiter	1° 18′ 18″.3	100° 22′ 50″.5	15° 32′ 11″.4	86° 26′ 29″.0	0.048 207 1
Saturn	2° 29′ 16″.3	113° 33′ 47″.5	92° 31′ 2″.6	285° 55′ 7″.0	0.055 331 3
Uranus	0° 46′ 18″.8	73° 58′ 19″.9	168° 33′ 17″.6	269° 40′ 18″.8	0.047 371 7
Neptun	1° 46′ 16″.6	131° 40′ 6″.6	54° 8′ 11″.0	282° 38′ 29″.8	0.010 361 4
Pluto	17° 9′ 0″.6	110° 5′ 43″.1	223° 43′ 28″.2	223° 58′ 39″.7	0.247 620 0

	Große Halbachse a		n	Umlaufzeit P		S	v
	AE	10^6 km		d	a	d	km s^{-1}
Merkur	0.387 099	57.9	14 732″.42	87.969	0.240 85	115.88	47.9
Venus	0.723 332	108.2	5 767″.67	224.701	0.615 21	583.92	35.0
Erde	1.000 000	149.6	3 548″.19	365.256	1.000 04	–	29.8
Mars	1.523 691	227.9	1 886″.52	686.980	1.880 89	779.94	24.1
Jupiter	5.204 829	779	298″.95	–	11.869	398.9	13.1
Saturn	9.575 616	1432	119″.76	–	29.628	378.0	9.6
Uranus	19.280 93	2884	41″.91	–	84.665	369.6	6.8
Neptun	30.141 80	4509	21″.44	–	165.49	367.5	5.4
Pluto	39.880 09	5966	14″.09	–	251.86	366.7	4.7

Entfernungen im Sonnensystem in Astronomischen Einheiten, in Millionen Kilometern und in Lichtminuten

	Mittlere Entfernung von der Sonne			Kleinste Entfernung von der Sonne			Größte Entfernung von der Sonne			Umfang der Bahn
	AE	10^6 km	Min	AE	10^6 km	Min	AE	10^6 km	Min	10^6 km
Merkur	0.387	57.9	3.22	0.31	46	2.56	0.47	70	3.89	360
Venus	0.723	108.2	6.01	0.72	107.5	5.97	0.73	108.9	6.05	680
Erde	1.000	149.6	8.31	0.98	147	8.17	1.02	152	8.44	940
Mars	1.524	227.9	12.66	1.38	206.7	11.48	1.67	249.2	13.48	1 400
Jupiter	5.205	779	43.28	4.95	740	41.11	5.45	815	45.28	4 900
Saturn	9.576	1432	79.56	8.98	1343	74.61	10.09	1509	83.83	9 000
Uranus	19.281	2884	160.2	18.28	2735	151.9	20.09	3005	166.9	18 000
Neptun	30.142	4509	250.5	29.79	4456	247.6	30.33	4537	252.1	28 000
Pluto	39.880	5966	331.4	29.58	4425	245.8	49.30	7375	409.7	37 000

3.3 Bahndaten und Entfernungen

	Kleinste Entfernung von der Erde			Größte Entfernung von der Erde		
	AE	10^6 km	Min	AE	10^6 km	Min
Merkur	0.53	80	4.44	1.47	220	12.22
Venus	0.26	38.3	2.13	1.74	260.9	14.49
Mars	0.37	55.5	3.08	2.67	400	22.22
Jupiter	3.93	588	32.67	6.46	967	53.72
Saturn	7.97	1193	66.28	11.08	1658	92.11
Uranus	17.31	2590	143.9	21.12	3160	175.6
Neptun	28.77	4304	239.1	31.34	4689	260.5
Pluto	28.58	4275	237.5	50.30	7525	418.1

Durchmesser und Abplattung der Planeten

Mittlerer Durchmesser $D = (2 D_{\text{Äqu}} + D_{\text{pol}})/3$;   Abplattung: $f = \dfrac{D_{\text{Äqu}} - D_{\text{pol}}}{D_{\text{Äqu}}}$

Planet	Durchmesser/km		mittlerer Durchmesser		Abplattung
	Äquator	Pol	D/km	D/D_{Erde}	f
Merkur	–	–	4 878	0.383	0
Venus	–	–	12 104	0.950	0
Erde	12 756.28	12 713.51	12 742.02	1.000	1:298.257
Mars	6 794.4	6 754.6	6 781.1	0.532	opt. 1:171 dyn. 1:191
Jupiter	142 984	133 500	139 797	10.97	opt. 1:15.9 dyn. 1:15.5
Saturn	120 536	108 728	115 630	9.07	1:9.2
Uranus	51 120	49 946	–	4.01	(1:50)
Neptun	49 528	48 682	–	3.88	(1:43)
Pluto	2 300	–	–	0.18	–

Masse, Volumen, Dichte, Entweichgeschwindigkeit und Fallbeschleunigung der Planeten

Planet	reziproke Masse einschl. Satelliten $1/M_\odot$	Planetenmasse ohne Satelliten kg	Planetenmasse ohne Satelliten M_{Erde}	Volumen V_{Erde}	Dichte g cm^{-3}	Entweich-geschw. km s^{-1}	Fall-beschl. a. Äqu. m s^{-2}
Merkur	6 023 600	3.302 · 10^{23}	0.0553	0.056	5.43	4.25	2.78
Venus	408 523.5	4.869 · 10^{24}	0.8150	0.857	5.24	10.4	8.60
Erde	328 900.5	5.974 · 10^{24}	1.0000	1.000	5.515	11.2	9.78
Mars	3 098 710	6.419 · 10^{23}	0.1074	0.151	3.93	5.02	3.72
Jupiter	1 047.355	1.8988 · 10^{27}	317.826	1 320.6	1.33	59.6	22.88
Saturn	3 498.5	5.684 · 10^{26}	95.145	747.3	0.70	35.5	9.05
Uranus	22 869	8.698 · 10^{25}	14.559	63.4	1.27	21.3	7.77
Neptun	19 424	1.024 · 10^{26}	17.204	55.5	1.71	23.3	11.0
Pluto	135 300 000	1.29 · 10^{22}	0.0022	0.0058	2.03	1.1	0.4

Rotation der Planeten

i Neigung des Planetenäquators gegen die Bahn, m_{vis} größte scheinbare visuelle Helligkeit in der Opposition

Planet	Siderische Rotationsperiode				i	Albedo$_{vis}$	m_{vis}	Farbindex	
	d	h	m	s				B−V	U−B
Merkur	58.65				≈ 2°	0.096	$-0\overset{m}{.}17$	$0\overset{m}{.}91$	$0\overset{m}{.}4$
Venus	243.0		retrograd		≈ 3°	0.6	$-3\overset{m}{.}81$	$0\overset{m}{.}79$	$0\overset{m}{.}5$
Erde		23	56	4.099	23° 27'	0.37	$-3\overset{m}{.}87$	$0\overset{m}{.}2$	−
Mars		24	37	22.66	23° 59'	0.154	$-2\overset{m}{.}01$	$1\overset{m}{.}37$	$0\overset{m}{.}6$
Jupiter									
Syst. I		9	50	30.003					
Syst. II		9	55	40.632	3° 4'	0.52	$-2\overset{m}{.}55$	$0\overset{m}{.}83$	$0\overset{m}{.}4$
Syst. III		9	55	29.7					
Saturn									
Syst. I		10	14		26° 44'	0.76	$+0\overset{m}{.}67$	$1\overset{m}{.}04$	$0\overset{m}{.}6$
Syst. II		10	40						
Uranus	17	12			98°	0.51	$+5\overset{m}{.}52$	$0\overset{m}{.}56$	$0\overset{m}{.}3$
Neptun	16	7			29°	0.35	$+7\overset{m}{.}84$	$0\overset{m}{.}41$	$0\overset{m}{.}2$
Pluto	6.39				122°	0.4	$+14\overset{m}{.}90$-	$0\overset{m}{.}80$	$0\overset{m}{.}3$

3.4 Monde der Planeten

Bahndaten der Planetenmonde

a große Halbachse in 10^3 km und in R_{Pl} (äquatorialer Radius des Planeten), P Siderische Umlaufperiode, e Exzentrizität der Bahn, i_E Neigung der Bahn des Satelliten gegen den Planetenäquator; i_0 Neigung der Satellitenbahn gegen die Planetenbahn

Satellit	Große Halbachse		P/d	e	i_E	i_0
	$a/10^3$ km	a/R_{Pl}				
Erde						
Mond	384.40	60.268	27.3217	0.0549	18°.3 ... 28°.6	5°.1
Mars						
Phobos	9.38	2.761	0.3189	0.015	1°.1	
Deimos	23.46	6.906	1.262	0.00052	0°.9 ... 2°.7	
Jupiter						
Andrastea	127.8	1.79	0.294	0	0°	
Amalthea	181.3	2.54	0.498	0.0028	0°.4	
Thebe	221.7	3.11	0.675	−	≈ 1°.25	
Io	421.6	5.91	1.769	0.0000	0°.00	
Europa	670.9	9.40	3.551	0.0003	0°.02	
Ganymed	1 070	14.99	7.155	0.0015	0°.09	
Callisto	1 880	26.33	16.689	0.0075	0°.43	
Leda	11 094	155.4	239	0.148		27°
Himalia	11 470	160.6	250.6	0.158		28°
Lysithea	11 710	164.0	260	0.130		29°
Elara	11 740	164.4	260.1	0.207		28°
Ananke	20 700	290	617	0.17		147°
Carme	22 350	313	692	0.21		163°
Pasiphae	23 300	326	735	0.38		148°
Sinope	23 700	332	758	0.28		153°

3.4 Monde der Planeten

Satellit	Große Halbachse $a/10^3$ km	a/R_{Pl}	P/d	e	i_E	i_O
Saturn						
Atlas	137.7	2.28	0.60	—	0°	
Prometheus	139.4	2.31	0.61	—	0°	
Pandora	141.7	2.35	0.63	—	0°	
Epimetheus	151.4	2.51	0.69	—	0°	
Janus	151.5	2.51	0.69	—	—	
Mimas	185.6	3.08	0.94	0.0201	1°.5	
Enceladus	238.0	3.95	1.37	0.0044	0°.0	
Tethys	294.7	4.88	1.89	0.0000	1°.1	
Calypso	294.7	4.88	1.89	—	—	
Telesto	294.7	4.88	1.89	—	—	
Dione	377.4	6.26	2.74	0.0022	0°.0	
Helene	378.1	6.27	2.74	—	0°	
Rhea	527.1	8.74	3.80	0.0010	0°.4	
Titan	1 222	20.25	15.95	0.0289	0°.3	
Hyperion	1 481	24.55	21.28	0.1042	0°.4	
Iapetus	3 561	59.02	79.33	0.0283		18°.4
Phoebe	12 954	214.7	550.45	0.1591		174°.8
Uranus						
Cordelia	49.8	1.95	0.34	—	—	(0°.14)
Ophelia	53.8	2.10	0.38	—	—	(0°.09)
Bianca	59.2	2.32	0.44	—	—	(0°.16)
Cressida	62.8	2.42	0.46	—	—	(0°.04)
Desdemona	62.7	2.45	0.47	—	—	(0°.16)
Juliet	64.4	2.52	0.49	—	—	(0°.06)
Portia	66.1	2.59	0.51	—	—	(0°.09)
Rosalind	69.9	2.74	0.56	—	—	(0°.28)
Belinda	75.3	2.94	0.62	—	—	(0°.03)
Puck	86.0	3.37	0.76	—	—	(0°.31)
Miranda	130	5.12	1.413	0.017	3°.4	
Ariel	192	7.56	2.520	0.0028	0°	
Umbriel	267	10.51	4.144	0.0035	0°	
Titania	438	17.24	8.706	0.0024	0°	
Oberon	586	23.07	13.46	0.0007	0°	
Neptun						
1989 N6	48.0	1.94	0.30	—	—	—
1989 N5	50.0	2.02	0.31	—	—	(4°.5)
1989 N3	52.5	2.12	0.33	—	—	—
1989 N4	62.0	2.50	0.43	—	—	—
1989 N2	73.6	2.97	0.55	—	—	—
1989 N1	117.6	4.75	1.12	—	—	—
Triton	354	14.57	5.877	0.00	160°	
Nereid	5 510	226.7	360.1	0.75		28°
Pluto						
Charon	20	11.4	6.387	0	99°	

3.5 Die Planeten und ihre Monde einzeln vorgestellt

3.5.1 Merkur

Wegen seiner großen Sonnennähe ist Merkur nur in der Abend- oder Morgendämmerung beobachtbar. Als einer der beiden unteren Planeten kann er sich nämlich nur bis zu einer größten Elongation von 28° östlich bzw. westlich von der Sonne entfernen (s. 3.2). Er pendelt zwischen diesen Grenzen mit einer Periode von etwa 116 Tagen.

Für seine Beobachtbarkeit ist neben dem Winkelabstand von der Sonne die Lage der Ekliptik zum Horizont des Beobachters von Bedeutung. Für Beobachtungen von der Nordhalbkugel der Erde aus eignen sich im Frühjahr die Abend- und im Herbst die Morgenstunden. Eine seltene, aber sehr eindrucksvolle Beobachtung ist möglich, wenn der Planet genau durch die Visierlinie Erde–Sonne geht (dies ist nicht bei allen unteren Konjunktionen der Fall). Dann wandert Merkur in wenigen Stunden als kleiner, intensiv dunkler Fleck über die Sonnenscheibe. Dieser Vorgang, der nur zwölfmal pro Jahrhundert auftritt, kann schon im kleinen Fernrohr gut beobachtet werden. Der nächste Merkurdurchgang – wie dieser Vorübergang vor der Sonnenscheibe genannt wird – ist am 15. Nov. 1999.

Entsprechend der Stellung von Merkur in seiner Bahn und der damit sich ändernden Entfernung von der Erde (s. Tab in 3.3) variiert auch der Winkeldurchmesser des Planeten zwischen 5″ und 15″, bei einem ausgesprochenen Phasenwechsel.

Die Merkurbahn hat nach Pluto die zweitgrößte Exzentrizität aller Planetenbahnen im Sonnensystem. Sie verändert sich langsam infolge von Störungen. Bekannt ist die von der Allgemeinen Relativitätstheorie geforderte zusätzliche Drehung der Apsidenlinie – das ist die Verbindungslinie zwischen dem Merkur-Perihel und dem Aphel –, die um 43″03 pro Jahrhundert größer sein sollte, als nach der klassischen Himmelsmechanik zu erwarten wäre. Tatsächlich ist die Abweichung von der klassischen Theorie bereits seit etwa 1850 bekannt. Der gefundene Wert von 43″11 pro 100 Jahre ist in guter Übereinstimmung mit dem aus der Allgemeinen Relativitätstheorie zu erwartenden Wert. Dieser Befund gilt als eine der Hauptstützen für die nur an wenigen Fakten beweisbare Allgemeine Relativitätstheorie.

Raumsonden zum Merkur

Bis zu der Raumflug-Mission Mariner 10 (1974/75) war von Merkur wegen seiner sehr schwierigen Beobachtbarkeit wenig bekannt. Erst 1965 gelang es, mit Hilfe reflektierter Radarstrahlen seine Rotationszeit zu 58.65 Tagen zu bestimmen. Man mißt hierzu die Doppler-Verbreiterung eines schmalbandigen Signals. Rotationszeit und Umlaufzeit um die Sonne stehen in einem kommensurablen Verhältnis von 2 : 3; das heißt, ein voller Tag-Nacht-Zyklus zieht sich über zwei Umrundungen der Sonne hin und dauert somit zwei Merkurjahre, also 2×87.97 Tage $= 175.94$ Erdtage.

3.5 Planeten und ihre Monde

Aus den photometrischen und polarimetrischen Eigenschaften des Planeten, die denen unseres Monds sehr ähnlich sind, hatte man auf eine große Übereinstimmung in der Feinstruktur der Merkuroberfläche mit derjenigen des Monds geschlossen. So war es keine allzu große Überraschung, als im März 1974 die Sonde Mariner 10 die ersten Bilder von Merkur zur Erde übermittelte – sie glichen zum Verwechseln Mondaufnahmen. Erst genauere Untersuchungen zeigten Abweichungen von Mondoberflächen-Details.

Der Mariner-Vorbeiflug gestattete eine genaue Bestimmung der Masse dieses mondlosen Planeten; sie beträgt 0.0553 Erdmassen. Die Genauigkeit dieser Bestimmung liegt bei 0.005 Prozent. Aus dem exakt bekannten Durchmesser der Planetenkugel – eine Abplattung ist nicht erkennbar – und dem Massewert ergibt sich eine Dichte von 5.43 g cm^{-3}. Sie liegt wesentlich über der mittleren Dichte des Erdmonds (3.34 g cm^{-3}), woraus folgt, daß Merkur anders aufgebaut ist als unser Mond; er ist in seiner inneren Struktur erdähnlich. Auf einen Eisenkern deutet auch ein schwaches Magnetfeld hin, das die Mariner-Sonde messen konnte. Seine Stärke beträgt etwa 1/100 des Erdmagnetfelds. Merkur ist der Planet mit dem relativ größten Eisenanteil, er scheint zu 65 bis 70 % aus Eisen zu bestehen. Ganz allgemein nimmt im Sonnensystem die Eisenhäufigkeit von innen nach außen ab, was man durch die Bedingungen bei der Entstehung erklären kann. Die auf Merkur wirksame höhere Schwerebeschleunigung zeigt sich in Detailunterschieden der Kraterformen oder auch in der Anordnung von Sekundärkratern zu ihren Primärkratern.

Wie beim Mond sind auch auf Merkur die Krater durch Einschläge kosmischer Körper entstanden. Das bestätigt, daß Einschlagprozesse in der Geschichte der festen planetaren Körper des Sonnensystems eine große Rolle gespielt haben. Die Merkurkrater haben alle morphologischen Elemente ihrer lunaren Entsprechungen. Ein Charakteristikum ist zum Beispiel, daß sehr junge Krater sowohl auf dem Mond als auch auf dem Merkur helle Strahlensysteme aufweisen. Auch zeigen sie eine allmähliche Veränderung der Morphologie mit der Größe. So sind die kleinen Krater bis zu ungefähr 9 km Durchmesser schüsselförmig. Etwas größere Krater können kleine ebene Böden haben, und noch größere Krater besitzen Zentralberge. Insgesamt ist auf dem Mond die Dichte der Krater höher als auf Merkur. Dies liegt daran, daß der (größere) Merkur langsamer als der Mond abkühlte. Auf Merkur konnten so länger als auf dem Mond Krater durch geschmolzenes Gestein aufgefüllt werden. Da anderseits auch die Impakthäufigkeit in den frühesten Phasen des Sonnensystems am größten war, entstanden zu späteren Zeiten nicht mehr so viele Krater.

Entsprechend dem Imbrium- oder Orientale-Becken auf dem Mond (s. 2.6.2) findet man auf Merkur ein riesiges Einschlagbecken, das den Namen Caloris erhalten hat. Dieses 1300 km große Becken hat seinen Namen – von lateinisch calor, »Wärme« – erhalten, weil es im Perihel nahe dem subsolaren Punkt der Merkuroberfläche liegt. Es zeigt viele Ähnlichkeiten mit den genannten

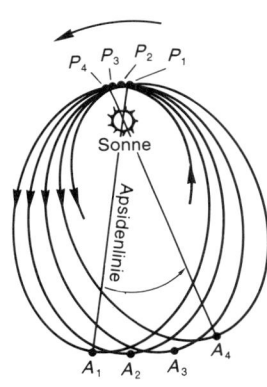

Die Periheldrehung einer Planetenbahn. Die Exzentrizität der Bahn ist übertrieben groß gezeichnet, ebenso der Betrag der Drehung. Bei Merkur müßten zwischen P_1 (Perihel) und P_2 bzw. A_1 (Aphel) und A_2 mehr als 25 000 Umläufe liegen!

3 Die Planeten

Der Planet Merkur. Die Ähnlichkeit mit dem Erdmond ist unverkennbar. Das Bild setzt sich aus 18 einzelnen Aufnahmen zusammen, die von Mariner 10 während eines Vorbeiflugs im Abstand von 42 Sekunden aus einer Entfernung von 210 000 km aufgenommen wurden

Mondbecken, aber auch merkurtypische Eigenheiten, die möglicherweise auf die stärkere Oberflächen-Gravitation am Merkur oder auf Unterschiede in den Strukturen der Kruste zurückzuführen sind. Weitere Becken – wie etwa das 600 km große Beethoven-Becken – konnten wegen der Maßstabs- und der Beleuchtungsunterschiede der bei den drei Mariner-Passagen erhaltenen Aufnahmen noch nicht eingehend untersucht werden. Das Caloris-Becken ist von einem relativ glatten Gelände umgeben, das von den Geologen der Mariner-Mission als besondere geologische Einheit betrachtet und Glatte Ebene genannt wird. Man vermutet, daß diese Ebene durch die Eruption von Lava entstanden ist, nachdem die meisten Krater, einschließlich Caloris, gebildet worden waren. Als weitere geologische Formation auf Merkur ist die »Zwischenkrater-Ebene« zu nennen, die weit verbreitet ist. Sie findet sich, wie der Name sagt, zwischen den großen Kratern; kleinere Krater mit Durchmessern unter 20 km sind in diese eingeschlossen. Man nimmt an, daß die Zwischenkrater-Ebenen vor den meisten Kra-

3.5 Planeten und ihre Monde

tern existierten, weil die Auswürfe großer Krater in ihnen Sekundärkrater gebildet haben. Auch hat die auf Merkur herrschende Gravitation die Kraterauswürfe auf deren nähere Umgebung beschränkt, so daß ein Großteil der früheren Oberfläche unbedeckt geblieben ist. Die Zwischenkrater-Ebenen stellen wahrscheinlich eine Phase in der Entwicklungsgeschichte des Planeten dar, in der praktisch alle früheren Meteoriteneinschläge ausgelöscht waren, was wohl durch starken Vulkanismus bewirkt wurde.

Die Oberflächen-Gesteine dürften mondähnlich sein. Albedo- und Polarisationsmessungen deuten auf eine mehr oder weniger dicke Regolith-Schicht – wie bei unserem Mond – hin. Merkur besitzt praktisch keine Atmosphäre; wegen der hohen Oberflächentemperaturen und der geringen Gravitation verflüchtigen sich Gase sehr schnell. Allerdings wurde vor kurzem eine äußerst dünne Restatmosphäre aus Natrium- und Kaliumatomen sowie aus Teilchen, die aus dem Sonnenwind stammen, entdeckt. Die Oberflächentemperaturen steigen während der langen Merkurtage auf 570 ... 700 K an und sinken in der Merkurnacht – auch in den Polargebieten – auf Werte um 90 ... 100 K ab. Dieser Temperaturbereich ist größer als bei irgend einem andern Planeten oder Mond im Sonnensystem.

3.5.2 Venus

Dieser Planet bewegt sich auf einer sehr wenig exzentrischen Ellipse in 224.7 Tagen einmal um die Sonne. Als unterer Planet kann sich Venus, ebenso wie Merkur, nicht weit von der Sonne entfernen. Die größte Elongation beträgt 47°, jeweils östlich oder westlich von der Sonne. Steht der Planet westlich von der Sonne, dann geht er vor der Sonne im Osten auf; Venus erscheint uns dann als »Morgenstern«. Bei östlicher Elongation läuft Venus hinter der Sonne her, sie geht also nach der Sonne im Westen unter und ist deshalb am Abendhimmel als »Abendstern« zu sehen. Ebenso wie Merkur zeigt Venus einen ausgeprägten Phasenwechsel, der allerdings nur im Teleskop beobachtbar ist. Vorübergänge der Venus vor der Sonne sind viel seltener als die von Merkur; so findet z.B. im 20. Jahrhundert kein einziger statt. Die letzten wurden 1874 und 1882 beobachtet, die nächsten werden am 8. Juni 2004 und am 6. Juni 2012 stattfinden. Die Durchgänge von 1761 und 1769

Die Lichtphasen der unteren Planeten Merkur und Venus

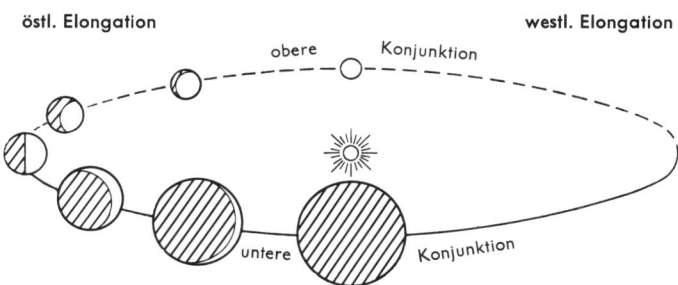

Raumsonden zur Venus

erlaubten zum erstenmal, durch Messung der Parallaxe die absoluten Distanzen im Sonnensystem zu bestimmen.

Venus ist der der Erde am nächsten kommende Planet. Aber in der unteren Konjunktion kehrt sie uns ihre sonnenabgewandte, unbeleuchtete Seite zu. Venus erreicht von allen Planeten die größte scheinbare Helligkeit. Das liegt einmal an der über doppelt so hohen Strahlungsenergie, die sie im Vergleich zur Erde von der Sonne erhält, zum andern aber an der hohen Albedo von 0.65, dem Rückstrahlvermögen ihrer Wolkenhülle. Von der Erde aus bleibt die Oberfläche der Venus verborgen, da dieser Planet eine äußerst dichte Atmosphäre besitzt.

Unsere heutige Kenntnis der Venus wurde – wie die des Merkur – fast ausschließlich durch die Entwicklungen radioastronomischer Beobachtungsmethoden und durch Raumfahrt-Missionen geprägt. Erst um 1960 konnte mittels reflektierter Radarsignale eine Rotationsperiode von 243 Tagen abgeleitet werden. Die Rotation erfolgt rückläufig (retrograd), das heißt im Gegensinn zur Erdrotation. Die Mariner-, Venera- und Pioneer-Venussonden gaben sichere Anhaltspunkte für die Erstellung eines Atmosphäremodells. Nach Messungen durch weich gelandete Sonden herrscht an der Oberfläche des Planeten, beim angenommenen Nullniveau, ein etwa neunzigmal so großer Druck wie auf der Erdoberfläche, bei einer Temperatur von 750 K. Die hohen Temperaturen sind eine Folge des sogenannten Treibhauseffekts, der durch einen hohen CO_2-Anteil in der Atmosphäre verursacht wird: Das die Atmosphäre durchdringende Sonnenlicht heizt die Oberfläche auf, die dann die absorbierte Energie im infraroten Spektralbereich wieder abstrahlt; die Infrarotstrahlung kann jedoch die CO_2-reiche Atmosphäre nicht durchdringen.

Die Wolkendecke besteht aus mehreren Schichten. Unter einer Dunstschicht folgt zunächst eine 14 km starke Wolkenschicht mit bis zu 2 µm großen Tröpfchen, wahrscheinlich aus Schwefelsäure (H_2SO_4), dann eine mittlere Schicht sowie eine untere Schicht, in der 10 ... 15 µm große Partikel, eventuell fester Schwefel, vorherrschen. Auf der Oberfläche ist die Sicht auf Entfernungen von mehreren Kilometern frei, und die Tageshelligkeit entspricht dort der irdischen Beleuchtungsstärke an einem trüben verregneten Nachmittag, etwa 5000 Lux. Durch Raumsonden wurde festgestellt, daß der obere Teil der Venusatmosphäre in retrograder Richtung in nur 4 Tagen um den Planeten rotiert. In etwa 50 km Höhe bläst somit ein konstanter Wind mit mehreren hundert km/h von Ost nach West. An der Oberfläche wird die Dichte der Atmosphäre so hoch, daß nur noch ein »laues Lüftchen« von wenigen km/h weht. Aus diesem Grund gibt es an der Venusoberfläche nahezu keine windbedingte Erosion.

Bisher sind von mehreren sowjetischen und amerikanischen Unternehmungen Bilder der Venusoberfläche zur Erde übertragen worden. Sie alle zeigen wüstenartige Gebiete mit chaotischen Böden, die von Rissen durchzogen sind. Einzelne größere, flache Steine, brauner oder graugrüner Farbe, teilweise mit feinkörniger

Zusammensetzung der Venusatmosphäre in der mittleren Wolkenschicht

Gas	Konzentration	
CO_2	96.4	%
N_2	3.4	%
H_2O	≈ 0.1	%
O_2	69:3	ppm
Ar	4.3	ppm
Ne	<8	ppm
SO_2	<600	ppm

ppm Abkürzung für parts per million = Teile je Million

3.5 Planeten und ihre Monde

Höhenaufbau der Venusatmosphäre

Schicht	Höhe km	Teilchendichte cm^{-3}	Teilchengröße µm	mittlere Temperatur °C
obere Dunstschicht	<70		<1	
obere Wolkenschicht	70...56	300	1...2	13
mittlere Wolkenschicht	56...49.5	100	1...2; 4; 10...15	20
untere Wolkenschicht	49.5...47.5	400	primär 10...15	202
untere Dunstschicht	47.5...30	2...20	<1	

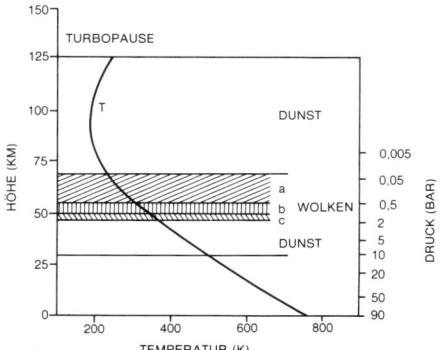

Schnitt durch die Venusatmosphäre.
a obere, b mittlere, c untere Schicht

Asche bedeckt, sind auf den Aufnahmen auszumachen. Großräumigere Oberflächenformationen wurden bisher nur durch Radarabtastungen der Venusoberfläche gewonnen, einmal von der Erde zum andern von Venussonden aus.

Eine erste großräumige Kartierung der Venusoberfläche wurde, 1978 beginnend, mit einer Auflösung von etwa 200 km von Bord des Orbiters der Raumsonde Pioneer-Venus durchgeführt. Mit wesentlich höherer Auflösung (etwa 1.5 km) kartierten 1984 die beiden sowjetischen Raumsonden Venera 15 und 16 etwa 25% der nördlichen Venushemisphäre. Die bisher besten Daten, mit einer Auflösung von 75 m, werden derzeit von der amerikanischen Venussonde Magellan erhalten, die im Jahr 1989 gestartet wurde und am 15. 9. 1990 ihre Messungen aufnahm. Magellan umkreist Venus in einer elliptischen Bahn, die über die Pole führt, mit einer Periode von etwa dreieinviertel Stunden. Wenn die Sonde in Venusnähe kommt, werden etwa 20 km breite Streifen vom Nordpol bis zu 70° südlicher Breite mit Radarstrahlung abgetastet. Bis April 1991 konnten so mit Magellan etwa 70% der Venusoberfläche kartographiert werden.

Da Venus kein Wasser und damit auch keine Ozeane hat, muß die Nullhöhe, also das mittlere Höhenniveau, durch den Planetenradius von 6051.4 km definiert werden. Nach den bisherigen Ergebnissen sind etwa 60% der vermessenen Oberfläche bemerkenswert flach (Höhendifferenzen weniger als 1000 m). Rund 16% der

Oberfläche liegen unterhalb der Nullhöhe. Der größte Teil der verbleibenden 24% sind Erhebungen über das mittlere Planetenniveau, aber nur 8% können als ausgesprochene Hochländer bezeichnet werden, die maximal eine Höhe von mehr als 11 km über den hügeligen Ebenen erreichen. Zwischen den tiefsten Stellen und den höchsten Bergen auf Venus liegt eine vertikale Differenz von 13.7 km; dies entspricht etwa 2/3 der größten Höhenunterschiede auf der Erde.

Venus besitzt zwei ausgesprochene Hochländer, Ishtar Terra und Aphrodite Terra, benannt nach der babylonischen bzw. der griechischen Liebesgöttin. (Gemäß einer Konvention der Internationalen Astronomischen Union werden alle Strukturen auf Venus mit weiblichen Namen benannt. Eine Ausnahme bildet Maxwell Montes, der höchste Gebirgszug auf Venus, mit dem James Clerk Maxwell geehrt werden soll, dessen Theorie der elektromagnetischen Strahlung die Voraussetzung für die Radarmessungen war.) Beide Regionen sind irdischen Kontinenten vergleichbar. Ein drittes, wesentlich kleineres Hochland, die Region Beta, besteht aus zwei etwa 5 km hohen Schildvulkanen. In allen Regionen werden einzelne hohe Berge (Vulkane) und tiefe Klüfte und Grabensysteme festgestellt. Aber auch in den weiträumigen Ebenen gibt es einzelne Berge und Krater bis etwa 600 km Durchmesser, bei nur

Bisherige Venussonden

Name	Land	Ankunft	Bemerkungen
Venera 1	UdSSR	1961	Vorbeiflug in 100 000 km Abstand
Mariner 1	USA	(1962)	290 s nach dem Start durch Funkbefehl zerstört
Mariner 2	USA	1964	Vorbeiflug in 34 000 km Abstand
Mariner 5	USA	1966	Vorbeiflug in 3950 km Abstand
Venera 2	UdSSR	(1966)	Vorbeiflug in 24 000 km Abstand; Funkverbindung ausgefallen
Venera 3	UdSSR	1966	Eintritt in die Atmosphäre; keine Meßdaten
Venera 4	UdSSR	1967	Abstieg bis ca. 25 km über der Oberfläche
Venera 5	UdSSR	1969	Eintritt in die Atmosphäre; harter Aufschlag?
Venera 6	UdSSR	1969	Harter Aufschlag?
Venera 7	UdSSR	1970	1. weiche Landung auf Venus, 23 min überlebt
Venera 8	UdSSR	1972	Weiche Landung; 50minütige Datenübertragung
Mariner 10	USA	1974	Vorbeiflug in 5870 km Abstand
Venera 9	UdSSR	1975	Weiche Landung bei 33° N/293° W; Überlebensdauer 53 min
Venera 10	UdSSR	1975	Weiche Landung bei 15° N/295° W; Überlebensdauer 65 min
Pioneer-Venus 1	USA	1978	Venus-Orbiter, bis 1992 funktionsfähig
Pioneer-Venus 2	USA	1978	4 Meßkapseln durchqueren Venusatmosphäre und schlagen hart auf Planetenoberfläche auf
Venera 11	UdSSR	1978	110 min Datenübertragung von der Oberfläche
Venera 12	UdSSR	1978	95 min Datenübertragung von der Oberfläche
Venera 13	UdSSR	1982	Landung bei 7° 30' S/303° W; Überlebensdauer 127 min
Venera 14	UdSSR	1982	Landung bei 13° 15' S/310° 9' W; Überlebensdauer 57 min
Venera 15	UdSSR	1984	Radarkartierung
Venera 16	UdSSR	1984	Radarkartierung
Magellan	USA	1990	Bisher genaueste Radarkartierung

3.5 Planeten und ihre Monde

geringer Tiefe von 200...700 m. Obwohl noch keine aktiven Vulkane auf Venus entdeckt worden sind, gibt es starke Anzeichen dafür, daß vulkanische Aktivität eine bedeutende Rolle spielt. Bei den Radar-Kartierungen wurden viele vulkanähnliche Berge, abgekühlte Lavaströme und Anzeichen für große Magmaflächen gefunden. In der Atmosphäre wurden alle diejenigen Stoffe gefunden, die bei Vulkanausbrüchen auf der Erde in die Atmosphäre freigesetzt werden, wobei insbesondere der hohe Schwefelgehalt der Atmosphäre ein starkes Indiz für vulkanische Aktivität ist. Langzeitbeobachtungen des Pioneer-Venus-Orbiters zeigen, daß der Gehalt an Schwefelsäure (H_2SO_4) und Schwefeldioxid (SO_2) seit 1978 kontinuierlich abgenommen hat. Man nimmt heute allgemein an, daß Vulkanismus bei der Entstehung der Atmosphären der erdähnlichen Planeten von zentraler Bedeutung ist.

Über das Innere des Planeten ist wenig bekannt. Nach den Werten von Masse und Dichte sowie aufgrund kosmologischer Überlegungen kann man vermuten, daß der innere Aufbau im wesentlichen dem der Erde ähnlich ist. Venus besitzt ein Magnetfeld von weniger als 10^{-3} Gauß und hat keinen Strahlungsgürtel. Obwohl sie vermutlich wie die Erde einen Eisenkern hat, reicht wahrscheinlich ihre extrem langsame Rotation nicht aus, um mit Hilfe des Dynamo-Effekts ein nachweisbares Magnetfeld zu erzeugen. Jedoch zeigen Sondenmessungen, daß Venus von einer Ionosphäre umgeben ist, das heißt, von einer durch den Sonnenwind aufgebauten und genährten Schicht aus Elektronen und Ionen. Nach diesen Messungen kann die Ionosphäre des Planeten in zwei, im Aufbau der Erdionosphäre entsprechende Schichten unterteilt werden.

Venus kann als Zwillingsplanet der Erde betrachtet werden. Beide Planeten haben nahezu die gleiche Größe und Dichte, sind etwa zur gleichen Zeit und an ähnlichen Stellen im Sonnensystem entstanden und sollten daher eine ähnliche chemische Zusammensetzung und eine vergleichbare geologische Entwicklung haben. Die Unterschiede in der chemischen Zusammensetzung, der Dichte der Atmosphäre und der Oberflächen lassen sich dadurch erklären, daß auf der Erde das bei Vulkanausbrüchen aus dem Erdinnern freigesetzte CO_2 (etwa so viel wie bei Venus) durch Regenwasser aus der Atmosphäre ausgewaschen und in den Ozeanen aufgelöst wurde; letztendlich wird es in Form von Karbonaten in der festen Erdkruste gefunden. Da es auf Venus kein Wasser gibt, konnte dieser Prozeß nicht stattfinden; das CO_2 blieb in der Atmosphäre und bewirkte die oben angesprochene starke Aufheizung. Die bisher vorliegenden Meßwerte und Fakten zeigen klar, daß Venus kein organisches Leben trägt und der Aufenthalt von Menschen auf diesem Planeten ohne ungeheuren technischen Aufwand selbst kurzzeitig kaum möglich sein wird.

3.5.3 Mars

Mars ist der erste der oberen Planeten. Nach seiner physikalischen Beschaffenheit gehört er zu den erdähnlichen oder terrestrischen Planeten. Sein Durchmesser ist etwa halb so groß wie der der Erde und nur doppelt so groß wie der unseres Monds, seine Masse entspricht etwa einem Zehntel der Erdmasse. Der Marstag ist nur wenig länger als ein Erdtag. Auch die Neigung der Rotationsachse gegen die Bahnebene stimmt mit derjenigen der Erde fast überein. Deshalb läuft auf Mars auch ein Wechsel von Jahreszeiten ab, ganz wie auf der Erde. Auf der Nordhalbkugel des Planeten ist 199 Tage Frühling und 182 Tage Sommer und, wegen der Exzentrizität der Marsbahn, nur 146 Tage Herbst und 160 Tage Winter.

Das Marsjahr, also die Umlaufzeit des Planeten um die Sonne, beträgt 687 Erdtage. Die Bahn, die eine etwa fünfmal so große numerische Exzentrizität wie die Erdbahn besitzt, durchläuft Mars mit einer mittleren Geschwindigkeit von 24.14 km s^{-1}. Seine Entfernung von der Erde schwankt, je nach Stellung der beiden Planeten in ihren Bahnen, zwischen 2.67 AE und 0.38 AE (s. 3.3). Sie wird besonders klein, wenn Mars während seiner Opposition in der Nähe des Perihels seiner Bahn steht. In einer solchen Perihel-Opposition beträgt die Entfernung Erde–Mars nur etwa das 150fache derjenigen zwischen Erde und Mond. Perihel-Oppositionen ereignen sich alle 15 ... 17 Jahre (so im August 1971 und im September 1988). Mars kann dann eine scheinbare Helligkeit von $-2\overset{m}{.}8$ erreichen. Die Distanzänderungen zur Erde bedingen Änderungen des scheinbaren Winkeldurchmessers von Mars zwischen etwa 3" und 25" und Helligkeitsänderungen von 5 Größenklassen.

Beobachtungen von der Erde aus

Mars ist neben der Erde der einzige Planet, bei dem es möglich ist, durch die Atmosphäre auf die feste Oberfläche zu blicken und visuell oder photographisch Oberflächendetails festzustellen. Dies macht ihn zu einem bevorzugten Beobachtungsobjekt der Planetenbeobachter, vor allem unter den Amateurastronomen. Bei visueller Beobachtung sind am auffälligsten die weißen Kappen an seinen Polen, die periodisch, d. h. mit den Jahreszeiten auf dem Planeten, sich zum Äquator hin ausdehnen bzw. sich zurückziehen. Gegen Ende des Marswinters jeder Hemisphäre erreicht die Ausdehnung dieser Polkappen ihr Maximum. Die Südkappe kann bis auf 60° südlicher, die Nordkappe bis auf 70° nördlicher Breite vordringen. Dabei bedecken die Kappen jeweils ein Gebiet von etwa 10 Millionen Quadratkilometer. Im Frühjahr werden sie schnell kleiner, verschwinden aber auch im Sommer nicht ganz. Die Neubildung entzieht sich unsern Blicken, denn ab Herbst bilden sich helle Nebelschleier über dem ganzen Polgebiet. Diese Wolkendecken lösen sich erst gegen Ende des Winters auf und geben dann die hellen weißen Polkappen frei. Dieser Zyklus wiederholt sich im großen und ganzen Jahr für Jahr, jedoch treten starke Schwankungen in der Größe der Kappen auf.

Weitere von der Erde aus beobachtbare Details auf der Marsoberfläche sind helle und dunkle Gebiete. Die hellen haben eine Albedo von 0.15 ... 0.20 und sind orange bis rötlich gefärbt. Sie geben dem Planeten auch die rötliche Gesamtfärbung. Ungefähr drei Viertel der Marsoberfläche sind mit diesen hellen, rötlich gefärbten Gebieten bedeckt, die von J. Herschel als Wüsten angesprochen wurden. Um 1900 konnte sogar eine bereits früher gemachte

3.5 Planeten und ihre Monde

Beobachtung von gelegentlich auftretenden gelblichen Schleiern als Sandstürme gedeutet werden. Neben diesen hellen Wüsten werden auch dunkle Gebiete gesehen. Es handelt sich bei ihnen jedoch nicht um Wasserflächen, wie man aufgrund der Färbung zunächst vermutete. Trotzdem werden sie – wie auf unserm Mond – als Maria angesprochen.

Eine früher viel diskutierte, zu mancherlei Spekulationen Anlaß gebende Erscheinung sind die »Marskanäle«. Diese von Schiaparelli 1877 beobachteten feinen Linien wurden von ihm »canali« genannt. Sie können auf photographischen Aufnahmen vom Mars nicht nachgewiesen werden. Auch bei Beobachtungen mit großen Teleskopen verschwinden die in kleineren Instrumenten visuell beobachtbaren »Kanäle«: Sie sind Täuschungen des menschlichen Auges, das dazu neigt, nicht vollständig auflösbare Feinstrukturen zu geometrischen Gebilden zusammenzufassen.

Raumsonden untersuchen den Mars

Als erste Raumsonde funkte Mariner 4 am 14. Juli 1965, nach einem Flug über 520 Millionen Kilometer, 21 Nahaufnahmen des Mars zur Erde. Die überraschendste Entdeckung auf ihnen war, daß Mars – ebenso wie der Erdmond – von Kratern bedeckt ist. Hatte man bis dahin Mars allgemein als den erdähnlichsten Planeten angesehen, so mußte man ihn nun aufgrund der Funkbilder als mondähnlich ansprechen.

Im Jahr 1969 wurde das Mariner-Marssonden-Experiment wiederholt. Mariner 6 und 7 näherten sich dem Planeten bis auf etwa 3000 km. Sie funkten weitere Bilder und wesentliche Informationen über die Marsatmosphäre zur Erde. Auch bei diesen Aufnahmen zeigte sich, daß die Häufigkeitsverteilung der Krater als Funktion des Durchmessers ähnlich der des Erdmonds war. Kratertiefe und Wechsel zwischen Terra- und Mare-Gebieten sowie andere Arten von Gebirgszügen und Formationen zeigten jedoch, daß die Analogie zwischen Mars und Mond nicht zu weit getrieben werden darf. Endgültig zeigten die Aufnahmen der Marssonde Mariner 9, die im Gegensatz zu ihren Vorgängerinnen nicht nur einen Vorbeiflug am Planeten, sondern im November 1971 eine Umlaufbahn um Mars erreichte, daß dieser Planet nicht ein mondähnlicher Himmelskörper ist. Auf ihm sind – schon bedingt durch seine Masse, durch das Vorhandensein einer, wenn auch dünnen, Atmosphäre sowie möglicherweise aufgrund anderen inneren Aufbaus und tektonischer Aktivitäten – andere Oberflächenformationen als auf dem Mond entstanden. Da die Sonde auf einer stark gegen den Äquator geneigten Umlaufbahn Mars umkreiste, konnte nach ihren Aufnahmen eine den ganzen Planeten überdeckende topographische Karte angefertigt werden. Jetzt zeigte sich, daß die südliche Hemisphäre sehr kraterreiches Impaktgebiet, die nördliche Hemisphäre dagegen kraterarm ist. Sie ist eine riesige, im wesentlichen zusammenhängend von Lava überflutete Fläche.

Ergebnisse der Viking-Missionen

Für die Viking-Mission – das waren zwei Geräte im Umlauf um den Planeten und zwei Landegeräte – wählte man die Nordhalbkugel als Zielgebiet. Beide Viking-Lander setzten Mitte 1976 sicher auf der Oberfläche auf. Sie und die aus dem Orbit photographierenden und messenden Geräte lieferten eine enorme Menge von Informationen, die im wesentlichen die Grundlage für folgendes Planetenporträt bilden.

Die Marsoberfläche ist durch eine Asymmetrie der Krustenbeschaffenheit gekennzeichnet. Es läßt sich eine Hemisphäre relativ glatter, geologisch jüngerer Oberfläche definieren, die etwa mit der Nordhalbkugel übereinstimmt. Hier finden sich u. a. Ebenen, die den Mond-Maria morphologisch verwandt und vulkanisch geprägt sind. Im Gegensatz zum Erdmond jedoch befinden sich hier auf Mars gewaltige Vulkanbauten. Die südliche Hemisphäre zeigt die alte Kruste mit zahllosen Impaktkratern. Sie ähnelt den Hochländern unseres Monds. Hier findet man auch dem Orientale-Becken des Erdmonds entsprechende riesige Impaktstrukturen, wie das Hellas-Becken und das Argyre-Becken. Nach der von der IAU angenommenen Marsnomenklatur werden sie mit »Hellas Plani-

Raumflugkörper zum Mars

Name	Land	Aufgabe	Ankunft bei Mars	Bemerkungen
Mars 1	UdSSR	Vorbeiflug	1963	Sonnenumlaufbahn; Funkkontakt zur Erde verloren
Mariner 3	USA	Vorbeiflug 13 800 km	1964	Fehlschlag; Schutzhülle löste sich nicht
Mariner 4	USA	Vorbeiflug 9844 km	1965 1965	21 Oberflächenphotos Funkkontakt abgerissen
Zond 2	UdSSR	Vorbeiflug	1969	75 Oberflächenphotos
Mariner 6	USA	Vorbeiflug 3220 km		
Mariner 7	USA	Vorbeiflug 3220 km	1969	126 Photos der südlichen Hemisphäre
Mariner 8	USA	Orbit		Fehlschlag, Versagen der Trägerrakete
Mars 2	UdSSR	Orbit/Landung	1971	Umlaufbahn erreicht, aber harter Aufschlag
Mars 3	UdSSR	Orbit/Landung	1971	Weiche Landung; Kontakt nach 4 Min. abgebrochen
Mariner 9	USA	Orbit	1971	7329 TV-Bilder übertragen; vollständige Kartographie von Mars
Mars 4	UdSSR	Orbit	1974	Umlaufbahn verfehlt
Mars 5	UdSSR	Orbit	1974	Eplliptische Umlaufbahn erreicht
Mars 6	UdSSR	Landung	1974	Beim Abstieg ausgefallen
Mars 7	UdSSR	Landung	1974	Landeteil am Mars vorbeigeflogen
Viking 1	USA	Orbit/Landung	1976	Bisher größter Erfolg in der Erforschung eines Planeten. Das nur für mehrere Wochen geplante Programm konnte voll erfüllt werden und wurde schließlich zu einem Langzeit-Programm bis voraussichtlich 1994 erweitert
Viking 2	USA	Orbit/Landung	1976	

3.5 Planeten und ihre Monde

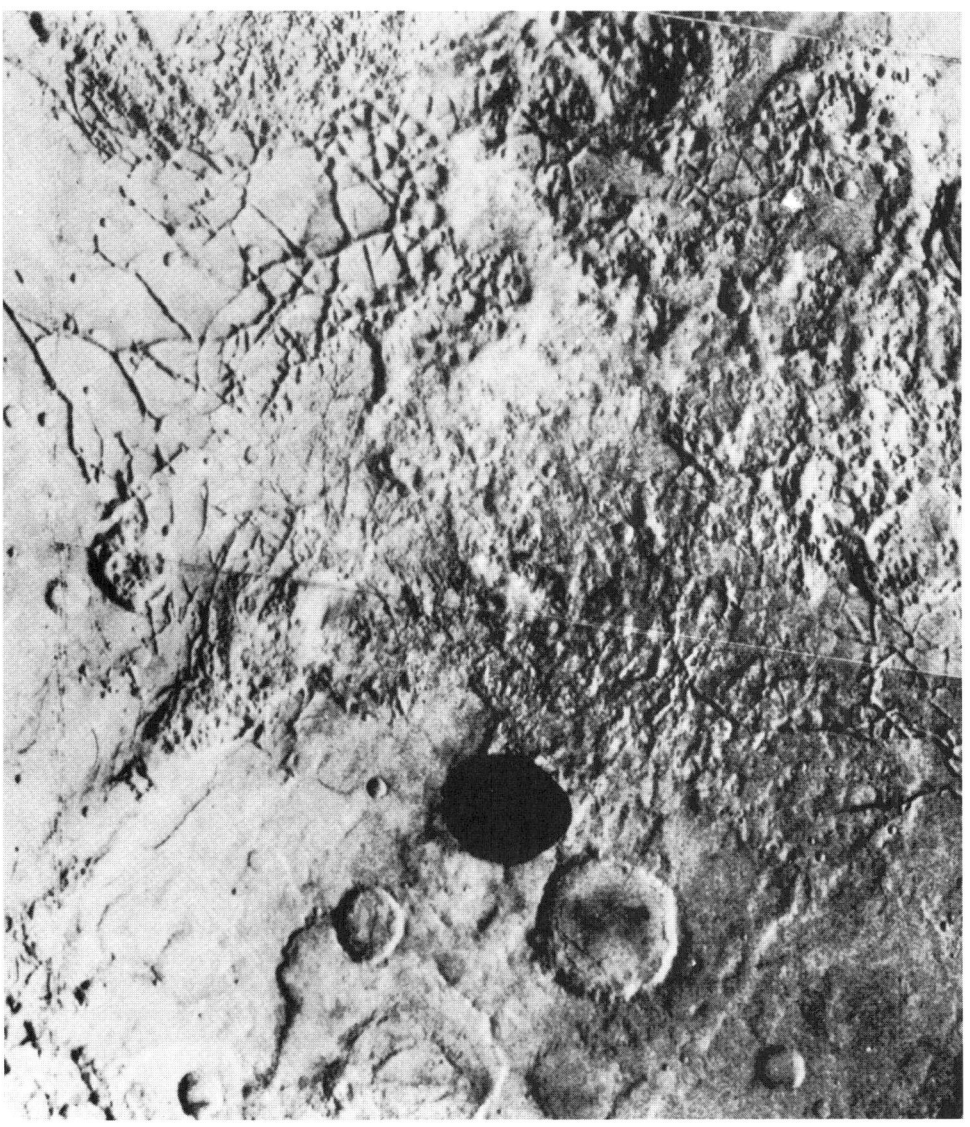

Ein 250 × 320 km großes Gebiet südlich des Marsäquators. In der unteren Bildhälfte ist Phobos zu erkennen, der während dieser Aufnahme von Viking-Orbiter 1 gerade ins Blickfeld gerät

tia« bzw. »Argyre Planitia« bezeichnet (planitia, lat. Ebene). Die Marskruste weist zahlreiche Brüche und Verwerfungen auf. So findet man über 1000 km lange, fast gradlinig verlaufende Spalten oder Grabenbrüche, wie etwa die Memnonia Fossae oder die Sirenum Fossae (fossa, lat. Graben, Furche).

Ein Bruchsystem im Gebiet Tithonius Lacus (südlich des Marsäquators). Auf dieser Aufnahme fallen besonders die verästelten Seitentäler auf der einen Seite und die steiler abfallenden Wände der anderen Seite auf

Ein gewaltiges System von Tälern, das sich über 4000 km in ost-westlicher Richtung südlich des Marsäquators erstreckt, erhielt den Namen Valles Marineris (vallis, Plur. valles, lat. Tal, Täler; benannt nach der Sonde Mariner 9). Dieses Grabensystem ist stellenweise 700 km breit und erreicht Tiefen von bis zu 8 km. Der Grabenbruch, der große Ähnlichkeit mit dem Grand Canyon in Arizona aufweist, ist sicherlich tektonischen Ursprungs, jedoch ist sein Entstehen noch nicht verstanden. Nach Nordamerika versetzt, würden die Valles Marineris von Kalifornien bis New York reichen. Morphologisch tragen die Täler zahlreiche Kennzeichen der irdischen Cañons. In die kilometerhohen Steilwände der Valles schneiden sich tiefe Erosionstäler ein, gewaltige Rutschmassen haben sich gelöst und sind als Ablagerungen auf den Talsohlen zu finden. Möglicherweise kann diese Cañon-Bildung, die auch an vielen andern Stellen der Marsoberfläche beobachtet wird, wenn auch nicht so mächtig wie in den Valles Marineris, als Beginn von globaltektonischen Aktivitäten, etwa als Auseinanderrücken von Platten und als Bildung von »Ozeanen«, verstanden werden.

3.5 Planeten und ihre Monde

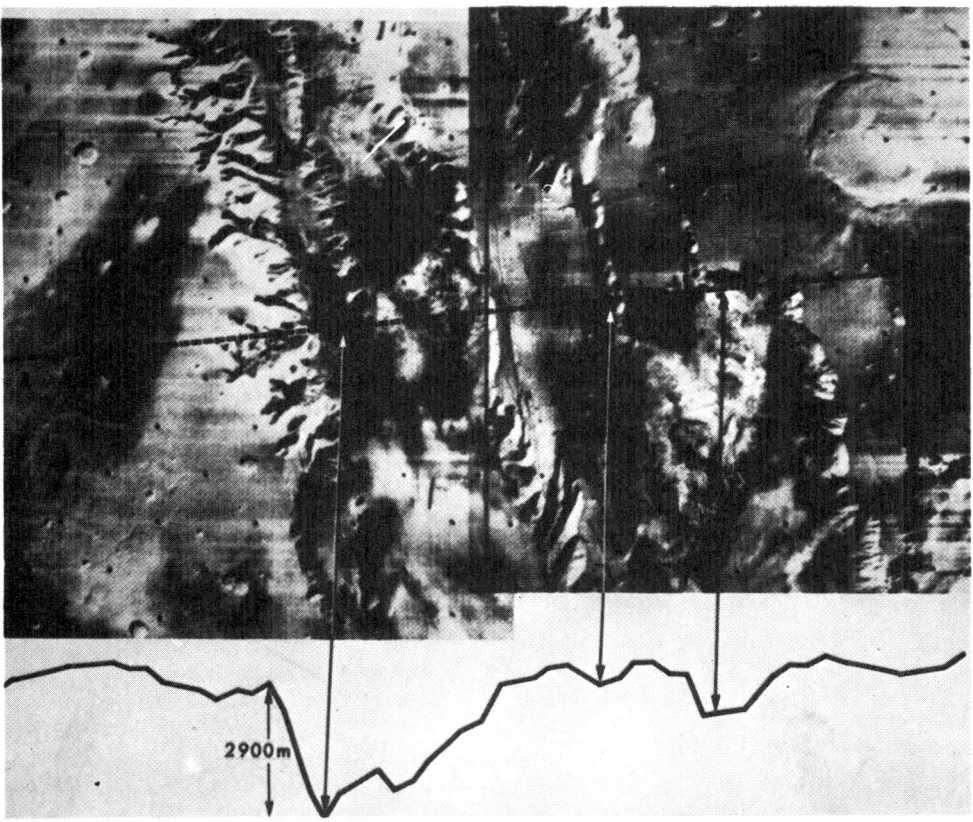

Abschnitt eines fast 4000 km langen Einbruchgrabens von etwa 120 km Breite und – wie die Höhenvermessung mit Hilfe eines UV-Spektrometers entlang der eingezeichneten Linie zeigt – von fast 3 km Tiefe. Die Tiefenangaben sind inzwischen revidiert worden; sie sind nach neueren Ergebnissen etwa zu verdoppeln. Die Formation ist in ihrer Länge und Ausdehnung vergleichbar mit dem kontinentalen Bruch- und Grabensystem, das sich vom Toten Meer durch das Rote Meer bis zu den großen afrikanischen Seen hinzieht

Weitere geologisch interessante, zahlreich auf Mars vertretene Formationen sind große Vulkane. Durchwegs vom Typ Schildvulkan, erreichen sie gigantische Dimensionen. Olympus Mons (mons, lat. Berg), der größte bisher im Sonnensystem entdeckte Vulkan, hat einen Durchmesser von 600 km und erreicht eine Höhe von annähernd 27 km über dem mittleren Marsniveau. Das ist ungefähr das Doppelte der Höhe des irdischen Vulkans Mauna Loa auf Hawaii über dem Meeresboden, auf dem er steht. Auf der Gipfel des Olympus Mons befindet sich ein Calderakomplex von 80 km Durchmesser. (Calderen entstehen durch Einbruch des Lava-Aufsteigkanals.) Unter den großen Vulkanen gibt es mehrere Generationen. Olympus Mons und Tharsis Montes z. B. sind – wie aus der geringen Anzahl oder gar dem Fehlen von Impaktkratern auf ihren Lava-Ausflüssen geschlossen werden kann – relativ jung, d. h., da die Rate der Kraterbildung für Mars nicht bekannt ist, ein paar Millionen bis einige 100 Millionen Jahre alt. Es gibt auch durch Erosion und zahlreiche Einschlagkrater zerstörte Vulkane – nach der neuen Nomenklatur als Pateren (patera, lat. Schale)

Häufigkeiten der Elemente in den Bodenproben aus den Landegebieten der Viking-Lander

Die absoluten Gewichtsprozente sind nur für die erste geschürfte Probe von Viking 1 (1, VL 1) angeführt; bei den anderen (2 und 3, VL 1; 1, VL 2) sind jeweils nur die positiven oder negativen Differenzen zu ihnen aufgelistet. Wo dieser Unterschied nicht genau bekannt ist, findet sich ein Strich.

Element	Chemisches Symbol	1, VL 1	2, VL 1	3, VL 1	1, VL 2
Magnesium	Mg	5.0 ± 2.5	–	+ 0.2	–
Aluminium	Al	3.0 ± 0.9	–	– 0.1	–
Silizium	Si	20.9 ± 2.5	– 0.1	– 0.4	– 0.9
Schwefel	S	3.1 ± 0.5	+ 0.7	+ 0.7	– 0.5
Chlor	Cl	0.7 ± 0.3	+ 0.1	+ 0.2	– 0.1
Kalium	K	< 0.25	0	0	0
Kalzium	Ca	4.0 ± 0.8	– 0.2	0	– 0.4
Titan	Ti	0.51 ± 0.2	0	0	+ 0.1
Eisen	Fe	12.7 ± 2.0	– 0.1	+ 0.4	+ 1.5

bezeichnet, z. B. Apollinaris Patera –, die offensichtlich wesentlich älter sind als die oben genannten.

Auf Mars gibt es zahlreiche Anzeichen für die Erosionswirkung von Wasser und Wind. So findet man viele breite Stromtäler und mit irdischen Flußläufen vergleichbare Gebilde. Die breiten Ströme entstanden wahrscheinlich durch Aufschmelzen von im Marsboden vorhandenen Eismassen. Als Ursache dafür kann eine lokale Erwärmung, wie etwa durch vulkanische Aktivitäten, angesehen werden, aber auch im Rahmen globaler Klimaschwankungen könnte es zu solchen Schmelzprozessen gekommen sein. Die Stromtäler des Mars entspringen oft in Depressionen, die offensichtlich durch Kollabieren der Landschaft entstanden, nachdem die unter der Oberfläche liegenden Eismassen herausgeschmolzen waren. Diese Schmelzwasser ergossen sich in die Tiefländer des Planeten und hinterließen dabei Überschwemmungsspuren. So findet man etwa im Mündungsgebiet des breiten Flusses Ares Vallis, im Südosten der Chryse Planitia, »umströmte Inseln«. Auch Regenwasser scheint auf Mars manche Formen geprägt zu haben. So zeigen z. B. die Vedra Valles ein weit verzweigtes Netz von Nebenflüssen. Alle diese Marsflüsse scheinen aber nur relativ kurze Zeit bestanden zu haben; Hinweise auf Marsozeane oder auch nur kleinere Meere gibt es nicht.

Unklar ist, wieviel Eis heute noch im Marsboden gespeichert ist. Spuren davon haben sich in den Analysen der Bodenproben durch die Viking-Landegeräte gefunden. Vermutlich bestehen die Zentralgebiete der Polkappen, vor allem der nördlichen, nicht nur aus CO_2-Schnee, sondern auch aus H_2O-Schnee. Der Untergrund zeigt in den Polargebieten Anzeichen früherer Vergletscherung. Auch bei der Bildung von Sedimentschichten in den Polgebieten des Mars scheinen Eis und Wasser eine Rolle gespielt zu haben. Neben diesen auf Wasser zurückführbaren Formationen gibt es aber auch mit den Mondrillen vergleichbare Lavastromtäler, die eindeutig vulkanischen Ursprungs sind.

3.5 Planeten und ihre Monde

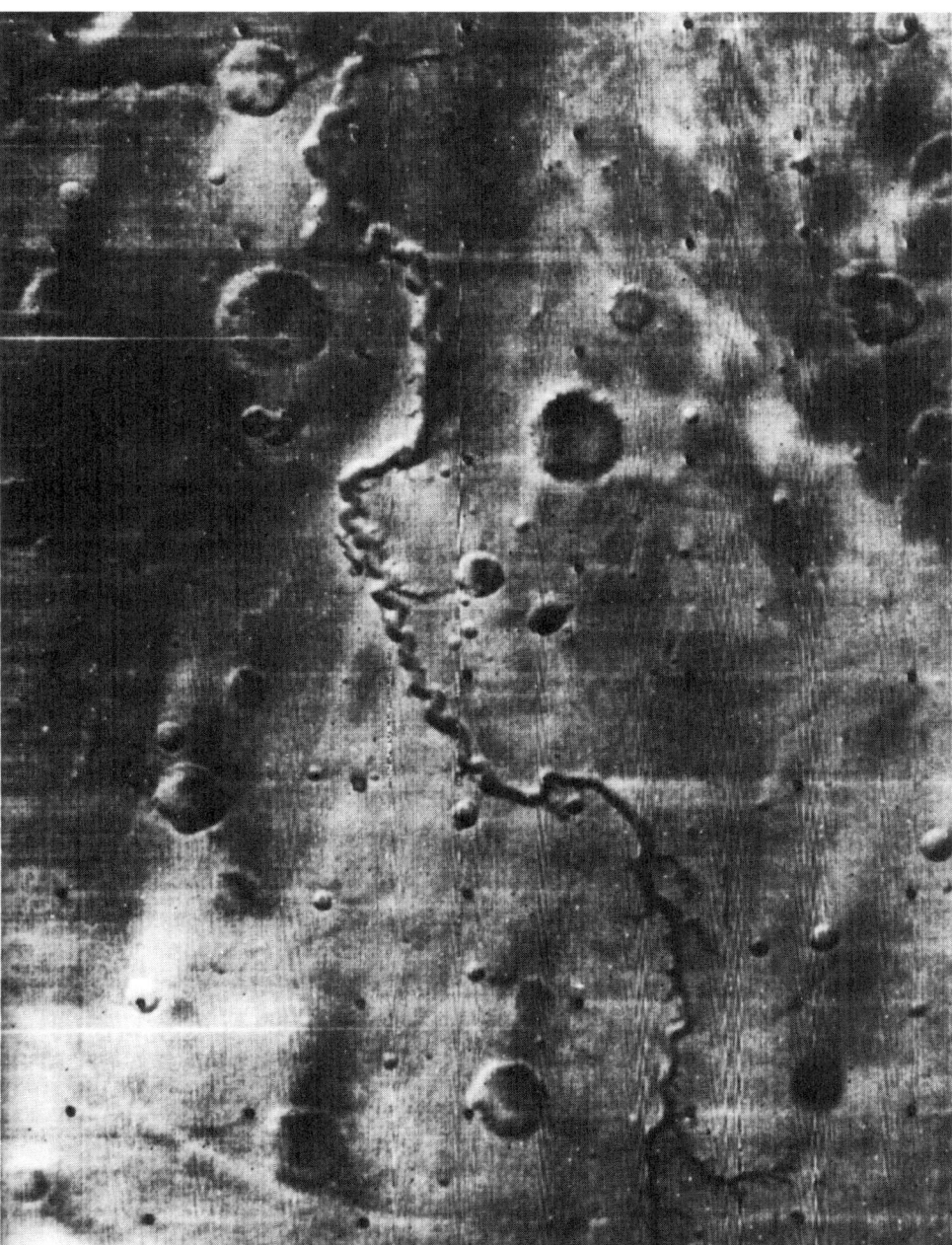

Eine unerwartete Erscheinung auf der Marsoberfläche ist dieses gewundene Tal. Es ist ca. 400 km lang, 5 bis 6 km breit und ähnelt riesigen ausgetrockneten Flußbetten, wie sie auf der Erde in Wüstenregionen zu finden sind (Aufnahmen von Mariner)

Auf Farbbildern, die die beiden Viking-Landegeräte übermittelten, zeigt sich der Marsboden als orange- bis gelbbraune Wüste. Der feinkörnige Boden ist mit zahlreichen, auffallend kantigen Steinen unterschiedlicher Größe bedeckt. Am Landeplatz des Viking 1-Landers, in der Chryse Planitia (Gold-Ebene), wird das anstehende Gestein des Untergrunds sichtbar. Die orange Farbe scheint nur auf einen dünnen Überzug zurückzugehen, denn manche Steine zeigen deutlich eine dunkelgraue oder gar eine dunkelgrüne Färbung. Die herumliegenden Steine sind eindeutig magmatischen Ursprungs. Am Landeplatz von Viking 2, in der Utopia Planitia, weisen viele der Steine blasenartige Vertiefungen auf. Offensichtlich wurde dieses Gestein durch schnelles Erkalten gasreicher Lava gebildet. Es läßt sich vorerst so viel sagen: dieser Marsboden und die Steine sind durch mechanische und chemische Zerstörung einer Schicht vulkanischen Gesteins entstanden.

Zusammensetzung der oberen Marsatmosphäre in 120 und 180 km Höhe

(in Vol.-%, ermittelt durch die Lander von Viking 1 und Viking 2)

	VL 1		VL 2	
	120 km	180 km	120 km	180 km
CO_2	97.51	80.97	94.37	69.54
N_2	1.46	12.15	2.6	17.55
Ar	0.59	1.58	1.65	2.65
CO	0.34	4.86	1.18	9.93
O_2	0.097	0.44	0.19	0.33
NO	0.002	–	0.009	–

Die rötliche Farbe, nach der Mars als roter Planet bezeichnet wird, stammt mit Sicherheit von mineralischen Eisenverbindungen. Nach Untersuchungen der Viking-Lander kommen dafür nur die Minerale Magnetit (Fe_3O_4) oder Maghemit (γ-Fe_2O_3) in Frage. Mit Röntgenfluoreszenz-Spektrometern wurden Bodenproben von den beiden Landern untersucht. Es fällt auf, daß die Proben aus der Chryse Planitia und aus der Utopia Planitia, trotz der verhältnismäßig großen Distanz, überraschend ähnlich sind. Häufige Elemente sind demnach Silizium und Eisen; es folgen mit geringeren Anteilen Magnesium, Aluminium, Schwefel, Kalzium und schließlich Titan und Kalium. Die Schwefelkonzentration ist um ein bis zwei Größenordnungen, also bis hundertmal größer als der entsprechende mittlere Wert für die Erdkruste, während Kalium mit weniger als 0.25 Gewichtsprozenten mindestens um den Faktor 5 seltener ist. Aus dem ermittelten Kalium-Kalzium-Verhältnis kann geschlossen werden, daß die untersuchten Marsproben weder große Anteile an granitischen noch an anderen alkalireichen Stoffen enthalten können.

Modelle der möglichen mineralischen Beschaffenheit des Marsbodens ergeben folgendes Bild: Die feine Fraktion des Bodens besteht zu etwa 80% aus Tonmineralen (Nontronit, Montmorillonit und Saponit) und enthält weiterhin etwa 10% Kieserit ($MgSO_4$), 5% Kalzit ($CaCO_3$) sowie knapp 5% Eisenoxid bzw. -hydroxidmi-

3.5 Planeten und ihre Monde

Zusammensetzung der oberflächennahen Marsatmosphäre

(in Vol.-%)

Bestandteil	Chemische Formel	Anteil
Kohlendioxid	CO_2	ca. 95
Kohlenmonoxid	CO_1	< 0.16
Wasserdampf	H_2O	0.01–0.1 (variabel)
Stickstoff	N_2	2.7
Argon	Ar	1.6
molekularer Sauerstoff	O_2	< 0.4
Krypton	Kr	Spuren
Xenon	Xe	Spuren
Ozon	O_3	Spuren (0.03 ppm)
atomarer Sauerstoff	O	Spuren

nerale. Obwohl diese Vorstellungen noch sehr unsicher sind, kann man sich den Marsboden wohl als Verwitterungsprodukt basaltischer Eruptivgesteine vorstellen.

Die Viking-Lander lieferten auch Analysen der Marsatmosphäre, nicht nur von ihrem Landeplatz, sondern auch während ihrer Abstiegsphasen. Zum erstenmal gelang es dabei, die Gase Stickstoff, Argon, Krypton und Xenon durch direkte Messungen nachzuweisen. Das Auffinden von Stickstoff ist von großer Bedeutung, denn es ist nach Sauerstoff das nächstwichtigste Element, das in organischen Substanzen vorkommt. Bemerkenswert ist auch das Isotopenverhältnis $^{36}Ar/^{40}Ar$. Es ist auf Mars etwa zehnmal kleiner als in der irdischen Atmosphäre; auf Venus dagegen ist es größer. Der atmosphärische Druck am Boden von Mars beträgt weniger als 1/100 des irdischen Bodendrucks. Als Referenz-Bodendruck gilt auf Mars die 6.1 hPa-Linie. Regionen geringeren Umgebungsdrucks liegen über dieser »Nullhöhe«, Regionen höhe-

Isotopenverhältnisse in der Marsatmosphäre im Vergleich zur Lufthülle der Erde

Verhältnis	Mars	Erde
$^{36}Ar/^{40}Ar$	1:3100	1:296
$^{36}Ar/^{38}Ar$	4 bis 7	5.3
$^{15}N/^{14}N$	0.0064 ± 0.0050	0.00368
$^{13}C/^{12}C$	0.0118 ± 0.0012	0.0112
$^{18}O/^{16}O$	0.00189 ± 0.0002	0.00204
$^{129}Xe/^{132}Xe$	~2.5	0.97

ren Drucks (wie etwa die beiden Landeplätze von Viking 1 und 2) darunter. In 90 km Höhe wurde beim Abstieg der Viking-Lander ein Druck von ca. 10^{-4} hPa (Erde: $2 \cdot 10^{-3}$ hPa) gemessen. Es ist möglich, daß es früher Zeiten gab, in denen der Bodendruck der Marsatmosphäre 100 hPa überstieg, so daß die geologischen Befunde über das Vorkommen von fließendem Wasser nicht mehr verwunderlich sind. Auch heute noch könnten relativ große Mengen flüchtiger Komponenten (z. B. H_2O) im Boden gespeichert sein, die bei einer globalen Erwärmung des Planeten für eine dichtere Atmosphäre sorgen würden. Man glaubt, daß die prim-

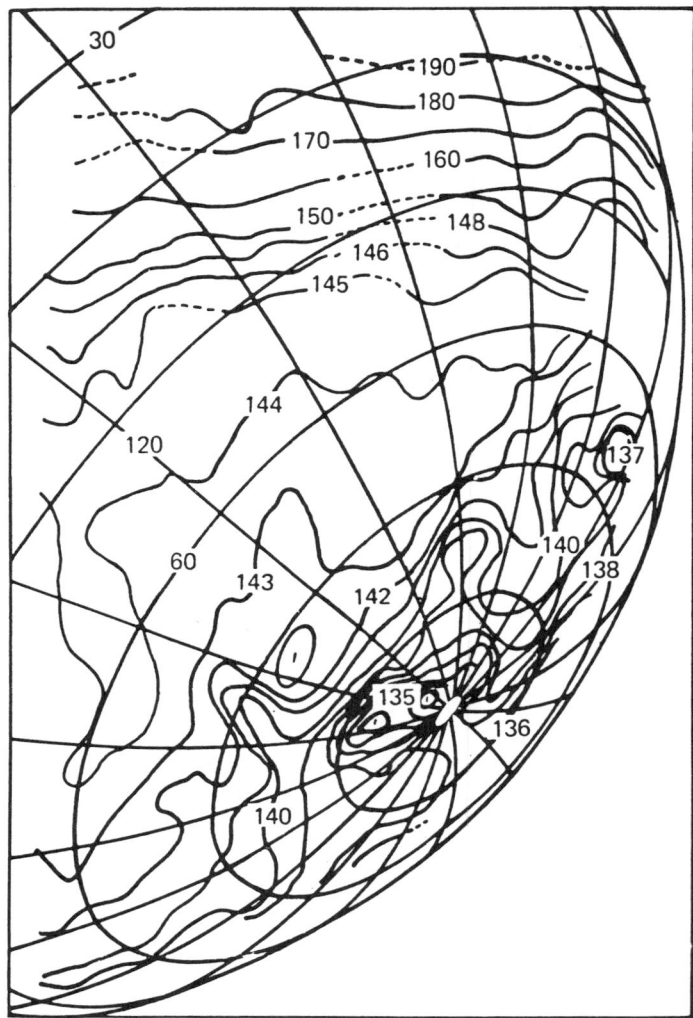

Temperaturverteilung im Bereich des Südpols, von Viking 1 im lokalen Winter gemessen

ordialen Atmosphären von Mars und Erde sehr ähnlich waren. Beide entstanden durch Ausgasen bei Vulkanausbrüchen und bestanden vor allem aus Kohlendioxid, Wasserdampf und Stickstoff. Die Marsatmosphäre war zu dieser Zeit so dicht wie die Erdatmosphäre, und im Zusammenhang mit dem durch das CO_2 verursachten Treibhauseffekt, der die Temperaturen an der Marsoberfläche hoch genug hält (siehe Venus), entstanden Bedingungen, die eine Existenz von fließendem Wasser ermöglichten. Diese Bedingungen konnten auf Mars jedoch nur für einige zehn bis hundert Millionen Jahre existieren, da das CO_2 durch Regenfälle aus der Marsatmosphäre ausgewaschen wurde. Mars hat eine wesentlich

3.5 Planeten und ihre Monde

geringere vulkanische Aktivität als die Erde, da er keine Plattentektonik besitzt, und so konnte das ausgewaschene CO_2 nicht ersetzt werden. Als Folge der abnehmenden Temperaturen und des abnehmenden Drucks begann auch der Wasserdampf aus der Atmosphäre zu verschwinden. Die Abnahme von CO_2 und H_2O bewirkte, daß der UV-Anteil der Sonnenstrahlung tiefer in die Atmosphäre eindrang und durch dissoziative Rekombination den Stickstoffmolekülen soviel Energie zuführte, daß diese entkommen konnten.
In der Marsatmosphäre werden Wolken beobachtet, die eindeutig aus Wasserdampf bestehen. Über großen Flächen wurden dünne Wolken- und Dunstschleier festgestellt, in denen H_2O, CO_2 und auch Staubteilchen vorkommen. Die Viking-Lander lieferten im Marswinter Umgebungsaufnahmen, die allem Anschein nach eine Reifbedeckung der umherliegenden Steine zeigen.
Die aus Infrarot-Kartierungen des Marsbodens abgeleiteten Temperaturen liegen zwischen etwa 130 K und 290 K. Die Sommertemperaturen am Nordpol, um 205 K, überschritten die Sublimationstemperatur des Kohlendioxids (148 K bei einem Oberflächendruck von 6.1 hPa). Das heißt, die verbliebene polare weiße Kappe muß zu dieser Zeit aus H_2O-Schnee bestanden haben. Gleichzeitig wurde auch eine hohe Wasserdampfhäufigkeit über dem Nordpolgebiet von Mars festgestellt. Niedrig dagegen blieb der Wasserdampfgehalt im Sommer über dem Marssüdpol. Am Südpol wurden in seinem Winter Temperaturen von nur 134 K gemessen (s. Abbildung).
Mit den beiden Viking-Landern waren auf Mars zwei meteorologische Meßstationen in Dauerbetrieb. Mit ihnen wurden Drücke, Temperaturen sowie Windgeschwindigkeiten und -richtungen registriert. Aus der Fülle der Meßdaten läßt sich folgendes herauskristallisieren: Tägliche Temperaturschwankungen zwischen etwa $-30\,°C$ (Maximum im 20 Tage-Mittel 241.8 K, um 15 Uhr Ortszeit) und $-90\,°C$ (Minimum 187.2 K, um 5 Uhr Ortszeit), und zwar im Marssommer. Im Marswinter ging die Temperaturdifferenz auf etwa $9\,°C$ zurück. Im Durchschnitt betrug die Windgeschwindigkeit an den Landeorten 16 km/h und erreichte Spitzen von 64 km/h. Eine auffallende jahreszeitliche Änderung konnte nicht bemerkt werden. Das Windmuster wird wahrscheinlich im Rahmen der globalen Zirkulation erzeugt und nur geringfügig durch lokale Gegebenheiten beeinflußt. Die täglichen Druckschwankungen blieben mit etwa 0.2 hPa gering. Hingegen traten starke jahreszeitliche Druckvariationen um etwa 30%, d. h. im Bereich von 7 bis 11 hPa, auf. Diese Schwankungen gehen sicherlich auf Veränderungen des CO_2-Gehalts in der Atmosphäre zurück, verursacht durch die Kondensation von CO_2 als Trockeneis in den Polkappen während des Marswinters. Auch der Wasserdampfgehalt der Atmosphäre unterlag starken jahreszeitlichen Schwankungen, wurde aber auch durch Staubstürme beeinflußt.
Das Magnetfeld erreicht an der Marsoberfläche allenfalls etwa 1/1000 der Erdmagnetfeld-Stärke. Der Grund hierfür dürfte wahrscheinlich das Fehlen eines Eisenkerns sein, wie ihn die Erde (und

auch Venus) besitzt. Trotz des hohen Eisengehalts seiner Kruste ist die mittlere Dichte (3.9 g/cm³) des Mars wesentlich geringer als die der Erde (5.52 g/cm³), und man schließt daraus, daß das Eisen gleichmäßig im Planetenkörper verteilt und nicht in einem dichten Kern konzentriert ist. Da bisher keine seismischen Messungen auf Mars durchgeführt wurden, konnte diese Vermutung jedoch noch nicht bestätigt werden. Damit kann Mars – wie auch Venus – keine nennenswerte Magnetosphäre aufbauen. Der Sonnenwind tritt direkt in Wechselwirkung mit der Ionosphäre.

Trotz großer Empfindlichkeit der Viking-Analysegeräte gelang es nicht, organische Moleküle im Marsboden nachzuweisen. Im umgebenden Boden der beiden Viking-Lander gibt es allem Anschein nach keine Mikroorganismen, die Stoffwechselprozesse analog denen irdischer Organismen durchführen. Diese Feststellung läßt vermuten, daß es auf Mars kein Leben gab oder gibt; bewiesen ist das jedoch nicht.

Die Mars-Monde Phobos und Deimos

Nach Galileis Entdeckung der vier hellsten Jupitermonde schloß Kepler, da Venus keine, die Erde einen, Jupiter aber vier Monde hat, daß Mars mit zwei Begleitern ausgestattet sein sollte. Jonathan Swift beschrieb 1729 in »Gullivers Reisen« die vermuteten Marsmonde, und seine Beschreibung lag den späteren Befunden erstaunlich nahe. Die eigentliche Suche nach den Marsmonden nahm 1783 W. Herschel auf. Aber erst A. Hall, damals Astronom am U. S. Naval Observatory in Washington, fand bei der besonders günstigen Opposition 1877 innerhalb von einer Woche zuerst den äußeren und dann den inneren Mond. Er nannte sie Deimos (Schrecken) und Phobos (Angst), nach den beiden Begleitern des Kriegsgottes Mars in Homers »Ilias«. Von der Erde aus konnte

Daten zu Phobos und Deimos

		Phobos	Deimos
Mittlerer Abstand zum Marszentrum	km	9 380	23 460
Siderische Umlaufzeit	h:min	7:39	30:18
Synodische Periode	h:min	11:06	132
Bahnneigung zum Marsäquator	Grad	2	2
Bahnexzentrizität	–	0.017	0.003
Rotationsgeschwindigkeit am Äquator	m/s	2.6	0.29
Fluchtgeschwindigkeit	m/s	18.6 ± 5	7 ± 3
Größe	km	27 × 21 × 19	15 × 12 × 11
Mittlerer äquivalenter Radius	km	11.5	6.4
Masse (Näherungswerte)	kg	$13.4 \cdot 10^{15}$	$2.3 \cdot 10^{15}$
Albedo	%	6	6

wenig über sie in Erfahrung gebracht werden. Man erkannte lediglich aus ihren Helligkeiten (bei der Annahme einer dem Erdmond entsprechenden Albedo) ihre geringe Größe. Eine nähere Untersuchung gelang erst mit den drei Marssonden Mariner 9, Viking 1 und Viking 2. Die Orbiter der beiden Viking-Sonden

3.5 Planeten und ihre Monde

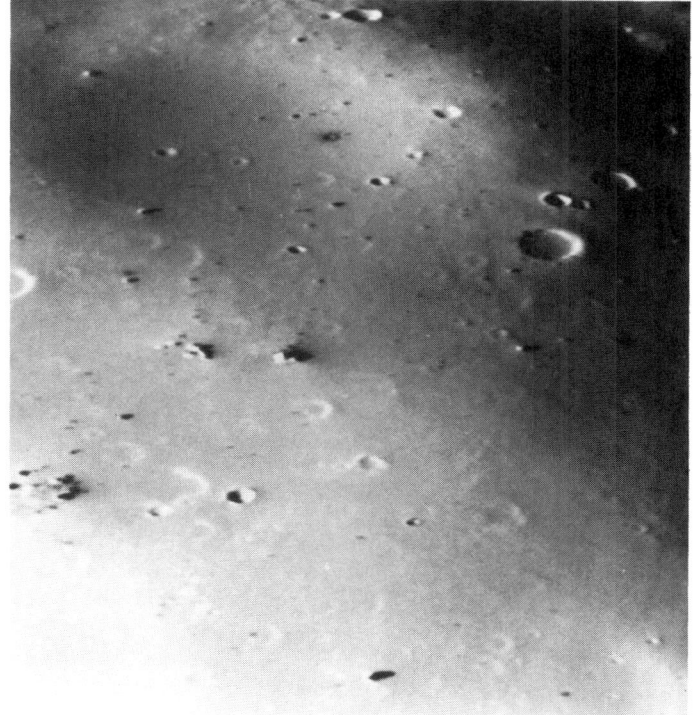

Aufnahme von Deimos durch Viking-Orbiter 2 aus 50 km Höhe. Der Bildausschnitt umfaßt ca. 1.2 × 1.5 km; die kleinsten erkennbaren Details sind etwa 3 m groß. Offenbar sind viele flache Krater mit einer Staubschicht bedeckt, so daß die Oberfläche relativ glatt erscheint

konnten zu extrem nahen Vorbeiflügen an den beiden Marsbegleitern umgesteuert werden.

Phobos, der innere Mond, ist im Mittel etwa 5980 km von der Oberfläche des Planeten entfernt. Seine Bahn verläuft damit nur in 1100 km Entfernung von der sogenannten Roche-Grenze (der Bereich um einen Himmelskörper, innerhalb dessen ein zweiter Körper aufgrund der auf ihn wirkenden Gezeitenkräfte auseinander bricht; siehe auch 12.1.7). Phobos ist, wie Aufnahmen vom Viking-Lander 1 zeigen, gut von der Marsoberfläche aus zu sehen. Da seine Umlaufzeit nur etwa 7.6 Stunden beträgt, zieht er zwei- bis dreimal täglich am rosaroten Marshimmel vorüber; er braucht dabei aber, weil er in der gleichen Richtung umläuft, in der Mars rotiert, 11.1 Stunden, um wieder über dem selben Punkt der Oberfläche zu stehen.

Die Gestalt von Phobos – wie auch die von Deimos – kann am besten durch ein dreiachsiges Ellipsoid beschrieben werden (siehe Tab.). Berechnungen hatten schon früher ergeben, daß solche Körper durch die Gravitationskräfte bedingt mit ihrer Längsachse auf den Planeten zeigen. Die Mariner 9-Aufnahmen der beiden Monde bestätigten, daß sie synchron zu ihren Bahnen um Mars rotieren; das heißt, sie kehren ihm stets die gleiche Seite zu. Eine aus den Ellipsoiden errechnete Kugel gleichen Volumens ergibt äquivalente Durchmesser von 23 km für Phobos und von 12.8 km für Deimos. Mit einer angenommenen mittleren Dichte von 2.1 g cm^{-3} errechnen sich die Näherungswerte für die Mondmassen. Die Deimosbahn – etwa 20 060 km über der Planetenoberfläche – liegt etwas außerhalb der sogenannten Stationärbahn. (Das ist die Bahn, bei der die Mondumlaufzeit und die Planetenperiode identisch sind.) Deimos geht dementsprechend im Osten auf, bleibt etwa 60 Stunden über dem Horizont, um dann im Westen zu verschwinden. Für einen Beobachter auf Mars ist er nur als heller sternartiger Himmelskörper wahrnehmbar.

Phobos und Deimos sind beide sehr kraterreich und mit dunkelgrauem Regolith bedeckt. Der größte Krater der Monde ist mit 10 km Durchmesser »Stickney« auf Phobos. Der Einschlag, der diesen Krater erzeugte, schlug ein wesentliches Stück von Phobos ab, wie Viking-Aufnahmen zeigen. Kraterzählungen ergaben, daß die beiden Marsmonde alte Oberflächen haben, entsprechend den Hochflächen unseres Erdmonds.

Die Vorbeiflüge der Viking-Orbiter an den Monden waren so nahe (Abstand von Deimos in einem Fall nur 23 km), daß mittlere Dichten aus der Gravitationswirkung auf die Raumsonden abgeleitet werden konnten. Es ergab sich ein Wert von (2 ± 0.7) g cm^{-3}, was nahelegt, daß die beiden Marsbegleiter dem Material nach den kohligen Chondriten-Meteoriten vom Typ I sehr ähnlich sind (s. 4.3.3).

Nach einigen Theorien sind solche Körper nur in den äußeren Bereichen des Planetoidengürtels gebildet worden. Zumindest bei Phobos könnte es sich also um einen eingefangenen Planetoiden handeln. Auf jeden Fall ist klar, daß diese wahrscheinlich undifferenzierten Körper für das Verstehen des Ursprungs des Planetensystems sehr wichtig sind.

3.5.4 Jupiter

Jupiter und die folgenden äußeren Planeten unterscheiden sich wesentlich von den erdähnlichen, inneren Planeten. Jupiter, der die Erde im Durchmesser um das 11fache übertrifft – er hat etwa das 1300fache Volumen und die 318fache Masse unserer Erde – ist der größte Planet im Sonnensystem. Obwohl seine Dichte nur 1.33 g cm^{-3} beträgt, vereinigt er mit seiner Masse von $1.901 \cdot 10^{27}$ kg etwa zwei Drittel der Gesamtmasse aller Planeten in sich. Seine Größe und Dichte zeigen, daß er – im Gegensatz zu den erdähnlichen Planeten – wesentlich aus leichten Elementen, insbesondere aus Wasserstoff und Helium, besteht, die in der Atmosphäre als Gas und in tieferen Schichten in flüssiger Form vorkommen. Alle auf der Planetenscheibe sichtbaren Erscheinungen sind Wolken.

Jupiter, obwohl der größte, ist aber nicht der hellste Planet am Nachthimmel. Venus kann um fast 2 Größenklassen heller werden als Jupiter, aber da sie als unterer Planet nur wenige Stunden vor Sonnenaufgang bzw. nach Sonnenuntergang beobachtbar ist, ist Jupiter jedes Jahr für mehrere Monate beherrschender Himmelskörper am Nachthimmel.

3.5 Planeten und ihre Monde

Ein oberer Planet hat seine beste Beobachtungszeit zum Zeitpunkt seiner Opposition, wenn Sonne und Planet, von der Erde gesehen, sich genau gegenüberstehen (Längenunterschied 180°). Jupiter kommt etwa alle 13 Monate in Opposition, wenn die Erde einen Umlauf vollendet und die zusätzlich von Jupiter während eines Jahrs zurückgelegte Strecke aufgeholt hat. Das Intervall zwischen zwei aufeinanderfolgenden Oppositionen bezeichnet man als Synodische Periode. Jupiters mittlere Synodische Periode beträgt 398.9 Tage. Wegen seiner größeren Entfernung von der Sonne variiert sein Winkeldurchmesser – im Gegensatz zu dem des Mars – nur wenig. Jupiters mittlerer scheinbarer Durchmesser beträgt, im Planetenäquator gemessen, 46″.86. So sind auf dem Riesenplaneten Oberflächendetails wesentlich leichter auszumachen als etwa auf Mars. Wegen dieser günstigen Sicht- und Beobachtungsbedingungen ist Jupiter ein bevorzugtes Beobachtungsobjekt der Amateurastronomen.

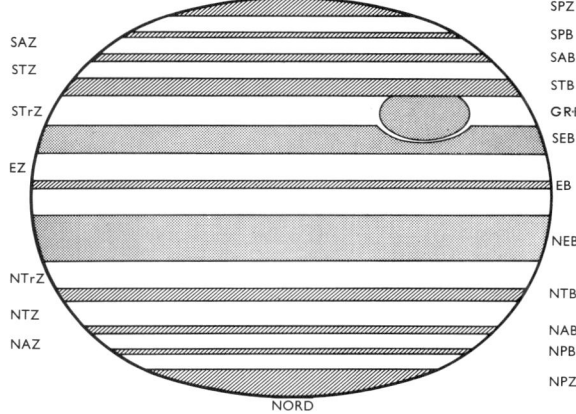

Vereinfachte Nomenklatur der Bänder und Zonen auf Jupiter:
N Nord; S Süd; B Band (dunkel); Z Zone (hell); E äquatorial; Tr tropisch; T gemäßigt (temperiert); A arktisch; P polar; in der südtropischen Zone der ovale Große Rote Fleck (GRF)

Auf keinem andern Planeten lassen sich in so kurzer Zeit so starke Veränderungen in den Atmosphäreschichten verfolgen wie auf Jupiter. Schon kleine Fernrohre genügen zur Beobachtung der auffälligen dunklen Bänder und hellen Zonen.
Unter den Jupiterbeobachtern haben sich eine ausführliche Nomenklatur für die einzelnen Regionen und zahlreiche Codebezeichnungen für besondere Phänomene in der Atmosphäre des Riesenplaneten eingebürgert (siehe Literatur für Planetenbeobachter). Die berühmteste Erscheinung auf der Planetenoberfläche ist der Große Rote Fleck (GRF), der schon mehr als 300 Jahre beobachtet wird, wenn auch in verschieden starker Intensität.
Wie die starke Abplattung von 6.5% anzeigt, rotiert Jupiter sehr schnell, in weniger als 10 Stunden einmal um seine Achse. Es gibt auf der Wolkenschicht kein Gebilde, an das man ein Koordinatensystem anschließen könnte. Jupter zeigt eine differentielle Rota-

tion, d. h. die Rotationsgeschwindigkeit ändert sich mit der Breite (s. 3.3). Die Rotationsperiode an den Polen ist um etwa 5 min länger als am Äquator. In der Fachliteratur werden die Längen- und Bewegungsangaben stets auf das System III bezogen. Dieses wurde 1962 von der IAU definiert; es hat eine Rotationszeit von $9^h 55^m 29\overset{s}{.}37$. Es bezieht sich auf Radioquellen, die im Dekameter-Wellenlängenbereich entdeckt worden sind und die wahrscheinlich mit einer tieferen, mehr viskosen Schicht im flüssigen Innern des Planeten rotieren.

Raumfahrtunternehmungen zum Jupiter

Wie bei den andern Planeten, so brachten auch bei Jupiter Raumfahrtunternehmungen wesentliche neue Erkenntnisse. Die zur Erde übermittelten Aufnahmen der Wolkendecke des Planeten zeigen eine nicht erwartete Vielfalt von Strömungserscheinungen, die als Jet-Strömungen, als Wellen und Wirbel, aber auch als Konvektionszellen, Sturmgebiete und gewitterartige Wolkenzirkulationen angesprochen werden können. Die Aufnahmen machen ferner deutlich, wie schnell sich bestimmte Wolkenformationen ändern können – selbst innerhalb von wenigen Tagen. Andere Wolkengebiete sind hingegen sehr langlebig, obwohl sie ihre Lage zueinander durch verschieden schnelle, breitenabhängige Windströmungen deutlich verändern.

Raumfahrtmissionen zum Jupiter

Sonde	Pioneer		Voyager	
	10	11	1	2
Start	3. 3. 1972	5. 4. 1973	5. 9. 1977	20. 8. 1977
Ankunft bei Jupiter	4. 12. 1973	3. 12. 1974	5. 3. 1979	9. 7. 1979
Kürzester Abstand von Jupiter*	131 400	42 000	278 000	650 000
Anzahl der Experimente	11	12	10	10

* Von der Wolkendecke, in km

Der Große Rote Fleck (GRF)

Ein bevorzugtes Studienobjekt in der Wolkenhülle des Planeten war der Große Rote Fleck (GRF) mit seiner näheren und weiteren Umgebung. Die zahlreichen Aufnahmen konnten zu einem Film zusammengestellt werden, der in Zeitraffung die Bewegungsvorgänge in und um den GRF eindrucksvoll vorführt. Der GRF, der 1664 zum erstenmal beobachtet wurde, ist vermutlich ein gewaltiger Wirbel, der an der Grenzschicht zwischen zwei entgegengesetzt gerichteten horizontalen Strömungen in der Jupiteratmosphäre entsteht. Wie alle andern Strukturen in der Jupiteratmosphäre ist auch der GRF stark variabel, er kann innerhalb von wenigen Jahren seine Form und seine Farbe stark verändern. Die Wirbel-Säule, die etwa 8 km über das übrige Wolkenniveau hinausragt, zeigt eine merklich tiefere Temperatur als die umgebenden Regionen. Die Gasmassen im GRF bewegen sich entgegen dem Uhrzeigersinn; für eine volle Rotation benötigen sie etwa 6 Tage. Sowohl die rote Farbe als auch die Stabilität des GRF (für bisher mindestens 330 Jahre) können bislang noch nicht zufriedenstel-

3.5 Planeten und ihre Monde

lend erklärt werden. Die zahlreichen Einzelbeobachtungen an Wolkengebilden zeigen, daß die Antriebsmechanismen der Jupiterwolken wesentlich komplizierter sind, als man früher, vor der Naherkundung, angenommen hatte. So sah man in den hellen Wolkenzonen allgemein aufsteigende atmosphärische Massen, in den dunklen Bändern Regionen absinkender Wolkenmassen. Diese einfache Modellvorstellung ist nicht in der Lage, die nun beobachteten meteorologischen Befunde an der Wolkenoberdecke von Jupiter zu erklären. Gerade weil die bisher als relativ stabil angesehenen Bänder und Zonen sich teilweise selbst zerstören, dabei neue Wolkensysteme schaffen und in unterschiedlichen Geschwindigkeiten, sogar gelegentlich gegenläufig zueinander, um den Planeten laufen, entstehen große Schwierigkeiten in der Erklärung und dem Verstehen etwa der Langlebigkeit des GRF und anderer beständiger Merkmale.

Die Mechanismen im globalen Wettergeschehen sind auf Erde und Jupiter grundverschieden. Auf der Erde ist primär die Sonneneinstrahlung für die meteorologischen Vorgänge verantwortlich, auf Jupiter hingegen sind es interne Wärmequellen und auch die hohe Zirkulationsgeschwindigkeit, die das Wolkenbild bestimmen. Wie schon Infrarot-Beobachtungen von der Erde aus gezeigt hatten, strahlt Jupiter etwa doppelt soviel Energie ab wie er von der Sonne erhält. Man nimmt an, daß diese überschüssige Energie Überreste aus der Entstehungszeit Jupiters sind, bei der große Mengen an gravitativer Energie in Wärmeenergie umgewandelt wurden. Jupiter war damals sehr viel wärmer als jetzt; er befindet sich derzeit noch in einem Abkühlungsprozeß.

Die Höhe der Atmosphäre, die hauptsächlich aus Wasserstoff besteht, wird auf mindestens 16 000 km geschätzt. Ihre chemische Zusammensetzung aus 89% Wasserstoff und 11% Helium ist ähnlich wie die der Sonnenatmosphäre und unterscheidet sich wahrscheinlich auch kaum von der des proto-planetaren Sonnennebels (s. 11.8). Neben Wasserstoff, der vor allem in der schwer nachweisbaren molekularen Form vorkommt, und Helium findet man noch kleine Mengen von Methan (0.09%), Ammoniak (0.02%), Wasserdampf (0.008%) und Spurengasen wie Acetylen, Äthan und einige Phosphorverbindungen. Unter der Atmosphäre wird ein Gürtel aus flüssigem Wasserstoff vermutet, der in metallischen Wasserstoff, eine Hochdruck-Modifikation, übergeht. Im Zentrum befindet sich ein fester Kern von etwa 20 000 km Durchmesser aus Eisen und Siliziumverbindungen. Dieser Kern, der etwa 4% der gesamten Jupitermasse enthält (das Dreizehnfache der Erdmasse), war wahrscheinlich eine Art Kondensationskeim bei der Entstehung Jupiters aus dem proto-planetaren Sonnennebel. Infolge des hohen Drucks, den die Jupitermasse auf den Kern ausübt, hat dieser eine Dichte von etwa 20 g cm^{-3}, während die Temperatur etwa 25 000 K beträgt. Insgesamt besteht Jupiter aus 82% Wasserstoff, 17% Helium und 1% andern Elementen.

Die Temperaturen in einem Höhengebiet, das 5 bis 10 hPa atmosphärischen Drucks entspricht, liegen im Bereich von 160 K. Als

Effektivtemperatur für Jupiter wird (125 ± 3) K angegeben. In drei Schichten von 700, 1400 und 2300 km über der Wolkenobergrenze wurden im UV- und sichtbaren Licht Leuchterscheinungen, ähnlich dem irdischen Polarlicht, von Voyager beobachtet. Auch Blitze, Anzeichen für starke elektrische Entladungen, wurden in den oberen Wolkenschichten registriert.

Radioquelle Jupiter 1955 wurde Jupiter als nach der Sonne zweitstärkste Radioquelle am Himmel erkannt. Neben einer thermischen Komponente dieser Radiostrahlung, wie man sie von einem Körper der Temperatur Jupiters erwartet, wurde im Dezimeterbereich (etwa 1 bis 75 cm) eine starke nicht-thermische Komponente gefunden. Als deren Ursprung wurde sehr bald Synchrotonstrahlung vorgeschlagen, die von hochenergetischen Elektronen, die sich spiralförmig um Magnetfeldlinien bewegen, ausgesandt wird. Dies war ein erster Hinweis auf ein planetares Magnetfeld, von dem man annimmt, daß es durch einen Dynamo-Effekt, der in der Schicht aus flüssigem metallischem Wasserstoff entsteht, hervorgerufen wird. Voraussetzung für den Dynamo-Effekt sind elektrische Ströme, die durch Konvektionsbewegungen in der Wasserstoffschicht erzeugt werden.

Genaue Untersuchungen des Magnetfelds und der Magnetosphäre wurden mit verschiedenen Instrumenten an Bord der Pioneer- und Voyager-Sonden vorgenommen. Das Magnetfeld ist ein Dipolfeld, dessen Achse um etwa 11° gegen die Rotationsachse geneigt ist. An den Polen beträgt die magnetische Flußdichte etwa $15 \cdot 10^{-4}$ Tesla und ist damit um etwa einen Faktor 25 größer als die der Erde. Am Äquator ist die Flußdichte mit $4.2 \cdot 10^{-4}$ Tesla geringer, sie beträgt hier nur etwa das Zehnfache derjenigen der Erde.

Die Magnetosphäre des Jupiter kann in drei Regionen unterteilt werden. Die innerste Region erstreckt sich bis zu etwa 20 Jupiter-Radien; sie ist ähnlich wie die Magnetosphäre der Erde, aber bedeutend reicher an Partikeln. Das Dipolfeld dominiert, und man findet zum Gürtel aufgeladene Teilchen ähnlich dem Van Allen-Gürtel der Erde. Störungen werden in diesem Plasma-Torus durch die Bewegung der drei Monde Io, Europa und Ganymed hervorgerufen, die mitten durch ihn hindurchlaufen. Eine besonders starke Störung, die von Io, dem innersten der großen Monde, verursacht wird, äußert sich im sogenannten Io-Torus, einem Ring von elektrisch geladenen Teilchen aus Schwefel und Sauerstoff, der Jupiter in der Entfernung der Io-Bahn umkreist. Die Teilchen stammen von Vulkanausbrüchen auf Io (s. u.). Ihre Wechselwirkung mit der Jupitermagnetosphäre verursacht die starken sporadischen Strahlungsausbrüche im Dekameter-Radiobereich (etwa 7 bis 700 m), wobei der genaue Entstehungsprozeß allerdings noch nicht verstanden ist. Die mittlere Region – sie besitzt kein Analogon in der irdischen Magnetosphäre – befindet sich in einer Entfernung von 20 bis 60 Jupiter-Radien. In ihr befindet sich in der magnetischen Äquatorebene eine Schicht mit einer Dicke von etwa einem Jupiter-Radius, die ein niederenergetisches Plasma enthält, in dem durch die Rotation von Jupiter elektrische Ströme angeregt sind,

3.5 Planeten und ihre Monde

die ihrerseits das Dipolfeld gewaltig stören. Gespeist wird dieses Gebiet durch Teilchen aus dem innern Bereich der Magnetosphäre. Im äußersten Bereich ist das Magnetfeld stark irregulär. Die Ausdehnung dieses Gebiets ist stark variabel; je nach der Stärke des Sonnenwinds schwankt sie zwischen 60 und 100 Jupiter-Radien.

Der Jupiter-Ring

Die Entdeckung eines Ringsystems bei Jupiter war ein nicht ganz unerwartetes Ergebnis der Voyager-Mission. Beim Durchfliegen der Äquatorebene von Jupiter am 4. März 1979 hatte Voyager 1 einen Hinweis auf einen schmalen Ring gefunden, woraufhin in das Programm von Voyager 2 zusätzliche Aufnahmen mit wesentlich besserer Auflösung eingeplant wurden. Der Ring scheint aus mehreren Komponenten zu bestehen. Der hellste, relativ schmale Teil hat einen äußeren Radius von $(126\,380 \pm 140)$ km. Es gibt ferner ein schmales, helles Segment, (800 ± 100) km breit, mit einem inneren Radius von $(125\,580 \pm 140)$ km. Ringpartikel scheinen aber bis zum Planeten selbst über die sehr dünne Ringebene, Dicke unter 30 km, zu existieren. Der Ring hat eine Orangefarbe und scheint vor allem aus kleinen Teilchen mit Radien kleiner als 10 µm zu bestehen. Im Gegensatz dazu haben die Teilchen des Saturn-Rings viel größere Durchmesser, die bis zu 10 oder mehr Meter erreichen können. Inzwischen konnte der Ring des Jupiter auch von der Erde aus mit dem 224 cm-Teleskop auf dem Mauna Kea im Infraroten bei 2.2 µm Wellenlänge nachgewiesen werden.

Neue Resultate, die unser Wissen über Jupiter beträchtlich erweitern sollen, werden ab 1995 von der Jupiter-Sonde Galileo erwartet. Diese Sonde, die 1989 gestartet wurde, wird in eine Umlaufbahn um Jupiter einschwenken und von dort aus Messungen durchführen. Kurz vor der Ankunft bei Jupiter im Dezember 1995 wird Galileo eine kleinere Sonde aussetzen, die an einem Fallschirm in die Atmosphäre eintauchen und dort Messungen und chemische Analysen vornehmen soll. Eine der Hauptaufgaben von Galileo wird eine umfangreiche Untersuchung der vier galileischen (von Galilei entdeckten) Satelliten sein. Um möglichst nahe an den Monden vorbeifliegen zu können, wird deren Schwerkraft ausgenutzt, um die Bahn der Sonde in geeigneter Weise zu verändern.

Die Jupiter-Monde

Nach Auswertung der Daten der Voyager-Missionen 1 und 2 zu Jupiter sind nun 16 Monde des Planeten bekannt. Von dem früheren Brauch, die Monde in der Reihenfolge ihrer Entdeckung mit römischen Zahlen zu bezeichnen, ist man abgegangen (nur die 1610 von Galilei gesehenen vier hellsten Monde hatten – wenn auch inoffiziell – Namen erhalten). Nun haben alle 16 Monde Eigennamen, wobei man schon durch deren Wahl eine Grobeinteilung unter den äußeren Monden vornahm.

Bei Betrachtung der Bahndaten der Jupiter-Satelliten (s. Tab. in 3.4) fällt eine Dreiteilung auf. Die erste und stärkste Gruppe von acht Monden bewegt sich auf relativ planetennahen Bahnen, die – wenn überhaupt – nur ganz geringfügig gegen den Planetenäquator geneigt sind. Zu dieser Gruppe gehören die vier von Galilei

3 Die Planeten

Astronomische Daten der Jupiter-Monde

Nr.	Name	Entdecker	Jahr der Entdeckung	Durch- messer km	Oppositions- Helligkeit m_{opp}
XVI	Metis	Synnott	1980	?	–
XIV	Adrastea	Jewitt, Danielson	1979	< 40	–
V	Amalthea	Barnard	1892	240	13.0
XV	Thebe	Synnott	1980	≈ 80	–
I	Io	Galilei	1610	3650	5.0
II	Europa	Galilei	1610	3120	5.3
III	Ganymed	Galilei	1610	5280	4.6
IV	Kallisto	Galilei	1610	4840	5.6
XII	Leda	Kowal	1974	≈ 10	20
VI	Himalia	Perrine	1904	170	14.8
X	Lysithea	Nicholson	1938	≈ 24	18.4
VII	Elara	Perrine	1905	80	16.4
XII	Ananke	Nicholson	1951	≈ 20	18.9
XI	Carme	Nicholson	1938	≈ 30	18.0
VIII	Pasiphaë	Melotte	1908	≈ 36	17.7
IX	Sinope	Nicholson	1914	≈ 28	18.3

entdeckten großen Monde. Eine zweite Gruppe von vier Monden bewegt sich in einer mittleren Entfernung von ca. $11.5 \cdot 10^6$ km um den Planeten, in Bahnen, die 27° bis 29° gegen die Bahnebene Jupiters geneigt sind. Dieser Gruppe schließt sich weiter außen – in etwa doppelter Entfernung zur zweiten Gruppe – eine wiederum aus vier Monden bestehende Gruppe an, die Bahnneigungen zwischen 147° bis 163° haben.

Diese Monde bewegen sich retrograd, d. h. rückläufig zur Planetenrotation. Ihre gravitativen Bindungen an den Planeten deuten darauf hin, daß es sich hier wahrscheinlich um eingefangene Planetoiden handelt. Ihre auf »e« endenden Namen zeigen ihre retrograde Bahnbewegung an. Die Namen der Jupiter-Trabanten mit rechtläufigen Bahnen enden auf »a«. Von den beiden äußeren Gruppen von Jupiter-Satelliten ist wenig bekannt. Aufgrund ihrer scheinbaren Helligkeiten und eines angenommenen Albedo-Werts kann man sagen, daß die Mond-Durchmesser zwischen 10 und 30 km liegen. Nur Himalia mit ca. 170 km und Elara mit 80 km Durchmesser sind etwas größer.

Unser Wissen über die inneren Jupiter-Monde beruht auf den Ergebnissen der Pioneer- und Voyager-Missionen, wobei selbst von den Raumsonden aus auf den neuentdeckten Monden Metis, Adrastea und Thebe, schon wegen ihrer geringen Größen und ihrer Planetennähe, keine Oberflächendetails auszumachen waren. Sie scheinen irregulär geformte Körper zu sein, deren längste Achsen – wie auch bei den Mars-Monden – zum Planeten ausgerichtet sind. Lediglich Amalthea, der 1892 entdeckte Mond, von der Erde bei günstigen Beobachtungsbedingungen als schwacher Lichtfleck auszumachen, zeigt einige wenige Oberflächenstruktu-

3.5 Planeten und ihre Monde

Vulkanismus auf Io

ren, die als zwei Krater und zwei Berge gedeutet werden. Die ellipsoidische Form des Satelliten deutet auf einen Körper höherer Dichte hin.
Die galileischen Monde waren – neben dem Planeten selber – Zielobjekte der Voyager-Missionen. Sensationell waren die Bilder von Io, dem jupiternächsten der vier großen Monde, die Voyager 1 am 8. März 1979 zur Erde funkte. Am Rand des Monds wurde gegen den dunklen Weltraum ein schirmförmiges Gebilde sichtbar, das nicht anders als eine fontänenförmig herabregnende Aschenwolke eines tätigen Vulkans angesprochen werden konnte. Auch ein heller Fleck am Terminator (der Grenze zwischen beleuchteter und unbeleuchteter Mondhälfte) konnte nur als ein Vulkan im Ausbruch gedeutet werden. Die beiden Voyager-Raumflugkörper entdeckten insgesamt acht aktive Vulkane. Die Eruptionen dauern zwei Stunden und länger, wobei Auswurfhöhen bis zu 250 km und Ausstoßgeschwindigkeiten um 1000 m s^{-1} keine Seltenheit sind. Bei der Auswurfmasse handelt es sich vorwiegend um Schwefel, Sauerstoff und Natrium. Die Teilchen verteilen sich über die Mondumlaufbahn und sind selbst noch in entfernten Bereichen der Jupiteratmosphäre nachweisbar. Die Oberfläche des Monds ist bedeckt mit Natrium- und Kaliumsalzen sowie zahlreichen Schwefelverbindungen. Neben den acht nachgewiesenen Vulkanen wird es sicherlich auf Io weitere geben, denn die Kameras von Voyager machten über 100 Calderen (Einbruchkessel erloschener Vulkane) mit bis zu 200 km Durchmesser aus. Einschlagkrater, wie auf den andern erdähnlichen Himmelskörpern, fehlen auf Io nahezu vollkommen. Entweder ist Io ein sehr junger Mond, nur 10 bis 100 Millionen Jahre alt, oder die Krater sind auf ihm durch starke Erosionskräfte weitgehend verwittert. Weiterhin wurden auf Io mehrere lokal begrenzte heiße Flächen von ca. 20 °C Temperatur festgestellt, während in deren Umfeld -138 °C gemessen wurde. Eine mögliche Erklärung für den Vulkanismus auf Io kann in Gezeitenreibungskräften gesehen werden. Die benachbarten Monde Europa und Ganymed stören die Io-Bahn; sie lassen den Mond periodisch um seine mittlere Bahn schwingen. Dadurch ändern sich die von Jupiter auf Io ausgeübten Gezeitenkräfte ebenfalls periodisch, was wahrscheinlich zu einer inneren Erwärmung und Aufschmelzung des Monds führt. Durch diese andauernden Schmelzprozesse bleiben die Vulkane aktiv.

Physikalische Daten der galileischen Monde

	Io	Europa	Ganymed	Callisto
Masse in Planetenmasse	$4.70 \cdot 10^{-5}$	$2.56 \cdot 10^{-5}$	$7.84 \cdot 10^{-5}$	$5.60 \cdot 10^{-5}$
Masse in Erdmondmasse	1.213	0.663	2.027	1.448
Masse in kg	$8.92 \cdot 10^{22}$	$4.86 \cdot 10^{22}$	$14.89 \cdot 10^{22}$	$10.63 \cdot 10^{22}$
mittlere Dichte in g cm^{-3}	3.53	3.03	1.93	1.79
mittlere Schwerebeschleunigung an der Oberfläche in m s^{-2}	1.80	1.46	1.43	1.14
Entweichgeschwindigkeit in km s^{-1}	2.56	2.09	2.75	2.38

Für Europa, den kleinsten der galileischen Monde, ist charakteristisch, daß seine Oberfläche von zahlreichen sich überschneidenden dunklen Linien auf hellem Grund überzogen ist. Er ist arm an auffälligen topographischen Formationen. Wahrscheinlich besteht dieser Mond zu etwa 20% aus Wasser, das heißt, er besitzt außen eine Kruste aus Eis. Abschätzungen besagen, daß der Eismantel eine Dicke von einigen Metern bis zu 100 km haben könnte. Die dunklen Linien werden als Risse im Eismantel interpretiert, in denen anders geartetes Material hochsteigt. Auch hier dürften – ähnlich wie bei Io – Gezeitenkräfte für aktive, die Oberfläche noch heute verändernde Prozesse sorgen.

Ganymed zeigt ausgedehnte dunkle Becken und helle Flächen. Zahlreiche Einschlagkrater geben der Oberfläche ein Aussehen, das an den irdischen Mond erinnert. Ganymed besteht wahrscheinlich zu 50% aus Eis und hat vermutlich bedeutende Mengen an Silikatgestein.

Kallisto, der äußerste der galileischen Monde, hat – wenn man die Zahl der Einschlagkrater als Maß nimmt – die älteste Oberfläche, denn sie ist von Millionen von Kratern übersät. Konzentrische Ringe um weitflächige Becken konnten ausgemacht werden. Sie erinnern an entsprechende Formationen auf dem Erdmond und auf Merkur. Beide Pole sind eisbedeckt. Kallisto muß – ihrer Dichte nach – hauptsächlich aus Eis bestehen.

3.5.5 Saturn

Unser auf erdgebundenen Beobachtungen beruhendes Wissen über den Planeten Saturn ließe sich, unter Verweis auf Analogien mit Jupiter, in einigen wenigen Sätzen darstellen. Lediglich das prächtige Ringsystem um den Planeten – bis vor wenigen Jahren hielt man es für einzigartig in unserem Planetensystem – konnte bei der Beschreibung des Saturn durch Angaben wie etwa Durchmesser und Abstände der einzelnen Ringe sowie der sie trennenden Teilungen herausgestellt werden. Die Vorbeiflüge von drei Raumsonden an dem Ringplaneten – wie man Saturn früher nannte – haben unser Wissen stark vermehrt.

Wie Jupiter zeigt auch Saturn bei Beobachtungen von der Erde aus Wolkenbänder, doch scheinen sie weit weniger strukturiert. Auch die ersten Farbaufnahmen, von Voyager 1 gesendet, waren noch relativ einförmig, weil eine dicke Nebelschicht die eigentliche Wolkendecke verschleierte. Bei Ankunft von Voyager 2 war diese Nebelschicht weitgehend zusammengeschrumpft, denn nun konnte man auf Saturn ähnliche Wolkenstrukturen wie auf Jupiter sehen, wenn auch deutlich schwächer als dort. Wegen der – verglichen mit Jupiter – geringeren Gravitation an der Saturnoberfläche ist die Ausdehnung der Saturnatmosphäre in vertikaler Richtung mit 300 km sehr viel größer als die der Jupiteratmosphäre, die nur 75 km beträgt. Die Farben der Saturnwolken sind deshalb weniger ausgeprägt, weil die tieferen Schichten zu einem beträchtlichen Teil von der dichteren Atmosphäre über ihnen verdeckt werden.

3.5 Planeten und ihre Monde

Raumfahrtmissionen zum Saturn

Die drei Raumsonden passierten zuvor den Planeten Jupiter

Name	Start	Vorbeiflug Tag	Vorbeiflug Entfernung*
Pioneer 11	6. 4. 1973	1. 9. 1979	20 930
Voyager 1	5. 9. 1977	12. 11. 1980	142 200
Voyager 2	20. 8. 1977	25. 8. 1981	101 390

* Von der sichtbaren Wolkendecke des Planeten, in Kilometer

Die Windgeschwindigkeiten sind auf Saturn höher als auf Jupiter. In der Äquatorgegend wurden Geschwindigkeiten bis zu 500 m s^{-1} an der Wolkendecke gemessen, wobei Ostwinde vorherrschend sind. Zu nördlicheren und südlicheren Breiten hin nehmen die Windgeschwindigkeiten ab. Bei ±35° wechseln schwache Ost- und Westwinde, doch die ostwärts gerichteten Strömungen dominieren. Das zeigt, daß die Winde wohl kaum in irgendeiner Form mit Vorgängen in der Wolkendecke gekoppelt sind, sondern sehr wahrscheinlich bis in große Tiefen reichen.

Wie Jupiter strahlt auch Saturn etwa doppelt so viel Energie ab, wie er von der Sonne erhält. Bei Jupiter wird diese Überschußenergie dadurch erklärt, daß sich der Planet noch in der Phase der Abkühlung befindet. Für Saturn kann dieses Modell jedoch nicht zutreffen, denn Saturn ist kleiner und masseärmer als Jupiter und sollte längst abgekühlt sein. Bei Saturn findet in der Atmosphäre eine Entmischung von Helium und Wasserstoff durch Kondensation des Heliums statt. Die Heliumtropfen bewegen sich im Gravitationsfeld von Saturn in Richtung Kern: der Energieüberschuß kann durch die dabei freigesetzte Gravitationsenergie erklärt werden. Dieser Vorgang würde auch den geringen Heliumanteil von 6% im Vergleich zu 94% Wasserstoff in der Saturnatmosphäre erklären, der nur noch halb so groß ist wie in der Sonne oder auch auf Jupiter. Dazu paßt, daß Saturn schon wegen seiner geringen Dichte ganz überwiegend aus den leichtesten Elementen Wasserstoff und Helium bestehen muß; insgesamt werden 11% Helium angegeben, fast der ganze Rest entfällt auf Wasserstoff. Wahrscheinlich sind geringe Spuren von Methan, Ammoniak, eventuell auch Phosphin, Acetylen und Äthan vorhanden.

Aus Bahnvermessungen der drei Raumsonden weiß man, daß Saturn einen etwa erdgroßen Gesteinskern mit hohem Eisengehalt besitzt, dessen Masse drei Erdmassen betragen dürfte. Der weitere Innenaufbau entspricht etwa dem von Jupiter, wobei die Größen und Ausdehnungen der einzelnen Schichten unterschiedlich sind. Insbesondere ist die Schicht des metallischen flüssigen Wasserstoffs kleiner als bei Jupiter. Dies und die langsamere Rotation erklären leicht, warum das Magnetfeld bei Saturn schwächer ist als bei Jupiter. Saturns Magnetosphäre enthält auch wesentlich weniger geladene Teilchen als die des Jupiter. Einerseits werden viele geladene Teilchen durch die Fragmente in den Saturn-Ringen absorbiert; zum andern fehlt bei Saturn eine kontinuierliche Nachschubquelle von Teilchen, wie dies die Vulkane auf Io im Fall von Jupiter sind.

3 Die Planeten

Das Saturn-Ringsystem

Die Sondierungen des Ringsystems von Saturn brachten neue, unerwartete Erkenntnisse, wobei das spektakulärste Ergebnis nicht die Entdeckung der neuen Ringe war, sondern die äußerst komplexe Struktur des gesamten Systems. Die Sonde Pioneer 11 hatte schon bei ihrem Vorbeiflug im Herbst 1979, neben den von der Erde aus gesehenen Ringen A, B und C, einen weiteren 150 km schmalen Ring etwa 4000 km außerhalb des äußeren A-Rings entdeckt. Die Voyager-Aufnahmen der Saturn-Ringe ergaben aber ein anderes Bild des Ringsystems. Voyager 1 löste das aus wenigen breiten Ringen zu bestehen scheinende System in Hunderte, Voyager 2 gar in Tausende einzelner schmaler Ringe auf. Es zeigte sich, daß selbst in den von der Erde gesehenen Lücken im Ringsystem – etwa in der sogenannten Cassinischen Teilung – Materie ringförmig verteilt vorhanden ist. Bis zu 100 Ringe wurden in dieser Teilung gezählt. Bisher läßt sich festhalten, daß es zahlreiche Sub-Ringgruppen gibt, die durch mehr oder weniger breite Spalten und Lücken voneinander getrennt sind. Solche Untergruppen können aus wenigen bis zu mehreren Dutzend Einzelringen bestehen.

Gravitative Wechselwirkungen derjenigen Monde, die sich im Ringsystem selbst oder nahe daran befinden, mit den Teilchen im Ring sind die Ursachen für Irregularitäten in der Struktur sowie für zeitliche Veränderungen in der lokalen Dichte. Das bekannteste Beispiel ist die geringe Dichte der Teilchen in der Cassinischen Teilung, die durch einen Resonanzeffekt mit dem Mond Midas entsteht. Die Umlaufzeiten von Midas (22.6 Std.) und der Teilchen

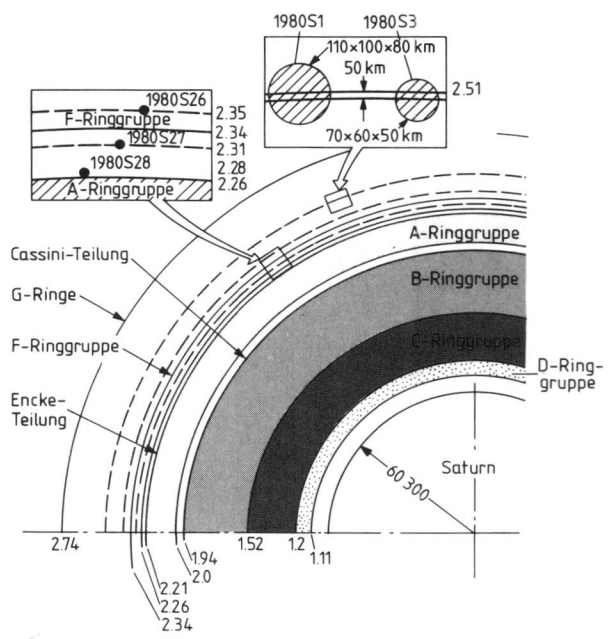

Vereinfachte Darstellung des Ringsystems von Saturn bis 2.8 Planetenradien Entfernung vom Zentrum. Eingezeichnet sind auch einige der neu entdeckten Kleinstmonde sowie die Enckesche und die Cassinische Teilung ($R_S = 60\,300$ km)

3.5 Planeten und ihre Monde

Einteilung des Saturn-Ringsystems

	Ring-Radius km	R_S	Bemerkungen
Planetenradius R_S	60 300	1.0	Nahe 100 hPa-Niveau
D-Ring, innen	67 000	1.11	Nur im vorwärtsgestreuten Licht zu sehen
außen	72 600 ?	1.2	
Guerin-Teilung, Breite	ca. 1 200	–	
C-Ringgruppe, innen	74 000	1.23	
außen	91 800	1.52	
B-Ringgruppe, innen	91 800	1.52	Starker Anstieg der optischen Tiefe
außen	117 000	1.94	Zugleich innerer Rand der Cassinischen Teilung
Cassini-Teilung, Breite	4 800	–	
A-Ringgruppe, innen	121 500	2.0	Äußerer Rand der Cassinischen Teilung, starker Anstieg der optischen Tiefe
Encke/Keeler-Teilung	133 000	2.2	Breite ca. 320 km
A-Ringgruppe, außen	136 200	2.26	Starke Abnahme der optischen Tiefe
F-Ringgruppe, mittl. Radius	141 000	2.34	Max. 700 km Breite, Ränder aber nicht zu definieren
G-Ringgruppe, mittl. Radius	165 000	2.74	Nur im vorwärtsgestreuten Licht zu sehen, optische Tiefe $10^{-4} \ldots 10^{-5}$
E-Ringgruppe, innen	$\geq$ 180 000	≥ 3	Möglicherweise bis 240 000 km (4 R_S), nicht genau definierbar
E-Ringgruppe, außen	ca. 300 000	5	Möglicherweise bis 480 000 km (8 R_S), nicht genau definierbar, optische Tiefe $10^{-6} \ldots 10^{-7}$

in der Cassinischen Teilung (11.3 Std.) stehen genau im Verhältnis 2:1, d. h. bei jedem zweiten Umlauf befindet sich jedes Teilchen der Cassinischen Teilung in der Verbindungslinie zwischen Saturn und Midas. Die hierdurch verstärkten Gezeitenkräfte von Saturn und Midas bewirken, daß die kleinen Teilchen aus ihren ursprünglichen Bahnen geraten.

Außerhalb der Ringgruppe A konnte in einer Entfernung von ca. 2.34 Planetenradien der schon von Pioneer 11 entdeckte F-Ring ausgemacht werden. Noch weiter nach außen wurde eine sehr schwache Ringgruppe, die die Bezeichnung G erhielt, entdeckt. Auch eine innere Ringgruppe, mit D bezeichnet, konnte von den beiden Voyager-Raumsonden photographiert werden. Diese Gruppe erstreckt sich von der inneren Grenze der Ringgruppe C bis auf mindestens die halbe Distanz zur Saturnwolkendecke.

Eine Überraschung war die Entdeckung von radialen Gebilden im B-Ring, den sogenannten Speichen, die ihre Struktur in kurzer Zeit stark ändern können. Innerhalb von wenigen Minuten tauchten sie auf eine Länge von 10 000 km oder mehr auf und verschwanden innerhalb von einigen zehn Stunden wieder. Vermutlich handelt es sich um sehr kleine Teilchen, die durch magnetische Stürme aus der Ringebene angehoben werden.

Die Größe der Ringteilchen liegt im Bereich von wenige Mikrometer bis zu etwa 10 m. Über ihre Größenverteilung ist nicht sehr viel bekannt, jedoch scheinen schneeballgroße Teilchen mit einem

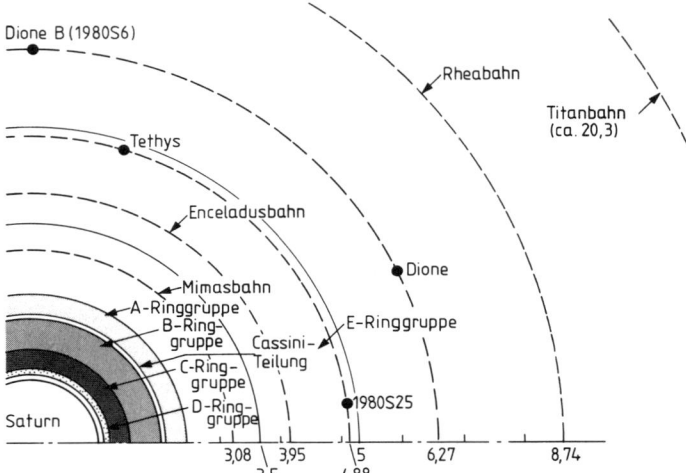

Wie vorige Abbildung, jedoch mit Ringgruppe E und bis zur Umlaufbahn des Monds Rhea. Die Bahn des größten Saturn-Monds, Titan, ist nicht mehr maßstäblich (nach H. W. Köhler: Die Planeten)

Durchmesser von etwa 10 cm sehr häufig zu sein. Die Ringgruppen E und F bestehen vor allem aus sehr kleinen Teilchen im Mikrometerbereich, während die Cassinische Teilung und der C-Ring nur sehr wenige kleine Teilchen zu enthalten scheinen.

Die gesamte Ringmasse von Saturn dürfte zwischen 10^{19} und $2 \cdot 10^{21}$ kg liegen. Die Auswertung von Meßdaten des Radiowellen-Experiments der beiden Voyager-Sonden ergab eine maximale Dicke des Ringsystems in vertikaler Richtung von höchstens 500 m, wahrscheinlich aber nur 400 m. Mit einer Albedo von 0.8 sind die Saturn-Ringe sehr hell; die Teilchen, die die Ringe formen, müssen deshalb eine hohe Reflektivität besitzen. Es gibt sehr starke Anzeichen, daß sie entweder Eisteilchen sind, oder daß sie aus Staub- oder Gesteinskörnchen bestehen, die von einer Eisschicht überzogen sind. Die Pioneer-Sonde maß an der sonnenbeschienenen Seite der Ringe eine Temperatur von 65 K, an der Schattenseite von 55 K; dort, wo der Planetenschatten auf das Ringsystem fiel, wurden 63 K gemessen.

Die Saturn-Monde

Vor den Raumflugunternehmungen zu Saturn waren 10 Monde dieses Planeten bekannt. Nach Abschluß der Voyager-Missionen 1 und 2 ist die Zahl der Monde auf 21 gestiegen, zwei weitere Monde werden stark vermutet. Es ist durchaus möglich, daß bei späteren Erkundungen von Saturn noch weitere Mini-Monde entdeckt werden, wobei es immer schwieriger werden wird, zwischen Mond und Ringbrocken zu unterscheiden, haben doch diese Kleinstmonde Radien von nur einige 100 Meter bis wenige Kilometer.

Von den jüngst gefundenen Kleinstmonden ist, über die Angaben in Kap. 3.4 hinaus, wenig bekannt. Es sind unregelmäßige Körper, die aus gravitativen Gründen mit ihren Längsachsen zum Planeten ausgerichtet sind und gebundene Rotation mit Saturn haben und die – soweit aus Aufnahmen ersichtlich – kraterzernarbt sind. Wahrscheinlich handelt es sich um Reste größerer Körper, die

3.5 Planeten und ihre Monde

während der Periode der starken Meteoriteneinschläge zerborsten sind. Die innern Monde sind, wie oben schon erwähnt, für einige scharfe Begrenzungen im Ringsystem verantwortlich. Himmelsmechanisch sehr interessant sind die beiden Monde Epimetheus und Janus, da sie praktisch auf gleichen Bahnen um Saturn kreisen, die nur 50 km voneinander entfernt sind. Sie werden deshalb auch ko-orbitale Monde genannt. Es liegt nahe, in ihnen die beiden Hälften eines zerbrochenen Körpers zu sehen. Alle vier Jahre nähern sich die beiden Monde, und dann tauschen sie – wie man himmelsmechanisch zeigen kann – ihre Plätze; aus dem innern Mond wird jetzt der äußere, und der äußere sinkt auf die Bahn, die vorher der innere innehatte. Dabei kommt es nicht zu einem Zusammenstoß. Drei Mini-Monde wurden 1979/80 von der Erde aus entdeckt, als die Ringkante nur als lichtschwacher Streifen sichtbar war. Auch hier liegt eine himmelsmechanische Besonderheit vor. Zwei dieser Monde, Calypso und Telesto, haben die gleiche Umlaufbahn um Saturn wie der Mond Tethys. Der eine läuft diesem größeren Mond um 60° in der Bahn voraus, der andere folgt ihm, ebenfalls um 60° versetzt. Hierbei handelt es sich um das gleiche Phänomen, das bei der Planetoiden-Gruppe der Trojaner beobachtet wird (s. 4.1). Ebenso verhält sich Helene, ein Begleiter des Saturn-Monds Dione. Diese Körper befinden sich alle in dynamisch stabilen Positionen (in sogenannten Lagrange-Punkten).

Alle größeren Monde wurden von Raumsonden fotografiert. Auf Mimas – knapp 400 km Durchmesser – wurde ein riesiger Einschlagkrater von ca. 130 km Durchmesser gefunden. Ein 4 bis 5 km hoher Zentralberg und Kraterwände von fast 9 km Höhe sind zu erkennen. Auf Enceladus sind verschiedene Oberflächenformen auszumachen, die sich möglicherweise durch Vulkanismus erklären lassen. Anderseits deutet die Albedo dieses Monds von 0.9 darauf hin, daß er aus Eis bestehen könnte. Tethys wiederum zeigt ein etwa 2000 km langes, bis zu 100 km breites und einige Kilometer tiefes Kluftensystem, ähnlich jenem auf Mars. Es erstreckt sich über 75% des äußeren Umfangs dieses Monds. Dione (Durchmesser ca. 1120 km) ist durch einige große Einschlagkrater gekennzeichnet. Ansonsten ist auf diesem Mond die Kraterdichte gering. Dione zeigt helle radiale Strahlen und Streifen. Rhea (Durchmesser ca. 1500 km) zeigt ein ähnliches Oberflächenbild wie Dione. Titan, mit 5150 km Durchmesser (des festen Mondkörpers), ist mit Abstand der größte Saturn-Mond. Jedoch ist er nicht – wie man bis zum Voyager-Flug annahm – auch der größte Trabant im Sonnensystem. Dieser Rang gebührt mit 5276 km Durchmesser Ganymed, Jupiters größtem Mond. Titan dürfte wie dieser, bei fast gleicher Dichte (1.88 g cm^{-3}), ebenfalls aus Eis und Fels bestehen. Als einziger Mond im Sonnensystem ist er mit einer dichten Atmosphäre umgeben, darüber hinaus ist seine Oberfläche unter einer Aerosolschicht verborgen. In seiner Atmosphäre wurden 13 verschiedene Gase identifiziert, wobei 82 bis 94% der Atmosphäre aus molekularem Stickstoff bestehen. Die nächsthäufigsten Be-

3 Die Planeten

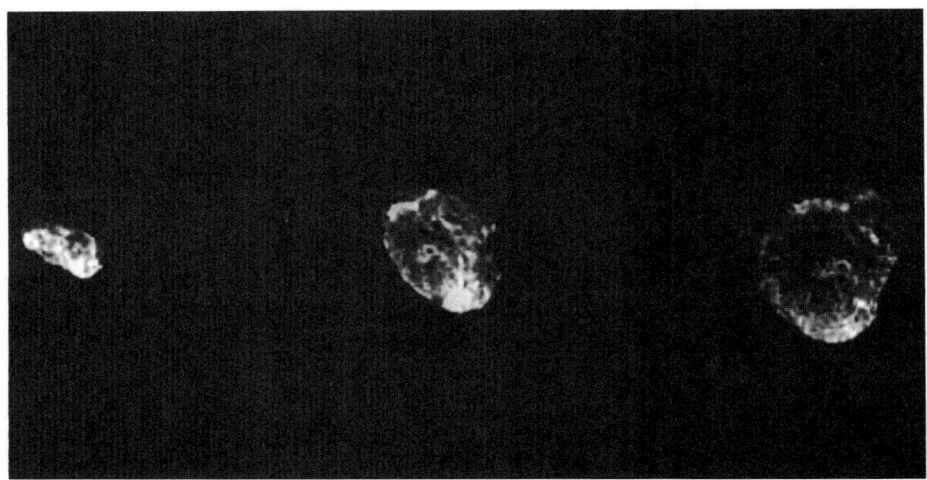

Drei Bilder von Hyperion, aufgenommen von Voyager 2 aus 1,2 Millionen, 700 000 und 500 000 km Entfernung. Die Gestalt des Monds ist sehr unregelmäßig; seine Oberfläche ist von Kratern übersät

standteile sind Methan und Argon. Durch Wechselwirkung von Sonnenlicht mit Methan werden Hydrokarbonate wie Äthan (C_2H_6), Acetylen (C_2H_2), Äthylen (C_2H_4) oder Propan (C_3H_8) erzeugt. Durch chemische Verbindungen mit Stickstoff entstehen Moleküle, die die Basis für die Synthese organischer Moleküle bilden, auf denen Leben beruht. Hyperion ist der »mißgestaltetste« Mond Saturns; er ähnelt eher einer Scheibe als einer Kugel. Iapetus fällt durch seine verschieden gefärbten Flächen auf. Sein dunkler Teil reflektiert nur 5% des einfallenden Sonnenlichts, während das übrige Oberflächenmaterial 50% reflektiert. Phoebe ist wieder ein kleiner Mond von etwa 220 km Durchmesser, vermutlich ein eingefangener Planetoid.

3.5.6 Uranus

Uranus wurde am 13. März 1781 von W. Herschel entdeckt. Gesichtet wurde er, mit einer maximalen Helligkeit von $5^m\!.6$ (er kann also unter günstigen Bedingungen bereits mit bloßem Auge sichtbar sein), schon früher, er wurde jedoch aufgrund seines sternähnlichen Aussehens und seiner nur kleinen täglichen Bewegung zuvor nicht als Planet erkannt. Er ist doppelt so weit von der Sonne entfernt wie Saturn und zeigt auch in großen Teleskopen eine strukturlose Oberfläche von grünblauer Farbe. Einzigartig unter den Planeten ist die Lage der Rotationsachse des Uranus, denn ihre Neigung beträgt 98°, d. h. sie liegt nahezu in der Bahnebene des Planeten. In einem Uranus-Jahr, das eine Dauer von 84 Erdjahren hat, zeigen deshalb Nord- und Südpol abwechselnd zur Sonne, wodurch sehr starke jahreszeitliche Effekte hervorgerufen werden.

3.5 Planeten und ihre Monde

Uranus muß einen etwas andern Aufbau und eine andere Zusammensetzung als Jupiter oder Saturn haben. Er ist beträchtlich kleiner als diese beiden Planeten, hat aber mit 1.2 g cm^{-3} fast die gleiche mittlere Dichte wie Jupiter und übertrifft die von Saturn sogar um nahezu das Doppelte. Man nimmt an, daß Uranus einen größeren Anteil an schweren Elementen, aber sonst den gleichen Aufbau wie Jupiter und Saturn hat, nämlich einen Kern aus felsigem Gestein, um den sich eine Schicht aus flüssigem Wasser, Ammoniak und Methan befindet. Eine andere Vermutung ist, daß bei Uranus keine deutliche Trennung zwischen verschiedenen Schichten auftritt, sondern daß der gesamte Planet ziemlich einheitlich aus einer Mischung aus felsigem Gestein und Eis besteht.

In der Uranusatmosphäre findet man vor allem Wasserstoff und Helium in gasförmigem Zustand. Da Uranus nur etwa 0.0027mal soviel Sonnenlicht erhält wie unsere Erde, haben die äußersten Schichten sehr niedrige Temperaturen von etwa $-200°C$. Hier findet man Eiskristalle und an den obersten Schichten gefrorenes Methan, das bevorzugt im roten Spektralbereich absorbiert, was die blaugrüne Farbe des Uranus erklärt.

Der Voyager 2 Vorbeiflug

Viele neue Erkenntnisse über Uranus erhielt man durch Messungen der Sonde Voyager 2, die im Januar 1986 an Uranus vorbeiflog. Auf Voyager-Aufnahmen des Uranus-Südpols fand man schwache Wolkenstrukturen, bei denen Windgeschwindigkeiten bis zu 500 km/h gemessen wurden. Ein sehr überraschendes Ergebnis war, daß die Temperatur am Äquator, der kaum von der Sonne beschienen wurde, etwa gleich groß war, wie die des voll von der Sonne beschienenen Südpols. Dies deutet auf einen sehr effizienten Wärmetransport in der Uranusatmosphäre hin. Die Atmosphäre zeigt eine differentielle Rotation, deren Periode im Bereich von 16.2 bis 16.7 Stunden liegt.

Die interne, wahre Rotation konnte durch periodische Veränderungen der Radiostrahlung gemessen werden, sie beträgt 17.23 Stunden. Das Magnetfeld von Uranus ist etwa so stark wie das der Erde; seine Achse ist jedoch um etwa 60° gegenüber der Rotationsachse geneigt. Die Ursache hierfür wie auch für die ungewöhnliche Lage der Rotationsachse ist nicht bekannt; eine Vermutung ist, daß die ungewöhnlichen Neigungen durch einen Zusammenstoß von Uranus mit einem sehr großen Körper hervorgerufen wurden.

Der Uranus-Ring

Während einer Sternbedeckung von Uranus im März 1977 wurde durch Zufall das Ringsystem dieses Planeten entdeckt, das sich in der Äquatorebene des Planeten befindet. Erst 1984 gelang es, das Ringsystem auf einer Aufnahme nachzuweisen. Insgesamt neun Ringe wurden von der Erde aus gefunden, hinzu kamen zwei weitere, die von der Voyager-Sonde entdeckt wurden. Die Ringe befinden sich in einem Abstand von 38000 bis 52000 km vom Planetenzentrum. Die Breite des innersten Rings (1986U2R) ist 2500 km, die des äußersten, genannt E-Ring, 100 km, und alle andern Ringe sind weniger als 12 km breit. Die Ringe von Uranus zeigen ganz andere Eigenschaften als die des Saturn; während diese hell und breit sind, sind die Uranus-Ringe schmal und dunkel;

ihre Albedos sind deutlich unter 5%. Eine Erklärung hierfür könnte sein, daß die Ringe organische Polymere besitzen, die sich durch langandauernden Beschuß mit energiereichen Teilchen aus Karbonaten bilden können. Der Raum zwischen den Ringen ist nicht leer, er ist mit kleinen Staubteilchen angefüllt, die vermutlich durch Kollisionen von Ringpartikeln entstehen.

Einteilung des Uranus-Ringsystems

Name	Radius/km	Radius/R_U	Breite/km
Planet (Äquator)	R_U = 26 145	1.0	
1986 U2R	38 000	1.49	2500
Ring 6	41 900	1.603	1...3
Ring 5	42 300	1.618	2...3
Ring 4	42 600	1.629	2...3
Ring Alpha	44 800	1.714	7...12
Ring Beta	45 700	1.748	7...12
Ring Eta	47 200	1.805	1...2
Ring Gamma	47 700	1.824	1...4
Ring Delta	48 300	1.847	3...9
1986 U1R	51 140	1.909	1...2
Ring Epsilon	51 200	1.958	20...100

Die Uranus-Monde

Von Uranus kennt man inzwischen 15 Monde. Die 5 größeren sind schon seit längerer Zeit bekannt; 10 neue, kleine Monde wurden von Voyager 2 beim Vorbeiflug an Uranus gefunden. Alle Monde wurden nach Figuren aus Shakespeareschen Dramen benannt. Die Monde bewegen sich auf nahezu kreisförmigen Bahnen in der Äquatorebene des Satelliten. Die 5 größeren Monde haben Durchmesser zwischen 484 km und 1610 km. Ihre mittlere Dichte liegt im Bereich von 1.3 bis 1.7 g cm^{-3} und ist damit größer als die des Uranus. Die Monde bestehen wahrscheinlich aus einer Mischung aus Eis und Felsgestein. Sie haben alle eine grau-braune Farbe und eine niedrige Albedo. Ihre Oberflächen bestehen wahrscheinlich aus einer Mischung aus Eis mit Kohlenstoff- und Stickstoffverbindungen wie Methan (CH_4) oder Ammoniak (NH_3). Die niedrige Albedo könnte damit erklärt werden, daß zumindest ein Teil der Oberflächen aus Polymeren der angesprochenen Verbindungen besteht. Die Beobachtungen von Voyager 2 ergaben Anzeichen für eine geologische Aktivität, insbesondere auf Ariel, bei dem vulkanische Strukturen gefunden wurden. Ariel hat, wie auch Titania, lange Einbrüche und Täler. Auf Oberon wurde ein 6 km hoher Berg gefunden. Einen besonders bizarren Anblick bietet Miranda, mit 484 km Durchmesser der kleinste der großen Monde, der eine wild zerklüftete Oberfläche hat mit Bergen, Schluchten und Kliffen, von denen eins 20 km hoch ist. Man nimmt an, daß diese Strukturen durch Kollisionen mit größeren Körpern erzeugt wurden.

3.5 Planeten und ihre Monde

3.5.7 Neptun

Wie wir heute aus den Tagebüchern Galileis wissen, sah er Neptun schon im Dezember 1612, ohne ihn jedoch als Planeten zu erkennen. Erst 1846 entdeckte der Berliner Astronom J. G. Galle den Planeten, nachdem seine Existenz von U. J. J. Leverrier aufgrund von Abweichungen in der Bahnbewegung des Uranus vorausgesagt worden war. Schon ein Jahr vor Leverrier hatte der Engländer J. Adams die Position von Neptun berechnet; es gelang ihm jedoch nicht, einen Beobachter davon zu überzeugen, an der vorberechneten Stelle nach einem neuen Planeten zu suchen.

Neptun besitzt etwa die gleiche Größe wie Uranus, seine Masse ist geringfügig kleiner, er hat mit 1.66 g cm^{-3} jedoch eine etwas höhere Dichte. Der innere Aufbau gleicht dem von Uranus mit einem Gesteinskern, einer flüssigen Schicht aus Wasser, Ammoniak und Methan und einer gasförmigen Atmosphäre, deren oberste Schichten Eiskristalle von Methan und Wasser enthalten. Wie bei Uranus ist es auch im Fall von Neptun möglich, daß das Planeteninnere nicht aus einer Anzahl von wohlgetrennten Schichten besteht, sondern aus einer amorphen Mischung von Gestein und Eis. Auch bei Neptun brachten Beobachtungen mit der Raumsonde Voyager 2, die im August 1989 an diesem Planeten vorbeiflog, völlig neue Erkenntnisse. Neptun, der von der Erde aus völlig strukturlos aussieht, sieht – aus der Nähe betrachtet – aus wie ein bläulicher Jupiter. Er besitzt einen großen dunklen Fleck, der sich auf etwa derselben Breite wie der Große Rote Fleck Jupiters befindet und auch etwa die gleiche relative Fläche, bezogen auf die gesamte Oberfläche, hat. In diesem Fleck treten Windgeschwindigkeiten bis zu 2400 km/h auf, die damit fast Überschallgeschwindigkeit erreichen. Wie bei Jupiter findet man auch bei Neptun Streifen und Bänder, die allerdings weit weniger ausgeprägt sind. Neptun ist ein sehr kalter Planet; erstaunlich ist allerdings, daß die Oberflächentemperaturen an den Polen mit etwa 60 K höher sind als diejenigen am Äquator, wo nur 50 K gemessen wurden.

Die interne Rotationsperiode von Neptun beträgt wahrscheinlich $16^h 3^m$; dies wird aus der periodischen Veränderung der von Voyager gemessenen Radiostrahlung geschlossen. Das von Voyager entdeckte Magnetfeld ist um 50° gegenüber der Rotationsachse des Planeten geneigt; es ist stark asymmetrisch, denn seine Flußdichte beträgt in der südlichen Hemisphäre $1.2 \cdot 10^{-4}$ Tesla, während sie in der nördlichen mit $0.06 \cdot 10^{-4}$ Tesla viel kleiner ist.

Der Neptun-Ring

Ein Ringsystem um Neptun wurde im Jahr 1982 gefunden. Es besitzt zwei schmale, aber deutliche Ringe mit Breiten von 10 bis 15 km und zwei schwächere, aber sehr viel breitere Ringe, die wahrscheinlich aus kleinen Teilchen bestehen. Wie die Uranus-Ringe haben auch die Ringe um Neptun eine sehr geringe Reflektivität.

Die Neptun-Monde

Von Neptun kennen wir insgesamt acht Monde, von denen sechs 1989 durch Voyager 2 entdeckt wurden. Mit einem Durchmesser von 2760 km ist Triton der bei weitem größte von ihnen. Ähnlich wie Titan hat Triton eine sehr dünne Atmosphäre (der Druck an der Oberfläche beträgt nur 1 Pa), die zum größten Teil aus Stickstoff besteht. Die hohe Albedo von 0.9 deutet darauf hin, daß Tritons Oberfläche mit Methan- und Stickstoff-Eis bedeckt ist. Mit einer Oberflächentemperatur von nur 37 K ist Triton das kälteste bisher aus der Nähe untersuchte astronomische Objekt. Die Voyager-Aufnahmen zeigen Anzeichen vulkanischer Aktivität in Form von Gesteinsformationen, die auf Strömungen von Flüssigkeiten hindeuten, sowie kraterähnliche Gebilde, die mit gefrorener Flüssigkeit angefüllt sind. Auch die geringe Zahl von Kratern (im Vergleich zum Erdmond oder zu Merkur) ist ein starkes Indiz dafür, daß die Triton-Oberfläche entweder Schmelzprozesse durchmachte oder von eisiger Lava überflutet wurde.

Tritons Bahn ist einzigartig unter den großen Monden im Planetensystem, denn er läuft auf einer fast kreisförmigen, retrograden Bahn mit hoher Inklination um den Planeten. Dies deutet darauf hin, daß Triton ursprünglich kein Mond von Neptun war, sondern von diesem irgendwann eingefangen wurde. Infolge der Gezeitenkräfte, die von Neptun auf Triton wirken, bewegt sich dieser auf einer spiralförmigen Bahn allmählich auf Neptun zu. Letztendlich werden diese Gezeitenkräfte, wenn Triton die Roche-Grenze überschreitet, den Mond zerreißen.

3.5.8 Pluto

Pluto wurde am 18. Februar 1930 von C. W. Tombaugh entdeckt. Er ist – wenn man die großen Halbachsen der Planetenbahnen betrachtet – der fernste der bekannten Planeten unseres Sonnensystems. Wie aus der Abbildung ersichtlich, schwanken, wegen der großen numerischen Exzentrizität der Plutobahn ($e = 0.25$), die Entfernungen dieses Planeten von der Sonne zwischen 29.6 AE

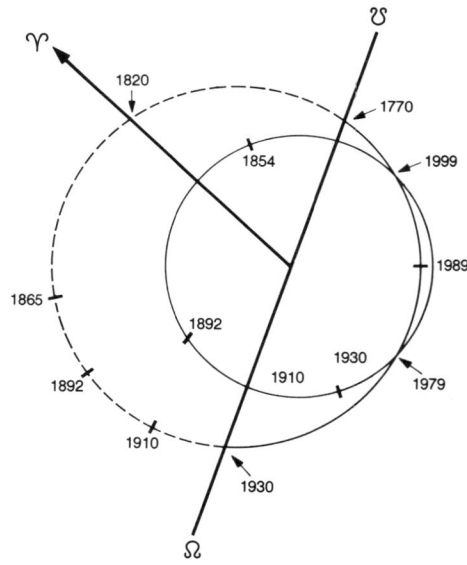

Die Bahnen von Neptun und Pluto um die Sonne. Eingetragen sind die Richtung zum Frühlingspunkt (♈) und die Knotenlinie der Bahnebene des Pluto ($\Omega - \mho$), ferner die Bahnpositionen beider Planeten für einige ausgewählte Jahre. Der gestrichelte Teil der Plutobahn befindet sich unterhalb, der ausgezogene Teil oberhalb der Zeichenebene

3.5 Planeten und ihre Monde 137

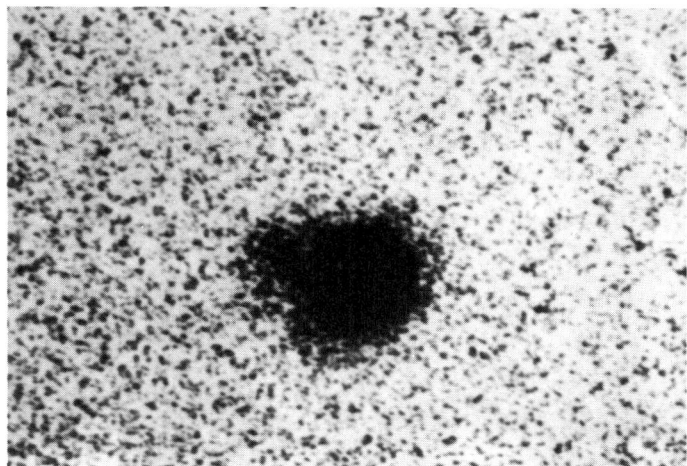

Pluto mit seinem Mond Charon (Ausbuchtung links oben). Aufnahme des US Naval Observatory

und 49.3 AE. So kommt Pluto im Perihel seiner Bahn der Sonne sogar etwas näher als Neptun. Dies ist zur Zeit der Fall, das heißt, Neptun ist bis zum Frühjahr 1999 der entfernteste der bekannten Planeten im Sonnensystem. Allerdings schneiden sich die beiden Bahnen nicht; Pluto kommt Neptun nie näher als 364 Millionen Kilometer.

Die Plutobahn ist die ungewöhnlichste Planetenbahn. Sie ist gegenüber der Bahnebene der Erde mit 17.2° beträchtlich geneigt. Außerdem ist sie exzentrischer als alle andern Planetenbahnen. Pluto benötigt für einen Umlauf um die Sonne nahezu 252 Jahre, er hat also seit seiner Entdeckung 1930 erst einen kleinen Teil auf dieser Bahn zurückgelegt.

Für die Rotationsperiode des Planeten gilt der schon in den 50er Jahren ermittelte Wert von 6.39 Tagen. Plutos Äquatorebene ist – ähnlich wie bei Uranus – um 122° gegen die Ekliptik geneigt.

Pluto kann weder zu den erdähnlichen noch zu den großen Planeten gezählt werden. Er ähnelt eher den eisigen Monden der großen Planeten, und hierbei ganz besonders Triton. Aus diesen Gründen, sowie auch wegen seiner ungewöhnlichen Bahn wird vermutet, daß Pluto ein ehemaliger Mond von Neptun ist, der bei der Begegnung mit einem größeren Körper aus seiner Bahn geworfen wurde.

1978 wurde Plutos Mond Charon als kleine Ausbuchtung des Pluto-Bilds auf einer photographischen Aufnahme gefunden. Er bewegt sich auf einer Bahn mit hohem Neigungswinkel in 6.39 Tagen um Pluto; seine Umlaufperiode ist also gleich wie die Rotationsperiode von Pluto. Von 1985 bis 1990 war es möglich, von der Erde aus Bedeckungen des Pluto–Charon-Systems zu beobachten, die ermöglichten, die Durchmesser von Pluto und Charon sowie ihre Gesamtmasse zu bestimmen. Pluto hat einen Durchmesser von 2290 km, Charon von 1280 km, und die Gesamtmasse beträgt etwa 0.002 Erdmassen. Pluto und Charon können also mit Recht als Doppelplanet bezeichnet werden. Ihre mittlere Dichte beträgt 2 g cm^{-3}; dies läßt darauf schließen, daß beide aus einer Mischung aus Felsgestein und Eis bestehen.

3.5.9 Intramerkurieller Planet, Transpluto

Seit Mitte des vorigen Jahrhunderts hatte man sich theoretisch, aber auch durch Beobachtungen, insbesondere bei den Sonnenfinsternissen bis in die ersten Jahrzehnte unseres Jahrhunderts, bemüht, die Existenz eines Planeten zwischen Sonne und Merkur nachzuweisen. Während Leverriers Untersuchungen noch auf ungenügenden Daten über die Merkur-Bewegung fußten, konnte Newcomb zeigen, daß Merkur unter Berücksichtigung aller bekannten Störungen noch eine Abweichung in seiner Perihelbewegung von 40″ im Jahrhundert aufweist. Diese Abweichung war nicht durch eine Anhäufung von Beobachtungsfehlern zu erklären; folglich vermutete Newcomb als störenden Planeten einen bis dahin unentdeckt gebliebenen Körper zwischen Merkur und Sonne, dem man bereits den Namen Vulkan bzw. Vulcanus gab. Im Jahr 1915 wurde dieses Problem der Merkur-Periheldrehung jedoch durch die Allgemeine Relativitätstheorie Einsteins vollständig geklärt.

Nicht erklärbare Störungen der Neptun- und der Pluto-Bahn wurden verschiedentlich einem möglichen zehnten, transplutonischen Planeten zugeschrieben. Neptun und Pluto konnten seit ihrer Entdeckung jedoch noch nicht einmal während eines ganzen Umlaufs in ihren Bahnen beobachtet werden, so daß die Bahnbestimmung eines hypothetischen Planeten aus ihren Bahndaten, d. h. aus den Störeinwirkungen eines solchen hypothetischen Planeten auf die Bahnbewegungen von Neptun und Pluto sehr unsicher sein muß.

C. W. Tombaugh, der 1930 Pluto entdeckt hatte, unternahm bis 1943 eine systematische Suche nach einem zehnten Planeten. Derzeit werden Versuche unternommen, einen zehnten Planeten aus der Störung von Kometenbahnen und aus der Abweichung von interplanetaren Sonden von der vorberechneten Bahn zu entdecken. Allerdings blieben solche Versuche bisher ohne Erfolg. Es ist nicht sehr wahrscheinlich, daß ein zehnter Planet, der heller als etwa 17. Größe ist, der Beobachtung bisher entgangen ist. Man sollte jedoch nicht vergessen, daß die Dimensionen des Sonnensystems sehr viel größer sind als die Entfernung bis zu Pluto. So kommen die langperiodischen Kometen aus Entfernungen von 40 000 bis 50 000 AE zu uns. Es erscheint absolut möglich, daß es in diesem riesigen Gebiet noch einen oder mehrere weitere Planeten gibt, die so lichtschwach sind, daß sie der Entdeckung bisher entgingen.

Ein Objekt außerhalb der Plutobahn wurde am 30. August 1992 am Mauna Kea-Observatorium auf Hawaii gefunden und durch weitere Beobachtungen am European Southern Observatory auf La Silla, Chile, bestätigt. Es handelt sich um ein Objekt 23. Größe, dessen Bahn noch nicht mit sehr hoher Genauigkeit berechnet

3.5 Planeten und ihre Monde

werden konnte. Nach den bisher vorliegenden Daten befindet es sich in einer Entfernung von etwa 6 Millarden km von der Sonne, also gerade außerhalb der Plutobahn. Da sein Durchmesser allerdings nur 200 km beträgt, muß dieses Objekt, das die vorläufige Bezeichnung 1992 QB1 erhielt, zur Klasse der Planetoiden gerechnet werden, wobei im Moment allerdings noch nicht auszuschließen ist, daß es sich um einen extrem entfernten Kometen handelt. In jedem Fall ist 1992 QB1 das am weitesten entfernte Objekt im Sonnensystem, das wir kennen.

4 Kleinkörper im Sonnensystem

Die hier zu besprechenden Kleinkörper unterscheiden sich in ihren physikalischen Eigenschaften und Größen wenig von einigen bereits im vorigen Kapitel besprochenen Monden und von den Partikeln der Planetenringe. Einige Monde der äußeren Planeten, wie etwa der Mars-Mond Phobos, dürften eingefangene Planetoide sein. Und so, wie wohl die Planetenringe von Jupiter, Saturn und Uranus aus dem Material zerkleinerter Körper entstanden sind, so sind auch die Meteoroide zertrümmerte Planetoide, zerfallene Kometen und vielleicht »nichtverbrauchte« Planetesimale (s. 11.8). Die in diesem Kapitel behandelten Kleinkörper zeichnen sich – im Gegensatz zu den Körpern, die in Verbindung mit einem Planeten stehen – durch ihre Bahnbewegungen um den Zentralkörper des Sonnensystems aus: Sie beschreiben mehr oder weniger exzentrische Ellipsenbahnen um die Sonne, vielleicht auch Parabel- oder gar Hyperbelbahnen.

Eine exakte Abgrenzung zwischen den verschiedenen Kleinkörpern ist nicht möglich. Es lassen sich keine genauen Angaben darüber machen, bei welcher Größe oder Masse von einem Planetoid oder von einem Meteoroid zu sprechen ist. Genauso fließend ist auch der Übergang von den Meteoroiden zu den interplanetaren Partikeln (Mikrometeoroide) bis hin zum interplanetaren Staub-Gas-Medium, an dem sich das Sonnenlicht einmal in der Korona und zum andern im Zodiakallicht streut.

4.1 Planetoide

Im ausgehenden 18. Jahrhundert wurde ein weiterer Planet zwischen Mars und Jupiter vermutet. 1801 fand G. Piazzi einen kleinen »Planeten« (den Panetoid Ceres), dessen Bahn ziemlich genau mitten zwischen den Bahnen von Mars und Jupiter liegt. Weitere Planetoide, Kleine Planeten, oder Asteroide, wie sie auch genannt werden, wurden in den folgenden Jahren entdeckt. Diese Entdeckungen waren der Beginn einer intensiven Suche und Anlaß für die Entwicklung neuer Methoden der himmelsmechanischen Bahnbestimmung durch C. F. Gauß.

Anzahl Bis zum Ende des 19. Jahrhunderts wurden über vierhundert solcher Planetoide gefunden. Als durch M. Wolf in Heidelberg um 1890 die Himmelsphotographie zur Suche nach solchen Himmelskörpern eingesetzt wurde, wuchs die Zahl der Entdeckungen schnell. Bis Mai 1993 waren 5564 Planetoide numeriert, d. h. ihre Bahndaten so gesichert, daß sie zweifelsfrei wieder identifiziert werden können. Ihre wahre Gesamtzahl ist aber weit größer. Nach neueren Arbeiten kann bis zu einer Oppositionshelligkeit von 20. Größe mit über 50 000 Planetoiden mit Durchmessern von über einem Kilometer gerechnet werden.

Das Auffinden eines neuen Planetoids ist heute nicht mehr eine so aufregende Sache wie zu Anfang des 19. Jahrhunderts. Die Arbeiten einiger Spezialisten unter den Astronomen richten sich heute

4 Kleinkörper im Sonnensystem

Himmelsmechanik

mehr auf die Erfassung und Sicherung der bisher gefundenen Planetoide, wobei eine gewisse Vollständigkeit bis zu einer festgesetzten Grenzhelligkeit angestrebt wird. Daneben treten himmelsmechanische, kosmogonische und astrophysikalische Gesichtspunkte in den Vordergrund.

Für die Himmelmechanik ist die Erforschung der planetarischen Kleinkörper äußerst fruchtbar gewesen. Die Bahn- und Bewegungszustände der Planetoide sind so reichhaltig und mannigfaltig in ihren Erscheinungsformen, daß sie nicht nur der Himmelsmechanik interessante Aufgaben stellen, sondern auch umgekehrt als Bestätigung für theoretische Überlegungen dienen können. Ferner konnten die Planetoide auch zur Bestimmung wichtiger astronomischer Konstanten im Sonnensystem herangezogen werden, wie etwa zur Bestimmung der Entfernung Sonne–Erde mit Hilfe des Planetoids Eros.

Die Störungstheorie der Himmelsmechanik fordert, daß die Umlaufzeiten zweier Planeten nicht kommensurabel sind, d. h. nicht im Verhältnis kleiner ganzer Zahlen stehen. Falls anfänglich die Umlaufzeiten in einem solchen Verhältnis gestanden haben sollten, dann haben die Gravitationsstörungen des größeren Planeten auf die Planetoide diese Kommensurabilität beseitigt. So hat der größte Planet des Sonnensystems, Jupiter, die Schar der Planetoide so geordnet, wie wir sie heute vorfinden.

Eine Häufigkeitsverteilung der Planetoide nach ihren großen Bahnachsen oder, was dasselbe ist, nach ihrer mittleren täglichen Bewegung, zeigt die folgende Darstellung: An mehreren Kommensurabilitätsstellen treten Lücken auf; d. h. es gibt keine Planetoide, deren Umlaufzeit mit Jupiter in einem durch einen kleinen Bruch ausdrückbaren Verhältnis stehen. Vor allem fallen die Hecuba-

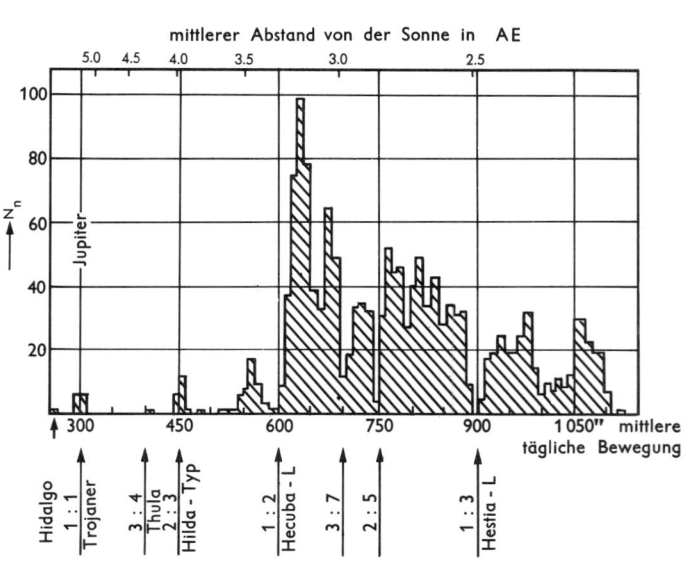

Verteilung der Planetoide nach ihren großen Bahnachsen

4.1 Planetoide

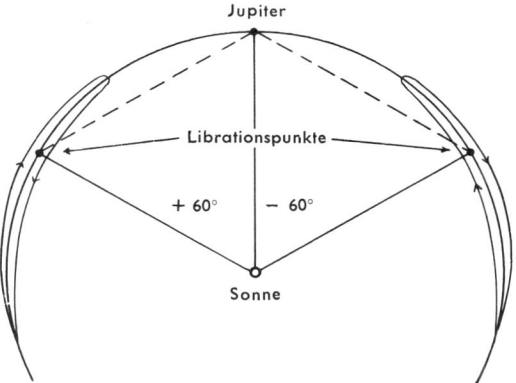

Die Trojaner schwingen in nierenähnlichen Bahnen um die beiden Librationspunkte auf der Bahn des Planeten Jupiter. Die Librationspunkte bilden zusammen mit Jupiter und Sonne zwei gleichseitige Dreiecke

und die Hestia-Lücke auf (benannt nach Planetoiden, die in der Nähe dieser Lücken stehen).

Eine Überraschung bildete die Gruppe der Trojaner (so genannt, weil die am längsten bekannten Planetoide Namen aus der Geschichte des Trojanischen Kriegs tragen). Ihre Umlaufzeit steht zu der des Planeten Jupiter im Verhältnis 1:1, sie haben also die gleiche Umlaufzeit wie Jupiter und damit auch gleich große Bahnachsen (s. 3. Keplersches Gesetz, 3.2.1). Bei ihrem Auffinden erinnerte man sich eines Sonderfalls des Dreikörperproblems der Himmelsmechanik, das von Lagrange behandelt worden war. Er hatte gezeigt, daß nach dem Newtonschen Gravitationsgesetz (s. 3.2.2) eine Konstellation möglich ist, in der drei Körper stets die Eckpunkte eines gleichseitigen Dreiecks bilden, ohne sich dabei erheblich zu stören. Das System Sonne–Jupiter–Trojaner bildet ein solches gleichseitiges Dreieck (für jede der beiden Trojanergruppen), wobei sich die Planetoide in einer heliozentrischen Winkeldistanz von ungefähr 60° von Jupiter in dessen Bahn bewegen. Eine weitere interessante Anhäufung ist die Hilda-Gruppe bei der Kommensurabilität 2:3; ihr Bestehen ist bis heute noch nicht ganz verstanden.

Außer den bisher genannten Planetoiden sind weitere wegen ihrer Bahnen von besonderem Interesse. Die große Mehrzahl der Planetoide bewegt sich im sogenannten Hauptgürtel zwischen Mars und Jupiter. Der Planetoid Eros jedoch hat nur eine mittlere Entfernung von 1.46 AE von der Sonne. Seine Bahn läuft also zwischen Erde und Mars. Wegen seiner beträchtlichen Exzentrizität von 0.23 kann er der Erde bis auf 0.15 AE nahe kommen. Die Planetoide Albert, Alinda und Ganymed haben noch größere Bahnexzentritäten, und zwar zwischen 0.53 und 0.54. Hermes kann der Erde sogar bis auf 0.004 AE (das ist die doppelte Mondentfernung) nahe kommen. Eine andere extreme Bahn hat der Planetoid Hidalgo mit einer kleinsten und größten Sonnenentfernung von 2.0 bzw. 9.4 AE bei einer Exzentrizität von 0.655.

4 Kleinkörper im Sonnensystem

Die folgende Tabelle enthält Daten für eine repräsentative Auswahl von Planetoiden:

Daten einiger heller und ungewöhnlicher Planetoide

Nr.	Name	m_0	a/AE	e	i/°	P	Bemerkungen
1	Ceres	8.0	2.767	0.076	10.59	$9^h 04^m\!.7$	Entdecker: Piazzi, 1801
2	Pallas	9.3	2.772	0.233	34.80	$7^h 48^m\!.4$	Entdecker: Olbers, 1802
3	Juno	8.2	2.671	0.254	13.00	$7^h 12^m\!.8$	Entdecker: Harding, 1804
4	Vesta	7.4	2.361	0.089	7.14	$5^h 20^m\!.5$	Entdecker: Olbers, 1807
5	Astraea	11.9	2.577	0.189	5.35	$16^h 48^m\!.4$	
6	Hebe	9.2	2.424	0.203	14.79	$7^h 16^m\!.5$	
7	Iris	8.1	2.386	0.229	5.51	$7^h 8^m\!.1$	
8	Flora	8.8	2.201	0.156	5.89	$13^h 6^m\!.0$	
15	Eunomia	10.2	2.642	0.187	11.76	$6^h 4^m\!.8$	
18	Melpomene	10.6	2.296	0.218	10.14	$11^h 50^m$	
20	Massalia	10.1	2.408	0.145	0.70	$8^h 5^m\!.9$	
65	Cybele	12.7	3.428	0.109	3.55		
153	Hilda	13.6	3.975	0.153	7.84		Hilda-Typ, $^3/_2$-Resonanz
221	Eos	12.4	3.012	0.102	10.88		Namensgeber einer Familie
279	Thule	15.6	4.261	0.032	2.34		Kommensurabel, $^3/_4$-Resonanz
434	Hungaria	14.0	1.944	0.074	22.51		i-Wert typisch für Objekte mit $a \approx 1.9$ AE
588	Achilles	16.6	5.174	0.149	10.33		Trojaner-Objekt, $^1/_1$-Resonanz Jupiter vorausgehend
617	Patroclus	16.2	5.229	0.141	22.04		Trojaner-Objekt, Jupiter folgend
944	Hidalgo	21.6	5.861	0.656	42.40		Ungewöhnliche Bahn
1221	Amor	21.5	1.921	0.436	11.91		Erdannäherung, Mars-Crosser
1566	Icarus	19.2	1.078	0.827	22.94		Erd-Crosser, Apollo-Typ-Planetoid
1742	Schaifers	16.1	2.888	0.097	2.47		Ganz gewöhnlicher Planetoid
1862	Apollo	18.6	1.471	0.560	6.35		Apollo-Typ-Planetoid
2060	Chiron	17.5	13.619	0.381	6.94		Bahn zwischen Saturn und Uranus
2062	Aten		0.966	0.183	18.93		Aten-Typ-Planetoid, $a < 1$ AE
2234	Schmadel	17.8	2.701	0.199	25.24		Hohe Bahnneigung

m_0 Oppositionshelligkeit; a große Halbachse und e numerische Exzentrizität der Bahn; i Neigung der Bahn gegen die Ekliptik; P Rotationsperiode

Der größte Planetoid, Ceres, hat einen Durchmesser von etwa 940 km und eine Masse von $1.2 \cdot 10^{21}$ kg. Die beiden nächstgrößten, Pallas und Vesta, haben Durchmesser um 500 km und je etwa 20 % der Masse von Ceres. Es wird geschätzt, daß etwa 90 % der Gesamtmasse des Hauptgürtels auf Planetoide entfällt, die größer sind als 100 km, davon etwa ein Drittel allein auf Ceres. Die Gesamtzahl an Planetoiden, die größer sind als 100 km, schätzt man auf 250, die mit Ausdehnungen über 1 km auf etwa eine Million. Messungen mit dem Infrarotsatelliten IRAS ergaben im Bereich zwischen 1.5 und 4 AE Sonnenentfernung 6500 Planetoide mit Durchmessern von 10 km bis über 100 km. Dabei ist bemerkenswert, daß jenseits von 4 AE Sonnenentfernung keine

4.1 Planetoide

hellen Planetoide gefunden wurden. Die kleinsten bislang beobachteten Planetoide haben Durchmesser von weniger als $1/2$ km. Aufgrund von Störungsrechnungen ermittelte man eine obere Grenze für die Gesamtmasse aller Planetoide; sie liegt sicher unter 0.5 Erdmassen, nach einer anderen Abschätzung unter 0.1 Erdmassen.

Lichtelektrische photometrische Messungen haben ergeben, daß einige Planetoide einen Lichtwechsel zeigen. Hierbei handelt es sich nicht um die Ab- und Zunahme der scheinbaren Helligkeit mit der wechselnden Distanz zwischen Sonne–Erde und Planetoid, auch nicht um einen Phaseneffekt, bedingt durch den Einfluß des wechselnden Einstrahl- und Rückstrahlwinkels des von der Sonne kommenden Lichts. Man hat diesen Lichtwechsel als Folge der Rotation eines nicht kugelförmigen, sondern unregelmäßigen Körpers gedeutet.

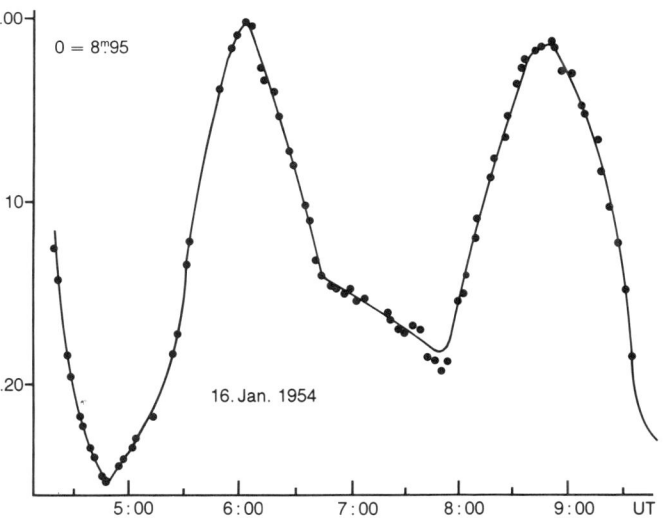

Lichtkurve des Planetoids Metis. Der Verlauf im Nebenminimum deutet auf unregelmäßige Form des rotierenden Körpers hin

Durch detaillierte Untersuchungen von Reflexionsspektren konnten für viele Kleinkörper Informationen über die mineralogische Beschaffenheit ihrer Oberfläche gewonnen werden. Es zeigt sich, daß in vielen Objekten vorwiegend Ni-Fe-Verbindungen, aber auch häufig silikatische Minerale (z. B. Olivin, Forsterit usw.) oder auch kohlenstoffhaltige Strukturen (z. B. Chondrite) vorkommen. Einen wesentlichen Beitrag zur Planetoidenforschung leisten Polarisationsmessungen. Erdmond, Merkur und Mars zeigen fast gleiche Kurven: das Minimum liegt bei -1.2%, der Umkehrwinkel bei $\alpha = 24°$; irdische vulkanische Aschen ergeben ähnliche Werte. Bei Ceres, Pallas und Iris (nur diese wurden bisher genau vermessen) wurden andere Ergebnisse gefunden; das Minimum liegt bei -1.7%, der Umkehrwinkel bei $18°$, die Kurven sind steiler. Aus-

4 Kleinkörper im Sonnensystem

sagen läßt sich damit bisher nur, daß es auf den Planetoiden mit Sicherheit keine gefrorenen Ablagerungen gibt und daß sich die Planetoidenoberflächen offenbar in ihrer Struktur von der des Monds unterscheiden.

4.2 Kometen

In früheren Jahrhunderten galten Kometen als die auffälligsten und rätselhaftesten Himmelserscheinungen. Ihre veränderliche Gestalt, ihr unerwartetes Auftreten und ihr kurzes Verweilen paßte so gar nicht in die großartige Regelmäßigkeit und Harmonie des gestirnten Himmels. So ist es nicht verwunderlich, daß ihr Erscheinen die Gemüter der Menschen erregte und als Unheilbringer und Unheilkünder angesehen wurde. Auch Galilei erkannte noch nicht die wahre Natur dieser Himmelserscheinungen, als er in seiner Schrift »Il Saggiatore« (»Der Goldwäger«) die wohl auf Aristoteles zurückgehende Behauptung vertrat, Kometen seien hoch über die Erde hinaussteigende »Erdausdünstungen«, deren besondere Gestalt durch Beleuchtungseffekte des Sonnenlichts zustande kommt. Er setzte sich damit über die von Tycho Brahe am Kometen 1577 durchgeführten Parallaxenmessungen (s. 7.3) hinweg, durch die dieser bewies, daß die Kometen nicht der irdischen, sublunaren Sphäre, sondern den »himmlischen Regionen« angehören. Kepler wies in einer Gegenschrift die Behauptung Galileis zurück und verteidigte die Ergebnisse Tycho Brahes.

Mit der Entdeckung der allgemeinen Gravitation und der Aufstellung des Gravitationsgesetzes durch Newton (s. 3.2.2) beginnt die wissenschaftliche Erforschung der Kometen. Im 18. und 19. Jahrhundert standen Bestimmungen der Kometenbahnen, also himmelsmechanische Aspekte der Kometenforschung, im Vordergrund des allgemeinen Interesses. Mit dem Aufkommen der Photographie und der Spektroskopie zu Anfang dieses Jahrhunderts

Der Komet West (1975 u). Ionen- und Staubschweif sind deutlich zu unterscheiden

4.2 Kometen

gewannen aber astrophysikalische Probleme im Zusammenhang mit den Kometen zunehmend an Bedeutung.

Ein »Riesen«-Komet, wie wir ihn auf Abbildungen aus früheren Jahrhunderten finden, ist uns mit dem Halleyschen Kometen 1986 wieder einmal beschert worden. Aus der Statistik der Kometenerscheinungen kann man ersehen, daß solche eindrucksvollen Erscheinungen nur einmal, höchstens zweimal in einem Jahrhundert beobachtbar sind. Etwa ein Dutzend mittlere und ein weiteres Dutzend schwache Kometen können in einem Jahrhundert einige Tage lang mit bloßem Auge gesehen werden. Die weitaus meisten Kometen aber – zur Zeit werden etwa 20 bis 30 Kometen pro Jahr entdeckt – bleiben so schwach, daß sie nur teleskopische Objekte sind. Nur eine verschwindend kleine Zahl der vorhandenen Kometen wird aber tatsächlich aufgefunden. Heute schätzt man die Zahl der Kometen, die innerhalb der Neptunbahn ihr Perihel, den sonnennächsten Punkt ihrer Bahn, durchlaufen, auf ca. 10^7. Die Bahnen der meisten Kometen reichen weit über das eigentliche Planetensystem hinaus; sie erstrecken sich wahrscheinlich bis zu 1 Parsec. Nach Oort und Woerkom befinden sich in einer Raumkugel vom Halbmesser 150 000 AE (das sind ungefähr 0.75 pc) insgesamt etwa 10^{11} Kometen.

4.2.1 Entdeckung, Benennung

Kometenentdeckungen nehmen seit etwa 1800 zu. Der Grund dafür sind die zu dieser Zeit einsetzende systematische Suche und die laufende Überwachung des Himmels. Durch photographische Himmelsüberwachung wird heute eine bedeutende Zahl teleskopischer Kometen aufgefunden. In der Reihenfolge der Entdeckungen bezeichnet man Kometen mit der Jahreszahl und einem Buchstaben; also etwa im Jahr 1977 den erstentdeckten mit »Komet 1977 a«, den zweiten mit »Komet 1977 b« usw. Nach der definitiven Festlegung ihrer Bahnen werden sie, in der Reihenfolge ihrer Periheldurchgänge geordnet, mit römischen Ziffern als »Komet 1977 I«, »Komet 1977 II« usw. bezeichnet. Da die Reihenfolge der Entdeckungen eine andere sein kann als die der Periheldurchgänge, braucht der Komet 1977 a nicht mit dem Kometen 1977 I identisch zu sein. Ferner ist es auch üblich, der Kometenbezeichnung den oder die Namen der Entdecker beizugeben. So lautet also ein vollständiger Kometenname z. B. Komet 1930 I (= 1930 d) P/Schwassmann-Wachmann 3. Die nachgestellte 3 gibt an, daß es sich um den dritten von diesen Beobachtern entdeckten Kometen handelt. Das dem Namen vorangestellte P/ bezeichnet den Kometen als einen periodischen.

Ein Komet wird meist als verschwommenes Nebelfleckchen entdeckt, das sich relativ schnell unter den Sternen bewegt. Der scheinbare Durchmesser dieses Nebelscheibchens nimmt schnell zu, ebenso seine scheinbare Helligkeit. Erst zum Zeitpunkt der größten Entwicklung bildet sich bei den meisten Kometen der charakteristische Schweif aus. Bei Fernrohrbeobachtungen erkennt man dann, daß im Zentrum des Kometenkopfs, im Kern,

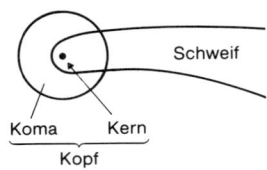

Schematische Darstellung eines Kometen

Ausströmungserscheinungen vor sich gehen. Diese sind selten allseitig, sie bevorzugen vielmehr den der Sonne zugekehrten Halbraum. Die ausströmenden Substanzen biegen bald in einem Bogen um und bilden den Schweif. Dem Kometenkopf vorgelagert kann man manchmal mehr oder weniger ausgeprägte parabolisch geformte Enveloppen beobachten. Der diffuse, fächerartig sich verbreiternde Schweif, der im allgemeinen von der Sonne weggerichtet ist, kann bei den einzelnen Erscheinungen ganz unterschiedliche scheinbare Längen haben. Bei »Riesen«-Kometen kann er sich über die ganze sichtbare Himmelshälfte hinziehen und selbst bei Tag noch sichtbar sein. Meist sind die Kometenschweife geradlinig von der Sonne weggerichtet, aber auch gekrümmte Schweife kommen vor, ja es können sogar mehrere solcher Schweife mit verschiedener Richtung und Krümmung gleichzeitig auftreten. Rasche zeitliche Entwicklungen kann man am Kopf und am Schweif eines Kometen beobachten, wie eruptionsartige Vorgänge im Kopf und Verdichtungen im Schweif. Nach einigen Tagen höchster Aktivität verkürzt sich der Schweif wieder, und der Kopf des Kometen verliert an Helligkeit. Nach weiteren Wochen ist der Kopf so lichtschwach geworden, daß er nicht mehr beobachtet werden kann.

Während der kurzen Zeit der Erscheinung eines Kometen richtet sich das Interesse der Beobachter auf drei Punkte:

1. Positionsbestimmungen, Festlegen der scheinbaren Bahn des Kometen an der Sphäre und daraus Berechnung der wahren Bahn im Raum.

2. Bestimmungen der scheinbaren Helligkeit und ihre Reduktion mit Hilfe der aus der Bahnrechnung bekannten Distanzen zwischen Komet und Erde sowie Komet und Sonne.

3. Physische und spektroskopische Beobachtungen, wie Bestimmung der Masse und der Dimensionen, der Bewegung der ausströmenden Materie, der chemischen Zusammensetzung der Materie und der Art der Leuchtvorgänge.

4.2.2 Bahnen und Bahnelemente

Aus der meist photographischen Positionsbestimmung eines Kometen, d. h. aus der Bestimmung seiner Koordinaten durch Anschluß an Sterne, erhält man die scheinbare Bahn an der Sphäre. Aus diesen Örtern werden mit den Methoden der Himmelsmechanik die sechs Bahnelemente und damit die Dimensionen und die Lage der wahren Bahn im Raum berechnet (s. 3.2.3).

Heute besitzen wir ein reiches Datenmaterial über Kometenbahnen, dessen statistische Untersuchung zeigt, daß die Bahnexzentrizitäten alle nahe bei 1 liegen. Die Kometen bewegen sich also, ebenso wie die Planeten, auf Kegelschnitten (wobei eine Bahnexzentrizität kleiner als 1 einer Ellipsen-, eine Exzentrizität gleich 1 einer Parabel- und eine größere Exzentrizität als 1 einer Hyperbelbahn entspricht). Die Bestimmung der Bahnform ist schwierig, da aus dem kleinen sonnen- und damit erdnahen Teil der Bahn, der

4.2 Kometen

allein der Beobachtung zugänglich ist, auf die Gesamtform geschlossen werden muß. Die Bahnform ist aber zur Beantwortung kosmogonischer Fragen wichtig. Eine Ellipse ist eine in sich geschlossene Kurve, hingegen kommt eine Parabel oder eine Hyperbel aus dem Unendlichen und läuft wieder ins Unendliche zurück. Körper auf Ellipsenbahnen gehören zum Sonnensystem und können sich nicht aus ihm entfernen, sie vollführen in ihm regelmäßige Umläufe. Körper auf Parabel- oder Hyperbelbahnen dagegen kommen aus den Tiefen des Raums und verschwinden wieder in ihnen.

Bahnformen von 658 Kometen, beobachtet zwischen 86 v. Chr. und 1978

	Exzentrizität	Anzahl	%
Elliptische Bahnen	$e < 1$	275	42
Parabolische Bahnen	$e = 1$	285	43
Hyperbolische Bahnen	$e > 1$	98	15

Die vorherrschenden Bahnformen sind elliptische Bahnen. Die entsprechenden Kometen gehören zum Sonnensystem und laufen in mehr oder weniger exzentrischen Ellipsen um die Sonne. Ihre Umlaufzeiten liegen zwischen drei Jahre und einige tausend Jahre. Man hat untersucht, in welchem Maß die großen Körper des Sonnensystems auf die Bahnen der Kometen einwirken, und dabei festgestellt, daß die großen Planeten eine Wandlung der Bahnform bewirken können. Bei einer Rückrechnung ergaben sich für 21 hyperbolische Kometenbahnen in der Nähe des Perihels vor ihrem Vorübergang an den großen Planeten elliptische Bahnen. Die Kometen gehören somit wohl alle zum Sonnensystem, wenn sie auch, wie ihre Bahndurchmesser zeigen, weit über die Planetenbahnen hinaus in den Raum vordringen. Da aber ihre Helligkeit stark von ihrer Entfernung zu Sonne und Erde abhängt, können solche mit größeren Periheldistanzen als etwa 2 AE wegen ihrer Lichtschwäche nicht aufgefunden werden.

Die Bahn des Kometen Halley 1910–1986

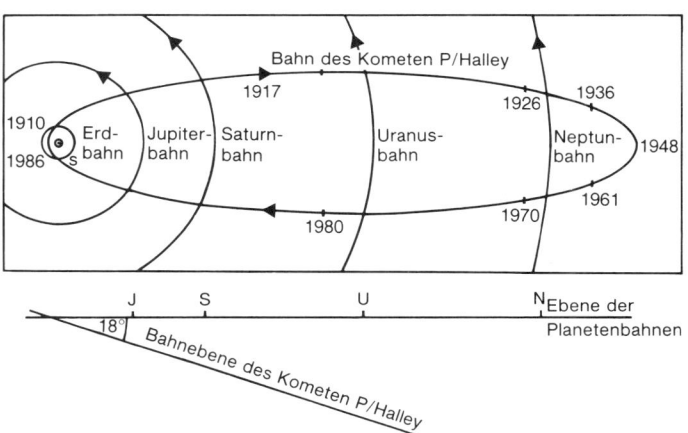

Es kommen Bahnen mit allen Werten für Bahnneigung und Länge des aufsteigenden Knotens vor, die Bahnlagen sind also völlig regellos im Raum verteilt. Nur die kurzperiodischen Kometen und solche mit elliptischen Bahnen mittlerer Exzentrizität und Umlaufzeiten bis zu 200 Jahren zeigen gewisse Häufungspunkte. Die Bahnneigungen haben bei dieser Gruppe eine starke Orientierung zur Ebene der Ekliptik, und die Apheldistanzen (Aphel: sonnenfernster Punkt der Bahn) gruppieren sich um die mittleren Entfernungen der großen Planeten.

Die Himmelsmechanik zeigt, daß Kometen durch Planeten eingefangen werden können. Die Gravitationswirkung der großen Planeten kann zu einer vollkommenen Bahnumgestaltung führen; wir verdanken ihr die mehrmalige Wiederkehr eines Kometen in kurzen Zeitabständen. Ein spektakuläres Beispiel für den Einfang eines Kometen war der Komet 1993e Shoemaker-Levy 9. Er wurde von Jupiter eingefangen und zerbarst etwa zehn Jahre später in dessen Schwerefeld in mindestens 21 Fragmente. Ende Juli 1994 stürzten die Fragmente des Kometen unter Freisetzung ungeheurer Energien auf Jupiter.

Je nach den Apheldistanzen faßt man die kurzperiodischen Kometen und die einzelnen Planeten zu Kometenfamilien zusammen und spricht von der Jupiterfamilie, der Saturnfamilie usw.

Elemente kurzperiodischer Kometen

Nr.	Name	Umlaufzeit in Jahren	beob. Umläufe	Bahn-Neigung gegen Ekliptik	Periheldistanz in AE	Exzentrizität	Apheldistanz in AE
1	Encke	3.31	51	11°9	0.341	0.846	4.10
2	Grigg-Skjellerup	5.10	13	21°1	0.993	0.665	4.93
3	Tempel 2	5.27	16	12°4	1.369	0.548	4.69
4	Honda-Mrkos-Pajdusakova	5.28	5	4°23	0.579	0.809	5.49
5	Neujmin 2	5.43	2	5°38	1.338	0.567	4.84
6	Brorsen	5.46	5	29°4	0.590	0.810	5.61
7	Tempel 1	5.50	6	10°5	1.497	0.519	4.73
8	Clark	5.51	2	9°5	1.557	0.501	4.68
9	Tuttle-Giacobini-Kresák	5.56	6	9°2	1.124	0.643	5.12
10	Tempel-Swift	5.68	4	13°2	1.153	0.638	5.22
11	Wirtanen	5.87	5	11°7	1.256	0.614	5.26
12	D'Arrest	6.23	13	19°4	1.164	0.656	5.61
13	Du Toit-Neujmin-Delporte	6.31	2	2°9	1.677	0.509	5.15
14	De Vico-Swift	6.31	3	6°08	1.624	0.524	5.21
15	Pons-Winnecke	6.36	18	22°3	1.254	0.635	5.61
16	Forbes	6.40	5	7°2	1.533	0.555	5.36
17	Kopff	6.43	11	4°7	1.572	0.545	5.34
18	Schwassmann-Wachmann 2	6.51	8	3°7	2.142	0.386	4.83
19	Giacobini-Zinner	6.52	10	31°8	0.996	0.715	5.99
20	Wolf-Harrington	6.55	6	18°5	1.615	0.538	5.38
21	Churyumov-Gerasimenko	6.59	2	7°1	1.298	0.631	5.73
22	Biela (nucleus A)	6.62	6	12°6	0.861	0.756	6.19

4.2 Kometen

Nr.	Name	Umlaufzeit in Jahren	beob. Umläufe	Bahn-Neigung gegen Ekliptik	Periheldistanz in AE	Exzentrizität	Apheldistanz in AE
23	Tsuchinshan 1	6.65	3	10°.5	1.499	0.576	5.58
24	Perrine-Mrkos	6.72	5	17°.8	1.272	0.643	5.85
25	Reinmuth 2	6.74	5	7°.0	1.941	0.456	5.19
26	Johnson	6.76	5	13°.7	2.196	0.386	4.96
27	Borrelly	6.76	9	30°.3	1.316	0.632	5.84
28	Harrington	6.80	2	8°.7	1.582	0.559	5.60
29	Gunn	6.80	2	10°.4	2.445	0.319	4.74
30	Tsuchinshan 2	6.80	3	6°.7	1.785	0.504	5.41
31	Arend-Rigaux	6.83	5	17°.9	1.442	0.600	5.76
32	Brooks 2	6.88	11	5°.5	1.840	0.491	5.39
33	Finlay	6.95	9	3°.6	1.096	0.699	6.19
34	Taylor (nucleus B)	6.98	2	20°.5	1.951	0.466	5.35
35	Holmes	7.05	5	19°.2	2.155	0.414	5.20
36	Daniel	7.09	5	20°.1	1.662	0.550	5.72
37	Shajn-Schaldach	7.27	3	6°.1	2.223	0.407	5.27
38	Faye	7.39	17	9°.1	1.610	0.576	5.98
39	Ashbrook-Jackson	7.42	5	12°.5	2.284	0.400	5.33
40	Whipple	7.44	7	9°.93	2.469	0.352	5.15
41	Harrington-Abell	7.58	4	10°.2	1.776	0.540	5.95
42	Reinmuth 1	7.63	6	8°.1	1.995	0.485	5.76
43	Kojima	7.85	2	0°.9	2.399	0.393	5.50
44	Oterma	7.88	3	4°.0	3.388	0.144	4.53
45	Arend	7.98	4	20°.0	1.847	0.538	6.14
46	Schaumasse	8.18	6	11°.8	1.196	0.705	6.92
47	Jackson-Neujmin	8.39	3	14°.1	1.427	0.661	6.82
48	Wolf	8.43	12	27°.5	2.506	0.407	5.78
49	Comas Sola	8.55	7	13°.0	1.678	0.566	6.59
50	Kearns-Kwee	9.01	2	9°.0	2.229	0.485	6.43
51	Denning-Fujikawa	9.01	2	9°.2	0.779	0.817	7.88
52	Swift-Gehrels	9.23	2	9°.2	1.354	0.694	7.44
53	Neujmin 3	10.57	3	3°.9	1.976	0.590	7.66
54	Klemola	10.97	2	11°.1	1.766	0.642	8.11
55	Gale	10.99	2	11°.7	1.183	0.761	8.70
56	Vaisala 1	11.28	4	11°.5	1.866	0.629	8.19
57	Slaughter-Burnham	11.62	2	8°.1	2.543	0.504	7.72
58	Van Biesbroeck	12.41	3	6°.6	2.409	0.551	8.31
59	Wild 1	13.29	2	19°.9	1.981	0.647	9.24
60	Tuttle	13.77	9	54°.4	1.023	0.829	10.46
61	Du Toit 1	14.97	2	18°.7	1.294	0.787	10.86
62	Schwassmann-Wachmann 1	15.03	4	9°.4	5.448	0.105	6.73
63	Neujmin 1	17.93	4	15°.0	1.543	0.775	12.16
64	Crommelin	27.89	4	28°.9	0.743	0.919	17.65
65	Tempel-Tuttle	32.91	4	162°.5	0.982	0.905	19.54
66	Stephan-Oterma	38.84	2	17°.9	1.595	0.861	21.34
67	Westphal	61.86	2	40°.9	1.254	0.920	30.03
68	Olbers	69.47	3	44°.6	1.178	0.930	32.62
69	Pons-Brooks	70.98	3	74°.2	0.774	0.955	33.51
70	Brorsen-Metcalf	71.93	2	19°.3	0.484	0.972	34.11
71	Halley	76.08	27	162°.2	0.587	0.967	35.32
72	Herschel-Rigollet	154.90	2	64°.2	0.748	0.974	56.94

4.2.3 Helligkeitsbestimmungen

Die Helligkeit eines Kometen wird durch Vergleichen mit Sternen bekannter Helligkeit bestimmt. Dies kann mit dem bloßen Auge oder über ein Fernrohr mit Hilfe von Photometern geschehen. Die Schwierigkeit des Vergleichens liegt in der Verschiedenartigkeit der Lichtquellen eines punktförmigen Sterns mit dem diffusen Nebelfleckchen des Kometen, so daß die Helligkeitsbestimmungen unter Umständen stark von der Größe des benutzten Instruments abhängen – zu solchen Helligkeitsbestimmungen gehören viel Erfahrung und Übung.

Die erhaltene Helligkeit bezeichnet man als scheinbare Helligkeit. Um Helligkeitsbestimmungen über die Erscheinung eines Kometen miteinander vergleichen zu können, müssen die zu verschiedenen Zeiten und somit in verschiedenen Distanzen gemessenen scheinbaren Helligkeiten auf gleiche Entfernung reduziert werden. Als Einheit der Entfernung benutzt man bei Kometen die Einheitsentfernung des Sonnensystems, die Astronomische Einheit. Die auf Normalabstand gebrachte Helligkeit bezeichnet man als absolute Helligkeit. Reflektiert die Kometenmaterie nur Sonnenlicht, dann ist die Kometenhelligkeit auch abhängig vom Abstand Komet–Sonne. Berücksichtigt man noch diese Distanz, so spricht man von der reduzierten Helligkeit des Kometen.

Ist für einen Kometen

h die seiner scheinbaren Helligkeit entsprechende Intensität,
Δ die Distanz Komet–Erde,
H die seiner absoluten Helligkeit entsprechende Intensität,
r die Distanz Komet–Sonne,

dann besteht zwischen diesen Größen die Beziehung

$$h = H/(\Delta^2 \cdot r^2).$$

Die reduzierte Helligkeit eines Kometen müßte konstant sein, wenn seine Materie lediglich Sonnenlicht reflektierte. Nun zeigen aber Beobachtungen eine starke Zunahme der reduzierten Helligkeiten bei der Annäherung von Kometen an die Sonne. Dieser Befund deutet auf ein Eigenleuchten der Kometenmaterie hin. Zudem werden auch plötzliche Lichtausbrüche, die zu einem kurzzeitigen Helligkeitsanstieg führen, beobachtet. Dabei handelt es sich um explosionsartige Vorgänge im Kometenkopf.

In einigen Fällen war es möglich, die Helligkeit des Kometenkerns gesondert zu bestimmen. Dabei zeigte sich, daß die reduzierte Helligkeit des Kerns konstant blieb; dieser Teil eines Kometen reflektiert also nur Sonnenlicht. Der Anteil dieses Kernlichts beträgt in den meisten Fällen aber nur 10 % des Gesamtlichts, der Hauptanteil geht vom diffusen Kometenkopf aus.

4.2.4 Untersuchungen an Kometen

Quantitative Untersuchungen des Kometenlichts zeigen, daß im Kopf des Kometen ein Eigenleuchten stattfindet, das von der Strahlungsintensität des Sonnenlichts abhängt. Erst qualitative

4.2 Kometen

Untersuchungen, die Anwendung der Spektralanalyse auf Kometen, erbringen jedoch Befunde über die Art der leuchtenden Materie und über den Mechanismus der Leuchtvorgänge.

Spektroskopische Untersuchungen an Kometen sind nicht leicht durchführbar, weil Kometen oder gar Teile von ihnen recht lichtschwache Objekte sind. Es bedarf also sehr lichtstarker Spektrographen, um brauchbare Kometenspektren zu erhalten. Eine Analyse des vorliegenden Materials ergibt drei verschiedene Spektrentypen, die ihren Ursprung in verschiedenen Gebieten der Kometen haben. Die Spektren des Kometenkopfs sind zusammengesetzt aus dem jeweiligen Spektrum des Kometenkerns und aus dem der ihn umgebenden Koma. Auch im Spektrum des Kometenschweifs lassen sich – je nach dessen Ausbildung – unterschiedliche Zusammensetzungen zwischen einem kontinuierlichen Fraunhofer-Spektrum und Molekül-Bandenspektren nachweisen.

Das Spektrum des Kerns
Die spektroskopischen Befunde bestätigen, daß der Kern allem Anschein nach nur Sonnenlicht reflektiert. Das Spektrum des Kerns ist identisch mit dem kontinuierlichen Spektrum der Sonne. Nur in wenigen Fällen ist es bisher allerdings gelungen, dieses Kernspektrum rein aufzunehmen, meist wird es von dem Emissions-Bandenspektrum der Kometenkoma überlagert. Eine saubere Trennung der beiden Spektren ist nur mit einem Spaltspektrographen möglich.

Das Spektrum der Koma
Neben einem schwach ausgebildeten kontinuierlichen Spektrum, das durch Streuung des Sonnenlichts an feinem meteoroidischem Staub hervorgerufen wird, beobachtet man Emissionsbanden und -linien verschiedener neutraler Moleküle und Atome wie CN, C_2, C_3, NH, NH_2, CH, OH, Fe, Ni, Na. Die Moleküle erscheinen

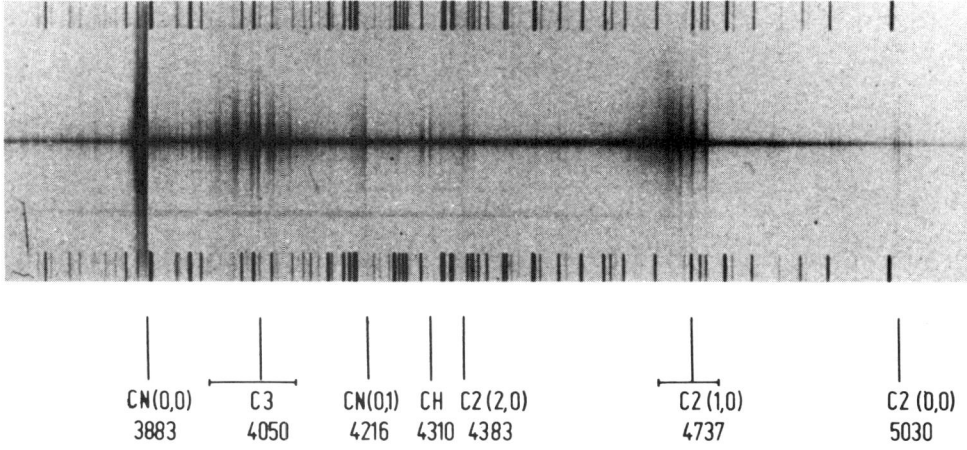

Typisches Koma-Spektrum eines Kometen

zuerst in unmittelbarer Nachbarschaft des Kerns und strömen von dort in alle Richtungen. Die Gasdichten in der Koma sind niedrig. In der Nähe des Kerns findet man 10^{12} bis 10^{14} Moleküle pro cm^3, am äußeren Rand nehmen sie auf 10^2 bis 10^4 Moleküle pro cm^3 ab. Gelegentlich beobachtet man expandierende Halos, die durch explosionsartige Gasausbrüche aus dem Kometenkern entstehen. Diese Halos, die mit der relativ niedrigen Geschwindigkeit von 500 m s^{-1} expandieren, zeigen Bandenspektren der Moleküle CN, C_2 und C_3.

Das Spektrum des Schweifs
Die aus dem Kometenkern expandierenden Gase und auch Staubpartikel werden in die der Sonne entgegengesetzte Richtung getrieben und bilden den Schweif des Kometen. Die Länge der Schweife ist recht unterschiedlich, was einmal mit der physikalisch-chemischen Zusammensetzung der Kometenkerne erklärbar ist; zum andern aber sicherlich mit der Kometenbahn korreliert ist; d. h. nur kleine Periheldistanzen bringen einem Kometenkern eine zur Gasbildung ausreichende Erwärmung. Es gibt, wie schon früh erkannt, zwei Schweiftypen:
Schweife vom Typ I - die sogenannten Ionenschweife - sind langgestreckt und nur schwach gekrümmt. Sie bestehen, wie ihre spektroskopische Untersuchung zeigt, ausschließlich aus ionisierten Molekülen, d. h. aus Gasen, die durch den Verlust eines Elektrons elektrisch positiv geladen sind. Beobachtet wurden ionisierte Moleküle des Kohlenmonoxids (CO^+), des Stickstoffs (N_2^+), des Kohlendioxids (CO_2^+), des Kohlenwasserstoffs (CH^+) und des Hydroxylradikals (OH^+), von denen das einfach ionisierte Kohlenmonoxid am häufigsten vorhanden ist. Andere Molekülionen können auch vorhanden sein, ein Nachweis ist aber nicht möglich, da sie im beobachteten Spektralgebiet keine Emissionsbanden zeigen.

Schweiftypen bei 174 nicht-periodischen Kometen mit Periheldistanzen bis 5 AE

24 % mit Typ I (sichere Fälle)
48 % mit Typ II (inkl. zweifelhafter Typ I-Fälle)
28 % ohne Schweif

Schweife vom Typ II - die sogenannten Staubschweife - sind stärker gekrümmt als die des Typs I, sie sind auch meist kürzer als diese und weisen, wie z. B. im Fall des Kometen Halley, ebenfalls innere Strukturen auf. Spektroskopisch ist nur ein kontinuierliches Fraunhofer-Spektrum nachweisbar; es treten keinerlei Emissionsbanden ionisierter Gase auf. Diese Schweife bestehen ausschließlich aus mikroskopisch kleinen Staubteilchen. - Beide Schweiftypen können zusammen oder einzeln auftreten.
Die nachstehende Tabelle zeigt die bis Anfang 1991 in Kometen identifizierten chemischen Spezies.

4.2 Kometen

Bei Kometenbeobachtungen durch Raumsonden und Raketen im ultravioletten Spektralbereich wurden riesige Wolken aus neutralem Wasserstoffgas entdeckt. Die Wasserstoffatome machen sich durch Streuung der solaren Lyman-alpha-Strahlung bemerkbar. Die Emission bei 121.6 nm ist auf der Erdoberfläche, wegen der Absorption der UV-Strahlung durch die Erdatmosphäre, nicht beobachtbar. Die Wolken haben Durchmesser von mehrere Millionen Kilometer. L. Biermann hatte schon einige Jahre vor ihrer Entdeckung darauf hingewiesen, daß Kometen eine solche Wasserstoff-Korona – vorwiegend entstanden aus der Dissoziation der aus dem Kern abdampfenden Gase – haben müßten.

In Kometen identifizierte chemische Spezies

Identifikation durch Radio-, IR-, visuelle und UV-Spektren:
H, C, O, S, C_2, $^{12}C^{13}C$, CH, CN, ^{13}CN, CO, CS, NH, OH, S_2, SH?, SO?, NO?, C_3, NH_2, H_2O, HCN, HCO, H_2S?, NH_3, H_2CO, CH_3CN, CH_3OH?, C^+, CO^+, CH^+, CN^+, N_2^+, NH_4^+, OH^+, CO_2^+, H_2O^+, SH^+

Identifikation durch Massenspektren:
H_2O, $CO/N_2/C_2H_4$, CO_2, H_2CO, H^+, C^+, CH^+, CH_2^+/N^+, CH_3^+/NH^+, $O^+/CH_4^+/NH_2^+$, $OH^+/NH_3^+/CH_5^+$, H_2O^+/NH_4^+, H_3O^+, H_3S^+, $C_3H_3^+$, C_3H^+

aus: Comets in the Post-Halley Era, Vol 2, eds. Newburn et al., Kluwer Academic Publishers, 1991, p.911

4.2.5 Ursachen der Leuchterscheinungen

Außer über die Leuchterscheinung am Kern, also die Reflexion des Sonnenlichts an der Kernmaterie, konnte über die andern Leuchtvorgänge bisher nur aus theoretischen Überlegungen eine gewisse Klarheit erlangt werden. Mehrere Ursachen sind möglich, wie etwa Korpuskularstrahlung, Anregung durch Stöße zwischen den einzelnen Molekülen und auch der Strahlungseinfluß des Sonnenlichts durch Fluoreszenzanregung.

Nach neueren Untersuchungen ist anzunehmen, daß für das Leuchten der Kometengase nur der Einfluß der Sonnenstrahlung verantwortlich ist (Resonanzleuchten). Durch Sonnenstrahlung wird aus dem festen Kern Gas verdampft und zum Leuchten angeregt. Es wurden Resonanzbanden der Moleküle CN, C_2, CO^+, N_2^+, CH, OH, NH, CH^+, CH_2 beobachtet. Die Gase werden durch den Strahlungsdruck mit konstanter Beschleunigung in Richtung des verlängerten Radiusvektors in den Raum getrieben, wobei Geschwindigkeiten im Kometenkopf von etwa 10 km s^{-1} und am Schweifende von 100 bis 1000 km s^{-1} auftreten. Dabei setzt an den Molekülen eine Dissoziation ein, d. h. eine Aufspaltung in einzelne Atome. Das Resonanzleuchten hört damit auf. Durch die unterschiedliche Lebensdauer der verschiedenen Gasmolekülsorten findet eine Entmischung statt. So leuchten im Kopf hauptsächlich die Moleküle des C_2 und CN, während die in geringerem Maß vorhandenen CO^+- und N_2^+-Moleküle wegen ihrer größeren Lebensdauer erst im Schweif in Erscheinung treten.

4.2.6 Dimensionen und Massen von Kometen

Bei Angaben über Größen von Kometen muß man zwischen den Dimensionen für Kern, Koma und Schweif unterscheiden. Wegen der Schwierigkeit in der Festlegung der Grenzen der einzelnen Teile sind alle Bestimmungen mit Unsicherheiten behaftet. Beim Schweif kommt hinzu, daß seine Länge nur dann bestimmt werden kann, wenn seine genaue Lage im Raum bekannt ist.

Der Kern ist der eigentliche Kometenkörper. Nach den heutigen Vorstellungen handelt es sich um einen »kosmischen Schneeball« aus Eis der Moleküle H_2O, CO_2, CO, HCN u. a. In dieser gefrorenen Materie sind feste, meteoroidische Partikel, also Staub und kleine Brocken, eingelagert. Sie bestehen aus Verbindungen schwererer Elemente. Die Durchmesser von Kometenkernen – sie können i. a. wegen der bei Annäherung an die Sonne sich ausbildenden Koma nicht gemessen werden – liegen etwa bei 0.6 bis 8 km, mit typischen Werten um 2 bis 4 km. Es sollen aber auch Durchmesser bis zu 100 km vorkommen. Legt man den typischen Durchmesserwert und eine Dichte von 1 g cm^{-3} zugrunde, dann ergeben sich Massewerte von 10^{11} bis 10^{13} kg, d. h. etwa 10^{-12} Erdmassen.

Die Masse eines Kometen ist in der Hauptsache im Kern konzentriert. Die Gase der Koma und des Schweifs tragen wenig zu ihr bei. Die Gase der Koma beginnen bei etwa einem Sonnenabstand von 5 AE aus der festen Materie des Kerns abzudampfen. Bei weiterer Annäherung an die Sonne bildet sich dann die Koma voll aus. Diese Gasatmosphären erreichen Durchmesser von 10^5 km.

Durchmesser einiger Kometenköpfe

Komet		Durchmesser des Kopfs in	
		km	Erddurchmessern
1932 g	Geddes	$190 \cdot 10^3$	14.9
1932 k	Peltier-Whipple	$130 \cdot 10^3$	10.2
1932 m	Brooks	$18 \cdot 10^3$	1.4
1933 a	Peltier	$70 \cdot 10^3$	5.5
1937 f	Finsler	$620 \cdot 10^3$	48.8
1986	Halley	$850 \cdot 10^3$*	66.1*

* Durchmesser der Gashülle (vgl. Kerndurchmesser in Tabelle Zusammenfassung der wichtigsten Halley-Daten)

Die von der Erdoberfläche aus nicht nachweisbare Wasserstoff-Korona, die nur im Ultravioletten sichtbar ist, hat einen Durchmesser von einigen 10^6 km. Da die Temperatur des Kometenkerns höchstens um 150 ... 350 K beträgt, kann aus spektroskopischen Häufigkeitsbestimmungen abgeschätzt werden, daß in einem Sonnenabstand von 1 AE etwa 10^{29} ... 10^{30} Moleküle pro Sekunde aus dem festen Kern in die Koma nachgeliefert werden.

Der Schweif bildet sich erst aus, wenn ein Komet in den inneren Bereich des Sonnensystems (etwa 3 AE) kommt und wenn genügend flüchtige und staubförmige Substanzen freigesetzt werden. Dabei können sich Schweife ausbilden, deren Extremlängen bei

4.2 Kometen

Ausbildung und Richtung des Kometenschweifs längs der Bahn des Kometen

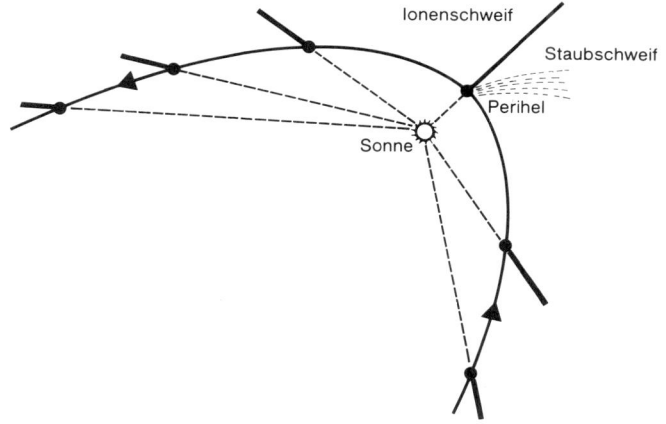

10^8 km liegen. Schwächere Kometen, die noch einen ausgebildeten Schweif zeigen, haben Schweiflängen von einigen 10^6 km. Wegen der geringen Dichte der Schweifpartikel – helle Sterne sind meist durch den Schweif hindurch sichtbar – werden die ionisierten Bestandteile (CO^+, CO_2^+) durch das interplanetare Plasma, den Sonnenwind, radial von der Sonne weg, nach außen getragen. In diesem Ionenschweif kann die Sonnenwindgeschwindigkeit – sie liegt im allgemeinen bei 400 ... 600 km s^{-1} – bestimmt werden. Die Staubkörner – sie bilden den Staubschweif – verhalten sich anders. Sie werden zwar zunächst von dem abströmenden Gas der Koma mitgenommen, ziehen dann aber auf Keplerbahnen um die Sonne.

Schweiflängen einiger großer Kometen

Komet	1811	Schweiflänge	90 · 10^6 km
Komet	1843	Schweiflänge	250 · 10^6 km
Komet	1858	Schweiflänge	70 · 10^6 km
Halley	1910	Schweiflänge	30 · 10^6 km
Halley	1986	Schweiflänge	24 · 10^6 km

4.2.7 Die Giotto-Mission

Die Annäherung des Kometen Halley eröffnete im März 1986 die Möglichkeit, den physikalischen Zustand und die chemische Natur seiner Materie unmittelbar durch Raumsonden zu erforschen. Die Bahnkurve von Halley ist mit ausreichender Genauigkeit bekannt, um eine Raumsonde, trotz der hohen Geschwindigkeit von ca. 80 km/s, ins Ziel zu lenken; außerdem wurde gerade von Halley aufgrund der starken Staub- und Gas-Emission vermutet, daß er noch eine ursprünglichere Zusammensetzung aufweist als andere kurzperiodische Kometen und damit wesentliche Rückschlüsse auf die Vorgänge vor und während der Entstehung des Sonnensystems erlaubt. Anfang 1986 näherten sich insgesamt sechs Raumsonden dem Kometen (zwei sowjetische, zwei japanische, eine amerikanische und eine europäische), um Gas und Staub in seiner unmittelbaren Nähe zu analysieren. Die japanischen Sonden

Sakigake und Suisei führten Messungen im Bereich der Schockfront und der Wasserstoffkoma durch (Distanz zu Halley ca. 10^7 bzw. 10^5 km), die sowjetischen Vega 1- und Vega 2-Missionen – beide Sonden sind identisch und hatten vor ihrem Halley-Vorbeiflug im Juni 1985 schon Erkundungsballons in der Atmosphäre der Venus abgesetzt – näherten sich Halley bis auf ca. 8000 km und sammelten Daten über das Plasma der kometaren Ionosphäre. Die amerikanische Sonde ICE (NASA), die im September 1985 schon den Plasmaschweif des Kometen Giacobini-Zinner durchquert hatte, lieferte Daten aus dem anströmenden Sonnenwind. Der von der europäischen Raumfahrtagentur ESA durchgeführten Giotto-Mission kommt insofern eine herausragende Bedeutung zu, als mit ihr erstmalig in situ Messungen in unmittelbarer Nähe des Kometenkerns realisiert werden konnten. Giotto durchquerte die Ionosphäre des Kometen, machte aus einer Minimalentfernung von nur 600 km Photographien des Kometenkerns und analysierte teilweise noch unprozessierte Kometenmaterie. Im einzelnen brachte die Giotto-Mission folgende Ergebnisse:

Die Plasmakomponente
Mit den in der Giotto-Sonde installierten Teilchenexperimenten konnten ionisierte Wasserstoffatome aus der Kometenkoma aufgrund ihrer charakteristischen Geschwindigkeitsverteilung bereits eindeutig in 8 Mio. km Entfernung vom Kern des Kometen nachgewiesen werden. Diese Protonen werden vom Magnetfeld des Sonnenwinds beschleunigt und fliegen auf Zykloidenbahnen von der Sonne weg. Der Sonnenwind wird nach und nach langsamer, und schließlich bildet sich analog zur irdischen Magnetosphäre in $1.1 \cdot 10^6$ km Entfernung eine eher weiche Stoßfront aus, bei der auf einer Distanz von 40 000 km die Ionengeschwindigkeit von 320 auf 260 km/s abfällt, während die thermische Geschwindigkeit der Ionen von 50 auf 100 km/s ansteigt.
Das Druckgleichgewicht zwischen anströmendem Sonnenwindplasma und abströmenden kometaren Molekülionen stellt sich in einer Entfernung von 4600 km vom Kometenkern ein. Die magnetische Flußdichte sinkt hier vom Maximalwert von 60 Nanotesla (zum Vergleich, interstellares Feld: 8 Nanotesla) auf 0 ab, die Temperatur der Ionen fällt von 2000 K auf ca. 300 K. Da das Magnetfeld nicht in die Ionosphäre von Halley eindringen kann, laufen die Magnetfeldlinien um dieses Gebiet herum und zerlegen hinter dem Kometen den Ionenschweif in zwei halbzylinderförmige Gebiete mit entgegengesetzten Magnetfeldrichtungen. Die oft beobachtete Abtrennung des Schweifs ist folgendermaßen zu erklären: Das von der Sonne erzeugte Magnetfeld zerfällt in vier Sektoren entgegengesetzter Polarität, die sich gleichförmig ausdehnen, während sie der Rotation der Sonne folgen. In der Ebene der Erdbahn ergibt sich daraus das Muster eines viergeteilten Spiralwirbels. Überquert der Komet die Grenze zwischen zwei solchen Sektoren, so entstehen extreme magnetische Feldinstabili-

4.2 Kometen

Struktur der kometaren Umgebung in Sonnennähe

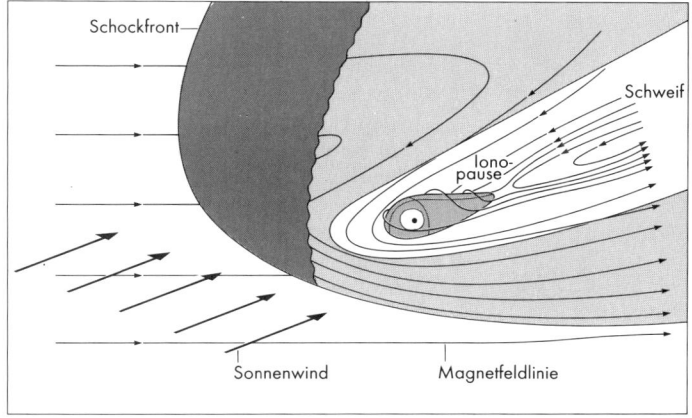

täten, die eine magnetische Rekonnexion, d. h. eine teilweise Vernichtung des im Schweif ausgebildeten Magnetfelds zur Folge haben. Die alten Feldlinien werden vom Kometen abgetrennt und gemäß dem Verlauf des neuen Felds ausgerichtet. Im Innern dieser magnetischen Flußröhre bleibt das alte Material weiterhin eingefangen, während der Komet unverzüglich einen neuen Plasmaschweif mit der Polarität des neuen Magnetfelds ausbildet.

Zusammensetzung der Gaskoma
Man geht davon aus, daß ca. 70% des Kernmaterials aus verdampfbarem Material bestehen, einem Material, das bei terrestrischen Planeten, dem Mond und auch den Meteoroiden weitgehend verlorengegangen ist, und dessen Analyse deshalb besondere Bedeutung für das Verständnis der Frühphase unseres Planetensystems zukommt. Aus den in minimaler Vorbeiflugdistanz zum Kometenkern gewonnenen massenspektrometrischen Messungen ergibt sich die in der Tabelle angegebene ursprüngliche chemische Zusammensetzung der Koma.

Das Kohlenmonoxid entweicht nicht als Gas aus dem Kometenkern, sondern stammt aus kleinen, durch das Sonnenlicht aufgeheizten Staubkörnern. Die Geschwindigkeit des expandierenden Gases beträgt ca. 800 m/s. Sie steigt stetig bis auf einen Wert von 1 km/s in 20000 Kilometer Entfernung an. Die ursprünglichen Bestandteile des verdampften Kometenmaterials werden von der Strahlung der Sonne aufgebrochen und schließlich ionisiert.

Informationen über die Elementzusammensetzung in der Gasphase lieferten die durch das IMS-Experiment gemessenen Ionen-Massenspektrogramme. Diese Analyse ist von großer Bedeutung, da die wichtigen Elemente H, C, N, O und S sowohl in der Gas- als auch in der Staubphase des Kometen zu finden sind.

Die aus den Daten abgeleiteten Häufigkeiten, insbesondere das hohe CO-zu-CH_4-Verhältnis, haben wichtige Konsequenzen für Modelle des frühen Sonnensystems.

Molekülhäufigkeiten in der Koma von Halley

Molekül	Häufigkeit
H_2O	0.8
CO	0.10 ... 0.15
CO_2	0.027
CH_4	0.002 ... 0.012
NH_3	0.01 ... 0.02
N_2	0.0004
H_2CO	0.015
HCN	0.001

Die Staubkomponente
Durch die Einwirkung der Sonnenstrahlung sublimiert das im Kometen enthaltene Eis, und mit ihm werden die darin eingebetteten Staubkörner vom Kometen weggetrieben. Für Staubteilchen kleiner als 1 µm ist der Strahlungsdruck der Sonne die dominierende Kraft, so daß diese Partikel in radialer Richtung nach außen beschleunigt werden und den Staubschweif bilden. Für die Staubteilchen ergeben sich parabelförmige Bahnen, und es kann zur Ausbildung schichtförmiger Strukturen um den Kometen kommen, wie bei Halley beobachtet. Für Staubkörner größer als 1 µm überwiegt die Gravitationsanziehung die Strahlungskraft. Sie bleiben daher in der Nähe der Kometenbahn und bilden die bekannten Meteorströme (im Fall Halley: Orioniden, Aquariden), einen breiten Teilchenfluß, der sich gleichmäßig über die Bahn des Kometen ausbreitet.

Anhand von visuellen und radartechnischen Untersuchungen an diesen Partikeln bei ihrem Eintritt in die Erdatmosphäre konnte ihre Dichte bestimmt werden. Sie ist mit im Mittel 0.25 g cm^{-3} recht gering und weist auf eine eher lose zusammengebackene Struktur hin, wie sie auch bei den in der irdischen Stratosphäre entdeckten sogenannten Brownlee-Teilchen gefunden worden ist (mittlere Dichte 1 g cm^{-3}), die element-analytisch der silikatischen Komponente der Kometen-Staubteilchen entsprechen. Aus der gesamten ermittelten Staubmasse konnte für Halley eine Gesamt-Staubabgaberate von 6 bis 10 Tonnen pro Sekunde ermittelt werden.

Während des Vorbeiflugs der Giotto-Sonde wurde eine große Anzahl von Staubteilchen im Größenbereich von 0.1 µm bis 1.3 mm Durchmesser, das entspricht Massen von 10^{-16} g bis 10^{-33} g, untersucht. Die Dichte des Staubmaterials variierte dabei in einem Bereich von 0.1 bis 4 g cm^{-3}.

Trotz erheblicher Variationsbreiten im Verhältnis von leichten Elementen (C, H, O, N) zu den silikatischen Elementen (Mg, Al, Fe, Si) kann man feststellen, daß für schwerere Elemente mit einer Massenzahl größer 20 eine weitgehende Übereinstimmung mit den in kohligen Chondriten gefundenen Häufigkeiten besteht, während die leichten Elemente eine auffällige Anreicherung zeigen. Zum kleineren Teil stammen sie aus dem kometaren Eis an der Oberfläche und aus Einschlüssen der Staubpartikel. Der Großteil dieser leichten Komponente ist jedoch nicht flüchtig und besteht aus polymerisiertem organischem Material. Dies und die festgestellte niedrige Dichte der Halley-Staubteilchen unterstützt jene Vorstellungen über den Aufbau des Kometenstaubs, nach denen es sich dabei um ein Koagulat aus submikroskopisch kleinen silikatischen Kernen handelt, die von organischen Mänteln und Eis umgeben sind.

Die Entstehung der in der Erdatmosphäre gefundenen Brownlee-Teilchen erklärt sich somit durch das unterschiedlich schnelle Verdampfen der Eis- und der Staubkomponente unter Einwirkung der Sonnenstrahlung.

4.2 Kometen

Zusammensetzung der Halley-Staubkörner im Vergleich zu den mittleren Häufigkeiten des Sonnensystems und den CI-Chondriten, bezogen auf die Häufigkeit des Magnesiums (= 100)

Element	Halley Staub	Halley Staub und Eis	Sonnensystem	CI-Chondrite
H2	2025	4062	2 600 000	492
C	814	1010	940	70.5
N	42	95	291	5.6
O	890	2040	2 216	712
Na	10	10	5.34	5.34
Mg	= 100	= 100	= 100	= 100
Al	6.8	6.8	7.91	7.91
Si	185	185	93.1	93.1
S	72	72	46.9	47.9
K	0.2	0.2	0.35	0.35
Ca	6.3	6.3	5.69	5.69
Ti	0.4	0.4	0.223	0.223
Cr	0.9	0.9	1.26	1.26
Mn	0.5	0.5	0.89	0.89
Fe	52	52	83.8	83.8
Co	0.3	0.3	0.21	0.21
Ni	4.1	4.1	4.59	4.59

aus: Comets in the Post-Halley Era, Vol 1, eds. Newburn et al., Kluwer Academic Publishers, 1991, p. 1081 (IAU Colloqu. Nr. 116)

Einen wichtigen Hinweis darauf, daß es sich beim Halleyschen Kometen tatsächlich um Material aus dem Sonnensystem handelt, lieferte eine Untersuchung der Isotopenhäufigkeiten. Diese stimmen für die Elemente C, Mg, Si und Fe weitgehend mit den für das Sonnensystem typischen Werten überein.

Der Kometenkern und seine Zusammensetzung
Die Giotto-Aufnahmen des Kerns brachten überraschende Ergebnisse. Zum einen sind seine Dimensionen mit $16 \times 8 \times 8$ km erheblich größer als die aus älteren Messungen abgeschätzten Werte für Halley von ca. 4 km Kantenlänge. Aus der Kernmasse von 10^{11} Tonnen und dem Volumen von 500 km^3 ergibt sich eine mittlere Dichte von 0.1 bis 0.3 g cm^{-3}. Zum andern ist die Albedo mit 4% wesentlich geringer als vermutet; Halley ist damit einer der dunkelsten bisher bekannten Körper im Sonnensystem.
Aus den Photographien konnte außerdem festgestellt werden, daß praktisch alles Gas und aller Staub den Kometen in Form von Jets verläßt, wobei die aktiven Emissionsregionen nur einen Anteil von 10% der Gesamtfläche ausmachen. Durch die jetförmige Materieabgabe und die Rotation des Kerns bilden sich Schichtstrukturen, aus denen man für die Drehbewegung des Kometen eine Periode von 2.2 Tagen um die Quer- und von 7.4 Tagen um die Längsachse ableiten konnte.
Die Elementzusammensetzung des Kometenkerns muß aus den Analysen der inneren Staub- und Gaskoma bestimmt werden. Aus

4 Kleinkörper im Sonnensystem

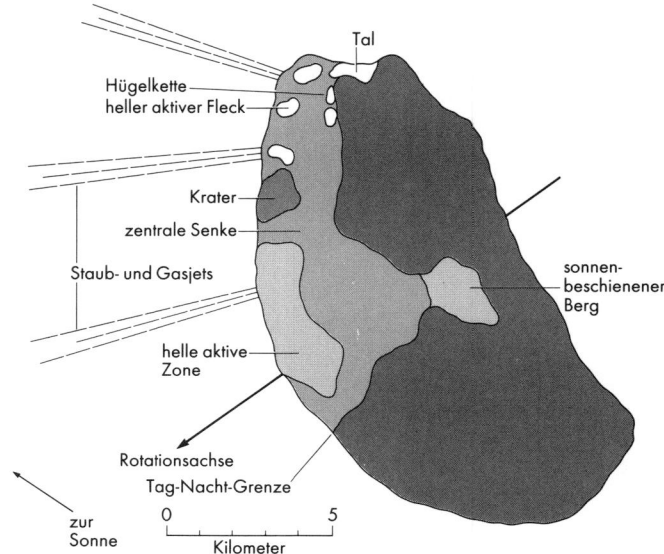

Kern des Kometen Halley. Schematische Landkarte der Kernoberfläche

den Daten ergibt sich ein Gas-zu-Staub-Verhältnis von 2:1 und ein Gehalt von flüchtigen Stoffen, der 20 bis 30 mal höher ist als in den CI-Meteoriten, dem primitivsten bisher untersuchten Material. Dies entspricht etwa solarer Zusammensetzung.

Der mit der Sonnendistanz von innen nach außen zunehmende Anteil von flüchtigen Elementen in den verschiedenen Körpern des Sonnensystems ist ein Indiz für die Abnahme der Temperatur mit zunehmendem Abstand vom Zentrum des solaren Nebels. Im

Zusammenfassung der wichtigsten Halley-Daten nach der Giotto-Mission

Gesamtmasse	M_{Halley}	10^{11}	Tonnen
Massenverlustrate	M_{Halley}	20	Tonnen s^{-1}
Staubproduktionsrate	M_{Staub}	6...10	Tonnen s^{-1}
Größe		16 × 8 × 8	km
Massendichte des Kerns	ϱ	0.1...0.3	g cm^{-3}
Rotationsperiode	P_b	2.2	d
	P_a	7.4	d
Albedo		0.04	
Gas-zu-Staub-Verhältnis im Kern		2	
Temperatur Kernoberfläche	T	320	K
Aktive Oberfläche		10	%
Entstehungstemperatur		<150	K
Geschwindigkeit der Moleküle	v_{Mol}	800...1000	m s^{-1}
Meteorströme Halleys		Orioniden η Aquariden	
Mittlere Massendichte in den Meteorströmen	ϱ_{Meteor}	0.25	g cm^{-3}

4.2 Kometen

Bereich der Erdbahn gibt es nur ganz geringe Mengen von flüchtigen Elementen. In den C-Meteoriten, deren Entstehungsabstand weiter außen, bei zwei bis vier Astronomischen Einheiten, vermutet wird, sind Kohlenstoff und Stickstoff schon wesentlich häufiger. Im mutmaßlichen Entstehungsgebiet der Kometen ist kein Defizit an Kohlenstoff mehr festzustellen, während Stickstoff noch unterrepräsentiert zu sein scheint.

Die Fülle der durch Giotto gewonnenen Erkenntnisse, wie z. B. der Reichtum an flüchtigen Molekülen, die geringe Dichte des Kerns oder auch die Feinheit des Staubs, deuten darauf hin, daß Halley ein Körper ist, der auch heute noch aus Originalkondensaten besteht, d. h. aus Materie, die sich bei Temperaturen von ca. 150 K gebildet und seit der Entstehung des Sonnensystems nur relativ wenig – wenn überhaupt – verändert hat.

4.2.8 Auflösung und Herkunft der Kometen

Kurzperiodische Kometen zeigen bei ihrer jeweiligen Wiederkehr eine mehr oder weniger starke Abnahme ihrer reduzierten Helligkeit. Die Helligkeitsabnahme ist teilweise beträchtlich, ja, sie geht so weit, daß mancher Komet nicht wieder aufgefunden wird. Schneidet die Erde die Bahn eines solchen in Auflösung begriffenen oder schon aufgelösten Kometen, so beobachtet man in nicht seltenen Fällen starke Meteorschauer. Zusammenhänge zwischen Kometen und Meteorfällen konnten einwandfrei festgestellt werden (s. 4.3.2). Langperiodische Kometen zeigen nicht so schnell Zerfallserscheinungen, da die von den großen Körpern des Sonnensystems auf sie einwirkenden Störungen geringer sind.

Helligkeitsabnahme einiger kurzperiodischer Kometen

Komet	Helligkeitsabnahme in 50 Jahren	Komet	Helligkeitsabnahme in 50 Jahren
Encke	$0^{m}5$	Tempel-Swift	$1^{m}8$
Faye	$3^{m}4$	Perrine	$4^{m}9$
D'Arrest	$0^{m}4$	Brooks	$4^{m}5$
Tempel 2	$1^{m}1$	Borelly	$3^{m}0$
Pons-Winnecke	$0^{m}9$	Kopff	$5^{m}0$
Finlay	$4^{m}4$	Tuttle	$1^{m}1$
Wolf	$3^{m}7$	Giacobini-Zinner	$0^{m}0$

Oortsche Wolke

Die Kometen sind schon von ihrer Entstehung her Mitglieder des Sonnensystems. Sie sind nach heutigen Vorstellungen unversehrte Relikte, sogenannte Planetesimale aus der Zeit der Planetenentstehung vor rund $4.5 \cdot 10^9$ Jahren (s. 11.8). Nach J. Oort bewegt sich die ganz überwiegende Mehrzahl der etwa 10^{11} Kometenkerne unter der Gravitationswirkung der Sonne in Bahnen, die weit außerhalb unseres Planetensystems liegen. Sie bilden die äußere Grenze des Sonnensystems bei etwa $5 \cdot 10^4$ AE. Diese Kometenwolke ist weder optisch noch gravitativ nachweisbar. Durch kleine Gravitationsstörungen, z. B. durch nahe vorüberziehende Sterne, gelangen gelegentlich einzelne Objekte aus dieser »Oortschen Wolke« auf stark exzentrischen Bahnen in den innern Bereich des

Sonnensystems. Die Bahnen solcher Kometen weisen keinen bevorzugten Umlaufsinn auf und sind bezüglich ihrer Bahnneigung zur Planetenebene (Ekliptik) statistisch verteilt; sie sind nahezu parabolisch. Die kurzperiodischen Kometen hingegen sind in ihren Bahnelementen zu den großen Planeten hin orientiert, sie zeigen auch den gleichen Umlaufsinn um die Sonne.

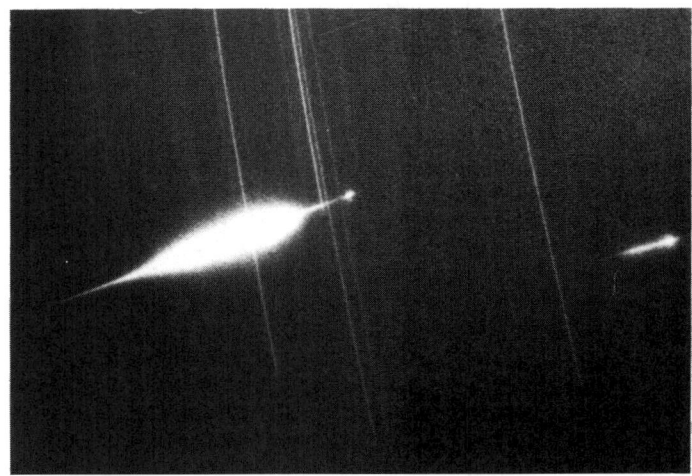

Feuerkugelaufnahme mit feststehender geöffneter Kamera
(Foto: M. Karrer, Graz)

4.3 Meteore und Meteorite

Unter der Bezeichnung Meteor werden in der Meteorologie alle vom Himmel fallenden festen und flüssigen Körper verstanden. Dementsprechend unterscheidet man Feuer- und Wassermeteore (unter letzteren Regen, Schnee, Graupel und Hagel). Diese Bedeutung des Worts kommt in der Bezeichnung der Wetterkunde als Meteorologie zum Ausdruck. In der Astronomie versteht man unter Meteoren die mit Lichtaussendung verbundenen Erscheinungen, die durch Eindringen kosmischer Kleinkörper in die irdische Lufthülle hervorgebracht werden. Kleine, lichtschwache Meteore werden Sternschnuppen, die größeren Feuerkugeln oder Bolide genannt. Hingegen bezeichnet man Körper, die die Erscheinungen der Meteore hervorrufen, als Meteoroide, deren unverdampfte, zur Erdoberfläche gelangten und aufgefundenen Reste als Meteorite.

4.3.1 Die Leuchterscheinung – Meteore

Die Annäherung eines Meteoroids an die Erde ist primär nicht, wie vielfach gemeint wird, ein dynamischer, auf der Erdziehung beruhender Vorgang, sondern ein kinematischer, d. h. ein Zusammenstoß zweier nahezu unabhängig voneinander sich bewegender Himmelskörper; die Erdziehung beeinflußt die Bahn des Meteoroids nur im Endstadium. Beim Eindringen in die hohen Atmo-

4.3 Meteore und Meteorite

sphäreschichten werden Meteoroide durch Aufleuchten als Meteore sichtbar. Über die Art des Leuchtvorgangs gibt es verschiedene Theorien. Bisher ist gesichert, daß das Leuchten nicht, wie man annehmen möchte, durch Reibung an Luftmolekülen erklärt werden kann, da die Luftdichte in den Höhen des Aufleuchtens viel zu gering ist; vielmehr nehmen die Theorien einerseits die Verdichtung (Kompression) der Luft vor den Meteoroiden, andererseits die Stoßanregung als Ursache für das Aufleuchten an. Es herrscht Ungewißheit darüber, welche Massen den Meteoren zuzuordnen sind. Man kann heute aber sagen, daß ein Meteor 1. Größe (so hell wie die hellsten Sterne des Himmels) etwa eine Masse zwischen 6 mg und 1.6 g hat.

Höhe des Aufleuchtens und Erlöschens von Sternschnuppen, Feuerkugeln und Meteoritenfällen

	Höhe des Aufleuchtens	Höhe des Erlöschens
Große Meteore	138.6 km (121 Fälle)	49.7 km (213 Fälle)
Feuerkugeln ohne Donner		60 km (147 Fälle)
Feuerkugeln mit Donner		31 km (57 Fälle)
Meteoritenfälle		22 km (16 Fälle)
Perseiden (nach Weiß)	115 km	88 km
Leoniden (nach Olivier)	124 km	89.5 km
Lyriden (nach Hoffmeister)	–	85 km

Abschätzungen der interplanetaren Staubdichte lassen bei einer Annahme von 7.5 g cm^{-3} für die Dichte der Teilchen auch Angaben über den Masseauffall pro Tag auf die Erde zu. Es ergibt sich:

Masse der Teilchen mit einem Teilchenradius größer als 10^{-2} cm etwa 1.0 t;

Masse der Teilchen mit einem Teilchenradius kleiner als 10^{-2} cm etwa 6500 t.

Aufgrund von Untersuchungen des Tiefseeschlamms kam man unabhängig auf ein ähnliches Ergebnis, daß also pro Tag mehrere tausend Tonnen meteoritischen Materials auf die Erde fallen.

4.3.2 Meteorströme

Meteore treten nicht selten als ausgeprägte Meteorschauer auf, die von einem Punkt der Sphäre, dem scheinbaren Ausstrahlungspunkt (Radiant), auszugehen oder herzukommen scheinen. Da solche Meteorschauer mit mehr oder weniger großer Regelmäßigkeit wiederkehren, muß man annehmen, daß ausgedehnte Schwärme von meteoroidischen Teilchen den interplanetaren (zwischen den Planeten liegenden) Raum durchziehen. Diese Teilchenschwärme werden ebenso wie die durch sie verursachten Meteorschauer als Meteorströme bezeichnet. Es ist mit Sicherheit nachgewiesen, daß es Beziehungen zwischen Meteorströmen und Kometen gibt. Kometen sind wenig beständige Gebilde. Für ihre Auflösung werden als Ursachen angegeben: Unterschiede der Sonnenanziehung auf verschiedene Teile des Kometenkopfs und -kerns;

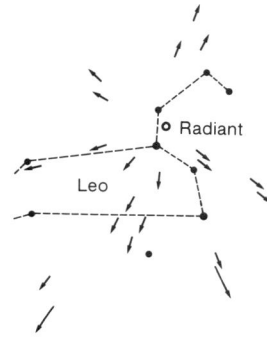

Der Leonidenschwarm, ein Meteorstrom, der Mitte November auftritt und dessen Radiant im Sternbild Löwe liegt

Kometarische Ströme

Bezeichnung	Scheinbarer Radiant		Datum des Maximums	Dauer	Komet	Beschreibung
	Rekt.	Dekl.				
Lyriden	273°	+35°	Apr. 22	Apr. 12−24	1861 I	scharfes Maximum
Mai-Aquariden	338°	− 1°	Mai 5	Apr. 29−Mai 21	Halley	scharfes Maximum
Perseiden	43°	+56°	Aug. 11	Juli 20−Aug. 19	1862 III	scharfes Maximum
Orioniden	94°	+16°	Okt. 19	Okt. 11−30	Halley	mäßig scharfes Max.
Leoniden	151°	+21°	Nov. 16	−	1866 I	instabil; Max. z. Z. wenig ausgeprägt

Störungen durch die großen Planeten; Vorgänge im Innern der Kometen. Diese Auflösung führt zu einer Verteilung der Materie des Kometen über seine Bahn. Selbstverständlich kann der einem Kometen zugehörige Meteorstrom nur beobachtet werden, wenn seine Bahn einen mit der Erdbahn gemeinsamen Punkt hat. Diese Bedingung braucht aber nicht in aller Schärfe erfüllt zu sein, denn die Breite der Meteorströme ist in manchen Fällen beträchtlich. Auffallend ist, daß es recht stabile Meteorströme gibt, andere aber sehr labil zu sein scheinen, so daß Vorhersagen auf starke Sternschnuppenfälle nicht immer eingetroffen sind.

C. Hoffmeister hat die Meteorströme, die planetarischen Ursprungs sind und deren scheinbare Radianten am Himmel in der Nähe der Ekliptik liegen, in den sogenannten ekliptikalen Strömen zusammengefaßt. Aufgrund seiner eingehenden Untersuchungen hat er die in den Tabellen gegebenen Meteorströme nachgewiesen und sie, soweit es möglich war, den kometarischen und ekliptikalen Strömen zugeordnet. Die Benennung der einzelnen Ströme richtet sich jeweils nach dem Sternbild, in dem der Radiant liegt (z. B. bei den Virginiden im Sternbild Virgo).

4.3.3 Einteilung und Charakterisierung der Meteorite

Meteorite bieten − wenn man von dem durch die Apollo- und Luna-Unternehmungen zur Erde gebrachten Mondgestein absieht − die einzige Möglichkeit, Materie aus dem Kosmos in irdischen Laboratorien mit mineralogischen, petrographischen, chemischen und physikalischen Methoden zu untersuchen. Neben Kenntnissen über die stoffliche Zusammensetzung außerirdischer Materie erhalten wir hier die Möglichkeit auch einer Altersbestimmung an diesen Stoffen.

	Fälle	%	Funde	%	Fälle u. Funde	%
Eisenmeteorite	42	6	503	59	545	35
Eisen-Stein-Meteorite	12	2	55	6	67	4
Steinmeteorite	628	92	304	35	932	61
Summe	682	100	862	100	1544	100

4.3 Meteore und Meteorite

Ekliptikale Ströme

Bezeichnung	Scheinbarer Radiant Rekt.	Dekl.	Datum des Maximums	Dauer	Beschreibung
Virginiden	200°	− 6°	Apr. 3	Mrz. 1 – Mai 10	Maximum kaum angedeutet
Sco-Sgr-System	270°	− 30°	Juni 14	Apr. 20 – Juli 30	Maximum mäßig hervorgehoben, Radiant stark streuend
Juli-Aquariden	343°	− 17°	Aug. 3	Juli 25 – Aug. 10	Maximum scharf
Pisciden	0°	+ 4°	Sept. 12	Aug. 16 – Okt. 8	Maximum sehr flach
Tauriden	58°	+ 21°	Nov. 13	Sept. 24 – Dez. 10	Maximum mäßig hervorgehoben
Geminiden	113°	+ 30°	Dez. 12	Dez. 5 – 19	Maximum scharf

Für die Forschung ist es besonders wichtig, daß »frisches« Material zur Untersuchung gelangt, d. h. Meteorite, deren Fallen beobachtet wurde und die noch nicht mit irdischen Gasen und Verbindungen kontaminiert sind. Bisher dürften Proben von etwa 700 Fällen und von etwa 900 bis 1000 Funden untersucht worden sein. Darin sind nicht die auf dem antarktischen Kontinent gemachten großen Funde enthalten. Die untersuchten Proben verteilen sich, wie in der Tabelle dargestellt, unterschiedlich auf die drei Hauptgruppen der Eisen-, der Eisen-Stein- und der Steinmeteorite.
Die Unterschiede zwischen den Zahlen beobachteter Meteoritenfälle und den Zahlen der Meteoritenfunde erklären sich aus der Tatsache, daß Eisenmeteorite wegen ihres auffälligen Aussehens (Ausschmelzerscheinungen, sogenannte Rhegmaglypten) leichter und häufiger aufgefunden werden. Steinmeteorite verwittern aufgrund ihrer porösen Strukturen schneller und unterscheiden sich nicht sehr von irdischem Material.
Zur Feststellung der kosmischen Häufigkeit der einzelnen Elemente und Minerale können also nur Meteorite herangezogen werden, deren Fallen beobachtet wurde. Eisenmeteorite bestehen fast ausschließlich aus Eisen und Nickel. Eine Feinklassifikation geht bei ihnen nach steigendem Nickelgehalt, von etwa 5 % bis 15 %. In Ausnahmefällen kann der Nickelanteil bis 30 % und mehr betragen. Steinmeteorite, sie bestehen überwiegend aus Silikatgestein, unterteilt man in zwei größere Gruppen. Die Chondrite enthalten etwa millimetergroße Silikatkugeln, sogenannte Chondren, die in eine Grundmasse, die Matrix, eingebettet sind. Die Matrix unterscheidet sich in ihrer chemischen und mineralogischen Zusammensetzung kaum von den Chondren. Eine Untergruppe, die kohligen Chondrite, zeichnet sich durch hohen Kohlenstoffgehalt aus. Es ist noch nicht geklärt, inwieweit hier ein Zusammenhang mit den im interstellaren Medium gefundenen organischen Kohlenstoffverbindungen (polyaromatische Kohlenwasserstoffe, Ruß usw.) besteht. Biologische Prozesse zur Bildung der Kohlenstoffverbindungen können aber ausgeschlossen werden. Die Unterteilung der Chondrite wird – neben einer mineralischen und petrographischen Einteilung – nach dem gegenläufigen Verhältnis von Eisen in der

Metall- und in der Oxidphase durchgeführt. Die zweite größere Gruppe der Steinmeteorite, die Achondrite, wird in zwei Untergruppen, die kalziumarmen und die kalziumreichen aufgeteilt. Die Eisen-Stein-Meteorite sind ihrer Anzahl nach von geringerem Interesse.

4.3.4 Das Alter der Meteorite

Wie an Mondgestein können auch an Meteoriten Altersbestimmungen durchgeführt werden. Die Methoden sind weitgehend die gleichen; sie beruhen auf der Messung der Mengenverhältnisse radioaktiver Ausgangsnuklide und der Verhältnisse der aus ihnen hervorgehenden Produkte. Zwei verschiedene Alter werden bestimmt, einmal das radiogene Alter und zum andern das Bestrahlungsalter.

Zur radiogenen Altersbestimmung benutzte Zerfallsreihen

			Halbwertszeit $T_{1/2}$
$^{238}U \longrightarrow$	^{206}Pb + 8 ^4He		$4.49 \cdot 10^9$ Jahre
$^{235}U \longrightarrow$	^{207}Pb + 7 ^4He		$0.713 \cdot 10^9$ Jahre
$^{232}Th \longrightarrow$	^{208}Pb + 6 ^4He		$13.9 \cdot 10^9$ Jahre
$^{87}Rb \longrightarrow$	^{87}Sr + β^-		$50 \cdot 10^9$ Jahre
^{40}K	^{40}Ar + K-Einfang + γ		$1.31 \cdot 10^9$ Jahre
	^{40}Ca + β^-		

Zur Bestimmung des radiogenen Alters wird der radioaktive Zerfall langlebiger Isotope herangezogen. Je nachdem, ob zur Altersbestimmung ein festes oder ein gasförmiges Tochterprodukt gewählt wird, erhält man aus dem gegenwärtigen Massenverhältnis von Mutter- und Tochtersubstanz, unter Verwendung der bekannten Zerfallskonstante (Halbwertszeit), sowie unter gewissen Annahmen über die ursprüngliche Konzentration der Muttersubstanz, sogenannte Verfestigungs- bzw. Edelgasalter der Meteorite. Mit dieser Methode wird als Maximalalter die Zeit seit der letzten Verfestigung des untersuchten Objekts ermittelt. Erst von diesem Zeitpunkt an sind die Umwandlungsprodukte am Ort ihrer Entstehung geblieben. Mit dem Edelgasalter wird der Zeitraum nach der letzten großen Erhitzung des Gesteins bestimmt.

Die Meteorite waren im Weltall der kosmischen Strahlung (s. 10.8) ausgesetzt. Diese Strahlung besteht überwiegend aus hochenergetischen Protonen (87 % Protonen, 12 % α-Teilchen, 1 % Kerne mit Kernladungszahl $Z > 2$). Die Wechselwirkung der Protonen mit den Atomkernen der Meteoroide führt zu Spallationsreaktionen; d. h. aus dem von einem hochenergetischen Proton getroffenen Atomkern treten zwei oder mehrere Teilchen aus. Aus der Menge der Spallationsprodukte kann auf die Zeit geschlossen werden, während deren die kosmische Strahlung auf den Meteoriten einwirkte. Diese Zeitspanne wird als Bestrahlungsalter des Meteoriten bezeichnet. Da die kosmische Strahlung nur bis zu einer Tiefe von 1 bis 2 Meter in meteoritisches Material einzudringen vermag, mißt das Bestrahlungsalter die Lebensdauer des Meteoriten als Kleinkörper im freien Weltraum.

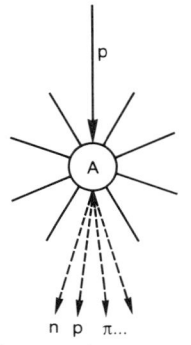

Spallationsreaktion

4.3 Meteore und Meteorite

Meteoritenalter
(Typische Werte)

	radiogenes Alter	Bestrahlungsalter
Eisenmeteorite	$4.6 \cdot 10^9$ Jahre	$5 \cdot 10^8$ Jahre
Steinmeteorite	$4.6 \cdot 10^9$ Jahre	$2 \cdot 10^7$ Jahre

Die Bestrahlungsalter zeigen eine breite Streuung zwischen etwa 10^4 und 10^9 Jahre.

4.3.5 Die Herkunft der Meteorite

Nach den Altersbestimmungen sind Meteorite Körper des Sonnensystems; sie sind mit ihm entstanden, denn Erde und Mond haben ebenfalls ein radiogenes Alter von $4.6 \cdot 10^9$ Jahren. Die Bestrahlungsalter zeigen jedoch, daß sie ihre Gestalt, vom Staubteilchen bis zum faustgroßen Brocken, erst in jüngerer Zeit erlangt haben.

Man nimmt heute an, daß die Meteoroide aus Planetoiden und/oder aus Kometen entstanden sind. Es stellt sich die Frage, wie jede dieser beiden Möglichkeiten den späteren Gestaltwandel der Meteoroide zu erklären vermag. Dementsprechend werden in theoretischen Arbeiten einmal Abschätzungen über die Häufigkeit von Kollisionen zwischen Planetoiden und die weitere Fragmentierung durch gegenseitige Zusammenstöße durchgerechnet. Zum andern sind genügend Fakten über die Auflösung von Kometen bekannt (s. 4.2.8), und Meteorströme geben Hinweise auf identische Bahnen zwischen Meteoroiden und Kometen. Bei der Annahme planetoidaler Herkunft der Meteorite fällt es nicht leicht, das Driften der Bruchstücke aus dem Planetoidengürtel bis zu einem Kreuzen der Erdbahn zu erklären. Bei der Annahme einer kometarischen Herkunft hat man die Schwierigkeit, die metallurgischen Strukturen der Eisenmeteorite, die einen massiven Mutterkörper voraussetzen, zu verstehen.

4.3.6 Meteoriteneinschläge und Meteoritenkrater

Bisher ist noch kein größerer und schwererer Meteorit als der von Hoba (bei Grootfontein) in Namibia gefunden worden. Anderseits sind große kraterähnliche Gebilde bekannt, die nur durch den

Meteoritenfunde

Fall- oder Fundort	Falldatum oder Fundjahr	Gewicht in Tonnen
Steinmeteorite		
Kirin (China)	8. 3. 1976	1.770
Furnas Co, Nebraska	18. 2. 1948	1.073
Long Island, Kansas	. . 1891	0.564
Paragould, Arkansas	17. 2. 1930	0.408
Eisenmeteorite		
Hoba, Namibia	. . 1920	60
Cape York, Grönland	. . 1895	33 oder 59.5?
Bacubirito, Mexiko	. . 1871	27
Willamette, Oregon	. . 1902	14.175
Chupaderos, Mexiko	. . 1852	14.1 u. 6.77

Aufschlag riesiger Meteorite entstanden sein können. Trotz eifrigen Suchens konnte in keinem Fall der zugehörige Meteorit gefunden werden, sondern nur geringe Mengen meteoritischen Materials. Wie eine Rechnung über die beim Aufschlag eines Riesenmeteorits freiwerdende kinetische Energie zeigt, müssen Meteorite von 100 t und darüber bei einem Aufschlag vollkommen verdampfen. Die Abmessungen der bisher bekanntgewordenen »Meteoritenkrater« deuten aber darauf hin, daß hier Projektile mit Massen von $10^6 \ldots 10^9$ kg und mehr niedergegangen sind. Derart große Meteorite wären auch bestimmt gefunden worden, da sie Gebilde höchst auffälliger Natur wären.

Zu dem bekannten Meteor-Crater (Canyon Diablo) in Arizona, USA, gibt es folgende Meß- bzw. Schätzwerte:

Mittlerer Durchmesser des Kraters	1186 m
Tiefe des Kraters	167 m
Mächtigkeit der Kraterfüllung	40 m
Mächtigkeit der Rückfallbreccie	10 m
Mittlere Höhe des Ringwalls	47 m
Maximale Verbreitung von Auswurfmasse von der Kratermitte	1750 m
Volumen der ausgesprengten Gesteine	7.6 Mill. m^3
Masse der ausgesprengten Gesteine	17.5 Mill. t
Verhältnis Tiefe/Durchmesser	1 : 6.6
Geschwindigkeit des Meteorits	15 km/s
Durchmesser des Meteorits	30 m
Gewicht des Meteorits	150 000 t
Einschlagenergie	4.5 Megatonnen TNT

Im mitteleuropäischen Raum sind zwei Impaktstrukturen am Ostrand der Schwäbischen Alb von besonderem Interesse.

Große Meteoritenkrater in Mitteleuropa

	Durchmesser	Tiefe
Nördlinger Ries	ca. 23 km	200 m
Steinheimer Becken	3.5 km	100 m

Die Zusammenstöße der Erde mit Riesenmeteoriten, die zur Bildung von Kratern Anlaß gaben, scheinen alle in vorgeschichtlicher Zeit erfolgt zu sein. Aus neuester Zeit ist der Niedergang eines Riesenmeteorits bekannt, zu dem jedoch bisher keine morphologischen, kraterähnlichen Gebilde und auch keinerlei meteoritisches Material irgendwelcher Art nachgewiesen wurden: Am 30. Juni 1908 um $0^h\,10^m\,7^s$ W.Z. ging am Chushmo, einem Nebenfluß der Steinigen Tunguska (60° 55' N, 101° 57' O) ein Riesenmeteorit nieder. Der Niederfall wurde von Reisenden der Transsibirischen Eisenbahn beobachtet; mehrere Erdbebenwarten registrierten den Aufschlag, und die Luftdruckwelle wurde in Südengland und in Potsdam festgestellt. Erst 1927 ging eine Expedition an die Niedergangsstelle. Die Verwüstung des Waldbestands erstreckte sich bis zu 40 km vom Zentrum; die Druckwelle hatte Zerstörungen bis

4.3 Meteore und Meteorite

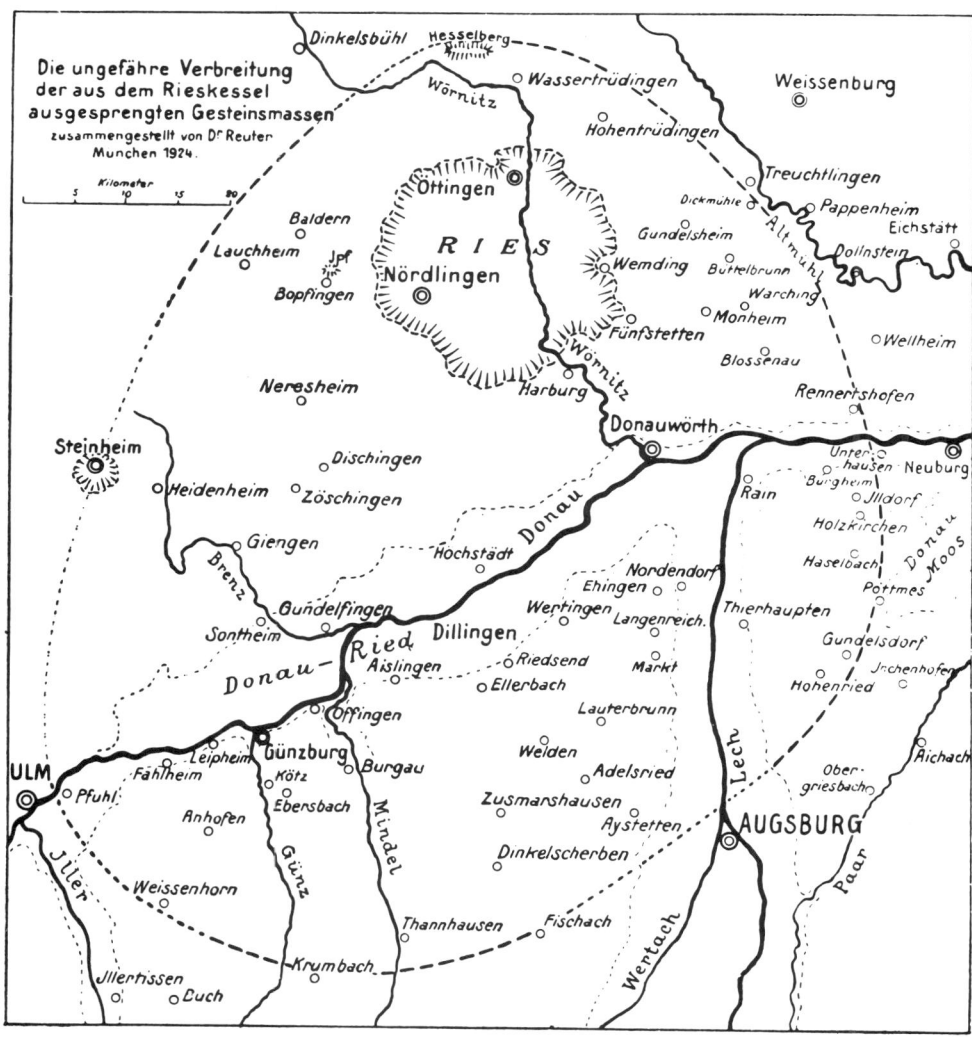

Nördlinger Ries
und Steinheimer Becken

65 km angerichtet. In etwa 15 bis 25 km Entfernung vom Zentrum des Zerstörungsgebiets fand man 1953 zwei kreisrunde Seen von je 100 m Durchmesser. Es muß weiteren Untersuchungen vorbehalten bleiben, ob es sich bei ihnen um Meteoritenkrater handelt. Im Zusammenhang mit diesem Ereignis ist auch diskutiert worden, ob es auf dem Niedergang eines Kometenkerns oder eines Planetoids beruht haben könnte.

Bei großen Impaktstrukturen auf der Erde von 100 km und mehr Durchmesser muß man davon ausgehen, daß sie durch den Einschlag eines Planetoids gebildet wurden. Bis heute sind 82 numerierte Planetoide bekannt, die der Erdbahn nahekommen. Dabei

4 Kleinkörper im Sonnensystem

Meteoritenkrater von Wolfe Creek in Australien

schätzt man, daß dies nur 2 bis 5 Prozent der tatsächlichen Zahl sind (Schätzung: 100 Aten-, 700 Apollo- und 500 Amor-Typ-Planetoide, mit einem Durchmesser von mehr als 1 km).

Eine einfache Abschätzung zeigt, daß – unter plausiblen Annahmen für die Geschwindigkeit und die Dichte eines die Erde treffenden Meteorits – der Einfall eines Körpers von etwa 10 Meter Durchmesser die Wirkung einer Hiroshima-Atombombe (Sprengkraft von 20 Kilotonnen TNT) haben würde. Der Einschlag im Nördlinger Ries – und gleichzeitig durch ein »Absprengsel« im Steinheimer Becken – vor 14.6 Millionen Jahren muß für den mitteleuropäischen Raum ein ungeheures Naturereignis gewesen sein. Die freigewordene Energie kann, ausgedrückt in einem modernen Maßstab, auf die Explosionsenergie von etwa 1000 Wasserstoffbomben geschätzt werden.

4.4 Interplanetare Materie

Unter dem Begriff interplanetare Materie ist allgemein alle zwischen den großen Planeten befindliche Materie zu verstehen, von den Planetoiden, Kometen über die Meteoroide bis hin zu den Atomen des zwischen den Planeten vorhandenen Gases. In jüngster Zeit wird dieser Begriff aber in einem engeren Sinn verwendet. Man bezeichnet mit ihm die Materie der Sonnenkorona (s. 5.4.3), die Partikel des Zodiakallichts, fein verteilten Staub, sowie das

4.4 Interplanetare Materie

vorwiegend durch Diffusion aus den Atmosphären der Planeten abgewanderte Gas. In diesem begrenzten Sinn soll hier der Begriff verstanden werden.

4.4.1 Das Koronalicht

Erste Kenntnisse über die Dichte des interplanetaren Mediums, das sich aus einer staub- und einer gasförmigen Komponente zusammensetzt, erhielt man durch Photometrie des an den interplanetaren Partikeln gestreuten Sonnenlichts. Wir beobachten dieses gestreute Sonnenlicht einmal in der Korona und zum andern im Zodiakallicht. Aufgrund von spektralphotometrischen Untersuchungen bei Sonnenfinsternissen hatte W. Grotrian erstmals auf eine staub- und eine gasförmige Komponente in der Sonnenkorona hingewiesen. Die sogenannte (kontinuierliche) K-Korona hat ein streng kontinuierliches Spektrum, das durch Streuung des Sonnenlichts an freien Elektronen entsteht. Dieser Anteil des Koronalichts ist mit dem 11jährigen Sonnenfleckenzyklus (s. 5.5.1) variabel. Zeitlich unveränderlich und der K-Korona überlagert ist die F-Korona (F steht für Fraunhofer). Sie entsteht durch Streuung des Sonnenlichts an interplanetaren Staubteilchen. Eine Trennung der K- und F-Komponenten ist mit Hilfe von Polarisationsmessungen möglich.

Das Koronalicht geht über in das Zodiakal- oder Tierkreislicht; d. h. der Intensitätsverlauf des Zodiakallichts fügt sich in den Intensitätsabfall des äußeren Koronalichts ein. Während eine Beobachtung der äußeren Korona nur bei totalen Sonnenfinsternissen möglich ist, ist das Zodiakallicht leichter der Beobachtung zugänglich, wenn auch einer exakten photometrischen Untersuchung erhebliche Schwierigkeiten entgegenstehen.

4.4.2 Das Zodikal- oder Tierkreislicht

Unter dem Zodiakallicht versteht man die Erhellung des Himmels über der Aufgangs- bzw. Untergangsstelle der Sonne. In den Tropen ist dieses nahezu dreieckige, verwaschen-erhellte Gebiet fast das ganze Jahr über beobachtbar. In unseren Breiten sieht man das Tierkreislicht (so genannt, weil die Symmetrieebene nahezu in der Ekliptik, dem Tierkreis, griechisch zodiakos, liegt) nur im Frühjahr am Abendhimmel (Abendhauptlicht) und im Herbst am Morgenhimmmel (Morgenhauptlicht). Die Gründe dafür liegen in der Orientierung der Ekliptik zu unserem Horizont. Nur in den beiden genannten Jahreszeiten steigt die Ekliptik so steil über dem Horizont auf, daß das Zodiakallicht nicht im Dämmerungslicht untergeht und noch durch die bodennahen Dunstschichten beobachtbar ist.

Mittlere Dichte und Masse des inneren Zodiakallichtkörpers

Autor	Dichte	Masse
van Schewik	$3 \cdot 10^{-19}$ g cm^{-3}	$8 \cdot 10^{20}$ g
van de Hulst	$5 \cdot 10^{-21}$ g cm^{-3}	$6 \cdot 10^{18}$ g
Siedentopf	10^{-22} g cm^{-3}	10^{17} g

Die Spitze des Zodiakallichts liegt etwa 90° bis 100° von der Sonne entfernt. Eine schmale Lichtbrücke zieht sich von ihr weiter entlang des Nachthimmelsbogens der Ekliptik bis zu einer gegenüber der Sonne liegenden Himmelsstelle. Dort erreicht das Zodiakallicht ein sekundäres Helligkeitsmaximum, das als Gegenschein bezeichnet wird. Untersuchungen des Zodiakallichts, photometrisch oder spektroskopisch, sind sehr schwierig, da der ganzen Erscheinung das aus verschiedenen Anteilen zusammengesetzte Nachthimmelslicht überlagert ist. Die früher vermuteten zeitlichen Schwankungen scheinen sich nicht zu bestätigen, wahrscheinlich sind sie durch Schwankungen des Nachthimmelslichts (Rekombinationsleuchten der Ionosphäre, das sogenannte Airglow, durch Polarlichter usw.) vorgetäuscht. Die als visuelle Helligkeit des Zodiakallichts für 40° Elongation (Abstand von der Sonne) angegebenen Werte gehen deshalb auch von 700 bis 1100 Sterne 10. Größe pro Quadratgrad ($10^m/\square°$).

Zodiakallicht

4.4 Interplanetare Materie

Abhängigkeit der gemessenen Mikrometeoritenhäufigkeit von der Teilchenmasse. Das doppelt logarithmische Diagramm stellt dar, wie viele Mikrometeorite pro Sekunde durchschnittlich in der Nähe der Erdbahn auf eine quadratmetergroße Auffangfläche treffen. Das Diagramm zeigt die erheblichen Diskrepanzen zwischen den Meßwerten verschiedener Experimentatoren und den verschiedenen Meßmethoden, jedoch auch die Aussicht eines Anschlusses (gestrichelte Linie) der Mikrometeoriten-Messungen (10^{-8} Gramm und kleiner) an die Meteordaten (größer als 10^{-6} Gramm). Nach R.-H. Gieße. SuW 10, 261 (1971)

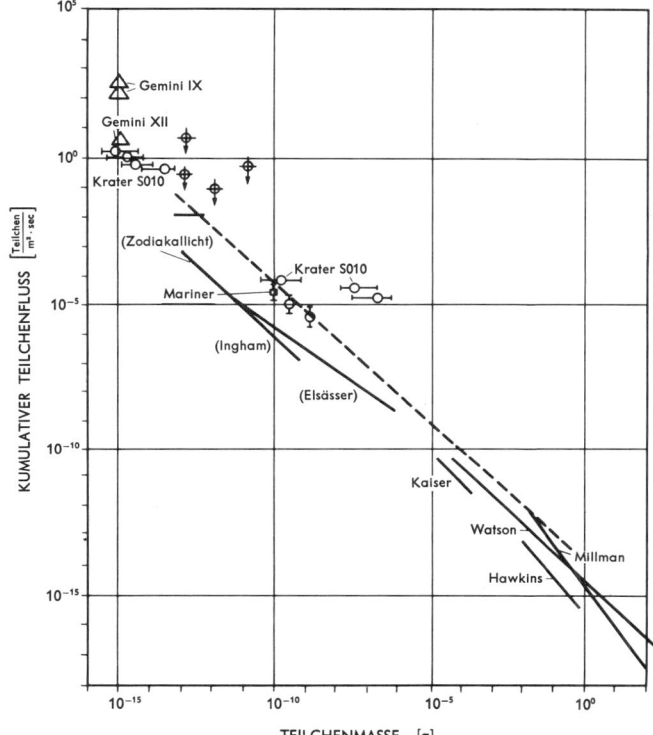

Man nimmt an, daß das Zodiakallicht von einer abgeflachten, die Sonne umgebenden, mit ihrer Symmetrieebene in der Ekliptik liegenden Staub- und Gaswolke ausgeht. Die Ableitung der Staub- und Elektronendichte dieser Wolke aus den Intensitäten des Zodiakallichts ist schwierig, denn dazu müßten die Gesetzmäßigkeiten der Lichtstreuung und die Natur der interplanetaren Teilchen näher bekannt sein. Für Abschätzungen ist die zugrunde gelegte Streufunktion entscheidend.

H. Elsässer gibt als Gesamtmasse des inerplanetaren Staubs innerhalb der Erdbahn etwa $5 \cdot 10^{19}$ g oder das 10^{-8}fache der Erdmasse an. Die Hauptmasse dürfte aus Teilchen mit einem Durchmesser von 0.001 bis 0.1 mm bestehen. Mit Hilfe von Raketen zur Erde gebrachte Partikel zeigen zum Teil aber auch nicht kugelförmige, sondern komplizierte Strukturen wie sie z. B. durch Koagulation kleiner Teilchen entstehen (Brownlee-Teilchen).

4.4.3 Mikrometeorite

Im vorstehenden Diagramm sind auch die Ergebnisse über Raumsonden-Sammelexperimente von Mikrometeoriten sowie der aus Mondproben abgeleitete Teilchenfluß eingetragen. Die Darstellung ist nicht nur wissenschaftlich, sondern auch technisch äußerst interessant, da sie direkt Auskunft gibt über das Risiko der Kollision eines Raumflugkörpers mit einem Meteoroid in der Nähe der Erdbahn. Ihr entnimmt man z. B., daß die Flußdichte von Teilchen der Masse 1 Gramm und darüber etwa 10^{-15} Partikel pro Quadratmeter und Sekunde beträgt. Anschaulich heißt dies, daß man etwa im statistischen Mittel 10^{15} Sekunden oder 30 Millionen Jahre warten muß, bis eine bestimmte, 1 m² große Fläche – etwa die Wand eines Raumfahrzeugs – von einem Meteoroid dieser Größenordnung getroffen wird. Für Staubkörner von einem milliardstel Gramm wäre nach diesem Diagramm etwa alle 10^5 Sekunden – das entspricht etwa einem Tag – mit einem Einschlag auf derselben quadratmetergroßen Fläche zu rechnen.

4.4.4 Das interplanetare Gas

Die Gaskomponente der interplanetaren Materie wird hauptsächlich durch den Sonnenwind gebildet. Ein kleinerer Teil stammt von den Gasmolekülen, die ständig aus den Planetenatmosphären und auch aus Kometenschweifen diffundieren. Der Sonnenwind ist der radial von der Sonne weggerichtete Materiestrom, der sich im Erdmagnetfeld z. B. als Polarlicht und auch an den Ionenschweifen der Kometen bemerkbar macht. Er besteht überwiegend aus Protonen und Elektronen sowie einer kleinen Beimengung von schwereren Ionen (Heliumkerne, α-Teilchen). In der Umgebung der Erde liegt die Dichte des solaren Winds bei 5 bis 10 Teilchen pro cm³; die Dichte kann aber auch bis zum 10fachen ansteigen. Die Geschwindigkeit des Sonnenwinds liegt im allgemeinen bei 400 km s^{-1}, schwankt aber, je nach Sonnenaktivität (s. 5.5), zwischen 300 und 800 km s^{-1}. Für das interplanetare Gas wird am Ort der Erde eine Gasdichte von etwa 10^{-21} g cm^{-3} und eine Temperatur von $2 \cdot 10^5$ K angegeben.

5 Die Sonne

Die Sonne ist ein Stern durchschnittlicher Größe. Was sie vor andern Sternen auszeichnet ist, daß sie uns so nahe steht und damit der einzige Stern ist, dessen Oberfläche wir in seinen Einzelheiten studieren können.

5.1 Die Sonne als Stern

Die Sonne liegt etwa 12 Parsec (pc) nördlich der Ebene des Milchstraßensystems (s. 13.1) und etwa 7.7 kpc von dessen Zentrum entfernt (rund $2/3$ vom Radius des Milchstraßensystems). Zusammen mit den Sternen ihrer Umgebung bewegt sie sich mit ca. 225 km/s auf einer fast kreisförmigen Bahn um das Zentrum unserer Galaxis; ein Umlauf dauert etwa 210 Millionen Jahre. Außerdem bewegt sie sich gegenüber ihrer Umgebung mit 20 km/s in Richtung des Sternbilds Herkules.

Zustandsgrößen der Sonne

Radius	$R_\odot = 6.9626 \cdot 10^8$ m	= 109 Erdradien
Masse	$M_\odot = 1.989 \cdot 10^{30}$ kg	= 333 000 Erdmassen
Mittlere Dichte	$P_\odot = 1.409$ g cm^{-3}	= 0.26 · Erddichte
Schwerebeschleunigung an der Oberfläche	274.0 m s^{-2}	
Entweichgeschwindigkeit an der Oberfläche	617.7 km s^{-1}	
Siderische Rotationsperiode in mittlerer Breite	$2.1928 \cdot 10^6$ s = 25.380 Tage	
Trägheitsmoment	$5.7 \cdot 10^{46}$ kg m^2	
Drehimpuls	$1.63 \cdot 10^{41}$ kg m^2 s^{-1}	
Rotationsenergie	$2.4 \cdot 10^{35}$ Joule	
Effektive Temperatur	$T_{\text{eff}} = 5777$ K	
Strahlungsstrom an der Oberfläche	$\pi F = 6.311 \cdot 10^7$ Watt m^{-2}	
Leuchtkraft	$L_\odot = 3.845 \cdot 10^{26}$ Watt	
Absolute Helligkeiten	$M_V = 4^{\text{m}}87$	
	$M_B = 5^{\text{m}}54$	
	$M_U = 5^{\text{m}}72$	
	$M_{\text{bol}} = 4^{\text{m}}74$	
Spektraltyp	G2V	

Weitere Daten

Mittlere Entfernung von der Erde	$r_0 = 1.495\,979 \cdot 10^{11}$ m	= 1 AE
Solarkonstante	$S = 1.367 \cdot 10^3$ Watt m^{-2}	
Scheinbare Helligkeiten	$m = M - 31.57$	

Einem Winkel von 1″ entspricht in der mittleren Entfernung der Sonne eine lineare Ausdehnung von 725 km.

5.2 Die Solarkonstante

Wegen der Nähe der Sonne kann deren Leuchtkraft $L_\odot$, d. h. die gesamte von ihr pro Zeiteinheit in Form elektromagnetischer Strahlung abgegebene Energie, unmittelbar bestimmt werden. Man erhält sie aus der Messung des solaren Strahlungsflusses am (mittleren) Ort der Erde, der Solarkonstante S, z. B. mit einem Pyrheliometer, einem innen geschwärzten Hohlkörper mit bekannter Wärmekapazität. Die durch eine Öffnung eintretende Strahlung wird absorbiert und bewirkt eine Erwärmung, die mit der Erwärmung durch eine elektrische Heizung verglichen wird. Das Ergebnis wird bei einer Messung vom Erdboden aus um Verluste durch Absorption in der Erdatmosphäre korrigiert, was bei Messungen außerhalb der Erdatmosphäre, z. B. bei satellitengestützten, entfällt. Bei der 1980 gestarteten »Solar Maximum Mission« wurde für die Solarkonstante ein Wert von

$$S = (1367 \pm 2) \, \text{Watt m}^{-2}$$

gemessen. Rechnet man diesen Energiestrom mit dem r^{-2}-Gesetz vom mittleren Erdbahnradius auf den Sonnenradius um, so erhält man für den Strahlungsstrom an der Sonnenoberfläche

$$\pi F = 6.311 \cdot 10^7 \, \text{Watt m}^{-2},$$

und nach Multiplikation mit der Sonnenoberfläche für die Leuchtkraft der Sonne

$$L_\odot = 3.845 \cdot 10^{26} \, \text{Watt}.$$

Ein Schwarzer Strahler müßte, damit er die gleiche Gesamtstrahlung liefert, die Temperatur

$$T_\text{eff} = 5.777 \, \text{K}$$

haben. Diese effektive Temperatur T_eff ist somit weniger ein Maß für die Temperatur in der Sonnenatmosphäre als vielmehr eine Angabe des Energiestroms an der Sonnenoberfläche.

Die physikalischen Verhältnisse in der Erdatmosphäre und damit die Lebensbedingungen auf unserem Planeten werden entscheidend durch die Solarkonstante bestimmt. Versuche, säkulare Schwankungen ihres Werts nachzuweisen oder sie mit langfristigen Klimaveränderungen in Verbindung zu bringen, haben bisher keine eindeutigen Resultate ergeben. Dagegen haben Messungen von Satelliten aus gezeigt, daß die Solarkonstante Schwankungen mit kurzen Zeitskalen (< 14 Tage) unterworfen ist, deren Amplitude $< 0.1 \%$ proportional ist zu dem Bruchteil der Sonnenscheibe, der zum jeweiligen Zeitpunkt von Sonnenflecken bedeckt ist.

5.3 Das Spektrum der Sonne

1814 hat J. von Fraunhofer als erster das Spektrum der Sonnenstrahlung genauer untersucht und dabei die nach ihm benannten dunklen Absorptionslinien entdeckt. Etwa 24 000 Absorptionslinien sind heute ausgemessen (Wellenlänge, Stärke der Absorp-

5.3 Das Spektrum der Sonne

tion) und in Tabellen aufgeführt. Ungefähr 75 Prozent von ihnen konnten identifiziert, d. h. einem Element zugeordnet werden. Aus einer der bekanntesten Registrierungen des Sonnenspektrums, dem Utrechter Sonnenatlas, gibt die Abbildung einen kleinen Ausschnitt. In derartigen Atlanten ist die Intensität in den Fraunhofer-Linien in Abhängigkeit von der Wellenlänge dargestellt, bezogen auf die Intensität im linienfreien Kontinuum. Unterhalb von etwa 4500 nm liegen im Sonnenspektrum die Linien allerdings so dicht, daß die Festlegung eines Kontinuums fast unmöglich wird. Aus den in den Atlanten dargestellten Linienprofilen werden Aufschlüsse über den Aufbau der Sonnenatmosphäre und über die Häufigkeiten der einzelnen chemischen Elemente gewonnen.

Vergleicht man das Sonnenspektrum mit Sternspektren, so zeigt sich, daß die Sonne ein Stern vom Spektraltyp G2V ist (vgl. 7.1.1). Während bei Sternen aber nur das Spektrum der Gesamtstrahlung beobachtbar ist, kann bei der Sonne wegen deren Nähe auch die Mitte-Rand-Variation des Spektrums untersucht werden. Die Unterschiede sind relativ gering.

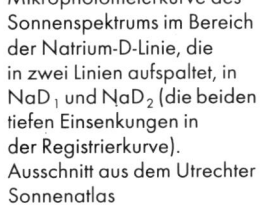

Mikrophotometerkurve des Sonnenspektrums im Bereich der Natrium-D-Linie, die in zwei Linien aufspaltet, in NaD_1 und NaD_2 (die beiden tiefen Einsenkungen in der Registrierkurve). Ausschnitt aus dem Utrechter Sonnenatlas

Wie Messungen von Raketen und Satelliten aus ergaben, sind im extremen UV (Ultraviolett etwa unterhalb 1600 nm) Emissionslinien die Regel. Sie entstehen nicht wie die Fraunhofer-Linien in der Photosphäre, sondern in höheren Schichten der Sonnenatmosphäre, in der sogenannten Chromosphäre.

Für die Ausmessung der Fraunhofer-Linien werden die Intensitäten im Spektrum auf die Kontinuumsintensität bezogen. Diese ist dabei eine Bezugsgröße, nach deren Betrag nicht gefragt wird. Für

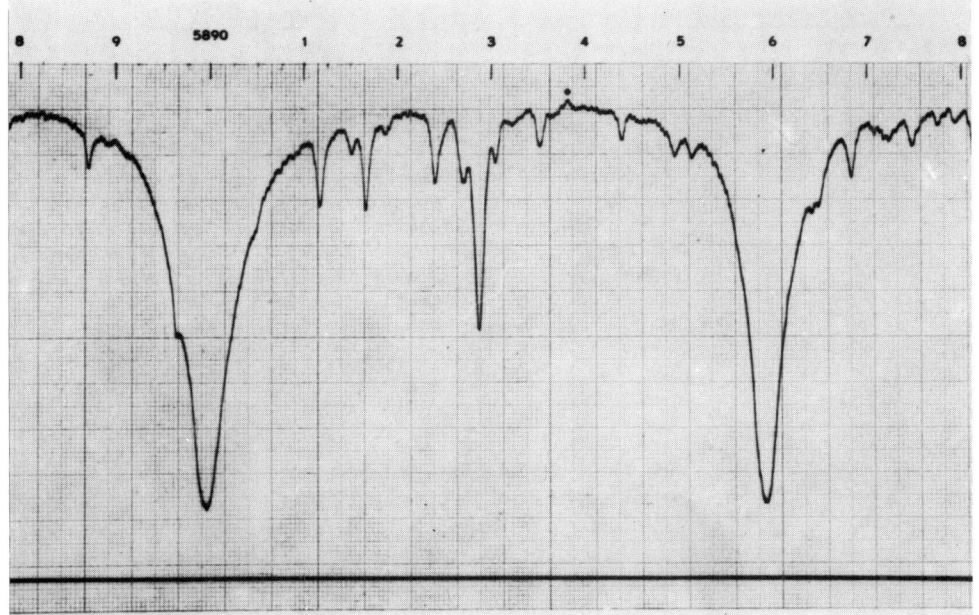

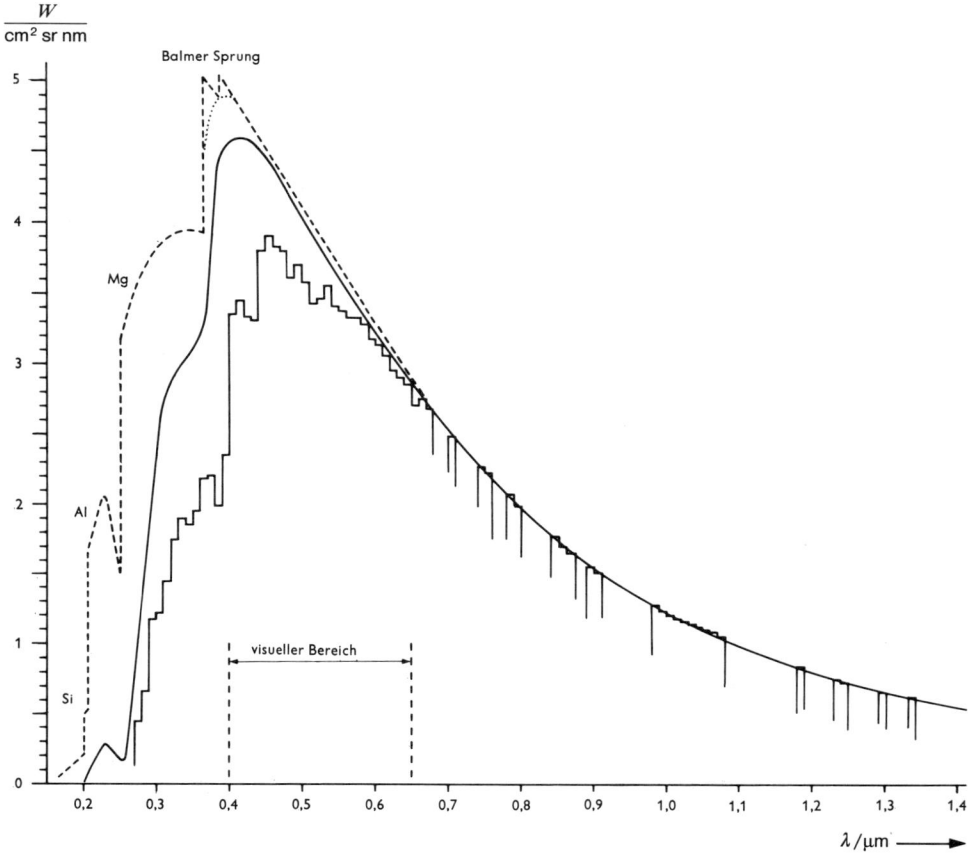

Energieverteilung im Sonnenspektrum. Eingezeichnet ist eine nach einem Modell erhaltene theoretische Energieverteilungskurve für das Sonnenkontinuum nach H. Holweger (gestrichelt). Die Treppenkurve stellt die tatsächlich gemessenen Intensitäten im Sonnenspektrum dar, gemittelt über jeweils 100 nm, nach Messungen von J. Houtgast, D. Labs, H. Neckel u. a. Diese Kurve liegt im Energieniveau am niedrigsten, weil in die Messungen die Absorption in den Fraunhofer-Linien eingeht. Die durchgezogene mittlere Kurve gibt die Verbindung zwischen den linienfreien Gebieten im Spektrum (Quasikontinuum). Man beachte den steilen Abfall der Energieverteilung im Ultravioletten beim sogenannten Balmer-Sprung und die noch erhebliche Strahlungsleistung der Sonne im Infrarotbereich (nach D. Labs)

viele Untersuchungen ist es aber notwendig, die Intensitätsverteilung im Spektrum in absoluten Einheiten zu kennen. Sie wird gemessen durch Vergleich des Sonnenspektrums mit dem Spektrum einer Lichtquelle mit bekannter Energieverteilung, z. B. eines Hohlraumstrahlers oder einer kalibrierten Wolframbandlampe (absolute Spektralphotometrie).

5.4 Der Aufbau der Sonne

Die Sonne ist eine Gaskugel, in der die Dichte stetig von innen nach außen abnimmt. Da das Gas für Strahlung je nach der Wellenlänge in unterschiedlicher Weise durchlässig ist, stammt die beobachtete Sonnenstrahlung aus verschieden tiefen Schichten der Sonne. Mit zunehmender Tiefe wächst die Dichte und damit auch der Absorptionskoeffizient der solaren Materie rasch an, so daß aus einer Tiefe, die verglichen mit dem Sonnenradius sehr klein ist, die Strahlung nicht mehr direkt austreten kann. Diese Schicht trennt das darunterliegende Sonneninnere von der darüber liegenden Sonnenatmosphäre. Den Teil der Sonnenatmosphäre (in tieferen Schichten), aus dem der wesentliche Teil der sichtbaren Strahlung stammt, nennt man die Photosphäre. Über ihr liegen die Chromosphäre und die Sonnenkorona, Gebiete, in denen die Gasdichte schon sehr gering ist.

5.4.1 Das Sonneninnere

Da wir aus der Beobachtung der von der Sonne emittierten Strahlung keine direkten Informationen über das Sonneninnere erhalten, beruht unser Wissen über den innern Aufbau der Sonne – wie überhaupt aller Sterne – auf theoretischen Modellen, deren Grundlage die allgemeinen physikalischen Gesetze, z. B. der Energieerhaltungssatz, sowie plausible Annahmen, z. B. über die chemische Zusammensetzung der Sternmaterie, bilden. Diese Theorie des innern Aufbaus der Sterne wird in Kapitel 9 ausführlich dargestellt, so daß hier nur die wesentlichen Folgerungen für die Sonne beschrieben werden.

Im Sonneninnern herrscht an jedem Ort ein Gleichgewicht zwischen allen Kräften (hydrostatisches Gleichgewicht), durch das vor allem die Druckschichtung festgelegt ist. Wäre dies nicht der Fall, so würde die Sonne in kürzester Zeit in sich zusammenfallen oder expandieren. Die von der Sonne abgestrahlte Energie wird in ihrem Zentrum durch die Kernfusion von Wasserstoff zu Helium erzeugt und durch Strahlung oder durch konvektive Strömungen als Folge einer instabilen Schichtung der Materie (s. 9.1.4) an die Oberfläche transportiert. Dabei gilt die Bedingung des energetischen Gleichgewichts, aus der im wesentlichen die Temperaturschichtung folgt. Welche Fusionsprozesse im einzelnen an der Energieerzeugung beteiligt sind, und durch welchen Mechanismus die Energie in verschiedenen Bereichen des Sonneninnern transportiert wird, hängt empfindlich von der lokalen Zusammensetzung und dem Zustand der solaren Materie ab.

Die grundlegenden Größen, die das Modell der Sonne bestimmen, sind ihre Masse und ihre jeweilige chemische Zusammensetzung als Funktion der Tiefe. Letztere ist jedoch für die innern Schichten a priori unbekannt, da man den Anteil des Wasserstoffs, der in der bisherigen Lebenszeit der Sonne in Helium umgewandelt worden ist, nicht kennt. Für die sogenannten Standardmodelle der Sonne geht man davon aus, daß die Sonne bei ihrer Entstehung vor etwa 4.6 Milliarden Jahren eine homogene chemische Zusammensetzung aufwies. Sie entspricht der heutigen Zusammensetzung an der Oberfläche, da sich die äußern Schichten bisher nicht mit der Materie im Kern vermischt haben. Im Gegensatz zu den Häufigkeiten der schwereren Elemente läßt sich die Heliumhäufigkeit aus der Spektralanalyse des Sonnenlichts nur schwer bestimmen. Ihr Wert muß daher, ebenso wie der unbekannte Wert der Mischungsweglänge beim Energietransport durch Konvektion, so gewählt werden, daß Leuchtkraft und Radius des entwickelten Modells mit den heute beobachteten Werten übereinstimmen.

Die Standardmodelle verschiedener Autoren unterscheiden sich zwar durch die Wahl der anfänglichen Heliumhäufigkeit sowie durch die angenommenen Opazitäten der solaren Materie, stimmen jedoch in ihren wesentlichen Aussagen über den heutigen innern Aufbau der Sonne weitgehend überein. Danach wird die Energie im Zentrum bei Temperaturen von mehr als 10^7 K überwiegend durch die Reaktion der pp-Kette erzeugt (s. 9.1.2.), der CNO-Zyklus liefert nur einen Beitrag von etwa 1%. Durch diese Fusionsprozesse ist im Zentrum der Sonne bereits etwa die Hälfte des verfügbaren Wasserstoffs in Helium umgewandelt worden. Bis zu einem Radius von etwa 0.75 $R_\odot$ erfolgt der Energietransport durch Strahlung, weiter außen kommt es aus Gründen, die mit der Ionisation von Wasserstoff und Helium zusammenhängen, zur Ausbildung einer Konvektionszone, die bis in die tiefern Schichten der Sonnenatmosphäre hinaufreicht. So liegen etwa 90% der Gesamtmasse innerhalb von 0.5 $R_\odot$, während die Konvektionszone nur noch etwa 1.7% der Masse umfaßt. Wie die Tabelle im Abschnitt 5.4.2 zeigt, fallen Druck, Temperatur und Dichte vor allem in den äußern Schichten stark ab.

Die Tatsache, daß man mit der Theorie des Sternaufbaus Modelle der heutigen Sonne konstruieren kann, die hinsichtlich der Leuchtkraft und des Radius mit der Beobachtung übereinstimmen, ist allerdings kein Test für die Richtigkeit der Theorie und der zugrunde gelegten Annahmen, da ja – wie bereits erwähnt wurde – zwei freie Parameter zur Verfügung stehen, um das Sonnenmodell zu »adjustieren«. Eine Überprüfung der theoretischen Modelle für den innern Aufbau der Sonne ist bislang auf zwei Wegen möglich: Zum einen indirekt durch die Analyse der beobachteten Oszillationen der Sonnenoberfläche (Helioseismologie), die im nächsten Abschnitt erläutert wird, zum andern direkt durch die Messung des solaren Neutrinoflusses.

Bei den Kernprozessen im Sonnenzentrum werden in einigen Reaktionsschritten sowohl der pp-Kette als auch des CNO-Zyklus Neutrinos unterschiedlicher Energie erzeugt. Diese Neutrinos können wegen ihrer kleinen Wirkungsquerschnitte die Sonne ohne weitere Wechselwirkung verlassen. Aus diesem Grund können sie auch auf der Erde nur mit einem erheblichen experimentellen Aufwand nachgewiesen werden. Dazu werden radiochemische Detektoren benutzt, bei denen Neutrinos von einzelnen Kernen geeigneter chemischer Elemente eingefangen werden. Dadurch wandeln sich diese in radioaktive Kerne eines andern Elements um

5.4 Der Aufbau der Sonne

(z. B. Chlor in Argon, bzw. Gallium in Germanium), die nach Extraktion aus der Detektorsubstanz anhand ihres radioaktiven Zerfalls nachgewiesen werden können. Wegen der geringen Reaktionswahrscheinlichkeiten sind dafür erhebliche Mengen an Detektormaterial erforderlich.

Für ein frühes Sonnenneutrino-Experiment, das in 1.5 km Tiefe in der Homestake-Goldmine in Lead (Süd-Dakota) von 1968 bis 1986 betrieben wurde, wurde ein Tank mit 380 000 Litern des Lösungsmittels Tetrachlorethylen (C_2Cl_4) als Detektor benutzt. Mit diesem Experiment waren jedoch nur die energiereichen Neutrinos nachweisbar, die in den seltener durchlaufenen Seitenzweigen der pp-Kette erzeugt werden, da die niedrigere Energie der wesentlich zahlreicheren Neutrinos aus dem Hauptzweig der pp-Kette nicht ausreicht, um die zum Nachweis erforderliche Reaktion auszulösen. Sie werden erst mit zur Zeit noch in der Erprobungsphase befindlichen Experimenten nachweisbar sein, bei denen Gallium als Detektorsubstanz verwendet wird (z. B. durch das GALLEX-Experiment unter dem Gran Sasso in Italien). In den Messungen mit dem Chlorexperiment ergab sich ein solarer Neutrinofluß, der im Vergleich zu dem aus dem Standardmodell abgeleiteten theoretischen Wert etwa um einen Faktor drei zu niedrig ist. Diese Diskrepanz zwischen Theorie und Beobachtung wird als solares Neutrinoproblem bezeichnet.

Seither wurden verschiedene Modifikationen des Standardmodells vorgeschlagen, um den theoretischen Wert für energiereiche Neutrinos an den gemessenen anzugleichen. Diese »Nicht-Standard-Modelle« zielen darauf ab, die theoretische Temperatur im Zentrum der Sonne etwas zu senken, mit der Folge, die Zahl der emittierten energiereichen Neutrinos, deren Erzeugungsrate extrem empfindlich von der Temperatur anhängt, zu vermindern.

Seit einiger Zeit wird auch die Möglichkeit diskutiert, daß das Neutrinoproblem in den Eigenschaften der Neutrinos selbst begründet liegt. Tatsächlich gibt es drei verschiedene Neutrinoarten. Bei den Kernprozessen in der Sonne entstehen die sogenannten Elektron-Neutrinos. Nur diese können mit den oben beschriebenen Experimenten nachgewiesen werden. Wenn aber Neutrinos nicht masselos wären, sondern eine geringfügig von Null verschiedene Masse besäßen, könnte sich ein Teil der Elektron-Neutrinos auf dem Weg durch die Sonne bis zur Erde durch sogenannte Neutrino-Oszillationen in eine der beiden andern Neutrinoarten umwandeln und so dem Nachweis entgehen.

Möglicherweise werden die Experimente mit Galliumdetektoren entscheiden, ob das solare Neutrinoproblem obsolet ist und damit das Standard-Sonnenmodell bestätigt wird, oder ob das Sonnenmodell und die Theorie des Sternaufbaus diesbezüglich revidiert werden müssen.

5.4.2 Die Photosphäre

Der Aufbau der Sonnenatmosphäre (wie jeder Sternatmosphäre) ist im wesentlichen festgelegt durch:

5 Die Sonne

a) die Größe des nach außen fließenden Energiestroms πF, der die effektive Temperatur bestimmt,

$$\pi F = \sigma T_{\text{eff}}^4 \, ;$$

b) die Schwerebeschleunigung

$$g = G\, M_\odot / R_\odot^2$$

($G = 6.672$ N m² kg^{-2} Gravitationskonstante, $M_\odot$ Masse und $R_\odot$ Radius der Sonne);

c) die chemische Zusammensetzung.

Es ist möglich, den Aufbau der Sonnenatmosphäre unter Kenntnis von a), b) und c) aus folgenden zwei Grundannahmen zu berechnen: 1) Es herrscht mechanisches (hydrostatisches) Gleichge-

Aufbau der Sonne von innen nach außen

		Abstand vom Mittelpunkt		Druck	Temperatur	Dichte
		1000 km	$R_\odot$	10^{12} Pa	10^6 Kelvin	g cm^{-3}
Sonnen- inneres	Energieerzeugung (Wasserstoff–Helium)	0	0	22 100	14.6	134
		28	0.04	20 000	14.2	121
	Stabile Schichtung Energietransport durch Strahlung	70	0.10	13 500	12.6	85.5
		139	0.20	4 590	9.35	36.4
		209	0.30	1 160	6.65	12.9
		279	0.40	267	4.74	4.13
		348	0.50	60.5	3.42	1.30
		418	0.60	13.7	2.49	0.405
		488	0.70	3.0	1.80	0.124
		556	0.80	0.611	1.28	0.035
	Instabile Schichtung Energietransport durch Konvektion	585	0.84	0.301	1.04	$2 \cdot 10^{-2}$
		627	0.90	0.78	0.605	$9 \cdot 10^{-3}$
		682	0.98	0.0011	0.111	$8 \cdot 10^{-4}$
				10^3 Pa	Kelvin	
Photo- sphäre	Sichtbare Strahlung	400 km Schicht- dicke		0.22	9 000	$5 \cdot 10^{-7}$
				0.08	5 800	$2 \cdot 10^{-7}$
				0.006	4 300	$3 \cdot 10^{-8}$
	Rand der hellen Sonnenscheibe	696	1.00	0.006	4 300	$3 \cdot 10^{-8}$
Chromo- sphäre	Bei Sonnenfinsternis rötlich leuchtende dünne Schicht	698	1.003		5 000	$1 \cdot 10^{-11}$
		700	1.006		5 000	$7 \cdot 10^{-13}$
		702	1.009		6 300	$1 \cdot 10^{-13}$
		704	1.012		300 000	$2 \cdot 10^{-15}$
Korona	Strahlenförmig leuchtende, weit verteilte Hülle	716	1.03		$\approx 10^6$	$5 \cdot 10^{-16}$
		1392	2.00			$5 \cdot 10^{-18}$
		2088	3.00			$5 \cdot 10^{-19}$
		2784	4.00			$2 \cdot 10^{-19}$

5.4 Der Aufbau der Sonne

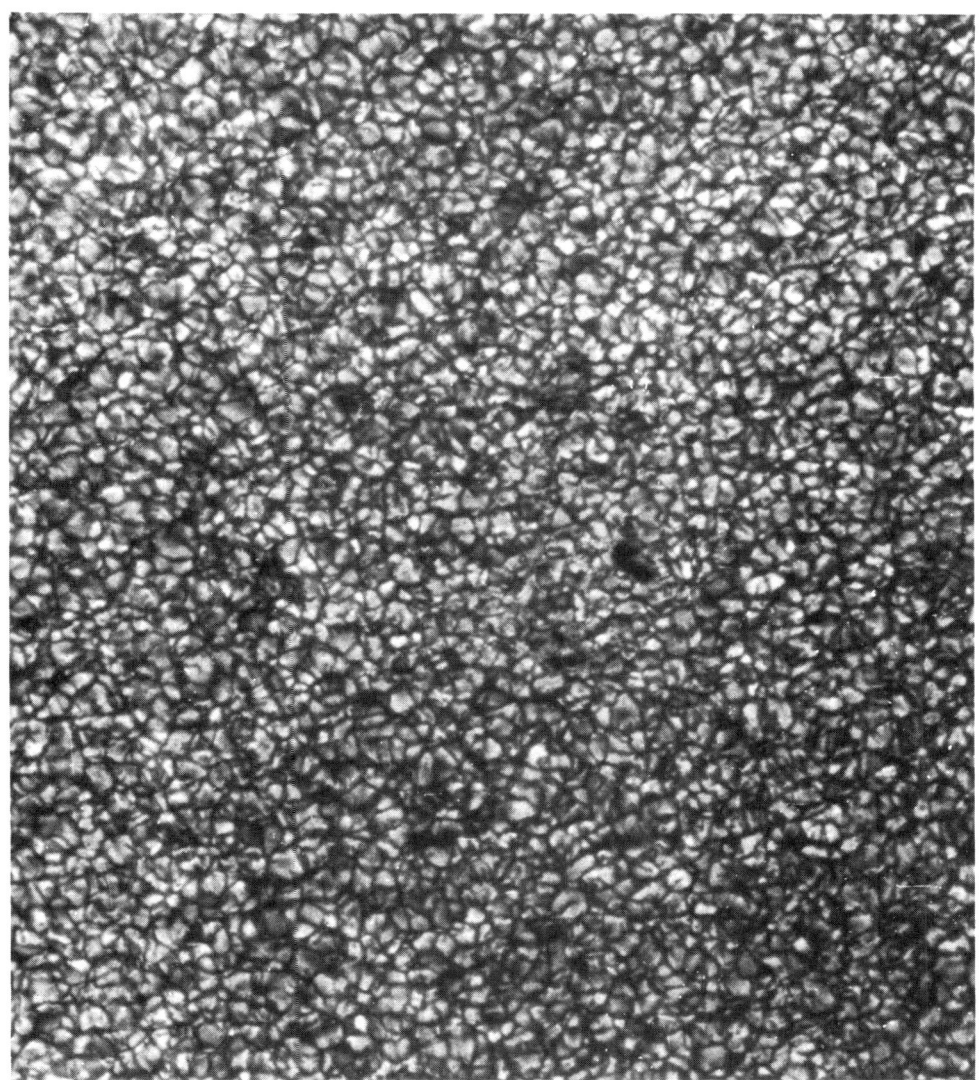

Granulation der ruhigen Sonne

wicht, d. h. an jedem Ort ist der Druck so groß, daß er das Gewicht der darüberliegenden Materie trägt. 2) Es herrscht Energiegleichgewicht, d. h. die einem Volumenelement pro Zeiteinheit beispielsweise durch Absorption von Strahlung und andere Prozesse zugeführte Energiemenge muß in der gleichen Zeit auch wieder abgegeben werden.

Die Berechnung von Modellatmosphären erfordert erheblichen numerischen Aufwand. Da zudem die Resultate für Sterne mit linienreichen Spektren wie die Sonne wenig genau sind, stützt man sich bei der Bestimmung des Modells der Sonnenatmosphäre vorwiegend direkt auf Beobachtungen. Man verwendet z. B. die Stärke der Kontinuumsstrahlung in verschiedenen Wellenlängen und ihre Mitte−Rand-Variation, die Mitte−Rand-Variation von ausgesuchten Fraunhofer-Linien, das Auftreten von Emissionslinien im extremen UV, die Beobachtung, daß auch normale Fraunhofer-Linien bei Sonnenfinsternissen in den kurzen Augenblicken vor oder nach der Totalität als Emissionslinien auftreten (Flash-Spektrum) usw. In der Tabelle ist das Ergebnis solcher Untersuchungen zusammen mit Daten über das Sonneninnere und über die nahe Sonnenumgebung zusammengestellt.

Die Photosphäre erscheint nicht gleichmäßig hell, sondern granuliert: sie ist aus vielen kleinen hellen Granula zusammengesetzt. Diese haben die Form unregelmäßiger Polygone, die durch das dunklere feine Netzwerk der Intergranula voneinander getrennt sind. Die typische Größe der Granula liegt bei etwa 1000 km. Das Bild der Granulation ist nicht beständig, die Lebenszeit der Granula beträgt etwa 10 Minuten. Diese Erscheinung ist auf die Konvektion in der tiefen Photosphäre und den darunter liegenden Schichten zurückzuführen. In den Granula sehen wir die aufsteigenden heißen Gaswolken. Die Temperaturunterschiede gegenüber der Umgebung betragen etwa 300 K. Wie die Beobachtungen zeigen, ist die Konvektion in der Sonne nicht stationär, die Konvektionszellen ändern sich mit der Zeit. Eine genaue Untersuchung der Größenverteilung der Granula, der Kontraste und der Temperaturdifferenzen ist von erheblichem theoretischem Interesse. Man hat deshalb große Anstrengungen unternommen, die Feinstruktur der Granulation zu beobachten und hierzu u. a. automatisch gesteuerte Fernrohre an großen Ballons verwendet. In Höhen von ca. 30 bis 40 km ist die bei diesen Beobachtungen sehr störende Luftunruhe praktisch nicht mehr vorhanden. Durch Messung von Doppler-Verschiebungen in Spektren, die gleichzeitig ein hohes Winkelauflösungsvermögen haben, wurde festgestellt, daß die heißeren Granula tatsächlich aufsteigen. Die Geschwindigkeiten liegen bei etwa 2 km/s, streuen jedoch erheblich.

Es gibt auch eine oszillatorische Komponente des Geschwindigkeitsfelds, deren Entdeckung zunächst überraschend war. Inzwischen ist diese Erscheinung in ausgedehnten Meßreihen sehr sorgfältig studiert worden. Dabei zeigten sich eindeutige Zusammenhänge zwischen den Periodendauern der Schwingungen, die in der Größenordnung von etwa fünf Minuten liegen, und der horizontalen Ausdehnung der Gebiete, in denen sich diese Schwingungen koordiniert vollziehen (Ausdehnung etwa 5000 km). Diese Zusammenhänge sind auch theoretisch verstanden.

Schließlich ergab eine Analyse des Geschwindigkeitsfelds großräumige Strukturen (charakteristische Dimension 40 000 km), die sogenannte Supergranulation. Sie ist in der Horizontalkomponente der Geschwindigkeiten erkennbar. Zwischen ihr und dem chromosphärischen Netz besteht möglicherweise ein Zusammenhang.

5.4 Der Aufbau der Sonne

5.4.3 Solare Seismologie

In ähnlicher Weise wie seismische Bebenwellen die Erde durchlaufen, können sich in der Sonne Schall- (oder Druck-)Wellen ausbreiten, deren Ausbreitungsrichtung und -geschwindigkeit von Temperatur und Dichte, chemischer Zusammensetzung sowie Strömungsverhältnissen im Innern abhängen. Durch diese Wellen werden Oszillationen der Sonnenoberfläche angeregt, deren Untersuchung somit indirekt Aufschluß über die Bedingungen im Innern der Sonne gibt. Aufgrund der Analogie zur Untersuchung von Erdbebenwellen bezeichnet man diese Untersuchungsmethode auch als Helioseismologie.

Es zeigt sich, daß die beobachteten Oberflächenschwingungen von stehenden Schallwellen hervorgerufen werden, d. h. das Innere der Sonne wirkt wie ein Hohlraumresonator für die Schallwellen (etwa vergleichbar einer Orgelpfeife), wobei die Wellen in der Sonne jedoch nicht durch feste Wände, sondern aufgrund der Temperatur- und Dichteänderungen gebrochen und reflektiert werden. Damit sich in einem Hohlraum eine stehende Welle ausbilden kann, muß eine feste Beziehung der Periodendauer der Welle und der Ausdehnung des Hohlraums erfüllt sein, aus der wiederum eine bestimmte horizontale Wellenlänge für die Oberflächenwellen folgt. Für die stärksten Oszillationen sind demnach nur bestimmte Kombinationen von Periodendauer und horizontaler Wellenlänge erlaubt. In einem Diagramm, das die Wellenamplitude als Funktion von Periode und Wellenlänge darstellt, sollten sie in einer Reihe schmaler Bänder konzentriert sein. Die aus den Beobachtungen abgeleiteten Spektren zeigen tatsächlich diese schmalen Bänder mit starken Amplituden, in guter Übereinstimmung mit den auf der Grundlage des Standard-Sonnenmodells errechneten theoretischen Vorhersagen. Die geringen, aber systematischen Abweichungen weisen jedoch darauf hin, daß bestimmte Parameter im Standardmodell modifiziert werden müssen. Mit entsprechenden Korrekturen läßt sich tatsächlich eine bessere Übereinstimmung erzielen, allerdings würde durch sie das bereits angesprochene Neutrinoproblem eher noch verschärft.

5.4.4 Chromosphäre und Korona

Wie aus der Tabelle in 5.4.2 hervorgeht, liegt über der etwa 400 km dicken Schicht der Photosphäre die Chromosphäre und schließlich die Korona, die sich weit in den interplanetaren Raum erstreckt. Die optische Strahlung aus diesen Gebieten sehr geringer materieller Dichte war früher nur bei totalen Sonnenfinsternissen beobachtbar, also dann, wenn die helle Sonnenscheibe durch den Mond verdeckt ist. Heute können mit besonders streulichtarmen Teleskopen, in denen durch eine Kegelblende das direkte Sonnenlicht abgedeckt wird (Koronograph, s. A.2.6), die Chromosphäre und die Korona auch unabhängig von Finsternissen beobachtet werden.

Man findet, daß die Form der Korona langsamen Veränderungen unterworfen ist, so daß sie zur Zeit minimaler Sonnenaktivität (s.

5.5) am Äquator besonders ausgeprägt, an den Polen dagegen etwas schwächer ausgebildet ist. Zur Zeit des Sonnenflecken-Maximums ist die Korona runder. Als besondere Strukturen fallen die Koronastrahlen ins Auge. In ihnen ist die Materie dichter als in der Umgebung. Die strahlenartige Form ist zweifellos durch Magnetfelder bestimmt.

Die Korona strahlt ein kontinuierliches Spektrum aus, und zwar vorwiegend an freien Elektronen gestreutes Sonnenlicht. Diesem Kontinuum, in dem wegen des Doppler-Effekts aufgrund der hohen thermischen Geschwindigkeiten der Elektronen alle Fraunhofer-Linien verwischt sind, ist eine Reihe von Emissionslinien überlagert. Ihre Deutung war lange Zeit ein Rätsel. Heute wissen wir, daß sie zu hoch ionisierten Elementen gehören. Die wichtigsten Linien sind die rote Koronalinie bei 637.451 nm [FeX], die grüne Koronalinie bei 530.286 nm [FeXIV] und die gelbe Koronalinie bei 569.442 nm [CaXV]. Aus ihrem Auftreten muß ebenso wie aus der Stärke der thermischen Strahlung im Radiofrequenzbereich auf eine Temperatur der Korona von etwa 1 bis 2 Millionen Kelvin geschlossen werden.

Die Minimumkorona vom 23. Oktober 1976. Am Ostrand (links) sind Überstrahlungen von zwei Protuberanzen zu erkennen

Im Röntgenbereich (1 bis 10 nm) emittiert die Sonnenkorona ein Kontinuum, dem starke Emissionslinien hochionisierter Metalle überlagert sind. Aus den heißesten Gebieten mit Temperaturen bis $6 \cdot 10^6$ K wird Strahlung bis herab zu 0.1 nm Wellenlänge beobachtet.

Der Mechanismus der Aufheizung ist in groben Zügen bekannt. Die Konvektion in der tieferen Photosphäre führt zu Strömungsgeschwindigkeiten von etwa 1 bis 2 km/s. Bei derartigen Geschwindigkeiten treten Druckschwankungen auf, von denen aus

5.4 Der Aufbau der Sonne

In Jahren des Fleckenminimums ziehen sich lange Strahlen beiderseits des Äquators hin. An den Polen stehen kurze radiale Strahlen

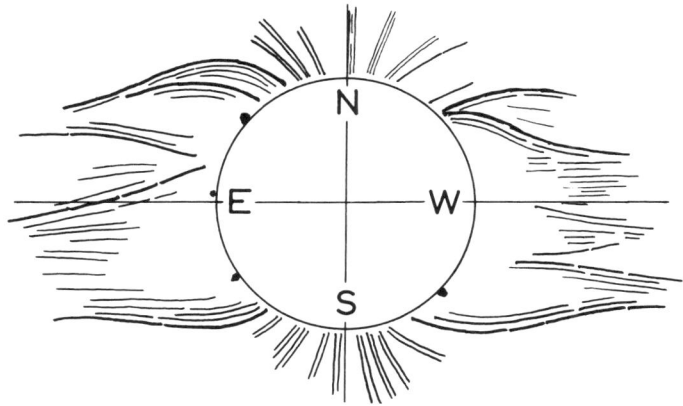

sich Schallwellen ausbreiten. Daneben werden, sofern Magnetfelder vorhanden sind, sog. magneto-hydrodynamische Wellen (Alfvén-Wellen) angeregt. Es sind dies – im Gegensatz zu den Schallwellen – transversale Wellen, die am ehesten mit der Ausbreitung von Wellen auf gespannten elastischen Seilen vergleichbar sind. Die Magnetfelder wirken etwa wie die elastische Spannung der Seile. Ein kleiner Bruchteil der Sonnenenergie gelangt damit in Form von Wellenenergie in die höheren Schichten der Sonnenatmosphäre, also in Schichten mit abnehmender Dichte. Man kann nun zeigen, daß sich die Schallwellen dabei aufsteilen und in sogenannte Stoßwellen übergehen. (Ein treffendes Bild ist der Übergang von der Dünung des Ozeans in Brandungswellen in der

Im Maximum des Fleckenzyklus sind die Strahlen der Korona unregelmäßiger und weniger deutlich. Das Gesamtbild ist runder

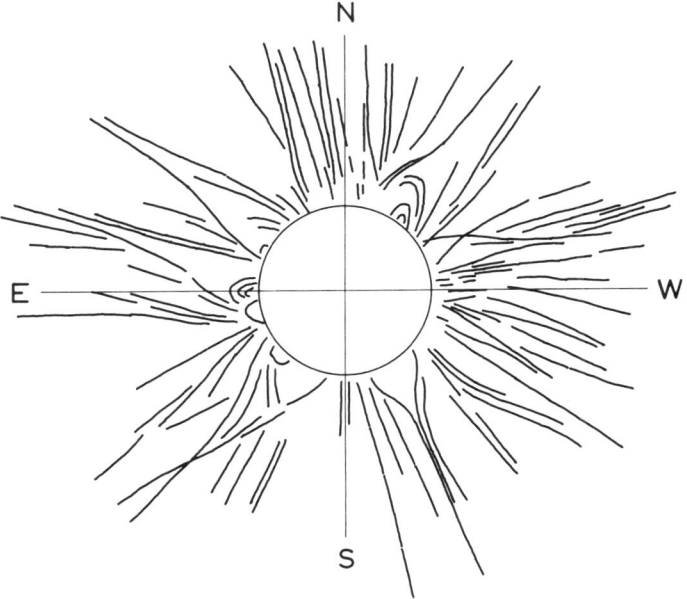

Nähe der Küste. Der mit der Höhe abnehmenden Dichte in der Sonnenatmosphäre entspricht in diesem Bild die abnehmende Wassertiefe.) Die Energie wird schließlich in Form von Wärme an das Gas abgegeben, und zwar von den Alfvén-Wellen in der Korona, von den Stoßwellen in der Übergangszone zwischen Chromosphäre und Korona. Diese Energiezufuhr bewirkt eine Erhöhung der Temperatur des Gases, bis durch Abstrahlung, vor allem aber durch Wärmeleitung nach unten zur kühleren Photosphäre, der Energiehaushalt der Korona wieder ausgeglichen ist.

In größeren Abständen von der Sonne tritt gegenüber dem an freien Elektronen gestreuten Sonnenlicht (K-Korona) der an Staubteilchen gestreute Anteil deutlich hervor. In diesem Streulicht können die photosphärischen Fraunhofer-Linien wieder beobachtet werden (F-Korona). Es gibt einen stetigen Übergang von der Korona in das interplanetare Medium mit seinem Staubanteil, der für das Zodiakallicht (s. 4.4.2) verantwortlich ist.

Die Chromosphäre, also das Gebiet zwischen Photosphäre und Korona, ist von sehr komplizierter Struktur. Das optische Spektrum der Chromosphäre kann in den Augenblicken kurz vor oder nach totalen Sonnenfinsternissen beobachtet werden (Flash-Spektrum). In diesen Spektren erscheinen die stärksten Fraunhofer-Linien in Emission. Die Kerne dieser Linien und die Emissionslinien im extremen UV entstehen in der Chromosphäre, ebenso wie die Radiostrahlung im Zentimeterbereich.

Die Chromosphäre ist nicht homogen. In ihren höheren Schichten zeigt sie eine bürstenartige Struktur. Die den Borsten entsprechen-

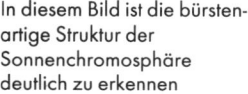
In diesem Bild ist die bürstenartige Struktur der Sonnenchromosphäre deutlich zu erkennen

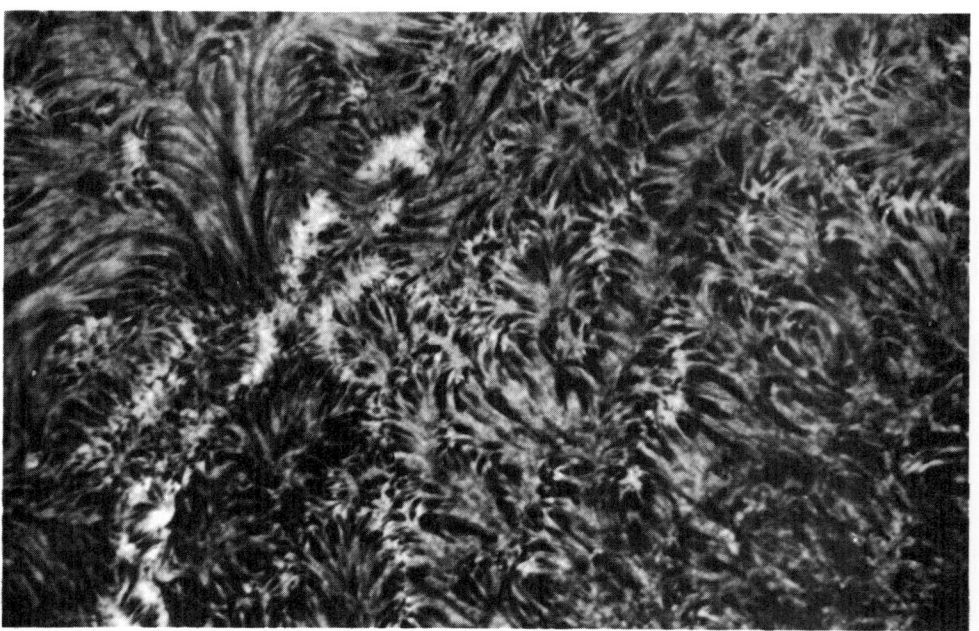

den Spikulen sind etwa 1000 km dick und etwa 3000 km, gelegentlich bis zu 10 000 km, hoch. Ihre mittlere Lebenszeit beträgt 15 Minuten. Sie sind, obgleich heller als ihre Umgebung, kühler als sie. Großräumige Muster, das chromosphärische Netz, sind auf Sonnenaufnahmen in streng monochromatischem Licht erkennbar, wenn die Wellenlänge so gewählt wird, daß sie in den Kern starker Fraunhofer-Linien fällt (die H- bzw. K-Linien des CaII oder H_α des HI). Derartige Spektroheliogramme geben ein Bild der Chromosphäre, auf dem z. B. auch die Erscheinungen der Sonnenaktivität studiert werden können.

5.5 Sonnenaktivität

Die Granulation der Photosphäre und die chromosphärischen Spikulen werden ebenso wie das chromosphärische Netz als Erscheinungen der ungestörten, ruhigen Sonne angesehen. Sie sind – eventuell mit kleiner Variation in Abhängigkeit von der heliographischen Breite – auf der gesamten Sonnenoberfläche zu finden. Die Phänomene der Sonnenaktivität sind dagegen nicht nur zeitlich variabel, sondern auch räumlich auf sogenannte Aktivitätszentren begrenzt. Diese Aktivitätszentren hängen in der Häufigkeit ihres Auftretens stark von der heliographischen Breite ab.

5.5.1 Sonnenflecken

Sonnenflecken werden durch Magnetfelder von einigen zehntel Tesla verursacht, die in kleinen Bereichen unterhalb der Photosphäre die Konvektion unterbinden und damit den nach außen fließenden Energiestrom erheblich verringern. Die Sonnenflecken sind daher dunkler als ihre Umgebung. Der Kern, die Umbra, hat eine effektive Temperatur von etwa 4500 K gegenüber 5780 K für die ungestörte Photosphäre. Der Kern ist von der Penumbra, dem Halbschatten, umgeben, deren Helligkeit zwischen der der Umbra und der Photosphäre liegt. Die Durchmesser der Umbren liegen zwischen 2000 und 20 000 km, die der Penumbren zwischen 4000 und 50 000 km.

Sonnenflecken haben eine Tendenz zur Entstehung in Gruppen, die sich meistens innerhalb von einigen Tagen zu bipolaren Gruppen entwickeln. Diese enthalten neben vielen kleineren Flecken zwei Hauptflecken mit entgegengesetzter magnetischer Polarität. Die beiden Hauptflecken sind meist in Ost-West-Richtung angeordnet, wobei die Polarität des im Sinn der Sonnenrotation vorangehenden Flecks auf der Nord- und Südhalbkugel der Sonne entgegengesetzt ist. Nach einem Sonnenfleckenzyklus kehren sich die Polaritäten um. Die magnetischen Feldstärken, die durch den Zeeman-Effekt der Fraunhofer-Linien gemessen werden, beziehen sich auf photosphärische Schichten. Sie liegen für die Zentren der Umbren zwischen 0.015 und 0.4 Tesla und verringern sich auf wenige 10^{-4} Tesla am Rand der Penumbren.

Die Fleckengruppen durchlaufen eine charakteristische Entwicklung, die eine Einteilung in 9 Klassen (A bis I, s. Abb.) möglich macht. Sie haben teilweise eine Lebensdauer von mehr als hundert Tagen, überdauern damit also mehrere Sonnenrotationen. Die Magnetfelder sind auch nach dem Verschwinden des Flecks bzw. der Gruppe noch nachweisbar. Aus der Messung des Doppler-Effekts in der Penumbra ergibt sich im photosphärischen Niveau ein Ausströmen der Materie (Evershed-Effekt), dagegen möglicherweise eine Einwärtsströmung in der Chromosphäre.

Klassifikation von Sonnenflecken (nach Waldmeier)

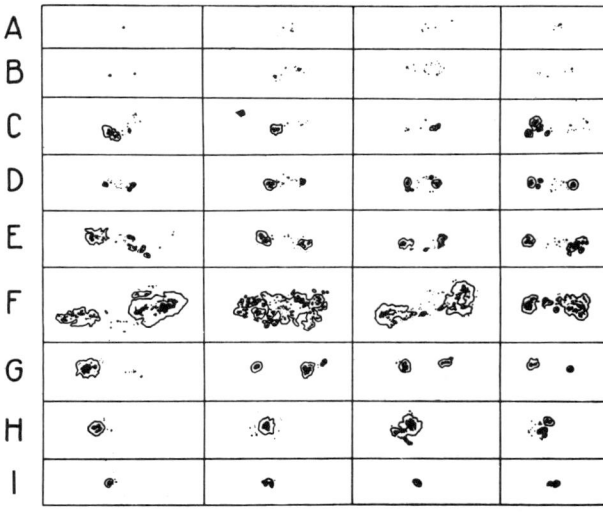

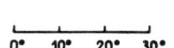

A: Ein einzelner Fleck oder eine Gruppe von Flecken, ohne Penumbra oder bipolare Struktur.
B: Gruppe von Flecken ohne Penumbra in bipolarer Anordnung.
C: Bipolare Fleckengruppe, von der der eine Hauptfleck von einer Penumbra umgeben ist.
D: Bipolare Gruppe, deren Hauptflecken eine Penumbra besitzen; mindestens einer der beiden Hauptflecken soll eine einfache Struktur aufweisen. Länge der Gruppe im allgemeinen < 10°.
E: Große bipolare Gruppe; die beiden von Penumbra umgebenen Hauptflecken zeigen im allgemeinen eine komplizierte Struktur. Zwischen den Hauptflecken zahlreiche kleinere Flecken. Länge der Gruppe mindestens 10°.
F: Sehr große bipolare oder komplexe Sonnenfleckengruppe; Länge mindestens 15°.
G: Große bipolare Gruppe ohne kleinere Flecken zwischen den beiden Hauptflecken. Länge mindestens 10°.
H: Unipolarer Fleck mit Penumbra; Durchmesser > 2.5°.
I: Unipolarer Fleck mit Penumbra; Durchmesser < 2.5°.

Das Auftreten der einzelnen Sonnenflecken ist nicht vorhersagbar. Die Statistik ihrer Häufigkeit ergibt eine regelmäßige Periode von 11.07 Jahren, den sogenannten Sonnenflecken-Zyklus. Er wird, wie man heute weiß, durch eine Oszillation des solaren Magnet-

5.5 Sonnenaktivität

Die Periodizität der Sonnenflecken-Relativzahl für die Jahre von 1700 bis 1960 (nach M. Waldmeier)

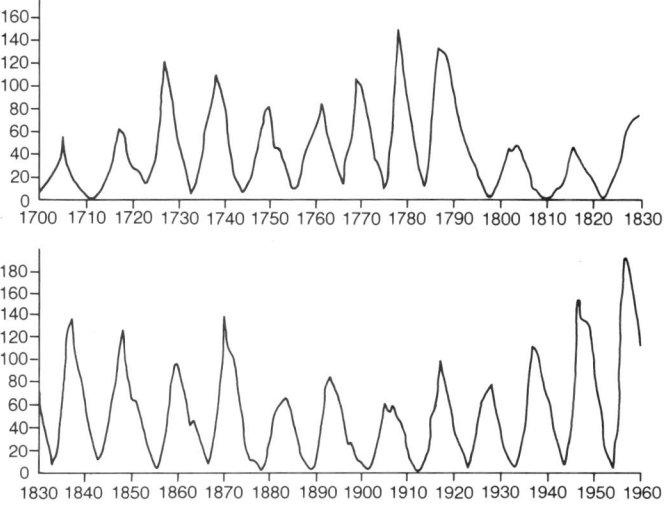

Aufnahme eines Sonnenflecks im gelben Spektralbereich (570...580 nm). Die Markierung entspricht einer Strecke von 7250 km (oder 10" bei einer mittleren Sonnenentfernung)

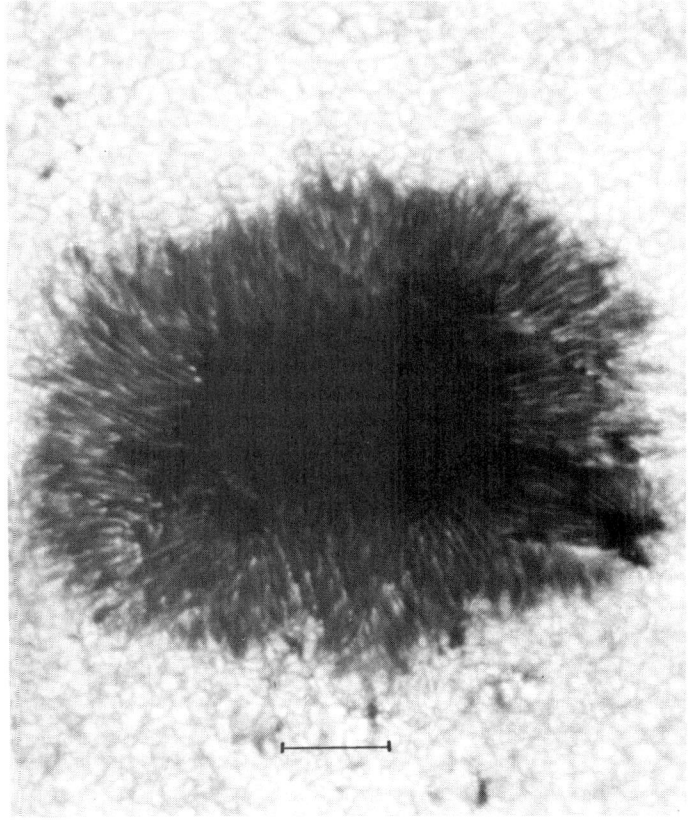

felds hervorgerufen, bei der sich das Magnetfeld im Abstand von 11.07 Jahren umpolt, so daß nach 22 Jahren der ursprüngliche Zustand wiederhergestellt ist. Im Maximum des Zyklus sieht man im Durchschnitt etwa 90 Flecken, im Minimum nur etwa drei. Am Anfang (Minimum) eines neuen Zyklus sind die Flecken am häufigsten in etwa ± 30° heliographischer Breite, später näher am Sonnenäquator.

Die Sonnenflecken sind die am leichtesten beobachtbaren Erscheinungen der aktiven Sonne. Sie werden daher seit langem herangezogen, um ein Maß für die Sonnenaktivität festzulegen, die sogenannte Fleckenrelativzahl:

$$R = \text{const} \cdot (10 \cdot \text{Zahl der Gruppen} + \text{Zahl der Einzelflecken}).$$

5.5.2 Fackeln

Fackeln werden im monochromatischen Licht (etwa in H_α oder H und K des CaII) als helle, 5000 bis 50 000 km große Gebiete auf der ganzen Sonnenscheibe beobachtet. Sie treten in Aktivitiätszentren und in der Nähe von Sonnenflecken auf und haben eine noch größere Lebensdauer als die Sonnenflecken. Der Zusammenhang zwischen Fackelflächen und bipolaren magnetischen Gebieten (Ausdehnung bis 200 000 km und magnetische Flußdichten bis 0.005 Tesla) ist besonders eng.

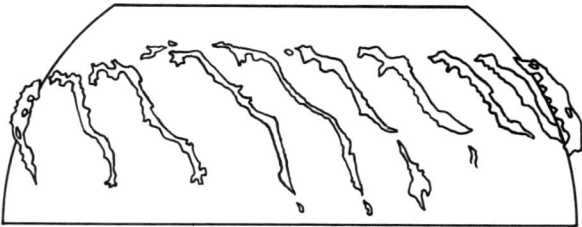

Wanderung einer großen Protuberanz vom Ostrand (links) zum Westrand (rechts), vom 25. 2. bis 10. 3. 1938 (nach M. Waldmeier)

5.5.3 Protuberanzen und Filamente

Protuberanzen und Filamente sind Bezeichnungen für zwei verschiedene Erscheinungsformen gleichartiger Objekte, relativ kühler ($\approx 10^4$ K) Gaswolken in der umgebenden heißen ($\approx 10^6$ K) Korona. Sie erscheinen am Sonnenrand in Form heller Bögen vor dem dunklen Hintergrund (Protuberanz), vor der Sonnenscheibe dagegen sind sie im Licht von H_α oder anderer starker Fraunhofer-Linien als dunkle, fadenförmige Gebilde (Filamente) sichtbar. Sie sind sehr flache Gebilde (etwa 5000 km dick) von großer Länge (20 000 bis 200 000 km). Sie erheben sich bis zu etwa 50 000 km über die Photosphäre. Ein Vergleich mit den chromosphärischen Spikulen liegt nahe: Die physikalischen Bedingungen – kühlere Kondensationen in flacher oder langgestreckter Form in einer heißen Umgebung – mögen ähnlich sein. Die Größen unterscheiden sich allerdings drastisch.

5.5 Sonnenaktivität

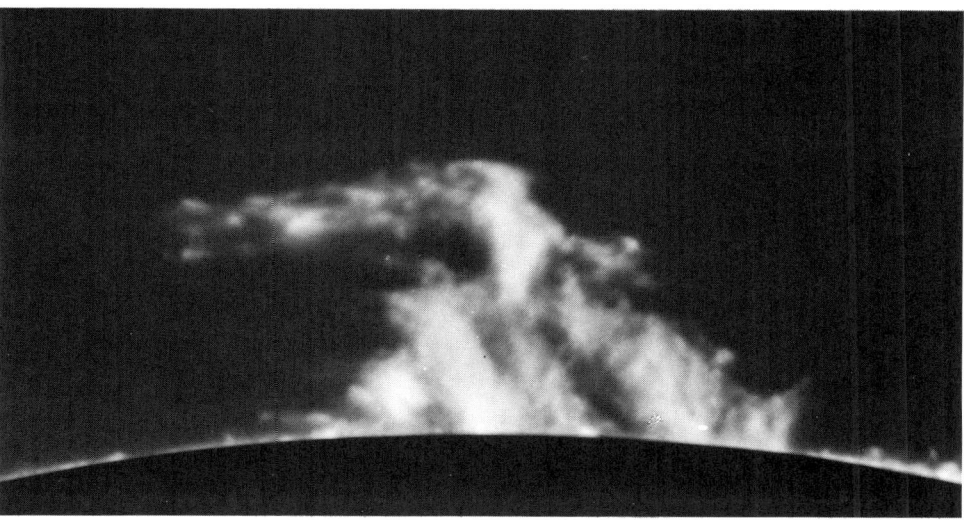

Protuberanz

Protuberanzen (oder Filamente) entstehen immer in Fleckenzonen, oft in der Nähe von Flecken, häufig aber auch isoliert. Fleckennahe Protuberanzen variieren im allgemeinen rasch, während die andern sich bis auf ein Längenwachstum kaum verändern. Nach einer Lebensdauer von 200 bis 300 Tagen verblassen sie schließlich. Bei ihrer Entstehung sind Filamente meridional orientiert, werden dann aber durch die differentielle Rotation der Sonne langsam in Ost-West-Richtung gedreht. Protuberanzen bilden sich durch Kondensation von Materie aus der Korona, wobei möglicherweise Magnetfelder mitwirken. Die kühlere und damit dichtere Materie in den Protuberanzen wird von den Magnetfeldern getragen oder gleitet an den Feldlinien zur Sonnenoberfläche hinab. Durch derartige Bewegungen leuchtender Gaswolken – ein sehr eindrucksvolles Bild vermitteln die in Zeitraffertechnik durch ein Lyot-H_α-Filter aufgenommenen Protuberanzenfilme – sind Protuberanzen einem ständigen Wandel unterworfen, wobei sich Formen nach dem gleichen Muster reproduzieren können, solange die magnetische Konfiguration erhalten bleibt (ruhende Protuberanz). Bei raschen Änderungen der Feldkonfiguration, wie etwa bei Flares, können Protuberanzen eruptiv werden. Dann werden die glühenden Wasserstoffwolken bis in Höhen über 100 000 km emporgeschleudert, teilweise überschreiten die Geschwindigkeiten sogar die Entweichgeschwindigkeit. Surges (Flare-Surges) bilden eine besondere Klasse eruptiver Protuberanzen.

5.5.4 Flares

Flares (Sonneneruptionen) sind plötzliche Helligkeitsausbrüche, die vor allem in H_α und in den H- und K-Linien des CaII, seltener auch im Kontinuum beobachtet werden können. Sie treten in Ak-

5 Die Sonne

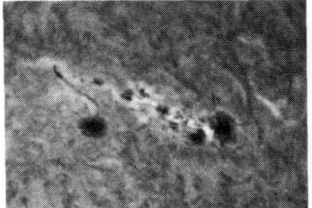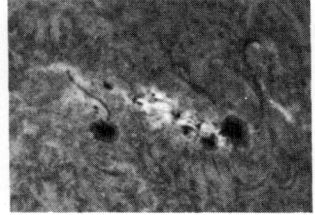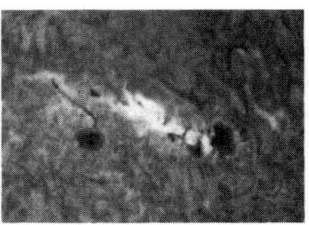

Aktivitätsgebiet auf der Sonne. Die Bilder zeigen seine Entwicklung innerhalb von 20 Minuten

tivitätsgebieten auf, bevorzugt in solchen mit hohen magnetischen Flußdichten (0.01 ... 0.1 Tesla) und komplizierten magnetischen Strukturen. Es gibt eine Tendenz zum wiederholten Auftreten von Flares in den gleichen aktiven Gebieten. Ein Flare reicht von der Photosphäre bis in die Korona in eine Höhe von etwa 20 000 km. Die Form ist unregelmäßig. Eine Feinstruktur, oft von den Fakkelflächen vorgezeichnet, wird beobachtet. Die Horizontalausdehnung der Flares (8000 bis 40 000 km) wird häufig durch die Angabe der Fläche (in Einheiten von 10^{-6} der sichtbaren Sonnenhemisphäre) beschrieben. Die Dauer der Flare-Erscheinung variiert von wenigen Minuten bis zu einigen Stunden. Typisch sind ein rascher Anstieg der Helligkeit (Flash-Stadium) und ein langsames Abklingen. Die Stärke der Flares wird nach einer Skala der Bedeutung (Importance) geschätzt. In großen Flares werden Energiebeträge von etwa 10^{23} bis zu 10^{24} Joule freigesetzt. Man nimmt an, daß diese Energien vor dem Flare-Ausbruch in den Magnetfeldern gespeichert sind.

Klassifikation der Flares

Bedeutung	Dauer in min.	Fläche in 10^{-6} Fläche der sichtbaren Sonnenhemisphäre	Breite der H_α-Emission in nm	Intensität der Emission im Zentrum von H_α; Kontinuumsintensität $= 1$
1 −		100	0.15	0.6
1	4 ... 40	100 ... 250	0.3	0.8 ... 1.5
2	10 ... 90	250 ... 600	0.45	1.2 ... 2.0
3	20 ... 150	600 ... 1200	0.80	1.4 ... 2.5
3 +	50 ... 430	1200	1.50	2.0 ... 3.0

5.5.5 Radiobursts

Radiobursts (Strahlungsausbrüche im Radiowellenbereich) sind eng mit größeren Flares korreliert. Man unterscheidet anhand ihrer dynamischen Spektren, in denen in einem zweidimensionalen Diagramm die Frequenz der Strahlung als Funktion der Zeit aufgetragen ist, verschiedene Typen:

Typ III: Strahlungsausbrüche von etwa 10 Sekunden Dauer, die kurz nach dem Flare auftreten; Strahlung in zwei engen, rasch zu niedrigeren Frequenzen driftenden Frequenzbereichen (Grundwelle und erste Harmonische, die häufig aber auch fehlen

5.5 Sonnenaktivität

kann, Frequenzverhältnis 1 : 2). Deutung: Plasmaschwingungen in der Korona, die durch einen vom Flare ausgehenden Strom schneller Elektronen angeregt werden.

Typ V: Gelegentlich auftretende, kurz dauernde Kontinuumsstrahlung. Wahrscheinlich Synchrotronprozeß.

Typ II: Strahlungsausbrüche längerer Dauer (5 bis 30 min), ebenfalls in zwei Frequenzbereichen (Frequenzverhältnis 1 : 2), die etwa 200mal langsamer als beim Typ III zu niedrigeren Frequenzen driften. Deutung: Plasmaschwingungen in der Korona, die durch vom Flare ausgehende Stoßwellen angeregt werden.

Typ IV: Teilweise lang andauernde Kontinuumsstrahlung, wahrscheinlich Synchrotronprozeß.

Interferometrische Beobachtungen haben gezeigt, daß die Strahlungsquellen bei Typ III- und Typ II-Bursts sich durch die Korona nach außen bewegen.

In engem Zusammenhang mit den Typ III-Bursts stehen Strahlungsausbrüche im Röntgenbereich ($E > 20$ keV) und sogar im γ-Bereich:

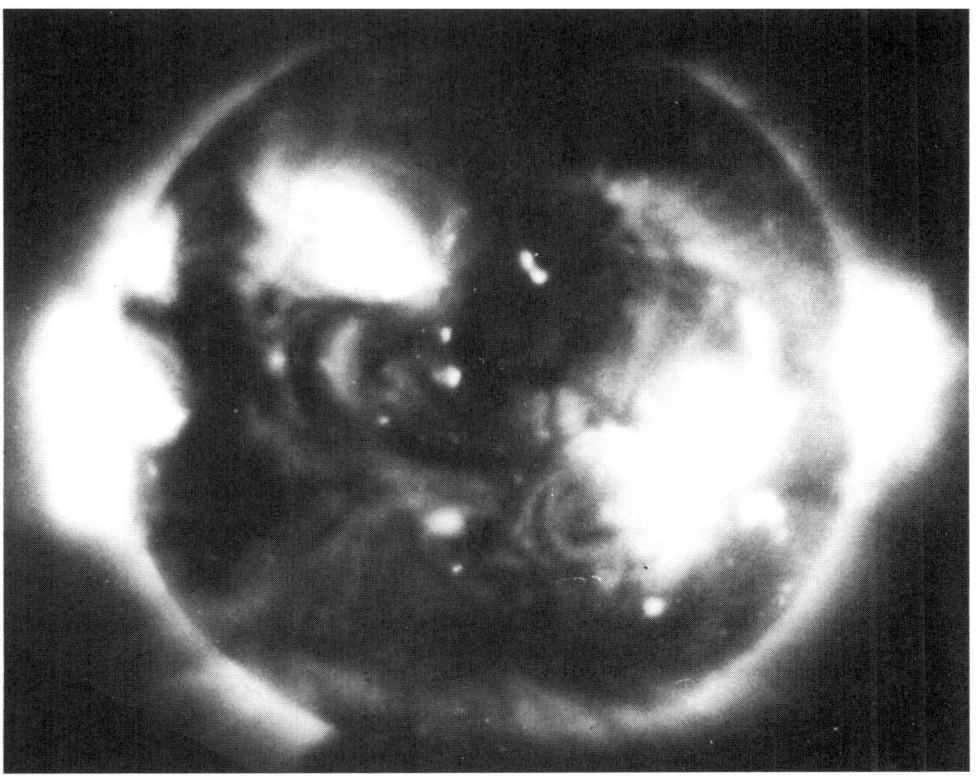

Die Sonne im Röntgenlicht. Aufnahme des Skylab-Experiments der American Science Engineering Inc.

Photonenenergie in MeV	Interpretation
0.51	Elektron-Positron-Vernichtungsstrahlung
2.23	Reaktionsenergie der Reaktion $^1H + n = {}^2D$
4.43	angeregter ^{12}C-Kern
6.14	angeregter ^{16}O-Kern

5.6 Solar-terrestrische Beziehungen

Unter dieser Bezeichnung faßt man eine Gruppe verschiedenartiger Erscheinungen zusammen, die alle mit starken Strahlungsausbrüchen auf der Sonne, also mit Flares hoher Importance korreliert sind.

Die schon erwähnte Röntgenstrahlung der Flares bewirkt eine plötzliche Erhöhung der Ionisierung in der Ionosphäre. Die D-Schicht sinkt dadurch von etwa 75 km Höhe auf 60 km herab. Dort ist die Absorption von Radiowellen infolge der höheren Dichte stark vergrößert. Die sich daraus ergebenden Störungen des Funkverkehrs sind unter der Bezeichnung Mögel-Dellinger-Effekt bekannt.

Die vom Flare ausgehenden energiereichen Protonen (bis zu 10^{10} eV) können auf der Erde als solare Komponente der kosmischen Strahlung nachgewiesen werden, wobei die energieärmeren Teilchen wegen der abschirmenden Wirkung des Erdmagnetfelds nur noch in der Nähe der magnetischen Pole in die Atmosphäre eindringen können. Dort bewirken Protonen bis herab zu etwa 10^3 eV eine zusätzliche Ionisierung der Ionosphäre, die sich als sogenannte Polar Cap Absorption (PCA) der Radiowellen bemerkbar macht. Die PCA tritt einige Stunden nach einem starken Flare auf.

Langsame Protonen und Wolken ionisierter Materie, die sich mit etwa 10 000 km/s bewegen, ebenso wie eventuelle magneto-hydrodynamische Wellen, verursachen Deformationen des Erdmagnetfelds, die sich in Schwankungen der Intensität und der Richtung des Felds an der Erdoberfläche bemerkbar machen. Derartige erdmagnetische Stürme beginnen etwa 20 bis 30 Stunden nach dem Flare mit einem scharfen Einsatz. Durch die Schwankungen des Erdmagnetfelds wird gleichzeitig die kosmische Strahlung moduliert.

Polarlichter stehen in engem Zusammenhang mit magnetischen Stürmen. Man ist heute der Ansicht, daß sie in der Ionosphäre in 100 bis 250 km Höhe durch den Einfall schneller Elektronen entstehen, zum Teil aber auch durch Sekundärelektronen, d. h. durch Elektronen, die durch Protonenstoß freigesetzt werden. – Starke Flares bilden wegen der energiereichen Korpuskularstrahlung eine Gefahr für den bemannten Raumflug.

Die Mondfähre von Apollo 11 über der Mondoberfläche, mit der zur Hälfte beschienenen Erdscheibe über dem Horizont

II

Oben: Das Mondauto von Apollo 17 im Littrow-Krater; im Hintergrund das Taurus-Gebirge

Aufnahme der Mondrückseite aus einer Mondumlaufbahn (Apollo 11). Der große Krater mit Zentralkegel hat einen Durchmesser von etwa 80 km

Links: Das Mondgebirge Fra Mauro, rechts die Davy-Kraterkette, beide aufgenommen aus einer Mondumlaufbahn von Apollo 14

Der Planet Venus mit seiner turbulenten dichten Wolkenhülle

Eine im Juli 1976 von der Marssonde Viking 1 übermittelte Farbaufnahme der Marsoberfläche. Das rötliche Oberflächenmaterial besteht vor allem aus Brauneisenstein

Jupiter (Aufnahme von Voyager 1) aus einer Entfernung von 22 Millionen km mit den Monden Io (links; etwa 350 000 km über dem Großen Roten Fleck) und Europa (Bildmitte; etwa 600 000 km über der oberen Wolkenschicht)

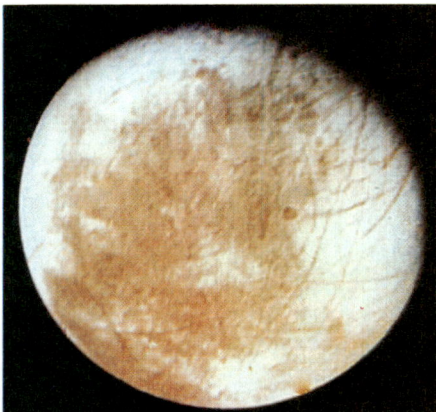

Europa aus einer Entfernung von rund 2 Millionen km. Die hellen Zonen sind wahrscheinlich Eisablagerungen; die auffälligen linearen Strukturen in der Oberfläche — Aufbrüche und Risse — sind zum Teil mehr als 1000 km lang

Ganymed aus einer Entfernung von 2.6 Millionen km. Die großen dunklen Gebiete und weißen Flecken erinnern an die Mare und Krater auf dem Erdmond

Io aus einer Entfernung von 490 000 km (oben) und 130 000 km (Mitte). Auf dem oberen Bild erkennt man am Mondhorizont die Umrisse eines gewaltigen Vulkanausbruchs (das Eruptionsmaterial war zu diesem Zeitpunkt etwa 160 km emporgeschleudert worden). Das Bild unten umfaßt einen Bereich von etwa 1000 km und zeigt umfangreiche vulkanische Ablagerungen. Der dunkle Fleck am oberen Bildrand ist ein Vulkankrater mit strahlenförmig ausgebildeten Lavaströmen

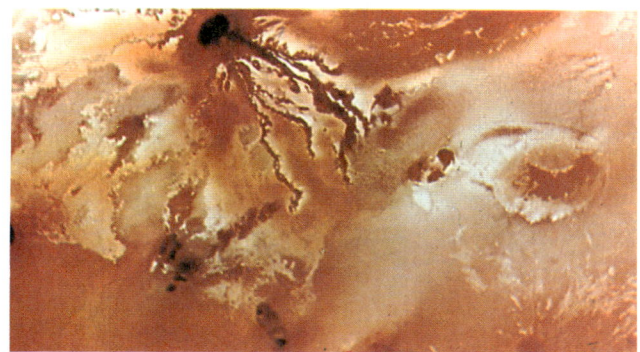

Callisto aus einer Entfernung von etwa 350 000 km. Das Bild zeigt Einzelheiten bis zu 7 km Durchmesser. Der helle runde Fleck, wahrscheinlich ein Aufschlagbecken, hat einen Durchmesser von etwa 600 km, der äußere Ring von etwa 2600 km

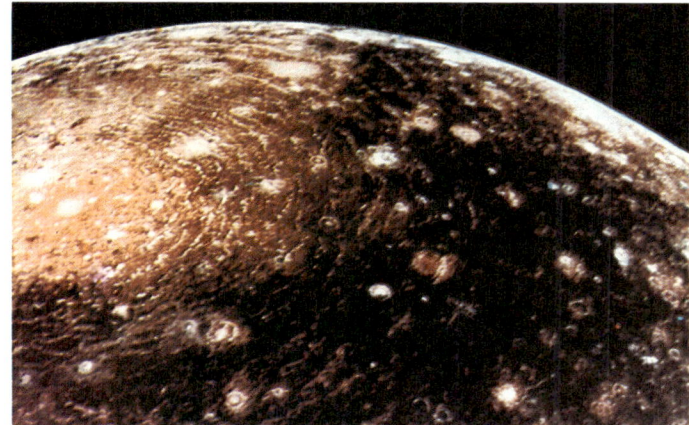

Saturn in einer Gesamtaufnahme von Voyager 2 aus einer Entfernung von 21 Mio. km. Unterhalb der südlichen Hemisphäre sind drei Saturnmonde als kleine helle Punkte erkennbar, von links nach rechts: Tethys, Dione und Rhea. Auf die Südhalbkugel des Saturn fällt der Schatten von Tethys

Die mit Kratern übersäte nördliche Hemisphäre von Iapetus aus einer Entfernung von 1.1 Mio. km

Bereits die Aufnahmen von Voyager 1 aus dem Jahr 1980 zeigten, daß das Ringsystem erheblich komplexer ist, als bis dahin angenommen worden war

VII

Uranus, Neptun und Erde im gleichen Maßstab. Die Bilder von Uranus und Neptun wurden von der Raumsonde Voyager 2 aufgenommen. Während Uranus einen nahezu strukturlosen Anblick bietet, sind auf Neptun deutliche Strukturen zu erkennen, Wolkenbänder und ein großer Fleck, der dem Großen Roten Fleck auf Jupiter sehr ähnlich ist

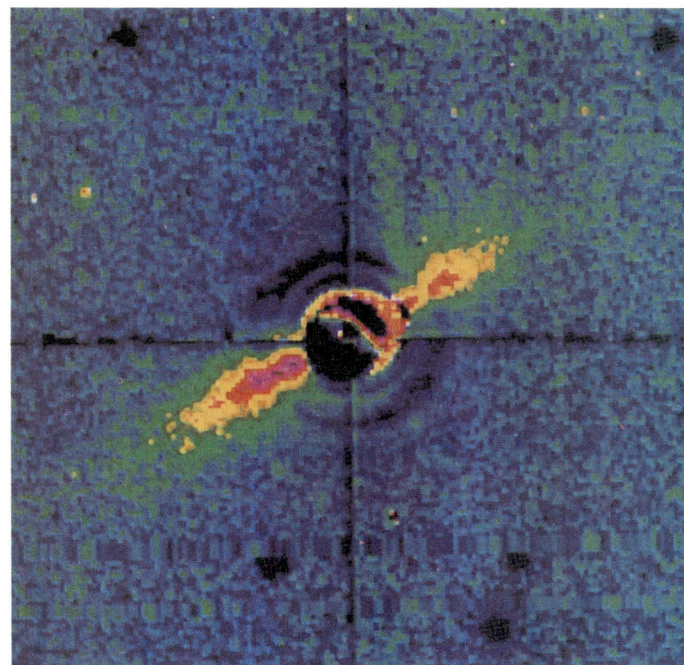

Proto-planetare Scheibe um β Pictoris, aufgenommen im optischen Bereich. Das Licht des Sterns wurde mit einer kreisförmigen Maske abgedeckt, da es andernfalls die schwache Scheibe überstrahlt hätte. Die kreuzförmige Struktur ist die Halterung der Maske

Oben: Der Komet Halley, aufgenommen mit dem 1.5 m-Spiegelteleskop der Universität von Arizona (rechts dieselbe Aufnahme in Äquidensiten-Aufbereitung).

Unten: Giotto-Aufnahmen von Halley; links aus einer Entfernung von 25 650 km vom Kern (längliche Formation in der Bildmitte) in Falschfarbendarstellung; rechts der Kern des Kometen, aufgenommen in der Nacht vom 13. auf den 14. März 1986

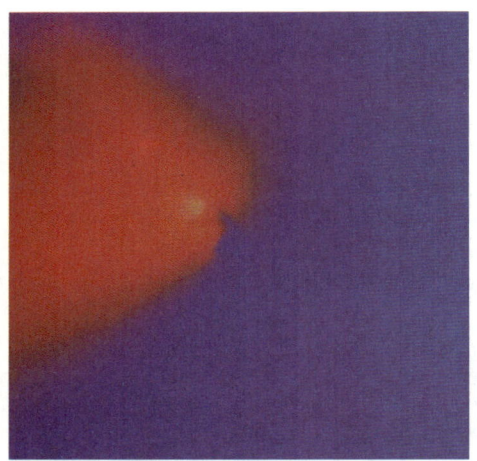 

▷ Rechte Seite
Oben: Vorbeiflug-Szenario für die sechs Halley-Sonden.
Unten: Die wie auf einer Schnur aufgereihten Bruchstücke des Kometen 1993e Shoemaker-Levy 9 auf ihrer Bahn um den Jupiter (Aufnahme ESO, vom 11. Mai 1994; eingesetztes Bild vom 1. Mai)

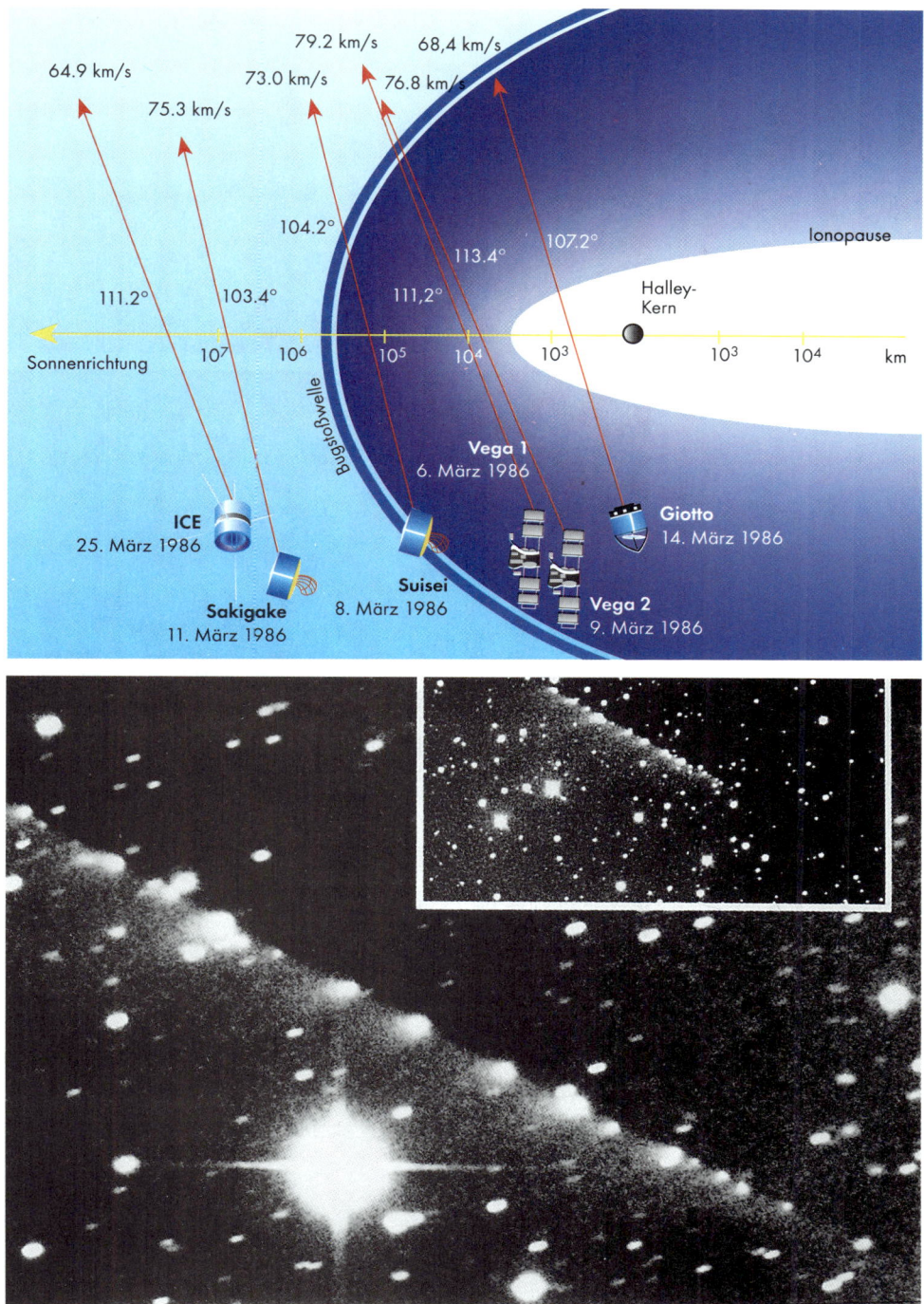

X

Supernova 1987 A in der Großen Magellanschen Wolke. Die obere Aufnahme zeigt das Gebiet der Supernova wenige Stunden vor dem Ausbruch, die mittlere Aufnahme wurde genau 48 Stunden später aufgenommen und zeigt SN 1987 A als Stern 4. Größe in der Mitte des Bilds. Die untere Aufnahme zeigt die Umgebung von SN 1987 A; sie liegt in der Nähe der riesigen HII-Region 30 Doradus, die auch Tarantelnebel genannt wird

XI

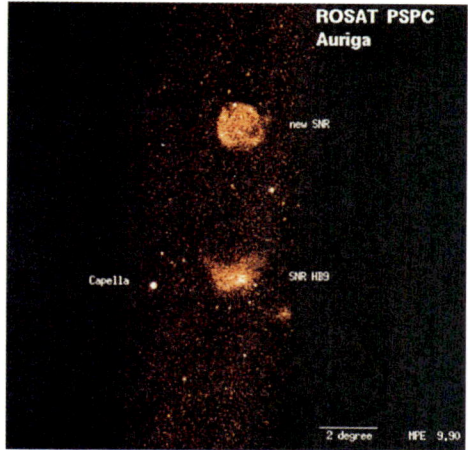

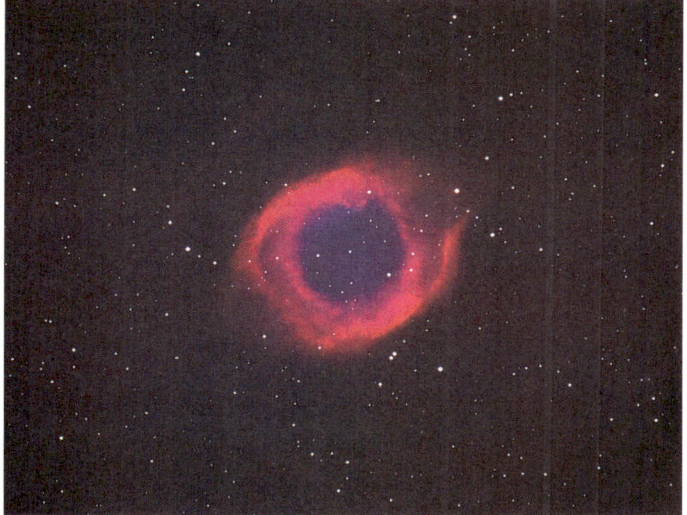

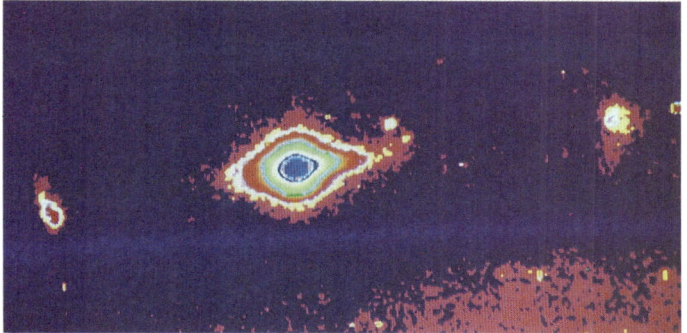

Oben: Zwei Aufnahmen im weichen Röntgenbereich mit dem Röntgensatelliten ROSAT; im linken Bild ein neu entdeckter Supernova-Überrest (obere Bildhälfte; im Optischen nicht sichtbar), im rechten Bild der Vela- und der Puppis A-SNR (groß in der Bildmitte bzw. klein rechts oben).
Mitte: Der Helixnebel (NGC 7293), ein Planetarischer Nebel im Sternbild Wassermann. Die Abbildung entstand durch Überlagerung von drei Schwarz-Weiß-Filteraufnahmen. Die rote Farbe stammt von der Wasserstoff-Emissionslinie Hα. Der Zentralstern hat eine Oberflächentemperatur von 50 000 Kelvin.
Unten: Das Jet-System Th 28 (Bildmitte) im Sternbild Wolf, aufgenommen im Licht der Wasserstoff-Emissionslinie Hα; links und rechts die beiden Herbig-Haro-Objekte HHE bzw. HHW

Der wegen der breiten, die leuchtende Gaswolke durchschneidenden Absorptionswolken so genannte Lagunennebel (= M 8 und NGC 6523), im Sternbild Sagittarius. Eine Rotaufnahme mit dem 1.23 m-Teleskop des Max-Planck-Instituts für Astronomie im Deutsch-Spanischen Astronomischen Zentrum auf dem Calar Alto in Südspanien

Der Gasnebel M 16 (= NGC 6611) im Sternbild Serpens, wegen seiner Gestalt auch Adlernebel genannt

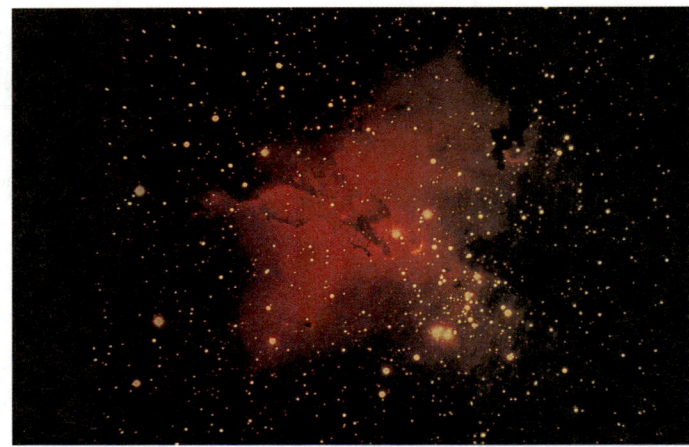

Der große Orion-Nebel (M 42, NGC 1976) im »Schwertgehänge« des Sternbilds Orion, die hellste diffuse Gas- und Staubwolke am Himmel; unter günstigen Bedingungen bereits mit bloßem Auge sichtbar

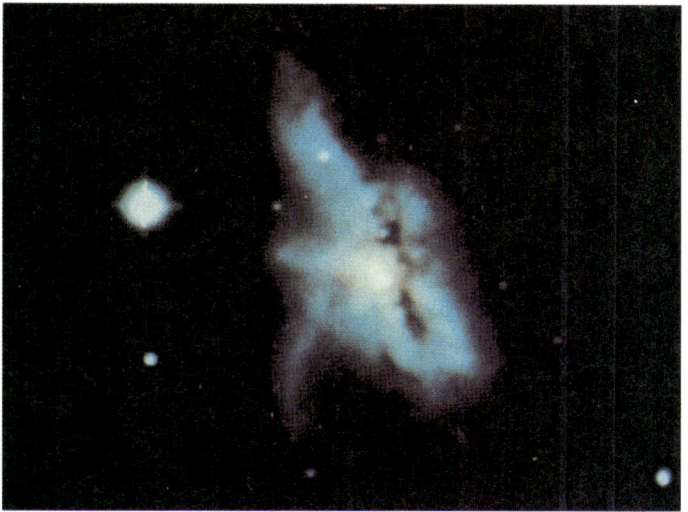

Beispiele wechselwirkender Galaxien. Das obere Bild zeigt zwei kollidierende Galaxien mit sogenannten Antennen, die aus Sternen bestehen, die bei der Kollision aus den Galaxien herausgeschleudert wurden. Das untere Bild zeigt zwei Galaxien im Sternbild Schlangenträger bei einem Verschmelzungsprozeß. Hierbei wurde ein ausbruchartiger Prozeß von Sternentstehung angeregt

XIV

A: Zentralbereich der Galaxis (60 × 60 pc) bei 20 cm Wellenlänge. Der blaue Bogen sendet Synchrotronstrahlung aus, während der Zentralbereich (rot) wahrscheinlich durch UV-Strahlung zum Leuchten angeregt wird

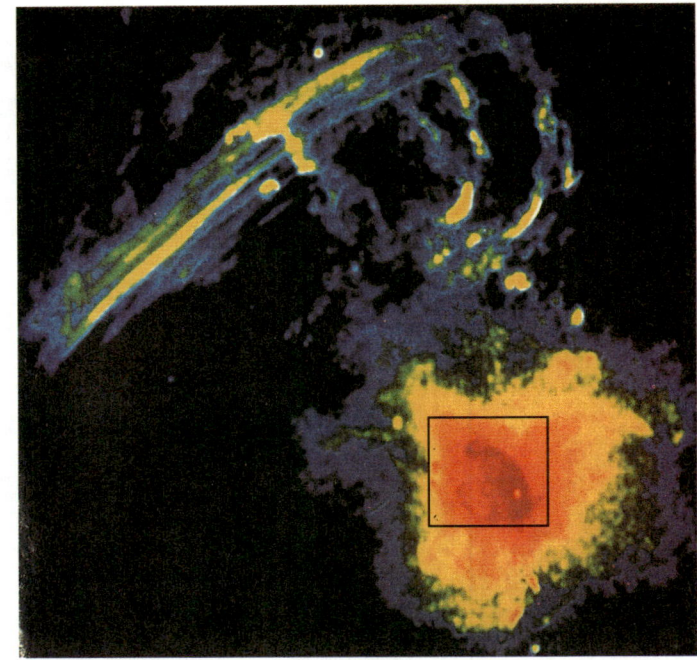

B: Sgr A East (8 × 9 pc), vermutlich ein Überbleibsel einer gewaltigen Explosion, bei 6 cm Wellenlänge. Blau symbolisiert wieder Bereiche mit Synchrotronstrahlung, Rot und Gelb symbolisieren Bereiche mit thermischer Bremsstrahlung

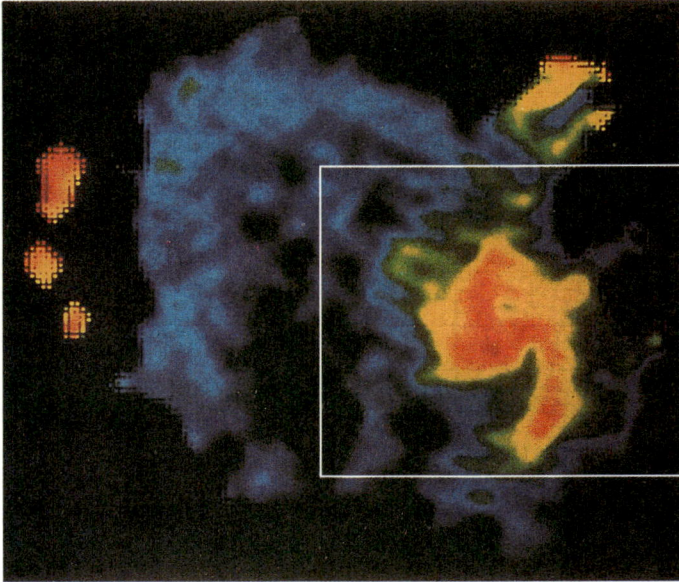

XV

C: Sgr A West (4 × 4 pc), ein in Sgr A East eingelagertes zweites Ringsystem, bei 6 cm Wellenlänge. Das Bild zeigt vom Zentrum ausgehende Gasströme, die Sgr A wie Speichen mit dem (hier nicht sichtbaren) Rad der HCN-Strahlung verbinden

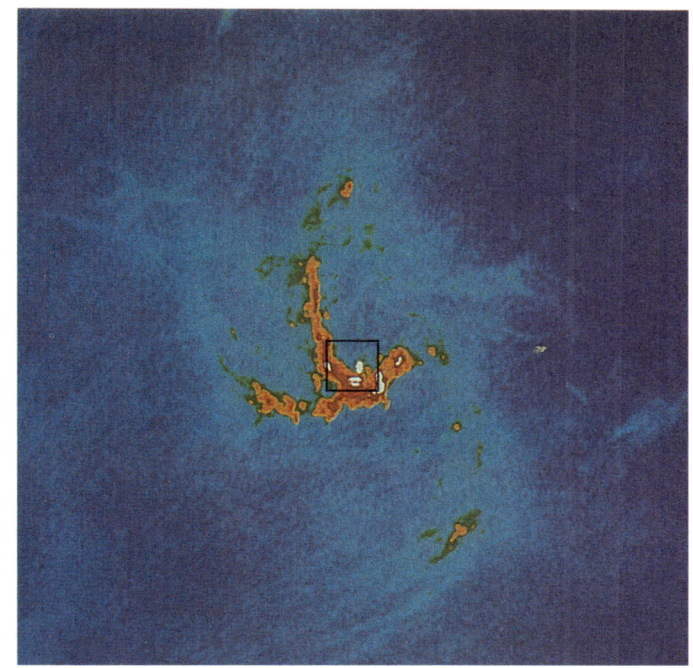

UNTEN:
D (links): Die Komponenten der Infrarotquelle IRS 16 bei 2.2 μm (0.35 × 0.35 pc).
E (rechts): NTT-Aufnahme derselben Region bei 1000 nm. Sgr A (Kreuz) wird von zwei optischen Quellen flankiert (GZ-A und GZ-B), die nur 0″.7 voneinander entfernt sind. Der obere Kreis zeigt einen Vordergrundstern

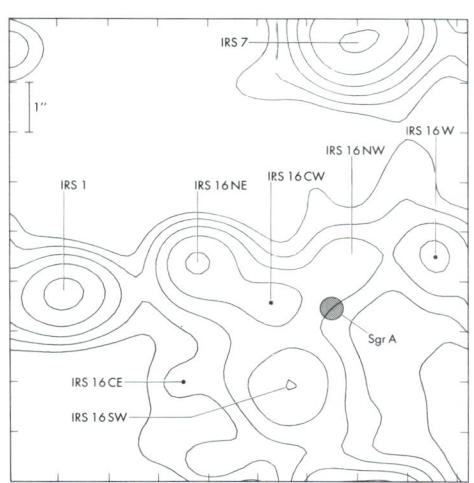
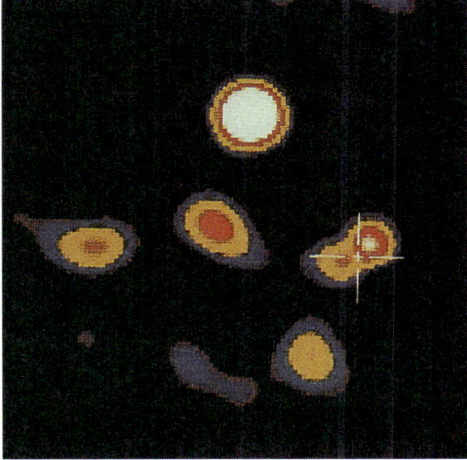

DOPPELSEITE: Hierarchie der Strukturen im Zentrum der Galaxis. In jedes Bild ist der Rahmen des nächstfolgenden eingezeichnet. Die Bilder D und E entsprechen dem gleichen Ausschnitt

Oben: Der Kern der Spiralgalaxie M 100, aufgenommen mit dem Hubble Space-Telescope vor (links) und nach (rechts) dem Einsetzen der Korrektur-Optik im Dezember 1993

Das Hubble Space-Telescope auf der Wartungsplattform der Raumfähre Endeavour, kurz nach der Bergung im Dezember 1993

6 Stellarastronomie

Die Sonne steht uns sehr viel näher als alle andern Sterne. Deswegen kann die Erforschung der Sonne und des Sonnensystems sehr ins Detail gehen. Eine rasche Entwicklung spezieller Beobachtungstechniken (Spezialinstrumente für die Sonnenbeobachtung, Raumsonden, die weiche Landung von Meßgeräten auf dem Mond und auf Planeten, Radarmessungen usw.) charakterisieren diesen Bereich der Astronomie ebenso wie zunehmend komplizierter werdende Theorien zur Deutung der beobachteten Einzelheiten.

Die durch Beobachtungen im Sonnensystem gewonnenen Kenntnisse sind notwendigerweise speziell und unvollständig. Bevor die Mannigfaltigkeit der Sterne und die Verschiedenheit ihrer Zustandsgrößen bekannt sind, wissen wir nicht, welche Eigenschaften der Sonne typisch sind; bevor die Struktur des Milchstraßensystems, des Sternsystems, dem wir angehören, aufgehellt ist, können wir nicht beurteilen, welche Stellung unsere Sonne mit ihrem Planetensystem in ihm einnimmt.

Der Schritt vom Sonnensystem in die Welt der Fixsterne bedeutet wegen deren großer Entfernung und ihrer darauf beruhenden geringen scheinbaren Helligkeit notwendigerweise eine Einschränkung der Beobachtungsmöglichkeiten. Die Resultate werden gleichsam pauschaler. So ist es bereits bei den sonnennächsten Sternen nicht mehr möglich, die Oberflächen räumlich aufzulösen. Meßbar ist nur noch die über die gesamte Sternscheibe gemittelte Strahlung. Diesem Mangel an Detailkenntnissen steht die größere Allgemeinheit der Probleme der Stellarastronomie gegenüber, da wir hier alle Entwicklungsstadien, junge wie alte Sterne, und Sterne aller Massen untersuchen können.

6.1 Sternbilder, Sternnamen, Benennungen heller Objekte

Beim Betrachten des Sternhimmels bemerkt man neben der unterschiedlichen Helligkeit der Sterne gewisse auffällige Konstellationen heller Sterne, die sich mit einiger Phantasie zu geometrischen Figuren, zu Bildern, ergänzen und verbinden lassen, wie etwa die Konstellation des »Großen Bären«, bei uns auch »Großer Wagen« genannt.

Schon in frühgeschichtlichen Kulturkreisen, etwa in China, bei den Assyrern und Babyloniern, dürften so die ersten Zusammenfassungen zu Sternbildern erfolgt sein. Spätere Kulturvölker, v. a. Griechen und Araber, setzten diesen Brauch fort und überlieferten uns die Einteilung des Himmels in Sternbilder. Da Priesteramt und »Himmelskunde« häufig in derselben Person vereint waren, ist eine mythologische Namengebung für die Sternbilder verständlich, obwohl diesen zunächst nur ein ordnender und praktischer Gesichtspunkt zugrunde lag. Wie sollte man auch den Ort eines Objekts, etwa eines Kometen, anders angeben als durch die

Nennung einer Himmelsregion, denn die Angabe einer Richtung ist ja wegen des täglichen Umschwungs des Himmelsgewölbes nur dann eindeutig, wenn gleichzeitig die Beobachtungszeit mitgeteilt wird.

Heute wird der genaue Ort eines Objekts durch zwei Koordinaten eines eindeutig definierten Koordinatensystems festgelegt (s. 1.3). Trotzdem hat sich die Einteilung des Himmels in Sternbilder erhalten, und eine grobe Ortsangabe am Himmel wird auch weiterhin durch Nennung des entsprechenden Sternbilds gegeben.

Verzeichnis der Sternbilder

Name	Abkürzung	deutsche Bezeichnung	Fläche in (°)²	zu finden auf Sternkarte
Andromeda	And	Andromeda	722	VI, VIII
Antlia	Ant	Luftpumpe	239	II, IV
Apus	Aps	Paradiesvogel	206	IV, VII
Aquarius	Aqr	Wassermann	980	V, VIII
Aquila	Aql	Adler	652	V
Ara	Ara	Altar	237	IV, VII
Aries	Ari	Widder	441	VIII
Auriga	Aur	Fuhrmann	657	I, III, VI, IX
Bootes	Boo	Bärenhüter	907	II, III
Caelum	Cae	Grabstichel	125	IV, VII, IX
Camelopardalis	Cam	Giraffe	757	III, VI
Cancer	Cnc	Krebs	506	I, II, III
Canes Venatici	CVn	Jagdhunde	465	II, III
Canis Major	CMa	Großer Hund	380	I, IV, VII, IX
Canis Minor	CMi	Kleiner Hund	183	I, IX
Capricornus	Cap	Steinbock	414	V, VIII
Carina	Car	Kiel des Schiffs	494	IV, VII
Cassiopeia	Cas	Kassiopeia	598	III, VI
Centaurus	Cen	Kentaur	1060	II, IV
Cepheus	Cep	Kepheus	588	III, VI
Cetus	Cet	Walfisch	1231	VIII
Chamaeleon	Cha	Chamäleon	132	IV, VII
Circinus	Cir	Zirkel	93	IV, VII
Columba	Col	Taube	270	I, IV, VII, IX
Coma Berenices	Com	Haar der Berenike	386	II, III
Corona Australis	CRA	Südliche Krone	128	IV, V, VII
Corona Borealis	CrB	Nördliche Krone	179	II, III, V
Corvus	Crv	Rabe	184	II
Crater	Crt	Becher	282	II
Crux	Cru	Kreuz (des Südens)	68	IV
Cygnus	Cyg	Schwan	804	III, V, VI, VIII
Delphinus	Del	Delphin	189	V
Dorado	Dor	Schwertfisch	179	IV, VII
Draco	Dra	Drache	1083	III, VI
Equuleus	Equ	Füllen	72	V
Eridanus	Eri	Fluß Eridanus	1138	VII, VIII, IX
Fornax	For	Chemischer Ofen	398	VII, VIII
Gemini	Gem	Zwillinge	514	I, III, VI, IX
Grus	Gru	Kranich	366	V, VII, VIII

6.1 Sternbilder, Benennungen

Name	Abkürzung	deutsche Bezeichnung	Fläche in (°)²	zu finden auf Sternkarte
Hercules	Her	Herkules	1225	III, V, VI
Horologium	Hor	Pendeluhr	249	IV, VII
Hydra	Hya	Weibliche oder Nördliche Wasserschlange	1303	I, II IV
Hydrus	Hyi	Männliche oder Südliche Wasserschlange	243	IV, VII
Indus	Ind	Inder	294	IV, VII
Lacerta	Lac	Eidechse	201	V, VI, VIII
Leo	Leo	Löwe	947	II
Leo Minor	LMi	Kleiner Löwe	232	II, III
Lepus	Lep	Hase	290	I, IX
Libra	Lib	Waage	538	II, V
Lupus	Lup	Wolf	334	II, IV, V
Lynx	Lyn	Luchs	545	I, II, VI
Lyra	Lyr	Leier	286	III, V, VI
Mensa	Men	Tafelberg	153	IV, VII
Microscopium	Mic	Mikroskop	210	V, VII
Monoceros	Mon	Einhorn	482	I, IX
Musca	Mus	Fliege	138	IV, VII
Norma	Nor	Winkelmaß	165	IV, VII
Octans	Oct	Oktant	291	IV, VII
Ophiuchus	Oph	Schlangenträger	948	V
Orion	Ori	Orion	594	I, IX
Pavo	Pav	Pfau	378	IV, VII
Pegasus	Peg	Pegasus	1121	V, VI, VIII
Perseus	Per	Perseus	615	III, VI, VIII, IX
Phoenix	Phe	Phönix	469	VII
Pictor	Pic	Maler	247	IV, VII
Pisces	Psc	Fische	889	VI, VIII
Pisces Austrinus	PsA	Südlicher Fisch	245	V, VII, VIII
Puppis	Pup	Hinterteil des Schiffs	673	I, IV, VII, IX
Pyxis	Pyx	Schiffskompaß	221	I, II, IV
Reticulum	Ret	Netz	114	IV, VII
Sagitta	Sge	Pfeil	80	V
Sagittarius	Sgr	Schütze	867	IV, V, VII
Scorpius	Sco	Skorpion	497	IV, V, VII
Sculptor	Scl	Bildhauer	475	VII, VIII
Scutum	Sct	Sobieskischer Schild	109	V
Serpens	Ser	Schlange	637	V
Sextans	Sex	Sextant	314	II
Taurus	Tau	Stier	797	VIII, IX
Telescopium	Tel	Fernrohr	252	IV, VII
Triangulum	Tri	Dreieck	132	VI, VIII
Triangulum Australe	TrA	Südliches Dreieck	110	IV, VII
Tucana	Tuc	Tukan	295	IV, VII
Ursa Major	UMa	Großer Bär	1280	II, III, VI
Ursa Minor	UMi	Kleiner Bär	256	III, VI
Vela	Vel	Segel des Schiffes	500	I, II, IV
Virgo	Vir	Jungfrau	1294	II
Volans	Vol	Fliegender Fisch	141	IV, VII
Vulpecula	Vul	Fuchs	268	V

Auffallende Objekte haben Namen, die aus der Artbezeichnung in Verbindung mit dem Sternbild gebildet sind, in dem sie stehen (Orion-Nebel, Andromeda-Nebel, Ringnebel in der Leier). Der Sternbildname gibt das gesamte Sternfeld an, dessen Grenzen durch Rektaszensions- und Deklinationskreise gegeben sind.

Die Aufstellung gibt sämtliche 88 Sternbildnamen in der international üblichen lateinischen Benennung, ferner die oft gebrauchten Abkürzungen und die entsprechenden deutschen Namen. Die römischen Zahlen hinter den Namen verweisen auf die Tafel-Nummern der beigelegten Sternkarten.

Neben den Sternbildnamen waren früher auch vielfach Eigennamen für helle Sterne in Gebrauch. Heute sind nur noch die Namen für einige helle Sterne allgemein bekannt. Meist sind die Namen arabischen Ursprungs. Sie sind in der Tabelle der hellen Sterne (s. 6.4) mit angeführt.

Nach einem Vorschlag von J. Bayer zu Anfang des 17. Jahrhunderts wurde später für die hellen Sterne ein einheitliches Benennungssystem eingeführt, und zwar mit Hilfe der kleinen griechischen Buchstaben und der Sternbildnamen, wobei die Buchstabenfolge $\alpha, \beta, \gamma, \delta$ ungefähr auch die Helligkeitsfolge innerhalb eines Sternbilds bezeichnet. Reichen die griechischen Buchstaben nicht aus, so folgen auf sie die kleinen lateinischen. Allgemein ist dieses System bis zu Sternen etwa der 4. Größe durchgeführt worden. Die schwächeren oder gar teleskopischen Sterne werden vielfach durch ihre Nummern in einem Sternkatalog bezeichnet. In einem Sternkatalog werden nicht nur die Ortskoordinaten im äquatorialen Koordinatensystem, also Rektaszension und Deklination, sondern neben der Helligkeit oft auch verschiedene andere Größen angegeben.

Insgesamt 9110 Sterne bis zur siebten Größe enthält der *Bright Star Catalogue,* dessen vierte Auflage 1982 erschienen ist. Neben den Koordinaten und der Helligkeit findet man hier Angaben über die Spektralklasse (s. 7.1), die jährliche Eigenbewegung, die Radial- und die Rotationsgeschwindigkeit, die (B–V)-Farbe, die Parallaxe, darüber, ob es sich um einen veränderlichen Stern handelt und ob der Stern Mitglied in einem Doppelsternsystem ist, sowie über einige andere Größen. Zur Bezeichnung der Sterne dieses Katalogs wird gleichermaßen *HR* (von *Harvard Revised Photometry*) und *BS* verwendet. Einen Auszug aus diesem Katalog, mit den Sternen mit einer scheinbaren Helligkeit ≤ 3.5 mag, findet man im Abschnitt 6.4.

Die ältesten Sternkataloge sind die Durchmusterungskataloge der Bonner und der Córdoba-Durchmusterung. Sie sind so angelegt, daß jeweils eine Deklinationszone von 1° Breite nach wachsender Rektaszension aufgeführt ist, wobei die Numerierung in jeder Zone gesondert erfolgt. Zur Bezeichnung eines Sterns gibt man die Deklinationszone in Grad und die laufende Nummer in der Zone an. Die *Bonner Durchmusterung,* die von F. W. Argelander stammt, enthält 324 198 Sterne zwischen dem Himmelsnordpol und $-2°$ Deklination, darunter nahezu alle bis zur 9. Größe und

6.1 Sternbilder, Benennungen

viele bis zur 10. Größe. Die *Südliche Bonner Durchmusterung*, die bis $-23°$ Deklination geht, enthält 133659 weitere Sterne. Die *Córdoba-Durchmusterung* enthält rund 580000 Sterne von $-23°$ Deklination bis zum Südpol des Himmels.

Sehr viel verwendet wird die Bezeichnung HD aus dem *Henry-Draper-Katalog,* der nach wachsender Rektaszension geordnet ist und laufend durchnumeriert 225300 Sterne bis etwa zur 9. Größe enthält. Die Bezeichnung HD ist diejenige, die normalerweise für einen Stern verwendet wird, der keinen Eigennamen oder BS-Namen hat, aber im Henry-Draper-Katalog erscheint. Die Koordinaten des Henry-Draper-Katalogs sind ungenauer als die der Durchmusterungskataloge, dafür wird für die meisten Sterne eine eindimensionale spektrale Klassifizierung nach dem Harvard-System gegeben (s. 7.1.1).

Die genauesten Angaben über Positionen und Eigenbewegungen (s. 7.4) von insgesamt 258997 Sternen für die Epoche und das Äquinoktium 1950.0 enthielt bis vor kurzem der *Star Catalogue* des *Smithsonian Astrophysical Observatory,* Cambridge, Massachussetts/USA. Die Sterne dieses Katalogs, der das Material einer größeren Anzahl Kataloge kritisch zusammenfaßt, werden dementsprechend mit *SAO* bezeichnet. Der Katalog führt alle Sterne in einem Streifen von 10° Breite, beginnend am Himmelsnordpol, nach wachsender Rektaszension auf.

Beispiel für die verschiedenen Benennungen eines Sterns

Name	Betelgeuse
Bezeichnung nach Bayer	α Ori
Koordinaten (2000.0)	AR (α) $5^h 55^m 10\overset{s}{.}307$
	Dekl (δ) $+7° 24' 25''\!.35$
Nr. im Bright Star-Katl.	HR 2061
Nr. in der Bonner Durchm.	BD $+7°$ 1055
Nr. im Henry-Draper-Kat.	HD 39801
Nr. im SAO-Kat.	SAO 113271
Nr. im PPM-Kat.	PPM 149643

Abgelöst wird der SAO-Katalog durch den *PPM Star Catalogue,* der von den Heidelberger Astronomen S. Röser und U. Bastian erstellt wurde. Der erste Band, der 181731 Sterne nördlich von $-2.5°$ Deklination enthält, erschien 1991, der südliche Teil ist für 1993 geplant. Dieser Katalog, der auf dem Koordinatensystem beruht, das vom 1988 erschienenen *Fünften Fundamentalkatalog* (*FK5*, s. 7.4.4) definiert wird, enthält wie der SAO-Katalog eine kritische Auswertung älterer Positionskataloge und gibt die Positionen und Eigenbewegungen für das Äquinoktium und die Epoche 2000.0 an. Die Bezeichnung der Sterne, die ebenfalls in Streifen von 10° Breite nach wachsender Rektaszension geordnet sind, lautet *PPM*. Es steht jedoch schon heute fest, daß auch dieser Katalog bis zum Beginn des neuen Jahrtausends von einem noch genaueren abgelöst wird, wenn die Daten des Astrometriesatelliten Hipparcos ausgewertet und veröffentlicht sein werden.

Messier-Nebelliste

M	NGC Nr.	Koordinaten (Äquinoktium 1950)		Art des Objekts
1	1952	$5^h 31^m$	$+22°.0$	Supernova-Überrest (Krebsnebel)
2	7089	$21^h 31^m$	$-01°.1$	Kugelhaufen
3	5272	$13^h 40^m$	$+28°.6$	Kugelhaufen
4	6121	$16^h 21^m$	$-26°.4$	Kugelhaufen
5	5904	$15^h 16^m$	$+02°.3$	Kugelhaufen
6	6405	$17^h 37^m$	$-32°.2$	offener Haufen
7	6475	$17^h 51^m$	$-34°.8$	offener Haufen
8	6523	$18^h 01^m$	$-24°.4$	diffuser Nebel
9	6333	$17^h 16^m$	$-18°.5$	Kugelhaufen
10	6254	$16^h 55^m$	$-04°.0$	Kugelhaufen
11	6705	$18^h 48^m$	$-06°.3$	offener Haufen
12	6218	$16^h 45^m$	$-01°.8$	Kugelhaufen
13	6205	$16^h 40^m$	$+36°.6$	Kugelhaufen
14	6402	$17^h 35^m$	$-03°.2$	Kugelhaufen
15	7078	$21^h 27^m$	$+11°.9$	Kugelhaufen
16	6611	$18^h 16^m$	$-13°.8$	offener Haufen
17	6618	$18^h 18^m$	$-16°.2$	diffuser Nebel (Omeganebel)
18	6613	$18^h 17^m$	$-17°.1$	offener Haufen
19	6273	$17^h 00^m$	$-26°.2$	Kugelhaufen
20	6514	$17^h 59^m$	$-23°.0$	diffuser Nebel (Trifidnebel)
21	6531	$18^h 02^m$	$-22°.5$	offener Haufen
22	6656	$18^h 33^m$	$-23°.9$	Kugelhaufen
23	6494	$17^h 54^m$	$-19°.0$	offener Haufen
24	6603	$18^h 16^m$	$-18°.4$	offener Haufen
25	IC 4725	$18^h 29^m$	$-19°.3$	offener Haufen
26	6694	$18^h 43^m$	$-09°.4$	offener Haufen
27	6853	$19^h 58^m$	$+22°.6$	Planetar. Nebel (Dumbbellnebel)
28	6626	$18^h 22^m$	$-24°.9$	Kugelhaufen
29	6913	$20^h 22^m$	$+38°.4$	offener Haufen
30	7099	$21^h 38^m$	$-23°.4$	Kugelhaufen
31	224	$0^h 40^m$	$+41°.0$	Galaxie (Andromeda-Nebel)
32	221	$0^h 40^m$	$+40°.6$	Galaxie
33	598	$1^h 31^m$	$+30°.4$	Galaxie
34	1039	$2^h 39^m$	$+42°.6$	offener Haufen
35	2168	$6^h 06^m$	$+24°.3$	offener Haufen
36	1960	$5^h 33^m$	$+34°.1$	offener Haufen
37	2099	$5^h 49^m$	$+32°.5$	offener Haufen
38	1912	$5^h 25^m$	$+35°.8$	offener Haufen
39	7092	$21^h 30^m$	$+48°.2$	offener Haufen
41	2287	$6^h 45^m$	$-20°.7$	offener Haufen
42	1976	$5^h 33^m$	$-05°.4$	diffuser Nebel (Orion-Nebel)
43	1982	$5^h 33^m$	$-05°.3$	diffuser Nebel
44	2632	$8^h 37^m$	$+20°.2$	offener Haufen (Praesepe)
45	–	$3^h 45^m$	$+24°.0$	offener Haufen (Plejaden)
46	2437	$7^h 40^m$	$-14°.7$	offener Haufen
49	4472	$12^h 28^m$	$+08°.3$	Galaxie
50	2323	$7^h 01^m$	$-08°.3$	offener Haufen
51	5194	$13^h 28^m$	$+47°.4$	Galaxie
52	7654	$23^h 22^m$	$+61°.3$	Sternhaufen

6.1 Sternbilder, Benennungen

M	NGC Nr.	Koordinaten (Äquinoktium 1950)		Art des Objekts
53	5024	$13^h 11^m$	$+18°4$	Kugelhaufen
54	6715	$18^h 52^m$	$-30°6$	Kugelhaufen
55	6809	$19^h 37^m$	$-31°1$	Kugelhaufen
56	6779	$19^h 15^m$	$+30°1$	Kugelhaufen
57	6720	$18^h 52^m$	$+32°9$	Planetarischer Nebel (Ringnebel in der Leier)
58	4579	$12^h 35^m$	$+12°1$	Galaxie
59	4621	$12^h 39^m$	$+11°9$	Galaxie
60	4649	$12^h 41^m$	$+11°8$	Galaxie
61	4303	$12^h 19^m$	$+04°8$	Galaxie
62	6266	$16^h 58^m$	$-30°1$	Kugelhaufen
63	5055	$13^h 14^m$	$+42°3$	Galaxie
64	4826	$12^h 54^m$	$+21°8$	Galaxie
65	3623	$11^h 16^m$	$+13°4$	Galaxie
66	3627	$11^h 18^m$	$+13°3$	Galaxie
67	2682	$8^h 48^m$	$+12°0$	offener Haufen
68	4590	$12^h 37^m$	$-26°5$	Kugelhaufen
69	6637	$18^h 28^m$	$-32°4$	Kugelhaufen
70	6681	$18^h 40^m$	$-32°3$	Kugelhaufen
71	6838	$19^h 52^m$	$+18°6$	Kugelhaufen
72	6981	$20^h 51^m$	$-12°7$	Kugelhaufen
73	6994	$20^h 56^m$	$-12°8$	offener Haufen
74	628	$1^h 34^m$	$+15°5$	Galaxie
75	6864	$20^h 03^m$	$-22°1$	Kugelhaufen
76	650	$1^h 39^m$	$+51°3$	Planetarischer Nebel
77	1068	$2^h 40^m$	$-00°2$	Galaxie
78	2068	$5^h 44^m$	$00°0$	diffuser Nebel
79	1904	$5^h 22^m$	$-24°6$	Kugelhaufen
80	6093	$16^h 14^m$	$-22°9$	Kugelhaufen
81	3031	$9^h 51^m$	$+69°3$	Galaxie
82	3034	$9^h 51^m$	$+69°9$	Galaxie
83	5236	$13^h 34^m$	$-29°6$	Galaxie
84	4374	$12^h 23^m$	$+13°2$	Galaxie
85	4382	$12^h 23^m$	$+18°5$	Galaxie
86	4406	$12^h 24^m$	$+13°2$	Galaxie
87	4486	$12^h 28^m$	$+12°7$	Galaxie
88	4501	$12^h 29^m$	$+14°7$	Galaxie
89	4552	$12^h 33^m$	$+12°8$	Galaxie
90	4569	$12^h 34^m$	$+13°5$	Galaxie
92	6341	$17^h 16^m$	$+43°2$	Kugelhaufen
93	2447	$7^h 43^m$	$-23°8$	offener Haufen
94	4736	$12^h 49^m$	$+41°4$	Galaxie
95	3351	$10^h 41^m$	$+12°0$	Galaxie
96	3368	$10^h 44^m$	$+12°1$	Galaxie
97	3587	$11^h 12^m$	$+55°3$	Planetarischer Nebel (Eulennebel)
98	4192	$12^h 11^m$	$+15°2$	Galaxie
99	4254	$12^h 16^m$	$+14°7$	Galaxie
100	4321	$12^h 20^m$	$+16°1$	Galaxie
101	5457	$14^h 01^m$	$+54°6$	Galaxie
103	581	$1^h 30^m$	$+60°5$	offener Haufen

6 Stellarastronomie

Benennungen von nicht sternartigen Objekten

Für veränderliche Sterne, für Doppel- und Mehrfachsterne und auch für einige spezielle Sterntypen haben sich – geschichtlich bedingt – andere Benennungsweisen eingebürgert und erhalten. Es gibt mittlerweile sehr viele weitere Spezialkataloge, die die verschiedensten Eigenschaften stellarer Objekte enthalten. Die meisten dieser Kataloge sind in digitaler Form im *Centre de Données Astronomiques* in Straßburg zentral gespeichert, von wo sie jederzeit über Computer abgerufen werden können.

Ähnlich wie bei Sternen, ist die Benennung auch bei nicht sternartigen leuchtenden Objekten an der Sphäre, etwa bei Sternhaufen, »Nebeln« und Sternsystemen. Da die wahre Natur der einzelnen Objekte erst seit neuerer Zeit bekannt ist, enthalten frühere Kataloge ein Gemisch der verschiedensten »Nebeltypen«; die Angabe einer Katalognummer besagt im allgemeinen nichts über die Art des Objekts. In Gebrauch sind in erster Linie drei Kataloge. Zuerst die von C. Messier aufgestellte Nebelliste, die 103 Objektnummern enthält. Von den angeführten Objekten konnten fünf später nicht aufgefunden bzw. eindeutig identifiziert werden – Messiers Angaben erwiesen sich hier als fehlerhaft. Neben dieser Liste ist der von J. L. E. Dreyer (1852–1926) bearbeitete Katalog mit über 6000 »Nebeln« und Sternhaufen in Gebrauch, der *New General Catalogue of Nebulae and Clusters* (NGC). Auch ein Nachtrag zum NGC, der *Index-Catalogue* (IC), wird zur Bezeichnung von Objekten benutzt.

In neuerer Zeit gibt es auch bei den nicht sternartigen Objekten zahlreiche Spezialkataloge. Von einer fortlaufenden Numerierung, wie in den älteren Katalogen üblich, geht man heute ab. Statt dessen verwendet man eine verkürzte Positionsangabe des Objekts, etwa in der Form HH MM ±DD; dabei bedeuten HH Rektaszensionsstunde und MM Rektaszensionsminute und ±DD Deklination in Grad.

Beispiel für die verschiedenen Benennungen einer Galaxie

Name als Radioquelle	Virgo A
Nr. im Messier-Katalog	M 87
Koordinaten	AR (α) $12^h 28^m\!.3$, Dekl (δ) $+12° 40'$
Nr. im NGC	NGC 4486
Nr. im 3C*	3C 274
Bezeichnung nach Koordinaten	12 28 +12

* Dritter Cambridge Katalog von Radioquellen des Mullard Radio Astronomy Observatory, Cambridge, U. K.

6.2 Sternkarten

Die oben genannten Bonner und Córdoba-Durchmusterungen bekommen ihren eigentlichen Wert erst durch ein beigegebenes Kartenwerk. So ist die nördliche Hemisphäre des Himmels, also die von Argelander bearbeitete Bonner Durchmusterung, in 40 Kartenblättern im Format 68 × 46 cm dargestellt. Alle in dem Katalog der Durchmusterung aufgeführten Sterne sind auf diesen Blättern nach ihrer Lage am Himmel als kleine kreisrunde Scheib-

6.2 Sternkarten

chen eingezeichnet, deren Durchmesser entsprechend den scheinbaren Helligkeiten gestuft sind. Eine Beschriftung, etwa Sternbildnamen oder Sternnamen, ist nicht angebracht worden, lediglich ein Gradnetz, geteilt nach Zeit und Grad, also in den Koordinaten Rektaszension und Deklination. Auch zum SAO-Katalog gibt es einen entsprechenden Sternatlas, der ähnlich wie die Durchmusterungskarten – nur in einem kleineren Maßstab – eingerichtet ist.

Zur ersten Orientierung am Himmel sind die Karten der Durchmusterung zu groß und unübersichtlich. Seit Jahrzehnten wird daher von Freunden der Himmelskunde, aber auch von Fachastronomen für diesen Zweck ein Himmelsatlas benutzt, der alle mit bloßem Auge sichtbaren Sterne enthält. Von R. Schurig 1886 entworfen, hat dieser Atlas durch P. Götz weitere sechs Auflagen erfahren. Die 8. Auflage des *Schurig-Götz,* wie dieses Kartenwerk allgemein genannt wird, ist von K. Schaifers neu bearbeitet worden. Als Beilage zu vorliegendem Handbuch sind die einzelnen Karten verkleinert wiedergegeben.

Die Erweiterung eines Kartenwerks mit schwächeren Sternen, als sie die Durchmusterungen erfassen, kann nicht mehr kartographisch erfolgen. Der Heidelberger Astronom M. Wolf zeigte den Weg auf, über photographische Himmelsaufnahmen zu weiterreichenden Kartenwerken zu gelangen. Seine »Kartenblätter«, die *Wolf-Palisa-Karten,* sind Reproduktionen von Sternfeldaufnahmen. Sie stellen eine große Leistung astronomischer und photographischer Technik dar, erfassen aber nicht den ganzen bei uns sichtbaren Sternhimmel.

Sky Surveys

Eine weitere Steigerung zu schwachen Sternen hin brachte der mit dem 48 inch-Schmidt-Spiegel auf dem Mt. Palomar aufgenommene *Sky Survey.* Aufnahmen in 935 Feldern geben ein photographisches Abbild des Himmels vom Nordpol bis zur Deklination $-33°$. Jedes Himmelsareal wurde zweimal aufgenommen, und zwar auf einer »Blau-Platte« (Kodak 103 a-O) und auf einer »Rot-Platte« (Kodak 103 a-E); d. h. einmal im Licht der Wellenlängen 350 bis 500 nm und zum anderen zwischen 620 und 670 nm. Auf den Blau-Platten wurden die Sterne bis zur Grenzgröße $21\overset{m}{.}1$ und auf den Rot-Platten bis $20\overset{m}{.}0$ erfaßt. Durch photographische Kopien wurde dieses Werk vervielfältigt. Das entsprechende Werk zum Südhimmel im Bereich von $-90°$ bis $-20°$, das in der zweiten Hälfte der siebziger Jahre begonnen wurde und 1989 abgeschlossen war, wurde auf zwei Schmidt-Teleskope aufgeteilt: Die Blauplatten wurden in Siding Springs in Australien mit dem dortigen Schmidt-Spiegel, die Rotplatten am European Southern Observatory (ESO) aufgenommen, so daß nun der ganze Himmel auf photographischen Platten vorliegt, wobei die Platten des Südhimmels genau den gleichen Maßstab wie die Palomar-Platten besitzen (etwa 1 Bogenminute pro mm). Da für die Aufnahmen am Südhimmel wesentlich empfindlichere Photoplatten als für die Palomar-Aufnahmen zur Verfügung standen, liegen die Grenzgrößen der Südhimmelsplatten um bis zu 1.5 mag unter denen der Palomar-Platten. In der zweiten Hälfte der achtziger Jahre wurde deshalb am Mt. Palomar mit einer zweiten photographischen Himmelsdurchmusterung begonnen, die die Grenzgrößen der Südplatten erreichen oder gar übertreffen wird. In den letzten Jahren wurden die photographischen Sky-Survey-Platten mit Registriermaschinen vermessen und liegen nun computergerecht in digitaler Form vor.

Hier muß noch auf zwei Kartenwerke hingewiesen werden, die, von dem inzwischen verstorbenen Amateurastronom H. Vehrenberg photographisch erstellt, in einheitlicher Konzeption den gesamten Himmel, d. h. die nördliche und die südliche Hemisphäre bis zu einer Grenzgröße von etwa 14^m5, darstellen. Für spezielle Zwecke der Forschung sind weitere Kartenwerke geschaffen worden, auf die hier aber nicht näher eingegangen werden soll.

Erläuterungen zum Gebrauch des Himmelsatlas

Auf neun Tafeln der Anlage ist die gesamte Sphäre dargestellt. Von unserm mitteleuropäischen Standort aus können wir aber nur die Nordhemisphäre und die äquatornahen Sterne der südlichen Hemisphäre sehen. Die Südpolkalotte (Tafeln IV und VII) kann nur vollständig erfaßt werden, wenn der Beobachtungsort südlich des Erdäquators liegt. Die Tafeln sind so geordnet, daß sie den Abendsternhimmel zu den einzelnen Jahreszeiten zeigen. Hält man sie mit Blick nach Süden vor sich, so entspricht dem geschauten Himmelsabschnitt das jeweilige Kartenbild. Osten liegt auf den Karten links, Westen rechts (seitenverkehrt gegenüber einer Landkarte).

Es sind zu finden:

Frühlingssternhimmel, April/Mai gegen 22^h auf Tafeln II, III, IV
Sommersternhimmel, Juli/August gegen 22^h auf Tafel V
Herbststernhimmel, Oktober/November gegen 22^h auf Tafeln VI, VII, VIII
Wintersternhimmel, Januar/Februar gegen 22^h auf Karten I, IX

Die scheinbare tägliche Bewegung des Himmelsgewölbes läßt den Meridian (Nord–Süd-Linie) von West nach Ost durch das Kartenbild wandern; deshalb schlage man auch, vor allem bei zeitlichen Abweichungen von der gegebenen Einteilung, die Anschlußtafeln auf, die jeweils am Rand durch eine rote römische Zahl angegeben sind.

Die Planeten sind in den Sternkarten nicht eingezeichnet, weil sie ständig ihren Ort unter den Sternen ändern. Um ihr Auffinden zu erleichtern, ist die scheinbare Bahn der Sonne unter den Sternen, die Ekliptik, in die Karten eingezeichnet. Die Planeten stehen immer in der Nähe dieser Bahn. Ferner ist auch der galaktische Äquator, die Grundebene des galaktischen Koordinatensystems, eingezeichnet (s. 1.3).

Die hellen Sterne sind in den Karten mit kleinen griechischen Buchstaben benannt. Über dieses Benennungssystem lese man unter 6.1 nach; dort stehen auch die lateinischen und deutschen Namen der Sternbilder und eine Angabe, auf welcher Karte das jeweilige Sternbild zu finden ist.

Für Sterne geringerer scheinbarer Helligkeit werden die Flamsteedschen Nummern angeführt. Bei einigen Sternen in den beiden Nordpol-Karten werden auch die durch ein H gekennzeichneten Hevelschen Zahlen gegeben. Bei Nebeln, Sternhaufen und Spiralnebeln bezeichnen die Zahlen mit einem vorgestellten M die Nummern im Katalog von Messier, die andern Zahlen geben die NGC-Nummern.

6.3 Die scheinbaren Helligkeiten

Schon bei einer flüchtigen Betrachtung des Sternhimmels fällt auf, daß die Sterne nicht alle gleich hell strahlen. Neben einigen hellen und auffälligen Sternen gewahrt man bei näherem Hinsehen, d. h. wenn das Auge sich genügend an die Dunkelheit gewöhnt hat, wenn es adaptiert ist (s. A 2.3.1), eine große Zahl schwacher und schwächster Lichtpunkte.

Es lag nahe, die Sterne nach Helligkeitsklassen oder, wie der eigentliche Fachausdruck lautet, nach Größen einzuteilen. Eine solche Einteilung der Sterne haben schon die Astronomen des Altertums eingeführt, und zwar derart, daß sie die hellsten als Sterne 1. Größe, die nächsthellsten als Sterne 2. Größe und so fort bezeichneten, bis zu den schwächsten, mit bloßem Auge noch sichtbaren, die in dieser Skala der 6. Größe angehörten. Nach Erfindung des Fernrohrs wurde dieses System der Größenklassen übernommen und zu den teleskopischen Sternen hin fortgesetzt. Da diese Einordnung der Helligkeiten auf Schätzungen beruhte, zeigte sich im vorigen Jahrhundert ein starkes Auseinandergehen der Systeme einzelner Beobachter. Um Ergebnisse verschiedener Forscher vergleichbar zu machen, war eine Vereinheitlichung des Maßsystems unerläßlich. Anderseits wollte man aber das alte Helligkeitssystem, das sich fest eingebürgert hatte, auch nicht grundsätzlich aufgeben.

1859 wurde von E. H. Weber und G. T. Fechner das sogenannte psychophysische Grundgesetz aufgestellt, das besagt, daß Empfindungen den Logarithmen der Reize proportional sind. Danach entsprechen Helligkeitsstufen, wie wir sie empfinden, bestimmten Verhältnissen in den Strahlungsleistungen, die unser Auge aufnimmt. Die von N. R. Pogson zur gleichen Zeit vorgeschlagene und allgemein angenommene Definition der Größenklassen stellt einen speziellen formelmäßigen Ausdruck dafür dar.

Wenn man mit m die Größe (als Maß für die Empfindung) und mit F den Strahlungsstrom des Sternlichts (als Maß des Reizes) bezeichnet, dann ist die Beziehung zwischen der Größendifferenz zweier Sterne und dem Verhältnis F_1/F_2 der zugehörigen Strahlungsströme

$$m_1 - m_2 = -2.5 \cdot \lg \frac{F_1}{F_2}.$$

Über die Definition der Strahlungsströme und ihren Zusammenhang mit den Intensitäten lese man nach in A 1.4.

Größen und Strahlungsströme

(für Sterne 0. Größe wurde die Intensität gleich 1 gesetzt)

Helligkeit	Intensität
0. Größe =	1
1. Größe =	0.398
2. Größe =	0.158
3. Größe =	0.063
4. Größe =	0.025
5. Größe =	0.010
10. Größe =	0.000 1
15. Größe =	0.000 001
20. Größe =	0.000 000 01

In Umkehrung dieser Formel erhält man das Verhältnis der Strahlungsströme aus der Differenz der scheinbaren Helligkeiten durch folgenden Ausdruck:

$$\frac{F_1}{F_2} = \left(\frac{1}{2.512}\right)^{(m_1-m_2)} = 10^{-0.4(m_1-m_2)}$$

Die Strahlungsströme zweier aufeinanderfolgender Größen verhalten sich also wie 1 : 2.512. Die Konstante der Definitionsgleichung wurde von Pogson so gewählt, daß ihr Logarithmus eine möglichst einfache Zahl ergibt. Außerdem entspricht diese Konstante etwa der der alten Photometrien, so daß diese ihren Wert behielten.

Das Verhältnis der Strahlungsströme eines Sterns 0. Größe und des schwächsten mit modernen elektronischen Detektoren noch wahrnehmbaren beträgt weniger als 1 : 100 Milliarden.

Die obigen Gleichungen geben nur eine Definition der Helligkeitsskale. Zu einem Einheitensystem gehört aber auch eine genaue Festlegung des Nullpunkts oder des Eichpunkts der Zählung. Dazu benutzte man den Polarstern (α UMi = Polaris), dem man definitorisch eine Helligkeit von 2.12 Größen zuordnete. (Später stellte sich heraus, daß dieser Stern in seiner Helligkeit etwas veränderlich ist.) Nun gibt es aber auch hellere Sterne am Himmel als α UMi, ja sogar um mehr als 2.12 Größenklassen hellere. Diesen Sternen mußten in konsequenter Weiterführung der Helligkeitsskale negative Helligkeitswerte gegeben werden, so etwa Sirius $-1\overset{m}{.}6$ (Größe bzw. Größenklasse wird durch hochgestelltes ^{m} oder die Abkürzung mag für magnitudo gekennzeichnet).

Das System der scheinbaren Helligkeiten war ursprünglich nur für visuelle Beobachtungen aufgestellt und festgelegt worden. Als man versuchte, Helligkeiten aus photographischen Aufnahmen zu bestimmen, stellte man fest, daß gewisse Sterne auf der photographischen Platte heller, andere schwächer sind, als sie nach der visuellen Helligkeitsbestimmung sein müßten. So schuf man neben dem visuellen System ein photographisches Helligkeitssystem. Wie weiter unten (7.1.2) gezeigt wird, wurde inzwischen eine große Zahl von unterschiedlichen spektralen Helligkeitsbereichen und Helligkeitssystemen definiert.

Da eine absolute Helligkeitsbestimmung sehr schwierig und zeitraubend ist, legte man das Helligkeitssystem durch entsprechend helle Sterne in einer Sequenz von den hellsten bis zu den schwächsten am Himmel fest, so daß eine Bestimmung von Sternhelligkeiten möglich ist durch Einschätzen bzw. Einmessen in diese Skale. Diese fundamentale Helligkeitsskale wurde um den »Nullpunkt-Stern«, also um den Pol, herumgelegt und wird als Polsequenz bezeichnet. Neben der Polsequenz gibt es heute eine ganze Reihe guter Helligkeitskataloge.

Die Beziehungen zwischen den in der Astrophysik benutzten Begriffen Intensität und Strahlungsstrom und den im Internationa-

6.4 Sternkatalog

len Einheitssystem (SI) definierten Strahlungsgrößen der Lichtstärke, gemessen in Candela (cd), des Lichtstroms, gemessen in Lumen (lm) und der Beleuchtungsstärke, gemessen in Lux (lx) sind im Abschnitt A 3.5 zusammengestellt.

Scheinbare Helligkeiten in lichttechnischen Einheiten

1 Lux entspricht	$m_{vis} = -14^m18$
1 Lux entspricht	$m_{phot} = -12^m06$
103 000 Lux (vis. Helligkeit der Sonne)	$= -26^m73$
134 500 Lux (vis. Helligkeit der Sonne außerhalb der Erdatmosphäre)	$= -27^m01$
0.241 Lux (vis. Helligkeit des Vollmonds)	$= -12^m63$

6.4 Katalog der Sterne mit einer scheinbaren Helligkeit $m_{vis} \leq 3^m5$

Katalog der hellsten Sterne (286 Sterne heller als 3^m5)

Angaben aus: *Bright Star Catalogue,* Fourth revised edition by Dorrit Hoffleit, Yale University Observatory, New Haven, Conn., 1982.

Erläuterungen zu den im Katalog angegebenen Größen

Rekt.	Rektaszension für Äquinoktium und Epoche 2000.0
Dekl.	Deklination für Äquinoktium und Epoche 2000.0
EB (α)	Jährliche Eigenbewegung in Rektaszension in Bogensekunden
EB (δ)	Jährliche Eigenbewegung in Deklination in Bogensekunden
Größe	Visuelle Helligkeit (bei Doppelsternen im allgemeinen die Gesamthelligkeit, bei Veränderlichen das Maximum); veränderliche Sterne sind mit ›v‹ gekennzeichnet
B–V	Farbindex (s. 7.1.2)
Spektrum	Spektral- und Leuchtkraftklasse
Par.	Parallaxe in Bogensekunden
V_{rad}	Radialgeschwindigkeit in km/s
Δm	Bei Doppelsternen Helligkeitsdifferenz in Größenklassen; bei Mehrfachsystemen Helligkeitsdifferenz zwischen den beiden hellsten Komponenten
Sep.	Distanz der Komponenten in Bogensekunden; bei Mehrfachsystemen Distanz der hellsten Komponenten
N	Anzahl der Komponenten bei Mehrfachsystemen
Eigenname	Für einige Sterne ist der, meist aus dem Arabischen stammende, Eigenname angegeben

6 Stellarastronomie

HR (= BS)	Name	Rekt. h m s	Dekl. ° '	EB (α) "/a	EB (δ) "/a	Größe mag	B−V	Spektrum	Par "	V_{rad} km/s	Δm mag	Sep. "	N	Eigenname
15	α And	0 8 23	+29 5	+0.137	−0.158	2.06	−0.11	B8IVp	0.032	−12	9.2	76.2		Sirrah
21	β Cas	0 9 11	+59 9	+0.527	−0.178	2.27	+0.34	F2III–IV	0.072	+12	11.7	23.7		Caph
39	γ Peg	0 13 14	+15 11	+0.003	−0.007	2.83v	−0.23	B2IV	0.159	+4				Algenib
98	β Hyi	0 25 45	−77 15	+2.229	+0.327	2.80	+0.62	G2IV	0.039	+23				
99	α Phe	0 26 17	−42 18	+0.207	+0.207	2.39	+1.08	K0III	0.028	+75				
165	δ And	0 39 20	+30 52	+0.137	−0.084	3.27	+1.28	K3III	0.028	−7	9.5	28.7	3	
168	α Cas	0 40 30	+56 32	+0.053	−0.027	2.23v	+1.17	K0II	0.016	−4	6.0	64.4	4	Schedir
188	β Cet	0 43 35	−17 59	+0.232	+0.036	2.04	+1.02	K0III	0.061	+13				Deneb Kaitos
219	η Cas	0 49 6	+57 49	+1.101	−0.523	3.45	+0.58	G0V + dM0	0.176	+9	3.6	9.7	7	
264	γ Cas	0 56 42	+60 43	+0.026	0.000	2.47v	−0.15	B0IVe	0.016	−7	8.7	2.2	3	
322	β Phe	1 6 5	−46 43	−0.030	+0.005	3.30	+0.89	G8III	0.021	−1	0.0	1.4		
334	η Cet	1 8 35	−10 11	+0.213	−0132	3.44	+1.16	K1.5III	0.041	+12				
337	β And	1 9 44	+35 37	+0.179	−0.109	2.06	+1.58	M0III	0.049	+3	9.7	90.8	4	Mirach
403	δ Cas	1 25 49	+60 14	+0.300	−0.045	2.68v	+0.13	A5III–IV	0.037	+7				
424	α UMi	1 31 51	+89 15	+0.046	−0.004	2.02v	+0.60	F8Ib	0.003	−17	7.0	18.8	4	Polaris
429	γ Phe	1 28 22	−43 19	−0.016	−0.203	3.41	+1.57	M0–IIIa	0.026	+26				
472	α Eri	1 37 43	−57 14	−0.104	−0.028	0.46	−0.16	B3Vpe	0.287	+16				Achernar
509	τ Cet	1 44 4	−15 56	−1.720	+0.858	3.50	+0.72	G8V	0.287	−16				
544	α Tri	1 53 05	+29 34	+0.010	−0.229	3.41	+0.49	F6IV	0.057	−13				
542	ε Cas	1 54 24	+63 40	+0.033	−0.015	3.38	−0.15	B3III	0.010	−8				
553	β Ari	1 54 38	+20 48	+0.097	−0.108	2.64	+0.13	A5V	0.074	−2				
591	α Hyi	1 58 46	−61 34	+0.269	+0.033	2.86	+0.28	F0V	0.048	+1				
603	γ¹ And	2 3 54	+42 20	+0.046	−0.048	2.26	1.37	K3II	0.013	−12	2.0	10.5	3	Alamak
617	α Ari	2 7 10	+23 28	+0.190	−0.144	2.00	+1.15	K2III	0.049	−14				
622	β Tri	2 9 33	+34 59	+0.148	−0.037	3.00	+0.14	A5III	0.022	+10				
681	o Cet	2 19 21	−2 59	−0.012	−0.233	2.00v		M7IIIe	0.024	+64	7.3	118.7	4	Mira
804	γ Cet	2 43 18	+3 14	−0.145	−0.148	3.47	+0.09	A3V	0.052	−5	3.8	3.4		
897	ϑ¹ Eri	2 58 16	−40 18	−0.051	−0.023	3.42	+0.12	A4III	0.035	+12	1.0	9.3		
911	α Cet	3 2 17	+4 5	−0.012	−0.074	2.52	+1.64	M1.5III	0.009	−26				Menkar
915	γ Per	3 4 48	+53 30	+0.000	−0.002	2.93	+0.70	G8III + A2V	0.011	+3	7.7	57.7		
921	ϱ Per	3 5 11	+38 50	+0.130	−0.102	3.39v	+1.65	M4II	0.011	+28				
936	β Per	3 8 10	+40 57	+0.003	+0.002	2.12v	−0.05	B8V	0.045	+4	8.3	82.2	5	Algol

6.4 Sternkatalog

HR (= BS)	Name	Rekt. h m s	Dekl. ° ′	EB (α) ″/a	EB (δ) ″/a	Größe mag	B-V	Spektrum	Par ″	V_{rad} km/s	Δm mag	Sep. ″	N	Eigenname
1017	α Per	3 24 19	+49 52	+0.025	−0.022	1.79	+0.48	F5IB	0.016	−2				Mirfak
1122	δ Per	3 42 55	+47 47	+0.028	−0.032	2.87	−0.09	B5III	0.016	+4				
1165	η Tau	3 47 29	+24 6	+0.019	−0.044	2.87	−0.09	B7IIIe	0.008	+10	3.3	117	5	Alcyone
1203	ζ Per	3 54 8	+31 53	+0.006	−0.009	2.85	+0.12	B1IB	0.010	+20	6.6	12.9	3	
1208	γ Hyi	3 47 14	−74 14	+0.052	+0.117	3.24	+1.62	M2II	0.005	+16				
1220	ε Per	3 57 51	+40 1	+0.017	−0.024	2.89	−0.18	B0.5V + A2V	0.009	+1	5.2	9.0	3	
1231	γ Eri	3 58 2	−13 31	+0.057	−0.110	2.95	+1.59	M0.5III	0.010	+62	9.5	53.0		
1239	λ Tau	4 00 41	+12 29	−0.007	−0.009	3.47	−0.12	B3V + A4IV	0.002	+18				
1336	α Ret	4 14 25	−62 28	+0.046	−0.050	3.35	+0.91	G8II-III	0.013	+36	8.6	48.6		
1412	ϑ^2 Tau	4 28 40	+15 52	+0.102	−0.024	3.40	+0.18	A7III	0.029	+40				
1457	α Tau	4 35 55	+16 31	+0.065	−0.189	0.85	+1.54	K5III	0.054	+54	10.2	121.7	6	Aldebaran
1465	α Dor	4 34 0	−55 3	+0.052	−0.001	3.27	−0.10	A0III	0.018	+26	7.2	82.3		
1543	π^3 Ori	4 49 50	+6 58	+0.463	+0.017	3.19	+0.45	F6V	0.137	+24				
1577	ι Aur	4 57 0	+33 9	+0.009	−0.022	2.69	+1.53	K3II	0.021	+18				
1605	ε Aur	5 1 58	+43 49	+0.001	−0.004	2.99v	+0.54	A8IAF0Iae	0.007	−3	6.3	207.7	5	
1641	η Aur	5 6 31	+41 14	+0.029	−0.067	3.17	−0.18	B3V	0.022	+7				
1654	ε Lep	5 5 28	−22 22	+0.018	−0.071	3.19	+1.46	K5III	0.011	+1				
1666	β Eri	5 7 51	−5 5	−0.100	−0.080	2.79	+0.13	A3III	0.050	−9				
1702	μ Lep	5 12 56	−16 12	−0.033	−0.027	3.31	−0.11	B9p	0.023	+28				
1708	α Aur	5 16 41	+46 0	+0.080	−0.423	0.08	+0.80	G5IIIe + G0III	0.080	+30	8.0	484.6	9	Capella
1713	β Ori	5 14 32	−8 12	−0.003	−0.002	0.12	−0.03	B8IAe	0.013	+21	7.0	9.9	4	Rigel
1788	η Ori	5 24 29	−2 24	−0.003	+0.001	3.36v	−0.17	B1V + B2e	0.007	+20	1.0	1.7	3	
1790	γ Ori	5 25 8	+6 21	−0.012	−0.014	1.64	−0.22	B2III	0.029	+18				Bellatrix
1791	β Tau	5 26 17	+28 36	+0.025	−0.175	1.65	−0.13	B7III	0.028	+9				
1829	β Lep	5 28 15	−20 46	−0.008	−0.091	2.84	+0.82	G5II	0.020	−14	7.0	241.5	5	
1852	δ Ori	5 32 0	−0 18	−0.003	−0.001	2.23v	−0.22	B0III + O9V	0.014	+16	4.8	53.0	3	
1865	α Lep	5 32 44	−17 49	−0.006	+0.001	2.58	+0.21	F0IB	0.007	+24	8.5	36.0	3	
1899	ι Ori	5 35 26	−5 55	−0.004	+0.001	2.77	−0.24	O9III	0.025	+22	4.1	11.8	3	
1903	ε Ori	5 36 13	−1 12	−0.003	+0.002	1.70	−0.19	B0Iae		+26				
1910	ζ Tau	5 37 39	+21 9	+0.001	−0.022	3.00	−0.19	B4IIpe	0.008	+20				
1948	ζ Ori	5 40 46	−1 57	−0.001	−0.002	2.05	−0.21	O9.5Ibe	0.024	+18	3.7	3.3	3	
1956	α Col	5 39 39	−34 4	+0.001	−0.027	2.64	−0.12	B7IVe	0.001	+35	8.7	12.6		

3 Stellarastronomie

HR (= BS)	Name	Rekt. h m s	Dekl. ° '	EB (α) "/a	EB (δ) "/a	Größe mag	B–V	Spektrum	Par "	V_{rad} km/s	Δm mag	Sep. "	N	Eigenname
2004	κ Ori	5 47 45	− 9 40	−0.003	−0.005	2.06	−0.17	B0.5Iae	0.015	+21				
2040	β Col	5 50 58	−35 46	+0.050	+0.402	3.12	+1.16	K2III	0.028	+89				
2061	α Ori	5 55 10	+ 7 24	+0.025	+0.010	0.50v	+1.85	M1-2Ia-Iab	0.005	+21	10.1	175.8	5	Betelgeuse
2088	β Aur	5 59 32	+44 57	−0.055	−0.001	1.90v	−0.03	A2IV	0.041	−18	8.5	184.8	3	
2095	ϑ Aur	5 59 43	+37 13	+0.049	−0.082	2.62	−0.08	A0p	0.022	+30	4.5	2.8	4	
2216	ν Gem	6 14 53	+22 30	−0.067	−0.013	3.28v	+1.60	M3III	0.014	+19	5.8	1.4		
2282	ζ Cma	6 20 19	−30 4	+0.005	−0.003	3.02	−0.19	B2.5V	0.004	+32				
2286	μ Gem	6 22 58	+22 31	+0.055	−0.112	2.88	1.64	M3IIIab	0.020	+55	6.8	122.5	3	
2294	β Cma	6 22 42	−17 57	−0.013	−0.004	1.98	−0.23	B1II-III	0.019	+34				
2326	α Car	6 23 57	−52 42	+0.026	−0.022	0.72	+0.15	FOII	0.028	+21				Canopus
2421	γ Gem	6 37 43	+16 24	+0.043	−0.044	1.93	+0.00	A0IV	0.037	−13				
2451	ν Pup	6 37 46	−43 12	−0.007	−0.005	3.17	−0.11	B8III		+28				
2473	ε Gem	6 43 56	+25 8	−0.004	−0.015	2.98	+1.40	G8Ib	0.017	+10	6.0	111.6		
2484	χ Gem	6 45 17	+12 54	−0.115	−0.194	3.36	+0.43	F5III	0.055	+25				
2491	α CMa	6 45 9	−16 43	−0.545	−1.211	−1.46	+0.00	A1V	0.378	− 8	10.1	11.9	3	Sirius
2550	α Pic	6 48 11	−61 56	−0.071	+0.266	3.27	+1.20	A7IV	0.052	+21				
2553	τ Pup	6 49 56	−50 37	+0.031	−0.074	2.93	+1.20	K1III		+36				
2618	ε CMa	6 58 38	−28 58	+0.001	+0.002	1.50	−0.21	B2II	0.001	+27	6.4	8.2		
2646	σ CMa	7 1 43	−27 56	−0.008	+0.002	3.47	+1.73	K7Ib	0.024	+22	10.5	10.9		
2653	o² CMa	7 3 1	−23 50	0.000	0.000	3.02	−0.08	B3Iab		+48				
2693	δ CMa	7 8 23	−26 24	−0.008	−0.003	1.84	+0.68	F8Ia		34				
2773	π Pup	7 17 8	−37 6	−0.012	+0.003	2.70	+1.62	K3Ib	0.032	+16				
2827	η CMa	7 24 6	−29 18	−0.008	+0.002	2.45	−0.08	B5IA		+41				
2845	β CMi	7 27 9	+ 8 17	−0.053	−0.040	2.90	−0.09	B8Ve	0.019	+22				
2878	σ Pup	7 29 14	−43 18	−0.059	+0.186	3.25	+1.51	K5III	0.020	+88	5.1	22.7		
2890	α¹ Gem	7 34 36	+31 53	−0.170	−0.102	1.58	+0.04	A2Vm	0.067	− 1	1.0	7.0	4	Castor
2891	α² Gem	7 34 36	+31 53	−0.170	−0.102	1.59	+0.03	A1V	0.067	+ 6	1.0	7.0	4	
2943	α CMi	7 39 18	+ 5 14	−0.706	−1.029	0.38	+0.42	F5IV-V	0.292	− 3	11.2	80.7	4	Procyon
2990	β Gem	7 45 19	+28 2	−0.627	−0.051	1.14	+1.00	K0IIIb	0.094	+ 3	7.7	201.1	7	Pollux
3045	ξ Pup	7 49 18	−24 52	−0.007	−0.004	3.34	+1.24	G3Ib	0.003	+ 3				
3117	χ Car	7 56 47	−52 59	−0.034	+0.025	3.47	−0.18	B3IVp	0.004	+19	9.8	5.4		
3165	ζ Pup	8 3 35	−40 0	−0.031	+0.011	2.25	−0.26	O5Iaf		−24				

6.4 Sternkatalog

HR (=BS)	Name	Rekt. h m s	Dekl. ° ′	EB (α) ″/a	EB (δ) ″/a	Größe mag	B–V	Spektrum	Par ″	V_{rad} km/s	Δm mag	Sep. ″	N	Eigenname
3185	ϱ Pup	8 7 33	−24 18	−0.088	+0.048	2.81v	+0.43	F6IIp	0.035	+46	10.6	29.6		
3207	γ² Vel	8 9 32	−47 20	−0.006	+0.004	1.78	−0.22	WC8+O7.5e	0.017	+35	2.6	42.5		
3307	ε Car	8 22 31	−59 31	−0.025	+0.015	1.86	+1.28	K3III+B2V		+12				
3323	o UMa	8 30 16	+60 43	−0.131	−0.110	3.36	+0.84	G5III	0.009	+20	7.0	177.2	4	
3482	ε Hya	8 46 47	+ 6 25	−0.191	−0.055	3.38	+0.68	G5III	0.027	+36	1.5	0.4	6	
3485	δ Vel	8 44 42	−54 42	+0.022	−0.079	1.96	+0.04	A1V	0.051	+ 2	4.6	3.5	3	
3547	ζ Hya	8 55 24	+ 5 57	−0.100	+0.011	3.12	+1.00	K0II-III	0.035	+23				
3569	ι UMa	8 59 12	+48 2	−0.443	−0.235	3.14	+0.19	A7IV	0.075	+12	6.4	10.7	3	
3634	λ Vel	9 8 0	−43 26	−0.022	+0.007	2.21	+1.66	K4Ib-II	0.022	+18	11.8	17.1		
3659	V 357 Car	9 10 58	−58 58	−0.026	+0.006	3.44v	−0.19	B2IV-V		+23				
3685	β Car	9 13 12	−69 43	−0.151	+0.102	1.68	0.00	A2IV	0.021	− 5				
3699	ι Car	9 17 5	−59 17	−0.019	+0.005	2.25	+0.18	A8Ib	0.017	+13				
3705	α Lyn	9 21 3	+34 24	−0.223	+0.013	3.13	+1.55	K7IIIab	0.025	+38				
3734	κ Vel	9 22 7	−55 1	−0.008	+0.008	2.50	−0.18	B2IV-V	0.013	+22				
3748	α Hya	9 27 35	− 8 40	−0.018	+0.028	1.98	+1.44	K3II-III	0.022	− 4				Alfard
3775	ϑ UMa	9 32 51	+51 41	−0.952	−0.540	3.17	+0.46	F6IV	0.068	+15	10.7	5.1		
3803	N Vel	9 31 13	−57 2	−0.034	−0.001	3.13v	+1.55	K5III	0.022	−14				
3873	ε Leo	9 45 51	+23 46	−0.045	−0.015	2.98	+0.80	G II	0.010	+ 5				
3890	υ Car	9 47 6	−65 4	−0.011	+0.004	3.15		A9II	0.020	+14	2.8	5.2		
3982	α Leo	10 8 22	+11 58	−0.249	+0.003	1.35	−0.11	B7V	0.045	+ 6	6.5	176.9	4	Regulus
4031	ζ Leo	10 16 41	+23 25	+0.018	−0.012	3.44	+0.31	F0III	0.017	−16				
4033	λ UMa	10 17 6	+42 55	−0.165	−0.043	3.45	+0.03	A2IV	0.030	+18				
4037	ω Car	10 13 44	−70 2	−0.032	+0.003	3.32	−0.08	B8IIIe		+ 7				
4050	V 337 Car	10 17 5	−61 20	−0.027	+0.003	3.45v	+0.03	K3IIa	0.027	+ 8				
4057	γ¹ Leo	10 19 58	+19 51	+0.307	−0.151	2.61	+1.15	K1IIIb	0.022	−37	1.5	4.4	4	
4069	μ UMa	10 22 20	+41 30	−0.083	+0.030	3.05	+1.59	M0III	0.035	−21				
4140	PP Car	10 32 01	−61 41	−0.020	+0.006	3.32v	−0.09	B4Vue		+26				
4199	ϑ Car	10 42 57	−64 24	−0.021	−0.008	2.76	−0.22	B0Vp		+24				
4216	μ Vel	10 46 46	−49 25	+0.071	−0.050	2.69	+0.90	G5III + G2V	0.022	+ 6	4.1	2.8		
4232	ν Hya	10 49 37	−16 12	+0.089	+0.196	3.11	+1.25	K2III	0.028	− 1				
4295	β UMa	11 1 50	+56 23	+0.081	+0.029	2.37	−0.02	A1V	0.053	−12				Merak
4301	α UMa	11 3 44	+61 45	−0.118	−0.071	1.79	+1.07	K0IIIa	0.038	− 9	9.1	0.9		Dubhe

6 Stellarastronomie

HR (= BS)	Name	Rekt. h m s	Dekl. ° ′	EB (α) ″/a	EB (δ) ″/a	Größe mag	B−V	Spektrum	Par ″	V_{rad} km/s	Δm mag	Sep. ″	N	Eigenname
4335	ψ UMa	11 9 40	+44 30	−0.068	−0.032	3.01	+1.14	K1III	0.048	− 4				
4357	δ Leo	11 14 6	+20 31	+0.149	−0.135	2.56	+0.12	A4V	0.026	−20				
4359	ϑ Leo	11 14 14	+15 26	−0.061	−0.083	3.34	−0.01	A2V	0.020	+ 8				
4377	ν UMa	11 18 29	+33 6	−0.028	+0.023	3.48	+1.40	K3III		− 9	6.4	7.4		
4467	λ Cen	11 35 47	−63 1	−0.039	−0.008	3.13	−0.04	B9III		− 1	8.7	16.6		
4534	β Leo	11 49 4	+14 34	−0.497	−0.119	2.14	+0.09	A3V	0.082	− 0	11.0	80.3	4	Denebola
4554	γ UMa	11 53 50	+53 42	+0.093	+0.007	2.44	+0.00	A0Ve	0.028	−13				Phekda
4621	δ Cen	12 8 21	−50 43	−0.032	−0.012	2.60	−0.12	B2IVne	0.026	+11				
4630	ε Crv	12 10 7	−22 37	−0.072	+0.010	3.00	+1.33	K2.5IIIa	0.027	+ 5	2.0			
4656	δ Cru	12 15 9	−58 45	−0.038	−0.010	2.80	−0.23	B2IV	0.003	+22				
4660	δ UMa	12 15 26	+57 2	+0.102	+0.004	3.31	+0.08	A3V	0.061	−13				Megrez
4662	γ Crv	12 15 48	−17 33	−0.163	−0.018	2.59	−0.11	B8IIIp		− 4				
4730	α¹ Cru	12 26 36	−63 6	−0.025	−0.017	1.58	−0.26	B0.5IV	0.008	−11	0.5	5.6		
4731	α² Cru	12 26 37	−63 6	−0.029	−0.012	2.09		B1V	0.008	− 1	0.5	5.6		
4757	δ Crv	12 29 52	−16 31	−0.213	−0.143	2.95	−0.05	B9.5V	0.024	+ 9	4.5	24.4		Algorab
4763	γ Cru	12 31 20	−57 7	+0.029	−0.267	1.63	+1.59	M3.5III		+21	6.0	110.6		
4786	β Crv	12 34 23	−23 24	+0.001	−0.058	2.65	+0.89	G5II	0.034	− 8				
4798	β Mus	12 37 11	−69 8	−0.040	−0.016	2.69	−0.20	B2IV-V		+13	10.1	29.7		
4819	γ Cen	12 41 31	−48 58	−0.190	−0.008	2.17	−0.01	A1V	0.016	− 6	0.1	1.8		
4844	β Mus	12 46 17	−68 6	−0.032	−0.024	3.05	−0.18	B2.5V	0.015	+42	0.3	1.6		
4853	β Cru	12 47 43	−59 41	−0.038	−0.017	1.25v	−0.23	B0.5III		+16	10.0	44.3		
4905	ε UMa	12 54 2	+55 58	+0.109	−0.010	1.77v	−0.02	A0p	0.009	− 9				Alioth
4910	δ Vir	12 55 36	+ 3 24	−0.470	−0.058	3.38	+1.58	M3III	0.022	−18				
4915	α² CVn	12 56 2	+38 19	−0.236	+0.052	2.90v	−0.12	A0p	0.027	− 3	2.5	19.9		
4932	ε Vir	13 2 11	+10 58	−0.275	+0.017	2.83	+0.94	G8IIIab	0.043	−14				Vindemiatrix
5020	γ Hya	13 18 55	−23 10	+0.065	−0.049	3.00	+0.92	G8IIIa	0.027	− 5				
5028	ι Cen	13 20 36	−36 43	−0.340	−0.089	2.75	+0.04	A2V	0.062	+ 0				
5054	ζ UMa	13 23 56	+54 56	+0.119	−0.025	2.27	+0.02	A1Vp	0.047	− 6	2.1	14.8		Mizar
5056	α Vir	13 25 11	− 0 36	−0.043	−0.033	0.98v	−0.23	B1III-4 + B2V	0.023	+ 1				Spica
5107	ζ Vir	13 34 42	+ 0 36	−0.286	+0.036	3.37	+0.11	A3V	0.044	−13				
5132	ε Cen	13 39 53	+53 28	−0.022	−0.017	2.30	−0.22	B1III		+ 3	10.9	37.6		

6.4 Sternkatalog

HR (= BS)	Name	Rekt. h m s	Dekl. ° ′	EB (α) ″/a	EB (δ) ″/a	Größe mag	B−V	Spektrum	Par ″	V_{rad} km/s	Δm mag	Sep. ″	N	Eigenname
5190	ν Cen	13 49 30	−41 41	−0.024	−0.025	3.41	−0.22	B2IV		+ 9				
5191	η UMa	13 47 32	+49 19	−0.126	−0.014	1.86	−0.19	B3V	0.035	−11				Benetnasch
5193	μ Cen	13 49 37	−42 28	−0.022	−0.026	3.04v	−0.17	B2IV-Ve		+ 9	9.9	47.9		
5231	ζ Cen	13 55 32	−47 17	−0.057	−0.044	2.55	−0.22	B2.5IV		+ 7				
5235	η Boo	13 54 41	+18 24	−0.064	−0.363	2.68	+0.58	G0IV	0.108	− 0				
5267	β Cen	14 3 50	−60 22	−0.020	−0.023	0.61	−0.23	B1III	0.009	+ 6	8.1	1.4		
5287	π Hya	14 6 22	−26 41	+0.043	−0.144	3.27	+1.12	K2III-IIIb	0.049	+27				
5288	ϑ Cen	14 6 41	−36 22	−0.520	−0.523	2.06	+1.01	K0IIIb	0.065	+ 1				
5340	α Boo	14 15 40	+19 11	−1.098	−1.999	0.04	+1.23	K1IIIb	0.097	− 5				Arcturus
5435	γ Boo	14 32 5	+38 18	−0.116	+0.149	3.03v	+0.19	A7II	0.025	−37	9.7	33.4		
5440	ε Cen	14 35 30	−42 9	−0.036	−0.035	2.31	−0.19	B1.5Vne		− 0	10.9	5.6		
5459	α¹ Cen	14 39 36	−60 50	−3.608	−0.712	0.01	+0.71	G2V	0.750	−25	1.4	8.7	3	
5460	α² Cen	14 39 36	−60 50	−3.608	−0.712	1.33	+0.88	K1V	0.750	−21	1.4	8.7	3	
5463	α Cir	14 42 30	−64 59	−0.186	−0.238	3.19	+0.24	Ap	0.056	+ 7	5.4	17.8		
5469	α Lup	14 41 56	−47 23	−0.017	−0.020	2.30	−0.20	B1.5III		+ 5	10.6	27.6		
5506	ε Boo	14 44 59	+27 4	−0.051	+0.018	2.70	+0.97	K0II-III	0.016	−17	3.3	3.6	3	
5531	α² Lib	14 50 53	−16 3	−0.108	−0.071	2.75	+0.15	A3IV	0.058	−10	2.4	23.1		Zuben Elgenubi
5563	β UMi	14 50 4	+74 9	−0.035	+0.010	2.08	+1.47	K4IIIa	0.039	+17				Kochab
5571	β Lup	14 58 32	−43 8	−0.037	−0.043	2.68	−0.22	B2III		− 0				
5576	κ Cen	15 59 10	−42 6	−0.019	−0.027	3.13	−0.20	B2IV		+ 8	8.1	3.8		
5602	β Boo	15 01 57	+40 23	−0.046	−0.032	3.50	+0.97	G8IIIa	0.037	−20				
5603	σ Lib	15 4 4	−25 17	−0.073	−0.047	3.29	+1.70	M3IIIa	0.064	− 4				
5649	ζ Lup	15 21 17	−52 6	−0.107	−0.070	3.41	+0.92	G8III	0.043	−10	4.4	71.9		
5671	γ TrA	15 18 55	−68 41	−0.060	−0.031	2.89	+0.00	A1V	0.010	− 3				
5681	δ Boo	15 15 30	+33 19	−0.083	−0.116	3.47	+0.95	G8IIIp	0.030	−12	4.2	105.4		
5685	β Lib	15 17 0	− 9 23	−0.098	−0.023	2.61	−0.11	B8V		−35				Zuben Elschemali
5695	δ Lup	15 21 22	−40 39	−0.016	−0.032	3.22	−0.22	B1.5IV		+ 0				
5708	ε Lup	15 22 40	−44 41	−0.019	−0.015	3.37	−0.18	B2IV-V	0.009	+ 8	1.7	1.4	3	
5735	γ UMi	15 20 44	+71 50	−0.024	+0.019	3.05	+0.05	A3II-III	0.003	− 4				
5744	ι Dra	15 24 56	+58 58	−0.015	+0.013	3.29	+1.16	K2III	0.040	−11				
5776	γ Lup	15 35 8	−41 10	−0.016	−0.031	2.78	−0.20	B2IV	0.008	+ 2	0.3	0.1		

HR (= BS)	Name	Rekt. h m s	Dekl. ° '	EB (α) "/a	EB (δ) "/a	Größe mag	B−V	Spektrum	Par "	V_{rad} km/s	Δm mag	Sep. "	N	Eigenname
5793	α CrB	15 34 41	+26 43	+0.120	−0.091	2.23v	−0.02	A0V	0.045	+ 2				Gemma
5854	α Ser	15 44 16	+ 6 26	+0.136	+0.044	2.65	+1.17	K2IIIb	0.053	+ 3	9.0	61.5	3	Unuk
5897	β TrA	15 55 8	−63 26	−0.188	−0.396	2.85	+0.29	F2III	0.083	+ 0				
5944	π Sco	15 58 51	−26 7	−0.009	−0.027	2.89	−0.19	B1V + B2V	0.010	− 3	6.0	51.2		
5948	η Lup	16 0 7	−38 24	−0.022	−0.034	3.41	−0.22	B2.5IV	0.008	+ 8	3.8	15.5		
5953	δ Sco	16 0 20	−22 37	−0.010	−0.025	2.32	−0.12	B0.5IV		− 7				
5984	β¹ Sco	16 5 26	−19 48	−0.006	−0.021	2.62	−0.07	B1V	0.009	− 1	4.0	13.8	3	Acrab
6056	δ Oph	16 14 21	− 3 41	−0.048	−0.145	2.74	+1.58	M0.5III	0.034	−20				
6075	ε Oph	16 18 19	− 4 42	+0.081	+0.039	3.24	+0.96	G9.5IIIb	0.043	−10				
6084	σ Sco	16 21 11	−25 36	−0.009	−0.023	2.89v	+0.13	B2III + O9.5V		+ 3	7.0	20.7		
6132	η Dra	16 23 59	+61 31	−0.024	+0.059	2.74	+0.91	G8IIIab	0.051	−14	6.0	6.1		
6134	α Sco	16 29 24	−26 26	−0.007	−0.023	0.96v	+1.83	M1.5Iab-Ib + B4Ve	0.024	− 3	5.5	3.4		Antares
6148	β Her	16 30 13	+21 29	−0.099	−0.017	2.77	+0.94	G7IIIa	0.024	−26				
6165	τ Sco	16 35 53	−28 13	−0.008	−0.025	2.82	−0.25	B0V	0.020	+ 2				
6175	ζ Oph	16 37 9	−10 34	+0.012	+0.023	2.56	+0.02	O9.5Vn	0.003	−15				
6212	ζ Her	16 41 17	+31 36	−0.471	+0.384	2.81	+0.65	G0IV	0.102	−70	3.5	1.7		
6217	α TrA	16 48 40	−69 2	+0.028	−0.034	1.92	+1.44	K2IIb-IIIa	0.031	− 3				
6241	ε Sco	16 50 10	−34 18	−0.610	−0.255	2.29	+1.15	K2III	0.022	− 3				
6247	μ¹ Sco	16 51 52	−38 3	−0.012	−0.029	3.08v	−0.20	B1.5V + B6.5V		−25	0.5	346		
6285	ζ Ara	16 58 37	−55 59	−0.013	−0.035	3.13	+1.60	K3III	0.044	− 6				
6299	κ Oph	16 57 40	+ 9 23	+0.294	−0.010	3.20v	+1.15	K2III	0.031	−56				
6378	η Oph	17 10 23	−15 43	+0.038	+0.095	2.43	+0.06	A2V	0.052	− 1	0.5	1.0	4	
6380	η Sco	17 12 9	−43 14	+0.023	−0.285	3.33	+0.41	F3III-IVp	0.062	−27				
6396	ζ Dra	17 8 47	+65 43	−0.0025	+0.021	3.17	−0.12	B6III	0.023	−17				
6406	α¹ Her	17 14 39	+14 23	−0.007	−0.034	3.48v	+1.44	M5Ib-II		−33	3.1	5.3	4	Ras Algethi
6410	δ Her	17 15 2	+24 50	−0.023	−0.157	3.14	+0.08	A3IV	0.044	−40	5.1	25.8	4	
6418	π Her	17 15 3	+36 49	−0.030	+0.003	3.16	+1.44	K3IIab	0.025	−26				
6453	θ Oph	17 22 0	−25 0	−0.003	−0.021	3.27	−0.22	B2IV		− 2				
6461	β Ara	17 25 18	−55 32	−0.001	−0.024	2.85	+1.46	K3Ib-IIa		− 0				
6462	γ Ara	17 25 24	−56 23	+0.002	−0.011	3.34	−0.13	B1Ib	0.034	− 3	6.5	17.9		
6508	υ Sco	17 30 46	−37 18	−0.001	−0.032	2.69	−0.22	B2IV		+ 8				

6.4 Sternkatalog

HR (= BS)	Name	Rekt. h m s	Dekl. ° ′	EB (α) ″/a	EB (δ) ″/a	Größe mag	B–V	Spektrum	Par ″	V_{rad} km/s	Δm mag	Sep. ″	N	Eigenname
6510	α Ara	17 31 50	−49 53	−0.024	−0.071	2.95	−0.17	B2.5Vne	0.007	+ 0	9.5	55.6		
6527	λ Sco	17 33 36	−37 6	+0.001	−0.029	1.63	−0.22	B2IV + B		− 3				
6536	β Dra	17 30 26	+52 18	−0.022	+0.013	2.79	+0.98	G2Ib-IIa	0.013	−20	9.7	115.6	3	
6553	ϑ Sco	17 37 19	−43 0	+0.016	+0.000	1.87	+0.40	FIII	0.027	+ 1				
6556	α Oph	17 34 56	+12 34	+0.117	−0.227	2.08	+0.15	A5III	0.067	+13				Ras Alhague
6580	κ Sco	17 42 29	−39 2	−0.007	−0.029	2.41	−0.22	B21.5III		−14				
6603	β Oph	17 43 28	+ 4 34	−0.042	+0.159	2.77	+1.16	K2III	0.033	−12				
6615	ι¹ Sco	17 47 35	−40 8	+0.001	−0.006	3.03	+0.51	F2Iae	0.019	−28	9.4	38.4		
6623	ι¹ Sco	17 46 28	+27 43	−0.309	−0.747	3.42	+0.75	G5IV	0.133	−16	6.7	33.7	4	
6630	μ Her	17 49 51	−37 3	+0.054	+0.034	3.21	+1.17	K2III	0.040	+25				
6698	ν Oph	17 59 1	− 9 46	−0.009	−0.119	3.34	+0.99	K0IIIa	0.021	+13				
6705	γ Dra	17 56 56	+51 29	−0.013	−0.020	2.23	+1.52	K5III	0.025	−28	8.8	125.4	7	
6746	γ² Sgr	18 5 48	−30 25	−0.053	−0.185	2.99	+1.00	K0III	0.025	+22				
6832	η Sgr	18 17 38	−36 46	−0.129	−0.166	3.11	+1.56	M3.5III	0.045	+ 1	6.0	4.4		
6859	δ Sgr	18 21 0	−29 50	−0.039	−0.029	2.70	+1.38	K3IIIa	0.047	−20	10.0	58.1	4	
6869	η Ser	18 21 18	− 2 54	−0.554	−0.697	3.26	+0.94	K2IIIab	0.058	+ 9				
6879	ε Sgr	18 24 10	−34 23	−0.032	−0.125	1.85	−0.03	B9.5III	0.023	−15	11.3	32.5		
6913	λ Sgr	18 27 58	−25 25	−0.043	−0.185	2.81	+1.04	K1IIIb	0.053	−43				
7001	α Lyr	18 36 56	+38 47	+0.200	+0.285	0.03	−0.01	A0Va	0.133	−14	9.5	57.1	5	Vega
7039	φ Sgr	18 45 39	−26 59	+0.053	+0.001	3.17	−0.11	B8III		+22	3.7	46.6	6	
7106	β Lyr	18 50 5	+33 22	+0.000	−0.002	3.45v	+0.01	B7Ve + A8p		−19				
7121	σ Sgr	18 55 16	−26 18	+0.013	−0.054	2.02	−0.22	B2.5V		−11				
7178	γ Lyr	18 58 56	+32 41	−0.006	+0.002	3.24	−0.05	B9III	0.021	−21	8.8	13.8	3	
7194	ζ Sgr	19 2 37	−29 53	−0.014	−0.001	2.60	+0.08	A2III + A4IV	0.025	+22	0.2	0.8		
7234	τ Sgr	19 6 56	−27 40	−0.053	−0.249	3.32	+1.19	K1III	0.044	+45				
7235	ζ Aql	19 5 25	+13 52	−0.007	−0.095	2.99	+0.01	A0Vn	0.045	−25	9.0	5.6	3	
7236	λ Aql	19 6 15	− 4 53	−0.021	−0.088	3.44	−0.09	B9Vn	0.032	−12				
7264	π Sgr	19 9 46	−21 1	+0.000	−0.035	2.89	+0.35	F2III	0.026	−10				
7310	δ Dra	19 12 33	+67 40	+0.090	−0.093	3.07	+1.00	G9III	0.032	+25	0.0	0.1	3	
7377	δ Aql	19 25 30	+ 3 7	+0.253	+0.083	3.36	+0.32	F3IV	0.072	−30				
7417	β¹ Cyg	19 30 43	+27 58	+0.001	−0.002	3.08	+1.13	K3II + B0.5V	0.017	−24	2.3	34.8		
7525	γ Aql	19 46 15	+10 37	+0.016	+0.002	2.72	+1.52	K3II	0.016	− 2				

HR (= BS)	Name	Rekt. h m s	Dekl. ° ′	EB (α) ″/a	EB (δ) ″/a	Größe mag	B−V	Spektrum	Par ″	V_{rad} km/s	Δm mag	Sep. ″	N	Eigenname
7528	δ Cyg	19 44 58	+45 8	+0.049	+0.049	2.87	−0.03	B9.5IV+F1V	0.030	−20	4.9	3.1		
7557	α Aql	19 50 47	+ 8 52	+0.537	+0.387	0.77	+0.22	A7V	0.202	−26	8.7	165.4		Altair
7635	γ Sge	19 58 45	+19 30	+0.065	+0.025	3.47	+1.57	M0III	0.013	−33				
7710	θ Aql	20 1 18	− 0 49	+0.036	+0.007	3.23	−0.07	B9.5III	0.012	−27				
7776	β Cap	20 20 21	−14 47	+0.039	+0.003	3.08	+0.79	F8V + A0	0.010	−19	2.9	2.05	4	
7790	α Pav	20 25 39	−56 44	+0.016	−0.085	1.94	−0.20	B2IV	0.003	+ 2				
7796	γ Cyg	20 22 14	+40 15	+0.001	+0.002	2.20	+0.68	F8Ib	0.046	− 8	7.7	141.7	4	
7869	α Ind	20 37 34	−47 17	+0.056	+0.070	3.11	+1.00	KOIIICnIII-IV	0.035	− 1	9.3	67.4	3	
7913	β Pav	20 44 57	−66 12	−0.037	+0.017	3.42	+0.16	A7II		+10				
7924	α Cyg	20 41 26	+45 17	+0.001	+0.005	1.25	+0.09	A2Iae	0.057	− 5	10.4	75.5		Deneb
7949	ε Cyg	20 46 13	+33 58	+0.355	+0.329	2.46	+1.03	K0III	0.076	−11	9.0	44.3		
7957	η Cep	20 45 17	+61 50	+0.091	−0.822	3.43	+0.92	K0IV	0.027	−87	7.7	100.5		
8115	ζ Cyg	21 12 56	+30 14	−0.001	−0.052	3.20	+0.99	G8III-IIIa	0.068	+17				
8162	α Cep	21 18 35	+62 35	+0.150	+0.052	2.44	+0.22	A7V	0.006	−10	7.8	209.2	4	Alderamin
8232	β Aqr	21 31 33	− 5 34	+0.019	−0.005	2.91	+0.83	G0Ib	0.014	+ 7	7.9	35.7	3	
8238	β Cep	21 28 39	+70 34	+0.010	+0.013	3.23v	−0.22	B1IV	0.006	− 8	4.7	13.9		
8308	ε Peg	21 44 11	+ 9 53	+0.030	+0.005	2.39	+1.53	K2Ib	0.087	+ 5	6.0	144.2	3	
8322	δ Cap	21 47 2	−16 8	+0.262	−0.294	2.87v	−0.29	AmV	0.013	− 6	9.7	118.9	3	
8353	γ Gru	21 53 56	−37 22	+0.103	−0.017	3.01	−0.12	B8III	0.012	− 2				
8414	α Aqr	22 5 47	− 0 19	+0.016	−0.004	2.96	+0.98	G2Ib	0.057	+ 8				
8425	α Gru	22 8 14	−46 58	+0.130	−0.149	1.74	−0.13	B7IV	0.017	+12	9.8	28.8		
8465	ζ Cep	22 10 51	+58 12	+0.013	−0.008	3.35	+1.57	K1.5Ib	0.026	−18				
8502	α Tuc	22 18 30	−60 16	−0.059	−0.039	2.86	+1.39	K3III	0.023	+42				
8634	ζ Peg	22 41 28	+10 50	+0.080	−0.008	3.40	−0.09	B8V	0.008	+ 7	8.0	0.1		
8636	β Gru	22 42 40	−46 53	+0.138	−0.006	2.10	+1.60	M5III	0.017	+ 2		64.3		
8650	η Peg	22 43 0	+30 13	+0.013	−0.021	2.94	+0.86	G2II-III + F0V	0.044	+ 4	7.1	91.0	5	
8675	ε Gru	22 48 33	−51 19	+0.109	−0.064	3.49	+0.08	A3V	0.040	0				
8684	μ Peg	22 50 00	+24 36	+0.148	−0.036	3.48	+0.93	G8III	0.038	+14				
8709	δ Aqr	22 54 39	−15 49	−0.042	−0.022	3.27	+0.05	A3V	0.149	+18				
8728	α PsA	22 57 39	−29 37	+0.336	−0.161	1.16	+0.09	A3V	0.122	+ 7	7.0	264.2	3	Fomalhaut
8775	β Peg	23 3 46	+28 5	+0.188	+0.142	2.42v	+1.67	M2.5II-III	0.038	+ 9				
8781	α Peg	23 4 46	+15 12	+0.062	−0.038	2.49	−0.04	B9V	0.068	− 4				Markab
8974	γ Cep	23 39 21	+77 38	−0.065	+0.156	3.21	+1.03	K1III-IV		−42				

6.5 Daten über die Sterne der näheren und weiteren Sonnenumgebung

Geschätzte Gesamtzahl der Sterne bis zu verschiedenen Grenzhelligkeiten (phot.)

m	Anzahl/10^3	m	Anzahl/10^6
6	3	14	12
7	10	15	27
8	32	16	55
9	97	17	120
10	270	18	240
11	700	19	510
12	1800	20	945
13	5100	21	1890

Verteilung der Sterne auf Spektral- und Leuchtkraftklassen

Leuchtkraftklassen	Spektralklassen	O, B	A, F	G, K, M
I	Überriesen	7 %	26 %	10 %
II	helle Riesen	11 %	3 %	15 %
III	Riesen	17 %	10 %	66 %
IV	Unterriesen	36 %	10 %	7 %
V	Hauptreihensterne	29 %	51 %	2 %
sd	Unterzwerge			0.1 %
D	Weiße Zwerge		0.0003 %	

Anzahlen der Sterne verschiedener Spektralklassen bis zu verschiedenen Grenzhelligkeiten

Spektralklasse		scheinbare vis. Helligkeit heller als						
		6.25	6.75	7.25	7.75	8.25	8.75	9.25
B :	B0, B1, B2, B3, B5	719	984	1286	1611	2061	2543	3026
A :	B8, B9, A0, A2, A3	2018	3478	5904	9326	15884	26342	39342
F :	A5, F0, F2	680	1200	2160	3624	6536	10840	15224
G :	F5, F8, G0	656	1184	2456	4352	8776	16496	27160
K :	G5, K0, K2	1984	3496	6144	10680	20760	34976	51008
M :	K5, M0, M3, M8	538	875	1453	2531	4491	7478	10657

Die sonnennahen Sterne bis 5 Parsec (nach W. Gliese, 1982)

Name	Rekt. h m	Dekl. ° '	EB (α) s/a	EB (δ) "/a	Par "	Dist pc	V_{rad} km/s	Spektrum	m_v mag	M_v mag
Sonne								G2V	−26.72	4.85
Proxima Cen	14 26.3	−62 28	−0.542	+0.800	0.772	1.30	−16	dM5e	11.05	15.49
α Cen A	14 36.2	−60 38	−0.491	+0.702	0.750	1.33	−22	G2V	−0.01	4.37
α Cen B								K0V	1.33	5.71
Barnards Stern	17 55.4	+04 33	−0.048	+10.285	0.545	1.83	−108	M5V	9.54	13.22
Wolf 359	10 54.1	+07 19	−0.262	−2.730	0.421	2.38	+13	dM8e	13.53	16.65
BD +36° 2147	11 00.6	+36 18	−0.048	−4.744	0.397	2.52	−84	M2V	7.50	10.50
L 726−8 A	01 36.4	−18 13	+0.232	+0.583	0.387	2.58	+29	dM6e	12.52	15.46
UV Ceti = B								dM6e	13.02	15.96
Sirius A	06 42.9	−16 39	−0.038	−1.215	0.377	2.65	−8	A1V	−1.46	1.42
Sirius B								DA	8.3:	11.2
Ross 154	18 46.7	−23 53	+0.051	−0.174	0.345	2.90	−4	dM5e	10.45	13.14
Ross 248	23 39.4	+43 55	+0.010	−1.596	0.314	3.18	−81	dM6e	12.29	14.78
ε Eri	03 30.6	−09 38	−0.066	+0.017	0.303	3.30	+16	K2V	3.73	6.14
Ross 128	11 45.1	+01 06	−0.043	−1.218	0.298	3.36	−13	dM5	11.10	13.47
61 Cyg A	21 04.7	+38 30	+0.350	+3.214	0.294	3.40	−64	K5V	5.22	7.56
61 Cyg B								K7V	6.03	8.37
ε Ind	21 59.6	−57 00	+0.482	−2.560	0.291	3.44	−40	K5V	4.68	7.00
BD +43° 44 A	00 15.5	+43 44	+0.265	+0.404	0.290	3.45	+13	M1V	8.08	10.39
+43° 44 B								M6Ve	11.06	13.37
L 789−6	22 35.7	−15 36	+0.162	+2.265	0.290	3.45	−60	dM7e	12.18	14.49
Procyon A	07 36.7	+05 21	−0.047	−1.036	0.285	3.51	−3	F5IV−V	0.37	2.64
Procyon B								DF	10.7	13.0
BD +59° 1915 A	18 42.2	+59 33	−0.173	+1.878	0.282	3.55	0	dM4	8.90	11.15
+59° 1915 B								dM5	9.69	11.94
CD −36° 15693	23 02.6	−36 09	+0.559	+1.317	0.279	3.58	+10	M2V	7.35	9.58
G 51−15	08 26.9	+26 57	−0.084	−0.596	0.278	3.60			14.81	17.03
τ Cet	01 41.7	−16 12	−0.119	+0.872	0.277	3.61	−16	G8V	3.50	5.72
BD +5° 1668	07 24.7	+05 23	+0.039	−3.724	0.266	3.76	+26	dM5	9.82	11.94

6.5 Sterne der Sonnenumgebung

Name	Rekt. h m	Dekl. ° ′	EB (α) s/a	EB (δ) ″/a	Par ″	Dist pc	V_{rad} km/s	Spektrum	m_v mag	M_v mag
L 725–32	01 09.9	–17 16	+0.081	+0.620	0.261	3.83	+28	dM5e	12.04	14.12
CD –39° 14192	21 14.3	–39 04	–0.281	–1.126	0.260	3.85	+21	M0V	6.66	8.74
Kapteyns Stern	05 09.7	–45 00	+0.620	–5.721	0.256	3.91	+245	sdM0pec	8.84	10.88
Krüger 60 A	22 26.2	+57 27	–0.097	–0.350	0.253	3.95	–26	dM3	9.85	11.87
Krüger 60 B								dM5e	11.3	13.3
BD –12° 4523	16 27.5	–12 32	–0.004	–1.178	0.247	4.05	–13	dM5	10.11	12.07
Ross 614 A	06 26.8	–02 46	+0.049	–0.682	0.246	4.07	+24	dM7e	11.10	13.12
Ross 614 B									14	16
Van Maanens	00 46.5	+05 09	+0.085	–2.710	0.232	4.31	+54:	DG	12.37	14.20
Wolf 424 A	12 30.9	+09 18	–0.117	+0.275	0.230	4.35	–5	dM6e	13.16	14.97
Wolf 424 B								dM6e	13.4	15.2
CD –37° 15492	00 02.5	–37 36	+0.477	–2.289	0.225	4.44	+23	M4V	8.56	10.32
L 1159–16	01 57.5	+12 50	+0.074	–1.791	0.224	4.46		dM8e	12.26	14.01
BD +50° 1725	10 08.3	+49 42	–0.140	–0.496	0.222	4.50	–26	K7V	6.59	8.32
CD –46° 11540	17 24.9	–46 51	+0.056	–0.889	0.216	4.63		dM4	9.37	11.04
G 158–27	00 04.2	–07 48	–0.056	–1.864	0.214	4.67		dM	13.74	15.39
CD –49° 13515	21 30.2	–49 13	–0.006	–0.808	0.214	4.67	+8	M1V	8.67	10.32
CD –44° 11909	17 33.5	–44 17	–0.065	–0.926	0.213	4.69		M5	10.96	12.60
BD +68° 946	17 36.7	+68 23	–0.065	–1.259	0.213	4.69	–22	M3.5V	9.15	10.79
G 208–44 = A	19 52.3	+44 18	+0.041	–0.591	0.211	4.74			13.41	15.03
G 208–45 = B									13.99	15.61
BD –15° 6290	22 50.6	–14 31	+0.065	–0.637	0.209	4.78	+9	dM5	10.17	11.77
σ² (40) Eri A	04 13.0	–07 44	–0.149	–3.422	0.207	4.83	–42	K1V	4.43	6.01
40 Eri B	04 13.1	–07 44	–0.145	–3.452			–21	DA	9.52	11.10
40 Eri C							–45	dM4e	11.17	12.75
BD +20° 2465	10 16.9	+20 07	–0.035	–0.051	0.206	4.85	+11	M4.5Ve	9.43	11.00
L 145–141	11 43.0	–64 33	+0.412	–0.327	0.206	4.85		DC	11.50	13.07
70 Oph A	18 02.9	+02 31	+0.017	–1.091	0.203	4.93	–7	K0V	4.22	5.76
70 Oph B								K5V	6.00	7.54
BD +43° 4305	22 44.7	+44 05	–0.064	–0.464	0.200	5.00	–2	dM5e	10.2	11.7

7 Die Zustandsgrößen der Sterne

Parallel zur Entwicklung der Physik ging aus der klassischen Astronomie, deren wesentliche Aufgabe in der Bestimmung von Positionen und Helligkeiten der Sterne bestand, die moderne Astrophysik hervor. Eins ihrer Ziele ist es, die Natur der Sterne sowie deren Eigenschaften aufzuklären und sie als Folge der universellen Gültigkeit der Naturgesetze zu verstehen.

In diesem Kapitel werden diejenigen Eigenschaften der Sterne, die unter dem Sammelbegriff »Zustandsgrößen« zusammengefaßt werden, behandelt.

7.1 Sternspektren

Die ersten Untersuchungen über Sternspektren führte zu Beginn des 19. Jahrhunderts Fraunhofer durch. Er entdeckte die nach ihm benannten dunklen Absorptionslinien im kontinuierlichen Spektrum der Sonne und einiger heller Sterne. Etwa 130 Jahre sind vergangen, seit Kirchhoff und Bunsen erkannten, daß diese Absorptionslinien mit Emissionslinien von glühenden Gasen zusammenfallen. Sie konnten je nach den Bedingungen des Experiments im Laboratorium die gleiche Linie in Emission oder in Absorption beobachten und fanden, daß solche Linien für bestimmte chemische Elemente charakteristisch sind. Damit war die Spektralanalyse begründet und gleichzeitig nachgewiesen, daß die Materie, aus der die Sterne aufgebaut sind, aus den bekannten chemischen Elementen besteht, daß es also keine prinzipiellen Unterschiede zwischen »kosmischer« und »irdischer« Materie gibt. Mit diesen grundlegenden Entdeckungen war neben der Astronomie eine neue Wissenschaft entstanden, die Astrophysik.

7.1.1 Spektralklassifikation

Nach ersten Ansätzen von Secchi und Vogel, die verschiedenen Sterntypen nach ihren spektralen Charakteristika zu ordnen, hat sich das System der Harvard-Spektralklassifikation dank der Arbeiten von Pickering und Cannon durchgesetzt. Diese Klassifikation ist im Henry-Draper-Katalog festgelegt. Die Spektralklassen wurden mit den Buchstaben des Alphabets bezeichnet: A, B, C... Bald ergab sich die Notwendigkeit, einige Klassen auszuschließen und die verbleibenden durch Vertauschungen in eine sinnvolle Sequenz zu bringen, die, wie man feststellte, eine Sequenz nach abnehmender Oberflächentemperatur war (Merksatz: oh, be a fine girl, kiss me):

$$O - B - A - F - G - K - M$$
$$\searrow S$$
$$\searrow C$$
$$\overbrace{R - N}$$

So entstand eine Reihenfolge von Spektralklassen mit einem stetigen Übergang der spektralen Merkmale des Linienspektrums, aber auch der Energieverteilung im Kontinuum.

Spektralklassen

O   Heiße Sterne mit Absorptionslinien des ionisierten Heliums (He II).
B   Absorptionslinien des neutralen Heliums (He I), bei späteren Typen der Klasse nimmt die Balmer-Serie des Wasserstoffs zu.
A   Wasserstoff sehr stark, später abnehmend, dann Zunahme der Calciumlinien (Ca II).
F   Ca II-Linien stärker, Abnahme des Wasserstoffs, Auftreten von Metall-Linien.
G   Ca II-Linien stark, Eisen (Fe) und andere Metall-Linien stark, H-Linien schwächer werdend.
K   Starke Metall-Linien, später Auftreten von Banden des TiO.
M   Sehr rot; Titanoxid-Banden (TiO) entwickeln sich stärker. Die Atmosphären dieser Sterne enthalten, wie auch bei den frühen Typen, weniger Kohlenstoff als Sauerstoff.
S   Ähnlich M. Starke Banden des Zirkoniumoxids (ZrO) sowie z. B. Lanthanoxid (LaO). In den Atmosphären dieser Sterne sind Kohlenstoff und Sauerstoff etwa gleich häufig.
C   Vorherrschen von Kohlenstoffverbindungen, Banden der Cyangruppe (CN), des Kohlenmonoxids (CO) und des Kohlenstoffs (C_2). Die Atmosphären dieser Sterne enthalten mehr Kohlenstoff als Sauerstoff und werden deshalb auch als Kohlenstoffsterne bezeichnet.

Die Spektralklassen M, S und C bilden eine Folge wachsender Kohlenstoffhäufigkeit, die heute als Entwicklungseffekt gedeutet wird. S- und C-Sterne sind die Spektralklassen der Harvard-Nebensequenz, worin die C-Typen den Spektralklassen R und N zugeordnet werden.

Besonderheiten im Spektrum werden durch Zusätze bezeichnet:

Präfixe		Suffixe	
c	besonders scharfe Linien (Überriesen)	n, nn	diffuse Linien
g	normale Riesen	s	scharfe Linien
d	Zwergsterne (Hauptreihe)	e, em	Emissionslinien
sd	Unterzwerge	p, pec	Besonderheiten in Linienintensitäten
w	Weiße Zwerge	m	starke Metall-Linien
		comp	zusammengesetztes Spektrum
		v, var	variables Spektrum

Die einzelnen mit Buchstaben bezeichneten Spektralklassen werden durch nachgestellte Zahlen, die von 0 bis 9 laufen, dezimal unterteilt. Da das Einordnen von Spektren in die Spektralsequenz durch Schätzen gewisser Linienintensitäten geschieht, kommen geringfügige Abweichungen in den Systemen einzelner Beobachter und Observatorien vor; auch werden gewöhnlich nicht alle Unterklassen von 0 bis 9 besetzt. Aufgrund einer Fehlinterpretation der Spektralsequenz als Entwicklungssequenz werden die Spektralklassen O, B und A als »frühe« Spektralklassen bezeichnet, die Klassen G, K und M als »späte« Spektralklassen.

7.1 Sternspektren

Die folgenden Spektralklassen ordnen sich der Spektralsequenz nicht ein:

Q   Novae
P   Planetarische Nebel
W   Wolf-Rayet-Sterne (heiße Sterne mit sehr breiten Emissionslinien), letzere mit den Untertypen
WN (Stickstofflinien)
WC (Kohlenstofflinien)

Morgan und Keenan überarbeiteten und verfeinerten die Harvard-Klassifikation. Sie erläuterten ihr System in einem *Atlas of Stellar Spectra* (1943), aus dem einige Abbildungen entnommen sind. Sie zeigen sechs der insgesamt 55 Atlaskarten, nämlich die Spektralsequenz der Hauptreihensterne. Wichtig an der MK-Klassifikation, wie sie nach den Autoren oft genannt wird, ist, daß die Sterne nicht nur, in Anlehnung an die Harvard-Klassifikation, nach ihrem Spektraltyp (Temperatur), sondern konsequent auch nach einem davon unabhängigen Parameter, der Leuchtkraft, unterschieden werden. Eine derartige Einteilung ist in der Harvard-Klassifikation durch die Zusätze c, g, d, sd und w bereits angedeutet. Der Einfluß der Leuchtkraft auf das Spektrum ist relativ gering und oft nur schwer erkennbar. Er beruht darauf, daß bei gleicher Spektralklasse die Leuchtkraftunterschiede auf Unterschiede der Größe der leuchtenden Oberfläche zurückzuführen sind und damit auf unterschiedliche Sternradien. Diese bedeuten aber, bei ähnlicher Masse der Sterne, Unterschiede in der Schwerebeschleunigung und damit entsprechende Unterschiede der Gasdichte in der Atmosphäre, die dann in den Spektren an der Schärfe der Spektral-Linien und an den

Schematische Darstellung der Harvard-Spektralklassifikation. Die in den einzelnen Spektralklassen auftretenden Linien und die wechselnden Linienstärken ergeben die Klassifikationskriterien

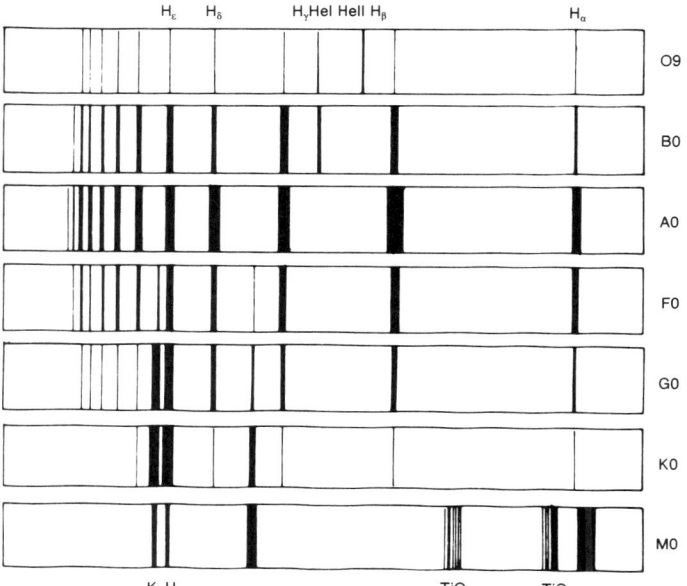

228   7 Die Zustandsgrößen der Sterne

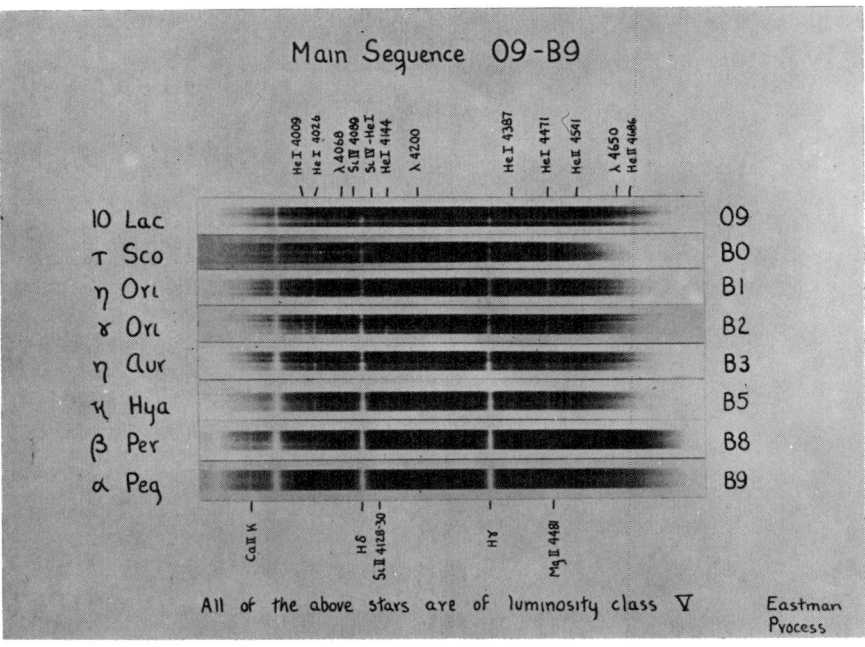

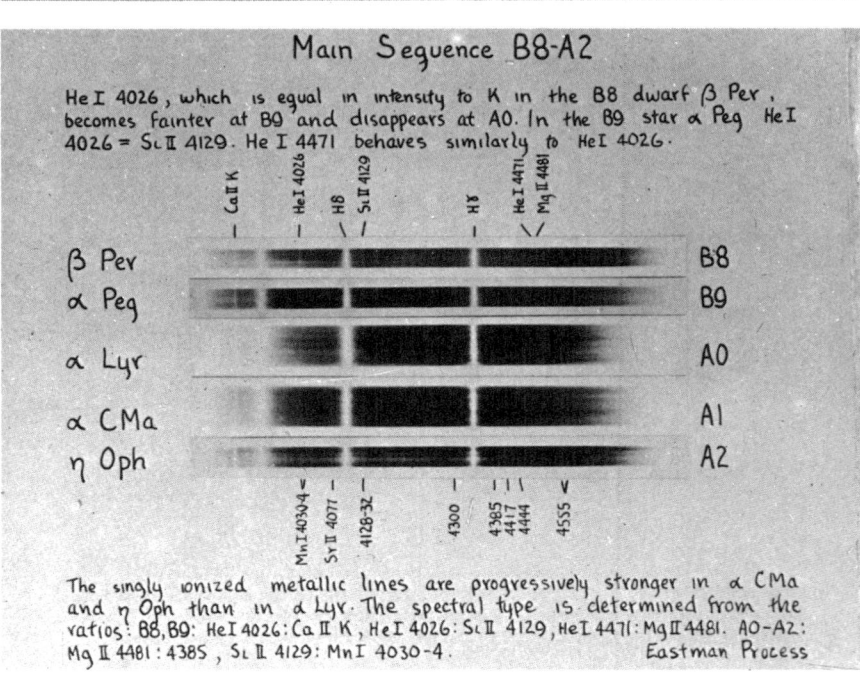

Vier Kartenblätter aus dem »Atlas of Stellar Spectra« von Morgan, Keenan und Kellman

7.1 Sternspektren

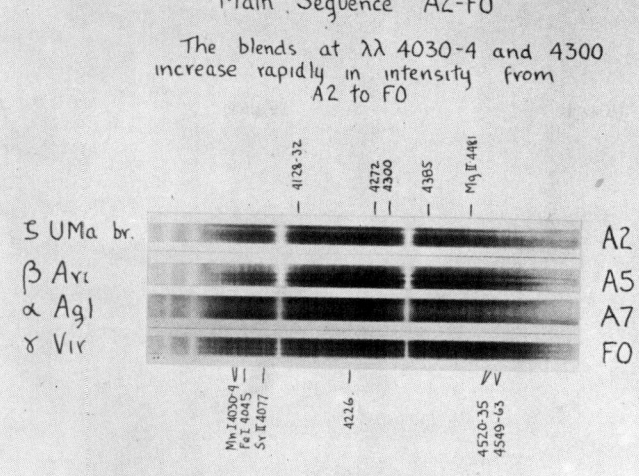

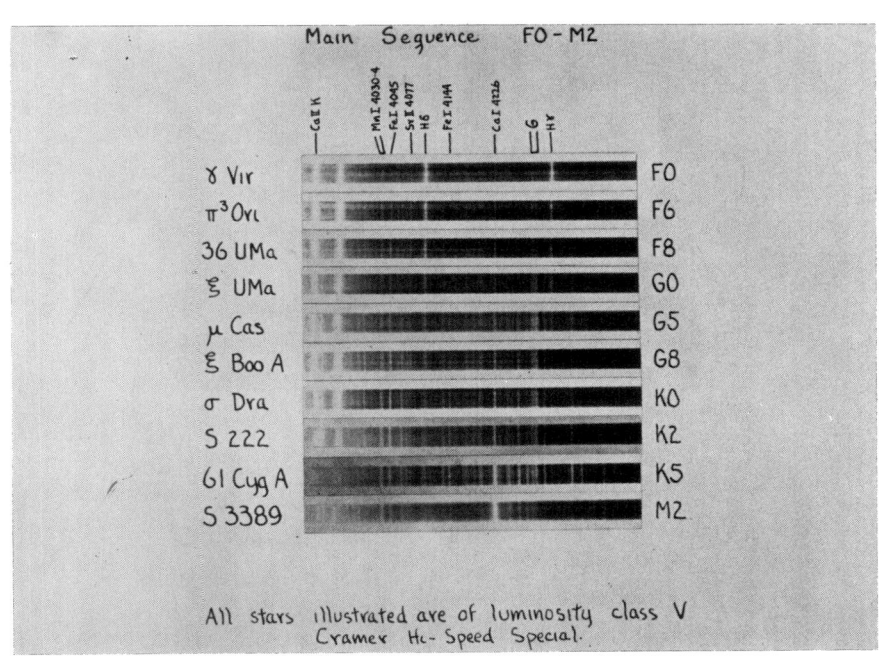

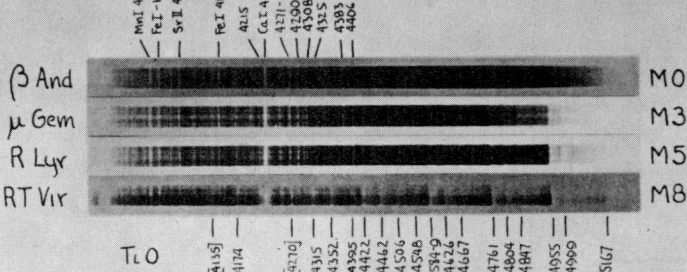

Weitere Kartenblätter aus dem »Atlas of Stellar Spectra«

7.1 Sternspektren

Intensitätsverhältnissen gewisser Linien erkennbar werden. Derartige Linien werden als Leuchtkraftindikatoren verwendet.

Leuchtkraftklassen des MK-Systems (Yerkes-System)

0	Über-Überriesen	(Hypergiants)
I	Überriesen	(Supergiants)
II	Helle Riesen	(Bright giants)
III	Normale Riesen	(Giants)
IV	Unterriesen	(Subgiants)
V	Hauptreihensterne bzw. Zwerge	(Main sequence stars, Dwarfs)
VI	Unterzwerge	(Subdwarfs)
VII	Weiße Zwerge	(White dwarfs)

Es ist üblich, besonders im Bereich der Überriesen und Riesen, durch ein angehängtes a, ab oder b Unterklassen einzuführen. Ia, Iab, Ib wäre beispielsweise eine feinere Abstufung der Leuchtkraftklasse der Überriesen. Die Bedeutung der Einteilung in Leuchtkraftklassen wird im Abschnitt 7.6 besprochen.

Die wichtigsten Kataloge mit Angaben der Spektralklassen sind der bereits erwähnte Henry-Draper-Katalog mit den Spektralklassen von 225 300 Sternen, seine Erweiterung, die »Extension«, mit weiteren 50 000 Sternen, und die Hamburger und Potsdamer Spektraldurchmusterung in bestimmten Feldern des Nord- und des Südhimmels, die insgesamt etwa 220 000 Sterne umfassen. Für die Sterne der Klassen K, M, C (früher in N und R aufgeteilt) und S liegt noch ein Katalog der Dearborn-Durchmusterung mit rund 44 000 Sternen vor. Weitere spezielle Kataloge der Sternwarten Uppsala, Hamburg und des Vatikans geben Spektralklassen-Bestimmungen in ausgewählten Feldern der Milchstraße.

Die Harvard-Spektralklassifikation und auch die des MK-Atlasses beruhen auf spektralen Kriterien, die im blauen Wellenlängenbereich zwischen 390 und 480 nm liegen. Neuerdings wird für die »roten« Sterne der Spektralklassen M, C und S ein Klassifikationsschema benutzt, dessen Kriterien im Spektralbereich 680 bis 880 nm, also im nahen Infraroten, auftreten. Wegen der Abnahme der Winkeldispersion eines Glasprismas nach dem Roten und Infraroten hin haben die Spektren nur eine lineare Dispersion zwischen 100 und 500 nm/mm. Trotzdem ist mit solchen Spektralaufnahmen im Infraroten, die u. U. einen 200 nm breiten Wellenlängenbereich in einem Spektrum von nur 0.5 mm Länge abbilden, noch eine sichere Klassifikation möglich.

7.1.2 Helligkeits- und Farbsysteme

Bereits im Abschnitt 6.3 über die scheinbaren Helligkeiten der Sterne wurde bemerkt, daß das System der visuellen Helligkeiten und das System der photographischen Helligkeiten voneinander abweichen. Dies liegt daran, daß einerseits die Wellenlängenabhängigkeit der Empfindlichkeit des Auges und die der (nichtsensibilisierten) photographischen Platte nicht miteinander übereinstimmen und daß anderseits die Energieverteilungen in den Spektren verschiedener Sterne nicht gleich sind.

Es kommt also auf die spektrale Empfindlichkeit der Meßapparatur an. Durch sie wird das photometrische System festgelegt. Jede Helligkeitsangabe eines Objekts am Himmel bedarf neben dem Zahlenwert und der Angabe des Nullpunkts der Skale noch der Mitteilung der Empfindlichkeitsfunktion, die von der Optik des Instruments, den Filtern und dem verwendeten Strahlungsempfänger abhängt. Häufig genügt schon die Angabe des Wellenlängenbereichs, in dem die Helligkeit bestimmt wurde, oder sogar nur der Wellenlänge des Schwerpunkts der Empfindlichkeitsfunktion. Diese wird als isophote Wellenlänge bezeichnet und liegt etwa in der Mitte des Empfindlichkeitsbereichs.

Da bei Sternen höherer Temperatur die Strahlung im Blauen und im Ultravioletten (UV) stärker ist als die Strahlung im Roten, während bei kühleren Sternen die letztere mehr hervortritt, werden im photographischen System die heißen Sterne heller, im visuellen System, dessen isophote Wellenlänge größer ist, die kühleren Sterne heller erscheinen. Man kann also die Helligkeitsdifferenzen zwischen verschiedenen Systemen als ein generelles Maß für die Farbe und damit für die Energieverteilung im Spektrum verwenden. Eine derartige Differenz wird als Farbindex bezeichnet. Er ist definiert durch die Gleichung

$$\text{Farbindex} = \text{FI} = m_{\text{kurzwellig}} - m_{\text{langwellig}}$$
$$= -2.5 \lg(F_{\text{kurzwellig}}/F_{\text{langwellig}}).$$

Durch Farbindizes werden also Intensitätsverhältnisse im kontinuierlichen Spektrum beschrieben.

Die Möglichkeit, durch relativ einfache und genaue photometrische Messungen Informationen über die Energieverteilung in den Spektren der Sterne zu erhalten, hat zur Entwicklung zahlreicher photometrischer Systeme geführt, wobei man sich bemühte, durch geeignete Kombinationen von Filtern und Strahlungsempfängern Empfindlichkeitsfunktionen zu erzielen, die sich wenig überlappen und die den gesamten beobachtbaren Spektralbereich möglichst gut überdecken. Besonders das Johnsonsche UBV-System, das auch durch eine Kombination von Filtern mit entsprechend sensibilisierten photographischen Platten realisiert werden kann, hat weite Verbreitung gefunden.

Die Nullpunkte der verschiedenen photometrischen Skalen sind so festgelegt, daß für bestimmte »Standard-Sterne« (z. B. den A0V-Stern Wega) die Helligkeiten in den verschiedenen Farben miteinander übereinstimmen. Für diese Sterne ist der Farbindex null, für heißere Sterne negativ, für kühlere positiv.

Da der spektroskopischen Untersuchung des Sternlichts mit Objektivprismen Grenzen gesetzt sind, die bei mittleren Instrumenten etwa bei Sternen der 12. Größe liegen (selbst mit sehr großen Schmidt-Spiegeln kann diese Grenze nicht merklich zu den schwächeren Sternen hin verrückt werden), kommt der Farbindex-Methode gerade für schwächere Sterne große Bedeutung zu. Auch bei der Untersuchung dichter Sternhaufen kann nur der Farbindex zur Bestimmung der stellarstatistischen Verteilung der Haufenmitglie-

Gebräuchliche photometrische Systeme

	$\lambda_{\text{eff}}/\mu\text{m}$
ph[1]	0.43
v[2]	0.54
U	0.36
B (Johnson)	0.44
V	0.55
R	0.64
G (W. Becker)	0.46
U	0.36
U	0.36
B	0.44
V	0.55
R	0.71
I	0.97
J	1.25
H	1.62
K (Johnson)	2.2
L	3.5
M	5.0
N	10.4
O	11.0
P	12.2
Q	20.0
Z	34.0

[1] Photographisches System
[2] Visuelles System, ersetzt durch das photovisuelle System (gelbempfindliche Platte, Filter)

7.1 Sternspektren

Die beiden offenen Sternhaufen h und χ im Sternbild Perseus (Aufnahme: H. Vehrenberg)

der auf die einzelnen Spektralklassen herangezogen werden, da Spektralaufnahmen wegen der starken gegenseitigen Überdeckungen der einzelnen Spektren meist nicht mehr möglich sind.

Der in der Tabelle gegebene Farbindex-Wert für die einzelnen Spektralklassen stellt einen Mittelwert für die helleren, also relativ nahen Sterne dar. Der bei einem Stern konkret gemessene Farbindex kann von dem Mittelwert abweichen. Diese Abweichung bezeichnet man als Farbexzeß (FE); FE = individueller FI minus mittlerer FI der zugehörigen Spektralklasse. Ein Stern mit negativem Farbexzeß ist also »blauer« als der Mittelwert seiner Spektralklasse und umgekehrt ein Stern mit positivem Farbexzeß »roter«.

In der Regel sind Farbexzesse positiv. Die Ursache hierfür ist die Eigenschaft des interstellaren Staubs, im kurzwelligen Spektralbereich die Sternstrahlung stärker zu absorbieren als im langwelligen Rot. Diese Verfärbung (s. 10.4.1) wächst mit der interstellaren Absorption und ist damit abhängig von der Richtung und von der Entfernung der Sterne.

Spektralklasse und Farbindex

U–B (jeweils obere Zeile) und B–V (untere Zeile), in Größenklassen

Sp	V	III	II	Ib	Iab	Ia
O5	−1.19 −0.33	−1.18 −0.32	−1.17 −0.32	−1.17 −0.32	−1.17 −0.31	−1.17 −0.31
B0	−1.08 −0.30	−1.08 −0.29	−1.08 −0.29	−1.07 −0.24	−1.06 −0.23	−1.05 −0.23
B5	−0.58 −0.17	−0.58 −0.17	−0.69 −0.16	−0.70 −0.10	−0.72 −0.10	−0.76 −0.08
A0	−0.02 −0.02	−0.07 −0.03	−0.20 −0.03	−0.33 −0.01	−0.38 −0.01	−0.44 0.02
A5	0.10 0.15	0.11 0.15	0.08 0.11	0.00 0.09	−0.08 0.09	−0.10 0.09
F0	0.03 0.30	0.08 0.30	0.12 0.25	0.15 0.19	0.15 0.17	0.15 0.17
F5	−0.02 0.44	0.09 0.43	0.16 0.38	0.27 0.33	0.27 0.32	0.27 0.31
G0	0.06 0.58	0.21 0.65	0.32 0.71	0.50 0.76	0.52 0.76	0.52 0.75
G5	0.20 0.68	0.56 0.86	0.60 0.89	0.81 1.00	0.83 1.02	0.82 1.03
K0	0.45 0.81	0.84 1.00	0.95 1.08	1.15 1.20	1.17 1.25	1.18 1.25
K5	1.08 1.15	1.81 1.50	1.74 1.49	1.79 1.59	1.80 1.60	1.80 1.60
M0	1.22 1.40	1.87 1.56	1.91 1.58	1.90 1.64	1.90 1.67	1.90 1.67
M5	1.24 1.64	1.58 1.63	− −	1.60 −	1.60 1.80	1.60 −

Farbindizes der Hohlraumstrahlung

$T/10^3$ K	B−V	U−B	$T/10^3$ K	B−V	U−B
∞	−0.44	−1.33	28	−0.25	−1.17
1000	−0.41	−1.33	24	−0.22	−1.13
100	−0.37	−1.29	20	−0.18	−1.09
90	−0.36	−1.29	16	−0.11	−1.01
80	−0.36	−1.28	12	+0.02	−0.87
70	−0.35	−1.27	8	+0.29	−0.57
60	−0.34	−1.26	6	+0.63	−0.26
50	−0.33	−1.25	5	+0.79	−0.10
40	−0.30	−1.22	4	+1.13	+0.40
36	−0.29	−1.21	3.3	+1.44	+0.78
32	−0.27	−1.19	3	+1.67	+1.07

7.2 Sterntemperaturen, Bolometrische Helligkeiten

Mit »Sterntemperaturen« sind die sogenannten »Oberflächentemperaturen« der Sterne gemeint. Diese Bezeichnung ist jedoch irreführend, da für Sterne – die ja leuchtende Gaskugeln sind – der Begriff Oberfläche nicht wohldefiniert ist. Die »Oberfläche« ist vielmehr, wie bereits im Zusammenhang mit der Sonnenatmosphäre (s. 5.4.2) erörtert, eine Schicht endlicher Dicke, und zwar diejenige Schicht, aus der die Strahlung des Sterns direkt austreten kann. In dieser Schicht, der Sternatmosphäre, gibt es keine einheitliche Temperatur, sondern (wie auch in der Erdatmosphäre) eine Temperaturschichtung. Die äußeren (höheren) Teile der Atmosphäre sind kühler als die weiter innen gelegenen (tieferen) Schichten. Es kommt hierbei nicht so sehr auf die geometrische Tiefe an (sofern sie nur klein ist gegenüber dem Sternradius) als vielmehr auf die sogenannte optische Tiefe, die in der Astrophysik mit dem griechischen Buchstaben τ bezeichnet wird.

Vereinfachend kann man sagen, daß durch Schichten mit $\tau < 1$ nach außen gerichtete Strahlung einen Stern verläßt und direkt beobachtet werden kann, während alle Strahlung in Schichten mit $\tau > 1$ absorbiert wird, also unbeobachtbar ist.

Da die von einem Stern ausgehende Strahlung nicht aus einem Medium einheitlicher Temperatur stammt, lassen sich aus seinem beobachteten Spektrum verschiedene Temperaturen ableiten, Temperaturen, die für verschiedene Tiefen in der Sternatmosphäre repräsentativ sind. Zu jeder Temperaturangabe gehört folglich eine Information darüber, wie sie gewonnen wurde.

Effektive Temperatur Besonders einfach und anschaulich ist der Begriff der effektiven Temperatur T_{eff}. Mit dieser Größe wird der über alle Frequenzen summierte (integrierte) Strahlungsstrom beschrieben, also die vom Stern pro Einheit der Zeit und der Fläche abgestrahlte Gesamtenergie. Man ordnet ihr die Temperatur zu, die ein Hohlraum (Schwarzer Strahler) haben müßte, damit aus ihm durch eine einen Quadratmeter große Öffnung pro Sekunde die gleiche Energiemenge austräte (vgl. Hohlraumstrahlung, A 1.7.9). Direkt beobachtbar ist diese Gesamtstrahlung nur für die Sonne (vgl. Solarkonstante).

Zur Bestimmung der effektiven Temperatur benötigt man neben der Messung des absoluten Strahlungsstroms im gesamten Spektrum noch die Kenntnis des Raumwinkels, unter dem die Lichtquelle (Sonne oder Stern) erscheint. Erst damit ist es möglich, den gemessenen Strahlungsstrom mit dem r^{-2}-Gesetz auf den Strahlungsstrom an der Sternoberfläche umzurechnen. Abgesehen von der Sonne hat man aber nur für wenige Sterne eine zuverlässige Kenntnis der Winkelausdehnung. Aus diesen und aus andern Gründen ist die effektive Temperatur nur für die Sonne durch direkte Messungen bestimmbar, für Sterne ist sie mehr von theoretischer Bedeutung.

Scheinbare bolometrische Helligkeit

In engem Zusammenhang mit der effektiven Temperatur steht die scheinbare bolometrische Helligkeit m_{bol}. Hierunter soll die scheinbare Helligkeit (s. 6.3) verstanden werden, die mit einem nichtselektiven, also für alle Wellenlängen gleich empfindlichen Empfänger gemessen wird. Strahlungsempfänger mit derartigen Eigenschaften stehen in den Radiometern, Bolometern oder Thermoelementen zur Verfügung. Sie sind relativ unempfindlich und eignen sich für Messungen an den hellsten Fixsternen. Solche Messungen beziehen aber nicht (wie beabsichtigt) die gesamte Strahlung der Sterne ein, da gewisse Wellenlängenbereiche, etwa die der H-Atome unterhalb 91.2 nm, durch die interstellare Materie und Erdatmosphäre blockiert werden.

Kennt man die Energieverteilung im gesamten Sternspektrum, so kann man visuelle oder photographische Helligkeiten in bolometrische umrechnen. Der Unterschied zwischen der photovisuellen und der bolometrischen Helligkeit wird bolometrische Korrektion BC genannt:

$$BC = m_{pv} - m_{bol}.$$

Bei sehr niedrigen Temperaturen, wenn der größte Teil der Energie im Infraroten (IR) abgestrahlt wird, und bei sehr hohen Temperaturen, bei denen der wesentliche Teil des Spektrums im UV liegt, sind die bolometrischen Korrektionen besonders groß. Bei einer Temperatur, bei der das Maximum der Strahlung in den photovisuellen Spektralbereich fällt, nimmt BC einen Minimalwert an. Dieser Minimalwert und damit auch der Nullpunkt der bolometrischen Skala kann willkürlich festgelegt werden. Für die hier angegebene Skala wurde BC = 0 für ein Strahlungsfeld eines Schwarzen Strahlers mit der Temperatur $T = 6625$ K (das entspricht etwa einem F5V-Stern) gewählt; damit ist BC immer positiv.

Die immer noch große Unsicherheit unserer Kenntnis der Energieverteilung in Sternspektren überträgt sich auf die bolometrischen Korrektionen. Bolometrische Helligkeiten sind also weder gut beobachtbar, noch lassen sie sich genau berechnen.

Strahlungstemperatur

Der effektiven Temperatur verwandt ist die sogenannte Strahlungstemperatur. Beide beruhen auf einer Kenntnis des Strahlungsstroms, d. h. des nach außen gerichteten Energiestroms pro m² in der Sternatmosphäre. Während die effektive Temperatur sich auf den gesamten, d. h. über alle Frequenzen summierten,

7.2 Sterntemperaturen

Einige Zustandsgrößen für verschiedene Leuchtkraftklassen

Sp Spektralklasse, M_v und M_{bol} absolute visuelle bzw. bolometrische Helligkeit, BC = $M_v - M_{bol}$ bolometrische Korrektion, $R/R_\odot$ und $L/L_\odot$ Radius bzw. Leuchtkraft mit den entsprechenden Sonnengrößen als Einheiten

Leuchtkraftklasse V (Hauptreihensterne)

Sp	M_v	BC	M_{bol}	$T_{eff}/10^3$ K	$R/R_\odot$	$L/L_\odot$
O5	−5.7	4.40	−10.1	44.5	16	$7.9 \cdot 10^5$
B0	−4.0	3.16	−7.1	30.0	8.7	$5.2 \cdot 10^4$
B5	−1.2	1.46	−2.7	15.4	4.2	$8.3 \cdot 10^2$
A0	0.6	0.30	0.3	9.52	2.8	54
A5	1.9	0.15	1.7	8.2	1.9	14
F0	2.7	0.09	2.6	7.2	1.7	6.5
F5	3.5	0.14	3.4	6.44	1.5	3.2
G0	4.4	0.18	4.2	6.03	1.2	1.5
G5	5.1	0.21	4.9	5.77	0.91	0.79
K0	5.9	0.31	5.6	5.25	0.81	0.42
K5	7.4	0.72	6.7	4.35	0.71	0.15
M0	8.8	1.38	7.4	3.85	0.65	$7.7 \cdot 10^{-2}$
M5	12.3	2.73	9.6	3.24	0.35	$1.1 \cdot 10^{-2}$

Leuchtkraftklasse III (Riesen)

Sp	M_v	BC	M_{bol}	$T_{eff}/10^3$ K	$R/R_\odot$	$L/L_\odot$
O5	−6.3	4.05	−10.3	42.5	19	$9.9 \cdot 10^5$
B0	−5.1	2.88	−8.0	29.0	13.5	$1.1 \cdot 10^5$
B5	−2.2	1.30	−3.5	15.0	6.5	$1.8 \cdot 10^3$
A0	0.0	0.42	−0.4	10.1	3.5	106
A5	0.7	0.14	0.6	8.1	3.5	43
F0	1.5	0.11	1.4	7.15	3.0	20
F5	1.6	0.14	1.5	6.47	3.4	17
G0	1.0	0.20	0.8	5.85	5.9	34
G5	0.9	0.34	0.6	5.15	8.5	43
K0	0.7	0.50	0.2	4.75	12	60
K5	−0.2	1.02	−1.2	3.95	33	220
M0	−0.4	1.25	−1.6	3.80	44	330
M5	−0.3	2.48	−2.8	3.33	96	930

Leuchtkraftklasse Ia b (Überriesen)

Sp	M_v	BC	M_{bol}	$T_{eff}/10^3$ K	$R/R_\odot$	$L/L_\odot$
O5	−6.6	3.87	−10.5	40.3	22	$1.1 \cdot 10^6$
B0	−6.4	2.49	−8.9	26.0	26	$2.6 \cdot 10^5$
B5	−6.2	0.95	−7.2	13.6	43	$5.2 \cdot 10^4$
A0	−6.3	0.41	−6.7	9.73	68	$3.5 \cdot 10^4$
A5	−6.6	0.13	−6.7	8.51	89	$3.5 \cdot 10^4$
F0	−6.6	0.01	−6.6	7.7	105	$3.2 \cdot 10^4$
F5	−6.6	0.03	−6.6	6.9	130	$3.2 \cdot 10^4$
G0	−6.4	0.15	−6.6	5.55	200	$3.0 \cdot 10^4$
G5	−6.2	0.33	−6.5	4.85	250	$2.9 \cdot 10^4$
K0	−6.0	0.50	−6.5	4.42	300	$2.9 \cdot 10^4$
K5	−5.8	1.01	−6.8	3.85	460	$3.8 \cdot 10^4$
M0	−5.6	1.29	−6.9	3.65	530	$4.1 \cdot 10^4$
M5	−5.6	3.47	−9.1	2.80	$2.4 \cdot 10^3$	$3.0 \cdot 10^5$

Schwarze Temperatur

(integrierten) Strahlungsstrom bezieht, gibt die Strahlungstemperatur den Strahlungsstrom in einem begrenzten Intervall des Spektrums oder auch den monochromatischen Strahlungsstrom, d. h. den Strahlungsstrom bei einer Wellenlänge (bzw. Frequenz), pro Wellenlängenintervall (bzw. Frequenzintervall) an. Sie ist die Temperatur, mit der die Planck-Funktion (s. A 1.7.9) die gemessenen Energieströme ergeben würde, also damit gleich der Temperatur, bei der die Energieabstrahlung eines Schwarzen Strahlers in den betreffenden Frequenzintervallen gleich der Strahlung des Sterns wäre. Man bezeichnet sie gelegentlich auch als »schwarze Temperatur«. Angaben von Strahlungstemperaturen bedürfen immer der Angabe der Wellenlänge (Frequenz), auf die sie sich beziehen. Nur für die Hohlraumstrahlung selber gibt es nur eine einzige Strahlungstemperatur, die gleich der Temperatur des Hohlraums ist. Bei der Strahlung eines Sterns ist die Strahlungstemperatur wellenlängenabhängig. Die Änderung dieser Temperatur mit der Wellenlänge ist ein Maß für die Abweichung der Energieverteilung in seinem Spektrum von der Strahlung eines Schwarzen Strahlers.

Farbtemperatur

Während effektive wie auch Strahlungstemperatur die absolute Messung der Energieströme und des scheinbaren Sterndurchmessers voraussetzen, gilt dies nicht für die Farbtemperatur. Farbtemperaturen beziehen sich auf bestimmte Wellenlängenintervalle und geben die Temperaturen an, bei denen der Verlauf der Planck-Funktion in dem betreffenden Wellenlängenintervall möglichst gut mit der Form der am Stern gemessenen spektralen Energieverteilung übereinstimmt. Hier kommt es also nicht auf die Absolutmessung eines Energiestroms an, sondern auf die Messung der spektralen Energieverteilung in einem Spektralbereich. Die Farbtemperatur ist dann die Temperatur eines Schwarzen Strahlers, der im betrachteten Spektralbereich eine möglichst ähnliche Farbe zeigt. Während also bei effektiven und bei Strahlungstemperaturen Flächenhelligkeiten verglichen werden, werden hier die Farben der Sterne, wie sie etwa in den Farbindizes festgelegt sind, zur Temperaturbestimmung herangezogen.

Im Idealfall, der näherungsweise für nahe Sterne gegeben ist, ist ein Spektrum nicht durch die interstellare Verfärbung beeinflußt, die Farbtemperatur also nur durch die Verhältnisse in der Sternatmosphäre bestimmt. Bei entfernteren Sternen mit größerem Farbexzeß sind die gemessenen Farbindizes nicht für den Stern typisch und damit die Farbtemperaturen verfälscht.

Unbeeinflußt von diesen Effekten sind die Ionisations-, Anregungs- und Bandentemperaturen, die alle aus den Stärken von Fraunhofer-Linien erschlossen werden.

Ionisationstemperatur: Man verwendet die Stärken von Linien des selben Elements in verschiedenen Ionisationsstufen, um die relative Häufigkeit des Vorkommens des Elements in diesen Ionisationsstufen zu ermitteln. So benutzt man etwa bei O- und früheren B-Sternen Linien des He I und des He II, um das Häufigkeitsverhältnis von ionisiertem zu neutralem Helium zu bestimmen. Dieses Verhältnis hängt von der Elektronendichte und von der Tempera-

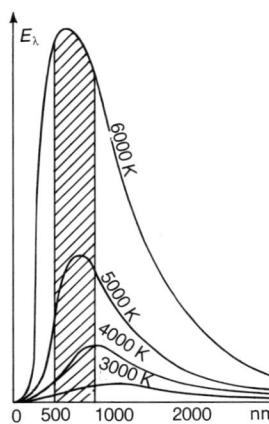

Energieverteilung des Schwarzen Strahlers bei verschiedenen Temperaturen nach dem Planckschen Strahlungsgesetz

tur ab. Die Ionisationstemperatur ist die Temperatur, die mit der Saha-Gleichung, die diese Zusammenhänge beschreibt, die beobachteten Häufigkeitsverhältnisse richtig wiedergibt.

Anregungstemperatur: Aus den relativen Intensitäten verschiedener Linien des gleichen Elements kann auf den Grad der Besetzung angeregter Atomzustände (s. A 1.7.3) geschlossen werden. Dieser Anregungsgrad kann durch eine Temperatur, die sogenannte Anregungstemperatur, ausgedrückt werden.

Bandentemperatur: Hier handelt es sich um die Bestimmung der Anregungstemperatur für die Anregung der verschiedenen Rotations- und Schwingungszustände von Molekülen.

7.3 Sternentfernungen und ihre Bestimmung

Für die Stellarstatistik wie für die Astrophysik ist es gleichermaßen wichtig, genaue Daten über die Entfernung der Sterne zu erhalten. Der eine Wissenschaftszweig bedarf dieser Angaben, um die Verteilung und Bewegung der Sterne im Raum zu untersuchen, der andere, um wichtige Bestimmungsstücke des Zustands der Sterne, wie etwa Radius und Leuchtkraft, ermitteln zu können.

Eine ganze Reihe verschiedener Methoden zur Entfernungsbestimmung der Sterne ist entwickelt worden; diese haben naturgegebene Grenzen ihrer Anwendbarkeit. Teils sind es unabhängige Methoden, teils bedürfen sie einer vorherigen Eichung durch andere Verfahren. Manche eignen sich nur für bestimmte Sterngruppen. Ihre Ergebnisse sind nicht alle gleich gut; manche von ihnen dienen nur ganz speziellen Zwecken, andere liefern nur Mittelwerte für entsprechend ausgewählte Sterngruppen, und einige können nur als grobe Schätzungen aufgefaßt werden.

Alle Methoden lassen sich aber in zwei prinzipiell verschiedene Kategorien einteilen: Zum einen in die Klasse der geometrischen Verfahren, die auf die Bestimmung von Dreieckskomponenten (Seitenlängen und Winkel) hinauslaufen (s. 7.3.1, 7.3.3, 7.3.4), zum andern in die Klasse der physikalischen Verfahren, die bekannte Entfernungsabhängigkeiten physikalischer Größen ausnutzen (s. 7.3.5, 7.5, Abschnitt Hubble-Gesetz).

7.3.1 Trigonometrische Parallaxen

Die grundlegende Methode zur Bestimmung der Entfernung oder, wie man auch sagt, der Parallaxe naher Sterne ist das auch bei der Vermessung auf der Erde angewendete trigonometrische Verfahren. Aus Messungen von Winkeln und der Länge einer Basis wird mit Hilfe von trigonometrischen Rechnungen die Entfernung eines Objekts ermittelt.

Bei Körpern in Erdnähe, etwa dem Mond, genügen als Meßpunkte bereits zwei in geographischer Breite möglichst weit auseinander, ungefähr auf gleichem Längengrad liegende Orte auf der Erde. Voraussetzung zur Bestimmung der Äquatorial-Horizontal-Parallaxe des Monds, wie die so ermittelte Mondentfernung genannt wird, die auf den Äquatorialhalbmesser der Erde als Basis bezogen ist, ist eine genaue Kenntnis der Erdfigur (s. 2.1.1). Bei Fixsternen ist die Erde als Basis für Entfernungsmessungen zu klein, daher benutzt man in diesem Fall den Erdbahnhalbmesser als Basisstrecke.

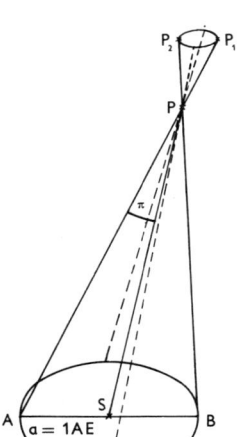

Die Winkelmessungen bei der Bestimmung von Fixsternparallaxen erfolgen in Abständen von einem halben Jahr von zwei sich gegenüberliegenden Punkten der Erdbahn aus.
Es sei AB die große Achse der Erdbahn, S die Sonne, P der zu messende Parallaxenstern. Dieser Stern erscheint dem Beobachter von A aus in Richtung P_1, von B aus in Richtung P_2 an der Sphäre. Den Winkel APS = π nennt man die Parallaxe des Sterns P. Die Parallaxe eines Sterns ist also der Winkel, unter dem vom Stern aus der Erdbahnhalbmesser erscheint.
Da schon die Parallaxen der nächsten Sterne ausnahmslos unter einer Bogensekunde liegen, sind ihrer sicheren Messung schnell Grenzen gesetzt. Im Durchschnitt liegt der mittlere Fehler der trigonometrischen Parallaxen bei $\pm 0\rlap{.}{''}03$.

7.3.2 Entfernungsmaß

Wenn von einem Objekt aus die große Halbachse a der Erdbahn unter einem Winkel von 1 Bogensekunde erschiene, dann hätte dieses Objekt die lineare Entfernung von 1 Parsec (*Parsec*, abgekürzt pc, ist ein Kunstwort gebildet aus Parallaxe und Bogensekunde). Bezeichnet man mit r_{pc} bzw. r_{km} die Entfernung eines Objekts in Parsec bzw. in Kilometer, dann gilt die Beziehung

$$\pi'' = \frac{1}{r_{pc}} = 206\,265'' \frac{a_{km}}{r_{km}},$$

wobei a = Astronomische Einheit (AE) = $149.6 \cdot 10^6$ km ist und der Zahlenfaktor die Anzahl der Bogensekunden angibt für einen Bogen, dessen Länge gleich dem Radius ist.

Folgende Beziehungen lassen sich sofort angeben:

1 Parsec (pc)	= 206 265 AE
	= $3.0857 \cdot 10^{16}$ m
	= 3.262 Lichtjahre
1 Kiloparsec (kpc)	= 1 000 pc
1 Megaparsec (Mpc)	= 1 000 000 pc = 10^6 pc.

In der populärwissenschaftlichen Literatur wird die Entfernung vielfach in Lichtjahren angegeben. Das Lichtjahr ist definiert als die Strecke, die ein Lichtstrahl (mit Lichtgeschwindigkeit) in einem Jahr zurücklegt. Demnach ist:

$$1 \text{ Lichtjahr (Lj)} = 0.3066 \text{ pc} = 9.4605 \cdot 10^{15} \text{ m}$$

7.3.3 Sternstromparallaxen

Unter den nahen, mit der trigonometrischen Parallaxen-Methode erreichbaren Sternen gibt es nur sehr wenige, die den frühen Spektralklassen O bis F angehören. Eine andere geometrische Methode gestattet es aber, wesentlich weiter in den Raum vorzudringen und sichere Daten über die Entfernungen gerade solcher

7.3 Sternentfernungen

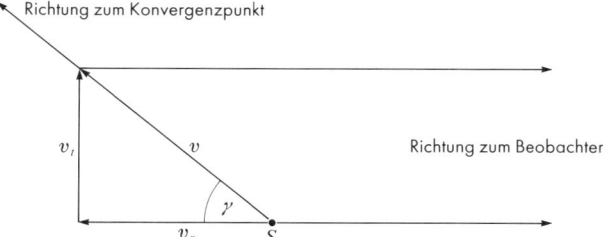

Sternstromparallaxen. γ ist der Winkel zwischen Sternposition und Konvergenzpunkt

Sterne zu liefern. Dieses Verfahren der sogenannten Sternstromparallaxen ist aber nur auf eine bestimmte Gruppe von Sternen anwendbar, nämlich auf die Mitglieder von Bewegungssternhaufen (s. 12.2.2). Für sie läßt sich zunächst die Richtung der Bewegung im Raum ermitteln. Unter der Annahme, daß die Sterne einer Bewegungsgruppe sich auf geradlinigen parallelen Bahnen bewegen, müssen ihre scheinbaren Bewegungen an der Sphäre wegen des perspektivischen Effekts auf einen Punkt hin gerichtet sein. Er wird als Flucht- oder Konvergenzpunkt bezeichnet. Durch Verlängerung der beobachteten kleinen Bahnstücke läßt sich der Ort dieses Konvergenzpunkts an der Sphäre einigermaßen genau festlegen. Nur dann bilden Sterne eine Bewegungsgruppe, wenn sich ein solcher gemeinsamer Konvergenzpunkt finden läßt.

Wird jetzt die Radialgeschwindigkeit v_r dieser Sterne durch Messung des Doppler-Effekts in ihrem Spektrum bestimmt, so kann mit Hilfe des Winkels γ zwischen der Sternposition S und dem Konvergenzpunkt die Raumgeschwindigkeit v und damit auch die Tangentialgeschwindigkeit v_t berechnet werden. Die in tangentialer Richtung in einem gegebenen Zeitraum zurückgelegte Strecke ist damit bekannt. Sie bildet die Basis für die Triangulation. Die Messung der Eigenbewegung (das ist die Winkeländerung der Sternposition an der Sphäre pro Zeitintervall, s. 7.4.1) liefert nun den Winkel, unter dem die im gegebenen Zeitraum zurückgelegte Strecke von der Erde aus erscheint. Aus der Eigenbewegung und der Tangentialgeschwindigkeit läßt sich die Entfernung der Haufensterne bestimmen.

Da die Basis und damit auch der Winkel linear mit der Zeit anwächst, man also bei genügend langen Beobachtungszeiträumen leicht Basislängen erreicht, die erheblich größer sind als eine Astronomische Einheit, reichen die Sternstromparallaxen entsprechend weit in den Raum hinaus.

Einige hundert derartiger Parallaxen sind bestimmt. Man verdankt ihnen in der Hauptsache sichere Daten über die Entfernungen von Sternen der frühen Spektralklassen O, B, A und F.

Mit der Methode der Sternstromparallaxen wurde neben anderen auch die Entfernung zum offenen Haufen der Hyaden zu (47.2 ± 1.5) pc bestimmt. Da die Hyadenentfernung zur Eichung von weiter in den Raum hinausreichenden Methoden benutzt wird, ist ihre genaue Kenntnis von grundlegender Bedeutung für die kosmische Entfernungsskale.

7.3.4 Säkulare Parallaxen

Die Sonne bewegt sich mit einer Geschwindigkeit von etwa 20 km/s relativ zur mittleren Bewegung der sie umgebenden Sterne auf einen Punkt an der Sphäre, den Apex, zu. Dieser besitzt die ungefähren Koordinaten $\alpha = 18^h$; $\delta = +30°$. Die Bewegung spiegelt sich in den Sternen der näheren und weiteren Sonnenumgebung wider, und zwar durch eine mehr oder weniger große, scheinbare Bewegung aller Sterne in Richtung zum Gegenpunkt dieser Sonnenbewegung, zum Antapex. Dieser Vorgang wird verständlich, wenn man bei einer Autofahrt die seitlich in der Landschaft stehenden Bäume beobachtet. Sie bewegen sich scheinbar alle mehr oder weniger schnell, je nach ihrem Abstand von der Straße, auf den Punkt am Horizont zu, von dem das Auto kam. Die auf dem gleichen Phänomen beruhende parallaktische Bewegung der Sterne wäre ein sehr gutes und weitreichendes Entfernungskriterium, wenn die Fixsterne (ebenso wie die Bäume) fest an ihrem Platz stünden und nicht, wie es nun einmal der Fall ist, eine individuelle Bewegung im Raum hätten. Diese individuelle Bewegung der Sterne wird Pekuliarbewegung genannt. Sie überlagert sich der parallaktischen Bewegung und ist von dieser nicht zu trennen, weswegen der parallaktische Verschiebungseffekt an der Sphäre nicht zur Parallaxenbestimmung bei einzelnen Sternen herangezogen werden kann. Es lassen sich so vielmehr nur Entfernungen ausgewählter Sterngruppen ermitteln, wie etwa der Sterne einer bestimmten Spektralklasse in einem diskreten Helligkeitsbereich. Bei einer solchen statistischen Anwendung muß aber die Annahme gemacht werden, daß die pekuliaren Eigenbewegungen der zu untersuchenden Sterngruppe nach Richtung und Größe vollkommen regellos verteilt sind, so daß sie sich im Mittel gegenseitig herausheben. Die nach dieser Methode ermittelten Entfernungen für ausgewählte Sterngruppen nennt man säkulare Parallaxen.

Es ist offensichtlich, daß dieses Verfahren der Entfernungsbestimmung versagt oder zu falschen Resultaten führt, wenn die Bedingung der vollkommenen Regellosigkeit der Pekuliarbewegungen nicht erfüllt ist, wenn etwa durch Mitglieder eines Bewegungshaufens (s. 12.2.2), also durch Sterne mit in Betrag und Richtung gleicher Eigenbewegung, die für die Sterngruppe ermittelte parallaktische Bewegung verfälscht wird.

7.3.5 Spektroskopische Parallaxen

Spektroskopische Parallaxen beruhen auf dem Gesetz der Energieerhaltung, nach dem – sofern keine Extinktion der Strahlung stattfindet – der Strahlungsfluß mit dem Quadrat des Abstands von der Quelle abnimmt. So kann aus der beobachteten scheinbaren Helligkeit m eines Sterns sein Abstand r berechnet werden, wenn seine absolute Helligkeit M bekannt ist (s. 7.5). Die spektroskopischen Parallaxen beruhen auf diesem Grundgesetz der Photometrie. Ihre Bezeichnung rührt daher, daß spektroskopische Methoden verwendet werden, um Spektraltyp und Leuchtkraftklasse des betreffenden Sterns festzustellen.

Die absoluten Helligkeiten selber können aber nur gefunden werden, wenn für wenigstens einen Stern aus der betreffenden Spektral- und Leuchtkraftklasse die Entfernung durch eine unabhängige Messung bestimmt ist. Spektroskopische Parallaxen bedürfen also der Eichung. Sie reichen dann aber sehr viel weiter in den Raum hinaus als alle trigonometrischen Methoden. Die Voraussetzung absorptionsfreier Lichtausbreitung ist für große Entfernungen allerdings problematisch. Die Lichtabsorption, die sich aus dem Grad der Verfärbung, also aus dem Farbexzeß (s. 7.1.2), genähert bestimmen läßt, kann aber in gewissem Umfang berücksichtigt werden.

Weitere Entfernungsbestimmungsmethoden werden an anderer Stelle behandelt: dynamische Parallaxen (s. Doppelsterne, 12.1.1), Parallaxen aus der Perioden-Leuchtkraft-Beziehung der δ Cephei-Sterne (s. 8.2.3).

7.4 Die Bewegung der Sterne

Das Wort Fixstern bringt zum Ausdruck, daß die damit bezeichneten Sterne feste, unveränderliche Positionen an der Sphäre zu haben scheinen. Tatsächlich ist dies aber nicht der Fall. Fixsterne bewegen sich mit hohen Geschwindigkeiten – gemessen an Geschwindigkeiten aus unserer gewohnten Umwelt – durch den Raum. Lediglich ihre große Entfernung und die Kürze der Zeitspanne, in der der Mensch Sternpositionen beobachtet hat, ließen den Eindruck entstehen, Fixsterne stünden nahezu unbeweglich an ihren Orten.

7.4.1 Raumbewegung und Eigenbewegung

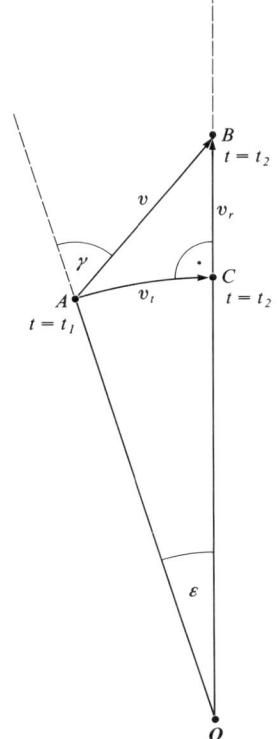

Der Versuch, über die weitgehend ungeordneten pekuliaren Bewegungen der individuellen Sterne hinaus systematische Bewegungen festzustellen wie etwa die Rotation unseres Sternsystems (s. 13.2), erfordert ein großes Beobachtungsmaterial über Richtung und Geschwindigkeit der Sternbewegungen. Dies, d. h. die Erforschung der Kinematik eines Sternsystems, ist jedoch nur ein erster Schritt. Die Bewegungsvorgänge zu verstehen, sie unter der Annahme der Gültigkeit der Gesetze der Mechanik, insbesondere des Newtonschen Gravitationsgesetzes, auf plausible Ausgangszustände (Anfangsbedingungen) zurückzuführen, ist das eigentliche Ziel. Dies sind die Probleme der Stellardynamik, die als eines der wichtigsten Gebiete der klassischen Astronomie angesehen wird.

Das Beobachtungsmaterial über die Bewegung der Sterne im Raum wird einerseits von der klassischen Astrometrie geliefert (Eigenbewegungen), zum andern von den spektroskopisch arbeitenden Astronomen (Radialgeschwindigkeiten).

Vom Ort O (Sonne bzw. Erde) aus beobachtet man zum Zeitpunkt t_1 einen Stern in der Richtung OA. Dieser Stern bewege sich mit der Raumgeschwindigkeit v in der Richtung AB und habe zum Zeitpunkt $t_2 > t_1$ den Punkt B im Raum erreicht. Für den Beobachter in O ist die räumliche Bewegung nicht als solche zu erkennen. Für ihn projiziert sich die Raumbewegung AB lediglich als ein zurückgelegter Winkel ε an die Sphäre. Der zugehörige Betrag der Winkelgeschwindigkeit,

$$\mu = \frac{\varepsilon}{t_2 - t_1},$$

die man auch als Eigenbewegung bezeichnet, wird üblicherweise auf den Zeitraum 1 Jahr bezogen und in Bogensekunden pro Jahr als jährliche Eigenbewegung μ'' angegeben. Zur vollständigen Beschreibung der Bewegung an der Sphäre gehört noch eine Angabe über ihre Richtung, d. h. der Positionswinkel der Eigenbewegung, der in Winkelgrad von Norden über Osten gezählt wird. Eine andere Möglichkeit ist eine Aufspaltung von μ in die zwei Komponenten μ_α und μ_δ in Richtung der Koordinaten des Äquatorsystems Rektaszension α und Deklination δ, die eindeutig die Richtung der tangentialen Bewegung an der Sphäre festlegen. Die zugehörige Tangentialgeschwindigkeit v_t kann unmittelbar durch die Eigenbewegung μ und den Abstand r des Sterns (Strecke OA) ausgedrückt werden:

$$v_t = \mu \cdot r.$$

Gibt man, wie üblich, die Eigenbewegung in Bogensekunden pro Jahr (μ'') und den Abstand r in Parsec an, so folgt nach 7.3.2:

$$v_t = 4.74 \, \mu'' r_{pc} = 4.74 \frac{\mu''}{\pi''},$$

wobei der Zahlenfaktor 4.74 aus dem Quotienten

$$\frac{\text{Halbachse der Erdbahn/km}}{\text{Jahr/s}} = \frac{1.496 \cdot 10^8}{3.156 \cdot 10^7} = 4.74$$

resultiert.

Der Winkel der jährlichen Eigenbewegung ist sehr klein. Selbst bei den nicht sehr häufigen Sternen mit großer tangentialer Bewegung beträgt er nur etwa 0.1 Bogensekunden. Man kann diese Winkelverschiebung an der Sphäre nicht in einer zeitlichen Spanne von einem Jahr messen, vielmehr bedarf es, um sichere Werte zu erhalten, zweier zeitlich möglichst weit auseinander liegender Positionsbeobachtungen. Solche Beobachtungen wurden früher mit einem besonderen Instrument, dem Meridiankreis, durchgeführt, aber heute gibt man, gerade zur Ableitung von Eigenbewegungen, der photographischen Platte den Vorzug, weil nur so Fehler durch verschiedene Beobachter und durch die im Lauf der Zeit sich ändernden Beobachtungsverfahren ausgeschlossen werden können. Es ist nämlich zu bedenken, daß die Zeitspanne eines Berufslebens selten groß genug ist, um sichere Eigenbewegungen abzuleiten, denn dazu bedarf es einer Epochendifferenz (Zeitdifferenz) von etwa 40 bis 60 Jahren. Die photographische Platte konserviert die Beobachtungen über einen so langen Zeitraum und gestattet zur gegebenen Zeit eine gleichmäßige Bearbeitung alter und neuer Beobachtungen.

7.4 Die Bewegung der Sterne

Noch einen weiteren Vorteil bringt die photographische Platte: Nur mit ihrer Hilfe kann die nötige Massenarbeit geleistet werden, denn in einem Plattenfeld können Hunderte von Eigenbewegungen abgeleitet werden. Allerdings müssen die so erhaltenen (relativen) Eigenbewegungen noch mit den aus zahlreichen Meridiankreis-Beobachtungen bestimmten fundamentalen Eigenbewegungen geeicht werden.

Im August 1989 wurde der Astronomie-Satellit Hipparcos gestartet, der bis Ende 1992 die Positionen, Parallaxen und jährlichen Eigenbewegungen von ca. 118 000 Sternen mit einer Genauigkeit von etwa 2 Millibogensekunden gemessen hat.

7.4.2 Fundamental-Koordinatensystem

An dieser Stelle soll noch kurz auf das Fundamental-Koordinatensystem der Astronomie eingegangen werden. Bei Positionsbestimmungen mit dem Meridiankreis gibt es zwei mögliche Wege. Entweder bestimmt der Beobachter selber die Lage der Äquatorebene und des Frühlingspunkts, also der Bezugsrichtungen der Koordinatenzählung (s. 1.3), durch entsprechende Verfahren und vermißt die Sterne in seinem selbsterstellten System. In diesem Fall spricht man von absoluten Positionsbeobachtungen. Die zweite Möglichkeit besteht darin, daß der Beobachter ein System übernimmt, d. h. er vermißt von bekannten Sternpositionen aus, die ihm das Koordinatensystem repräsentieren, andere Sterne oder Objekte; man spricht dann von relativen Positionsbeobachtungen. Da nun absolute Positionsbeobachtungen, wie alle Messungen, mit zufälligen Fehlern behaftet sind, vereinigt man alle vorliegenden guten Beobachtungsreihen und bildet daraus ein mittleres System, ein Fundamentalsystem.

Heute dient als Grundlage für alle relativen Beobachtungen, aber auch für Zeit- und Ortsbestimmungen usw., der vom Astronomischen Rechen-Institut in Heidelberg erarbeitete *Fünfte Fundamentalkatalog*, abgekürzt als *FK 5*. 1535 sogenannte Fundamentalsterne repräsentieren das astronomische Koordinatensystem, so wie etwa das geographische Koordinatensystem durch die trigonometrischen Punkte erster Ordnung festgelegt wird. Da sich die Lage der Sterne gegeneinander durch ihre verschiedenen Raumbewegungen ständig ändert, müssen die Eigenbewegungen der Sterne im Katalog ebenfalls angegeben werden. Man nennt sie fundamentale Eigenbewegungen.

Vor kurzem ist eine Erweiterung des FK 5 erschienen, in der die Positionen und Eigenbewegungen von etwa 3000 zusätzlichen Fundamentalsternen angegeben sind.

7.4.3 Radialgeschwindigkeit

Die Geschwindigkeit v eines Sterns im Raum kann in natürlicher Weise in eine tangentiale Komponente v_t, die die Bewegung an der Sphäre beschreibt, und eine radiale Komponente v_r, die die Bewegung längs der Sichtlinie beschreibt, zerlegt werden. Während die Bestimmung der tangentialen Bewegungskomponente eine Domäne der Astrometrie ist, erfordert die Bestimmung der radialen Komponente spektroskopische Methoden und gehört daher zur Astrophysik.

Die Bestimmung der Radialgeschwindigkeit beruht auf der Anwendung des Doppler-Effekts. Wenn sich eine Lichtquelle auf uns zu oder von uns weg bewegt, so tritt eine Verschiebung der Absorptions- oder Emissionslinien (s. A 1.7.3) im Spektrum ein, und zwar gegen die im irdischen Laboratorium festgestellte Null-Lage dieser Spektral-Linien. Diese Verschiebung ist um so stärker, je größer die radiale Geschwindigkeit des Objekts ist. Bezeichnet man mit λ die Null-Lage der Linie, mit c die Lichtgeschwindigkeit und mit v_r die Radialgeschwindigkeit, so ist die Verschiebung

$$\Delta \lambda = \frac{v_r}{c} \lambda.$$

Man rechnet die Radialgeschwindigkeit positiv, wenn der Stern sich von uns entfernt; negativ, wenn er sich uns nähert. Statt von einer positiven oder negativen Radialgeschwindigkeit zu sprechen, sagt man auch, die Linie erfährt eine Rot- bzw. eine Blauverschiebung.

Im Gegensatz zu den Eigenbewegungen, die nur durch zwei Positionsbestimmungen in großer zeitlicher Distanz abgeleitet werden können, bedarf es für die Bestimmung der Radialgeschwindigkeit im Prinzip nur einer Beobachtung. Diese muß aber mit einem großen Instrument und einem daran angebrachten Spektrographen mit großer linearer Dispersion durchgeführt werden. Bei Dispersionen von 10 bis 5 nm/mm kann man mit einem mittleren Fehler von etwa ±4 km/s rechnen. Dieser wird kleiner, wenn man, wie in der Praxis üblich, mit einer linearen Dispersion von etwa 1 nm/mm arbeitet und zudem mehrere Aufnahmen zur Ableitung der Radialgeschwindigkeit heranzieht; dann beträgt die Genauigkeit einer Bestimmung etwa ±1.5 km/s. Bei den Eigenbewegungen ist es möglich, durch photographische Aufnahmen mit entsprechenden Astrographen (s. A 2.2.2) Werte für Hunderte von Sternen auf einmal abzuleiten. Bei der Bestimmung von Radialgeschwindigkeiten dagegen ist das nicht so ohne weiteres möglich, weil von jedem einzelnen Stern ein Spektrum aufgenommen werden muß. Zudem kann man wegen der benötigten großen Dispersion der Spektren die Radialgeschwindigkeit nur bei hellen Objekten bestimmen. So ist das heute vorliegende Datenmaterial im Vergleich zu den bekannten Eigenbewegungen noch sehr spärlich; dementsprechend fehlt es auch an Angaben über die Raumbewegungen der Sterne.

Im Katalog der Radialgeschwindigkeiten von Wilson sind von 15 106 Sternen Radialgeschwindigkeiten mit mehr oder weniger großem Fehler angegeben; insgesamt dürften von etwa 25 000 Sternen die Radialgeschwindigkeiten bekannt sein. Vollständigkeit wird bis zu den Sternen 6. Größe erreicht, aber nur für etwa 0.06 % der Sterne zwischen 10. und 11. Größe sind Radialgeschwindigkeiten gemessen.

Relative Häufigkeit der Radialgeschwindigkeiten

km/s	Anteil	km/s	Anteil
0 bis ±10	32 %	±40 bis ±50	6 %
±10 bis ±20	27 %	±50 bis ±60	2 %
±20 bis ±30	19 %	> ±60	4 %
±30 bis ±40	10 %		

Spektralaufnahmen mit dem Objektivprisma sind gewöhnlich für die Bestimmung von Radialgeschwindigkeiten ungeeignet, weil der Nullpunkt, von dem aus die Verschiebung der Spektral-Linien zu messen wäre, auf ihnen nicht definiert ist. Diesen Mangel vermeidet man mit einem von Fehrenbach vorgeschlagenen Verfahren. Mit einem sogenannten Geradsichtprisma werden zwei Aufnahmen auf die gleiche Platte gemacht, wobei zwischen ihnen das Prisma um genau 180° gedreht wird. So entstehen von jedem Stern zwei nebeneinander liegende, aber entgegengesetzt orientierte Spektren, von denen jeweils das eine den Nullpunkt für die Ausmessung des andern liefert. Mit einem derartigen Geradsichtprisma gelingt es, Radialgeschwindigkeiten mit einem Fehler von etwa ±4 km/s zu bestimmen.

7.5 Die absoluten Helligkeiten

Die unterschiedlichen scheinbaren Größen der Sterne (s. 6.3) rühren einerseits von deren verschiedenen Entfernungen her, andererseits von Unterschieden in den Beträgen der in den beobachteten Spektralbereichen abgestrahlten Energie. Diese letztere Größe wird als Leuchtkraft der Sterne bezeichnet, insbesondere wenn die Energieabstrahlung über alle Frequenzen summiert (integriert) wird. Wäre die Leuchtkraft für alle Sterne gleich, so gäben die scheinbaren Helligkeiten ein Maß für deren Entfernungen, wäre die Entfernung gleich, so bildeten sie ein direktes Maß für die verschiedenen Leuchtkräfte. Beide Voraussetzungen treffen jedoch nicht zu; die Sterne stehen in unterschiedlichen Entfernungen, und auch ihre Leuchtkräfte unterscheiden sich erheblich.

Um die Leuchtkraft zu finden, muß man den Einfluß der Entfernung auf die scheinbare Helligkeit eliminieren. Dies ist möglich, weil das Gesetz der Helligkeitsabnahme mit der Entfernung bekannt ist. Es läßt sich also eine scheinbare Helligkeit m umrechnen in eine absolute Helligkeit M, die ein Stern in einer Einheitsentfernung hätte. Durch Übereinkunft wurde diese auf 10 pc festgelegt. Vermöge der Definitionen der *scheinbaren* Helligkeit,

$$m = -2.5 \lg F_r + \text{const},$$

und der *absoluten* Helligkeit,

$$M = -2.5 \lg F_{10} + \text{const},$$

folgt unmittelbar

$$m - M = -2.5 \lg\left(\frac{F_r}{F_{10}}\right).$$

7 Die Zustandsgrößen der Sterne

Absolute Helligkeit M_v in Abhängigkeit von Spektraltyp Sp und Leuchtkraftklasse

Sp	\multicolumn{7}{c}{Leuchtkraftklasse}
	V	IV	III	II	Ib	Iab	Ia	Ia–0
O5	−5.7	−6.0	−6.3				−6.8	
B0	−4.0	−4.7	−5.1	−5.7	−6.1	−6.4	−6.9	−8.2
B5	−1.2	−1.7	−2.2	−4.0	−5.4	−6.2	−7.0	−8.4
A0	0.65	0.3	0	−3.0	−5.2	−6.3	−7.1	−8.5
A5	1.95	1.3	0.7	−2.8	−5.1	−6.6	−7.4	−8.8
F0	2.7	2.2	1.5	−2.5	−5.1	−6.6	−8.0	−9.0
F5	3.5	2.5	1.6	−2.3	−5.1	−6.6	−8.0	−9.0
G0	4.4	3.0	1.0	−2.3	−5.0	−6.4	−8.0	−8.9
G5	5.1	3.1	0.9	−2.3	−4.6	−6.2	−7.9	−8.6
K0	5.9	3.1	0.7	−2.3	−4.3	−6.0	−7.7	−8.5
K5	7.35	—	−0.2	−2.3	−4.4	−5.8	−7.5	—
M0	8.8	—	−0.4	−2.5	−4.5	−5.6	−7.0	−8.0
M5	12.3	—	−0.3	—	−4.8	−5.6	−6.8	—

Da im leeren Raum der Strahlungsstrom F_r mit dem Quadrat des Abstands r von der Quelle abnimmt, gilt, mit r in Parsec,

$$\frac{F_r}{F_{10}} = \left(\frac{10}{r_{\text{pc}}}\right)^2.$$

Durch Einsetzen dieser Beziehung in die vorige Gleichung erhalten wir die Gleichung

$$m - M = 5 \lg r_{\text{pc}} - 5,$$

die durch Eintragen der Parallaxe $\pi'' = 1/r_{\text{pc}}$ auch in der Form

$$m - M = -5 \lg \pi'' - 5$$

geschrieben werden kann.

Entfernungsmodul Die Größenklassen-Differenz $m - M$ (scheinbare Helligkeit minus absolute Helligkeit) bezeichnet man als Entfernungsmodul. Einem Modul von $m - M = 0$ mag entspricht demnach eine Entfernung von 10 pc; mit jeder Zunahme des Moduls um 5.0 mag verzehnfacht sich die zugehörige Entfernung. Zur Berechnung der absoluten Helligkeit eines Sterns aus der scheinbaren muß also seine Entfernung bzw. die Parallaxe bekannt sein. Umgekehrt kann aber auch aus bekannter absoluter und scheinbarer Helligkeit die Entfernung berechnet werden. Dies wird bei der Methode der spektroskopischen Parallaxen getan, bei der aus dem Spektraltyp des Sterns seine absolute Helligkeit abgeleitet wird.

Je nach der effektiven Wellenlänge, auf die sich die scheinbaren Helligkeiten beziehen, erhält man absolute photographische, visuelle, infrarote oder auch absolute bolometrische Helligkeiten. Die Verbindung zwischen den in Größenklassen (Magnitudines) angegebenen absoluten Helligkeiten M und den Leuchtkräften der Sterne L (in dem Wellenlängenintervall der Empfindlichkeitsfunktion) liefert die Relation

$$M = -2.5 \lg L + \text{const.}$$

Die wichtigsten Zusammenhänge zwischen Spektraltyp und absoluter Helligkeit werden im nächsten Abschnitt behandelt.

7.6 Das Hertzsprung-Russell-Diagramm (HRD)

Der Zustand eines Sterns wird durch die Angabe von Masse, Radius, Spektraltyp, Oberflächentemperatur, Farbindex, Leuchtkraft usw. beschrieben. Diese sogenannten stellaren Zustandsgrößen sind teilweise voneinander abhängig. So ist z. B. die Leuchtkraft durch die Oberflächentemperatur und durch die Größe der Oberfläche und damit durch den Radius festgelegt. Für die bolometrische Leuchtkraft gilt, unter Verwendung des Stefan-Boltzmannschen Strahlungsgesetzes: bolometrische Leuchtkraft = Oberfläche mal Gesamtabstrahlung pro m²,

$$L_{\text{bol}} = 4\pi R^2 \cdot 5.67 \cdot 10^{-8} \cdot T^4 \; \text{W m}^{-2} \text{K}^{-4}.$$

Zustandsdiagramme Um weitere Beziehungen zwischen Zustandsgrößen zu erkennen, verwendet man Zustandsdiagramme. Das sind Darstellungen, in die Sterne als Punkte eingetragen werden, mit den beobachteten Werten der Zustandsgrößen als Koordinaten. Ordnen sich die Bildpunkte auf Linien oder in schmalen Bändern, deren Breite durch Beobachtungsfehler erklärt werden kann, so bedeutet dies, daß zwischen den betreffenden Zustandsgrößen ein funktionaler Zusammenhang besteht. Verteilen sich hingegen die Bildpunkte mehr oder weniger gleichmäßig über die gesamte Fläche des Diagramms, so sind die Zustandsgrößen voneinander unabhängig. Die Dichte der Bildpunkte in einem Zustandsdiagramm, also die Häufigkeit, mit der eine Kombination von Zustandsgrößen, d. h. ihr gemeinsames Auftreten innerhalb einer gewissen Schwankungsbreite, beobachtet wird, hängt von der Auswahl der Sterne ab, die für die Untersuchung getroffen wird. Verwendet man für ein Diagramm etwa alle dem bloßen Auge sichtbaren Sterne, schließt also alle Sterne bis $m_{\text{vis}} = 5^m$ ein, dann finden Sterne extrem hoher Leuchtkraft (etwa $M_{\text{vis}} = -5$) noch Aufnahme in das Diagramm, wenn sie in 1000 pc Entfernung stehen; helle Sterne ($M_{\text{vis}} = 0$) dürften nicht weiter als 100 pc, sonnenähnliche ($M_{\text{vis}} = 5$) nicht weiter als 10 pc entfernt sein. Ganz schwache Objekte ($M_{\text{vis}} = 10$) erscheinen nur dann in diesem Diagramm, wenn sie zu unserer unmittelbaren Nachbarschaft ($r > 1$ pc) gehören. Die diesen Grenzentfernungen entsprechenden Räume und damit die Wahrscheinlichkeiten, daß die Sterne im Diagramm berücksichtigt werden, verhalten sich wie die dritten Potenzen der Abstände, also wie $10^9 : 10^6 : 10^3 : 1$. Das bedeutet, daß bei dieser Auswahl die absolut hellsten Sterne enorm bevorzugt würden. Eine Alternative wäre, alle Sterne bis zu einer gewissen Grenzentfernung aufzunehmen. Dann aber wäre man nicht sicher, ob die absolut schwächsten Objekte in dem damit herausgegriffenen Volumen überhaupt vollständig aufgefunden sind und ob die sehr kleine Zahl der absolut hellsten Objekte vermöge irgendeiner zufälligen lokalen Schwankung ihrer Dichten repräsentativ ist.

250 7 Die Zustandsgrößen der Sterne

Hertzsprung-Russell-Diagramm der hellen Sterne (Nach W. Gyllenberg)

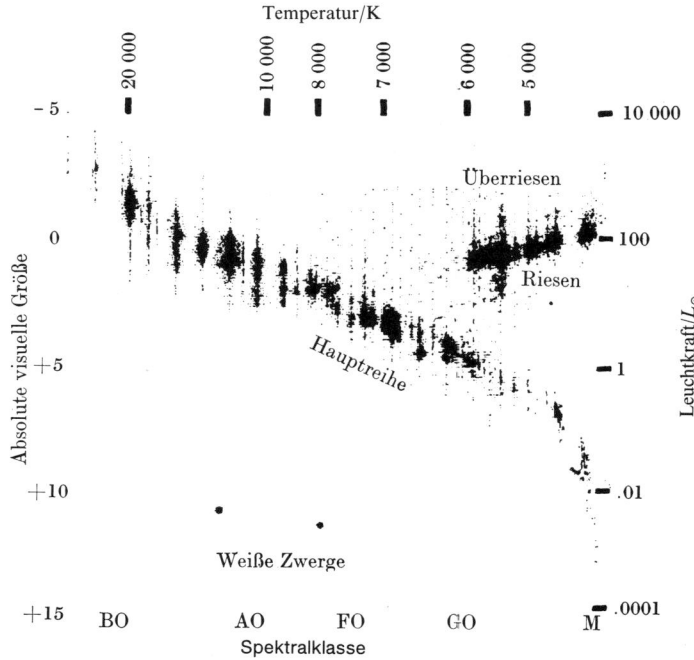

Farben-Helligkeits-Diagramme

Das wichtigste Zustandsdiagramm ist das Hertzsprung-Russell-Diagramm (HR-Diagramm oder HRD), es zeigt die Beziehung zwischen Spektralklasse (Abszisse der Darstellung) und absoluter Helligkeit (Ordinate der Darstellung). Spektralklasse und Farbe eines Sterns entsprechen sich weitgehend, da beide Größen in erster Linie durch die »Oberflächentemperatur« festgelegt sind. Damit kann als Abszissenskale anstelle der Spektralklasse ebensogut die Farbe, etwa der Farbindex B–V, verwendet werden. Die so erhaltenen Farben-Helligkeits-Diagramme (FHD) sind den HR-Diagrammen völlig äquivalent.

Man sieht an derartigen Diagrammen (vgl. HRD der hellen Sterne und FHD der sonnennahen Sterne) mit einem Blick, daß nicht alle möglichen Kombinationen der Zustandsgrößen vorkommen. Vielmehr liegen die Sterne in Gruppen und Reihen oder, wie man auch sagt, auf Ästen innerhalb des Diagramms. Am wichtigsten im HRD und im FHD ist die sich diagonal durch die Darstellung ziehende Hauptreihe oder Hauptsequenz (main sequence). Auf ihr liegen, bezogen auf die Gesamtzahl der Sterne in einem herausgegriffenen Volumen, über 90 Prozent aller Sterne. Von der Hauptreihe zweigt bei der Spektralklasse F und der absoluten Helligkeit $M_{vis} = 0$ ein Ast ab, der sich zu späteren Spektraltypen und höheren Leuchtkräften hin erstreckt. Die Sterne dieses Asts haben die gleiche Spektralklasse und damit annähernd die gleiche Temperatur wie die darunter liegenden Hauptreihensterne. Ihre sehr viel größeren Absoluthelligkeiten sind nur dadurch zu erklären, daß

7.6 Hertzsprung-Russell-Diagramm (HRD)

Lage der Leuchtkraftklassen im HRD

ihre Oberflächen und damit ihre Radien größer sind als die der Hauptreihensterne. Sie werden daher als Riesen bzw. Sterne des Riesenasts bezeichnet. Während Hauptreihensterne der Leuchtkraftklasse V angehören, werden die Riesen (giants) der Leuchtkraftklasse III zugeordnet. Dazwischen liegen verhältnismäßig wenige Objekte der Leuchtkraftklasse IV (subgiants). Oberhalb des Riesenasts findet man, etwas weniger scharf begrenzt, das Gebiet der Überriesen (supergiants). Für sie war in der MK-Klassifikation eine Abstufung in die Leuchtkraftklassen Ia-0, Über-Überriesen, Ia, helle, und Ib, schwächere Überriesen, möglich.
Sehr interessant sind die Objekte unterhalb der Hauptreihe. Hier gibt es das Gebiet oder besser die Sequenz der Weißen Zwergster-

Farben-Helligkeits-Diagramm von 246 sonnennahen Sternen mit zuverlässig bekannten absoluten Helligkeiten (mittlerer Fehler der Leuchtkräfte ±0.22 Größenklassen). Die hier noch erkennbare Streuung der einzelnen Werte ist wohl reell, man spricht von der »Kosmischen Streuung« der Leuchtkräfte.
Der Kreis mit Punkt (Sonnensymbol) bezeichnet den Ort der Sonne im Diagramm

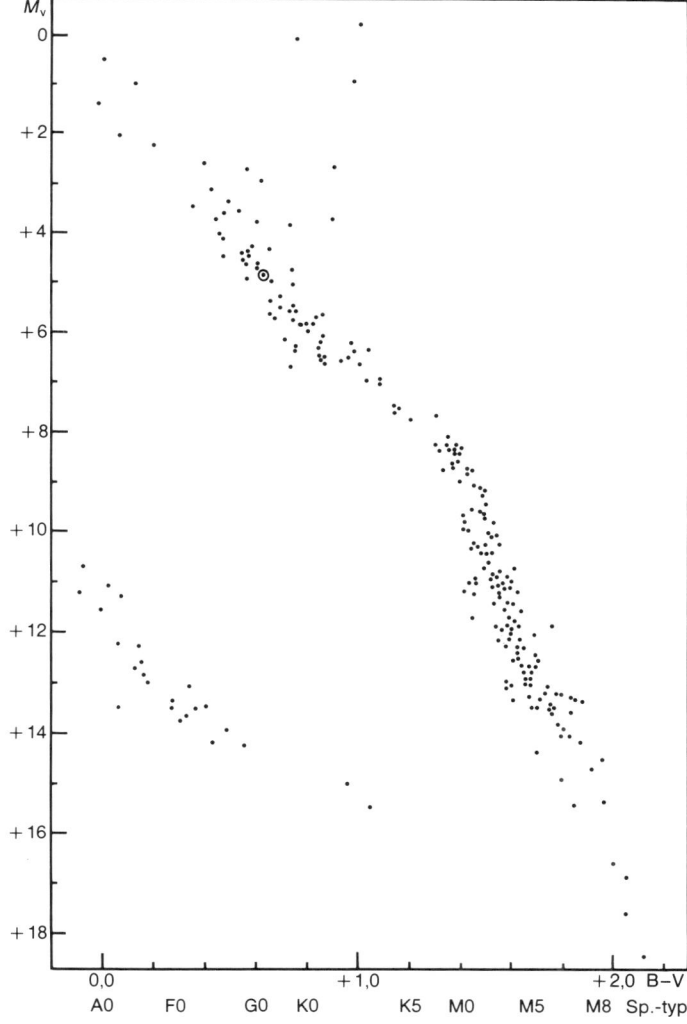

7 Die Zustandsgrößen der Sterne

ne. Wie aus dem relativ frühen Spektraltyp bzw. der blauen Farbe erkennbar, handelt es sich um heiße Objekte. Die obigen Überlegungen ergeben hier, daß bei hohen Temperaturen die Flächenhelligkeit groß ist und daß bei großer Flächenhelligkeit, aber geringer Leuchtkraft des Gesamtobjekts, die Oberfläche und damit der Radius relativ klein sein muß. Führt man die Überlegungen quantitativ durch, so erhält man Sternradien, die mit denen der Planeten vergleichbar sind.

Beim Vergleich des HRD der hellen Sterne und des FHD der sonnennahen Sterne ist der Effekt der absoluten Helligkeiten an der Überbesetzung des Riesenasts deutlich erkennbar. Damit stellt sich das Problem, ob etwa auch andere Auswahleffekte die Diagramme beeinflussen könnten. Dies ist tatsächlich der Fall, wie man beim Vergleich des FHD für den Kugelsternhaufen M3 mit dem FHD der sonnennahen Sterne erkennt. Diese Erkenntnis hat 1952 W. Baade zur Bildung des Begriffs der Sternpopulationen geführt. Eine Sternpopulation, eine zusammengehörige Gruppe von Sternen, ist, abgesehen von möglichen anderen gemeinsamen Eigenschaften der ihr angehörigen Sterne, ausgezeichnet durch ein für sie typisches HRD. Damit haben die HR- und FH-Diagramme eine neue Funktion: Erkennung und Unterscheidung von Sternpopulationen.

Mit Baade lernte man zwei Sternpopulationen in unserem Milchstraßensystem (s. 13.4) zu unterscheiden, die Population I, der die Sterne in der Scheibe unseres galaktischen Systems und damit auch

Sternpopulationen

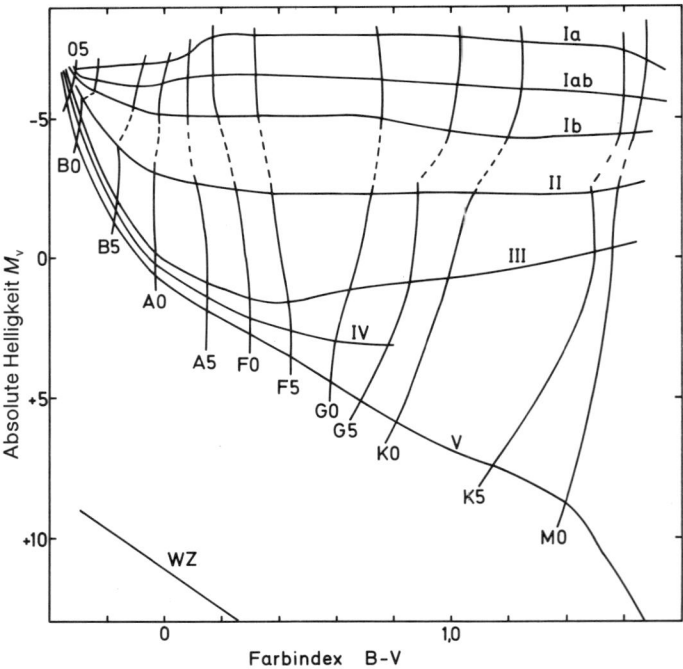

Dieses Diagramm illustriert für Sterne der Population I den Zusammenhang von Spektraltyp und Leuchtkraftklasse mit dem Farbindex B−V und der absoluten Helligkeit M_v

7.6 Hertzsprung-Russell-Diagramm (HRD)

Das Farben-Helligkeits-Diagramm des Kugelhaufens M3 als Beispiel für ein Farben-Helligkeits-Diagramm der Sternpopulation II. (Nach Arp, Baum u. Sandage)

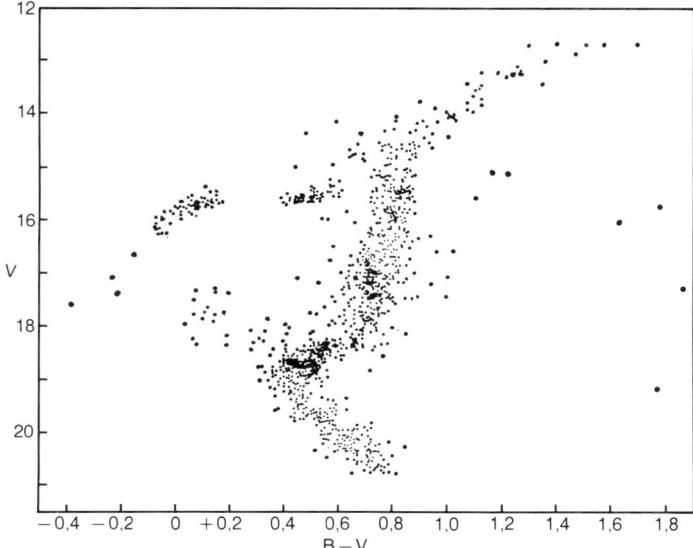

Scheiben- und Halo-Population

der größte Teil der Sterne der Sonnenumgebung angehören, und die Population II, der die Sterne eines mehr kugelförmigen Systems, des sogenannten galaktischen Halo angehören. Man hat später gefunden, daß Population I und Population II Grenzfälle sind, zwischen denen es einen stetigen Übergang gibt.

Die Sterne der Kugelhaufen sind der Population II zuzurechnen, das FHD des Kugelhaufens M3 ist also ein typisches Population II-Diagramm. Die wesentlichen Unterschiede zwischen den HRD der Populationen I und II sind in einer Abbildung dargestellt. Man erkennt die Hauptsequenz und den Riesenast der Population I. Die Sterne der Population II fallen in eine Sequenz, die in dieser Darstellung unterhalb der Hauptsequenz der Population I liegt, ferner in einen Ast, der in den Bereich der Riesen und Überriesen führt, und in einen zu frühen Spektraltypen führenden sogenannten Horizontalast. Im Horizontalast gibt es die im FHD des M3 besonders schön erkennbare sogenannte Hertzsprung-Lücke, die im Zusammenhang mit den Pulsationsveränderlichen besprochen wird. Die Hauptsequenz der Population II ist auch im HRD der hellen Sterne erkennbar. Hier sind also Objekte der Population II beigemischt. Diese Halo-Sterne in der Sonnenumgebung zeichnen sich durch ein besonderes kinematisches Verhalten aus. Sie nehmen nicht wie die andern Sterne der Sonnenumgebung an der allgemeinen Rotation der Scheibe des Milchstraßensystems teil, sondern bewegen sich mit statistisch verteilten Geschwindigkeiten. Gegenüber dem Gros der Sterne der Population I bleiben sie zurück mit einer mittleren Geschwindigkeit, die unserer Umlaufgeschwindigkeit (etwa 250 km/s) um das galaktische Zentrum entspricht. Sie werden aufgrund dieser hohen systematischen Geschwindigkeit gegenüber der Sonne als Schnelläufer bezeichnet.

HRD und Sternenentwicklung

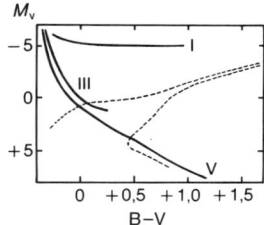

Vergleich der Farben-Helligkeits-Diagramme der Population I (durchgezogene Kurven für die Leuchtkraftklassen I, III und V) und der Population II (gestrichelt). Man beachte, daß die heißen Hauptsequenzsterne hoher Helligkeit, die junge Objekte sein müssen, in der Population II nicht vorkommen. Die heißen Sterne der Population II liegen auf dem sog. Horizontalast und befinden sich in einer Spätphase ihrer Entwicklung

Die Schnelläufer in der Sonnenumgebung gehören also zur Population II.

Die Frage, warum Sterne nur in bestimmten Bereichen des HRD zu finden sind, und warum die Diagramme der Population I und der Population II sich unterscheiden, findet ihre Beantwortung in der Theorie der Sternentwicklung (s. 9.3). Sterne sind keine unveränderlichen Gebilde, sie entwickeln sich vielmehr und verändern dabei ihre Zustandsgrößen. Die Sternentwicklung vollzieht sich (von wenigen Ausnahmen abgesehen) in Zeiträumen, die groß sind gegen das Alter der Menschheit; sie ist also unmerkbar langsam. Dennoch gibt uns die Beobachtung Informationen über Ablauf und Geschwindigkeit der Entwicklung, und zwar eben deshalb, weil sich mit der Entwicklung die Zustandsgrößen und damit die Lage im HRD ändern. Die Sterne bewegen sich daher im Diagramm, und zwar laufen benachbarte Punkte wegen des nahezu gleichen Zustands und der daraus folgenden ähnlichen Entwicklung auf ähnlichen Bahnen. Die Entwicklungsgeschwindigkeiten von Sternen in verschiedenen Bereichen des HRD sind dagegen außerordentlich verschieden. Das ist eine der Hauptursachen für die ungleichmäßige Verteilung der Sterne im HRD. In den Bereichen, in denen die Sterne lange verweilen, werden sie eher, d. h. in größerer Zahl, anzutreffen sein als in Bereichen, in denen sich die Zustandsgrößen rasch ändern. Zur Veranschaulichung sei daran erinnert, daß ein Verkehrsstau an der hohen Dichte der Fahrzeuge auf der Straße erkennbar ist. Die Hauptsequenz ist ein solcher Stau auf dem Weg der Sternentwicklung, d. h. ein Bereich, in dem die Sterne in ihrer Entwicklung sehr lange verharren. Verfolgen wir das Beispiel noch etwas weiter, so finden wir, daß die Dichte der Fahrzeuge auf der Straße auch davon abhängt, wann und wo die Fahrzeuge abgefahren sind. Entsprechendes gilt für das HRD. Die Zahl der Sterne in einem bestimmten Bereich dieses Diagramms ist also auch abhängig von der Entstehungsrate von Sternen mit derartigen Eigenschaften (vor allem Masse und chemische Zusammensetzung), daß ihre spätere Entwicklung sie durch den betrachteten Bereich im HRD führt. Diese Sternentstehungsraten sind mit den jeweiligen Aufenthaltsdauern der Sterne in dem betrachteten Bereich zu multiplizieren, um die Besetzungsdichte zu erhalten. Die Entstehungsraten sind dabei in so weit zurückliegenden Zeiträumen zu nehmen, daß die Sterne durch ihre Entwicklung gerade zum gegenwärtigen Zeitpunkt durch den betrachteten Bereich des Diagramms laufen.

Wie im Abschnitt über Sternentwicklung (9.3) ausführlich begründet wird, ist die Verweildauer der heißen O- und B-Sterne (generell: der sogenannten frühen Spektralklassen) auf der Hauptsequenz sehr viel kürzer als die der späten G-, K- und M-Sterne. Der wesentliche Unterschied zwischen den HRD der Population I und der Population II – der darin besteht, daß die Population II keine frühen Hauptsequenzsterne hat – liegt einfach darin, daß die Population II älter ist als die mögliche Verweildauer ihrer Sterne auf der Hauptsequenz. HRD geben also Informationen über

7.6 Hertzsprung-Russell-Diagramm (HRD)

HRD und Häufigkeit der chemischen Elemente

Sternentwicklung und Sternentstehungsraten in den verschiedenen Phasen der Entwicklung des Milchstraßensystems.

HRD sind auch von der Häufigkeit der chemischen Elemente abhängig. Spektroskopische Untersuchungen zeigen, daß die Sterne der Populationen I und II sich hinsichtlich der chemischen Zusammensetzung unterscheiden (s. 13.4). Dadurch ergeben sich z. B. Unterschiede im innern Aufbau der Sterne. Daraus folgt aber auch, daß die Metall-Linien in Sternen der Population II systematisch schwächer sind als in Sternen der Population I. Da vor allem Metall-Linien zur Festlegung der Spektralklasse A herangezogen werden, werden Sterne der Population II, bei sonst gleichen Atmosphäreparametern, systematisch einem früheren Spektraltyp zugeordnet als Sterne der Population I. Die unterschiedliche Lage der

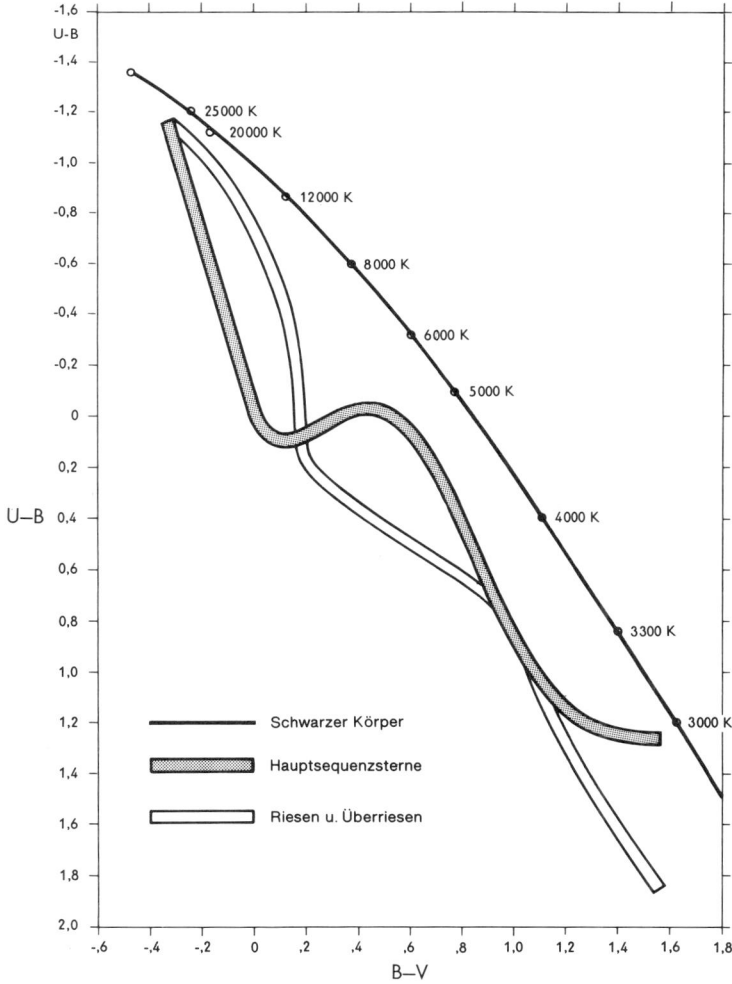

Zweifarbendiagramm, hier speziell U−B/B−V-Diagramm

beiden Hauptsequenzen im Bereich der späteren Spektraltypen beruht vor allem auf diesem Effekt.

Zweifarbendiagramme, eine weitere Form von Zustandsdiagrammen, sind relativ leicht konstruierbar, weil sie nur auf der Messung von scheinbaren Helligkeiten beruhen, also nicht die Bestimmung der Entfernung der Objekte erfordern. In ihnen liegen die verschiedenen Sterntypen in unterschiedlichen Bereichen. Die Diagramme können also zu deren Erkennung verwendet werden.

Im Zweifarbendiagramm ergibt die Hohlraumstrahlung eine glatte Kurve. Die Abweichungen von dieser Kurve zeigen, daß die Sterne nicht wie Schwarze Strahler strahlen. Das ausgeprägte Minimum in der Kurve für die Hauptsequenzsterne im Bereich B–V = 0 ... 0.4 ist vor allem auf die Absorption der Wasserstoffstrahlung (Balmer-Kontinuum) in den Sternatmosphären zurückzuführen.

7.7 Durchmesser, Massen, Rotation, Magnetfelder

7.7.1 Sterndurchmesser

Die direkte Bestimmung der Durchmesser von Sternen durch Messung der Winkelausdehnungen setzt die Kenntnis der Entfernungen voraus. Diese lassen sich in der Regel mit ausreichender Genauigkeit bestimmen. Die eigentliche Schwierigkeit liegt in der Messung der extrem kleinen Winkeldurchmesser der Sterne. Nur bei den größten Teleskopen würde das theoretische Auflösungsvermögen hierfür ausreichen, und das auch nur für relativ wenige nahe Sterne. Dieses Auflösungsvermögen kann aber bei normaler Beobachtungstechnik nicht genutzt werden, da durch die Inhomogenitäten in der Erdatmosphäre und ihre zeitliche Variation das Bild der Sterne stark deformiert und in stetiger Bewegung erscheint (s. 2.3.2).

Mit Hilfe mehrerer kurzer Belichtungen (Belichtungszeit unter etwa $1/10$ Sekunde) kann man den Effekt der zeitlichen Veränderung, die Szintillation, ausschalten. Die Sternbildchen sehen dann (in starker Vergrößerung) aus wie eine Menge von Flecken, die über ein größeres Areal mehr oder weniger zufällig verteilt sind. Auf die Ausdehnung dieser einzelnen Flecken kommt es an, denn sie kann (wenn das theoretische Auflösungsvermögen des Teleskops ausreicht) nicht kleiner sein, als es der Winkelausdehnung des Sterns entsprechen würde. Wertet man mit statistischen Methoden die Größen dieser Flecken aus, so erhält man daraus den Sterndurchmesser. Das Verfahren, das auch auf die Messung des Winkelabstands enger Doppelsterne angewendet werden kann, wird als Speckle-Interferometrie bezeichnet (engl. speckle = Fleck; s. A 2.7).

Eine andere Möglichkeit der Messung sehr kleiner Winkelausdehnungen von Sternen beruht auf der Feststellung der Interferenzfähigkeit zweier in gegebenem seitlichem Abstand einfallender Strahlen. Den seitlichen Abstand der Strahlen, die zur Interferenz gebracht werden, nennt man die Basis des Interferometers. Mit

7.7 Durchmesser, Massen

zunehmendem Abstand der Strahlen nimmt die Interferenzfähigkeit ab, und zwar um so langsamer, je kleiner die Winkelausdehnung der Quelle ist. Die Messung geschieht entweder mit Hilfe direkter Überlagerung der Wellenzüge dieser Strahlung in einem Michelsonschen Sterninterferometer oder durch Messung des korrelierbaren Anteils der Intensitätsschwankungen in den beiden Strahlen, also des Anteils dieser Schwankungen, die in beiden Strahlen gemeinsam auftreten. Während die Messungen mit einem Michelson-Interferometer noch stark durch die Luftunruhe gestört sind und nur für eine Basis bis zu 6 Metern durchgeführt werden konnten, gibt es keine derartigen Beschränkungen für das Korrelationsinterferometer von Hanbury-Brown. Ein solches Instrument mit einer Basislänge bis zu 188 Metern befindet sich beim Narrabri-Observatorium (Australien).

Mit dem Michelson-Interferometer sind die Durchmesser von rund 10 Sternen, ausnahmslos Riesen und Überriesen, bestimmt worden. Das Korrelationsinterferometer ist besonders für kleinere Sterne mit großer Flächenhelligkeit geeignet. Mit ihm wurden bisher etwa 15 Sterne frühen Spektraltyps gemessen. – Bei der Auswertung von Interferometerbeobachtungen ist zu berücksichtigen, daß die Flächenhelligkeit des Sternscheibchens zum Rand hin abnimmt (Randverdunklung).

Eine weitere, im Prinzip von der direkten interferometrischen Messung völlig unabhängige Möglichkeit der Bestimmung von Sterndurchmessern eröffnet die Beobachtung des Helligkeitsverlaufs bei Sternbedeckungen. Der den Stern abdeckende Himmelskörper ist dabei entweder selber ein Stern, der als Komponente eines meist engen Doppelsternsystems die andere Komponente zeitweise verdeckt (Bedeckungsveränderliche), oder aber der abdeckende Himmelskörper ist der Mond auf seiner Bahn um die Erde. Wenn auch in beiden Fällen das Prinzip der Messung das gleiche ist, so sind doch wegen der außerordentlich großen geometrischen Unterschiede – im ersten Fall Abdeckung in der Nähe der Lichtquelle, im letzteren Abdeckung in der Nähe des Beobach-

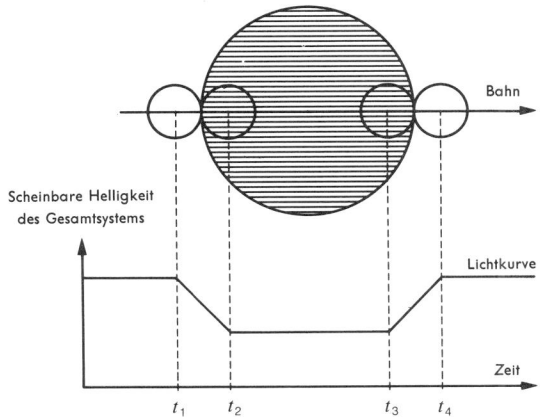

Durchmesserbestimmung bei Bedeckungsveränderlichen

Durchmesser-bestimmungen bei Bedeckungs-veränderlichen

ters – die Probleme sehr verschieden. Wir wollen diese Methoden nacheinander besprechen.

Bei Bedeckungsveränderlichen handelt es sich um Doppelsternsysteme (s. 12.1.6), deren Bahnebene so liegt, daß, von der Erde aus gesehen, von Zeit zu Zeit eine Bedeckung der einen Komponente durch die andere eintreten kann. Solche Bedeckungen können ganz (total) oder teilweise (partiell) erfolgen. Auf jeden Fall wird durch sie die Gesamthelligkeit des Systems verringert. Trägt man die Gesamthelligkeit über der Zeit auf, so erhält man eine für einen Bedeckungsveränderlichen charakteristische Lichtkurve. Betrachten wir als Beispiel die zentrale Bedeckung in einem Doppelsternsystem mit einer großen und einer kleinen Komponente, wobei letztere durch erstere bedeckt werden soll (Abb. S. 257).

Bis zur Zeit t_1 liefern beide Komponenten einen Beitrag zur Gesamthelligkeit. Dann verschwindet der kleinere Stern hinter dem großen und die Helligkeit nimmt ab bis zum Zeitpunkt t_2, wo die kleinere Komponente vollständig bedeckt ist. Die Helligkeit bleibt dann auf ihrem Minimumwert, bis zur Zeit t_3 der eine Stern hinter dem andern wieder hervorzutreten beginnt. Die normale Helligkeit des Systems wird erreicht, wenn der vorher bedeckte Stern wieder ganz freigegeben ist (t_4). Aus der Lichtkurve ist nicht nur die Dauer der totalen Bedeckung der kleinen Komponente (Hauptminimum), sondern auch die der partiellen Bedeckung der großen Komponente (Nebenminimum) und schließlich die Umlaufzeit zu entnehmen. Wird nun spektroskopisch mit Hilfe des Doppler-Effekts (s. A 1.6) die Bahngeschwindigkeit ermittelt, so kann man die während der Dauer der Verfinsterungen zurückgelegten Bahnstücke und damit auch die Durchmesser der Sterne berechnen. In unserem Beispiel erhält man, wenn Kreisbahnen angenommen werden und wenn v die Bahngeschwindigkeit ist,

$$v(t_4 - t_1) = D_1 + D_2 \quad \text{und}$$
$$v(t_3 - t_2) = D_1 - D_2,$$

und damit sofort die Durchmesser D_1 und D_2 der großen und der kleinen Komponente.

Selbstverständlich gibt es bei den Bedeckungsveränderlichen alle möglichen Abstufungen. So sind im allgemeinen die Bahnebenen etwas gegen die Blickrichtung geneigt, so daß keine zentrale, ja nicht einmal immer eine totale Bedeckung zustande kommt. Ferner sind stark elliptische Bahnen möglich. Überdies muß die Randverdunklung der Komponenten berücksichtigt werden. So liegen die Verhältnisse tatsächlich komplizierter, aber ein prinzipieller Unterschied zu dem oben skizzierten einfachen Fall besteht nicht. Für rund hundert Bedeckungsveränderliche hat man die Durchmesser der Komponenten ableiten können.

Durchmesser-bestimmungen bei Sternbedeckungen durch den Mond

Sternbedeckungen durch den Mond sind in der Praxis zur Durchmesserbestimmung wenig verwendet worden. Dies liegt letztlich an den Schwierigkeiten, die sich daraus ergeben, daß von der Erde und vom Mond aus gesehen der Stern nur eine sehr kleine Winkel-

7.7 Durchmesser, Massen

Interferometrisch und durch Bedeckungen bestimmte Sterndurchmesser

Stern	Spektrum	Winkeldurch-messer in 10^{-3} Bogensek.		Parallaxe in 10^{-3} Bogensek.	Durchmesser $D/D_\odot$
α Boo Arktur	K1 III	22	P	90	26
α Tau Aldebaran	K5 III	20	P	48	45
α Ori Beteigeuze	M2 I	47	P	5	1000
		34	P		730
β Peg Scheat	M2 I	21	P	15	150
α Her Ras-Algethi	M5 II	30	P	4.7	680
o Cet Mira	M6e III	47	P	13	390
α Sco Antares	M1 Ib	40	P		
μ Gem	M3 III	41	B	19	230
		23	B	21	120
β Cru	B0.5 IV	0.728	K	–	
γ Ori Bellatrix	B2 III	0.76	K	26	3.1
ε CMa	B2 III	0.81	K	1	87
α Pav	B3 IV	0.80	K	–	
ε Ori	B0 Ia	0.72	K	–	
α Eri Achernar	B5 IV	1.93	K	23	9
α Gru	B5 V	1.02	K	51	2.15
α Leo Regulus	B7 V	1.38	K	39	3.8
β Ori Rigel	B8 Ia	2.69	K	–	
α CMa Sirius	A1 V	6.12	K	375	1.75
α Lyr Wega	A0 V	3.47	K	123	3.04
α PsA Fomalhaut	A3 V	2.09	K	144	1.56
α Car Canopus	F0 Ib–II	6.86	K	18	41
α Aql Altair	A7 IV–V	2.97	K	198	1.6
α CMi Procyon	F5 IV–V	5.71	K	288	2.14

P: Phaseninterferometer (Michelson); K: Korrelationsinterferometer (Hanbury-Brown);
B: Bedeckung durch den Mond

ausdehnung hat. Dies hat zur Folge, daß sich der Übergang vom ersten Kontakt der Sternscheibe mit dem Mondrand (t_1) bis zur vollständigen Bedeckung (t_2) in Millisekunden vollzieht. Die tatsächlichen Helligkeitsänderungen weichen überdies wegen der Beugung des Lichts am Mondrand stark von dem einfachen Schema ab, wie wir es von den Bedeckungsveränderlichen her kennen. Durch diese Lichtbeugung gibt es eine periodische Änderung der Helligkeit schon vor dem Zeitpunkt t_1 und einen stetigen Abfall der Intensität auch noch nach dem Zeitpunkt t_2. Das Problem ist, aus den Unterschieden zwischen der theoretisch berechneten, allein durch die Beugung bestimmten Lichtkurve für eine Punktquelle und der für den realen Stern gemessenen Lichtkurve den Durchmesser des Sterns zu erschließen. Besonders wichtig ist hierfür die Stärke der Intensitätsschwankungen im periodischen Teil der Lichtkurve vor dem Beginn der eigentlichen Bedeckung.

Direkte Durchmesserbestimmungen sind für die Aufstellung und Überprüfung der Temperaturskalen der Sterne, d. h. des Zusammenhangs zwischen Sterntemperatur und Spektraltyp wichtig. Die spektrale Gesamthelligkeit eines Sterns ist gleich dem Produkt von spektraler Flächenhelligkeit $E(\lambda, T)$ und Sternoberfläche $\pi \cdot D^2$ (D Sterndurchmesser). Eine entsprechende Relation gilt für die scheinbaren Helligkeiten und die Winkeldurchmesser, so daß die Kenntnis der Entfernung für die Aufstellung der Temperaturskalen eigentlich entbehrlich ist. Gibt man die absoluten Helligkeiten in Größenklassen an, so erhält man für den Sterndurchmesser D in solaren Einheiten

$$\lg D = 0.2 (M_\odot - M) + 0.5 [\lg E(\lambda, T_\odot) - \lg E(\lambda, T)].$$

$E(\lambda, T)$ ist vorwiegend durch die Temperatur bestimmt. Werden für die Flächenhelligkeiten die entsprechenden Werte der Planck-Funktion eingesetzt, so haben $T_\odot$ und T die Bedeutung von Strahlungstemperaturen. Auch bolometrische Helligkeiten können verwendet werden, dann tritt an die Stelle der $E(\lambda, T)$ die von der effektiven Temperatur T_{eff} abhängige Gesamtstrahlung σT_{eff}^4 (Stefan-Boltzmannsches Gesetz; $\sigma = 5.67 \cdot 10^{-8}$ Watt m^{-2} K^{-4}; s. A 1.7.9).

7.7.2 Sternmassen

Die Masse von Sternen läßt sich überall dort bestimmen, wo die Wirkung der Massenanziehung beobachtet werden kann, also vor allem bei Doppelsternen der verschiedenen Typen (s. 12.1). Die Bewegungen der Doppelsternkomponenten umeinander folgen den gleichen Gesetzen, die auch die Planetenbewegung im Sonnensystem beherrschen. So sind z. B. die Bahnformen Ellipsen, und es gilt der Flächensatz (s. 3.2.1). Auch das dritte Keplersche Gesetz behält seine Gültigkeit, allerdings nicht in seiner einfachen Form, da die Masse der einen Komponente nicht mehr gegenüber der Masse der andern vernachlässigt werden kann. Man erhält also aus der Messung der Umlaufzeit und der Kenntnis des linearen Abstands, die ihrerseits die Messung des Winkelabstands und die Bestimmung der Entfernung voraussetzt, nach der Formel in Abschnitt 12.1.2 die Summe der Massen der beiden Komponenten. Die Aufteilung dieser Massesumme auf die beiden Sterne setzt entweder eine Kenntnis des Masseverhältnisses voraus oder die Bestimmung der Lage des Schwerpunkts des Doppelsternsystems. Um diesen Schwerpunkt beschreiben die beiden Komponenten Bahnen von gleicher Form aber unterschiedlicher Größe derart, daß der Schwerpunkt auf der Verbindungslinie der beiden Sterne liegt und ihre jeweiligen Abstände vom Schwerpunkt im umgekehrten Verhältnis der Massen stehen ($r_1/r_2 = m_2/m_1$). Damit ist das Masseverhältnis bekannt.

Für die Sterne der Hauptsequenz ergeben sich Massen im Bereich von über 100 Sonnenmassen bis herunter zu etwa $1/100$ Sonnenmasse. Die überwiegende Zahl aller Sterne liegt im Intervall zwischen 3 und 0.3 Sonnenmassen.

Auf spezielle Schwierigkeiten und die für die verschiedenen Doppelsterntypen entwickelten Methoden soll hier nicht näher eingegangen werden.

7.7 Durchmesser, Massen

Masse M, Radius R, Schwerebeschleunigung g und mittlere Dichte ϱ für Sterne verschiedener Leuchtkraft- und Spektralklassen (Sp)

Sp	V	III	I	V	III	I	V	III	I	V	III	I
	$M/M_\odot$			$R/R_\odot$			$\log g/g_\odot$			$\log \varrho/\varrho_\odot$		
O5	60		70	12		30	−0.4		−1.1	−1.5		−2.6
B0	17.5	20	25	7.4	15	30	−0.5	−1.1	−1.6	−1.4	−2.2	−3.0
B5	5.9	7	20	3.9	8	50	−0.4	−0.95	−2.0	−1.00	−1.8	−3.8
A0	2.9	4	16	2.4	5	60	−0.3		−2.3	−0.7	−1.5	−4.1
A5	2.0		13	1.7		60	−0.15		−2.4	−0.4		−4.2
F0	1.6		12	1.5		80	−0.1		−2.7	−0.3		−4.6
F5	1.4		10	1.3		100	−0.1		−3.0	−0.2		−5.0
G0	1.05	1.0	10	1.1	6	120	−0.05	−1.5	−3.1	−0.1	−2.4	−5.2
G5	0.92	1.1	12	0.92	10	150	+0.05	−1.9	−3.3	−0.1	−3.0	−5.3
K0	0.79	1.1	13	0.85	15	200	+0.05	−2.3	−3.5	+0.1	−3.5	−5.8
K5	0.67	1.2	13	0.72	25	400	+0.1	−2.7	−4.1	+0.25	−4.1	−6.7
M0	0.51	1.2	13	0.60	40	500	+0.15	−3.1	−4.3	+0.35	−4.7	−7.0
M5	0.21		24	0.27			+0.5			+1.0		

Die Angaben zur Leuchtkraftklasse I beziehen sich durchwegs auf Iab.

Masse-Leuchtkraft-Beziehung

Für die Hauptreihensterne gibt es eine einfache Beziehung zwischen ihren Massen M und den Leuchtkräften L, die sog. Masse-Leuchtkraft-Beziehung. Sie besagt, daß die Leuchtkraft L mit der Sternmasse M nach der Formel

$$\frac{L}{L_\odot} = \left(\frac{M}{M_\odot}\right)^{3.15}$$

zunimmt. Ausgedrückt durch die absolute bolometrische Helligkeit ergibt sich die Masse-Leuchtkraft-Beziehung zu

$$M_{\text{bol}} = 4.74 - 7.88 \lg (M/M_\odot) \, .$$

Aus der Theorie des inneren Aufbaus der Sterne folgt, daß für Sterne gleicher chemischer Zusammensetzung und mit ähnlichem innerem Aufbau eine Masse-Leuchtkraft-Beziehung gelten muß, die dieser empirisch gefundenen Relation weitgehend entspricht. Riesen, Überriesen und Weiße Zwerge weichen von der Masse-Leuchtkraft-Beziehung ab. Wegen der unterschiedlichen chemischen Zusammensetzung der Sterne stimmen die Masse-Leuchtkraft-Beziehungen der Sterne der Population I und derjenigen der Population II (s. 13.4) nicht miteinander überein.
Sind Masse und Radius eines Sterns bekannt, so erhält man sofort die mittlere Dichte $\bar\varrho$ und die Schwerebeschleunigung g an der Oberfläche, denn

$$\bar\varrho = \frac{3\,M}{4\,\pi \cdot R^3} \quad \text{und} \quad g = \frac{G \cdot M}{R^2} \, ,$$

wobei G die Gravitationskonstante bedeutet.
Die mittleren Dichten der Sterne überstreichen einen beträchtli-

chen Bereich. Extrem hoch sind sie in den Weißen Zwergen und in den Neutronensternen, wo Werte bis zu 10^7 g/cm³ bzw. bis zu 10^{15} g/cm³ erreicht werden. Ein Kubikzentimeter der Materie eines Neutronensterns hat also die Masse von bis zu einer Milliarde Tonnen.

Die Abhängigkeit der Schwerebeschleunigung vom Spektraltyp und insbesondere von der Leuchtkraft hat Rückwirkungen auf die Struktur der Atmosphäre, die im Spektrum als sogenannte Leuchtkraftkriterien erkennbar werden.

Zustandsgrößen der Sonne

Masse	$M_\odot$	= 1.98 · 10^{30} kg
Leuchtkraft	$L_\odot$	= 3.72 · 10^{26} Watt
abs. bolometr. Helligkeit	$M_{bol,\odot}$	= 4.74 mag
effektive Temperatur	$T_{eff,\odot}$	= 5 780 K
Spektraltyp		G2 V
Radius	$R_\odot$	= 6.96 · 10^8 m
mittlere Energieerzeugung	$\varepsilon_\odot$	= 0.188 Watt m^{-3} s^{-1}
Schwerebeschleunigung an der Oberfläche	$g_\odot$	= 274 m s^{-2}
mittlere Dichte	$\varrho_\odot$	= 1.41 g cm^{-3}

Es ist allgemein üblich, die Werte der Zustandsgrößen der Sterne in Einheiten der Sonnenwerte anzugeben.

7.7.3 Die Rotation der Sterne

Bei der Sonne ist durch Verfolgen von längerlebigen Strukturen auf der Oberfläche, z. B. von Sonnenflecken, die Rotationsperiode sofort bestimmbar. Sie beträgt am Äquator rund 25 Tage und nimmt zu den Sonnenpolen hin zu. Die Rotationsgeschwindigkeit am Sonnenäquator beträgt 2.0 km/s. Es ist bisher nicht gelungen, eine Abplattung der Sonne infolge dieser Rotation nachzuweisen; die Messungen zeigen, daß das Achsenverhältnis jedenfalls weniger als 2 · 10^{-4} von 1 abweicht.

Für magnetische Sterne (s. 7.7.4) mit periodischer Variation des Gesamtfelds und für Sterne mit periodischer Variation des Spektrums lassen sich Rotationsperioden angeben, wenn man annimmt, daß die beobachteten Variationen auf eine Rotation zurückzuführen sind, die Ungleichförmigkeiten in der Verteilung der Magnetfelder oder auch der chemischen Zusammensetzung erkennbar macht.

In allen andern Fällen ist man auf spektroskopische Verfahren, d. h. auf die Messung von Radialgeschwindigkeiten mit Hilfe des Doppler-Effekts (s. A 1.6) angewiesen. Da es hierbei keine Möglichkeit gibt, die Lage der Rotationsachse im Raum zu bestimmen, ist es im Einzelfall unmöglich, aus der Messung der radialen Komponente der Rotationsgeschwindigkeit auf die wahre Rotationsgeschwindigkeit zu schließen. Eine gemessene Rotationsgeschwindigkeit von 50 km/s kann beispielsweise bedeuten, daß die Äquatorgeschwindigkeit aufgrund der Rotation tatsächlich 50 km/s beträgt. In diesem Fall stünde die Rotationsachse senkrecht

7.7 Durchmesser, Massen

Die empirische Masse-Leuchtkraft-Beziehung; die drei herausfallenden Punkte entsprechen Weißen Zwergen

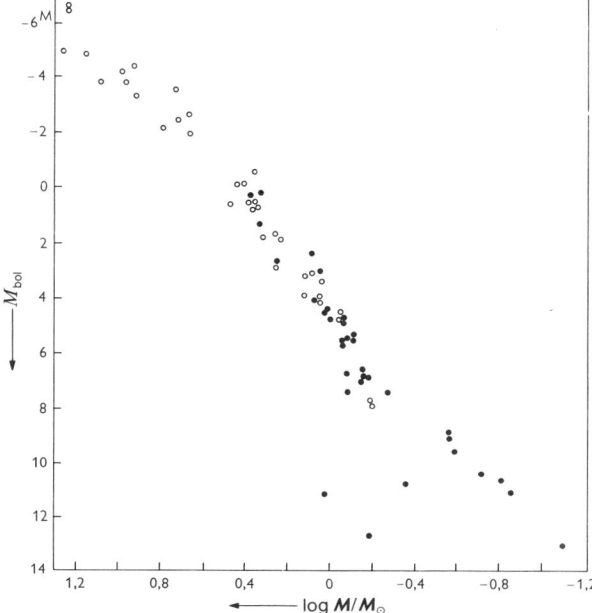

○ Bedeckungsveränderliche
● Visuelle Doppelsterne

auf der Beobachtungsrichtung. Es ist aber ebensogut möglich, daß der Stern tatsächlich viel rascher rotiert und die Rotationsachse weniger stark gegen diese Richtung geneigt ist. Unter der Annahme, daß alle Richtungen der Rotationsachsen gleich wahrscheinlich sind, läßt sich jedoch aus einer Verteilung von gemessenen Rotationsgeschwindigkeiten die Verteilung der wahren Rotationsgeschwindigkeiten berechnen.

Rotationsgeschwindigkeiten und -perioden einiger Bedeckungsveränderlicher

System	Rotations- geschw. in km/s	Ra- dius in $R_\odot$	Periode Stern	Periode Bahn in Tagen	Spektral- klasse
β Per (Algol)	42.0	2.4	$5\overset{d}{.}8$	$2\overset{d}{.}87$	B8
λ Tau	41.5	3.2	$8\overset{d}{.}0$	$3\overset{d}{.}95$	B3
δ Lib	62.9	2.9	$4\overset{d}{.}8$	$2\overset{d}{.}33$	A0
RZ Cas	57	1.4	$2\overset{d}{.}5$	$1\overset{d}{.}20$	A2
α CrB	> 100 ?	–	–	$17\overset{d}{.}36$	A0

Es gibt nun zwei Möglichkeiten der spektroskopischen Bestimmung von Rotationsgeschwindigkeiten. Bei Bedeckungsveränderlichen kann im Moment der fast vollkommenen Bedeckung der einen durch die andere Komponente die radiale Geschwindigkeit am Sternrand mit Hilfe der Linienverschiebung aufgrund des Doppler-Effekts bestimmt werden. Da diese Systeme zudem noch die Möglichkeit zu Durchmesserbestimmungen bieten, läßt sich sogar die Rotationsperiode ermitteln. Diese Methode liefert zuverlässige Werte.

Um Informationen über die Rotation eines Sterns zu gewinnen, ist es nicht notwendig, daß er ein Bedeckungsveränderlicher ist. Bei rotierenden Sternen bewegt sich der eine Sternrand von uns weg und der andere auf uns zu, vorausgesetzt, die Rotationsachse steht senkrecht oder fast senkrecht auf der Blickrichtung. Das Licht des Sterns wird uns von seiner ganzen uns zugekehrten Fläche aus zugestrahlt. Es geht also von den beiden gegenüberliegenden Randpartien sowie von der Mitte der Scheibe aus. Da aber die Mitte der Scheibe durch die Rotation nur eine tangentiale Bewegung ausführt, liegen die in diesen Partien erzeugten Spektral-Linien in der »Null-Lage« (wenn wir die radiale Geschwindigkeitskomponente der Raumbewegung außer acht lassen). Die in den Randgebieten erzeugten Linien sind durch den Doppler-Effekt gegen die Null-Lage verschoben, und zwar nach dem blauen oder nach dem roten Ende des Spektrums hin, da ja der eine Rand sich auf uns zu und der andere von uns weg bewegt. Dadurch tritt insgesamt eine Verbreiterung der Spektral-Linien ein. Sie werden um so breiter und verwaschener, je höher der Betrag der Rotationsgeschwindigkeit ist.

Mittlere Rotationsgeschwindigkeiten in km s^{-1}
(Sp Spektralklasse)

Sp	Leuchtkraftklasse					
	V	IV	III	II	Ib	Ia
O8	210	180	145	140	130	120
B0	220	155	120	125	110	95
B2	230	150	130	110	80	65
B5	250	170	130	85	35	45
B8	225	160	105	65	40	40
A0	185	125	100	50	45	35
A5	160	175	155	45	45	<30
F0	85	130	130	45	30	
F5	25	55	65	50	<20	
G0	10	15	30	<20	<20	<30
K0	<10	<15	<20	<20	<20	<30

Wie sich aus der Tabelle der mittleren Rotationsgeschwindigkeiten ergibt, werden hohe Rotationsgeschwindigkeiten bei Sternen frühen Spektraltyps, den O-, B- und vor allem bei den Oe- und den Be-Sternen beobachtet. Sie nehmen zu den A- und F-Sternen hin ab

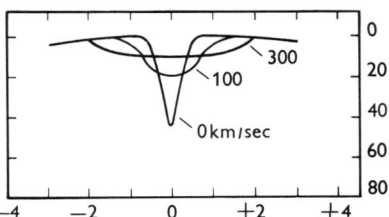

Linienverbreiterung durch Rotation

7.7 Durchmesser, Massen

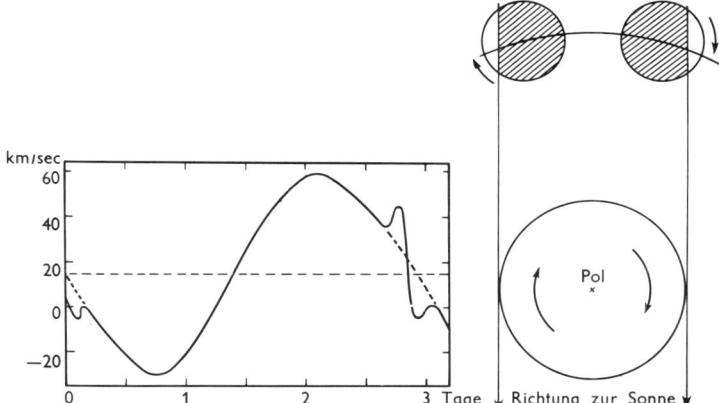

Zur Bestimmung der Rotationsgeschwindigkeiten bei Bedeckungsveränderlichen

und sind klein bei den G-, K- und M-Sternen. Riesen, Überriesen, Cepheiden und Langperiodisch-Veränderliche zeigen keine hohen Rotationsgeschwindigkeiten. Die Emissionslinien der Oe- und der Be-Sterne entstehen in ausgedehnten Gashüllen, die sie umgeben und die sich wahrscheinlich aus der Materie gebildet haben, die diese Sterne wegen ihrer hohen Rotationsgeschwindigkeit am Äquator durch Zentrifugalkräfte verlieren. Damit sind die Emissionslinien in diesen Spektren vermutlich ein Zeichen dafür, daß die Sterne nahe an der Stabilitätsgrenze rotieren.

Die Abnahme der mittleren Rotationsgeschwindigkeiten bei den F-Sternen wird darauf zurückgeführt, daß sich von diesem Spektraltyp an bis zum untern Ende der Hauptsequenz Wasserstoffkonvektionszonen (s. 5.4.1) ausbilden. Das hat zur Folge, daß sich der Stern (wie die Sonne) mit einer Korona umgibt und daß aus dieser »Sternkorona« schließlich Materie in Form eines stellaren Winds abfließt. Unter Mitwirkung von Magnetfeldern wird in einer derartigen, nach außen gerichteten Strömung so viel Drehimpuls transportiert, daß die Sternrotation in der Zeit, die der Stern auf der Hauptsequenz verweilt, merklich abgebremst wird. Da ein entsprechend wirksamer Bremsprozeß bei den früheren Spektralklassen fehlt, sind an ihnen die ursprünglichen Drehimpulse bzw. Rotationsgeschwindigkeiten erkennbar.

7.7.4 Magnetfelder der Sterne

Magnetfelder in kosmischen Lichtquellen lassen sich durch den Zeemann-Effekt der Spektral-Linien nachweisen. Unter diesem Effekt versteht man die Aufspaltung einer Spektral-Linie in mehrere Komponenten, die auftritt, wenn die emittierenden (oder absorbierenden) Atome sich in einem Magnetfeld befinden. Die Strahlung dieser Komponenten ist polarisiert, wobei die Art der Polarisation von der Orientierung des Magnetfelds abhängt. Die Größe der Aufspaltung, d. h. der Abstand der Komponenten, wächst mit der Stärke des Magnetfelds.

Die Bestimmung von Magnetfeldstärken in Sternen mit Hilfe dieses Effekts ist schwierig, da die Aufspaltung meist erheblich kleiner ist als die Breite der Linie und sich dann nur in schwacher Polarisation der Strahlung in den Flanken des Linienkerns äußert. Sterne mit scharfen Linien sind günstige Objekte, und Spektrographen mit hohem Auflösungsvermögen werden benötigt. Die untere Grenze der Nachweisbarkeit stellarer Magnetfelder liegt bei einer magnetischen Flußdichte von etwa 0.02 Tesla.

Man hat bei rund 100 Sternen Magnetfelder gefunden, überwiegend bei solchen, die in die Klasse der Ap-Sterne gehören. Dies sind A-Sterne (im weiteren Sinn Sterne im Spektralbereich B8 bis F0), die der Population I angehören, deren Linien besonders scharf sind und in denen die Linien des Si, Cr, Mn, Sr, Y, Zr und der seltenen Erden in ungewöhnlicher Stärke auftreten. In den Atmosphären der Ap-Sterne sind diese Elemente, verglichen mit der Elementzusammensetzung der Sonne, überhäufig. Dieses Phänomen wird heute auf Entmischungsvorgänge durch selektive Diffusion zurückgeführt. Beim Spektraltyp A1 zeigen etwa 13 % aller Sterne diese Ap-Eigenschaften.

Wie im Fall der Sonne erklärt man auch die Entstehung der stellaren Magnetfelder durch einen entsprechenden Dynamo-Mechanismus. Die gemessenen Stärken der Magnetfelder reichen von der Nachweisgrenze bis zu einigen Zehntel Tesla. Als Extremwert wurde aus den Messungen im Fall des Sterns HD 215 441 sogar eine von 3.4 Tesla abgeleitet.

Alle magnetischen Sterne sind variabel (Spektrum, Magnetfeldstärke und Polarität, z. T. auch Helligkeit), bei einem Teil von ihnen sind die Variationen periodisch. Während die irregulären Variationen heute noch nicht verstanden werden, ist man der Ansicht, daß die periodische Variabilität auf eine Rotation der Sterne zurückzuführen ist. Es wird dabei angenommen, daß der magnetische Dipol, der die Lage der Magnetpole auf dem Stern festlegt, gegen die Rotationsachse geneigt ist. So ist es möglich, daß der Stern bei seiner Rotation der Erde abwechselnd seinen magnetischen Nordpol und seinen magnetischen Südpol zukehrt. Mit diesem Modell des sogenannten »schiefen Rotators« vermag man die Beobachtung zufriedenstellend zu deuten.

Schwache Magnetfelder sind vermutlich bei allen Sternen zu finden. Auch die Sonne hat ein allgemeines, allerdings sehr schwaches Magnetfeld ($10^{-4} \ldots 10^{-3}$ Tesla), das zudem noch mit dem Sonnenfleckenzyklus variiert. Wäre die Sonne in der Entfernung der Fixsterne, so wäre dieses Feld unbeobachtbar.

8 Spezielle Sterntypen

In diesem Kapitel werden einige besondere, zum Teil sehr unterschiedliche Sterntypen behandelt. In 8.1 bis 8.4 sind es die physischen veränderlichen Sterne oder kurz Veränderlichen. Das sind Sterne, die Helligkeitsvariationen aufgrund relativ schneller Änderungen ihrer physikalischen Eigenschaften zeigen. Zu ihnen werden nicht die Bedeckungsveränderlichen gerechnet, bei denen es sich um Doppelsterne handelt, mit einer Helligkeitsvariation, die durch den rein geometrisch-optischen Effekt der Bedeckung einer Doppelsternkomponente durch die andere zustande kommt, und die daher auch als optische Veränderliche bezeichnet werden; auf sie wird in Kapitel 12 eingegangen.

Sterne, deren Spektren sich nicht oder nur schwer in das Schema der Morgan-Keenan-Sequenz der Spektraltypen und Leuchtkraftklassen (s. 7.1.1) einordnen lassen, werden »Pekuliar-Sterne« (engl. peculiar »eigen, besonders«) genannt. Auch die in ihrer Leuchtkraft physisch-veränderlichen Sterne zeigen oft ein Pekuliar-Spektrum und die Pekuliar-Sterne unter Umständen eine Helligkeitsvariation. Zu diesen besonderen Sterntypen zählen unter anderem die Weißen Zwerge (8.6), die Neutronensterne (8.7), die Sterne mit Emissionslinien (8.8) und die Vor-Hauptreihensterne (8.9).

Eine Unterscheidung dieser besonderen Sterntypen wurde erst möglich, als es gelang, die physikalischen Mechanismen und Besonderheiten zu erkennen und zu verstehen, die den Helligkeitsschwankungen oder den speziellen spektralen Merkmalen zugrunde liegen.

8.1 Die physischen Veränderlichen

Veränderliche sind Sterne, bei denen eine oder auch mehrere Zustandsgrößen einer zeitlichen Änderung unterworfen sind. Wir müßten also Spektrum- und Magnetfeld-Veränderliche zu diesen Sternen rechnen, genauso wie die Leuchtkraft-Veränderlichen. Die Veränderungen erfolgen hierbei in Zeiträumen, die kurz sind verglichen mit den langfristigen Veränderungen, die ein Stern während seiner Entwicklung in Millionen oder Milliarden Jahren durchläuft. Beobachtete Zeiträume für solche Veränderungen bewegen sich im Bereich von Millisekunden bis zu einigen Jahren. Wie wir später sehen werden, kann ein Stern während seines Lebens verschiedene Phasen von Veränderlichkeit durchlaufen, die bei unterschiedlichen Entwicklungsstadien auftreten.

Benennung der Veränderlichen

Bevor die verschiedenen Typen von Veränderlichen besprochen werden, soll erst die für alle, auch für Bedeckungsveränderliche, gemeinsame Art der Benennung skizziert werden. Der (offizielle) Name eines Veränderlichen besteht aus einem oder zwei Buchstaben und dem Genitiv des Sternbildnamens, in dem der Veränderliche aufgefunden wurde. Die Buchstabenfolge fängt mit R an, geht über S bis Z, läuft dann mit RR, RS, RT über SS, ST usw. bis ZZ und schließlich von AA, AB bis QZ. Nicht verwendet werden Umkehrkombinationen wie BA, FC oder IB. Wie man sich ausrechnen kann, sind so 334 Buchstabenkombinationen möglich. Sind diese innerhalb eines Sternbilds erschöpft, wird einfach mit Zahlen weitergezählt (unter Voranstellen eines V für Veränderlicher), also V 335, V 336 usw. Viele Veränderliche besitzen neben dem Veränderlichennamen auch noch andere Bezeichnungen. Hierzu gehören die Nummer eines Durchmusterungskatalogs (z. B. GQ Lup ≡ CoD −35° 10525), die fortlaufende Entdeckungsnummer einer Sternwarte (z. B. S 5384, dies ist der 5384. in Sonnenberg entdeckte Veränderliche), die Entdeckungsnummer eines Astronomen oder der Name aus einem Katalog, der Quellen enthält, die in einem anderen als dem sichtbaren Spektralbereich gefunden wurden. So ist z. B. die Röntgenquelle X1636−536 identisch mit V 801 Ara. Die Sternbildnamen werden meist in der in 6.1 gegebenen, aus drei Buchstaben bestehenden Abkürzungsform gebraucht. Für einige wenige Veränderliche wird auch ihr jeweiliger Eigenname benutzt, gleichzeitig gilt dieser auch als Artbezeichnung für eine entsprechende Gruppe von Veränderlichen; es sind dies Mira = o Cet und Algol = β Per.

Ein Katalog aller bekannten Veränderlichen wurde 1948 als *General Catalogue of Variable Stars* in Moskau veröffentlicht (*GCVS*). Die 4. Auflage dieses Katalogs erschien in den Jahren 1985−1990 und enthält 28 540 Veränderliche, die bis einschließlich 1982 bekannt waren. In unregelmäßigen Abständen erscheinende Nachträge ergänzen diesen Katalog fortlaufend. Da die oben skizzierte Benennung der Veränderlichen keinen Unterschied in deren Art macht, stehen auch in diesem Katalog physische neben Bedeckungsveränderlichen.

Als charakteristisches Unterscheidungsmerkmal der einzelnen Veränderlichentypen wird der Lichtwechsel, dargestellt in einer Lichtkurve, angesehen. Darunter versteht man die gegen die Zeit aufgetragenen Helligkeitswerte. Auf der Zeitachse, der Abszisse, ist die Skale des Julianischen Datums (s. 1.9.3) angebracht. Bei periodisch veränderlichen Sternen wird häufig die Lichtkurve über der Phase aufgetragen; aber auch eine Einteilung nach Stunden und Tagen ist üblich. Der Ordinatenmaßstab orientiert sich an der Größe (Amplitude) der Helligkeitsvariation, die nur einige Zehntel, aber auch über zehn und im Extremfall bis zu zwanzig Größenklassen betragen kann. Besondere Punkte einer Lichtkurve sind die Maxima (Werte größter Helligkeit) und die Minima (Werte geringster Helligkeit). Bei einigen Arten von Veränderlichen treten nur Maxima oder nur Minima auf, der Stern befindet sich in der übrigen Zeit im Normallicht. Die typischen Lichtkurven werden hier, zusätzlich zur Besprechung der einzelnen Typen von Veränderlichen, in schematisierter Form gegeben.

Man unterscheidet die physischen Veränderlichen nach der Art der Variation ihrer Zustandsgrößen, d. h. nach dem physikalischen Mechanismus ihrer Variabilität. In der astronomischen Literatur werden verschiedene Klassifikationsschemata verwendet; wir wer-

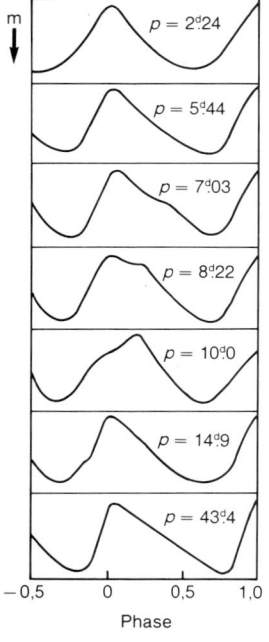

Lichtkurven von 7 klassischen Cepheiden (Cδ) verschiedener Perioden

8.1 Die physischen Veränderlichen

den uns im folgenden an ein von H. Drechsel und T. Herczeg 1989 vorgeschlagenes halten, in dem die einzelnen Variablentypen in vier Gruppen eingeteilt werden. Da ist einmal die sehr mitgliederstarke Gruppe der pulsierenden oder Pulsationsveränderlichen. Der Lichtwechsel dieser Sterne wird durch Pulsationen, d. h. durch mehr oder weniger periodische Expansionen und Kontraktionen der Sterne angeregt. Die zweite, kleinste Gruppe sind die Rotationsveränderlichen, bei denen die Variabilität aufgrund der Rotation des Sterns entsteht. Die dritte Gruppe sind die eruptiven Veränderlichen, deren Lichtwechsel durch Ausbrüche von Gasmassen oder durch Wechselwirkungen zwischen Stern und Materie in seiner Umgebung verursacht werden. Die vierte Gruppe, die jungen irregulären Veränderlichen, sind zumeist Vor-Hauptreihenobjekte, deren Variabilität vor allem auf der Wechselwirkung des Sterns mit einer zirkumstellaren Hülle beruht. Diese Einteilung ist jedoch nur sehr grob. Insbesondere bei der Gruppe der eruptiven Veränderlichen ist eine Vielzahl von unterschiedlichen physikalischen Prozessen für die Variabilität der einzelnen Typen verantwortlich.

8.1.1 Häufigkeiten, Lichtkurven und kurze Charakteristika der Pulsationsverändlichen

Die folgende Tabelle sowie die Erläuterungen dazu geben einen Überblick über die Typen der Pulsationsveränderlichen und die Anzahl ihres Vorkommens im 4. Generalkatalog der veränderlichen Sterne (GCVS), wobei die Bezeichnung der einzelnen Typen und die Angabe ihrer Anzahl entsprechend diesem Katalog erfolgen. Es sollte dazu angemerkt werden, daß die gegebenen Anzahlen nur bedingt ein Maß für die wahre Häufigkeit sein können, denn verschieden große absolute Helligkeiten, verschieden große Amplituden und auch unterschiedlich schnelle Abläufe der Lichtvariation und anderes mehr bestimmen die Entdeckungswahrscheinlichkeit jedes Veränderlichentyps.

Typen der pulsierenden Veränderlichen

Typen	nach GCVS	Anzahl
C	Cepheiden (nicht aufgeschlüsselt)	180
Cδ	Klassische Cepheiden	460
CW	W Virginis-Sterne	173
RR	RR Lyrae-Sterne (nicht aufgeschlüsselt)	1767
RRab	RR Lyrae-Sterne mit asymmetrischen Lichtkurven	3942
RRc	RR Lyrae-Sterne mit fast symmetrischen Lichtkurven	402
SX Phe	Zwergcepheiden	15
δ Sct	δ Scuti-Sterne	206
RV	RV Tauri-Sterne (nicht aufgeschlüsselt)	84
RVa	RV Tauri-Sterne mit konstanter mittlerer Helligkeit	24
RVb	RV Tauri-Sterne mit variierender mittlerer Helligkeit	14
M	Mira-Sterne, Langperiodisch-Veränderliche	5829
SR	Halbregelmäßige Veränderliche (nicht aufgeschlüsselt)	1508

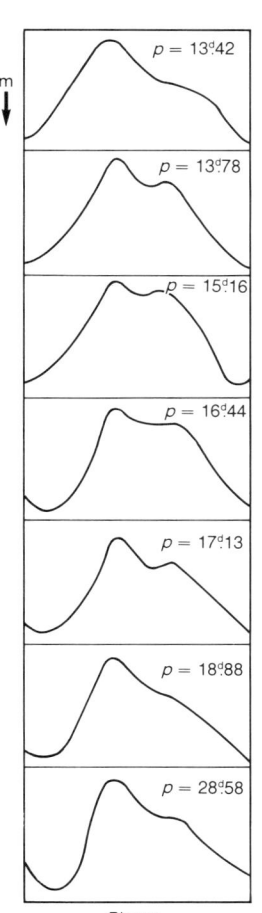

Lichtkurven von 7 galaktischen W Virginis-Sternen (CW) verschiedener Perioden

8 Spezielle Sterntypen

Typen der pulsierenden Veränderlichen (Forts.)

Typen	nach GCVS	Anzahl
SRa	SR-veränderliche Riesen später Spektralklassen	846
SRb	SR-veränderliche Riesen später Spektralklassen mit schwach ausgeprägter Periodizität	896
SRc	SR-veränderliche Überriesen später Spektralklassen	55
SRd	SR-veränderliche Riesen und Überriesen der Spektralklassen F, G, K	79
L	Langsam irreguläre Veränderliche (nicht aufgeschlüsselt)	715
Lb	L-Veränderliche später Spektralklassen (rote Irregulär-Veränderliche)	1607
Lc	Irregulär veränderliche Überriesen später Spektralklassen	69
β C	β Cephei-Sterne (β CMa-Sterne)	89
ZZ	ZZ Ceti-Sterne	22
RCB	R Coronae Borealis-Sterne	37

C   Langperiodische Cepheiden: Periodisch pulsierende Veränderliche hoher Leuchtkraft, mit Perioden von 1 bis 135 Tagen und Amplituden des Lichtwechsels zwischen 0.1 und 2 mag. Periode und Form der Lichtkurve sind in der Regel konstant. Die Radialgeschwindigkeitskurve verläuft praktisch gleich wie die Lichtkurve, d. h. die größten Geschwindigkeiten der expandierenden und kontrahierenden Oberflächenschichten treten zur gleichen Zeit wie die Maxima und Minima der Lichtkurve auf. Spektralklasse im Maximum der Lichtkurve F, im Minimum G...K. Je später der Spektraltyp eines Sterns und je größer die absolute Helligkeit, um so größer die Periode.

Cδ Langperiodisch, klassische Cepheiden: Junge Objekte, die zur Scheibenpopulation des Milchstraßensystems gehören (s. 13.1); sie zeigen mäßige Geschwindigkeiten gegen die Sonne. Periode und Leuchtkraft sind durch eine feste Beziehung verbunden. Mitglieder von offenen Sternhaufen. Typischer Vertreter: δ Cep.

CW   Langperiodische Cepheiden, auch W Virginis-Sterne: Mitglieder der Sternpopulation II des Milchstraßensystems. Sie zeigen gegenüber den Cepheiden der Scheibe Besonderheiten in den Lichtkurven, ferner größere Radialgeschwindigkeiten gegen die Sonne. Die Perioden-Leuchtkraft-Beziehung ist ähnlich wie bei den klassischen Cepheiden (Cδ), jedoch mit verschobenem Nullpunkt; d. h. bei gleicher Periode ist die Leuchtkraft um 1... 2 mag schwächer. Sie sind Mitglieder von Kugelhaufen. Bei großen Perioden ähneln sie den RV Tauri-, bei kleinen Perioden den RR Lyrae-Sternen. Im Periodenintervall 3 ... 10 Tage fehlen sie fast ganz. Typischer Vertreter: W Vir.

RR   Haufenveränderliche, auch kurzperiodische Cepheiden genannt. Pulsierende Riesen, mit Cepheiden-Eigenschaften, im Periodenbereich von 0.2 bis 1.2 Tage, in der Regel der Spektralklasse A oder F angehörend. Die Lichtvariationen überschreiten nicht 1 bis 2 mag. Sie gehören zur Sternpopulation II des Milchstraßensystems. Meist sind Periode und Form der Lichtkurve konstant, es sind aber auch (periodische) Variationen beider Charakteristika bekannt (Blazhko-Effekt).

RRab   RR Lyrae-Sterne mit scharfer Asymmetrie der Lichtkurven. Typischer Vertreter: RR Lyr.

RRc   RR Lyrae-Sterne mit fast symmetrischer, oft sinusförmiger Lichtkurve. Schwierig ist eine Unterscheidung der Lichtkurvenform von der der Bedeckungsveränderlichen vom W UMa-Typ. Typischer Vertreter: SX UMa.

8.1 Die physischen Veränderlichen

SX Phe
: SX Phoenicis-Veränderliche, auch Zwergcepheiden genannt. Kurzperiodische Veränderliche mit Perioden, die kleiner als 0.2 Tage sind. Unterzwerge der Population II oder der alten Scheibenpopulation mit Spektraltypen von A 2 bis F 5. Die Helligkeitsamplituden liegen im Bereich von 0.3 bis 0.8 mag. Sie sind den δ Sct-Sternen sehr ähnlich. Typischer Vertreter: SX Phe.

δ Sct
: δ Sct-Typ-Sterne: Kurzperiodisch pulsierende Veränderliche der späteren spektralen Unterklassen A und der Klasse F. Die Amplituden des Lichtwechsels überschreiten in der Regel nicht 0.1 mag, die Perioden sind höchstens 0.2 Tage. Typischer Vertreter: δ Sct.

RV
: Riesen und Überriesen, ihre Lichtkurven zeigen einen regelmäßigen Wechsel von flachen und tiefen Minima mit Amplituden bis zu 3 mag. Gelegentliche Umkehr der Reihenfolge. Perioden zwischen 30 und 150 Tagen. Spektraltypen von G bis K, vereinzelt M.

RVa
: RV Tauri-Sterne mit konstanter mittlerer Helligkeit. Typische Vertreter: AC Her, V Vul.

RVb
: RV Tauri-Sterne mit periodischer Variabilität der mittleren Helligkeit bis zu 3 mag, über mehrere Jahre sich erstreckend. Typische Vertreter: RV Tau, R Sge.

M
: Mira Ceti-Sterne (Mira-Sterne): Langperiodische Riesenveränderliche mit Amplituden des Lichtwechsels über 2.5 mag, aber auch Amplituden über 5 mag und größere kommen vor. Perioden zwischen 80 und 1000 Tagen. Spektren der späten Spektralklassen Me, Ce, Se, mit charakteristischen Emissionslinien. – Mira-Sterne bilden eine ziemlich inhomogene Gruppe. Typischer Vertreter: o Cet.

SR
: Pulsierende Riesen oder Überriesen mit nicht sehr regelmäßigem Lichtwechsel. Die Periodenlängen sind sehr unterschiedlich, sie bewegen sich in weiten Grenzen zwischen 30 und 1000 Tagen und mehr. Auch die Formen der Lichtkurven sind sehr verschieden bei relativ geringen Amplituden von 1 bis 2 mag.

SRa
: Halbregelmäßige Veränderliche: Riesen der späten Spektralklassen M, C und S. Sie unterscheiden sich nur durch kleinere Amplituden ihres Lichtwechsels und geringere Regelmäßigkeit von den Mira-Sternen. Trotz erheblicher Verlagerung der Maxima und Minima bleiben die mittleren Perioden konstant. Typischer Vertreter: Z Aqr.

SRb
: Halbregelmäßige Veränderliche: Riesen der späten Spektralklassen, deren Periodizität durch Abschnitte völliger Regellosigkeit oder durch das Auftreten von Zyklen wechselnder Länge unterbrochen werden. Die alte Periode wird phasenversetzt wieder aufgenommen. Typische Vertreter: RR CrB, AF Cyg.

SRc
: Halbregelmäßige Veränderliche: Überriesen der Spektralklassen G8 bis M6. Lichtwechsel in Form langgestreckter Wellen meist kleiner Amplitude, unterbrochen durch Stillstände oder kürzere Schwankungen. Repräsentativ für die Scheibenpopulation des Milchstraßensystems. Typische Vertreter: μ Cep, RS Cnc.

SRd
: Halbregelmäßige Veränderliche: Riesen und Überriesen der Spektralklassen F, G, K. Die Lichtkurven verlaufen im allgemeinen in glatten Wellen, unterbrochen durch Störungen von kurzer Dauer. Typische Vertreter: S Vul, UU Her, AG Aur.

L
: Langsam irreguläre Veränderliche: Riesen und Überriesen mit unregelmäßigen Helligkeitsschwankungen. Die Lichtkurven zeigen meist flache Wellen von sehr verschiedener Gestalt und Länge mit Amplituden bis 2 mag.

Lb
: Langsam irreguläre Veränderliche: Rote Riesen und Überriesen der Spektralklassen K, M, C, S. Der mittleren Helligkeit sind fast immer primäre Wellen von sehr langer Dauer überlagert. Typischer Vertreter: CO Cyg.

8 Spezielle Sterntypen

Lc — Irreguläre Veränderliche: Überriesen der späten Spektralklassen. Dem Lichtwechsel ist eine stetige Veränderung der mittleren Helligkeit überlagert. Typischer Vertreter: TZ Cas.

βC — β Cephei-Sterne oder β Canis Majoris-Sterne: Sterne der Spektralunterklassen B0...B3 und der Leuchtkraftklassen III und IV. Sie bilden eine kleine, sehr homogene Gruppe mit Perioden von 0.1 bis 0.6 Tagen Dauer, bei sehr kleinen Amplituden. Typische Vertreter: β Cep, β CMa, γ Peg.

ZZ — Variable Weiße Zwerge mit kurzen Lichtwechselperioden. Eine homogene Gruppe von wasserstoffreichen Weißen Zwergen, Spektrum DA. Die Lichtkurven zeigen Amplituden von 0.01 bis 0.3 mag und Perioden von 200 bis 1200 Sekunden. Typische Vertreter: ZZ Cet, V 411 Tau.

RCB — Diese Sterne hoher Leuchtkraft der Spektralklassen F...K (auch R) zeigen unregelmäßige, plötzlich einsetzende Helligkeitseinbrüche von 1 bis 9 mag infolge von Staubbildung in zirkumstellarer Materie. Die Minima können über Monate bis Jahre eingehalten werden, jedoch zeigen die Sterne in diesem Zustand rasche Helligkeitsschwankungen geringer Amplitude. Prototyp: R CrB.

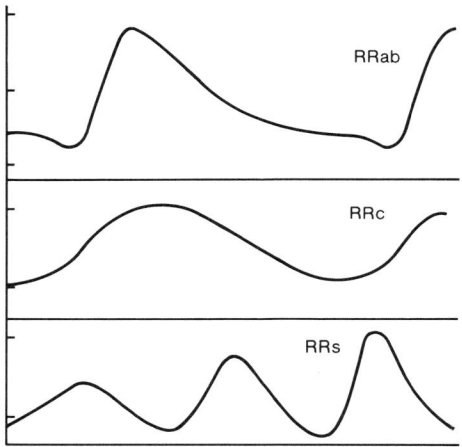

Haupttypen der Lichtkurven von RR Lyrae-Sternen

8.1.2 Rotationsveränderliche

Typen der rotationsveränderlichen Sterne

Typen	nach GCVS	Anzahl
α CV	α² CVn-Typ-Sterne (Magnetfeld-Variable)	163
BY	BY Draconis-Veränderliche	34
ELL	Ellipsoidische Veränderliche	42
FKCOM	FK Comae-Veränderliche	4
PSR	Optisch veränderliche Pulsare	2
SXARI	SX Arietis-Typ-Veränderliche	15

8.1 Die physischen Veränderlichen 273

Lichtkurve des RV Tauri-Sterns R Sge

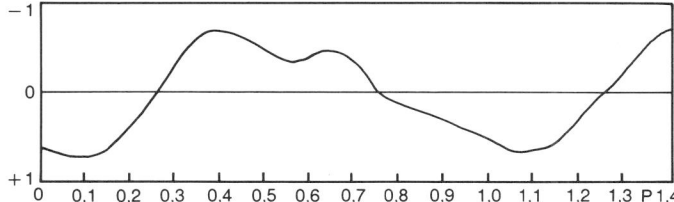

Lichtkurve des Mira-Sterns X Cam

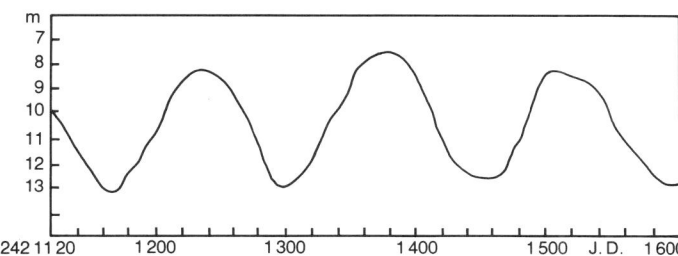

α CV α^2 Canum Venaticorum-Sterne: Sterne der Spektralklassen A0p...A5p, deren Variabilität auf den Einfluß starker stellarer Magnetfelder zurückgeht. Diese Felder, die gegen die Rotationsachse des Sterns geneigt sind, beeinflussen die Struktur der Atmosphäre, insbesondere die Stärke der Fraunhofer-Linien (Zeeman-Effekt). Dadurch ändert sich mit der Periode das Spektrum (Spektrum-Veränderliche) wie auch – zwar in geringem Maß – die Helligkeit (siehe auch 7.7.4). Typischer Vertreter: α^2 CVn.

BY   Kühle Zwergsterne der Spektralklassen dKe...dMe, mit Emissionslinien im Spektrum, die quasiperiodische Variationen mit Perioden von 0.5 bis 120 Tagen und Amplituden bis zu 0.5 mag haben. Ihre Oberfläche hat eine ungleichförmige Helligkeitsverteilung, die durch Sternflecken hervorgerufen wird. Sie zeigen eine starke koronale Aktivität. Viele Flare- und Vor-Hauptreihensterne zeigen die gleiche Art von Variabilität.

ELL   Enge Doppelsterne, die keine Bedeckungen zeigen, bei denen es jedoch auf Grund der ellipsoidischen Verformung einer oder beider Komponenten zu einem Rotationslichtwechsel mit Amplituden $\Delta m \leq 0.1$ mag kommt.

FKCOM   FK Comae Berenicis-Veränderliche: Rasch rotierende Riesensterne in Doppelsternsystemen mit ungleichförmiger Oberflächenhelligkeit und breiten Emissionslinien (Ca II, H und K, Wasserstoff-Balmerserie) im Spektrum. Die Perioden des Lichtwechsels (bis zu einigen Tagen) stimmen mit den Rotationsperioden überein, die Amplituden betragen einige Zehntel Größenklassen.

PSR   Radiopulsare, die auch im optischen Bereich Strahlung aussenden. Rasch rotierende, sehr junge Neutronensterne mit starken Magnetfeldern. Die gepulste Strahlung ist Synchrotronstrahlung. Die Periode des Lichtwechsels, der Amplituden bis zu 0.8 mag erreichen kann, entspricht der Rotationsperiode des Pulsars. Bekanntester Vertreter: CM Tau, der Pulsar im Krebsnebel (s. 8.6).

SXARI   Heiße Hauptreihensterne vom Spektraltyp B0p...B9p mit variabler Stärke der Linien von He I, Si III u. a., manchmal auch Helium-Veränderliche genannt. Die Perioden (ca. 1 Tag) des Lichtwechsels (Amplitude ca. 0.1 mag) stimmen mit der Rotationsperiode überein.

8.1.3 Häufigkeiten, Lichtkurven und kurze Charakteristika der eruptiven Veränderlichen

Typen der eruptiven Veränderlichen

Typen	nach GCVS	Anzahl
SN	Supernovae (galaktische)	7
N	Novae (nicht aufgeschlüsselt)	63
Na	Schnelle Novae	96
Nb	Langsame Novae	35
Nc	Sehr langsame Novae	9
Nr	Wiederkehrende (rekurrierende) Novae	8
UG	Zwergnovae, unklassifiziert	186
UGSS	Zwergnovae vom Typ SS Cygni	84
UGZ	Zwergnovae vom Typ Z Camelopardalis	43
UGSU	Zwergnovae vom Typ SU Ursae Majoris	23
Nl	Nova-ähnliche Systeme	30
X	Röntgendoppelsterne	44
Z And	Z Andromedae-Sterne (Symbiotische Sterne)	47
SDOR	S Doradus-Sterne (Luminous Blue Variables)	15
γ C	γ Cassiopeiae-Sterne	108

SN   Supernova-Ausbrüche sind Extrem-Ereignisse in der Sternentwicklung. Sie beenden die »normale« Entwicklung eines Sterns; s. 8.4.

N   Klassische Novae: Sie zeigen einen plötzlichen Helligkeitsanstieg um 7 bis 19 mag innerhalb weniger Stunden bis einiger Tage. Die Abnahme der Helligkeit setzt kurz nach Erreichen des Maximums ein, erfolgt aber unterschiedlich schnell. Die Praenovae gehören zu den Kataklysmischen Veränderlichen (s. 8.3.1).

Na   Nova mit rasch sich entwickelnden Charakteristika, bei schneller Zunahme der Helligkeit. Der Abstieg von der Maximumshelligkeit um 3 mag erfolgt in weniger als 100 Tagen.

Nb   Nova mit langsamerer Entwicklung. Abnahme der Helligkeit um 3 mag in 100 oder mehr Tagen. Typischer Vertreter: RR Pic.

Nc   Nova mit sehr langsamer Entwicklung, im Maximum um mehrere Jahre verweilend, dann sehr langsam schwächer werdend. Typischer Vertreter: RT Ser.

Nr   Rekurrierende (wiederkehrende) Novae, solche, die sich wie typische Novae verhalten, aber zwei- oder mehrmalige Ausbrüche erleben. Typischer Vertreter: T CrB.

UG   Zwergnovae, deren Untergruppe nicht bekannt ist. Die Zwergnovae gehören zu den Kataklysmischen Veränderlichen; sie zeigen in halbregelmäßigen Abständen Ausbrüche mit Amplituden zwischen 2 und 6 mag (s. 8.3.4).

UGSS   Zwergnovae vom Typ SS Cygni oder U Geminorum (s. 8.3.4).

UGZ   Zwergnovae vom Typ Z Camelopardalis (s. 8.3.4).

UGSU   Zwergnovae vom Typ SU Ursae Majoris (s. 8.3.4).

Nl   Nova-ähnliche Veränderliche (s. 8.3.5): Kataklysmische Veränderliche, von denen kein Ausbruch beobachtet wurde.

Z And   Sterne dieser nicht homogenen Gruppe zeigen meist ein »zusammengesetztes Spektrum«. Neben einem Emissionslinienspektrum hoher Anregung wird auch ein Spektrum eines M-Riesen beobachtet. Symbiotische Sterne sind Doppelster-

8.1 Die physischen Veränderlichen

ne, deren eine Komponente ein kühler Riese oder Überriese des späten Spektraltyps K oder M ist. Die andere Komponente ist ein heißer Stern, entweder ein Weißer Zwerg oder ein Unterzwerg vom Spektraltyp O oder B. Symbiotische Sterne zeigen von Zeit zu Zeit Helligkeitsanstiege, deren Amplitude mehrere Größenklassen betragen kann. Prototyp: Z And.

SDOR S Doradus- oder Hubble-Sandage-Veränderliche, die jetzt als »Luminous Blue Variables« (leuchtkräftige blaue Veränderliche) bezeichnet werden: Überriesen mit extrem hohen Leuchtkräften ($-7\overset{m}{.}5$ bis $-9\overset{m}{.}5$) und irregulären Lichtvariationen. Typischer Vertreter: S Dor in der Großen Magellanschen Wolke.

γ C Sterne der Spektralklasse BeIII...V, meist schnell rotierend. Prototyp: γ Cas.

Lichtkurve von SS Cyg

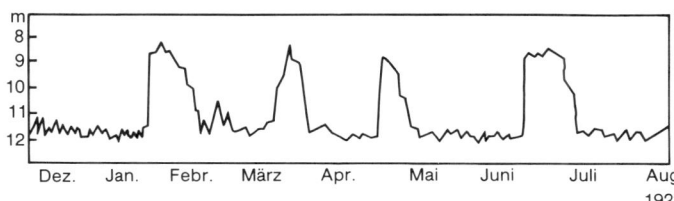

Lichtkurve von Z Cam

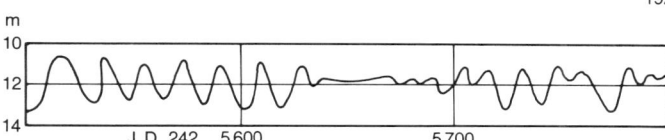

Lichtkurve des nova-ähnlich Veränderlichen BF Cyg

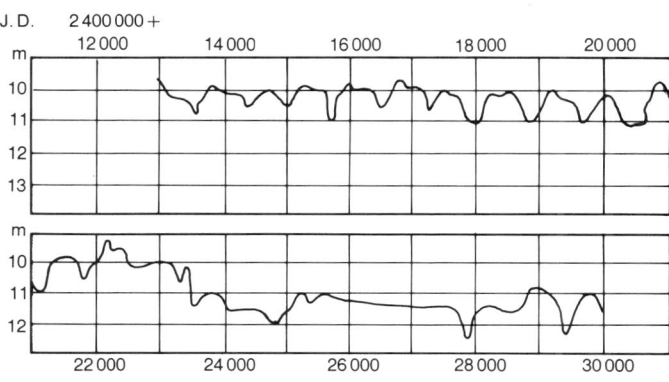

Lichtkurve von Z And

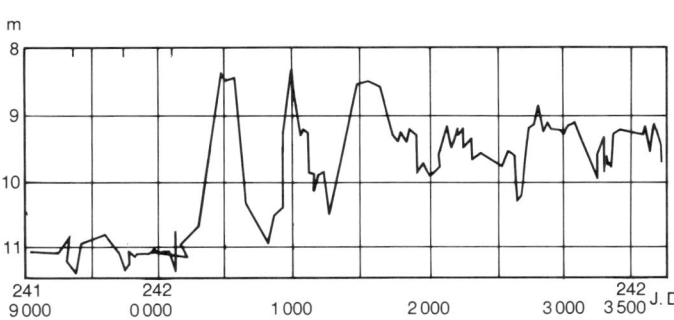

8 Spezielle Sterntypen

8.1.4 Junge irreguläre Veränderliche

Die Klassifikation der Sterne in der Gruppe der jungen irregulären Veränderlichen im GCVS ist besonders inhomogen, da sie nur nach phänomenologischen photometrischen Kriterien erfolgte. Eine physikalische Klassifizierung geht quer durch alle Gruppen hindurch; so gehören z. B. die RW Aurigae-Sterne (Is im GCVS) zu der Gruppe der Vor-Hauptreihensterne geringer Masse, die als T Tauri-Sterne (InT im GCVS) bezeichnet werden. Sie werden in 8.9 ausführlich besprochen.

Typen der jungen irregulären Veränderlichen

Typen	nach GCVS	Anzahl
Ia	Unregelmäßige Veränderliche früher Spektralklassen	29
In, Is	Orion-Veränderliche (viele Untergruppen im GCVS)	1224
I	Verschiedene Typen unregelmäßiger Veränderlicher	192
FU	FU Orionis-Veränderliche	3
UV	UV Ceti-Sterne (Flare-Sterne)	745
UVn	UV Ceti-Sterne in Verbindung mit Nebel	399

Ia — Sterne früher Spektralklassen (O ... A). Sehr heterogene Gruppe von Objekten. Typischer Vertreter: BU Tau (Pleione).

In, Is — Orion-Veränderliche, T Tauri-, YY Orionis-, RW Aurigae-Sterne, auch Nebel-Veränderliche genannt: Hauptreihensterne und Unterriesen der Spektralklassen B ... M, mit Emissionslinien im Spektrum. Diese Sterne zeigen unregelmäßige Lichtänderungen, die oft durch Ruhepausen konstanten Lichts unterbrochen werden. Bei schneller Lichtvariation wird das Symbol »s« hinzugefügt. Die Helligkeitsamplituden können bis zu 4 mag betragen. Auffallend ist das Vorkommen dieser Sterne in Gruppen (Assoziationen; s. 12.2.1), in Verbindung mit hellen und dunklen Nebeln. Typische Sterne dieser Klasse, die auch Prototypen einer Unterteilung sind: T Ori, OH Ori, T Tau, YY Ori, RW Aur (s. 8.9).

I — Irreguläre Veränderliche, die bisher nicht klassifiziert werden konnten. Besonders inhomogene Gruppe.

FU — FU Orionis-Sterne: T Tauri-Sterne, die einen starken Anstieg der Helligkeit um bis zu 6 Größenklassen innerhalb weniger Wochen zeigen. Die darauf folgende Abnahme der Helligkeit erstreckt sich über Jahrzehnte.

UV — UV Ceti, auch Flare-Sterne: Zwerge der Spektralklassen dM3e ... dM6e mit raschem, kurzem Aufleuchten (Flares); Amplituden von 1 bis 6 mag. Der Helligkeitsausbruch dauert nicht länger als einige zehn Minuten. Prototyp: UV Cet.

8.1.5 Kleiner Veränderlichen-Katalog

Verzeichnis der veränderlichen Sterne, deren Maximalgröße heller als 6^m angegeben wird, und deren Amplitude $0\overset{m}{.}25$ übersteigt. Ausgenommen sind Novae sowie die Sterne η Car und P Cyg (nach C. Hoffmeister). Mit aufgenommen sind Bedeckungsveränderliche (Typen EA, EB, EW, E; E von engl. eclipsing variable, s. Kap. 12.1.6).

8.1 Die physischen Veränderlichen

Name		Grenzgrößen		Typ	Periode	Spektrum
λ	And	4.^m9	5.^m3	SR?	54^d	G8
η	Aql	4.^m1	5.^m4	Cδ	7.177	F6
48	(RT) Aur	5.^m0	5.^m8 v	Cδ	3.728	F4
ε	Aur	3.^m5	4.^m5	EA	9892	F0ep
ζ	Aur	5.^m0	5.^m6	EA	972	K4 + B7
29	(UW) CMa	4.^m5	4.^m8	EB	4.393	O8+O8
27	(EW) CMa	4.^m3	4.^m6	I?	–	B4e
FW	CMa	5.^m0	5.^m3	γC	–	B3e
R	Car	3.^m9	10.^m0 v	M	309	M4e
S	Car	4.^m5	9.^m9 v	M	149.5	K7e
l	Car	3.^m4	4.^m1 v	Cδ	35.522	F6
γ	Cas	1.^m6	3.^m0 v	γC	–	B0e
ϱ	Cas	4.^m1	6.^m2 v	RCB?	–	F8p
μ	Cen	2.^m9	3.^m4 v	γC	–	B2
δ	Cep	3.^m5	4.^m3 v	Cδ	5.366	F5
μ	Cep	3.^m6	5.^m1 v	SR	–	M2e
o	Cet	2.^m0	10.^m1 v	M	331.9	M5e
ε	CrA	4.^m7	5.^m0 v	EW	0.591	F0
T	Cyg	5.^m0	5.^m5 v	L?	–	K3
o¹	(V 695) Cyg	4.^m9	5.^m3	EA	3784	K4 + B4
f¹	(V 832) Cyg	4.^m5	4.^m9 v	γC	–	B2e
χ	Cyg	3.^m3	14.^m2 v	M	407	S7e
β	Dor	3.^m5	4.^m1 v	Cδ	9.842	F4
ζ	Gem	3.^m7	4.^m2 v	Cδ	10.151	F7
η	Gem	3.^m3	3.^m9 v	SR (E)	233 (2984)	M3
β	Gru	2.^m0	2.^m3 v	L?	–	M3
α	Her	3.^m0	4.^m0 v	SR	–	M5
u	Her	4.^m6	5.^m3	EB	2.051	B3 + B5
R	Hor	4.^m7	14.^m3 v	M	404	M5e
R	Hya	4.^m0	10.^m0 v	M	390	M6e
EW	Lac	5.^m0	5.^m3	γC	–	B3ep
R	Leo	4.^m4	11.^m3 v	M	312	M6e
RX	Lep	5.^m0	7.^m0 v	SR	150±	M4
δ	Lib	4.^m9	5.^m9 v	EA	2.327	A0
13	(R) Lyr	3.^m9	5.^m0 v	SR	46	M5
β	Lyr	3.^m3	4.^m3 v	EB	12.914	B8p
ε	Oct	5.^m0	5.^m4 v	SR	55±	M6
χ	Oph	4.^m2	5.^m0	γC	–	B2pe
U	Ori	4.^m8	12.^m6 v	M	372	M6e
α	Ori	0.^m4	1.^m3 v	SR	2335	M2e
κ	Pav	3.^m9	4.^m8 v	CW	9.088	F5
λ	Pav	3.^m4	4.^m3 v	γC	–	B2e
β	Peg	2.^m3	2.^m7 v	L	–	M2e
β	Per	2.^m1	3.^m4 v	EA	2.867	B8
ϱ	Per	3.^m3	4.^m0 v	SR	50±	M4
ζ	Phe	3.^m9	4.^m4	EA	1.670	B6 + B8
δ	Pic	4.^m6	4.^m9 v	EB	1.673	B0
47	(TV) Psc	4.^m6	5.^m4 v	SR	65±	M3
V	Pup	4.^m7	5.^m2	EB	1.454	B1 + B3
KQ	Pup	4.^m9	5.^m2 v	?	–	M2e+B2e
MX	Pup	4.^m6	4.^m9	γC	–	B2e
L₂	Pup	2.^m6	6.^m2 v	SR	140	M5
W	Sgr	4.^m3	5.^m1 v	Cδ	7.595	F4
3	(X) Sgr	4.^m2	4.^m8 v	Cδ	7.012	F5

Kleiner Veränderlichen-Katalog (Forts.)

Name		Grenzgrößen		Typ	Periode	Spektrum
RR	Sco	5ᵐ0	12ᵐ4 v	M	279^d	M6e
α	Sco	0ᵐ9	1ᵐ8 v	SR	1733	M1
μ^1	Sco	2ᵐ8	3ᵐ1	EB	1.440	B2 + B7
R	Sct	4ᵐ4	8ᵐ2 v	RV	140	G0e
δ	Sct	4ᵐ9	5ᵐ2	δSc	0.194	F3
d	Ser	4ᵐ9	5ᵐ9 v	?		G0+A6
28	(BU) Tau	4ᵐ8	5ᵐ5 v	γC	–	B8ep
λ	Tau	3ᵐ3	3ᵐ8	EA	3.953	B3 + A4

Typbezeichnung (internationale Abkürzungen):

EA	Algol
EB	β Lyrae
EW	W Ursae Majoris
E	Bedeckungsstern (eclipsing variable), Untertypus unbekannt
Cδ	δ Cephei
CW	W Virginis
δ Sc	δ Scuti
M	Mira
RV	RV Tauri
SR	Halbregelmäßig (semi-regular)
L	Unregelmäßig (später Spektraltypus)
I	Unregelmäßig (früher Spektraltypus)
γC	γ Cassiopeiae
RCB	R Coronae Borealis

Größenklassenangaben: v bedeutet visuell, sonst photographisch

8.2 Pulsationsveränderliche

8.2.1 Typeneinteilung, Vorkommen im Hertzsprung-Russell-Diagramm

Sterne können nur existieren, wenn zwischen den Druckkräften der heißen Sternmaterie, die den Stern auseinandertreiben würden, und den Kräften der Gravitation, die den Druckkräften entgegenwirken, ein Gleichgewicht besteht. (s. 9.2.1). Im einfachsten Fall verharrt der Stern in diesem Gleichgewicht, es ist aber auch möglich, daß er Schwingungen ausführt, vergleichbar etwa einem Pendel, das um seine Ruhelage schwingt. Die Grundform der Sternschwingungen wäre ein Pulsieren, also eine Folge von Expansionen und Kontraktionen. Es sind aber auch komplizierte Schwingungsformen möglich, bei denen der Stern seine Kugelgestalt nicht beibehält.

Ob ein Stern tatsächlich pulsiert, hängt davon ab, ob es einen Mechanismus gibt, der Schwingungen anregt. Die Voraussetzung dafür wäre, daß der Bewegung im Mittel mehr Energie zugeführt würde, als sie durch Reibungsverluste einbüßt. Ob es Prozesse gibt, die dies leisten, hängt vom inneren Aufbau des Sterns ab und damit von seiner Lage im Hertzsprung-Russell-Diagramm (s. 9.2.3).

8.2 Pulsationsveränderliche

Es gibt in diesem Diagramm einen schmalen Streifen, in dem Pulsationen angeregt werden können. Er beginnt bei den Weißen Zwergen des Spektraltyps DA, durchschneidet die Hauptsequenz im Bereich der A5-Sterne und erstreckt sich bei zunehmender Helligkeit der Sterne über den Spektraltyp F bis zu den späten G-Überriesen. In diesem sogenannten Cepheiden-Streifen liegen allein fünf verschiedene Typen von Pulsationsveränderlichen: die veränderlichen Weißen Zwerge vom Spektraltyp DA (ZZ Ceti-Veränderliche), die Zwergcepheiden (δ Scuti-Veränderliche), die Haufenveränderlichen (RR Lyrae-Veränderliche), die Cepheiden der Population II (W Virginis-Veränderliche) und schließlich die klassischen Cepheiden (δ Cephei-Veränderliche). Bei diesen Sternen – vielleicht mit Ausnahme der ZZ Ceti-Veränderlichen – rührt die Variabilität daher, daß in ihnen wegen der Ionisation der He$^+$-Schicht (bei Temperaturen von etwa 40 000 K) die Stabilität des Energietransports (s. 9.2.3) nicht gegeben ist.

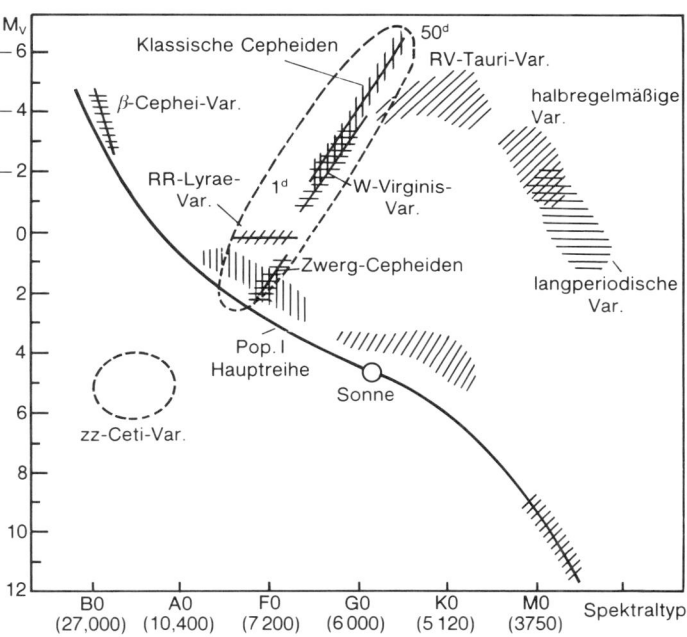

Vorkommen verschiedener Veränderlicher im Hertzsprung-Russell-Diagramm

Außerhalb dieses Streifens der Instabilität findet man im Bereich der B-Sterne die β Cephei-Veränderlichen, die auch als β Canis Majoris-Sterne bezeichnet werden, und deren Antriebsmechanismus noch unverstanden ist. Anderseits gibt es im Gebiet der späten Riesen und Überriesen veränderliche Sterne vom RV Tauri-Typ und schließlich auch die Mira-Sterne und ähnliche Objekte. Bei ihnen dürfte die Zone der Wasserstoffionisation die für die Pulsation notwendige Energie liefern.

8.2.2 Bemerkungen zum Mechanismus der Pulsation

1879 vermutete A. Ritter, daß die Helligkeitsschwankungen eines Teils der Veränderlichen durch radiale Pulsationen und die damit verbundenen Variationen der Oberflächentemperatur verursacht werden könnten. Er schätzte für sehr schematisierte Sternmodelle die Perioden P derartiger Pulsationen ab und zeigte, daß P proportional zu $1/\sqrt{G\bar{\varrho}}$ sein sollte. G ist hierin die Gravitationskonstante $(6.67 \cdot 10^{-11} \text{ m}^3 \text{ s}^{-2} \text{ kg}^{-1})$ und $\bar{\varrho}$ die mittlere Dichte des Sterns. Die grundlegende Aussage der Theorie, nämlich daß die Periode P (in Tagen) mit abnehmender mittlerer Dichte $\bar{\varrho}$ gemäß $P \sim 1/\sqrt{\bar{\varrho}}$ zunimmt, ist durch die Beobachtung bestätigt worden. Es ist üblich, diese Relation in der Form

$$P = Q\sqrt{\varrho_\odot/\bar{\varrho}}$$

Zustandsgrößen der Cepheiden

$\log \dfrac{P}{\text{Tage}}$	$\overline{M}_v$	$\overline{M}_B$	Sp max	Sp min	$\Delta M_v = \Delta m_v$	$\overline{B-V}$	$\Delta(B-V)$	$\log \dfrac{M}{M_\odot}$	$\log \dfrac{R}{R_\odot}$	$\log \dfrac{L}{L_\odot}$
Klassische Cepheiden (Cδ),			Population I,		$Q = 0.036$					
0.4	−2.6	−2.2	F5	F8	0.4	+0.42	0.13	0.8	1.4	3.0
0.6	−3.0	−2.5	F5	G1	0.6	+0.52	0.22	0.9	1.6	3.2
0.8	−3.5	−2.9	F6	G3	0.8	+0.60	0.32	0.9	1.8	3.5
1.0	−3.9	−3.2	F6	G3	0.8	+0.68	0.43	1.0	2.0	3.6
1.2	−4.4	−3.6	F7	G8	1.0	+0.76	0.55	1.1	2.1	3.8
1.4	−4.8	−4.0	F7	K1	1.3	+0.81	0.64	1.2	2.3	4.0
1.6	−5.3	−4.4	F8	K1	1.4	+0.88	0.67	1.3	2.5	4.2
W Virginis-Sterne (CW),			Population II,		$Q = 0.160$					
0.4	−1.3	−0.9	F2	F5	0.6	+0.4	0.1	0.6	1.4	2.4
0.6	−1.8	−1.3	F3	F8	0.6	+0.5	0.2	0.7	1.6	2.6
0.8	−2.2	−1.6	F4	G0	0.7	+0.6	0.3	0.7	1.7	2.8
1.0	−2.7	−2.0	F5	G1	0.7	+0.7	0.4	0.8	1.9	3.0
1.2	−3.1	−2.3	F6	G3	0.8	+0.8	0.5	0.9	2.0	3.2
1.4	−3.5	−2.7	F7	G4	0.9	+0.8	1.0	1.0	2.1	3.4
1.6	−4.0	−3.1	F7	G5	1.0	+0.9	0.7	1.0	2.3	3.6
Haufenveränderliche (RR),			Population II,		$Q = 0.075$					
−0.6	+0.6	+0.7	A4	A9				0.3	0.6	1.9
−0.4	+0.6	+0.7	A5	F1	1.3	+0.15	0.35	0.3	0.7	1.9
−0.2	+0.5	+0.7	A5	F2	0.9	+0.20	0.22	0.4	0.9	1.8
0.0	+0.5	+0.7	A7	F3	0.6	+0.25	0.1	0.4	1.0	1.8
Zwerg-Cepheiden (δ Sc),			Population I,		$Q = 0.045$					
−1.2	+4		A2		0.5	+0.11	0.14			
−1.0	+3		A4		0.5	+0.15	0.14			
−0.8	+2		A7		0.5	+0.18	0.14			
β Canis-Majoris-Sterne (β CMa),			Population I,		$Q = 0.027$					
−0.8	−3.0	−3	B2		0.1	−0.2		1.5		3.8
−0.6	−4.5	−4	B1		0.1	−0.2		1.7		4.2

8.2 Pulsationsveränderliche

Zeitliche Änderung der Helligkeit, der Temperatur, des Spektraltyps, der Radialgeschwindigkeit, des Radius und der Größe der Oberfläche bei δ Cephei-Sternen (nach Hoffmeister)

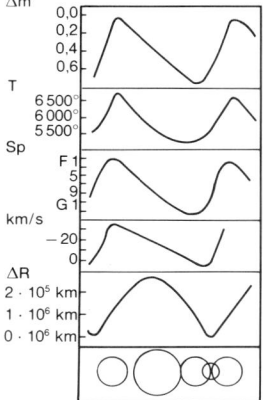

zu verwenden, wobei $\varrho_\odot = 1.409$ g cm^{-3} die mittlere Dichte der Sonne ist. Der Wert des Koeffizienten Q (in Tagen, Pulsationskonstante) hängt von den Einzelheiten der Druck- und Temperaturschichtung im Sterninnern ab. Sein Wert ist daher für die einzelnen Typen von Pulsationsveränderlichen verschieden (s. Tab.).

Als Folge der Sternpulsation ist auch die Radialgeschwindigkeit variabel. Während der Phase der Expansion (Kontraktion) beobachtet man Doppler-Verschiebungen der Spektral-Linien in Richtung höherer (niedrigerer) Frequenzen, also nach blau (rot). Es ist durch die Messung der Doppler-Effekte also möglich, in jeder Phase der Pulsation die Geschwindigkeit zu bestimmen, mit der sich die Sternoberfläche auf und ab bewegt. Kennt man aber die Geschwindigkeiten, so lassen sich auch die periodisch zurückgelegten Wege berechnen (durch Integration). Man erhält damit etwa die Differenz $D = R_1 - R_2$ der Sternradien zu verschiedenen Zeitpunkten t_1 und t_2. Wählt man diese Zeitpunkte so, daß zu ihnen die Farben und damit auch die Temperaturen übereinstimmen, so liefert der Vergleich der Helligkeiten (die dann nur von den Größen der Sternoberflächen abhängen) das Verhältnis der Sternradien, $V = R_1/R_2$. In Verbindung mit der durch die Radialgeschwindigkeitsmessung erhaltenen Differenz D können damit schließlich die Radien selber bestimmt werden:

$$R_1 = DV/(V+1) \quad \text{und} \quad R_2 = D/(V-1).$$

Die Anforderungen an die Qualität der Beobachtungen sind bei diesem auf Wesselink zurückgehenden Verfahren allerdings erheblich.

In der Regel fällt der Zeitpunkt, zu dem der pulsierende Stern seine minimale Ausdehnung hat, nicht mit dem Zeitpunkt seiner kleinsten Helligkeit zusammen, sondern liegt zeitlich etwas später, etwa in der Mitte des Zeitintervalls, in dem die Helligkeit wieder ansteigt. Das bedeutet, daß weniger die Größe der Sternoberfläche die Helligkeit des Sterns bestimmt als vielmehr deren Temperatur. Das ist auch daran zu erkennen, daß während der Pulsation die Oberflächen sich nur um etwa 20 bis 50 % ändern, während die Helligkeiten der Sterne um 200 bis 300 % variieren. Schließlich zeigen Beobachtungen, etwa der klassischen Cepheiden, auch direkt, daß mit der Helligkeit auch der Spektraltyp und der Farbindex (beides Indikatoren für die Oberflächentemperatur) sich in der Weise ändern, daß sie im Helligkeitsmaximum höhere, im Minimum tiefere Temperaturen anzeigen (s. Tab.).

Spektraltyp Sp und Farbindex (B−V) von klassischen Cepheiden (Cδ-Variable)

Stern	Periode	Sp max	Sp min	(B−V) max	(B−V) min
SU Cas	1$^\text{d}$94	F5	F7	0$^\text{m}$36	0$^\text{m}$52
δ Cep	5$^\text{d}$37	F5	G2	0$^\text{m}$35	0$^\text{m}$80
η Aql	7$^\text{d}$18	F6	G4	0$^\text{m}$43	0$^\text{m}$88
ϱ Gem	10$^\text{d}$15	F7	G3	0$^\text{m}$62	0$^\text{m}$90
χ Cyg	16$^\text{d}$38	F7	G8	0$^\text{m}$51	1$^\text{m}$17
T Mon	27$^\text{d}$01	F7	K1	0$^\text{m}$57	1$^\text{m}$17

Im Gegensatz zu den klassischen Cepheiden müssen bei den heißen, kurzperiodischen β Canis Majoris-Sternen (auch β Cephei-Sterne genannt) die Helligkeitsschwankungen vorwiegend auf Schwankungen der Größe der Sternoberfläche zurückgeführt werden, sie sind jedoch nur gering ($\leq 0\overset{m}{.}2$). Dagegen sind die Änderungen der Radialgeschwindigkeiten zum Teil erheblich (≤ 150 km/s). β CMa-Sterne haben häufig doppelte Perioden, was als das Resultat der Wechselwirkung der Pulsationen mit der raschen Rotation dieser Sterne angesehen wird. Im übrigen findet man bei den β CMa-Sternen wie auch bei den veränderlichen Weißen Zwergen (ZZ Ceti-Sterne) keine rein radiale Pulsation. Bei ihnen sind neben dieser Grundschwingung der Sterne auch höhere Schwingungszustände angeregt.

8.2.3 Die Perioden-Leuchtkraft-Beziehung

1912 bemerkte H. Leavitt bei der Reduktion von Beobachtungen, daß mit wachsender (mittlerer) absoluter Helligkeit bzw. mit wachsender Leuchtkraft der Cepheiden auch die Länge ihrer Pulsationsperioden zunimmt. H. Shapley erkannte damals sofort die

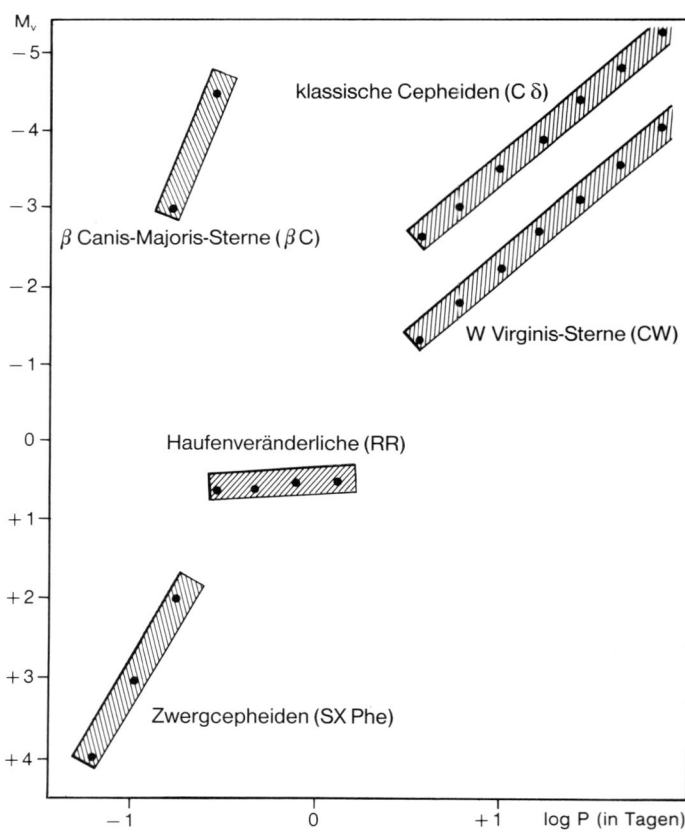

Perioden-Leuchtkraft-Beziehungen von Pulsationsveränderlichen

8.2 Pulsationsveränderliche

Bedeutung dieser Perioden-Leuchtkraft-Beziehung für die Bestimmung der Entfernungen dieser Pulsationsveränderlichen, und damit auch der Sternsysteme, in denen sie beobachtet werden (s. 14.4).

Die Perioden-Leuchtkraft-Beziehung wurde bei Cepheiden in der Kleinen Magellanschen Wolke entdeckt, von denen man annehmen konnte, daß ihre Entfernungen etwa gleich groß sind und daß daher für sie ein gemeinsamer Entfernungsmodul $m - M$ verwendet werden darf. Schwierig war die Festlegung der absoluten Helligkeiten selbst, d. h. die Fixierung des Nullpunkts der Helligkeitsskale, für die eine unabhängige Bestimmung der Entfernung erforderlich ist. Man benutzt hierzu Cepheiden aus unserm eigenen galaktischen System.

Es hat sich gezeigt, daß die verschiedenen Typen der Cepheiden sich auch in ihren Perioden-Leuchtkraft-Beziehungen unterscheiden. Dies rührt von Unterschieden in ihrem innern Aufbau her (unterschiedliche Entwicklungsphasen, Unterschiede in der Populationszugehörigkeit und damit in der chemischen Zusammensetzung).

8.2.4 Halb- und Langperiodische Veränderliche

Im Hertzsprung-Russell-Diagramm schließt sich im Gebiet der Riesensterne und der Überriesen an den Streifen der Cepheiden-Instabilität ein Bereich an, in dem ebenfalls Variabilität vorkommen kann. In ihm liegen (in Richtung abnehmender Temperatur) die RV Tauri-Veränderlichen, die halbregelmäßigen Veränderlichen (etwa vom Typ μ Cep) und schließlich die langperiodischen Veränderlichen vom Mira-Typ (o Cet).

Bei den RV Tauri-Sternen (Spektraltyp etwa F8 ... G1 im Maximum und G5 ... K3 im Minimum) gibt es einen relativ unregelmäßigen Lichtwechsel, den man auf die Überlagerung zweier Perioden zurückzuführen versucht. Die kürzeren der beiden Perioden liegen im Bereich 30 ... 150 Tage, die längeren im Bereich 700 ... 2300 Tage.

Zu späteren Spektralklassen hin wird die Tendenz zur Variabilität größer, die Zusammenhänge werden zugleich aber auch zunehmend komplizierter. Die langperiodischen Veränderlichen vom Mira-Typ (Prototyp: Mira = o Cet, Spektralklasse M5e ... M9e) kommen sowohl in der normalen Spektralsequenz vor, als auch in den Nebensequenzen der S- und der C-Sterne (s. 7.1.1). Für die Mira-Sterne sind große Helligkeitsamplituden (mindestens 2^m) charakteristisch, desgleichen lange Perioden, im Bereich 40 ... 800 Tage, deren Mittelwert bei etwa 300 Tagen liegt.

Die großen Helligkeitsamplituden werden verständlich, wenn man sich klar macht, daß bei tiefen Oberflächentemperaturen die Abstrahlung im sichtbaren Spektralbereich sehr stark von Temperaturänderungen beeinflußt wird. Erhöht man beispielsweise die Temperatur eines Körpers von 1800 K auf 2300 K, also nur um etwa 25 %, so wächst seine Abstrahlung im Spektralbereich zwischen 400 nm und 700 nm um einen Faktor 13. Im Infraroten, dem

Bereich, in dem die Helligkeit dieser kühlen Sterne am größten ist, ist die Variation der Helligkeit der Mira-Sterne mit maximal 2.5 mag deutlich kleiner als im Sichtbaren.

Abgesehen von dem bisher betrachteten direkten Einfluß der Temperatur auf die Ausstrahlung gibt es noch einen andern, kaum weniger wichtigen, indirekten Effekt: Die Konzentration der verschiedenen Moleküle und eventuell auch die von kondensierter Materie (Staub) in den Atmosphären dieser Sterne hängt außerordentlich empfindlich von der Temperatur ab. Damit kann bei Temperaturschwankungen die Durchsichtigkeit der Atmosphäre stark verändert werden. Die Rückwirkungen dieses Effekts auf die Lichtkurven in den verschiedenen Spektralbereichen sind noch wenig erforscht.

Bei vielen Roten Riesen und Überriesen ist durch spektroskopische Methoden ein Masseverlust in der Größenordnung $10^{-7} \ldots 10^{-6} \, M_\odot$/Jahr nachgewiesen worden. Die Frage, ob es einen Zusammenhang zwischen Masseverlust und Pulsation gibt, ist noch nicht geklärt.

8.3 Die eruptiven Veränderlichen

Obwohl die Gruppe der eruptiven Veränderlichen zahlenmäßig sehr viel kleiner ist als die der Pulsationsveränderlichen, ist sie doch, wie oben schon erwähnt, sehr viel heterogener, da mehrere unterschiedliche physikalische Prozesse für die Variabilität verantwortlich sind.

Ein charakteristisches Merkmal dieser Gruppe ist, daß die Helligkeitsänderungen sporadisch und mehr oder weniger abrupt erfolgen. Verbunden sind sie zumeist mit dem Auswurf von Gasmassen. Die Amplitude des Lichtwechsels erstreckt sich über einen weiten Bereich, von relativ schwachen Flares, die durch magnetische Sternaktivität hervorgerufen werden, über die Ausbrüche von Zwergnovae, die auf der Instabilität einer Akkretionsscheibe beruhen, die Ausbrüche von klassischen Novae, die durch explosionsartig einsetzende Kernreaktionen entstehen, bis hin zu einem Supernova-Ausbruch, bei dem ein ganzer Stern explodiert.

Eine gemeinsame Eigenschaft mehrerer Gruppen der eruptiven Veränderlichen ist, daß sie halbgetrennte enge Doppelsterne sind. Hierzu gehören die Kataklysmischen Veränderlichen, die Röntgendoppelsterne und die symbiotischen Systeme. Bei diesen Objekten ist der Abstand der beiden Komponenten von der Größenordnung des Sternradius der größeren Komponente, wodurch sich aufgrund der gegenseitigen Gravitationswirkung starke Gezeitenkräfte ergeben, die zu Materieabströmungen und Materieaustausch zwischen den beiden Komponenten führen. Die eruptiven Lichtwechsel sind dann letztendlich eine Folge des Materieaustauschs zwischen den beiden Systemen. Eine nähere Beschreibung der Konfiguration enger Doppelsterne findet man im Kapitel 12.1.7.

8.3 Die eruptiven Veränderlichen

8.3.1 Kataklysmische Veränderliche

Die größte Gruppe innerhalb dieser halbgetrennten Systeme sind die Kataklysmischen Veränderlichen, deren Name sich vom griechischen κατακλυσμός herleitet, was »Überschwemmung« oder »Sintflut« bedeutet. Die Kataklysmischen Veränderlichen bestehen aus mehreren Untergruppen: den klassischen Novae, den rekurrierenden Novae, den Zwergnovae, den nova-ähnlichen Veränderlichen und den magnetischen Systemen, die AM Herculis-Sterne oder »Polare« genannt werden. Unterschieden werden sie einmal nach ihrem photometrischen Verhalten, d. h. ob Ausbrüche vorhanden sind oder nicht, und falls solche vorhanden sind, mit welcher Frequenz und Amplitude, die ein Maß für die freigesetzte Energie ist, diese auftreten. Ein weiteres Unterscheidungsmerkmal ist die Stärke des Magnetfelds, das in diesen Systemen vorhanden ist.

Charakteristische Eigenschaften Kataklysmischer Veränderlicher

	Novae	rekurrierende Novae	Zwergnovae
Absolute phot. Helligkeit im Maximum/mag	-10 bis -6	-9 bis -5	$+0$ bis $+3$
Beim Ausbruch abgestrahlte Energie/J	10^{37} bis 10^{38}	10^{36} bis 10^{37}	10^{31} bis 10^{32}
Helligkeitsamplitude/mag	9 bis >14	7 bis 9	2 bis 6
Abgestoßene Masse/$M_\odot$	10^{-5} bis 10^{-3}	10^{-5}	?
Rekurrenzzeit/a	10^3 bis 10^6	10 bis 100	0.03 bis 3

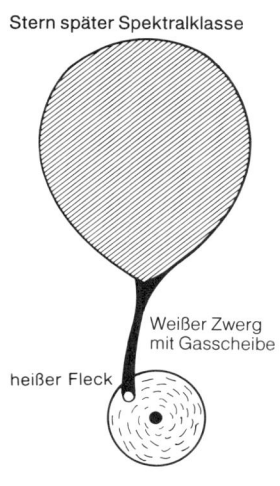

Modell eines Kataklysmischen Veränderlichen

(Stern später Spektralklasse; Weißer Zwerg mit Gasscheibe; heißer Fleck)

Die Kataklysmischen Veränderlichen besitzen ein kompaktes Objekt, einen Weißen Zwerg, die sogenannte Primärkomponente. Die Sekundärkomponente ist ein massearmer kühler Stern, der seine kritische Roche-Fläche ausfüllt. In den meisten Fällen handelt es sich um einen Hauptreihenstern, gelegentlich jedoch auch um ein entwickeltes Objekt wie einen Riesenstern oder ein anderes entartetes Objekt. Wie im nebenstehenden Modell gezeigt ist, fließt ständig Materie von der Sekundärkomponente, die ihre kritische Roche-Fläche ausfüllt, über den innern Librationspunkt L_1 (s. 12.1.7) zur Primärkomponente, dem Weißen Zwerg. Wegen ihres Drehimpulses, den sie infolge der Bahnbewegung im Doppelsternsystem besitzt, kann die überfließende Materie nicht direkt auf den Weißen Zwerg fallen, sondern bildet eine rasch rotierende Akkretionsscheibe. Infolge der innern Reibung (Viskosität) in der Akkretionsscheibe verliert die Materie ihren Drehimpuls und kann so langsam nach innen und auf die Oberfläche des Weißen Zwergs gelangen. Die Kollision des Materiestroms mit der Sekundärkomponente mit der Scheibe erzeugt den sogenannten »Heißen Fleck«. Der Hauptbeitrag zur Leuchtkraft dieser Systeme stammt vor allem aus der Akkretionsscheibe, wobei jedoch auch der Heiße Fleck und der Weiße Zwerg mit der Grenzschicht zur Akkretionsscheibe in einigen Fällen signifikant zur Gesamtleuchtkraft beitragen können. Bei den Systemen, die einen Riesenstern als Sekundärkomponente besitzen, trägt hauptsächlich dieser zur Leuchtkraft bei. Da in den innern Bereichen der Akkretionsscheibe sehr hohe Temperaturen auftreten, wird ein Großteil der Energie aus der Scheibe im ultravioletten Spektralbereich abgestrahlt. Untersuchungen mit dem IUE-UV-Satelliten (siehe A 2) haben deshalb während der letzten 15 Jahre entscheidend zur Aufklärung der Struktur Kataklysmischer Veränderlicher beigetragen. Im sichtbaren Bereich sind Kataklysmische Veränderliche zumeist schwache Objekte mit einer Absoluthelligkeit $M_v \approx +4$ mag.

Magnetische Kataklysmische Veränderliche

Eine andere Akkretionsgeometrie findet man bei den magnetischen Systemen vor, die nach ihrem Prototyp auch AM Her-Sterne genannt werden. Bei diesen Objekten verhindert das starke Magnetfeld des Weißen Zwergs (B $\geq 10^3$ T) die Bildung einer Akkretionsscheibe. Die Akkretion des Gasstroms erfolgt hier direkt entlang der magnetischen (Dipol)-Feldlinien über sogenannte »Akkretionssäulen« auf die magnetischen Pole des Weißen Zwergs; Hauptlichtquelle ist hier der »Heiße Fleck« am Magnetpol, an dem die kinetische Energie des auftreffenden Gasstroms in thermische Energie umgewandelt wird, wobei sehr hohe Temperaturen von einigen Millionen Kelvin auftreten. Der größte Teil der Energie wird deshalb im weichen Röntgenbereich abgestrahlt. Bei

Auswahl Kataklysmischer Veränderlicher mit bekannter Umlaufperiode

Typ	Stern	Scheinbare Helligkeit Min.	Max.	Umlaufperiode	Doppelstern-Natur	Bemerkung
Nova	GK Per	14.0	0.2	47 h 55 min	DS	1901; $t_3 =$ 13d
	T Aur	15.8	4.1	4 h 54 min	E	1891; $t_3 =$ 100d
	DQ Her	14.2	1.3	4 h 39 min	S, E	1934; $t_3 =$ 94d
	RR Pic	12.8	1.2	3 h 29 min	S	1925; $t_3 =$ 150d
	V603 Aql	10.8	−1.1	3 h 19 min	S	1918; $t_3 =$ 8d
	V1500 Cyg	21.5	2.2	3 h 21 min	S	1975; $t_3 =$ 3.6d
Zwergnova U Gem-Typ	RU Peg	13.1	9.0	8 h 59 min	DS	
	SS Cyg	12.1	8.2	6 h 36 min	DS	
	SS Aur	14.8	10.5	4 h 23 min	S	
	U Gem	15.2	9.1	4 h 14 min	S, E	
Z Cam-Typ	EM Cyg	14.4	12.5	6 h 59 min	DS, E	
	Z Cam	14.8	10.5	6 h 57 min	DS	
	RX And	14.9	10.9	5 h 04 min	S	
	WW Cet	15.7	9.3	4 h 13 min	S	
SU UMa-Typ	SU UMa	15.0	11.2	1 h 50 min	S	
	Z CHa	15.3	12.4	1 h 47 min	E	
Nova-ähnlicher Veränderlicher	RW Tri	15.6	12.6	5 h 34 min	E	
	UX UMa	14.1	12.7	4 h 43 min	S, E	
	TT Ari	16.3	9.5	3 h 18 min	S, E (?)	
	VV Pup	18.0	14.5	1 h 40 min	S, E	
	VY Scl	18.5	12.9	3 h 59 min	S	
	AM Her	15.5	12.0	3 h 05 min	S	

Es bedeuten: DS spektroskopischer Doppelstern, beide Komponenten im Spektrum erkennbar; S spektroskopischer Doppelstern, eine Komponente erkennbar; E Bedeckungsdoppelstern

den AM Her-Sternen ist die Kopplung der beiden Komponenten durch das Magnetfeld so stark, daß der Weiße Zwerg gebunden, d. h. synchron mit der Bahnperiode des Systems rotiert. Systeme, bei denen das Magnetfeld nicht stark genug ist, die gesamte Scheibe zu verdrängen, sondern nur den innern Bereich, werden als DQ Herculis-Systeme oder »intermediäre Polare« bezeichnet. Novae und Zwergnovae einerseits und magnetische Systeme anderseits schließen sich nicht aus; so findet man unter den Novae sowohl DQ Her- als auch AM Her-Sterne (DQ Her selbst ist die Nova Her 1934), während unter den Zwergnovae nur DQ Her-Sterne auftreten.

Die Bahnperioden der Kataklysmischen Veränderlichen sind sehr kurz und liegen, mit Ausnahme einiger weniger Objekte, im Bereich von etwa 80 Minuten bis zu 15 Stunden. Systeme, die Perioden besitzen, die länger als ein Tag sind, haben Riesen als Sekundärkomponenten. Bei drei Systemen sind die Bahnperioden kürzer als 40 Minuten; hier sind die Sekundärkomponenten Weiße Zwerge. Im Periodenbereich zwischen 2 und 3 Stunden findet man so gut wie keine Systeme; die genaue Ursache für diese »Periodenlücke« steht noch nicht mit Sicherheit fest. Die Bahnperioden der einzelnen Unterklassen sind nicht gleichmäßig über das gesamte Periodenspektrum verteilt; sie sind in vielen Fällen bei bestimmten Perioden konzentriert. So haben z. B. die meisten Novae Perioden, die größer als 3 Stunden sind, während die magnetischen Systeme entweder Perioden knapp unter zwei Stunden oder von wenig mehr als drei Stunden besitzen. Im optischen Bereich ist das Spektrum der Sekundärkomponente nur dann zu sehen, wenn die Periode länger als sechs Stunden ist.

Kataklysmische Veränderliche zeigen auch im Minimumszustand, d. h. wenn sie sich nicht im Ausbruch befinden, physikalisch bedingte Lichtvariationen, das sogenannte »Flackern«, unregelmäßige Veränderungen der Helligkeit mit einer Amplitude von einigen Zehntel Größenklasse und einer Zeitskala von wenigen Minuten. Verursacht wird dieses »Flackern« durch einen variablen Materiestrom von der Sekundärkomponente. Weitere Variabilität wie Bedeckungen oder das Auftreten eines sogenannten »Buckels« (Hump) in der Lichtkurve sind keine echten physikalischen Veränderungen, sondern durch den Bahnumlauf bedingte geometrische Effekte.

8.3.2 Klassische Novae
Ausbrüche von Novae sind die zweitstärksten Explosionen galaktischer Objekte, übertroffen nur von Supernova-Explosionen. Die Bezeichnung »Nova« ist eine Verkürzung des lateinischen »Nova Stella« und bedeutet »Neuer Stern«. Es handelt sich bei einer Nova jedoch nicht um einen neuen Stern, der gerade entstanden ist, sondern um ein altes Objekt, das aus dem unscheinbaren Praenova-Stadium eines Kataklysmischen Veränderlichen zu einem Objekt von nun auffallender Helligkeit aufgestiegen ist. Ursache ist eine gigantische Explosion, bei der Materie in Form einer expan-

Lichtkurven von Novae

dierenden Hülle abgeschleudert wird. Bei klassischen Novae wurde historisch nur ein Ausbruch beobachtet, während bei rekurrierenden Novae zwei oder mehr Ausbrüche beobachtet wurden.

Die Lichtkurven aller Novae zeigen das gleiche Grundmuster; individuelle Unterschiede gibt es insbesondere in der Zeitdauer der einzelnen Stadien und in der Ausbruchsamplitude. Ein wichtiger empirischer Klassifikationsparameter bei Novae ist die »Zerfallszeit« t_3, die, vom Maximum an gerechnet, die Zeit der Abnahme der visuellen Helligkeit um 3 Größenklassen angibt. Ist t_3 größer als 100 Tage, spricht man von einer langsamen Nova, bei t_3 kleiner als 100 Tage von einer schnellen, wobei man hier noch eine zusätzliche Unterscheidung zwischen mäßig schnellen und sehr schnellen Novae ($t_3 < 20$ Tage) trifft. Die Zerfallszeit t_3 erlaubt es, über eine empirisch bestimmte Beziehung die absolute Helligkeit M_v einer Nova abzuleiten, eine wichtige Voraussetzung zur Bestimmung der Entfernung.

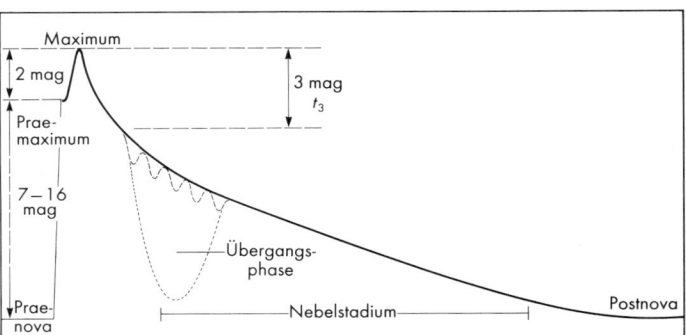

Schematische Lichtkurve einer Nova

Der Helligkeitsanstieg einer Nova erfolgt sehr rasch, wobei er etwa zwei Größenklassen unterhalb des Maximums vorübergehend zum Stillstand kommen kann. Der weitere Anstieg zum Maximum dauert um so länger, je größer t_3 ist: bei schnellen Novae etwa einen Tag, während er bei sehr langsamen Novae bis zu einigen Wochen dauern kann. Bei der Maximumshelligkeit halten sich schnelle Novae nur kurz auf (langsame bis zu einigen Tagen), danach fällt die Helligkeit je nach Geschwindigkeitsklasse mehr oder weniger schnell ab, wobei Schwankungen auftreten, die bei langsamen Novae bis zu zwei Größenklassen betragen können.

Größere Unterschiede der Lichtkurven findet man in der sogenannten Übergangsphase: Die Helligkeit kann stetig abfallen, es kann jedoch auch ein tiefer Einbruch erfolgen, der bis zu 8 Größenklassen betragen kann. Ursache eines solchen Einbruchs ist die Bildung von Staubkörnern in der expandierenden Novahülle, die sichtbare und die ultraviolette Strahlung absorbieren und als Infrarotstrahlung re-emittieren. Danach nimmt die Helligkeit langsam und stetig ab, bis das Postnova-Stadium erreicht wird. Der ganze Ausbruchsvorgang dauert einige Jahre für schnelle Novae;

8.3 Die eruptiven Veränderlichen

Lichtkurve der Nova
Aql 1918 (Typ Na)
und der Nova
Her 1934 (Typ Nb)

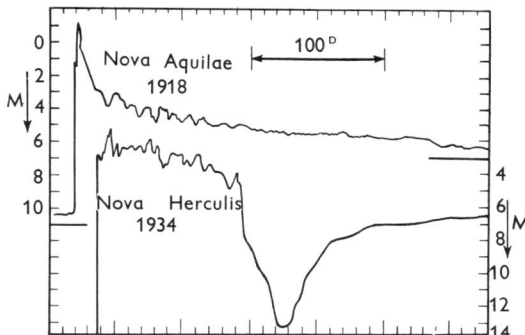

Spektren von Novae

für langsame kann er bis zu einige Jahrzehnte dauern. Die Ausbruchsamplituden liegen zwischen 8 und nahezu 19 mag, wobei die Mehrzahl bei 11 bis 13 mag liegt. Schnelle Novae haben im Mittel größere Amplituden als langsamere. Die absoluten Helligkeiten M_v im Maximum liegen zwischen -6 und -10 mag.

Auch die spektroskopische Entwicklung folgt einem einheitlichen Grundmuster: Alle Novae gehen durch eine mehr oder weniger regelmäßige Folge von spektroskopischen Stadien, die eng mit der Lichtkurve verbunden sind. Hierbei gibt es jedoch systematische Unterschiede zwischen schnellen und langsamen Novae.

Praktisch nichts ist über die Spektren von Praenovae bekannt. Auch über die kurze Phase vor dem Maximum gibt es nur sehr wenig spektrale Information, da die meisten Novae erst während des Maximums oder danach entdeckt werden. Normalerweise treten breite Absorptionslinien auf, die der Spektralklasse B oder A entsprechen, und die mit Geschwindigkeiten von 100 bis 1000 km s^{-1} blauverschoben sind. Im Maximum erscheint das sogenannte Principal-Spektrum, ein neues Absorptionssystem, das dem eines A- oder F-Überriesen ähnelt und noch stärker blauverschoben ist als das Absorptionssystem des Prae-Maximum-Spektrums, das im Maximum verschwindet. Im Maximum oder kurz danach treten auch die ersten Emissionslinien auf: Breite Linien, die mehrere Komponenten besitzen. Sie zeigen in vielen Fällen ein sogenanntes P Cygni-Profil, d. h. Emission mit einer blauverschobenen Absorptionskomponente (s. 8.8). Die stärksten Emissionslinien sind im optischen Spektralbereich die Balmer-Linien des Wasserstoffs und die Linien einfach ionisierter Metalle wie Fe$^+$.

Mittlere Radialgeschwindigkeit in km s^{-1} der Absorptionssysteme von Novae für die verschiedenen Geschwindigkeitsklassen

	Principal	Diffuse-Enhanced	Orion
Sehr schnell	1300	2300	3000
Mäßig schnell	800	1500	1800
Langsam	350	350	800

Spektrum von
Nova GQ Muscae 1983,
aufgenommen 7 Tage nach
dem Maximum. Das Spektrum
ist typisch für das »Diffuse-
Enhanced-Stadium« einer
Nova. Die beiden Wasser-
stofflinien Hβ und Hγ sind
saturiert, d. h. in Wahrheit
stärker als hier gezeigt

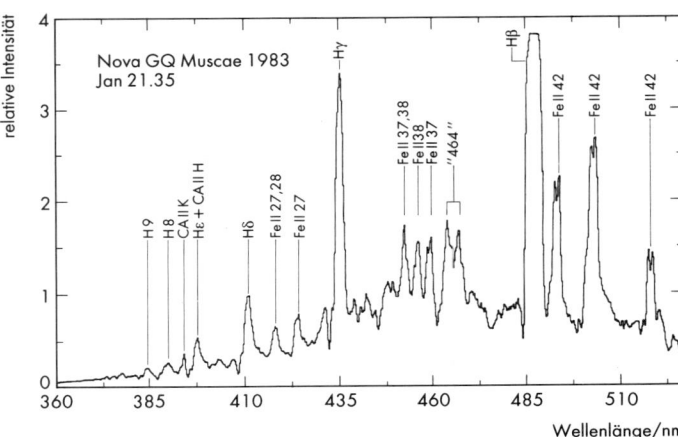

Spektrum von
Nova GQ Muscae 1983
im Nebelstadium, aufgenommen 27 Monate nach dem
Maximum. Das Spektrum ist
dominiert von starken
Emissionslinien, das Kon-
tinuum ist sehr schwach.
Die stärkste Linie ist die
verbotene Linie von zweifach
ionisiertem Sauerstoff,
[O III] λ 500.7 nm

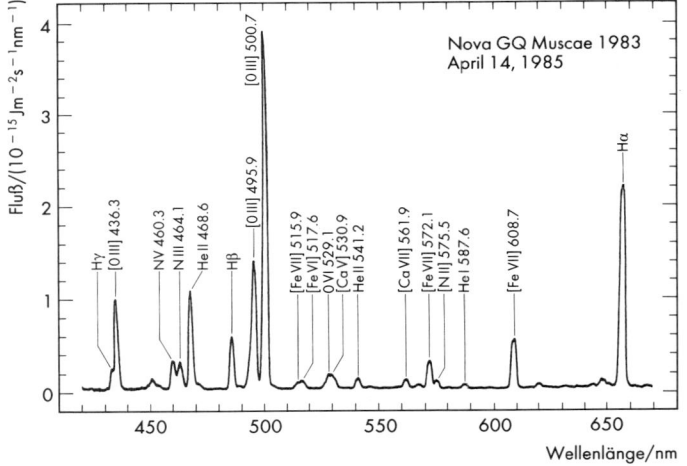

Beim weiteren Abstieg vom Maximum treten nacheinander noch zwei weitere blauverschobene Absorptionssysteme auf, zuerst das Diffuse-Enhanced-System, dessen Radialgeschwindigkeit etwa zweimal so groß wie die des Principal-Spektrums ist, und danach, bei noch größeren Radialgeschwindigkeiten, das Orion-System. Ein wichtiger Beobachtungsbefund ist, daß die Geschwindigkeiten der Absorptionssysteme mit der Zerfallszeit t_3 korreliert sind: Allgemein gilt, daß die Geschwindigkeit der Absorptionssysteme um so größer ist, je kleiner t_3 ist. Im weiteren Verlauf des Ausbruchs wird das Spektrum mehr und mehr von Emissionslinien dominiert, deren relative Intensität zum Kontinuum im Lauf der Zeit stark zunimmt. Gleichzeitig nehmen auch die Ionisationsstufen der Emissionslinien zu, d. h. es erscheinen Linien, die für höhere Temperaturen charakteristisch sind, und es treten sogenannte verbotene Emissionslinien auf, die anzeigen, daß die Strahlung aus

8.3 Die eruptiven Veränderlichen

einem schon stark verdünnten Gas kommt. Da das Novaspektrum nun den Spektren galaktischer Emissionsnebel wie z. B. HII-Regionen oder Planetarische Nebel sehr ähnlich ist, wird diese Phase auch als Nebelphase bezeichnet. Im abgebildeten Nebelspektrum von Nova GQ Muscae 1983 findet man viele verbotene Emissionslinien von zum Teil sehr hohen Ionisationsstufen, wie sechsfach ionisiertes Eisen [FeVII] und sechsfach ionisiertes Calcium [CaVII], während Linien niedriger Ionisationsstufen nur noch sehr schwach vorhanden oder verschwunden sind.

Hüllen von Novae

Bei sehr nahen Novae kann nach einigen Jahren die expandierende Hülle auf Bildern als schwaches Nebelchen sichtbar werden, das im allgemeinen jedoch keine sphärische Symmetrie zeigt, sondern zumeist aus einer Anzahl einzelner Wolken besteht. Die Massen der expandierenden Novahüllen betragen etwa 10^{-5} bis $10^{-3}\,M_\odot$.

Physikalische Vorgänge beim Nova-Ausbruch

Obwohl im Lauf der Zeit sehr viel Beobachtungsmaterial angesammelt wurde und man schon seit langem weiß, daß ein Nova-Ausbruch eine gigantische Explosion ist, bei der Materie mit Geschwindigkeiten von einige hundert bis zu einige tausend Kilometer pro Sekunde ins All geschleudert wird, blieb doch lange unklar, was die eigentliche physikalische Ursache für einen Nova-Ausbruch ist. Der entscheidende Durchbruch gelang zu Beginn der siebziger Jahre den amerikanischen Astrophysikern S. Starrfield, W. Sparks und J. Truran mit dem sogenannten Thermonuclear-Runaway-Modell, das besagt, daß der Nova-Ausbruch durch einen explosionsartig einsetzenden kernphysikalischen Prozeß, nämlich die Verschmelzung von Wasserstoff zu Helium, verursacht wird. Der Ausgangspunkt hierbei ist, daß alle Novae enge (Kataklysmische) Doppelsterne sind, bei denen Materie von der Sekundärkomponente zum Weißen Zwerg fließt. Im Lauf der Zeit sammelt sich so mehr und mehr wasserstoffreiche Materie an und bildet eine Hülle auf der Oberfläche des Weißen Zwergs, der selbst aus entarteter verbrannter Kernmaterie (^{12}C und ^{16}O) besteht. Mit zunehmender Masse der angesammelten Hülle steigen die Temperatur und die Dichte in der Hülle kontinuierlich an. Von besonderer Bedeutung ist, daß die Materie in der Hülle ebenfalls – wie die Materie des Weißen Zwergs – entartet ist. Normale, nicht entartete Materie reagiert auf eine Temperaturerhöhung mit einer Ausdehnung des Volumens, was wiederum eine Temperaturerniedrigung zur Folge hat. Bei entarteter Materie ist der Druck dagegen unabhängig von der Temperatur, d. h. die Temperatur der Hülle des Weißen Zwergs kann ansteigen, ohne daß eine Volumenausdehnung eintritt (s. 9.1.3).

Bei einer bestimmten kritischen Masse erreichen Temperatur und Dichte in der Hülle des Weißen Zwergs Werte, bei denen schlagartig Kernverschmelzungsprozesse am Grund der Wasserstoffschale des Weißen Zwergs einsetzen und der »Runaway« beginnt. Typische Werte sind hierbei etwa 40 Mio. K und $10^4 \mathrm{g\,cm^{-3}}$. Der Wert der kritischen Masse hängt vor allem von der Masse des Weißen Zwergs ab und ist um so kleiner, je größer diese ist. Für einen Weißen Zwerg von 0.6 $M_\odot$ beträgt die kritische Masse etwa 10^{-3}

$M_\odot$, während sie für einen Weißen Zwerg von 1.4 $M_\odot$ nur noch 10^{-6} $M_\odot$ beträgt, also um einen Faktor 1000 kleiner ist Der Grund dafür ist, daß der Radius eines Weißen Zwergs mit zunehmender Masse abnimmt, die Schwerebeschleunigung g an der Oberfläche also zunimmt, was die Bedingungen für die Zündung der Kernprozesse begünstigt. Die Proton-Proton-Reaktionen laufen nach dem CNO-Zyklus ab, bei dem 4 Protonen zu einem ^{4}He-Kern verschmelzen. Die Kerne der Elemente C, N und O wirken dabei als Katalysatoren (s. 9.1.2).

Zu Beginn des Runaways steigt die Temperatur sehr schnell auf 150 bis 300 Mio. K an. Bei diesen Temperaturen setzt eine Konvektionsströmung ein, die die freiwerdende Energie an die Oberfläche der Hülle transportiert. Gleichzeitig gelangt aus den äußeren Gebieten frische wasserstoffreiche Materie in die Brennzone am Grund der Hülle. Da die Konvektionszeitskale etwa 100 Sekunden beträgt, gelangen aus der Brennzone viele Kerne an die Oberfläche, die β^+-aktiv sind (z. B. ^{14}O, ^{15}O, Halbwertszeiten 102 bzw. 176 Sekunden). Deren Zerfall an der Oberfläche liefert letztlich die Energie, die nötig ist, um die Novahülle abzustoßen. Dies ist nun möglich, da im Verlauf des Anstiegs der Temperatur im Runaway die Fermi-Temperatur, oberhalb deren die Entartung der Materie aufgehoben ist, überschritten wird.

Zu Beginn der Expansion der Novahülle beträgt die Temperatur an der Oberfläche 300 000 K oder etwas mehr. Bei solch hohen Temperaturen wird der größte Teil der Energie bei sehr kurzen Wellenlängen, nämlich im extrem UV und im weichen Röntgenbereich, abgestrahlt. Mit Beginn der Expansion fängt die Hülle an, sich abzukühlen. Das ist leicht zu verstehen: Die durch Kernprozesse erzeugte Energie bleibt konstant (nach dem Einsetzen des Runaways stellt sich bald ein hydrostatisches Kernbrennen ein), aber der Radius der Hülle, und damit die strahlende Oberfläche, nimmt ständig zu. Je niedriger aber die Temperatur ist, desto größer wird der Anteil der im visuellen Bereich abgestrahlten Energie, die visuelle Helligkeit nimmt also – bei konstanter Gesamtleuchtkraft – zu. Das visuelle Maximum wird erreicht, wenn die Temperatur auf etwa 7000 bis 10 000 Kelvin abgenommen hat und der Radius etwa 10^{10} bis 10^{11} m beträgt. Bis zu diesem Zeitpunkt ist die Hülle optisch dick; danach wird sie optisch dünn, wobei der relative Anteil der Energie im visuellen Bereich wieder abnimmt, und damit auch die visuelle Helligkeit.

Der geschilderte Vorgang läuft um so schneller ab, je schneller die Novahülle expandiert. Die Expansionsgeschwindigkeit wird von der Stärke des Ausbruchs, also von der bei den Kernreaktionen freigesetzten Energie, bestimmt. Diese hängt ganz entscheidend von der Anzahl der vorhandenen CNO-Kerne ab, die als Katalysatoren für den Verschmelzungsprozeß der Protonen wirken. Weil nun aber sehr viel mehr Protonen als CNO-Kerne vorhanden sind, kann die Anzahl der gleichzeitig stattfindenden Kernverschmelzungsprozesse, und damit der freiwerdenden Energie, durch eine Erhöhung der Anzahl der CNO-Kerne gesteigert werden.

8.3 Die eruptiven Veränderlichen

Elementhäufigkeiten in Novae

Die Häufigkeit der CNO-Kerne ist der wichtigste Faktor für die beobachteten Eigenschaften eines Nova-Ausbruchs wie Lichtkurve, Zerfallszeit t_3, Expansionsgeschwindigkeit der Hülle oder Helligkeit im Maximum. Schnelle Novae sollten sehr viel höhere CNO-Häufigkeiten als langsame besitzen. Dies war eine Voraussage des Thermonuclear-Runaway-Modells, die durch Beobachtungen in der Zwischenzeit bestätigt wurde, wie die Tabelle mit den Elementhäufigkeiten in Novahüllen zeigt (zum Vergleich sind auch die solaren Werte angegeben). Die Zahlenwerte geben die Massenanteile an, t_3 die Zerfallszeit und Z die Gesamthäufigkeit der schweren Elemente. Man sieht, daß die CNO-Häufigkeiten in Novahüllen die der Sonne um zum Teil sehr große Faktoren übertreffen und daß es eine Korrelation zwischen den CNO-Häufigkeiten und t_3 gibt. Die einzige Ausnahme ist die langsame Nova DQ Her (1934). Die Erklärung hierfür ist, daß die Masse des Weißen Zwergs bei DQ Her sehr viel kleiner als die anderer Weißer Zwerge in Novae ist. Die großen Häufigkeiten der CNO-Atomkerne entstehen *nicht* bei den Kernreaktionen während des CNO-Zyklus; hier bleibt die Gesamtzahl dieser Atomkerne konstant. Sie stammen aus dem Kern des Weißen Zwergs und vermischen sich durch einen bisher nicht genau bekannten Mechanismus mit der wasserstoffreichen Materie in der akkretierten Hülle.

Elementhäufigkeiten in Novae

Die Zahlenwerte sind die Masseanteile der aufgeführten Elemente, t_3 ist die Zerfallszeit in Tagen, Z die Gesamthäufigkeit der schweren Elemente

Objekt	Jahr	t_3	H	He	C	N	O	Ne	Mg	Z
Sonne			0.74	0.24	0.0039	0.0094	0.0088	0.0021	0.0006	0.019
RR Pic	1925	150	0.53	0.43		0.022	0.0058	0.011	–	0.039
PW Vul	1984	97	0.68	0.25	0.0033	0.0505	0.0191	0.0007		0.074
HR Del	1967	230	0.45	0.48		0.027	0.047	0.0030		0.077
T Aur	1891	100	0.47	0.40		0.079	0.051			0.13
GQ Mus	1983	42	0.43	0.38	0.004	0.12	0.07			0.20
V 1500 Cyg	1975	3.6	0.49	0.21	0.070	0.075	0.13	0.023		0.30
V 1668 Cyg	1978	23	0.45	0.23	0.047	0.14	0.13	0.0068		0.32
V 693 Cr A	1982	12	0.31	0.31	0.0046	0.080	0.12	0.17	0.0076	0.38
V 842 Cen	1986	50	0.33	0.28	0.09	0.11	0.20			0.40
QU Vul	1984	40	0.32	0.25	0.0091	0.0709	0.1669	0.0829	0.0353	0.41
DQ Her	1934	94	0.34	0.095	0.045	0.23	0.29			0.56
V 1370 Aql	1982	10	0.05	0.08	0.03	0.10	0.06	0.47	0.0067	0.86

8.3.3 Rekurrierende Novae

Rekurrierende Novae haben den gleichen Ausbruchmechanismus wie klassische Novae, jedoch wurden bei ihnen in historischen Zeiten zwei oder mehr Ausbrüche beobachtet. Der bisher kleinste beobachtete Zeitraum zwischen zwei Ausbrüchen betrug 9 Jahre (U Sco). Rekurrierende Novae haben oft Riesen als Begleiter. Um möglichst schnell die Bedingungen für einen erneuten Ausbruch zu erreichen, muß der Weiße Zwerg in rekurrierenden Novae eine sehr große Masse, nahe der Chandrasekhar-Grenze von 1.4 $M_\odot$, besitzen. Man nimmt an, daß auch alle klassischen Novae rekurrierend sind, jedoch sind die Zeitintervalle zwischen den Ausbrüchen bei den meisten so groß, daß in historischer Zeit nur ein Ausbruch beobachtet wurde.

Einige rekurrierende Novae

Stern	Jahre der Ausbrüche	t_3/d	B-Helligkeit Max.	B-Helligkeit Min.
U Sco	1866, 1906, 1936, 1979, 1988	7	8^m8	19^m2
T CrB	1866, 1946	6.8	2^m0	11^m3
RS Oph	1898, 1933, 1958, 1967, 1985	9.5	4^m3	12^m5
T Pyx	1890, 1902, 1920, 1944, 1966	88	6^m5	15^m3

8.3.4 Zwergnovae

Zwergnovae haben weit geringere Helligkeitsfluktuationen als Novae. Die Amplituden ihrer Helligkeitsausbrüche liegen zwischen 2 und 6 mag, und sie wiederholen sich in halbregelmäßigen Intervallen mit Zykluslängen von 10 bis 1000 Tagen. Aufgrund der Langzeit-Lichtkurven unterscheidet man drei Unterklassen, die U Geminorium- oder SS Cygni-Sterne, die nur »normale« Ausbrüche besitzen, die Z Camelopardalis-Sterne, die den U Gem-Sternen sehr ähnlich sind, jedoch gelegentlich beim Abstieg von einem Ausbruch über lange Zeit bei einer konstanten Helligkeit verbleiben, die etwa 1 mag unterhalb der Maximumshelligkeit liegt, dem sogenannten »Stillstand«, und die SU Ursae Majoris-Sterne, die neben normalen Ausbrüchen gelegentlich »Superausbrüche« zeigen, die im Maximum etwa 1 bis 2 mag heller sind als die normalen Ausbrüche.

Lichtkurven zweier Zwergnovae.
Ordinatenmaß: 1 mag

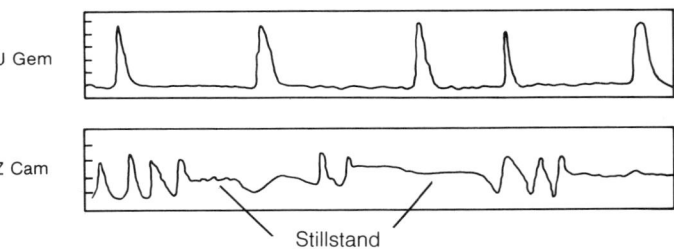

Beim Ausbruch einer Zwernova steigt die Helligkeit der Akkretionsscheibe um den Weißen Zwerg in kurzer Zeit stark an; als Ausbruchsmechanismus wird eine Instabilität in der Scheibe angesehen, bei der Gas nach innen fällt. Letzten Endes beruht ein Zwergnova-Ausbruch also auf freigesetzter Gravitationsenergie. Noch nicht verstanden ist die Ursache für die Superausbrüche; Kernreaktionen wie bei Novae können jedoch ausgeschlossen werden.

8.4 Supernovae

8.3.5 Nova-ähnliche Veränderliche

Das gemeinsame Merkmal der nova-ähnlichen Veränderlichen ist, daß sie das gleiche Grundmodell wie Novae und Zwergnovae besitzen, aber keine (deutlichen) Ausbrüche zeigen. Bei diesen Systemen unterscheidet man zwischen magnetischen (s. 8.3.1) und nicht-magnetischen Systemen. Bei letzeren sind die UX Ursae Majoris-Systeme, die über den beobachteten Zeitraum nur geringe, stochastische Helligkeitsvariationen zeigen, am häufigsten. Man vermutet, daß sie entweder Z Cam-Sterne in permanentem Stillstand oder alte Novae sind, bei denen kein Ausbruch beobachtet wurde. Die VY Sculptoris-Sterne, die manchmal auch Anti-Zwergnovae genannt werden, sind ähnlich wie die UX UMa-Sterne, haben jedoch gelegentliche Minima, bei denen die Helligkeit um bis zu 5 Größenklassen absinkt.

8.4 Supernovae und Supernova-Überreste

Supernovae unterscheiden sich von den gewöhnlichen Novae zunächst dadurch, daß die freigesetzten Energiebeträge zumindest um einen Faktor 10 000 größer sind; Supernova-Explosionen sind die stärksten Explosionen von individuellen Objekten. Supernovae sind also Ereignisse von einer völlig andern Größenordnung als Novae, sie sind aber auch ungleich seltener. Wie man gefunden

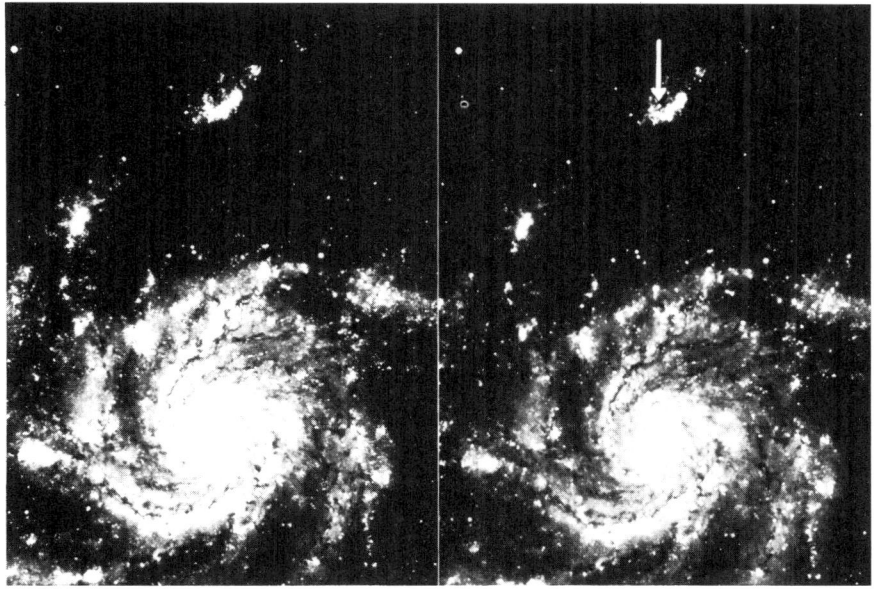

Das Aufleuchten einer Supernova im Spiralnebel M 101. Linke Aufnahme vom 9. 6. 1950, rechte Aufnahme vom 7. 2. 1951. Der Pfeil weist auf die Supernova. Die auf den Aufnahmen sichtbaren Einzelsterne sind Vordergrundsterne des Milchstraßensystems

8 Spezielle Sterntypen

hat, leuchtet in unserer Galaxis etwa alle dreißig Jahre eine Supernova auf. Da wir wegen der Extinktion im interstellaren Medium aber nur einen kleinen Teil der Galaxis übersehen, ist es nicht verwunderlich, daß es aus historischer Zeit nur wenige Berichte über das Erscheinen »Neuer Sterne« gibt, bei denen – vor allem wegen der Dauer des Aufleuchtens – ein Supernova-Ereignis als Ursache angenommen werden muß.

1885 wurde im Andromeda-Nebel (M 31) die erste extragalaktische Supernova entdeckt. Seither wurden durch systematische Überwachung extragalaktischer Systeme über 600 Supernovae aufgefunden, von denen mehr als 100 genauer beobachtet werden konnten. Abgesehen von der Analyse von Supernova-Überresten in unserer eigenen Galaxis beruhen unsere Kenntnisse fast ausschließlich auf Untersuchungen extragalaktischer Supernovae.

Die bisher hellste Supernova, die mit modernen astrophysikalischen Methoden untersucht werden konnte, war die Supernova 1987A, die am 23. Februar 1987 in der Großen Magellanschen Wolke aufleuchtete. Mit einer visuellen Maximalhelligkeit von m_v = 2.9 war sie seit Keplers SN 1604 die erste mit bloßem Auge sichtbare Supernova.

Die Suche nach extragalaktischen Supernovae wurde in den letzten Jahren verstärkt; derzeit werden etwa 20 bis 30 pro Jahr gefunden; man bezeichnet sie mit der Jahreszahl und einem fortlaufenden Buchstaben.

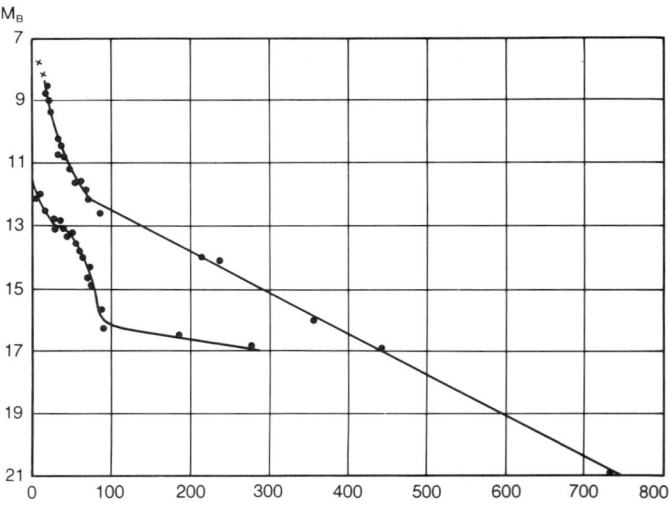

Schematische Darstellung der Lichtkurven von Supernovae. Die Abszissenskale gibt die Tage nach dem Helligkeitsmaximum an. Obere Kurve: Typ I (SN I), untere Kurve: Typ II (SN II)

8.4 Supernovae

8.4.1 Klassifikation der Supernovae

Vor allem durch die Arbeiten von R. L. B. Minkowski hat man gelernt, daß es zwei Typen von Supernovae gibt, deren Eigenschaften hier in tabellarischer Form gegenübergestellt werden:

Typ I (SN I)	Typ II (SN II)
Bilden eine sehr homogene Gruppe, kommen in allen Typen von Galaxien vor, auch in solchen vom Typ E $M_{B\,max} = -19.7$	Bilden eine weniger homogene Gruppe, sind nur in Spiralarmen beobachtet worden. $M_{B\,max} = -18.0$
Auf einen raschen Helligkeitsabfall in den ersten 20 bis 30 Tagen nach der Maximalhelligkeit folgt ein langsamerer exponentieller Abfall mit einer Halbwertszeit von 40 bis 70 Tagen; teilweise über Jahre hinweg beobachtet. Am auffallendsten beim Spektrum ist, daß Wasserstofflinien nur sehr schwach oder gar nicht vorkommen. Das Spektrum ist sehr komplex; schon vor dem Maximum treten bis zu 10 nm breite Emissions- und Absorptionslinien auf, deren Identifikation noch sehr unsicher ist. Die Expansionsgeschwindigkeiten sind von der Größenordnung 10 000 km s^{-1}. Etwa 200 bis 400 Tage nach dem Ausbruch treten Emissionsstrukturen auf, die zum Teil als verbotene Linien (z. B. [OI] λ 630.0 nm) identifiziert werden können. SN I scheinen ungewöhnliche Elementhäufigkeiten zu haben. Man unterscheidet zwei Untergruppen, Ia und Ib, je nachdem, ob ein starkes Absorptionsgebilde bei 615 nm vorhanden ist (a) oder nicht (b).	Die Lichtkurve der SN II ist komplexer als die der SN I. Auf einen Anstieg in wenigen Tagen folgt ein etwa 25 Tage dauernder steiler Abfall. Dann bleibt über etwa 50 bis 100 Tage die Helligkeit relativ konstant. Es schließt sich ein steiler Abfall der Helligkeit an. Es treten starke Wasserstofflinien der Balmer-Serie auf; daneben werden Metall-Linien beobachtet, die auf eine »normale« chemische Zusammensetzung hindeuten. Kurz nach dem Ausbruch entspricht die Energieverteilung im Spektrum einer Temperatur von etwa 12 000 K. Später kühlt die strahlende Hülle auf etwa 6000 K ab und wird dann transparent. Dies wird als Ursache des raschen Helligkeitsabfalls angesehen. Es entwickelt sich in dieser Phase ein Emissionslinienspektrum. Die durch Doppler-Effekte meßbaren Expansionsgeschwindigkeiten der Hülle liegen bei etwa 5000 bis 20 000 km s^{-1}.

8.4.2 Die Mechanismen der Supernova-Explosionen

Bei Supernova-Explosionen werden Energien der Größenordnung 10^{43} bis 10^{44} Joule freigesetzt. Sie sind vergleichbar mit den Energien, die Sternen im Lauf ihrer gesamten Entwicklung an Kernenergie aus dem Wasserstoffbrennen zur Verfügung stehen. Supernova-Ausbrüche ereignen sich in den Endphasen der Sternentwicklung und bedeuten einschneidende Ereignisse im Leben der Sterne, denn entweder verschwindet ein Stern als Einzelobjekt völlig, oder er bleibt mit radikal veränderter Struktur als Neutronenstern oder Schwarzes Loch übrig.

Nur ein sehr kleiner Teil aller Sterne erfährt im Lauf seiner Entwicklung einen Supernova-Ausbruch. Einzelsterne unterhalb einer Grenzmasse von etwa 8 $M_\odot$ werden wegen ihres Masseverlusts im Riesenstadium (s. 8.5) und durch Abstoßen einer Hülle (ein Prozeß, der zur Bildung eines Planetarischen Nebels führt) ihr Endstadium als Weißer Zwerg erreichen. Diese Entwicklung, die eher stetig verläuft, gibt keinen Raum für Supernova-Ereignisse. Nur massereiche Einzelsterne sind als mögliche Kandidaten für Supernova-Explosionen anzusehen.

Leider sind die Eigenschaften der Sterne vor dem Supernova-Ausbruch, mit Ausnahme der SN 1987A, nicht bekannt. Man ist damit in bezug auf das Stadium vor dem Ausbruch auf Überlegungen angewiesen, die sich alle auf eine Statistik der Supernova-Ereignisse stützen, und diese zeigt zunächst, daß die Supernovae vom Typ I (SN I) und diejenigen vom Typ II (SN II) klar unterschieden werden müssen. Eine Auswertung der bisher genauer untersuchten extragalaktischen Supernovae ergibt folgende Supernovaraten (Supernova-Ereignisse bezogen auf 10^{10} Sonnenleuchtkräfte im blauen Spektralbereich – Index B – in 100 Jahren).

Supernova-Ereignisse pro $10^{10}\, L_{B,\odot}$ pro 100 Jahre

in Galaxien vom Typ	SN I	SN II
E, S0	0.22	–
Sa–Sc	0.67	0.50

SN I kommen in allen Typen von Galaxien vor, sie müssen deshalb einer alten Sternpopulation zugerechnet werden, in der massereiche Sterne nicht mehr vorkommen, da diese ihre Entwicklung längst abgeschlossen haben. SN II gehören dagegen zu einer jungen Sternpopulation, sie können also massereiche Sterne sein. Man wird demnach erwarten, daß auch die Mechanismen der

Galaktische Supernovae

Jahr des Ausbruchs	Sternbild	Dauer des Ausbruchs in Monaten	m_{max}; Klassifikation	gal. Koordinaten des Supernova-Überrests l	b	historische Quellen entdeckt in
185	Centaurus	20	−8	315.4	−2.3	China
393	Scorpius	8	−1	348.5	+0.1	China
				oder		
				348.7	+0.3	
1006	Lupus	einige Jahre	−8 bis −10; I	327.6	+14.5	China, Japan, Europa, Arabien
1054	Taurus	22	−5; II	184.6 (M1, Krebsnebel)	−5.8	China, Japan
1181	Cassiopeia	6	0; II	130.7	+3.1	China, Japan
1572	Cassiopeia	18	−4; I	120.1	+1.4	China, Korea, Europa (T. Brahe)
1604	Ophiuchus	12	−2.5; I	4.5	+6.8	China, Korea, Europa (J. Kepler)
Ende 17. Jh.	Cassiopeia	nicht beobachtet		111.7 (Cassiopeia A)	−2.1	–

8.4 Supernovae

Ausbrüche der SN I und der SN II auf unterschiedlichen physikalischen Prozessen beruhen. Da wir, mit Ausnahme von SN 1987A, die Prae-Supernovae nicht kennen, müssen unsere Vorstellungen über den Mechanismus einer Supernova-Explosion notwendigerweise zum größten Teil auf theoretischen Überlegungen beruhen, die aus der Entwicklung von Sternen in ihren Spätphasen folgen.

Supernovae vom Typ II Eine Supernova-Explosion vom Typ II ist die Endphase eines jungen, massereichen Sterns, dessen ursprüngliche Hauptreihenmasse größer als 8 $M_\odot$ war. In der Endphase seiner thermonuklearen Entwicklung besitzt ein solcher Stern einen Eisenkern, in dem keine thermonuklearen Reaktionen mehr stattfinden, da durch Fusion von Eisen keine Energie gewonnen werden kann. Um diesen Kern befinden sich konzentrische Schalen, in denen die verschiedenen Fusionsprozesse stattfinden (s. 9.3). Der Eisenkern selbst, der aus entarteter Materie besteht (Elektronenentartung), kontrahiert im Verlauf seiner weiteren Entwicklung, wobei sowohl die Dichte als auch die Temperatur ansteigen. Ab einer bestimmten Kombination von Dichte und Temperatur wird der Kern plötzlich instabil, d. h. die Kompressibilität der Materie steigt schlagartig sehr stark an, so daß ein Kollaps des Kerns im freien Fall erfolgt. Abhängig von der Masse des Sterns spielen dabei verschiedene Prozesse eine Rolle. Im Massebereich von etwa 10 bis 100 $M_\odot$ werden bei Kerntemperaturen oberhalb von 5 bis 10 Mrd. K die im Kern vorhandenen γ-Quanten so energiereich, daß sie die Eisenkerne in α-Teilchen aufspalten können:

$$\gamma + {}^{56}\text{Fe} \longrightarrow 13\,{}^{4}\text{He} + 4\,\text{n}$$

Bildung eines Neutronensterns Dieser Prozeß wird Photodesintegration genannt. Dadurch kommt es zu einem Kollaps, der nur wenige Millisekunden dauert und in dessen Verlauf die Dichte so hoch wird, daß die Elektronen und Protonen im Kern sich zu Neutronen vereinigen. Eine Viertelsekunde nach Beginn des Kollaps wird eine Dichte von $4 \cdot 10^{14}$ g cm^{-3}, die der Dichte von Kernmaterie entspricht, erreicht, und die Materie wird stark inkompressibel. Dieser Materiezustand ist imstande, den nötigen Druck zu entwickeln, der den Kollaps zum Stillstand bringen kann: ein stabiles Objekt, ein Neutronenstern, der aus einem entarteten Neutronengas besteht, ist entstanden (s. 8.7). Insgesamt werden bei der Bildung eines Neutronensterns etwa 10^{46} J an Gravitationsenergie freigesetzt.

Bei Sternen im Massebereich von etwa 8 bis 10 $M_\odot$ werden die nötigen Bedingungen zum Einsetzen des Photodesintegrationsprozesses nicht erreicht; hier nimmt vielmehr die Masse des entarteten Eisenkerns kontinuierlich zu, da in der Silizium-Brennschale, die sich um den Eisenkern befindet, laufend neues Eisen erzeugt wird. Überschreitet der Eisenkern nun die Chandrasekhar-Grenzmasse von etwa 1.4 $M_\odot$, so reicht der Druck, der durch die Elektronenentartung erzeugt wird, nicht mehr aus, die Gravitationskräfte auszugleichen; der Kern beginnt zu kollabieren, und es bildet sich, wie bei den massereicheren Sternen beschrieben, ein Neutronenstern.

Bei Erreichen der Kerndichte im Neutronenstern wird der Kollaps der einfallenden Materie (auch die äußere Hülle stürzt nach innen) abrupt gestoppt. Hierdurch wird – wie hydrodynamische Rechnungen zeigen – die Bewegungsrichtung der einfallenden Materie umgekehrt, und es wird eine Stoßwelle erzeugt, die mit mehreren 10 000 km s^{-1} nach außen läuft. Erreicht diese Stoßwelle nach einigen Stunden die Sternoberfläche, so führt sie zum Abstoßen der äußeren Hüllen des Sterns, die mit Geschwindigkeiten von bis zu 20 000 km s^{-1} nach außen fliegen, und die wir letztlich als Supernova beobachten. Übrig bleibt der Neutronenstern. Die optische Helligkeit beginnt also erst einige Stunden nach Beginn des Kollaps anzusteigen.

Es ist bislang allerdings noch nicht ganz klar, bei welchen Sternen es tatsächlich zu einer Abstoßung der äußeren Hülle – und damit zu einer Supernova – kommt. Die nach außen verlaufende Stoßfront sollte durch verschiedene Prozesse stark an Energie verlieren, so daß sie schon vor Erreichen der Oberfläche aufgezehrt sein kann. In diesem Fall würden wir keine Supernova-Explosion beobachten.

Neutrino-Emission

Die expandierende Hülle besitzt eine kinetische Energie von etwa 10^{44} J. Dies ist nur etwa 1 % der bei der Bildung des Neutronensterns freiwerdenden Gravitationsenergie von 10^{46} J. Der größte Teil dieser Energie wird in Form von Neutrinos freigesetzt, die bei der Bildung des Neutronensterns entstehen:

$$e^- + p \longrightarrow n + h\nu$$

Neutrinos mit einer Gesamtenergie von 10^{45} bis 10^{46} J konnten zum ersten (und bisher einzigen) Mal bei der Supernova 1987A in der Großen Magellanschen Wolke nachgewiesen werden. Die Neutrinos wurden einige Stunden vor dem optischen Helligkeitsanstieg gemessen, da sie innerhalb einer Zehntelsekunde nach Einsetzen des Kollaps erzeugt werden und die äußeren Hüllen des Sterns mit Lichtgeschwindigkeit durchdringen können. Es ist durchaus möglich, daß durch die Absorption eines kleinen Teils der Neutrinos die Dämpfung der nach außen laufenden Stoßwelle stark verringert wird.

Supernovae vom Typ I

Der Mechanismus von SN I-Ereignissen muß ein anderer sein als der von SN II, da SN I auch in elliptischen Galaxien gefunden werden, in denen keine massereichen Sterne mehr vorhanden sind. Das Fehlen von Wasserstoff im Spektrum deutet darauf hin, daß SN I ihren Wasserstoff schon vor der Supernova-Explosion weitgehend verloren haben. Die Form der Lichtkurven läßt sich am besten durch die Explosion eines kompakten Objekts erklären. Man nimmt an, daß die Vorgänger der SN I Kataklysmische Doppelsterne sind, bei denen Materie von einem normalen Stern zu einem kompakten, entarteten Weißen Zwerg strömt, der vor allem aus Kohlenstoff und Sauerstoff zusammengesetzt ist (s. 8.3, 8.6). Durch die kontinuierliche Akkretion von Materie nimmt die Masse des Weißen Zwergs im Lauf der Zeit zu, bis sie die Chandrasekhar-Grenze bei 1.4 $M_\odot$ überschreitet und der Weiße Zwerg zu

8.4 Supernovae

kollabieren beginnt, worauf explosionsartig Kohlenstoff-Kernverschmelzungsprozesse einsetzen. Der Weiße Zwerg wird durch die daraus resultierende Detonationswelle regelrecht zerrissen, so daß, anders als bei SN II-Ereignissen, kein kompaktes Objekt zurückbleibt.

Etwa 0.7 $M_\odot$ der Materie des Weißen Zwergs werden bei den Kernprozessen in Kerne der Eisengruppe umgewandelt, zumeist in ^{56}Ni, das β-instabil ist und sich über ^{56}Co in das stabile ^{56}Fe umwandelt:

$$^{56}\text{Ni} \longrightarrow {}^{56}\text{Co} \longrightarrow {}^{56}\text{Fe}$$

Halbwertszeit:	6.1 Tage	77 Tage
Energieabgabe in Form von γ-Quanten:	1.72 MeV	3.59 MeV

Die γ-Quanten, die bei den radioaktiven Zerfällen (vor allem von ^{56}Co) erzeugt werden, heizen die expandierende Hülle und sind verantwortlich für den sehr regelmäßigen exponentiellen Abfall der Lichtkurve einer Supernova vom Typ I.

Die Supernova 1987A in der Großen Magellanschen Wolke

Von besonderer Bedeutung für die Supernova-Forschung war die schon mehrmals erwähnte Supernova 1987A in der großen Magellanschen Wolke. Erstens erlaubte die vergleichsweise kleine Entfernung von der Erde (50 kpc) astrophysikalische Messungen, wie sie bisher bei keiner andern Supernova möglich waren, zweitens ist SN 1987A die bisher einzige Supernova überhaupt, bei der die Prae-Supernova bekannt ist, drittens konnte zum erstenmal Neutrinostrahlung beobachtet werden, und viertens zeigte SN 1987A einige Besonderheiten, die unser Wissen über Supernovae beträchtlich erweiterten. SN 1987A gehört zum Typ II, erreichte allerdings im Maximum nur eine absolute Helligkeit von $M_v = -15.5$ mag, die mehr als 2 Größenklassen unter dem Mittelwert von Supernovae des Typs II liegt. Auch der Anstieg der Lichtkurve verlief ungewöhnlich, denn es dauerte 85 Tage, bis SN 1987A ihre (scheinbare) Maximalhelligkeit von $m_v = 2.9$ mag erreichte. Man glaubt, daß die Besonderheiten von SN 1987A auf die Eigenschaften der Prae-Supernova, des Sterns Sk −69 202 (Sanduleak), der ein Blauer Überriese vom Spektraltyp B3 I mit einer ursprünglichen Hauptreihenmasse von etwa 20 $M_\odot$ war, zurückzuführen sind.

Das gängige Modell für den Ausbruch von Supernovae des Typs II nahm an, daß die Prae-Supernovae Rote Überriesen sind. Modellvorstellungen zeigen, daß Sk −69 202 einen Eisenkern mit einer Masse von 1.5 $M_\odot$ hatte, dessen Temperatur zum Zeitpunkt der Explosion etwa 10 Mrd. K betrug. Der exponentielle Abfall der Lichtkurve kann dadurch erklärt werden, daß bei der Explosion etwa 0.15 $M_\odot$ radioaktive Isotope erzeugt wurden. Bisher konnte noch kein Reststern, ein Neutronensystem oder Schwarzes Loch gefunden werden. Auf Grund der Neutrino-Emission nimmt man aber an, daß sich bei der Explosion ein Neutronensystem gebildet

Lichtkurve der Supernova 1987A. Die Helligkeitswerte, die der Blauhelligkeit entsprechen, wurden mit einem Photometer, dem sogenannten Fine Error Sensor erhalten, das sich an Bord eines Ultraviolett-Satelliten, des International Ultraviolet Explorer, befindet. (Nach R. Gilmozzi)

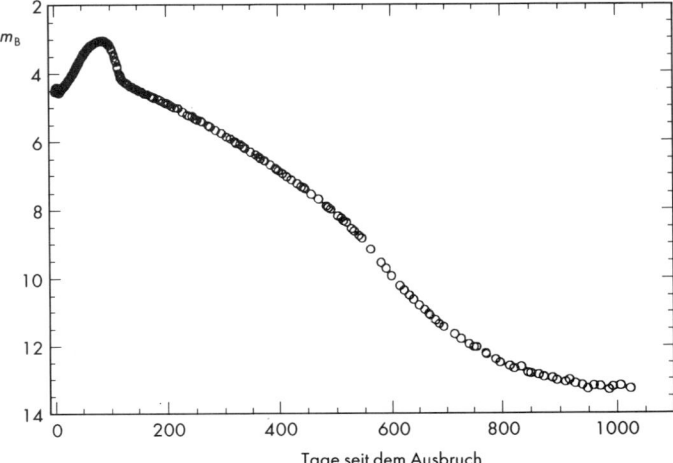

hat. SN 1987A wird noch auf lange Zeit eines der wichtigsten Objekte der astronomischen Forschung bleiben.

8.4.3 Supernova-Überreste (SNR)

Die bei Supernova-Explosionen abgestoßenen Hüllen werden als Supernova-Überreste bezeichnet (Abkürzung SNR von engl. supernova remnant). Sie dehnen sich mit Geschwindigkeiten von einige tausend Kilometer in der Sekunde in den Raum hinein aus und sind damit Träger eines riesigen Betrags von kinetischer Energie ($\approx 10^{44}$ Joule). Man unterscheidet zwei verschiedene Arten von Supernova-Überresten: Schalen-Überreste und Krebsähnliche oder gefüllte Überreste.

Schalen-Überreste, Röntgenbeobachtungen

Schalen-Überreste zeigen ein thermisches Spektrum von einem optisch dünnen Plasma, das durch eine Stoßwelle auf Temperaturen von mehrere Millionen Kelvin aufgeheizt wurde. Die Stoßwelle bildet sich an der Front der expandierenden Hülle aus, die sich in das interstellare Medium hineinbewegt. Der weitaus größte Teil der Strahlung wird bei diesen hohen Temperaturen im Röntgenbereich ausgesandt. Röntgenbeobachtungen haben sich deshalb als besonders wichtiges Hilfsmittel zur Untersuchung junger Supernova-Überreste erwiesen. Aus der spektralen Energieverteilung im Röntgenbereich lassen sich die Temperaturen der Supernova-Überreste ableiten, die im Bereich von mehrere Millionen Kelvin liegen. Durch Röntgenbeobachtungen gelang es auch, bisher unbekannte Supernova-Überreste nachzuweisen, da viele dieser Objekte im optischen Spektralbereich nicht sichtbar sind.

Wie bei den Röntgenbeobachtungen stammt auch die Radiostrahlung von Schalen-Überresten aus dem Gebiet der Fronten, die die expandierenden Gasmassen gegenüber dem interstellaren Medium abgrenzen (s. Abb. Tychos Supernova-Überrest).

Im sichtbaren Spektralbereich leuchten die SNR im Licht zahlreicher Emissionslinien. Zwischen verschiedenen SNR gibt es aber

8.4 Supernovae

charakteristische Unterschiede. Die leuchtende Materie in jungen SNR ist im wesentlichen Materie, die die Supernova selber ausgeworfen hat, die also durch die abgelaufenen Kernprozesse in ihrer Zusammensetzung verändert worden ist. Es sind so z. B. im jungen SNR Cas A leuchtende Knoten beobachtet worden, in deren Spektren fast nur Sauerstoff und andere schwere Elemente nachgewiesen werden konnten, dagegen kein Wasserstoff (das häufigste Element im Kosmos). In alten SNR ist durch die expandierende Hülle so viel interstellares Gas aufgesammelt worden, daß ihre chemische Zusammensetzung mehr der des interstellaren Mediums entspricht. Auch das ist spektroskopisch nachgewiesen worden. Man unterscheidet also aufgrund dieser spektroskopischen Kriterien junge und alte SNR.

Krebs-ähnliche oder gefüllte Überreste besitzen ein nicht-thermisches Spektrum, das von Synchrotronstrahlung stammt, die bevorzugt im Radiobereich emittiert wird, aber bei einigen jungen Überresten wie beim Prototyp, dem Krebsnebel, auch im Sichtbaren und im Röntgenbereich. Im Zentrum eines solchen Überrests findet man einen Pulsar – der Reststern, der nach der Supernova-Explosion übrigblieb – der die Elektronen auf die relativistischen

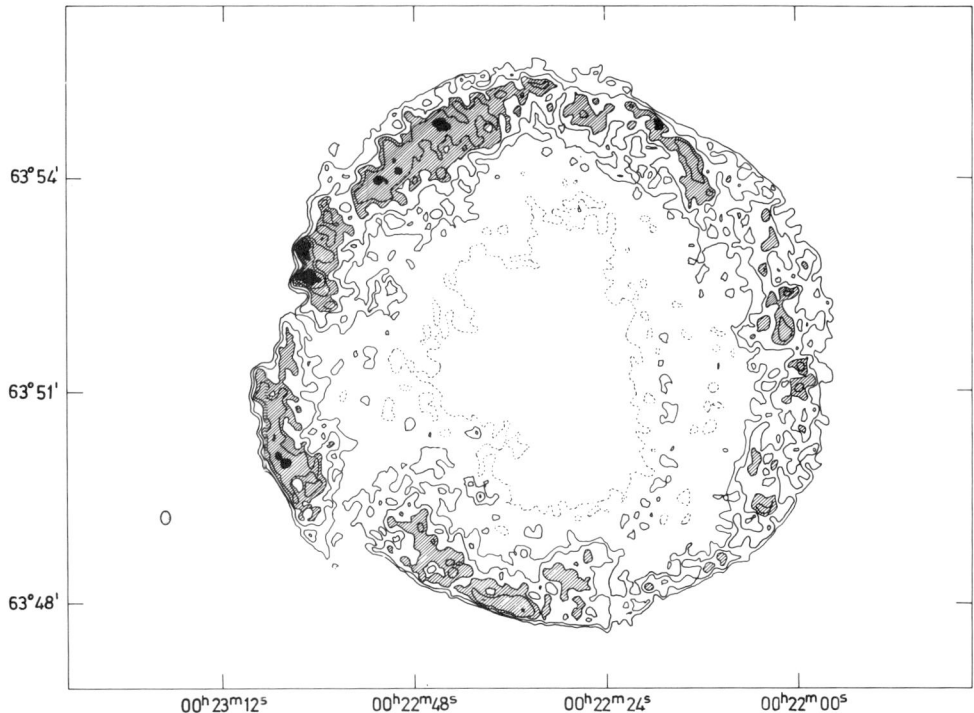

Tychos Supernova-Überrest in hoher Winkelauflösung, Frequenz 4995 MHz; ein Beispiel für einen Schalen-Überrest

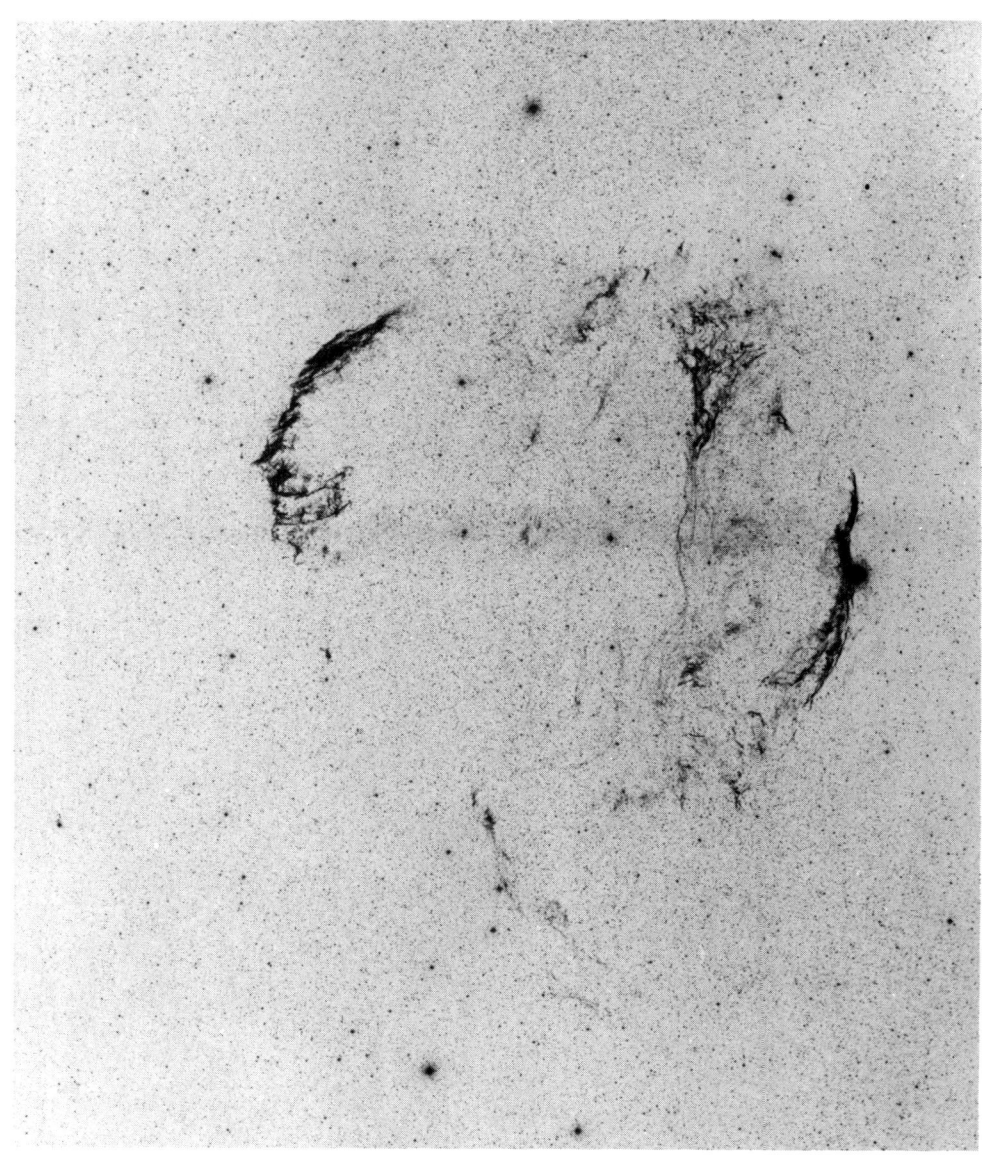

Diese Aufnahme mit dem 48 inch-Teleskop des Hale-Observatoriums zeigt den Cirrusnebel, ein nach Süden offenes, ringförmiges Objekt von etwa 2°7 Durchmesser. Aus Vergleichen zwischen zu verschiedenen Epochen aufgenommenen Platten konnte eine radiale Expansion des Nebels nachgewiesen werden. Der Cirrusnebel ist der Überrest einer Supernova, die vor etwa 300 000 Jahren aufleuchtete. Starke Radiostrahlung geht von diesem Supernova-Überrest aus. Links der Nebel NGC 6992-95, rechts NGC 6960, dazwischen die feine Filamentstruktur von NGC 6979

8.4 Supernovae

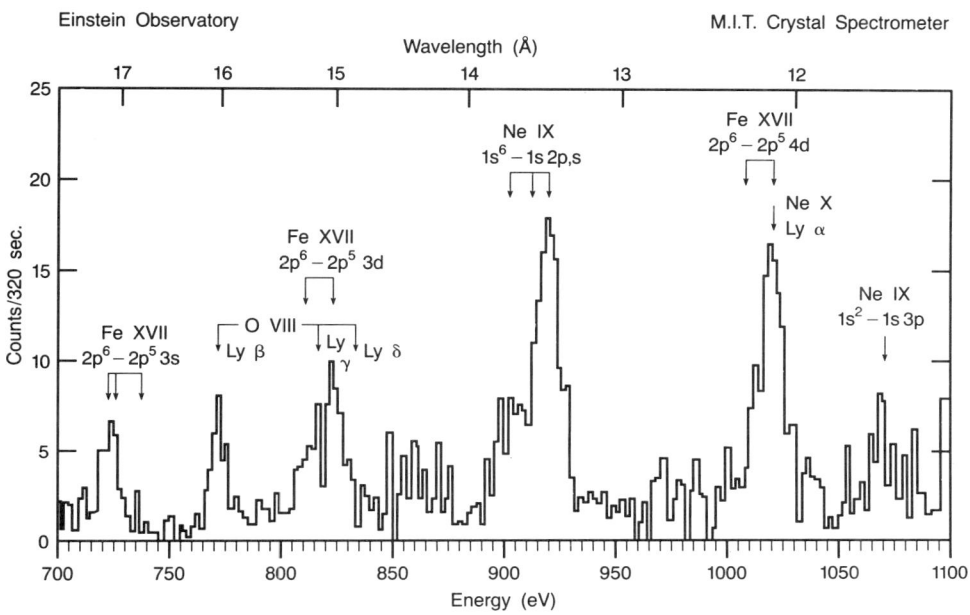

Röntgenspektrum des Supernova-Überrests Puppis A, gemessen mit dem Röntgensatelliten HEAO II (»Einstein«) (nach Winkler u. a. 1981)

Geschwindigkeiten beschleunigt, die zur Emission von Synchrotronstrahlung nötig sind. Der Krebsnebel, Überrest der Supernova-Explosion aus dem Jahr 1054, ist der einzige Überrest, bei dem die Wechselwirkung des Pulsars mit der umgebenden gasförmigen Hülle direkt beobachtbar ist. Der Großteil der abgestrahlten Energie (95 %) stammt dabei aus der gasförmigen Hülle; nur etwa 4 % werden vom Pulsar selbst emittiert.

Von Wichtigkeit scheint ein weiterer nicht-thermischer Prozeß zu sein, den Supernova-Überreste bewirken: die Beschleunigung geladener Teilchen auf relativistische Energien. Man kann zeigen, daß die außerordentlich starken Stoßwellen, wenn im Gas auch nur sehr schwache magnetische Felder eingebettet sind, in der Lage sind, energiereiche geladene Teilchen zu reflektieren und dabei ihre Energie zu erhöhen. Dies wäre ein modifizierter Fermi-Prozeß (s. 10.8). Die Supernova-Rate in unserer Galaxis würde ausreichen, um die Energieverluste der kosmischen Strahlung auf diesem Weg auszugleichen.

Röntgenemission von Supernova-Überresten im Bereich von 2 bis 10 keV

SNR	Entfernung kpc	Ausdehnung pc	Leuchtkraft 10^{28} Watt	Temperatur 10^6 K
Tycho	3	6	10	10
Puppis	2.2	17	0.7	7
Vela	0.5	40	< 0.04	4.3
Cygnus	0.77	38	< 0.1	3.1
Cas A	2.8	4.5	12	15
IC 443	1.5	17	0.2	17
SN 1006	1.3	8.8	0.1	45

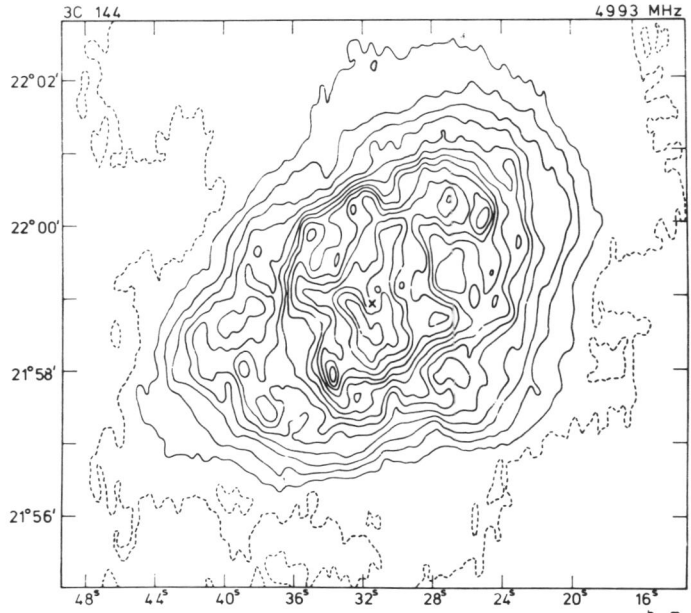

Isophoten des Krebsnebels, gemessen bei der Frequenz 5000 MHz. Der Krebsnebel ist ein typisches Beispiel für einen gefüllten Supernova-Überrest. Das Kreuz bezeichnet den Ort des Pulsars

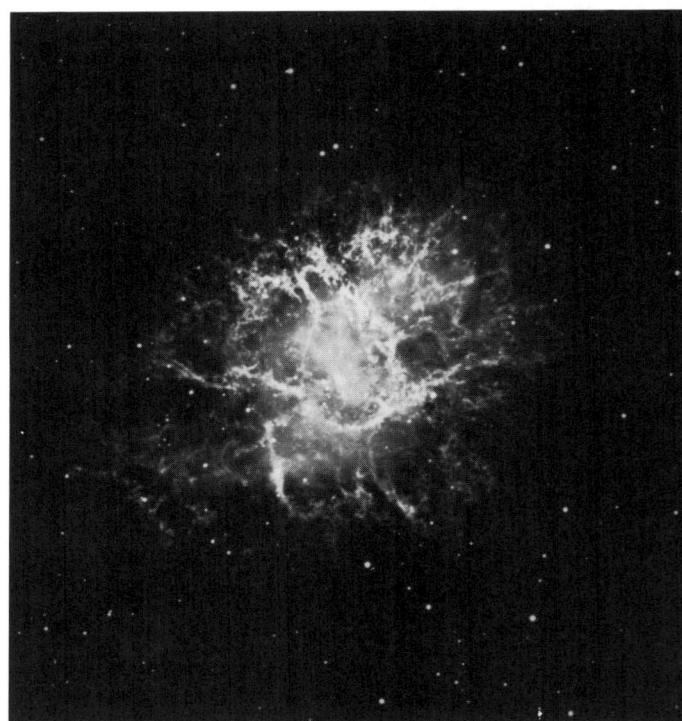

M 1, der Krebsnebel; so genannt wegen seiner Form und seiner filamentartigen Strukturen. Er dehnt sich radial um 0″,21 pro Jahr aus und müßte demnach vor ca. 900 Jahren ein sternförmiges Objekt gewesen sein, an der Stelle des Himmels, an der chinesische und japanische Astronomen im Jahr 1054 das Aufleuchten einer Supernova beobachteten

8.4 Supernovae

Ein Jahr nach der Entdeckung der Pulsare als neue Klasse astronomischer Objekte gelang die erste Identifizierung eines Pulsars mit einem bekannten Objekt. Der Pulsar NP 0532, entdeckt am NRAO in Green Bank, USA, ist identisch mit dem Zentralstern des Krebsnebels. Er ist der südliche der beiden im Zentrum des Nebels stehenden Sterne (Pfeil)

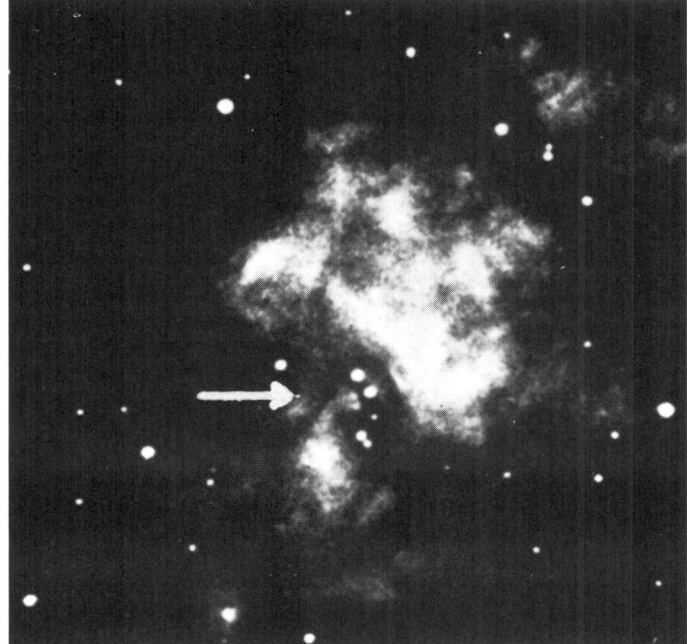

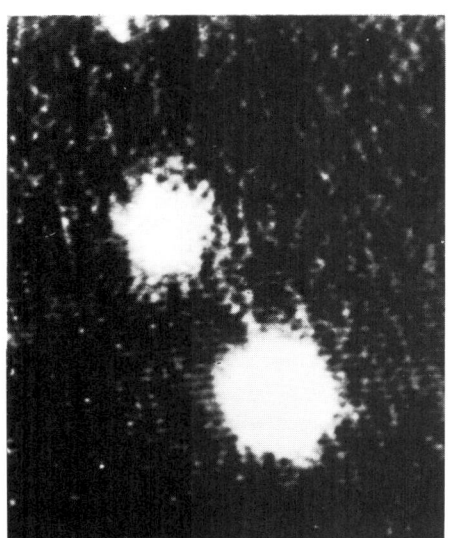
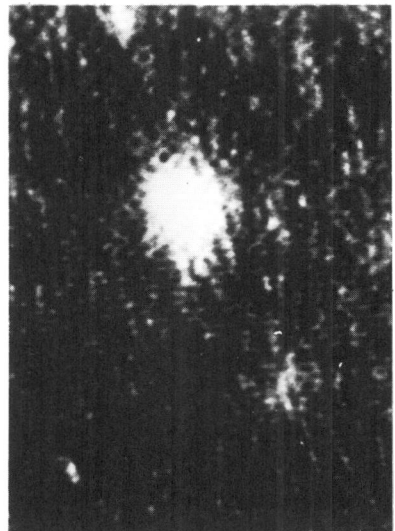

Der Zentralstern des Krebsnebels sendet synchron mit seinen Radiopulsen auch Lichtpulse von 3.3 ms Dauer aus (links). In der Zeit zwischen zwei Pulsen (ca. 30 ms) ist der Stern etwa drei Größenklassen schwächer (rechts). Aufnahmen vom Lick-Observatorium aus dem Jahr 1969

8.5 Planetarische Nebel und ihre Zentralsterne

Die geringe Winkelausdehnung (meist kleiner als eine Bogenminute) und die grünliche Farbe der Planetarischen Nebel, die an die der Planeten Uranus und Neptun erinnert, sind der Grund für ihre Bezeichnung. Sie umgeben als kleine, blasse, teilweise ringförmige Nebel einen Zentralstern, von dem die Strahlung ausgeht, die den Nebel zum Leuchten anregt. Der Zentralstern selber ist scheinbar wesentlich schwächer als der Nebel und nicht immer beobachtbar.
Die Planetarischen Nebel sind nicht sehr stark zur galaktischen Ebene, aber ganz ausgeprägt zum galaktischen Zentrum hin konzentriert, sie bilden also ein wenig abgeplattetes System und müssen daher der Sternpopulation II zugeordnet werden. Insgesamt dürfte es in unserer Galaxis über 10 000 derartige Objekte geben, etwa 1000 sind bekannt.
Das Licht der Planetarischen Nebel wird fast ausschließlich in Form von Emissionslinien ausgestrahlt, deren Anregung auf die Strahlung des Zentralsterns zurückgeht. Die Oberflächentemperatur dieser Sterne ist sehr hoch. Sie wird nach einer auf Zanstra zurückgehenden Methode bestimmt. Durch die Strahlung des Sterns im Wellenlängenbereich $\lambda < 91.2$ nm wird der Wasserstoff im Planetarischen Nebel ionisiert, wobei der Nebel (wenn er in diesem Bereich optisch dick ist) alle derartigen, vom Zentralstern ausgehenden Lichtquanten absorbiert. Durch jede Absorption wird ein Elektron freigesetzt, das dann nach der Rekombination (die überwiegend in die höheren Zustände erfolgt) bei den nachfolgenden Emissionsübergängen mit hoher Wahrscheinlichkeit auch die Aussendung eines Lichtquants in der roten Wasserstofflinie Hα bewirkt. Damit ist die Helligkeit des Nebels in Hα ein direktes Maß für die Helligkeit des Sterns im Bereich $\lambda < 91.2$ nm, also im extremen UV. Vergleicht man die Hα-Helligkeit des Nebels mit der Helligkeit des Zentralsterns im sichtbaren Bereich, so erhält man eine Art Farbindex. Man findet für die zugehörigen Farbtemperaturen Werte zwischen 40 000 und 100 000 K. Damit gehören die Zentralsterne in die Klasse der O-Sterne. Einige zeigen die typischen Eigenschaften von Wolf-Rayet-Sternen (s. 8.8).

Planetarische Nebel mit Eigennamen

NGC 650/51	= M 76	Kleiner Hantelnebel
NGC 3587	= M 97	Eulennebel
NGC 6720	= M 57	Ringnebel
NGC 6853	= M 27	Hantel- oder Dumbbellnebel

Die Spektren der Planetarischen Nebel werden im Abschnitt 10.3 zusammen mit denen der leuchtenden Gasnebel besprochen.
Die Entfernungen der Planetarischen Nebel sind relativ schwierig zu bestimmen, und die indirekten, für diese Nebel spezifischen Verfahren sind nicht frei von Hypothesen. Sind jedoch die Entfernungen einmal bekannt, so erhält man aus der Sternhelligkeit und der Temperatur die Oberflächengröße und damit die Radien der Sterne, aus den Winkelausdehnungen die linearen Größen und damit die Volumen der Nebel. Zusammen mit der Theorie des

8.5 Planetarische Nebel

Der Planetarische Nebel NGC 7009 im Sternbild Wassermann. Die Aufnahme ist als Negativ wiedergegeben, so wie der Astronom sie bearbeitet

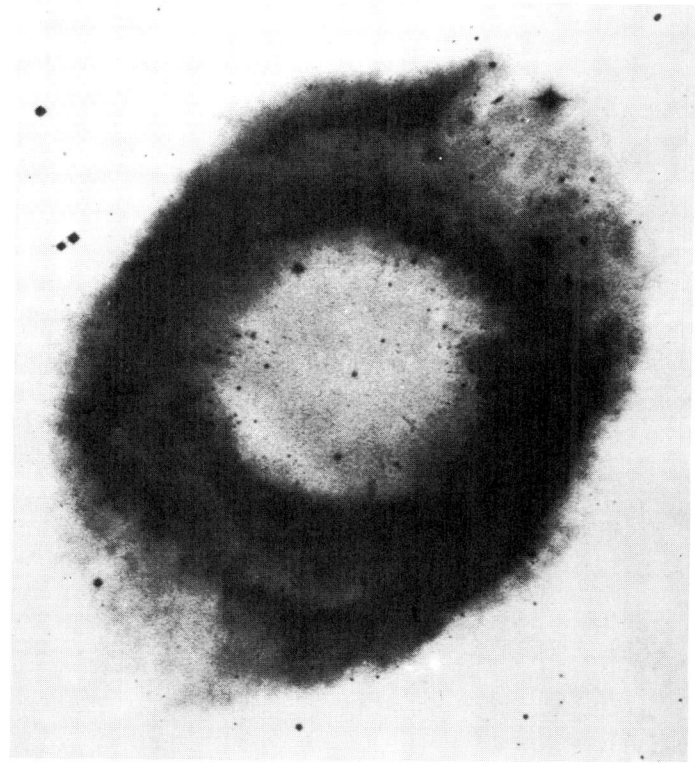

Daten einiger Planetarischer Nebel

Objekt	α (1950)	δ (1950)	P-K	D/kpc	d	m_*	Spektrum$_*$
NGC 40	$00^h 10^m 18^s$	$+72° 14' 35''$	$120 + 9°.1$	1.78	$36''$	11.6	WC 8
NGC 1535	$04^h 11^m 57^s$	$-12° 51' 42''$	$206 - 40°.1$	3.1	$18''.4$	11.6	O7
IC 418	$05^h 25^m 10^s$	$-12° 44' 15''$	$215 - 24°.1$	0.76	$12''.4$	9.57	O7 fp
NGC 2022	$05^h 39^m 22^s$	$+09° 03' 54''$	$196 - 10°.1$	3.56	$19''.6$	14.9	Kontinuum
NGC 2392	$07^h 26^m 13^s$	$+21° 00' 51''$	$197 + 17°.1$	2.0	$46''$	10.54	O7 f
NGC 3242	$10^h 22^m 21^s$	$-18° 23' 23''$	$261 + 32°.1$	1.70	$20''$	>11.3	Kontinuum
NGC 4361	$12^h 21^m 55^s$	$-18° 30' 32''$	$294 + 43°.1$	0.8	$42''$	12.9	O6
NGC 6543	$17^h 58^m 34^s$	$+66° 38' 05''$	$96 + 29°.1$	1.11	$20''$	10.8	O7 + WR
NGC 6572	$18^h 09^m 42^s$	$+06° 50' 37''$	$34 + 11°.1$	0.90	$12''.4$	>11.0	Of + WR
NGC 6826	$19^h 43^m 27^s$	$+50° 24' 11''$	$83 + 12°.1$	2.27	$26''$	10.2	O6 fp
NGC 7009	$21^h 01^m 28^s$	$-11° 33' 54''$	$37 - 34°.1$	1.89	$18''$	11.5	Kontinuum
NGC 7293	$22^h 26^m 55^s$	$-21° 05' 50''$	$36 - 57°.1$	0.49	$780''$	13.2	
NGC 7662	$23^h 23^m 30^s$	$+42° 15' 36''$	$106 - 17°.1$	1.54	$15''$	12.5	Kontinuum

P-K : Bezeichnung im Perek-Kohoutek-Katalog (1967)
D : Entfernung
d : Winkeldurchmesser
m_* : scheinbare Blau-Helligkeit des Zentralsterns
Spektrum$_*$: Spektrum des Zentralsterns

Nebel-Leuchtens liefern Volumen und Helligkeit die Masse der Nebel. Die Zustandsgrößen der Zentralsterne und der Nebelhüllen können also einigermaßen zuverlässig bestimmt werden.

Man findet, daß die Zentralsterne im HRD unterhalb der frühen Hauptsequenz, aber noch oberhalb der Sequenz der Weißen Zwerge liegen, und zwar um so näher zur Sequenz der Weißen Zwerge, je ausgedehnter der umgebende Nebel ist. Daraus muß man schließen, daß Planetarische Nebel in der Sternentwicklung als mögliche Vorstadien der Weißen Zwergsterne anzusehen sind. Die Vorstellung ist etwa die, daß Rote Riesen mit einer starken Massekonzentration im Kern und einer ausgedehnten dünnen Hülle einen Teil des Hüllenmaterials abstoßen. Dieser Teil ergibt dann den expandierenden Nebel. Die Hülle wird mit zunehmender Expansion durchsichtig und gibt den Blick auf den Zentralstern (den ehemaligen Kern des Roten Riesen) frei. Man ist der Auffassung, daß diese Entwicklung zwar rasch, aber doch stetig verläuft. Auf jeden Fall sind Planetarische Nebel recht kurzlebige Objekte. Teilt man, um einen Anhalt für die Größenordnung der Entwicklungszeiten zu haben, die Ausdehnung (typischer Wert 0.7 pc) durch die aus der Doppler-Verschiebung bestimmte Expansionsgeschwindigkeit (etwa 20 km/s), so erhält man ein Alter von etwa 10^{12} Sekunden oder 30 000 Jahren. Die beobachtete Dichte (in der Sonnenumge-

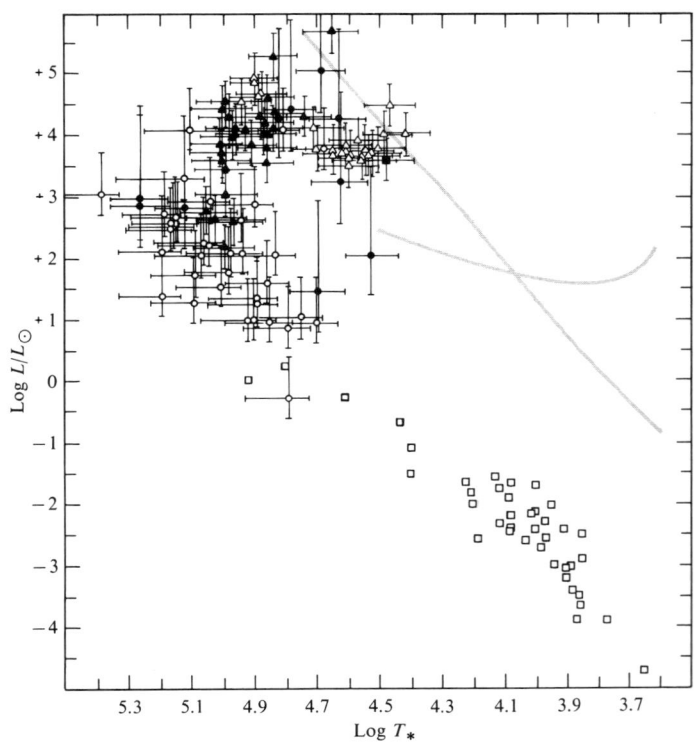

Die Zentralsterne der Planetarischen Nebel im HRD (nach O'Dell). Die Längen der Striche geben die Größen der Fehler an. In das Diagramm sind die Lagen der Hauptsequenz der Population I-Sterne, der Horizontalast der Population II-Sterne sowie (als Quadrate) die Positionen einiger Weißer Zwerge eingezeichnet

8.5 Planetarische Nebel

bung) von etwa $1.4 \cdot 10^{-8}$ Planetarische Nebel pro pc^3 erfordert dann eine Geburtsrate von etwa $4 \cdot 10^{-13}$ Planetarische Nebel pro pc^3 und Jahr.

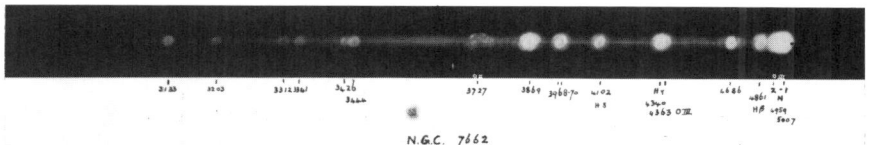

Oben: Der Planetarische Nebel M 97; wegen seiner zwei dunklen Höhlen auch »Eulennebel« genannt. Unten: Spektrum eines Planetarischen Nebels; das durchgehende Spektrum gehört zu einem F-Stern

8.6 Weiße Zwerge

Es war 1914 eine große Überraschung für die Astrophysik, als W. S. Adams fand, daß der Siriusbegleiter (Sirius B), dessen Leuchtkraft kleiner ist als ein hundertstel der Leuchtkraft der Sonne, seinem Spektrum nach ein heißer Stern sein mußte. Es gibt weiße oder blaue Sterne, die im HRD etwa 10 Größenklassen unter der Hauptreihe liegen, deren Leuchtkraft damit um einen Faktor 10 000 kleiner ist als die der entsprechenden Hauptreihensterne. Da bei gleicher Farbe, also gleicher Temperatur, die Leuchtkräfte der Sterne sich etwa wie die Größen ihrer Oberflächen verhalten, müssen die Radien dieser Sterne um einen Faktor 100 kleiner sein als die der Hauptreihensterne gleicher Spektralklasse. Solche kleinen Objekte, die ihrer Größe nach durchaus mit erdähnlichen Planeten vergleichbar sind, werden als »Weiße Zwerge« bezeichnet.

8.6.1 Beobachtungsdaten über Weiße Zwerge und ihre Interpretation

Besonders bemerkenswert ist, daß die Massen der Weißen Zwerge durchaus mit den Massen der Hauptreihensterne vergleichbar sind. Aus der Analyse der Bahnbewegung von Doppelsternen, deren eine Komponente ein Weißer Zwerg ist, lassen sich Massen zwischen etwa $1/10$ und einer Sonnenmasse ableiten, wobei die meisten Weißen Zwerge mit nur geringer Streuung bei etwa 0.5 bis 0.6 $M_\odot$ liegen. Sirius B, einer der bekanntesten Weißen Zwerge, gehört mit 1.05 $M_\odot$ zu den massereicheren.

Spektralklasse D

Unterklasse	T/K	Kriterien
DO	≈ 50 000	Linien des ionisierten Heliums
DB	30 000 bis 12 000	Linien des neutralen Heliums, keine Wasserstofflinien
DA	50 000 bis 6 000	Balmer-Serie des Wasserstoffs, keine Heliumlinien (dies ist der häufigste Typ)
DG	7 500 bis 5 500	Linien des Eisens und des Kalziums, kein Wasserstoff
DC	< 10 000	Kontinuierliches Spektrum, keine oder nur sehr schwache Linien
λ 467.0 nm	10 000 bis 7 500	Kohlenstoff-Banden

Aus Masse und Radius ergeben sich außerordentlich hohe Dichten, im Mittel etwa 400 kg cm^{-3}. Entsprechend hoch sind die Schwerebeschleunigungen, die etwa das 100 000fache der Schwerebeschleunigung an der Erdoberfläche betragen. Durch sie sind auch die Dichten in den Atmosphären der Weißen Zwerge sehr hoch, wenn sie auch nicht annähernd die obengenannten Werte für die mittleren Dichten erreichen. Bei diesen hohen Dichten werden

8.6 Weiße Zwerge

die Atmosphären schon nach wenigen Dezimetern Schichtdicke undurchsichtig und sind kaum einen Meter dick. Als weitere Folge der hohen Dichten sind die Drücke in den Atmosphären der Weißen Zwerge sehr hoch, wodurch die Spektral-Linien stark verbreitert werden (Druckverbreiterung). Schwächere Linien werden dabei bis zur Unerkennbarkeit verwaschen. An diesen charakteristischen Eigenschaften ihres Spektrums sind die Weißen Zwerge zu erkennen.

Es werden mehrere Spektralklassen unterschieden. Die wichtigsten von ihnen sind in der Tabelle angegeben.

Bei der Skale von DO bis DG handelt es sich zwar vorwiegend um eine Temperatursequenz, quantitative Analysen der Spektren haben aber – abweichend von der chemisch relativ homogenen Hauptreihe – große Unterschiede in der chemischen Zusammensetzung ergeben. Während in den Atmosphären der Typen DO Wasserstoff und Helium vorkommen können, bestehen die Atmosphären der Typen DB praktisch ausschließlich aus Helium, die der Typen DA aus reinem Wasserstoff. Die Spektraltypen DC und DG sind wieder heliumreich. Man muß in dieser Eigenart der Spektren die Wirkung der hohen Schwerebeschleunigung sehen. Sie bewirkt eine rasche Sedimentation, also ein Absinken der schweren Elemente. Das jeweils leichteste Element wird sich in großer Reinheit in den obersten Schichten der Atmosphäre anreichern.

Daten für Weiße Zwerge vom Typ DA (Mittelwerte)

Radius	$\bar{R}$	$= 0.012\,R_\odot$
Schwerebeschleunigung	$\bar{g}$	$= 10^8\,\text{cm s}^{-2}$
Masse	M	$= 0.52\,M_\odot$
Dichte	$\bar{\varrho}$	$= 4 \cdot 10^5\,\text{g cm}^{-3}$

Massen und Perioden Weißer Zwerge in Doppelsternsystemen

Name	$M/M_\odot$	Periode
40 Eri B	0.43 ± 0.02	252^a
α CMa B	1.02	50$.^a$3
α CMi B	0.68	40$.^a$6
BD + 16° 516 B	0.6…0.8	0$.^d$52
PG 1 413 + 01	0.4…1.0	0$.^d$34

8.6.2 Der innere Aufbau der Weißen Zwerge

Der innere Aufbau der Weißen Zwerge ist im wesentlichen dadurch bestimmt, daß der Gasdruck im Innern, der der Schwerkraft entgegenwirkt, von einem entarteten Elektronengas ausgeübt wird. Dieses Kräftegleichgewicht – die Voraussetzung für einen stabilen Aufbau des Sterns – ist allerdings nur möglich, wenn die Sternmasse unter 1.4 $M_\odot$ liegt (Chandrasekhar-Grenze, s. 9.2.3). Der Druck des entarteten Elektronengases und damit auch der innere Aufbau der Weißen Zwerge ist unabhängig von der Temperatur, solange diese nicht so weit ansteigt, daß die Entartung aufgehoben wird; dazu wären Temperaturen über 10^8 K erforderlich. Eine interessante Konsequenz der Entartung ist, daß Radius und Masse der Beziehung

$$R \sim M^{-1/3}$$

gehorchen, d. h. der Sternradius nimmt mit zunehmender Masse ab.

Im Innern der Weißen Zwerge laufen keine Kernreaktionen ab. Die Materie, vermutlich ^{4}He, möglicherwiese auch ^{12}C, bleibt also unverändert. Die von den Weißen Zwergen abgestrahlte Energie bewirkt deshalb eine langsame Abkühlung des Innern. Ihr Wärmeinhalt ist sehr hoch, da wegen des hohen (metallischen) Wärmeleitvermögens der entarteten Materie das Innere nahezu isotherm sein kann, und somit die gesamte Masse des Weißen Zwergs als Wärmespeicher zur Verfügung steht. Die Abstrahlungsrate wird durch die Transporteigenschaften der Übergangsschicht zwischen dem entarteten Innern und der Atmosphäre gesteuert. Bei Temperaturen im Innern von etwa 20 Mio. K, von denen man ausgehen kann, ergeben sich Abkühlzeiten von fast 10^{10} Jahren, bis im Lauf der anfangs raschen, später sehr langsamen Abkühlung die Oberflächentemperatur unter 3000 K absinkt und der Weiße Zwerg im sichtbaren Bereich dadurch unbeobachtbar wird.

8.6.3 Weiße Zwerge als Endstadien der Sternentwicklung

Ein Weißer Zwerg kann als Endzustand einer Sternentwicklung angesehen werden. Aus der Anzahl der Weißen Zwerge in der Sonnenumgebung, wie sie sich aus der Beobachtung ergibt (etwa 100 Weiße Zwerge im Abstand bis zu 10 pc), und aus den typischen Abkühlzeiten von einigen 10^9 bis 10^{10} Jahren ergibt sich als Mittelwert über die letzten $5 \cdot 10^9$ Jahre eine Geburtsrate von etwa $2 \cdot 10^{-12}$ Weiße Zwerge pro pc^3 und Jahr. Diese Zahl ist verträglich mit der Vorstellung, daß zumindest ein Teil der Weißen Zwerge vor diesem Endzustand Planetarische Nebel waren (Bildungsrate etwa $4 \cdot 10^{-13}$ Planetarische Nebel pro pc^3 und Jahr). Daraus, daß die Rate, mit der sich Weiße Zwerge bilden, um einen mäßigen Faktor größer ist, als die Bildungsrate der Planetarischen Nebel, kann mit aller Vorsicht der Schluß gezogen werden, daß es noch andere Entwicklungswege zum Stadium der Weißen Zwerge geben könnte. Einen dieser Wege haben Rechnungen über die Entwicklung enger Doppelsternsysteme aufgezeigt. Die Riesen-Stadien der Sternentwicklung können sich hier nicht ungestört ausbilden, da beim Aufblähen des Sterns Materie zum nahen Begleiter überfließt. Dieser Massverlust hat eine ähnliche Wirkung wie das Abstoßen einer Hülle und läßt den Stern schließlich zum Weißen Zwerg werden (s. 12.1.7).

8.7 Neutronensterne und Pulsare

Unmittelbar nach der Entdeckung des Neutrons durch J. Chadwick, haben 1932 L. D. Landau und 1934 W. Baade und F. Zwicky die Möglichkeit erörtert, ob ein Stern aus Neutronenmaterie aufgebaut sein könnte, und die Eigenschaften abgeschätzt, die ein

8.7 Neutronensterne und Pulsare

solcher Stern haben müßte. Mit diesen Arbeiten wurden die ersten Schritte in ein Teilgebiet der Astrophysik getan, das heute von großer Bedeutung ist.

8.7.1 Der innere Aufbau der Neutronensterne

Das freie Neutron, dessen Masse um 0.14 % größer ist als die des Protons, ist instabil und zerfällt unter Aussendung eines Antineutrinos mit einer Halbwertszeit von 10.8 Minuten in ein Proton und ein Elektron. Aus diesem Grund kann Neutronenmaterie nur im Gleichgewicht mit Protonen und Elektronen existieren. Dabei muß die Elektronendichte so hoch sein, daß die Fermi-Energie des entarteten Elektronengases (s. 9.1.3) – gleichsam die Energie, die das Elektron benötigt, um seinen Platz in dem Elektronengas zu finden – von der Größenordnung der Zerfallsenergie der Neutronen ist (ungefähr 780 keV). Dazu sind Materiedichten oberhalb von 10^7 bis 10^8 g cm^{-3} erforderlich. Neutronensterne sind also nur möglich, wenn ihre Dichten wesentlich über denen der Weißen Zwerge liegen.

Wie der Druck des entarteten Elektronengases in den Weißen Zwergen, so hält in den Neutronensternen der Druck des entarteten Neutronengases den Gravitationskräften das Gleichgewicht. Damit benötigen Neutronensterne ebenso wie Weiße Zwerge keine Energiequelle zur Aufrechterhaltung des Gleichgewichts, auch sie sind Endstadien der Sternentwicklung.

Ebenso wie für Weiße Zwerge gibt es auch für Neutronensterne eine obere Massegrenze. Deren Größe dürfte etwas unter zwei Sonnenmassen liegen, der genaue Wert ist jedoch nicht bekannt. Die Unkenntnis des genauen Werts rührt daher, daß Neutronensterne sich trotz vieler Entsprechungen in einigen wesentlichen Punkten von Weißen Zwergen unterscheiden:

a) Die Dichten liegen bei etwa 10^{14} g cm^{-3} und sind damit vergleichbar mit den Dichten der Atomkerne. Bei dieser dichten Packung der Neutronen (mit einer geringen Beimischung von Protonen und Elektronen) werden die kurzreichweitigen Kräfte der Starken Wechselwirkung (die Kernkräfte) wirksam und beeinflussen die Zustandsgleichung, d. h. den Zusammenhang zwischen Druck und Dichte der Materie. Die letztlich hierin begründete Unsicherheit über die genaue Form der Zustandsgleichung ist die Hauptursache für die Unsicherheit der Neutronenstern-Modelle.

b) Bei den hohen Dichten sind die kinetischen Energien an der Fermi-Kante durchaus vergleichbar mit den Ruhenergien der Teilchen. Die Entartung des Neutronengases ist also teilweise relativistisch. Damit ergibt sich wegen der Äquivalenz von Masse und Energie – wobei die Energie hier durch das Produkt von Druck und Volumen gegeben ist – ein entsprechender Beitrag der Energie zur Masse. Die Gravitationswirkung auf Materie ist nicht mehr allein proportional zur Dichte ϱ, sondern zur Größe $\varrho + P/c^2$ (P ist der Gasdruck, c die Lichtgeschwindigkeit). Die entsprechende relativistische Masseänderung im entarteten Elektronengas der

Weißen Zwerge ist unerheblich, da die Elektronen wegen ihrer geringen Masse ohnehin nur einen vernachlässigbaren Beitrag zur Dichte liefern.

c) Die Metrik des Raums im Neutronenstern und in seiner nahen Umgebung ist wegen der starken Massekonzentration nicht euklidisch. Sie muß vielmehr nach der Allgemeinen Relativitätstheorie als Lösung der Einsteinschen Feldgleichungen berechnet werden, wobei in unserm speziellen Problem Kugelsymmetrie angenommen werden darf. Diese spezielle, von K. Schwarzschild zuerst angegebene Metrik hat Einfluß auf die Form der Gleichung, die das Druckgleichgewicht beschreibt und die man benutzt, um die Druckschichtung zu berechnen. Bei Weißen Zwergen, wie auch bei gewöhnlichen Sternen, sind diese Effekte im Prinzip auch vorhanden, aber von vernachlässigbar kleiner Größenordnung.

Nicht nur die Grenzmassen, sondern auch die Radien der Neutronensterne sind abhängig von der Zustandsgleichung der Materie, also von der Art, wie die Kernkräfte berücksichtigt werden. Für die meisten, mit unterschiedlichen Zustandsgleichungen berechneten, Neutronenstern-Modelle liegen die Radien aber in dem relativ engen Bereich zwischen 8 und 20 km. Unter einer dünnen Schicht, die so zusammengesetzt ist, wie das Innere der Weißen Zwerge, liegt wahrscheinlich eine feste Kruste von ^{56}Fe-Kernen, unter der sich dann das eigentliche Neutronengas befindet.

8.7.2 Die Beobachtung von Neutronensternen

Bis 1967 waren Neutronensterne hypothetische Objekte, Gebilde, deren reale Existenz wegen ihrer außergewöhnlichen Eigenschaften nicht wirklich in Betracht gezogen wurde. Das änderte sich erst, als mit der Entdeckung der Pulsare der Nachweis erbracht wurde, daß es Neutronensterne tatsächlich gibt. Inzwischen sind, insbesondere nachdem der Röntgenbereich der Beobachtung zugänglich wurde, Neutronensterne auf verschiedene Weise beobachtet worden. Wir wollen die Beobachtungen im folgenden kurz besprechen.

Pulsare

Die Entdeckung der Pulsare kam ganz überraschend. Im November 1967 fand die englische Studentin J. Bell von der Cambridge University, die mit einem gerade fertiggestellten Array von Radioantennen den Himmel nach Radioquellen absuchte, daß aus einer bestimmten Richtung am Himmel äußerst regelmäßige Radiopulse mit einer Periode von 1.337 3011 s kamen. Die Pulse kamen mit einer so verblüffenden Regelmäßigkeit, daß spekuliert wurde, ob sie nicht von einer außerirdischen Zivilisation ausgesandt sein könnten. Im folgenden Jahr wurden weitere »Pulsare« entdeckt, und die Frage nach ihrer Natur konnte letztendlich durch die Entdeckung des Pulsars im Krebsnebel im Herbst 1968 geklärt werden.

Pulsare nennt man punktförmige Radioquellen, die vor allem im Meterwellengebiet beobachtet werden und die in außerordentlich regelmäßiger Folge kurze Strahlungsimpulse aussenden. Bemer-

8.7 Neutronensterne und Pulsare

kenswert sind die Kürze der Periode und die Konstanz der Periodendauer. Nachdem inzwischen auch Pulsare entdeckt wurden, deren Perioden im Millisekundenbereich liegen, überdecken die bisher gemessenen Periodendauern das Intervall

$$0.001\,558\,\text{s} \leq P \leq 4.308\,\text{s}.$$

Die Periodendauer ist jedoch nicht absolut konstant, sondern vergrößert sich mit der Zeit, wenn auch nur extrem langsam. Der charakteristische relative Zuwachs an Periodendauer pro Periode, $\Delta P/P$, ist von der Größenordnung 10^{-15}. Daneben wurden in einigen Fällen diskrete Ereignisse festgestellt, durch die die Perioden etwas verkürzt wurden. Die charakteristische Dauer des Strahlungsimpulses ist etwa $1/30$ der Periodendauer. Der Puls ist oft gegliedert, aus Subpulsen zusammengesetzt, die fast vollständig linear polarisiert sein können. Die Stärke der Pulse ist starken Schwankungen unterworfen.

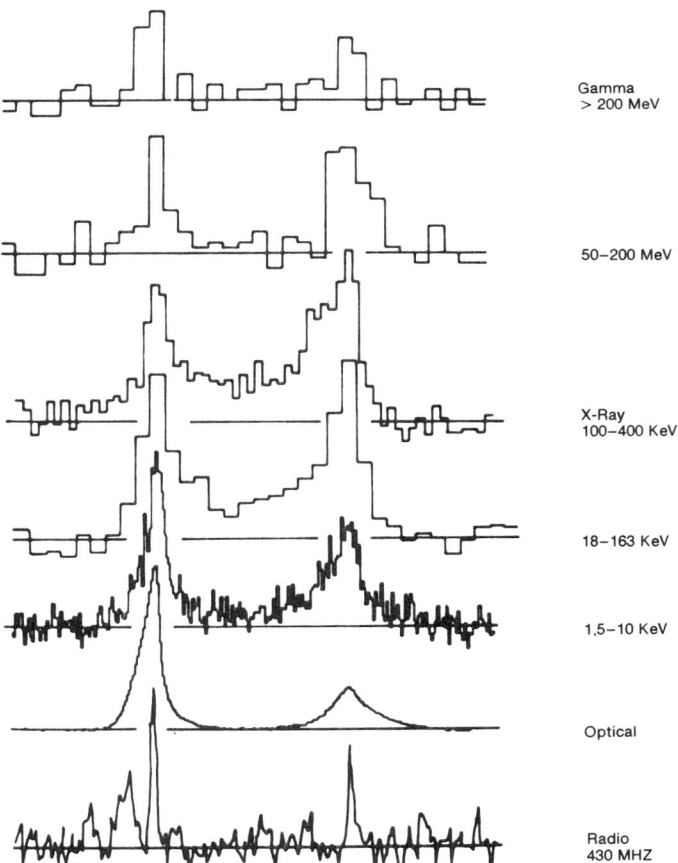

Die Lichtkurve des Krebs-Pulsars (PSR 0531 + 21) in verschiedenen Spektralbereichen (nach R. Buccheri)

8 Spezielle Sterntypen

Die gepulste Strahlung wurde zwar im Radiobereich entdeckt, ist jedoch, wie bei einigen wenigen, sehr jungen Pulsaren nachgewiesen werden konnte, nicht auf diesen Bereich beschränkt. Beispielsweise wurde beim Pulsar im Krebsnebel (PSR 0531 + 21) die für ihn charakteristische Doppelstruktur des Pulses auch im sichtbaren Bereich, im Röntgenbereich (1.5 ... 400 KeV) und sogar im γ-Bereich ($>$ 50 MeV) nachgewiesen (s. Abb.).

Radiopulsare werden mit PSR und ihrer genäherten Position, $xx^h\ yy^m \pm zz°$, bezeichnet; z. B. PSR 0531 + 21, der Pulsar im Krebsnebel.

Positionen (α, δ), Perioden (P), Periodenänderungen ($\Delta P/P$) und Angaben über die Entfernungen (d) einiger Pulsare

PSR	α (1950)	δ (1950)	P/s^1	$(\Delta P/P) \cdot 10^{15}$	d/kpc
0138 + 59	$1^h 38^m 20^s$	59° 52′ 0″	1.222 948	0.212	≈ 3
0329 + 54	$3^h 29^m 11^s$	54° 24′ 37″	0.714 519	1.465	0.9
0355 + 54	$3^h 55^m 00^s$	54° 4′ 43″	0.156 380	0.686	1.5 ... 2.5
0525 + 21	$5^h 25^m 52^s$	21° 58′ 18″	3.745 497	150	≈ 2
0531 + 21	$5^h 31^m 31^s$	21° 58′ 1″	0.033 200	14.0	1.9
0611 + 22	$6^h 11^m 15^s$	22° 26′ 6″	0.334 925	19.9	≈ 2
0736 − 40	$7^h 36^m 51^s$	−40° 35′ 47″	0.374 919	0.607	1.5 ... 2.3
0740 − 28	$7^h 40^m 48^s$	−28° 15′ 33″	0.166 754	2.81	1.5 ... 2.5
0809 + 74	$8^h 9^m 3^s$	74° 38′ 13″	1.292 241	0.206	≈ 0.2
0833 − 45	$8^h 33^m 39^s$	−45° 0′ 9″	0.089 235	11.16	0.5
0835 − 41	$8^h 35^m 33^s$	−41° 24′ 42″	0.751 621	2.665	2.4 ... 5.0
1154 − 62	$11^h 54^m 44^s$	−62° 8′ 8″	0.400 520	1.574	10.5 ... 12.5
1240 − 64	$12^h 40^m 20^s$	−64° 6′ 51″	0.388 479	−	12 ... 16
1323 − 62	$13^h 23^m 57^s$	−62° 7′ 10″	0.529 906	10.01	6.5 ... 9.5
1557 − 50	$15^h 57^m 9^s$	−50° 35′ 56″	0.192 598	0.975	8 ... 10
1641 − 45	$16^h 41^m 10^s$	−45° 53′ 39″	0.455 054	9.156	4.5 ... 5.3
1642 − 03	$16^h 42^m 25^s$	− 3° 12′ 31″	0.387 689	0.690	0.15 ... 0.17
1718 − 32	$17^h 18^m 48^s$	−32° 5′ 0″	0.477 157	0.326	≳ 0.2
1749 − 28	$17^h 49^m 49^s$	−28° 5′ 50″	0.562 556	4.562	< 1.5
1818 − 04	$18^h 18^m 14^s$	− 4° 29′ 3″	0.598 073	3.780	< 1.5
1822 − 09	$18^h 22^m 46^s$	− 9° 37′ 31″	0.768 959	40.23	< 1.5
1826 − 17	$18^h 26^m 48^s$	−17° 53′ 0″	0.307 129	1.717	> 1.5
1859 + 03	$18^h 59^m 2^s$	3° 26′ 46″	0.655 445	4.908	6 ... 20
1900 + 01	$19^h 0^m 58^s$	1° 31′ 9″	0.729 302	2.941	3 ... (5)
1929 + 10	$19^h 29^m 52^s$	10° 53′ 4″	0.226 517	0.262	0.05
1933 + 16	$19^h 33^m 32^s$	16° 9′ 58″	0.358 736	2.154	> 6
1946 + 35	$19^h 46^m 34^s$	35° 32′ 38″	0.717 307	5.059	(> 8.5)
2002 + 31	$20^h 2^m 54^s$	31° 28′ 35″	2.111 217	157.4	8 ... 13
2016 + 28	$20^h 16^m 0^s$	28° 30′ 30″	0.557 953	0.083	≈ 0.5
2020 + 28	$20^h 20^m 33^s$	28° 44′ 43″	0.343 400	0.651	> 2
2021 + 51	$20^h 21^m 25^s$	51° 45′ 8″	0.529 195	1.614	< 1
2111 + 46	$21^h 11^m 38^s$	46° 31′ 42″	1.014 684	0.727	4 ... 6
2319 + 60	$23^h 19^m 41^s$	60° 8′ 2″	2.256 484	15.36	2.8 ... 3.8

[1] Die Perioden der Pulsare sind durchwegs mit sehr viel höherer Genauigkeit bekannt. Es ist jedoch wegen des Anwachsens der Periodendauer sinnlos, sie mit dieser Genauigkeit in die Tabelle aufzunehmen, wenn man nicht zugleich das Datum angibt, auf das sich die gemessene Periodendauer bezieht.

8.7 Neutronensterne und Pulsare

Der Schluß, daß Pulsare Neutronensterne sind, erscheint aus folgenden Gründen unausweichlich. Wegen der strengen Periodizität kommen nur drei Mechanismen als Ursache in Betracht: Pulsation eines Himmelskörpers (etwa von der Art der Cepheiden-Pulsation), Bahnbewegung eines engen Doppelsternsystems und schließlich Rotation eines Sterns. Für alle drei dieser Möglichkeiten gibt es eine gemeinsame, von der Dichte abhängige Grenzperiode, die durch einen Ausdruck der Form

$$P_{\text{grenz}} \approx 1/\sqrt{G\varrho}$$

gegeben ist. G ist die Gravitationskonstante, ϱ die Dichte. Für Pulsationen ist dies eine für die Grundschwingung zutreffende obere Grenze, für Bahnbewegung und Rotation sind es untere Grenzwerte. Die Grenzperioden liegen für Hauptreihensterne in der Größenordnung einer Stunde, für Weiße Zwerge im Sekundenbereich und für Neutronensterne im Millisekundenbereich. Damit kommen angesichts der Kürze der beobachteten Perioden nur Neutronensterne als Quellen in Betracht. Unter den drei möglichen Mechanismen erfüllt schließlich nur der dritte, die Rotation, die Bedingung, daß bei Energieverlust (z. B. durch Abstrahlung) die Periodendauer anwächst. Wir schließen daraus, daß Pulsare rotierende Neutronensterne sein müssen.

Die schnelle Rotation von Pulsaren (verglichen mit normalen Sternen, deren Rotationsperioden Stunden bis Wochen betragen) ist eine direkte Folge des Gesetzes von der Erhaltung des Drehimpulses. Beim Kollaps eines normalen Sterns zu einem Neutronenstern nimmt der Radius R um einen Faktor 10^5 ab. Für den Drehimpuls I gilt

$$I \sim R^2 \omega,$$

wobei ω die Winkelgeschwindigkeit ist. Man sieht sofort, daß die Winkelgeschwindigkeit ω um einen Faktor 10^{10} zunehmen muß, damit der Drehimpuls erhalten bleibt. Ein ähnlicher Verstärkungseffekt tritt für das Magnetfeld des Sterns ein, das während des Kollaps in der Materie »eingefroren« bleibt. Da die Magnetfeldstärke ebenfalls proportional zu R^{-2} ist, kann sie Werte von mehr als 10^9 Tesla erreichen.

Pulsarmechanismus Viele Einzelheiten des Mechanismus, der zur Aussendung der gepulsten Strahlung führt, sind noch unklar, doch scheinen die grundlegenden Vorgänge verstanden zu sein. Voraussetzung für die Emission der Pulse sind die rasche Rotation und die hohen Magnetfeldstärken. Sind die Rotationsachse und die Magnetfeldachse gegeneinander geneigt, so werden in der Nähe des Neutronensterns gigantische elektrische Felder erzeugt, die die Elektronen und Protonen, die an der Neutronensternoberfläche vorhanden sind, auf relativistische Geschwindigkeiten beschleunigen. Dieses Plasma bewegt sich entlang der Feldlinien in der Polregion, die nicht geschlossen sind, vom Pulsar weg und emittiert dabei die Synchrotronstrahlung (s. Abb.), die in einem schmalen Kegel ausgesandt wird, vergleichbar dem Lichtkegel eines Leuchtturms.

Dieser Strahlkegel rotiert mit der Winkelgeschwindigkeit des Pulsars; immer dann, wenn er die Sichtlinie zur Erde trifft, nehmen wir einen kurzen Puls der Synchrotronstrahlung wahr. Anderseits bedeutet dies natürlich auch, daß es sehr viele Pulsare geben muß, deren Strahlkegel die Sichtlinie zur Erde nicht trifft, und die uns deshalb verborgen bleiben.

Gespeist wird die Abstrahlung aus der Rotationsenergie des Pulsars. Mit zunehmender Abstrahlung muß sich deshalb die Rotation des Pulsars verlangsamen. Die damit verbundene Vergrößerung der Rotationsperiode ist in voller Übereinstimmung mit den Beobachtungen. Eine Konsequenz hieraus ist, daß die am schnellsten rotierenden Pulsare die jüngsten sind, was z. B. auf den Pulsar im Krebsnebel auch zutrifft. Optische und Röntgenstrahlung wird nur bei sehr jungen Pulsaren beobachtet, bei den älteren reicht die Energie der Teilchen nur noch aus, Radioquanten zu emittieren. Ab dem Alter von etwa 10 Millionen Jahren wird die Rotation so langsam, daß der Neutronenstern seine Pulsareigenschaften verliert.

Auch der erste Millisekundenpulsar, mit einer Periode von 1.558 ms 1982 gefunden, wurde zuerst aufgrund seiner raschen Rotation

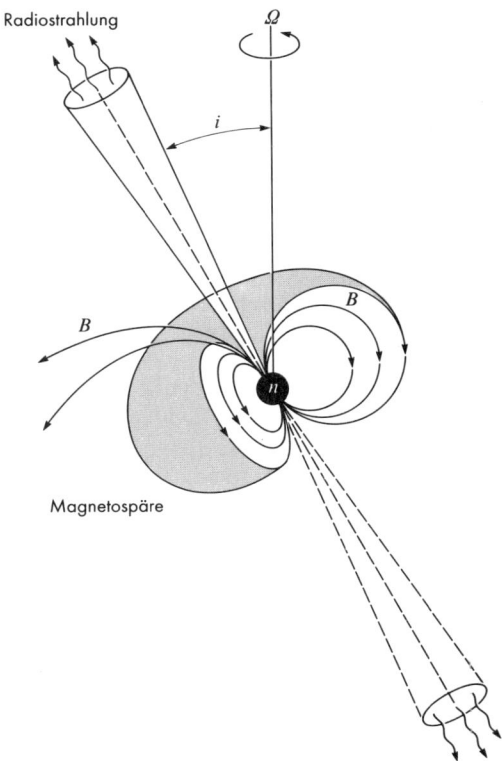

Emissionsmechanismus eines Radiopulsars. Beschreibung siehe Text

8.7 Neutronensterne und Pulsare

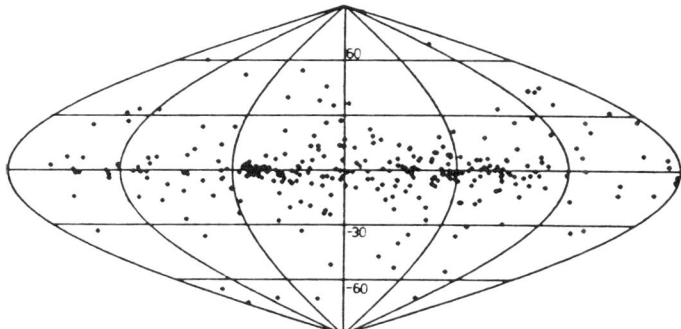

Verteilung der Pulsare an der Sphäre, dargestellt in galaktischen Koordinaten; die Richtung zum galaktischen Zentrum ist in der Mitte der Figur

als junges Objekt angesehen. Inzwischen sind mehr als 10 dieser Objekte mit Perioden zwischen 1.6 und 10 Millisekunden bekannt, und bei allen gibt es starke Anzeichen dafür, daß sie keine jungen, sondern im Gegenteil sehr alte Objekte sind. Bei keinem dieser Objekte wurde ein Supernova-Überrest gefunden, und alle haben sie nur sehr kleine Periodenänderungen, die auf sehr geringe Magnetfeldstärken zwischen 10^5 und 10^6 Tesla hindeuten (auch die Stärke des Magnetfelds nimmt mit zunehmendem Alter ab, wenn auch viel langsamer als die Rotationsgeschwindigkeit). Man nimmt an, daß alle Millisekundenpulsare in engen Doppelsternen entstehen, bei denen Materie von einem normalen Stern über eine Akkretionsscheibe zum Neutronenstern strömt. Die Materie, die vom Außenrand der Akkretionsscheibe auf den Neutronenstern fällt, bringt ihren Drehimpuls mit und beschleunigt so den Neutronenstern auf die beobachtete Rotationsperiode von einigen Millisekunden. Da bei den meisten Millisekundenpulsaren jedoch keine Anzeichen für eine Bahnbewegung in einem Doppelsternsystem gefunden wurden, nimmt man an, daß nach dem Einsetzen des Pulsarmechanismus (verursacht durch die rasche Rotation) der Pulsar seinen Begleiter durch den konstanten Beschuß mit hochenergetischen Teilchen regelrecht »verdampft«.

Seit 1967, dem Jahr der Entdeckung des ersten Pulsars, sind bisher über 500 weitere derartige Objekte gefunden worden. Man kann ihre Entfernungen abschätzen, da die freien Elektronen im interstellaren Raum die Laufzeit der Pulse in verschiedenen Wellenlängenbereichen unterschiedlich beeinflussen, so daß man aus kleinen Unterschieden in den Ankunftszeiten der Pulse (unter gewissen Annahmen über die interstellare Elektronendichte) die Entfernungen der Pulsare erhält. Man findet, daß die Pulsare mäßig stark zur galaktischen Scheibe hin (Skalenhöhe in Z ungefähr 400 pc) konzentriert sind.

Aus Anzahl und Verteilung der beobachteten Pulsare ist zu schließen, daß es in unserm Milchstraßensystem etwa 500 000 Pulsare gibt. Anderseits kann aus dem Maß, in dem die Periode anwächst, und aus der Größe der beobachteten maximalen Periodendauer die Zeit abgeschätzt werden, über die ein Neutronenstern Pulsareigenschaften haben kann. Es sind dies etwa 10^7 Jahre. Um den bestehenden Bestand an Pulsaren aufrechtzuerhalten, müßte also alle 20 Jahre ($10^7/5 \cdot 10^5$) ein neuer Pulsar in unserer Galaxis entstehen. Das ist in befriedigender Übereinstimmung mit der Rate der Supernova-Ereignisse (SN I und SN II) in der Galaxis, und angesichts der Unsicherheiten auch noch mit jener Rate der SN II-Ereignisse, die vermutlich zur Bildung von Neutronensternen führen.

Thermische Emission

Neutronensterne werden durch den Prozeß ihrer Entstehung (Gravitationskollaps) als sehr heiße Objekte geboren. Ihre anfänglich sehr hohen Temperaturen verharren im Verlauf der Abkühlung relativ lange ($\approx 10^4$ Jahre) im Bereich von $3 \cdot 10^6$ K bis $1 \cdot 10^6$ K. Bei diesen Temperaturen liegt die Abstrahlung vorzugsweise im Spektralbereich der weichen Röntgenstrahlung (Photonenenergie etwa zwischen 0.1 und 1 keV), in dem z. B. der zur Untersuchung kosmischer Röntgenquellen verwendete Satellit ROSAT (s. A 2.8.1) mit besonders empfindlichen Meßgeräten ausgerüstet ist. So konnte die thermische Strahlung einer ganzen Reihe von Neutronensternen in Supernova-Überresten (s. 8.4.3) bzw. von Pulsaren nachgewiesen werden. Die Umrechnung der empfangenen Strahlungsleistungen in Röntgenleuchtkräfte setzt natürlich die Kenntnis der Entfernungen der Quellen voraus. Man findet Leuchtkräfte der Größenordnung 10^{27} Watt (zum Vergleich: $L_\odot = 3.9 \cdot 10^{26}$ Watt), in Übereinstimmung mit den theoretischen Erwartungen.

Röntgendoppelsterne

Als Röntgendoppelsterne bezeichnet man halbgetrennte Doppelsternsysteme (s. 12.1.7), bei denen eine Komponente ein Neutronenstern oder ein Schwarzes Loch ist. Ihre Röntgenleuchtkräfte sind sehr hoch; sie können bis zu 10^{31} Watt betragen. Die hohen Röntgenleuchtkräfte entstehen bei der Akkretion von Materie, die von einem normalen Stern zum Neutronenstern oder zum Schwarzen Loch fließt. Akkretion ist eine sehr effiziente Art Gravitationsenergie freizusetzen: Bei der Akkretion auf einen Neutronenstern werden 15 % der totalen Ruhenergie mc^2 freigesetzt; dies ist zwanzigmal so viel Energie, wie durch Kernfusion aus der gleichen Materiemenge gewonnen werden kann. Als Beispiel: Bei der Akkretion eines Wasserstoffatoms auf einen Neutronenstern wird eine Energie von 150 MeV freigesetzt. Um die beobachteten Röntgenleuchtkräfte zu erreichen, ist ein Materiestrom von 10^{17} g s^{-1} oder etwa $1.5 \cdot 10^{-9}$ $M_\odot$ pro Jahr erforderlich.

Man unterscheidet massereiche Röntgendoppelsterne und Röntgendoppelsterne geringer Masse. (In der englischen Literatur werden diese als High Mass X-Ray Binaries [HMXB] und Low Mass X-Ray Binaries [LMXB] bezeichnet.) Der fundamentale beobachtungstechnische Unterschied zwischen den beiden Gruppen liegt im Verhältnis von Röntgen- zu optischer Leuchtkraft L_x/L_{opt}. Während bei den massereichen Röntgendoppelsternen L_x/L_{opt} 10^{-3} bis 10 beträgt, haben die Röntgendoppelsterne geringer Masse ein L_x/L_{opt} von 10 bis 10^4, sind also optisch schwache Objekte. Im Gegensatz dazu sind die massereichen Röntgendoppelsterne optisch helle Objekte.

8.7 Neutronensterne und Pulsare

Massereiche Röntgendoppelsterne

Bei den massereichen Röntgendoppelsternen hat der Neutronenstern einen massereichen, optisch lichtstarken O- oder B-Stern als Begleiter. Sie sind junge Objekte, der Neutronenstern besitzt also noch ein starkes Magnetfeld, und bei einem hohen Prozentsatz von ihnen ist die Röntgenstrahlung teilweise gepulst. Das starke Magnetfeld des Neutronensterns ($10^8 ... 10^9$ Tesla) lenkt den Materiestrom so ab, daß er nur an den magnetischen Polen auftrifft. Es bildet sich hier jeweils ein »Brennfleck« aus, der einen Durchmesser von etwa einem Kilometer hat und der bei einer Temperatur von 10^8 K die gemessene Röntgenleuchtkraft von 10^{30} Watt abstrahlt. Die Temperatur ist mit der beobachteten Energieverteilung im Röntgenspektrum konsistent. Durch die Rotation des Neutronensterns (Perioden von 0.7 bis 835 s) wird der Brennfleck (bei geeigneten Winkeln zwischen Rotationsachse einerseits und dem Sehstrahl bzw. der Orientierung des magnetischen Dipols anderseits) periodisch der Sicht entzogen. So entsteht die beobachtete kurzperiodische Röntgenvariabilität. Ferner sind Bedeckungen durch den Begleiter möglich.

Die Eigenschaft der Röntgenpulse (die nicht mit den Pulsen der Radiopulsare verwechselt werden dürfen) erlaubt eine genaue Bestimmung der Bahn im Doppelsternsystem, da infolge der Bahnbewegung sich die Ankunftszeit der Pulse verschiebt. Dies ist die bisher einzige Möglichkeit, die Massen von Neutronensternen zu bestimmen; die bisher gefundenen liegen im Bereich von 1.2 bis 1.6 $M_\odot$, also nahe der Chandrasekhar-Grenzmasse.

Ein besonders schöner Erfolg bei der Erforschung dieser Objekte war die direkte Messung der Magnetfeldstärke im Brennfleck. Im Spektrum der harten Röntgenstrahlung der Quelle Her X-1 wurde 1976 von J. Trümper und Mitarbeitern bei 58 keV eine Emissionslinie entdeckt, eine weitere, schwächere ist bei 110 keV angedeutet. Sie lassen sich darauf zurückführen, daß geladene Teilchen, also auch die Elektronen, sich in Magnetfeldern auf kreis- bzw. spiralförmigen Bahnen bewegen. Diese sind infolge der Periodizität ihrer Bewegung einer Quantenbedingung unterworfen, die nur diskrete Energiestufen zuläßt. Bei den sehr hohen magnetischen Feldern sind die Umlauffrequenzen sehr hoch, entsprechend weit liegen die Energiestufen auseinander. Man kann ausrechnen, daß bei einer Feldstärke von $5 \cdot 10^8$ Tesla die Energiedifferenz zwischen zwei benachbarten Stufen gerade 58 keV beträgt; 110 keV wäre ungefähr das Doppelte hiervon und würde dem Übergang in die übernächste Bahn entsprechen. Man schließt nun wie folgt: Da Linien bei 58 keV und (mit geringer Sicherheit) bei 110 keV beobachtet sind, muß die Magnetfeldstärke im Brennfleck $5 \cdot 10^8$ Tesla betragen.

Röntgendoppelsterne geringer Masse

Bei den Röntgendoppelsternen geringer Masse ist der Begleiter des Neutronensterns ein massearmer Hauptreihenstern der Spektralklasse G, K oder M. Diese Objekte sind den Kataklysmischen Veränderlichen sehr ähnlich; bei diesen findet man statt des Neutronensterns einen Weißen Zwerg (s. 8.3.1). Bei den Röntgendoppelsternen geringer Masse, von denen etwa 50 bekannt sind, findet man normalerweise keine Röntgenpulse; es handelt sich bei ihnen um alte Objekte, bei denen die Magnetfeldstärke so weit abgenommen hat, daß der Materiestrom nicht mehr entlang der magnetischen Feldlinien auf die Magnetpole geleitet wird.

Die auffallendste Eigenschaft dieser Gruppe sind irreguläre Strahlungsausbrüche im Röntgenbereich, die bei einer Dauer von 10 bis 100 Sekunden Leuchtkräfte bis zu 10^{32} Watt erreichen. Die Ursache dieser »Röntgenbursts« sind explosionsartig verlaufende thermonukleare Reaktionen auf der Oberfläche des Neutronensterns, vergleichbar den Nova-Ausbrüchen in Kataklysmischen Systemen (s. 8.3.2). Als Brennmaterial bei einem Röntgenburst dient Helium, nicht Wasserstoff wie bei Nova-Ausbrüchen. Ein Röntgenausbruch setzt immer dann ein, wenn sich genügend frische heliumreiche Materie auf der Oberfläche des Neutronensterns angesammelt hat. Allerdings dürfen diese »Röntgenburster« nicht mit den sogenannten Röntgen-Novae verwechselt werden. Während bei den Röntgenburstern immer eine Röntgenstrahlung von 10^{30} bis 10^{31} Watt vorhanden ist, sind Röntgen-Novae Objekte, bei denen vorher keine Röntgenstrahlung gefunden wurde, und bei denen die Röntgenleuchtkraft plötzlich auf die typischen Werte für Röntgendoppelsterne ansteigt. Man nimmt an, daß es sich bei ihnen um Doppelsterne handelt, bei denen der Materiestrom vom Begleiter zum Neutronenstern plötzlich einsetzt, nachdem für längere Zeit keine Materie ausgetauscht wurde. Die aus dem beobachteten Energiespektrum der Röntgenstrahlung erschlossenen Temperaturen von 1 bis $3 \cdot 10^7$ K passen sehr gut zu den Temperaturen, bei denen die Kernreaktionen ablaufen können.

Es sei hier noch angemerkt, daß die diskreten Quellen von Strahlungsausbrüchen im γ-Bereich, die ebenfalls beobachtet wurden, sehr wahrscheinlich nichts mit Röntgendoppelsternen zu tun haben. Ihre tatsächliche Natur ist bislang aber noch nicht bekannt.

Binärpulsare

Die meisten der bekannten Radiopulsare sind Einzelsterne. Insgesamt sind nur wenig mehr als zehn Pulsare bekannt, die sich in einem Doppelsternsystem befinden. Als besonders interessant erwies sich hierbei der Pulsar PSR 1913+16, der von R. Hulse und J. Taylor 1974 bei einer Durchmusterung mit dem Arecibo-Radioteleskop entdeckt wurde. PSR 1913+16, dessen Pulsperiode 59 ms beträgt, befindet sich in einem engen Doppelsternsystem, dessen zweite Komponente ebenfalls ein entarteter Neutronenstern ist. Die Bahnperiode des Systems, dessen Bahn mit einer Exzentrizität $e = 0.62$ stark elliptisch ist, beträgt etwa 7.8 Stunden. Da die beiden Neutronensterne mit Massen von jeweils etwa 1.4 $M_\odot$ sich sehr nahe beieinander befinden (die große Halbachse beträgt nur etwa 1.4 Sonnenradien), sind die gravitativen Verhältnisse so, daß Effekte der Allgemeinen Relativitätstheorie eine große Rolle spielen. So wurde festgestellt, daß die Richtung des Periastrons sich mit etwa 4.2° pro Jahr verändert. Dieser Effekt, von der Allgemeinen Relativitätstheorie vorausgesagt, konnte erstmals bei der Bahn des Planeten Merkur beobachtet werden (s. 3.5), ist dort jedoch mit 0.43″ pro Jahr um ein Vielfaches schwächer.

8.7 Neutronensterne und Pulsare

Eine weitere Vorhersage der Feldgleichungen der Allgemeinen Relativitätstheorie ist, daß immer dann, wenn sich die geometrische Verteilung von Materie zeitlich ändert, Gravitationswellen auftreten. Eine signifikante Stärke sollte diese Gravitationsstrahlung jedoch nur dann haben, wenn sehr große Gravitationsfelder auftreten, wie z. B. beim Kollaps eines Sterns oder bei der Bahnbewegung von Neutronensternen in einem engen Doppelsternsystem. Im Fall von PSR 1913+16 konnte diese Gravitationsstrahlung indirekt nachgewiesen werden: Man beobachtete nämlich eine systematische Abnahme der Bahnperiode um $2.7 \cdot 10^{-10}$ s/Jahr, die genau der Abnahme der Bahnenergie durch Gravitationsstrahlung entspricht, wie sie von der Allgemeinen Relativitätstheorie vorausgesagt wurde. Da sich PSR 1913+16 als ein Meilenstein für den experimentellen Nachweis der Einsteinschen Gravitationstheorie erwies, wurden seine Entdecker Hulse und Taylor 1993 mit dem Nobelpreis für Physik ausgezeichnet.

8.7.3 Schwarze Löcher

Der Vorstellung der Existenz Schwarzer Löcher liegt folgende Überlegung zugrunde: Offenbar gibt es für Weiße Zwerge und Neutronensterne obere Grenzmassen der Größenordnung ein bis zwei Sonnenmassen. Für Objekte, die die Endphase ihrer Entwicklung mit höherer Masse erreichen, gibt es keine stabilen Endkonfigurationen. Sie finden kein Gleichgewicht von Druck- und Gravitationskräften und müssen unter dem zunehmenden Einfluß der eigenen Gravitation in sich zusammenfallen.

In der Anfangsphase des Kollaps würde ein außenstehender Beobachter aufgrund der freigesetzten Gravitationsenergie Strahlung beobachten. Diese Strahlung hätte zunehmend stärkere Schwerefelder zu überwinden (Photonen haben die Masse $h\nu/c^2$) und würde dabei Energie verlieren. Der Energieverlust der Strahlung (bzw. ihrer Photonen) ist gleichbedeutend mit einer Frequenzerniedrigung: Die Strahlung erleidet eine Gravitations-Rotverschiebung. In der Sprache der Allgemeinen Relativitätstheorie ist das eine Folge einer Änderung der Metrik des Raums. Dabei ist die Verlangsamung der Schwingung in der Lichtquelle nur die spezielle Auswirkung eines allgemeineren Gesetzes: In der nahen Umgebung großer Massen laufen für den weit entfernten Beobachter alle Vorgänge langsamer ab; die Uhren gehen dort langsamer, es gibt eine Zeitdilatation. Die Zeitdilatation wäre unendlich groß, wenn der Stern so klein bzw. das Schwerfeld so groß wäre, daß die Photonen, die die Oberfläche des Sterns verlassen, ihre gesamte Energie verbrauchen, um das Schwerefeld zu überwinden. Sie würden mit der Frequenz Null den entfernten Beobachter erreichen und wären damit nicht mehr nachweisbar.

Schwarzschild-Radius Die kritische Grenzgröße ist der Schwarzschild-Radius r_S. Er hängt außer von den Naturkonstanten G (Gravitationskonstante) und c (Lichtgeschwindigkeit) nur von der Masse M des Sterns ab:

$$r_S = 2 \cdot G \cdot M/c^2.$$

Für die Sonne ist r_S knapp drei Kilometer, für die Erde nicht ganz ein Zentimeter. Da von einem Himmelskörper, der einen kleineren Radius hat als seinen Schwarzschild-Radius, keine Strahlung nach außen gelangt, von außen daher auch kein Ereignis auf ihm beobachtet werden kann, nennt man die Kugelfläche mit dem Radius r_S auch den Ereignishorizont. Alles was innerhalb dieses Horizonts geschieht, ist von außen grundsätzlich unerfahrbar. Für den Beobachter gibt es damit praktisch gar keinen Himmelskörper, sondern nur eine Deformation des Raums, erkennbar an dem Gravitationsfeld, das alles schluckt, was in seine Nähe gerät, und aus dem nichts zurückkommt. Diese Eigenschaften kommen mit der Bezeichnung »Schwarzes Loch« anschaulich zum Ausdruck. Schwarze Löcher im strengen Sinn des Worts können auch deswegen nicht beobachtet werden, weil durch die Zeitdilatation der Kollaps selber zunehmend, bei Annäherung an den Schwarzschild-Radius unendlich verzögert erscheint.

Im Fall einer Rotation des kollabierenden Sterns, d. h. also im Regelfall, bleibt dessen Drehimpuls erhalten. Die Metrik der Raumzeit wird dann wesentlich komplizierter. So müssen dann z. B. die Fläche unendlicher Zeitdilatation und der Ereignishorizont unterschieden werden. In dieser »Kerr-Metrik« fallen die beiden Flächen nur auf der Rotationsachse zusammen.

Der Nachweis der Existenz Schwarzer Löcher ist schwierig und bisher nicht eindeutig gelungen. Folgende Effekte könnten möglicherweise beobachtet werden:

- Bahnbewegung eines normalen Sterns in einem Doppelsternsystem, dessen eine Komponente ein Schwarzes Loch ist.
- Strahlung von Materie, die in Schwarze Löcher einstürzt; dabei würde es zur Emission von Röntgenstrahlung kommen.

Unter den Röntgendoppelsternen gibt es vier mögliche Kandidaten: Cygnus X-1, Circinus X-1, GX 339-4 und LMC X-1. Sie zeigen eine schnelle (Zeitskalen < 1 s) nichtperiodische Variation der Röntgenstrahlung. Beim bislang am besten untersuchten Objekt Cygnus X-1 ist die wahrscheinliche Masse des kompakten Objekts 10 $M_\odot$. Sie läge damit über der Massenobergrenze für Neutronensterne. Mit letzter Sicherheit kann zur Zeit jedoch noch nicht gesagt werden, ob die kompakte Komponente in Cygnus X-1 tatsächlich ein Schwarzes Loch ist.

8.8 Sterne mit Emissionslinien

Nach den klassischen Vorstellungen nehmen in Sternen sowohl die Dichte als auch die Temperatur von innen nach außen ab. Die Sternatmosphäre grenzt als kühlste Oberflächenschicht des Sterns an den interstellaren Raum. Diese Vorstellungen sind in Übereinstimmung damit, daß in den Spektren der Sternatmosphären dunkle Absorptionslinien auftreten.

Es gibt aber Sternspektren, in denen neben den Absorptionslinien auch Emissionslinien auftreten. Deren Vorhandensein kann mit

8.8 Sterne mit Emissionslinien

der Annahme erklärt werden, daß Sterne mit Emissionslinien von ausgedehnten Gashüllen umgeben sind. Diese sind generell transparent, so daß Licht aus tieferen Schichten sie fast ungeschwächt durchdringen kann. In den Wellenlängen der Emissionslinien leuchten diese Hüllen und fügen damit der übrigen Sternstrahlung ihre eigene Strahlung hinzu.

Auch die Sonne besitzt derartige dünne Atmosphäreschichten, die Chromosphäre und die Korona. Die von diesen Gebieten ausgesandten Emissionslinien sind allerdings im optischen Bereich so schwach im Vergleich zur Strahlung der Photosphäre, daß sie nur sehr schwer zu beobachten sind. Im fernen UV- und im Röntgenbereich dagegen gibt es von der sehr heißen Sonnenkorona ($T \approx 2 \cdot 10^6$ K) starke Emissionslinien. In diesen Wellenlängenbereichen wäre also auch die Sonne ein Emissionslinien-Stern.

Die eigentlichen Emissionslinien-Sterne sind solche, in deren Hülle wegen ihrer Dichte und günstiger Temperaturen auch im sichtbaren Bereich starke Emissionslinien gebildet werden. Unter den heißen Sternen sind dies die Be-Sterne, die Sterne mit einem sog. Hüllen-Spektrum, Überriesen vom P Cygni-Typ, Of-Sterne und schließlich die Wolf-Rayet-Sterne. Im Bereich der späteren Spektralklassen sind vor allem die T Tauri-Sterne zu nennen. Die Beobachtungen zeigen aber auch, daß Rote Riesen und Überriesen eine Hülle haben müssen.

Im folgenden sollen die Eigenschaften der wichtigsten Typen von Sternen mit Emissionslinien stichwortartig genannt werden.

Be-Sterne: Wasserstofflinien der Balmer-Serie, insbesondere Hα in Emission. Die Emissionslinien sind durch Doppler-Effekt stark verbreitert (etwa 100 ... 500 km/s). Ferner werden FeII-Linien in Emission beobachtet, gelegentlich auch bei den Bep-Sternen verbotene Übergänge von OI, FeII, NII, SII und FeIII.

Zur Notation sei bemerkt: In der Spektroskopie ist es üblich, bei der Identifikation der Spektral-Linien nicht nur das Element, z. B. Sauerstoff, Stickstoff oder Eisen, durch sein chemisches Symbol O, N, Fe anzugeben, sondern zugleich den Ionisationszustand durch eine angehängte römische Ziffer zu notieren: I für das neutrale Element, II für das einfach ionisierte, III für das zweifach ionisierte Element usw. OI, FeII, NII, SII bedeuten also: neutraler Sauerstoff sowie Eisen, Stickstoff und Schwefel im einfach ionisierten Zustand.

Das Emissionsspektrum der Be-Sterne ist in vielen Fällen variabel und kann in Zeitskalen von Jahren oder Jahrzehnten zum Hüllen-Spektrum oder zum Spektrum normaler B-Sterne wechseln. Es wäre daher korrekter, von Be-Phasen statt von Be-Sternen zu sprechen.

Es unterliegt kaum einem Zweifel, daß das Be-Phänomen auf zirkumstellare Gashüllen zurückzuführen ist. Noch weitgehend unklar ist jedoch der Mechanismus, der zur Ausbildung derartiger Hüllen führt. Man glaubt, daß bei der Bildung der Hüllen die rasche Rotation der Be-Sterne eine Rolle spielt.

8 Spezielle Sterntypen

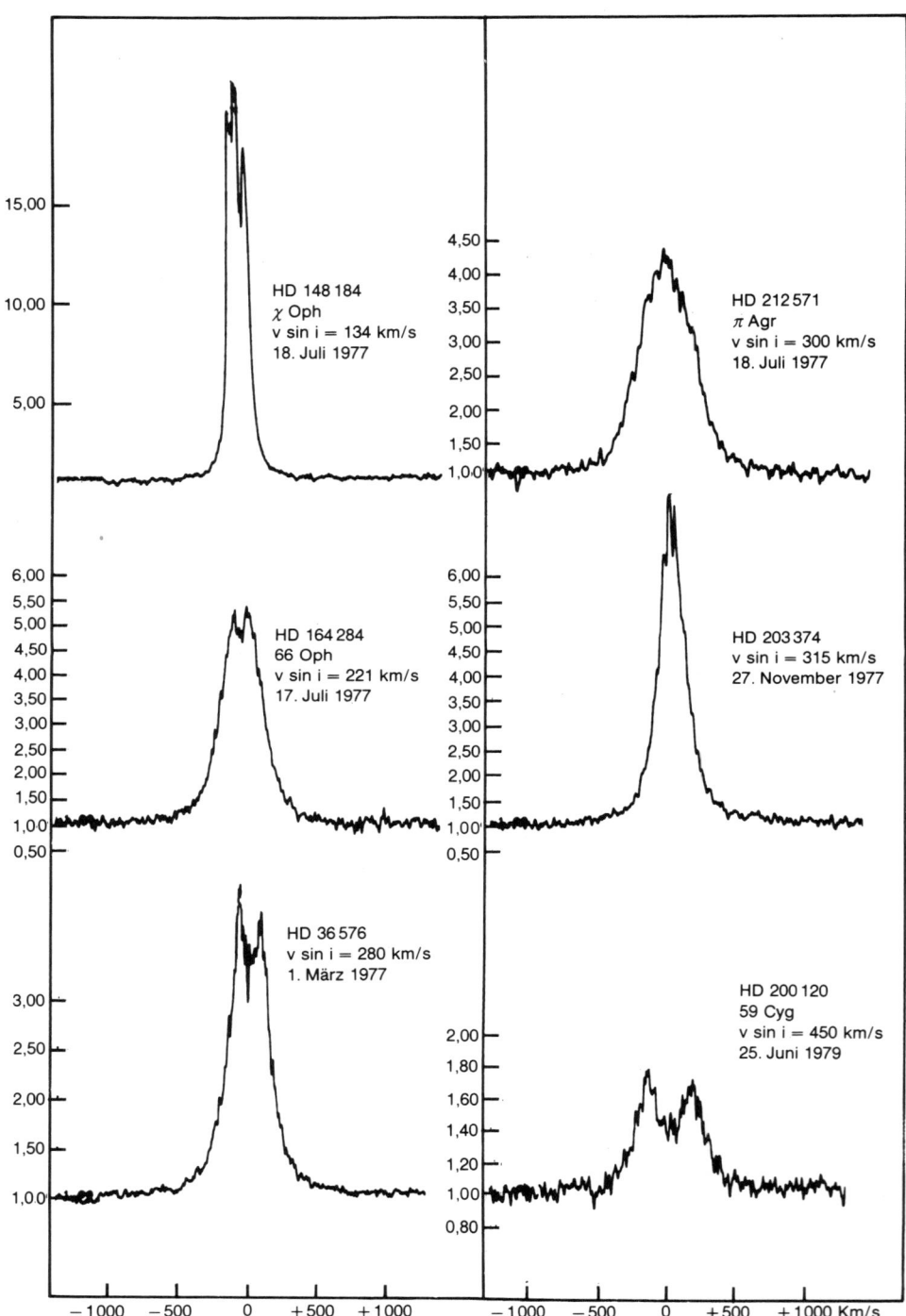

8.8 Sterne mit Emissionslinien

Links: Hα-Linien in Be-Sternen. v sin i ist der Wert der aus den Absorptionslinien abgeleiteten scheinbaren Rotationsgeschwindigkeit. Die Breite der Emissionslinien entspricht höheren Geschwindigkeiten (Haute Provence Observatorium)

Rechts: Hα-Linien in Hüllenspektren. Die geringe Breite der Absorptionskomponente ist charakteristisch (Haute Provence Observatorium)

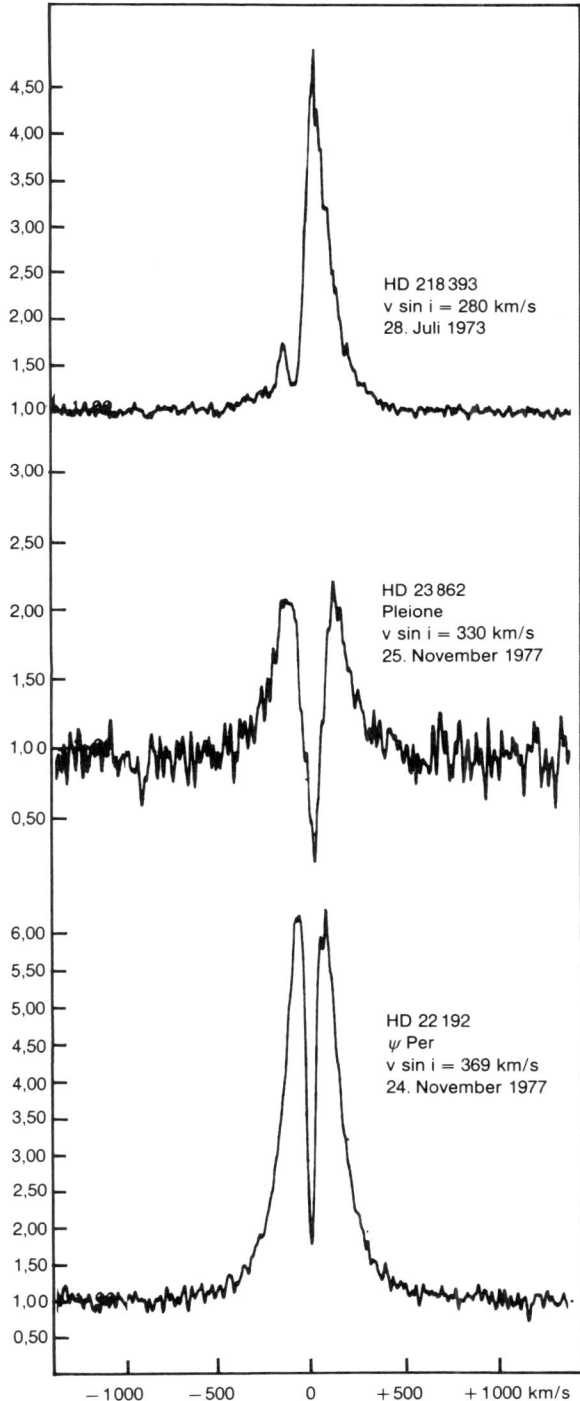

Hüllen-Sterne: B-Sterne oder Be-Sterne mit sehr tiefen und schmalen Einsenkungen im Zentrum entweder der stellaren Absorptionslinien oder der Emissionslinien. Das Hüllen-Phänomen wird vorzugsweise in den Wasserstofflinien beobachtet, tritt aber auch in den Linien des FeII, TiII und des CrII auf.

Luminous Blue Variables (Leuchtkräftige blaue Veränderliche, LBV): Es sind dies O- oder B-Überriesen mit Emissionslinien von charakteristischem Profil: eine relativ scharfe Emissionsspitze mit einer violettverschobenen Absorptionskomponente (P-Cygni-Profil). Diese Absorptionskomponente entsteht in dem Teil der Hülle, der zwischen dem eigentlichen Stern und dem Beobachter liegt. Die Doppler-Verschiebung nach kürzeren Wellenlängen hin zeigt, daß die Materie in der Hülle sich auf uns zu bewegt, also von dem Stern abströmt. Die Teile der Hülle, die man mehr von der Seite sieht (die Randzonen), zeigen diese charakteristische Doppler-Verschiebung nicht und tragen zur unverschobenen Emissionsline bei. P Cygni-Profile sind also Indikatoren für expandierende Hüllen, d. h. für Masseverluste von Sternen (s. 9.3.4). Die LBV sind mit Leuchtkräften, die etwa das Millionenfache der Sonnenleuchtkraft betragen, mit Ausnahme der Supernovae die leuchtkräftigsten aller Sterne. Sie sind sehr seltene Objekte, wegen ihrer hohen Leuchtkraft sind aber relativ viele extragalaktische LBV bekannt (z. B. S Doradus in der Großen Magellanschen Wolke).

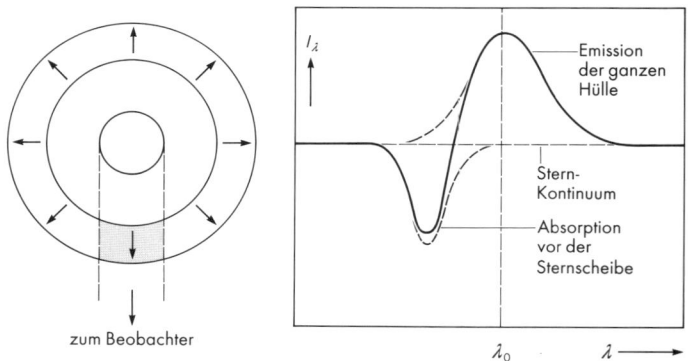

Zur Entstehung von P Cygni-Profilen. Die Emission entsteht in der gesamten expandierenden Hülle, die Absorption nur in den Gebieten, die vor der Sternscheibe in der Sichtlinie zum Beobachter liegen

Of-Sterne: Dies sind O-Sterne, in denen die HeII-Linie 486.8 nm sowie einige NIII-Linien in Emission auftreten, nicht jedoch die Wasserstofflinien. Etwa 10 % aller O-Sterne sind von diesem Spektraltyp.

Wolf-Rayet-Sterne: Als Wolf-Rayet-Sterne werden sehr heiße Sterne mit extrem breiten Emissionslinien bezeichnet. Es gibt zwei Klassen:

8.9 Vor-Hauptreihensterne und Infrarotobjekte

WC-Sterne: Neben H, HeI, HeII treten starke Emissionslinien von CII ... CIV auf und von OII ... OIV.

WN-Sterne: Hier dominieren Emissionslinien von NII ... NV, dagegen fehlen die Kohlenstoff- und Sauerstofflinien fast vollständig.

Bei den Wolf-Rayet-Sternen handelt es sich vermutlich um relativ weit entwickelte Objekte, die ihre äußern Hüllen verloren haben. An ihrer Oberfläche sehen wir nun helium-, stickstoff- und kohlenstoffreiche Materie, die bei den Kernreaktionen im Sterninnern entstanden ist (s. 9.3.4). Zu dieser Vorstellung paßt, daß einige Zentralsterne Planetarischer Nebel entweder vom Spektraltyp Of oder Wolf-Rayet-Sterne sind, hier vorzugsweise vom Typ WC. Die genauere Analyse ihrer Spektren (P Cygni-Profile der Resonanzlinien im UV) zeigt, daß von ihnen Materie mit hohen Geschwindigkeiten (etwa 1000 km/s) abströmt.

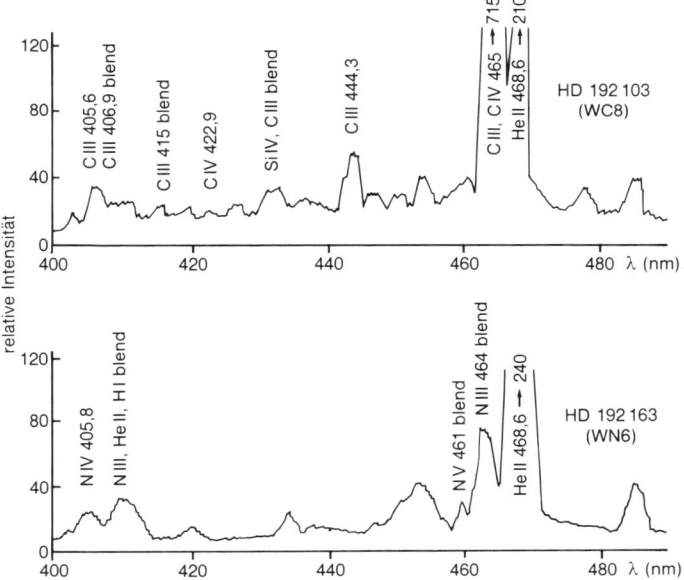

Ausschnitte aus den Spektren zweier Wolf-Rayet-Sterne:
HD 192 103 vom Typ WC 8 (oben),
HD 192 163 vom Typ WN 6 (unten)

8.9 Vor-Hauptreihensterne und Infrarotobjekte

Vor-Hauptreihensterne sind Sterne in der Spätphase ihrer Entstehung, bei denen die Kernfusionsprozesse im Sterninnern noch nicht eingesetzt haben. Vergleiche mit theoretischen Modellen zeigen, daß sie zumeist jünger als 3 Millionen Jahre sind. Sie befinden sich im Hertzsprung-Russell-Diagramm noch oberhalb der Hauptreihe und gewinnen ihre Energie durch gravitative Kontraktion (der Vorgang der Sternentstehung wird ausführlich im Kapitel 11 besprochen). Man unterscheidet zwei Gruppen von Vor-Hauptreihensternen, die T Tauri-Sterne, die Massen bis etwa 3 $M_\odot$ besitzen, und die Herbig Ae/Be-Sterne, die Massen im Bereich 4 bis 6 $M_\odot$ haben. Massereichere Vor-Hauptreihensterne sind im optischen Spektralbereich nicht sichtbar, da bei ihnen die Kernfusionsprozesse schon einsetzen, solange der Stern noch von einer dichten Hülle aus protostellarer Materie umgeben ist, die die optische Strahlung absorbiert.

T Tauri-Sterne

T Tauri-Sterne sind unregelmäßige Veränderliche, die sich – bis auf wenige Ausnahmen – in Dunkelwolken oder in deren Nähe befinden. Ansammlungen von ihnen werden als T-Assoziationen bezeichnet. Die T Tauri-Sterne zeigen unregelmäßige photometrische Variationen mit Amplituden, die bis zu 5 oder 6 Größenklassen betragen können, in den meisten Fällen aber kleiner sind, und mit Zeitskalen der Variabilität von Stunden bis Wochen. Sie zeigen ein Emissionslinienspektrum, das dem der Sonnenchromosphäre (s. 5.4.3) sehr ähnlich ist. Die stärksten Emissionslinien sind die der Wasserstoff-Balmer-Serie und von CaII. Daneben findet man noch HeI-Linien, viele Linien einfach ionisierter Metalle wie FeII und in Ausnahmefällen HeII. Sehr oft treten auch verbotene Emissionslinien auf. Sowohl die Intensitäten als auch die Profile der Emissionslinien können zum Teil sehr starke Variabilität zeigen. Das (photosphärische) Absorptionslinienspektrum ist das der späten Spektraltypen G, K und M, wobei die Absorptionslinien normalerweise schwächer sind als die eines vergleichbaren Hauptreihensterns. Es wird durch starke kontinuierliche Strahlung hervorgerufen, die das Absorptionsspektrum überlagert; im Extremfall kann dieses völlig verschwinden. Ein besonderes Charakteristikum dieser jungen Sterne ist eine starke LiI-Emissionslinie bei 670.7 nm, denn Lithium wird in Sternen sehr schnell durch Kernreaktionen abgebaut. Die spektrale Energieverteilung der T Tauri-Sterne ist durch einen starken Infrarot-Exzeß gekennzeichnet; sie strahlen die meiste Energie im infraroten Spektralbereich aus.

Die starke Infrarot-Emission wird durch thermische Emission von warmem Staub in ausgedehnten zirkumstellaren Hüllen erklärt. Inzwischen deuten sehr viele Beobachtungsbefunde darauf hin, daß diese Hüllen die Form von rotierenden Scheiben haben, in denen Materie aus der ursprünglichen Dunkelwolke auf die Sternoberfläche akkretiert wird, und in denen sich im weiteren Verlauf der Entwicklung Planetensysteme bilden können. In diesem Modell kommen die Emissionslinien aus einem Gebiet zwischen dem Innenrand der Scheibe und der stellaren Oberfläche, der sogenannten Übergangsschicht, in der ähnliche Bedingungen wie in der solaren Chromosphäre herrschen. Die Ursache für die starke photometrische und spektrale Variabilität können Akkretionsphänomene (z. B. Einfall von größeren Klumpen), Sternflecken oder Bedeckungen durch größere Staubklumpen sein, die sich in der Akkretionsscheibe um den Stern bewegen.

Die Herbig Ae/Be-Sterne besitzen ähnliche Eigenschaften wie die T Tauri-Sterne, sind jedoch wegen ihrer größeren Masse wesentlich leuchtkräftiger. Sie sind viel seltener als die T Tauri-Sterne (von denen inzwischen etwa 1000 bekannt sind), weil einmal weniger Sterne mit größerer Masse entstehen, und weil sie zum

8.9 Vor-Hauptreihensterne und Infrarotobjekte

Materieausfluß von T Tauri-Sternen

andern ihre Vor-Hauptreihenentwicklung wesentlich schneller als jene durchlaufen.

Aus den Linienprofilen konnte geschlossen werden, daß zumindest ein Teil der T Tauri- und Herbig Ae/Be-Sterne Sternwinde mit Geschwindigkeiten bis zu einigen 100 km s^{-1} hat. Die Masseverlustraten liegen bei $4 \cdot 10^{-8}$ bis $3 \cdot 10^{-7}$ $M_\odot$/Jahr. Die Wechselwirkung der T Tauri-Winde mit der interstellaren Materie, in die die T Tauri-Sterne eingebettet sind, ist die Ursache für die mit den Vor-Hauptreihensternen verbundenen Phänomene der Herbig-Haro-Objekte, Jets und bipolaren molekularen Ausflüsse.

Herbig-Haro-Objekte, bipolare Ausflüsse und Jets

Bipolare Materieausflüsse von T Tauri-Sternen wurden zu Beginn der 1980er Jahre zuerst als molekulare Strömungen im Radiobereich gefunden, vor allem durch Beobachtungen der CO-Emissionslinie. Solche bipolaren Strömungen gehen gebündelt in genau entgegengesetzte Richtungen aus; die antreibende Quelle ist entweder ein sichtbarer Vor-Hauptreihenstern oder eine Infrarot-Quelle, d. h. ein Vor-Hauptreihenstern, dessen optische Strahlung durch den Staub in der Molekülwolke nahezu vollständig absorbiert wird. Heute kennt man etwa 100 Quellen, von denen molekulare Ausflüsse mit Geschwindigkeiten von 10 bis 40 km s^{-1} ausgehen. Die räumliche Ausdehnung solcher Strömungen beträgt 0.1 bis 1 pc.

Auch im optischen Bereich wurden derartige Ausströmungen gefunden, die sogenannten Jets, die mit den Molekülströmungen eng verbunden sind und in vielen Fällen ebenfalls bipolare Struktur besitzen. An den Enden der Jets, die vom antreibenden Stern abgewandt sind, werden sehr oft Herbig-Haro-Objekte (HH-Objekte) gefunden: kleine Emissionsnebel von sehr inhomogener Struktur, mit Knoten (Kondensationen), die zeitlich variabel sind und deren Ausdehnung die unseres Planetensystems um kaum einen Faktor 10 übersteigt. Die Spektren von Jets und HH-Objekten zeigen Emissionslinien, die durch Schocks hervorgerufen werden, die bei der Wechselwirkung der ausströmenden Materie mit der umgebenden Molekülwolke auftreten. Sowohl der Grad der Bündelung mit Öffnungswinkeln zwischen 3° und 10° als auch die Geschwindigkeiten mit 200 bis 400 km s^{-1} sind bei den Jets sehr viel höher als bei den Molekülströmungen. Als Beispiel ist im Farbteil das System Th 28 im Sternbild Wolf gezeigt, bei dem von einem T Tauri-Stern bipolare Jets mit Geschwindigkeiten von etwa 320 km s^{-1} ausgehen. Genau auf der Achse, die durch die beiden Jets definiert ist, liegen im Abstand von 0.020 und 0.024 pc zwei HH-Objekte.

Die genaue Ursache dafür, wie diese stark kollimierten und energiereichen Materieströme ausgesandt werden können, ist noch nicht bekannt. Eine Möglichkeit ist, daß Magnetfelder eine wichtige Rolle bei diesem Vorgang spielen. Sehr viele Anzeichen deuten darauf hin, daß eine grundlegende Voraussetzung für die Kollimierung der Materieströme die Existenz einer zirkumstellaren Scheibe um den antreibenden Stern ist. Allerdings ist es ungeklärt, ob der Ausfluß direkt von der Scheibe oder von der Sternoberfläche

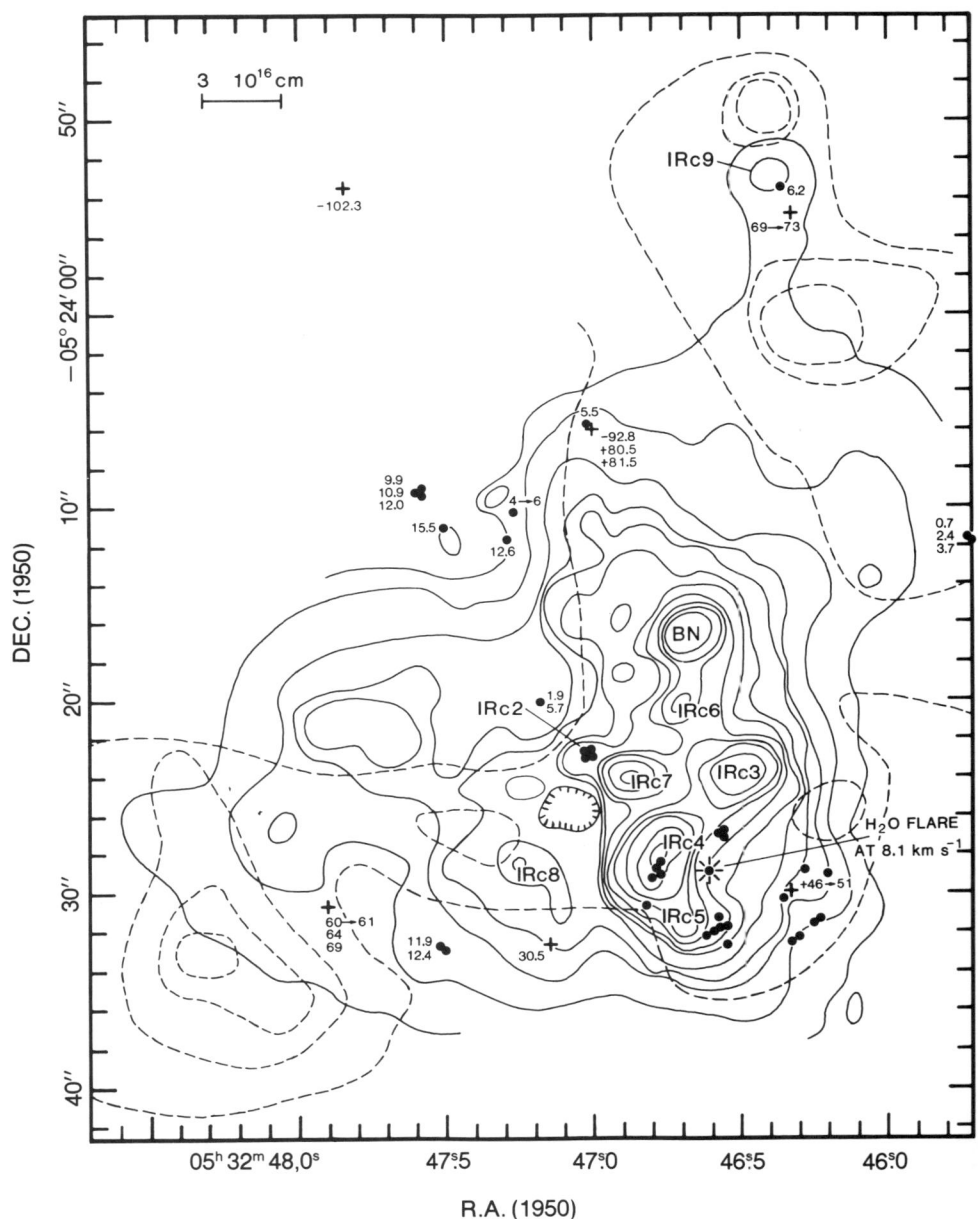

Der Kleinmann-Low-Nebel (im Orion-Nebel) mit einer Reihe von IR-Quellen (Angaben der Nummern im IRC-Katalog). Das Becklin-Neugebauer-Objekt (BN) hat die Katalogbezeichnung IRC 1.
● H_2O-Maser mit niedrigen Radialgeschwindigkeiten, Zahlenangaben in km/s.
+ H_2O-Maser mit hohen Radialgeschwindigkeiten.

8.9 Vor-Hauptreihensterne und Infrarotobjekte

Infrarot-Objekte

stammt und anschließend durch die Scheibe gebündelt wird, z. B. durch eine düsenähnliche Struktur der Scheibe.

In den Abschnitt über die besonderen Sterntypen sollen auch die Infrarot-Objekte (IR-Objekte) aufgenommen werden, wenn auch mit Vorbehalt, denn ihre wahre Natur konnte noch nicht mit letzter Sicherheit geklärt werden.

Es handelt sich um Quellen infraroter Strahlung von sehr kleiner Winkelausdehnung (Größenordnung 1″), die nach ihrem Spektrum ihre maximale Strahlungsleistung im Wellenlängenbereich etwa von 200 μm bis herab zu 5 μm abstrahlen. Im optischen Spektralbereich, insbesondere im sichtbaren, sind sie unbeobachtbar. Versucht man, ihre spektrale Energieverteilung durch Hohlraum-Strahlungsfelder, d. h. durch Planck-Funktionen (s. A 1.7.9), anzunähern, so liegen die erforderlichen Temperaturen im Bereich zwischen 50 und 500 K.

Derartige Quellen kommen häufig in Gruppen vor, und immer in Verbindung mit Dunkelwolken, Molekülwolken, teilweise auch mit leuchtenden Gaswolken (HII-Gebiete). So liegt es nahe, sie als Objekte anzusehen, die in engem Zusammenhang mit dem Prozeß der Sternentstehung stehen. In der Tat haben theoretische Rechnungen über den Kollaps von Wolken interstellarer Materie gezeigt, daß Entwicklungsphasen durchlaufen werden, die mit den beobachteten IR-Objekten durchaus verglichen werden können. Schlüsse aus einem solchen Vergleich sollten allerdings nur mit Vorsicht gezogen werden, da die Kollaps-Rechnungen nur mit stark vereinfachenden Schematisierungen besonders der Anfangsbedingungen durchgeführt werden können.

Bei der Interpretation der IR-Objekte als Protosterne stützt man sich daher vorzugsweise auf ihr Vorkommen in Gebieten, in denen auch nach andern Kriterien Sterne entstehen oder vor kurzem entstanden sind. Derartige Kriterien sind neben den Dunkelwolken: Assoziationen von O- und B-Sternen, von T Tauri-Sternen, das Vorkommen kosmischer Maser, von bipolaren Nebeln und auch von Herbig-Haro-Objekten. Als kosmische Maser bezeichnet man Punktquellen von Radiostrahlung, die im Bereich der Zentimeterwellen in Spektral-Linien des OH-Radikals (OH-Maser) oder des H_2O-Moleküls (H_2O-Maser) ausgestrahlt werden. Dadurch, daß in ihnen die durch das Strahlungsfeld selber induzierten Emissionsprozesse (gegenüber denen der spontanen Emission) überwiegen, können außerordentlich hohe Strahlungsintensitäten erreicht werden. – Es ist das Zusammentreffen mehrerer Umstände, die der Aussage, daß IR-Objekte Protosterne sind, ihre Sicherheit gibt.

Mit den Entfernungen der begleitenden Objekte, etwa der Dunkelwolken, kennt man auch die Entfernungen der IR-Objekte, kann also aus ihren scheinbaren Helligkeiten auf ihre Leuchtkräfte schließen. Diese sind beträchtlich und liegen durchweg über 10^3 $L_\odot$. Derartige Leuchtkräfte sind nur möglich, wenn die Massen der Protosterne über $3 M_\odot$ liegen.

9 Innerer Aufbau, Entwicklung und Alter der Sterne

Seit alten Zeiten werden die Sterne als Symbole des Unvergänglichen angesehen. Der Eindruck der Unveränderlichkeit des Sternhimmels beruht aber nur darauf, daß im Vergleich zu den Zeiträumen, in denen die Sterne sich ändern, ein Menschenleben sehr kurz ist. Tatsächlich verändern die Sterne zunächst einmal ihren Ort; ein Sternbild wie z. B. der Große Bär wäre in 100 000 Jahren nicht mehr zu erkennen. Aber sie verändern sich auch in ihren Eigenschaften, d. h. in ihrer Größe, Temperatur, Helligkeit und Farbe. Da die Ursachen dafür im Innern der Sterne liegen, lassen sich die äußerlich beobachtbaren Veränderungen nur dann verstehen und berechnen, wenn der innere Aufbau der Sterne bekannt ist.

9.1 Innerer Aufbau, allgemeine Grundlagen
9.1.1 Energiebilanz

Es ist leicht einzusehen, daß die Sterne nicht auf ewig unverändert bleiben können. Sie strahlen Energie in den Weltraum ab, und so muß ihr Vorrat an Energie abnehmen. Bestünde z. B. der Energievorrat der Sonne nur aus ihrem Wärmeinhalt und ihrer Gravitationsenergie, so würde ihre Energieabstrahlung nur etwa 10 Millionen Jahre dauern. Aus Lebensspuren in alten irdischen Gesteinsschichten weiß man jedoch, daß die Sonnenstrahlung sich während einiger Milliarden Jahre kaum verändert hat und daher die Sonne wesentlich älter sein muß. Das setzt einen weit größeren verfügbaren Energievorrat voraus als ihr Wärmeinhalt und ihre freisetzbare Gravitationsenergie. Heute weiß man, daß dies die Kernenergie ist, die durch Kernfusion freigesetzt wird. Dabei verschmelzen leichte Kerne, z. B. vier Wasserstoffkerne, und bilden einen schwereren Kern, in diesem Fall Helium. Die Masse des Reaktionsprodukts ist dabei kleiner als die Summe der Massen der Ausgangskerne. Dieser sogenannte Massendefekt wird nach Einsteins bekannter Formel $E = mc^2$ als Energie freigesetzt. Tatsächlich ist durch den Massendefekt die Differenz der Energien gegeben, mit denen die Kernbausteine Protonen und Neutronen (Nukleonen) durch die starke Kernkraft gebunden sind. Die Bindungsenergie pro Nukleon steigt mit der Zahl der Nukleonen im Kern zunächst an, erreicht bei Eisen ein Maximum und fällt für schwerere Kerne wieder leicht ab. Deswegen ist eine Freisetzung von Energie durch Kernfusion nur für Atomkerne leichter als Eisen möglich, während bei den Elementen schwerer als Eisen Energie durch Kernspaltung gewonnen werden kann.

Im Zentrum der Sonne und der weitaus meisten Sterne wird bei Temperaturen von etwa 20 Millionen Kelvin Wasserstoff in Helium umgewandelt. Dabei liefert 1 Gramm Wasserstoff eine Energie von 170 000 Kilowattstunden. Da der Vorrat der Sterne an Wasserstoff sehr groß ist – sie bestehen, wie die interstellare Materie, aus der sie entstanden sind, zu $^3/_4$ aus Wasserstoff –, ergeben sich große Werte für die möglichen Alter der Sterne. So kann zum Beispiel die Sonne insgesamt etwa 10 Milliarden Jahre alt werden. Der Grundgedanke ist also ganz einfach: Kennen wir die Masse eines Sterns und dürfen wir annehmen, daß sein ursprünglicher Vorrat an Wasserstoff etwa $^3/_4$ davon betrug – dies wissen wir durch die Analyse der Sternatmosphären, deren chemische Zusammensetzung nicht durch Kernreaktionen verändert wird –, so kennen wir seinen Energievorrat. Kennen wir auch noch die Leuchtkraft (absolute Helligkeit) des Sterns (s. 7.5), so wissen wir, wieviel Energie er pro Jahr abstrahlt. Falls sich die Leuchtkraft mit der Zeit nicht wesentlich ändert, so läßt sich angeben, wie alt der Stern maximal werden kann, bis er seinen Energievorrat nahezu verbraucht hat. Würden wir von der Sonne nur ihre Leuchtkraft und ihre Masse kennen, so ließe sich schon sagen, daß sie höchstens 10 Milliarden Jahre alt sein kann; ihr wirkliches Alter könnte jedoch auch sehr viel kleiner sein.

Wollen wir das wirkliche Alter eines Sterns wissen, so müssen wir angeben können, welchen Bruchteil seines Vorrats an Wasserstoff er bereits in Helium umgewandelt hat. Dies kann man der Oberfläche eines Sterns jedoch nicht ohne weiteres ansehen, da die Verbrennung des Wasserstoffs nur im Zentrum stattfindet und im allgemeinen keine Durchmischung der Sternmaterie bis zur Oberfläche hin auftritt. Man muß somit den innern Aufbau des Sterns studieren, um sagen zu können, wieviel Wasserstoff im Zentrum verbraucht ist. Berechnet man den innern Aufbau eines Sterns zunächst für seinen ursprünglichen Zustand und dann für immer spätere Zeitpunkte, so erhält man seine zeitliche Entwicklung. Aus diesen Rechnungen folgt auch die zeitliche Entwicklung derjenigen Größen, die sich direkt beobachten lassen: Leuchtkraft und Farbe des Sterns. Das Alter eines bestimmten Sterns läßt sich dann durch den Vergleich der beobachteten mit den berechneten Größen angeben.

9.1.2 Die wichtigsten Kernreaktionen

Bei Temperaturen bis zu einige hunderttausend Kelvin finden noch keine Kernreaktionen statt. Zwischen 1 und 5 Millionen Kelvin gibt es eine Reihe von Reaktionen, durch die die leichten Elemente Lithium, Beryllium und Bor zerstört und in Helium verwandelt werden. Für den Energiehaushalt der Sterne spielt dies jedoch keine Rolle.

Die pp-Reaktionen

Oberhalb von etwa 5 Millionen Kelvin beginnt die Umwandlung des Wasserstoffs in Helium wirksam zu werden. Dies geschieht zunächst durch die Reaktionen der sogenannten pp-Kette (Proton-Proton-Reaktion). Ihr Hauptzweig besteht aus den folgenden drei einzelnen Reaktionen, die nacheinander ablaufen:

$$^1H + {}^1H \rightarrow {}^2D + e^+ + \nu + 1.44 \text{ MeV} \quad (14 \cdot 10^9 \text{ Jahre})$$
$$^2D + {}^1H \rightarrow {}^3He + \gamma + 5.49 \text{ MeV} \quad (6 \text{ Sekunden})$$
$$^3He + {}^3He \rightarrow {}^4He + 2\,{}^1H + 12.85 \text{ MeV} \quad (10^6 \text{ Jahre})$$

9.1 Allgemeine Grundlagen

Zunächst vereinigen sich zwei Wasserstoffkerne ^{1}H (Protonen) zu einem Deuteriumkern ^{2}D (die oben angeschriebenen Zahlen geben die Massenzahl an), wobei noch ein Positron (e$^+$) und ein Elektron-Neutrino (ν) entstehen und die Energie von 1.44 MeV (1 MeV = 1 Million Elektronvolt = $1.6 \cdot 10^{-13}$ Joule) frei wird. Für ein Proton dauert es im Mittel 14 Milliarden Jahre, bis ein zweites ihm so nahe kommt, daß beide sich vereinigen können. Der Deuteriumkern vereinigt sich nach wenigen Sekunden mit einem weiteren Proton ^{1}H und bildet einen Heliumkern ^{3}He der Massenzahl 3 und ein γ-Quant (Strahlung), wobei 5.49 MeV an Energie frei werden. Nach (im Mittel) einer Million Jahre kommen sich zwei solcher ^{3}He-Kerne genügend nahe, so daß ein Heliumkern ^{4}He sowie zwei Protonen ^{1}H entstehen können und die Energie von 12.85 MeV frei wird.

Für die Bildung der beiden ^{3}He-Kerne waren 6 Protonen nötig, zwei davon sind jedoch am Schluß wieder vorhanden. Im Endeffekt haben sich also 4 Protonen zu einem Heliumkern vereinigt. Die freiwerdende Energie ist als kinetische Energie in der Bewegung der entstehenden Teilchen und als Strahlungsenergie vorhanden und wird in Wärme umgesetzt. Nur das Neutrino verläßt ungehindert den Stern, so daß seine Energie von im Mittel 0.26 MeV verlorengeht. Ziehen wir diesen Betrag von der Summe ab und berücksichtigen wir, daß die ersten beiden Zeilen doppelt gezählt werden müssen, um zwei ^{3}He-Kerne zu erhalten, so erhalten wir für die Umwandlung von 4 ^{1}H in 1 ^{4}He

$$26.2 \text{ MeV} = 4.2 \cdot 10^{-12} \text{ Joule}.$$

Neben dem oben beschriebenen Hauptzweig gibt es in der pp-Kette zwei Nebenzweige, die bei Temperaturen größer als $1.4 \cdot 10^7$ K wichtig werden. Dabei wird aus dem Isotop ^{3}He in der Reaktion

$$^3\text{He} + {^4\text{He}} \rightarrow {^7\text{Be}} + \gamma + 1.59 \text{ MeV}$$

zunächst das Beryllium ^{7}Be gebildet. Das Endprodukt ^{4}He entsteht dann entweder über das Lithium in den Reaktionen

$$^7\text{Be} + e^- \rightarrow {^7\text{Li}} + \nu + 0.05 \text{ MeV}$$
$$^7\text{Li} + {^1\text{H}} \rightarrow {^4\text{He}} + {^4\text{He}} + 17.35 \text{ MeV}$$

oder nach Protoneneinfang über das Bor-Isotop ^{8}B in den Reaktionen

$$^7\text{Be} + {^1\text{H}} \rightarrow {^8\text{B}} + \gamma + 0.14 \text{ MeV}$$
$$^8\text{B} \rightarrow {^8\text{Be}} + e^+ + \nu + 7.9 \text{ MeV}$$
$$^8\text{Be} \rightarrow {^4\text{He}} + {^4\text{He}} + 2.99 \text{ MeV}$$

Die Energie der in diesen Seitenzweigen erzeugten Neutrinos, die den Stern ungehindert verlassen, beträgt im Mittel 0.813 MeV bzw. 7.2 MeV. Die jeweils pro gebildetem Heliumkern verbleibende Energie unterscheidet sich jedoch nur geringfügig von dem im Hauptzweig freigesetzten Betrag.

Der CNO-Zyklus

Bei höheren Temperaturen als 10 Mio. K tritt zur pp-Reaktion eine zweite Möglichkeit hinzu, Wasserstoff in Helium umzuwandeln,

Der CNO-Zyklus schematisch dargestellt; es bedeuten:
✻ Zwischenkern,
p Proton, β Beta-Zerfall

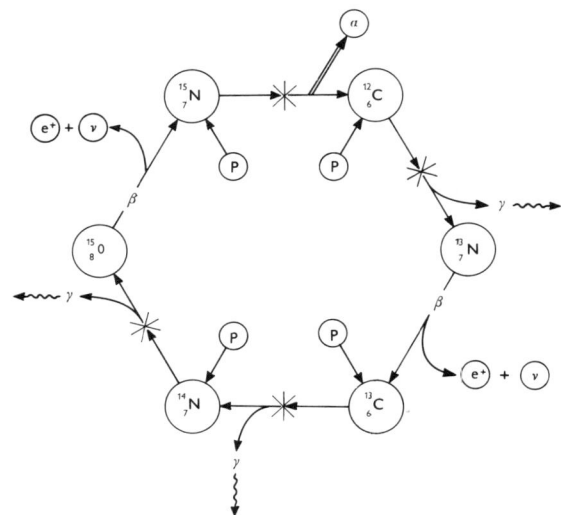

falls ein geringer Anteil an Kohlenstoff im Stern vorhanden ist. Es ist dies der CNO-Zyklus (C Kohlenstoff, N Stickstoff, O Sauerstoff). Der Kohlenstoff durchläuft dabei zwar eine Reihe von Umwandlungen, ist zum Schluß jedoch wieder vorhanden und dient sozusagen nur als Katalysator. Das Durchlaufen eines solchen Zyklus besteht aus den folgenden Reaktionen:

$$
\begin{aligned}
&^{12}C + {}^{1}H \rightarrow {}^{13}N + \gamma && + 1.95 \text{ MeV} && (1.3 \cdot 10^{7} \text{ Jahre}) \\
&^{13}N \rightarrow {}^{13}C + e^{+} + \nu && + 2.22 \text{ MeV} && (7 \text{ Minuten}) \\
&^{13}C + {}^{1}H \rightarrow {}^{14}N + \gamma && + 7.54 \text{ MeV} && (2.7 \cdot 10^{6} \text{ Jahre}) \\
&^{14}N + {}^{1}H \rightarrow {}^{15}O + \gamma && + 7.35 \text{ MeV} && (3.2 \cdot 10^{8} \text{ Jahre}) \\
&^{15}O \rightarrow {}^{15}N + e^{+} + \nu && + 2.71 \text{ MeV} && (82 \text{ Sekunden}) \\
&^{15}N + {}^{1}H \rightarrow {}^{12}C + {}^{4}He && + 4.96 \text{ MeV} && (1.1 \cdot 10^{5} \text{ Jahre})
\end{aligned}
$$

Diese Formeln sind ebenso zu lesen wie die im vorangegangenen Abschnitt. Die Isotope ^{13}N und ^{15}O sind keine stabilen Kerne, sie zerfallen nach kurzer Zeit unter Aussendung eines Positrons und eines Neutrinos. Pro Neutrino geht hierbei im Mittel etwas mehr Energie verloren. Insgesamt erhält man für die gesamte Reaktion:

$$25.0 \text{ MeV} = 4.0 \cdot 10^{-12} \text{ Joule.}$$

Der 3α-Prozeß

Oberhalb von etwa 100 Mio. K beginnt die Umwandlung von Helium in Kohlenstoff durch Vereinigung von drei Heliumkernen (α-Teilchen):

$$
\begin{aligned}
&^{4}He + {}^{4}He \rightarrow {}^{8}Be + \gamma - 0.095 \text{ MeV} \\
&^{8}Be + {}^{4}He \rightarrow {}^{12}C + \gamma + 7.4 \text{ MeV}
\end{aligned}
$$

Die erste Reaktion liefert keine Energie, sondern verbraucht einen geringen Betrag (-0.095 MeV). Der gebildete Berylliumkern ^{8}Be ist nicht stabil und zerfällt nach kurzer Zeit wieder in zwei Helium-

9.1 Allgemeine Grundlagen

kerne. Nur ein sehr geringer Bruchteil (1 : 10 Milliarden) der ^{8}Be-Kerne findet während deren kurzer Lebensdauer Gelegenheit, sich mit einem weiteren Heliumkern zu einem Kohlenstoffkern ^{12}C zu vereinigen. Voraussetzung dafür, daß dieser Prozeß nennenswerte Energie liefert, ist neben den genannten hohen Temperaturen auch eine sehr große Dichte.

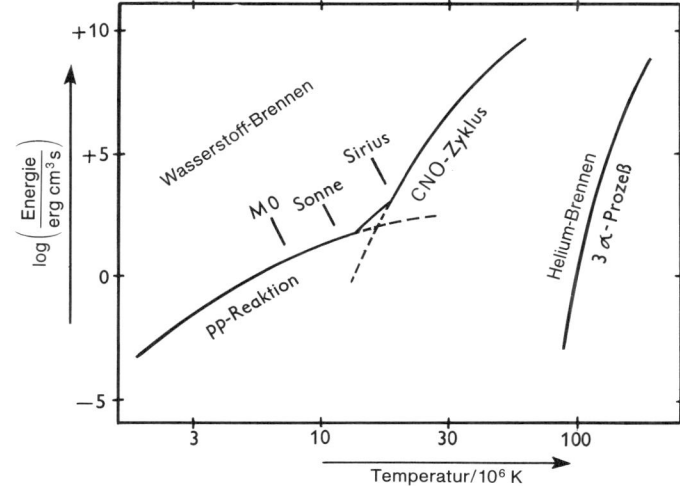

Die Abbildung zeigt den Logarithmus der Energie-Erzeugungsraten im Zentrum des Sterns als Funktion der Temperatur. Unterhalb von etwa 16 Mio. K überwiegt beim Wasserstoff-Brennen die pp-Reaktion, oberhalb der sehr viel stärker von der Temperatur abhängige CNO-Zyklus. Die Temperaturabhängigkeit des 3α-Prozesses ist extrem stark

Weitere Prozesse

In der weiteren Entwicklung eines massereichen Sterns, bei dem höhere Zentraltemperaturen erreicht werden, ist auch die Fusion zu noch schwereren Elementen möglich. Dies ist schematisch für wichtige Reaktionen in der folgenden Tabelle dargestellt:

Fusionsprozeß	typische Temperatur
$2\ ^{12}C \to\ ^4He,\ ^{20}Ne,\ ^{24}Mg$	$9 \cdot 10^8$ K
$2\ ^{16}O \to\ ^4He,\ ^{28}Si,\ ^{32}S$	$2 \cdot 10^9$ K
$2\ ^{28}Si \to\ ^{56}Ni$	$4 \cdot 10^9$ K

Da sich ^{56}Ni gemäß den Reaktionen

$$^{56}Ni \to\ ^{56}Co + e^+ + \nu$$

$$^{56}Co \to\ ^{56}Fe + e^+ + \nu$$

in Eisen umwandelt, stellt sich der Aufbau eines derart massereichen Sterns als Zwiebelschalenstruktur dar, wie sie beispielhaft in der Abbildung für einen Stern mit 20 Sonnenmassen gezeigt ist. Weil bei hohen Drücken der Eisenkern gemäß der Reaktion

$$^{56}Fe \to 14\ ^4He$$

spontan zerfallen kann, ist diese Konfiguration allerdings instabil, was zu einem spontanen Kollaps des Kerns führen kann (s. 8.4). Elemente schwerer als Eisen können nicht mehr durch Kernfusion

Zwiebelschalenstruktur massereicher Sterne

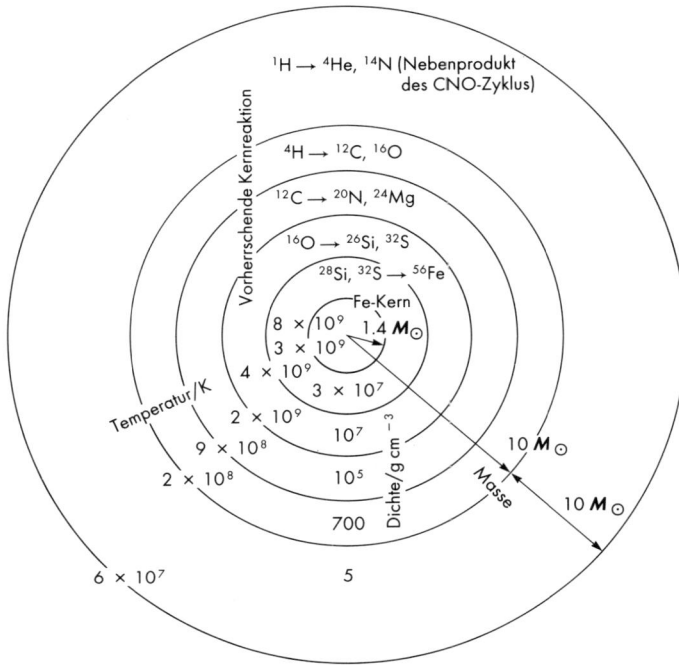

aufgebaut werden, sondern entstehen durch Neutroneneinfang und anschließenden β-Zerfall.

Bei extremen Dichten, wie sie beim Kollaps der inneren Bereiche eines massereichen entwickelten Sterns entstehen können, werden die Bindungsenergien des Atomkerns durch die Wechselwirkung der Kernbausteine mit Elementarteilchen in der Umgebung verringert, so daß sich schließlich die Atomkerne auflösen. Gleichzeitig wird durch die Reaktion

$$p + e^- \rightarrow n + \nu$$

(inverser β-Prozeß), d. h. durch den Einfang von Elektronen e^- durch Protonen p, das Gleichgewicht immer weiter zugunsten der Neutronen n verschoben. Bei Dichten von etwa 10^{14} g cm^{-3} an aufwärts besteht dann die Materie unabhängig von ihrer ursprünglichen Zusammensetzung fast nur noch aus Neutronen. Man bezeichnet deshalb solche kollabierten Objekte als Neutronensterne.

9.1.3 Zustand der Materie

Wegen der hohen Temperatur ist die Materie der Sterne durchwegs gasförmig. Temperatur und Dichte sind jedoch derart hoch, daß das Verhalten der Sternmaterie sehr verschieden ist von dem der Gase, mit denen man unter Normalbedingungen im Laboratorium experimentiert.

9.1 Allgemeine Grundlagen

Ionisation

Bei niedriger Temperatur sind die Moleküle der Gase elektrisch neutral, also ungeladen. Außerdem befinden sich die Gase (mit Ausnahme der Edelgase) in molekularem Zustand, d. h. es sind stets zwei oder mehr Atome zu einem Molekül vereinigt. Bei höheren Temperaturen dissoziieren die Gase: Die Moleküle brechen auseinander, und das Gas besteht nur noch aus einzelnen Atomen. Oberhalb von etwa 10 000 Kelvin beginnt die Ionisation: Die Elektronen der Atomhülle werden abgestreift, und zwar um so vollständiger, je höher die Temperatur ist. Ein ganz oder teilweise ionisiertes Gas nennt man auch ein Plasma.

Strahlungsdruck

Bei sehr hohen Temperaturen ist außer dem normalen Gasdruck auch der Strahlungsdruck zu berücksichtigen, der sogar den Gasdruck überwiegen kann. Der normale Gasdruck auf die Innenwand eines Gefäßes wird durch den Impuls der Gasteilchen hervorgerufen, die in schneller Folge auf die Wand treffen und von ihr wieder zurückgeworfen werden. Aber auch der Impuls der in dem Gefäß eingeschlossenen Photonen bewirkt einen Druck auf die Wand, den Strahlungsdruck. Bei Änderung des Volumens V, in das die Strahlung eingeschlossen ist, wächst er mit $V^{-4/3}$. Der Strahlungsdruck ist bedeutsam im Innern der hellsten Hauptreihensterne (O-Sterne).

Entartung

Normalerweise wächst der Gasdruck P mit dem Produkt von Dichte ϱ und Temperatur T des Gases,

$$P \sim \varrho \cdot T.$$

Bei sehr hohen Dichten hängt der Druck jedoch nur noch von der Dichte ab, er ist unabhängig von der Temperatur. Man nennt diesen Zustand des Gases entartet. Ein derartiges Verhalten rührt daher, daß die Elementarteilchen (Elektronen, Protonen, Neutronen usw.) dem sogenannten Pauli-Verbot unterworfen sind, nach dem gleichartige (identische) Teilchen mit halbzahligem Spin (z. B. $1/2$) nicht zugleich gleiche Lagen und Geschwindigkeiten (genauer: Impulse) haben können. Je näher die Teilchen im Raum benachbart sind, um so stärker müssen sich ihre Geschwindigkeiten unterscheiden. Bei sehr hohen Dichten, also bei sehr enger Packung, ergeben sich hieraus sehr hohe Geschwindigkeiten, da nur dann auch die Geschwindigkeitsdifferenzen hinreichend groß sein können. Die Ursache dieser Geschwindigkeiten und damit auch der zugehörigen Energien ist also nicht die Wärmebewegung, sondern allein die Tatsache, daß die Teilchen – bei hinreichend dichter Packung im Ortsraum – Platz beanspruchen im Geschwindigkeitsraum. Die Teilchenenergien und damit auch der Gasdruck sind in diesem Fall unabhängig von der Temperatur. Man findet für die Zustandsgleichung

$$P \sim \varrho^{5/3},$$

solange die Geschwindigkeiten klein sind im Vergleich mit der Lichtgeschwindigkeit. Ist dies bei ganz extremen Dichten nicht mehr der Fall, so ist für die Zusammenhänge zwischen Geschwindigkeit, Impuls und Energie der Teilchen die Relativitätstheorie zuständig. Für ein derartiges, relativistisch entartetes Gas gilt im Grenzfall das Gesetz

$$P \sim \varrho^{4/3}.$$

Bei vollständiger Entartung haben die Teilchenenergien eine scharfe obere Grenze, die sogenannte Fermi-Energie.

In dem folgenden Diagramm, mit logarithmischen Skalen für Temperatur und Dichte, werden durch gestrichelte Geraden vier Bereiche gegeneinander abgegrenzt. In jedem dieser Bereiche gilt eine andere Zustandsgleichung. Im Feld links oben überwiegt der Strahlungsdruck, rechts unterhalb der schrägen Geraden der Gasdruck. Rechts von der zweiten geneigten Geraden ist im Gas die Elektronenkomponente entartet und diese Entartung ist schließlich rechts von der dritten Gerade relativistisch. Würden wir das Diagramm nach rechts hin, also zu höheren Dichten, erweitern, so würde sich das Gebiet anschließen, in dem sich aus Protonen und Elektronen Neutronen bilden. Weiter rechts würde dann das Neutronengas entarten und auch diese Entartung wäre schließlich bei Dichten von $10^{14} \ldots 10^{15}$ g cm^{-3} relativistisch. Die gekrümmten Linien links unten geben die Grenzen der Ionisation an. Unterhalb der unteren Linie ist der Wasserstoff neutral (H^0), oberhalb ist er ionisiert (H$^+$). Beim Helium sind zwei Grenzen nötig für einfache und zweifache Ionisation. Wegen der Seltenheit der schweren Elemente spielt deren Ionisation für die Zustandsgleichung keine Rolle. In allen vier Feldern der Abbildung kann das Verhalten der Materie theoretisch berechnet werden, während dem Experiment nur ein geringer Teil links unten im zweiten Feld zugänglich ist.

Erst bei Temperaturen von einigen Millionen Kelvin überwiegt der Strahlungsdruck, und erst bei Drücken von einigen Millionen

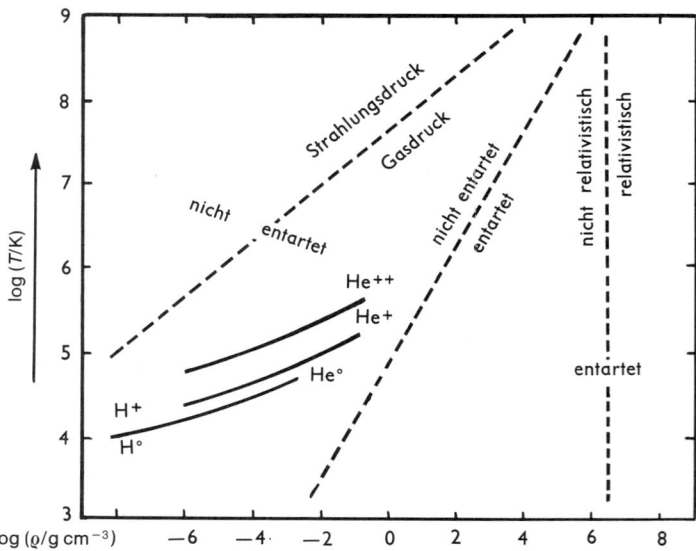

Der physikalische Zustand der Sternmaterie (nach Schwarzschild)

9.1 Allgemeine Grundlagen

Pascal ist die Materie entartet. Nur im Innern der Sterne existieren diese Zustände. Da jedoch die Sterne den überwiegenden Teil der kosmischen Materie enthalten, müssen wir diese Zustände der Materie eigentlich als die normalen ansehen.

9.1.4 Energietransport

Die Erzeugung der Energie durch Kernreaktionen setzt sehr hohe Temperaturen voraus, die nur tief im Innern des Sterns vorhanden sind. Von dort her wird die erzeugte Energie zur Oberfläche des Sterns transportiert, von wo sie schließlich nach außen abgestrahlt werden kann. Es gibt drei Möglichkeiten des Energietransports: durch Wärmeleitung, durch Strahlung oder durch Konvektion.

Wärmeleitung ist in Sternen gewöhnlich gegenüber den beiden andern Mechanismen völlig zu vernachlässigen. Eine Ausnahme bilden das Innere der Weißen Zwerge und das Zentrum der Roten Riesen; hier ist die Materie entartet, und die Wärmeleitfähigkeit der entarteten Elektronen ist so groß, daß Temperaturunterschiede über weite Bereiche ausgeglichen werden, die Temperatur in diesen Bereichen also nahezu konstant wird.

Strahlung ist der am häufigsten wirksame Mechanismus. Jeder Teil der Sternmaterie strahlt entsprechend seiner Temperatur, und in der Nachbarschaft wird diese Strahlung wieder absorbiert. Da die Temperatur von innen nach außen abfällt, entsteht so ein nach außen gerichteter Energiestrom.

Konvektion nennt man den Energietransport durch Gasströmungen. Die Ursache solcher Strömungen kann wie folgt beschrieben werden. Nehmen wir an, eine herausgegriffene Gasmasse steige auf und bewege sich damit in Richtung abnehmenden Drucks und abnehmender Umgebungstemperatur. Der Gasballen wird das Druckgleichgewicht mit der Umgebung herstellen, sich also ausdehnen und dabei (adiabatisch) abkühlen. Mit dem Druckausgleich paßt sich seine Temperatur jedoch nicht notwendigerweise der Umgebungstemperatur an. Ist die Temperaturabnahme durch adiabatische Expansion geringer als die Temperaturabnahme in der Umgebung, so bleibt das aufsteigende Gas heißer als die Umgebung, wird also einen Auftrieb erfahren, der die angenommene ursprüngliche Bewegung aufrechterhält. Ist die Temperaturabnahme im Gasballen dagegen größer als in der Umgebung, so wird die aufsteigende Materie kühler und damit auch dichter sein als die Umgebung, der Aufstieg wird dadurch gebremst. Die Schichtung wäre im ersten Fall instabil, im zweiten Fall stabil. Durch die Konvektion wird die heißere innere Materie mit der kühleren äußeren durchmischt. Dadurch entsteht ein nach außen gerichteter Transport der Energie. Sterne großer Masse haben einen konvektiven Kern, Sterne kleinerer Masse, z. B. auch die Sonne, besitzen dagegen eine Konvektionszone in ihrer äußeren Hülle. In beiden Fällen sind die übrigen Teile der Sterne stabil geschichtet, also nicht konvektiv. Die Strecke, die ein Konvektionselement, etwa eine Blase heißen Gases, aufsteigen kann, bis es durch Durchmischung seine Individualität verliert, nennt man den

Mischungsweg. Seine Größe ist für die Effektivität des konvektiven Energietransports von Bedeutung.

Es gibt gegenwärtig noch keine Theorie der Konvektion, die eine Berechnung der Größe dieses Mischungswegs ermöglicht. Dies ist einer der Gründe für die Unsicherheit von theoretischen Sternmodellen.

Arten des Energietransports und Vorkommen

Transport	Dieser Mechanismus ist wichtig
Wärmeleitung	in Weißen Zwergen und im Zentrum Roter Riesen
Konvektion	a) in den Kernen von Sternen großer Masse b) in den äußeren Zonen von Sternen kleiner Masse
Strahlung	überall sonst

Der Energietransport durch Strahlung wird stark beeinflußt durch die Fähigkeit der Materie, das hindurchgehende Licht zu absorbieren oder zu streuen. Der Abfall der Temperatur von innen nach außen ist um so steiler, je stärker die Materie absorbiert, also je undurchlässiger sie für Strahlung ist. Die Durchsichtigkeit der Materie hängt anderseits stark von der Temperatur ab: Bei normaler Temperatur absorbieren oder streuen Gase nur sehr wenig (z. B. Luft in der Erdatmosphäre auf einen Kilometer nur einige Prozent), bei den hohen Temperaturen im Sterninnern ist das an einer Stelle abgestrahlte Licht jedoch schon nach wenigen Zentimetern wieder völlig absorbiert oder durch Streuung zumindest in seiner Richtung verändert. Welcher der beiden Prozesse überwiegt, hängt vor allem vom Zustand der Materie ab.

Liegt die Temperatur oberhalb einer bestimmten Grenze, so sind für die Streuung des Lichts vor allem die freien Elektronen verantwortlich. Die Stärke der Streuung hängt dabei nur von der Elektronendichte, nicht aber von der Temperatur der Materie ab und auch nicht von der Wellenlänge des Lichts. Diese Elektronenstreuung überwiegt im gesamten inneren Bereich der schweren Hauptreihensterne und in einem mittleren Bereich der Roten Riesen. In der Sonne spielt sie keine Rolle.

Abgesehen von der selektiven Absorption in Spektrallinien (gebunden-gebunden-Übergang) kann die Absorption eines Lichtquants auch durch folgende Prozesse erfolgen:

1) Die Energie des Photons wird auf ein Elektron in einem Atom übertragen und reicht aus, die Bindung des Elektrons an das Atom aufzuheben (gebunden-frei-Übergang, Photoionisation).

2) Ein freies Elektron nimmt die Energie des Photons auf. Seine Energie wird damit um den Betrag der Photonenenergie vergrößert. Dabei ist jedoch die Mitwirkung eines nahen Atomkerns erforderlich, um neben der Energiebilanz auch die Impulsbilanz erfüllen zu können (frei-frei-Übergang).

Da die im Kosmos häufigsten Elemente, Wasserstoff und Helium, im Sterninnern vollständig ionisiert sind, kommt für ihren Beitrag zur Absorption nur der weniger wirksame Prozeß der frei-frei-

Übergänge in Betracht. Bei den schwereren Elementen, die noch nicht vollständig ionisiert sind, überwiegt der Beitrag der gebunden-frei-Übergänge. Dieser Beitrag der schweren Elemente zur atomaren Absorption dominiert, solange die Materie zu mehr als etwa einem Prozent aus diesen Elementen besteht. Liegt ihr Anteil jedoch unter dieser Grenze, so überwiegen die frei-frei-Übergänge an Wasserstoff und Helium.

Die Stärke der atomaren Absorption hängt von der Dichte und von der Temperatur der Materie ab, aber auch von der Wellenlänge des Lichts. Zur Berechnung des Sternaufbaus braucht man an jedem Ort die mittlere Absorption, gemittelt über alle Wellenlängen. Diese mittlere Absorption, als Funktion der Temperatur, der Dichte und der chemischen Zusammensetzung, ist berechnet worden und liegt in Tabellen vor. Auf Grund der bei diesen Berechnungen notwendigen Annahmen und Näherungen sind die Werte für die Absorption noch immer recht unsichere Eingangsgrößen bei der Berechnung des Sterninnern.

9.2 Innerer Aufbau, Sternmodelle

Der innere Aufbau der Sterne wird durch vier sogenannte Aufbaugleichungen beschrieben, die im folgenden für den Fall eines statischen, kugelsymmetrischen Sterns beschrieben werden.

9.2.1 Die Grundgleichungen

Gleichung 1, Massenerhaltung – Diese Gleichung liefert den Zusammenhang zwischen der vom Zentrum aus gerechneten Radiuskoordinate r und der in dem zugehörigen Volumen $4\pi r^3/3$ enthaltenen Masse.

Gleichung 2, Hydrostatisches Gleichgewicht – Die Sterne müssen sich zwar, wie in den vorangehenden Abschnitten gezeigt wurde, mit der Zeit verändern, doch geschehen alle derartigen Veränderungen so langsam, daß man für die Berechnung des Sternaufbaus die Voraussetzung machen darf, daß im Stern zu jeder Zeit und an jedem Ort Gleichgewicht zwischen allen Kräften herrscht. In jedem Abstand r vom Zentrum des Sterns muß damit der Druck so groß sein, daß er das Gewicht der darüber liegenden Gasmassen gerade trägt. Die aus dieser Bedingung ableitbare Gleichung verknüpft die Abnahme des Drucks nach außen mit der lokalen Schwerebeschleunigung und Dichte. Die lokale Schwerebeschleunigung ihrerseits ist aus dem Abstand r vom Zentrum des Sterns und dem Teil der Sternmasse zu berechnen, der von der Kugel um das Zentrum mit dem Radius r eingeschlossen ist.

Ist überall im Stern diese Bedingung erfüllt, so gilt der sogenannte Virialsatz: Das Produkt aus Druck und Volumen, summiert über den ganzen Stern (die gesamte Energie der Wärmebewegung) ist genau halb so groß wie die Energie der Materie im eigenen Schwerefeld. Diese potentielle Energie ist die Energie, die gewonnen würde, wenn der Stern sich aus weit verteilter Materie auf seinen gegenwärtigen Zustand zusammenzöge.

Gleichung 3, Energieproduktion – Im stationären Fall muß die in jedem kleinen Volumen des Sterninnern pro Zeiteinheit erzeugte Energie (z. B. durch Kernprozesse) gerade der Energie entsprechen, die von diesem Massenelement an die Umgebung abgeführt wird, da sich in diesem Fall die Energie nirgendwo ansammeln darf.

Gleichung 4, Energietransport – Die durch die Kernreaktionen im Innern des Sterns erzeugte Energie fließt von den heißen inneren Gebieten in die kühlen äußeren. Dies geschieht, abhängig von der Steilheit des Temperaturabfalls, entweder durch Strahlungstransport oder durch Konvektion.

Diese vier Aufbaugleichungen müssen ergänzt werden durch die sogenannte Zustandsgleichung der Materie, die gemäß der Thermodynamik Druck, Dichte und Temperatur miteinander verknüpft.

Mit Hilfe dieser Gleichungen, die an jeder Stelle des Sterns erfüllt sein müssen, läßt sich dessen Inneres schrittweise berechnen. Sind die vier gesuchten Größen Temperatur, Druck, Energiestrom und Schwerebeschleunigung in irgendeinem Abstand vom Zentrum bekannt, so lassen sich diese Größen durch die vier Gleichungen für eine angrenzende Schicht berechnen. Von dort schreitet dann die Rechnung in gleicher Weise zur nächsten Schicht fort usw. Nach jedem derartigen Rechenschritt werden die weiter benötigten Größen (Dichte, Absorptionskoeffizient, Energieerzeugung) aus den zunächst berechneten vier Größen abgeleitet. Nach dieser Methode kann man den Aufbau des Sterns für alle Schichten vom Zentrum bis zur Oberfläche berechnen.

9.2.2 Randbedingungen

Eine der wesentlichen Schwierigkeiten einer derartigen Rechnung liegt darin, daß man zu Beginn entweder im Zentrum oder an der Oberfläche die vier grundlegenden Größen kennen muß, um die Rechnung starten zu können. Im Zentrum sind jedoch nur zwei bekannt, nämlich der Energiestrom und die Schwerebeschleunigung, die beide gleich null sein müssen, da der Mittelpunkt des Sterns natürlich selbst keine Masse und keine Energiequelle enthalten kann. Eine dritte Größe könnte man willkürlich festsetzen, z. B. den Druck, doch gäbe es dann nur einen einzigen Wert der Temperatur, der zu einem vernünftigen Sternmodell führen würde. Alle andern Werte der zentralen Temperatur würden nach einer mehr oder weniger großen Anzahl von Rechenschritten zu physikalisch unmöglichen Ergebnissen führen, z. B. zu negativem Druck oder zu negativer Dichte, und müssen daher verworfen werden.

Ähnlich ist es beim Start von der Oberfläche aus. Hier sind Druck und Temperatur, verglichen mit dem Sterninnern, so gering, daß man sie praktisch gleich null setzen kann. Eine dritte Größe, z. B. Masse, kann man wieder frei wählen, doch würde dann nur ein einziger (aber unbekannter) Wert des Energiestroms zu einem physikalisch möglichen Sternmodell führen.

Man muß also stets bei Beginn eine Größe raten und dann probieren, wie lange die Rechnung gut geht. Beim nächsten Versuch wird man schon etwas besser raten und so fort. In der Praxis geht man so vor, daß man einerseits von außen beginnend etwa bis zur Hälfte des Radius nach innen rechnet und dann vom Zentrum beginnend bis zur gleichen Stelle nach außen. Dort müßten dann alle Größen übereinstimmen, wenn man mit den richtigen Werten begonnen hätte. In Wirklichkeit erhält man Abweichungen, aus deren Art sich abschätzen läßt, wie man für den nächsten Versuch die Anfangswerte zu verbessern hat. Auf diese Weise gewinnt man in wiederholten Versuchen systematisch verbesserte Sternmodelle, bis man schließlich mit der erreichten Genauigkeit zufrieden sein kann.

9.2.3 Stabilität

Sterne verändern sich nur dann langsam aus einem Gleichgewichtszustand in einen benachbarten, wenn diese Zustände stabil sind. Stabilität bedeutet, daß kleine Störungen eines Zustands, wie sie in der Natur immer auftreten können, mit der Zeit abklingen und schließlich verschwinden. Ist der Stern instabil, so kann man die Annahmen des hydrostatischen Gleichgewichts (Gleichung 2) oder die des energetischen Gleichgewichts (Gleichung 3) nicht mehr verwenden, um sein Verhalten zu berechnen, muß man auf die dynamischen Gleichungen zurückgreifen. Aber auch ohne diese sehr viel komplizierteren Gleichungen kann man anhand einer Störungstheorie oder durch noch einfachere Überlegungen entscheiden, ob ein Stern instabil ist. Wir wollen einige wichtige Fälle beschreiben.

Mechanisches Gleichgewicht

Mechanisches Gleichgewicht, oder gar Stabilität, kann nicht erzielt werden, wenn die Zustandsgleichung der Materie von der Art ist, daß (bei adiabatischer Kompression) der Druck P langsamer anwächst als $\varrho^{4/3}$ (ϱ Dichte) bzw. langsamer als $V^{-4/3}$, wenn V das Volumen ist, das eine vorgegebene Materiemenge (etwa die des gesamten Sterns) enthält. In solchen Fällen ist der Virialsatz nicht erfüllbar. Im Grenzfall, d. h. beim Exponenten $-4/3$ würde die gesamte Energie der Wärmebewegung, d. h. das Produkt von Druck und Volumen, sich wie $V^{-1/3}$, also wie $1/R$ verhalten (R Sternradius). Genau so hängt aber die Gravitationsenergie vom Radius ab. Damit würde die Bedingung der Gleichheit von Druck- und Gravitationsenergie, wie sie der Virialsatz fordert, eine Relation ergeben, aus der sich der Radius des Sterns herauskürzt. Das Gleichgewicht ist also entweder (zufälligerweise) für alle Radien gegeben, oder aber (und das ist der Normalfall) die Bedingung ist unerfüllbar. Es gibt damit keinen Gleichgewichtszustand. Dies würde um so mehr gelten, wenn der Exponent größer als $-4/3$ wäre, denn dann würde der Druck nie ausreichen, um der Schwerkraft das Gleichgewicht zu halten.

Die Konsequenz dieser Überlegungen ist, daß es keine Sterne geben kann, in denen die Materie überwiegend relativistisch entartet ist. Da der Grad der Entartung mit der Dichte, also auch mit der

Masse des Sterns zunimmt, ist damit eine obere Massegrenze für Weiße Zwerge (bei etwa 1.4 Sonnenmassen; s. 8.6.2) und in etwas abgewandelter Form auch für Neutronensterne (bei etwa 2 Sonnenmassen; s. 8.7.1) gegeben.

Für Sterne oberhalb dieser Grenze gibt es nach unserer heutigen Kenntnis keine stabilen Endkonfigurationen. Sie kollabieren und verschwinden (für den Beobachter zunehmend verzögert, schließlich unendlich langsam) in einem Schwarzen Loch (s. 8.7.3). Diese Bezeichnung rührt daher, daß das Gravitationsfeld dann so groß wird, daß kein Lichtquant, das ja auch Masse hat und damit der Schwere unterworfen ist, den kollabierenden Stern verlassen kann. Der Stern wird also dunkel, wenn sein Radius kleiner wird als der sogenannte Schwarzschild-Radius. Der Nachweis eines Schwarzen Lochs ist deshalb ein schwieriges Problem. Er ist bisher nur indirekt möglich, z. B. durch die hochenergetische Strahlung (Röntgen-, Gamma-Strahlung), die von der Materie abgestrahlt wird, wenn sie aus der unmittelbaren Umgebung in das Schwarze Loch stürzt, oder wenn das Schwarze Loch Teil eines Doppelsternsystems ist und sich dort in der Bewegung des sichtbaren Begleiters bemerkbar macht. Bislang gibt es nur wenige Kandidaten für ein Schwarzes Loch, der aussichtsreichste ist die starke Röntgenquelle Cygnus X-1 im Sternbild Schwan.

Energieerzeugung

Ist im Bereich der Energieerzeugung durch Kernreaktionen die Materie entartet, so kann der Mechanismus der Selbstregulation der Energieproduktionsrate versagen. Eine Störung der Produktionsrate, etwa eine Überproduktion, würde eine Erhöhung der Temperatur bewirken. Bei nicht entarteter Materie ergibt sich hieraus eine Druck-Erhöhung und damit eine Expansion des Sterns. Dadurch wiederum verringert sich die Temperatur und als Folge hiervon schließlich auch die Energieproduktion. Es existiert also ein empfindlicher Regelmechanismus, der durch die beschriebene Kette von Kausalzusammenhängen gegeben ist. Finden die temperaturabhängigen Kernreaktionen dagegen in einem entarteten Gas statt, so ist diese Kette dadurch unterbrochen, daß aus einer Temperaturerhöhung jetzt keine Erhöhung des Drucks folgt. Folglich ergibt sich auch keine Expansion und keine die Energieproduktionsrate senkende Temperaturabnahme, sondern es geschieht das Gegenteil, mit der Temperatur wächst die Energieproduktion: Sie ist instabil.

Bei Riesensternen, etwa unterhalb 2.25 Sonnenmassen, ist diese Instabilität die Ursache des sogenannten Helium-Flash, bei dem im entarteten Heliumkern die 3α-Reaktion (s. 9.1.2) einsetzt und dann wegen fehlender Expansion mit steigender Temperatur immer rascher verläuft, bis in einem solchen Stern etwa die 10^{14}fache Energieproduktion der Sonne erreicht wird. Erst wenn bei zu hoher Temperatur die Entartung aufgehoben wird, der Druck also wieder anwachsen und der Kern expandieren kann, normalisiert sich die Energieproduktion. Der »Flash« selber ist unbeobachtbar, da die gesamte in dem kurzen Zeitraum der Instabilität produzierte Energie im Innern des Sterns wieder absorbiert wird.

9.2 Sternmodelle

Pulsationen

Ein Stern ist instabil gegen Pulsationen (radiale Schwingungen), wenn, gemittelt über eine Periode einer solchen Schwingung und im Mittel über den ganzen Stern, Wärmeenergie in mechanische Energie (in diesem Fall: der Schwingung) umgesetzt wird. Die Voraussetzung dafür ist, daß die Materie, deren Dichte periodisch schwankt, im Zustand höherer Dichte Wärmeenergie durch Absorption aufnimmt und sie dann nach erfolgter Expansion im Zustand geringerer Dichte, etwa durch Emission, wieder abgibt. Diese Situation ist in der Regel nicht gegeben, im Gegenteil, meist überwiegen die Prozesse, die der Schwingung Energie entziehen, sie also dämpfen. Die Sterne sind also durchwegs stabil gegen radiale Störungen.

Unter speziellen Bedingungen ist jedoch Instabilität möglich, nämlich dann, wenn im Stern in geeigneter Tiefe eine Schicht liegt, in der Helium aus dem einfach in den zweifach ionisierten Zustand übergeht. Eine solche Schicht hat die Eigenschaft, daß sich in ihr, bei (adiabatischer) Kompression oder Expansion, die Temperatur weniger ändert als in den darüber und vor allem in den darunter liegenden Schichten. Diese geringe Temperaturänderung liegt daran, daß die Kompressionsarbeit vorwiegend zur Erhöhung des Ionisationsgrads, also zum Aufbringen der Ionisationsenergie verbraucht wird. Nur ein kleiner Bruchteil der Kompressionsarbeit steht zur Änderung der kinetischen Energie, und damit der Temperatur, zur Verfügung. Dieses besondere Kompressionsverhalten zieht ein besonderes Verhalten des Absorptionskoeffizienten nach sich. Er ist von den Zustandsgrößen des Gases abhängig, und zwar wächst er mit der Dichte und nimmt mit steigender Temperatur ab. In der He^+-Ionisationsschicht wird der Absorptionskoeffizient sich also, wegen der beschriebenen geringen Temperaturänderung, bei einer Kompression erhöhen, und bei einer Expansion verringern. Da wegen des Fehlens einer entsprechenden Änderung in den tieferen Schichten die in die He^+-Ionisationsschicht einströmende Energie weitgehend konstant bleibt, sind hier die oben beschriebenen speziellen Bedingungen für den Antrieb der Pulsation gegeben. Der Prozeß ist jedoch nur dann wirksam genug, um Schwingungen eines ganzen Sterns anzuregen, wenn die Schicht weder in zu geringer noch in zu großer Tiefe liegt. Deswegen sind die Sterne auch nur in einem engen Streifen im Hertzsprung-Russell-Diagramm (HRD) pulsationsinstabil (Bereich der Cepheiden, Hertzsprung-Lücke).

Die Bedingung, daß in einer Schicht ein häufiges Element (Wasserstoff oder Helium) gerade durch eine Ionisationsstufe hindurchgeht, und daß infolgedessen Zustandsänderungen (Kompression oder Expansion) nahezu isotherm, d. h. ohne wesentliche Temperaturänderungen verlaufen, begünstigt auch das Entstehen von Konvektionszonen (s. 5.4.1) erheblich. Wenn sich eine Konvektionszone ausbildet, kann die Schicht aber nicht gleichzeitig Pulsationen anregen. Dies ist der Grund dafür, daß die späten Hauptsequenzsterne (wie etwa die Sonne) mit ihren Konvektionszonen nicht pulsieren.

9.3 Sternentwicklung

Die theoretischen Aussagen über die Entwicklung der Sterne beruhen alle auf der Möglichkeit, den innern Aufbau, wie in den vorangehenden Abschnitten dargelegt, zu berechnen. Der Schritt von dieser Berechnung von Sternmodellen zur Vorhersage der Entwicklung von Sternen ist naheliegend und überaus einfach. Mit der Kenntnis des innern Aufbaus weiß man, wie groß die Energieproduktion an jeder Stelle des Sterns ist, welche Kernprozesse also dort ablaufen und mit welcher Rate. Nehmen wir etwa die Umwandlung von Wasserstoff in Helium durch die pp-Reaktion. Durch sie wird die chemische Zusammensetzung im Innern der Sterne langsam geändert. Die Kenntnis des innern Aufbaus erlaubt nun die Änderung zu berechnen, die nach einer gewissen Zeitspanne eintreten wird. Mit der entsprechend abgeänderten chemischen Zusammensetzung (an jeder Stelle des Sterns) wird nun ein neues Modell berechnet. So fügt man einen Zeitschritt an den andern und folgt damit dem Lebenslauf eines Sterns. Dabei interessieren vor allem die zeitlichen Veränderungen der beobachtbaren Größen, insbesondere der absoluten Helligkeit (Leuchtkraft; s. 7.5) und der Farbe (Temperatur; s. 7.2), durch die die Position des Sterns im HRD festgelegt ist.

Was ist der Ausgangspunkt eines solchen Entwicklungszugs? Man darf annehmen, daß die Sterne gleich nach ihrer Entstehung erstens die gleiche chemische Zusammensetzung (d. h. die gleiche relative Häufigkeit der Elemente) besitzen wie die interstellare Materie, aus der sie entstanden sind, und daß sie zweitens gut durchmischt sind (d. h. vom Zentrum bis zur Oberfläche die gleiche Zusammensetzung haben). Trifft diese zweite Annahme zu, so nennt man den Stern homogen.

Die Berechnung solcher homogenen Sternmodelle zeigt, daß man damit gerade die Sterne der Hauptreihe des HRD erhält. Das bedeutet, daß die Sterne der Hauptreihe »genetisch junge« Sterne sind. Sie mögen zwar an Jahren schon recht alt sein, haben sich jedoch noch nicht oder nur sehr wenig entwickelt.

9.3.1 Entwicklungsstadien eines Modellsterns

Zur Illustration des Verfahrens seien hier einige charakteristische Entwicklungsstadien eines Sterns von sieben Sonnenmassen beschrieben (nach Kippenhahn und Weigert 1964). Die Darstellung der Rechnungen beginnt mit dem Moment, in dem der Stern seine Hauptenergiequelle erschließt, d. h. in dem das Wasserstoff-Brennen einsetzt. Die Zentraltemperatur des Sterns beträgt etwa 25 Mio. K; im Innern läuft der CNO-Zyklus. Der Modellstern hat eine Oberflächentemperatur von etwa 21 000 K; er repräsentiert anfangs die beobachtbaren Sterne vom Spektraltyp B. Die folgenden fünf Abbildungen zeigen einige Eigenschaften des Sterns zu 5 verschiedenen Zeitpunkten seiner Entwicklung. Die jeweils mit a) bezeichneten Teilbilder sind Querschnitte durch den ganzen Stern; die Durchmesser der Kreise (alle im gleichen Maßstab) sind ein Maß für den jeweiligen Sterndurchmesser. In den Teilbildern b)

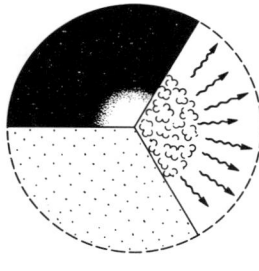

Anfangsstadium eines Hauptreihensterns von 7 Sonnenmassen. Sternradius $R = 3.37\,R_\odot$ (Sonnenradien). Der Stern, dessen chemische Zusammensetzung noch im ganzen Sterninnern gleich ist, hat einen Kern, in dem die durch Wasserstoff-Brennen erzeugte Energie durch Konvektion transportiert wird. Weiter außen wird die Energie durch Strahlung zur Oberfläche gebracht. (Erläuterungen s. Text)

9.3 Sternentwicklung

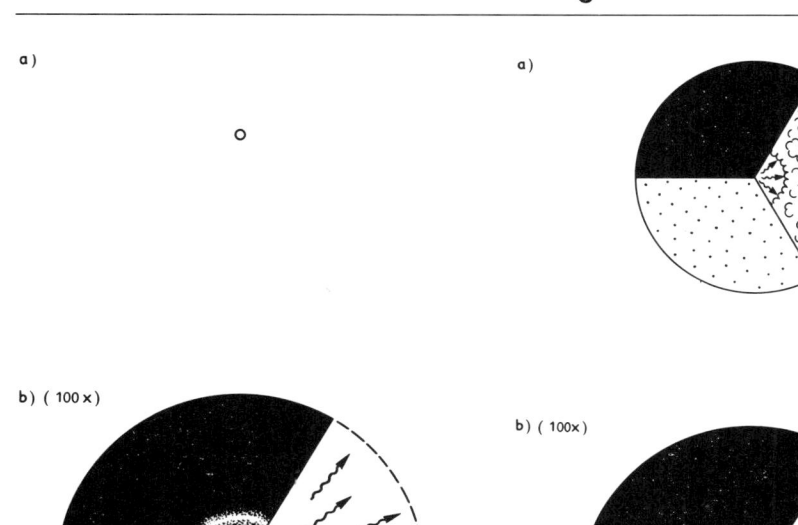

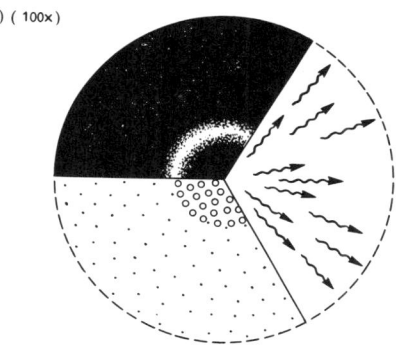

Der innere Aufbau des Sterns nach 26 Millionen Jahren. Sternradius $R = 5.33\ R_\odot$. Die nukleare Energieerzeugung erfolgt nicht mehr nur im Kern, dessen Wasserstoff-Vorrat jetzt fast erschöpft ist, sondern auch in einer weiter außen liegenden Schale. Der Kern, in dem der Energietransport mittels Konvektion erfolgt, ist kleiner geworden, in ihm hat sich merklich Helium angereichert

Nur 0.5 Millionen Jahre nach dem Zeitpunkt des vorherigen Zustandsbilds ist der Stern zum Roten Riesen gewachsen. Sein Radius beträgt nun $R = 102\ R_\odot$. Der Wasserstoff-Vorrat im Zentralgebiet ist erschöpft, dort ist nur noch Helium. Seine nukleare Energie bezieht der Stern aus dem Wasserstoff-Brennen in einer Schale. Der Energietransport erfolgt innen durch Strahlung, außen durch Konvektion

und gegebenenfalls c) ist jeweils das Zentralgebiet des Sterns herausgezeichnet, und zwar im angegebenen Maßstab zu a) vergrößert. Die Querschnittsbilder durch den Stern sind (soweit das möglich war) in drei Sektoren geteilt. Im Sektor links oben ist der Sitz der nuklearen Energiequelle gezeichnet (weiß: Gebiete, in denen Kernenergie frei wird). Der rechte Sektor veranschaulicht die Bereiche im Sterninnern, in denen die Energie entweder durch Strahlung (Pfeil) oder durch Konvektion (wolkige Struktur) transportiert wird. Der Sektor links unten zeigt die chemische Zusammensetzung in den verschiedenen Kerngebieten des Sterns (Punkte: ursprünglich wasserstoffreiche Materie; offene Kreise: Helium; volle Kreise: Kohlenstoff).

Die Entwicklung des Sterns ist mit der letzten dargestellten Phase natürlich nicht abgeschlossen. Doch die Rechnungen mußten hier abgebrochen werden, da die bei der weiteren Entwicklung wichtig

9 Aufbau und Entwicklung der Sterne

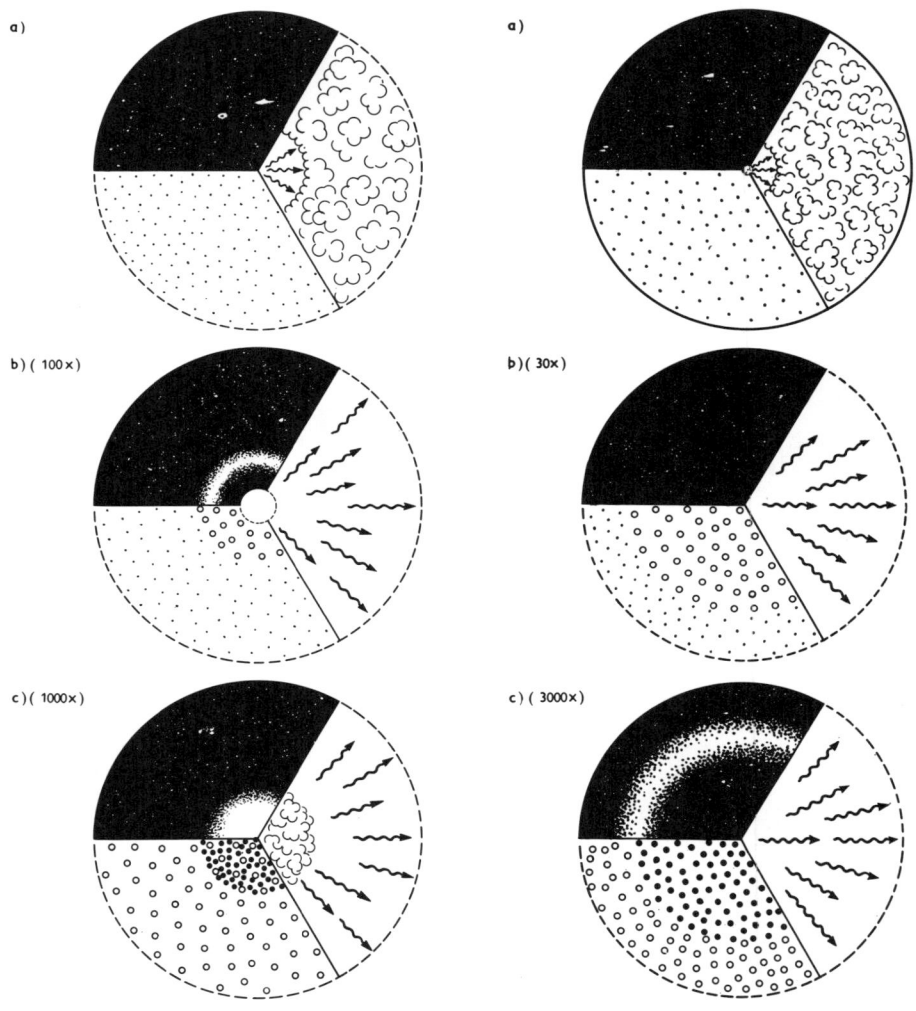

Weitere 0.1 Millionen Jahre später. Der Stern ist nur noch unwesentlich größer geworden ($R = 137\,R_\odot$). Das Helium-Brennen hat in seinem Zentrum begonnen. Etwas Kohlenstoff ist bereits gebildet. Weiter außen brennt noch eine Wasserstoff-Schalenquelle. Um die differenzierten Zonen im Sterninnern deutlich werden zu lassen, ist das in b) ausgesparte Gebiet in c) nochmals vergrößert herausgezeichnet

In den nächsten 10 Millionen Jahren wandert der Stern mehrmals durch die gleichen Gebiete des Hertzsprung-Russell-Diagramms. Zeitweilig wird er zum δ Cephei-Stern. Nach einer zwischenzeitlichen Schrumpfung ist er nun wieder auf $R = 144\,R_\odot$ angewachsen. Das Wasserstoff-Brennen ist erloschen. Das Helium brennt nur noch als Schalenquelle, die sich langsam nach außen frißt

9.3 Sternentwicklung

werdenden physikalischen Prozesse im Rechenprogramm nicht berücksichtigt waren.
Bei Abbruch der Rechnungen war die Temperatur im Sterninnern auf 360 Mio. K gestiegen. Im Zentrum kontrahiert ein Kohlenstoffkern. Der Stern wird sich dadurch weiter erhitzen, bis bei einer Temperatur von etwa 500 Mio. K das Kohlenstoff-Brennen einsetzt. Da dann bei einer Dichte von 200 000 g cm^{-3} die Materie entartet ist, wird das Kohlenstoff-Brennen explosionsartig vor sich gehen. Die Entwicklung des Sterns dürfte also in einer Supernova-Explosion enden (s. 8.4).

9.3.2 Allgemeine Resultate der Modellrechnungen

Führt man nach dem dargestellten Schema Entwicklungsrechnungen für Sterne anderer Masse (und auch anderer chemischer Zusammensetzung) durch, so erhält man andere Entwicklungswege im HRD. Schon auf der Hauptsequenz gibt es wichtige Unterschiede. Zwar erfolgt die Energieerzeugung generell durch Wasserstoff-Brennen, aber bei Sternen mit Massen größer als etwa 1.5 bis 2 Sonnenmassen (obere Hauptsequenz) ist der CNO-Zyklus der vorherrschende Mechanismus, während bei masseärmeren Sternen (untere Hauptsequenz), also etwa auch bei der Sonne, die pp-Reaktion dominiert. Aus diesem Unterschied ergeben sich Konsequenzen für den inneren Aufbau.

Wegen der starken Temperaturabhängigkeit des CNO-Zyklus ist in Sternen der oberen Hauptsequenz die Energieerzeugung sehr stark auf den innersten Kern der Sterne (nur wenige Prozent der Gesamtmasse) konzentriert. Der große Energiestrom aus diesem kleinen Volumen bewirkt aber eine so steile Temperaturabnahme

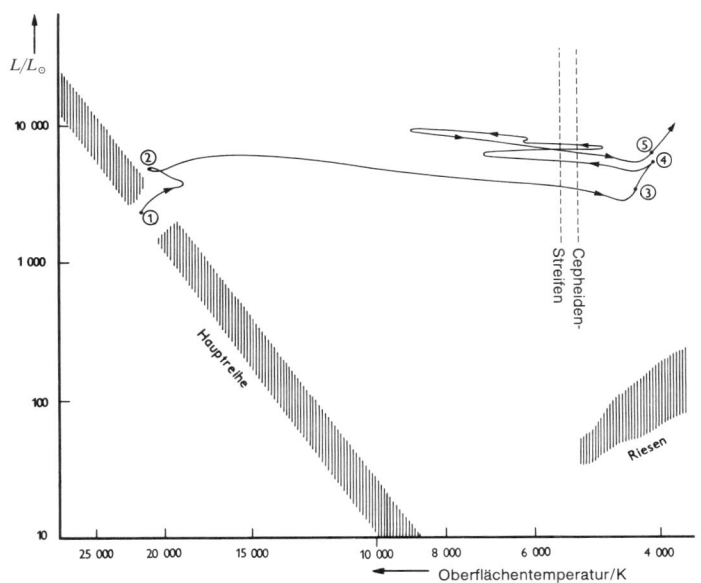

Entwicklungsweg eines Sterns von 7 Sonnenmassen im HRD. Auf der Ordinate ist die Leuchtkraft des Sterns in Einheiten der Sonnenleuchtkraft aufgetragen, auf der Abszisse die Oberflächentemperatur. Die 5 gekennzeichneten Stationen auf dem Entwicklungsweg sind die der vorigen 5 Bilder

nach außen, daß die Schichtung instabil ist, also Konvektion ausgelöst wird. Damit wird ein größeres Volumen, das etwa 20 % der Sternmasse umfaßt, durchmischt. Im konvektiven Kern wird somit Helium, das Verbrennungsprodukt, gleichmäßig angereichert.

In der unteren Hauptsequenz, wo die pp-Reaktion vorherrscht, umfaßt der Energie erzeugende Kern etwa 10 % der Sternmasse. Die Temperaturgradienten sind vergleichsweise klein, so daß der Kern stabil geschichtet bleibt. Dafür gibt es in den äußeren Teilen des Sterns, in denen der Wasserstoff nur teilweise ionisiert ist, eine sogenannte Wasserstoff-Konvektionszone. Sie beruht darauf, daß die (beim Aufsteigen eines Gasballs) frei werdende, bzw. (beim Absinken) benötigte Ionisationsenergie dafür sorgt, daß die Temperaturänderungen von auf- oder absteigenden Gasmassen kleiner werden als die entsprechenden Änderungen in einer Temperaturschichtung, wie sie sich unter der Bedingung des Strahlungstransports einstellen würden.

Ungeachtet dieser Unterschiede zwischen der oberen und der unteren Hauptsequenz sind die äußeren Zeichen der beginnenden Sternentwicklung gleichartig. Zusammen mit dem Übergang vom Wasserstoff-Brennen im Kern in ein Schalenbrennen verläßt der Stern die Hauptsequenz. Die massereichen Sterne bewegen sich dabei im HRD vorzugsweise nach rechts, da mit der Vergrößerung ihres Radius eine Abnahme der effektiven Temperatur einhergeht. Die Bewegung der massearmen Sterne im HRD ist vorzugsweise nach oben gerichtet, da bei ihnen die Temperatur im wesentlichen konstant bleibt. So gelangen die Sterne von der Hauptsequenz in das Gebiet der Roten Riesen.

Das Aufblähen der Sterne in diesen Entwicklungsphasen ist sowohl theoretisch gut gesichert als auch in Übereinstimmung mit der Beobachtung. Die Zusammenhänge sind aber so kompliziert, daß eine auch nur einigermaßen einsichtige Darstellung hier nicht gegeben werden kann.

Der nächste wesentliche Unterschied zwischen der Entwicklung massereicher und massearmer Sterne zeigt sich in dem Augenblick, in dem die Energieerzeugung durch den 3α-Prozeß (s. 9.1.2) wichtig wird. Bei Sternen unterhalb von etwa 2.25 $M_\odot$ ist der Heliumkern, in dem dieser Prozeß stattfindet, entartet, so daß es zu einem Helium-Flash kommt. Die kontinuierliche Entwicklung ist damit unterbrochen, der Stern macht im HRD einen Sprung (eine Zustandsänderung mit sehr kurzer Zeitskala) und findet sich danach in einer Position auf dem sogenannten Horizontalast des Population II-Diagramms (s. 7.6) wieder. Die genaue Position hängt von verschiedenen Faktoren ab. Jetzt, auf dem Horizontalast ist die Temperatur im Heliumkern so hoch, daß die Entartung aufgehoben ist und damit der Regelmechanismus für den 3α-Prozeß funktioniert. Bei Sternmassen oberhalb 2.25 $M_\odot$ ist die Temperatur zu jeder Zeit hoch genug, um Entartung zu verhindern.

Wenn das Helium im Kern durch die 3α-Reaktion fast vollständig in Kohlenstoff umgewandelt ist, so daß jetzt auch diese Reaktion in

9.3 Sternentwicklung

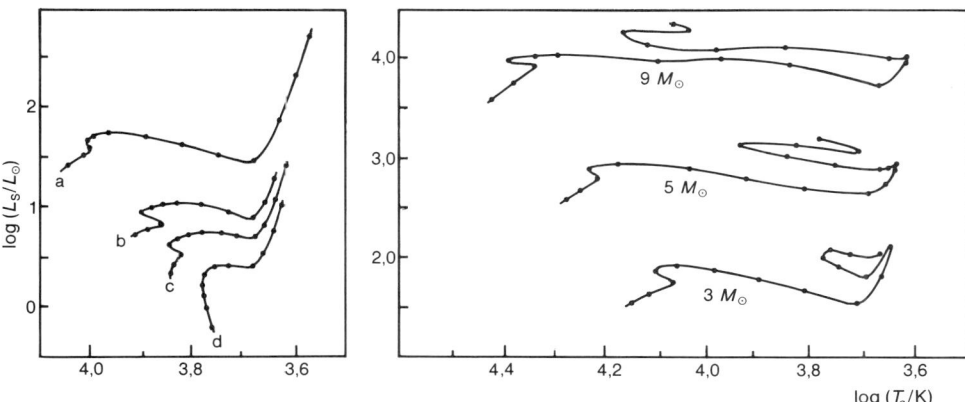

Entwicklung von Sternen unterschiedlicher Massen im HRD (nach I. Iben; unter Vernachlässigung des Masseverlusts). Für die Häufigkeit der chemischen Elemente, Wasserstoff (X), Helium (Y), übrige (Z), gilt: X = 0.708, Y = 0.272, Z = 0.020

einer Schalenquelle stattfindet, bewegt sich der Stern auf dem sogenannten asymptotischen Ast zu noch höheren Leuchtkräften. Er hat jetzt zwei konzentrische Schalenquellen: in der äußeren Schale Wasserstoff-Brennen im CNO-Zyklus, in der inneren Schale die 3α-Reaktion. Jede dieser Schalen umschließt das jeweilige Verbrennungsprodukt: die Wasserstoff-Brennschale eine Heliumzone, die Helium-Brennschale einen Kohlenstoffkern.

Die Aussagen über die weitere Entwicklung werden zunehmend unsicherer. Sterne unterhalb einer bestimmten Massegrenze stoßen in einem noch unverstandenen, wahrscheinlich stetig verlaufenden Prozeß ihre äußere Hülle ab. Diese wird zu einem Planetarischen Nebel (s. 8.5), der den nunmehr nackten Kern umgibt. Der Kern selber wird als Zentralstern der Beobachtung zugänglich. Er ist durch eine extrem hohe effektive Temperatur ausgezeichnet. Seine Abkühlung, verbunden mit einer Expansion des Nebels, führt diese Objekte dann im HRD längs der sogenannten Haman-Seaton-Sequenz in das Gebiet der Weißen Zwerge.

Bei den massereichen Sternen kommt es schon vor dem Abstoßen der Hülle entweder zu einem explosiven Kohlenstoff-Brennen in einem entarteten Kern, oder der Kern erfährt nach dem Erschöpfen aller nuklearen Energiequellen einen Gravitationskollaps und wird zum Neutronenstern (s. 8.7) oder zu einem Schwarzen Loch (s. 8.7.3). Diese Vorgänge werden zur Erklärung des Supernova-Phänomens herangezogen.

Hiermit haben wir die Grenzen einer soliden Theorie erreicht, wenn nicht schon überschritten. Es ist aber nicht ausgeschlossen, daß die hier dargelegten Vorstellungen, auch in ihrem Grundkonzept, noch revidiert werden müssen.

9.3.3 Durchmischung, Masseverlust, Materieaustausch

Es bedarf keiner besonderen Betonung, daß die vorstehend beschriebenen Grundzüge der Sternentwicklung unter recht idealisierten Annahmen berechnet wurden. So konnte die Wirkung der Konvektion nur sehr pauschal berücksichtigt werden. Andere wichtige Faktoren wie Durchmischung, Masseverlust und Masseaustausch bereiten erhebliche zusätzliche Schwierigkeiten.

Durchmischung, also ein Prozeß durch den ein Stern bezüglich der Elementmischung immer wieder homogenisiert wird, ist vermutlich recht selten. Dies kann man daraus schließen, daß die berechneten Entwicklungsbahnen undurchmischter Sterne im wesentlichen mit der beobachteten Verteilung der Sterne im HRD verträglich sind. Theoretische Überlegungen zeigen, daß eine Durchmischung durch großräumige hydrodynamische Strömungen (die einen Stern gleichsam umrühren würden) nur dann zu erwarten wäre, wenn es Kräfte gäbe, die die Kugelsymmetrie des Sternaufbaus erheblich stören würden. Zentrifugalkräfte auf Grund einer raschen Rotation oder Gezeitenkräfte, verursacht durch einen nahen Begleiter, wären von dieser Art. Im allgemeinen sind solche Effekte aber gering.

Anderseits werden am oberen Ende der Hauptsequenz Sterne beobachtet, die offensichtlich durchmischt sind. Es sind dies die Wolf-Rayet-Sterne (s. 8.8). Eine Unterklasse von ihnen, die WN-Sterne, zeigt eine starke Anreicherung von Stickstoff, also gerade von dem Element, das beim CNO-Zyklus die kleinsten Reaktionsraten hat und für das sich demzufolge die höchste Konzentration einstellt. Die Zusammensetzung seines Oberflächenmaterials beruht vermutlich direkt auf der Wirkung des CNO-Zyklus im Zentrum des Sterns. Ohne Durchmischung wäre dies unmöglich.

In der Unterklasse WC der Wolf-Rayet-Sterne, die durch einen hohen Gehalt der Atmosphäre an Kohlenstoff und Sauerstoff charakterisiert ist, sind durch Durchmischung offensichtlich die Endprodukte der 3α-Reaktion an die Oberfläche befördert worden. Die Ursache dieser Durchmischung ist unklar. Man könnte daran denken, daß Wolf-Rayet-Sterne Komponenten enger Doppelsterne sind. Es gibt allerdings Ausnahmen von dieser Regel.

Masseverlust ist im Gegensatz zur Durchmischung weit verbreitet. UV-Beobachtungen, Messungen und Interpretation der Profile von Emissionslinien im sichtbaren Spektralbereich und schließlich der Nachweis der IR-Strahlung der expandierenden zirkumstellaren Hüllen haben ergeben, daß Sterne frühen Spektraltyps und Sterne hoher Leuchtkraft kontinuierlich Masse an das interstellare Medium abgeben. Die Verlustraten liegen etwa im Bereich von 10^{-8} $M_\odot$/Jahr (B0-Stern) bis zu 10^{-4} $M_\odot$/Jahr; Rote Riesen und Überriesen verlieren etwa 10^{-6} $M_\odot$/Jahr.

Es ist schwierig, Masseverlustraten korrekt in die Entwicklungsrechnungen einzuführen, da die Abhängigkeit dieser Raten von der Position eines Sterns im HRD noch nicht genügend bekannt sind, und sie möglicherweise nicht einmal durch diese Position eindeutig bestimmt sind. Man geht gelegentlich davon aus, daß die Masseverlustrate proportional zur Leuchtkraft eines Sterns ist. So wird der Masseverlust immer dann eine Rolle spielen, wenn der Stern in seiner Entwicklung lange in einem Zustand hoher Leuchtkraft verharrt. Das obere Ende der Hauptsequenz ist dadurch besonders betroffen.

9.4 Alter der Sterne

Ein verwandtes, aber in seinen Konsequenzen noch viel variantenreicheres Phänomen ist der Materieaustausch in engen Doppelsternsystemen und sein Einfluß auf die Entwicklung der beiden Komponenten. Immer dann, wenn einer der beiden Sterne in das Riesenstadium eintritt und er sich hinreichend weit aufbläht, kann von ihm Materie auf den Begleiter überfließen. Das kann einen drastischen Effekt auf die weitere Entwicklung sowohl des materieverlierenden wie auch des materiegewinnenden Sterns haben. Es würde zu weit führen, hier die vielen möglichen Varianten weiter zu erörtern. Um jedoch die Bedeutung dieses Effekts ins richtige Licht zu rücken, sei daran erinnert, daß die Mehrzahl aller Sterne Komponenten eines Doppel- oder Mehrfachsystems sind (s. 12.1.7).

9.4 Das Alter der Sterne

Es gibt mehrere verschiedene und voneinander unabhängige Methoden der Altersbestimmung, die im folgenden geschildert werden. Als Probe auf deren Zuverlässigkeit werden im letzten Abschnitt die Ergebnisse verschiedener Methoden miteinander verglichen.

9.4.1 Das Entwicklungsalter

Die weitaus meisten Altersangaben stammen aus der Theorie der Sternentwicklung, wie sie im vorangehenden Abschnitt dargestellt wurde. Die wichtigsten Punkte seien hier nochmals kurz zusammengefaßt.

Den größten Teil ihrer gesamten Lebensdauer verbringen die Sterne, ohne sich wesentlich zu verändern, auf der Hauptreihe des HRD. Die abgestrahlte Energie wird durch Kernprozesse nachgeliefert, die im Zentrum des Sterns (bei rund 20 Mio. K) Wasserstoff in Helium verwandeln. Durch die Umwandlung von einem Gramm Wasserstoff wird die Energie von 170 000 Kilowattstunden freigesetzt.

Die Leuchtkraft eines Sterns gibt uns an, wieviel Energie laufend erzeugt werden muß, d. h. wie schnell der Wasserstoff sich verbraucht. Teilt man nun den gesamten ursprünglichen Vorrat an Wasserstoff (etwa $3/4$ der Sternmasse) durch diese Verbrennungsgeschwindigkeit, so erhält man die gesamte Lebensdauer des Sterns.

Bei Hauptreihensternen weiß man im allgemeinen nicht, wieviel Wasserstoff sie bereits verbraucht haben; man kann dann nur sagen, daß ihr bisheriges Alter kleiner sein muß als diese mögliche Lebensdauer, man kann also nur ein Maximalalter angeben. Für die Sterne der Hauptreihe gilt die Masse-Leuchtkraft-Beziehung: je massereicher ein Stern, um so größer seine Leuchtkraft (s. 7.7.2). Eine große Masse stellt einen großen Energievorrat dar, aber eine hohe Leuchtkraft bedeutet einen schnellen Energieverbrauch. Da längs der Hauptreihe die Leuchtkraft sehr viel schneller steigt als die Masse, haben massereichere Sterne eine kürzere Lebensdauer als masseärmere.

Sind etwa 12 % des Wasserstoffs verbraucht, so beginnt der Stern, sich erst langsam und dann immer schneller von der Hauptreihe abzuheben, er wird zu einem Roten Riesen und möglicherweise später zu einem Weißen Zwerg. Das Verweilen auf der Hauptreihe und das Abheben ist von der Theorie rechnerisch gut erfaßt, nicht dagegen der Riesen-Zustand, der jedoch im Vergleich zum Hauptreihenzustand nur kurze Zeit dauert.

Zusammenfassend ergibt sich:

1. Für alle Sterne, die merklich über der Hauptreihe liegen, kann man ein direktes Alter angeben, sie haben ihre gesamte Lebensdauer nahezu erreicht.

2. Für alle Sterne, die noch auf der Hauptreihe liegen, läßt sich nur ein Maximalwert angeben.

3. Für eine Altersbestimmung müssen Masse und Leuchtkraft eines Sterns möglichst genau bekannt sein.

Am besten läßt sich das Alter offener Sternhaufen bestimmen. Da sie Sterne verschiedener Masse enthalten, die alle etwa gleich alt sind, sieht man die Sterne in ihren verschiedenen Entwicklungsstadien. Fast in jedem Haufen gibt es einige Sterne, die sich schon deutlich von der Hauptreihe abgehoben haben, die anderseits aber noch nicht zu Roten Riesen geworden sind. Diese Sterne liegen im HRD am weitesten links; für eine Altersbestimmung braucht man nur ihren Spektraltyp festzustellen.

Von über 100 untersuchten offenen Sternhaufen haben nur drei ein Alter über 10^9 Jahren, alle andern sind jünger. Ihre Alter sind etwa gleichmäßig zwischen 1 und 500 Millionen Jahre verteilt. Dies läßt darauf schließen, daß die offenen Sternhaufen etwa gleichmäßig im Lauf der Zeit entstehen, sich jedoch nach einer mittleren Lebensdauer von etwa 500 Millionen Jahren wieder auflösen.

Die kugelförmigen Sternhaufen (s. 12.2.3) sind durchwegs sehr alt, nach neueren Untersuchungen bis zu 17 Milliarden Jahre. Sie sind damit die ältesten Objekte des Milchstraßensystems.

Auch die Entwicklung sehr junger Sterne in der Kontraktionsphase, also vor dem Erreichen der Hauptreihe, kann – wenn auch mit Einschränkungen – zur Abschätzung des Entwicklungsalters verwendet werden. Sie beruht darauf, daß die Dauer der Kontrak-

Alter einiger offener Sternhaufen

Name	früheste Spektralklasse	Alter in 10^6 Jahren
h Persei	B0	4.4
NGC 457	B2	15
Plejaden	B6	80
M 41	B8	170
M 11	B9	200
Ursa-Major-Strom	A0	300
Praesepe	A0	300
Hyaden	A3	870
M 67	F5	4600

9.4 Alter der Sterne

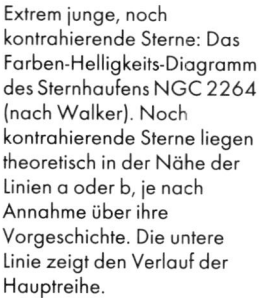
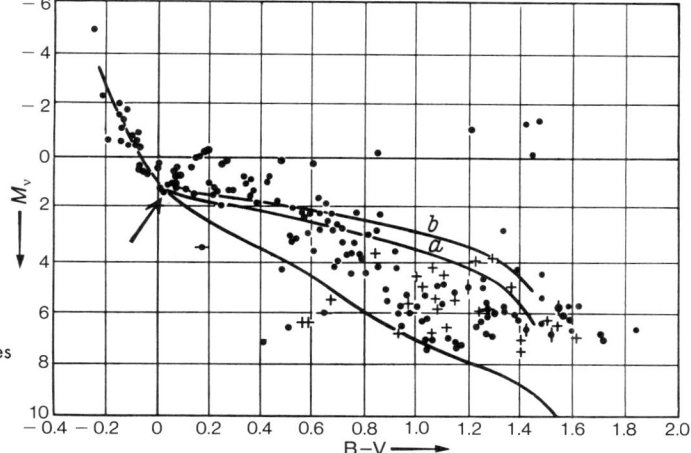

Extrem junge, noch kontrahierende Sterne: Das Farben-Helligkeits-Diagramm des Sternhaufens NGC 2264 (nach Walker). Noch kontrahierende Sterne liegen theoretisch in der Nähe der Linien a oder b, je nach Annahme über ihre Vorgeschichte. Die untere Linie zeigt den Verlauf der Hauptreihe.
● normale Sterne
◐ Hα-Emission
◆ variable Helligkeit } + beides
→ unteres Abbrechen der Hauptreihe

tionsphase um so kürzer ist, je mehr Masse ein Stern hat. In einem sehr jungen Sternhaufen sind daher die massereicheren, hellen Sterne bereits Hauptreihensterne. Sterne unterhalb einer gewissen Masse haben die Hauptreihe jedoch noch nicht erreicht und liegen über ihr. Die Abbildung zeigt dieses »untere Abbrechen« der Hauptreihe, dessen Stelle die Masse derjenigen Sterne angibt, die gerade eben die Hauptreihe erreichen. Aus dieser Masse läßt sich dann das Alter des Sternhaufens bestimmen.

Diese Methode der Altersbestimmung ist nur bei extrem jungen Haufen oder Assoziationen anwendbar, da nur hier das Abbrechen noch im Bereich der Beobachtung liegt. Nach ihr wurden u. a. die Orion-Assoziation und die offenen Haufen NGC 2264 und NGC 6530 untersucht. Das Abzweigen begann in diesen drei Fällen bei Sternen der Spektralklasse A0, woraus sich ein Alter von etwa 2 Millionen Jahren ergibt.

Bei älteren Sternhaufen haben alle beobachtbaren Sterne die Hauptreihe längst erreicht, nur die zu lichtschwachen, kleinen Sterne könnten hier noch im Stadium der Kontraktion sein.

9.4.2 Die Auflösung offener Sternhaufen

Alle Sterne eines Haufens ziehen sich gegenseitig an. Bei hinreichend naher Begegnung bewirkt die Anziehung, daß zwei Sterne sich gegenseitig aus ihren Bahnen ablenken. Dabei wird im allgemeinen Energie übertragen, und ein Stern wird nach der Begegnung schneller fliegen als vorher, während der andere Stern an Geschwindigkeit verliert. Im Lauf einer langen Zeit können daher einige Sterne Geschwindigkeiten erreichen, die größer sind als die Entweichgeschwindigkeit ihres Sternhaufens. Sie gehen dem Haufen verloren. Die restlichen Haufensterne rücken dann etwas dichter zusammen, wodurch der Prozeß des Energieaustauschs durch nahe Begegnungen noch schneller verläuft als vorher. Der übrigbleibende Haufen wird somit immer kleiner und dichter, die Zahl

seiner Sterne nimmt laufend ab. Auf diese Weise löst sich mit der Zeit der ganze Haufen auf; es verbleibt zum Schluß ein sehr enges Mehrfachsystem weniger Sterne.
Bei Haufen mit sehr geringer Dichte wird ein anderer Effekt wirksam. Hier tauschen die Haufensterne mit den allgemeinen Feldsternen genügend Energie aus und gehen dadurch dem Haufen verloren. Die übrigen Haufensterne rücken etwas auseinander, wodurch sich der Energieaustausch der Haufensterne untereinander vermindert. Der restliche Haufen wird bei diesem Effekt immer größer, seine Dichte und die Zahl seiner Sterne nehmen ab. Ob der Energieaustausch der Haufensterne untereinander oder der mit den Feldsternen wirksamer ist, hängt allein von der Dichte des Haufens ab. Insgesamt ergibt sich, daß die offenen Sternhaufen im allgemeinen eine vergleichsweise begrenzte Lebensdauer von etwa einer Milliarde Jahren haben und nur in seltenen Ausnahmen ein Alter erreichen können, das dem des Milchstraßensystems vergleichbar ist.

9.4.3 Die Expansion von Assoziationen

Assoziationen (s. 12.2.1) sind lockere Ansammlungen von O- und B-Sternen (OB-Assoziationen) oder von T Tauri-Sternen (T-Assoziationen). Bei einigen von ihnen zeigen die Eigenbewegungen der Sterne im Mittel nach außen; die Assoziation läuft also auseinander, sie expandiert. Kennt man die Geschwindigkeit dieser Expansion und die gegenwärtige Größe der Assoziation, so kann man ausrechnen, wann die Expansion begonnen haben müßte.

Alter von Assoziationen

II Perseus-Assoziation $1.5 \cdot 10^6$ Jahre
Lacerta-Assoziation $4.2 \cdot 10^6$ Jahre

9.4.4 Ausreißer

Nach Untersuchungen von Blaauw gibt es einige einzelstehende, dem Spektraltyp nach sehr junge Sterne, deren Eigenbewegung genau von einer Assoziation wegzeigt. Man kann daher annehmen, daß diese Sterne zusammen mit der Assoziation entstanden sind, dabei auf eine noch nicht erklärte Weise sehr hohe Geschwindigkeiten erhielten und nun von der Assoziation immer weiter weg fliegen. Aus Entfernung und Geschwindigkeit kann man das Alter ausrechnen.

Assoziationen mit Ausreißern

Assoziation	Stern	Spektralklasse	Geschwindigkeit in km/s	Alter in 10^6 Jahre
Orion-Assoziation	AE Aurigae	O9	128	2.6
	μ Columbae	B0	128	2.6
	53 Arietis	B2	80	4.6
I Ceph.-Assoziation	68 Cygni	O8	45	5.1
Sco.-Cent.-Assoziation	ζ Ophiuchi	O9	32	3.0
Lacerta-Assoziation	HD 197 419	B2	35	5
	HD 201 910	B5	35	5

9.4 Alter der Sterne

OB-Assoziationen in den Sternbildern Orion und Perseus. Die Sterne µ Columbae, 53 Arietis und AE Aurigae waren ursprünglich Mitglieder der Orion-Assoziation, haben sich aber wegen ihrer hohen Eigenbewegung seit dem Zeitpunkt ihrer Entstehung weit von ihr entfernt

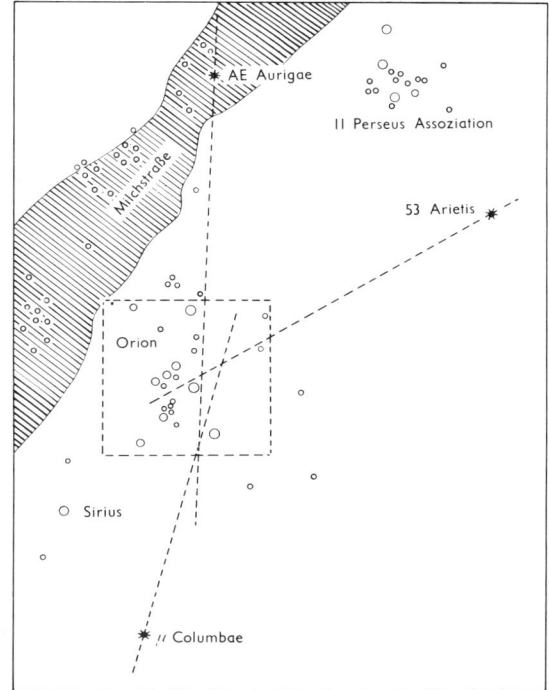

Falls die Zuordnung eines Sterns zu einer bestimmten Assoziation zulässig ist, dann ist diese Methode der Altersbestimmung äußerst genau, da die großen Geschwindigkeiten der »Ausreißer« genau zu messen sind.

9.4.5 Vergleich verschiedener Bestimmungsmethoden

In der folgenden Tabelle werden die Resultate mehrerer unabhängiger Methoden der Altersbestimmung verglichen.

Die Tabelle zeigt, daß

1. die Unterschiede zwischen den Altersangaben für dasselbe Objekt bis zu etwa 50 % betragen. Wir haben damit ein Maß für die Zuverlässigkeit der Bestimmungen.

2. die Alter verschiedener Objekte zwischen rund einer Million und sechs Milliarden Jahren streuen. Assoziationen sind die jüngsten Gebilde, Kugelhaufen die ältesten. Fast alle offenen Haufen sind jünger als eine Milliarde Jahre.

Aus den Zahlen ist zu schließen, daß Sternentstehung nicht ein einmaliges Ereignis war, sondern sich über einen Zeitraum von mehr als sechs Milliarden Jahren erstreckt haben muß. Wie wir heute wissen, entstehen auch gegenwärtig ständig neue Sterne.

9 Aufbau und Entwicklung der Sterne

Alter in 10^6 Jahren nach verschiedenen Methoden

	Sternent-wicklung	Auf-lösung	Expan-sion	Aus-reißer
Assoziationen				
Orion	3			2.6
				2.6
				4.8
Lacerta	6.8		4.2	5
				5
II Perseus	5.5		1.5	
I Cepheus	3			5.1
Scorp.-Cent.	4			3
Offene Haufen				
NGC 2264	1.1			
Ursa Major-Strom	300	300		
Mittlere Lebensd.	500	1 000		
Älteste Objekte				
M 67	4 600	(zum Vergleich,		
Schnelläufer	5 700	Maximalalter des Kosmos		
Kugelhaufen	17 000	20 000)		

10 Interstellare Materie

Die noch im vorigen Jahrhundert verbreitete Auffassung, daß der Raum zwischen den Sternen leer sei, ist inzwischen aus vielerlei Gründen revidiert worden. Spektral-Linien wurden entdeckt, deren Schärfe und Doppler-Verschiebung erkennen lassen, daß sie nicht den Sternen zugehören, in deren Spektren sie beobachtet werden, sondern daß sie von einem sehr verdünnten Gas stammen müssen, das den Raum zwischen den Sternen ausfüllt. »Dunkelwolken« wurden als riesige Gaswolken erkannt, denen absorbierender Staub beigemischt ist. In der Nähe heißer Sterne wird die Materie im interstellaren Raum zu eigenem Leuchten angeregt (leuchtende Gasnebel), und der aufgeheizte interstellare Staub kann im Infraroten Strahlung aussenden (IR-Quellen). Trotz der niedrigen Temperaturen in den interstellaren Wolken werden tiefliegende Energiezustände von Atomen und Molekülen angeregt, was zur Ausstrahlung von Spektral-Linien im Radiobereich führt, so z. B. zur Emission einer Linie des atomaren Wasserstoffs bei $\lambda = 21$ cm.

Zwar ist die mittlere Dichte der Materie im interstellaren Raum extrem niedrig (etwa 1 Atom pro cm³ oder – was den Staub betrifft – 1 Staubkorn von weniger als einem tausendstel Millimeter Größe in einem Würfel von 50 m Kantenlänge), dennoch ist ihr Zustand, ihre Wechselwirkung mit Sternen, ihre Rolle bei der Sternentstehung von großer Bedeutung. Aus interstellarer Materie bilden sich junge Sterne. Interstellare Materie ist anderseits das Reservoir, das die Materie wieder aufnimmt, die von den Sternen im Lauf ihrer Entwicklung abgegeben wird, z. B. durch stellare Winde (s. 4.4.4) oder durch Nova- oder Supernova-Explosionen (s. 8.4). Schließlich, und das ist ihre unmittelbar wahrnehmbare Wirkung, ist es die Absorption von Strahlung in der interstellaren Materie, insbesondere in ihrer Staubkomponente, die für das gegliederte Bild der Milchstraße verantwortlich ist. Diese Absorption ist ein Hindernis für viele astronomische Beobachtungen.

10.1 Interstellare Absorptionslinien

1904 entdeckte J. Hartmann im Spektrum des Doppelsterns δ Orionis eine Spektral-Linie (die K-Linie des ionisierten Kalziums), die im Gegensatz zu allen andern stellaren Linien keine periodische Doppler-Verschiebung aufgrund der Bahnbewegung zeigte. Sie wurde daher als »ruhende« Linie bezeichnet und auf die Existenz eines fein verteilten interstellaren Mediums zurückgeführt. Seit jener Zeit wurden in den Spektren vieler Sterne interstellare Absorptionslinien nachgewiesen.

Folgende Schlüsse können aus Beobachtungen an interstellaren Linien gezogen werden:
– Die Stärke der Linien nimmt generell mit der Entfernung der Sterne zu. Dieses Resultat ist aus der Annahme des interstellaren Ursprungs der Linien ohne weiteres verständlich.

10 Interstellare Materie

– Viele der identifizierten interstellaren Absorptionslinien gehen vom tiefstliegenden Energiezustand des Atoms bzw. Moleküls aus (Resonanzlinien). Die Linien sind im allgemeinen sehr scharf. Hieraus kann abgeleitet werden, daß wesentliche Teile der interstellaren Materie kalt und sehr verdünnt sein müssen.

– Man beobachtet häufig Aufspaltungen in mehrere Komponenten mit relativen Doppler-Verschiebungen der Größenordnung 10 km/s und schließt daraus, daß die interstellare Materie eine wolkige Struktur hat und daß diese Wolken bei geringer innerer Strömung sich mit Geschwindigkeiten der gemessenen Größenordnung durch den Raum bewegen.

– Im UV werden interstellare Absorptionslinien hoch ionisierter Atome, z. B. die Resonanzlinien des OVI bei Wellenlängen von 103.2 nm und 103.7 nm beobachtet. Sie zeigen, daß es im interstellaren Raum auch Gebiete sehr hoher Temperaturen geben muß.

Die stärksten interstellaren atomaren Absorptionslinien im Bereich von 300 bis 800 nm

Atom bzw. Ion	Wellenlänge	relative Stärke	Bemerkungen
Li I	670.79	0.3	Dublett
Na I	589.59	79	D1-Linie
	589.00	100	D2-Linie
K I	769.90	32	
Ca I	426.67	0.49	
Ca II	396.85	9.8	H-Linie
	393.37	17	K-Linie
Ti II	338.38	2.6	
	324.20	2.3	
Fe I	385.99	0.4	
	371.99	0.8	

Im UV-Bereich gibt es eine Fülle von interstellaren Absorptionslinien der Atome bzw. Ionen CI, CII, NI, NII, OI, MgI, MgII, SiII, SiIII, SII, SIII, ArI, MnII und FeII. Vor allem aber wird die Linie Lyα des HI in großer Stärke beobachtet

Die stärksten interstellaren molekularen Absorptionslinien im Bereich von 300 bis 800 nm

Molekül	Wellenlänge	rel. Stärke (NaI D2 ≙ 100)
CH	430.03	7.8
	389.02	2.1
	388.64	2.2
	387.88	1.1
	314.60	1.9
	314.32	1.9
	313.75	1.5
CH⁺	423.25	8.4
	395.77	5.3
	374.53	2.7
	357.90	1.4
CN	387.46	3.2
	387.58	0.6
	387.40	1.0

10.2 Interstellare Emissionslinien

Bei den in den interstellaren Wolken vorherrschenden niedrigen Temperaturen (etwa 100 K) können durch Stöße nur sehr tief liegende Energiezustände der Atome und Moleküle angeregt werden. Wegen der Beziehung $E = h\nu$ zwischen der Energie E und der Frequenz ν sind durch Stöße hervorgerufene Emissionslinien folglich nur im Bereich niedriger Frequenzen zu erwarten. Daher ist die Beobachtung interstellarer Emissionslinien vor allem eine Domäne der Radio-, Submillimeter- und Infrarotastronomie.

10.2.1 Die 21 cm-Linie des Wasserstoffs

Diese Linie gehört zu dem Übergang zwischen dem tiefsten angeregten Zustand des Wasserstoffatoms, bei dem der Spin des Kerns und der des Elektrons in der Atomhülle parallel stehen, und dem Grundzustand, in dem die Spinorientierung antiparallel ist. Dem geringen Unterschied der magnetischen Wechselwirkung in diesen beiden Zuständen entspricht eine sehr kleine Energiedifferenz und damit die niedrige Frequenz von 1420.4 MHz bzw. die große Wellenlänge von rund 21 cm. Der Übergang ist ein magnetischer Dipolübergang mit einer sehr kleinen Übergangswahrscheinlichkeit (s. A 1.7.6). Es ist daher sehr unwahrscheinlich, daß ein einmal ausgesandtes 21 cm-Photon reabsorbiert wird.

1945 wies H. C. van de Hulst darauf hin, daß dieser Übergang möglicherweise im interstellaren Medium beobachtbar sein könnte. Sechs Jahre später wurde die Linie in unserer Galaxis entdeckt. Heute sind 21 cm-Beobachtungen eins der wichtigsten Hilfsmittel bei der Untersuchung der großräumigen Struktur des Milchstraßensystems. Das ist deswegen möglich, weil die 21 cm-Strahlung praktisch das gesamte galaktische System ohne Absorption durchlaufen kann.

Da das Emissionsvermögen des interstellaren Wasserstoffs in der 21 cm-Linie nur von dessen Dichte abhängt, kaum dagegen von seiner Temperatur, ist die Gesamtintensität der aus einer bestimmten Richtung in dieser Linie einfallenden Strahlung nur abhängig von der Gesamtmenge des Wasserstoffs, die in der betreffenden Richtung liegt. Unbekannt bleibt zunächst die Entfernung der Quellen, d. h. die Verteilung des interstellaren Wasserstoffs auf dem Sehstrahl.

Man ermittelt diese Verteilung aus der Form der Spektral-Linie, die durch die Verteilung der Doppler-Verschiebung bzw. der Radialgeschwindigkeit entsteht. Die Beobachtung liefert also direkt nicht nur die Gesamtmenge des Wasserstoffs in einer Richtung, sondern auch seine Verteilung auf die verschiedenen Radialgeschwindigkeiten. Bei den großen in Betracht kommenden Entfernungen liefert die differentielle galaktische Rotation (s. 13.3) den Hauptbeitrag zu den Radialgeschwindigkeiten. Die Eigenbewegung der einzelnen Wolken kann im Vergleich dazu in erster Näherung vernachlässigt werden. Nimmt man also die differentielle Rotation als einzige Ursache der Radialgeschwindigkeiten an, so lassen sich Radialgeschwindigkeits-Intervalle im Linienprofil und

10 Interstellare Materie

Das Profil der 21 cm-Linie des interstellaren atomaren Wasserstoffs in Abhängigkeit von der galaktischen Länge l

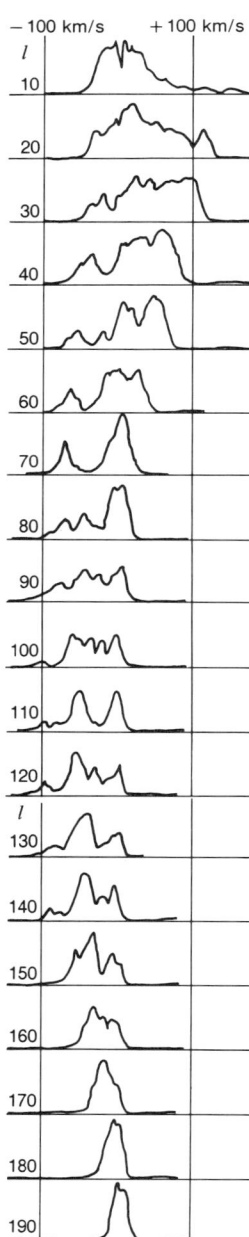

Entfernungsintervalle auf dem Sehstrahl einander zuordnen. Eine Schwierigkeit dieser Umwandlung von Radialgeschwindigkeiten in Entfernungen liegt darin, daß die Zuordnung nicht eindeutig ist (Materie in zwei verschiedenen Entfernungen kann möglicherweise die gleiche Radialgeschwindigkeit haben), eine andere darin, daß das Rotationsgesetz der Galaxis, auf dem diese Umwandlung beruht, nicht mit hinreichender Genauigkeit bekannt ist.

Man benutzt Beobachtungen in verschiedenen galaktischen Längen, um gleichzeitig Rotationsgesetz und Verteilung des Wasserstoffs zu bestimmen, und findet so, daß die Verteilung des interstellaren Wasserstoffs in der Scheibe nicht gleichförmig ist (s. Abb.), sondern daß es ringförmige Bereiche höherer Dichte gibt, die sich aus dem Untergrund herausheben. Die Gleichsetzung solcher Bereiche mit Spiralarmen liegt nahe. Des weiteren wurde gefunden, daß der Wasserstoff sehr stark zur galaktischen Ebene hin konzentriert ist, seine Skalenhöhe beträgt nur etwa 100 pc. Damit ist die interstellare Materie, genauer: sind die Wolken neutralen Wasserstoffs diejenige Komponente des galaktischen Systems, die am eindeutigsten die Scheibe markiert. In den äußersten Teilen unserer Galaxis sind jedoch deutliche Abweichungen der Gasscheibe von der galaktischen Ebene festzustellen. Diese Deformation ist vermutlich auf Gezeitenkräfte bei einer früheren nahen Begegnung mit einer andern Galaxie zurückzuführen.

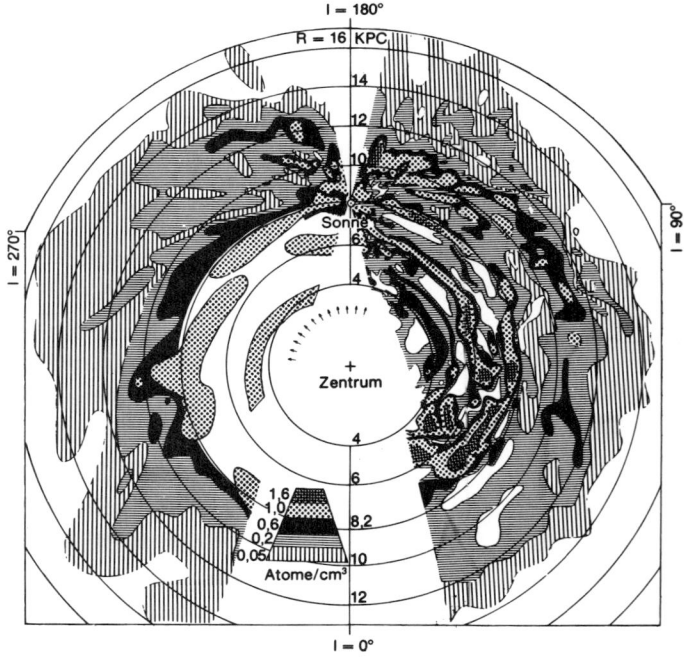

Die Dichte der interstellaren Materie in der Ebene des Milchstraßensystems. (Nach M. Schmidt und G. Westerhout)

10.2 Emissionslinien

Profil der 21 cm-Linie
(Fortsetzung)

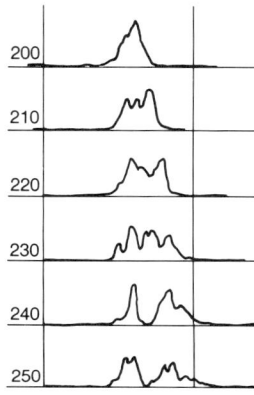

10.2.2 Moleküle im interstellaren Raum

Da im allgemeinen auch Moleküle tiefliegende Energieniveaus haben, wird man auch die Emission interstellarer Molekül-Linien erwarten, sofern die entsprechenden Moleküle in genügender Konzentration vorhanden sind.

Absorptionslinien des CH, CH$^+$ und des CN wurden bereits 1940 entdeckt, so daß man davon ausgehen konnte, daß es zumindest gewisse einfachere Moleküle im interstellaren Raum gibt. Die Suche war ungewöhnlich ergiebig, so daß bis jetzt über 60 verschiedene Molekülarten im interstellaren Medium nachgewiesen sind. Interstellare Moleküle können entweder durch direkte Reaktionen in der Gasphase oder aber durch Reaktionen auf der Oberfläche der interstellaren Staubkörner gebildet werden. Der Staub würde dann die Rolle eines Katalysators übernehmen. Man ist heute der Ansicht, daß sich das H$_2$-Molekül vermutlich auf diesem Weg gebildet hat, während für die meisten andern Moleküle auch Reaktionen in der Gasphase wichtig sein könnten.

Moleküle und Radikale im interstellaren Medium

2-atomig:	H$_2$, CH, CH$^+$, C$_2$, CN, OH, CO, NO, SiO, CS, NS, SO, SiS
3-atomig:	H$_2$O, CCH, HCN, HNC, HCO, HCO$^+$, NNH$^+$, HNO, H$_2$S, O$_3$, COS, SO$_2$, C$_2$H, HCS$^+$, NaOH
4-atomig:	NH$_3$, C$_2$H$_2$, H$_2$CO, HNCO, HCNO, H$_2$CS, CCCN, HNCS, C$_3$N
5-atomig:	CH$_4$, CH$_2$NH, NH$_2$CN, CH$_2$CO, HCOOH, HCCCC, HCCCN
6-atomig:	CH$_3$OH, CH$_3$CN, HCONH$_2$, CH$_3$SH
7-atomig:	CH$_3$NH$_2$, CH$_3$CCH, CH$_3$CHO, CH$_2$CHCN, HCCCCCN
8-atomig:	HCOOCH$_3$
9-atomig:	CH$_3$OCH$_3$, CH$_3$CH$_2$OH, CH$_3$CH$_2$CN, HCCCCCCCN
11-atomig:	HCCCCCCCCCN

Darüber hinaus existiert im interstellaren Medium vermutlich noch eine breite Mischung aus polyaromatischen Kohlenwasserstoffen (PAH), die wegen ihrer ähnlichen Emissionseigenschaften nur schwer zu unterscheiden sind.
Alle bislang identifizierten Moleküle bestehen aus den im Weltall häufigen Elementen H, C, N, O, Si, S. Moleküle mit andern Elementen sind sehr viel seltener und daher schwer zu beobachten. Mit Ausnahme der sehr stabilen PAH müssen die Moleküle durchwegs in den interstellaren Wolken gebildet werden, da sie im freien interstellaren Medium schnell durch die intensive UV-Strahlung zerstört werden würden. Die Bildung der Moleküle erfolgt durch komplizierte Reaktionen, die zum Teil auf der Oberfläche der in der interstellaren Materie vorhandenen Staubteilchen ablaufen.

10.2.3 Molekülwolken

1972 bemerkte man, daß die aus den interstellaren Absorptionslinien erschlossene Wolkenstruktur des interstellaren Mediums in den Molekül-Linien, insbesondere in jenen des Kohlenmonoxids, CO, in sehr ausgeprägter Form erkennbar wird. Durchmusterungen des inneren Teils unserer Galaxis in der 2.6 mm-Linie des CO zeigten diese Wolkenstrukturen sehr deutlich. Eine besondere Konzentration war in der unmittelbaren Umgebung der Richtung zum galaktischen Zentrum festzustellen. Die Interpretation dieser Beobachtungen wurde dadurch erleichtert, daß Linien sowohl des ^{12}C^{16}O-Moleküls ($\nu = 115\,271.2$ MHz) als auch des ^{13}C^{16}O-Mole-

10 Interstellare Materie

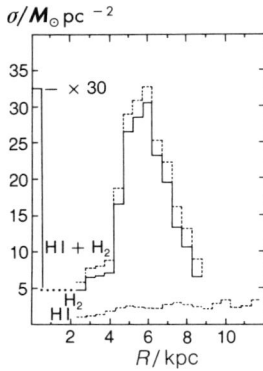

Mittlere Flächendichte des in den CO-Wolken konzentrierten molekularen Wasserstoffs H_2 in Abhängigkeit vom Abstand zum galaktischen Zentrum

küls ($\nu = 110\ 201.4$ MHz) beobachtet werden können. Da man davon ausgehen kann, daß die Anregung der Moleküle nicht durch die unterschiedliche Isotopenmasse beeinflußt wird, war man in der Lage, durch Vergleich der Stärken der beiden Linien die optischen Dicken (s. A 1.7.7) und die Anregungstemperaturen relativ genau zu bestimmen. Das hierfür erforderliche Häufigkeitsverhältnis der Kohlenstoffisotope, $\varepsilon(^{12}C)/\varepsilon(^{13}C)$, war aus den optisch dünnen Linien des Formaldehyds (H_2CO) zu 40 bis 100 gefunden worden (der terrestrische Wert ist 90). Werden schließlich die CO-Beobachtungen mit Messungen der Intensität der ultravioletten H_2-Emissionsbanden (die der Lyman α-Linie des atomaren Wasserstoffs entsprechen) kombiniert, so erhält man die Anzahl der H_2-Moleküle auf dem Sehstrahl und damit auch, unter Berücksichtigung von Entfernung und Winkelausdehnung der Wolken, ihre Gesamtmasse.

Die Massen der Wolken sind sehr groß, fast vergleichbar mit jenen der Kugelsternhaufen (s. 12.2.3). Man spricht deshalb in der englischsprachigen Literatur auch von den »giant molecular clouds«. Bei ihren tiefen Temperaturen von etwa 10 K ist der Wasserstoff in ihnen weitgehend molekular. Die Wolken tragen daher nicht zur 21 cm-Linie des atomaren Wasserstoffs bei.

Die räumliche Verteilung der Wolken im galaktischen System kann unter Verwendung ihrer galaktischen Koordinaten (s. 1.3) und ihrer Radialgeschwindigkeiten (ähnlich wie bei der 21 cm-Linie) ermittelt werden. Es ergibt sich einerseits eine starke Konzentration im galaktischen Zentrum, anderseits eine klare Häufung in einer Zone, die im Abstand zwischen 4 kpc und 8 kpc das galaktische Zentrum ringförmig umgibt. Mit einer Gesamtzahl von etwa 4000 Wolken liefern die Molekülwolken in dieser Zone den größten Beitrag zur Masse des interstellaren Mediums.

Die mittleren Eigenschaften des 4 bis 8 kpc-Rings der Molekülwolken

Mittlere Dichte im Ring (H_2)	3 cm^{-3}
Skalenhöhe der Verteilung senkrecht zur gal. Ebene	60 pc
Lage des Schwerpunkts der Verteilung	-26 pc
Flächendichte σ der interstellaren Materie	20 $M_\odot$/pc^2
$\sigma(H_2)/\sigma(HI)$	~ 10
Gesamtzahl der Wolken	4000
Gesamtmasse	$2 \cdot 10^9\ M_\odot$
(Gesamtmasse der H_2-Wolken im galaktischen Zentrum	$5 \cdot 10^7\ M_\odot$)

Der Nachweis der Existenz riesiger Molekülwolken sowie der Tatsache, daß in ihnen ein wesentlicher, wenn nicht sogar der größte Masseanteil des interstellaren Mediums enthalten ist, hat die Vorstellung von diesem merklich verändert. Wenn ein so großer Masseanteil in den Molekülwolken zu finden ist, müssen sie langlebig sein. Tatsächlich stellen sie, ähnlich wie die Sterne, einen metastabilen Gleichgewichtszustand zwischen Gravitationskräften und inneren Druckkräften dar. Trotzdem werden gelegentlich Teile dieser Wolken instabil, beginnen zu kollabieren und geben so Anlaß zur Sternentstehung (s. 11.1). Die dabei entstehenden OB-

Daten einer typischen Molekülwolke

Ausdehnung: 40 pc
(kinetische) Temperatur: 10 K
Teilchendichte (H_2): 300 cm^{-3}
Masse: $5 \cdot 10^5\ M_\odot$

10.3 Leuchtende Gasnebel

Assoziationen (s. 12.2.1) und HII-Gebiete (s. 10.3) treten deshalb häufig in Verbindung mit Molekülwolken auf. Daß diese Vorgänge vornehmlich an der Oberfläche der Wolken und nicht in ihrem Innern beobachtet werden, deutet darauf hin, daß die Wolken nicht von selbst und als Ganzes instabil werden, sondern durch äußere Einflüsse komprimiert werden. Die Kompression wird vermutlich durch Supernova-Ausbrüche von massereichen Sternen verursacht, die einige Millionen Jahre früher am Rand dieser Wolken entstanden waren.

Die aus der Beobachtung abgeleitete Rate der Sternentstehung von etwa 10 Sonnenmassen pro Jahr in unserer gesamten Galaxis ist weniger als ein Hundertstel der Rate, die man aus der einfachen Theorie des Gravitationskollaps der Molekülwolken erwarten sollte. Hier sind noch viele Fragen offen.

10.3 Leuchtende Gasnebel

In der Umgebung heißer Sterne mit ihrer starken Strahlung im kurzwelligen UV wird der interstellare Wasserstoff durch Photonen mit mehr als 13.5 eV Energie (bzw. einer Wellenlänge unterhalb 91.2 nm) fast vollständig ionisiert. In solchen Gebieten, die wegen der Ionisation des Wasserstoffs HII-Gebiete genannt werden, stellt sich eine Temperatur des Elektronengases von $5 \cdot 10^3$ K bis 10^4 K ein. Elektronenstöße können damit auch höhere atomare Energiezustände anregen, so daß die HII-Gebiete auch im optischen Spektralbereich in den Linien zahlreicher Ionen leuchten. Dabei wird auch das Wasserstoffspektrum als Folge von Rekombinationsprozessen emittiert. Derartige Gebiete, die viele Parsec ausgedehnt sein können, sind als leuchtende Gasnebel bekannt.

HII-Gebiete

Nach ihrem Aussehen unterscheidet man diffuse Nebel und Planetarische Nebel (s. 8.5). Wenn auch der Zustand der Materie in Planetarischen Nebeln durchaus vergleichbar ist mit dem in den diffusen leuchtenden Nebeln, so gibt es doch einen wichtigen Unterschied: Planetarische Nebel bilden annähernd eine sphärische Hülle um einen weit entwickelten Zentralstern und bestehen offenbar aus dessen abgeworfenen äußeren Schichten. Dies macht sich meist in einer erhöhten Häufigkeit des Kohlenstoffs in den Hüllen bemerkbar. In diffusen Nebeln dagegen sind meist mehrere sehr junge Sterne für die Anregung verantwortlich, so daß hier häufig eine eindeutige Zuordnung des Nebels, der gewöhnlich normale Elementhäufigkeiten aufweist, zu einem Zentralstern nicht möglich ist.

Besonderes Interesse beanspruchen die (in der Tabelle durch das Klammersymbol [ ] gekennzeichneten) »verbotenen« Linien, darunter vor allem die beiden stärksten bei 500.7 nm und 495.9 nm, die den Hauptbeitrag zum Leuchten der Nebel liefern und die damit für deren grünliche Farbe verantwortlich sind. Diese Linien konnten zunächst nicht identifiziert werden und wurden einem hypothetischen Element, dem »Nebulium« zugeordnet. Die Schwierigkeit der Identifikation rührt daher, daß die verbotenen Linien im

10 Interstellare Materie

Einige der stärksten Emissionslinien leuchtender Gasnebel

Wellen-länge in nm	Identi-fikation	relative Intensität (Hβ ≙ 100)	
		im Orionnebel (NGC 1976)	im Planetarischen Nebel NGC 7027
953.2	[SIII]	181	–
906.9	[SIII]	72	40
658.3	[NII]	55	240
656.3	Hα	350	730
654.8	[NII]		
587.6	HeI	31	24
500.7	[OIII]	342	1170
495.9	[OIII]	113	420
486.1	Hβ	100	100
468.6	HeII	–	45
434.0	Hγ	41	33
410.2	Hδ	25	16
396.7	[NeIII]	34	24
386.9	[NeIII]	20	51
372.9	[OII]	127	5
372.6	[OII]	127	9
344.4	OIII	–	30
342.9	OIII		60
342.6	[NeV]	–	

Laboratorium nur schwer zu beobachten sind. Ihre Übergangswahrscheinlichkeiten (s. A 1.7.6) sind extrem gering, d. h. die angeregten Zustände sind nahezu stabil (metastabil): entsprechend niedrig sind die unter Laboratoriumsbedingungen erzielbaren Strahlungsintensitäten. Unter den speziellen Bedingungen der HII-Gebiete (außerordentlich geringe Dichte eines hochionisierten Gases, von der Größenordnung $\leq 10^4$ Atome/cm^3, stark verdünntes Strahlungsfeld) kommt es jedoch zu einer starken Überbesetzung der oberen Energiezustände. Die Linien werden dann aus dem großen Volumen des Nebels in entsprechender Stärke emittiert. Die Anregung erfolgt durch Elektronenstoß. Dieser Prozeß ist in hohem Maß abhängig von der Temperatur des Elektronengases und bestimmt damit rückwirkend diese Temperatur. So ist z. B. durch Stöße, die die Ausgangszustände der verbotenen Linien des [OIII] anregen, die Temperatur des Elektronengases auf etwa 7000 K stabilisiert, eine Temperatur, die wesentlich unter den Temperaturen der Zentralsterne Planetarischer Nebel liegt. Die [OIII]-Ionen wirken demnach wie ein Thermostat.

HII-Regionen sind auch im Radiobereich beobachtbar, dort sogar besonders gut, da die Radiostrahlung durch den interstellaren Staub nicht absorbiert wird. In dem ionisierten Wasserstoffgas werden die freien Elektronen in ihrer thermischen Bewegung bei nahen Begegnungen mit Wasserstoffkernen (Protonen) durch deren elektrische Felder abgelenkt. Hierbei wird jeweils ein Teil der Bewegungsenergie in Strahlung umgesetzt. Die Stärke dieser sog.

10.3 Leuchtende Gasnebel

Helle Emissionsnebel und Dunkelwolken um den Stern γ Cygni.
Der große runde weiße Fleck ist γ Cygni (2ᵐ32)

10 Interstellare Materie

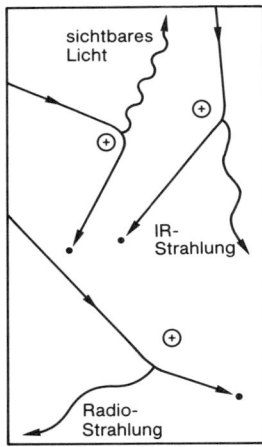

Zum Mechanismus der frei-frei-Strahlung. Je stärker das Elektron (Punkt) durch das Proton (Kreis) abgelenkt wird, um so kurzwelliger ist die emittierte Strahlung

frei-frei-Emission (pro Volumeneinheit) wächst mit der Häufigkeit der ablenkenden Stöße und ist damit proportional zum Produkt $n_i \cdot n_e$ der Dichten der Ionen n_i und der Elektronen n_e. Da die Wolken hauptsächlich aus Wasserstoff bestehen, ist $n_i \approx n_e$ und demzufolge die Stoßrate proportional zu n_e^2. Da zur Flächenhelligkeit des Nebels im radioastronomischen Spektralbereich, in dem diese Strahlung vorwiegend emittiert wird, die ganze Materiesäule der Tiefe L über der Einheitsfläche beiträgt, ist die dafür entscheidende Größe

$$EM = n_e^2 L,$$

die man als Emissionsmaß des Nebels bezeichnet. Üblicherweise wird n_e in cm^{-3} und L in pc eingesetzt.

Zu hohen Frequenzen hin kann ein leuchtender Gasnebel optisch dick, d. h. undurchsichtig, werden. Dann ist die Intensität der Strahlung (gleichbedeutend mit der Flächenhelligkeit) unabhängig von der Dichte und identisch mit dem Wert der Planck-Funktion (s. A 1.7.9), also eine reine Funktion der Temperatur.

Es gibt auch Linienemission der HII-Gebiete im Radiobereich, Übergänge zwischen sehr hohen Energieniveaus des Wasserstoffatoms. Diese Niveaus liegen so dicht, daß die Energiedifferenzen klein und damit die zugehörigen Wellenlängen groß werden.

Daten einiger diffuser Gasnebel

Bezeichnung	Koordinaten α [h m] l [°]	δ [° ′] b [°]	Winkelgröße [′] Emissionsmaß in pc cm^{-6}	Entfernung in kpc lin. Ausdehnung in pc	Elektronendichte in cm^{-3} Gesamtmasse in $M_\odot$
Orion-Nebel = NGC 1976 = M 42	5 33 209.13	5 30 19.35	90 × 60 $6 \cdot 10^6$	0.5 0.6	5 000 10
Rosettennebel = NGC 2237...46	6 30 206.39	5 00 1.87	80 × 60 $3 \cdot 10^4$	1.0 50	16 11 000
η Carinae-Nebel = NGC 3372	10 42 287.5	59 36 0.9	180 × 120 $2.5 \cdot 10^5$	2.5 175	200 2 000
Trifidnebel = NGC 6514 = M 20	17 59 6.99	23 00 0.17	20 × 20 $5 \cdot 10^4$	2.1 5	100 200
Lagunennebel = NGC 6523 = M 8	18 01 6.06	24 20 1.23	45 × 30 $3.7 \cdot 10^5$	1.4 3.5	600 200
Omeganebel = NGC 6618 = M 17	18 10 15.67	14 30 1.74	20 × 15 $3 \cdot 10^6$	2.2 5	500 600

10.3.1 Reflexionsnebel

In der Umgebung kühlerer Sterne reicht die Energie der Photonen nicht mehr aus, die Materie zu ionisieren, aber immer noch kann der dem Gas beigemischte Staub die Sternstrahlung streuen und so die Erscheinung eines ebenfalls hellen »Reflexionsnebels« hervorrufen.

Einige Reflexionsnebel

Bezeichnung	α	δ	Winkel-ausdehnung	Flächenhelligkeit (m_v/Quadratbogensekunde)
Nebel in den Plejaden				
um Elektra	$3^h 42^m$	$+23°\ 57'$	$20' \times 16'$	$21^m\!.4$
um Maja	$3^h 42^m$	$+24°\ 24'$	$30' \times 30'$	$21^m\!.4$
um Merope	$3^h 43^m$	$+23°\ 43'$	$30' \times 30'$	$21^m\!.0$
NGC 2068 = M 78	$5^h 44^m$	$0°\ 00'$	$8' \times 6'$	$20^m\!.6$
NGC 7129	$21^h 41^m$	$+65°\ 50'$	$8' \times 6'$	$20^m\!.8$

10.4 Die Staubkomponente des interstellaren Mediums

Dem interstellaren Gas ist stets ein Staubanteil beigemischt. Es sind insbesondere die schweren Elemente, deren relative Häufigkeit im Kosmos nur gering ist, die am Aufbau des Staubs beteiligt sind. So beträgt die Gesamtmasse des Staubs zwar nur etwa 1 % der gasförmigen Komponente, was aber auch bedeutet, daß 50 % aller schweren Elemente des kühlen interstellaren Mediums in Festkörperform vorliegen. Da die Größe der Staubkörner etwa mit der Wellenlänge kurzwelliger UV-Strahlung vergleichbar ist, ist die Wechselwirkung des Staubs mit der Sternstrahlung im UV, aber auch im Sichtbaren beträchtlich.

Man unterscheidet zweierlei Arten von Wechselwirkung: Durch Streuung wird die Ausbreitungsrichtung der Strahlung verändert, während die Wellenlängen nahezu unverändert bleiben; durch Absorption wird die Strahlungsenergie auf den absorbierenden Körper, in diesem Fall also auf die Staubkörner, übertragen. Die übertragene Energie kann dann in weiteren Elementarprozessen wieder (mit andern Wellenlängen und Richtungen) emittiert werden. Sowohl durch Streuung als auch durch Absorption wird die einfallende Strahlungsintensität geschwächt. Man bezeichnet diese Schwächung zusammenfassend auch als Extinktion.

Somit hat das Vorhandensein von Staub zwei wichtige Konsequenzen für das physikalische Verhalten des Systems:
– Staub ist ein sehr effektiver Energietransmitter, indem er kurzwellige Strahlung (z. B. im UV) absorbiert, im System seiner inneren Freiheitsgrade thermalisiert und anschließend entsprechend seiner inneren Temperatur langwellig (im IR) reemittiert. Da die optische Dicke der Materie im IR meist erheblich kleiner ist

10 Interstellare Materie

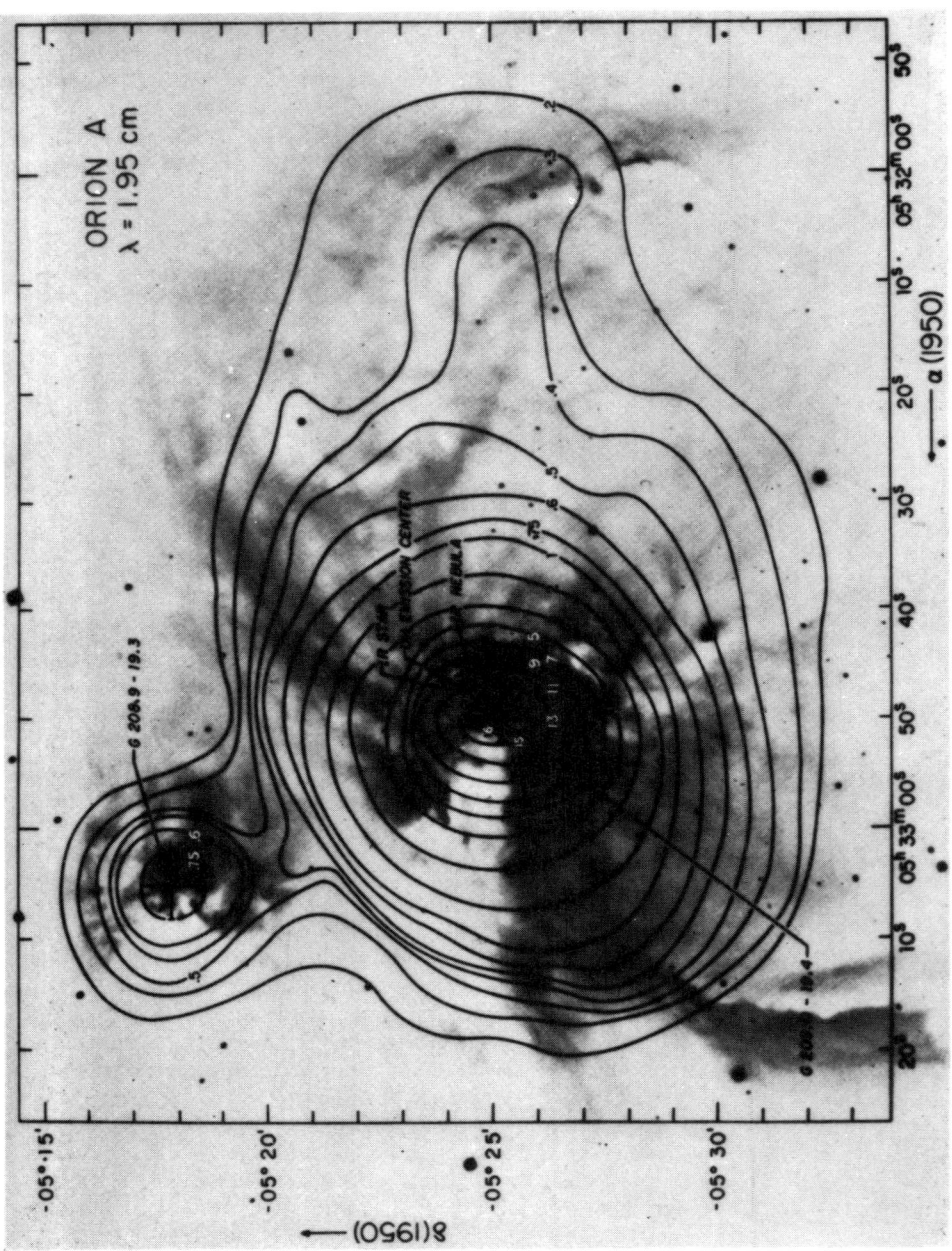

Einer photographischen Aufnahme des Orion-Nebels wurde das Bild im Radiobereich ($\lambda = 1.95$ cm) überlagert. Man erkennt deutlich, daß die Schwerpunkte beider Bilder zusammenfallen. Die feineren Strukturen im optischen Bild gehen im wesentlichen auf vorgelagerte Dunkelwolken zurück. Das Radiobild wird durch sie nicht beeinflußt

10.4 Die Staubkomponente

als im UV, kann in einem solchen Fall die Staubstrahlung entweichen, was zu einer effektiven Kühlung des Systems führt. Somit besitzt die Staubkomponente eine wesentliche Bedeutung für das thermodynamische Verhalten eines Systems. Ein Beispiel hierfür ist die Protostern-Entwicklung (s. 11.7), wo die Staubkühlung den Aufbau der expansiven thermischen Druckkräfte beschränkt und dadurch die Kontraktion des Protosterns ermöglicht.
– Staub ist ein effektiver Impulsüberträger, indem er durch Absorption von Photonen Impuls aus dem Strahlungsfeld aufnimmt und durch Stöße mit den umgebenden Gasteilchen wieder an das Gas abgibt. Auf diese Weise kann der Strahlungsdruck mittelbar eine erhebliche Beschleunigung der Materie bewirken. Somit besitzt die Staubkomponente eine wesentliche Bedeutung für das hydrodynamische Verhalten eines Systems (z. B. beim Masseverlust Roter Riesen).

10.4.1 Die allgemeine interstellare Extinktion

Wie das Gas ist auch der Staub vorzugsweise nahe der galaktischen Ebene konzentriert, so daß seine Extinktion der Sternstrahlung in niedrigen galaktischen Breiten besonders ins Gewicht fällt. Man muß mit einer generellen Extinktion (ohne den Beitrag der Dunkelwolken) im visuellen Bereich von etwa 0.3 mag/kpc rechnen. Diese Extinktion ist wellenlängenabhängig und wächst zum UV etwa proportional mit $1/\lambda$, so daß kurzwelligere Sternstrahlung stärker unterdrückt wird als langwelligere. Dadurch ist die Farbe von Sternen, deren Licht durch interstellare Extinktion geschwächt wird, systematisch röter als die der nahen Vergleichssterne. Diese Rötung wird als Farbexzeß E (s. 7.1.2) gemessen, etwa als E_{B-V} wenn man sich auf die Spektralbereiche B und V der UBV-Photometrie bezieht. Der Farbexzeß E_{B-V} und die generelle Extinktion, z. B. im visuellen Bereich A_V, stehen in einem Verhältnis zueinander, das, von einigen Ausnahmen abgesehen, für alle Richtungen des Sehstrahls nahezu den gleichen Wert hat:

$$A_V/E_{B-V} \approx 3.2.$$

Man schließt daraus, daß der interstellare Staub überall in der Galaxis eine ähnliche Mischung der verschiedenen vorkommenden Staubsorten ist.

10.4.2 Dunkelwolken

Dunkelwolken sind Gebiete erhöhter Dichte der interstellaren Materie und damit auch erhöhter Staubkonzentration. Es sind kalte Gebiete, in denen der Wasserstoff neutral oder sogar molekular ist. Die größeren Dunkelwolken-Komplexe geben der Milchstraße ihr gegliedertes Aussehen und zeigen so ganz direkt, daß die interstellare Materie nicht gleichförmig verteilt, sondern wolkig strukturiert ist. Die Massen derartiger Wolken reichen bis zu einigen hundert, vielleicht bis zu tausend Sonnenmassen. Ihre mittlere Ausdehnung beträgt etwa 10 pc, und sie erfüllen in der Nähe der galaktischen Ebene einige Prozent des interstellaren

Die Aufnahme mit dem 48 inch-Schmidt-Teleskop des Hale-Observatoriums zeigt das Feld um S Monocerotis (helles Objekt nicht weit vom oberen Bildrand). Darunter der offene Sternhaufen NGC 2264, dessen O- und B-Sterne die ausgedehnten Nebel seiner Umgebung zum Leuchten anregen. Etwa $0°\!.5$ südlich von S Mon die kegelförmige Dunkelwolke, die dem Nebelkomplex den Namen Conusnebel eingebracht hat. Die ganze südliche Region von S Mon ist mit nichtleuchtender, absorbierender interstellarer Materie erfüllt, erkenntlich an den scheinbaren Sternleeren

10.4 Die Staubkomponente

Zur Bestimmung der Entfernung von Dunkelwolken wird der Logarithmus der Sternzahl A in Abhängigkeit von der scheinbaren Helligkeit m aufgetragen

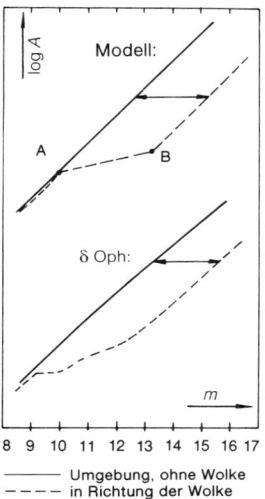

—— Umgebung, ohne Wolke
---- in Richtung der Wolke
——•—— Absorption der Wolke

Raums. Im Mittel durchsetzt in der Sonnenumgebung der Sehstrahl alle 100 pc eine Dunkelwolke. Die Beziehung zwischen den Dunkelwolken und den großen Molekülwolken ist noch ziemlich unklar.

Eine einfache Methode der Bestimmung der Entfernung von Dunkelwolken geht auf M. Wolf zurück: Durch Sternzählungen in Richtung der Wolke gewinnt man die Sternzahlen $A(m)$, d. h. die Anzahl von Sternen pro Quadratgrad, deren scheinbare Helligkeiten in den Intervallen $m - \frac{1}{2}$ bis $m + \frac{1}{2}$ liegen. Nimmt man an, daß die Sterne im Raum gleichmäßig verteilt sind, so werden bei der Sternzählung mit abnehmender scheinbarer Helligkeit immer größere Volumina erfaßt, $A(m)$ wird also ansteigen. Dies gilt für ungestörte Gebiete neben der Dunkelwolke. Durchsetzt jedoch der Sehstrahl die Dunkelwolke, so wird durch die Extinktion dieses Anwachsen von $A(m)$ gestört. Hätte eine Wolke konstante Dichte und wäre sie scharf begrenzt, würden ferner nur Sterne der gleichen absoluten Helligkeit gezählt, so würde sich das obere Schema der nebenstehenden Figur ergeben. Aus den beiden Knickpunkten A und B läßt sich dann die Entfernung, der Durchmesser und die Extinktion der Wolke bestimmen (in Wirklichkeit sind die Knickstellen unscharf).

Nicht alle Wolken sind von gleicher Größe, im Gegenteil, Ausdehnung und Dichte streuen über einen weiten Bereich. Wolkenkomplexe können in kleinere Einheiten unterteilt sein. Besonders auffällig sind sehr kleine, scharf begrenzte Dunkelwolken, wenn sie vor hellen Nebeln stehen. Sie werden als Globulen bezeichnet. Die Dichte in ihnen muß besonders hoch sein. Es liegt nahe, sie als Vorstadien der Sternentstehung anzusehen.

Einige große Dunkelwolkenkomplexe

Region	gal. Länge l	Fläche in $(°)^2$	Entfernung in pc	Durchmesser in pc	Absorption in m_v	Absorb. Masse in $M_\odot$
Tau, Ori, Aur	180°	600	150	70	0.9	80
Cep, Cas	117°	450	500	170	0.6	1400
Cyg	80°	80	700	130	1.2	700
Oph, Sco, Scu, Ser	0°	1000	120	80	0.7	100
Vel	270°	100	600	120	1.6	500

10.4.3 Infrarotquellen

Wird der Staub durch die Strahlung der Sterne auf etwa 100 K oder mehr erwärmt, so wird er selber zu einer Quelle beobachtbarer infraroter Strahlung. Mit der Entwicklung der IR-Techniken (Beobachtungen mit Hilfe moderner Detektoren von hochgelegenen Observatorien aus oder von Ballonteleskopen) wurde es möglich, zahlreiche derartige IR-Quellen nachzuweisen. Sie sind von unterschiedlicher Natur. Es gibt offensichtlich Strahlung von zirkumstellaren Staubhüllen, aber auch aus Gebieten höherer Stern-

Der Pferdekopfnebel IC 434 südlich des Sterns ζ Orionis (linker Gürtelstern des Sternbilds Orion). Die helle Hintergrund-Wolke wird von dem Stern ζ Ori, einem Stern mit dem Spektrum B0ne, zum Leuchten angeregt (Emissionsnebel). Vor diese leuchtende Gaswolke schiebt sich eine Dunkelwolke, deren Kontur dem ganzen Nebelkomplex den Namen gab. Die leuchtenden Ränder dieser Staubwolke reflektieren das Licht von ζ Ori (Reflexionsnebel). Rot-Aufnahme mit dem Hale-Teleskop

dichte mit diffus verteiltem Staub und schließlich von Kernen anderer Galaxien. Bei vielen IR-Quellen, die auf zirkumstellaren Staub zurückgeführt werden können, nimmt man an, daß es sich um Protosterne, also Vorstadien der Sternentwicklung handelt.

10.4.4 Die Natur des interstellaren Staubs

Nur durch seine Wechselwirkung mit Strahlung erfahren wir etwas über die Eigenschaften des interstellaren Staubs. Die Streuung und Absorption von Lichtwellen durch Staubkörper wird in ihrer einfachsten Form durch die Miesche Theorie beschrieben. Zur Vereinfachung werden dabei meist kugelförmige Staubteilchen angenommen.

10.4 Die Staubkomponente

Es zeigt sich, daß die Ergebnisse einer derartigen Theorie – abgesehen von den Materialeigenschaften des Staubs – entscheidend von dem Verhältnis

$$x = \frac{\text{Umfang des Staubkorns}}{\text{Wellenlänge der Strahlung}}$$

abhängen. Ist dieses Verhältnis $\ll 1$, so wird auch der Absorptionsquerschnitt des Staubkorns klein (die Streuung kann dann vernachlässigt werden). Denkt man sich eine feste Masse von Staub auf immer kleinere Teilchen verteilt, so bleibt die gesamte Absorption im Fall $x \ll 1$ konstant, so daß es nicht möglich ist, aus Beobachtungen die Größe der Teilchen zu bestimmen. Im Bereich von $x \approx 1$ ist der Absorptionsquerschnitt eines Teilchens von der Größenordnung der geometrischen Querschnittsfläche πr^2 und variiert stark mit der Wellenlänge. Ist x dagegen viel größer als Eins, werden Absorption und Streuung des Staubs unabhängig von der Wellenlänge und entsprechen im wesentlichen einem einfachen Schattenwurf. Staubkörner aus Materialien, die elektrische Nichtleiter sind, können die Strahlung nur streuen; Voraussetzung für Absorption (im Rahmen dieser Theorie) ist elektrisches Leitvermögen.

Zusätzlich zu diesen, bezüglich der Zusammensetzung des Staubs wenig spezifischen Wirkungsquerschnitten gibt es noch in einigen Wellenlängenbereichen eine mehr oder weniger selektive Wechselwirkung, die (ähnlich wie bei Spektral-Linien für Atome) für bestimmte Mineralien charakteristisch sind. Sie werden als breite Absorptions- oder Emissionsbereiche (»features«) beobachtet.

Für zahlreiche Sterne ist auch eine geringe Polarisation (s. A 1.3) ihrer Strahlung gemessen worden, wobei der Polarisationsgrad Maximalwerte von wenigen Prozent erreicht und generell mit zunehmendem Farbexzeß (s. 7.1.2) anwächst. Es liegt nahe, diese Polarisation dem interstellaren Staub zuzuschreiben.

Polarisation durch Extinktion ist möglich, wenn die Staubkörner

Selektive Absorption oder Emission interstellaren bzw. zirkumstellaren Staubs

Wellenlänge	Identifikation
220 nm	Graphit
3.07 µm	H_2O und/oder NH_3 (als Eis)
9.7 µm	Silicate
11.2 µm	Siliciumcarbid
18 µm	Silicate

Größe und Form der Staubkörner haben einen, wenn auch nur geringen, Einfluß auf die genaue Lage der Absorptionsbereiche.

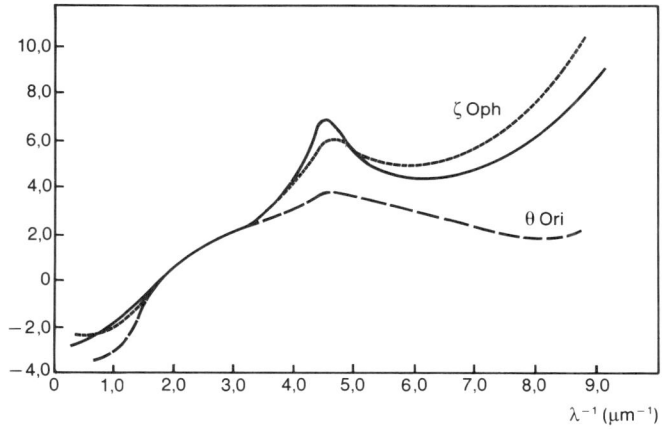

Beobachtete Extinktionskurven interstellaren Staubs, dargestellt durch den normierten Farbexzeß $E(\lambda - V)/E_{B-V}$. Hohe Werte bedeuten starke Extinktion. Man beachte das »feature« bei $\lambda^{-1} = 4.5\ \mu m^{-1}$ entsprechend $\lambda \approx 220$ nm. Die ausgezogene Kurve stellt den Mittelwert über viele Beobachtungen dar

nicht sphärisch, sondern länglich und zumindest teilweise ausgerichtet sind. Eine solche Ausrichtung kann durch eine komplizierte Wechselwirkung mit dem interstellaren Magnetfeld erfolgen.
Eine akzeptable Wiedergabe (»Fit«) der Beobachtungen (Extinktionskurve, Albedo und Polarisation) wird i. a. durch die Annahme eines Gemischs aus elektrischen und dielektrischen Teilchen der typischen Größe 0.01 ... 0.1 μm erzielt. Eine genauere Untersuchung des Größenspektrums der Teilchen, bestehend aus Graphit, Siliziumkarbid und Aluminium- bzw. Magnesiumsilikaten, liefert eine maximale Teilchengröße von etwa 0.1 bis 1μm und eine deutliche Dominanz der kleineren Teilchen.
Allerdings liefern Fits derartig breitbandiger Strukturen zwar größenordnungsmäßige »generelle Eigenschaften«, enthalten aber nur wenig Information über die detaillierten physikalischen, chemischen und mineralogischen Eigenschaften der Staubkomponente. Dazu ist es notwendig, die charakteristischen Absorptions- bzw. Emissionsbanden der in Frage kommenden Festkörper zu untersuchen. Leider geben auch diese i. a. nur unmittelbar Auskunft über einzelne funktionale Gruppen im Festkörper (Abb.), nicht aber über dessen genaue chemische Zusammensetzung, Form, Aufbau und Kristallstruktur. So nimmt man z. B. an, daß das in der

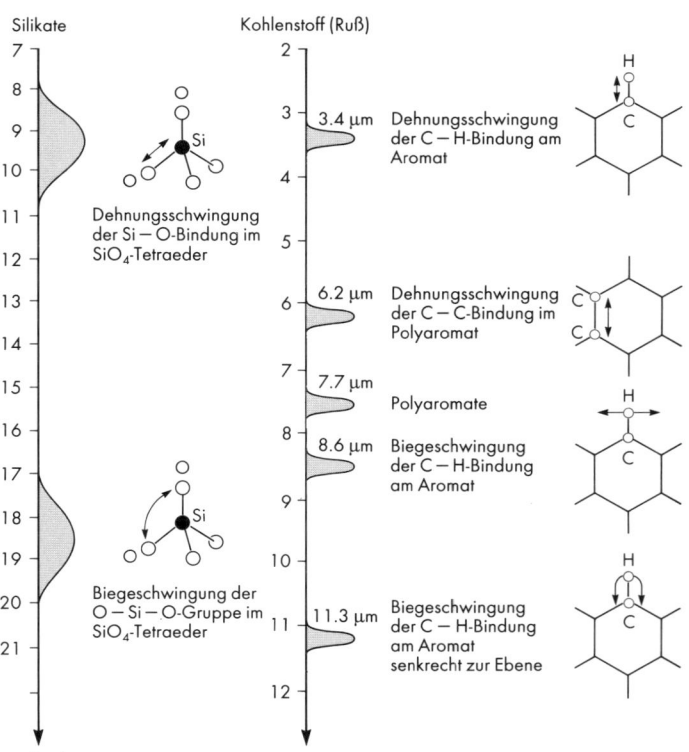

Wichtige charakteristische Infrarot-Übergänge des interstellaren Staubs und die zugehörigen aktiven Molekülgruppen

10.4 Die Staubkomponente

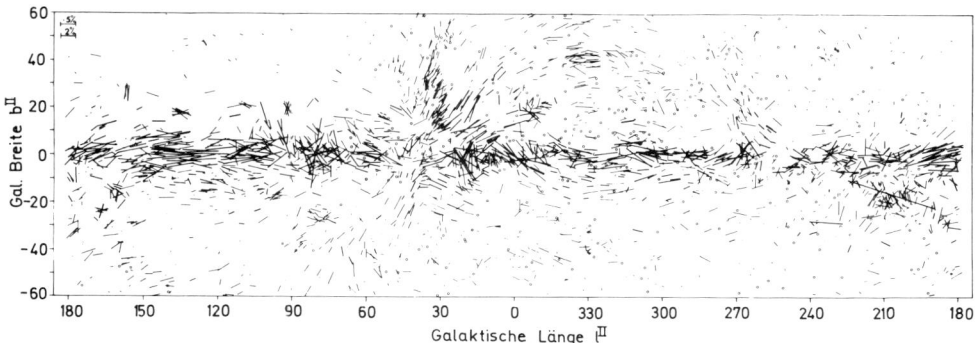

Interstellare Polarisation (nach Matthewson u. Ford). Richtung und Länge der Striche charakterisieren die Orientierung und den Grad der Polarisation

interstellaren Extinktionskurve auffällige 220 nm-Feature (von Vibrations- und Rotationszuständen überlagerten) Übergängen von π-Elektronen entspricht, die für C_6-Ringe charakteristisch sind. Es ist aber im einzelnen nicht möglich, eindeutig zu sagen, ob diese Ringe in einem Graphitgitter, in einer mehr ungeordneten Konfiguration (wie z. B. Ruß) oder in Platten bzw. Schalen aus polyaromatischen Molekülen vorliegen. Gleicherweise lassen die »Silikat-Features« keine definitiven Schlüsse auf die tatsächliche chemische Struktur und den kristallinen Aufbau der silikatischen Staubteilchen zu. Somit sind die aus der üblichen Analyse des Strahlungstransports abgeleiteten Staubsorten (wie »Graphit« oder »Silikate«) relativ unscharf definierte Sammelbegriffe für Teilchen, deren Größe, Form, morphologische Struktur (kristallin, polykristallin, amorph, heterogen) in weiten Bereichen variieren können. Eine konsistente Vorstellung über die wahre Natur der Staubteilchen kann nur durch Aufklärung der grundlegenden Prozesse der Entstehung und des Wachstums des interstellaren Staubs, seiner Wechselwirkung mit dem umgebenden Gas und dem Strahlungsfeld sowie seiner ständigen Prozessierung im kosmogonischen Kreislauf der Materie gewonnen werden.

10.4.5 Der Ursprung des Interstellaren Staubs

Bereits die Tatsache, daß etwa die Hälfte der Elemente schwerer als Helium in der interstellaren Materie zu Staub kondensiert sind, weist auf einen effektiven Bildungsmechanismus hin. Selbst in den dichten Regionen der interstellaren Materie ist jedoch aufgrund der geringen Dichten und der niedrigen thermischen Geschwindigkeiten eine Kondensation von Festkörperteilchen direkt aus der Gasphase nicht möglich. Zwar können zum Beispiel Wasserdampf und organische Moleküle auf bereits vorhandene Staubteilchen (sogenannte Saat-Teilchen) aufwachsen, die Saat-Teilchen selbst hingegen müssen bei deutlich höheren Dichten um 10^{10} Wasserstoffteilchen pro cm^3 und Temperaturen um 1000 K entstanden sein. Solche Bedingungen sind im Weltall vor allem dort vorhan-

10 Interstellare Materie

Als Sternleeren wurden früher solche »Löcher« in der Milchstraße bezeichnet. Es sind Wolken interstellarer Materie, die das Licht der hinter ihnen stehenden Sterne um viele Größenklassen abschwächen

den, wo Sternmaterie durch massive Sternwinde oder durch explosive Ereignisse (Novae und Supernovae) an die interstellare Materie abgegeben wird. Die größte Bedeutung kommt hierbei den Winden kühler Riesen und Überriesen zu sowie den expandierenden Hüllen von Novae und Supernovae, wo günstige Bedingungen (relativ hohe Dichten, Temperaturen um 1000 K und Geschwindigkeiten um 10 km/s) für Staubbildung und -wachstum angetroffen werden.
Da die Staubkondensation sehr effektiv ist, müssen daran die häufigsten Spezies beteiligt sein, die bei hohen Temperaturen feste Phasen bilden können. In den sauerstoffreichen Hüllen von M-Riesen sind dies vor allem Siliziumoxid, Magnesiumoxid und Eisen, woraus sich die »silikatische« Komponente des interstellaren Staubs bildet. Graphitteilchen können in M-Riesen nicht entstehen, da hier praktisch der gesamte Kohlenstoff im CO-Molekül gebunden ist, das keinen Staub bilden kann. Freien Kohlenstoff gibt es aber in kohlenstoffreichen Sternen (C-Sternen), in deren Hüllen mehr Kohlenstoff als Sauerstoff vorhanden ist. In den Winden dieser C-Riesen werden Ruß, Graphit, Siliziumkarbid und vermutlich auch in hohem Maß polyaromatische Kohlenwasser-

stoffe produziert. So zeigen auch die Beobachtungen solcher Sterne auffällige Infrarotexzesse, die von den sie umgebenden ausgeprägten Staubhüllen verursacht werden. Da Festkörperteilchen im Gegensatz zu Molekülen nicht von der UV-Strahlung zerstört werden, überstehen die in den Winden gebildeten Teilchen unbeschadet den Weg in die interstellaren Wolken.

10.5 Obere Grenze für den Masseanteil des interstellaren Mediums

Trotz seiner geringen Dichte könnte der Anteil des interstellaren Mediums an der Gesamtmasse unserer Galaxis durchaus beträchtlich sein. Es müßte dann auch sein Beitrag zum Schwerefeld der Galaxie feststellbar sein. Auf dieser Überlegung beruht folgendes Verfahren, eine Obergrenze für die Dichte des interstellaren Mediums abzuleiten:

Die räumliche Dichte der Sterne, also ihre mittlere Anzahl pro pc^3, nimmt senkrecht zur galaktischen Scheibe mit wachsender Höhe Z über der galaktischen Ebene ab, ebenso wie etwa die Dichte der Erdatmosphäre mit zunehmender Höhe abnimmt. Man geht nun davon aus, daß diese Z-Verteilung der Sterne sich mit der Zeit nicht ändert, daß sie also als eine Gleichgewichtsverteilung angesehen werden kann. Dann müssen die Bewegungsenergie der Sterne und die Gravitationsenergie, zu der alle Sterne und das interstellare Medium beitragen, in einem bestimmten festen Verhältnis zueinander stehen. Die Bewegungsenergie der Sterne kann aus Mittelwerten der beobachtbaren Radialgeschwindigkeiten berechnet werden. Anderseits läßt sich der Beitrag der Sterne zur Gravitationsenergie bei Kenntnis der individuellen Sternmassen aus ihrer räumlichen Dichte ermitteln. Man findet dabei eine mittlere Dichte von etwa $4 \cdot 10^{-24}$ g cm^{-3}, die also nur auf die beobachtbaren Sterne zurückzuführen ist. Für das erwähnte Gleichgewicht von Bewegungsenergie und Gravitationsenergie wäre aber eine Dichte von $10 \cdot 10^{-24}$ g cm^{-3} erforderlich, so daß eine Differenz von $6 \cdot 10^{-24}$ g cm^{-3} verbleibt. Hiervon wird ein merklicher Bruchteil sicher noch auf das Konto verborgener Massen, so z. B. schwächster, nicht sichtbarer Sterne gehen. Zugleich aber kann dieser Wert als eine obere Grenze für die Dichte des interstellaren Mediums angesehen werden. Sie liegt um etwa einen Faktor 2 bis 3 höher als die Dichte, die aus der 21 cm-Beobachtung erschlossen wurde.

10.6 Die heiße Komponente des interstellaren Mediums

Es ist seit längerem bekannt, daß die Energie, die in der hydrodynamischen Strömung der interstellaren Materie steckt (s. 10.1), etwa 0.3 eV/cm^3 beträgt. Erst bei einer Temperatur von etwa 3000 K wäre die Dichte der Wärmeenergie von der gleichen Größe. Gelegentlich wurden sogar Geschwindigkeiten der Wolken bis zu 50 km/s beobachtet, was Temperaturen von 100 000 K entsprechen würde. Daß derartige Temperaturen im interstellaren Medium tatsächlich vorkommen, ist erst durch UV-Beobachtungen und durch Beobachtungen im Röntgenbereich gezeigt worden.

1973 wurden in einer Reihe von Sternspektren interstellare Absorptionslinien des fünffach ionisierten Sauerstoffatoms (OVI), λ 103.2 nm und λ 103.7 nm) entdeckt. Die Auswertung ergab, daß das Gas Temperaturen von etwa 500 000 K haben müßte und daß die Teilchendichte kaum größer als 10^{-4} cm^{-3} sein könne. Noch höhere Temperaturen, bis zu einige Millionen Kelvin, wurden aus Emissionslinien des OVII und aus der Beobachtung einer schwachen kontinuierlichen Röntgenstrahlung erschlossen.

Man ist heute der Auffassung, daß die so nachgewiesene heiße Komponente ($T > 10^6$ K) etwa 50 % des Volumens in der Scheibe unserer Galaxis ausfüllt, und daß das kühlere Medium ($5 \cdot 10^4$ K $< T < 10^6$ K) vielleicht weitere 20 % bis 30 % des Volumens innehat. Die kalte Komponente ($T < 10^4$ K), also das im wesentlichen in den Wolken konzentrierte Medium, dürfte kaum mehr als 10 % des Volumens beanspruchen.

Die hohen Temperaturen in der heißen Komponente müssen notwendigerweise mit extrem geringen Dichten einhergehen, da nur dann die Abstrahlung so gering ist, daß der Zustand über eine nennenswerte Zeit erhalten bleiben kann. Es wird angenommen, daß die kalten Wolken ($T \approx 100$ K) wie Inseln in dem heißen Medium ($T \approx 10^6$ K) liegen, und daß diese kalten Wolken jeweils von einer breiten Übergangszone umgeben sind, in der die Temperatur von innen nach außen langsam von 100 K auf 10^6 K ansteigt. Der Energieverlust der heißen Komponente wäre dieser Vorstellung nach auf Wärmeleitung in dieser Übergangszone zurückzuführen.

Als Mechanismus der Aufheizung der heißen Komponente werden Supernova-Explosionen für denkbar gehalten. Diese Auffassung wird gestützt durch die Beobachtung von Röntgenstrahlung aus Supernova-Überresten (s. 8.4.3), die die Existenz eines sehr heißen Mediums anzeigt.

10.7 Bemerkungen zur räumlichen Verteilung und zum physikalischen Zustand des interstellaren Mediums

Die wichtigsten bisher besprochenen Eigenschaften des interstellaren Mediums lassen sich wie folgt zusammenfassen:
– Das interstellare Medium ist stark zur galaktischen Ebene konzentriert. In der Sonnenumgebung beträgt die Dicke der Gas- und Staubscheibe etwa 200 pc.
– Die mittlere Dichte, ebenfalls in Sonnenumgebung, beträgt höchstens $6 \cdot 10^{-24}$ g cm^{-3}, was etwa 2 bis 3 Atomen pro cm^3 entsprechen würde.
– Das interstellare Medium ist in der galaktischen Scheibe nicht gleichmäßig verteilt, sondern zu den Spiralarmen der Galaxis, möglicherweise bevorzugt zu deren inneren Grenzen hin konzen-

10.7 Räumliche Verteilung und Zustand

triert (21 cm-Beobachtungen). Eine derartige Konzentration wird auch daraus erkennbar, daß ganz junge Sterne, die sich wahrscheinlich erst vor wenigen Millionen Jahren aus interstelarer Materie gebildet haben, und die in der Galaxis praktisch noch am Ort ihrer Entstehung stehen, fast nur in Spiralarmen vorkommen (extreme Population I, s. 13.4).

– Die kleinräumige Verteilung ist extrem ungleichförmig. Es gibt eine deutliche Wolkenstruktur, wobei nur etwa $1/10$ des Volumens durch Wolken erfüllt ist. Sie bewegen sich mit Geschwindigkeiten von einige Kilometer pro Stunde durch ein sehr viel dünneres Medium, das den Raum zwischen den Wolken ausfüllt. Ein Dichteverhältnis (Wolke : Zwischenraum) von mehr als tausend kann durchaus erreicht und für kompakte Wolken sogar überschritten werden.

– Der relative Anteil der Moleküle wächst mit zunehmender Dichte. Insbesondere in dichten Wolken ist der interstellare Wasserstoff fast vollständig molekular. Es gibt Anzeichen dafür, daß auch der Staubanteil mit der Dichte wächst.

Fragt man nach dem physikalischen Zustand des interstellaren Gases, so ist zunächst festzustellen, daß es keine Komponente im interstellaren Raum gibt, die energetisch eindeutig überwiegt. Man findet etwa folgende mittlere Energiedichten:

Sternstrahlung	0.43 eV cm^{-3}
Strömungsenergie	0.3 eV cm^{-3}
kosmische Strahlung	0.6 eV cm^{-3}
magnetische Energie	
(Feldstärke $1 \Gamma = 10^{-9}$ Tesla)	1.6 eV cm^{-3}

Die Tatsache, daß diese Energiedichten im Rahmen ihrer Genauigkeiten alle nahezu gleich groß sind, ist überraschend. Es gibt hierfür bislang keine überzeugende theoretische Begründung.

Die Temperaturen im interstellaren Medium überstreichen einen sehr großen Bereich, von etwa 10 K in den dichten Wolken bis hinauf zu Werten über 10^6 K in dem sehr dünnen Medium zwischen den Wolken. Fragt man, woher das kommt, so muß man nach Prozessen suchen, die für die Aufheizung des interstellaren Mediums verantwortlich sind, und anderseits nach dem Mechanismus der Abkühlung fragen.

Man ist heute der Ansicht, daß als Energiequellen die sich explosionsartig ausdehnenden HII-Gebiete um junge, heiße Sterne anzusehen sind, besonders aber auch Supernova-Explosionen. Sie reichen völlig aus, auch wenn nur etwa ein Prozent der freiwerdenden Energien auf das interstellare Medium übertragen wird.

Die sehr heiße Komponente des interstellaren Mediums verliert ihre Energie vermutlich im wesentlichen durch Wärmeleitung, während für die Energieverluste der kalten Komponente allein Strahlungsprozesse verantwortlich sind. Sie erfolgen wegen der niedrigen Temperatur durch Übergänge zwischen tief liegenden Niveaus und setzen Anregung durch Stöße voraus.

10.8 Die kosmische Strahlung

Zum interstellaren Medium gehört auch die kosmische Strahlung, eine hochenergetische Korpuskelstrahlung, die aus dem Kosmos auf die Erde einfällt (Teilchenenergien zwischen einigen 10^7 eV und etwa 10^{20} eV). Sie wurde zu Beginn dieses Jahrhunderts entdeckt. Anfangs standen Aspekte der Hochenergiephysik im Vordergrund des Interesses, da vor dem Bau großer Teilchenbeschleuniger die kosmische Strahlung die einzige Möglichkeit bot, Stöße von Elementarteilchen im Bereich hoher Energien zu studieren.

Der erste Schritt auf dem Weg zur Entdeckung der kosmischen Strahlung wurde 1900 getan, als man bemerkte, daß die Luft, die eigentlich ein perfekter Isolator sein sollte, eine gewisse Restleitfähigkeit aufweist. Bei Ballonflügen stellte V. F. Hess 1912 fest, daß die Restleitfähigkeit mit der Höhe zunahm. Er führte sie daher auf eine von außen einfallende ionisierende Strahlung zurück. Hess verwendete die Bezeichnung »Höhenstrahlung«, heute spricht man von »kosmischer Strahlung« oder von »kosmischer Ultrastrahlung«.

Die Geräte zum Nachweis der kosmischen Strahlung sowie zur Messung ihrer Intensität in Abhängigkeit von Richtung und Teilchenenergie können kaum dem Instrumentarium der klassischen Astronomie zugerechnet werden, sie gehören viel eher in ein Laboratorium der Teilchenphysik. Sie benutzen in der Regel den Effekt, daß energiereiche Teilchen beim Durchgang durch Materie eine Spur von Ionen hinterlassen, die dann ihrerseits nachgewiesen werden kann. Anfangs wurden Ionisationskammern verwendet, später Zählrohre, die in geeigneter Anordnung und Schaltung als Zählrohrteleskope auch eine gewisse Winkelauflösung ermöglichen. Die Spuren der kosmischen Strahlung werden in Nebelkammern, Blasenkammern oder Funkenkammern, aber auch in sog. Kernspurplatten direkt sichtbar gemacht. Schließlich kann zur Messung auch der Cerenkov-Effekt herangezogen werden. Als Hilfsmittel der Diagnose werden schließlich die Abschwächung der Strahlung in Absorbern benutzt, ebenso wie die Ablenkung der geladenen Teilchen in Magnetfeldern.

Für die Beobachtung bedeuten die Absorption, oder allgemeiner die Wechselwirkung beim Durchgang durch Materie, sowie die Ablenkung in Magnetfeldern aber auch ein großes Hindernis. Allein der Durchgang durch die Erdatmosphäre beeinflußt sehr stark die Zusammensetzung (nach Teilchenarten) und die Energieverteilung. Bemerkenswert sind in diesem Zusammenhang die großen Luftschauer, ein gleichzeitiges Auftreten von zahlreichen sich in nahezu gleicher Richtung bewegenden Teilchen – etwa einem Schrotschuß vergleichbar – die durch die Reaktion eines einzigen, allerdings sehr energiereichen Teilchens in der Erdatmosphäre verursacht werden.

Der zweite Effekt, der die Beobachtungsmöglichkeiten einschränkt, ist die Ablenkung der Teilchen im Magnetfeld der Erde. Sie hat beispielsweise zur Folge, daß der geomagnetische Äquator

10.8 Die kosmische Strahlung 389

für die weiche, d. h. energiearme Komponente der kosmischen Strahlung unerreichbar ist, da die Teilchen im Erdmagnetfeld zu stark abgelenkt werden. Für Protonen in der kosmischen Strahlung ist die kritische Grenzenergie 15 GeV. Für die geomagnetischen Pole gibt es keine derartige Grenze, da die Teilchen dort die Erdoberfläche längs der magnetischen Feldlinien erreichen können. Es ist die Störmersche Theorie (sie war ursprünglich mit dem Ziel der Deutung der Nordlichterscheinungen entwickelt worden), die sich mit den Bahnen geladener Teilchen im Erdmagnetfeld beschäftigt und die derartige Aussagen ermöglicht.

Einiges Aufsehen hat die Entdeckung der sogenannten Strahlungsgürtel der Erde gemacht (van Allen-Gürtel). Man bemerkte bei Messungen der kosmischen Strahlung von Satelliten aus, daß sich in einer Höhe von einige tausend Kilometer ein Maximum der Intensität ergab. Genauere Untersuchungen zeigten, daß dieser Strahlungsgürtel eine gegliederte Struktur aufweist, daß also mehrere Gürtel existieren. Diese Gürtel entstehen dadurch, daß energiereiche geladene Teilchen im Erdmagnetfeld eingefangen werden können und dann längs der Feldlinien zwischen den geomagnetischen Polen hin- und herpendeln. Sie werden durch die zu den Polen hin anwachsende Feldstärke zurückgeworfen (gespiegelt), bevor sie zu tief in die Erdatmosphäre eintauchen, wo sie absorbiert werden können. Derartige Strahlungsgürtel sind auch beim Jupiter festgestellt worden.

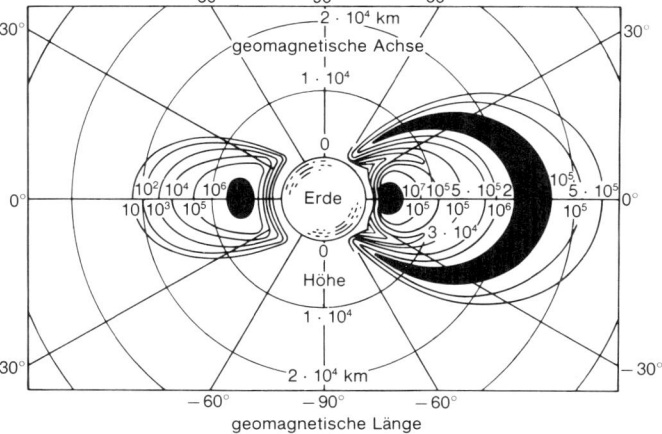

Die Gürtel erhöhter Dichte der kosmischen Strahlung, welche die Erde umgeben (van Allen-Gürtel). Eingezeichnet sind die Linien konstanter Teilchenflußdichte. Linke Hälfte: für Protonen, rechte Hälfte: für Elektronen

Auch die Magnetfelder im Sonnenwind (s. 4.4.4) beeinflussen die kosmische Strahlung, indem sie den innern Bereich des Sonnensystems gegen die niederenergetische Komponente abschirmen. Es ist daher sehr schwierig, aus der am Ort der Erde gemessenen Energieverteilung auf die Verteilung im interstellaren Raum zu schließen. Die bei Sonneneruptionen (s. 5.5.4) verstärkten interplanetarischen Magnetfelder unterdrücken die kosmische Strahlung in stärkerem Maß. Derartige Abschwächungen sind als Forbush-Ereignisse bekannt. Erst Stunden oder Tage nach einem solchen Ereignis erreicht die Intensität der kosmischen Strahlung wieder ihren normalen Wert.

Wichtige Daten der kosmischen Strahlung

Gesamtintensität:
700 Teilchen pro Quadratmeter, Sekunde und Raumwinkel. (Zur Zeit des Sonnenfleckenminimums in 40° geomagnetischer Breite.)

Chemische Zusammensetzung:
Schwere Komponente: 86 % Protonen
                     12.7 % α-Teilchen
                     1.3 % schwerere Kerne
Diese Zusammensetzung entspricht etwa der kosmischen Häufigkeit der Elemente. Lithium, Beryllium und Bor sind jedoch gegenüber dieser kosmischen Häufigkeit um etwa einen Faktor 10^5 angereichert. Diese Überhäufigkeit ist das Ergebnis von Kernreaktionen beim Durchgang der kosmischen Strahlung durch das interstellare Medium.
Leichte Komponente: Auf etwa 100 schwere Teilchen entfällt ein Elektron, auf etwa 10 Elektronen entfällt ein Positron.

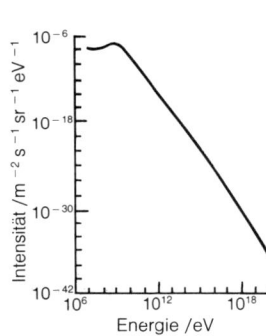

Das Energiespektrum der kosmischen Strahlung

Energieverteilung:
Die Intensität (Zahl der Teilchen pro Quadratmeter, Sekunde und Raumwinkel) im Energieintervall E bis $E + dE$ sei $D \cdot dE$. Dann kann für einen großen Bereich von Energien die spektrale Dichte D durch ein Potenzgesetz dargestellt werden,

$$D = A \cdot E^{-\delta}.$$

Für die Protonenkomponente der kosmischen Strahlung ist im Energiebereich $10^{11} \ldots 10^{15}$ eV:

$$\delta = 2.6 \quad \text{und} \quad A = 3.1 \cdot 10^{22} \text{ m}^{-2}\text{s}^{-1}\text{sr}^{-1}\text{eV}^{-1}$$

und im Energiebereich $3 \cdot 10^{15} \ldots 10^{20}$ eV:

$$\delta = 3.2 \quad \text{und} \quad A = 1.0 \cdot 10^{28} \text{ m}^{-2}\text{s}^{-1}\text{sr}^{-1}\text{eV}^{-1}.$$

Der weitaus größte Teil der Intensität entfällt damit auf Energien unterhalb von 10^{11} eV.

Isotropie:
Die kosmische Strahlung fällt aus allen Richtungen fast gleich stark ein. Die Anisotropie ist kleiner als 0.5 % bei Energien bis 10^{14} eV und beträgt wenige Prozent bei höheren Energien.

Mittleres Alter:
Dieses Alter, etwa $2 \cdot 10^6$ Jahre, ergibt sich aus der Rate, mit der die kosmische Strahlung unser galaktisches System verlassen kann, wie auch aus ihrer Wechselwirkung mit interstellarer Materie. Die relative Häufigkeit derjenigen Teilchen in der kosmischen Strahlung, die auf Wechselwirkung mit Materie zurückgeführt werden

10.8 Die kosmische Strahlung

müssen (Positronen, Li-, Be- und B-Kerne), lassen den Schluß zu, daß die kosmische Strahlung im Mittel etwa 2 bis 4 Gramm Materie pro Quadratzentimeter durchsetzt haben muß. Berücksichtigt man die mittlere Dichte der Materie im interstellaren Raum, so erhält man zunächst die Wegstrecke, die diesen 2 bis 4 g/cm^2 entsprechen. Bedenkt man dann, daß die Teilchen der kosmischen Strahlung diesen Weg praktisch mit Lichtgeschwindigkeit zurücklegen, so erhält man die dazu benötigte Zeit, also ihr oben angegebenes mittleres Alter.

Die Suche nach den Quellen der kosmischen Strahlung ist eng verknüpft mit der Erforschung der Ausbreitungsgesetze. In den interstellaren Magnetfeldern werden die elektrisch geladenen schnellen Teilchen von ihren geraden Bahnen abgelenkt, so daß sie zu jedem Zeitpunkt ein Stück eines Kreisbogens durchfliegen. Die Krümmungsradien dieser Kreisbögen wachsen mit der Teilchenenergie. Sie sind zwar sehr groß, aber erst bei Energien von 10^{17} eV werden sie vergleichbar mit der Größe unserer Galaxis. Die Bahnen aller Teilchen, deren Energien unter dieser Grenze liegen, werden durch die Ablenkung in den interstellaren Magnetfeldern so stark aufgewickelt und verknäult, daß diese Teilchen die Galaxis praktisch nicht verlassen können. Oberhalb dieser Grenzenergie sind die Bahnen auch im galaktischen Maßstab praktisch geradlinig, so daß es hier keinen Speichereffekt gibt.

Aus der gemessenen Isotropie der Strahlung, also der gleichmäßigen Verteilung über alle Richtungen, kann folgender Schluß gezogen werden: Unterhalb von 10^{17} eV würden nur Quellen in großer Nähe die Isotropie stören. Solche Quellen gibt es aber offensichtlich nicht. Auch das mittlere Alter der kosmischen Strahlung von etwa 10^6 Jahren spricht gegen eine nahe Quelle. Die Isotropie oberhalb von 10^{17} eV kann als Indiz dafür angesehen werden, daß die Strahlung oberhalb dieser Energien extragalaktischen Ursprungs ist. Galaktische Quellen würden hier, bei einer praktisch geradlinigen Ausbreitung, eine höhere Intensität der Strahlung aus der galaktischen Ebene bzw. aus der Richtung zum galaktischen Zentrum erwarten lassen. Derartige Abweichungen von der Isotropie sind jedoch nicht beobachtet worden. Anderseits kann nicht die gesamte kosmische Strahlung extragalaktischer Natur sein. Das würde – abgesehen von andern Schwierigkeiten – eine unsinnig hohe Energiedichte von etwa 1 eV/cm^3 im gesamten intergalaktischen Raum bedeuten.

Es muß also galaktische Quellen geben. Die von ihnen aufzubringende Gesamtleistung wäre etwa 10^{33} Watt. Man erhält diesen Wert, indem man die gesamte in der kosmischen Strahlung gespeicherte Energie (Energiedichte mal Volumen der Galaxis) durch das mittlere Alter der Strahlung dividiert. Die Leistung von 10^{33} Watt entspricht der Leuchtkraft von mehr als einer Million Sonnen. Als mögliche Quellen werden diskutiert:
– Supernova-Ausbrüche: Mit einer plausiblen Rate von Supernova-Ereignissen in unserer Galaxis könnte die Energiedichte der kosmischen Strahlung aufrechterhalten werden.

- Pulsare: Die rotierenden Neutronensterne mit starken Magnetfeldern (Polfeldstärke bis zu 10^9 Tesla) erzeugen eine niederfrequente elektromagnetische Welle von extrem hoher Feldstärke. In ihr werden geladene Teilchen auf hohe Energien beschleunigt. Die Gesamtenergiedichte der kosmischen Strahlung könnte auch auf diese Weise aufrechterhalten werden. Jedoch sind auch hier viele Fragen offen.
- Stöße mit magnetischen interstellaren Wolken (Fermi-Mechanismus). Bei Stößen mit interstellaren Wolken (s. 10.4.2), in denen nicht nur die materielle Dichte, sondern auch die Stärke des Magnetfelds höher ist als im Zwischenwolkenmedium, werden die Teilchen der kosmischen Strahlung reflektiert. Da die Wolken sich selber bewegen, werden im statistischen Mittel Stöße mit der »Vorderseite« der Wolken häufiger sein als Stöße mit der »Rückseite«. Die ersteren führen zu einem Energiegewinn, der allerdings nur dann die Verlustprozesse überwiegt, wenn die Teilchen bereits eine Energie von etwa $10^8 \ldots 10^9$ eV haben.

Eine effektive Beschleunigung der Teilchen kann auch durch Wechselwirkung mit magnetohydrodynamischen Stoßfronten bewirkt werden. Dies geschieht dadurch, daß die Teilchen wiederholt durch die Stoßfront hin und her laufen, wobei sie sukzessive Energie aufnehmen.

- Weitere denkbare Quellen: Sterne mit starken Magnetfeldern (magnetische A-Sterne, Weiße Zwerge) oder Novae tragen möglicherweise zur kosmischen Strahlung im niederenergetischen Bereich bei.

Unklar ist auch noch, ob sich bevorzugt im galaktischen Zentrum Quellen kosmischer Strahlung befinden.

11 Sternentstehung und Protosterne

Sterne und interstellares Medium, die beiden wichtigsten Komponenten des Milchstraßensystems, sind nicht unabhängig voneinander, sondern sie tauschen ständig Materie aus. Die Sterne verlieren durch stellare Winde Materie an das interstellare Medium. Zwar ist der Masseverlust der Sonne durch den solaren Wind nur von der Größenordnung $2 \cdot 10^{-14}$ $M_\odot$/Jahr, doch konnte z. B. bei Riesensternen und Überriesen ein sehr viel größerer Verlust von 10^{-8} bis 10^{-5} $M_\odot$/Jahr nachgewiesen werden (s. 12.1.7). Auch der Masseverlust, den die Zentralsterne der Planetarischen Nebel erlitten haben, liegt mit Sicherheit am oberen Ende dieses Bereichs. Schließlich wird, im Gegensatz zu diesen mehr oder weniger kontinuierlichen Prozessen, auch in den Nova- und Supernova-Ausbrüchen stellare Materie an das interstellare Medium abgegeben. Der gegenläufige Prozeß des Aufsammelns interstellarer Materie durch Sterne erscheint demgegenüber unbedeutend. Zur Hauptsache verliert das interstellare Medium Materie durch die Bildung neuer Sterne.

Der Massefluß sieht damit im wesentlichen so aus:

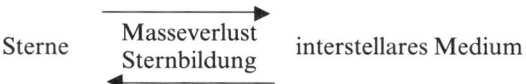

Die Massebilanz ist jedoch nicht ausgeglichen. Im Lauf der Sternentwicklung wird immer nur ein Teil der Sternmasse an das interstellare Medium zurückgegeben, so daß der Masseanteil, der in den Sternen steckt, mit der Zeit zunimmt. Die Weißen Zwerge und die Neutronensterne sind Beispiele für den Masseanteil, der nicht mehr für den Austausch zur Verfügung steht.

11.1 Orte der Sternentstehung

Die Verteilung der Sterne in unserer Galaxis, sowohl im Raum als auch hinsichtlich der Geschwindigkeit, gibt Aufschluß über die Orte der Sternentstehung. Je jünger ein Stern ist, um so weniger hat er sich vom Ort seiner Entstehung entfernt und um so besser kann man von seiner jetzigen Geschwindigkeit auf die Anfangsgeschwindigkeit schließen. Dies gilt besonders für die O- und B-Sterne, deren gesamtes Entwicklungsalter kleiner ist als die Dauer einer Rotation unserer Galaxis und die daher – da auch ihre Umgebung an der galaktischen Rotation teilnimmt – noch ungefähr am Ort ihrer Entstehung gesehen werden. Was für die Verteilung der O- und B-Sterne gilt, trifft gleichermaßen auf die HII-Gebiete zu. Auch sie geben Aufschluß über die Bereiche, in denen vor kurzem Sterne entstanden sind und in denen möglicherweise noch gegenwärtig Sterne entstehen. Diese sehr jungen Sterne fallen mit den Bereichen hoher Dichte der interstellaren Materie (siehe etwa 21 cm-Beobachtungen) zusammen. Auch in kleineren Bezirken ist das Zusammengehen von interstellarem Gas und jungen Sternen offensichtlich. Die O- und B-Sterne bilden lockere Gruppen (OB-Assoziationen), vorwiegend am Rand von großen interstellaren Gaswolken, die dann als HII-Gebiete in Erscheinung treten. Diese Assoziationen expandieren, sie sind also, anders als offene Sternhaufen, nicht durch ihr eigenes Gravitationsfeld gebunden. Einige Sterne mit besonders hohen Geschwindigkeiten haben sich zwar weit entfernt, doch kann ihre Zugehörigkeit zur Assoziation durch Zurückrechnen ihrer Raumbewegung festgestellt werden (run away stars).

Der Zusammenhang zwischen interstellarer Materie und Sternentstehung wird auch durch die räumliche Verteilung der T Tauri-Veränderlichen (s. 12.2.1) belegt. Sie kommen ebenfalls nur in Assoziationen vor und – mit wenigen Ausnahmen – nur in großen Dunkelwolken-Komplexen. So steht der Prototyp T Tauri im großen Tauruskomplex. Auch die T Tauri-Sterne müssen als sehr junge Objekte angesehen werden.

Der hier in einzelnen Sterntypen aufgezeigte Zusammenhang gilt generell. Junge Sterne kommen nur in der Sternpopulation I vor, und nur für diese Population ist ihre räumliche Verteilung nahezu identisch mit jener der interstellaren Materie. Auch ihr kinematisches Verhalten entspricht völlig dem des interstellaren Mediums. Beide Komponenten unserer Galaxis nehmen im Gegensatz zur alten Population II an der galaktischen Rotation teil. Eine weitere Bestätigung des Zusammenhangs zwischen jungen Sternen und interstellarem Medium liefert die Untersuchung anderer Galaxien. Solche mit hohem Gehalt an interstellarer Materie (Sc-Spiralen, irreguläre Galaxien vom Typ I) haben viele heiße Sterne und damit einen niedrigen Farbindex sowie ein niedriges Masse-Leuchtkraft-Verhältnis. Im Gegensatz hierzu stehen etwa die E-Galaxien, praktisch ohne Gas, mit einer alten Sternpopulation.

11.2 Sternmassen

Die Zustandsgrößen der Sterne, wie Masse, Radius, Schwerebeschleunigung, effektive Temperatur und chemische Zusammensetzung, ändern sich im Lauf ihrer Entwicklung. Für einige dieser Größen gibt es Erhaltungssätze, die für die Sterne streng gelten würden, wenn diese nicht in Wechselwirkung mit ihrer Umgebung stünden. Für einen realen Stern, der Energie abgibt und im Masse- und Drehimpulsaustausch mit der Umgebung steht, werden die Erhaltungssätze nur annähernd erfüllt. Zu den annähernd konstanten Größen gehören die Sternmasse und (mit stärkeren Einschränkungen) auch der Drehimpuls.

Man darf also erwarten, daß die gegenwärtige Masseverteilung der Sterne, also die Funktion, die angibt, mit welcher Häufigkeit Sternmassen etwa im Intervall M bis $M + dM$ vorkommen, mit der Masseverteilungsfunktion $\Psi(M)$ bei der Sternbildung zusammenhängt. Da die Verteilung der Sternmassen bei ihrer Entstehung durch eine Theorie der Sternentstehung zumindest verständ-

11.2 Sternmassen

lich gemacht werden sollte, müssen wir der Frage, wie die gegenwärtige Masseverteilung mit der Funktion $\Psi(M)$ zusammenhängt, Aufmerksamkeit schenken.

$\Psi(M)$ ist nicht der direkten Beobachtung zugänglich, sondern muß indirekt aus der gegenwärtigen Leuchtkraftfunktion $\Phi(M_v)$ erschlossen werden. Diese Leuchtkraftfunktion gibt für die Sonnenumgebung die Anzahl der Sterne pro pc³ in einem Intervall M_v bis $M_v + dM_v$ ihrer absoluten Helligkeit an. Zu ihr tragen alle Sterne bei, die sich irgendwann seit der Entstehung des Milchstraßensystems gebildet haben, wenn sie nur beobachtbar sind und in dem definierten Volumen und in dem betrachteten Helligkeitsintervall liegen.

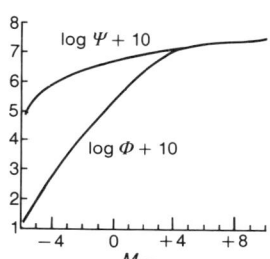

Die in der Umgebung der Sonne gemessene Leuchtkraftverteilung Φ (Anzahl der Hauptreihensterne pro pc³ und Helligkeitsintervall $\Delta M_v = 0.5$) und die Leuchtkraftverteilung Ψ bei der Bildung der Sterne

Will man von $\Phi(M_v)$ auf die Leuchtkraftverteilung $\Psi(M_v)$ bei der Bildung der Sterne schließen, so muß man bedenken, daß die Sterne eine von ihrer absoluten Helligkeit M_v abhängige Entwicklungszeit $t_e(M_v)$ haben, die mit ihrer Verweildauer auf der Hauptreihe praktisch identisch ist. Für Sterne niedriger Leuchtkraft ($M_v \geq 4$) ist die Entwicklungszeit größer als das Alter t_0 der Galaxis von etwa 10^{10} Jahren. Alle derartigen Sterne, die sich irgendwann seit der Entstehung der Galaxis gebildet haben, werden also zu $\Phi(M_v)$ beitragen. Dagegen haben leuchtkräftige Sterne mit $M_v \leq 4$ Entwicklungszeiten $t_e(M_v)$, die kleiner als t_0 sind, so daß man zum gegenwärtigen Zeitpunkt von den hellen Sternen nur noch diejenigen wird beobachten können, für die der Zeitpunkt ihrer Entstehung höchstens um $t_e(M_v)$ zurückliegt. Unter der Voraussetzung, daß eine konstante Rate der Sternentstehung in unserer Galaxis angenommen werden darf, und daß $\Psi(M_v)$ unabhängig ist von der Entwicklung der Galaxis, muß also gelten:

für $M_v \geq 4$ ist $\Phi(M_v)$ proportional zu $\Psi(M_v)$;

für $M_v \leq 4$ ist $\Phi(M_v)$ proportional zu $\Psi(M_v) \cdot \dfrac{t_e(M_v)}{t_0}$.

Durch diese Umrechnung wird für $M_v \leq 4$ der steile Abfall der Leuchtkraftfunktion $\Phi(M_v)$ weitgehend aufgehoben, so daß $\Psi(M_v)$ damit über einen großen Bereich von Sternhelligkeiten durch einen relativ glatten Kurvenzug dargestellt werden kann. Einen derartigen glatten Verlauf hat man für die Leuchtkraftfunktionen von jungen Sternhaufen, die praktisch noch keine Entwicklungseffekte zeigen, direkt aus den Beobachtungen abgeleitet.

Für die Umrechnung von $\Psi(M_v)$ in die zugehörige Masseverteilungsfunktion $\Psi(M)$ kann jetzt die Masse-Leuchtkraft-Beziehung herangezogen werden. Man findet auf diese Weise, daß über einen Massebereich von etwa 0.1 $M_\odot$ bis 100 $M_\odot$

$$\Psi(M) \sim M^{-2.35}$$

ist.

Man hat versucht, Masseverteilungsfunktionen für Dunkelwolken wie auch für Sternaggregate (Assoziationen, offene Haufen) abzuleiten. Auch sie lassen sich durch Potenzgesetze, und zwar mit den Exponenten

− 2.16 für Dunkelwolken und
− 2.2 für Aggregate befriedigend darstellen.
Die näherungsweise Übereinstimmung der Exponenten legt die Vorstellung nahe, daß ein im wesentlichen ähnlicher Prozeß die Masseverteilung von so unterschiedlichen Objekten wie Einzelsterne, Sternassoziationen und Dunkelwolken gesteuert hat. Damit könnte das Massespektrum der Einzelsterne schon in einer sehr frühen Phase der Sternentstehung festgelegt worden sein.

11.3 Mehrfachsysteme

Wie die Masse der Sterne wird auch ihre Zugehörigkeit zu einem Doppel- oder Mehrfachsystem direkt mit dem Vorgang ihrer Entstehung zusammenhängen. Die Bildung von Doppel- oder Mehrfachsystemen durch Einfang (der aus Gründen der Energie- und Impulserhaltung immer einen dritten Partner voraussetzt) ist nämlich nur bei sehr hohen Sterndichten, z. B. in Zentren von Kugelhaufen, von nennenswerter Wahrscheinlichkeit.
Die Statistik der Doppel- und Mehrfachsysteme – die noch mit erheblichen Unsicherheiten behaftet ist – zeigt, daß nur etwa 20 % aller Sterne Einzelsterne, daß dagegen 50 % Mitglieder von Doppelsternsystemen sind. Weitere 20 % gehören Dreifachsystemen an, und immerhin sind rund 10 % Mitglieder noch höherer Mehrfachsysteme. Diese Zahlen – die nur einen Anhalt geben können – besagen, daß bei der Sternentstehung die Bildung von Doppel- und Mehrfachsystemen fast die Regel ist; es ist zu vermuten, daß die Bedingung der Erhaltung des Drehimpulses so am einfachsten erfüllt wird.
Im übrigen dürfen Sternassoziationen oder offene Sternhaufen hinsichtlich ihrer Entstehung nicht einfach als sehr sternreiche Mehrfachsysteme angesehen werden. So machen Gesetzmäßigkeiten im Aufbau der Mehrfachsysteme, für die es bei Sternhaufen kein Analogon gibt, deutlich, daß Sternhaufen und Mehrfachsysteme hinsichtlich ihrer Entstehung verschiedene Objekte sind, die sich nicht nur durch die Zahl der zugehörigen Sterne unterscheiden.

11.4 Drehimpulse

Der Drehimpuls ist neben der Masse eine weitere wichtige Größe, für die ein Erhaltungssatz gilt. Er ist für Sterne konstant, solange diese von der Umgebung isoliert sind, also keinen Drehimpuls auf sie übertragen. Diese Bedingung ist bei vielen Sternen aber nicht erfüllt, weil sie Masse verlieren. Mit jedem Materietransport nach außen ist ein Drehimpulsverlust des betroffenen Sterns verbunden, der besonders dann sehr hoch sein kann, wenn durch Magnetfelder die nach außen strömende Materie noch über viele Sternradien hinweg an die rotierenden Sterne gekoppelt bleibt.
Sterne mit ausgeprägten Konvektionszonen haben einen relativ hohen Anteil mechanischer Energie (Schall- und Stoßwellen) am

Energietransport und infolgedessen Koronen und ausgeprägte stellare Winde. Damit sollte bei ihnen auch der Drehimpulsverlust besonders ausgeprägt sein. So ist zu erwarten, daß der Drehimpulsverlust einerseits in der Hayashi-Phase für alle Sterne sehr groß ist, und daß anderseits alle Sterne später als F5, die auf der Hauptreihe eine Wasserstoffkonvektionszone haben, über ihre gesamte Entwicklungszeit hinweg einen merkbaren Drehimpulsverlust haben. Dies ist an den aus der Beobachtung abgeleiteten Rotationsgeschwindigkeiten zu erkennen. Während frühe Sterne durchwegs rasch rotieren, in einigen Fällen bis an die Stabilitätsgrenze, ist ab Mitte der F-Sterne die Rotationsgeschwindigkeit niedrig.

11.5 Gravitationsinstabilität und thermische Instabilität

Eine befriedigende Theorie der Sternentstehung gibt es bislang nicht, dafür sind die Gleichungen, die das Verhalten der Materie im interstellaren Raum beschreiben, zu kompliziert, und sind vor allem die äußeren Einflüsse (Anfangs- und Randbedingungen) zu vielgestaltig. Möglich sind jedoch relativ einfache Abschätzungen der Bedingungen, unter denen Sternentstehung möglich ist.

Es gibt zwei Prozesse, die den Kollaps einer ausgedehnten interstellaren Wolke bewirken und damit die Sternentstehung auslösen können:

- Eigengravitation der Wolke (Gravitationsinstabilität);
- thermische Instabilität, d. h. hinreichende Erniedrigung der Temperatur im Fall einer Kompression des Mediums.

Die Gravitationsinstabilität wurde zuerst 1926 von J. H. Jeans (1877–1946) erörtert. Er betrachtete die Möglichkeit des Gleichgewichts zwischen Druck- und Gravitationskräften. Hierbei unterwarf er eine Ausgangsverteilung der Materie, die gerade im Kräftegleichgewicht sein sollte, einer kleinen Dichtestörung und fragte nach der durch diese Störung verursachten Änderung der Druck- und Gravitationskräfte. Überwiegen die Druckkräfte, so wird ein Ausgleichsvorgang, eventuell eine gedämpfte Schwingung, eingeleitet. Die Störung wird auf jeden Fall abgebaut. Ein Überwiegen der Gravitationskräfte würde dagegen zum weiteren Anwachsen der Störung führen, die Konfiguration wäre damit instabil. Man kann zeigen, daß die Druckkräfte mit $1/L$ gehen, wenn L die Ausdehnung des gestörten Gebiets ist, während die Gravitationskräfte proportional zu L selber sind. Es ist also eine kritische Länge zu erwarten, die den Bereich abklingender Störungen (kleine L) und den Bereich anwachsender Störungen (große L) voneinander trennt.

Rechnungen unter der Annahme einer extrem schematisierten Ausgangsverteilung zeigen, daß es eine zur kritischen Länge zugehörige kritische Masse gibt, die durch die Formel

$$M_c = 100 \cdot M_\odot \cdot \sqrt{T^3/n}$$

gegeben ist. Dabei ist T die Temperatur in K und n die Teilchendichte in cm^{-3} des interstellaren Gases. Massen oberhalb M_c sind gravitationsinstabil.

Für die üblicherweise im interstellaren Medium angenommene Temperatur von 100 K erhalten wir folgende Zahlenwerte:

n/cm^{-3} =	1	10^2	10^4	10^6
M/M_{473} =	10^5	10^4	10^3	10^2
L_c/pc =	100	10	1	0.1
$t_{\text{eff}}/\text{Jahre}$ =	$5 \cdot 10^7$	$5 \cdot 10^6$	$5 \cdot 10^5$	$5 \cdot 10^4$

Es werden also nur große Wolken oder ganze Wolkenkomplexe gravitationsinstabil. Erst bei extremen Dichten wird die Masse eines einzelnen Sterns unter dem Einfluß der Eigengravitation kontrahieren. Die Stabilität gegen Gravitationskollaps wird noch dadurch erhöht, daß hydrodynamische Strömungen (Turbulenz) wie eine Erhöhung der Temperatur wirken. Auch wird durch die Rotation der Wolke aufgrund der allgemeinen galaktischen Rotation die zusätzliche Bedingung gesetzt, daß unabhängig von der Temperatur ein Gravitationskollaps nur dann möglich ist, wenn die Dichte größer ist als etwa drei Atome pro Kubikzentimeter.

Außer der gravitativen Instabilität kann auch eine thermische Instabilität auftreten. Sie ist eine lokale Bedingung, d. h. durch sie wird keine kritische Länge ins Spiel gebracht.

Die Bedingungen der gravitativen und der thermischen Stabilität lassen sich zu einem einzigen Kriterium zusammenfügen. Die sich dabei ergebenden kritischen Massen werden zwar etwas kleiner als die in der obigen Tabelle angegebenen Werte, liegen aber immer noch weit über dem Bereich der Sternmassen.

Der zeitliche Ablauf eines Gravitationskollaps kann durch die Stabilitätsuntersuchung nicht ermittelt werden, doch kann man seine Dauer (in Jahren) abschätzen, wenn man Druckkräfte vernachlässigt, also einen freien Fall der Materie annimmt:

$$t_{\text{eff}} = 5 \cdot 10^7/\sqrt{n}.$$

Die für verschiedene Dichten sich ergebenden Zeiten sind in die obige Tabelle mit eingetragen.

Die obigen Überlegungen machen deutlich, daß Gravitationsinstabilität durchaus vorkommen kann. Sie spielt aber nur dann eine Rolle, wenn es sich um Massen von der Größenordnung eines Sternhaufens handelt. Deren Existenz findet damit eine Erklärung. Für die Entstehung der Sterne selber fehlt noch ein wichtiger Schritt. Die kollabierende Wolke muß in Einzelsterne zerfallen, sie muß, wie man sagt, fragmentieren.

11.6 Fragmentation

Die Fragmentation ist ein weitgehend unverstandener Prozeß. Eine physikalische Theorie, die etwa die Masseverteilungsfunktion oder die Doppelsternstatistik (s. 12.1.7) deuten würde, gibt es noch nicht. Dennoch glaubt man zu verstehen, warum Fragmentation überhaupt möglich ist. Man geht davon aus, daß der Kollaps einer Wolke, die gravitationsinstabil geworden ist, sich zunächst mit nahezu konstanter Temperatur vollzieht. Das Temperaturgleichgewicht beruht darauf, daß die freiwerdende Gravitationsenergie aus dem gesamten Volumen abgestrahlt werden kann, weil die Wolke im relevanten infraroten Spektralbereich optisch dünn, also durchsichtig ist. Nimmt nun bei konstanter Temperatur die Dichte zu, so werden nach dem Jeansschen Kriterium immer kleinere Massen instabil, so daß schließlich Teilbereiche der Wolke für sich kollabieren können. Es kann also eine Teilung eintreten, oder, wie man sagt, eine Fragmentation, wenn zusätzlich noch die Bedingung erfüllt ist, daß sich die Kontraktion der Teilbereiche rascher vollzieht als die des Gesamtsystems. Die Kette der Fragmentationen findet ihr Ende dadurch, daß bei höheren Dichten die Fragmente optisch dick werden und dadurch die Abstrahlung stark herabgesetzt wird. Die Temperatur steigt infolgedessen an, und die weitere Teilung ist blockiert. Abschätzungen ergeben, daß diese Grenze im Bereich der beobachteten Sternmassen liegt.

Damit ist ein Stadium erreicht, in dem einzelne Fragmente mit Massen im Bereich der Sternmassen unter dem Einfluß der Gravitation weiter kontrahieren, um schließlich als Stern in Erscheinung zu treten. Auch der Weg durch diese Protostern-Phase ist noch nicht im Detail verstanden, wenn es auch gelungen ist, in numerischen Rechnungen gewisse Züge der Entwicklung zu simulieren.

11.7 Protosterne

Protosterne sind Objekte, die sich ohne weitere Fragmentationen zum Stern hin entwickeln. Sie können, selbst wenn sie noch Masse und/oder Drehimpuls verlieren sollten, in erster Näherung als isolierte Systeme behandelt werden. Damit ist es möglich, unter Annahme einer Anfangskonfiguration und von Randbedingungen ihre Entwicklung rechnerisch zu verfolgen. Die numerischen Schwierigkeiten machen jedoch eine Beschränkung auf relativ einfache Konfigurationen erforderlich. Das eigentliche Problem liegt dabei v. a. in der richtigen Vorgabe und Rechtfertigung der Anfangs- und Randbedingungen.

Die ursprüngliche Vorstellung, nach der Protosterne Gaskugeln seien, in denen die bei der Kontraktion freiwerdende Gravitationsenergie durch Strahlungstransport an die Oberfläche transportiert und dann abgestrahlt wird, mußte aufgegeben werden. 1961 konnte C. Hayashi zeigen, daß in der Kontraktionsphase die Energie durch Konvektion transportiert wird, und daß der Protostern sich dabei im Hertzsprung-Russell-Diagramm senkrecht von oben nach unten bewegt (s. 9.3.3). Die Leuchtkraft nimmt entsprechend der Verkleinerung der Oberfläche ab, die effektive Temperatur und damit der Spektraltyp bleiben annähernd konstant. Rechts von der »Hayashi-Linie«, die einer Effektivtemperatur von 3000 ... 4000 K entspricht, wäre der Stern instabil, d. h. er würde mit einer sehr kurzen dynamischen Zeitskale kollabieren und wegen der dabei stattfindenden Temperaturzunahme die Hayashi-Linie wieder nach links überschreiten. Erst in der letzten Phase der Kontraktion wird der Strahlungstransport wichtiger als die Konvektion. Die Entwicklungsbahn knickt dann von der Hayashi-Linie nach links, d. h. zu höheren Temperaturen hin ab, bis sie schließlich nahezu horizontal in die Hauptsequenz einmündet.

Dieses Bild der Protostern-Entwicklung ist durch die oben erwähnten numerischen Rechnungen nochmals verändert worden. In ihnen zeigt sich nämlich, daß die Entwicklung nicht durch eine Folge von Gleichgewichtszuständen führt, sondern daß sich sehr rasch (Zeitdauer etwa die des freien Falls) in der ursprünglich als homogen angenommenen Wolke von molekularem Wasserstoff eine zentrale Verdichtung ausbildet. Sie wird durch eine Stoßfront (eine Fläche, an der sich Druck und Geschwindigkeit diskontinuierlich ändern) gegenüber dem einfallenden umgebenden Medium abgegrenzt. In dieser zentralen Verdichtung, die nur einen sehr geringen Bruchteil der Gesamtwolke ausmacht, ist die Temperatur zunächst noch sehr niedrig. Wird jedoch im Lauf der Entwicklung eine Temperatur von etwa 2000 K überschritten, so dissoziiert der Wasserstoff ($H_2 \rightarrow 2H$). Die hierzu nötige Dissoziationsenergie von 4.478 eV pro H_2-Molekül wird dem Gravitationsfeld entzogen, mit der Konsequenz, daß jetzt die zentrale Verdichtung noch einmal kollabiert.

Immer noch ist der weitaus größte Teil der Materie in den dünnen äußeren Bezirken der Wolke. Sie fällt auf den zentralen Kern, ein Vorgang, der über einige Millionen Jahre andauert. Beim Aufprall wird kinetische Energie in Wärme umgesetzt; sie liefert den Hauptbeitrag zur Leuchtkraft des Protosterns. Der Kern selber beschreibt dabei im Lauf seiner Entwicklung eine komplizierte Bahn im Hertzsprung-Russell-Diagramm. Er ist allerdings nicht direkt beobachtbar, da das ganze Geschehen durch den dichten Staub der einfallenden Hülle verdeckt ist. Die Staubhüllen werden dabei erhitzt und ihrerseits als IR-Quellen geringer Ausdehnung, wie z. B. das sogenannte Becklin-Neugebauer-Objekt im Orionnebel (s. 8.9), beobachtbar.

Die Erhaltung des Drehimpulses ist bei der Berechnung der Protostern-Entwicklung von erheblicher Bedeutung. Häufig wird angenommen, daß die Wolke und infolgedessen auch der Protostern überhaupt nicht rotiere. Dann wäre die Strömung radialsymmetrisch, also besonders einfach. Anderseits ist klar, daß verschwindender Drehimpuls nur ein singulärer Fall sein kann. Rotierende Sterne oder auch solche Konfigurationen wie unser Planetensystem setzen einen endlichen Drehimpuls voraus.

Die Schwierigkeit liegt darin, daß eine ursprünglich langsam rotierende Wolke bei der Kontraktion ihr Trägheitsmoment verkleinert. Da der Drehimpuls aber konstant bleibt, muß die Rotationsgeschwindigkeit zunehmen. Das Verhältnis von Zentrifugalkraft (am Äquator) zu Schwerkraft wächst an, bis schließlich wegen der Gleichheit beider Kräfte keine weitere Kontraktion in Richtung auf die Drehachse mehr möglich ist. Da die Zentrifugalkraft aber nicht parallel zur Drehachse wirkt, kann die Wolke in dieser Richtung ungehindert kollabieren. Das Resultat ist ein stark abgeplattetes System, eine Scheibe, analog zur Form unseres galaktischen Systems. Unter gewissen Voraussetzungen scheint dabei die Bildung ringförmiger Verdichtungen möglich.

Über die weitere Entwicklung einer derartigen instabilen Konfiguration weiß man sehr wenig. Bildet sich aus dem Ring ein einzelner relativ massereicher Körper, so ist ein Doppelstern entstanden. Anscheinend gibt es aber auch die Möglichkeit, daß aus einer derartigen Scheibe ein System hervorgeht, das uns wenigstens in einem Exemplar gut bekannt ist, nämlich ein Planetensystem.

11.8 Die Entstehung des Planetensystems

Für lange Zeit war die Kosmogonie, der Ursprung der Planeten und der unserer Erde eine ungelöste Frage. Erst mit dem Beginn der Neuzeit wurde sie als wissenschaftliches Problem aufgegriffen. R. Descartes (1596–1650) entwickelte 1644 seine Welttheorie, I. Kant (1724–1804) und P. S. Laplace (1749–1827) suchten 1755 bzw. 1796 Antworten auf der Basis der von Newton begründeten Mechanik. Heute ist offenkundig, daß die Entstehung des Planetensystems nicht nur ein Problem der Mechanik ist. Versucht man, die wichtigsten empirischen Daten zusammenzufassen, so stößt man zum einen auf einen Komplex, dessen kosmogonische Deutung in erster Linie physiko-chemische Methoden und Argumente erfordert, während die Analyse eines andern Komplexes weitgehend in die Zuständigkeit der klassischen Mechanik fällt. Zum ersten Komplex gehört die wichtige Tatsache, daß es zwei Gruppen von Planeten gibt:

1. Erdähnliche Planeten (Merkur, Venus, Erde, Mars), mit typischen Massen von $2 \cdot 10^{-6} M_\odot$ und typischen mittleren Dichten von 4 bis 5.5 g cm^{-3}. Sie bestehen v. a. aus schweren Elementen und deren Verbindungen, z. B. Fe, MgO, SiO$_2$.

2. Jupiterähnliche Planeten (Jupiter, Saturn, Uranus, Neptun) mit typischen Massen von $5 \cdot 10^{-5} M_\odot$ bis $10^{-3} M_\odot$ und typischen Dichten zwischen 1 und 2 g cm^{-3}. Sie bestehen v. a. aus leichten Elementen (und deren Verbindungen), wie H, H$_2$, He, H$_2$O, CH$_4$, NH$_3$. (Zunehmender Anteil der letzteren Verbindungen bei Uranus und Neptun.)

Zum zweiten Komplex gehören etwa folgende Fakten: Die Bahnen der Planeten sind nahezu koplanar und kreisförmig. Bahnumlauf, Rotation der Planeten und Umlauf der Satelliten sind im wesentlichen gleichsinnig. Die Gesamtausdehnung des Systems beträgt etwa 10^{13} m. Die Sonnenmasse verhält sich zur Summe aller Planetenmassen wie 1 zu 0.0013; dagegen ist das Verhältnis des Rotationsdrehimpulses der Sonne zum Bahndrehimpuls aller Planeten wie 1 zu 50. Die Masse eines typischen großen Planeten verhält sich zur Masse seiner Satelliten wie 1 zu 0.0001; dagegen ist das Verhältnis seines Rotationsdrehimpulses zum Bahndrehimpuls seiner Satelliten etwa 1 zu 0.01.

Nachdem Versuche, die Entstehung des Planetensystems unabhängig von der Bildung der Sonne zu erklären, erfolglos blieben, neigt man heute dazu, die Bildung der Sonne und die des Planetensystems in engem Zusammenhang zu sehen. Diesen Vorstellungen, die im einzelnen unterschiedlich sein mögen, liegt etwa folgendes Schema zugrunde.

In der Protostern-Phase ist die Sonne von einer flachen Materiescheibe, vorwiegend aus Gas, umgeben, die mit der Sonne rotiert. Es gibt in dieser Scheibe Magnetfelder, die einen Drehimpulstransport vom Bereich der zentralen Verdichtung auf die äußern Teile der Scheibe bewirken. Radiale Komponenten der Bewegung werden durch Impulsaustausch gedämpft. Denkt man sich die Materie in dieser Scheibe und in diesem Bewegungszustand in einzelnen Planeten kondensiert, so ergeben sich in natürlicher Weise bereits wesentliche Züge unseres Systems: Bahnen, die nahezu kreisförmig und koplanar sind und die alle im gleichen Sinn durchlaufen werden. Auch der Rotationssinn der Planeten und der Umlaufsinn der Satelliten können erklärt werden.

In ihren Annahmen über die Gesamtmasse in der Scheibe unterscheiden sich die verschiedenen Ansätze. Auf jeden Fall muß ein erheblicher Masseverlust, zumindest aus dem innern Teil der Scheibe, stattgefunden haben. Nur so wird verständlich, daß auf der Erde (und den erdähnlichen Planeten) das Verhältnis der schweren Elemente untereinander mit dem Häufigkeitsverhältnis der Population I-Sterne (s. 13.4) zusammenfällt, daß aber im Vergleich zu den Sternen die leichten, und damit auch die leicht flüchtigen Elemente, vor allem Wasserstoff und Helium, stark abgereichert sind. Für die großen Planeten, die weiter von der Sonne entfernt sind, ist dieser Verlust leichter Elemente unbedeutend (Jupiter, Saturn) oder zumindest gering (Uranus, Neptun).

Es ist naheliegend, diese Unterschiede als einen Temperatureffekt zu deuten. Man hat daher das chemische Gleichgewicht bzw. das Kondensationsgleichgewicht, das sich in einer Elementmischung entsprechend den Population I-Häufigkeiten einstellt, unter den Bedingungen untersucht, die in der Scheibe angenommen werden können, und folgende Daten erhalten:

Temperatur/K	charakteristische Reaktion
1600	Bildung von Oxiden wie CaO, Al_2O_3
1300	Kondensation von Fe, Ni
1200...490	Bildung von FeO, Fe_2SiO_4 + Mg_2SiO_4 (Olivin)
600...400	Bildung von hydrierten Mineralien
200...100	Kondensation von H_2O
20	Kondensation von H_2
1	Kondensation von He

Aufgrund unserer – allerdings noch sehr unsicheren – Kenntnis vom innern Aufbau der erdähnlichen Planeten, können diesen

11.8 Die Entstehung des Planetensystems

folgende für die Entstehung charakteristische Temperaturen zugeordnet werden:

Merkur	Venus	Erde	Mars	Uranusmonde (Io und Titan)
1000...1500 K	800...1000 K	600 K	500 K	250...50 K

Auch wenn man diese Temperaturen als noch unsicher ansieht, kann man aus ihrer Größenordnung schließen, daß die Planeten nicht durch direkte Kondensation aus der Gasphase entstanden sein können. Die Temperaturen waren hierfür zu hoch, die Ausgangsdichten zu gering. Statt dessen muß man annehmen, daß die Kondensation auf folgendem Weg erfolgte: atomares Gas → Bildung von Molekülen → Nukleation, d. h. Bildung von größeren Atom-Aggregaten, Vorstufen des Staubs → Staubteilchen → größere Partikel → Planetesimale, d. h. Vorstufen der Planeten → Planeten.

Damit wird die Kondensation nicht ausschließlich auf die Gravitation zurückgeführt, sondern zunächst auf die zwischenatomaren Kräfte, die bei Stößen von Atomen, Molekülen und Staubteilchen das Aneinanderhaften bewirken. Da die Reichweite dieser Kräfte gering ist, sind die Wirkungsquerschnitte, die zusammen mit der Teilchendichte für die Wachstumsrate verantwortlich sind, praktisch gleich den geometrischen Querschnitten. Erst gegen Ende der genannten Sequenz wird der Einfluß der Gravitationskräfte merkbar, sie vergrößern die Wirkungsquerschnitte, bis die Schwerkraft schließlich das Geschehen beherrscht. Ob und inwieweit die leichten Elemente an diesem Prozeß beteiligt sind, hängt von vielen Faktoren ab. Die Temperatur spielt dabei auf jeden Fall eine wichtige Rolle.

Möglicherweise können sowohl die Meteoroide, die Kometen und vielleicht auch die Planetoide als Relikte dieses Kondensationsprozesses angesehen werden. Es müßte dann angenommen werden, daß, etwa wegen einer raschen Abnahme der Teilchendichte, die Entwicklung nicht das Ende der obigen Sequenz erreichen konnte. Man muß allerdings bemerken, daß es auch den gegenläufigen Prozeß, den der Zertrümmerung bei Zusammenstößen, gibt. Gegenwärtig scheint in unserem Planetensystem dieser zweite Prozeß der wichtigere zu sein.

Bildung von Satelliten-Systemen

Auch die Bildung von Satellitensystemen findet ihren Platz in dem hier skizzierten Rahmen. Es hat dabei allerdings kein effektiver Drehimpulstransport mehr stattgefunden, vermutlich weil in dieser späten Phase die Entwicklung zu rasch abgelaufen ist bzw. weil eine effektive Kopplung mit dem Zentralkörper (hier also mit dem Planeten) gasförmige Materie voraussetzt. Die Ringsysteme (z. B. bei Saturn und Uranus) müssen wiederum als Relikte der Satellitenbildung angesehen werden. Hier hat möglicherweise die Gezeitenwirkung des Zentralkörpers die endgültige Kondensation verhindert.

Gemessen am Alter des Planetensystems von $4.5 \cdot 10^9$ Jahren sind alle geschilderten Prozesse rasch abgelaufen. Das setzt zu jener Zeit eine hohe Dichte der Materie in der Scheibe voraus. Seither ist das Planetensystem im wesentlichen unverändert geblieben.

Für die Erde hat es jedoch noch zwei weitere wichtige Veränderungen gegeben: Durch Gezeitenreibung wurde ein wesentlicher Teil des Drehimpulses der Erdrotation auf den Bahndrehimpuls des Monds übertragen. Der Mond hat sich dadurch von der Erde entfernt, und die Dauer des Tags ist von einem Anfangswert, der möglicherweise sogar unter 10 Stunden gelegen hat, auf die heutigen 24 Stunden angewachsen. Zum andern ist die ursprünglich reduzierende Erdatmosphäre durch die Entstehung des Lebens und die mit diesem verbundene Photosynthese in eine oxidierende Atmosphäre übergegangen.

Das System β Pictoris

Die Entstehung eines Planetensystems können wir sehr wahrscheinlich beim Stern β Pictoris beobachten. 1983 wurde vom Infrarotsatelliten IRAS (s. A 2.2) gefunden, daß dieser Stern von einer Scheibe mit der Ausdehnung von einige hundert Astronomische Einheiten umgeben ist. Inzwischen gelang es auch, diese Scheibe im optischen Spektralbereich aufzunehmen (s. Farbteil). Man glaubt, daß es sich hier um eine proto-planetare Scheibe handelt, in der die Endphase der Entstehung eines Planetensystems zu beobachten ist. Der Großteil der Materie in der Scheibe um β Pic, einen jungen A 5-Stern im Alter von einige hundert Millionen Jahre, der gerade die Hauptreihe erreicht hat, befindet sich innerhalb von 30 AE in Körpern mit Massen, die im Bereich zwischen der Mond- und der Erdmasse liegen, aber es gibt auch starke Anzeichen dafür, daß die Scheibe viele kometenähnliche Körper enthält. Derzeit wird versucht, derartige Scheiben auch bei andern Sternen nachzuweisen. Einer der vielversprechendsten Kandidaten ist Wega, der hellste Stern am nördlichen Himmel.

12 Doppelsterne, Assoziationen, Sternhaufen

12.1 Doppelsterne – optische und physische Systeme

Jedem, der sich etwas unter den Sternen auskennt, ist der mittlere Deichselstern Mizar (ζ UMa) im Großen Bären mit dem Reiterlein Alkor bekannt. Der Abstand beider Sterne beträgt 11 Bogenminuten. Man könnte dieses nahe Beieinanderstehen als rein optischen Effekt auffassen: Zwei räumlich weit auseinanderstehende Sterne, die zufällig in fast gleicher Visionsrichtung stehen, projizieren sich auf die Sphäre. Durchmustert man die hellen Sterne des Himmels, so bemerkt man eine große Zahl solcher eng beieinanderstehender Paare. Überlegungen und Abschätzungen zeigen nun, daß solches Zusammenstehen zweier Sterne weit häufiger als zufällig ist. Man kann aus Wahrscheinlichkeitsrechnungen für bestimmte scheinbare Helligkeiten Grenzen der Distanz angeben, innerhalb deren ein zufälliges Zusammenstehen von Sternen unwahrscheinlich ist.

Sternpaare, die sich rein zufällig nebeneinander an die Sphäre projizieren, nennt man optische Paare oder auch optische Doppelsterne. Bei den weitaus meisten Paaren stehen die Komponenten jedoch nicht zufällig beieinander, sondern sie sind physikalisch aneinander gebunden; solche Paare heißen deshalb physische Doppelsterne. Heute weiß man, daß mehr als die Hälfte aller Sterne keine Einzelsterne sind, sondern zu einem Doppelstern- oder Mehrfachsystem gehören.

Der physikalische Grund für die Existenz von physischen Doppelsternen ist die allgemeine Gravitationskraft. Sie hält solche Systeme zusammen und zwingt die beiden Sternkomponenten, um ihren gemeinsamen Schwerpunkt zu kreisen. Dieser Sachverhalt ist noch nicht sehr lange bekannt. Wilhelm (William) Herschel gelang es im Jahr 1803 als erstem, die Bewegung einer Komponente relativ zu einer andern in einem physischen Doppelstern zu messen.

Sollen zwei eng benachbarte Sterne gerade noch getrennt gesehen werden, dann dürfen sie höchstens so eng stehen, daß der Lichtschwerpunkt des einen Sterns in den ersten Dunkelring der Beugungsfigur des andern Sterns fällt. Aus dieser Bedingung läßt sich die sogenannte Dawes-Formel herleiten, die das Trennungsvermögen ϱ'' (Distanz der Komponenten in Bogensekunden) in Abhängigkeit vom Objektivdurchmesser D beschreibt:

$$\varrho'' = \frac{11''\!.7}{D/\text{cm}}.$$

Diese Formel stimmt für kleine bis mittlere Fernrohre bei etwa gleicher Helligkeit der Komponenten und nicht zu schlechten Luftverhältnissen recht gut. Die Tabelle gibt für einige gebräuchliche Objektivdurchmesser das Trennungsvermögen ϱ''.

Das Auge sieht zwei Gegenstände dann getrennt, wenn sie unter

12 Doppelsterne, Assoziationen, Haufen

Trennungsvermögen für gebräuchliche Objektivdurchmesser

D (Objektivdurchmesser)			ϱ'' (Trennungsvermögen)
1 Zoll	=	2.54 cm	4″.7
1.5 Zoll	=	3.8 cm	3″.1
2 Zoll	=	5.1 cm	2″.3
2.5 Zoll	=	6.3 cm	1″.8
3 Zoll	=	7.6 cm	1″.6
4 Zoll	=	10.0 cm	1″.2
5 Zoll	=	12.7 cm	0″.9
6 Zoll	=	15.2 cm	0″.8
200 Zoll	=	500 cm	0″.023

einem Winkelabstand von wenigstens 60″ erscheinen. Um mit einem Fernrohr mit dem Objektivdurchmesser D die nach der Dawes-Formel berechnete Auflösung zu erreichen, muß eine Mindestvergrößerung V_{min} verwendet werden, so daß gilt:

$$\frac{11''.7}{D/\text{cm}} \cdot V_{min} = 60''.$$

12.1.1 Visuelle Doppelsterne

Abhängig davon, wie uns ein Doppelstern erscheint, unterscheidet man visuelle, astrometrische und spektroskopische Doppelsterne; bei den visuellen können wir beide Komponenten getrennt sehen. Relative Positionsbestimmungen liefern im Lauf der Zeit die scheinbare Bahn des einen Sterns um den andern. Diese Positionsbestimmungen erstrecken sich auf Messungen der gegenseitigen Distanz in Bogensekunden und auf den Positionswinkel, der von Norden über Osten, Süden, Westen bis 360° gezählt wird. Solche Messungen liefern nur eine scheinbare Bahn, denn nur die Projektion der wahren Bahn auf die Sphäre wird erfaßt. Nur wenn die Bahnebene eines Doppelstern-Systems senkrecht auf der Richtung des Sehstrahls steht, sehen wir die Bahn nicht verzerrt. Da meist relative Positionsbeobachtungen durchgeführt werden, also die Bewegung der lichtschwächeren Komponente gegenüber der helleren beobachtet wird, ist die tatsächliche Bewegung beider um ihren gemeinsamen Schwerpunkt nicht ohne weiteres zu ermitteln.

12.1.2 Massenbestimmung bei visuellen Doppelsternen

Untersuchungen von Doppelsternen sind von fundamentaler Bedeutung für die Astronomie, denn nur sie erlauben die direkte Bestimmung von Sternmassen. Da Doppelsterne durch die Gravitationskraft zusammengehalten werden, gehorchen ihre Bahnen natürlich auch den Newtonschen Gesetzen der Mechanik und können durch das 3. Keplersche Gesetz beschrieben werden. Für die Massensumme $M_1 + M_2$ (in Einheiten der Sonnenmasse) der beiden Komponenten in einem Doppelstern-System gilt

$$M_1 + M_2 = a^3/U^2,$$

12.1 Optische und physische Doppelsterne

wobei U die Umlaufperiode in Jahren und a die große Halbachse der Bahn in Astronomischen Einheiten ist. Bei Systemen, deren Umlaufperiode nicht zu lang ist, ist es im allgemeinen einfach, diese zu messen, da man nur so lange warten muß, bis die beiden Komponenten wieder in der gleichen Position relativ zueinander stehen. Schwieriger wird es bei Systemen, die so lange Perioden besitzen, daß sie seit Beginn der Messungen nur einen Teil ihres Umlaufs vollendet haben. Hier ist man darauf angewiesen, aus den zur Verfügung stehenden Daten eine rechnerische Extrapolation der Bahn durchzuführen. Prinzipiell sehr viel schwieriger ist die Bestimmung der großen Halbachse, da man diese direkt nur im Winkelmaß messen kann; zur Bestimmung ihrer wahren Länge benötigt man die Entfernung des Systems. Bei nahen Doppelsternen kann man die Entfernung durch eine Parallaxenmessung direkt bestimmen, bei weiter entfernten Systemen ist man jedoch auf indirekte Methoden der Entfernungsbestimmung angewiesen, was deren Fehler beträchtlich vergrößert.

Durch Umkehrung dieses Verfahrens läßt sich die Entfernung eines Systems bestimmen, die sogenannte dynamische Parallaxe: Bei Kenntnis der Bahnelemente, der großen Halbachse (im Winkelmaß) und der Umlaufzeit sowie der scheinbaren Helligkeiten der beiden Komponenten des Systems kann man mit Hilfe der Masse-Leuchtkraft-Beziehung (s. 7.7.2) und des 3. Keplerschen Gesetzes die Parallaxe bestimmen. Einen gewaltigen Sprung nach vorn brachte in neuerer Zeit die Speckle-Interferometrie (s. A 2.7), die es erlaubt, Perioden und große Halbachsen von Doppelsternen mit sehr kleinen Abständen bis zu etwa $0''\!.05$ genau zu messen. Eine

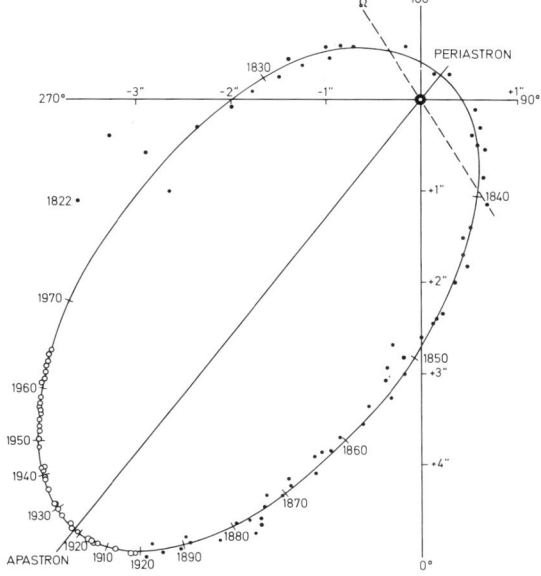

Scheinbare relative Bahn des visuellen Doppelsterns γ Virginis (beide Komponenten $m_v = 3^m\!.5$, FOV). Punkte: visuelle Beobachtungen, Kreise: photographische Beobachtungen. Wie man sieht, hat die Genauigkeit der Positionsmessungen seit 1822 ständig zugenommen, insbesondere durch den Übergang zur photographischen Methode. (Nach H. Scheffler, H. Elsässer)

Relative Verteilung der Winkeldistanzen ϱ für helle visuelle Doppelsterne ($m_v < 6.5$)

ϱ	N	%
$< 0''\!.5$	75	21
$0''\!.5$ bis $1''\!.0$	63	18
$1''-2''$	83	23
$2''-3''$	62	17
$3''-4''$	41	12
$4''-5''$	31	9
Gesamt	355	100
$> 5''$	99	

Fülle neuer Daten lieferte der Astrometrie-Satellit Hipparcos, der 1990 seine Messungen aufnahm.

Zur Bestimmung der individuellen Massen der beiden Komponenten eines visuellen Doppelstern-Systems benötigt man die Kenntnis ihrer absoluten Bahnen, die relativ zu andern Sternen gemessen werden müssen. Beide Komponenten bewegen sich um den gemeinsamen Schwerpunkt des Systems, und die großen Halbachsen a_1 und a_2 dieser Bahnen verhalten sich umgekehrt wie die Massen der Komponenten: $M_1/M_2 = a_2/a_1$. Mit Hilfe der Massensumme $M_1 + M_2$ kann man sofort die individuellen Massen M_1 und M_2 berechnen.

12.1.3 Kataloge und Häufigkeiten von Doppelsternen

Der Doppelstern-Katalog von R. G. Aitken (1864–1951) enthält zwischen dem Himmelsnordpol und $-30°$ Deklination 17 180 Systeme. Der Johannesburger Katalog von R. T. A. Innes (1861–1933) gibt etwa ebensoviele für den Südhimmel an. Ein 1963 erschienener Indexkatalog von Jeffers, van den Bos und Greeby faßt Nord- und Südhimmel zusammen und nennt 64 247 bis Ende 1960 bekannt gewordene visuelle Doppelsterne, wobei allerdings jeweils nur die erste und die letzte Messung angegeben ist.

Bezeichnet werden Doppelsterne nach dem Entdecker und mit der von ihm veröffentlichten Katalognummer (soweit sie nicht schon Namen nach den allgemeinen Sternbezeichnungen für helle Sterne tragen, s. 6.1). Für die Entdeckernamen sind in der Literatur und vor allem im Indexkatalog Abkürzungen in Gebrauch, von denen die meist genannten im folgenden erklärt werden. Innerhalb des Systems werden die Komponenten mit A und B und gegebenenfalls mit C bezeichnet – Doppelsterne sind nicht auf eine Duplizität, also auf zwei Komponenten, beschränkt, es kommen auch Mehrfachsysteme vor.

Die wichtigsten gebräuchlichen Abkürzungen der Entdeckernamen in Doppelstern-Katalogen

A	= Aitken		J	= Jonckheere
B	= van den Bos		KUI	= Kuiper
BAZ	= Baize		LUY	= Luyten
β	= BU		MUL	= Muller
	= Burnham		RAB	= Rabe
Cou	= Couteau		RST	= Rossiter
δ	= DAW		S	= South
	= Dawson		λ	= SEE = See (Lowell Obs.)
DOB	= Doberck			
DOM	= Dommanget		Σ	= STF
ES	= Espin			= W. Struve
φ	= FIN		HO	= Hough
	= Finsen		HU	= Hussey
H	= Wilhelm Herschel		GΣ	= STG
h	= HJ			= G. Struve
	= John Herschel		OΣ	= STT
HLD	= Holden			= O. Struve
HZG	= Hertzsprung		VBS	= van Biesbroeck
I	= Innes		VOU	= Voute

12.1 Optische und physische Doppelsterne

Häufigkeiten in % der Spektralklassen bei Doppelsternen bis 9ᵐ

	B	A	F	G	K	M	unbek.
Visuelle Doppelsterne	1.7	21.4	15.3	33.2	15.6	1.4	11.4
Spektroskopische Doppelsterne und Bedeckungsveränderl.	29	32	15	9	13	2	–
Alle Sterne bis vis. 8ᵐ25	11	22	19	14	31	3	–

Visuelle Doppelsterne kommen in allen Spektralklassen vor, jedoch besonders häufig in den mittleren: A, F und G. Bis zur neunten Größe ist unter 18 Sternen ein visueller Doppelstern; 4 bis 5 % aller Doppelsterne sind Mehrfachsysteme. Eine Untersuchung der räumlichen Verteilung zeigt keine Abweichung gegenüber Einzelsternen der entsprechenden Spektralklassen.
Mit bloßem Auge kann man bestenfalls noch Systeme mit einer Distanz von etwa 3½ Bogenminuten trennen (ε_1 u. ε_2 Lyrae). Unter besten Sichtbedingungen erreicht man bei direkter Betrachtung mit sehr guten optischen Systemen ungefähr 0″15, während man mit interferometrischen Methoden noch Doppelsterne mit sehr viel kleineren Abständen untersuchen kann.

12.1.4 Astrometrische Doppelsterne

Bei Sternen der Sonnenumgebung kann manchmal eine Bewegung um ein Gravitationszentrum beobachtet werden, ohne daß eine gravitierende Masse – also ein anderer Stern – beobachtbar ist, z. B. bei Beobachtungen zur Ableitung einer trigonometrischen Parallaxe (s. 7.3.1) oder bei der Bestimmung von Eigenbewegungen (s. 7.4.2). Solche »Pendelbewegungen« eines Sterns können nur von einem Stern, der zu lichtschwach ist, um gesehen zu werden, oder von einem Stern, der dem Hauptstern so nahe steht, daß er von diesem überstrahlt wird, verursacht werden. Berühmte Beispiele für solche astrometrischen Doppelsterne sind Sirius (α CMa) und Prokyon (α CMi). Die Bewegung um den Massenmittelpunkt des Systems wurde schon von F. W. Bessel 1834 bei Sirius und 1840 bei Prokyon bemerkt. Die damals nicht gesehenen Komponenten wurden 1862 bzw. 1896 mit lichtstärkeren Instrumenten entdeckt: Beide sind lichtschwache Weiße Zwerge (s. 8.6). Ein ähnlicher Fall der visuellen Entdeckung eines aus der veränderlichen Eigenbewegung vermuteten Begleiters ereignete sich 1956 beim Stern Ross 614.
Häufig werden astrometrische Doppelsterne nur als Unterklasse der visuellen Doppelsterne betrachtet, da es bei vielen von ihnen durch verbesserte Beobachtungsmethoden inzwischen möglich ist, beide Komponenten zu sehen.
Die Kenntnis der Bahnstörungen, die durch einen unsichtbaren Begleiter hervorgerufen werden, reicht allerdings nicht aus, die individuellen Massen zu bestimmen. Diese können nur dann indirekt abgeschätzt werden, wenn die Entfernung des Systems bekannt ist, und wenn man eine Annahme über die Masse des sichtbaren Sterns, z. B. aus der Masse-Leuchtkraft-Beziehung, macht. Es ist so im Prinzip möglich, Sterne sehr kleiner Masse oder

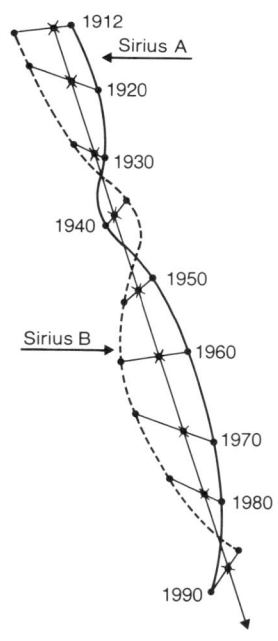

Eigenbewegung von Sirius A und Sirius B von 1912 bis 1990. Aus der wellenförmig verlaufenden Eigenbewegung von Sirius A schloß 1834 F. W. Bessel auf einen Begleiter, der 1862 von A. Clark entdeckt wurde

12 Doppelsterne, Assoziationen, Haufen

Visuelle Doppelsterne mit bekannten Bahnen und Massen

Stern		Position 1950		m_{vis}		$\pi''^{5)}$	M_{vis}		Spektraltyp		Umlauf-zeit	Große Halb-achse	Masse ($M_\odot = 1$)		Relative Position 1970	
Name	ADS[1]	Rekt.	Dekl.	A	B		A	B	A	B	Jahre	''	A	B	Pos. Winkel	Distanz
Σ 3062	61	0ʰ 3ᵐ5	+58° 9'	6ᵐ5	7ᵐ3	0,048	5ᵐ0	5ᵐ7	dG8	dG8	106,83	1,432	1,2	1,2	265°	1''4
η Cas	671	0 46,1	+57 33	3,4	7,2	169	4,6	8,4	G0 V	dM0	480	11,993	1,0	0,6	302	11,5*
UV Cet	Luy 726-8	1 36,4	−18 13	12,4	13,0	385	15,2	15,9	dM6e	dM6e	54,54	2,38	0,05	0,03	320	2,2
p Eri	Dunlop 5	1 37,9	−56 27	6,0	6,0	148	6,8	6,8	K2 V	K5 V	407,65	7,34	0,4	0,4	198	10,6*
o² Eri BC	3093	4 13,2	− 7 44	9,5	11,0	201	11,2	12,6	DA	dM4e	252	7,05	0,5	0,2	344	8,1*
Ross 614	−	6 26,9	− 2 46	11,1	14,8	248	13,1	16,8	dM4e	dM4	16,5	0,98	0,14	0,08	33	1,2
α CMa	5423	6 43,0	−16 39	−1,5	8,7	375	1,4	11,5	A1 V	DA 5	50,09	7,50	2,2	1,0	68	11,2
α Gem	6175	7 31,4	+32 0	2,0	2,8	66	1,1	2,0	A0 V	A5m	420,07	6,295	1,7	3,2	131	1,8
α CMi	6251	7 36,7	+ 5 21	0,3	10,8	287	2,6	13,1	F5 V	DF	40,65	4,55	1,8	0,7	238	2,6
ζ CnC AB[2]	6650	8 9,3	+17 48	5,7	6,0	42	3,8	4,2	G0	G0	59,7	0,884	1,0	0,9	330	1,0
ζ CnC AB-Cc[2]	6650	8 9,3	+17 48	5,0	6,6	42	3,1	4,8	G0	G2	1150	7,96	1,9	1,8	83	5,6*
ε Hya AB	6993	8 44,2	+ 6 36	3,8	5,0	23	0,6	1,8	G0III	G0 IV	15,03	0,226	2,3	2,0	275	2,9*
Σ 1321	7251	9 11,4	+52 55	8,1	8,1	163	9,2	9,2	M0 V	M0 V	687	16,52	0,5	0,5	84	17,8*
γ Leo	7724	10 17,2	+20 6	2,6	3,8	26	−0,3	0,9	K0III	G7 III	701,4	2,742	1,3	1,1	122	4,4*
ξ UMa	8119	11 15,6	+31 49	4,3	4,8	127	4,8	5,3	G0 V	G0 V	59,74	2,56	1,1	1,1	122	2,9*
γ Vir	8630	12 39,1	− 1 11	3,5	3,5	82	3,1	3,1	F0 V	F0 V	171,85	3,72	1,6	1,5	303	4,6*
42 Com	8804	13 7,6	+17 47	5,0	5,0	51	3,6	3,6	F5 V	F5 V	25,83	0,672	1,7	1,7	12	0,4
Σ 1785	9031	13 46,8	+27 14	8,0	8,5	75	7,4	7,9	dK 6	dK 6	155	2,42	0,7	0,7	152	3,2*

12.1 Optische und physische Doppelsterne

Name	Nr.[1]	RA (h m)	Dec (° ')					Sp					LJ
α Cen	—	14 36.6	−60 38	−0.0	1.4	4.4	5.8	G2 V K5 V	79.92	17.583	1.1	204	18.2*
ξ Boo	9413	14 49.1	+19 19	4.7	6.9	5.6	7.7	G8 V K5 V	151.5	4.90	0.8	340	7.1*
ι Boo	9494	15 2.2	+47 51	5.3	6.0	4.9	5.6	G2 V G2 V	246.2	4.10	0.9	335	0.5
η CrB	9617	15 21.1	+30 28	5.6	5.9	4.6	4.9	G2 V G2 V	41.56	0.839	0.9	183	0.6
Σ CrB	9979	16 12.8	+33 59	5.8	6.8	4.2	5.2	dF6 dG1	1000	6.60	1.4	231	6.5*
λ Oph	10087	16 28.4	+ 2 6	4.2	5.2	0.1	1.1	A0 A	129.87	0.970	7.0	355	1.1
ζ Her	10157	16 39.4	+31 41	2.9	5.5	3.0	5.5	G0 IV dK0	34.385	1.369	0.9	230	0.9
Wolf 630	—	16 52.8	− 8 14	10.0	10.0	8.9	8.9	dM3e dM3	1.714	0.20	0.4	230	0.2
μ Dra	10345	17 4.3	+54 32	5.8	5.8	4.0	4.0	dF6 dF6	1992	7.99	0.9	61	2.2
Melb 4	—	17 15.5	−34 56	6.1	7.6	6.8	8.3	dK5 K7 V	42.06	1.837	0.8	170	0.1
70 Oph	11046	18 2.9	+ 2 32	4.3	6.0	5.7	7.5	K0 V dK6	87.85	4.551	1.0	55	2.4*
Σ 2398	11632	18 42.5	+59 30	9.2	9.9	10.9	12.1	dM4 dM4	351.53	13.141	0.4	165	14.7*
ε¹ Lyr[3]	11635 AB	18 42.7	+39 37	5.1	6.2	1.4	2.5	A2 A4n	1165.6	2.78	1.6	358	2.7*
ε² Lyr[3]	11635 CD	18 42.7	+39 34	5.1	5.3	1.4	1.6	A3n A5	578.78	0.622	6.7	96	2.2
γ CrA	—	19 3.0	−37 8	4.8	5.1	3.3	3.6	F7 F7	102.42	1.907	1.9	21	1.6
δ Cyg	12880	19 43.4	+45 0	3.0	6.6	−0.4	3.2	A0 II F2 V	537.31	2.561	2.1	239	2.2
β Del	14073	20 35.2	+14 25	4.1	5.1	1.7	2.7	F5 III G	26.65	0.475	2.3	320	0.4
61 Cyg	14636	21 4.7	+38 28	5.2	6.0	7.5	8.4	K5 V K7 V	691.61†	24.44	0.5	144	28.4*
τ Cyg	14787	21 12.8	+37 49	3.8	6.4	2.2	4.7	F0 IV G2 V	49.80	0.85	1.5	185	0.9
ζ Aqr AB-C[4]	15971	22 26.2	− 0 17	4.4	4.6	2.6	2.8	F2 IV dF1	600	4.013	1.1	231	1.2
Krüger 60	15972	22 26.3	+57 27	9.9	11.4	11.8	13.4	dM4 dM6	44.6	2.412	0.3	241	1.8

[1] Nummer nach dem Doppelstern-Katalog von Aitken. [2] 4faches System. [3] 3faches System. *Doppelsterne, die zur Zeit mit einem Fernrohr von 5 cm Öffnung getrennt werden können. [4] 3faches System. [5] Entfernung in pc; dividiert man 3.26 durch π'', so erhält man die Entfernung in Lichtjahren.

12 Doppelsterne, Assoziationen, Haufen

1908　　　　　1915　　　　　1920

Relative Bewegung der Komponenten des Doppelsterns Krüger 60 im Sternbild Cepheus. Die Bahnperiode des Systems beträgt 44.5 Jahre, der größte Abstand der Komponenten (V_1 = 9.8 mag; V_2 = 11.4 mag) etwa 2.5 Bogensekunden

jupiterähnliche Planeten zu finden. Allerdings sind diese Massebestimmungen nicht sehr genau; in vielen Fällen werden die unsichtbaren Begleiter deshalb angezweifelt. So deuteten z. B. ältere langjährige Messungen durch P. van de Kamp auf die Existenz zweier unsichtbarer Begleiter mit 0.7 bzw. 0.5 Jupitermassen um Barnards Stern hin, der mit 1.8 pc Entfernung unser zweitnächster Nachbar ist. Neuere unabhängige Messungen zeigten jedoch keine periodischen Bewegungen von Barnards Stern.

12.1.5 Spektroskopische Doppelsterne

Als visuelle (oder astrometrische) Doppelsterne erscheinen uns nur nahe Systeme mit genügend großem Abstand der Komponenten. Weit entfernte Doppelsterne und solche mit kleinem Abstand der Komponenten können auch mit den größten Teleskopen und den besten Beobachtungstechniken nicht mehr getrennt gesehen werden; sie sind allein aufgrund ihres Aussehens nicht von Einzelsternen zu unterscheiden. Solche Doppelsterne können aber in vielen Fällen aufgrund von spektralen Eigenschaften entdeckt werden; sie heißen deshalb spektroskopische Doppelsterne.
Sternspektren zeigen mitunter Überlagerungen zweier verschiedener Spektren, etwa das Heliumspektrum eines heißen Sterns frühen Spektraltyps und das Metall-Linienspektrum eines Sterns der Klassen F bis K. Solche Spektren bezeichnet man als zusammengesetzt. Bei andern Sternen ist die Linienverschiebung aufgrund des Doppler-Effekts variabel, was auf eine veränderliche Radialgeschwindigkeit hindeutet. Wieder andere Sternspektren zeigen zu bestimmten Zeiten eine Verdopplung der Spektral-Linien. Diese Erscheinungen können meist durch die Bewegungen von sehr engen Doppelstern-Komponenten umeinander erklärt werden. Zwar liegen ausreichende Beobachtungen, die Bahnbestimmungen der spektroskopischen Komponenten ermöglichen, erst für mehrere 1000 Systeme vor, doch kann man aufgrund der Erfahrungen mit hellen Sternen sagen, daß spektroskopische Doppelsterne sehr häufig sein müssen. Abschätzungen zeigen, daß man wohl auf etwa drei bis vier Einzelsterne mit einem spektroskopischen Doppelstern rechnen muß. Bis zur neunten Größe würden danach etwa 33 000 Systeme zu erwarten sein. Die spektroskopischen Doppelsterne weichen in ihrer Verteilung am Himmel nicht

12.1 Optische und physische Doppelsterne

von den Einzelsternen der entsprechenden Spektralklasse ab. – Andere Sterne, deren Spektral-Linien periodische Verschiebungen der Radialgeschwindigkeit zeigen, sind die pulsierenden Veränderlichen (s. 8.2).

Ist bei einem spektroskopischen Doppelstern nur eine Komponente im Spektrum sichtbar, so spricht man von einem Ein-Spektren-System, sind beide Komponenten sichtbar, von einem Zwei-Spektren-System. Die Entstehung der periodischen Doppler-Verschiebung ist in der Abbildung dargestellt: Bewegt sich eine Komponente mit der Geschwindigkeit v auf uns zu, so sind deren Spektral-Linien relativ um $\Delta \lambda/\lambda = v/c$ blauverschoben, d. h. man findet sie bei einer kleineren Wellenlänge λ als der Ruhwellenlänge λ_0. Im umgekehrten Fall, wenn sich eine Komponente von uns weg bewegt, sind die Spektral-Linien um denselben relativen Betrag rotverschoben, d. h. zu größeren Wellenlängen hin. Trägt man die so erhaltenen Geschwindigkeiten über der Zeit auf, so erhält man die Radialgeschwindigkeitskurve.

Mit Hilfe der Doppler-Verschiebung ist es allerdings nur möglich, die Geschwindigkeitskomponente v_rad entlang der Sehstrahlrich-

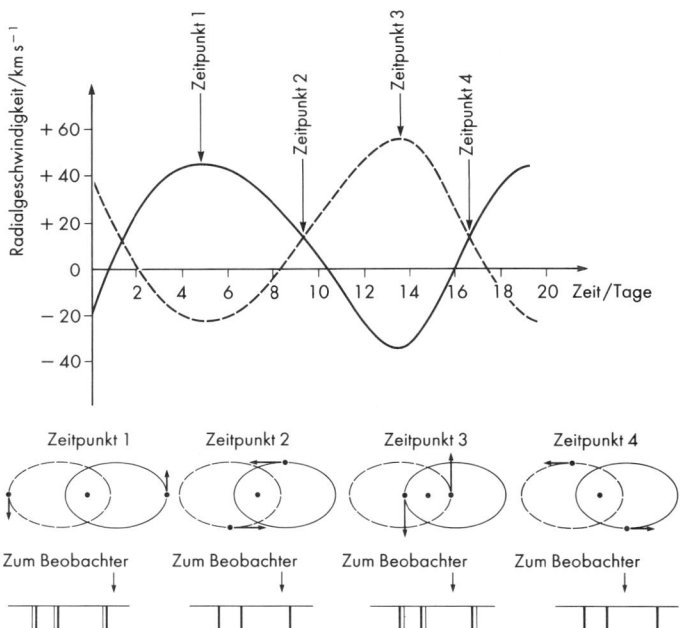

Entstehung einer Radialgeschwindigkeitskurve. Die Abbildung zeigt die Radialgeschwindigkeitskurve des Sterns HD 171978. Die Zeichnungen zeigen die Positionen der einzelnen Komponenten, die daraus resultierenden Radialgeschwindigkeiten und die Spektren an vier verschiedenen Zeitpunkten. Positive Radialgeschwindigkeiten bedeuten, daß sich das Objekt auf den Beobachter zubewegt, negative, daß sich das Objekt vom Beobachter weg bewegt

Häufigkeiten spektroskopischer Doppelsterne nach Spektral- und Leuchtkraftklassen

Spektralklasse	O, B0 bis B8	B8 bis A4	A5 bis F4	F5 bis G4	G5 bis K4	K5 bis M7
Leuchtkraftklasse						
I, II	9.6 %	3.6 %	10.8 %	7.5 %	8.1 %	28 %
III	17.8 %	9.1 %	15.7 %	9.5 %	54.5 %	37 %
IV	20.0 %	5.5 %	20.5 %	26.1 %	13.8 %	2 %
V	52.6 %	81.8 %	53.0 %	56.7 %	23.6 %	33 %
Anzahl	267	183	126	166	139	26

tung Beobachter–System zu messen; Geschwindigkeitskomponenten senkrecht zum Sehstrahl rufen keine lineare Doppler-Verschiebung hervor. Um die wahre Bahngeschwindigkeit v_{orb} zu erhalten, muß man noch die Neigung i der Bahnebene zur Sichtlinie kennen; die Beziehung hierzu lautet $v_{rad} = v_{orb} \sin i$. Blickt man direkt von oben auf die Bahnebene eines Systems (i ist dann $0°$), so gibt es keine Komponente der Bahnbewegung in der Sehstrahlrichtung, es gilt dann immer $v_{rad} = 0$, man erhält also keine Doppler-Verschiebung der Spektral-Linien. Wenn umgekehrt die Bahnebene direkt in der Sehstrahlrichtung liegt, ist $i = 90°$, und die im Spektrum gemessene Radialgeschwindigkeit v_{rad} entspricht der Bahngeschwindigkeit v_{orb}. Aus der Radialgeschwindigkeitskurve eines

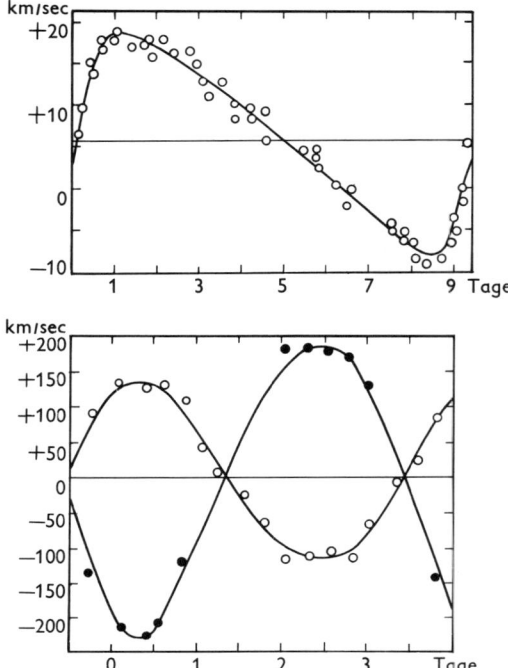

Zwei Beispiele für Radialgeschwindigkeitskurven spektroskopischer Doppelsterne. Oben ist nur eine Komponente, unten sind beide Komponenten im Spektrum sichtbar

12.1 Optische und physische Doppelsterne 415

Ein-Spektren-Systems läßt sich die mit der Bahnneigung gewichtete Massensumme $M_1 + M_2$ bestimmen, während sich aus einem Zwei-Spektren-System das mit der Bahnneigung gewichtete Massenverhältnis M_1/M_2 bestimmen läßt. Kennt man die Bahnneigung des Systems, so lassen sich die Massen beider Komponenten berechnen. Dies ist der Fall bei den sogenannten Bedeckungsveränderlichen.

12.1.6 Photometrische Doppelsterne, Bedeckungsveränderliche

Bedeckungsveränderliche sind Doppelsterne, deren Bahnebene so gegen die Sehstrahlrichtung Beobachter–System geneigt ist, daß gegenseitige Bedeckungen der einzelnen Komponenten stattfinden, die sich in Helligkeitsänderungen bemerkbar machen; man spricht deshalb auch von photometrischen Doppelsternen. Bei den Bedeckungsveränderlichen ist $i = 90°$ oder zumindest nicht allzu verschieden von diesem Wert.

Inzwischen kennt man mehrere tausend Bedeckungsveränderliche, deren Bahnperioden im allgemeinen kurz sind; sie liegen zwischen eineinhalb Stunden und einige Wochen. Es gibt aber auch Bedeckungsveränderliche mit wesentlich längeren Bahnperioden; ihre Entdeckungswahrscheinlichkeit ist jedoch wesentlich geringer als die der kurzperiodischen. Die derzeit längste bekannte Bahnperiode ist die von ε Aur mit 9883 Tagen. Durch die Kombination spektroskopischer und photometrischer Beobachtungen haben diese Sterne die meisten und zuverlässigsten Daten über Radien (s. 7.8.1), Massen und Dichten von Sternen (s. 7.8.2) geliefert. Bei Kenntnis der Parallaxe sind dann alle wichtigen Zustandsgrößen, die einen Stern nach außen hin charakterisieren, ableitbar. Aufgrund ihrer Lichtkurven unterscheidet man drei bzw. vier verschiedene Arten von Bedeckungsveränderlichen. (Hier werden die im »Generalkatalog veränderlicher Sterne«, Moskau 1969, gegebenen Artbezeichnungen benutzt.)

EA – *Bedeckungsdoppelsterne* vom *Algol-Typ:* Der Lichtwechsel wird durch wechselweise Bedeckung zweier nahezu kugelförmiger Komponenten eines Doppelstern-Systems hervorgerufen. Das Normal-Licht ist annähernd konstant, es kann aber bei der Bedeckung der Komponente mit geringerer Flächenhelligkeit ein Nebenminimum beobachtbar sein. Je nach Größe der beiden Komponenten zueinander und entsprechend dem Neigungswinkel der Bahn ändert sich die Lichtkurve etwas. In vielen Fällen ist der größere der beiden Sterne ein kühler Riese, der kleinere ein heißerer Stern. Bedeckt der große kühle Stern den kleinen heißen, so sehen wir in der Lichtkurve das Hauptminimum, im umgekehrten Fall das Nebenminimum. Typischer repräsentativer Vertreter dieser Gruppe ist Algol (β Per), nach ihm werden diese Sterne auch Algol-Sterne genannt.

EB – *Bedeckungsveränderliche* vom *β Lyrae-Typ:* Bedeckungslichtwechsel zweier ellipsoidischer Komponenten; dadurch überlagert sich dem Bedeckungslichtwechsel ein Rotationslichtwechsel, die

Verschiedene Typen von schematischen Algol-Lichtkurven

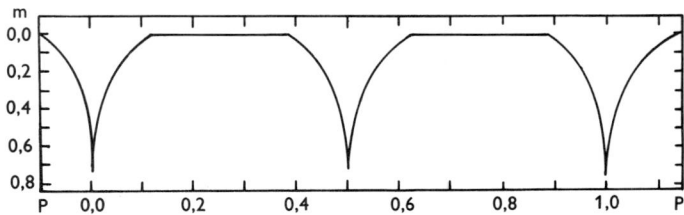

Zwei gleichgroße und gleichhelle Sterne, Neigung 90°

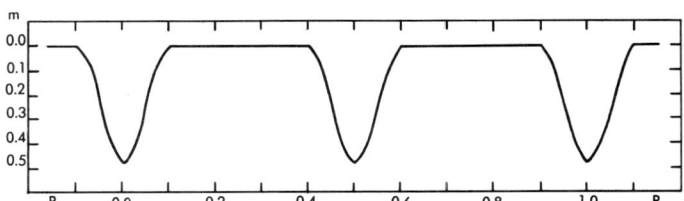

Zwei gleichgroße und gleichhelle Sterne, Neigung kleiner als 90°

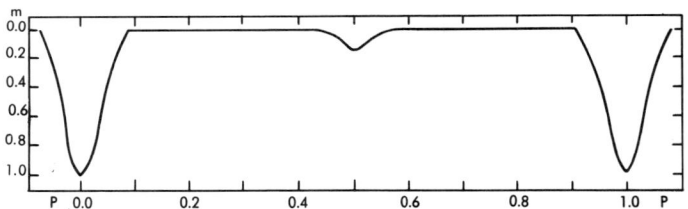

Zwei ungleichgroße und verschieden helle Sterne, Neigung kleiner als 90°

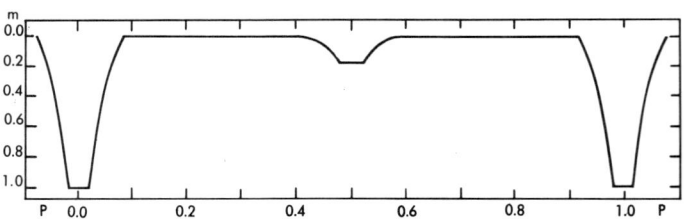

Zwei ungleichgroße und verschieden helle Sterne, Neigung 90°

Lichtkurve ändert sich kontinuierlich. Die Abstände der beiden Komponenten sind sehr klein, der größere Stern füllt seine Roche-Grenzfläche (s. unten) aus, und es fließt ein ständiger Materiestrom von diesem Stern zu seinem Begleiter. Typischer Stern dieser Gruppe ist β Lyrae.

EW – *Bedeckungsveränderliche vom Typ W UMa:* Dies sind Kontaktsysteme mit sehr kurzen Umlaufperioden von weniger als einem Tag. Sie bestehen aus nahezu gleichgroßen und gleichhellen Komponenten, die beide ihre Roche-Grenzfläche ausfüllen.

12.1 Optische und physische Doppelsterne 417

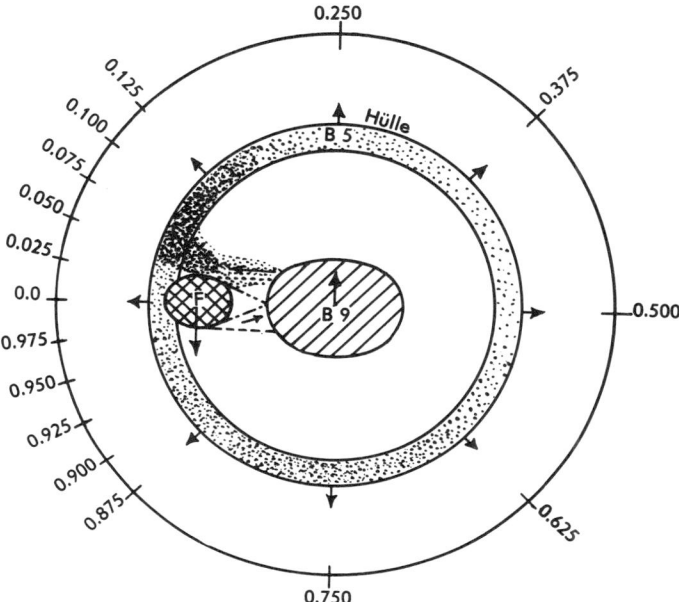

Modellvorstellung des Systems β Lyrae zur Deutung aller spektroskopischen und photometrischen Beobachtungen. Den heißen Stern der Spektralklasse B9 umkreist ein kühlerer Stern (Spektrum F). Von der B9-Komponente geht ein Gasstrom aus, der an dem F-Stern vorbeistreicht und eine expandierende Gashülle um das ganze System aufbaut (Spektrum der Hülle: B5). Die auf dem äußern Kreis angegebenen Zahlen sind die Phasen des Lichtwechsels (vom Minimum = 0 bis zum nächsten Minimum = 1 gezählt). Sie geben jeweils die Richtung System—Beobachter zur bestimmten Phase (nach O. Struve)

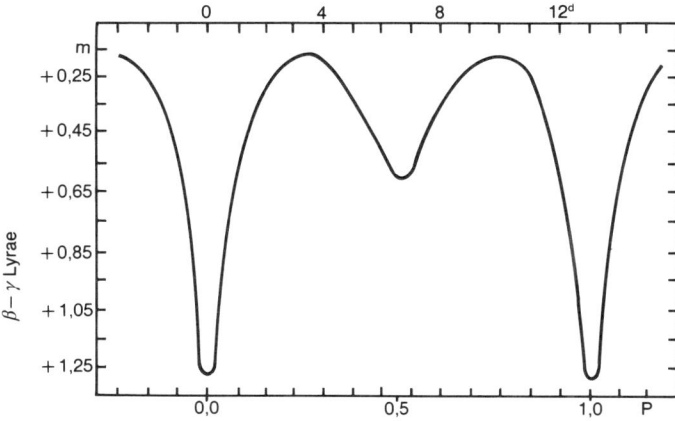

Lichtkurve von β Lyrae

Man nimmt an, daß die W UMa-Sterne eine gemeinsame Hülle besitzen. Die Minima der Lichtkurven sind nahezu identisch und sehr breit. Trotz der geringen Absoluthelligkeit von $M_v \approx -5^m$ sind 10% aller Bedeckungsveränderlichen W UMa-Systeme; absolut müssen sie deshalb die häufigsten aller Bedeckungsveränderlichen sein.

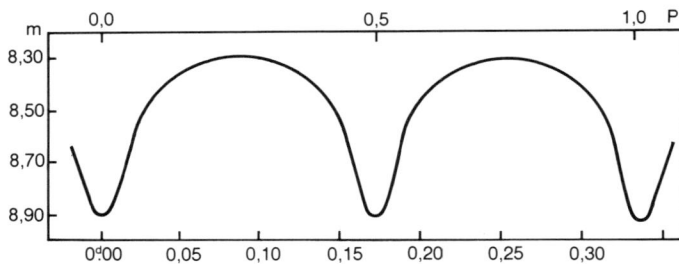

Lichtkurve von W UMa

Ell – *Doppelstern-System mit Rotationslichtwechsel:* Bei diesen Systemen findet wegen der Neigung der Bahnebene keine Bedeckung der ellipsoidischen Komponenten mehr statt. Wegen der Verformung der Komponenten tritt ein Rotationslichtwechsel auf. Typischer Vertreter ist b Per.

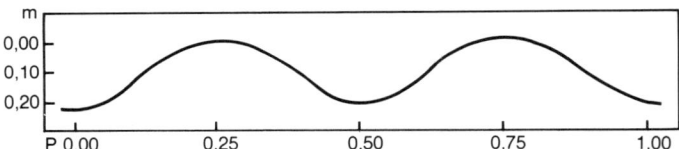

Lichtkurve bei reinem Rotationslichtwechsel

Verteilung der Perioden bei Bedeckungsveränderlichen

Periode	Algol-Typ	β Lyrae-Typ	unbekannt
$0^d0 - 0^d5$	9	79	5
$0^d5 - 1^d0$	88	83	12
$1^d0 - 5^d0$	576	68	32
$5^d0 - 10^d0$	113	8	4
$10^d0 - 15^d0$	39	4	1
$15^d0 - 25^d0$	18	5	1
$25^d0 - 35^d0$	9	1	1
$> 35^d0$	24	3	3

Lange Perioden haben die Algol-Sterne ε Aur: 9883^d, VV Cep: 7430^d und ζ Aur: 973^d

12.1 Optische und physische Doppelsterne 419

Einige weitere Daten über Bedeckungsveränderliche

Typ	Relative Häufigkeit	Mittlere Amplitude	Elliptizität d. Sterns	Mittlere Periode	Spektrum
EA Algol-Typ	60 %	1.4 mag	1.0	3^d	A
EB β Lyrae-Typ	20 %	0.9 mag	0.93	$1^d\!.5$	B–A
EW W UMa-Typ	10 %		0.79	$0^d\!.4$	F–G
Bedeckungsveränderl. Riesen	1 %			1000^d?	
Alle (einschl. unklassifizierte)	100 %	1.2 mag		$2^d\!.6$	

12.1.7 Häufigkeiten von Doppel- und Mehrfachsystemen

Doppelsterne sind eine sehr häufige Erscheinung. Rund die Hälfte aller Sterne sind Mitglieder eines Doppel- oder Mehrfachsystems. Man kann aber nur in der nächsten Umgebung der Sonne zuverlässige Häufigkeitszahlen ermitteln, denn schon über eine Distanz von mehr als 10 pc können gegebenenfalls enge Systeme nicht mehr als doppelt oder mehrfach erkannt werden.

Häufigkeit der Sterne in Doppel- und Mehrfachsystemen
(Die Häufigkeit ist definiert als Anzahl der Sterne in Doppel- und Mehrfachsystemen dividiert durch die Anzahl aller als einzeln angesehenen Sterne)

Sonnennahe Sterne	
$r \leq 5$ pc	59 %
$r \leq 10$ pc	55 %
$r \leq 20$ pc	45 %
Hellste 25 Sterne (V $\leq 1^m\!.65$)	60 %
Hauptreihensterne, B . . . M	50 %
Riesen (Leuchtkraftklasse III)	30 %
O-Sterne	36 %
Frühe B-Sterne, B2 . . . B5	50 %
Späte B-Sterne, B7 . . . B9	45 %
A- . . . F-Sterne	40 . . . 45 %
Sonnenähnliche Sterne, F3 . . . G2	53 %
M-Zwergsterne	39 %

Neben den bisher besprochenen Doppelstern-Systemen – bestehend aus zwei umeinander kreisenden Körpern – gibt es sogenannte Mehrfachsysteme, die aus 3 bis 6 gravitativ zusammengehörenden Sternen bestehen. Die Himmelsmechanik kann zeigen, daß Mehrfachsysteme, in denen sowohl die Massen wie die gegenseitigen Distanzen der verbundenen Körper von gleicher Größenordnung sind, nicht lange stabil bleiben können. Solche Systeme – etwa das bekannte Trapez-System im Orion (ϑ^1 Orionis) – müssen sich in etwa 10^5 bis 10^6 Jahren auflösen.

Mehrkörper-Systeme können nahezu auf ein Zweikörper-Problem reduziert werden, wenn die Massen im Vergleich zur Masse der Hauptkomponente klein oder wenn die Körper voneinander weit entfernt sind. Der erste Fall ist etwa in einem Planetensystem gegeben; der zweite Fall ist in den Mehrfachsystemen realisiert.

Verteilung nach Doppel- und Mehrfachsystemen

Bis zu einer Entfernung von 10 pc waren 1984 bekannt:

50 Doppelsterne insgesamt, davon:

35 visuelle Paare
7 astrometrische Paare
7 spektroskopische Paare
1 ein Paar mit gemeinsamer Eigenbewegung (gleiche EB)

14 Dreifachsysteme, davon:

4 visuelle Tripel
3 visuelle Paare mit entferntem Begleiter (gleiche EB)
2 visuelle Paare, eine Komponente astrometrisch doppelt
5 visuelle Paare, eine Komponente spektroskopisch doppelt

3 Vierfachsysteme, davon:

1 dreifach visuell + entfernter Begleiter
1 visuelles Paar, beide Komponenten spektroskopisch doppelt
1 visuelles Paar, eine Komponente astrometrisch doppelt + entfernter Begleiter

```
      ┌──┴──┐
    ┌─┴─┐   │
         ab – c

      ┌──┴──┐
    ┌─┴─┐ ┌─┴─┐
         ab – cd

      ┌──┴──┐
    ┌─┴─┐   │
  ┌─┴─┐
       (ab – c) – d

      ┌──┴──┐
    ┌─┴─┐ ┌─┴─┐
  ┌─┴─┐ ┌─┴─┐
       (ab – cd) – ef
```

Mobile-Diagramme nach D. S. Evans

Bei Dreifachsystemen umkreist ein enges Doppelstern-Paar – meist eine spektroskopische Komponente – in großer Distanz eine dritte Komponente, deren Zugehörigkeit zum System unter Umständen nur aus der gleichen Eigenbewegung geschlossen werden kann. D. S. Evans hat die weiteren Möglichkeiten von Mehrfachsystemen in – von ihm so genannten – »Mobile-Diagrammen« dargestellt. Ein dem dritten Diagramm entsprechendes System ist z. B. σ CrB, und das vierte Diagramm entspricht dem Sechsfachsystem Castor (α Gem.).

12.1.8 Das Roche-Modell eines engen Doppelstern-Systems

Fast zwei Jahrhunderte lang waren Doppelsterne Objekte der Astrometrie und der Himmelsmechanik; sie lieferten gute Masse- und Radiuswerte von Sternen. In jüngerer Zeit erkannte man, daß die Duplizität, insbesondere in engen Doppelstern-Systemen, Ursache für extreme Sternentwicklungen sowie der Grund für Besonderheiten in den spektralen und/oder photometrischen Parametern ist. Bei sehr vielen Veränderlichen beruht die Variabilität darauf, daß es sich um enge Doppelsterne handelt, wie z. B. bei den in Kapitel 8 besprochenen Kataklysmischen Veränderlichen, den Röntgendoppelsternen, den Symbiotischen Veränderlichen oder den FK Comae-Sternen. Bei diesen Typen, wie auch bei vielen der oben beschriebenen Bedeckungsveränderlichen, führen die Gravitationswechselwirkungen zwischen den sehr nahen Komponenten zu starken Gezeiteneffekten, wie elliptische Deformierung der Sterne, sehr schnelle gebundene Rotation und Materieströmung zwischen den Komponenten, die, wie in 8.3.1 beschrieben, die Bildung einer Akkretionsscheibe um diejenige Komponente bewirkt, zu der die Materie strömt.

Zu einem Verständnis dieser Vorgänge ist es nötig, die Struktur der Äquipotentialflächen in einem engen Doppelstern-System zu un-

12.1 Optische und physische Doppelsterne

tersuchen: Betrachtet man das Gravitationspotential um zwei Punktmassen (Sterne), dann wird in nahem Abstand um jede Komponente ein Masseteilchen eindeutig der Masse M_1 oder M_2 zuzuordnen sein. Man stellt das Gravitationsfeld um zwei Massen in einem Diagramm durch sogenannte Äquipotentialflächen dar, das sind durch Kurven umschriebene Flächen gleichen Potentials. In der Abbildung sind die geschlossenen Linien um M_1 und M_2 die sogenannten Potentialtöpfe. In einem Punkt zwischen den beiden Massen und außerhalb einer kritischen Potentialfläche können Masseelemente nicht mehr eindeutig einer der beiden Massen zugeordnet werden. Diese kritische Potentialfläche nennt man Roche-Fläche oder auch Roche-Grenze. In dem sogenannten inneren Librationspunkt L_1 (wie auch in den Librationspunkten L_2 und L_3) heben sich alle Kräfte auf.

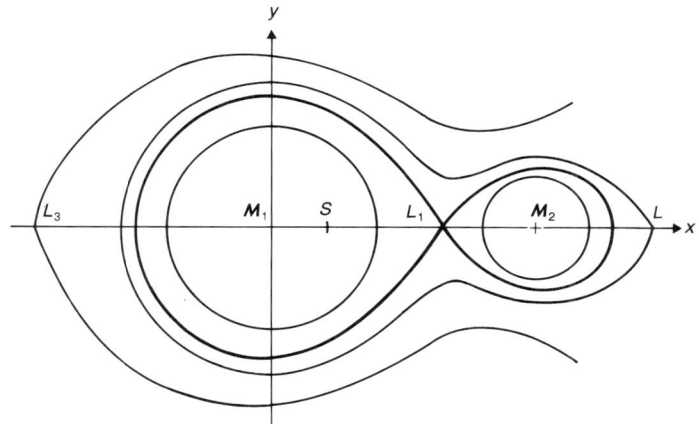

Meridianschnitt der Äquipotentialflächen des Roche-Modells eines engen Doppelstern-Systems. S bezeichnet den Schwerpunkt des Systems ($M_1 > M_2$)

Aus dem Studium der Bedeckungs-Doppelsterne kann man auf drei Konfigurationstypen unter den engen Doppelsternen schließen, die sich schematisch durch das Ausfüllen ihrer Roche-Fläche charakterisieren lassen.

Konfigurationsklassen enger Doppelstern-Systeme

Schema	Bezeichnung		Charakterisierung
∞	D,	getrennte Systeme	Beide Sterne sind wesentlich kleiner als die Roche-Grenzfläche.
∞	SD,	halbgetrennte Systeme	Eine Komponente reicht bis zur Grenzfläche.
∞	C,	Kontaktsysteme	Beide Komponenten erreichen die Grenzfläche.

Die Symbole D, SD und C sind Abkürzungen der englischen Bezeichnungen: detached, semi-detached, contact.

Die drei Typen von Bedeckungsveränderlichen (s. 12.1.6) verteilen sich wie folgt auf die drei Konfigurationsklassen: EA-Bedeckungs-Doppelsterne vom Algol-Typ gehören zur Klasse D, in Ausnahmen zu SD. Die EB-Veränderlichen vom β Lyrae-Typ sind vorwiegend SD-Systeme und die EW Bedeckungssterne vom W UMa-Typ fallen durchwegs unter die Kontaktsysteme C.

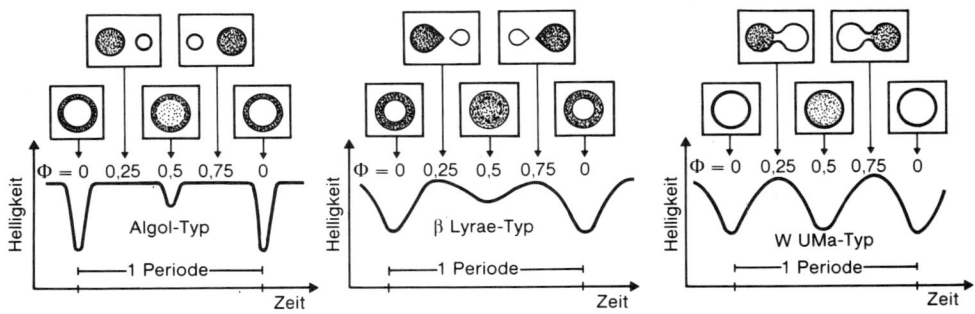

Der Zusammenhang zwischen der Lichtkurvenform bei Bedeckungsveränderlichen und dem Konfigurationstyp enger Doppelsterne. Die jeweils leuchtkräftigere Komponente, die während des Hauptminimums vom Begleiter bedeckt wird, ist schraffiert gezeichnet

12.2 Sternhaufen

Bei der Durchmusterung des Himmels, sei es visuell oder auf der photographischen Platte, fallen mehr oder weniger starke Konzentrationen von Sternen in Haufen auf. Die Sterndichten in solchen Sternhaufen sind meist so groß, daß es sich nicht um zufällige Ansammlungen von Sternen handeln kann. Die Zusammengehörigkeit solcher Sternansammlungen kann durch eine genauere Untersuchung bestätigt werden; die wichtigsten Kriterien für die Zugehörigkeit eines einzelnen Objekts sind, ob seine Radialgeschwindigkeit, Eigenbewegung und Entfernung (sofern bekannt) mit denen der übrigen Mitglieder übereinstimmen.

Man kann leicht erkennen, daß die allgemein als Sternhaufen bezeichneten Ansammlungen von Sternen recht unterschiedliche Gebilde sind. Man unterscheidet:

Assoziationen,
offene oder galaktische Sternhaufen,
kugelförmige oder Kugelsternhaufen.

Der am meisten auffallende Unterschied zwischen offenen und kugelförmigen Sternhaufen liegt in der Anzahl der Haufensterne. In offenen Haufen sieht man meist 20 bis 300 Sterne, in Kugelhaufen bis über 100 000. Außerdem ist die Dichte der Sterne in den Kugelhaufen so groß, daß man im Zentrum des Haufens die Sterne erst seit kurzer Zeit mit den modernsten Beobachtungstechniken einzeln unterscheiden kann. Wegen ihrer großen Sternzahl und der großen Entfernung tritt die Symmetrie der kugelförmigen Stern-

12.2 Sternhaufen

haufen sehr stark in Erscheinung, was zu dem Namen Kugelhaufen Anlaß gab. Die offenen Haufen dagegen haben bedeutend weniger Sterne und stehen uns relativ näher; sie wirken aufgelokkert und werden deshalb als offen bezeichnet.

Zwischen offenen Haufen und Assoziationen bestehen nicht so deutliche Unterschiede. Assoziationen sind aber weit offener; ihr mittlerer linearer Durchmesser beträgt etwa 100 pc, während die offenen Haufen im Mittel nur 4 pc groß sind. Die Grenze zwischen beiden Arten von Haufen wird meist, etwas willkürlich, auf 10 pc festgelegt. Da somit die Assoziationen weit größer sind als die offenen Haufen, aber doch nicht mehr Sterne enthalten, kann man sie gegen das allgemeine Feld überhaupt nur dann sehen, wenn sie eine genügende Anzahl extrem heller Sterne enthalten (meist O-Sterne). Das aber heißt, daß man nur extrem junge Assoziationen beobachten kann, da die O-Sterne durch ihre schnelle Entwicklung (s. 9.4.1) nur eine sehr kurze Lebensdauer haben.

Offene Haufen und Assoziationen sind stets dicht zur Ebene des Milchstraßensystems konzentriert; weitaus die meisten liegen in einer etwa 200 pc dicken Schicht, und sie nehmen an der allgemeinen Rotation des Systems teil (13.2). Die Kugelhaufen dagegen streuen über den weiten Bereich des Halos (13.1), mit einer vom Zentrum des Milchstraßensystems nach außen gleichmäßig abfallenden Dichte. An der galaktischen Rotation nehmen sie wenig oder gar nicht teil; ihre Geschwindigkeiten sind unregelmäßig verteilt, sind aber kleiner als die Entweichgeschwindigkeit, so daß die Kugelhaufen bei unserer Galaxis verbleiben und sie umkreisen oder durchpendeln. Je weiter sie vom Zentrum des Milchstraßensystems entfernt sind, um so langgestreckter sind ihre Bahnen.

Die unterschiedlichen Parameter der Sternhaufen (Mittelwerte)

	OB-Assoziationen	Offene Haufen	Kugelhaufen
Ort im Milchstraßensystem	Ebene (Spiralarme)	Ebene	Halo
Teilnahme an galaktischer Rotation	ja	ja	nein
Bekannte Anzahl	100	1000	130
Geschätzte Anzahl im Milchstraßensystem	700	20 000	300
Gegenseitiger Abstand	1000 pc	100 pc	2000 pc
Linearer Durchmesser	100 pc	4 pc	13 pc
Anzahl der Sterne heller als $M = 0$	25	14	25
Gesamtmasse in Sonnenmassen	2000	1000	10^6
Alter in Millionen Jahren	4	300	12 000

12.2.1 Assoziationen

Während offene und kugelförmige Sternhaufen schon früh als besondere Objekte erkannt wurden – die hellsten Sternhaufen sind im Messier-Katalog vertreten (s. 6.1) – hat man Assoziationen erst in der Mitte dieses Jahrhunderts als selbständige Gebilde erkannt

12 Doppelsterne, Assoziationen, Haufen

Der offene Sternhaufen M 7 im Sternbild Scorpius

und im allgemeinen Sternfeld lokalisiert. V. A. Ambarzumjan hat wohl als erster darauf hingewiesen, daß Sterne vom Typ T Tauri in zwei nicht sehr großen Gebieten des Himmels gehäuft auftreten. T Tauri-Sterne sind Protosterne in der Vor-Hauptreihen-Entwicklung (s. 9.3), die durch ihre Veränderlichkeit (s. 8.1.2), aber auch durch die Emissionslinien von H, CaII, FeII u. a. im Spektrum auffallen. T-Assoziationen wurden diese Anhäufungen von T Tauri-Sternen genannt, die stets mit Wolken von interstellarem Gas und Staub verbunden sind. Andere Assoziationen, aus Sternen der Spektralklassen O und B, wurden lokalisiert; sie werden als OB-Sternassoziationen bezeichnet. Auch der Begriff R-Assoziation wurde von Ambarzumjan geprägt für die in Verbindung auftretenden OB- und frühen A-Sterne mit Reflexionsnebel.

Die Assoziationen werden mit dem abgekürzten Sternbildnamen, der Art der Assoziation und einer fortlaufenden Nummer benannt; z. B.: Per OB2 oder CMa R1.

Charakteristische Daten einer OB-Sternassoziation

Sco OB1 $\alpha = 16^h 47^m$, $\delta = -41° 38'$; $l = 343°\!.5$, $b = +1°\!.2$

Verbunden mit dem offenen Sternhaufen NGC 6231 als Kern

Geschätzte Anzahl der O-Stern-Mitglieder	70
Entfernung von der Sonne	1.9 kpc
Winkeldurchmesser	1°4 und 2°0
Linearer Durchmesser	50 und 70 pc
Örtliche O-Sterndichte	$0.08/10^3 \text{pc}^3$
Alter	$5 \cdot 10^6$ Jahre

12.2 Sternhaufen

Bei OB-Sternassoziationen schwanken die Anzahl der Mitglieder, der lineare Durchmesser und die Sterndichte unter den einzelnen Assoziationen sehr; die Mitgliederzahl etwa zwischen 10 und 100, die linearen Durchmesser zwischen 40 und 200 pc und die Gesamtmasse zwischen einige hundert und einige tausend Sonnenmassen. OB-Sternassoziationen sind öfter verbunden mit jungen offenen Sternhaufen, die dann quasi als Kern der Assoziation auftreten; z. B.:

Sgr OB1 mit NGC 6530
Mon OB1 mit NGC 2264
Sco OB1 mit NGC 6231.

Auch ein Zusammenhang zwischen OB-, T- und R-Assoziationen kommt vor; z. B.:

Per OB2 – Per T2 – Per R1.

Der Kugelsternhaufen ω Centauri. Aufnahme mit dem ADH-Teleskop des Boyden-Observatoriums

Assoziationen sind junge Objekte in unserem Milchstraßensystem, sie sind die Orte der Sternentstehung (s. 11.1). Da sie dynamisch instabile Gebilde sind, lösen sie sich in wenigen Millionen Jahren auf, d. h. sie vermischen sich mit früher gebildeten Sternen und heben sich nicht mehr vom Hintergrund der »Feldsterne« ab. Wegen ihres geringen Alters befinden sich die Assoziationen noch am Ort ihrer Entstehung, sie sind deshalb gute »Spiralarm-Indikatoren«, wie das Diagramm zeigt.

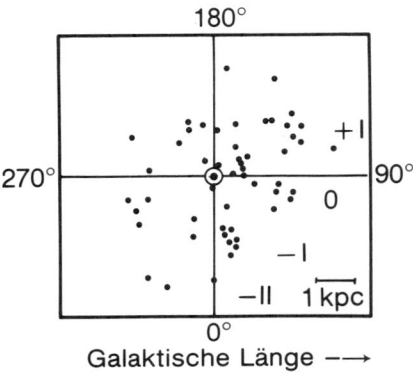

Die Verteilung von 52 OB-Assoziationen, projiziert auf die galaktische Ebene. Die Position der Sonne ist mit dem Symbol ⊙ gekennzeichnet und liegt im Koordinatenmittelpunkt. Die galaktische Länge 0 weist zum Zentrum des Milchstraßensystems. Die einzelnen sichtbar werdenden Spiralarme sind nach einer von W. Becker gegebenen Notation mit römischen Zahlen bezeichnet, wobei die zwischen Sonne und Zentrum liegenden inneren Arme Minuszeichen tragen

In Assoziationen werden auffallend viele Doppelstern- und Mehrfachsysteme beobachtet. Jedoch scheinen hier Systeme vom »Trapez-Typ« (wie z. B. in der Orion-OB-Assoziation) gegenüber den »Mobile-Typen« (s. 12.1.7) zu überwiegen. Auch dieser Befund deutet auf die Jugend und die Kurzlebigkeit der Sternassoziationen hin, da solche Trapez-Mehrfachsysteme ebenfalls nicht stabil sind, wie die Himmelsmechanik zeigen kann.
Wie in Kap. 9.4 gezeigt wird, kann das Alter der Sterne in Assoziationen durch zwei Methoden unabhängig voneinander bestimmt werden.

12.2.2 Offene Sternhaufen
Wie aus der vergleichenden Tabelle in 12.2 hervorgeht, sind offene Sternhaufen wesentlich konzentrierter als etwa Assoziationen. Die Tatsache, daß einige offene Haufen als Kerne von Assoziationen anzusehen sind, bedeutet, daß wesentliche Merkmale für beide Arten von Objekten gemeinsam gegeben sein müssen. Zu ihnen gehört die starke Konzentration zur Milchstraßenebene, wie dies ja auch aus der Tabelle hervorgeht. Die Ausrichtung zur Ebene ist

12.2 Sternhaufen

um so stärker, je jünger die Haufen sind. So können denn auch die offenen Sternhaufen – man nennt sie auch galaktische Haufen – wie die Assoziationen als Indikatoren für die nähere Spiralstruktur unseres Sternsystems benutzt werden.

Räumliche Verteilung der offenen Haufen

Abstand von der galaktischen Ebene (Parsec)	0	100	200	300	400	500
Dichte (Haufen pro kpc^3)	400	120	30	15	8	4

Die Hertzsprung-Russell-Diagramme offener Sternhaufen können sehr unterschiedlich aussehen, je nach Alter des Haufens und Anzahl seiner Sterne. Die Alter streuen zwischen wenige Millionen und fünf Milliarden Jahre (s. 9.4.1), im Mittel betragen sie etwa 300 Millionen Jahre. Vom Alter des Haufens hängt es ab, wo das linke obere »Knie« der Hauptreihe liegt, oberhalb dessen sich die Sterne bereits merklich von der Hauptreihe wegentwickelt haben (s. 9.3.2). Jedoch hängt es von der Anzahl der Haufensterne ab, ob die Hauptreihe überhaupt so hoch hinauf mit Sternen besetzt ist. Ist die Umgebung des Knies noch sehr stark mit Sternen besetzt, so sind auch meist einige Rote Riesen zu beobachten. In einigen nahen offenen Haufen sind auch Weiße Zwerge entdeckt worden. Zwischen dem Knie und den Roten Riesen befindet sich die sogenannte Hertzsprung-Lücke (s. 7.7), in der fast keine Sterne anzutreffen sind. Das bedeutet, daß die dazwischenliegende Phase der Sternentwicklung relativ schnell durchlaufen wird. Variable Sterne werden fast nie in offenen Haufen beobachtet; einige wenige Cepheiden (s. 8.1.1) sind Haufenmitglieder.

Auswahl einiger offener Sternhaufen und Bewegungshaufen

Name	Galaktische Koordinaten l	b	Entfernung [pc]	Durchmesser Winkel [']	linear [pc]	Gesamt Helligkeit [m_{vis}]	Anzahl der Sterne	Sterndichte [pc^{-3}]
M 11	27	− 3	1700	12	6	6.3	80	83
M 16	17	+ 1	2000	8	5	6.6	40	
M 21	8	0	900	12	3	6.8	40	
M 34	144	− 16	480	30	5	5.6	60	
M 36	174	+ 1	1270	17	6	6.3	50	
M 37	178	+ 3	900	25	7	6.1	200	10
M 38	173	+ 1	980	18	5	7.0	100	0.7
M 39	92	− 2	255	30	2	5.1	20	
M 67	216	+ 32	830	17	4	6.5	80	
M 103	128	− 2	2100	7	4	6.9	30	
h Persei	135	− 4	2200	30	19	4.1	300	1
χ Persei	135	− 4	2300	30	20	4.3	240	1
Plejaden	167	− 24	126	120	4	1.3	120	1.5
Hyaden	179	− 24	43	400	5	0.6	100	0.4
Praesepe	206	+ 32	159	90	4	3.7	100	4
Ursa Major	110	+ 50	22	1000	7	− 0.2	100	0.4
S Mon	203	+ 2	800	30	7	4.3	60	

Schematische Hertzsprung-Russell-Diagramme einiger offener Haufen, verglichen mit den Kugelhaufen M3 und M92 (nach Sandage)

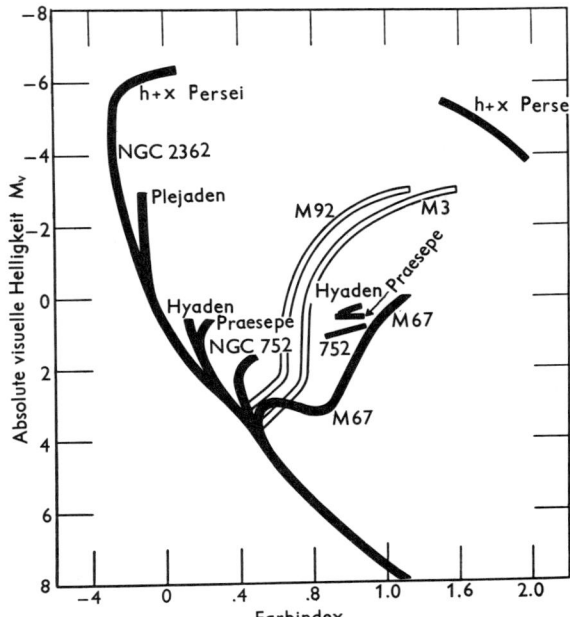

Offene Haufen, vor allem, wenn sie sehr jung sind, stehen oft in Verbindung mit leuchtenden Gasnebeln. Ein Beispiel dafür sind die Plejaden, deren hellste Sterne von feinen, zirrusartigen Nebeln umgeben sind. Offene Sternhaufen sind wegen ihrer Konzentration, d. h. wegen ihres geringeren linearen Durchmessers, leichter im allgemeinen Sternfeld zu finden als Assoziationen. Ihre Entdeckungswahrscheinlichkeit hängt von zweierlei ab: vom Alter des Haufens und von seiner Entfernung. Ein älterer Haufen, der z. B. 2700 Millionen Jahre alt ist, ist längs seiner Hauptreihe nur bis herauf zum Spektraltyp F0 besetzt. Liegt er innerhalb der Ebene des Milchstraßensystems und in 100 pc Entfernung, so ist die Flächendichte seiner hellsten Sterne gerade 10mal so groß wie die der gleichhellen Feldsterne; er ist somit noch recht auffällig. Seine Hauptreihe dürfte sich noch bis herab zu etwa G7 verfolgen lassen, von da ab überwiegt die Flächendichte der Feldsterne. Liegt der gleiche Haufen jedoch in 1000 pc Entfernung, so ist die Flächendichte seiner hellsten Sterne nur 2.3mal größer als die der gleichhellen Feldsterne, und der Haufen würde nur als eine zufällige Verdichtung des Felds betrachtet werden. Ein jüngerer Haufen dagegen würde sich auch in 1000 pc Entfernung noch deutlich vom Feld abheben, und seine Hauptreihe wäre etwa bis F9 zu verfolgen. Offene Sternhaufen haben nur eine begrenzte Lebensdauer, da sie sich im Lauf der Zeit auflösen. Da die Haufenmitglieder innerhalb eines Haufens durch die Gravitationskräfte nur relativ schwach aneinander gebunden sind (sehr viel schwächer als z. B. die Mitglieder eines Kugelhaufens) und anderseits die einzelnen Mitglie-

12.2 Sternhaufen

der sich relativ zueinander bewegen, tritt vergleichsweise oft der Fall auf, daß ein Mitglied die Fluchtgeschwindigkeit überschreitet und so den Haufen verläßt.

Einige offene Sternhaufen stehen so dicht bei uns, daß ihre Sterne sich über einen weiten Bereich der Sphäre verteilen und daher schwer von den Feldsternen zu unterscheiden sind. Sie fallen dann nur dadurch auf, daß alle Mitglieder des Haufens untereinander etwa die gleiche räumliche Geschwindigkeit besitzen, während die Geschwindigkeiten der Feldsterne über einen weiten Bereich streuen. Meist kennt man nicht die räumlichen Geschwindigkeiten, sondern nur die Eigenbewegungen der Sterne an der Sphäre (s. 7.5.2). Die Zusammengehörigkeit des Haufens äußert sich dann dadurch, daß alle Eigenbewegungen seiner Mitglieder auf ein und denselben Punkt der Sphäre zeigen.

Sternhaufen, deren Mitglieder man weniger durch ihre auffällige räumliche Konzentration zu einem Haufenzentrum findet, als durch die Gleichartigkeit ihrer Bewegungen, nennt man Bewe-

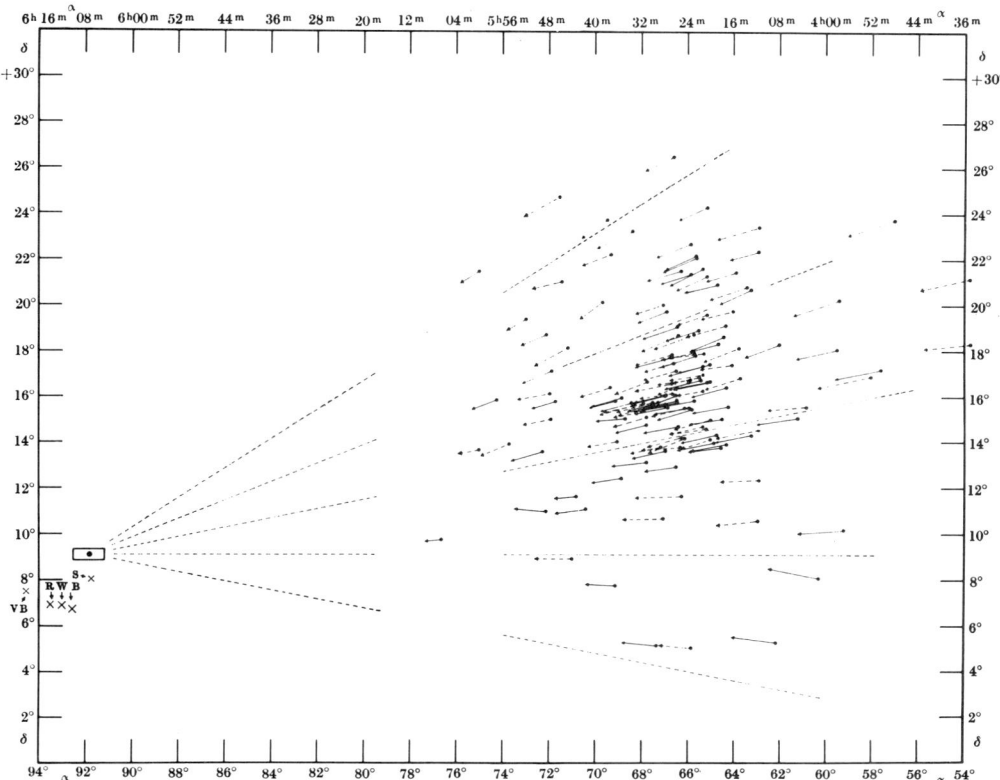

Der Bewegungshaufen der Hyaden. Die Eigenbewegungen der einzelnen Sterne sind nach Größe und Richtung in ihren Positionspunkten aufgetragen. Sie weisen alle nach einem entfernt liegenden Konvergenz- oder auch Fluchtpunkt. Durch die gleiche Bewegungsrichtung wird die Zusammengehörigkeit der Hyaden-Sterne erkennbar

gungshaufen. Aus größerem Abstand betrachtet, würden die meisten Bewegungshaufen als ganz normale offene Sternhaufen erscheinen. Eine Ausnahme bildet der Ursa Major-Haufen, der kein dichteres Zentrum erkennen läßt und der, aus der Entfernung betrachtet, überhaupt nicht als Haufen auffallen würde. (Die meisten hellen Sterne des Großen Bären sind Mitglieder dieses Bewegungshaufens.) Er scheint sich im Stadium fortgeschrittener Auflösung zu befinden. Beispiele mit gut sichtbarem Zentrum sind die Plejaden (das Siebengestirn) und die Hyaden (Sterngruppe um Aldebaran im Stier), deren hellste Sterne auch mit bloßem Auge gut zu sehen sind. Weitere Beispiele sind die Bewegungshaufen um Praesepe und im Perseus. Die Spalte »Sterndichte« der Tabelle auf S. 427 (Sterne pro pc^3) bezieht sich auf das Zentrum des Haufens. Zum Vergleich: Die Dichte in Sonnenumgebung beträgt 0.09 Sonnenmasse/pc^3. Die hier aufgeführten Werte für Dichte und Anzahl sind nur untere Grenzen; die meisten der Haufen dürften eine noch sehr viel größere Anzahl an masseärmeren, lichtschwächeren Sternen enthalten.

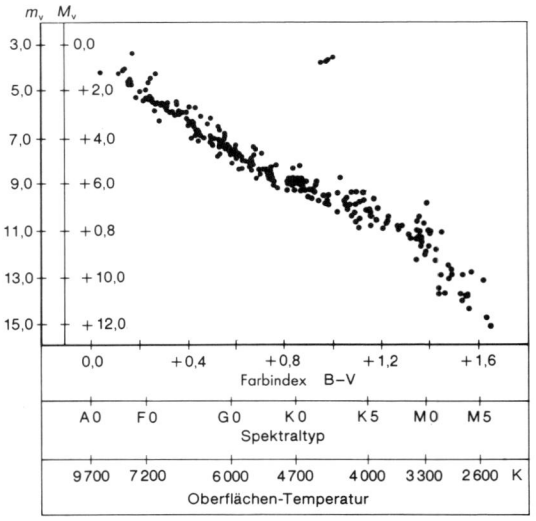

Farben-Helligkeits-Diagramm der Hyaden

12.2.3 Kugelförmige Sternhaufen

Im Hertzsprung-Russell-Diagramm der Kugelhaufen ist die Hauptreihe nur noch bis zur absoluten Helligkeit $M = +3.5$ mit Sternen besetzt. Alle helleren Sterne, d. h. Sterne mit mehr als 1.3 Sonnenmassen, haben die Hauptreihe bereits infolge ihrer Entwicklung verlassen (s. 9.3.2). Die Kugelhaufen sind somit die ältesten Objekte, die wir kennen. Ihr Alter beträgt nach neueren Abschätzungen über 10 Milliarden Jahre. Die Metallhäufigkeiten in den Kugelhaufen sind sehr niedrig; im Extremfall betragen sie nur etwa 0.004% der solaren Häufigkeiten. Die Kugelhaufen gehören deshalb zur (metallarmen) Halopopulation II. Vermutlich sind

12.2 Sternhaufen

sie in einem Frühstadium des Milchstraßensystems entstanden, als dieses noch eine etwa runde, turbulente Gasmasse war. Hierfür sprechen Alter, räumliche Verteilung und Geschwindigkeiten der Kugelhaufen.

Daten über kugelförmige Sternhaufen

Anzahl der Sterne in Kugelhaufen	100 000 ... 5 000 000
Mittlere integrale Spektralklasse	F 8
Mittlerer integraler Farbindex	
Korr. wegen Raumrötung	$B-V = +0.7$
Mittlere visuelle absolute Helligkeit	$M_{vis} = -7.3$
Geschätzte Anzahl der Kugelhaufen des Milchstraßensystems	300

Die Riesensterne der Kugelhaufen haben alle etwa 1.3 Sonnenmassen oder nur wenig mehr. Sie gliedern sich in zwei Äste: einen aufsteigenden rechten Ast und einen waagerechten Ast, der in seiner linken Hälfte (bei allen Kugelhaufen etwa an der gleichen Stelle) ein schmales Gebiet hat, in dem nur Veränderliche liegen. Gelegentlich werden auch an der obersten Spitze des aufsteigenden Asts einige Veränderliche beobachtet. Die Riesen und Veränderlichen befinden sich in fortgeschrittenen Stadien der Entwicklung. – Die Hertzsprung-Russell-Diagramme der verschiedenen Kugelhaufen zeigen nur geringfügige Abweichungen voneinander. Die Kugelhaufen enthalten nur Sterne, keine nachweisbaren Mengen von Gas. Man darf annehmen, daß alles Gas, das in ihnen anfangs bei der Sternentstehung noch vorhanden war oder das im Lauf der fortgeschrittenen Entwicklung von Sternen wieder abgestoßen wurde, bei jedem Durchpendeln des Haufens durch die Ebene des Milchstraßensystems aus dem Haufen (durch die Gas-

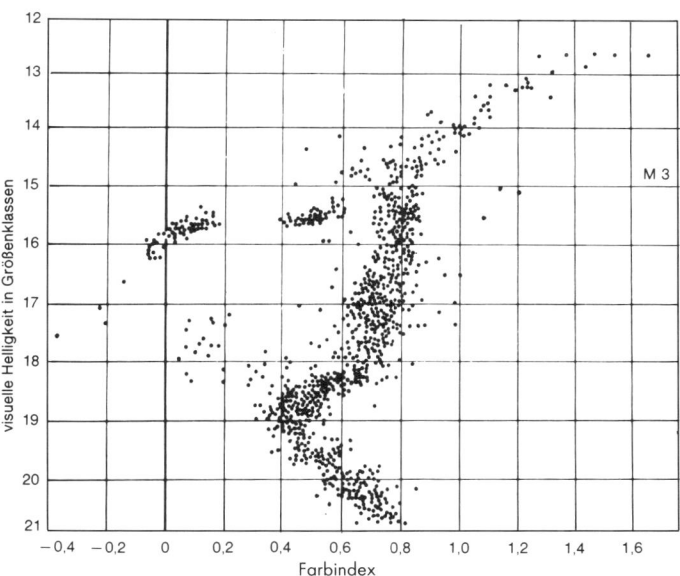

Hertzsprung-Russell-Diagramm des Kugelsternhaufens M 3

Räumliche Verteilung der Kugelhaufen

R/kpc	ϱ
0 – 2	270
2 – 4	47
4 – 6	30
6 – 8	6.4
8 – 10	4.9
10 – 15	1.0
15 – 20	0.31
20 – 30	0.088
30 – 40	0.019

R Abstand vom Zentrum der Galaxis, ϱ Dichte (Kugelhaufen pro tausend kpc³)

massen) »herausgefegt« worden ist. Die Kugelhaufen sind über den Halo des Milchstraßensystems verteilt. Ihre Häufigkeit nimmt vom Zentrum des Milchstraßensystems nach außen schnell, aber gleichmäßig ab (s. Tabelle). Auch in sehr großer Entfernung sind noch einige Kugelhaufen zu sehen.

Im Innern der Kugelhaufen stehen die Sterne relativ dicht beieinander. Die Dichte im Zentrum von M 3 dürfte etwa 1000mal größer sein, als die Dichte der Feldsterne in Sonnenumgebung. Die Massen der Kugelhaufen sind nur selten und nicht sehr genau bekannt (s. 12.2) und liegen zwischen einige zehntausend und ein bis zwei Millionen Sonnenmassen.

Nicht nur unser Milchstraßensystem, auch andere Sternsysteme sind von einem Halo von Kugelhaufen umgeben. Beim Andromeda-Nebel sind etwa 200 Kugelhaufen beobachtet worden. Kugelhaufen werden inzwischen zur Entfernungsbestimmung von Galaxien benützt.

Auswahl einiger Kugelhaufen

(RG Radialgeschwindigkeit, [Fe/H] Logarithmus der Eisenhäufigkeit relativ zur Sonne)

Name	Galaktische Koordinaten		Durchmesser		Entfernung [kpc]	visuelle Helligkeit $[m_{vis}]$	RG [km/s]	[Fe/H]
	l	b	Winkel [']	linear [pc]				
47 Tuc	306	− 45	30.9	41	4.6	4.01	− 14	− 0.71
NGC 2419	180	+ 25	4.1	111	93.1	10.37	− 20	− 2.10
M 68	300	+ 36	12.0	35	9.6	8.20	− 116	− 2.09
M 53	333	+ 80	12.6	62	17.2	7.76	− 79	− 2.04
ω Cen	309	+ 15	36.3	51	4.8	3.65	+ 228	− 1.59
M 3	42	+ 79	16.2	47	9.9	6.38	− 150	− 1.66
M 4	351	+ 16	26.3	17	2.1	5.91	+ 64	− 1.33
M 5	4	+ 47	17.4	38	7.6	5.75	+ 52	− 1.40
M 13	59	+ 41	16.6	33	7.2	5.87	− 248	− 1.65
M 12	16	+ 12	14.5	24	5.5	6.60	− 44	− 1.61
M 62	354	+ 7	14.1	24	6.0	6.66	− 61	− 1.28
M 19	357	+ 10	13.5	27	7.3	7.15	+ 121	− 1.68
M 92	68	+ 35	11.2	26	7.8	6.53	− 118	− 2.24
M 22	10	− 8	24.0	22	3.1	5.09	− 153	− 1.75
M 55	9	− 23	19.0	28	5.2	6.95	+ 167	− 1.82
NGC 7006	64	− 19	2.8	29	34.7	10.68	− 385	− 1.59
M 15	65	− 27	12.3	35	9.4	6.36	− 114	− 2.15

12.2.4 Leuchtkraftfunktion und Masse von Sternhaufen

Die Leuchtkraftfunktion gibt die Verteilung der absoluten Helligkeiten an. Sie ist definiert als die Anzahl von Sternen pro Größenklasse. Für die Sterne der Sonnenumgebung z. B. kennt man die Leuchtkraftfunktion bis herunter zu den Sternen 14. Größe, einige Abschätzungen gehen auch bis zu noch schwächeren Sternen. Soweit die Leuchtkraftfunktion gut bekannt ist, steigt sie immer weiter an in Richtung der schwachen Sterne. Das heißt, die Häufigkeit der Sterne ist um so größer, je weniger hell sie sind, und die hellsten Sterne sind am seltensten.

12.2 Sternhaufen

Betrachtet man nur die Sterne der Hauptreihe im HRD, so besteht ein eindeutiger Zusammenhang zwischen der absoluten Helligkeit und der Masse (s. 7.8.2). Die Leuchtkraftfunktion gibt also zugleich auch die Verteilung der Masse der Sterne an. Kennt man die Leuchtkraftfunktion einer Gruppe von Sternen, so läßt sich damit auch die Gesamtmasse des Systems aufsummieren.

Die Sternhaufen sind meist sehr weit entfernt, so daß ihre schwächeren Sterne nicht mehr sichtbar sind:

Leuchtkraftfunktion von:	nur bekannt bis höchstens:
offenen Haufen	$M_v = +13$
Assoziationen	$M_v = -1$
Kugelhaufen	$M_v = +8$

Nur selten reichen die Messungen so weit wie hier aufgeführt, aber auch dann genügen sie nicht, um die Gesamtmasse eines Sternhaufens zu bestimmen. Nimmt man versuchsweise an, daß die Leuchtkraftfunktion zu den schwächeren Sternen in den Sternhaufen hin genauso verläuft wie bei den Feldsternen der Sonnenumgebung, so ergeben sich als Mittelwerte etwa für:

offene Haufen	1 000 Sonnenmassen,
Assoziationen	2 000 Sonnenmassen,
Kugelhaufen	100 000 Sonnenmassen.

Es gibt noch eine zweite Methode, die Masse eines Haufens zu bestimmen. Kennt man die mittlere Geschwindigkeit der Sterne, die sie in bezug auf den Haufen besitzen, so läßt sich unter der Annahme, daß sich der Haufen in einem stationären Zustand befindet, die Anziehungskraft des Haufens berechnen, die gerade nötig ist, um die Sterne im Haufen zu halten. Aus dieser Kraft errechnet sich die Masse des Haufens. Diese Methode ist nicht anwendbar auf Assoziationen, weil diese sich mit Sicherheit nicht in einem stationären Zustand befinden. Ihre Anwendung ist schwierig bei offenen Haufen, weil deren Sterne nur sehr kleine Relativgeschwindigkeiten besitzen (höchstens bis 1 km/s), aber sie ist auch schwierig bei Kugelhaufen wegen deren großen Entfernungen, trotz Geschwindigkeiten von etwa 10 km/s. Die folgende Tabelle zeigt einige Ergebnisse, zusammen mit Abschätzungen aus der Leuchtkraftfunktion. Aus der guten Übereinstimmung darf man schließen, daß in den Sternhaufen, ähnlich wie in der Sonnenumgebung, noch eine große Anzahl lichtschwacher Sterne vorhanden ist.

Massebestimmung nach zwei Methoden

	nach Leuchtkraftfunktion	nach Geschwindigkeiten	Anzahl der sichtbaren Sterne
Plejaden	550 Sonnenmassen	480 Sonnenmassen	120 Sterne
Praesepe	690 Sonnenmassen	850 Sonnenmassen	100 Sterne
M 92	200 000 Sonnenmassen	140 000 Sonnenmassen	10 000 Sterne

13 Das Milchstraßensystem

Könnten wir das Milchstraßensystem, das Sternsystem, in dem unsere Sonne steht, und das wir daher nur von innen kennen, von außen aus großer Entfernung betrachten, so würden wir es wahrscheinlich als eine Spiralgalaxie vom Typ Sb (s. 14.3) klassifizieren, möglicherweise als einen Übergangstyp zu Sc. Diese Feststellung, für die bei extragalaktischen Systemen nicht viel mehr erforderlich wäre als die Beurteilung einer Aufnahme, ist für unsere eigene Galaxis das Ergebnis intensiver und vielfältiger Untersuchungen. Natürlich werden dabei auch Details erkannt, die bei andern Galaxien nicht beobachtbar wären, insofern hat der Blick von innen auch seine Vorteile. Viele der so gewonnenen Erkenntnisse lassen sich auf andere Spiralgalaxien übertragen, so daß die extragalaktische Forschung und die Erforschung der Struktur unseres Milchstraßensystems sich in besonderer Weise ergänzen.

13.1 Struktur und Gestalt

Die ersten Überlegungen bezüglich der Gestalt unseres Sternsystems sind sehr einfach und direkt: Wir gehen davon aus, daß

- das Band der Milchstraße die Himmelskugel etwa längs eines Großkreises umschließt,
- die Milchstraße sich im Teleskop in unzählige schwache Einzelsterne auflösen läßt,
- die nahen, hellen Sterne etwa gleichmäßig an der Sphäre verteilt sind.

Wir schließen daraus, daß wir uns nahezu in der Symmetrieebene eines flachen, seitlich weit ausgedehnten Sternsystems befinden. Dies waren auch die wesentlichen Schlußfolgerungen, die J. C. Kapteyn um die Jahrhundertwende aus den Beobachtungen zog.

Nach Kapteyn befindet sich die Sonne (☉) etwa im Zentrum eines flachen Sternsystems

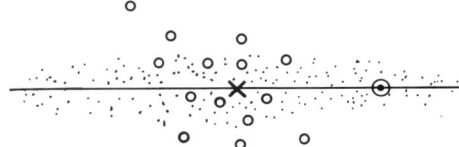

Shapley hat gezeigt, daß das Zentrum (×) des Systems der Kugelsternhaufen (o), und damit vermutlich auch das Zentrum des gesamten Sternsystems, in etwa 8 bis 10 kpc Entfernung von der Sonne (☉) liegt

Er erweiterte sie noch um die – wie sich später herausstellte, falsche – Vorstellung, daß sich die Sonne in der Mitte eines derartigen scheibenförmigen oder ellipsoidischen Systems befinde. Heute ist klar, daß es die Absorption im interstellaren Medium ist, die die Sicht in der Ebene der Scheibe nach allen Richtungen etwa gleichförmig begrenzt und so zu der Annahme verführt, die Sonne befinde sich im Mittelpunkt des Systems.

Durch Beobachtungen von Kugelhaufen (auch in höheren galaktischen Breiten und die Bestimmung ihrer Entfernungen mit Hilfe der Perioden-Leuchtkraft-Beziehung der Cepheiden) hat H. S. Shapley (1885–1972) 1918 gezeigt, daß das Zentrum des Systems der Kugelhaufen und damit auch des galaktischen Systems in etwa 8 bis 10 kpc Entfernung in Richtung des Sternbilds Sagittarius liegt.

Senkrecht zur galaktischen Ebene, der Symmetrieebene des Milchstraßensystems, fällt die Dichte der Sterne rasch ab. Im Gegensatz hierzu steht das Verhalten in der galaktischen Ebene selber. Hier sind einem langsamen Abfall mit zunehmender Entfernung vom galaktischen Zentrum Schwankungen überlagert, die als Spiralarme gedeutet werden können.

Sternzählungen, auf denen diese Aussage beruht, sind wegen der starken Absorption durch interstellare Materie nur bis zu einer Entfernung von etwa 2 kpc möglich. In größeren Entfernungen kann zwar die Dichte des interstellaren Mediums noch durch die Beobachtung der 21 cm-Linie bestimmt werden, die Gesamtdichte, also Sterne plus interstellare Materie, ist jedoch nur noch indirekt aus der Rotationsgeschwindigkeit der Galaxis (s. 13.2) zu erschließen. – Die Tabelle gibt einen ungefähren Anhalt für den Dichteverlauf in der galaktischen Scheibe.

Dichteverlauf der galaktischen Scheibe

Abstand vom Zentrum in kpc	Dichte (Sterne und interstellares Medium) in 10^{-24} g cm^{-3}
1	200
2	120
4	60
6	35
8	20
10	10
12	5
14	2.5
16	1.5
18	1
20	0.5

13.1 Struktur und Gestalt

Südliche Milchstraße von Vela bis Sagittarius (Weitwinkelaufnahmen von H. Vehrenberg)

Die Spiralstruktur ist relativ schwierig nachzuweisen, da sie in der allgemeinen Sterndichte nur schwach ausgeprägt ist. Viel deutlicher kann sie an den jungen O- und B-Sternen, den HII-Regionen, und an den jungen Sternhaufen (s. 9.4) erkannt werden. So verwendet man diese Objekte als Spiralarm-Indikatoren. Mißt man ihre Entfernungen und trägt sie zusammen mit ihren galaktischen Längen (s. 1.3) in ein Diagramm ein (s. nächste Seite), so erkennt man einigermaßen deutlich Abschnitte von drei Spiralarmen. Sie werden nach den Sternbildern bezeichnet, in denen sie vorwiegend gesehen werden: der Perseus-Arm (rechts oben), der Orion-Arm, der – da er die Sonne enthält – auch als lokaler Arm bezeichnet wird, und der Sagittarius-Arm (links unten).

Relativ wenig Aufschluß über die Spiralstruktur gibt die Flächenhelligkeit der Milchstraße, sie ist zu sehr durch die Verteilung dunkler, also absorbierender interstellarer Materie beeinflußt. Sehr viel deutlicher sind die Spiralarme an der Verteilung des interstellaren neutralen Wasserstoffs zu erkennen, wie sie aus der Beobachtung der 21 cm-Linie abgeleitet wurde (s. 10.2.1).

Aber auch diese Methode der Bestimmung der Lage der Spiralarme hat ihre Schwierigkeiten, die daher rühren, daß die Entfernungen der Gasmassen, die die 21 cm-Linie emittieren, nur sehr indirekt aus den Doppler-Verschiebungen dieser Linie erschlossen werden können. Man muß hierfür Annahmen über den Bewegungszustand des Wasserstoffgases machen. Da sich lokale Abweichungen vom globalen Geschwindigkeitsfeld und von der mittleren Dichteverteilung völlig gleichartig auf das Spektrum auswirken, sind zuverlässige Rückschlüsse auf die radiale Dichteverteilung nur möglich, wenn bereits ein Modell der Dynamik der Milchstraße zugrunde gelegt wird, das einen Zusammenhang zwi-

13 Das Milchstraßensystem

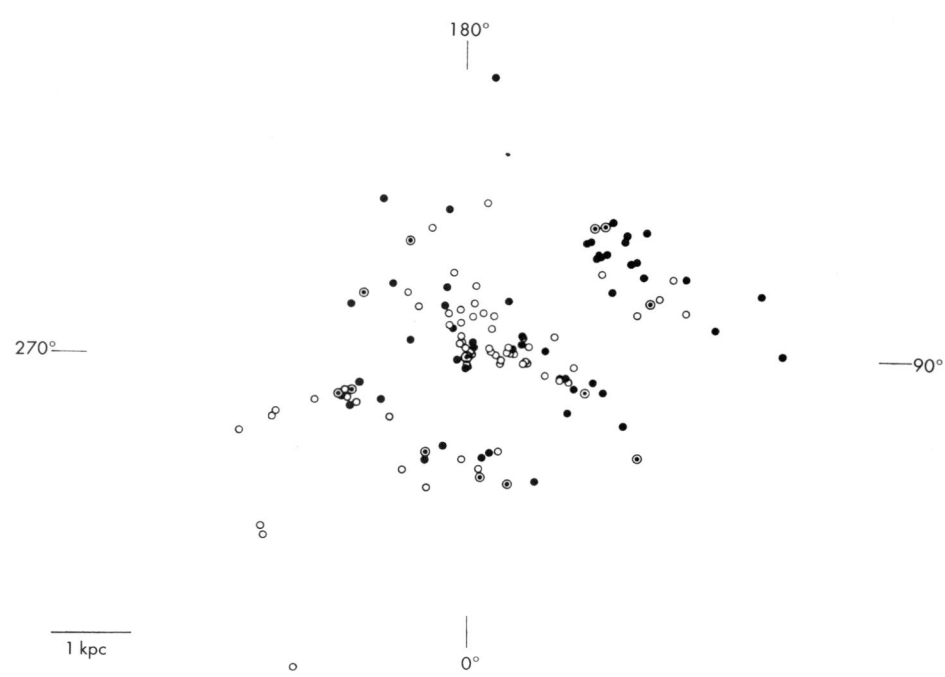

Verteilung der jungen galaktischen Sternhaufen ●, der HII-Regionen ○ und der Sternhaufen mit HII-Regionen ⊙ in der Milchstraßenebene. Die Sonne befindet sich im Mittelpunkt des Koordinatensystems; die galaktische Länge $l = 0$ ist die Richtung zum galaktischen Zentrum

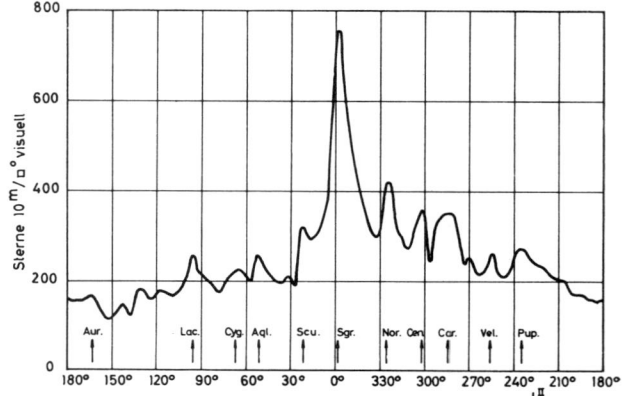

Maximalwerte der Flächenhelligkeit der Milchstraße im visuellen Licht (bei 550 nm) in Abhängigkeit von der galaktischen Länge

13.1 Struktur und Gestalt

schen der Dichteverteilung des Gases und seinem Geschwindigkeitsfeld (kurz das Rotationsgesetz) ausdrückt.

Die Ansichten über die Ursache der Spiralstruktur haben sich mit der Zeit gewandelt. Während man diese Struktur früher primär als Folge von turbulenten Strömungen des interstellaren Gases in Verbindung mit der differentiellen Rotation (innen schneller als außen) der Galaxis zu verstehen suchte, geht man heute davon aus, daß es sich hier vorwiegend um eine Erscheinung der Stellardynamik handelt.

Man konnte zeigen, daß die Verteilung der Sterne, die um ein gemeinsames Massezentrum gleichsinnig umlaufen, nicht gleichförmig zu sein braucht, wenn man die wechselseitige Anziehung in den Rechnungen berücksichtigt. Es gibt insbesondere zunehmend Hinweise darauf, daß – wegen der Symmetrie des Systems und der gleichsinnigen Rotation – Dichtestörungen von Spiralstrukturen besonders leicht auftreten können. Zwar ist es bisher nicht gelungen, diese zuerst von Lin propagierte Theorie im Sinn einer Störungstheorie so weit durchzuführen, daß beispielsweise die Anwachsraten für verschiedene Störungstypen wirklich berechnet werden könnten, aber Simulationen der Dynamik von Galaxien als Vielteilchensysteme mit Hochleistungscomputern belegen das Auftreten von Spiralstrukturen als natürliches Störungsmuster. Typische Ergebnisse solcher Rechnungen sind in zwei Abbildungen dargestellt.

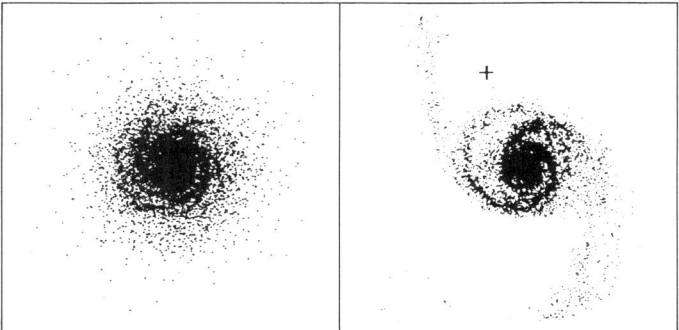

Numerische Rechnungen von Galaxien als Ansammlungen tausender gravitierender Teilchen. Links: Die Fluktuationen des Gravitationsfelds selbst erzeugen enge Mehrfach-Spiralstrukturen. Rechts: Die Störung des galaktischen Gravitationspotentials durch ein externes Potential + (wie z. B. die Magellanschen Wolken) erzeugt vorzugsweise weit offene, einfache Spiralen. (Nach: Wielen, R. (ed.): Dynamics and Interactions of Galaxies, Springer, Berlin 1989)

Geht man von diesen Vorstellungen aus, so hat man anzunehmen, daß auch das Gravitationsfeld der Galaxis eine Störung von spiraliger Struktur hat, und daß diese sich dann in der Verteilung des interstellaren Gases besonders stark bemerkbar macht. Die starke Bevorzugung der Bereiche mit niedrigstem Gravitationspotential (in unserm Fall also der Spiralarme) durch das Gas, die ja ihren

Ausdruck auch in der Tatsache findet, daß das interstellare Gas in unserer Galaxis ein besonders flaches System bildet (s. 10.7), rührt von den starken Reibungsverlusten der turbulenten Strömungen her. Die höhere Gaskonzentration in den Armen macht diese dann zu Bereichen hoher Sternentstehungsraten und damit zu optisch auffälligen Gebilden.

Die Spiralarme stellen jedoch nur einen kleinen Teil der Masse der Scheibe dar, sie fallen nur stark auf durch ihre vielen extrem hellen jungen Sterne und die von diesen beleuchteten Gasnebel. Die weitaus größere Masse der älteren Sterne ist gleichmäßig über die Scheibe verteilt, hat jedoch ihre ehemals hellen Sterne inzwischen durch die Sternentwicklung verloren (s. 9.4).

Das Spiralsystem ist eingebettet in eine wesentlich größere, etwa kugelförmige »Wolke« geringer Dichte, den sogenannten Halo. Ihm gehören die Kugelhaufen an, aber auch viele einzelne Sterne. Unter ihnen sind besonders die RR Lyrae-Sterne bekannt und näher untersucht (s. 8.1.1). Die äußeren Bereiche, die nach neuesten Erkenntnissen noch weit über den »klassischen« Halo bis zu den Magellanschen Wolken hinausreichen, bezeichnet man heute als Korona. Halo und Korona tragen wahrscheinlich den überwiegenden Teil zur Gesamtmasse des Milchstraßensystems bei.

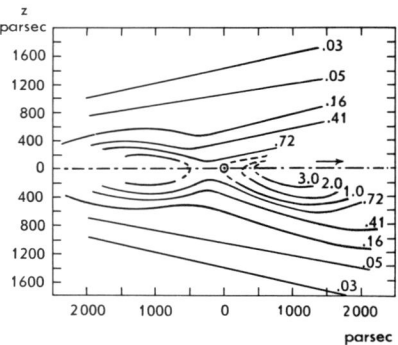

Linien gleicher Sterndichte in einem Schnitt, der senkrecht auf der galaktischen Ebene steht und durch die Sonne (☉) und durch das galaktische Zentrum (in Pfeilrichtung) geht. Die Dichte in Sonnenumgebung ist gleich 1 gesetzt (nach Oort)

13.2 Rotation

Die ganze Scheibe des Milchstraßensystems rotiert um ihre Hochachse, jedoch nicht wie ein starrer Körper, sondern jeder einzelne Stern des Systems durchläuft seine eigene Bahn, die annähernd kreisförmig das Zentrum des Milchstraßensystems umschließt. Für Sterne in verschiedenen Abständen von diesem Zentrum sind auch die Umlaufgeschwindigkeiten verschieden, da die Bewegung jedes Sterns der Bedingung genügen muß, daß die Zentrifugalkraft aufgrund der Bahnbewegung gerade im Gleichgewicht steht mit der Gravitationskraft, die von der Gesamtheit aller andern Sterne ausgeübt wird. Dieser allgemeinen galaktischen Rotation, die von der Größenordnung 150 bis 250 km/s ist, sind die meist viel kleineren Pekuliarbewegungen der Sterne überlagert.

In unserer näheren Umgebung (bis etwa 2 kpc Entfernung) kann die Rotationsgeschwindigkeit durch Messen der Radialgeschwindigkeiten und der Eigenbewegungen vieler Sterne und anschließendes Mitteln (bei dem sich der Anteil der Pekuliarbewegungen im wesentlichen heraushebt) erhalten werden. Für größere Entfernungen verhindert die interstellare Absorption umfassende optische Beobachtungen. Im Innern der Sonnenbahn liefern radioastronomische Messungen der 21 cm-Linie des neutralen Wasserstoffs zuverlässige Informationen über die Rotationsbewegung. Innerhalb eines Abstands von 3 kpc vom galaktischen Zentrum ist die Dichteverteilung des neutralen Wasserstoffs jedoch sehr viel komplizierter, so daß Messungen von Einzelobjekten hinzugezogen werden müssen. Auch außerhalb der Sonnenbahn ist die Datenreduktion erheblich schwieriger, so daß der Wert der Rotationsgeschwindigkeit noch größeren Unsicherheiten unterliegt. Als gesichert gilt, daß die »Rotationskurve« bei mindestens 30 kpc noch flach verläuft. Die Entfernung, in der die Rotationskurve in die Kepler-Rotation übergeht, ist allerdings nach wie vor Gegenstand kontroverser Diskussionen.

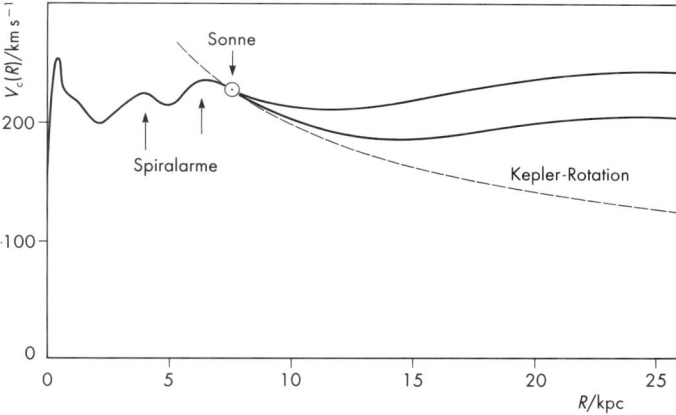

Rotationskurve des Milchstraßensystems. Innerhalb der Sonnenbahn zeigt die Kurve die Störungen im Geschwindigkeitsfeld durch die Anwesenheit von Dichtewellen (Spiralarme). Sie bezieht sich auf Beobachtungen von der Nordhalbkugel aus (in Bewegungsrichtung der Sonne). Die Rotationskurve in entgegengesetzter Richtung (Südhalbkugel) weicht zwar im Detail ab, zeigt aber das gleiche prinzipielle Verhalten. Außerhalb der Sonnenbahn deuten die beiden Kurven etwa den derzeitigen Unsicherheitsbereich an

13.3 Masse

Es wurde bereits erwähnt, daß für jeden Stern auf seiner Bahn um das galaktische Zentrum Gleichgewicht herrscht zwischen der Fliehkraft und der von allen andern Sternen ausgeübten Anziehungskraft. Deswegen kann aus dem Verhalten der Rotationsgeschwindigkeit in Abhängigkeit vom Abstand zum Zentrum – also aus dem Rotationsgesetz – auf die Masseverteilung im Milchstraßensystem und damit letztlich auch auf seine Gesamtmasse geschlossen werden. Bei kugelförmiger Masseverteilung ist die Geschwindigkeit, mit der eine Bahn durchlaufen wird, vollständig bestimmt durch den Masseanteil, den sie umschließt. Da die Masseverteilung der Galaxis aber von der sphärischen Symmetrie abweicht, erfordert dieses Prinzip zusätzliche Annahmen und Modellvorstellungen und ist daher nicht eindeutig.

Die folgende Figur zeigt ein Modell der Masseverteilung in der Galaxis, das mit den gemessenen Rotationsgeschwindigkeiten bis zu einem Zentrumsabstand von etwa 15 kpc verträglich ist.

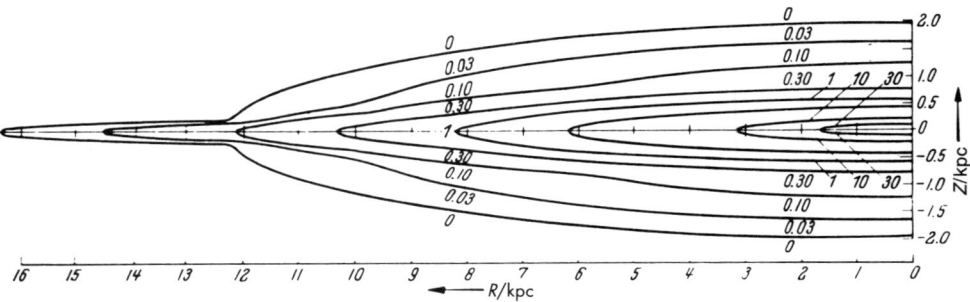

Die Dichteverteilung in der Galaxis, wie sie von M. Schmidt aus der Rotation abgeleitet wurde. Die Dichte in der Sonnenumgebung wurde gleich 1 gesetzt

Dunkle Materie

Würden die weit außen liegenden Massen im wahren Sinn des Wortes nicht mehr ins Gewicht fallen, so müßten von dort an die Bahngeschwindigkeiten entsprechend dem dritten Keplerschen Gesetz (s. 3.2.1) mit $1/\sqrt{r}$ (r Abstand vom Zentrum) abnehmen. Ein derartiges Verhalten ist aber weder bei unserm Milchstraßensystem (die Rotationsdaten sind hier noch sehr unsicher) noch bei andern Spiralgalaxien festgestellt, eher die Tendenz zu nahezu konstanten Rotationsgeschwindigkeiten. Ein analoges Verhalten der Rotationskurven hat man auch bei andern Spiralgalaxien gefunden (s. 14.6.1). Man muß hieraus den Schluß ziehen, daß auch in sehr großen Abständen vom Zentrum unseres Milchstraßensystems noch merkliche Bruchteile der Gesamtmasse liegen.

Da sich der Widerspruch zwischen sichtbarer und dynamischer Masse mit zunehmender Längenskala verschärft (für Galaxienhaufen deckt die sichtbare Masse nur noch wenige Prozent der dynamisch erforderlichen Massen ab), hat das Problem der »dunklen Materie« (missing-mass problem) inzwischen kosmische Dimensionen angenommen. Zu den Lösungsvorschlägen gehören so exotische und heftig umstrittene Hypothesen wie riesige Neutrinoansammlungen (wenn sich herausstellen sollte, daß die Neutrinos tatsächlich eine nicht verschwindende Ruhmasse hätten) und primordiale Schwarze Löcher (s. 8.7.3). Ein aktueller interessanter Lösungsvorschlag von E. A. Valentijn ist die Beobachtung, daß auch in Aufsicht gesehene Spiralgalaxien anscheinend nicht, wie man immer angenommen hatte, durchsichtig sind. Damit wäre ein Teil der fehlenden Materie einfach in sichtbarer Materie zu suchen,

13.4 Sternpopulationen

die durch Absorption verborgen bleibt. Für den Astronomen ist es auf jeden Fall eine Herausforderung, feststellen zu müssen, daß der wesentliche Teil der Masse in unserer Galaxis und eventuell im ganzen Kosmos für ihn unsichtbar ist.

13.4 Sternpopulationen

Die Beobachtungen zeigen, daß der bereits erwähnte Abfall der Sterndichte in Z-Richtung, also in Richtung senkrecht zur galaktischen Ebene, für Sterne verschiedenen Typs unterschiedlich ist. Es gilt offenbar die Regel: je jünger die Sterne sind, umso steiler ist der Abfall, um so stärker also die Konzentration zur galaktischen Ebene.

Eine unmittelbare Konsequenz der unterschiedlichen Verteilung der verschiedenen Sterntypen ist, daß die Zusammensetzung der »Sternbevölkerung« in unserm galaktischen System nicht überall gleich sein kann. Dieser von W. Baade 1944 eingeführte Begriff, für den er die Bezeichnung Sternpopulation (kurz: Population) prägte, hat sich als sehr fruchtbar erwiesen. Man kann eine Sternpopulation etwa wie folgt definieren:

> Eine Population umfaßt alle Sterne, deren räumliche Verteilung im Sternsystem, deren Bewegungsverhältnisse, aber auch deren chemische Zusammensetzung oder Alter ähnlich ist.

Baade unterschied die Population I, die den wesentlichen Teil der Sterne in der Scheibe unseres Milchstraßensystems umfaßt, und die Population II, der die Sterne des galaktischen Halo angehören. Diese Einteilung wurde beibehalten, aber seither erheblich verfeinert.

Mittlerer Abstand verschiedener Komponenten des Milchstraßensystems von der galaktischen Ebene an der Stelle der Sonne

Komponente	Z/kpc	Komponente	Z/kpc
OB-Assoziationen	0.07	Planetarische Nebel	0.14
CO-Wolken	0.05	Novae	0.4
interstellarer molekularer Wasserstoff (H$_2$)	0.06	gal. Magnetfeld, kosmische Strahlung	0.35 ... 0.75
Cepheiden	0.07	freie Elektronen	0.5 ... 1.0
B ... F-Sterne	0.08	gal. Röntgenquellen	0.6
diskrete Quellen von γ-Strahlung	0.1	Mira-Sterne	0.25 ... 0.4
A0-Sterne	0.09	intermediäre Pop. II (langperiodische Veränderliche)	0.6 ... 0.9
Pop. I (allgemein)	0.09 ... 0.29	RR Lyrae-Sterne (kurzperiodisch)	0.4
interstellarer neutraler Wasserstoff (H I)	0.1	Pop. II (allgemein)	1 ... 4
Pulsare	0.23 ... 0.38	RR Lyrae-Sterne (langperiodisch)	2
H II-Gebiete	0.12	extreme Unterzwerge	2
F ... G-Sterne	0.15	Kugelhaufen	2 ... 10
K ... M-Sterne	0.27		

Der Dichteabfall senkrecht zur galaktischen Ebene für verschiedene Spektralklassen. Die Dichte in der Ebene ist gleich 1 gesetzt

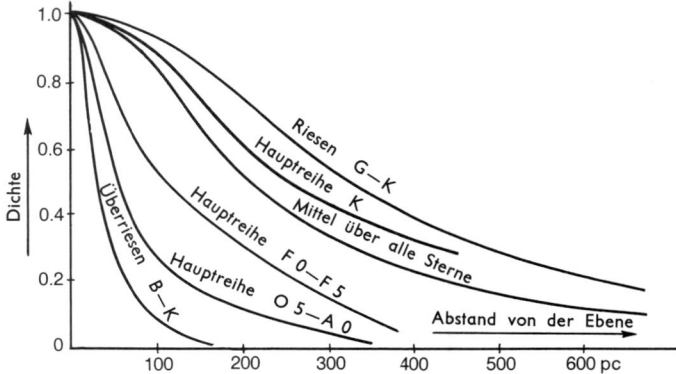

In die folgende Tabelle sind außer dem Abstand von der galaktischen Ebene noch weitere, für die Populationen charakteristische Daten eingetragen.

Das Milchstraßensystem besteht also aus zwei Sternsystemen: einem scheibenförmigen, flachen System, das rotiert und dem die Sterne der Population I zugehören, und einem mehr sphärischen System, das nicht rotiert und das die Sterne der Population II umfaßt. Beide Systeme durchdringen sich, so daß in der Umgebung der Sonne – die selber ein Stern der Population I ist – neben Sternen der Population I, die überwiegen, auch solche der Population II vorkommen. Sie sind daran erkennbar, daß sie nicht – wie wir – an der allgemeinen galaktischen Rotation teilnehmen, sich also von uns aus gesehen rasch gegen die allgemeine Rotation zu bewegen scheinen. Derartige Sterne werden wegen ihrer hohen Relativgeschwindigkeiten als Schnelläufer bezeichnet.

Schnelläufer in der Sonnenumgebung

Man kann Zusammenhänge veranschaulichen, wenn man im sog. Bottlinger-Diagramm die Raumgeschwindigkeiten der Sterne relativ zur Bewegung der sonnennahen Sterne aufträgt (s. S. 446). U ist dabei die Geschwindigkeitskomponente in der galaktischen Ebene radial nach außen, V die Komponente in Richtung der galaktischen Rotation. In das Diagramm sind etwa 200 Schnelläufer aus der Sonnenumgebung eingetragen. Die durchwegs negativen Werte von V zeigen, daß sie hinter der galaktischen Rotation (für die hier 250 km/s eingesetzt wurde) zurückbleiben. Bei $V = -250$ km/s würden die Sterne Pendelbahnen durch das Zentrum ausführen, bei noch stärkeren negativen Werten sogar gegen den allgemeinen Rotationssinn umlaufen. Eingezeichnet sind ferner Kurven gleicher Bahnexzentrizität ($e = 1$: Pendelbahn, $e = 0$: exakte Kreisbahn) und Kurven gleichen Maximalabstands R vom Zentrum. $R = 10$ kpc ist als Abstand der Sonne gesetzt. Sterne im Bereich $R > 40$ kpc sind nur noch schwach an das Milchstraßensystem gebunden und daher selten.

Der unterschiedliche Bewegungszustand der beiden Sternpopulationen wird auch an der Streuung der Raumgeschwindigkeiten deutlich. Wenn die Sterne auf Kreisbahnen das galaktische Zen-

13.4 Sternpopulationen

	Halo-Population II	Zwischen-(Intermediäre) Population II	Scheibenpopulation	Ältere Population I	Extreme Population I
Wichtigste Mitglieder	Unterzwerge, Kugelhaufen, RR Lyrae-Sterne (Perioden > 0^{d}4)	Schnelläufer mit Geschwindigkeitskomponenten > 30 km/s senkrecht zur galaktischen Ebene (Spektraltyp F bis M), Langperiodische Veränderliche (Perioden < 250^d, Spektraltyp früher als M5)	Planetarische Nebel, Novae, helle Rote Riesen, Sterne des galaktischen Kerns	Sterne mit schwachen Metall-Linien im Spektrum	Sterne mit starken Metall-Linien, A-Sterne, Me-Zwerge, normale Riesen	Interstellares Gas, OB-Sterne, Überriesen, Delta Cephei-Sterne, T Tauri-Sterne, junge galaktische Sternhaufen
Mittlerer Betrag der Abstände von der galaktischen Ebene [pc]	2000	700	450	300	150	70
Achsenverhältnis	2	5	ca. 25	–	–	100
Mittlerer Betrag der Geschwindigkeitskomponente senkrecht zur galaktischen Ebene [km/s]	80…100	40…60	20…40	5…15	10…20	5…10
Konzentration zum Zentrum	stark	stark	stark	–	wenig	keine
Verteilung	homogen	homogen	homogen	?	wolkig, Spiralarme	extrem wolkig, Spiralarme
Alter [10^9 Jahre]	12…15	10…15	10…12	2…10	0.5…5	< 0.5

Bottlinger-Diagramm.
Die eingetragenen Sterne sind nach ihrer Metallhäufigkeit unterschieden;
• sehr geringe Metallhäufigkeit, ○ etwas höhere Metallhäufigkeit.
Die metallreichen Sterne der Population I würden fast alle in dem engen Bereich um $U = 0$ und $V = 0$ liegen. Weitere Erläuterungen im Text

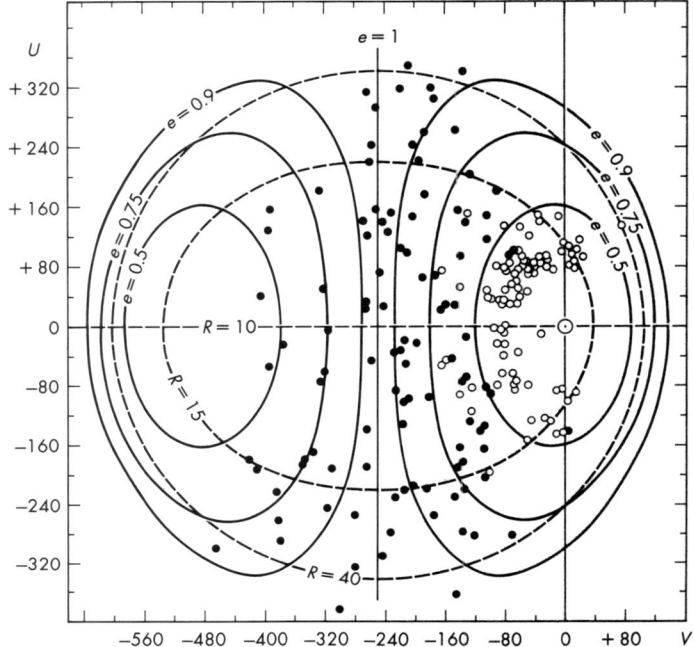

trum umlaufen wie die der Population I, unterscheiden sich ihre Geschwindigkeiten nur wenig; die Streuung ist also gering. Bei den stark elliptischen Bahnen von Sternen der **Population II** können dagegen im gleichen Raumgebiet, etwa der Umgebung der Sonne, sehr unterschiedliche Geschwindigkeiten vorkommen, die Streuung ist entsprechend groß.

Wir sehen also, daß, wenn sich auch die beiden Systeme der Population I- und Population II-Sterne in der Scheibe durchdringen, es dennoch möglich ist, sie nach ihrem **Bewegungsverhalten** zu unterscheiden.

Streuung der Raumgeschwindigkeiten in km/s

Hauptreihensterne der Population I		Andere Objekte	
B0	15	H I-Gebiete	10
A0	20	Klassische δ Cephei-Sterne	12
A5	24	Kohlenstoff-Sterne	34
F0	29	Weiße Zwerge	50
F5	36	Planetarische Nebel	64
G0	37	RR Lyrae-Sterne	240 ... 370
G5	39	Unterzwerge mit abnehmender Häufigkeit der schweren Elemente; zunehmend von	80 bis 250
K0	34		
K5	43		
M0	43		
M5	42		

13.4 Sternpopulationen

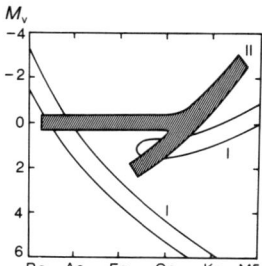

Schematisches HRD der Baadeschen Populationen. Population I: Die Hauptreihe ist bis zu den B- und O-Sternen besetzt. Population II: Ab F0 fehlen Hauptreihensterne völlig. Die Riesenäste sind gegeneinander verschoben. Bei Population II gabelt sich der Riesenast bei G0 in einen horizontalen Ast, auf dem u. a. die RR Lyrae-Sterne liegen, und in einen auf die Hauptreihe zulaufenden Ast

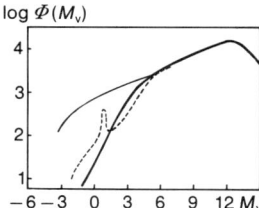

Die Leuchtkraftfunktion $\Phi(M_v)$ für Sterne der Population der Sonnenumgebung ———, für die sehr jungen Sterne in den Plejaden ———, für die Sterne des Kugelhaufens M3 (Population II) ----. Das Maximum etwas oberhalb $M_v = 0$ geht auf die Sterne des horizontalen Asts im HRD zurück

Weiterhin unterscheiden sich die beiden Populationen auch durch das Alter der Sterne. Es ist bereits bemerkt worden, daß die jüngsten Sterne die stärkste Konzentration zur Scheibe zeigen. Sie sind also charakteristisch für die Population I. Der Population II fehlen dagegen junge Sterne vollständig. Dies wird beim Vergleich der Hertzsprung-Russell-Diagramme (HRD) und der Leuchtkraftfunktionen beider Populationen deutlich.

Die beiden Populationen unterscheiden sich schließlich auch hinsichtlich ihrer chemischen Zusammensetzung. Diese wird üblicherweise beschrieben durch Angabe der Anzahl n von Atomkernen der jeweiligen, ein Element charakterisierenden Ordnungszahl Z, die sich in einem bestimmten Volumen befinden. Die Normierung erfolgt meist so, daß $\log n$ für Wasserstoff gleich 12 gesetzt wird. Alle Häufigkeitsangaben sind also auf die Häufigkeit des Wasserstoffs bezogen. Am genauesten ist die chemische Zusammensetzung unserer Sonne bekannt. Sie wird auch als normale Zusammensetzung bezeichnet, mit der dann die Zusammensetzung anderer Objekte verglichen wird.

Die Sterne der Population I, von den Mitgliedern der alten offenen Haufen bis zu den jungen OB-Sternen, sowie das interstellare Gas haben im großen und ganzen dieselben Elementhäufigkeiten wie die etwa $4.5 \cdot 10^9$ Jahre alte Sonne. Demgegenüber ist bei den Sternen der Population II das Verhältnis der Metalle zum Wasserstoff bis um einen Faktor 100 ... 1000 geringer, wobei die relativen Häufigkeiten der Metalle untereinander im wesentlichen dieselben sind wie bei der normalen Mischung. (Der Sternspektroskopiker bezeichnet als »Metalle« alle Elemente schwerer als Helium.) Es besteht also eine Korrelation zwischen Alter und Metallhäufigkeit; die ältesten Sterne sind die metallärmsten.

In beiden Populationen gibt es Gruppen mit anomalen Häufigkeiten einzelner Elemente oder Elementgruppen, wie z. B. die Helium- und Kohlenstoffsterne, S-Sterne, Metall-Linien-Sterne oder peculiar A-Sterne (s. 7.7.4).

Aus der Verteilung der Elemente in der Galaxis ergibt sich folgendes qualitatives Bild:

Die Oberfläche der meisten Sterne – d. h. die Schicht, für die allein Häufigkeiten spektroskopisch bestimmt werden können – hat noch dieselbe chemische Zusammensetzung, das das interstellare Gas zu der Zeit hatte, als der Stern aus ihm entstand. Demnach hat sich der Metallgehalt des interstellaren Mediums seit Entstehung der Galaxis um einen Faktor 100 bis 1000 angereichert. Die Anreicherung war im wesentlichen bereits in den ersten 10^9 Jahren, den Geburtsjahren der Population II-Sterne, abgeschlossen, da schon die Zusammensetzung der alten Population I gleich der des heutigen interstellaren Gases ist.

Ein schwieriges Problem ist die Bestimmung der Heliumhäufigkeit in Sternen der Population II. Einerseits sind die noch nicht von der Hauptreihe wegentwickelten Sterne zu kühl für Heliumlinien im Spektrum, anderseits befinden sich die heißeren Sterne in fortgeschrittenen Entwicklungsstadien, so daß ihre Atmosphärenzusammensetzung von der ursprünglichen abweichen kann. Eine sorgfältige Analyse aller verfügbaren Beobachtungsdaten und -verfahren führt zu dem Ergebnis, daß das Helium bereits in den ältesten Sternen dieselbe hohe Häufigkeit wie in den jüngsten Objekten unserer Galaxis hat, also im Gegensatz zu den Metallen praktisch nicht mehr seit Bildung der Galaxis angereichert wurde.

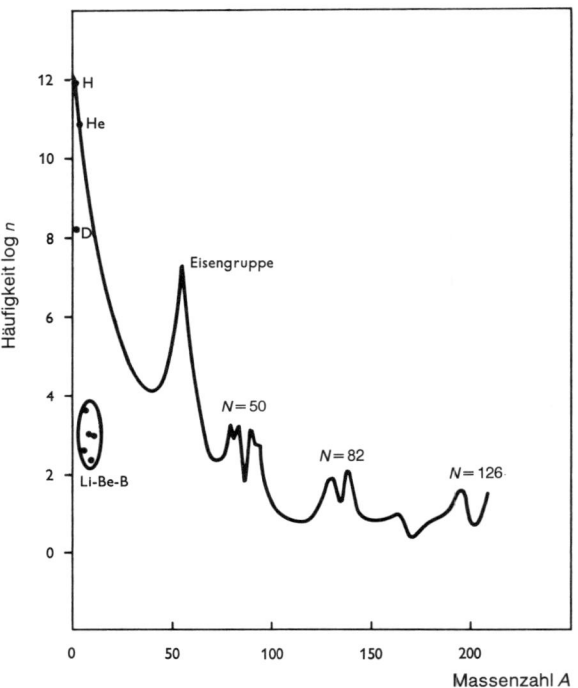

Die relative Häufigkeit der chemischen Elemente (charakterisiert durch ihre Massenzahl) in Sternen der Population I. Diese kosmische Häufigkeitsverteilung ist durch quantitative Analysen von Sternspektren sowie von Proben aus unserm Sonnensystem gewonnen worden. Man beachte die logarithmische Skala der relativen Häufigkeiten, deren Nullpunkt durch die Konvention $\log n_{\text{Wasserstoff}} = 12$ festgelegt ist

Die häufigsten Elemente in der Sonne

Z	Element	$\log n(Z)$	Z	Element	$\log n(Z)$
1	H	12.0	12	Mg	7.5
2	He	10.8	13	Al	6.4
6	C	8.6	14	Si	7.6
7	N	7.9	16	S	7.2
8	O	8.8	20	Ca	6.3
10	Ne	8.0	26	Fe	7.5
11	Na	6.3	28	Ni	6.3

13.5 Einige Daten zum Milchstraßensystem

Hubble-Typ	Sb
Radius in der Ebene	17 kpc
(Holmberg-Radius: Der Abstand vom Zentrum, bei dem die Flächenhelligkeit 26.5 mag/ $\Box^\circ$ ist.)	
Dicke, senkrecht zur Ebene	
des Kerns	5 kpc
der Scheibe	1 kpc
Durchmesser des Halo	50 kpc
Durchmesser der Korona	≥ 200 kpc
Abstand der Sonne	
vom Zentrum	7.7 kpc
von der Ebene	12 pc nördlich
Rotation am Ort der Sonne	
Richtung	$l = 90°$
Geschwindigkeit	(225 ± 10) km/s
Dauer eines Umlaufs	210 Mio. Jahre
Gesamtmasse (< 120 kpc)	$2 \cdot 10^{11} \ldots 10^{12} M_\odot$
Masse der Scheibe	$1.8 \cdot 10^{11} M_\odot$
Gesamthelligkeit, absolut	
(im B-Bereich, s. 7.1.2)	$M_B = -20.1$
bzw. (mit $M_{B,\odot} = +5.48$)	$L_B = 1.6 \cdot 10^{10} L_{B,\odot}$
Masse-Leuchtkraft-Verhältnis relativ zur Sonne	
$(M/L_B)/(M_\odot/L_{B,\odot})$	
gesamtes System	70 ± 20
Sonnenumgebung	2.8 ± 0.5
Masseanteile in der Scheibe	
Sterne heller als $M = +3$	11 %
Sterne schwächer als $M = +3$	85 %
interstellares Gas	4 %
interstellarer Staub	0.24 %
Geschätzte Gesamtzahl von	
Kugelhaufen	200 ... 300
offenen Haufen	30 000
Assoziationen	700
Abstand vom Zentrum des Milchstraßensystems	
weitester Kugelhaufen	117 kpc
Große Magellansche Wolke	48 kpc
Kleine Magellansche Wolke	55 kpc
Andromeda-Nebel (M 31)	700 kpc
M 33	650 kpc

13.6 Der galaktische Kern

Nicht zuletzt angeregt durch die erstaunlichen Phänomene in aktiven Galaxien (s. 14.7), besonders in ihren Kernen, hat man sich auch mit den Kernen normaler Galaxien befaßt, also mit Kernen, die zumindest auf den ersten Blick keine Anzeichen von besonderer Aktivität erkennen lassen. Das Zentralgebiet unserer eigenen Galaxis ist in diesem Zusammenhang vor allem im infraroten und im radioastronomischen Spektralbereich intensiv beobachtet worden. (Im visuellen Bereich ist die Strahlung durch interstellare Absorption um viele Größenklassen geschwächt.)

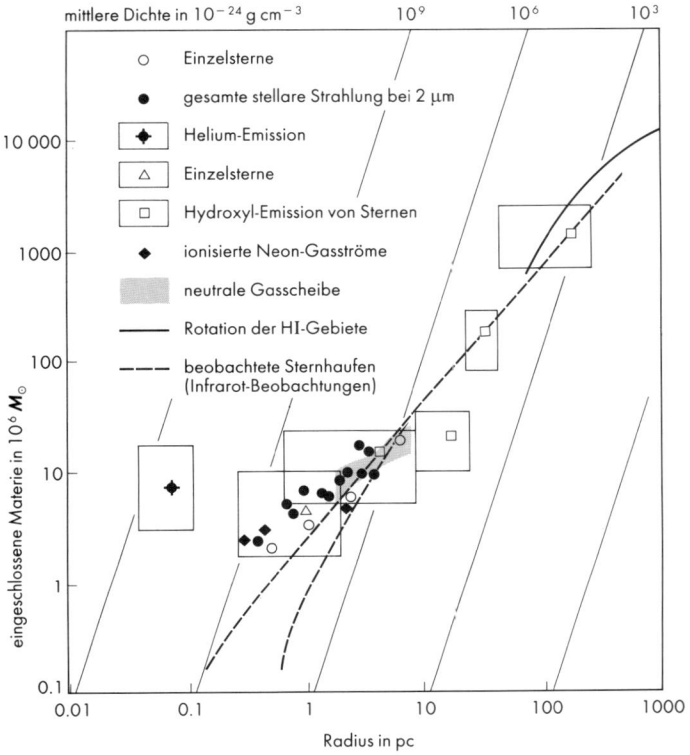

Massedichte im zentralen Bereich der Galaxis. Das Diagramm zeigt für verschiedene Beobachtungen die innerhalb der jeweiligen Bahn erforderliche Gesamtmasse, um die gemessenen Geschwindigkeiten zu erklären. Bei 1 pc knicken die Werte horizontal ab, was bedeutet, daß die restliche Masse von wenigen 10^6 $M_\odot$ vollständig in einem kompakten Objekt vereint sein sollte. Die Diagonalen sind Linien gleicher Massedichte in 10^{-24} g cm^{-3}, was etwa ein Teilchen pro cm^3 entspricht

Das Zentrum unserer Galaxis liegt in Richtung des Sternbilds Sagittarius und wurde zunächst in etwa 10 kpc Entfernung vermutet. Dieser Wert wurde 1963 aufgrund einer Empfehlung der Internationalen Astronomischen Union nach dem damaligen Stand der Kenntnis eingeführt und in fast allen späteren Arbeiten als **Bezugsgröße** verwendet. Neuere Untersuchungen weisen jedoch eher auf eine geringere Entfernung von (7.7 ± 0.7) kpc hin.
Die Sterndichte im Zentralbereich kann einerseits aus der IR-Strahlung (bei etwa 2.2 μm) und anderseits aus Geschwindigkeitsmessungen abgeschätzt werden. Obwohl die Interpretation dieser Daten auf einer Reihe von Annahmen basiert, zeichnet sich inzwischen ein allgemein akzeptiertes Bild der Materiekonzentration im galaktischen Zentrum ab. Sie wird in der Regel durch ein Diagramm der in einem gegebenen Radius eingeschlossenen Gesamt-

13.6 Der galaktische Kern

masse dargestellt. Dabei zeigt sich, daß die aus der IR-Strahlung ermittelte Sterndichte weniger stark zum Zentrum hin konzentriert ist, als die Gesamtmasse.

Die Gesamtmasse des Kerns (innerhalb von 1 kpc) ergibt sich nach diesen Untersuchungen zu 10 Milliarden Sonnenmassen. Das ist zwar viel mehr als die Masse aller Kugelsternhaufen zusammen, aber nur wenig, verglichen mit der Gesamtmasse der Galaxis.

Der Kern zeichnet sich weiterhin durch eine Konzentration des interstellaren Mediums aus. Über seine Verteilung geben radioastronomische Beobachtungen Aufschluß. Sie erlauben überdies durch die Messung der Doppler-Effekte an den Spektral-Linien (21 cm-Linie, Molekül-Linien) eine Analyse des Bewegungszu-

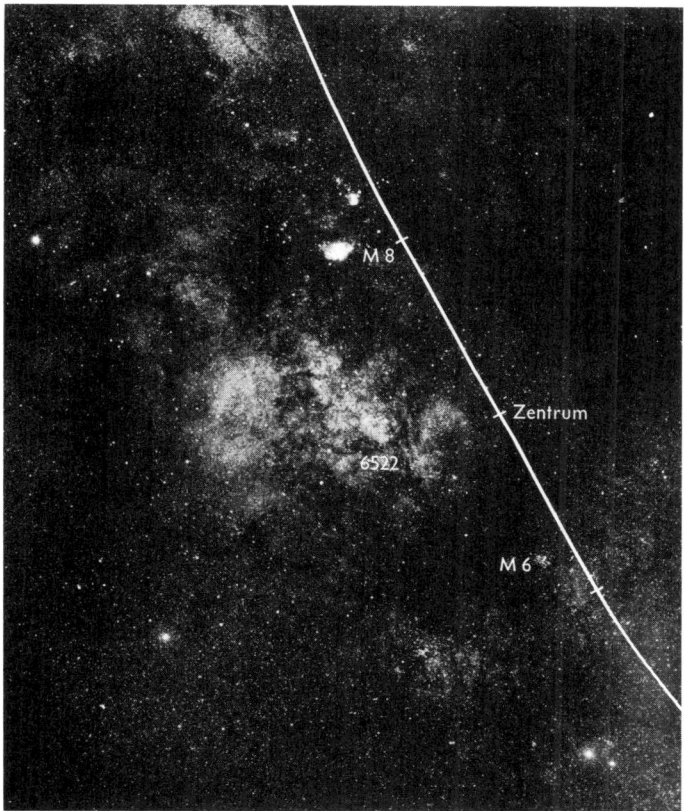

Der Blick zum Zentrum des Milchstraßensystems im Sternbild Sagittarius ist durch starke Sternwolken im Vordergrund und durch interstellare Materie verwehrt. Lediglich beim Sternhaufen NGC 6522 glaubt man ein »Fenster« von wenigen Bogenminuten Durchmesser gefunden zu haben, das einen Blick weit in den galaktischen Raum hinein gestattet. Der Zentralbereich des Milchstraßensystems hat etwa einen Durchmesser von 2 kpc (markiert durch die beiden Querstriche auf dem eingezeichneten galaktischen Äquator bei M 8 und dem offenen Sternhaufen M 6)

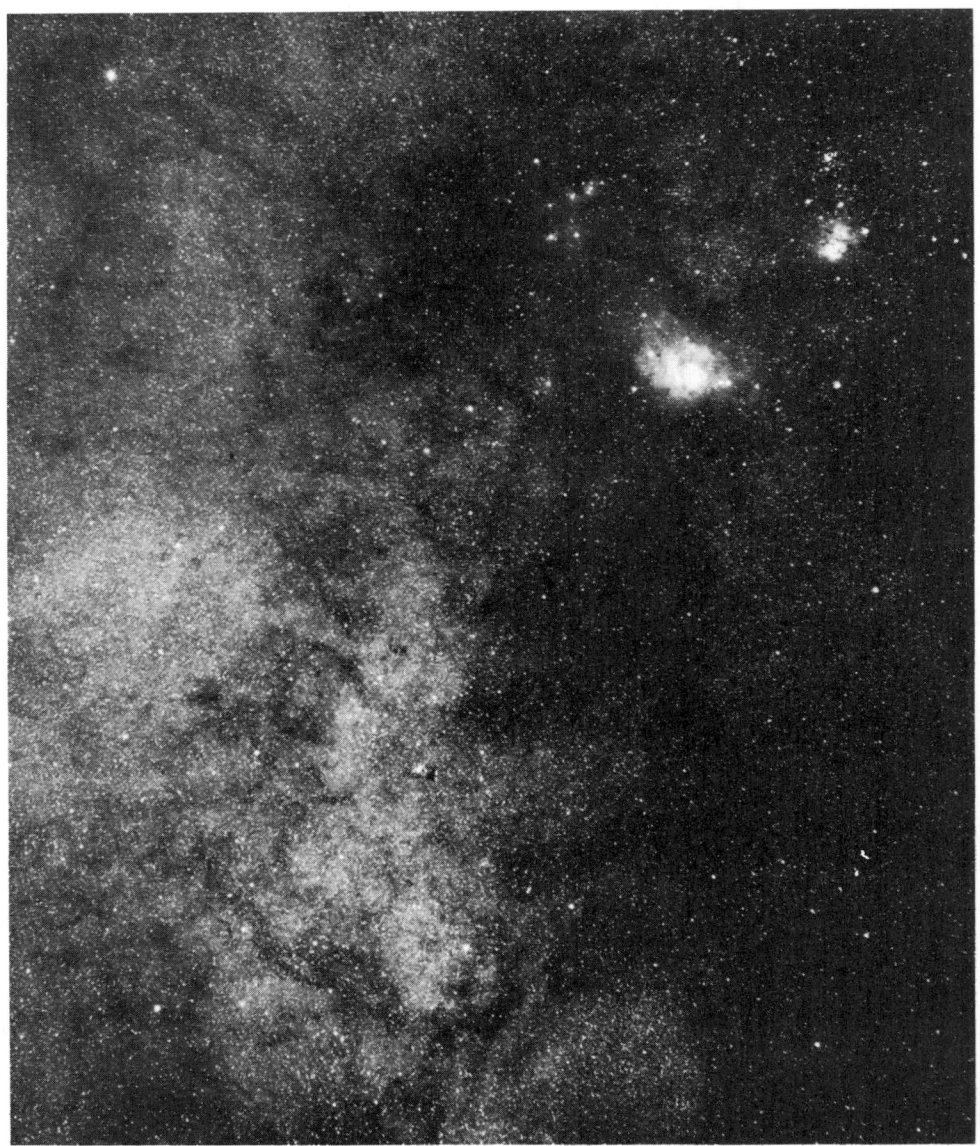

Die Sternzahlen im Zentrum des Milchstraßensystems (im Sternbild Sagittarius) und die dazwischen angereicherte, absorbierende interstellare Materie veranschaulicht diese Aufnahme. Oben rechts sind die beiden Sternhaufen M 8 (groß) und M 20 (klein) zu sehen

13.6 Der galaktische Kern

stands der zentralen Gasmasse. Von ihr kann man ganz im groben sagen, daß sie in der galaktischen Ebene bis etwa 750 pc hinausreicht, und daß sie mit einer Dicke von etwa 200 pc senkrecht zur galaktischen Ebene ausgedehnter ist als das Gas in der Scheibe. Diese zentrale Gasmasse ist selber stark strukturiert. Zumindest in ihren Außenbezirken rotiert sie und paßt sich damit der allgemeinen galaktischen Rotation an.

Diesem allgemeinen Bild, das zwar den Eindruck einer starken Massekonzentration vermittelt, aber keine Hinweise auf irgendeine Art von Aktivität gibt, sind einige auffällige Phänomene überlagert. Das erste in etwa 3 kpc Entfernung vom Kern in der galaktischen Ebene. Nimmt das Gas weiter außen nur an der galaktischen Rotation teil, bewegt sich also in konstanter Entfernung vom Zentrum auf Kreisbahnen, so strömen hier Gasmassen zusätzlich zu ihrer Rotationsbewegung mit Geschwindigkeiten von über 100 km/s radial nach außen. Man ist geneigt, diese expandierenden 3 kpc-Arme, die etwa eine Million Sonnenmassen umfassen, auf eine gigantische Explosion im galaktischen Zentrum zurückzuführen, die – nach Geschwindigkeit und zurückgelegter Distanz zu schließen – vor etwa 10 bis 15 Millionen Jahren stattgefunden hätte. Dies wäre das erste Anzeichen dafür, daß es auch in unserer Galaxis Phasen erhöhter Aktivität gegeben hat.

Bei weiterer Annäherung an das Zentrum nimmt unterhalb von etwa 1 kpc Entfernung die Temperatur des Gases und des beigemischten Staubs zu, da die Heizung durch die Strahlung der Sterne wegen ihrer zunehmenden Konzentration wirksamer zu werden beginnt. Das galaktische Zentrum ist also eine starke Quelle von IR-Strahlung. Tatsächlich zeigen die Beobachtungen (s. 8.9), daß es in einem Bereich von etwa 10 pc Entfernung mehrere intensive Quellen in diesem Spektralbereich gibt.

Aktivitäten im Kern Das Gas in der Nähe des galaktischen Zentrums ist ungewöhnlich reich an Molekülen (CO-Wolken), deren Bildung durch die hohe Dichte offensichtlich begünstigt wurde. Sie wurden alle durch Übergänge im cm- und mm-Bereich nachgewiesen (s. 10.2.3). Die Doppler-Effekte dieser Linien geben Aufschluß über die Geschwindigkeitsfelder in unmittelbarer Kernnähe.

Neben dieser Linienstrahlung wird aus einer Reihe diskreter Quellen auch ein Strahlungskontinuum emittiert. Die hellste Quelle, Sagittarius A, wird heute allgemein mit dem gravitativen galaktischen Zentrum identifiziert. Andere starke Quellen, z. B. Sagittarius B2, befinden sich in großer Nähe des Zentrums (einige hundert Parsec Entfernung). Auch sie zeigen deutliche Strukturen großräumiger Materiebewegungen. Die Dichte der Materie in diesen Wolken ist, gemessen an den Verhältnissen im interstellaren Raum, ungeheuer hoch (bis zu 10^{12} Atome/cm^3), entsprechend riesig sind die Massekonzentrationen.

Die Bewegungen der Wolken in verschiedenen Abständen vom Zentrum sind kaum mit einer stationären Rotationsbewegung verträglich. Offensichtlich sind sie Zeichen verschiedener hochaktiver Phasen des galaktischen Kerns.

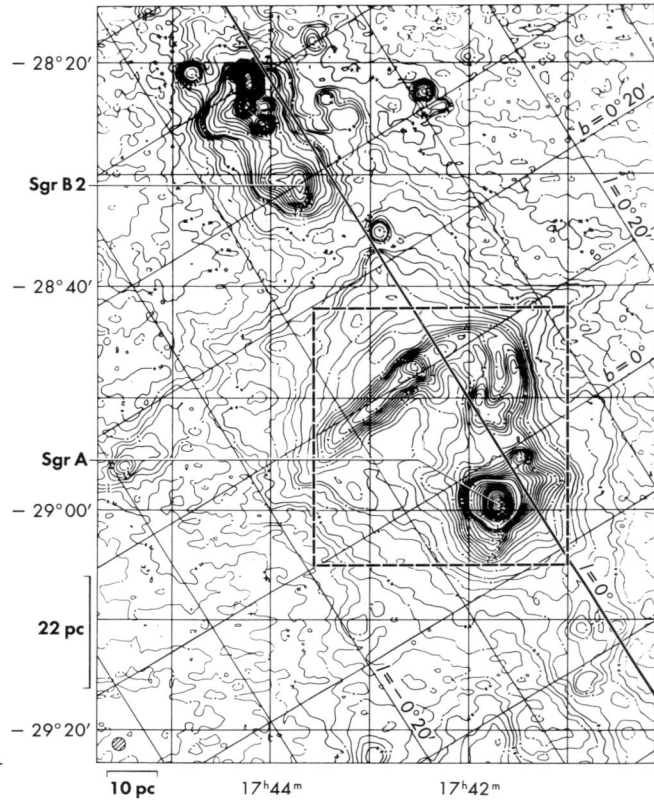

Radiostrahlung der Frequenz 10.7 GHz aus der Richtung des galaktischen Zentrums. Die Quelle Sgr A wird mit dem gravitativen Zentrum identifiziert. Sie liegt etwas südlich der galaktischen Ebene $l = 0°$. Die Längenskale bezieht sich auf die Entfernung 7.7 kpc, der schraffierte Kreis gibt die Auflösung an. Das gestrichelte Quadrat kennzeichnet den Ausschnitt von Bild A der Farbtafel XIV

Aus der Vielzahl der Beobachtungen in unterschiedlichen Frequenzbereichen ergibt sich nach heutigem Verständnis eine komplexe Hierarchie von Strukturen unterschiedlicher Skalenlängen. Radialgeschwindigkeiten erlauben darüberhinaus, die Materieströmungen im Galaxienkern versuchsweise zu modellieren. Das sich ergebende Gesamtbild ist auf den Farbtafeln XIV und XV in der Figurenserie A bis E umrissen.

Auf der Skalenlänge bis zu 100 pc zeigt sich bei 20 cm Wellenlänge eine bemerkenswerte Struktur senkrecht zur galaktischen Ebene, der östliche Bogen (A). Er ist über die östliche Brücke mit dem Zentralbereich (rot) verbunden. Die filamentartige Struktur läßt auf den Einfluß von Magnetfeldern schließen. Die Verlängerung des Bogens hunderte von Parsec über die galaktische Ebene hinaus

13.6 Der galaktische Kern

sowie ein etwa 200 pc breiter Jet, der das Zentrum in nördlicher Richtung (nach rechts oben) verläßt und 4 kpc weit verfolgt werden kann, sind auf dem Photo nicht sichtbar.
Eingeschlossen im zentralen 20 cm-Signal ist ein Ring von etwa 5×7 pc Durchmesser (Sgr A East, sichtbar im 6 cm-Bereich; B), eingebettet in einen etwa 20 pc großen Halo, der im 92 cm-Bereich intensiv strahlt (nicht dargestellt). Im zentralen Hohlraum des Rings befindet sich – seitlich etwas verschoben und mit Sgr A East über Filamente verbunden – ein zweiter kleinerer Ring (Sgr A West). Dieser Ring von 4 pc Durchmesser ist im Bereich der Millimeterwellen des Übergangs $1 \to 0$ des HNC-Moleküls sichtbar (nicht dargestellt). Die Temperaturen der verschiedenen Komponenten des Rings liegen zwischen 400 K und ca. 2000 K, was auf effektive Heizprozesse schließen läßt. Aufgespannt wird der Ring von drei speichenartigen Filamenten, die im 6 cm-Bereich leuchten (Sgr A West; C). Diese Filamente entsprechen Materieströmen, die einem komplizierten Geschwindigkeitsmuster folgen.
In der Achse des dreispeichigen Rads liegt die Punktquelle Sgr A. Selbst unter Verwendung des VLBI (Very long Baseline-Interferometer) mit einer Auflösung von 0.″001 konnten keine Substrukturen sichtbar gemacht werden. Demnach ist die Quelle trotz ihrer intensiven Strahlung kleiner als die Jupiterbahn. Umgeben wird Sgr A von einigen intensiven Infrarotquellen. Einige davon konnten direkt mit stellaren Objekten identifiziert werden, während sich die dem Zentrum nächstgelegene Quelle IRS 16 bei 2.2 µm und höherer Auflösung aus mindestens 6 Punktzellen im Abstand von 1/10 pc zusammengesetzt zeigt (D). Die Natur dieser Infrarotquellen, die in ihren Eigenschaften an Wolf-Rayet-Sterne erinnern, ist nach wie vor sehr umstritten. Bei Beobachtungen desselben Ausschnitts mit dem NTT mit aktiver Optik (s. A 2.2.3) im äußersten sichtbaren Bereich zwischen 850 und 1100 nm wurden zwei optische Signale, GZ-A und GZ-B, nördlich und südlich von Sgr A mit nur 0.″7 Abstand (etwa 5000 AE) entdeckt (E).
Untersuchungen der Radialgeschwindigkeiten im Zentralbereich der Galaxis haben gezeigt, daß bis zu 1 pc Distanz die Geschwindigkeitsstruktur mit einer etwa homogenen Dichteverteilung vereinbar ist. Bei noch kleineren Abständen vom Zentrum steigt die Geschwindigkeit jedoch wieder an, was die Existenz eines supermassiven Objekts (etwa 10^6 $M_\odot$ innerhalb 0.1 pc) im Zentrum belegt. Ob es sich bei diesem Objekt um ein Schwarzes Loch oder einen supermassiven Sternhaufen handelt, ist seit längerem Gegenstand heftiger Kontroversen.
Die kurze Schilderung der komplizierten Situation im Kern unserer eigenen Galaxis, die nur sehr skizzenhaft sein konnte, muß ergänzt werden durch die Bemerkung, daß auch in den Kernen anderer, als normal geltender Galaxien (etwa M 31, Andromeda-Nebel, M 33, M 51 u. a.) bei genauerem Hinsehen deutliche Zeichen von Aktivität erkennbar sind.
Es scheint also, daß die Kerne von Galaxien (vermutlich von einer bestimmten Grenze der Massekonzentration an aufwärts) zu Akti-

vitätszentren werden können. Der Grad der Aktivität, bei der ungeheure Energiebeträge freigesetzt werden können, ist offensichtlich zeitlich variabel. Die Quelle der Energie wird man, wenn auch die Details der Prozesse noch weitgehend ungeklärt sind, in den überaus starken Gravitationsfeldern zu suchen haben, in denen die Materie einfällt. Es ist eine interessante Frage, ob dabei auch Energie in Form von Gravitationswellen, die nachzuweisen man sich bislang vergeblich bemüht hat, ausgestrahlt wird.

14 Galaxien

14.1 Der hierarchische Aufbau des Kosmos

Die meisten Sterne sind Mitglieder von Doppel- und Mehrfachsystemen (s. 12.1). Häufig gehören sie auch Sternhaufen (s. 12.2) und damit größeren, übergeordneten Systemen an. In der Folge: Stern, Doppel- bzw. Mehrfachsystem, Sternhaufen bilden die Galaxien die nächste Stufe. Der hierarchische Aufbau des Kosmos setzt sich auch über die Galaxien hinaus fort: Es gibt Galaxienhaufen und vermutlich auch Strukturen einer noch höheren Ordnung. Dieser Aufbau kann nicht als Spiel irgend eines Zufalls angesehen werden, sondern er muß als Konsequenz aus allgemein gültigen Naturgesetzen verstanden werden.

Die Galaxien sind bereits sehr große Systeme, die viele Milliarden Sterne umfassen. Eins von ihnen ist unser Milchstraßensystem (s. 13), dem die Sonne mit ihren Planeten und damit wir selber zugehören. Es zeigt sich uns als das in dunklen Nächten matt leuchtende Band der Milchstraße. Von γάλα, dem griechischen Wort für Milch, ist die Bezeichnung »Galaxie« abgeleitet.

14.2 Historische Bemerkungen, Kataloge

Es war die Suche nach Kometen, die einen der ersten Anstöße zur Erforschung der »Nebelflecke« am Himmel und damit der Galaxien gab. Diese Nebelflecke konnten leicht mit schwachen Kometen, deren typische Form sich noch nicht ausgebildet hatte, verwechselt werden. Um diese Verwechslungen zu vermeiden, stellte C. Messier 1784 eine Liste von 103 Objekten zusammen, die keine Kometen waren, obwohl sie ihnen ähnlich sahen. Diese Liste (s. 6.1) wird auch heute noch verwendet. Um die Wende zum neunzehnten Jahrhundert haben dann W. und J. Herschel und nach ihnen W. P. Rosse die Nebel selber in das Zentrum ihrer großen Beobachtungsprogramme gerückt, ihre Strukturen beschrieben und die Zahl der aufgefundenen Objekte auf über 2000 vermehrt.

Wie bei den Sternen, den galaktischen Nebeln und Sternhaufen werden auch bei den Galaxien die einzelnen Objekte mit ihren Katalognummern benannt. Folgende Kataloge und deren Abkürzungen werden dazu schon seit längerer Zeit benutzt:

M: Messier-Katalog von C. Messier (1784)
GC: General Catalogue von J. Herschel (1864)
NGC: New General Catalogue von J. L. E. Dreyer (1888)
IC: Index Catalogue von J. L. E. Dreyer (1895)

Nur ein Teil der in diesen Katalogen aufgeführten Objekte sind Galaxien. Die meisten bezeichnen galaktische Nebel und Sternhaufen. Reine Galaxienkataloge, die auf photographischen Durchmusterungen beruhen, sind für den Nordhimmel der *Uppsala General Catalogue of Galaxies* von P. Nilson und für den Südhimmel der *ESO/Uppsala Survey of the ESO (B) Atlas* von A. Lauberts. Ein wichtiger Katalog, der fundamentale Daten der 6000 hellsten Galaxien enthält, ist der *Third Reference Catalogue of Bright Galaxies* von G. de Vaucouleurs. Ein Verzeichnis der bekannten Quasare und Seyfert-Galaxien enthält *A Catalogue of Quasars and Active Nuclei*, der von M.-P. Veron und P. Veron herausgegeben wurde. Aufnahmen der verschiedenen Hubble-Typen und eine detaillierte Beschreibung findet man im von A. Sandage neu herausgegebenen *The Hubble Atlas of Galaxies*, während der *Atlas of Peculiar Galaxies* von H. Arp Aufnahmen von Galaxien zeigt, die aufgrund von morphologischen Besonderheiten nicht in das Hubble-Schema passen.

Für einige helle und auffallende Galaxien sind in der Literatur auch Eigennamen in Gebrauch:

Namen einiger Galaxien

Andromeda-Nebel:	M 31	= NGC 224
Centaurus A		= NGC 5128
Große Magellansche Wolke		
Kleine Magellansche Wolke		
Perseus A		= NGC 1275
Sombrerogalaxie	M 104	= NGC 4594
Stephans Quintett		= NGC 7317 bis 20
Triangulumgalaxie	M 33	= NGC 598
Virgo A	M 87	= NGC 4486
Whirlpoolgalaxie	M 51	= NGC 5194

Die Spiralnebel, so genannt wegen ihrer mehr oder weniger deutlich erkennbaren Spiralstrukturen, hat schon Kant 1755 als Sternsysteme, ähnlich unserm Milchstraßensystem, angesehen. Einen Hinweis darauf, daß Kants damals sehr kühne Vermutung, es handle sich dabei um »ungeheure Ansammlungen von Sternen jenseits der Milchstraße«, richtig sein könnte, gab 1864 W. Huggins, als er zum erstenmal Spektren von Nebeln aufnahm und bemerkte, daß unterschieden werden müsse zwischen Gasnebeln, mit hellen Emissionslinien, und Spiralnebeln, deren Spektrum sich als ein Kontinuum mit Absorptionslinien zeigte. Huggins schloß daraus, daß die Spiralnebel Ansammlungen zahlreicher schwacher Sterne sein müßten. Schon zehn Jahre früher hatte 1845 Rosse gefunden, daß M 51 (=NGC 5194) eine Spiralstruktur zeigt.

Die Frage nach der wahren Natur der Spiralnebel blieb über lange Jahre eins der großen ungelösten Probleme der Astronomie. 1920 fand in der National Academy of Science in Washington die berühmte *Shapley-Curtis-Debatte* statt, bei der H. Shapley (1885– 1972) und H. Curtis (1872–1942) hierüber diskutierten. Shapley, der die Größe der Milchstraße bestimmt hatte, war der Meinung, daß es sich um galaktische Objekte handle, während Curtis der (richtigen) Meinung war, daß jeder Spiralnebel ein rotierendes System von Sternen sei. Es war eine große Diskussion, aber keiner der Kontrahenten konnte wirklich überzeugende Argumente für seine Meinung vorbringen. Man war sich jedoch einig, daß eine

14.2 Kataloge

Andromeda-Nebel (M 31), aufgenommen mit der Schmidt-Kamera des 2 m-Universal-Spiegelteleskops des Karl-Schwarzschild-Observatoriums, Tautenburg

definitive Entfernungsmessung die Streitfrage klären würde. Erst 1926, als es E. P. Hubble mit dem 2.5 m-Spiegelteleskop des Mt. Wilson-Observatoriums gelang, die äußeren Teile des Andromeda-Nebels (M 31) und einiger anderer Systeme in Einzelsterne aufzulösen, konnte sie endgültig entschieden werden. Vor allem mit dem 5 m-Spiegel des Palomar-Observatoriums ist seitdem bei einer größeren Zahl von extragalaktischen Sternsystemen die Beobachtung einzelner Sterne gelungen. Auch viele andere hellere Objekte, wie wir sie in unserm Milchstraßensystem kennen, ließen sich in benachbarten Galaxien beobachten: Kugelhaufen und offene Sternhaufen, leuchtende Gasnebel (HII-Regionen), dunkle absorbierende Materie, veränderliche Sterne der verschiedensten Typen (Cepheiden, Novae, Supernovae). Durch diese und andere Beobachtungen wurde die Erforschung extragalaktischer Systeme vorangetrieben und gleichzeitig immer wieder bestätigt, daß unsere eigene Galaxis keine Sonderstellung einnimmt.

14.3 Klassifikation

Die Galaxien oder extragalaktischen Systeme (weniger exakt auch extragalaktische Nebel genannt) werden – einem Vorschlag Hubbles folgend – nach ihrem Aussehen in folgende Typen und Unterklassen eingeteilt:

Typ		Unterklasse	
E	Elliptische Galaxien	E0	völlig rund
		E1	schwach abgeplattet
		⋮	
		E7	stark abgeplattet
S	Spiralgalaxien	Sa	großer Kern
		Sb	mittlerer Kern
		Sc	Kern nur schwach erkennbar
SB	Balkenspiralen	SBa	großer, balkenförmiger Kern, Arme fast ringförmig geschlossen
		SBb	stärker betonte Arme, schwacher Kern
		SBc	Arme S-förmig schwach gekrümmt, statt Kern nur leichte zentrale Verdickung
S0 SB0	Linsenförmige Galaxien		Kern und äußere Form wie S bzw. SB, aber ohne Spiralstruktur
Ir	Irreguläre Galaxien		unregelmäßige Systeme, oft von wolkenartiger Struktur

Elliptische Galaxien (Typ E)

Es soll dabei aber betont werden, daß es sich bei der Hubble-Sequenz nicht um ein Entwicklungsschema handelt.
Die elliptischen Galaxien haben eine sphäroidische Gestalt mit einem Maximum der Flächenhelligkeit (die in erster Näherung proportional zur Dichte ist) im Zentrum und einem steilen gleichmäßigen Abfall nach außen. In jüngster Zeit konnte insbesondere

14.3 Klassifikation

Die zur Lokalen Gruppe gehörige elliptische Galaxie NGC 147, vom Typ E 4, im Sternbild Cassiopeia. Wegen ihrer relativen Nähe ist sie auf dieser Aufnahme mit dem Hale-Teleskop in einzelne Sterne aufgelöst

durch Forschungsarbeiten des Heidelberger Astronomen R. Bender gezeigt werden, daß bei etwa der Hälfte aller elliptischen Galaxien eine schwache stellare Scheibe überlagert ist, die wenige Prozent zum Gesamtlicht beiträgt. Elliptische Galaxien sind röter als Spiralgalaxien; es findet in ihnen keine Sternentstehung statt, und lange Zeit nahm man an, daß elliptische Galaxien überhaupt kein Gas und keinen Staub enthalten. Inzwischen ergaben Röntgenbeobachtungen, daß elliptische Galaxien starke flächenhafte Röntgenemission zeigen und von einem ausgedehnten Röntgenhalo umgeben sind. Ursache der Röntgenstrahlung ist ein dünnes, heißes und ionisiertes Gas mit einer Temperatur von etwa 10 Millionen K, dessen Gesamtmasse etwa so groß ist wie die der interstellaren Materie in Spiralgalaxien. Natürlich kann in solch einem heißen Gas keine Sternentstehung stattfinden, und es kann auch kein Staub bei diesen Temperaturen existieren.

Die Unterklasse gibt den Grad der Abplattung an. Ist a die große Achse und b die kleine, so bildet man $(a-b)/a$ und rundet auf eine Dezimale. Dieser Wert bezeichnet dann die Unterklasse.

> Beispiel: Große Achse $a = 54$, kleine Achse $b = 33$, $(a-b)/a = 21/54 = 0.389$, aufgerundet 0.4, ergibt E4.

Die stärksten beobachteten Abplattungen sind etwa 3 : 1, also E7. Ist bei irgendeiner Galaxie eine bestimmte Abplattung beobachtet worden, so ist ihre wirkliche Abplattung größer oder allenfalls gleich der beobachteten. Ihr genauer Wert ist nicht bekannt, da wir nicht den Neigungswinkel der Ebene der Galaxie gegen unsere Blickrichtung kennen. Ein flaches scheibenförmiges System würde beispielsweise rund erscheinen, wenn wir zufällig senkrecht auf die Scheibe sähen. Eine Galaxie kann also sehr wohl flacher sein als sie uns erscheint. Statistische Untersuchungen ergeben, daß wirklich kugelförmige Galaxien recht selten sind.

Ganz allgemein ist die Gestalt der elliptischen Galaxien die eines dreiachsigen Ellipsoids, wobei dreiachsig bedeutet, daß die drei Achsen alle unterschiedlich groß sind. Bei vielen elliptischen Galaxien dürften jedoch zwei Achsen etwa gleich groß sein; es gibt dann prinzipiell zwei Möglichkeiten, zwischen denen im Fernrohr nicht unterschieden werden kann: Es kann sich um ein abgeplattetes linsenförmiges Gebilde (oblat) handeln oder um ein längliches, zigarrenförmiges (prolat), wobei linsenförmige Gebilde häufiger zu sein scheinen. Wenn alle drei Achsen gleich groß sind, liegt eine kugelförmige elliptische Galaxie vor. Es hat sich als zweckmäßig erwiesen, eine Nebensequenz der elliptischen Systeme einzuführen, die diejenigen Systeme beschreibt, die einen besonders langsamen Abfall der Sterndichte in den äußeren Bereichen und damit besonders ausgedehnte Hüllen besitzen. Sie werden als D-Typ klassifiziert, oder, wenn sie besonders hell sind, als cD-Typ. Die Ausdehnung derartiger Hüllen kann 100 kpc übersteigen. Elliptische Galaxien kommen in einem weiten Größenbereich vor; sowohl die größten Galaxien (cD-Galaxien), als auch die kleinsten (Zwergellipsen), die wir kennen, gehören zu ihnen.

14.3 Klassifikation

Die Spiralgalaxie NGC 7217 im Sternbild Pegasus. Aufnahme mit dem 200 inch-Hale-Teleskop

Spiralgalaxien

Spiralgalaxien besitzen eine viel komplexere Struktur als elliptische Galaxien. Sie bestehen aus einem zentralen Kern, der auch Bulge genannt wird, und einer flachen Scheibe. Der Kern ähnelt in Form und Farbe sehr stark einer kleinen elliptischen Gallaxie; die Scheibe wiederum setzt sich aus zwei Komponenten zusammen, wobei die eine alte Sterne enthält, während die andere aus interstellarem Gas und jungen, leuchtkräftigen Sternen besteht. Die Spiralstruktur ist vor allem in dieser letzteren Komponente sichtbar, die wegen der vielen jungen, heißen Sterne eine blaue Farbe hat, wohingegen der Kern, wie die elliptischen Galaxien, eine rote Farbe besitzt. Während bei elliptischen Galaxien die Flächenhelligkeit in ihrer Verteilung mit einem relativ einfachen Gesetz beschrieben werden kann, setzt sie sich bei den Spiralgalaxien aus den angesprochenen Komponenten zusammen.
Die Klassifikation der Spiralgalaxien erfolgt nach dem Verhältnis von Kern zu Scheibe: Bei Sa-Galaxien dominiert der Kern, während bei Sc-Galaxien die Spiralarme dominieren und nur noch ein verhältnismäßig kleiner Kern vorhanden ist. Sb-Galaxien liegen zwischen diesen beiden Extremen. Auch die morphologische Struktur der Spiralarme ändert sich mit dem Hubble-Typ. Bei Sa-Galaxien winden sie sich sehr eng um den Kern, und in vielen Fällen kann man mehr als eine ganze Windung um den Kern verfolgen. Meistens sind zwei Arme vorhanden, die symmetrisch zueinander liegen und sich in Form einer logarithmischen Spirale

vom Kern nach außen winden. Bei Sb-Galaxien sind die Spiralarme kürzer und offener, und bei Sc-Galaxien sind sie am kürzesten, gut aufgelöst, oft nur noch sehr fragmentarisch vorhanden, und meist findet man auch mehr als zwei Spiralarme.

Neben den hellen, jungen Sternen und dem interstellaren Gas findet man in den Spiralarmen leuchtende Gasnebel und Streifen dunkler, absorbierender Staubmaterie. Die interstellare Materie und die jungen Sterne sind in einer flachen Scheibe sehr stark zur Symmetrieebene der Galaxie konzentriert; die Ausdehung in Z-Richtung beträgt weniger als ±100 pc. Der Anteil des Gases an der Galaxie nimmt mit dem Hubble-Typ von Sa- über Sb- und Sc-Galaxien bis zu den irregulären Galaxien zu; der Anteil des neutralen Wasserstoffs variiert zwischen 2% bei Sa-Galaxien und bis zu 10% bei irregulären.

Ähnlich wie das Milchstraßensystem sind auch andere Spiralgalaxien von einem ausgedehnten, nur schwach abgeplatteten Halo umgeben. Er ist erkennbar an der Verteilung von Kugelsternhau-

NGC 2841 im Sternbild Ursa Major. Aufnahme mit dem Hale-Teleskop

14.3 Klassifikation

Verlauf der Flächenhelligkeit über dem Radius in einer normalen elliptischen Galaxie und einer cD-Galaxie. Bei cD-Galaxien zeigt sich in den Außenbereichen ein langsamerer Helligkeitsabfall als bei normalen elliptischen Galaxien

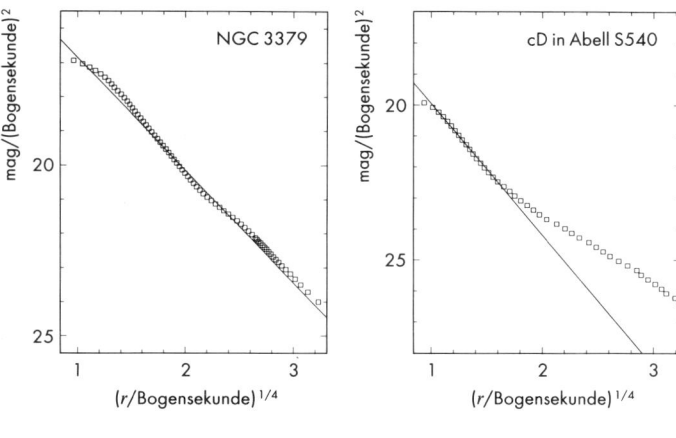

Verlauf der Flächenhelligkeit über dem Radius in einer S0- und einer Sb-Galaxie. Der beobachtete Verlauf kann durch zwei Anteile, Kern und Scheibe, beschrieben werden

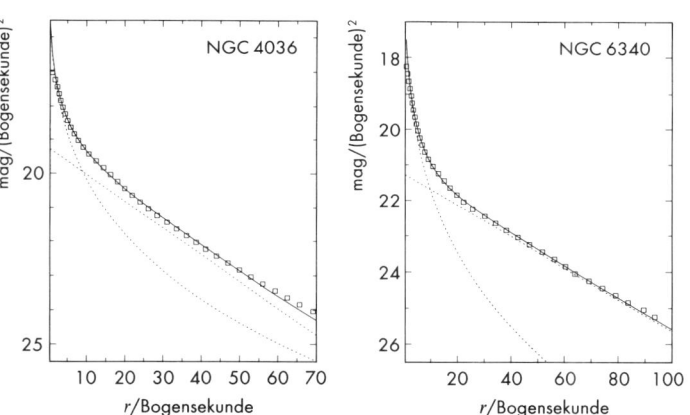

Ursache der Spiralstruktur

fen (s. 12.2.3) und von Einzelsternen der Population II (s. 13.4). Massenbestimmungen von Galaxien haben ergeben, daß der Halo sich nicht nur über die sichtbare Galaxie hinaus erstreckt, sondern daß er auch merklich zur Masse des Gesamtsystems beiträgt.

Man muß sich natürlich fragen, was die Ursache der Spiralstruktur ist, bei der es sich um ein sehr langlebiges Phänomen handeln muß, da etwa 50 % aller Galaxien eine solche zeigen. Klar ist, daß es ein Mechanismus sein muß, der die Spiralstruktur laufend aufrechterhält, da sonst die Spiralarme durch die differentielle Rotation der Spiralgalaxie sehr schnell »aufgewickelt« werden und verschwinden würden. Man nimmt inzwischen an, daß es sich hierbei um ein Wellenphänomen handelt, nämlich eine Dichtewelle, die durch die Eigengravitation der Materie in der Galaxie aufrechterhalten wird. Eine nähere Beschreibung dieser »Dichtewellentheorie«, die 1963 von Lin und Shu zum erstenmal formuliert wurde, findet man im Kapitel über das Milchstraßensystem (s. 13.1).

14 Galaxien

Balkenspiralen (Typ SB)

Bei den gewöhnlichen Spiralgalaxien setzen die Arme dicht an einem fast runden Kern an und gehen stark gewunden von ihm ab. Demgegenüber besitzen die sogenannten Balkenspiralen in ihrem Zentrum einen nahezu geraden »Balken«, der an seinen beiden Enden dünner und schwächer und in der Mitte heller und dicker ist. In manchen Fällen wirkt der ganze Balken wie ein einziger, langgestreckter Kern; in andern Fällen hat man eher den Eindruck eines zusätzlichen Kerns im Zentrum, von dem genau gegenüberliegend zwei geradlinige Arme ausgehen.

Die Balkenspiralen werden in der Hubble-Sequenz durch das Verhältnis des zentralen Kerns zu den Windungen der Spiralarme unterschieden. Eine SBa-Galaxie hat einen großen zentralen Kern und sehr eng gewundene Spiralarme, eine SBc-Galaxie dagegen nur sehr locker gewundene Spiralarme und einen kleinen Kern. Bei Balkenspiralen setzen die Spiralarme an den Enden des Balkens nahezu rechtwinklig an, während bei normalen Galaxien die Spiralarme tangential vom Kern weg verlaufen.

NGC 3031, bekannter unter der Messier-Bezeichnung M 81, eine Spiralgalaxie vom Typ Sb

14.3 Klassifikation

NGC 2403, eine unserm Sternsystem relativ nahe Spiralgalaxie, deren Spiralarme auf dieser Aufnahme mit dem Hale-Teleskop in einzelne Sternwolken aufgelöst sind; Typ Sc

14 Galaxien

Linsenförmige Galaxien (Typ S0 und SB0)

Eine geringere Anzahl von Galaxien hat die gleiche Form von Kern und Scheibe wie die vom Typ S oder SB, doch besitzen sie keine Spiralarme, keine dunklen Streifen absorbierender Materie und keine leuchtenden Gasnebel. Ihr Licht verteilt sich gleichmäßig über die Scheibe und nimmt nur von der Mitte zum Rand hin ab. Manchmal allerdings sieht man auch schwache, etwas hellere Ringe (mit dem Kern als Mittelpunkt) in größerem Abstand. Man bezeichnet diese Objekte als S0, SB0- oder linsenförmige Galaxien. S0-Galaxien liegen mit ihren Eigenschaften zwischen elliptischen und Spiralgalaxien. Während sie von der Morphologie her eher Spiralgalaxien ähneln, ist ihr stellarer Anteil dem einer elliptischen Galaxie sehr ähnlich. Die meisten von ihnen haben keine interstellare Materie; nur einige wenige besitzen einen kleinen Anteil an gasförmiger Materie.

Über die Entstehung der S0-Galaxien herrscht noch keine Klarheit; ein Hinweis ist darin zu sehen, daß sie meistens in dichten Haufen gefunden werden. Man vermutet daher, daß es sich bei

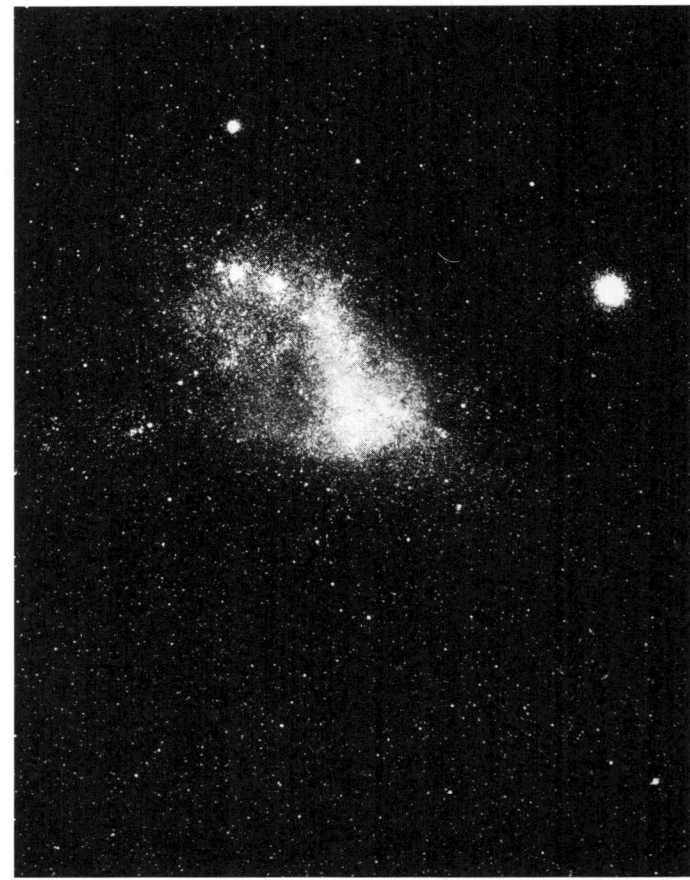

Die mit bloßem Auge gut erkennbaren, zur Lokalen Gruppe gehörenden Magellanschen Wolken. Die Kleine Magellansche Wolke ist als irreguläres System anzusprechen. Auf der obigen Aufnahme rechts neben dem System der nicht zur Wolke gehörige Kugelsternhaufen NGC 104 (= 47 Tucanae)

14.3 Klassifikation

Die beiden Magellanschen Wolken bilden zusammen ein physisches System. In beiden Galaxien kann man, wegen ihrer relativ geringen Entfernungen, alle auch im Milchstraßensystem vorkommenden Objektarten in großer Zahl feststellen. Aufnahme mit dem 25 cm-Metcalf-Refraktor des Boyden-Observatoriums

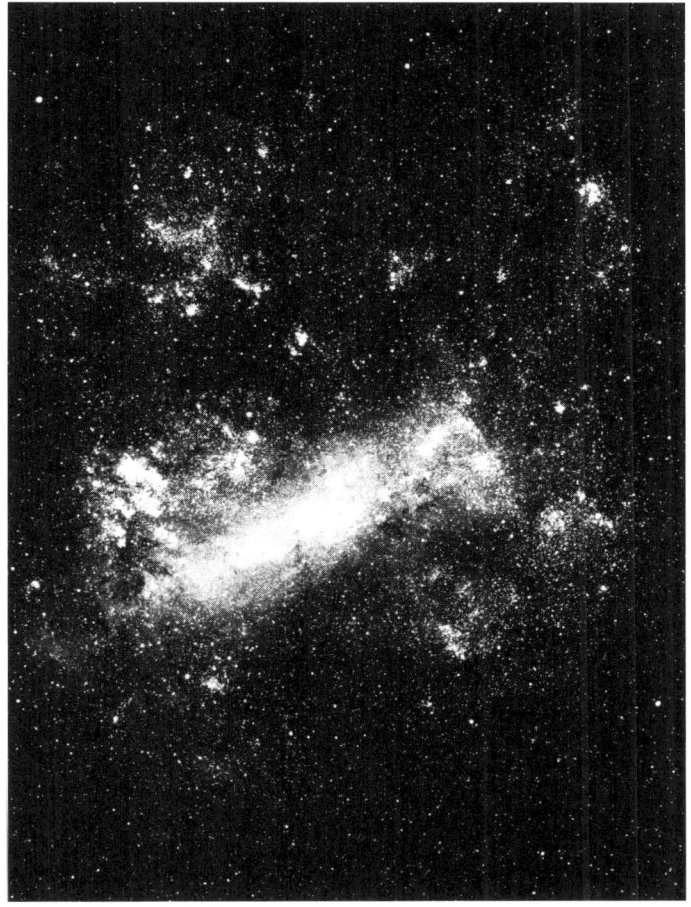

Unregelmäßige Galaxien (Typ Ir)

ihnen um Spiralgalaxien handelt, die ihre interstellare Materie verloren haben, entweder indem diese durch die Sternentstehung aufgebraucht wurde oder indem sie durch einen Zusammenstoß mit einer andern Galaxie aus der ursprünglichen Galaxie »herausgefegt« wurde.

Die bisher besprochenen Systeme besitzen eine deutliche Symmetrieebene und das typische Aussehen einer Rotationsfigur. Diese Symmetrie fehlt bei einigen Galaxien völlig, daher nennt man sie »unregelmäßig« oder »irregulär« (Typ Ir). Sie besitzen auch keinen Kern, haben statt dessen aber oft viele regellos verteilte kleinere Verdichtungen. Allerdings ist die Grenze zwischen Sc- und irregulären Galaxien nicht eindeutig; es gibt einen nahezu kontinuierlichen Übergang zwischen ihnen.

Als Klasse sind die irregulären Galaxien nicht einheitlich. Holmberg unterscheidet den Typ Ir I, für den die eben gegebene Beschreibung zutrifft, und der am ehesten als eine Fortsetzung der

Sequenz der Spiralgalaxien über Sc bzw. SBc hinaus angesehen werden kann, und den Typ Ir II, der von völlig anderer Natur ist. Anstelle der Bezeichnung Ir II wird neuerdings auch die Typenbezeichnung Amorph benutzt.

Die unregelmäßigen Galaxien vom Typ Ir I sind im Mittel nur etwa $1/3$ so groß wie die Spiralsysteme, haben wolkenartige Struktur und enthalten viel Gas und Staub sowie junge Sterne. Zwei bekannte Beispiele sind die beiden Begleiter unserer Milchstraße, die Große und die Kleine Magellansche Wolke.

Die irreguläre Struktur äußert sich vor allem in den jungen blauen Objekten. Die Hauptmasse der älteren Sterne zeigt z. B. in den Magellanschen Wolken eine viel regelmäßigere, abgeplattete Struktur und eine Rotation wie bei Spiralgalaxien.

Zwerggalaxien

Als ein Typ, der nicht in der ursprünglichen Hubbleschen Klassifikation enthalten ist, müssen schließlich die Zwerggalaxien genannt werden. Sie umfassen um Größenordnungen weniger Sterne als die andern Galaxien und sind als lockere Gruppierungen von sehr lichtschwachen Sternen (wegen der Entfernung) nur schwer zu entdecken. Wegen ihrer geringen Absoluthelligkeit sind nur relativ wenige Galaxien dieses Typs bekannt; absolut gesehen sind Zwerggalaxien jedoch der häufigste Galaxientyp. Ihre Anzahl übertrifft die der normalen Galaxien bei weitem. Man bezeichnet die verschiedenen Zwerggalaxien in Anlehnung an den Hubble-Typ und vermerkt, daß es sich um eine Zwerggalaxie handelt, durch ein vorgesetztes D (für engl. dwarf, Zwerg), so z. B. D E (elliptische Zwerggalaxie).

Die relativen Häufigkeiten der einzelnen Galaxientypen lassen sich nur schwer festlegen, vor allem bei größeren Entfernungen. Bei genau von der Kante her gesehenen Galaxien ist zwischen S und SB überhaupt nicht zu unterscheiden; bei entfernteren Galaxien ist oft die Unterscheidung zwischen E und S0 schwierig, manchmal auch die zwischen S0 und S. Die Tabelle berücksichtigt alle Galaxien, insgesamt 795, die nördlich von $\delta = -30°$ liegen und die heller sind als $m_{phot} = 12\overset{m}{.}9$.

Die zweite Tabelle zeigt die Aufteilung der 113 hellsten elliptischen Galaxien auf die einzelnen Unterklassen. Dies ist die Verteilung der scheinbaren Abplattungen, während in Wirklichkeit die runden Nebel sehr viel seltener sind.

Häufigkeiten der einzelnen Typen

Typ	Anzahl	%
E	113	14.2
S0	74	9.3
Sa	65	8.2
Sb	142	17.8
Sc	258	32.5
SB0	31	3.9
SBa	27	3.4
SBb	48	6.0
SBc	15	1.9
Ir	22	2.8

Hubbles Originaldiagramm der Klassifikation der Galaxien. Es stellt keine Entwicklungssequenz dar

14.4 Entfernungen

Unterklassen elliptischer Galaxien

Typ	Anzahl
E0	22
E1	22
E2	19
E3	14
E4	11
E5	10
E6	6
E7	6
E8	3

In dem von Hubble 1936 vorgeschlagenen Klassifikationsschema, das als Diagramm dargestellt werden kann, in dem die Galaxientypen wie auf einer Stimmgabel angeordnet werden, müssen natürlich manche wichtigen charakteristischen Eigenschaften der Galaxien unberücksichtigt bleiben. Es hat Versuche gegeben, das Schema durch die Einführung zusätzlicher Unterscheidungsmerkmale zu erweitern. So unterscheiden Sandage und de Vaucouleurs Spiralgalaxien noch nach der Art, wie die Spiralarme an dem Kern ansetzen. Sie füllen damit die Kluft zwischen dem S- und dem SB-Zweig durch ein Kontinuum von Übergangstypen aus. Van den Bergh führt als zweite Größe die Leuchtkraft der Galaxien ein. Er unterscheidet also – wie bei der MK-Klassifikation der Sterne (s. 7.1) – Leuchtkraftklassen der Galaxien.

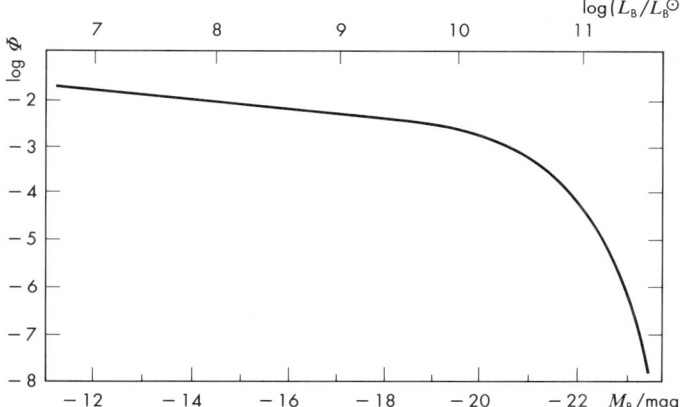

Empirische Leuchtkraftfunktion der Galaxien nach Schechter für Feldgalaxien und Galaxien in nicht-kompakten Haufen; log $\Phi(M_B)$ gibt die Anzahl der Galaxien bei der entsprechenden Helligkeit an

14.4 Die Entfernungen der Galaxien

Eine der wichtigsten Voraussetzungen für die Erforschung der Natur der Galaxien ist die Bestimmung ihrer Entfernungen, denn nur wenn man diese kennt, lassen sich scheinbare Helligkeiten in Leuchtkräfte umrechnen und gemessene Winkel in lineare Ausdehnungen. Leider ist die Entfernungsmessung mit erheblichen Unsicherheiten behaftet. Die Schwierigkeiten liegen weniger in der Bestimmung der relativen Entfernungen, wie sie für den Vergleich der verschiedenen Galaxien untereinander ausreichen, als vielmehr in der Feststellung einer absoluten Entfernungsskala.

Man benutzt meist photometrische Methoden, die auf dem Vergleich von gemessenen scheinbaren Helligkeiten m von Einzelobjekten oder von ganzen Galaxien mit deren als bekannt vorausgesetzten absoluten Helligkeiten M beruhen.

NGC 4594 (= M 104), im südlichen Bereich des Sternbilds Virgo, zum südlichen Teil des großen Virgo-Galaxienhaufens gehörig. Wegen ihres Aussehens wurde diese Galaxie auch »Sombreronebel« genannt. Der weitreichende Kern wird von einer Scheibe aus Stern- und Dunkelwolken umgeben, deren Ebene nur etwa 6° gegen die Sichtlinie geneigt ist. Da wegen der Lage der Gesichtslinie keine Spiralstruktur sichtbar ist, kann nur bedingt der Typ als Sa-Spiralgalaxie genannt werden

Die wegen ihrer Spindelform, ihrem ausgeprägten Kern und dem darüber laufenden Absorptionsband bekannte Galaxie NGC 4565, im Sternbild Coma Berenices, wahrscheinlich vom Typ Sb. Die Hauptebene der Galaxie ist nur etwa 4° gegen die Sichtlinie geneigt

14.4 Entfernungen

Es ist für diese Methode wichtig, daß es keine nennenswerte intergalaktische Absorption gibt. Diese Voraussetzung ist hinreichend erfüllt, und so kann zur Bestimmung der Entfernung r die einfache Relation

$$\lg(r/\text{pc}) = 1 + 0.2\,(m - M)/\text{mag}$$

verwendet werden (vgl. 7.5).

Man unterscheidet drei Arten von Entfernungsindikatoren, primäre, sekundäre und integrale.

Primäre Entfernungsindikatoren sind solche, deren Eichung noch innerhalb der Milchstraße erfolgt. Sie sind im Prinzip die besten, aber eins der Probleme ist, daß sich viele primäre Entfernungsindikatoren nur bei den allernächsten Galaxien anwenden lassen. So sind z. B. bereits RR Lyrae-Sterne nicht mehr zur Entfernungsbestimmung von M 31 anwendbar. Dabei sollte man nicht vergessen, daß schon innerhalb der Milchstraße die Bestimmung genauer Entfernungen ein großes Problem ist.

Sekundäre Entfernungsindikatoren sind individuelle Objekte, die in extragalaktischen Systemen geeicht werden. Hierzu werden Galaxien verwendet, deren Entfernung mit Hilfe von primären Indikatoren bestimmt wurde.

Da die Bestimmung der Reichweite auch unter Verwendung sekundärer Entfernungsindikatoren auf maximal etwa 50 Mpc beschränkt ist (mit Ausnahme der Supernovae, siehe unten), müssen bei weiter entfernten Galaxien Entfernungsindikatoren verwendet werden, die auf integralen Eigenschaften von Galaxien basieren.

Im folgenden sollen einige der wichtigsten Entfernungsindikatoren genauer besprochen werden.

Primäre Entfernungsindikatoren

δ *Cephei-Sterne* ($M = -1$ bis -5): Ist die Periode eines solchen veränderlichen Sterns ermittelt, so erhält man aus der Periode-Leuchtkraft-Beziehung seine absolute Helligkeit. In etwa 15 Galaxien sind δ Cephei-Sterne bekannt, im Andromeda-Nebel allein 40. – Diese Methode wäre eigentlich die genaueste, doch hat gerade die auf sie gegründete Entfernungsskala in den letzten Jahren einige Male verbessert werden müssen. Die Cepheiden sind seltene Sterne, daher finden sich keine in der Nähe der Sonne, und infolgedessen ist die Eichung der Skala schwierig.

Novae: Bisher wurden weit über hundert Novae in extragalaktischen Systemen beobachtet, und zwar meist in dem jeweiligen Kerngebiet. Sehr groß ist die Häufigkeit im Andromeda-Nebel, etwa 30 pro Jahr. In den meisten Galaxien ist die Häufigkeit geringer. Die absolute Helligkeit der Novae streut stark und läßt sich nur dann einigermaßen genau angeben, wenn ein längerer Teil der Lichtkurve beobachtet werden konnte.

Sekundäre Entfernungsindikatoren

Supernovae: Die bisher beobachteten Supernovae wurden meist in Sc- und SBc-Spiralen gefunden. Man schätzt ihre Häufigkeit auf etwa eine Supernova pro Sternsystem in 30 bis 50 Jahren.

Hellste O- und B-Sterne ($M_V \approx -10$): Diese absolut hellsten Sterne konnten bisher in über 100 Galaxien aufgelöst werden. Ihre absoluten Helligkeiten streuen jedoch stark.

Kugelhaufen ($M \approx -6.8$): Kugelhaufen sind anscheinend in allen Typen extragalaktischer Systeme vorhanden. Sie konnten inzwischen bei Galaxien im Virgo-Haufen und bei einigen noch weiter entfernten Galaxien beobachtet werden.

Durchmesser von HII-Regionen: Hier bestimmt man den Winkeldurchmesser der größten HII-Regionen in einer Galaxie. Als Eichwert wird dabei 245 pc angenommen.

Planetarische Nebel: Dies ist eine relativ neue Methode zur Bestimmung der Entfernung von extragalaktischen Objekten. Es zeigte sich, daß die Leuchtkraftfunktion Planetarischer Nebel (PNLF) fast nicht von der Zusammensetzung der stellaren Populationen einer Galaxie abhängt. Die Bestimmung der PNLF erlaubt die Messung der Entfernung.

Mit Hilfe des Hubble Space-Telescopes sollte es im Prinzip möglich sein, Cepheiden im etwa 20 Mpc entfernten Virgo-Galaxienhaufen zu beobachten. Bis zu dieser Entfernung ist es im Moment auch möglich, die Entfernung mit Hilfe der hellsten O- und B-Sterne, von Novae, Planetarischen Nebeln sowie von Kugelhaufen zu bestimmen.

Abgesehen von den Supernovae ist die Methode der HII-Regionen die am weitesten reichende, die auf individuellen Objekten beruht und bei Spiral- und irregulären Galaxien allgemein anwendbar ist; sie sollte Entfernungsbestimmungen bis zu etwa 50 Mpc erlauben. Da Supernovae vom Typ I eine absolute Helligkeit von -19.7 mag erreichen, können mit ihnen noch sehr viel größere Entfernungen als mit HII-Regionen bestimmt werden. Man kann mit ihnen Entfernungen bis zu 1000 Mpc bestimmen, doch leider treten Supernovae nur sehr selten auf.

Die Unsicherheit der photometrischen Methoden beruht erstens auf der Unsicherheit der mittleren absoluten Helligkeiten der benutzten Objekte, zweitens auf der Streuung dieser Helligkeiten im Einzelfall, drittens auf der Absorption sowohl innerhalb des Milchstraßensystems als auch innerhalb der untersuchten Galaxie. Man rechnet mit Mittelwerten für die Absorption, obwohl die absorbierende interstellare Materie sehr ungleichmäßig verteilt ist.

Entfernungsbestimmung mittels integraler Größen

Ist eine Galaxie so weit entfernt, daß sie nicht mehr in einzelne Objekte aufgelöst werden kann, so bleibt nur die Möglichkeit, ihre Entfernung unter Verwendung ihrer gesamten scheinbaren Helligkeit, ihres scheinbaren Durchmessers oder auch ihrer Radialgeschwindigkeit (aus dem gemessenen Doppler-Effekt im Spektrum ihrer Gesamtstrahlung) zu bestimmen. In solchen Fällen wird die Galaxie als Ganzes (integral) betrachtet. Die entsprechenden Methoden bedürfen immer der Eichung an möglichst vielen Galaxien, deren Entfernungen durch andere, unabhängige Verfahren bestimmt worden sind.

14.4 Entfernungen

In jüngster Zeit hat ein Verfahren der Bestimmung der absoluten Helligkeit von S- und Ir-Galaxien an Bedeutung gewonnen, das darauf beruht, daß es eine enge Beziehung zwischen der integralen Helligkeit der Galaxien und der Breite der 21 cm-Linie des interstellaren Wasserstoffs in den betreffenden Galaxien gibt. Die Existenz einer derartigen Relation, die nach ihren Entdeckern die Tully-Fisher-Relation genannt wird, ist verständlich, denn die Breite dieser Linie ist ein Maß für die Rotationsenergie in diesem System und damit auch ein Maß für die Gesamtmasse (s. 14.6). Bei einem festen Masse-Leuchtkraft-Verhältnis (s. 7.7.2) sind damit auch die Leuchtkräfte gegeben. Diese Beziehung muß natürlich an nahen Galaxien geeicht werden.

Bei elliptischen Galaxien läßt sich die Tully-Fisher-Relation nicht anwenden, da es in diesen Galaxien kein neutrales Wasserstoffgas gibt. Dressler et al. fanden 1987 jedoch eine vergleichbare Relation für elliptische Galaxien, die sogenannte D_n–σ-Relation. D_n ist der Durchmesser der Galaxie, innerhalb dessen die Flächenhelligkeit einen bestimmten Wert ($m_B = 20.7$ mag) annimmt, σ ist die entfernungsunabhängige Geschwindigkeitsdispersion. Mit Hilfe der D_n–σ-Relation können relative Entfernungen von elliptischen Galaxien mit einer Genauigkeit von etwa 20% bestimmt werden; problematisch bleibt jedoch auch hier die Nullpunkteichung.

Ein sehr weit reichender Entfernungsindikator ist die Bestimmung der hellsten Galaxie in einem Galaxienhaufen, die bei großen Haufen i. a. eine elliptische Riesengalaxie vom Typ cD mit einer absoluten Helligkeit von $m_v \leq -22$ mag ist.

Entfernungsbestimmung mittels Rotverschiebung der Spektral-Linien

Wegen der allgemeinen Expansion des Kosmos (s. 15.1.1) wird die Radialgeschwindigkeit einer Galaxie um so größer sein, je weiter diese entfernt ist. Der einfache Zusammenhang zwischen der Entfernung r und der Rotverschiebung $z = \Delta\lambda_{\text{Versch}}/\lambda_{\text{Lab}}$ der Spektral-Linien aufgrund der kosmischen Expansion ist

$$r = \frac{c \cdot z}{H} = 6000\, z \cdot \text{Mpc},$$

wobei c die Lichtgeschwindigkeit bedeutet und H die Hubble-Konstante (in der Formel wurde für H der Wert 50 km s^{-1} Mpc^{-1} eingesetzt; λ_{Lab} ist die Wellenlänge einer ruhenden Quelle).

Die Benutzung der Radialgeschwindigkeiten ist bei weit entfernten Galaxien von besonderem Vorteil, da dann der Anteil der Pekuliargeschwindigkeiten, die bei ± 150 km/s (entsprechend $z = \pm 0.0005$) liegen, an Bedeutung verliert. Bei sehr großen Abständen, die zu Werten von z größer als etwa 0.1 führen, gilt die obige Formel nicht mehr. In diesem Bereich kann die Entfernung mit genügender Genauigkeit nach der Beziehung

$$r = \frac{c \cdot z}{H}\left(1 + \frac{z}{2}\right)$$

berechnet werden. Hierbei wird angenommen, daß der Abbremsungsparameter (s. 15.4.2) gleich null ist. Ein Problem ist hier, daß der genaue Wert von H nicht bekannt ist (s. 15.1.1).

Wichtige Kriterien für Entfernungs- bestimmungen bei Galaxien

Methode	anwendbar bei Typ	Maximale Reichweite* in Mpc oder als z**
RR Lyrae-Sterne	alle Typen	0.5
Klassische Cepheiden	S, Ir	20
Novae	alle Typen	20
Hellste blaue Sterne	S, Ir	20
Planetarische Nebel	alle Typen	20
Hellste Kugelhaufen	alle Typen	20
Durchmesser HII-Region	Sc, Ir	50
Tully-Fisher	Sc, Ir	500
$D_n - \sigma$	E	200
Hellste Galaxie im Haufen	E	$z = 1$
Rotverschiebung	alle Typen	$z = 1$
	+ QSO	$z \geq 4$

* Die angegebenen Werte sind Näherungswerte, da durch die laufende Verbesserung der Beobachtungsinstrumente und Methoden (z. B. Hubble Space-Telescope und neue Generation von bodengebundenen Großteleskopen) die Grenzen laufend zu größeren Entfernungen hin verschoben werden.

** Bei sehr großen Rotverschiebungen werden die Entfernungen sehr unsicher, da bei ihnen nichtlineare Effekte berücksichtigt werden müssen. Deshalb werden hier die Rotverschiebungen anstatt der Entfernungen angegeben.

14.5 Verteilung der Galaxien im Raum

Ebenso ungleichförmig wie die Sterne in unserm Milchstraßensystem sind die Galaxien im Raum verteilt. Sie bilden Doppel- und Mehrfachsysteme – die bis zu 10 Galaxien enthalten können –, Gruppen von Galaxien – denen zwischen 10 und 100 Galaxien zugehören – und schließlich Galaxienhaufen, die mehr als 100 Objekte umfassen. Einzeln stehende Galaxien sind nicht die Regel, sondern eher die Ausnahme.

Die wichtigsten Verzeichnisse von Galaxienhaufen sind der Katalog von G. Abell, der auf einer Durchmusterung des photographischen Palomar-Himmelsatlasses beruht und 2712 »reiche« Galaxienhaufen nördlich von $-20°$ enthält, und der *Catalogue of Galaxies and Clusters of Galaxies* von Zwicky et al., der in sechs Bänden in den Jahren 1961–1968 erschienen ist.

14.5.1 Die Lokale Gruppe

Auch das Milchstraßensystem ist keine Einzelgalaxie, sie hat zwei ganz nahe Begleiter, die Große und die Kleine Magellansche Wolke, zwei Galaxien vom Typ Ir I in etwa 50 kpc Entfernung (engl. Large bzw. Small Magellanic Cloud, LMC bzw. SMC). In etwa 100 bis 250 kpc Abstand gibt es dann eine ganze Reihe von Zwerggalaxien vom elliptischen Typ. Dieser Komplex bildet zusammen mit dem Andromeda-Nebel (M 31) und seinen beiden Begleitern (M 32 und NGC 205) sowie mit der Sc-Galaxie M 33 (Triangulumgalaxie), die ihrerseits ebenfalls Begleiter hat, die sogenannte Lokale Gruppe. Sie umfaßt mehr als zwanzig Systeme,

14.5 Verteilung im Raum

Versuch einer räumlichen Darstellung der Lokalen Gruppe (nach P. W. Hodge: Galaxies + Cosmology, McGraw Hill 1966)

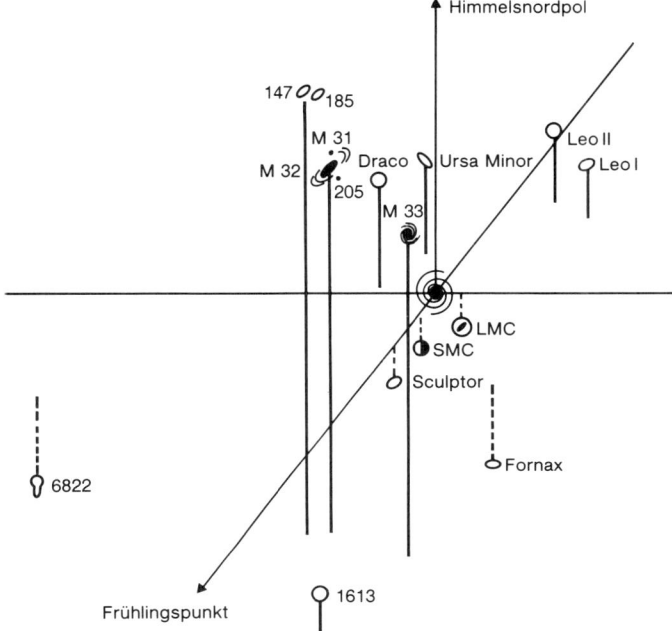

Die Lokale Gruppe von Galaxien

Objekt	Typ	Ent-fernung in kpc	Durch-messer in kpc	M_B	M_V
Galaxis	Sb/Sc	(10)	> 30	− 18.8	− 20
LMC	Ir I	50	9	− 18.1	− 18.5
SMC	Ir I	60	8	− 16.0	− 16.8
Ursa Minor	dE4	80	0.9	−	− 8.8
Sculptor	dE3	110	2.8	− 11.2	− 11.7
Draco	dE2	60	0.9	−	− 8.6
Fornax	dE3	230	6.1	− 12.9	− 13.6
Leo II	dE0	230	1.2	− 9.1	− 9.4
Leo I	dE4	230	2.8	− 10.7	− 11.0
NGC 6822	Ir I	500	3.1	− 14.8	− 15.7
IC 1613	Ir I	660	4.6	− 14.2	− 14.8
M 31 = NGC 224	Sb	690	40	− 20.3	− 21.1
M 32 = NGC 221	E2	690	2.4	− 15.6	− 16.4
NGC 205	E6p	690	5.0	− 15.8	− 16.4
NGC 185	E3p	690	2.4	− 14.7	− 15.2
NGC 147	E5p	690	3.1	− 14.4	− 14.9
M 33 = NGC 598	Sc	720	19	− 18.3	− 18.9
And I	dE0	670	0.6	− 11	−
And II	dE0	670	0.6	− 11	−
And III	dE0	670	0.6	− 11	−
Carina	dE3	160	1.2	−	−

wobei der hohe Anteil von Zwerggalaxien auffällt. Diese sind sehr schwer zu erkennen, so daß wir die Gesamtheit der Systeme in der Lokalen Gruppe vermutlich noch nicht überblicken.

14.5.2 Galaxienhaufen

Ein grundlegendes Problem bei der Klassifizierung von Galaxienhaufen und besonders bei Gruppen von Galaxien ist, den Haufen oder die Gruppe von lokalen Dichteschwankungen am Himmel zu unterscheiden und abzugrenzen. Des weitern ist es nötig, Unterscheidungsmerkmale zwischen Galaxiengruppen und Galaxienhaufen zu finden, zwischen denen es offenbar fließende Übergänge gibt. Es gibt verschiedene Klassifikationskriterien, die am häufigsten verwendeten stammen von G. Abell, einem der Pioniere bei der Untersuchung von Galaxienhaufen. Ein wichtiges Kriterium ist die Reichhaltigkeit (engl. richness), die ein Maß für die Zahl der Galaxien im Haufen ist. Da insbesondere bei weiter entfernten Galaxienhaufen nur noch die hellsten Galaxien tatsächlich sichtbar sind, und die Haufengrenzen nicht eindeutig festlegbar sind, verwendete Abell hierfür die Zahl der Galaxien im Helligkeitsintervall $\Delta m = 2$ mag, gerechnet von der dritthellsten Galaxie im Haufen, innerhalb eines festen Abstands $R = (1.7/z)$ Bogenminuten vom Haufenzentrum, was, mit $H = 50$ km s^{-1} Mpc^{-1}, 3 Mpc entspricht. Je größer die Reichhaltigkeit, desto mehr Galaxien sollte der Haufen insgesamt enthalten.

Ein weiteres wichtiges Kriterium ist die Unterscheidung in reguläre und irreguläre Galaxienhaufen. Die folgende Tabelle gibt eine Gegenüberstellung der wichtigsten Eigenschaften:

Wichtige Eigenschaften von Galaxienhaufen

	Irreguläre Galaxienhaufen	Reguläre Galaxienhaufen
Symmetrieeigenschaften	keine ausgeprägte Symmetrie	sphärische Symmetrie
Konzentration zum Zentrum	keine	stark
Zahl der Mitglieder (im Intervall von 7 mag, von der hellsten Galaxie an gezählt)	10 ... 1000	einige 1000
Typ der hellsten Galaxien	keine Beschränkung; bevorzugt Spiralgalaxien	fast alle hellen Galaxien vom Typ E oder S0, keine Spiraltypen
Zentrale Galaxie		meist cD
Gesamtmasse aus dem Virialsatz, in $M_\odot$	$10^{12} \ldots 10^{14}$	$\approx 10^{15}$
Ausdehnung/Mpc	1 ... 10	3 ... 10

Ein Beispiel für einen irregulären Haufen ist der Virgo-Haufen, der mit einer Entfernung von 20 Mpc der nächste Galaxienhaufen ist.

14.5 Verteilung im Raum

Er hat einen Durchmesser von etwa 3 Mpc und enthält einige hundert helle und mehrere tausend Zwerggalaxien. Der nächste reguläre Galaxienhaufen ist der Coma-Haufen (= A 1656), der sich in einer Entfernung von 130 Mpc befindet. Er enthält einige tausend helle Galaxien und hat einen Durchmesser von 8 Mpc. Die Tatsache, daß man in den regulären Haufen, in denen die Galaxiendichte beträchtlich höher ist als in den irregulären Haufen, im Zentrum zumeist eine elliptische cD-Riesengalaxie findet, hat zu der Vermutung Anlaß gegeben, daß diese Objekte durch gravitative Wechselwirkung aus ursprünglich etwas kleineren Galaxien hervorgehen, indem eine Galaxie die andere sozusagen verschluckt. Man redet deshalb auch vom Galaxien-Kannibalismus. Die Wahrscheinlichkeit für eine nahe Begegnung zweier Galaxien ist in einem regulären Haufen viel größer als in einem irregulären.

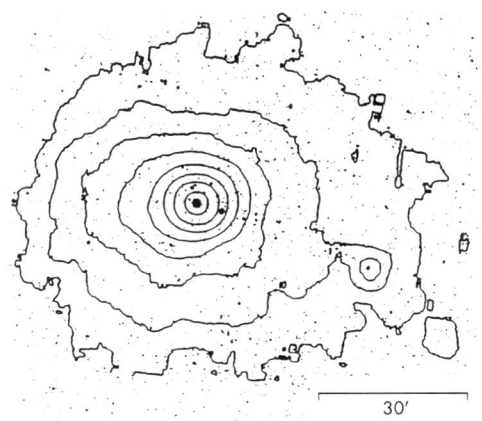

Räumliche Verteilung der Röntgenintensität im Perseus-Galaxienhaufen, gemessen bei der ROSAT-Himmelsdurchmusterung. Die Isokonturen sind einer Aufnahme der Palomar-Himmelsdurchmusterung überlagert. Das zentrale Maximum stimmt mit NGC 1275 überein, einer aktiven Galaxie, die selbst starke Röntgenstrahlung aufweist

Das Problem der fehlenden Masse

Die Massen von Galaxienhaufen können aufgrund des Virialsatzes berechnet werden. Der Virialsatz besagt, daß die mittlere potentielle Energie, die durch das Gravitationsfeld hervorgerufen wird, gleich dem doppelten Betrag der mittleren kinetischen Energie (Bewegungsenergie) der einzelnen Systemmitglieder ist, die im Fall eines Galaxienhaufens die einzelnen Galaxien sind. Voraussetzung ist, daß sich der Galaxienhaufen in einem gebundenen Zustand befindet (die Gesamtenergie des Haufens ist dann <0), was zumindest bei den regulären Haufen der Fall sein sollte. Wäre ein Galaxienhaufen nicht in einem gebundenen Zustand, so würde er sich in einer Milliarde Jahren wegen der Eigenbewegung der Galaxien auflösen. Die kinetische Energie der einzelnen Haufenmitglieder läßt sich bestimmen, indem man die Dispersion der Radialgeschwindigkeit mißt. Hieraus läßt sich dann mit dem Virialsatz die Gesamtmasse des Galaxienhaufens berechnen, die für einen typischen reichen Haufen etwa $10^{15} M_\odot$ beträgt. Addiert man dagegen die Massen der einzelnen Galaxien (die man aus der

14 Galaxien

Eine Gruppe von mehreren Galaxien im Sternbild Leo. Auf dieser Aufnahme rechts oben NGC 3185, eine Balkenspirale vom Typ SBa, eine weitere Balkenspirale oben links, die als SBc-Typ anzusprechende Galaxie NGC 3187, zur Bildmitte hin die Sb-Galaxie NGC 3190, darunter links die elliptische Galaxie NGC 3193 vom Typ E2

14.5 Verteilung im Raum

Masse-Leuchtkraft-Beziehung für die jeweiligen Galaxientypen ableiten kann), erhält man maximal $10^{14}\,M_\odot$, also nur ein Zehntel dieser Masse. Dies ist das berühmte Problem der »fehlenden Masse« in Galaxienhaufen, wobei dieser Ausdruck nicht sehr glücklich gewählt ist, da die Masse nicht wirklich fehlt; sie muß vorhanden sein (andernfalls wäre der Haufen nicht gebunden), und zwar in Form von sogenannter dunkler Materie, die wir nicht unmittelbar sehen können. Eine mögliche Erklärung könnte sein, daß ein Großteil dieser Materie in Form von dunklen Halos vorhanden ist, deren Objekte zu leuchtschwach sind, um von uns gesehen zu werden (s. unten, Massen von Galaxien).

Beobachtungen mit Röntgensatelliten, die seit Beginn der siebziger Jahre durchgeführt werden (s. A 2.8), haben gezeigt, daß Galaxienhaufen starke, räumlich ausgedehnte Röntgenquellen sind. Die Röntgenleuchtkräfte von 10^{43} bis 10^{45} erg s^{-1} sind sehr hoch; sie werden nur von denen der Quasare übertroffen. Die ausgedehnte Röntgenemission ist zeitlich konstant und diffus, d. h. sie stammt von einer räumlich ausgedehnten Quelle und nicht von einer Überlagerung vieler Einzelquellen. Die Röntgenemission ist deutlich mit dem Haufentyp korreliert; reguläre Haufen haben eine höhere Röntgenleuchtkraft und eine gleichmäßigere Verteilung der Röntgenstrahlung als irreguläre Haufen. Wenn eine zentrale cD-Galaxie vorhanden ist, ist die Röntgenemission stärker auf das Zentrum konzentriert als bei Haufen ohne dominierende Galaxie. Die Ursache der Röntgenemission ist thermische Bremsstrahlung von einem heißen, dünnen Gas, das sich im Haufen zwischen den Galaxien befindet. Obwohl die Dichte des Gases, dessen Temperatur zwischen 10 und 100 Mio. K liegt, nur etwa 10^{-3} bis 10^{-4} Teilchen cm^{-3} beträgt, ist seine Gesamtmasse wegen der ungeheuren Größe eines Galaxienhaufens so groß wie oder etwas größer als die Gesamtmasse der Galaxien im Haufen. Allerdings ist auch dies viel zu wenig, um damit die fehlende Masse zu erklären. Röntgenbeobachtungen, die mit dem Röntgensatelliten ROSAT durchgeführt wurden, ergaben, daß das Gas im Coma-Haufen etwa ein Drittel der fehlenden Masse ausmacht.

Aus Emissionslinien in den Röntgenspektren dieses Haufen-Gases konnten Elementhäufigkeiten von Eisen und andern Metallen berechnet werden. Das überraschende Ergebnis war, daß diese Häufigkeiten erstaunlich groß waren, nämlich im Mittel halb so groß wie die solaren Häufigkeiten, wobei nur eine geringe Streuung von Haufen zu Haufen gefunden wurde. Da Eisen nur bei nuklearen Reaktionen im Innern von Sternen entstehen kann (s. 9.1), kann das Gas in Galaxienhaufen nicht primordial sein, sondern es muß schon vorher prozessiert worden sein, d. h. es muß aus den Galaxien im Haufen stammen. Man nimmt an, daß ein stetiger Austausch von Gas stattfindet: Haufen-Gas fließt in die Galaxien, dafür wird von diesen laufend neues, prozessiertes Gas an das Haufen-Gas abgegeben. Bevorzugt sollte dies im Zentrum der Galaxienhaufen stattfinden, in den sogenannten Cooling-Flows.

Superhaufen und großräumige Strukturen

Es gibt Anzeichen dafür, daß es noch größere Strukturen als die der Galaxienhaufen im Kosmos gibt, die sogenannten Superhaufen. Superhaufen enthalten typischerweise 2 bis 6 Galaxienhaufen und dazu noch etliche Galaxiengruppen. Sie sind stark abgeplattete Systeme mit einem Durchmesser von etwa 100 Mpc, die keine Axialsymmetrie und auch keine zentrale Verdichtung zeigen, wie sie in normalen Galaxienhaufen gefunden werden. Häufig findet man filamentartige Anordnungen. Die Masse eines Superhaufens beträgt etwa 10^{16} $M_\odot$. Wegen ihrer Größe können Superhaufen noch keine relaxierten Systeme sein. Es erhebt sich daher die Frage, ob es überhaupt sinnvoll ist, von solchen Ordnungsstrukturen zu sprechen. Betrachtet man in der Abbildung die Verteilung der Galaxien, so fallen einem sofort die netzartigen Strukturen auf. Zwischen dünnen, schalenförmigen Gebieten mit hoher Galaxiendichte findet man große Gebiete mit Durchmessern von etwa 50 Mpc, in denen die Galaxiendichte entweder sehr gering ist oder gar keine Galaxien vorhanden sind. Solche Gebiete werden auch mit dem englischen Ausdruck Voids (leere Gebiete) bezeichnet. In der Entfernung des Coma-Haufens (200 Mpc) findet man eine dünne Schicht mit einer sehr hohen Galaxiendichte, die dementsprechend als Große Mauer (engl. Great Wall) bezeichnet wurde. Zur Zeit gibt es noch keine befriedigende Erklärung, wie solche Strukturen entstehen.

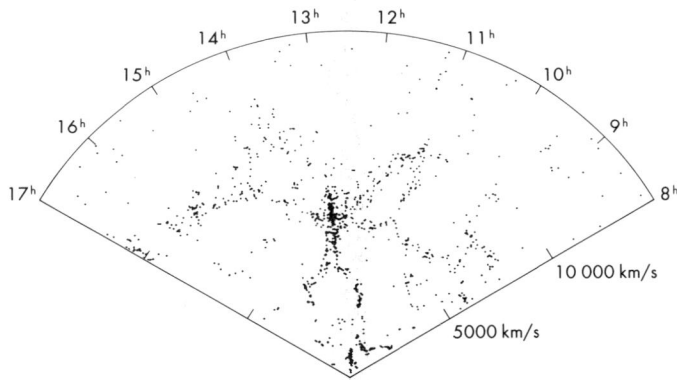

Die Verteilung von 1061 Galaxien im Deklinationsbereich 26.5°–32.5° über der gemessenen Radialgeschwindigkeit

Wechselwirkung von Galaxien

Viele Galaxien, besonders solche, die sich in den dichten Zentralgebieten eines reichen, regulären Galaxienhaufens befinden, erfahren im Verlauf ihrer Entwicklung eine nahe Begegnung mit einer andern Galaxie. Durch die gegenseitige Gezeitenwirkung, die durch die Gravitationskräfte hervorgerufen wird, werden vor allem die interstellare Materie in den Galaxien und, wenn auch in weit geringerem Ausmaß, die Sterne beeinflußt. Als Folge solcher Wechselwirkungen, von denen inzwischen viele direkt beobachtet wurden, können sich gemeinsame Hüllen um Galaxien, verbindende Brücken, lange herausgezogene Schweife sowie Doppel- oder Mehrfachkerne ergeben. Das nächste Beispiel einer Wechselwirkung können wir in unserer unmittelbaren Nachbarschaft beobachten, nämlich den Magellanschen Strom, bei dem es sich um Wolken aus neutralem Wasserstoffgas handelt, die der Großen Magellanschen Wolke auf ihrer Bahn um die Milchstraße folgen und vermutlich durch Gezeitenkräfte aus ihr herausgelöst wurden. In vielen Fällen verlieren die Galaxien das interstellare Medium, wodurch auch sehr schnell die Spiralstruktur verlorengeht, da diese ja vor allem durch die jungen Objekte sichtbar wird, die aus dem interstellaren Medium entstehen. Der Extremfall einer Wechselwirkung ist, wenn sich zwei Galaxien gegenseitig durchdringen; übrig bleiben z. B. Staubstreifen in elliptischen Galaxien oder Galaxien mit Doppel- oder Mehrfachkernen. In neuester Zeit wurde die Vermutung geäußert, daß neben cD-Galaxien zumindest ein Teil der »normalen« elliptischen Galaxien durch Verschmelzungsprozesse entstanden sein könnte. Sicher ist, daß Wechselwirkungen zwischen Galaxien keine seltenen Ereignisse sind, sondern besonders in den dichten Haufen oft auftreten.

14.6 Die Massen von Galaxien, Masse-Leuchtkraft-Verhältnis, Sternpopulationen

14.6.1 Die Massen

Die Massen von Galaxien werden in gleicher Weise wie die unseres Milchstraßensystems bestimmt. Bei flachen rotierenden Systemen, also bei den S- und SB-Galaxien, verwendet man die Bedingung des Kräftegleichgewichts bei der Rotation,

Zentrifugalkraft = Massenanziehung.

Die Anwendung dieser Gleichung ist im Prinzip sehr einfach. Man bestimmt beispielsweise aus dem Doppler-Effekt etwa der 21 cm-Linie die Rotationsgeschwindigkeit einer Spiralgalaxie in Abhängigkeit vom Abstand zum Zentrum und hat damit – wenn man die lineare Ausdehnung der Galaxie kennt – die Massen, deren Anziehungskraft der Zentrifugalkraft gerade das Gleichgewicht hält. Da nur die Winkelausdehnung der Messung direkt zugänglich ist, muß noch zusätzlich die Entfernung bestimmt werden, um die Winkelausdehnungen in Längen umzurechnen. Darin liegt eine der Schwierigkeiten.

Trägt man die Rotationsgeschwindigkeiten, wie sie tatsächlich in Abhängigkeit vom Abstand zum Zentrum der Galaxie gemessen wurden, in einem Diagramm auf (s. Abb.), so wird eine weitere Schwierigkeit der Massenbestimmung deutlich. Die Kurven lassen erkennen, daß die Rotationsgeschwindigkeit vom Zentrum her zunächst steil ansteigt, dann aber, abgesehen von einigen Schwankungen, nahezu konstant bleibt. Dieses Verhalten ist insofern überraschend, als nach der gerade formulierten Gleichgewichtsbedingung zu erwarten wäre, daß die Rotationsgeschwindigkeiten wie etwa $r^{-1/2}$ abfallen (r Abstand vom Zentrum der Galaxie), wenn die Bahnen den wesentlichen Teil der Masse der Galaxie umschließen. Aus dem Verhalten der gemessenen Rotationsge-

Rotationskurven von 25 Galaxien verschiedenen Typs;
M Messier-Nummer,
N NGC-Nummer

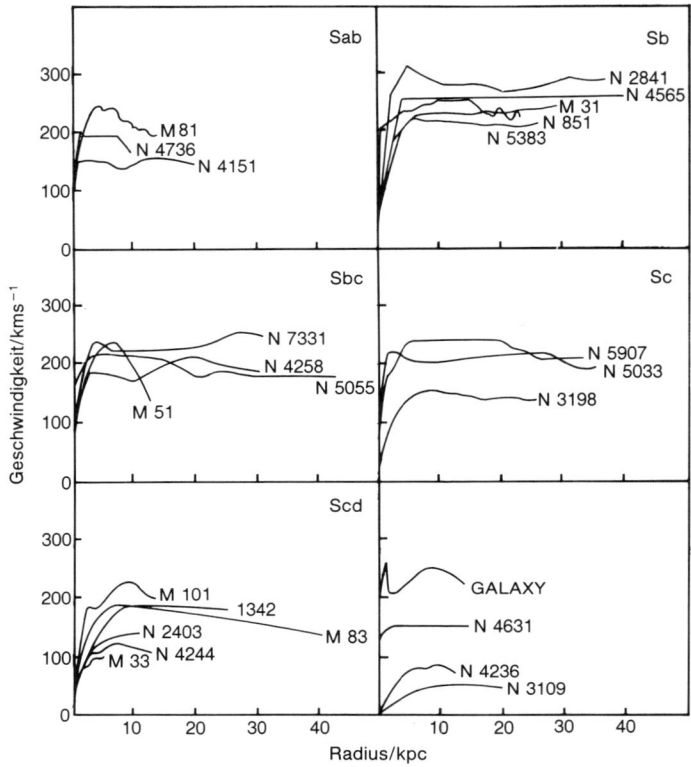

schwindigkeiten, die konstant bleiben, muß daher gefolgert werden, daß auch in diesen äußeren Bereichen der Galaxien immer noch große Masseanteile außerhalb der jeweiligen Umlaufbahnen liegen. Damit können die aus den Rotationsgeschwindigkeiten abgeleiteten Massen eigentlich nur als untere Grenzwerte für die tatsächlichen Massen angesehen werden.

Elliptische Galaxien rotieren mit $v_{\text{rot}} \approx 50$ bis 100 km s^{-1} viel langsamer als Spiralgalaxien. Bei ihnen überwiegt die statistische Bewegung der Sterne, die bei großen Systemen mehrere 100 km s^{-1} beträgt. Hier verwendet man für die Abschätzung der Gesamtmasse den schon bei den Galaxienhaufen erwähnten Virialsatz. Wie bei Galaxien in einem Galaxienhaufen kann man aus der Breite der Spektral-Linien, die sich durch die Überlagerung vieler verschiedener Doppler-Verschiebungen ergibt, auf die Größe dieser Geschwindigkeitsstreuung schließen und damit auf die Bewegungsenergie, die für die Anwendung des Virialsatzes benötigt wird. Natürlich muß auch für die Massebestimmung auf diesem Weg die lineare Ausdehnung der Galaxie und dafür ihre Entfernung bekannt sein. Auch bei elliptischen Galaxien zeigt sich, daß ein großer, ausgedehnter Halo mit dunkler Materie vorhanden sein muß, um die beobachteten Geschwindigkeitsstreuungen in den äußeren Bereichen der Galaxien zu erklären. Wie oben schon erwähnt, sind diese dunklen Halos der elliptischen und Spiralgalaxien die wahrscheinlichste Erklärung für die fehlende Masse in Galaxienhaufen. Allerdings ist es noch absolut unklar, woraus diese dunkle Materie besteht, sicher ist nur, daß sie total anders zusammengesetzt sein muß als die Materie, die man in den sichtbaren Bereichen findet. Erklärungsversuche, die aber zur Zeit noch reine Spekulation sind, reichen von kühlen Zwergsternen, planetenartigen Körpern, über niederenergetische Neutrinos bis hin zu Schwarzen Löchern und exotischen Teilchen.

Nach dem gleichen Prinzip kann man schließlich die Bewegung ganzer Galaxien in einem Galaxienhaufen (s. 14.5.2) studieren und den Virialsatz auf den Haufen anwenden. Damit wird zunächst die Masse des Haufens bestimmt, aber dann kann diese Gesamtmasse relativ leicht auf die beteiligten Galaxien aufgeteilt werden. Diese Methode ergibt, im Vergleich zu den andern, besonders große Massen. Dies kann daran liegen, daß

- bei der Massebestimmung aus der Rotationskurve tatsächlich noch viel Masse außerhalb der Meßpunkte gelegen hat,
- oder die Galaxienhaufen nicht nur die Sternsysteme, sondern auch viel intergalaktische Masse enthalten,
- oder die Galaxienhaufen nicht im Gleichgewicht sind, sondern sich ausdehnen; dann wäre der Virialsatz in der einfachen Form nicht anwendbar.

Hier sind noch viele Fragen offen.

Es zeigt sich, daß die Massen der Galaxien über mehrere Zehnerpotenzen streuen. Dies gilt insbesondere für die elliptischen Galaxien, deren hellste im Bereich zwischen 10^{11} und 10^{12} Sonnenmassen liegen. Anderseits gibt es aber auch Zwerg-E-Galaxien mit weniger als 10^9 Sonnenmassen. Bei den Spiralgalaxien ist ein loser Zusammenhang zwischen Typ und Masse erkennbar. Er ist von der Art, daß – bei einer breiten Streuung der Einzelwerte – die Massen der Galaxien vom Typ Sa, Sb (etwa 10^{11} Sonnenmassen) über Sc (etwa 10^{10} Sonnenmassen) zu den irregulären Typen ($10^9 \ldots 10^{10}$ Sonnenmassen) abnehmen. Balkenspiralsysteme verhalten sich entsprechend.

14.6.2 Masse-Leuchtkraft-Verhältnis, Sternpopulationen

Einen interessanten Aufschluß über die Natur der in Galaxien vorkommenden Sterne erhält man aus dem Masse-Leuchtkraft-Verhältnis M/L, also aus dem Verhältnis der gesamten Masse M einer Galaxie zu ihrer gesamten Leuchtkraft L, das üblicherweise in Sonneneinheiten angegeben wird. In unserm Milchstraßensystem ist es in der Sonnenumgebung etwa 2.8. Wie aus der Tabelle hervorgeht, nimmt dieses Verhältnis vom Wert 80 für E-Galaxien auf etwa 2 für irreguläre Galaxien ab. Andere Autoren finden in neueren Untersuchungen eine Abnahme von etwa 20 ... 30 für die Typen E0, S0 auf 1 für den Typ Ir I. Die Diskrepanz zwischen diesen Werten und denen in den Tabellen geht fast ausschließlich auf das Konto der Massebestimmungen.

Werte für Farbe, Spektrum und Masse-Leuchtkraft-Verhältnis der Hubble-Galaxien-Typen

Typ	Farbindex B–V	Spektrum der Kernregion	Masse/Leuchtkraft in Einheiten $M_\odot/L_\odot$
E, S0	0.9	G4	10 ... 80
Sa	0.9	G2	3.6 ... 7
Sb	0.8	G0	1.2 ... 8.4
Sc	0.6	F6	0.4 ... 20
Ir	0.5		2.0 ... 11

Die hohen Werte von M/L im Kern besagen also, daß er – bezogen auf seine Masse – nicht besonders hell ist.

Wie in der obigen Tabelle dargestellt, steht das Masse-Leuchtkraft-Verhältnis in direkter Beziehung zu den Farbindizes, etwa B–V (s. 7.1.2) oder zur Spektralklasse (s. 7.1.1). Es sei betont, daß es sich hier nicht um die Spektralklasse eines einzelnen Sterns handelt, sondern um das Spektrum einer ganzen Galaxie. Zu dem in diesem »integrierten Spektrum« analysierten Licht haben also zahllose Sterne der verschiedensten Spektralklassen beigetragen. In der Regel wird hierbei, wegen der größeren Flächenhelligkeit, das Kerngebiet besonders bevorzugt. Entsprechendes gilt natürlich auch für den Farbindex, der bekanntlich ein Maß für die Energieverteilung im Spektrum darstellt. Hier ist es durch die photoelektrischen Meßverfahren einfacher, das gesamte Licht der Galaxie zu erfassen.

Die integrierte Spektralklasse wird, wie man sich leicht vorstellen kann, um so früher sein, der Farbindex um so kleiner, je mehr in der Strahlung der Galaxie der Anteil der Strahlung von Sternen früher Spektralklassen dominiert. Da diese Sterne ein besonders kleines Masse-Leuchtkraft-Verhältnis (s. 7.7.2) haben, wird bei einem hohen Anteil ihrer Strahlung auch das Masse-Leuchtkraft-Verhältnis der Galaxie klein werden. Man kann, in Umkehrung dieser Überlegungen, aus den gemessenen M/L-Werten, aus den Farbindizes und den Linienstärken in den integrierten Spektren Rückschlüsse auf die Sternmischung ziehen, d. h. letztlich die Populationen bestimmen. Dabei sind oft erhebliche Schwierigkeiten zu überwinden, und man kommt nicht immer zu eindeutigen Resultaten.

Es zeigt sich, daß die erhaltenen Lösungen nicht in das eindimensionale Klassifikationsschema Population I–Population II passen. Dieses Schema ist offensichtlich zu eng, man muß die Sternpopulationen nach mehreren Parametern, zumindest nach den beiden folgenden klassifizieren: einmal nach der Häufigkeit der schweren Elemente (der Metalle), zum andern nach dem Alter. Die Einteilung nach der Metallhäufigkeit entspricht noch am ehesten dem alten Schema Population I–Population II. Die Einteilung nach dem Alter ist nur für die Population I (hohe Metallhäufigkeit) von Bedeutung. Alle Sterne der Population II (niedrige Metallhäufigkeit) sind alt, und zwar nahezu gleich alt. Sie sind die Sterne der

14.6 Masse, Leuchtkraft, Populationen

Der Zusammenhang zwischen dem Hubble-Typ einer Galaxie und den Farbindizes, dargestellt im Zweifarbendiagramm

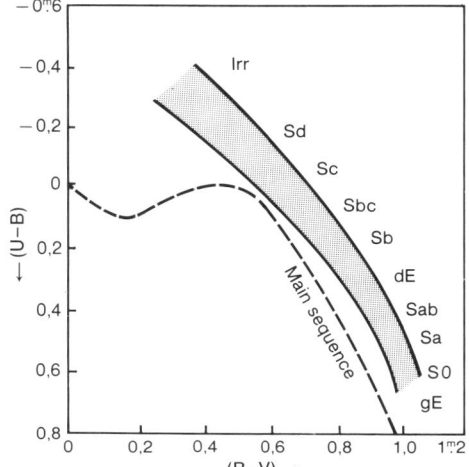

ersten Generation, in deren Material die schweren Elemente noch nicht angereichert sind (s. 13.4).

Der Anteil dieser Population II-Sterne am Aufbau der Galaxien (aller Typen) scheint relativ gering zu sein. Aus der Stärke der Linien in den integrierten Spektren muß man schließen, daß die Galaxien (auch die E-Galaxien) vorwiegend aus Sternen der alten Population I (hohe Metallhäufigkeit) bestehen. Dieser alten Population I ist in den Scheiben und insbesondere in den Armen der Spiralgalaxien ein Anteil junger Population I-Sterne beigemischt. Sie sind nur in den Bereichen zu finden, in denen auch interstellares Gas vorkommt. Während sich also die E-Galaxien und die Kerne der Spiralgalaxien aus Sternen der alten Population I zusammensetzen, bestehen die Scheiben und die Spiralarme der S- und der SB-Galaxien und auch die irregulären Galaxien vom Typ I vorwiegend aus der jüngeren Population I.

Dieses Bild ist mit Vorstellungen über die Entwicklung von Galaxien verträglich. Es ist insbesondere verständlich, daß die Sterne der Population II, die sich als erste zu einer Zeit bildeten, als die Galaxie sich noch in der Kontraktionsphase befand, und noch nicht so stark abgeplattet war, ein nicht so flaches System bilden. Es ist allerdings noch unklar, ob und gegebenenfalls in welcher Form in diese Überlegungen der große Masseanteil im Halo der Galaxien einerseits und die Aktivitäten in den Kernen von Galaxien anderseits einbezogen werden müssen.

Infrarotgalaxien

Eins der spektakulärsten Ergebnisse des Infrarotsatelliten IRAS (s. A 2.2) war die Entdeckung einer Klasse von sehr leuchtkräftigen Galaxien, die den Großteil ihrer Energie im fernen Infrarot (IR) abstrahlen. Während bei normalen Spiralgalaxien das Verhältnis der Leuchtkraft L_{IR} im fernen IR bei 60 μm zu der im blauen Spektralbereich L_B deutlich kleiner als eins ist ($L_{IR}/L_B \leq 1$), strahlen Infrarotgalaxien im fernen IR bei 60 μm bis zu hundertmal so viel Energie ab wie im blauen Spektralbereich. Ihre Gesamtleuchtkräfte können $10^{12}\,L_\odot$ überschreiten, sie gehören damit nach den Quasaren zu den hellsten Objekten im Universum. In vielen Fällen wurden solche Galaxien im optischen Spektralbereich erst nach der Entdeckung durch IRAS gefunden. Die Erklärung für diese Infrarotgalaxien ist, daß wir hier einen erst vor kurzem erfolgten Ausbruch von Sternentstehung beobachten. Solche Galaxien werden deshalb auch als Starburst-Galaxien bezeichnet. Als Folge eines solchen Ausbruchs von Sternentstehungen, bei dem im Extremfall die Sternentstehungsrate bis zu 100 $M_\odot$ pro Jahr betragen kann, entstehen sehr viele OB-Sterne, die der direkten Beobachtung aber durch den interstellaren Staub, der sich in der interstellaren Materie befindet, entzogen sind. Durch die intensive Strahlung dieser OB-Sterne wird der Staub, der in Starburst-Galaxien sehr reichlich vorhanden sein muß, auf Temperaturen von etwa 100 K erwärmt; er strahlt dann die absorbierte Energie im fernen IR wieder ab. Das bekannteste Beispiel einer Starburst-Galaxie ist M 82, die auf optischen Aufnahmen eine stark amorphe Struktur zeigt. Mit einer Leuchtkraft von »nur« $10^3\,L_\odot$ und $L_{IR}/L_B \approx 4$ gehört M 82 allerdings nicht zu den extremen Fällen einer Starburst-Galaxie. Die lange Jahre aufrechterhaltene Vermutung, daß es sich bei M 82 um einen Explosionsvorgang im Kern handelt, daß M 82 also eine aktive Galaxie sei (s. 14.7), stellte sich mittlerweile als falsch heraus. M 82 strahlt die meiste Energie bei etwa 100 µm ab, was einer Staubtemperatur von 45 K entspricht. Das Aussehen im visuellen Bereich wird völlig durch die Staubabsorption beherrscht.

Man nimmt heute an, daß die Ursache für das ausbruchsartige Auftreten von Sternentstehung die Gezeitenwirkung durch eine nahe Galaxie ist; ein Starburst wäre also eine Folge der oben besprochenen Wechselwirkung von Galaxien. Im Fall von M 82 sollte die Nachbargalaxie M 81 für die hohe Sternentstehungsrate verantwortlich sein; bei einer nahen Begegnung zwischen den beiden Galaxien vor etwa 200 Millionen Jahren wurde die Sternentstehung durch die Gezeitenwirkung zwischen den beiden Galaxien angeregt. Einen Überrest dieser Wechselwirkung können wir noch heute nachweisen, denn durch 21 cm-Beobachtungen fand man eine Brücke von neutralem Wasserstoff zwischen den beiden Galaxien.

14.7 Aktive Galaxien

Durch die Identifikation der Radioquelle Cygnus A, die 1944 von dem Amateurastronomen G. Reber mit einem selbstgebauten Radioteleskop, das im Garten seines Hauses stand, entdeckt wurde, mit einer Galaxie (Baade und Minkowski 1952) wurde die Aufmerksamkeit der Astronomen auf Eigenschaften von Galaxien gelenkt, die durch die bloße Tatsache, daß sie Ansammlungen einer großen Zahl von Sternen sind, nicht verstanden werden können. Man faßt diese Eigenschaften unter dem Sammelbegriff

14.7 Aktive Galaxien

»Aktivität« zusammen und meint damit eine Fülle von unterschiedlichen Erscheinungen, die nicht durch stellare Prozesse erklärt werden können und die alle auf die Freisetzung großer Energiebeträge hinweisen. Da die Aktivität ihre Ursache in der Kernregion der Galaxien hat, spricht man statt von aktiven Galaxien oft auch von aktiven galaktischen Kernen. Gemeinsame charakteristische Eigenschaften aller aktiven Galaxien sind neben einem Kern, der heller ist als der einer normalen Galaxie mit dem gleichen Hubble-Typ, nicht-thermische (Synchrotron-)Strahlung, Emissionslinien im Spektrum, die aus dem Kernbereich stammen, sowie Variabilität über weite Spektralbereiche.

Im folgenden werden die unterschiedlichen Typen aktiver Galaxien besprochen.

14.7.1 Radiogalaxien

Es sind dies Galaxien, deren Strahlungsleistung im Radiobereich zwischen 10^{33} und maximal etwa 10^{38} Watt liegt, und die damit die Radiostrahlung gewöhnlicher Galaxien, die bei etwa 10^{32} Watt liegt, um Größenordnungen übertreffen. Die Strahlungsleistung geht, wie eine Analyse des Spektrums zeigt, und wie sich auch aus der meist relativ hohen Polarisationsgraden der Strahlung ableiten läßt, auf die Emission von Synchrotronstrahlung zurück (s. A 1.7.9).

Die Quelle der Strahlung sind Elektronen, die sich mit relativistischen Energien in großräumigen Magnetfeldern bewegen. Benutzt man die Theorie der Synchrotronemission, so ist man in der Lage, aus der gemessenen Leuchtkraft im Radiobereich und der linearen Ausdehnung der Quelle ihren Energieinhalt auszurechnen, der sich als Summe aus der Bewegungsenergie der Teilchen und der in den Magnetfeldern gespeicherten Energie ergibt. Geht man schließlich davon aus, daß die Gesamtenergie so klein wie möglich sein sollte, so muß die Energie zu gleichen Teilen auf diese Teilchen und das Magnetfeld verteilt werden. Die so berechneten Energien liegen im Bereich $10^{48}\ldots 10^{53}$ Joule und reichen damit bereits nahe an die in Galaxien insgesamt verfügbare Kernenergie von etwa 10^{56} Joule heran.

Der Vergleich von Kernenergievorrat und Abstrahlung zeigt, daß Radiogalaxien entweder relativ kurzlebig sein sollten (Größenordnung etwa 10^7 Jahre), oder daß es einen sehr effizienten Mechanismus der Energienachlieferung geben muß.

Die mit Radioteleskopen hoher Auflösung beobachteten Strukturen der Radiogalaxien sind von großer Vielfalt. In etwa 30 Prozent aller Fälle liegt die Quelle zentrisch im oder um den Kern des optischen Bilds der Galaxie. Am häufigsten sind Doppelquellen, bei denen die Bereiche, aus denen die Radiostrahlung kommt, meist symmetrisch zum optischen Bild der Galaxie liegen. Aber auch sehr asymmetrische Kopf(Galaxie)-Schweif(Radioquelle)-Konfigurationen sind beobachtet worden. Die Abstände der Radioemissionsgebiete von Radiogalaxien können im Winkelmaß bis zu einige Grad betragen; im linearen Maßstab erreichen sie im

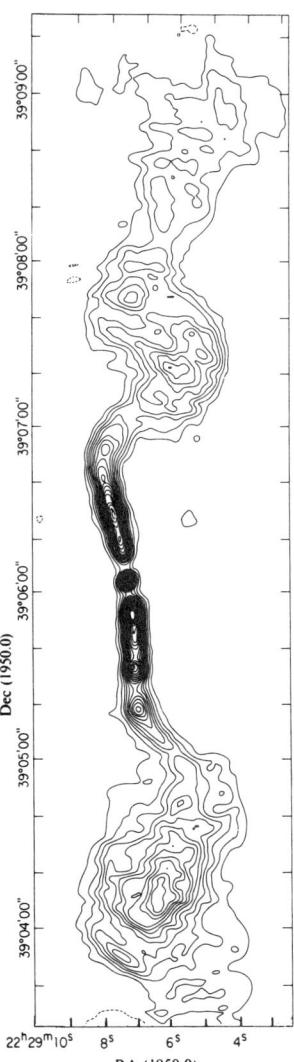

Die Radiogalaxie 3C449 bei 1465 MHz mit hoher Auflösung, die etwa der Größe der aufgelösten Zentralkomponente entspricht. Die Symmetrie der Doppelstruktur ist auch in Details noch gut zu erkennen (Isophoten jeweils in Stufen von 5 % der Maximalintensität)

Einige der hellsten Radiogalaxien

Katalog Nr.	Typ	m_v	Radiofluß bei 1.4 GHz in Jansky	Spektralindex α	Rotverschiebung z	L in 10^{35} Watt	Bemerkungen
3C 33	DE4	15.19	12.6	0.70	0.060	16	
3C 84	ED2	11.87	12.8	0.16	0.0176	1.2	Per A, Seyfertgal. im Perseus-Haufen (NGC 1275)
PKS 0320–37	S0	8.9	116	0.5	0.0058	1	For A, NGC 1316
3C 98	ED3	14.45	9.6	0.67	0.0306	3.2	
PKS 0518–45	D	15.7	66	0.75	0.0342	20	Pic A
PKS 0521–36	N	16.8	16.3	0.66	0.061	16	optisch variabel
3C 218	D2	14.2	43	0.90	0.065	50	Hyd A, im Haufen
3C 231	Ir II	9.2	7.9	0.42	0.0011		M 82, NGC 3034
3C 270	E	10.4	15.3		0.07	0.25	NGC 4261
3C 274	E	8.74	197		0.0041	1	Vir A, M 87, NGC 4486
PKS 1322–42	DE3	6.98	912		0.0009	0.5	Cen A, NGC 5128
3C 295	D	20.11	23.1		0.4614	1600	
3C 348	D2,3	16.90	43	0.91	0.1533	400	Her A
3C 353	D3,5	15.36	49	0.55	0.0307	16	hellste Galaxie in einem Haufen
3C 390	N	14	12.3		0.0569	13	
PKS 1934–63	E	16	13		0.182	80	
3C 405	D3	15.14	1255		0.0570	1600	Cyg A
3C 433	D8	16.24	11.9		0.1025	50	
PKS 2152–69	D	13.8	25.9		0.0266	6.3	
3C 447	E2	13.2	3.7		0.0181	0.4	

1 Jansky = 10^{-26} Watt m^{-2} Hz^{-1}.
Spektralindex α: Die Energieverteilung im Spektrum wird genähert dargestellt durch einen Ausdruck $\nu^{-\alpha}$, wenn ν die Frequenz ist.

Extremfall einen Abstand von 1 Mpc; typische Abstände betragen etwa 100 bis 300 kpc, wobei die Durchmesser der Emissionsgebiete selbst zwischen 5 und 20 kpc liegen. In den Fällen, in denen die zentrale Galaxie identifiziert werden konnte, handelt es sich meist um eine elliptische Galaxie, in einigen Fällen, wie z. B. bei Cygnus A, um eine cD-Riesen-Galaxie.

Die Quelle der Aktivität ist im Kern der jeweiligen Galaxie zu suchen. Als direkter Hinweis darauf sind die stark gebündelten Strahlen (Jets) anzusehen, die aus den Kernen der Galaxien herausschießen (wie etwa aus dem Kern von M 87 = Virgo A), und die dann zum Aufbau der vom optischen Bild der Galaxie getrennten Schwerpunkte der Radioemission führen. Die Geschwindigkeiten der Jets, bestimmt durch die Messung der Doppler-Effekte, und ihre Strukturierung (Knoten) lassen auf Vorgänge im Kern schließen, in denen sehr hohe Energien freigesetzt werden, die aber zeitlich variabel sind. Die Jets verbinden die aktive Kernregion und die äußeren Radioemissionsgebiete; der Energietransport zu diesen erfolgt entlang der Jets.

14.7 Aktive Galaxien

NGC 5128, eine elliptische Galaxie vom Typ E0p im Sternbild Centaurus, in einer Entfernung von 4.7 kpc, mit kreisrundem Kern, umgeben von einem Halo. Ein breites Absorptionsband aus Staub und Gas projiziert sich auf den hellen Kern. Dieses Band rotiert mit großer Geschwindigkeit über die große Achse des Kerns. 1949 erkannte man, daß vom Ort der Galaxie starke Radiostrahlung ausgeht. Sie erhielt als Radioquelle die Bezeichnung Cen A. Eingehende Untersuchungen dieser Radioquelle erbrachten, daß diese aus mehreren Teilquellen besteht, die an der Sphäre eine Ausdehnung von ca. 9° haben. Dies entspricht etwa einem Durchmesser von 650 kpc (zum Vergleich: Durchmesser des Milchstraßensystems ca. 30 kpc). — Man unterscheidet bis heute drei äußere Doppelquellen und eine innere, auch als doppelt anzusprechende Quelle am Ort der Galaxie. Das Diagramm zeigt den Zentralteil von Cen A mit den Radioisophoten, gemessen bei einer Wellenlänge von 10 cm. Die Aufnahme der Galaxie im optischen Bereich wurde mit dem 200 inch-Hale-Teleskop gemacht

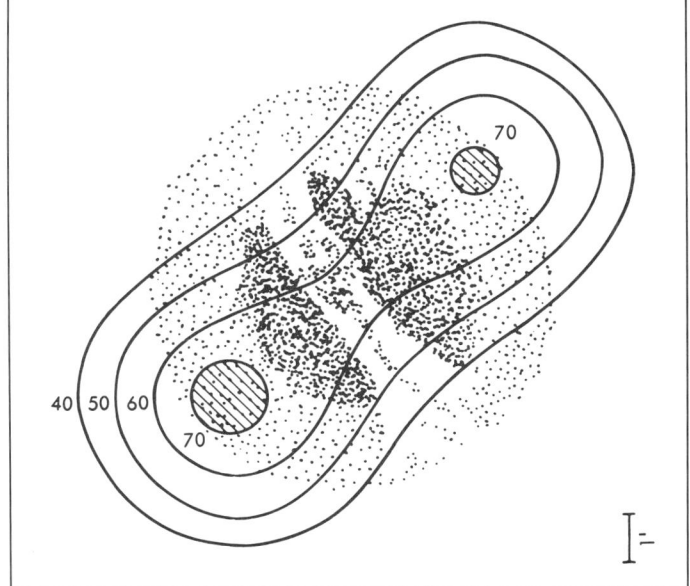

NGC 3034 = M 82, eine als Typ Ir II klassifizierte Galaxie, im Sternbild Ursa Major. M 82 zeigt starke Infrarotstrahlung von erwärmtem Staub; es handelt sich um eine Starburst-Galaxie

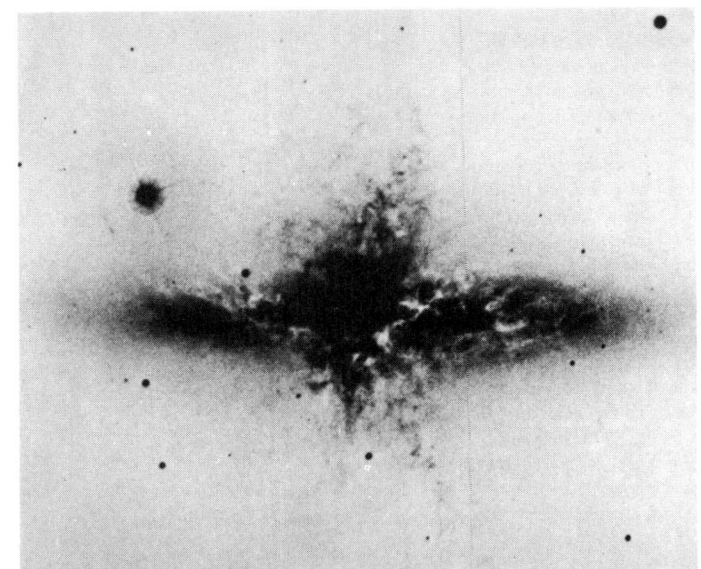

Die Quelle Cygnus A, eingezeichnet in eine Aufnahme mit dem Hale-Teleskop. Die Zahlen geben die relativen Intensitäten der beiden Quellen an, die symmetrisch zu einem ungewöhnlichen extragalaktischen Objekt liegen

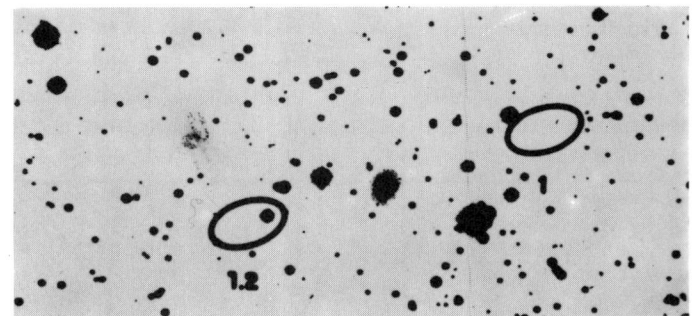

Die Doppelquelle 3C270; die zentrale Galaxie ist NGC 4261. Das Kreuz gibt ein Maß für die Auflösung des Radioteleskops

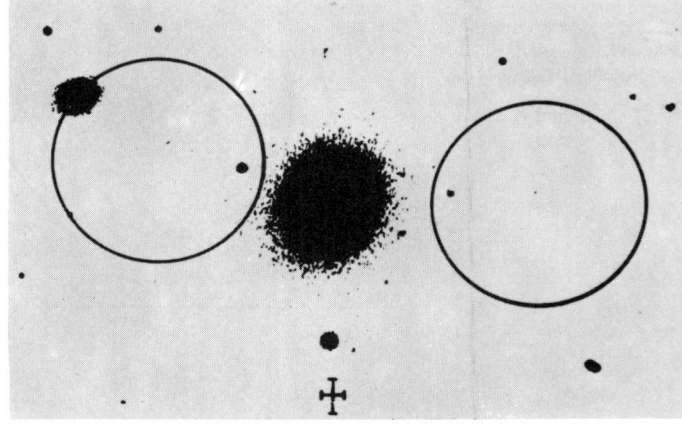

14.7 Aktive Galaxien

Aufnahme der Zentralgebiete und des Jets der elliptischen Riesengalaxie M 87 (= NGC 4486 = Virgo A) im nahen Infrarot mit der »Planetary Camera« des Hubble Space-Telescopes. Trotz der hohen Auflösung konnte das Gebiet mit dem zentralen Intensitätsmaximum nicht aufgelöst werden. Die im Bild verstreuten kompakten Punkte sind Kugelhaufen in M 87

Bezüglich weiterer Details über Radiogalaxien sei auf die Tabelle und die Abbildungen mit den beigefügten Erläuterungen verwiesen. Insbesondere aus der Tabelle ergibt sich, daß der Begriff Radiogalaxie, der ja nur auf einen Exzeß nichtthermischer Radiostrahlung hinweist, relativ unspezifisch ist. Bei den im folgenden besprochenen Typen sind die Kriterien für die Zugehörigkeit einer Galaxie zu einer dieser Klassen viel einschränkender.

Seyfert-Galaxien Dies sind Galaxien mit besonders starker Konzentration der Leuchtkraft zum Kern, der selber gelegentlich mehr als 50 % der Gesamtstrahlung der Galaxie beisteuert und der als das Zentrum der Aktivität anzusehen ist. Sie wurden 1943 von C. K. Seyfert (1911–1960) im optischen Spektralbereich entdeckt.

Charakteristische Zeichen sind starke und breite Emissionslinien. Nach ihren Breiten, die auf Doppler-Effekte und damit auf turbulente Strömungen zurückgeführt werden, werden zwei Typen von Seyfert-Galaxien unterschieden:

Seyfert 1-Galaxien mit (erlaubten) Linien, deren Breiten auf Geschwindigkeiten der Größenordnung $10\,000\,\text{km s}^{-1}$ hindeuten. Sie besitzen außerdem verbotene Linien, die auf dünnes Gas hindeuten. Die verbotenen Linien sind schmaler als die erlaubten Linien, ihre Breiten betragen 500 bis 5000 km s^{-1}. Zum Teil treten Linien mit sehr hoher Ionisation auf, wie z. B. [FeX] und [FeXIV]. Da diese Linien strahlungsionisiert sind (Photoionisation), muß in Seyfert-Galaxien ein heißes Objekt mit einer Temperatur von mehreren 100 000 K vorhanden sein, von dem die ionisierende Strahlung ausgeht.

In Seyfert 2-Galaxien haben die erlaubten und die verbotenen Emissionslinien die gleiche Linienbreite; sie sind sehr viel schmaler (300 bis 1000 km s^{-1}) als die Linien in Seyfert 1-Galaxien.

Seyfert 1-Galaxien strahlen sehr stark im Röntgenbereich, sie haben erhöhte Emission, sowohl im UV als auch besonders im IR. Sie sind relativ schwache Radiogalaxien, wobei bei vielen überhaupt keine Radiostrahlung gemessen werden konnte. Man findet bei ihnen ein starkes nichtthermisches Kontinuum, das bis zu sehr hohen Energien von 50 keV nachgewiesen und als Synchrotronstrahlung identifiziert werden konnte (s. A.1.7.9). Man kann daraus sofort schließen, daß in Seyfert-Galaxien sehr energiereiche Synchrotron-Elektronen vorhanden sein müssen. Im sichtbaren Spektralbereich ist dieses nicht-thermische Kontinuum dem stellaren Kontinuum überlagert. Viele Seyfert 1-Galaxien sind variabel mit Amplituden der Größenordnung $0\overset{m}{.}5$ und Zeitskalen von Monaten oder Jahren, wobei die Variabilität in allen Spektralbereichen auftritt.

Seyfert 2-Galaxien sind im Röntgenbereich schwächer, dafür aber im IR und im Radiobereich eher heller als Seyfert 1-Galaxien. Das optische Kontinuum kommt überwiegend von Sternen, die starke IR-Strahlung dagegen von erwärmtem Staub; es handelt sich hierbei wie bei den Starburst-Galaxien (s. 14.5) um Ausbrüche von Sternentstehung.

Einige der hellsten Seyfert-Galaxien

Katalog Nr.	Koordinaten α (1950)	δ (1950)	Rotversch. z	Helligkeit m_v	
Seyfert 1:					
NGC 3227	10^{h}20^{m}47^s	20° 07'	0.0033	13.5	
NGC 3516	11^{h}03^{m}24^s	72° 50'	0.0093	13.1	var
NGC 4151	12^{h}08^{m}01^s	39° 41'	0.0033	12.0	var
NGC 5548	14^{h}15^{m}44^s	25° 22'	0.017	13.7	var
Mrk 509	20^{h}41^{m}26^s	−10° 54'	0.0355	13.0	
NGC 7469	23^{h}00^{m}44^s	08° 36'	0.0167	13.6	var
Seyfert 2:					
NGC 1068	02^{h}40^{m}07^s	−00° 14'	0.00363	10.5	
Mrk 3	06^{h}09^{m}48^s	71° 03'	0.0137	13.8	

Radiogalaxien mit aktiven Kernen

Diese Galaxien gehören nach ihrer Gestalt zum großen Teil in die Klasse der N-Galaxien, »Galaxien mit einem hellen sternartigen Kern, der den größten Teil der Gesamthelligkeit beiträgt und der von einem schwachen Nebel geringerer Ausdehnung umgeben ist.« Sie ähneln also den Seyfert-Galaxien. Viele haben auch starke Emissionslinien.

14.7 Aktive Galaxien

Sie werden wie die Seyfert-Galaxien nach der Breite der Emissionslinien in zwei Klassen eingeteilt:

1. sehr breite Linien (10 000 km s^{-1}) und schmale verbotene Linien;
2. schmalere Linien (500 km s^{-1}), sowohl erlaubte als auch verbotene.

Einigen dieser Radiogalaxien sind als Röntgenquellen identifiziert worden. Auch Variabilität wurde beobachtet.

Quasi-stellare Objekte (QSO)

QSO (Quasi-stellar object) ist die allgemeine Bezeichnung für die Objekte, die lange Jahre als Quasare bekannt waren. Der Name Quasar ist eine Abkürzung für Quasi-stellar radio source (Quasistellare Radioquelle). Die ersten Quasare waren starke Radioquellen aus dem dritten Katalog der Cambridger Himmelsdurchmusterung, die mit sternartigen Objekten identifiziert wurden. Für einige Jahre blieb absolut unklar, um was für Objekte es sich dabei handelte; man wußte nur, daß es keine normalen Sterne sein konnten, da diese keine so starke Radiostrahlung aufweisen konnten. Insbesondere sah auch das optische Spektrum eines solchen Quasars sehr merkwürdig aus, da es ein blaues Kontinuum mit sehr breiten Emissionslinien zeigte, die niemand identifizieren konnte. Erst 1963 fand M. Schmidt bei 3C273, daß es sich bei den Emissionslinien um stark rotverschobene Linien ($z = 0.158$) der Wasserstoff-Balmer-Serie sowie einiger anderer Elemente handelte. ($z = \Delta\lambda_{\text{Versch}}/\lambda_{\text{Lab}} = v/c$ ist ein Maß für die Rotverschiebung; s. auch 15.1.) Da eine Rotverschiebung $z = 0.158$ einer Geschwindigkeit von 45 000 km s^{-1} entspricht, nahm er an, daß es sich bei 3C273 nicht um ein nahes Objekt handelt, sondern um eine sehr weit entfernte, extrem helle Galaxie. Mit $H = 50$ km s^{-1} Mpc^{-1} erhält man für 3C273 eine Entfernung von 1000 Mpc.

Sehr schnell wurden weitere Quasare identifiziert, und inzwischen sind mehr als 6000 bekannt, wobei bei der Mehrzahl von ihnen keine Radiostrahlung gefunden wurde. Es hat sich deshalb eingebürgert, statt von quasi-stellaren Radioquellen allgemeiner von

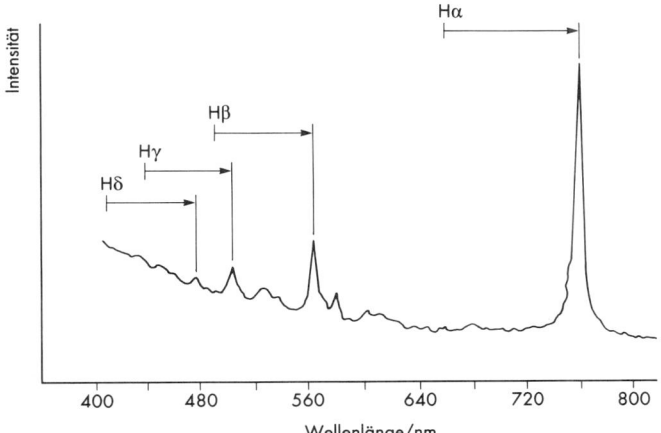

Das Spektrum des Quasars 3C273. Die stärksten Linien im Spektrum sind die der Wasserstoff-Balmer-Serie. Die Pfeile zeigen die Rotverschiebung der Spektrallinien

quasi-stellaren Objekten (QSO) zu reden. Gefunden werden die QSO ohne Radiostrahlung aufgrund ihrer optischen Eigenschaften (blaue Farbe, Emissionslinien im Spektrum) oder aufgrund ihrer starken Röntgenstrahlung. QSO sind sehr weit entfernte blaue Galaxien, die die absolut hellsten Objekte im Universum sind. Im visuellen Spektralbereich sind sie mehr als hundertmal so hell wie elliptische Riesengalaxien. Die charakteristischen Eigenschaften von QSO sind:

1. Das optische Bild ist sternartig, oft von einem Fixstern nicht zu unterscheiden. Sie bilden den kompakten Kern von Galaxien, die – da sie viel lichtschwächer sind als die Quasare – nur mit neuen, hochempfindlichen elektronischen Detektoren (s. A 2.3) bei den näheren QSO nachzuweisen sind. Bei bisher allen QSO mit $z < 0.5$, die eingehender untersucht wurden, wurden Galaxien gefunden. In allen Fällen handelt es sich dabei um sehr helle Galaxien mit $-23 \leq M_v \leq -21$.

2. Im Spektrum werden breite, stark rotverschobene Emissionslinien beobachtet. Die Rotverschiebungen $z = \Delta\lambda/\lambda$ liegen im Bereich 0.1 bis 4.9; Werte um $z = 2$ sind besonders häufig.

Werden die Rotverschiebungen auf die Expansion des Kosmos (s. 15.1.1) zurückgeführt, so sind die Quasare diejenigen Einzelobjekte, die in den größten bisher überbrückten Entfernungen nachgewiesen wurden. Entsprechend groß muß ihre Helligkeit sein, $-33 \leq M_v \leq -25$, was einer Strahlungsleistung (im visuellen Bereich) von 10^{38} bis 10^{41} Watt oder 10^{12} bis $10^{14} L_\odot$ entspricht.

Trotz ihrer großen absoluten Helligkeiten sind die Quasare wegen ihrer großen Entfernungen scheinbar recht lichtschwache Objekte. Mit $m_v = 12.8$ ist unter ihnen 3C273 der hellste (Position (1950) $\alpha = 12^h 26^m 33^s$, $\delta = +02° 20'$).

3. Neben den Emissionslinien werden gelegentlich ein oder mehrere Systeme von Absorptionslinien mit z-Werten beobachtet, die kleiner sind als die Rotverschiebung des Systems der Emissionslinien. Diese Absorptionslinien stammen von einzelnen Wolken intergalaktischer Materie, die auf dem Sehstrahl zwischen Beobachter und QSO liegen.

4. Quasare sind starke Quellen im Röntgenbereich. Zwischen 0.2 und 5 keV strahlen sie etwa die gleiche Energie wie im sichtbaren

Einige der hellsten Quasare

Objekt	Koordinaten		Rotverschiebung z	Helligkeit m_v
	α (1950)	δ (1950)		
PKS 0736 + 01	$07^h 36^m 43^s$	$01° 44'$	0.192	16.5
3C232	$09^h 55^m 25^s$	$32° 38'$	0.533	15.8
Ton 490	$10^h 11^m 06^s$	$25° 04'$	1.63	15.4
PKS 1217 + 02	$12^h 17^m 39^s$	$02° 20'$	0.240	16.5
3C273	$12^h 26^m 33^s$	$02° 20'$	0.158	12.8
1331 + 170	$13^h 31^m 10^s$	$17° 04'$	2.08	16.0
3C323.1	$15^h 45^m 31^s$	$21° 01'$	0.264	16.7
3C351	$17^h 04^m 03^s$	$60° 49'$	0.371	15.3
PKS 2135 − 14	$21^h 35^m 01^s$	$-14° 46'$	0.200	15.5

14.7 Aktive Galaxien

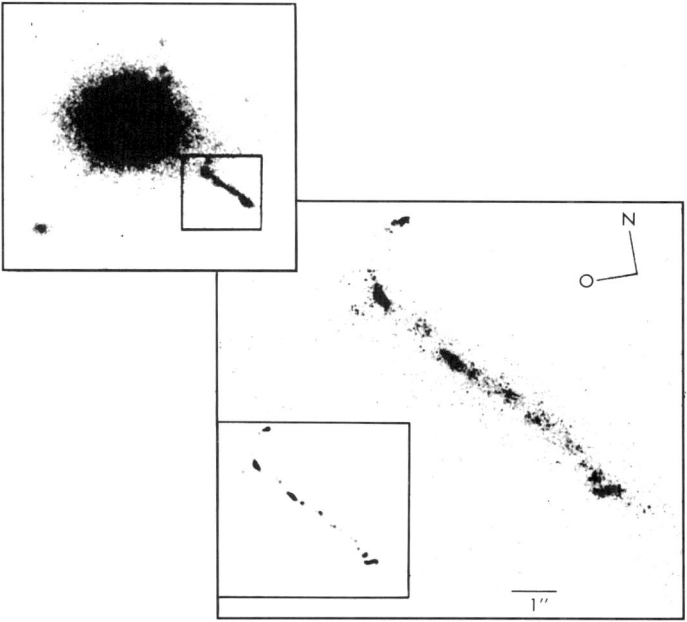

Der Jet im QSO 3C273. Das linke obere Bild wurde im V-Band mit dem bodengebundenen franko-kanadischen (CFHT) Teleskop auf Hawaii aufgenommen. Die beiden unteren Bilder zeigen dieselbe Aufnahme des Jets, der mit der Faint-Object Camera des Hubble Space-Telescopes durch ein Blau-Filter aufgenommen wurde, einmal die unbearbeitete Aufnahme, und einmal die mit Bildverarbeitungsprogrammen am Computer bearbeitete Aufnahme (im kleinen Kasten), wodurch sehr viel mehr Details sichtbar werden. Klar zu erkennen sind die knotenförmige Struktur des Jets und Verbiegungen der Richtung des Jets

Spektralbereich ab. Röntgendurchmusterungen sind deshalb ein ausgezeichnetes Mittel, QSO zu finden. Man erwartet, daß bei der ROSAT-Himmelsdurchmusterung (s. A 2.8) mindestens 20 000 QSO gefunden wurden. Auch im IR-Spektralbereich ist die Strahlungsleistung der QSO etwa so groß wie im sichtbaren Bereich. Wie die Seyfert-Galaxien haben auch die QSO ein starkes nicht-thermisches Kontinuum, das von Synchrotronstrahlung herrührt. Allerdings nimmt man an, daß sehr energiereiche Röntgenphotonen ($E \geq 50$ keV) und γ-Quanten, die z. B. bei 3C273 gefunden wurden, durch den inversen Compton-Effekt erzeugt werden. Im IR ist ihre Strahlungsleistung noch größer als im optischen Bereich.
5. Wie schon erwähnt, ist die Emission der meisten Quasare im Radiobereich unbedeutend. Einige sind jedoch starke Radioquellen, etwa die Hälfte von diesen mit der typischen Struktur der Radiogalaxien: zwei Quellen symmetrisch zum Zentralobjekt. Durch VLBI-Beobachtungen mit sehr hoher Winkelauflösung (s. A 2) fand man, daß die innern Bereiche vieler Radio-QSO aus

zwei oder mehr Komponenten bestehen, einer sehr kleinen ($\ll 1''$) kompakten zentralen Quelle und einer ausgedehnten, länglichen Jet-Quelle, die bei 3C273 auch im sichtbaren Bereich gefunden werden konnte.

6. Bei einer ganzen Reihe von Quasaren ist Variabilität der Emission beobachtet worden. Die charakteristischen Zeitskalen der nichtperiodischen Helligkeitsschwankungen können Jahre, aber auch nur Tage betragen.

BL Lac-Objekte

BL Lac-Objekte, so genannt nach ihrem Prototyp BL Lacertae, sind wie die Quasare sternartige Objekte, ebenfalls von Galaxien umgeben, die allerdings auch nur in wenigen Fällen nachgewiesen werden konnten. Von den Quasaren unterscheiden sie sich vor allem dadurch, daß sie keine Emissionslinien zeigen. Auch die Absorptionslinien fehlen oder sind nur schwach angedeutet. Entfernungsbestimmungen von BL Lac-Objekten, von denen etwas mehr als 100 bekannt sind, sind dementsprechend sehr schwierig und in vielen Fällen sehr unsicher. Charakteristisch für die BL Lac-Objekte ist, daß ihre Strahlung in hohem Maß polarisiert ist. Die Emission aller BL Lac-Objekte ist stark variabel. Zeitskalen von Tagen bis zu Monaten sind typisch.

BL Lac selber (Position (1950) $\alpha = 22^h 00^m 40^s$, $\delta = 42° 02'$) hat die mittlere Helligkeit $m_v = 14.5$. Die aus dem Spektrum der umgebenden Galaxie abgeleitete Rotverschiebung ist $z = 0.069$.

Einige der hellsten BL-Lac-Objekte

Objekt	Koordinaten		Rotverschiebung z (Galaxie)	Helligkeit m_v
	α (1950)	δ (1950)		
AO 0235+164	$02^h 35^m 53^s$	16° 24'	–	15.5
PKS 0521–365	$05^h 21^m 14^s$	–36° 30'	0.55	15.0
PKS 0548–323	$05^h 48^m 50^s$	–32° 17'	0.069	15.5
OJ 287	$08^h 51^m 57^s$	20° 18'	–	14.0
Mkn 421	$11^h 01^m 41^s$	38° 29'	0.308	13.5
Mkn 180	$11^h 33^m 30^s$	70° 25'	0.0458	15.0
Ap Lib	$15^h 14^m 45^s$	–24° 11'	0.049	15.0
Mkn 501	$16^h 52^m 12^s$	39° 50'	0.034	13.8
BL Lac	$22^h 00^m 40^s$	42° 02'	0.0688	14.5

Ursache der Rotverschiebung

Wegen der ungewöhnlichen großen Leuchtkräfte der QSO, die sich bei einer kosmologischen Interpretation der Rotverschiebung nach dem Hubble-Gesetz ergeben, wurde eine solche Deutung lange Zeit von einigen Astronomen bezweifelt. Ihrer Ansicht nach sollte es sich bei QSO um ein »lokales Phänomen« handeln; QSO könnten demnach Objekte sein, die aus einer nahen Galaxie herausgeschleudert werden, oder bei der Rotverschiebung handle es sich um gravitative Rotverschiebung. Inzwischen gibt es jedoch so viele zwingende Gründe für eine kosmologische Rotverschiebung, daß diese Deutung heute nicht mehr ernsthaft angezweifelt wird:

1. Viele QSO wurden in Gruppen oder Haufen von Galaxien gefunden, in denen die Galaxien die gleiche Rotverschiebung wie das QSO besitzen.

14.7 Aktive Galaxien

2. Für $z \leq 0.5$ wurde bei allen QSO die Muttergalaxie mit der gleichen Rotverschiebung beobachtet.
3. Bei der Leuchtkraft gibt es einen stetigen Übergang zwischen Radiogalaxien, Seyfert-Galaxien und QSO.
4. Es wurden sogenannte Doppel-Quasare gefunden. Hierbei handelt es sich um am Himmel sehr eng benachbarte QSO mit einem Abstand von einigen Bogensekunden, die identische Spektren mit identischer Rotverschiebung sowie eine korrelierte Variabilität besitzen. Es handelt sich dabei um zwei Bilder ein- und desselben Objekts, dessen Lichtstrahlen durch das Gravitationsfeld einer massereichen Galaxie, die sich etwa auf halbem Weg zwischen uns und dem QSO befindet, so abgelenkt werden, daß wir zwei Bilder sehen. Solche Objekte werden auch als Gravitationslinsen bezeichnet, da der ganze Vorgang dem der Brechung von Licht an einer Linse sehr ähnlich ist.
5. Es wurden keine QSO mit Blauverschiebung gefunden. Solche Objekte sollten existieren, wenn QSO Objekte wären, die aus einer Galaxie herausgeschleudert werden.

Faßt man die Eigenschaften der Seyfert-Galaxien, der Radiogalaxien mit aktivem Kern, der QSO und der BL Lac-Objekte zusammen, so ergibt sich folgendes Bild: Die Quelle der beobachteten nicht-thermischen Strahlung ist offenbar sehr klein (gemessen an der Ausdehnung von Galaxien). Dies zeigen nicht nur das optische Bild und die Radiobeobachtungen mit hoher Winkelauflösung, sondern das muß auch aus der Variabilität geschlossen werden: Größere Helligkeitsvariationen einer ausgedehnten Quelle sind nicht möglich, wenn die Strahlungsleistungen der einzelnen Teile der Quelle, die zur Gesamtausstrahlung beitragen, sich unabhängig voneinander ändern, da sich dann die Schwankungen der einzelnen Beiträge im Mittel etwa aufheben. Es ist also eine voneinander abhängige Variation der Beiträge erforderlich. Das setzt voraus, daß die Gesamtquelle der Strahlung nicht ausgedehnter ist als das Produkt der charakteristischen Zeitskala der Variabilität mit der höchsten Signalgeschwindigkeit (die diese Abhängigkeit bewirkt). Da diese höchste Signalgeschwindigkeit die Lichtgeschwindigkeit ist, ergeben sich Ausdehnungen der Energiequelle, die kaum größer als etwa 10^{15} cm sein können und die damit an die Größenordnung von Planetensystemen heranreichen.

Schwarze Löcher

Man ist der Ansicht, daß die Energiebeträge durch den Einsturz von Materie auf sehr massereiche Zentralobjekte freigesetzt werden, möglicherweise in »Schwarze Löcher«. Damit ist der Schwarzschild-Radius r_s (s. 8.7.3) eine untere Grenze für die Ausdehnung der zentralen Energiequelle. Bei Zentralmassen zwischen 10^6 und $10^9 M_\odot$ wären dies Werte von $3 \cdot 10^{11}$ bis $3 \cdot 10^{14}$ cm, sie wären also durchaus verträglich mit der maximalen Ausdehnung, wie sie aus der Zeitskala der Variabilität erschlossen werden kann.

Energieerzeugung von aktiven Galaxien

Ein Modell für die Erzeugung aktiver Galaxien muß natürlich alle beobachteten Eigenschaften erklären können. Man geht davon aus, daß für alle Arten von aktiven Galaxien die Energieerzeugung mit dem gleichen Modell beschrieben werden kann.

Bei einem Schwarzen Loch kann ein merklicher Bruchteil der Ruhenergie $m_0 c^2$ der einfallenden Materie in Strahlung umgesetzt werden. Die Materie kann wegen des Drehimpulses, den sie aufgrund ihrer Bahnbewegung um das galaktische Zentrum besitzt, nicht direkt auf das Schwarze Loch stürzen. Wie bei vielen engen Doppelsternen (s. 8.3.1) bildet sich vielmehr eine Akkretionsscheibe um das Schwarze Loch, in der die Materie aufgrund der innern Reibung (Viskosität) langsam nach innen spiralt. Allerdings fällt nur ein kleiner Bruchteil der Materie in der Akkretionsscheibe tatsächlich auf das Schwarze Loch; aufgrund des sehr hohen Strahlungs- und des Gasdrucks, insbesondere im innern Teil der Akkretionsscheibe, wird der größte Teil der Materie in die Richtung, in der der geringste Widerstand herrscht, nämlich senkrecht zur Akkretionsscheibe nach außen hin beschleunigt, wodurch zwei entgegengesetzt gerichtete Materieströme relativistischer Teilchen erzeugt werden, die wir als Jets wahrnehmen. Benötigt wird dabei ein Fokussierungsmechanismus, für den sehr wahrscheinlich magnetische Felder die Ursache sind.

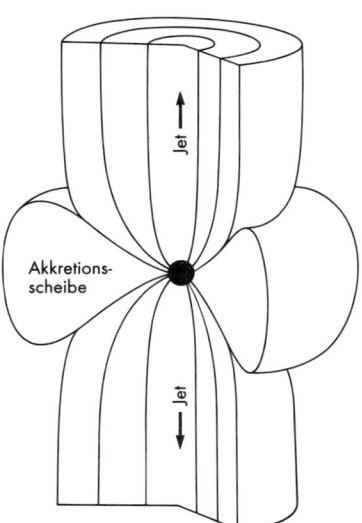

Modell des zentralen Teils einer aktiven Galaxie (nach M. Camenzind). Im Zentrum der Abbildung befindet sich das Schwarze Loch. Die beiden Jets verlaufen längs magnetischer Felder senkrecht zur Akkretionsscheibe nach außen; ihr Durchmesser ist nahezu so groß wie der der Akkretionsscheibe. Die Linien in den Jets geben den Verlauf der Magnetfeldlinien an

Auch wenn die Einzelheiten noch sehr unsicher sind, so scheint doch die Umwandlung von Gravitationsenergie in Strahlung der Schlüssel zum Verständnis der aktiven Galaxien zu sein. Rechnungen haben gezeigt, daß es nötig ist, etwa zehn Sonnenmassen pro Jahr auf das Schwarze Loch zu akkretieren, um die bei QSO beobachtete Strahlungsleistung aufzubringen.

15 Die Welt als Ganzes

Die Frage nach der räumlichen und zeitlichen Erstreckung der Welt ist eine der uralten Fragen der Menschheit, mit der zugleich auch die Frage nach ihrer eigenen Stellung im Kosmos verbunden ist, eine Frage, die nicht nur unter naturwissenschaftlichen, sondern auch unter philosophischen und religiösen Aspekten gestellt werden kann.

In den bisherigen Kapiteln ging es um die einzelnen Objekte, die wir in der Welt vorfinden, um ihre Beschreibung und Erklärung. Jetzt geht es darum, ob im Rahmen der Naturwissenschaften Aussagen über die Gesamtheit dieser Objekte möglich sind und, wenn ja, welche. Es geht schließlich auch um die Struktur von Raum und Zeit selber. Das Teilgebiet der Astronomie, in dem versucht wird, Antworten auf diese Fragen zu finden, wird als Kosmologie bezeichnet.

15.1 Beobachtungen

15.1.1 Die Expansion

Bei den Galaxien unserer näheren Umgebung beobachtet man etwa ebensoviele mit positiven Radialgeschwindigkeiten, gemessen durch die Doppler-Verschiebung z (s. A 1.6) der Spektral-Linien,

$$z = \Delta \lambda_{\text{Versch}} / \lambda_{\text{Lab}},$$

wie solche mit negativen z-Werten. Dagegen ist bei den entfernteren Galaxien z durchwegs positiv, die Spektral-Linien also rotverschoben. Diese Galaxien fliegen also systematisch von uns weg. Bei einer sorgfältigeren Analyse der Beobachtungsdaten erkennt man, daß die Rotverschiebungen um so größer werden, je weiter die Galaxien von uns entfernt sind, und daß dieses Anwachsen so erfolgt, daß z zur Entfernung r proportional ist. Dieses einfache Gesetz der Proportionalität gilt allerdings nicht mehr, wenn bei extremen Entfernungen z vergleichbar wird mit eins. Da bei kleinen Werten von z die Rotverschiebung nichts anderes ist als die Radialgeschwindigkeit v im Verhältnis zur Lichtgeschwindigkeit c,

$$z = v/c,$$

folgt, daß auch die Radialgeschwindigkeit v zur Entfernung r proportional sein muß

$$v = H \cdot r.$$

Verschiedene Gruppen haben versucht, den Wert der Hubble-Konstante H zu bestimmen. Es besteht z. Zt. jedoch keine Übereinstimmung, so daß Werte von knapp unter 50 km s^{-1} Mpc^{-1} bis zu 100 km s^{-1} Mpc^{-1} diskutiert werden. Die große Unsicherheitsbreite ist auf die Art der angenommenen Weltmodelle zurückzuführen. Gruppen, die sich durchwegs auf das Standardmodell der

Radialgeschwindigkeit und scheinbare Helligkeit für 474 einzelne Galaxien aller Typen

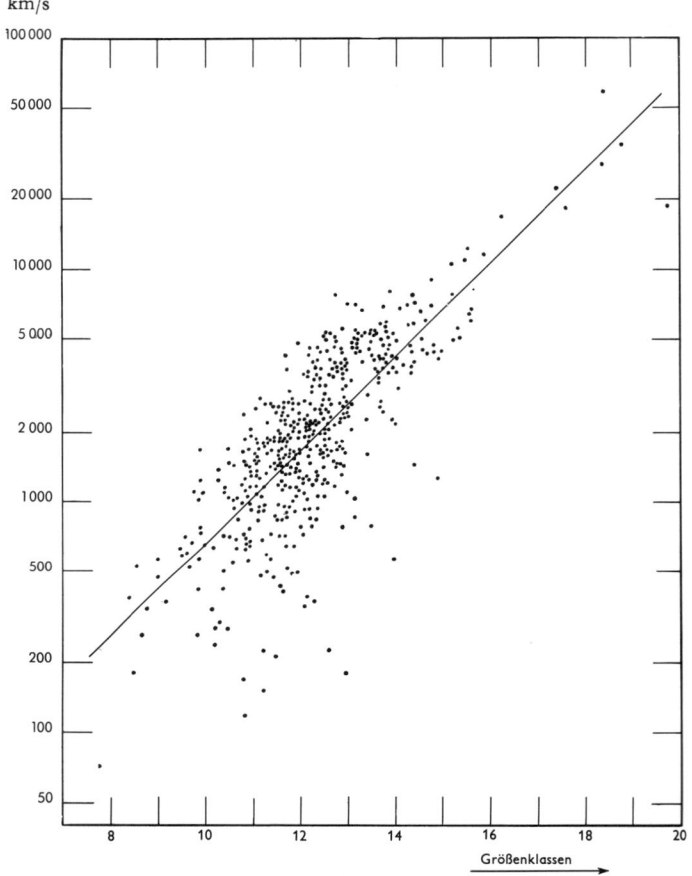

Kosmologie stützen (s. 15.4.3), wie es durch die Robertson-Walker-Metrik gegeben ist, tendieren zu H um 50 km s^{-1} Mpc^{-1}, während Gruppen, die Nicht-Standardmodelle (z. B. Modelle mit einem Quantenvakuum als Ausgangssituation) vertreten, einen Wert von H um 90 km s^{-1} Mpc^{-1} favorisieren. (Über den Zusammenhang dieser Größe z. B. mit dem Weltalter siehe 15.2.).

Es ist davon auszugehen, daß H nicht in der strengen Bedeutung des Worts eine (Natur-)Konstante ist, sondern eine Größe, die selber vom Alter des Kosmos abhängt.

Wegen der Pekuliargeschwindigkeiten der einzelnen Galaxien gibt es eine Streuung der Messungen um die Hubble-Relation. Die Größe dieser Streuung ist etwa ±150 km s^{-1}. Für Mittelwerte von z über viele Galaxien in gleicher Entfernung, etwa über die Galaxien eines Galaxienhaufens, ist die Streuung merklich geringer.

Leider hat man bei den großen Entfernungen nur noch die scheinbaren integralen Helligkeiten und die Helligkeiten eventueller Supernovae als unabhängige Entfernungskriterien. Hierin liegt die

15.1 Beobachtungen

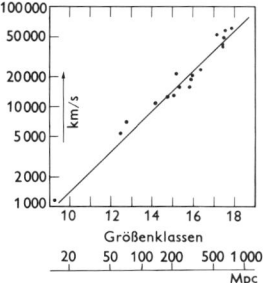

Radialgeschwindigkeit und Entfernung von 18 Galaxienhaufen sowie scheinbare photographische Helligkeit ihrer hellsten Galaxien

wesentliche Schwierigkeit bei der Bestimmung von H. Umgekehrt gilt – die Kenntnis von H vorausgesetzt –, daß eine Messung der Rotverschiebung einer Bestimmung der Entfernung äquivalent ist. Die größten gemessenen Rotverschiebungen gehen bei normalen Galaxien bis zu etwa $z = 1.0$, bei den Quasaren dagegen sind Werte bis $z = 4.9$ gemessen worden, bei denen der Bereich der Proportionalität zur Entfernung weit überschritten ist.

Der Zusammenhang zwischen Rotverschiebung und Entfernung ist unabhängig vom Typ der Galaxie und unabhängig von ihrer Position an der Sphäre. Ein derartiges Verhalten ist nur möglich, wenn alle Galaxien nicht nur von uns wegfliegen, sondern wenn sie alle in genau der gleichen Weise ihre wechselseitigen Abstände vergrößern. Von jeder andern Galaxie würde sich der gleiche Anblick bieten: Alles fliegt auseinander, und die Geschwindigkeiten sind dabei proportional zur Entfernung. Der Kosmos »expandiert« gleichförmig.

Es bleibt zu fragen, ob die Expansion reell ist, d. h. ob die Rotverschiebung als Doppler-Effekt interpretiert werden muß, oder ob es auch alternative Deutungen gibt. Gegenwärtig kennen wir neben der Doppler-Verschiebung nur einen einzigen weiteren Effekt, durch den die Spektral-Linien zum Roten hin verschoben sein könnten: die Gravitations-Rotverschiebung (s. 8.7.3). Diese kann hier aber ausgeschlossen werden, da sie nicht systematisch von der Entfernung der Galaxien abhängig sein dürfte. Will man also nicht extra ein neues Naturgesetz erfinden, das für große Entfernungen die Ausbreitung von Strahlung verändert – was ein sehr willkürliches und daher unvernünftiges Vorgehen wäre –, so hat man die »Expansion des Kosmos« wohl als erwiesen anzusehen.

15.1.2 Die allgemeine Hintergrundstrahlung

1965 wurde von A. A. Penzias und R. W. Wilson eine Strahlung entdeckt, die von unmittelbarer Bedeutung für die Kosmologie ist und die das Interesse an diesem Gebiet neu belebt hat. Bei Versuchen, die Empfindlichkeitsschwelle eines Radioteleskops mit einer Empfangsanlage für eine Wellenlänge von 7.35 cm weiter zu senken, fanden sie einen zunächst unerklärbaren Anteil von Empfangsleistung, der von der Orientierung der Antenne unabhängig war. In Zusammenarbeit mit andern Gruppen wurde deutlich, daß es sich hierbei um ein universelles und isotropes Strahlungsfeld handelt, das inzwischen von der Erde aus im Wellenlängenbereich zwischen 30 und 3 cm beobachtet wurde. Die Intensität der Strahlung ebenso wie ihr Spektrum entsprechen der Strahlung eines Hohlraums bei einer Temperatur von etwa 3 K (s. A. 1.7.9). Messungen oberhalb von 30 cm sind nicht möglich, da hier die nichtthermische Strahlung aus unserer Galaxis alles überdeckt; Messungen unter 3 cm Wellenlänge sind von der Erde aus unmöglich, da hier die thermische Emission der Erdatmosphäre zu stark ist.

Bei 2.6 cm Wellenlänge hat man die Stärke dieser Strahlung auch indirekt messen können: Der erste angeregte Zustand der Cyano-Gruppe liegt gerade um einen Energiebetrag, der dieser Wellenlän-

Spektrum der kosmischen Hintergrundstrahlung. Die Quadrate sind COBE-Messungen. Sie passen sehr gut zur Strahlung eines Schwarzen Strahlers der Temperatur 2.735 K mit einem Maximum bei der Wellenlänge 1.1 mm

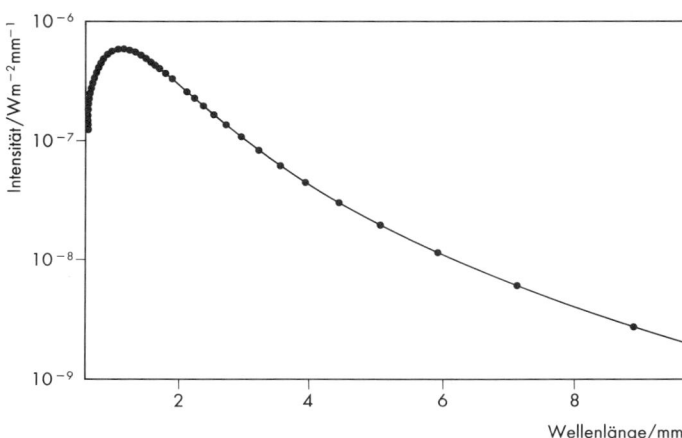

ge entspricht, über dem Grundzustand. Die Stärke des universellen Strahlungsfelds in dieser Wellenlänge wird also – wenn andere Anregungsmechanismen ausgeschlossen sind – aus der Besetzung des angeregten Zustands ermittelt werden können. Das Stärkeverhältnis von interstellaren Absorptionslinien der Cyano-Gruppe, von denen die wichtigsten vom Grundzustand, einige schwächere aber von dem genannten angeregten Zustand ausgehen, kann benutzt werden, um das Anregungsverhältnis und damit die Intensität der Hintergrundstrahlung zu messen. Es ergab sich wiederum eine Intensität entsprechend einer 3 K-Hohlraumstrahlung.

Messungen in andern Wellenlängenbereichen müssen von Satelliten durchgeführt werden. Dazu startete die NASA im November 1989 den Satelliten COBE (Cosmic Background Explorer) mit dem Ziel, die kosmische Hintergrundstrahlung im Wellenlängenbereich von 1 μm bis 1 cm zu messen. Die bisherigen COBE-Ergebnisse zeigen, daß es sich wirklich um eine Hohlraumstrahlung mit einer Temperatur von 2.735 K handelt.

Bemerkenswert ist auch die Isotropie der Hintergrundstrahlung, also die Tatsache, daß ihre Stärke mit hoher Genauigkeit unabhängig von der Richtung ist. Die bisherigen Messungen (unter Berücksichtigung der Pekuliarbewegung der Sonne gegenüber dem allgemeinen Weltsubstrat) konnten bis zu einer Genauigkeit von 0.01 % keine Abweichung von der Isotropie feststellen. Erste Ergebnisse von COBE zeigen jedoch, daß unterhalb dieser Schranke Anisotropien auftreten. Diese Erkenntnis dürfte wichtige Folgen für die Beschreibung der Kosmologie in den frühen Phasen des Universums haben (s. 15.4.3). Die Interpretation der obigen Beobachtungen der kosmischen Hintergrundstrahlung ergibt zwingend, daß keins der uns bekannten kosmischen Objekte als Quelle der Strahlung in Frage kommt. Sie muß uns also aus einer früheren Phase der Entwicklung des Universums überliefert sein und enthält damit direkte Informationen über physikalische Prozesse im frühen Universum.

15.2 Das Alter des Kosmos

15.2.1 Expansion

Die allgemeine Expansion des Kosmos zeigt, daß dieser, so wie er ist, nicht beliebig alt sein kann. Den gleichen Schluß müssen wir aus der Existenz der allgemeinen Hintergrundstrahlung ziehen, für die es im gegenwärtigen Kosmos keine Quellen gibt. Rechnet man im Standardmodell die Expansion zurück, so findet man (falls die Expansion weder gebremst noch beschleunigt wäre), daß vor einer Zeit, die dem Kehrwert der Hubble-Konstante entspricht (z. B. 19.6 Milliarden Jahre für $H = 50$ km s^{-1} Mpc^{-1}), die Ausdehnung des Kosmos verschwindend klein gewesen sein muß; $1/H$ entspricht dem Alter des Universums, wenn dessen Expansion gleichförmig verläuft. Als Folge der Unsicherheit des tatsächlichen Werts der Hubble-Konstante und ihrer zeitlichen Entwicklung, die in den frühesten Phasen des Universums für das Standardmodell bzw. für Modelle, die ein Quantenvakuum annehmen, unterschiedlich verläuft, ist dieses noch relativ unsicher. Im Standardmodell ist das tatsächliche Alter des Universums stets kleiner als $1/H$, da die Expansionsgeschwindigkeit durch die wechselseitigen Gravitationskräfte gebremst wird. In Quantenvakuum-Modellen werden dagegen, wegen der Ungleichförmigkeit der Entwicklung in den Anfangsphasen, Werte bis zu 30 Milliarden Jahre als Weltalter – in diesen Modellen als Alter der kosmischen Materie – für realistisch gehalten.

15.2.2 Sternentwicklung

Im Lauf der Evolution des Universums kam es auch zur Bildung astronomischer Strukturen (Galaxienhaufen, Galaxien, Sternsysteme). Eine Altersbestimmung anhand dieser Objekte ergibt ein Minimalalter für den Kosmos.

Die ältesten Objekte des Milchstraßensystems sind die kugelförmigen Sternhaufen (s. 12.2.3). Aus den Theorien der Sternentwicklung läßt sich das Alter ihrer Sterne zu etwa 17 Milliarden Jahre berechnen (s. 9.4.1). Es läßt sich also mit Sicherheit sagen, daß das Entwicklungsalter der ältesten Sterne von der gleichen Größenordnung ist wie das Expansionsalter der Welt.

15.2.3 Erde

Durch den radioaktiven Zerfall einiger schwerer Elemente und die Anhäufung der Zerfallsprodukte läßt sich abschätzen, welche Zeit seit der Erkaltung der Erdkruste vergangen ist. Im Mittel über verschiedene Methoden erhält man rund 4 Milliarden Jahre.

Nach der gleichen Methode läßt sich auch das Alter der Meteoriten (s. 4.3.4) und der Gesteinsproben von der Mondoberfläche (s. 2.7.1) abschätzen. Die Ergebnisse sind im Einzelfall ganz verschieden und reichen bis zu einige Milliarden Jahre.

15.2.4 Atome

Die Atome der stabilen Elemente, wie Wasserstoff, Sauerstoff und Eisen, können prinzipiell beliebig alt sein, nicht dagegen die radioaktiv zerfallenden Atome, wie Uran oder Thorium. Daß überhaupt noch etwas von ihnen vorhanden ist, zeigt, daß sie nur vor endlicher Zeit entstanden sein können. Uran und Thorium zerfallen über eine Reihe von Zwischenprodukten in Blei. Wäre alles heute vorhandene Blei durch solche Zerfälle entstanden, so ließe sich aus den bekannten Zerfallszeiten und aus den heutigen Häufigkeiten ausrechnen, daß Uran und Thorium vor rund 50 Milliarden Jahren entstanden sind. Noch älter können diese Elemente auf keinen Fall sein, und ihr Alter reduziert sich auf etwa 12 Milliarden Jahre, wenn man eine plausible Menge ursprünglich vorhandenen Bleis annimmt. Auch diese Zahl ist nicht sehr genau, doch liegt sie in der gleichen Größenordnung wie die andern Abschätzungen.

Da die schweren Elemente im Innern der Sterne gebildet werden, dürfte das Alter der radioaktiven Elemente nicht größer sein als das der ältesten Sterne.

Faßt man die Resultate zusammen, die sich für Atome, Sterne und ferne Spiralnebel ergeben, so läßt sich mit einiger Sicherheit sagen: Die Welt, so wie wir sie kennen, ist mindestens 10 bis 20 Milliarden Jahre alt.

15.3 Raum und Zeit

15.3.1 Spezielle Relativitätstheorie

Bis zu Beginn unseres Jahrhunderts wurden der Raum mit seinen drei Dimensionen und die Zeit als Gegebenheiten vor jeglicher naturwissenschaftlichen Erkenntnis angesehen. Sie waren für die Beschreibung der Naturereignisse unentbehrliche Begriffe und zugleich fundamentale Kategorien unseres Denkens und unserer Anschauung. Nur langsam, etwa mit dem Versagen der Vorstellung eines Weltäthers, des hypothetischen Trägers der elektromagnetischen Erscheinungen, gewann die Vorstellung an Boden, daß Raum und Zeit selber physikalische Größen und damit Gegenstand physikalischer Forschung sein könnten.

Einen Markstein in dieser Entwicklung bedeutet die Begründung der Speziellen Relativitätstheorie (1905) durch A. Einstein. Versuche hatten ergeben, daß der Bewegungszustand des Laboratoriums (etwa bedingt durch die Bahnbewegung und die Rotation der Erde) ohne Einfluß auf die Ausbreitung des Lichts ist. Insbesondere erwies sich dessen Ausbreitungsgeschwindigkeit als eine unbeeinflußbare (invariante) Größe. Dieser Sachverhalt läßt sich wie folgt mathematisch formulieren: Es habe eine vom Ursprung eines Koordinatensystems auslaufende Lichtwelle in der Zeit t einen Punkt mit den Koordinaten x, y, z erreicht. Dann gilt, wobei c die vom System unabhängige Lichtgeschwindigkeit ist,

$$c^2 t^2 - x^2 - y^2 - z^2 = 0.$$

Eine analoge Gleichung, mit dem gleichen c muß für jedes andere Bezugssystem gelten, dargestellt durch t', x', y', z', das gegenüber dem ersten gleichförmig bewegt ist. Dieses sei etwa durch ein Labor in einem in x-Richtung mit der Geschwindigkeit v fahren-

15.3 Raum und Zeit

den Zug realisiert. Man prüft leicht nach, daß die Gleichungen nicht gleichzeitig für beide Systeme erfüllt sein könnten, wenn es eine universelle Zeit gäbe, also wenn $t' = t$ wäre, und wenn der anschaulich erwartete Wert $x' = x - vt$ gälte. Statt dessen müssen, wie eine relativ einfache Rechnung ergibt, für Bewegungen parallel zur x-Achse die folgenden Beziehungen gelten, die man als Lorentz-Transformation bezeichnet:

$$x' = \frac{x - vt}{\sqrt{1 - v^2/c^2}}, \quad t' = \frac{t - vx/c^2}{\sqrt{1 - v^2/c^2}}$$

sowie $y' = y$ und $z' = z$.

Zeit und Raum können also nicht als voneinander unabhängig angesehen werden, sie sind miteinander zu einem vierdimensionalen Kontinuum verknüpft: Ein Ereignis wird durch einen Punkt in dieser Raumzeit eindeutig festgelegt.

Für Zeitintervalle Δt (bei $\Delta x' = 0$) und Koordinatendifferenzen Δx (bei $\Delta t = 0$) ergeben sich die Transformationsformeln

$$\Delta t = \Delta t'/\sqrt{1 - v^2/c^2} \quad \text{und} \quad \Delta x = \Delta x' \cdot \sqrt{1 - v^2/c^2}.$$

Sie sagen folgendes aus: Da $\sqrt{1 - v^2/c^2}$ immer kleiner als eins ist, erscheinen vom ruhenden Betrachter aus gesehen die Zeitintervalle im bewegten System gedehnt (Zeitdilation), die Längenintervalle aber verkürzt (Längenkontraktion). Die Längenkontraktion erfolgt nur in Richtung der Bewegung. Vom ruhenden System aus beurteilt wäre beispielsweise eine bewegte Kugel abgeplattet. Die Zeitdilation läßt anderseits die Uhren in bewegten Systemen (vom ruhenden aus beurteilt) langsamer laufen. Dies gilt auch für die biologische Uhr. Während eines schnellen, aber gleichförmigen Flugs altert also ein Raumfahrer langsamer. Daß diese Zeitdilation nicht nur ein beliebtes Thema der Science Fiction-Literatur, sondern ein in der Natur tatsächlich vorkommendes Phänomen ist, zeigt folgende Beobachtung:

Myonen (mittelschwere Elementarteilchen) lassen sich experimentell erzeugen und kommen auch in der natürlichen Höhenstrahlung vor. In der Höhenstrahlung ist jedoch ihre Lebensdauer (von uns aus gemessen) bis 100mal länger. Dies war zunächst ganz unverständlich, bis man bemerkte, daß die Myonen der Höhenstrahlung nahezu mit Lichtgeschwindigkeit fliegen, die experimentell erzeugten Myonen jedoch weit langsamer. Rechnet man mit den Formeln der Relativitätstheorie nach, so stellt man fest, daß die Höhenstrahlungs-Myonen zwar in unserer »Laborzeit« 100mal länger leben, in ihrer »Eigenzeit« jedoch die gleiche kurze Lebensdauer haben wie die langsamen Myonen.

Eine weitere Konsequenz der Lorentz-Transformation ist, daß aus ihr auch eine Veränderung der Masse bewegter Körper durch relativistische Effekte folgt:

$$m = m_0/\sqrt{1 - v^2/c^2}.$$

Die bewegte Masse m ist also größer als die Ruhmasse m_0 und zwar in erster Näherung um einen Anteil, der gleich der klassischen kinetischen Energie $\frac{1}{2} mv^2$ dividiert durch das Quadrat der Lichtgeschwindigkeit ist. Von hier bis zur Erkenntnis, daß Masse und Energie äquivalente Größen sind, die durch Einsteins bekannte Gleichung

$$E = m c^2$$

verknüpft sind, ist nur noch ein kleiner Schritt. Alle diese Aussagen der Speziellen Relativitätstheorie sind experimentell vielfach bestätigt.

15.3.2 Allgemeine Relativitätstheorie
Die Allgemeine Relativitätstheorie (ART) geht ebenfalls auf Einstein zurück. Sie ist das Ergebnis des Versuchs, die physikalischen Gesetze, die in der Speziellen Relativitätstheorie invariant für gleichförmig bewegte Bezugssysteme formuliert werden, auch invariant für beschleunigte Systeme zu schreiben. In beschleunigt bewegten Systemen treten bekanntlich Trägheitskräfte auf, die ebenso wie die Gravitationskräfte der Masse proportional sind. Versuche mit extremer Genauigkeit haben gezeigt, daß der Proportionalitätsfaktor unabhängig von der Natur der Versuchskörper ist. Die Theorie muß also so beschaffen sein, daß in ihr die Gleichheit von schwerer und träger Masse nicht als Zufall, sondern als Notwendigkeit erscheint. Dieses Gleichsetzen von Gravitations- und Trägheitseffekten kann man auch so ausdrücken: Es ist kein Experiment in einem abgeschlossenen Laboratorium denkbar, das Auskunft darüber geben könnte, ob dieses sich in einem homogenen Schwerefeld befindet oder ob es gleichförmig beschleunigt wird.

Durch die Verknüpfung von Trägheit und Schwere wird die Allgemeine Relativitätstheorie zu einer Theorie der Gravitation. Da die Beschleunigung durch einen Ausdruck, in dem nur Raum-Zeit-Koordinaten vorkommen, beschreibbar ist, müßte notwendigerweise auch das Schwerefeld nur durch die Eigenschaften des Raum-Zeit-Kontinuums darstellbar sein. Es zeigt sich, daß man hierfür allgemeine Riemannsche Räume braucht, Räume mit einer nichteuklidischen Metrik. Ihr Unterschied gegenüber dem euklidischen Raum läßt sich wie folgt beschreiben: In der euklidischen Metrik gilt der Satz des Pythagoras. Das Quadrat des vierdimensionalen Abstands zweier Ereignisse kann somit dargestellt werden durch

$$(ds)^2 = c^2 (dt)^2 - (dx)^2 - (dy)^2 - (dz)^2,$$

wenn dx, dy und dz die Differentiale der Raumkoordinaten und dt das Zeitdifferential bedeuten. In der nichteuklidischen Metrik ist $(ds)^2$ zwar immer noch eine sogenannte quadratische Form in den Koordinatendifferentialen, in der aber jetzt zusätzlich gemischte Produkte wie etwa $dx \cdot dt$ oder $dx \cdot dy$ sowie allgemeine Orts-Zeit-Funktionen als Faktoren auftreten können.

Die Metrik wird gerade so bestimmt, daß Körper, die nur Gravitations- und Trägheitskräften unterworfen sind, in diesem Raum-

15.3 Raum und Zeit

Zeit-Kontinuum kräftefreie Bahnen beschreiben. Diese sind zwar keine Geraden – die es im nichteuklidischen Raum nicht gibt –, aber doch immerhin kürzeste Verbindungen zwischen zwei Raum-Zeit-Punkten, sogenannte geodätische Linien, kurz Geodäten genannt. Trägheits- und Gravitationskräfte sind also Kräfte, die nur in Erscheinung treten, wenn man die Bewegung in einem dem speziellen Problem nicht angepaßten euklidischen Raum mit einer unabhängigen universellen Zeit darzustellen versucht. Die gravitative Wirkung ist demnach nichts anderes als ein Effekt der Krümmung des nichteuklidischen Raums auf die physikalischen Objekte.

In den Einsteinschen Feldgleichungen der Allgemeinen Relativitätstheorie offenbart sich die gegenseitige Abhängigkeit von Raum-Zeit-Struktur und Materieverteilung. Wir können die Feldgleichungen symbolisch folgendermaßen ausdrücken:

$$\left\{ \begin{array}{c} \text{Größen, die lokal die} \\ \text{Geometrie der krummlinigen} \\ \text{vierdimensionalen Raum-} \\ \text{Zeit bestimmen} \end{array} \right\} = \varkappa \cdot \left\{ \begin{array}{c} \text{Größen, die lokal} \\ \text{die »Physik« (ohne} \\ \text{Gravitation) vollständig} \\ \text{bestimmen} \end{array} \right\}$$

Die Raum-Zeit-Struktur bestimmt Bewegung und Lage der Materie, und umgekehrt bestimmt die Materieverteilung die Raum-Zeit-Struktur. Die dabei auftretende Kopplungskonstante $\varkappa$ heißt Einsteinsche Gravitationskonstante. Sie setzt sich aus zwei Naturkonstanten zusammen, der Newtonschen Gravitationskonstante G und der Lichtgeschwindigkeit c,

$$\varkappa = \frac{8\pi G}{c^4},$$

wobei zum Ausdruck kommt, daß die ART eine relativistische Gravitationstheorie ist.

Obgleich ihr Konzept völlig von den klassischen Vorstellungen abweicht, sind die Aussagen der ART und die der klassischen Newtonschen Mechanik fast gleich, solange die Dimensionen nicht zu groß und die Gravitationsfelder nicht zu stark sind. Wo es meßbare Unterschiede gibt, hat die Beobachtung bisher die Aussagen der ART bestätigt. Der Exzeß der beobachteten Periheldrehung der Merkurbahn von 43$''$03 pro Jahrhundert beruht auf solchen Differenzen und findet so seine Deutung. Die Abweichungen der Bahnen der Photonen, also der Lichtstrahlen von geraden Linien, sind ein weiteres Maß für die Abweichungen der tatsächlichen Raumstruktur von der im feldfreien Raum geltenden euklidischen Metrik. Sie wird zum Beispiel erkennbar an der Ablenkung der Strahlen von punktförmigen Quellen (Fixsterne, Radioquellen) beim nahen Vorbeigang an der Sonne. Vor allem radioastronomische Positionsbestimmungen, die mit hoher Genauigkeit durchgeführt werden können, haben auch hier die von der ART vorhergesagten Ablenkungen bestätigt.

Die Ablenkung der Lichtstrahlen demonstriert am eindrucksvollsten die Krümmung des Raums, in dem Geraden allgemein durch Geodäten (Nullgeodäten im Fall der Lichtstrahlen) ersetzt werden. Im Prinzip ließe sich die Krümmung auch dadurch nachweisen, daß man durch Triangulation mittels Lichtstrahlen nachprüft, inwieweit die Winkelsumme in einem Dreieck von 180° abweicht.

Es sollte niemand verwundern, daß ihm die anschauliche Vorstellung einer nichteuklidischen vierdimensionalen Raum-Zeit-Mannigfaltigkeit versagt ist. Man bedenke, daß das Anschauungsvermögen des Menschen sich so entwickelt hat, daß er sich in der seiner unmittelbaren sinnlichen Wahrnehmung zugänglichen Welt orientieren kann – mehr war nicht erforderlich, um sich in ihr zu behaupten.

15.3.3 Der Bruch der Symmetrie

In der vorangegangenen kurzen Darstellung der Grundgedanken der Relativitätstheorie erscheinen die drei Dimensionen des Raums und die Zeit als weitgehend gleichberechtigte Koordinaten, die einen Raum-Zeit-Punkt, ein Ereignis im Kosmos definieren, und die bei Transformationen, d. h. beim Übergang zu einem andern Bezugssystem (zu einer andern Plattform des Beobachters) sich nach Maßgabe der Lorentz-Transformation miteinander mischen. Diese Gleichberechtigung von Raum und Zeit zeigt sich auch darin, daß alle grundlegenden Gesetze der klassischen Physik symmetrisch in bezug auf diese Koordinaten sind, d. h. auch bei Spiegelungen noch gültig bleiben. Das gilt insbesondere auch in bezug auf die Zeit, d. h. Vergangenheit und Zukunft sind austauschbar. Die Planeten könnten z. B. ihre Bahnen auch in entgegengesetzter Richtung durchlaufen, ohne ein physikalisches Gesetz zu verletzen. Dies ist nur eine Frage der Anfangsbedingungen. Dennoch gibt es viele Vorgänge, in denen Vergangenheit und Zukunft sich eindeutig unterscheiden. Das Schmelzen eines Eisblocks in einer warmen Umgebung, das Vermischen zweier Gase, eine spontan ablaufende chemische Reaktion oder auch das Leuchten einer Lichtquelle, all dies sind Beispiele für Vorgänge, die irreversibel sind, d. h. bei denen der frühere Zustand nicht wiederhergestellt werden kann (ohne daß man anderswo Änderungen bewirkt).

Es gibt eine physikalische Größe, die Entropie, die ebenso wie etwa der Energiegehalt, den Zustand eines physikalischen Systems (etwa den Eisblock zusammen mit der warmen Umgebung) global beschreibt, und die die Eigenschaft hat, daß sie bei allen irreversiblen Prozessen nur zunehmen kann. Ihre Änderung ist nur dann null, wenn ein Prozeß umkehrbar (reversibel) ist. (Dies ist der Inhalt des zweiten Hauptsatzes der Thermodynamik.) Es leuchtet ein, daß im Gleichgewichtszustand, also dann, wenn keine spontanen, nicht-umkehrbaren (irreversiblen) Prozesse stattfinden, die Entropie des Systems ihren maximalen Wert hat.

Für das Verständnis der Entropie ist es hilfreich, darauf hinzuweisen, daß sie mit der Wahrscheinlichkeit zusammenhängt, mit der

15.3 Raum und Zeit

ein bestimmter Zustand eines Systems (charakterisiert etwa durch den Druck und das Volumen einer Gasmenge) unter dem Gesichtspunkt der mikroskopischen Physik realisiert werden kann. Im Fall der durch Druck und Volumen charakterisierten Gasmenge ist diese Wahrscheinlichkeit proportional zu der Zahl der Möglichkeiten, die die Moleküle des Gases haben, ihren Ort und ihre Geschwindigkeit so zu wählen, daß sich der richtige Druck und das richtige Volumen des Gases ergeben. Die Entropie ist proportional dem Logarithmus dieser Wahrscheinlichkeit.

Es ist nun offensichtlich, daß ein System, das sich in einem unwahrscheinlichen Zustand befindet (mit niedriger Entropie) im Fall einer Änderung des Zustands sehr viel leichter in einen wahrscheinlicheren Zustand (mit höherer Entropie) übergehen wird, als in irgendeinen andern Zustand noch geringerer Wahrscheinlichkeit. Diese statistische Betrachtungsweise, die durch die Unmöglichkeit den mikroskopischen Zustand vollständig zu beschreiben, unumgänglich ist, ist eine der wesentlichen Ursachen für die Asymmetrie zwischen Vergangenheit und Zukunft. Es ist sicher kein Zufall, daß unser Zeiterlebnis in der Form, daß sich Gegenwart, das »Jetzt«, in die Zukunft hineinbewegt und die Vergangenheit zurückläßt, in idealer Weise geeignet ist, der Zukunft die Möglichkeit verschiedener Entwicklungen zuzuordnen, von denen mit dem Fortschreiten der Zeit jeweils nur eine realisiert wird. Man sollte sich klarmachen, daß diese unmittelbar erfahrene Asymmetrie damit ebenfalls eng mit Begriffen wie: Ungewißheit, Wahrscheinlichkeit, Gewißheit (Information) verknüpft ist. Über die Vergangenheit konnten wir wenigstens im Prinzip Informationen gewinnen. Was die Zukunft betrifft, so sind wir auf Wahrscheinlichkeitsaussagen angewiesen. War es aber unmöglich, in der Vergangenheit die gewünschte Information zu gewinnen, etwa Messungen zu machen, die den mikroskopischen Zustand eines Gases festlegen, so sind wegen unserer faktischen Unkenntnis auch für die Vergangenheit nur Wahrscheinlichkeitsaussagen möglich. Es liegt also die Vermutung nahe, daß der unmittelbar erlebte Fluß der Zeit nichts anderes ist, als ein Abbild des Informationsflusses, der uns erreicht.

Wir wissen seit 1957, daß auch im Bereich der Mikrophysik die Zeitsymmetrie verletzt wird. Es gilt als ein grundlegendes Prinzip der Elementarteilchenphysik, daß die Reaktionen PCT-invariant sind, d. h. invariant gegen Paritätsumkehr (P) – Paritätsumkehr ist gleichbedeutend mit Spiegelung der Raumkoordinaten – und gleichzeitige Umkehr des Ladungsvorzeichens (C) sowie der Zeitrichtung (T).

Die Experimente haben gezeigt, daß beim K^0-Zerfall, einem von schwachen Wechselwirkungen gesteuerten Prozeß, die PC-Invarianz verletzt wird. Wenn hier die PCT-Invarianz aufrecht erhalten werden soll, muß notwendigerweise die T-Invarianz aufgegeben werden.

Es wird zur Zeit lebhaft erörtert, ob eine der fundamentalen Asymmetrien im Kosmos, das Vorherrschen der Materie gegenüber der Antimaterie, nicht ebenfalls auf eine Verletzung der PC-Invarianz beim Zerfall der hypothetischen X-Bosonen in den allerfrühesten Phasen des kosmischen Feuerballs zurückgeführt werden kann. Die Zusammenhänge der verschiedenen Asymmetrien sind gegenwärtig ein intensiver Forschungsgegenstand der Hochenergiephysik.

15.4 Weltmodelle

Die aufgrund von Beobachtungen und in Übereinstimmung mit den Naturgesetzen entwickelten Vorstellungen über die Struktur der Welt als Ganzes bezeichnet man als Weltmodelle. Sie sind vereinfachte Beschreibungen, da sie über kleinräumige Strukturen mitteln. Sie sind aber auch unsichere Konstruktionen, da wir nicht wissen, ob die Basis der Beobachtungen ausreicht und ob die relevanten Naturgesetze alle erkannt worden sind. So können die Weltmodelle auch in ihren Grundkonzeptionen noch durchaus in Frage gestellt werden. Gegenwärtig ist z. B. eine Tendenz erkennbar, Verbindungen zwischen der Elementarteilchenphysik und der Kosmologie herzustellen, und es ist noch offen, wohin diese Bemühungen führen werden.

Wir beginnen mit den wesentlichen Postulaten, auf die sich die heutigen Weltmodelle stützen.

15.4.1 Isotropie und Homogenität

Die Verteilung der Galaxien an der Sphäre ist gleichförmig, wenn man die interstellare Absorption in unserm eigenen Milchstraßensystem gebührend berücksichtigt und wenn man von Galaxienhaufen absieht.

Es gibt damit also hinsichtlich der räumlichen Dichte der Galaxien, von unserm Standpunkt aus beurteilt, keine ausgezeichnete Richtung. Wir sahen bereits, daß es für das Hubble-Gesetz der Rotverschiebung keine erkennbare Richtungsabhängigkeit gibt. Auch die andern für die Kosmologie relevanten Beobachtungen stehen nicht im Widerspruch zu der Annahme, daß die Welt für uns isotrop ist. Damit liegt es nahe, Isotropie, d. h. Gleichberechtigung aller Richtungen zu einem kosmologischen Grundpostulat zu erheben.

Verbindet man diese Forderung nach Isotropie mit der fast selbstverständlichen Voraussetzung, daß unsere eigene Galaxie nicht ausgezeichnet ist, d. h. nimmt man das kopernikanische Prinzip, die Erde nicht als Zentrum der Welt zu sehen, auch im kosmischen Maßstab ernst, dann folgt, daß die Isotropie eine Eigenschaft sein muß, die unabhängig vom Bezugspunkt ist. Das ist aber nur dann möglich, wenn die Welt gleichzeitig homogen ist, d. h. wenn sie unabhängig von der Wahl des Bezugspunkts stets den gleichen Anblick bietet. Dies ist natürlich so zu verstehen, daß nur gemittelte Größen in Betracht gezogen werden, in die detaillierte Konfigurationen der »nahe« benachbarten Galaxien oder Haufen von Galaxien nicht eingehen.

15.4 Weltmodelle

Natürlich ist diese Überlegung nicht im mathematischen Sinn zwingend. Es gibt keinen Widerspruch mit den Beobachtungen, wenn man nur Homogenität bis zum Welthorizont (s. 15.4.3) fordert. Im folgenden wollen wir jedoch von der strengen Homogenität ausgehen. Die grundlegende Forderung nach räumlicher Isotropie und Homogenität des Universums zu jedem Zeitpunkt wird »kosmologisches Prinzip« genannt.

Isotropie und Homogenität bedeuten zunächst, daß auch die Metrik nicht vom Ort abhängen kann (wiederum im großen), was insbesondere zur Folge hat, daß für alle mit der Materie mitbewegten Beobachter die Zeitkoordinate die gleiche ist. Es gibt also eine universelle kosmische Zeitskale.

Wir wollen noch eine weitere Konsequenz aus dem Homogenitätspostulat ziehen. Nach diesem Postulat muß der Zustand des Kosmos in genügend großen Bereichen (Zellen) unabhängig davon sein, wo diese Bereiche liegen, wenn sie nur so groß sind, daß in ihnen bereits über die größten erkennbaren Strukturen im Kosmos (Blasen mit einem Durchmesser von 40 bis 100 Mpc, auf deren Rändern die Galaxien liegen) gemittelt werden kann. Dann wird bei einer Einteilung des Kosmos in gleich große Zellen, die für sich jeweils hinreichend viele Blasen enthalten, der Inhalt jeder Zelle derselbe sein. Es ist ferner bedeutungslos, ob man die Wandungen der gedachten Zellen als durchlässig oder ideal gut reflektierend annimmt, denn es macht, da alle Zellen gleichartig sind, keinen Unterschied, ob man an der Wandung Teilchen und Strahlung aus der eigenen Zelle reflektiert oder aus der Nachbarzelle eintreten läßt. Natürlich müssen diese Zellen an der Expansion der Welt teilnehmen, also selber expandieren. Akzeptiert man das, so kann man etwa die Wirkung der Expansion der Welt auf den Zustand der Materie und der Strahlung dadurch studieren, daß man die Wirkung der Expansion der Zelle untersucht. Dadurch wird das Problem überschaubarer.

Durch die Expansion des Kosmos vergrößert also eine herausgegriffene Zelle ihr Volumen V, während die Materiemenge in ihr erhalten bleibt. Hieraus folgt, daß die Materiedichte mit V^{-1} abnehmen muß. Auch die Zahl der Photonen des Strahlungsfelds bleibt, sofern Wechselwirkung mit der Materie fehlt, erhalten. Bei der Reflexion an den als spiegelnd anzunehmenden Wänden der Zelle erniedrigt sich aber durch Doppler-Effekte die Frequenz der Photonen, wenn die Wände bei einer Expansion auseinanderweichen. Während also die Gesamtphotonenzahl in der Zelle erhalten bleibt, wächst die den Photonen zugeordnete Wellenlänge in gleicher Weise wie die lineare Ausdehnung der Zelle, die proportional zu $V^{1/3}$ ist. Im gleichen Verhältnis verringert sich damit aber ihre Energie. So nimmt die Energiedichte des Strahlungsfelds u_r, die das Produkt aus Photonendichte und mittlerer Energie der Photonen ist, und schließlich auch seine Massendichte $\varrho_r = u_r/c^2$ bei zunehmendem Volumen wie $V^{-4/3}$ ab. Bei einer solchen Expansion geht ein Hohlraumstrahlungsfeld wieder in ein Hohlraumstrahlungsfeld über, allerdings mit einer tieferen Temperatur. Nach dem

Stefan-Boltzmannschen Strahlungsgesetz gilt für die Temperaturen

$$T^4 \sim \varrho_r.$$

Aus diesen Überlegungen folgt, daß mit der Expansion der Welt die materielle Dichte ϱ_m, die dem Strahlungsfeld zugeordnete Dichte ϱ_r und die zugehörige Temperatur T_r in verschiedener Weise abnehmen:

$$\varrho_m \sim V^{-1}; \quad \varrho_r \sim V^{-4/3}; \quad T_r \sim V^{-1/3}.$$

Diese Zusammenhänge machen es möglich, auf die Dichten und Temperaturen in den frühen Entwicklungsphasen des Kosmos zurückzuschließen (s. 15.5).

15.4.2 Ein stationäres Modell

Es ist vorgeschlagen worden, das eingangs besprochene kosmologische Prinzip noch enger zu fassen: Das Universum soll nicht nur von allen Punkten in alle Richtungen gleich aussehen, sondern auch zu allen Zeiten. So befriedigend ein solcher Gedanke vom philosophischen Standpunkt vielleicht auch sein mag, in einer derartigen »steady state« Kosmologie stößt die Deutung der Beobachtungen auf erhebliche Schwierigkeiten (z. B. 3 K-Hintergrundstrahlung). Zudem muß, um die endliche Dichte aufrecht zu erhalten, wegen der Expansion die ständige Neuschaffung von Materie postuliert werden. – Wir erwähnen dieses Modell nur der Vollständigkeit halber.

15.4.3 Das Standardmodell

Die Feldgleichungen der ART vereinfachen sich durch das Isotropie- und Homogenitätspostulat außerordentlich. Robertson und Walker haben gezeigt, daß allein aus den dadurch gegebenen Symmetrieeigenschaften folgt, daß die Metrik durch die relativ einfache Gleichung

$$(ds)^2 = c^2(dt)^2 - \frac{R(t)^2}{(1+\frac{k}{4}r^2)^2}[(dr)^2 + r^2(d\varphi)^2]$$

beschreibbar sein muß, in der $(ds)^2$ das Quadrat des raum-zeitlichen Abstands zweier Ereignisse im vierdimensionalen Raum-Zeit-Kontinuum ist und t die universelle kosmische Zeit. $R(t)$ hat die Bedeutung eines Skalenfaktors für alle Raumkoordinaten und beschreibt die Expansion des Kosmos. In etwas loser Formulierung kann $R(t)$ als Radius der Welt bezeichnet werden; $(dr)^2 + r^2(d\varphi)^2$ ist das Quadrat eines Wegelements im euklidischen Raum, dargestellt durch die Quadratsumme des radialen Anteils dr und des tangentialen Anteils $r\,d\varphi$, wenn r den Radius der Kugel und $d\varphi$ die Winkeländerung bezeichnet. Der Nenner

$$\left(1 + \frac{k}{4}r^2\right)^2,$$

15.4 Weltmodelle

in dem k nur die Werte 0 und ±1 annehmen kann, kennzeichnet den Typ der Metrik. Zunächst ist festzustellen, daß für $r \ll 1$, der Nenner in guter Näherung gleich eins ist. Das bedeutet also, daß in dieser Näherung auch der Raum euklidisch ist. Erst bei großen Dimensionen machen sich die Abweichungen bemerkbar. Für $k = 0$ ist der Raum immer euklidisch. Für $k = +1$ ist die Raumkrümmung positiv. Die Geometrie ähnelt der auf einer Kugelfläche. Eine Welt mit dieser Metrik nennt man geschlossen, da alle Lichtstrahlen (Nullgeodäten) in sich selbst zurücklaufen. Für $k = -1$ ist die Krümmung negativ. Die Geometrie kann dann mit der auf einer Pseudosphäre oder auf einer Sattelfläche verglichen werden. Die Nullgeodäten schließen sich nicht, die Welt ist offen.

Welcher der drei Fälle realisiert ist, kann nur entschieden werden, wenn man von den Feldgleichungen selber ausgeht und damit die Verknüpfung der Metrik mit der gravitierenden Masse und der Energie herstellt. Dies führt auf eine Differentialgleichung für $R(t)$, die ihrer Struktur nach auch durch Überlegungen im Rahmen der klassischen Mechanik abgeleitet werden kann. Sie hat drei Typen von Lösungen, je nachdem ob der Energieinhalt einer Elementarzelle, der sich aus der Gravitationsenergie mit negativem Vorzeichen und der positiven kinetischen Energie der Expansion zusammengesetzt, insgesamt positiv, negativ oder gerade null ist. Ist er positiv, so überwiegt die kinetische Energie und die Massenanziehung wird zu keinem Zeitpunkt die Expansion zum Stillstand bringen können. Eine derartige Lösung nennt man hyperbolisch. Für sie ergibt sich $k = -1$, also eine offene Welt mit negativer Krümmung. Ist der Gesamtenergieinhalt negativ, so wird die Massenanziehung zu irgendeinem späteren Zeitpunkt die Expansion zum Erliegen bringen und dann die Bewegungsrichtung umkehren. Eine solche Lösung, nach der eine ursprüngliche Expansion in eine spätere Kontraktion übergeht, wird als elliptisch bezeichnet. Hier ist $k = +1$, die Welt positiv gekrümmt und geschlossen. Im Grenzfall, in dem der Gesamtenergieinhalt null ist, kommt die Expansion nach unendlich langer Zeit gerade zum Erliegen. Für diesen Fall gilt $k = 0$ und wir haben demzufolge den gewohnten euklidischen Raum (parabolischer Grenzfall).

Die hier besprochenen Weltmodelle wurden zuerst 1922 von A. A. Friedmann (1888–1925) angegeben und heißen deswegen auch Friedmann-Modelle.

Die Metrik des Raums und das zeitliche Verhalten des Weltradius $R(t)$ hängen also von dem Verhältnis von Gravitationsenergie zu kinetischer Energie ab. Dieses Verhältnis wird mit dem Symbol Ω bezeichnet und ist gegeben durch:

$$\Omega = \frac{\varrho_0}{\varrho_c} = \frac{8\pi G}{3} H^{-2} \varrho_0,$$

mit

$$\varrho_c = \frac{3}{8\pi G} H^2,$$

wobei ϱ_0 die gegenwärtige mittlere Dichte im Kosmos bedeutet,

G die Gravitationskonstante und H die Hubble-Konstante. Ist $\Omega = 1$, so hat die Dichte gerade die kritische Größe, um die Gesamtenergie zu null zu machen (parabolischer Grenzfall). Ist $\Omega > 1$, so überwiegt die Gravitationsenergie (elliptischer Fall), für $\Omega < 1$ die kinetische Energie (hyperbolischer Fall).

Geht man von einer Hubble-Konstante von 50 km s^{-1} Mpc^{-1} aus, so ist die zu $\Omega = 1$ gehörige kritische Dichte

$$\varrho_c = 4.7 \cdot 10^{-30} \text{ g cm}^{-3}.$$

Der Übersicht halber fassen wir die drei Fälle tabellarisch zusammen. Die jeweils zugehörige Metrik wird in der nebenstehenden Abbildung veranschaulicht.

Lösungs-typ	Gravitationsenergie/kinetische Energie, Ω	Verhalten von $R(t)$	k	Metrik des Raums Winkelsumme im Dreieck	Kreisumfang/$2\pi r$ Kreisfläche/πr^2	Der Kosmos ist
hyper-bolisch	< 1	unbegrenzt	−1	< 180°	> 1	offen
para-bolisch	1	unbegrenzt	0	= 180°	= 1	offen
elliptisch	> 1	begrenzt	+1	> 180°	< 1	geschlossen

Die Lösung der Einsteinschen Feldgleichungen für den Fall eines räumlich homogenen und isotropen Universums zeigen, daß der Krümmungsparameter k mit ϱ_0 verknüpft ist:

$$k = +1 \quad \text{für} \quad \varrho_0 > \varrho_c,$$
$$k = 1 \quad \text{für} \quad \varrho_0 = \varrho_c,$$
$$k = -1 \quad \text{für} \quad \varrho_0 < \varrho_c;$$

k ist also ein aus der Messung der gegenwärtigen mittleren Massendichte ϱ_0 ableitbarer physikalischer Parameter.

Große Anstrengungen sind unternommen worden, um aus den Beobachtungen die heutige mittlere Massedichte ϱ_0 abzuleiten und dadurch zu entscheiden, welchem Lösungstyp der reale Kosmos entspricht. Zur Bestimmung von ϱ_0 wurden verschiedene Methoden verwendet:

15.4 Weltmodelle

Zweidimensionale Abbilder der Metrik des Raums. Links oben für ein hyperbolisches Weltmodell, links unten für den parabolischen Grenzfall, rechts für ein elliptisches Weltmodell, d. h. für einen geschlossenen Kosmos

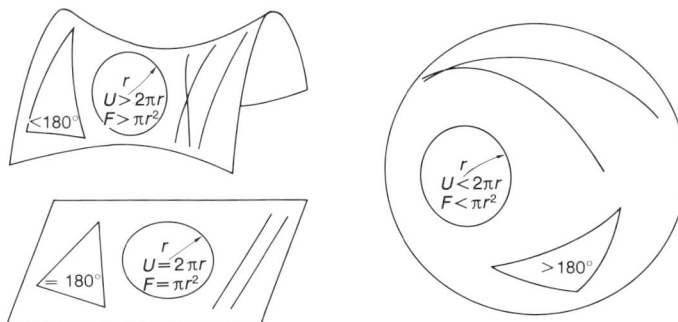

a) Bestimmt man ϱ_0 aus der Masse der sichtbaren Materie (z. B. in Sternen, Planetarischen Nebeln, Galaxien), so erhält man einen Wert, der nur 0.7% der kritischen Dichte ϱ_c ausmacht. Versucht man hingegen, ϱ_0 anhand der gravitativen Wirkung von Materie, z. B. aus Rotationskurven und Galaxien, zu bestimmen, so erhält man für ϱ_0 7% von ϱ_c. Ein um einen Faktor 10 größerer Anteil von Materie scheint also in unsichtbarer Form vorzuliegen. Man nennt sie dementsprechend dunkle Materie. Ob es sich dabei um Braune Zwerge, massereiche Planeten oder heißes Gas oder exotischere Objekte, wie primordiale Schwarze Mini-Löcher oder schwach wechselwirkende massive Elementarteilchen (WIMPs) handelt, ist z. Zt. noch nicht endgültig geklärt.

Dehnt man die Methode zur Bestimmung von ϱ_0 auf Galaxienhaufen aus, auf Bereiche der Größe 1 bis 10 Mpc, so ergibt sich

$$\Omega = \frac{\varrho_0}{\varrho_c} = 0.2.$$

Neueste Messungen auf Skalen zwischen 50 und 100 Mpc, also im Bereich der Blasenstruktur des Universums, lassen auf Werte für $\Omega \approx 1$ oder sogar leicht darüber schließen.

b) Völlig unabhängig von diesen Überlegungen läßt sich die mittlere Dichte durch eine Diskussion der kosmischen Häufigkeit des Wasserstoffisotops Deuterium bestimmen. Man geht davon aus, daß alles Deuterium zusammen mit einem großen Teil des Heliums kosmologischen Ursprungs ist, d. h. sich in einer sehr frühen Entwicklungsphase des Kosmos nach den Reaktionen

$$p + n = {}^2D \quad \text{und} \quad {}^2D + {}^2D = {}^4He$$

gebildet hat. Das Häufigkeitsverhältnis von Deuterium zu Helium wird dann durch die Dichte bestimmt, die gegeben war, als diese Reaktionen wegen der sich bei der Expansion erniedrigenden Temperatur einfroren. Man schließt auf diese Weise auf eine heutige Massedichte von $\varrho_0 = 4 \cdot 10^{-31}\,\text{g cm}^{-1}$, d. h. $\Omega = 0.09$.

c) Durch Messung des Abbremsungsparameters

$$q = -R \cdot \frac{d^2 R}{dt^2} \bigg/ \left(\frac{dR}{dt}\right)^2,$$

und damit durch direkte Bestimmung der zur gegenwärtigen Hubble-Konstante $H = \dfrac{dR}{dt} \Big/ R$ gehörigen Verzögerung, wird ebenfalls ein Maß für die Massedichte erhalten. Diese Verzögerung der Expansion ist zumindest im Prinzip meßbar, weil die weit entfernten Galaxien in einem Zustand beobachtet werden, den sie hatten, als die Strahlung, die wir jetzt empfangen, sie gerade verließ. Wir sehen also nicht nur ihren damaligen Entwicklungszustand, sondern auch die damalige Expansionsbewegung. In den sehr entfernten Galaxien beobachten wir also die Rotverschiebung und damit die »Hubble-Konstante« zu einem früheren Zeitpunkt. Da die Expansion durch die Gravitation gebremst ist, wird die Konstante zu einem früheren Zeitpunkt größer gewesen sein. Man muß also erwarten, daß die Meßpunkte für sehr entfernte Galaxien oberhalb der Graphen der linearen Relation $v = Hr$ für die heutige Hubble-Konstante liegen. Ein derartiges Verhalten ist tatsächlich angedeutet. Die Abweichungen sind jedoch gering und am ehesten mit $\Omega < 1$ verträglich.

Zusammenfassend muß man sagen, daß ein Wert von $\Omega < 1$, also $k = -1$, wahrscheinlich ist, aber auch die Werte $\Omega = 1$ oder sogar $\Omega > 1$ z. Zt. nicht ausgeschlossen werden können. Es läßt sich noch nicht endgültig entscheiden, ob wir in einem offenen oder in einem geschlossenen Universum leben.

Mit den Größen ϱ_0 und H ist es möglich, das heutige Expansionsalter des Universums im Rahmen des Standardmodells zu berechnen. Mit dem Wert von $H = 50$ km s^{-1} Mpc^{-1} ergibt sich für $\Omega = 1$ und $\Omega = 0.1$

$$t_{\exp} = 13.0 \cdot 10^9 \text{ Jahre}$$

bzw.

$$t_{\exp} = 16.7 \cdot 10^9 \text{ Jahre}.$$

Dieses Alter nennt man auch Friedmann-Alter.

15.4.4 Das Olberssche Paradoxon

Im Rahmen der Friedmann-Modelle findet auch das 1826 vom Bremer Astronom W. Olbers aufgezeigte Paradoxon seine natürliche Erklärung. Olbers machte darauf aufmerksam, daß der Nachthimmel eigentlich taghell sein müßte, wenn die Welt euklidisch (damals eine selbstverständliche, unausgesprochene Annahme), homogen und unendlich ausgedehnt wäre. Da der Strahlungsfluß jedes Sterns mit r^{-2} abnimmt (s. A 1.4), anderseits die als gleichmäßig mit Sternen erfüllten Volumina zwischen dem Abstand r und $r + dr$ wie die Kugeloberflächen, also mit r^2 anwachsen, müßte bei der Summation (Integration) über alle Entfernungen ein Wert für die Strahlung herauskommen, der über alle Grenzen wächst. Zwar bliebe bei Berücksichtigung der gegenseitigen Abdeckung der Sternscheiben der Wert endlich, doch würde dies immer noch bedeuten, daß der Nachthimmel so hell wäre wie etwa die Sonnenscheibe. Erst wenn man das endliche Alter des Kosmos und die Expansion der Welt berücksichtigt, wird die Dunkelheit

15.4 Weltmodelle

des Nachthimmels verständlich. Im Prinzip könnte eine Messung der Resthelligkeit des Nachthimmels zur weiteren Festlegung des Weltmodells verwendet werden. Derartige Messungen sind jedoch nur von Satelliten aus möglich.

Immerhin – es ist ein faszinierender Gedanke, daß von der einfachen Feststellung, daß es nachts dunkel wird, relativ direkt geschlossen werden kann, daß das Alter unserer Welt endlich ist.

15.4.5 Probleme des Standardmodells

Das *Horizontproblem* – Wie der Horizont das Gesichtsfeld begrenzt, so bildet der Welthorizont die Grenze des beobachtbaren Teils des Kosmos, also des Teils, aus dem die während des Bestehens der Welt ausgesandten Photonen Zeit hatten, uns zu erreichen. Da sämtliche Strahlung sich mit der Lichtgeschwindigkeit c ausbreitet, liegt der Welthorizont in einer Entfernung

$$R_{\text{Hor}} = ct,$$

wenn t das Alter der Welt bedeutet. Der Horizont entfernt sich also von uns mit Lichtgeschwindigkeit.

Wie verhält sich der Weltradius $R(t)$ verglichen mit dem Horizont? Wir betrachten hierzu zunächst die früher begründeten Zusammenhänge zwischen Materiedichte ϱ_m bzw. Strahlungsdichte ϱ_r mit dem Volumen V der Elementarzellen, bzw. mit dem Weltradius $R(t)$. Da $V \sim R(t)^3$ ist, gilt

$$\varrho_m \sim R(t)^{-3} \quad \text{und} \quad \varrho_r \sim R(t)^{-4}.$$

Anderseits folgt aus Gründen der Energieerhaltung, daß das Verhältnis Gravitationsenergie zu kinetischer Energie, also der Wert von Ω, bei der Expansion erhalten bleiben muß. Daraus schließt man

$$\varrho_m \sim H^2 \quad \text{und} \quad \varrho_r \sim H^2.$$

Berücksichtigt man schließlich, daß die Hubble-Konstante dem reziproken Alter entspricht, so folgt für den mit Materie erfüllten Kosmos

$$R(t)_m \sim t^{2/3}$$

und für den strahlungsdominierten Kosmos

$$R(t)_r \sim t^{1/2}.$$

Dieses Ergebnis besagt, daß der Horizont sich rascher (linear mit der Zeit) ausweitet als sich der Weltradius vergrößert, gleichgültig ob dieser durch Materie oder durch Strahlung dominiert ist. Umgekehrt, wenn wir zurückrechnen, wird der Horizont rascher klein als die Ausdehnung des Kosmos. Diese Zusammenhänge sind in mehrfacher Hinsicht interessant: Da die Lichtgeschwindigkeit die Maximalgeschwindigkeit ist, mit der sich jegliche Wirkung ausbreitet, begrenzt der Horizont auch denjenigen Teil des Kosmos, aus dem uns eine wie auch immer geartete Kausalkette erreichen kann. Der Horizont kennzeichnet also die Grenze des beobachtbaren Universums. Wegen des raschen Schrumpfens des Horizonts ist es unmöglich, daß sich der Kosmos in seinen früheren Entwicklungsphasen insgesamt ins Gleichgewicht setzen konnte. Diese Problematik bezeichnet man als Horizontproblem. Dies betrifft insbesondere auch die kosmische 3 K-Hintergrundstrahlung, deren hoher Grad an Isotropie deshalb im Standard-Weltmodell nicht erklärt werden kann. Danach müßte das Universum schon in seinen frühesten Phasen in allen Bereichen homogen und isotrop gewesen sein.

Es wird physikalisch als unbefriedigend empfunden, derart singuläre, hochsymmetrische Anfangsbedingungen voraussetzen zu müssen.

Das *Flachheitsproblem* − Für das Standardmodell folgt aus den Einsteinschen Feldgleichungen die folgende Beziehung zwischen dem Dichteparameter Ω und der zeitlichen Ableitung des Weltradius $R(t)$:

$$\Omega - 1 = [dR(t)/dt]^{-2}.$$

Nimmt man die Beziehung $R(t) \sim t^{1/2}$ aus dem vorstehenden Abschnitt und leitet diese nach der Zeit ab, so folgt

$$\frac{dR(t)}{dt} \sim \frac{1}{\sqrt{t}} \quad \text{oder} \quad t \sim [dR(t)/dt]^{-2}.$$

Setzt man dies in die erste Gleichung ein, so folgt

$$\Omega - 1 \sim t.$$

Für kleine t ($t \to 0$), d. h. für sehr frühe Zeitpunkte in der Evolution des Universums, folgt

$$\Omega \sim 1.$$

Nach dem Standardmodell muß der Kosmos also schon in seinen frühesten Phasen euklidisch, d. h. flach, gewesen sein, denn für $\Omega = 1$ gilt $k = 0$ (siehe obige Tabelle).

Heute mißt man für Ω einen Wert in der Nähe von 1 ($0.1 \leq \Omega \leq 5$). Damit sich im Standardmodell im Lauf der kosmischen Entwicklung der heutige Wert ergeben kann, muß er schon zu Beginn der Entwicklung in einem extrem kleinen Intervall um 1 ($\Omega_{\text{Anfang}} = 1 \pm 10^{-40}$) gelegen haben. Dieser nicht ohne weiteres zu erklärende Sachverhalt wird als Flachheitsproblem bezeichnet.

Das *Monopolproblem* − Weitere Probleme des Standardmodells treten in Verbindung mit den modernen Elementarteilchentheorien und den Großen Vereinheitlichten Theorien (GUTs) auf, in denen versucht wird, die elektromagnetische, die schwache und die starke Wechselwirkung zu vereinigen.

Beispielhaft sei hier nur das Monopolproblem angesprochen: Die GUTs sagen für den frühen Kosmos bei Dichten um 10^{81} g cm^{-3} die Existenz einer großen Menge magnetischer Monopole voraus. Dies wirft die Frage auf, warum magnetische Monopole bis heute noch nicht gefunden werden konnten. Überdies hätte die erhebli-

15.4 Weltmodelle

che Masse, die mit einem Monopol verbunden ist, $\Omega > 1$ zur Folge, mit der Konsequenz, daß das Weltall heute bereits wieder kollabiert wäre.

Eine mögliche Lösung dieser Probleme versucht das Konzept des sogenannten Inflationären Universums.

15.4.6 Erweiterung des Standardmodells

Seit Anfang der achtziger Jahre versucht man das Standardmodell so zu modifizieren, daß die in 15.4.5 erwähnten Probleme zwanglos aus der zeitlichen Entwicklung des Universums erklärt werden können. Der wichtigste Aspekt ist hierbei die Einführung einer sogenannten inflationären Phase in der sehr frühen Entwicklung des Universums (etwa 10^{-30} s nach dem Urknall). Danach stimmt die Entwicklung wieder mit dem Standardmodell überein.

Ausgangspunkt für die Idee des Inflationären Universums ist eine neue Ansicht des Begriffs »Vakuum«, der in der Quantenfeldtheorie begründet ist. Man nimmt an, daß sich das Universum in seinen frühesten Phasen in einem Zustand befand, den man »falsches Vakuum« nennt. In diesem Zustand hat das Universum eine hohe Energiedichte und gleichzeitig einen großen und *negativen* Druck. Für Materie mit diesen Eigenschaften folgt aus den Einsteinschen Feldgleichungen, daß die Gravitation abstoßend wirkt und sich der Skalenfaktor $R(t)$ exponentiell aufbläst. Innerhalb der Dauer der inflationären Phase, von ungefähr 10^{-32} Sekunden vergrößert sich der Durchmesser des Universums somit um das 10^{50}fache.

Da der Zustand des falschen Vakuums instabil ist, geht das Universum nach der enormen Expansion, bei der die Temperatur von 10^{27} auf 10^{22} K sinkt, schließlich in eine Phase gebrochener Symmetrie über. Dabei wird die Energiedichte des falschen Vakuums freigesetzt, so daß eine große Zahl von Teilchen erzeugt wird. Die Temperatur erhöht sich wieder auf 10^{27} Kelvin. Von da an erfolgen Expansion und Abkühlung so, wie es das Standardmodell beschreibt.

Im Inflationären Szenario wird das Horizontproblem in einfacher Weise umgangen. Das beobachtete Universum entwickelt sich aus einem Raumgebiet, das um ein Vielfaches kleiner ist als das entsprechende Raumgebiet im Standardmodell und auch wesentlich kleiner als der Horizontabstand. Aus diesem Grund hat das Universum ausreichend Zeit, Homogenität und Isotropie zu erreichen. Dieses kleine homogene Gebiet bläht sich dann auf und erreicht die Größe, die das beobachtete Universum enthält.

Auch das Flachheitsproblem findet durch die Einführung einer inflationären Phase eine einfache Lösung. Das oben angesprochene exponentielle Verhalten des Skalenfaktors $R(t)$ ist die exakte Lösung der Einsteinschen Feldgleichungen für den Fall $k = 0$ und $\Omega = 1$. Ist $k \neq 0$, so wird diese Lösung asymptotisch erreicht. Mit andern Worten, gleichgültig wie die Anfangsbedingungen waren, das Universum wird sich immer dem Fall $k = 0$ beliebig nähern.

Das Monopolproblem kann im Inflationären Modell zumindest teilweise erklärt werden. Durch das exponentielle Anwachsen des

Skalenfaktors wird die Menge der Monopole extrem verdünnt, so daß deren Nachweis heute sehr unwahrscheinlich ist.

Abschließend soll betont werden, daß mit dem Inflationären Szenario noch längst nicht alle Probleme zur Beschreibung des frühen Universums geklärt sind. So werden z. B. Dichte-Inhomogenitäten vorausgesagt, die von der zugrunde liegenden Elementarteilchentheorie empfindlich abhängen und zum Teil viel zu große Werte liefern, um mit der Isotropie der kosmischen Hintergrundstrahlung verträglich zu sein.

Eine vollständige und konsistente Beschreibung der frühesten Entwicklungsphasen des Kosmos existiert derzeit noch nicht.

Der Λ-Term – Die Einsteinschen Feldgleichungen erlauben zwanglos eine Erweiterung um einen Term, die kosmologische Konstante Λ, der die Eigenschaften und die Entwicklung der resultierenden Weltmodelle erheblich verändert.

Einstein führte das Λ-Glied ursprünglich in seine Gleichungen ein, um eine statische Lösung für ein Weltmodell zu erzwingen. Es ist interessant zu sehen, wie 70 Jahre später in einem völlig andern Zusammenhang das Λ-Glied wieder an Bedeutung gewonnen hat. Neueste Forschungen scheinen zu zeigen, daß Weltmodelle mit einem Λ-Term größer als Null mit der beobachteten Blasenstruktur des Universums vereinbar sind, daß keine zusätzliche dunkle Materie postuliert werden muß und daß das Zeitskalenproblem für die Bildung von großräumigen Strukturen durch die in diesen Modellen zur Verfügung stehenden langen Entwicklungszeiten entspannt wird.

Da diese Fragen Gegenstand neuester Forschungen sind, über die zur Zeit noch kein abschließendes Urteil möglich ist, sei für eine vertiefte Beschäftigung auf die Originalliteratur verwiesen.

15.5 Der Feuerball

Wir wollen versuchen, aus der gegenwärtigen Struktur des Kosmos Rückschlüsse auf frühe Entwicklungsphasen zu ziehen und benutzen hierbei insbesondere die bereits besprochenen Zusammenhänge von Dichte, Volumen und Temperatur in ihrer Abhängigkeit von der Zeit.

Gegenwärtig ist die Dichte der Materie im Kosmos etwa 10^{-30} g cm^{-3}, entsprechend einer Nukleonendichte von rund 10^{-6} cm^{-3}. Die Massedichte des 3 K-Strahlungsfelds ist 10^{-33} g cm^{-3} und entspricht einer Photonendichte von 10^{3} cm^{-3}. Während beim Zurückgehen in die Vergangenheit, also bei einer Verkleinerung des Volumens, das Verhältnis Nukleonendichte/Photonendichte $= 10^{-9}$ erhalten bleibt, wächst die Massedichte des Strahlungsfelds rascher an als die Dichte der Materie. Trägt man diesen Zusammenhang als Funktion der ebenfalls zunehmenden Temperatur auf, so erhält man das wiedergegebene Diagramm. Je weiter wir in diesem Diagramm die Kurve nach links, d. h. zu steigenden Temperaturen und damit in die Vergangenheit hinein verfolgen, um so mehr nähern sich die Strahlungs- und

15.5 Der Feuerball

Die Zusammensetzung des expandierenden Universums. Dicke Linie: Dichte des Strahlungsanteils, dünne Linie: Dichte des Materieanteils. Man beachte die durch vertikale Linien abgeteilten Zeitabschnitte

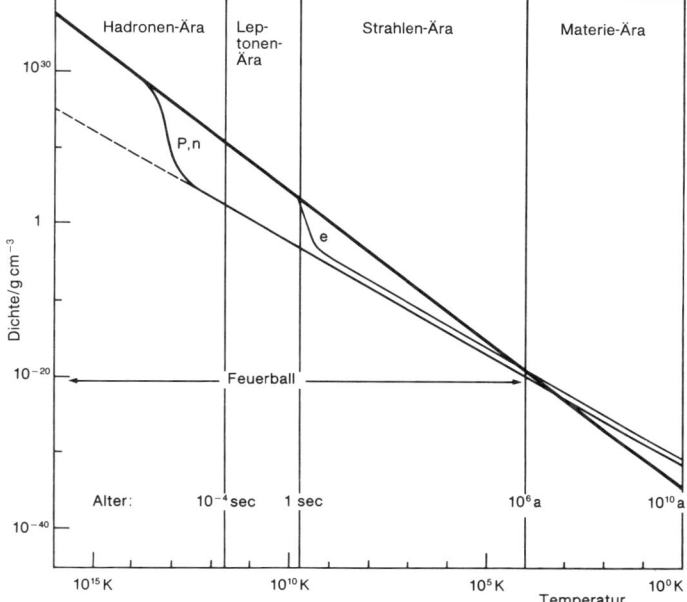

Materiedichten an, bis sie sich bei einer Temperatur des Strahlungsfelds von etwa 3000 K überschneiden. Rechts von dieser Grenze haben wir den uns geläufigen Materiekosmos, links davon den Strahlungskosmos oder den »Feuerball«. Dieses Bild muß zu noch höheren Temperaturen hin vervollständigt werden. Ist nämlich die Temperatur so hoch, daß die mittlere Energie der Photonen zur Erzeugung von Elektron-Positron-Paaren ausreicht, so wird sich die Elektronen- und Positronendichte (allgemeiner, die Dichte der leichten Elementarteilchen, der Leptonen) der Strahlungsdichte anpassen. Dies ist bei etwa 10^{10} K der Fall, wo das Maximum der Wärmestrahlen bereits im Bereich der Gammaquanten liegt.

Oberhalb von etwa 10^{12} K ist auch die Paarerzeugung von schweren Elementarteilchen (Hadronen) möglich. Der Kosmos besteht dann aus einem unvorstellbar dichten Gemenge von Photonen, Materie und Antimaterie. Einem weiteren Zurückverfolgen sind Grenzen gesetzt, die begründet sind in den Schwierigkeiten der Theorie der starken Wechselwirkung zwischen den Hadronen selber (Quarkmodell). Bei $T = 10^{32}$ K und einem Alter von etwa 10^{-43} s, der sogenannten Planck-Zeit, wäre der Welthorizont (s. 15.4.5) schließlich so klein, daß aufgrund der Heisenbergschen Unbestimmtheits-Relation nicht mehr entschieden werden kann, ob er ein Teilchen umschließt oder nicht.

Tatsächlich ist natürlich die Entwicklung in umgekehrter Richtung verlaufen. Die Ursubstanz, aus der sich die Welt entwickelt hat, nannte G. Gamow (1904–1968) 1949 »Ylem«, heute spricht man vom »Feuerball« und nennt die frühe Entwicklung »big bang« oder »Urknall«. Die anfängliche Entwicklung vollzieht sich unvorstellbar rasch und ist in der Tat einer Explosion vergleichbar. Nach etwa einer zehntausendstel Sekunde ist die Hadronen-Ära abgeschlossen.

Ob sich zu diesem Zeitpunkt Materie und Antimaterie noch die Waage hielten oder ob bereits die Materie überwog, hängt vom Zerfallsverhalten der in der Anfangsphase (Weltalter $< 10^{-35}$ s) möglichen hypothetischen überschweren Teilchen (etwa der X-Bosonen) ab. Wurde die CP-Symmetrie verletzt (s. 15.3.3), so könnte die Materie um einen Bruchteil 10^{-9}, also um einen Faktor 1.000 000 001 überwogen haben. Nach andern Vorstellungen war dieses Überwiegen das Resultat einer zufälligen Schwankung.

In der auf diese Hadronen-Ära folgenden Leptonen-Ära überwiegen die Zerfallsprozesse der Hadronen, d. h. Teilchen und Antiteilchen setzen sich in Strahlung um. Die damit entstandenen γ-Quan-

Übersicht über die Elementarteilchen mit Lebensdauern über 10^{-20} Sekunden

Teilchen	Symbol		Ladung	Masse in 10^6 eV	Lebensdauer in Sekunden
Photon	γ		0	0	∞
Leptonen					
Neutrino	ν_e	$\bar{\nu}_e$	0	0 ?	∞
	ν_μ	$\bar{\nu}_\mu$	0	0 ?	∞
Elektron	$e^\pm$		$\pm e$	0.511	∞
Myon	$\mu^\pm$		$\pm e$	105.66	$2.199 \cdot 10^{-6}$
Hadronen					
Mesonen					
Pion	$\pi^\pm$		$\pm e$	139.57	$2.602 \cdot 10^{-8}$
	π^0		0	134.97	$0.84 \cdot 10^{-16}$
Kaon	$K^\pm$		$\pm e$	493.71	$1.237 \cdot 10^{-8}$
	K^0		0	497.71	$0.882 \cdot 10^{-10}$
Eta	η		0	548.8	$2.50 \cdot 10^{-17}$
Baryonen					
Proton	p	$\bar{p}$	$\pm e$	938.259	$> 10^{38}$
Neutron	n	$\bar{n}$	0	939.553	918
Lambda-Hyperon	Λ	$\bar{\Lambda}$	0	1115.59	$2.521 \cdot 10^{-10}$
Sigma-Hyperon	Σ^+	$\bar{\Sigma}$	$\pm e$	1189.42	$8.00 \cdot 10^{-11}$
	Σ^0	$\bar{\Sigma}^0$	0	1192.48	$< 10^{-14}$
	Σ^-	$\bar{\Sigma}^-$	$\pm e$	1197.34	$1.484 \cdot 10^{-10}$
Kaskaden-Hyperon	Ξ^0	$\bar{\Xi}^0$	0	1314.7	$2.98 \cdot 10^{-10}$
	Ξ^-	$\bar{\Xi}^-$	$\pm e$	1321.3	$1.672 \cdot 10^{-10}$
Omega-Hyperon	Ω^-	$\bar{\Omega}^-$	$\pm e$	1672	$1.3 \cdot 10^{-10}$

15.5 Der Feuerball

ten werden heute als 3 K-Hintergrund-Strahlung beobachtet. Der relative Überschuß von 10^{-9} der Baryonen über die Antibaryonen kann sich nicht umsetzen und bildet den heutigen Materieinhalt des Kosmos.

Es sei angemerkt, daß die am Ende der Hadronen- bzw. Leptonen-Ära vorhandenen myonischen bzw. elektronischen Neutrinos wegen ihrer kleinen Wirkungsquerschnitte vom Restkosmos entkoppelt sind. Die Temperatur dieser Neutrinos nimmt bei einer Expansion des Kosmos nach der gleichen Gesetzmäßigkeit ab wie die der Strahlung. Es wird darum kaum möglich sein, diesen Neutrinohintergrund von wenigen Kelvin nachzuweisen.

Die Entwicklung ist stark verzögert. Bei einem Alter des Kosmos von etwa einer Sekunde ist die Leptonen-Ära zu Ende und die Strahlungs-Ära bricht an. Diese dauert etwa eine Million Jahre. In ihr bildet sich der wesentliche Teil der ersten schweren Elemente, des Deuteriums und des Heliums (s. 13.4). Die Materie ist noch vollständig ionisiert und dynamisch an das noch immer überwiegende Strahlungsfeld gekoppelt. Galaxien oder gar Sterne können sich noch nicht bilden.

Erst nachdem im weiteren Verlauf der Expansion die Dichte des Materiefelds überwiegt und das Strahlungsfeld von der Materie entkoppelt ist, können sich unter dem Einfluß der Schwerkraft so große Strukturen wie Galaxien und dann auch Sterne bilden.

Anhang

A 1 Elektromagnetische Strahlung

A 1.1 Ausbreitung

Die Gesetze der Ausbreitung der Strahlung finden ihre Begründung in der Theorie der Elektrodynamik. Die unterschiedlichen Arten der Strahlung (Radio-, Infrarot-, visuelle, Ultraviolett-, Röntgen- und Gammastrahlung) werden nach der Anzahl der Schwingungen pro Sekunde, d. h. nach der Frequenz ν unterschieden. Die Einheit der Frequenz ist 1 Hertz (Hz) = 1 Schwingung pro Sekunde. Die Frequenz bestimmt auch die Farbe des Lichts. Licht relativ niedriger Frequenz (ν bei $4 \cdot 10^{14}$ Hz) ruft in unsern Augen den Eindruck roter Farbe hervor. Mit zunehmender Frequenz ändert sich der Farbeindruck über gelb, grün und blau nach violett (ν bei $7.5 \cdot 10^{14}$ Hz).

Häufig wird anstelle der Frequenz die Wellenlänge λ der Strahlung angegeben. Ihr Zusammenhang mit der Frequenz ν setzt die Kenntnis der Ausbreitungsgeschwindigkeit c (Lichtgeschwindigkeit) voraus. Wenn eine Quelle elektromagnetische Wellen der Frequenz ν für die Dauer Δt ausstrahlt, so hat der zur ersten Schwingung gehörende Wellenberg die Strecke $l = c\Delta t$ zurückgelegt, während der letzte Wellenberg die Quelle gerade erst verläßt. Auf einer Strecke der Länge l müssen also $\nu\Delta t$ Wellenberge liegen, auf die Längeneinheit entfallen demnach $\bar{\nu} = \nu\Delta t/l = \nu/c$ Wellenberge; $k = 2\pi\bar{\nu}$ wird als Wellenzahl bezeichnet. Die Wellenlänge λ ist somit $\lambda = 1/\bar{\nu} = c/\nu$. Man sieht sofort, daß für optische Strahlung die Wellenlänge sehr klein sein muß. Im Gegensatz zu den Radiowellen, deren Länge nach Metern und Zentimetern gemessen wird, ist es deshalb üblich, für optische Strahlung λ in nm (Nanometer, 1 nm = 10^{-9} m), in µm (Mikrometer, 1 µm = 10^{-6} m) oder auch in Å (Ångström, 1 Å = 10^{-10} m) anzugeben. Die Lichtgeschwindigkeit im Vakuum,

$$c = 299\ 792\ 458 \text{ m/s},$$

ist eine universelle Naturkonstante. Das Meter ist die Länge der Strecke, die Licht im Vakuum in 1/299 792 458 Sekunde durchläuft. Der Wert der Lichtgeschwindigkeit ist unabhängig von der Bewegung der Lichtquelle und von derjenigen des Beobachters, und es gibt keine Signalübermittlung mit größerer Geschwindigkeit – diese beiden Aussagen bilden die Grundlage der Speziellen Relativitätstheorie.

In Materie weicht die Geschwindigkeit des Lichts c_m von ihrem Vakuumwert c ab. Das Verhältnis beider Geschwindigkeiten ist der Brechungsindex (Brechzahl) $n = c/c_m$. Der Brechungsindex n ist nicht nur vom Material, sondern auch von der Frequenz bzw. der Wellenlänge abhängig. Für optische Strahlung ist n größer als eins, also c_m kleiner als c. Für Luft liegt n sehr nahe bei eins. Auf dem Unterschied zu eins beruht die Erscheinung der atmosphärischen Refraktion (s. 2.3.3).

An Grenzflächen zwischen Substanzen mit verschiedenem Brechungsindex werden Lichtstrahlen gebrochen. Hierauf beruht die

Konstruktion aller optischen Instrumente mit Bauelementen, durch die das Licht hindurchtritt (dioptrische Elemente), wie Linsen, Prismen usw.

Bei vorgegebener Frequenz ändert sich mit der Geschwindigkeit auch die Wellenlänge. Die in Tabellen angegebenen Wellenlängen beziehen sich durchwegs auf die Vakuumlichtgeschwindigkeit, gelegentlich auch auf Luft unter genau spezifizierten Bedingungen.

Brechungsindex einiger optischer Gläser

Wellenlänge in nm	760.82	589.30	486.14	434.05	396.85
Bor-Kron BK 1	1.50491	1.51002	1.51567	1.52017	1.52457
Schwer-Kron SK 1	1.60347	1.61016	1.61778	1.62396	1.62999
Flint FK 3	1.60294	1.61216	1.61264	1.63473	1.64518
Schwer-Flint SF 4	1.73924	1.75496	1.77471	1.79201	1.81038
Quarz	1.45443	1.45886	1.46358	1.46731	1.47091

Nicht immer muß c_m kleiner sein als die Vakuumlichtgeschwindigkeit c. Für Radiowellen ebenso wie für Röntgenstrahlung ist das Gegenteil die Regel. Hier ist die Geschwindigkeit c_m größer als c, also n kleiner als eins. Der Brechungsindex kann schließlich auch negativ sein. In dem entsprechenden Medium ist eine elektromagnetische Wellenausbreitung unmöglich; die Strahlung wird an der Eintrittsgrenzfläche reflektiert.

In diesem Zusammenhang muß der Begriff der Lichtgeschwindigkeit etwas genauer definiert werden. Wie oben dargelegt, ist c durch das Produkt aus Frequenz und Wellenlänge gegeben. Die Geschwindigkeit $c = \nu \lambda$ ist somit jene Geschwindigkeit, mit der sich ein Wellenberg (oder allgemeiner: ein Zustand konstanter Phase) in einem unendlich ausgedehnten Wellenzug einheitlicher Frequenz bewegt. Diese Geschwindigkeit wird auch als Phasengeschwindigkeit c_{Phase} bezeichnet. Von ihr zu unterscheiden ist die Geschwindigkeit, mit der sich ein kurzes Lichtsignal in den Raum hinaus ausbreitet. Ein derartiges Signal kann nur durch die Überlagerung von Wellen verschiedener Frequenzen oder – wie man auch sagt – durch eine Wellengruppe aufgebaut werden. Ihre Geschwindigkeit wird als Gruppengeschwindigkeit c_{Gruppe} bezeichnet. Im Vakuum sind beide Geschwindigkeiten identisch: $c_{Phase} = c_{Gruppe} = c$. In Materie ist $c_{Phase} = c/n$, wobei n durch die Materialeigenschaften festgelegt ist. Die Gruppengeschwindigkeit ist immer kleiner als die Vakuumlichtgeschwindigkeit.

Eine für den Astronomen außerordentlich wichtige Eigenschaft des Lichts wird fast als Selbstverständlichkeit hingenommen: die geradlinige Ausbreitung in Räumen mit konstantem Brechungsindex. Dieses Verhalten ist eine unmittelbare Konsequenz der Gültigkeit des Fermatschen Prinzips, demzufolge Lichtstrahlen stets den zeitlich kürzesten Weg zwischen zwei Punkten nehmen. Die gerade Linie, die kürzeste Verbindung zwischen zwei Punkten, läßt sich in der Natur nur durch Lichtstrahlen realisieren. Auf dieser Geradlinigkeit beruht das Prinzip aller Vermessungen. Sie macht Positionsastronomie überhaupt erst möglich.

Auch dann, wenn über sehr große Distanzen (Radius der Welt) oder in sehr starken Schwerefeldern (Umgebung massereicher Sterne) der Begriff der geraden Linie verallgemeinert werden muß, bilden Lichtstrahlen die kürzeste Verbindung zwischen zwei Punkten. Der Lichtweg folgt jetzt aber sogenannten geodätischen Linien. Die Beschreibung der Lichtausbreitung in gekrümmten Räumen ist ein wichtiger Gegenstand der von A. Einstein geschaffenen Allgemeinen Relativitätstheorie. Wichtige Phänomene in deren Zusammenhang sind die gravitative Lichtablenkung, der Gravitationslinsen-Effekt, sowie die Verzögerung der Lichtlaufzeit (Shapiro-Effekt) durch schwere Massen.

A 1.2 Beugung

Durch Beugung, die immer dann auftritt, wenn Strahlen – etwa durch eine Blende – seitlich begrenzt werden, wird das Prinzip der geradlinigen Ausbreitung des Lichts in seiner Gültigkeit eingeschränkt. Die Beugung ist eine direkte Folge der Wellennatur der Strahlung. Wellen haben die Eigenschaft, Hindernisse zu umfließen, solange diese klein sind gegen die Wellenlänge. Dieses Umfließen wird geringer, wenn der Quotient λ/d (d Ausdehnung des Hindernisses) abnimmt. Ein Gebäude kann den Empfang eines UKW-Senders eventuell schon beeinträchtigen. Für die noch kürzeren Wellenlängen des Lichts gelten in diesem Beispiel die Gesetze der Strahlenoptik: Das Gebäude wirft einen Schatten; die Wellennatur des Lichts tritt nicht mehr in Erscheinung. Aus der Wellentheorie folgt, daß die Beugung an einem Hindernis und die an einer gleichgeformten Öffnung in einem sonst undurchsichtigen Schirm einander entsprechen (Babinetsches Theorem).

Besonders einfach und für den Astronomen wichtig ist die Beugung an einer Blende, etwa der kreisförmigen Eintrittsöffnung eines Fernrohrs. Um sie anschaulich zu verstehen, betrachten wir die Wellenflächen. Das sind Flächen, auf denen zum gleichen Zeitpunkt die elektrische Feldstärke in der Lichtwelle einen konstanten Wert hat. Die Ausbreitungsrichtung der Strahlung steht immer senkrecht auf diesen Flächen. Die Wellenflächen legen somit die Ausbreitungsrichtung fest. Diese Festlegung kann jedoch nur so genau geschehen, wie sich die Orientierung der Wellenflächen selber feststellen läßt. Diese Genauigkeit ist abhängig von der seitlichen Ausdehnung dieser Flächen, also von dem Bereich, auf den wir bei der Ermittlung ihrer Orientierung zurückgreifen können. An einem unendlich kleinen Ausschnitt aus der Wellenfläche, einem Punkt, ist die Orientierung der Fläche nicht erkennbar. Ist die Breite endlich und gleich d, so kann die Ausbreitungsrichtung nur mit einem Fehler λ/d bestimmt werden.

Für ein Teleskop mit kreisförmiger Blende (Durchmesser D) bedeutet diese unvermeidbare Einschränkung der Genauigkeit, daß das Licht eines Sterns nicht mehr in einem scharfen Bildpunkt vereinigt wird, sondern in einem Beugungsscheibchen (Beugungsbild nullter Ordnung), in dem die Helligkeit von der Mitte stetig nach außen hin abfällt und bei dem Winkelabstand 1.22 λ/D schließlich verschwindet. Wie häufig üblich, wird hier der Winkel im Bogenmaß (rad) angegeben. Zur Umrechnung in Bogengrad ist der jeweilige Wert im Bogenmaß mit $180/\pi$ zu multiplizieren. Aus der zuerst von G. Airy durchgerechneten Theorie der Beugung an einer kreisförmigen Öffnung folgt, daß das Beugungsbild nullter Ordnung von Beugungsringen abnehmender Helligkeit umgeben ist.

A 1.3 Polarisation

Im Gegensatz zu Schallwellen, in denen die Richtung der Schwingung (in Gasen) mit der Ausbreitungsrichtung übereinstimmt (longitudinale Wellen), stehen in elektromagnetischen Wellen die schwingenden Felder senkrecht auf der Ausbreitungsrichtung (transversale Wellen), sie liegen also in den Wellenflächen, in denen selber aber noch beliebige Orientierungen der Feldvektoren möglich sind. In natürlichem Licht (thermische Strahlung s. A 1.7.9) sind die Richtungen der Felder nach dem Gesetz des Zufalls verteilt. Eine derartige Strahlung nennt man unpolarisiert. Liegt ein Feldvektor dagegen immer in einer Richtung, so ist die Strahlung linear polarisiert. Durch Überlagerung von Licht mit verschiedenen Polarisationsrichtungen entsteht elliptisch oder auch zirkular polarisiertes Licht.

Der Polarisationsgrad gibt an, wie groß im Gesamtlicht (z. B. in einem Gemisch mit natürlichem Licht) der Anteil polarisierter Strahlung ist. Durch bevorzugte Absorption von Licht einer bestimmten Polarisationsrichtung kann ursprünglich unpolarisiertes Licht teilweise polarisiert werden. So ist z. B. die schwache Polarisation des Sternlichts durch Absorption an teilweise ausgerichteten länglichen Staubkörnern zu erklären.

A 1.4 Intensität

Die Stärke einer Strahlung, d. h. die in ihr transportierte Energie, wächst mit dem Quadrat der Feldstärke in der elektromagnetischen Welle. Wir können diesen theoretischen Zusammenhang hier nicht weiter verfolgen, müssen aber die häufig benutzten Größen Intensität und Strahlungsstrom präziser definieren.

Wir bezeichnen den Energiefluß pro Flächeneinheit, also die durch die Einheitsfläche pro Zeiteinheit tretende Strahlungsenergie, als Strahlungsstrom. Diese Größe verringert sich mit zunehmendem Abstand von der Quelle: in einem Raum, in dem keine Energie verlorengeht, muß durch alle gedachten Kugelschalen, die eine Strahlungsquelle konzentrisch umschließen, pro Zeiteinheit stets die gleiche Energiemenge fließen, unabhängig von ihrem Radius r. Da die Größe der Kugelfläche mit r^2 wächst, ist dies nur möglich, wenn der Energiefluß pro Flächeneinheit, also der Strahlungsstrom, mit $1/r^2$ abnimmt. Da diese Abnahme des Strahlungsstroms nur auf die geometrischen Verhältnisse bei der Ausbrei-

tung der Strahlung zurückzuführen ist, spricht man auch von geometrischer Verdünnung. Dieses Gesetz der geometrischen Verdünnung wird in der Astronomie ausgiebig verwendet, um aus den Helligkeiten der Sterne, also dem Fluß von Strahlungsenergie in unsere Instrumente, auf die Entfernung der Sterne zu schließen (Entfernungsmodul). Das ist allerdings nur dann unmittelbar möglich, wenn die interstellare Absorption vernachlässigt werden kann.
Häufiger begegnet man dem Begriff der Intensität einer Strahlung. Diese Bezeichnung wird leider in doppelter Bedeutung verwendet. Wird in der Astronomie von der Intensität einer Sternstrahlung gesprochen, die mit der beobachteten Helligkeit des Sterns zusammenhängt, so ist ein Energiefluß pro Flächeneinheit gemeint, also eigentlich ein Strahlungsstrom. In der physikalischen und astrophysikalischen Literatur dagegen bedeutet Intensität den Energiefluß pro Flächeneinheit und pro Raumwinkel. Wie gezeigt, verringert sich der Energiefluß mit dem Quadrat des Abstands von der Quelle. Da aber auch der Raumwinkel – das 4π-fache des Bruchteils der Sphäre mit der Quelle als Mittelpunkt – mit dem Quadrat des Abstands abnimmt, ist die Strahlungsintensität eine vom Abstand unabhängige Größe.
Die Beziehungen zwischen den in der Astrophysik benutzten Begriffen Intensität und Strahlungsstrom und den im »Internationalen Einheitensystem« (SI) definierten Strahlungsgrößen der Lichtstärke, gemessen in Candela (cd), des Lichtstroms, gemessen in Lumen (lm), und der Beleuchtungsstärke, gemessen in Lux (lx), sind in A 3 zusammengestellt.

A 1.5 Spektrum

Die in der Natur vorkommende Strahlung ist in der Regel ein Gemisch aus Wellen vieler Frequenzen. Läßt man weißes Licht durch ein Glasprisma fallen, so wird der Lichtstrahl in einen Fächer von Strahlen verschiedener Farbe, d. h. verschiedener Frequenz (oder Wellenlänge), zerlegt. Ein derart nach Frequenzen zerlegtes Strahlungsgemisch nennt man Spektrum. In ihm ist zu erkennen, ob und wie stark die Strahlung in einem bestimmten Frequenzintervall im Gemisch enthalten ist. Das Spektrum (Intensitätsspektrum) ist also die Verteilungsfunktion der monochromatischen Intensitäten.
Die Bezeichnung Spektrum wird häufig auch für andere Verteilungsfunktionen übernommen. Man spricht etwa von einem Energiespektrum, wenn man die Verteilungsfunktion der kinetischen Energie der Atome eines Gases meint, oder die Verteilungsfunktion der Teilchenenergie in der kosmischen Strahlung. Verteilungsfunktionen der Masse, etwa in einem Isotopengemisch, werden auch als Massenspektrum bezeichnet.
Das Spektrum elektromagnetischer Strahlung ist durch die relative Häufigkeit der Emissionsprozesse und die der eventuellen Absorptionsprozesse in der Quelle bestimmt (s. A 1.7). Aus dem

Spektrum kann damit auf die Häufigkeit derartiger Prozesse in den äußersten Schichten eines weit entfernten Sterns geschlossen werden. Die Interpretation von Spektren, d. h. die Ermittlung des physikalischen Zustands und auch der chemischen Zusammensetzung der Strahlungsquellen im Kosmos, ist eins der wichtigsten Probleme der Astrophysik.

Das Spektrum bleibt bei der Ausbreitung der Strahlung im leeren Raum unverändert, weil der Effekt der geometrischen Verdünnung für alle Frequenzen gleich groß ist. Ist jedoch der Raum zwischen den Sternen mit interstellarer Materie (Gas und Staub) von sehr geringer Dichte erfüllt, so wird die Strahlung auch absorbiert, und zwar selektiv, d. h. in verschiedenen Frequenzen verschieden stark. Dadurch wird das Spektrum der Sterne verändert. So absorbiert z. B. der interstellare Staub (s. 10.4) im kurzwelligen blauen Licht stärker als im langwelligen roten. Infolgedessen erscheinen uns sonst gleichartige Sterne um so roter, je größer ihre Entfernung ist. Zwar wird durch diese selektive Absorption die Interpretation der Sternspektren erschwert, dafür gewinnt man aber Informationen über den Zustand der interstellaren Materie, in diesem Fall etwa über die Natur des Staubs.

A 1.6 Doppler-Effekt

Nur dann, wenn Quelle und Beobachter relativ zueinander ruhen, stimmt die Frequenz, mit der eine Strahlung emittiert wird, mit derjenigen überein, bei der sie beobachtet wird. Im allgemeinen Fall, d. h. bei Relativbewegungen zwischen Quelle und Beobachter, gibt es Frequenzunterschiede, was unter der Bezeichnung Doppler-Effekt bekannt ist. Eine einfache anschauliche Erklärung des Doppler-Effekts, die für unsere Zwecke genügt und übernommen werden kann, ist im Bereich der Akustik möglich. Wir denken zunächst Schallquelle und Beobachter ruhend. Die Quelle sendet pro Sekunde ν Schwingungen aus. Es entsteht ein Feld von Schallwellen der Wellenlänge $\lambda = c/\nu$. Dieses Wellenfeld bewegt sich am Beobachter mit der Schallgeschwindigkeit c vorüber. Damit passieren ihn pro Sekunde $\nu = c/\lambda$ Schwingungen. Er mißt also an seinem Ort wieder Schwingungen der ungeänderten Frequenz $\nu = c/\lambda$. Bewegt sich jedoch der Beobachter, nähert er sich etwa der Quelle mit der Geschwindigkeit v, so passieren ihn pro Sekunde

$$\nu' = (c + v)/\lambda$$

Schwingungen. Die Frequenz erscheint für ihn also um den Betrag

$$\Delta \nu = \nu' - \nu = \frac{v}{\lambda} = \frac{v}{c} \nu$$

vergrößert, die Wellenlänge entsprechend verringert:

$$\Delta \lambda = \frac{v}{c} \lambda.$$

Bewegt sich der Beobachter von der Quelle fort, so ist $-v$ an die Stelle von $+v$ zu setzen. Es kehrt sich also das Vorzeichen des Doppler-Effekts um. Für den Fall einer bewegten Schallquelle und eines ruhenden Beobachters erhält man ein etwas anderes Resultat.

Für elektromagnetische Strahlung kann eine exakte Ableitung der Doppler-Effekte und der ebenfalls auf Relativbewegung zurückzuführenden Richtungsänderung, der Aberration, nur im Rahmen der Speziellen Relativitätstheorie gegeben werden. Sie ergibt, daß Bewegung des Beobachters und Bewegung der Quelle ununterscheidbar sind und daß die Doppler-Verschiebungen der Frequenzen bzw. der Wellenlängen gut durch unsere Formel dargestellt werden, sofern nur v klein gegen die Lichtgeschwindigkeit ist. Wächst also der Abstand der Quelle (positive Radialgeschwindigkeit im Sprachgebrauch der Astronomie), so nimmt die Frequenz ab, es vergrößert sich die Wellenlänge (Rotverschiebung). Bei Annäherung (negative Radialgeschwindigkeit) gilt das Umgekehrte (Blauverschiebung).

In der Astronomie wird von der Doppler-Formel ausgiebig Gebrauch gemacht. Doppler-Verschiebungen erlauben z. B. die Messung von Radialgeschwindigkeiten der Strahlungsquellen oder auch die Messung von Sternrotationen (weil die Radialgeschwindigkeiten für die verschiedenen Teile eines rotierenden Sterns verschieden sind). Auch die ungefähre Größe von geordneten Gasströmungen oder ungeordneten Bewegungen (Turbulenz) in einer Sternatmosphäre können so bestimmt werden.

A 1.7 Wechselwirkung von Strahlung und Materie, Absorption und Emission

Die physikalischen Gesetze der Wechselwirkung von Licht und Materie erlauben es, aus den Eigenschaften der Strahlung, vor allem aus dem Spektrum, auf die physikalischen Bedingungen in der Lichtquelle und eventuell auch auf deren chemische Zusammensetzung zu schließen.

Die drei wichtigsten Prozesse sind:
- Elastische Streuung: Wechselwirkung, die lediglich eine Richtungsänderung der Strahlung zur Folge hat.
- Absorption: Energie wird von der Materie aus dem Strahlungsfeld aufgenommen.
- Emission: Energie wird von der Materie an das Strahlungsfeld abgegeben.

A 1.7.1 Lichtstreuung

Es gibt sehr verschiedene Formen der Lichtstreuung. Ihnen allen liegt aber ein gemeinsames Prinzip zugrunde: geladene Teilchen, z. B. Elektronen, werden von der einfallenden Lichtwelle zum Mitschwingen angeregt und werden dadurch selber zu Quellen der sekundären, gestreuten Strahlung. Besonders einfach ist die Theorie der Lichtstreuung an freien Elektronen. Dieser Prozeß ist

z. B. in den Atmosphären heißer Sterne von Bedeutung. An den Luftmolekülen der Erdatmosphäre gestreutes Sonnenlicht ist die Ursache des hellen blauen Taghimmels. Der Lichtstreuung an den Wassertröpfchen im Nebel oder in den Wolken liegt das gleiche Schema zugrunde wie der Streuung an den feineren Staubteilchen im interstellaren Medium. Allerdings wird im interstellaren Staub ein nicht unerheblicher Anteil des Lichts auch absorbiert.

A 1.7.2 Absorption

Mit der Erforschung der Gesetze der Absorption und der Emission von Strahlung durch Planck, Einstein, Bohr u. a. wurden zu Beginn dieses Jahrhunderts die Grundlagen der modernen Physik gelegt. Ausgangspunkt war Plancks Entdeckung, daß Energie nicht in beliebig kleinen Mengen zwischen der Materie und dem Strahlungsfeld ausgetauscht werden kann, sondern daß dieser Austausch in Elementarprozessen erfolgt, wobei jeweils die Energie

$$E = h\nu$$

übertragen wird. Die »Planck-Konstante«

$$h = 6.62\,607\,55(40) \cdot 10^{-34} \text{ Joule s}$$

ist eine universelle Naturkonstante, die auch als Plancksches Wirkungsquantum bezeichnet wird.

Man kann nach einem zuerst von Einstein vorgeschlagenen Bild das Strahlungsfeld auch als ein Gas von Photonen (Lichtquanten) auffassen. Diese Photonen haben keine Ruhmasse und bewegen sich im Vakuum mit Lichtgeschwindigkeit; ihre Energie ist $h\nu$, ihr Impuls $h\nu/c$. Die Zahl der Photonen wird durch jeden Absorptionsprozeß um eins verringert, durch jeden Emissionsprozeß um eins vermehrt. Hierbei, ebenso wie bei der Streuung, wird nicht nur Energie, sondern auch Impuls von den Photonen auf Materie übertragen. Damit übt das Photonengas einen Druck aus, den Strahlungsdruck.

A 1.7.3 Spektral-Linien

Absorptionsprozesse bei der Frequenz ν können nur dann stattfinden, wenn die Materie in der Lage ist, die vom Strahlungsfeld angebotenen Energiebeträge der Größe $h\nu$ aufzunehmen. Freie Atome und Moleküle in den Gasen können in gewissen Energiebereichen nur ganz bestimmte Energiebeträge, entsprechend diskreten Frequenzen ν bzw. Wellenlängen λ (genauer, in schmalen Bereichen um die Frequenz ν bzw. um die Wellenlänge λ), aufnehmen oder abgeben. Die Wellenlängen dieser Spektral-Linien sind jeweils für bestimmte Atome charakteristisch.

N. Bohr (1885–1962) hat als erster dieses Verhalten der Materie mit seinem Atommodell gedeutet. Seine Vorstellung war, daß negativ geladene Elektronen in der Elektronenhülle des Atoms einen positiv geladenen Atomkern umkreisen wie die Planeten die Sonne. Von den unendlich vielen möglichen Bahnen, auf denen

A 1.7 Strahlung und Materie

sich elektrische Anziehung und Zentrifugalkraft die Waage halten, wird durch eine Quantenbedingung eine Schar von »erlaubten« Bahnen ausgewählt. Zu jeder dieser erlaubten Bahnen (bzw. zu jeder Bahnkonfiguration, falls es sich um mehrere Elektronen handelt), die durch sogenannte Quantenzahlen klassifiziert sind, gehört ein zugeordneter Energiewert (Niveau). Die Größe der Energiebeträge und die Zuordnung von Quantenzahlen wird im Rahmen der Atomphysik behandelt und erfordert einen Rückgriff auf die Quantenmechanik. Erst diese vermag auch die wirkliche Begründung für die hier skizzierten elementaren Modellvorstellungen zu liefern.

Beim Übergang zwischen zwei Niveaus wird Licht in einer Spektral-Linie absorbiert, wenn das Ausgangsniveau das tiefere der beiden Niveaus ist, das Atom also Energie aufnimmt. Im umgekehrten Fall wird Strahlung in der Spektral-Linie emittiert. Die Linie selber wird durch Angabe der Quantenzahlen (hier m und n) der Niveaus gekennzeichnet:

$$E_m - E_n = h\nu_{mn}.$$

Überschreitet die Energie des Atoms die Ionisierungsenergie, so ist das Elektron nicht mehr gebunden. Das Atom wird ionisiert, d. h. es entsteht ein freies Elektron, für das jetzt ein Kontinuum von Energiezuständen zugelassen ist. Ist ein Gas also ionisiert, oder ist die Frequenz der Strahlung hoch genug, so daß $h\nu$ größer ist als die Ionisierungsenergie, so kann die Materie ein Kontinuum von Strahlung absorbieren.

Beispielsweise entspricht der Ionisierungsenergie 13.595 eV des Wasserstoffs eine Frequenz von $3.228 \cdot 10^{15}$ Hz (s. Umrechnungs-

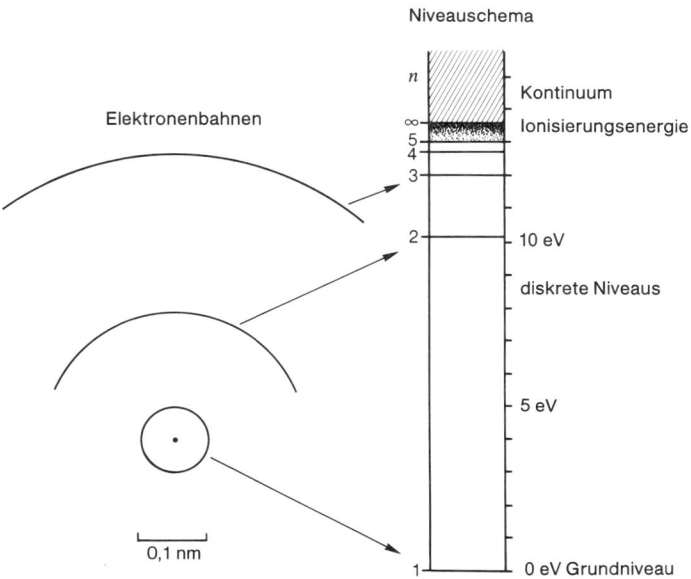

Das Bohrsche Modell des Wasserstoffatoms, mit dem Kern in der Mitte, mit den Elektronenbahnen und mit dem zu diesen gehörenden Niveauschema

tabelle für Energien in A 3.5), und dieser wegen der Beziehung $\lambda = c/\nu$ eine Wellenlänge von 91.18 nm. Für alle kürzeren Wellen absorbiert atomarer Wasserstoff. Daher ist z. B. der von einem sehr verdünnten Wasserstoffgas erfüllte interstellare Raum für die kurzwelligere Strahlung der Sterne praktisch undurchlässig.

A 1.7.4 Molekülspektren

Während bei Atomen die Energieniveaus noch relativ weit getrennt sind, gibt es bei Molekülen sehr gleichmäßige Folgen dicht liegender Energiezustände, die auf Schwingungen der Atome im Molekülverband und auf Rotationen der Moleküle zurückzuführen sind. In Molekülspektren treten infolgedessen Sequenzen von nah benachbarten Spektral-Linien auf. Sie werden als Banden bezeichnet und sind an den kleinen und konstanten Frequenzdifferenzen zwischen benachbarten Linien meist leicht erkennbar.

A 1.7.5 Kontinua

In festen Substanzen und in Flüssigkeiten sind die diskreten Energiestufen der Atome durch deren Wechselwirkung untereinander zu breiten Bändern entartet. Feste Körper sind daher in der Lage, ein Kontinuum zu absorbieren oder zu emittieren.

A 1.7.6 Übergangswahrscheinlichkeit

Die Absorption (wie auch Emission) eines Photons ist ein sogenannter Elementarprozeß, dessen Eintreten nicht vorhersagbar ist. Es sind nur Aussagen über die Absorptionswahrscheinlichkeit möglich. Diese wächst mit der Stärke des Strahlungsfelds und ist im übrigen proportional zur sogenannten Übergangswahrscheinlichkeit, die eine Eigenschaft des Atoms ist und die für jede Spektral-Linie einen charakteristischen Wert hat.

Die Kenntnis von Übergangswahrscheinlichkeiten ist für die Spektroskopie von großer Bedeutung. Man hat daher auf ihre experimentelle oder theoretische Bestimmung viel Mühe verwendet. Übergangswahrscheinlichkeiten können auch durch Absorptionsquerschnitte oder, was dasselbe ist, durch atomare Absorptionskoeffizienten ausgedrückt werden. Jedes Photon, das auf einen Querschnitt entsprechender Größe trifft, wird absorbiert. Solche Querschnitte sind sehr klein. Da Atome ungefähr 10^{-8} cm groß sind, werden ihre geometrischen Querschnitte von der Größenordnung 10^{-16} cm^2 sein. Tatsächlich sind auch die Absorptionsquerschnitte für kontinuierliche Absorption von etwa dieser Größenordnung, häufig auch noch kleiner. Nur in Spektral-Linien können diese Absorptionsquerschnitte merklich größer werden. Aus thermodynamischen Gründen sind die Maximalwerte etwa gleich dem Quadrat der Wellenlänge der Strahlung, also für sichtbares Licht ungefähr 10^{-9} cm^2.

A 1.7.7 Optische Dicke

Aus der anschaulichen Deutung der Absorptionskoeffizienten (pro Teilchen) folgt, daß die Zahl der in einem Lichtstrahl fließen-

A 1.7 Strahlung und Materie

den Photonen beim Durchtritt durch eine dünne, wenig absorbierende Schicht verringert wird um die Zahl der auf die Absorptionsquerschnitte auftreffenden Photonen, die absorbiert werden. Diese Zahl (pro Zeiteinheit und pro Einheit der durchsetzten Materiefläche) $N_{\nu,0}\, n\, q(\nu)\, s$, wenn $N_{\nu,0}$ die Zahl der im Frequenzintervall $(\nu, \nu + \mathrm{d}\nu)$ pro Zeit- und Flächeneinheit einfallenden Photonen, n die Zahl der Absorber pro Volumeneinheit, $q(\nu)$ ihr frequenzabhängiger Absorptionsquerschnitt und s die Dicke der Schicht ist. Eine entsprechende Verringerung erfährt auch die Intensität des Lichtstrahls. Das Verhältnis der im Frequenzbereich $(\nu, \nu + \mathrm{d}\nu)$ durchtretenden zur eintretenden Intensität ist also

$$I_\nu(s)/I_{\nu,0} = N_\nu(s)/N_{\nu,0} = 1 - n\, q \nu s = 1 - k_\nu s.$$

Mit $k_\nu = n\, q(\nu)$ ist der Absorptionskoeffizient pro Längeneinheit bei der Frequenz ν bezeichnet. Legt man mehrere derartige dünne Schichten hintereinander, so ist das Verhältnis von der in die erste Schicht eintretenden zu der aus der letzten Schicht austretenden Intensität gleich dem Produkt der Verhältnisse für die einzelnen Schichten, wobei sich die Intensitäten der Strahlung zwischen den Schichten herausheben. Aus diesen Überlegungen ergibt sich schließlich das Gesetz

$$I_\nu(x)/I_{\nu,0} = \mathrm{e}^{-k_\nu \cdot x} = \mathrm{e}^{-\tau_\nu} = I_\nu(\tau_\nu)/I_{\nu,0},$$

wenn x die gesamte Dicke aller Schichten ist; $\mathrm{e} = 2.71828$ ist die Basis der natürlichen Logarithmen. Die Größe $\tau_\nu = k_\nu \cdot x$ nennt man optische Dicke der Schicht. Sie ist gleich der Summe der optischen Dicken der Elementarschichten. Wenn der Absorptionskoeffizient auf dem Weg des Lichtstrahls variabel ist, so muß τ_ν als Summe (im Grenzfall als Integral) über die Teilbeträge längs des Wegs x berechnet werden. Das Gesetz der exponentiellen Abnahme der Intensität, das sich auch wie folgt schreiben läßt,

$$\log I_\nu(\tau_\nu) = \log I_{\nu,0} - 0.4343 \cdot \tau_\nu$$

beherrscht alle Probleme der Lichtausbreitung in absorbierenden Medien.

Als Beispiel wenden wir dieses Absorptionsgesetz an, um die Absorption durch interstellaren Staub abzuschätzen. Wegen der Unsicherheit der in diese Abschätzung eingehenden Daten können wir hierbei auf jede genauere Rechnung verzichten. Die Teilchen des interstellaren Staubs sind etwa 10^{-5} cm groß und haben damit bei einer Dichte 1 g cm^{-3} eine Masse von rund 10^{-15} g. Ihr Absorptionsquerschnitt ist in brauchbarer Näherung gleich ihrem geometrischen Querschnitt, also von der Größenordnung 10^{-10} cm^2. In der galaktischen Ebene (s. 10.4) ist die Dichte des Staubanteils etwa um einen Faktor hundert geringer als die des interstellaren Gases und damit etwa 10^{-26} g cm^{-3}. So kommt etwa ein Staubkorn auf 10^{11} cm^3, also auf einen Würfel von rund 50 Meter Kantenlänge. Der Absorptionskoeffizient pro cm^3 ist damit

$$n \cdot q = 10^{-11}\,\mathrm{cm}^{-3} \cdot 10^{-10}\,\mathrm{cm}^2 = 10^{-21}\,\mathrm{cm}^{-1}.$$

Die optische Dicke pro Parsec (1 pc = $3.08 \cdot 10^{18}$ cm) ist dann $3 \cdot 10^{18}$ cm $\cdot 10^{-21}$ cm^{-1} = $3 \cdot 10^{-3}$.
Dies würde nach unserer Formel eine fast unmerkliche Lichtschwächung um etwa einen Faktor 0.997 bedeuten. Über eine Distanz von einem Kiloparsec jedoch ist die optische Dicke gleich drei, und damit wäre die Intensität der Sternstrahlung um einen Faktor 0.05 gegenüber dem Wert geschwächt, den sie ohne Absorption hätte. Die wirklichen Verhältnisse liegen etwas günstiger. Man findet in der galaktischen Ebene im Mittel pro Kiloparsec eine Schwächung um einen Faktor 0.16. Aber auch dann noch ist z. B. das galaktische Zentrum in einer Entfernung von rund 8 kpc wegen des interstellaren Staubs im sichtbaren Spektralbereich unbeobachtbar.

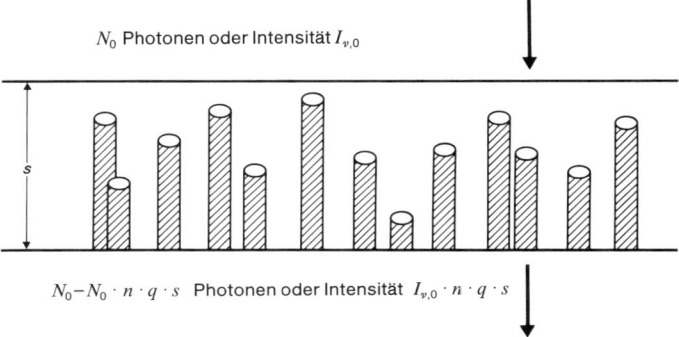

Absorption in dünner Schicht. Querschnitt der »Schatten«: q; Anzahl der Schatten werfenden Atome pro cm^3: n, pro cm^2: $n \cdot s$; Schattenfläche pro cm^2: $n \cdot q \cdot s$

N_0 Photonen oder Intensität $I_{\nu,0}$

$N_0 - N_0 \cdot n \cdot q \cdot s$ Photonen oder Intensität $I_{\nu,0} \cdot n \cdot q \cdot s$

A 1.7.8 Absorption in der Erdatmosphäre

Die Möglichkeiten astronomischer Beobachtung von der Erdoberfläche werden durch Absorption in der Erdatmosphäre stark eingeschränkt. Die Erdatmosphäre ist in der Tat in weiten Spektralbereichen praktisch undurchsichtig.
Die Photonen der Röntgen- und der kurzwelligen UV-Strahlung haben genügend Energie, um die O_2- und N_2-Moleküle der Luft zu ionisieren; sie werden also absorbiert, und damit kann diese Strahlung die Erdoberfläche nicht erreichen. Im längerwelligen UV bis etwa zur Hartley-Bande unterhalb 0.3 µm wird Strahlung in etwa 25 bis 50 km Höhe durch eine geringfügige Beimengung von O_3 (Ozon) nahezu vollständig absorbiert. Dieses Ozon, dessen Menge unter Bedingungen in Meereshöhe nur einer etwa 3 mm dicken Schicht entspricht, entsteht unter dem Einfluß der Sonnenstrahlung.
Im Wellenlängenbereich des sichtbaren Lichts wird die Durchsichtigkeit vor allem durch Streuung an Luftmolekülen sowie an Staub und Wassertröpfchen verringert. Bei Messungen von Sternhelligkeiten ist die dadurch bedingte Abschwächung des Sternlichts (Extinktion) zu berücksichtigen. Sie nimmt mit kürzeren Wellenlängen zu und ist im übrigen von der Höhe des Sterns über dem Horizont abhängig. Je tiefer der Stern steht, um so schräger

A 1.7 Strahlung und Materie

durchsetzt der Sehstrahl die Atmosphäre und um so größer ist die Extinktion.

Im Infraroten begrenzt die Bandenabsorption des Wasserdampfs bei 4.5 μm die Beobachtungsmöglichkeiten. Eine Lücke zwischen 9 und 11 μm gestattet nochmals einen Ausblick. Nach längeren Wellenlängen hin folgt nun ein Bereich völliger Undurchsichtigkeit. Erst bei 1 mm Wellenlänge beginnt die Erdatmosphäre wieder durchsichtig zu werden, und zwischen 3 cm und 10 m ist sie nahezu vollständig durchlässig. Dies gilt, abgesehen von den kürzesten Wellenlängen, unabhängig von der Bewölkung.

Bei rund 30 m Wellenlänge nimmt die Durchlässigkeit wieder ab, da nun der Brechungsindex in den elektrisch leitenden Schichten der Ionosphäre (D-Schicht in etwa 80 km Höhe, E-Schicht in 120...180 km Höhe und F_1- bzw. F_2-Schicht in 300 und 500 km Höhe; s. 2.2) gegen Null geht. Damit wird eine Wellenausbreitung unmöglich; die Schichten beginnen zu reflektieren. Für Wellenlängen über 100 m ist die Reflexion vollständig und jeder »Ausblick« in den Weltraum verwehrt.

Es verbleiben also nur zwei Bereiche hoher Durchlässigkeit: in der Umgebung des sichtbaren Lichts (die Empfindlichkeitsfunktion der Augen entspricht ziemlich gut diesem Bereich) und im Bereich der kürzeren Radiowellen. Man spricht daher von den zwei »Fenstern der Durchlässigkeit« im Spektrum der Wellenlängen. Nur durch diese beiden Fenster können wir von der Erde aus die Strahlung der Himmelskörper beobachten. Unter diesem be-

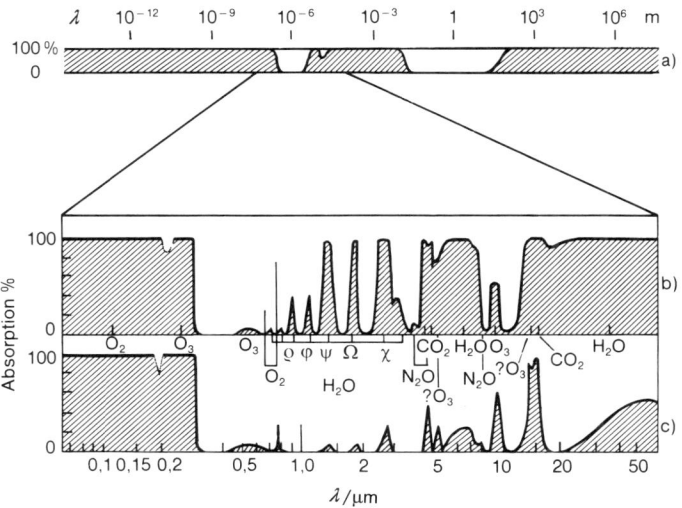

Absorption in der Erdatmosphäre:
a) des elektromagnetischen Spektrums vom Bereich der γ-Strahlen bis in den Bereich der Radiowellen;
b) im Bereich von der ultravioletten Strahlung bis ins Infrarote;
c) wie b), jedoch in 10 km Höhe. Es ist bemerkenswert, wie stark in dieser Höhe die Absorption durch Wasserdampf reduziert ist

obachtungstechnischen Gesichtspunkt ist die Unterteilung in optische Astronomie und Radioastronomie zu verstehen.
Erst durch die Weltraumforschung, durch Beobachtungen von Plattformen außerhalb der Erdatmosphäre, wird uns ein merklich breiteres Spektrum der elektromagnetischen Strahlung der Gestirne und der interstellaren Materie zugänglich. Man hat die Benennung nach den benutzten Wellenlängenbereichen beibehalten und spricht so z. B. von Röntgenastronomie.

A 1.7.9 Emission

Unter Emission versteht man den der Absorption entgegengesetzten Prozeß, bei dem Materie Energie an das Strahlungsfeld abgibt, bei dem also Photonen erzeugt werden. Zwischen Absorption und Emission besteht ein enger und universeller Zusammenhang. Er ist unabhängig von der Art der Materie. Nur in den Frequenzen, in denen die Materie zu absorbieren vermag, kann sie auch emittieren. Im übrigen ist das Verhältnis der Häufigkeit der Absorptionsprozesse zu jener der Emissionsprozesse nur abhängig von der Energiedichte im Strahlungsfeld und von der Temperatur der Materie. Wichtig ist dabei das Verhältnis von kT, der durch Multiplikation mit der Boltzmann-Konstante $k = 1.380658(12) \cdot 10^{-23}$ Joule K^{-1} auf Energieeinheiten umgerechneten absoluten Temperatur, zur Energie $h\nu$ der Photonen. Es gibt zu jeder Temperatur ein Strahlungsfeld, bei dem sich in allen Frequenzen ein Gleichgewicht zwischen Emission und Absorption einstellt. Dies ist das berühmte, durch die Planck-Funktion

$$B_\nu = \frac{2h\nu^3}{c^2} \cdot \frac{1}{e^{\frac{h\nu}{kT}} - 1}$$

dargestellte Hohlraum-Strahlungsfeld (Schwarzer Strahler). Die Bezeichnung deutet darauf hin, daß sich dieses Strahlungsfeld in einem Hohlraum einstellt, dessen Wandung die Temperatur T hat. Durch eine kleine Öffnung, die das Strahlungsfeld kaum beeinflußt, kann die Hohlraumstrahlung austreten und untersucht werden. Für die in den Halbraum 2π emittierte spektrale Intensität eines Hohlraumstrahlers der Temperatur T,

$$I_\nu = \pi B_\nu(T),$$

findet man die wichtigen Grenzfälle

$$I_\nu = \pi B_\nu(T) = \begin{cases} \dfrac{2\pi k T}{c^2} \nu^2 & \text{für } k\nu/kT \ll 1 \\ \dfrac{2\pi h \nu^3}{c^2} e^{-\frac{h\nu}{kT}} & \text{für } k\nu/kT \gg 1 \end{cases}$$

die als Rayleigh-Jeans-Bereich bzw. als Wien-Bereich bekannt sind.
Die Planck-Funktion B_ν besitzt bei einer Frequenz $\nu \approx 3\, hkT$ ein Maximum. Bezeichnet man die zugehörige Wellenlänge mit $\lambda_{\max}$,

A 1.7 Strahlung und Materie

so folgt aus der obigen Tatsache das Wiensche Verschiebungsgesetz

$$\lambda_{max} \cdot T = b,$$

das angibt, wie sich das Maximum der Planck-Funktion in Abhängigkeit von T verschiebt. Der genaue Wert der im Wienschen Verschiebungsgesetz auftretenden Konstante beträgt $b = 5.10 \cdot 10^{-3}$ m K. Die bekannte Tatsache, daß mit wachsender Temperatur die Farbe eines glühenden Körpers von Rot über Gelb zum hellen Weiß wechselt, beruht auf dieser Verschiebung. Für die über den gesamten Wellenlängenbereich emittierte Strahlung eines Schwarzen Strahlers folgt unmittelbar der einfache Zusammenhang

$$\pi B(T) = \pi \int_0^\infty B_\nu(T) \, d\nu = \sigma T^4,$$

den man als Stefan-Boltzmannsches Strahlungsgesetz bezeichnet. Die Stefan-Boltzmann-Konstante σ ergibt sich aus der Integration zu $\sigma = 5.67032 \cdot 10^{-8}$ Wm^{-2}K^{-4}. Die Energieabstrahlung eines Schwarzen Strahlers wächst also mit der vierten Potenz seiner Temperatur. Der durch das Stefan-Boltzmann-Gesetz gegebene formale Zusammenhang zwischen der Temperatur eines Körpers und seiner Gesamtstrahlung spielt für die Definition der Effektiven Temperatur von Sternen eine wichtige Rolle.

Ist in einem Frequenzintervall $(\nu, \nu + d\nu)$ die Intensität des Strahlungsfelds größer als jene der zur Temperatur T der Materie gehörenden Hohlraumstrahlung, $B_\nu(T)$, so überwiegen in diesem Frequenzintervall die Absorptionsprozesse, im umgekehrten Fall die Emissionsprozesse. Wenn also Atome in einer Spektral-Linie absorbieren und dabei einen Übergang von einem tieferen in ein höheres Energieniveau vollziehen, so können sie in dieser Spektral-Linie auch emittieren, wenn sich bei hinreichend hoher Temperatur genügend Atome im oberen Niveau befinden. Die berühmten Versuche von Kirchhoff und Bunsen, durch die die Spektralanalyse begründet wurde, finden so ihre Erklärung.

Übergänge zwischen zwei Energieniveaus sind jedoch nicht nur durch Absorption oder Emission von Photonen möglich, sie können auch durch Stöße mit freien Elektronen oder durch Stöße der Atome untereinander bewirkt werden. In dichten Gasen und bei hohen Temperaturen sind dies sogar die häufigeren Prozesse. Stellt sich unter ihrem Einfluß ein Gleichgewicht ein, bei dem auch die höheren Energiestufen und das Kontinuum der freien Elektronen teilweise besetzt sind, so nennt man die sich hieraus ergebende Emission die »thermische Emission« oder »thermische Strahlung« der Materie. Die Abstrahlung eines glühenden Festkörpers oder eines glühenden Gases, etwa die eines Lichtbogens, ist in diesem Sinn thermisch, d. h. durch die Temperatur bedingt. Hiervon zu unterscheiden ist die »nicht-thermische Strahlung«. Wird durch irgendeinen Kunstgriff in einem Gas nur *ein* höherer Energiezustand der Atome angeregt, d. h. merklich besetzt, nicht

Thermische und nicht-thermische Strahlung

aber die andern, auch nicht die Zustände hoher kinetischer Energie, so wird dieses kalte Gas nur in einer oder in einigen Spektral-Linien leuchten. Diese Strahlung, die das Resultat selektiver Besetzungen ist, nennt man »nicht-thermisch«. Aus unserer täglichen Umgebung kennen wir viele Beispiele nicht-thermischer Strahlung, so etwa das Leuchten der Fernsehbildröhre oder der Leuchtstoffröhre (kaltes Licht). Das Nordlicht sei als eine in der Natur vorkommende nicht-thermische Strahlung erwähnt.

Während in der optischen Astronomie vorwiegend thermische Strahlung beobachtet wird, überwiegen in der Radioastronomie nicht-thermische Quellen. Von den hierbei wirkenden Mechanismen ist der Prozeß der Synchrotronstrahlung bei weitem der wichtigste.

Nach den Gesetzen der klassischen Elektrodynamik strahlt jede elektrische Ladung, die beschleunigt oder abgebremst wird, elektromagnetische Wellen aus. So entsteht beispielsweise die Röntgen-Bremsstrahlung dadurch, daß in der Antikathode einer Röntgenröhre schnelle Elektronen plötzlich abgebremst werden, also eine starke negative Beschleunigung erfahren. Im Kosmos sind es relativistische Elektronen, die die Synchrotronstrahlung emittieren. Die Geschwindigkeit dieser Elektronen ist nahezu gleich der Lichtgeschwindigkeit, ihre Energie infolgedessen groß gegenüber der Ruhenergie $m_0 c^2 = 0.511 \cdot 10^6$ eV. Die Beschleunigung erfahren sie hier in Magnetfeldern, wie sie im Weltraum weit verbreitet vorkommen. In diesen Magnetfeldern beschreiben die Elektronen kreis- oder spiralförmige Bahnen, auf denen sie jeweils zum Kreismittelpunkt bzw. zur Achse der Spirale hin, also quer zur Bewegungsrichtung, beschleunigt werden. Aufgrund von Effekten, die von der hohen Geschwindigkeit des Elektrons relativ zum Beobachter herrühren und die nur im Rahmen der Relativitätstheorie begründet werden können, wird dabei die elektromagnetische Strahlung fast ausschließlich nach vorn, d. h. in Richtung der Bewegung, abgestrahlt. Diese Art der Strahlung kann im Laboratorium an einem Teilchenbeschleuniger, z. B. einem Elektronensynchrotron, beobachtet werden. Sie ist vollständig linear polarisiert.

Ein relativistisches Elektron der Energie E (in eV) strahlt ein kontinuierliches Spektrum aus, wobei die Gesamtausstrahlung (Energieabgabe pro Zeiteinheit) gegeben ist durch

$$Q = 6.2 \cdot 10^{-26} B^2 E^2 \text{ [Watt]}.$$

B ist die in Tesla gemessene Flußdichte des senkrecht auf der Bewegungsrichtung stehenden Magnetfelds. Die Gesamtausstrahlung wächst also mit dem Quadrat der Feldstärke und mit dem Quadrat der Energie.

In dem kontinuierlichen Spektrum, das von einem einzelnen relativistischen Elektron ausgesendet wird, liegt das Maximum der Intensität bei

$$\nu_{max} = 5.36 \cdot 10^{-2} \cdot B \cdot E^2 \text{ [Hz]}.$$

A 1.7 Strahlung und Materie

Man sieht also, daß die abgestrahlten Frequenzen um so höher liegen, je größer das Magnetfeld ist und je größer die Energie der Elektronen ist. Wegen ihrer hohen Energieabgabe sind energiereiche Elektronen, die etwa im optischen Frequenzbereich strahlen würden, sehr kurzlebig.

Wirken viele Elektronen unterschiedlicher Energien zusammen, so überträgt sich die Energieverteilung $N(E)$ der Elektronen auf das Intensitätsspektrum $I(\nu)$ der Synchrotronstrahlung. Gilt für die Elektronen ein Potenzgesetz $N(E) \sim E^{-g}$, wie wir es (mit $g \approx 2.6$) von der Energieverteilung in der kosmischen Strahlung her kennen, so folgt für den interessierenden Frequenzbereich

$$I_\nu \sim \nu^{-\alpha},$$

wobei der Spektralindex α den Wert $\alpha = (g-1)/2$ annimmt. Diese Abnahme der Intensität der Strahlung nach höheren Frequenzen ist ebenso wie die Polarisation ein Indiz für Synchrotronstrahlung.

A 2 Astronomische Instrumente und Beobachtungsmethoden

A 2.1 Vorbemerkungen

Astronomische Objekte sind so weit entfernt von uns, daß man sie – mit Ausnahme einiger weniger Objekte im Planetensystem – nicht direkt untersuchen kann. Man ist deshalb darauf angewiesen, ihre Eigenschaften mit Hilfe von »Überträgern«, die die Information vom Objekt zu uns befördern, zu untersuchen. Prinzipiell gibt es drei Arten solcher Überträger, wobei der bei weitem wichtigste die elektromagnetische Strahlung ist, die sich in ihrem derzeit meßbaren Bereich über 21 Dekaden von niederfrequenten Radiowellen im Meterbereich bis zu ultra-hochfrequenten γ-Strahlen erstreckt. Die zweite Art Informationsüberträger ist die kosmische Materie, vor allem Elementarteilchen, wie z. B. der Sonnenwind, kosmische Strahlung oder Neutrinostrahlung. Der dritte mögliche Informationsüberträger ist die Gravitationsstrahlung, die aber bisher noch nicht nachgewiesen werden konnte.

Bis weit ins 20. Jahrhundert konnte nur elektromagnetische Strahlung nachgewiesen werden, und zwar in einem sehr engen Spektralbereich, dem sichtbaren. Als »Instrument« diente hierbei bis zur Erfindung des Fernrohrs zu Beginn des 17. Jahrhunderts das menschliche Auge, das Strahlung im Wellenlängenbereich zwischen etwa 400 und 760 nm registrieren kann. Das Fernrohr brachte eine Vergrößerung der lichtsammelnden Fläche, so daß man schwächere Objekte als mit dem bloßen Auge beobachten konnte, der beobachtbare Spektralbereich konnte mit ihm zunächst aber nicht vergrößert werden, da das Auge auch weiterhin als Detektor, also zum Nachweis der Strahlung, diente. Einen großen Fortschritt brachte in der Mitte des 19. Jahrhunderts die Verwendung von photographischen Platten als Detektoren. Zum einen konnte der meßbare Spektralbereich dadurch etwas erweitert werden, viel wichtiger aber war, daß es nun zum ersten Mal möglich wurde, die eintreffende Strahlungsleistung zu integrieren, d. h. über einen längeren Zeitraum aufzuaddieren.

Auch das erste Drittel des 20. Jahrhunderts stand zunächst noch ganz im Zeichen der optischen Astronomie, denn es wurden die ersten Teleskope gebaut, deren Öffnung wesentlich größer als 1 m ist. Hierzu konnten nur Spiegelteleskope verwendet werden, da Linsenteleskope mit zunehmender Öffnung viel zu schwer und groß wurden. Ein entscheidender Schritt war die Erschließung neuer Spektralbereiche, die 1932 mit den ersten Radiobeobachtungen begann. Aber es war immer noch nicht möglich, den gesamten Bereich des elektromagnetischen Spektrums zu erforschen, da viele Spektralbereiche wie z. B. das UV, der Röntgenbereich oder große Teile des IR wegen der absorbierenden Wirkung der Erdatmosphäre von der Erdoberfläche aus nicht zugänglich sind. In diesen Bereichen konnte erst beobachtet werden, als Raketen und Satelliten zur Verfügung standen. Die ersten derartigen Beobachtungen waren Röntgenbeobachtungen der Sonne, die 1949 mit einer V 2-Rakete durchgeführt wurden. Die Erweiterung des beobachtbaren Spektrums hing wesentlich von der Entwicklung elektronischer Detektoren ab, wie sie nun auch im sichtbaren Spektralbereich nahezu ausschließlich benützt werden. Der bisher letzte Meilenstein war, wie in allen andern Bereichen der Wissenschaft und des täglichen Lebens, die Einführung der Computer, ohne die die astronomische Forschung heute nicht mehr vorstellbar wäre.

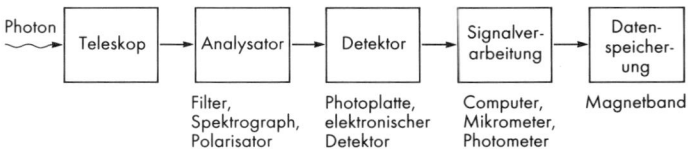

Schematische Anordnung der grundlegenden Komponenten astronomischer Instrumente

Analyse der elektromagnetischen Strahlung

Bei aller Vielfalt der astronomischen Instrumente zur Analyse der elektromagnetischen Strahlung haben doch alle die gleichen Funktionselemente:

a) In den meisten Fällen wird die beobachtete Strahlung durch ein »Teleskop« gesammelt und fokussiert. Hierzu werden, sofern es sich um Strahlung im optischen und IR-Bereich und im UV handelt, Systeme aus Linsen, vorzugsweise aber aus Spiegeln verwendet. Im Radiobereich benutzt man ebenfalls große Parabolspiegel, aber auch Systeme von Antennen. Auch in einem Teil des Röntgenbereichs können inzwischen abbildende Teleskope eingesetzt werden. Eine wichtige Eigenschaft des Teleskops ist, daß es die Richtung auswählt, aus der die Strahlung gemessen wird. Die Aufgabe eines solchen »Richtungsanalysators« können auch nichtabbildende Vorrichtungen übernehmen, die man bei Meßgeräten in den Spektralbereichen findet, in denen eine Fokussierung der Strahlen nicht möglich ist, wie bei Gamma- oder harter Röntgenstrahlung.

b) Nach dem Durchgang durch das Teleskop erreicht die Strahlung im allgemeinen einen »Analysator«, dessen Aufgabe es ist, aus der Gesamtheit der einfallenden Strahlung nur den Teil dem Strahlungsempfänger zuzuführen, der registriert werden soll. Das können insbesondere bestimmte Wellenlängenbereiche sein, die durch Filter, oder, wenn sie sehr eng sind, durch Spektrographen isoliert werden. Andere Analysatoren werden verwendet, um den Polarisationszustand der Strahlung festzustellen.

c) Im »Strahlungsempfänger« wird die einfallende Strahlung absorbiert und in ein meßbares Signal umgewandelt. Dies ist zumeist eine elektrische Ladung oder ein elektrischer Strom, kann aber auch, wie bei der Photoplatte, die Erzeugung eines Stoffs durch chemische Reaktionen sein. Als Strahlungsempfänger dienen das menschliche Auge, die Photoplatte, photoelektrische Detektoren,

A 2.1 Vorbemerkungen

infrarotempfindliche Halbleiterdetektoren, Bolometer, Gas-Ionisationskammern oder Empfänger für Radiostrahlung.
d) In den meisten Fällen ist es nötig, das vom Empfänger gelieferte Signal weiter zu verarbeiten, um auswertbare Daten zu erhalten. Diese »Signalverarbeitung« erfolgt heute meist mit einem Computer. Der letzte Schritt ist die Speicherung der erhaltenen Daten, die inzwischen nahezu ausschließlich auf digitalen Trägern wie dem Magnetband erfolgt.
Jedes astronomische Instrument ist eine Vereinigung von Baugruppen, die diese Funktionen wahrnehmen, wobei in unterschiedlichen Spektralbereichen im allgemeinen unterschiedliche Komponenten verwendet werden. Aufgabe der sogenannten Montierung des jeweiligen Instruments ist es, dieses auf eine bestimmte Position am Himmel auszurichten und diese Ausrichtung auch im Lauf der Beobachtungszeit einzuhalten. Bei Instrumenten, die von Satelliten aus benutzt werden, dienen hierzu Steuerraketen und Kreisel-Stabilisierungssysteme. Bei Instrumenten, die vom Erdboden aus benutzt werden, bedarf es einer Nachführungseinrichtung, die von einer Art Uhrwerk angetrieben wird, um die Erdrotation auszugleichen und dafür zu sorgen, daß das Instrument seine Richtung im Raum, zu dem beobachteten Objekt hin, beibehält.
Es gibt eine Reihe unterschiedlicher Montierungen, die alle gemeinsam haben, daß das Instrument um zwei Achsen drehbar ist. Bei der sogenannten parallaktischen Montierung ist eine Achse, die Stundenachse, auf den Himmelspol ausgerichtet. Auf ihr senkrecht steht die Deklinationsachse. Durch eine derartige Montierung wird erreicht, daß das Fernrohr, um es der scheinbaren Bewegung der Gestirne bei ihrer täglichen Bewegung über die Sphäre nachzuführen, also den Einfluß der Erdrotation auszugleichen, nur gleichmäßig um die Stundenachse gedreht werden muß. Dies wird durch spezielle Uhrwerke, heute vor allem Synchron- und Schrittmotoren, bewirkt. Die Frequenz der Wechselspannung zur Versorgung der Synchronmotoren wird genau kontrolliert. Teilkreise an beiden Achsen dienen dazu, das Instrument unter Benutzung der bekannten Koordinaten (Rektaszension, Deklination) auf das zu beobachtende Objekt auszurichten. Dabei gilt: Stundenwinkel = Sternzeit − Rektaszension (vgl. 1.5).
Parallaktische Montierungen werden heute nur noch für kleinere Teleskope verwendet. Für größere Teleskope werden azimutale Montierungen verwendet, die eine vertikale und eine horizontale Achse besitzen. Sie haben den Vorteil, daß sie gleichmäßige Achsbelastungen besitzen und sehr viel kompakter als parallaktische Montierungen sind. Sie können deshalb für große Teleskope um vieles billiger gebaut werden. Der Nachteil, daß das Teleskop um beide Achsen mit ungleichförmigen Geschwindigkeiten nachgeführt werden muß, spielt heute keine Rolle mehr, da diese Teleskopsteuerung problemlos von Computern übernommen werden kann. Auch bei den meisten Teleskopen mit parallaktischer Montierung wird die Steuerung inzwischen von einem Computer durchgeführt.

A 2 Astronomische Instrumente

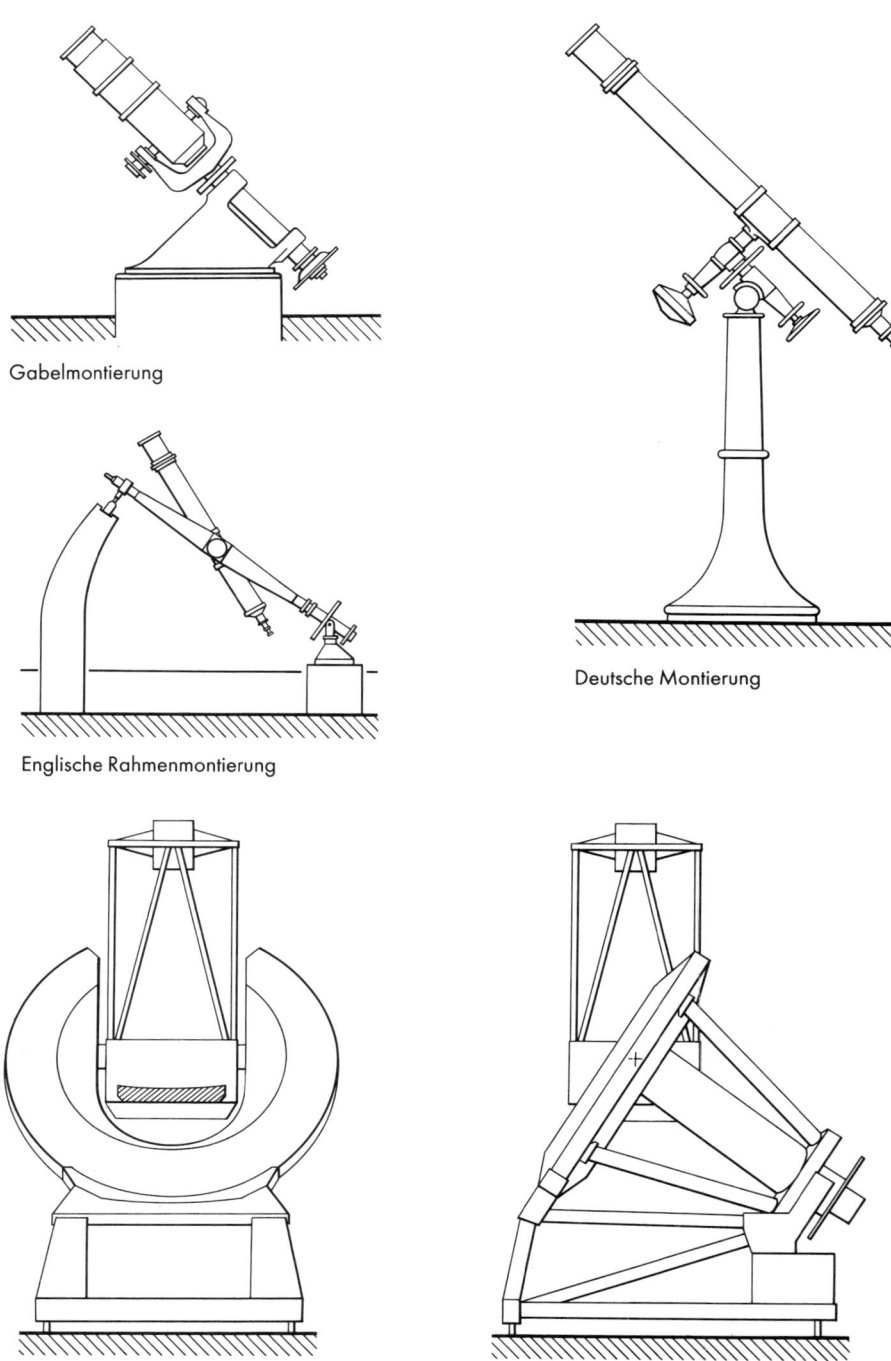

Gabelmontierung

Englische Rahmenmontierung

Deutsche Montierung

Hufeisenmontierung: Ansicht von Norden und von Westen

A 2.1 Vorbemerkungen

Das 3.6 m-Teleskop der Europäischen Südsternwarte auf dem Cerro La Silla in Chile. Das Teleskop ist ein Ritchey-Chrétien-System, das in einer Gabelmontierung gelagert ist. Der Durchmesser der Kuppel beträgt 30 m

Die Kontrolle der Nachführung erfolgte früher mit einem Leitrohr, einem mit dem Instrument verbundenen langbrennweitigen Fernrohr, in dessen Okular ein Fadenkreuz angebracht ist. Diese altertümliche Art der Teleskopkontrolle wird heute praktisch nicht mehr verwendet; die Kontrolle erfolgt nun über Fernsehkameras, die einen kleinen Teil des Teleskop-Gesichtsfelds ausblenden. Der Beobachter betrachtet diesen Ausschnitt auf einem Bildschirm im sogenannten »Kontrollraum« des Teleskops und korrigiert die Teleskopbewegung, sobald ein Referenzstern vom vorgegebenen Ort am Bildschirm abweicht. Seit einigen Jahren gibt es Vorrichtungen, die sogenannten Autoguider, die auch diese Korrekturen automatisch erledigen. Bei einem modernen Teleskop werden im Beobachtungsbetrieb alle Tätigkeiten, wie das Einstellen und das Verfahren des Teleskops, die Bedienung der Instrumente, die sich am Teleskop befinden, und die Verarbeitung der Daten, nicht mehr am Teleskop selbst durchgeführt, sondern vom Kontrollraum aus ferbedient. Im Extremfall kann diese Fernbedienung auch von einem sehr weit entfernten Ort aus erfolgen. So werden z. B. Beobachtungen an der Europäischen Südsternwarte in Chile mit Hilfe einer Satellitenverbindung von Garching bei München aus, dem Hauptsitz dieses Observatoriums, durchgeführt.

Die Beobachtungsinstrumente sind, um sie vor Witterungseinflüssen zu schützen, in Kuppeln oder Beobachtungshäusern mit abfahrbaren Dächern untergebracht. Kuppeln mit einem zu öffnenden breiten Spalt, der durch Drehen der Kuppel in jede Richtung gebracht werden kann, wird im allgemeinen der Vorzug gegeben. Diese gewähren beim Beobachten noch genügend Schutz gegen böige Winde, die u. U. selbst größere Instrumente zum Vibrieren bringen können.

ESO NTT (New Technology Telescope). Das Teleskopgebäude weicht stark von der klassischen Kuppelform ab, um optimale Sichtbedingungen zu ermöglichen; es folgt während der Beobachtungen den Bewegungen des Teleskops

A 2.2 Optische Systeme

Die Aufgaben eines Teleskops sind das Sammeln des Lichts, das von den beobachteten Objekten kommt, die Erhöhung der räumlichen Auflösung und eine genaue Positionierung. Je nach dem lichtsammelnden Element unterscheidet man zwei Arten von optischen Teleskopen, Linsenteleskope (Refraktoren) und Spiegelteleskope (Reflektoren). Beide Teleskoparten gehorchen demselben Prinzip: Das lichtsammelnde Element, Objektiv oder Spiegel, entwirft in der Brennebene des Teleskops ein Bild des im Unendlichen liegenden Objekts. Entscheidende Größen sind hierbei der Durchmesser D (Öffnung) und die Brennweite f des abbildenden Elements und ihr relatives Verhältnis D/f, das man auch als Öffnungsverhältnis bezeichnet.

Das Licht eines Sterns wird durch ein abbildendes Element nicht zu einem scharfen Punkt vereinigt (nicht einmal durch ein ideales), sondern nur zu einem kleinen Beugungsscheibchen (s. A 1.2), dessen lineare Ausdehnung sowohl von der Brennweite des abbildenden Elements als auch von dessen Durchmesser abhängt. Der Winkeldurchmesser des Beugungsscheibchens, durch den die Grenze des Winkelauflösungsvermögens des Teleskops festgelegt ist, hängt vom Durchmesser D des abbildenden Elements und von der Wellenlänge λ der Strahlung ab, bei der beobachtet wird. Ganz allgemein, das heißt für alle Bereiche der elektromagnetischen Strahlung, gilt für den Winkeldurchmesser des Beugungsscheibchens, daß er um so kleiner ist, je kleiner die Wellenlänge und je größer der Teleskopdurchmesser ist. Oder anders ausgedrückt, mit zunehmender Wellenlänge wird (bei festem Teleskopdurchmesser) der Winkeldurchmesser des Beugungsscheibchens immer größer. Besonders große Beugungsscheibchen erhält man dementsprechend bei sehr langwelliger Strahlung im Radiobereich. Für den sichtbaren Spektralbereich ergibt sich die praktische Relation:

$$\text{Winkelauflösungsvermögen} = \frac{12''}{\text{Öffnung/cm}}.$$

Dieser Winkel wird für das Auge erkennbar, wenn die Vergrößerung des Teleskops – die gleich dem Verhältnis der Brennweite des abbildenden Elements zur Brennweite des Okulars ist – so gewählt wird, daß sie etwa gleich dem Zehnfachen des Öffnungsdurchmessers in cm ist. Eine darüber hinausgehende Vergrößerung (sog. tote Vergrößerung) bringt keinen Zuwachs an Erkennbarkeit kleiner Strukturen.

Große Teleskope erreichen ihr theoretisches Auflösungsvermögen in der Praxis nicht. Die Gründe hierfür liegen weniger in der Unvollkommenheit des abbildenden Elements, also etwa an seinen Bildfehlern (s. A 2.2.5), als vielmehr daran, daß durch zeitlich variable Ungleichmäßigkeiten (Schlieren) in der Atmosphäre oberhalb des Instruments die Sternbildchen zu unruhigen Figuren (kleinen Flämmchen vergleichbar) verwaschen werden. Ihr Winkeldurchmesser kann in Nächten mit sehr gutem »Seeing« bei $0\rlap{.}''5$ oder sogar geringfügig darunter liegen. Zum Vergleich hierzu beträgt das theoretische Auflösungsvermögen eines 4 m-Teleskops bei 550 nm etwa 0″.03.

Die Gesamthelligkeit des Sternbildchens wächst mit der Größe der lichtsammelnden Fläche, also mit dem Quadrat des Öffnungsdurchmessers. Bei der Abbildung flächenhafter Objekte (Mond, Planeten, Gasnebel usw.) wird aber das Licht auf eine Fläche verteilt, die mit dem Quadrat der linearen Ausdehnung des Bilds und damit mit dem Quadrat der Brennweite zunimmt. Damit ist die Flächenhelligkeit proportional zum Öffnungsverhältnis D/f, das bei den derzeit verwendeten Teleskopen meist im Bereich 1:2 bis 1:20 liegt.

A 2.2.1 Refraktoren

Die maximale Größe der Refraktoren ist dadurch begrenzt, daß Linsen, die ja nur an ihrem Rand gefaßt werden können, sich unter ihrem eigenen Gewicht deformieren. Im Bereich großer Instrumente sind – abgesehen von den Restfehlern der chromatischen Aberration (s. A 2.2.5) – vor allem aus diesen Gründen die Refraktoren den Spiegelteleskopen unterlegen. Alle großen Refraktoren wurden in einem relativ kurzen Zeitraum gegen Ende des vorigen Jahrhunderts gebaut. Heute werden sie z. B. noch für astrometrische Zwecke wie für die Bahnbestimmung von Doppelsternen oder für die Bestimmung trigonometrischer Parallaxen verwendet.

Refraktoren mit einer Öffnung über 80 cm

Sternwarte	Öffnung in cm	Brennweite in m	Inbetriebnahme
Mt. Hamilton (Lick Obs.)	91	17.6	1888
Meudon	83	16.2	1893
Williams Bay (Yerkes Obs.)	102	19.4	1897
Potsdam	80	12.0	1899

A 2.2.2 Astrographen

Eine spezielle Art der Refraktoren sind die Astrographen, die für die photographische Aufnahme eines größeren Sternfelds verwendet werden. Sie haben deswegen ein größeres Bildfeld, etwa $8° \times 8°$. Um die Größe zu ermöglichen, müssen die Bildfehler (s. A 2.2.5), die bei größerer Neigung der Strahlenbündel auftreten (Koma, Bildfeldwölbung und Astigmatismus), weitgehend korrigiert sein. Das bedingt mehrlinsige Objektive, deren Öffnungsverhältnis in der Regel zwischen 1 : 4 und 1 : 7 liegt. Das Format der verwendeten Platten reicht bis etwa 30×30 cm. Astrographen wurden häufig als Zwillingsinstrumente ausgeführt. Dadurch ist es z.B. möglich, Aufnahmen in verschiedenen Wellenlängenbereichen gleichzeitig und unter gleichen Bedingungen zu machen.

Noch zu Anfang dieses Jahrhunderts war der Astrograph – etwa für große Durchmusterungen – ein viel benutzter Instrumententyp. Da er jedoch wegen der Restfehler seiner chromatischen Aberration auf einen relativ engen Spektralbereich, in dem die Abbildung scharf ist, begrenzt ist, wird er heute nur noch für

A 2.2 Optische Systeme

spezielle Aufgaben eingesetzt (etwa in der Astrometrie). Daneben gibt es noch einige Astrographen, die mit Objektivprismen spezieller Konstruktion (Geradsichtprismen) für Radialgeschwindigkeitsmessungen verwendet werden. Der Schmidt-Spiegel hat mit seinen besseren Abbildungsqualitäten den Astrographen abgelöst. Ebenso wie Refraktoren werden aber Astrographen von Amateurastronomen mit Erfolg verwendet.

A 2.2.3 Reflektoren

Für Instrumente von 1 m Öffnung und darüber können nur noch Hohlspiegel als abbildendes Element benutzt werden. Das Bild entsteht durch Zurückwerfen (Reflexion) des Lichts von einem konkaven Spiegel. Aus diesem zunächst einfachen optischen Prinzip ist im Lauf der Zeit eine ganze Anzahl von untereinander ziemlich verschiedenen Instrumententypen entwickelt worden. Die Vorteile von Spiegeln gegenüber Linsen liegen einmal im Fehlen jeglicher Farbabweichung, da die Reflexionsrichtung unabhängig von der Farbe des Lichts ist. Zum andern wird bei Spiegeln nur eine Fläche optisch bearbeitet; die verwendete Spiegelscheibe muß nur spannungs- und blasenfrei, nicht aber, wie bei Objektiven, auch noch schlierenfrei sein und gute Durchsicht haben.

Eine weitere Entwicklung in der Glastechnik hat in den letzten Jahren zu einer wesentlichen Steigerung der Bildqualität für Großteleskope geführt. Durch den neuen Werkstoff Glaskeramik (unter den Firmennamen Zerodur und Cervit bekannt geworden) können jetzt Spiegelscheiben mit einem thermischen Ausdehnungskoeffizienten von $0 \pm 15 \cdot 10^{-7} \mathrm{K}^{-1}$ hergestellt werden. Das vielbenutzte Glas Duran bzw. Pyrex hat einen Ausdehnungskoeffizienten von $30 \cdot 10^{-7} \mathrm{K}^{-1}$ (d. h. ein Duranstab von 1 m Länge wird bei 10 K Temperaturerhöhung um 0.03 mm länger); Quarz, aus dem noch in der Mitte der 60er Jahre große Spiegelrohlinge gefertigt wurden, hat einen Ausdehnungskoeffizienten von $6 \cdot 10^{-7} \mathrm{K}^{-1}$. Aus Glaskeramik hergestellte Spiegel halten also ihre hohe für die Bildgüte maßgebende Flächengenauigkeit trotz größerer Temperaturschwankungen während einer Beobachtungsnacht bei. Die Flächengenauigkeit bei Spiegelflächen muß mindestens um den Faktor 4 größer sein als bei Linsen.

Das optische Prinzip der Spiegelteleskope ist einfach. Das von einer Lichtquelle kommende parallele Strahlenbündel trifft auf den Konkavspiegel und wird im Brennpunkt, der in der Mitte zwischen Spiegeloberfläche und dem Krümmungsmittelpunkt des Spiegels liegt, vereinigt. Es kann an dieser Stelle, also im Haupt- oder Primärfokus, entweder visuell oder mit einem andern Strahlungsempfänger aufgenommen werden, denn es ist ebenso wie bei der Brechung durch Linsen ein umgekehrtes reelles Bild des Objekts. Da das Bild auf der gleichen Seite des Spiegels liegt wie das Objekt, treten bei der Konstruktion von Spiegelteleskopen gewisse technische Schwierigkeiten auf. Bei den größten Spiegelteleskopen ist der Primärfokus dem Beobachter in einer Fokuskabine im Teleskoprohr direkt zugänglich. Andere Fokalsysteme haben den

Zweck, die Bildebene dem Strahlungsempfänger gut zugänglich zu machen bzw. auch die Brennweite des Hauptspiegels zu vergrößern.

Heute sind folgende Fokalsysteme vorherrschend, die je nach dem gewünschten Öffnungsverhältnis verwendet werden:

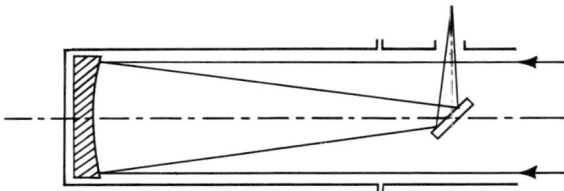

Primärfokus: Hier befinden sich Analysator und Detektor in der Brennebene des Hauptspiegels. Der früher insbesondere bei kleineren Teleskopen gebräuchliche *Newton-Fokus*, bei dem die Lichtstrahlen vor ihrer Vereinigung im Brennpunkt durch einen unter 45° gegen die Achse des Teleskops geneigten Planspiegel um 90° abgelenkt werden, wodurch der Vereinigungspunkt der Strahlen seitlich aus dem Rohr herausverlegt wird, wird heutzutage nur noch bei Amateurteleskopen verwendet. Typische Öffnungsverhältnisse D/f im Primärfokus liegen zwischen 1:3 und 1:5.

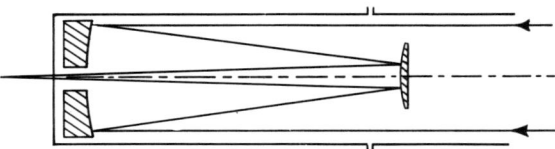

Cassegrain-Fokus: Die Strahlen treffen vor ihrer Vereinigung im Brennpunkt auf einen Konvexspiegel, der sich in der optischen Achse am Rohrende befindet. Dieser Nebenspiegel ist so geschliffen, daß die Strahlen erst zu einem Bild vereinigt werden, nachdem sie durch eine Bohrung in der Mitte des Hauptspiegels getreten sind. Man erreicht dadurch eine Verlängerung der Brennweite des Hauptspiegels etwa um den Faktor 3. Das Öffnungsverhältnis im Cassegrain-Fokus liegt zwischen 1:8 und 1:20.

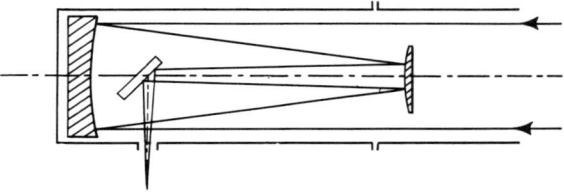

Seitlicher Cassegrain-Fokus (Fokus nach Nasmyth): Will man eine Durchbohrung des Hauptspiegels vermeiden, so kann (ähnlich wie

A 2.2 Optische Systeme

beim Newton-Fokus) durch einen ebenen Fangspiegel der Cassegrain-Fokus seitlich neben das Rohr verlegt werden. Liegt dieser Fangspiegel im Schnittpunkt der Rektaszensions- und Deklinationsachse, so läßt sich die Strahlung durch die hohle Rektaszensionsachse zu einem fest aufgestellten Strahlungsempfänger lenken; man spricht dann von einem *Coudé-Fokus*. Hier findet man die kleinsten Öffnungsverhältnisse D/f von 1:30 bis 1:50.

Die Spiegel sind im allgemeinen parabolisch geschliffen, so daß der Bildfehler der sphärischen Aberration nicht auftritt. Das brauchbare Bildfeld wird durch die Koma begrenzt. Dieser Bildfehler ist im Ritchey-Chrétien-System korrigiert. Dies ist ein Spiegelsystem, das in der Anordnung von Haupt- und Fangspiegel einem Cassegrain-System entspricht, bei dem aber beide Spiegel hyperbolisch deformiert sind. Das brauchbare Gesichtsfeld eines Ritchey-Chrétien-Teleskops ist etwa 0°.5 groß und durch Astigmatismus begrenzt. Wird ein Ritchey-Chrétien-Teleskop im Primärfokus verwendet, so ist vor dem Fokus ein Korrektursystem erforderlich, das die durch die hyperbolische Fläche des Primärspiegels entstandenen Bildfehler kompensiert.

Spiegelteleskope mit Öffnungen über 2.5 m
(geordnet nach dem Jahr der Inbetriebnahme)

Ort (Sternwarte)	Öffnung in m	Fokus	Brennweite in m	Inbetriebnahme
Mt. Wilson (Hale Obs.)	2.54	New Cas Cou	12.9 41 76	1917
Mt. Palomar (Hale Obs.)	5.08	Pr Cas Cou	16.76 81 152	1948
Mt. Hamilton (Lick Obs.)	3.05	Pr Cou	15.25	1959
Krim (Crimean Astrophys. Obs.)	2.64	Pr Cas Cou	10 43 105	1961
Cerro Tololo (Inter-Am. Obs.)	4.0	Pr RC	10.6 31.2	
Fort Davis (Mc Donald Obs. Univ. of Texas)	2.7	RC Cas Cou	24.0 48.6 89.1	1969
Kitt Peak (Kitt Peak Nat. Obs.)	4.0	Pr RC Cou	11.1 30.8 652.0	1973
Byurakan	2.6	Pr Nas Cou	9.4 41.6 104	1975
Coonabarabran (Siding Spring Obs. Anglo-Austr. Obs.)	3.9	Pr RC Cas Cou	12.7 30.8 57.9 140.2	1975
Cerro Las Campanas (Carnegie South. Obs.)	2.54	RC Cou	19.05 76.2	1976

A 2 Astronomische Instrumente

Spiegelteleskope
(Forts.)

Ort (Sternwarte)	Öffnung in m	Fokus	Brennweite in m	Inbetriebnahme
Cerro La Silla (European South. Obs., ESO)	3.6	Pr RC Cou	10.9 28.6 114.6	1976
Zelenchuk (Special Astrophys. Obs.)	6.0	Pr Nas	24.0 180.0	1976
Mauna Kea (United Kingdom)	3.8	Cas Cas Cou	43.2 133.0 76	1978 [1]
Mauna Kea (NASA)	3.0	Cas Cou	105 360	1979 [1]
Mauna Kea (Kanada, Frankr., Hawaii)	3.6	Pr Cou	13.7 72	1979
Mt. Hopkins (Smithonian Astrophys. Obs. u. Univ. of Arizona)	4.46 (= 6×1.82)	Cas Cas	49.9 57.7	1979 [2]
Calar Alto (Max-Planck-Inst. f. Astronomie)	3.5	Pr RC Cou	12.2 35 122.5	1983
Roque de los Muchachos (UK)	4.20	Pr RC	10.50 46.20	1987 [3]
Cerro La Silla (European South. Obs.)	3.58	Pr RC	7.88 39.38	1989 [4]
Roque de los Muchachos (NOT)	2.56	Pr RC	5.12 28.2	1989 [5]
Mauna Kea Hawaii	9.82	Pr RC IR	18.2 147.3 245.5	1991 [6]

Pr Primärfokus, New Newton-Fokus, Cas Cassegrain-Fokus, Nas Nasmyth-Fokus, RC Ritchey-Chrétien-Fokus, Cou Coudé-Fokus, IR Infrarotfokus

[1] IR-Teleskop
[2] Multi-Mirror Telescope; sechs Spiegel von je 1.82 m Öffnung mit gemeinsamem Fokus
[3] William Herschel Telescope
[4] New Technology Telescope; aktive Optik
[5] Northern Optical Telescope (Skandinavien)
[6] Keck I Telescope; segmentierter Spiegel aus 36 hexagonalen Elementen

Neue Teleskoptechnologien

Für lange Jahre war der 5 m-Spiegel auf dem Mt. Palomar, der 1948 seinen Betrieb aufnahm, der größte der Welt, bis er 1976 vom 6 m-Spiegel des Zelenchuk-Observatoriums an Größe übertroffen wurde. Es zeigte sich jedoch, daß mit zunehmendem Spiegeldurchmesser die technologischen Probleme immer größer wurden, da die Spiegel, um ein Durchbiegen während des Betriebs zu verhindern, dicker und damit immer schwerer gebaut werden mußten. Ein größeres Spiegelgewicht hat zur Folge, daß die Teleskopstruktur und die Montierung stabiler und aufwendiger sein müssen, was eine starke Zunahme der Kosten bedingt.

A 2.2 Optische Systeme

Um größere Teleskope zu bauen, mußten neue Technologien für den Teleskopbau entwickelt werden. Im folgenden werden einige der wichtigsten beschrieben.

Aktive Optik: Hierunter versteht man ein niederfrequentes (≤ 1 Hz) Korrektursystem, das Durchbiegungen des Spiegels im Betrieb kontinuierlich korrigiert. Die nötigen Korrekturen werden von einem Computer aus den Abweichungen des Bilds eines Referenzsterns vom Idealbild berechnet. Mit einem solchen Korrektursystem können »dünne« Spiegel verwendet werden, die nur einen Bruchteil des Gewichts haben, das ein »dicker« konventioneller Spiegel desselben Durchmessers hätte. Ein großer Vorteil dieses Systems ist, daß nicht nur die durch Lageveränderungen verursachten Durchbiegungen, sondern bis zu einem gewissen Grad auch Aberrationen (s. A 2.2.5) korrigiert werden können. Das erste Teleskop mit einer aktiven Optik war das »New Technology Telescope« (NTT; Teleskop neuer Technologie) der Europäischen Südsternwarte (ESO), mit dem 1989 zum ersten Mal beobachtet wurde. Der Hauptspiegel des NTT, das nach Plänen des Optikers R. Wilson von der ESO erbaut wurde, besitzt einen Durchmesser

Unterstützungssystem des 3.58 m-Spiegels des NTT der ESO aus 78 einzelnen Elementen, die in vier konzentrischen Ringen angeordnet sind; mit ihm wird die Form des Spiegels »aktiv« korrigiert. Das NTT ist auf einer alt-azimutalen Montierung gelagert

von 3.58 m, seine Dicke beträgt nur 24 cm. Zum Vergleich beträgt die Dicke des Hauptspiegels des 3.60 m-Teleskops der ESO 60 cm und ist damit zweieinhalbmal so dick. Die Kosten für den Bau des NTT betrugen mit 24 Millionen DM nur etwa ein Drittel der Kosten des gleichgroßen 3.60 m-Teleskops. Mit dem NTT wurde eine bisher nicht gekannte Bildqualität erreicht.

Honigwaben-Spiegel: Ein solcher Spiegel hat nur eine sehr dünne durchgehende Oberfläche, auf deren Rückseite sich wabenähnliche Glasstrukturen befinden, die dem Spiegel dieselbe Steifigkeit wie ein dicker Spiegel geben. Ein Teleskop mit einem Honigwaben-Spiegel kann weniger aufwendig als ein Teleskop mit aktiver Optik gebaut werden, jedoch scheint es nicht möglich zu sein, die gleiche Bildqualität zu erreichen.

Multi-Mirror-Teleskop: Hier befinden sich mehrere mittelgroße Spiegel auf derselben Montierung, deren Licht in einem gemeinsamen Fokus vereinigt wird. Als effektive Spiegelfläche ergibt sich die Gesamtfläche der Einzelspiegel. Der Prototyp dieser Teleskopbauweise ist das Multi-Mirror-Teleskop auf dem Mount Hopkins in Arizona, das im Jahr 1979 fertiggestellt wurde. Es hat sechs Einzelspiegel von jeweils 1.8 m Durchmesser, die zusammen einem Spiegel von 4.5 m Durchmesser entsprechen. Inzwischen scheint es jedoch fraglich, ob sich das Multi-Mirror-Prinzip durchsetzen kann; beim Prototyp auf dem Mount Hopkins werden im Jahr 1995 die sechs 1.8 m-Spiegel durch einen einzigen »Honigwaben-Spiegel« mit einem Durchmesser von 6.5 m ersetzt werden.

Segmented-Mirror-Teleskop: Bei diesem Teleskoptyp besteht der Spiegel nicht aus einem einzelnen Stück, sondern ist aus vielen kleineren, dünnen (und damit leichteren) Spiegelstücken zusammengesetzt. Wie bei der aktiven Optik muß auch hier das Bild eines Referenzsterns laufend beobachtet und die Lage der einzelnen Spiegel korrigiert werden. Der Prototyp dieser Technologie ist das »Keck I-Teleskop« (benannt nach dem Geldgeber, einem amerikanischen Milliardär), dessen Spiegel mit einem Gesamtdurchmesser von 9.82 m aus 36 einzelnen wabenförmigen Spiegelstücken zusammengesetzt ist. Erste Beobachtungen mit diesem Teleskop, das auf dem Vulkan Mauna Kea auf Hawaii steht und für einige Jahre das größte der Welt sein wird, wurden im Frühjahr 1992 durchgeführt. Ein weiteres Teleskop gleicher Bauart, das Keck II-Teleskop, soll bis 1996 fertiggestellt werden.

Array von Teleskopen: Hierbei handelt es sich um individuelle Teleskope, deren Strahlengang in einem gemeinsamen Fokus zusammengeführt wird. Die bisher größte Anlage dieser Art ist das Very Large Telescope (VLT) der Europäischen Südsternwarte, das sich zur Zeit im Bau befindet und Ende der neunziger Jahre fertiggestellt sein soll. Es besteht aus vier einzelnen 8 m-Teleskopen, deren gemeinsame Fläche einem 16 m-Teleskop entspricht. Ein großer Vorteil dieser Anordnung ist, daß sie eine große Basislänge für interferometrische Beobachtungen (s. A 2.5.1) besitzt, jedoch mußte ein sehr komplizierter Strahlengang gewählt werden, um zu einem gemeinsamen Fokus zu gelangen.

A 2.2 Optische Systeme 561

Zeichnung des IUE-Satelliten auf seiner geostationären Bahn um die Erde

Satellitenteleskope

Hubble Space-Telescope: Das Hubble Weltraum-Teleskop (HST; s. Farbtafel XVI), das einen 2.4 m-Ritchey-Chrétien-Hauptspiegel mit einem Öffnungsverhältnis von 1:24 besitzt, ist kein Teleskop neuer Technologie. Es ist aber das erste Teleskop, das, außerhalb der störenden Erdatmosphäre, über einen weiten Wellenlängenbereich arbeitet, vom UV (110 nm) bis zum nahen IR (1.1 µm). Bei Direktaufnahmen, die mit zwei verschiedenen Instrumenten möglich sind, sollte nahezu die theoretische Auflösung von unter $0\rlap{.}''1$ erreicht werden. Weitere Instrumente des HST sind zwei Spektrographen für hohe bzw. niedrige spektrale Auflösung sowie ein Photometer. Das HST wurde mit dem Space Shuttle »Discovery« am 24. April 1990 auf eine Erdumlaufbahn mit einer Höhe von 610 km gebracht, doch schon bald nach dem Start stellte sich heraus, daß der 2.4 m-Spiegel mit einem gravierenden Bildfehler, einer starken sphärischen Aberration (s. A 2.2.5), behaftet ist. Nur 20 % des Sternlichts werden innerhalb eines Durchmessers von $0\rlap{.}''1$ konzentriert, statt wie vorgesehen 70 %. Die verbleibenden 80 % werden über eine Fläche verschmiert, die größer als $1''$ ist. Trotz dieses Bildfehlers gelang es, erstaunliche Bilder mit dem HST aufzunehmen, indem mit Hilfe von modernen Bildverarbeitungsmethoden ein hochauflösendes Bild aus den zentralen 20 % des

Lichts konstruiert wurde. Da 80% des Lichts »weggeworfen« werden (müssen), konnte dies allerdings nur für relativ helle Objekte durchgeführt werden. Seine vollen Fähigkeiten konnte das HST erst entfalten, nachdem im Dezember 1993 im Weltraum eine Korrekturoptik in den Strahlengang eingebaut worden war.

International Ultraviolet Explorer (IUE): Mit diesem Satelliten, der am 26. Januar 1978 gestartet wurde, war es zum erstenmal möglich, den bis dahin nahezu unbekannten ultravioletten Spektralbereich von 116 bis 320 nm systematisch zu untersuchen. An Bord des IUE, der in eine geostationäre Bahn mit einer mittleren Höhe von 34 890 km gebracht wurde, befinden sich Spektrographen, mit denen sowohl mit hoher (0.01 bis 0.02 nm) als auch mit niedriger (0.6 bis 0.7 nm) Auflösung beobachtet werden kann. Mit dem IUE wurden inzwischen mehr als 80 000 Spektren von praktisch allen Arten von astronomischen Objekten aufgenommen, und in vielen Bereichen ergaben sich durch die IUE-Beobachtungen fundamental neue Erkenntnisse. Betrachtet man die Anzahl der Veröffentlichungen in astronomischen Fachzeitschriften als Maßstab für den Erfolg eines Instruments, so ist der IUE das mit Abstand erfolgreichste Instrument der Welt, da auf seinen Ergebnissen – trotz seines kleinen Teleskopdurchmessers von nur 45 cm – inzwischen mehr als 2000 Veröffentlichungen beruhen (jedes andere Instrument hat weniger als 1000).

Infrared Astronomical Satellite (IRAS): Mit diesem Satelliten wurde im Jahr 1983 eine photometrische Durchmusterung des gesamten Himmels im fernen Infrarotbereich zwischen 12 µm und 120 µm, der von der Erdoberfläche nicht oder nur sehr schwer zugänglich ist, durchgeführt. Trotz seiner sehr kurzen Lebensdauer von nur 300 Tagen (so lange hielt der Vorrat von ursprünglich 535 l flüssigen Heliums, das zur Kühlung notwendig war), konnten auch mit IRAS fundamental neue Ergebnisse (wie z. B. die Entdeckung der Infrarot-Galaxien, s. 14.6) erhalten werden.

A 2.2.4 Komafreie Spiegelteleskope

Die Nachteile der Reflektoren, schon in geringem Abstand von der optischen Achse die störende Koma zu zeigen, vermeidet eine Spiegelanordnung, die der Optiker Bernhard Schmidt 1931 an der Hamburger Sternwarte erfand. Er ging von der Überlegung aus, daß ein sphärischer Spiegel, dessen Öffnungsblendenebene durch den Krümmungsmittelpunkt der Spiegelfläche geht, ein von Bildfehlern (s. A 2.2.5) der Koma und des Astigmatismus freies Bild erzeugt; denn jede Einfallsrichtung durch den Krümmungsmittelpunkt ist dabei gleichberechtigt, es gibt keine ausgezeichnete Achse.

Eine derartige Anordnung ist aber mit dem Bildfehler der sphärischen Aberration, dem hauptsächlichen Bildfehler des Kugelspiegels behaftet. Schmidt korrigierte diesen Fehler mit einer Korrektionsplatte mit asphärischem Schliff, durch welche die Schnittweiten der Randstrahlen relativ zur Schnittweite der Zentralstrahlen verlängert werden. Die Bildfläche selber ist keine Ebene, sondern

A 2.2 Optische Systeme

eine zur Spiegelfläche konzentrische Kugelfläche, deren Krümmungsradius gleich der Brennweite und damit gleich dem halben Krümmungsradius des Kugelspiegels ist.

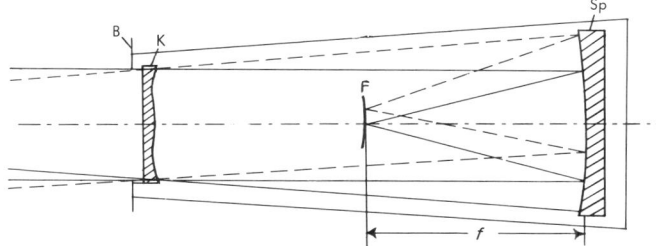

Spiegel nach B. Schmidt. K Korrektionsplatte, Sp sphärischer Spiegel, dessen Krümmungsmittelpunkt in der Mitte der Blendenöffnung B liegt, f Brennweite, F Fokalfläche

Der Strahlungsempfänger, hier bislang ausschließlich die photographische Platte, befindet sich also in der Mitte des Rohrs. Wegen der Bildfeldwölbung muß die Platte oder der leichter durchzubiegende Film über eine Kalotte gebogen werden. Um zu vermeiden, daß eine Abschattung schräg einfallender Strahlenbündel und damit ein Helligkeitsabfall im Gesichtsfeld eintritt, muß der Spiegel bedeutend größer sein als die Korrektionsplatte. Gewöhnlich hat der Durchmesser des Spiegels die 1.5fache Größe der Korrektionsplatte. Bei einem so dimensionierten Schmidt-Spiegel wird bei einem Öffnungsverhältnis von 1 : 2 noch ein 10° × 10° großes Gesichtsfeld vignettefrei abgebildet.

Es sind weitere komafreie Spiegelsysteme vorgeschlagen worden, so von Bouwers und von Maksutow. Sie unterscheiden sich vom Schmidt-Spiegelsystem im wesentlichen nur durch die Art, wie die sphärische Aberration des Kugelspiegels korrigiert wird. Bouwers und Maksutow benutzen stark durchgebogene Meniskuslinsen mit – und das ist ein fabrikationstechnischer Vorteil – sphärischen Flächen. Derartige Systeme werden auch in Cassegrain-Anordnung verwendet.

Schmidt-Kameras mit einer freien Öffnung ≧ 80 cm

Ort (Sternwarte)	Öffnung/ Spiegeldurchmesser, in cm	Brennweite in cm	Feldgröße	Inbetriebnahme
Mt. Palomar (Hale Obs.)	122/183	307	6°.5 × 6°.5	1948
Bloomfontein	81/90	303	4°.8	1950
Uccle	84/120	210	5° × 5°	1958
Tautenburg (Karl-Schwarzschild-Obs.)	134/200	400	3°.4 × 3°.4	1960
Bjurakan	100/150	213	4° × 4°	1961
Uppsala	100/135	300	4°.5 × 4°.5	1964
Cerro La Silla (European Southern Obs.)	100/160	306	6°.5 × 6°.5	1969
Coonabarabran	120/180	306		1973
Kiso Mts.	105/150	325		1974
Llano del Hato	100/152	300		1978
Calar Alto (Max-Planck-Institut f. Astronomie)	80/120	240	5°.5 × 5°.5	1980

Großer Schmidt-Spiegel der Hamburger Sternwarte. Dieses Instrument ist – mit einer neuen Montierung versehen – an dem Observatorium des Heidelberger Max-Planck-Instituts für Astronomie in der Sierra de los Filabres in Südspanien aufgestellt worden

A 2.2 Optische Systeme

A 2.2.5 Bildfehler

Es gibt kein abbildendes optisches Element, das absolut fehlerfrei abbildet. Alle sind sie mehr oder weniger mit Abbildungsfehlern (Aberrationen) behaftet. Man unterscheidet folgende Arten:

Chromatische Aberration: Aufgrund der Tatsache, daß der Brechungsindex von Gläsern von der Wellenlänge abhängt (er wächst mit abnehmender Wellenlänge), liegen die Bilder, die eine einfache Linse entwirft, für verschiedene Wellenlängen – also für verschiedene Farben – nicht in der gleichen Bildebene. Diese Abweichungen der Bildlagen nennt man chromatische Aberration.

Durch Kombination von zwei Linsen aus unterschiedlichen Gläsern, also auch mit unterschiedlichem Verhalten der Brechungsindizes, lassen sich Objektive herstellen, bei denen für zwei Farben die Bildebenen zusammenfallen (Achromate). Zur Korrektur der verbleibenden chromatischen Restfehler ist eine dritte Linse aus einer dritten Glassorte erforderlich (Apochromate). Spiegelobjektive sind frei von chromatischen Fehlern.

Sphärische Aberration: Strahlen, die parallel zur optischen Achse durch den zentralen Bereich einer Linse gehen, werden zu einem Bildpunkt vereinigt, der von der Linse weiter entfernt ist, als der Bildpunkt, zu dem sich die Strahlen durch die Randzonen der Linse vereinigen. Dieser Fehler, die sphärische Aberration, kann durch Deformation, d. h. Durchbiegung, der Linse beeinflußt werden, vollständig beheben läßt er sich nur durch die Verwendung nicht-kugelförmiger (asphärischer) Flächen oder durch die Kombination zweier Linsen.

Die achromatischen Objektive von Refraktoren sind frei von sphärischer Aberration. Anderseits ist die sphärische Aberration der wesentliche Bildfehler des kugelförmigen Hohlspiegels. Der Parabolspiegel ist dagegen frei von sphärischer Aberration.

Koma: Die Koma ist ein Bildfehler, der sich darin äußert, daß Strahlenbündel, die gegen die optische Achse geneigt sind, je nach der Zone des Objektivs, durch die sie hindurchtreten, in unterschiedlicher Entfernung zu einem Bildpunkt vereinigt werden. Das Bild punktförmiger Quellen kann dadurch zu einer kometenschweifartigen Figur, die auf das Zentrum des Bilds hin orientiert ist, ausgezogen werden.

Die Koma ist der Hauptfehler des Parabolspiegels und begrenzt sein brauchbares Bildfeld. Dagegen ist der Schmidt-Spiegel (und seine Varianten) ein komafreies Spiegelsystem. Achromatische Refraktorobjektive erlauben eine fast vollständige Korrektur dieses Bildfehlers, wenn man darauf verzichtet, die beiden Linsen zu

Ein Maksutow-Cassegrain-System

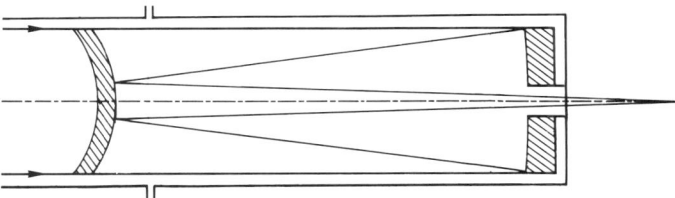

verkitten und damit eine größere Freiheit in der Wahl der Linsenformen gewinnt. Komafreie Objektive werden Aplanate genannt.

Bildfeldwölbung: Dieser Bildfehler bedeutet, daß das entworfene Bild nicht auf einer ebenen Bildfläche scharf ist, sondern daß diese Fläche mehr oder weniger stark gewölbt ist.

Diesem Bildfehler kann durch eine entsprechende Wölbung der Auffangfläche des Empfängers (etwa der photographischen Platte in einem Schmidt-Spiegel) begegnet werden. Es ist aber auch möglich, durch Bildfeldebnungslinsen die Bildfeldwölbung aufzuheben.

Astigmatismus: Ist die Bildfeldwölbung davon abhängig, welchen Bereich des Objektivs das gegen die optische Achse geneigte Strahlenbündel durchsetzt, so spricht man von Astigmatismus. Er zeigt sich darin, daß Punktquellen außerhalb der optischen Achse nicht als Punkte abgebildet werden, sondern bestenfalls als kleine Striche, die – je nach der Lage der Auffangfläche – entweder auf das Bildzentrum hin orientiert sein können oder senkrecht auf dieser Richtung stehen. Mangelhafte optische Systeme zeigen diesen Fehler auch in der optischen Achse. Die Korrektur des Astigmatismus erfordert die Kombination mehrerer Linsen (Anastigmate). Sie ist nur erforderlich, wenn – wie in Astrographen – größere Bildwinkel benutzt werden.

Verzeichnungen: Ist bei einem sonst scharfen Bild der Abbildungsmaßstab von der Neigung des Strahlenbündels abhängig, so daß etwa bei der Abbildung eines Quadrats die Ecken besonders weit herausgezogen werden, oder aber zu nahe am Mittelpunkt der Figur bleiben, so spricht man von einer positiven (kissenförmigen) bzw. von einer negativen (tonnenförmigen) Verzeichnung. Dieser Bildfehler ist ohne große Bedeutung, da er bei der Auswertung immer rechnerisch korrigiert werden kann. Symmetrisch aufgebaute Objektive sind frei von Verzeichnung.

Das mit dem Auge wahrgenommene Bild wird von einem optischen System, das aus der gewölbten Hornhaut und der Augenlinse besteht, auf die Netzhaut entworfen. Der wesentliche Teil der Brechkraft liegt in der Hornhautkrümmung; die Augenlinse, deren Krümmungsradien variabel sind, ermöglicht es, Gegenstände in unterschiedlicher Entfernung scharf zu sehen, also zu fokussieren.

A 2.3 Strahlungsempfänger (Detektoren)

A 2.3.1 Das Auge

Die lichtempfindlichen Organe des Auges sind die in der Netzhaut gelegenen Zapfen und Stäbchen. Die Zapfen vermitteln neben einer Helligkeitsempfindung auch den Farbeindruck. Ihre größte Dichte ist in der Mitte der Netzhaut, der Netzhautgrube oder Fovea centralis; im peripheren Teil der Netzhaut kommen sie nur vereinzelt vor. Die Stäbchen haben keine Farbempfindlichkeit, sie sind in der Netzhautgrube nicht vorhanden, nehmen aber nach den äußeren Teilen der Netzhaut hin stark zu und beherrschen diese fast ausschließlich.

A 2.3 Strahlungsempfänger

Spektrale Empfindlichkeit des Auges

in Prozent des Maximalwerts, für die Zapfen (Z) und Stäbchen (St)

λ/nm	Z	St
400	0.04	1.85
420	0.40	7.6
440	2.30	21.2
460	6.0	40.6
480	13.9	65.0
500	32.3	90.0
520	71.0	96.0
540	95.4	68.0
560	99.5	35.0
580	87.0	14.0
600	63.1	4.9
620	38.1	1.75
640	17.5	0.575
660	6.1	0.170
680	1.7	0.044
700	0.41	0.0105
720	0.105	–
740	0.025	–
760	0.006	–

Eine der bemerkenswertesten Eigenschaften des Auges ist seine Fähigkeit, sich der jeweiligen Helligkeit anzupassen. Diese Fähigkeit der Adaption hat zwei Ursachen: Einerseits paßt sich der Pupillendurchmesser dem jeweiligen Helligkeitsniveau an, er steigt von etwa 2 mm bei hoher Helligkeit auf etwa 7 bis 8 mm beim dunkeladaptierten Auge an. Zum andern übernehmen – während beim Tagsehen vorwiegend die Zapfen aktiv sind – beim Nachtsehen die Stäbchen die Funktion der lichtempfindlichen Organe. Damit erlischt die Erkennbarkeit der Farben. Zugleich verschiebt sich das Maximum der spektralen Empfindlichkeit des Auges um etwa 50 nm zu kürzeren Wellenlängen (Purkinje-Effekt). Beim dunkeladaptierten Auge liegt das Maximum bei etwa 513 nm.

Das vollkommen dunkeladaptierte Auge vermag im Extremfall noch die Strahlung eines Sterns der Helligkeit 8^m zu registrieren. Dies entspricht einem Strom von etwa 100 Photonen, die pro Sekunde durch die Pupille fließen. Die entsprechende Strahlungsleistung liegt bei rund $4 \cdot 10^{-17}$ Watt. Der Schwellenwert bei aufgehelltem Nachthimmel liegt um etwa eine Zehnerpotenz höher, damit also bei etwa 5^m5. Die Grenzgröße bei visueller Beobachtung mit Instrumenten wird etwa im Verhältnis der Eintrittsöffnungen Objekt/Pupille heraufgesetzt. Die Abhängigkeit von der Vergrößerung rührt im wesentlichen daher, daß mit steigender Vergrößerung der Himmelshintergrund dunkler erscheint.

Schließlich muß noch vermerkt werden, daß das Auge – gerade wegen seiner Adaptionsfähigkeit – für die Beurteilung absoluter Strahlungsleistungen wenig geeignet ist. Dagegen vermag es Helligkeitsunterschiede von wenigen Prozent zu erkennen.

Grenzgröße bei visueller Beobachtung

	Öffnung des Instruments in cm	Vergrößerung				
		7×	20×	50×	100×	200×
Nachtglas 7 × 50	5	9^m4				
Sucher	6	10^m7				
Kleiner Refraktor	15	11^m7	12^m7	13^m4	14^m2	
Mittlerer Refraktor	30			13^m5	14^m2	14^m9
Großer Refraktor	60				14^m9	15^m7
Spiegelteleskop	150					16^m7

A 2.3.2 Die photographische Platte

Abgesehen vom menschlichen Auge sind photographische Platten die ältesten astronomischen Detektoren. Für die meisten Anwendungen wurden sie inzwischen nahezu vollständig von elektronischen Detektoren abgelöst; man verwendet sie jedoch noch für Aufnahmen großer Felder.

Die Strahlungsempfänger beim photographischen Prozeß sind winzige Körner (etwa 1 µm Durchmesser) von Silberhalogeniden (meist AgBr), die in Gelatine eingebettet in dünner Schicht (charakteristische Dicke etwa 0.05 mm) auf eine Glasplatte oder einen Film als Träger aufgetragen sind. Durch die Belichtung werden diese Körner entwickelbar, d. h. in einen Zustand gebracht, aus dem sie in alkalischen Lösungen gewisser organischer Substanzen zu metallischem Silber reduziert werden können. Das entwickelte Bild muß noch fixiert werden, ein Prozeß, bei dem das nicht reduzierte Silberbromid aus der Schicht herausgelöst wird.

Die Einführung photographischer Beobachtungsverfahren in die Astronomie vor nunmehr etwa hundert Jahren hat wesentliche Fortschritte ermöglicht: Die Beobachtung selber und ihre Auswertung konnten zeitlich getrennt werden. Das Sammeln eines großen Beobachtungsmaterials (das einer großen Datenmenge entspricht) wurde möglich. Schließlich erlaubt die akkumulierende Wirkung des photographischen Prozesses, zu lichtschwächeren Objekten vorzudringen. Auch wurden durch die Technik der Sensibilisierung photographischer Schichten durch Zugabe bestimmter organischer Farbstoffe (Sensibilisatoren) neue Spektralbereiche im Infraroten der Beobachtung zugänglich gemacht.

Grenzgrößen (in mag) photographischer Aufnahmen bei verschiedenen Belichtungszeiten

(D Durchmesser des Instruments)

$\dfrac{D}{cm}$	Belichtungszeit		
	10 min	30 min	100 min
20	14.0	15.0	16.0
40	15.5	16.5	17.5
100	17.5	18.5	19.5
250	19.5	20.5	21.5
500	21.0	22.0	23.0

Im Gegensatz zu den meisten elektronischen Detektoren, die aus Festkörpern bestehen, benützt die Photoplatte Mikrokristalle, die erlauben, sehr große Platten mit 10^9 oder etwas mehr »Pixeln« (Auflösungselementen) herzustellen. Das Auflösungsvermögen einer Photoplatte wird meist als die Zahl der Linien pro Millimeter angegeben, die in der Kontaktkopie eines Gitters noch aufgelöst werden, d. h. getrennt sichtbar sind. Diese Zahlen liegen für grobkörnige Emulsionen hoher Empfindlichkeit bei etwa 50 und können bei höchst feinkörnigen und sehr dünnen Photoschichten den sehr hohen Wert von bis zu 1000 erreichen.

Trotz dieser Vorteile hat die Photoplatte auch große Nachteile, die letztlich für ihr Verschwinden aus der astronomischen Praxis verantwortlich sind. Die Quantenausbeute, d. h. das Verhältnis der registrierten zu den einfallenden Lichtquanten, ist selbst für die empfindlichsten Photoplatten mit < 0.01 sehr niedrig; von hundert Photonen wird im Mittel nicht einmal ein Photon registriert. Zum Vergleich kann die Quantenausbeute eines elektronischen CCD-Detektors bis zu 0.9 betragen. Ein weiterer Nachteil ist, daß die Nichtlinearität der Photoplatte und viele unterschiedliche Effekte, die die Empfindlichkeit beeinflussen, eine genaue Kalibrierung von photographischen Aufnahmen nahezu unmöglich machen.

A 2.3.3 Elektronische Detektoren

Es gibt drei Grundtypen von elektronischen Detektoren. In den sogenannten »kohärenten Detektoren« wird die einfallende Strahlung (elektronisch) verstärkt und letztlich als Gleich- oder Wechselstromsignal gemessen. Solche Detektoren sind schon seit langem im Radiobereich in Gebrauch und werden inzwischen auch im Millimeterbereich verwendet. »Photonen-Detektoren« basieren dagegen auf der Wechselwirkung und dem Energieaustausch von Photonen und Elektronen im Detektormaterial. Man verwendet sie im Gamma-, Röntgen- UV-Bereich, im Sichtbaren Bereich sowie im IR. Beim dritten Typ, den Bolometern wird die einfallende Flußdichte indirekt bestimmt, indem die durch die Absorption verursachte Aufheizung eines Detektormaterials gemessen wird.
Im folgenden sollen einige der gebräuchlichsten Detektortypen näher vorgestellt werden.

Photokathoden

Photokathoden, die auf dem photo- oder lichtelektrischen Effekt beruhen, sind die am längsten verwendeten elektronischen Detektoren. Ein Photon, das auf eine Photokathode trifft, setzt dort ein Elektron frei, das sich dann unter dem Einfluß eines elektrischen Felds zu einer Anode bewegt. Der hierdurch erzeugte Photostrom, dessen Größe ein Maß für den einfallenden Photonenfluß ist, wird gemessen. Voraussetzung für die Freisetzung eines Photoelektrons ist, daß die Energie $h\nu$ des Photons größer ist als die Ionisationsenergie des verwendeten Photomaterials. Aus diesem Grund werden zumeist Halbleitermaterialien mit kleinen Ablöse-Energien verwendet. Photokathoden haben mehrere Vorteile gegenüber Photoplatten: Sie besitzen eine sehr viel höhere Quantenausbeute (bis zu 60%), sie sind linear, d. h. der gemessene Photostrom ist proportional zum einfallenden Photonenfluß, und ihr dynamischer Bereich, d. h. das Verhältnis des stärksten zum schwächsten meßbaren Photonenfluß ist im allgemeinen wesentlich größer.
Die wichtigste Anwendung der Photokathode ist der Photomultiplier, der auch Sekundärelektronen-Vervielfacher (SEV) genannt wird. Er besteht aus einer Photokathode, einer Anode und einer Anzahl von Dynoden (bis zu 15), die Sekundärelektronen emittieren. Ein durch ein Photon aus der Photokathode herausgeschlagenes Elektron (das sogenannte Primärelektron) wird durch die angelegte elektrische Hochspannung (mehrere tausend Volt) zur ersten Dynode hin beschleunigt und setzt dort eine Anzahl von Sekundärelektronen (bis zu 50) frei, die wiederum zur nächsten Dynode hin beschleunigt werden, wo sie wiederum, wie bei der ersten Dynode, vervielfältigt werden. Letztlich werden durch diesen kaskadenähnlichen Verstärkungsprozeß für jedes Primärelektron bis zu 10^8 Sekundärelektronen erzeugt, deren Ladung an der Anode leicht nachzuweisen ist. Mit Photomultipliern können so einzelne Photonen nachgewiesen werden; man spricht daher auch von einem photonenzählenden Detektor.
Eine Variante der Photomultiplier sind die Kanal-Elektronenverstärker (KEV), bei denen die Dynoden und die Widerstandskette

Schematischer Aufbau einer
Photomultiplier-Röhre

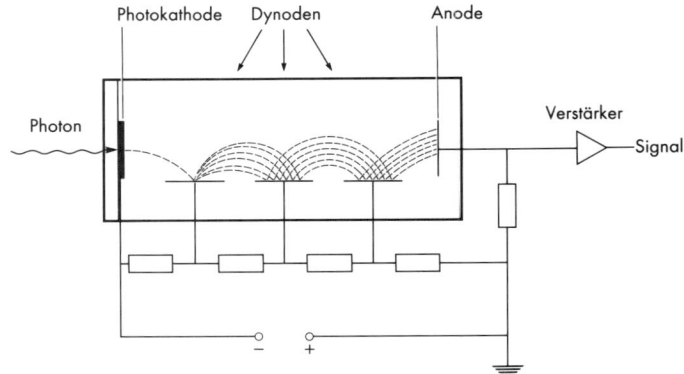

Schematischer Aufbau eines Kanal-Elektronenverstärkers

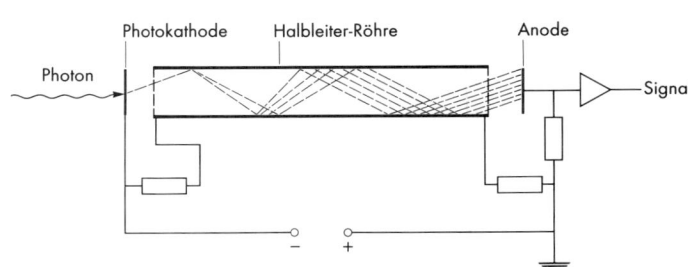

durch eine Röhre mit einem Halbleiter als Innenfläche ersetzt sind, aus der die Sekundärelektronen freigesetzt werden. Wie bei Photomultipliern können auch bei einem KEV Verstärkungsfaktoren von bis zu 10^8 erzielt werden. Bei Verwendung eines geeigneten Materials können die Photoelektronen in der Eingangschicht der Röhre erzeugt werden, man kann deshalb auf eine separate Photokathode verzichten. Da es technisch möglich ist, KEV mit sehr kleinen Durchmessern (bis zu 10 µm) herzustellen, läßt sich mit ihnen ein abbildender Detektor mit einer sehr hohen Ortsauflösung herstellen, indem man eine größere Anzahl von KEV in einem Bündel zusammenfaßt. Ein solcher Detektor wird als Vielkanal- oder Mikrokanalplatte (micro channel plate, MCP) bezeichnet.

Eine wichtige Rolle spielten über lange Jahre elektronenoptische Bildverstärkerröhren. Das sind Geräte, bei denen das von der Optik des Teleskops (oder des Spektrographen) entworfene Bild zunächst auf einer flachen (meist halbdurchlässigen) Photokathode aufgefangen wird. Die dabei freigesetzten Photoelektronen werden nun aber nicht, wie im Photomultiplier, einfach zusammengefaßt und als Photostrom in Kaskaden verstärkt und schließlich registriert. Sie werden vielmehr in einem elektrischen Feld beschleunigt und durch eine Elektronenoptik (häufig wird ein starkes homogenes Magnetfeld verwendet) in ihren Bahnen so abgelenkt, daß auf einem Bildschirm ein Abbild der Photokathode entsteht. Dieses Bild wird dort hell sein, wo die Photokathode im primären optischen Bild beleuchtet war, wo also Photoelektronen austreten konnten. Dunkel bleiben dagegen jene Gebiete, die auch im primären Bild nicht beleuchtet waren. Damit ist ein verstärktes sekundäres Bild gewonnen, das weiter ausgewertet werden kann. Oft werden auch mehrere Bildverstärkerstufen (bis zu drei) hintereinander verwendet. Durch die Benutzung von Bildverstärkern konnten die Belichtungszeiten bei der Photographie schwacher Objekte drastisch reduziert werden, auf Minuten, wo man vorher Stunden brauchte.

Konventionelle Bildröhren, wie sie in Fernsehkameras verwendet werden, sind wegen des starken Rauschens der Videoverstärker bei niedrigem Helligkeitsniveau weniger geeignet. Es gibt aber spezielle Vidicon-Typen, das SEC- und das SIT-Vidicon, die ursprünglich für Nachtsichtgeräte entwickelt wurden, die dann auch in der astronomischen Beobachtung anwendbar waren. Ein SEC-Vidicon wird beispielsweise im Internationalen Ultraviolett-Explorer (IUE) verwendet.

Halbleiterdetektoren Auch die Entwicklung von Halbleiter-Photodetektoren hat große Fortschritte gemacht. Diese Detektoren beruhen auf dem inneren oder intrinsischen Photoeffekt, bei dem im Gegensatz zu den Photokathoden das Elektron nicht freigesetzt wird, sondern nur innerhalb des Halbleiters vom tiefer liegenden Valenzband in ein energetisch höher liegendes Leitungsband angehoben werden. Die Bedingung hierfür ist, daß die Energie des Photons die der Energielücke zwischen dem Valenz- und dem Leitungsband überschreitet. Da man durch eine geeignete »Dotierung« Halbleiter mit Energielücken von nur wenige Zehntel eV herstellen kann, können diese Detektoren auch im infraroten Spektralbereich bis zu etwa 5 µm eingesetzt werden, wobei hier am häufigsten Indiumantimonid- oder Germanium-Detektoren verwendet werden.

Die wichtigsten Halbleiterdetektoren sind die Charge Coupled Devices (CCDs), die zuerst Ende der siebziger Jahre eingesetzt wurden und innerhalb weniger Jahre eine kleine Revolution bei den astronomischen Detektoren bewirkten. CCDs bestehen aus einer zweidimensionalen Anordnung kleiner photoempfindlicher Halbleiterelemente, die auf einem dünnen photoleitenden Material, normalerweise einer Siliziumschicht, angebracht sind. Bei der Belichtung bauen sich in diesen Elementen Ladungen auf. Durch einen geeigneten Aufbau der Schaltung auf dem Chip hat man erreicht, daß diese Ladungen ebenso wie Ladungen auf dem Gate eines MOS-Feldeffekttransistors einen Strom steuern. Durch Steuerimpulse und unter Ausnutzung dieses Steuereffekts der Ladungen kann das Ladungsbild Zeile für Zeile an den Rand des Bildfelds geschoben und dort ausgelesen werden. Derartige CCD-Empfänger sind außerordentlich empfindlich; ihre Quantenausbeute kann bis zu 90% betragen. Integrationszeiten, d. h. Zeiten, in denen vor dem Auslesen das Licht gesammelt wird, von mehreren Stunden sind möglich. Anderseits können noch Ladungen von nur sechs Elektronen pro Bildelement nachgewiesen werden. Die Größe eines einzelnen Nachweiselements (auch »Pixel« genannt) liegt zwischen 10 und 30 µm, wobei die größten CCD-Chips, die inzwischen im Gebrauch sind, aus 2000 × 2000 Pixeln bestehen. Wegen ihrer Vorzüge und der relativ einfachen und unkritischen Handhabung sind CCDs inzwischen die weitaus häufigsten Detektoren in der optischen Astronomie.

Besonders erwähnt werden müssen hier noch die im infraroten Spektralbereich benutzten Photodetektoren. Mit photographischen Emulsionen kommt man bis zu Wellenlängen von etwa 1.15 µm. Bei längeren Wellen benutzt man Photodetektoren, die aus gekühlten Halbleitern bestehen, in denen durch die Absorption von IR-Photonen Elektronen aus dem tiefer liegenden Valenzband in das energetisch höher liegende Leitungsband angehoben werden. Damit wird die elektrische Leitfähigkeit erhöht. Bleisulfid-Zellen (PbS) sind bei Arbeitstemperaturen von 77 K (Kühlung durch flüssige Luft) im Bereich 1 bis 4 µm verwendbar, Indiumantimonid-Zellen (InSb) reichen bis 5.5 µm. Bei zunehmender Wellenlänge werden die Anforderungen an die Kühlung immer höher. Bolometrische Empfänger, etwa Germanium-Bolometer, welche die Temperaturabhängigkeit des Leitvermögens von Germaniumkristallen benutzen, müssen bei Temperaturen des flüssigen Heliums (≈ 3 K) betrieben werden. Mit ihnen kann Strahlung bis zu etwa 1 mm Wellenlänge nachgewiesen werden.

A 2.4 Spektrographen

Spektrographen sind die wichtigsten Hilfsmittel der beobachtenden Astronomie zur Analyse der Strahlung. Mit ihnen wird das einfallende Licht entsprechend seiner Wellenlänge mit Hilfe eines dispergierenden Elements zerlegt. Es gibt zwei prinzipiell verschiedene Arten der Spektroskopie, nämlich mit und ohne Spektrographenspalt.

A 2.4.1 Spaltspektrogaph

Das vom Stern kommende Licht wird in einem Teleskop gesammelt und zu einem Bild des Sterns (Beugungsscheibchen) vereinigt. Dieses Bild liegt auf dem Eintrittsspalt eines Spektrographen. Der Spektrograph besteht im wesentlichen aus drei optischen Bauelementen: einem Kollimator, der das durch den Spalt fallende Licht auffängt und die auseinanderlaufenden Lichtstrahlen parallel macht, einem dispergierenden Element, welches das Bündel paralleler Strahlen je nach der Wellenlänge der Strahlung in verschiedene Richtungen lenkt, und einem Kameraobjektiv, das diese Strahlen verschiedener Richtung zu einer Folge von Bildpunkten vereinigt. Letztlich findet eine Abbildung des Spalts auf den Detektor statt (heute meist ein CCD-Detektor), der die Intensität der Strahlung in den einzelnen Wellenlängen registriert. Als dispergierendes Element können Prismen oder Beugungsgitter verwendet werden. Man spricht dann jeweils von einem Prismen- oder von einem Gitterspektrographen. Gitterspektrographen haben den Vorteil

A 2.4 Spektrographen

gegenüber Prismenspektrographen, daß bei ihnen die Winkeldispersion – dies ist die Änderung des Beugungswinkels mit der Wellenlänge – nicht von der Wellenlänge der einfallenden Strahlung abhängt, während bei Prismenspektrographen die Winkeldispersion mit zunehmender Wellenlänge stark abnimmt. Aus diesem Grund werden Prismenspektrographen heute praktisch nicht mehr verwendet.

Zwei wichtige Daten charakterisieren die Leistungsfähigkeit eines Spektrographen: einerseits die Lineardispersion, d. h. die Angabe, welcher Wellenlängenunterschied auf 1 mm im Spektrum kommt, und anderseits die Lichtstärke, d. h. eine Angabe über die Helligkeit des Spektrums, bezogen auf das durch den Spalt eintretende Licht. Leider nimmt mit hoher Lineardispersion (etwa 0.01 nm/mm wird heute erreicht) die Lichtstärke ab. Es ist günstig, die Spektrographen möglichst groß zu bauen. Ihre Größe wird vor allem durch die Dimension der noch herstellbaren Gitter begrenzt. Das spektrale Auflösungsvermögen ist als das Verhältnis $\lambda/\Delta\lambda$ definiert, wobei $\Delta\lambda$ der Abstand ist, bei dem zwei Spektral-Linien gerade noch voneinander getrennt erscheinen. Bei einem Gitterspektrographen hängt das Auflösungsvermögen von mehreren Komponenten ab, vom Gitter selbst, von der Spektrographenkamera, von der räumlichen Auflösung des Detektors und von der Breite des Eintrittsspalts. Beim Gitter ist das Auflösungsvermögen proportional zur Gesamtzahl der Gitterlinien (nicht zu ihrem Abstand) und zur Ordnung des gebeugten Lichts, in der beobachtet wird. Hieraus folgt, daß man, um ein großes Auflösungsvermögen zu erzielen, möglichst große Gitter verwenden muß. Da der Eintrittsspalt auf den Detektor abgebildet wird, ist leicht einzuse-

Strahlengang in einem modernen Gitterspektrographen

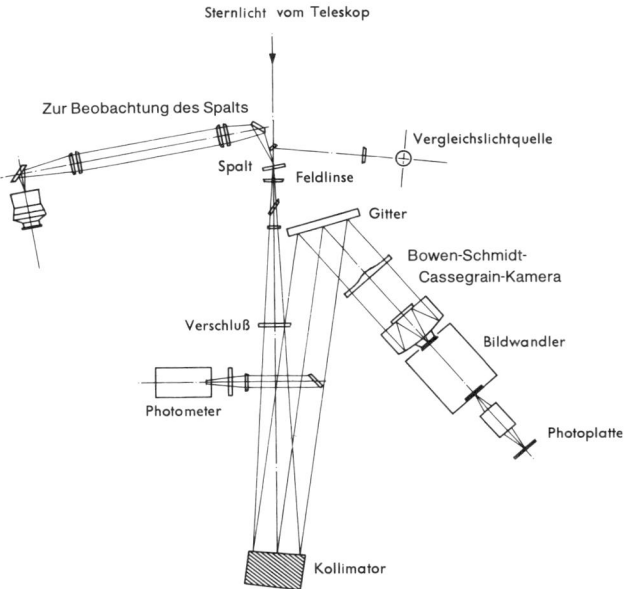

hen, daß seine Bildgröße auf dem Detektor mit zunehmender Spaltbreite ebenfalls zunimmt. Selbstverständlich gibt es hier eine Grenze, die durch die Pixelgröße auf dem Detektor bestimmt ist: Hat das Spaltbild dieselbe Größe, kann durch eine weitere Verkleinerung des Spalts keine höhere Auflösung mehr erreicht werden.

Ganz allgemein gilt, daß die Belichtungszeiten für einen gegebenen Spektrographen und ein Objekt mit bestimmter Helligkeit in erster Näherung proportional zur spektralen Auflösung sind. Das heißt, um das gleiche Signal-zu-Rausch-Verhältnis zu erzielen, muß bei doppelter Auflösung doppelt so lange belichtet werden. In der Praxis bedeutet dies, daß sehr schwache Objekte innerhalb vernünftiger Belichtungszeiten nur mit kleiner spektraler Auflösung beobachtet werden können.

Es gibt sehr viele unterschiedliche Modifikationen von Spaltspektrographen, die je nach dem gewünschten Auflösungsvermögen verwendet werden. Von großer Bedeutung ist, daß die Spektrographen und ihre Komponenten den jeweiligen Teleskopkonfigurationen in ihren Maßen »angepaßt« sind, d. h. daß z. B. das Gitter so groß ist, daß es den gesamten Strahlengang erfaßt, weil andernfalls Licht verschenkt würde. Umgekehrt nützt es natürlich nichts, wenn das Gitter sehr viel größer als das Strahlenbündel ist, da in diesem Fall nur ein Teil des Gitters ausgenützt werden kann. Dies bedeutet, daß man mit ein- und demselben Spektrographen immer nur einen bestimmten Bereich an Auflösungsvermögen erzielen kann.

Die am häufigsten verwendeten Spektrographen sind solche, die im Cassegrain-Fokus eines Teleskops angebracht sind und deshalb auch »Cassegrain-Spektrographen« genannt werden. Je nach dem verwendeten Gitter kann mit ihnen eine kleine bis mittlere spektrale Auflösung im Bereich von etwa 100 bis 6000 erreicht werden. Höhere Auflösungen bis zu 100 000 können mit Spektrographen erreicht werden, die sich im Coudé-Fokus eines Teleskops befinden. Ein großer Vorteil solcher Spektrographen ist, daß sie ortsfest aufgebaut werden können, das heißt, sie müssen nicht mit dem Teleskop mitbewegt werden. Nachteile dieser Spektrographen sind, daß man sehr große Gitter benötigt (bis zu 50 cm), die technisch nur sehr schwer hergestellt werden können, und daß bei einer gegebenen Detektorbreite nur noch ein sehr kleiner spektraler Ausschnitt beobachtet werden kann.

Eine alternative Möglichkeit, eine hohe Auflösung bis zu etwa 50 000 zu erzielen, bieten die sogenannten »Echelle-Spektrographen«, die seit Ende der siebziger Jahre im Gebrauch sind. Bei einem Echelle-Spektrographen wird bei sehr hohen Beugungsordnungen beobachtet ($50 \leq n \leq 150$), wodurch sich eine hohe Auflösung ergibt. Da sich diese Ordnungen jedoch weitgehend überlappen, ist es notwendig, sie senkrecht zur Dispersionsrichtung zu »entzerren«, was mit einem »Querdispersionsgitter« geschieht. Auf dem Detektor ergibt sich eine zweidimensionale streifenförmige Anordnung der einzelnen Ordnungen, die einen weiten Spektralbereich erfassen. Da die Echelle-Spektrographen, die im Casse-

A 2.4 Spektrographen

grain-Fokus eines Teleskops betrieben werden, die oben angesprochenen Nachteile der Coudé-Spektrographen nicht besitzen, haben sie sich in jüngster Zeit zu einem der wichtigsten Instrumente der Spektroskopie entwickelt.

In Spektren hoher Dispersion können so viele Einzelheiten untersucht werden, daß ihre Auswertung und theoretische Interpretation oft eine monatelange Arbeit bedeutet. Aber auch das Aufnahmeverfahren ist langwierig: mit einer Belichtung wird meist nur das Spektrum eines einzigen Sterns gewonnen.

A 2.4.2 Spaltlose Spektrographen

Diesen Nachteil vermeidet der zweite Typ astronomischer Spektrographen, der spaltlose Spektrograph. In seiner bekanntesten Version besteht er aus einem Astrographen, also einer Kamera (mit Linsen- oder Spiegeloptik) zur Aufnahme eines Sternfelds. Vor die Optik ist ein Prisma gesetzt, meist mit kleinem brechendem Winkel, welches das Sternenlicht je nach der Wellenlänge verschieden stark ablenkt. Anstelle des Bildpunkts des Sterns entsteht nun ein kurzer Strich, bestehend aus den nebeneinander liegenden monochromatischen Bildpunkten, also ein Spektrum. Anstelle eines Sternfelds wird also ein Astrograph mit Objektivprisma ein Feld von Sternspektren auf die photographische Platte abbilden. Im Gegensatz zum Spaltspektrographen wird so mit einer einzigen Aufnahme eine große Zahl von Spektren erhalten. Diesem Vorteil stehen einige Nachteile gegenüber: die Dispersionen sind beschränkt; etwa 15 bis 50 nm/mm sind typisch. Bei hohen Dispersionen und bei dichten Sternfeldern besteht die Gefahr, daß die Spektren verschiedener Sterne überlappen. Nur Sterne in einem bestimmten Helligkeitsintervall ergeben bei einer Objektivprismenaufnahme gut belichtete Spektren. Schließlich wird – im Gegensatz zu den Spaltspektrographen – die Schärfe der Spektren durch die Luftunruhe beeinträchtigt, da das Seeing-Scheibchen des jeweiligen Objekts als eine Art Eintrittsspalt wirkt. Anstatt eines Objektivprismas kann auch ein Transmissionsgitter verwendet werden.

Spalt- und Objektivprismenspektrographen ergänzen sich: Während die Spaltspektrographen mit ihren hohen Dispersionen besonders zum Studium individueller Sterne geeignet sind, liegt der Nutzen der Objektivprismen-Aufnahmen in der Möglichkeit, rasch viele Sternspektren mäßiger Auflösung zu erhalten, für statistische Zwecke und zum Aufsuchen interessanter Objekte. Mit Lineardispersionen von etwa 15 nm/mm lassen sich die charakteristischen Merkmale von Sternspektren erkennen. Es ist dann möglich, Sterne nach solchen Merkmalen zu klassifizieren. Eine andere Anwendungsmöglichkeit ist z. B. die Suche nach Emissionslinien-Objekten.

A 2.4.3 Fasergekoppelte Spektrographen

Viele neue Möglichkeiten für Spektrographen eröffnete die Entwicklung von Lichtleitern aus Glasfaser, denn damit war es möglich, Spektrographen über einen solchen Lichtleiter an das Teleskop anzukoppeln. Die Eingangsöffnung des Lichtleiters, die in der Fokalebene des Teleskops liegt, wirkt als Eintrittsspalt, der durch den Lichtleiter auf den Eingang des Spektrographen abgebildet wird. Durch die Ankopplung über einen Lichtleiter ist es möglich, den Spektrographen vom Teleskop wegzunehmen und ortsfest im Kuppelraum aufzustellen, was beim Betrieb große Vorteile mit sich bringt. Erkauft wird das durch einen Lichtverlust im Leiter, dessen Größe vom verwendeten Material und der Länge des Lichtleiters abhängt. Mit Hilfe von Lichtleitern wurde es auch möglich, sogenannte »Multi-Objekt-Spektrographen« zu bauen, d. h. Spektrographen, mit denen mehrere Objekte gleichzeitig beobachtet werden können. Je nach Konstruktion können bis zu 50 oder 60 Objekte, die sich im Teleskop-Feld befinden, über Lichtleiter gleichzeitig auf einen Spektrographen abgebildet und aufgenommen werden. Zur Positionierung der Lichtleiter gibt es zwei Möglichkeiten: einmal kann dies durch Blendenplatten erfolgen, die sich in der Fokalebene des Teleskops befinden und an denen die Lichtleiter befestigt werden. Hierzu ist es nötig, vor der Beobachtung Löcher in die Blendenplatte an der Position der zu untersuchenden Objekte zu bohren. Die zweite Möglichkeit, die wesentlich aufwendiger ist, jedoch flexiblere Beobachtungen erlaubt, ist, die Lichtleiter mit Hilfe eines Schlittens direkt auf die Position der Objekte zu fahren.

A 2.4.4 Breitbandige Zerlegung, Photometrie

Neben der spektralen Zerlegung des Lichts mit einem dispergierenden Element ist die breitbandige Zerlegung mit Hilfe von Filtern zur Durchführung von photometrischen Beobachtungen eine der klassischen Beobachtungsmethoden der Astronomie. Mit Hilfe von Photometrie mißt man die Helligkeit von Objekten in bestimmten Spektralbereichen, woraus sich z. B. Information über die Energieverteilung und die Temperatur des untersuchten Objekts gewinnen läßt. Im Lauf der Zeit wurden verschiedene Filtersysteme entwickelt. Wichtige Größen für Filter sind die effektive Wellenlänge (dies ist die zentrale Wellenlänge) und die Bandbreite des Filters. Das am häufigsten verwendete Filtersystem ist das Johnson-System, das ursprünglich die Filter UBVRI enthielt, deren effektive Wellenlängen im sichtbaren und nahen infraroten Spektralbereich zwischen 0.36 μm (»U«) und 0.86 μm (»I«) liegen, dann aber – nachdem infrarot-empfindliche Detektoren zur Verfügung standen – mit den JHKLMNQ-Filtern zu längeren Wellenlängen bis zu 20 μm (»Q«) erweitert wurde. Die Bandbreite eines Johnson-Filters beträgt typischerweise etwa 10% der effektiven Wellenlänge.

Neben dem Johnson-System soll hier noch das Stroemgren-System erwähnt werden, das aus sechs schmalbandigen Filtern mit Bandbreiten zwischen 3 und 30 nm besteht. Mit Hilfe dieses Systems ist es möglich, über einen weiten Bereich von Spektralklassen Elementhäufigkeiten zu bestimmen.

A 2.5 Instrumente der Radioastronomie

Da die aus dem Kosmos einfallende Radiostrahlung äußerst schwach ist, sind zu ihrer Beobachtung sehr große Antennen (Empfangsflächen) und sehr leistungsfähige Verstärker erforderlich. Der Mangel an Strahlungsleistung im Radiobereich wird jedoch teilweise dadurch wieder ausgeglichen, daß die Energie der Strahlungsquanten, also der Photonen, im Radiobereich ebenfalls sehr klein ist. Da die Photonenenergie proportional zur Frequenz ist, d. h. sich wie 1/Wellenlänge verhält, ist die Energie der Photonen im Radiobereich (etwa bei 1 m Wellenlänge) etwa zwei Millionen mal kleiner als die der Photonen der optisch sichtbaren Strahlung. Bei gleicher Strahlungsleistung müssen also in der Radiostrahlung um diesen Faktor mehr Photonen fließen.

Da die Photonen in der Strahlung nach dem Gesetz des Zufalls verteilt sind (genauer: sie gehorchen der Bose-Statistik), also in unregelmäßiger Folge am Empfänger eintreffen, muß man eine gewisse Anzahl nachgewiesen haben, um eine Messung mit einer bestimmten Genauigkeit zu erhalten. Für eine Genauigkeit von 1% benötigt man beispielsweise den Nachweis von 10 000 Photonen. Bei einem Stern der Helligkeit 22^m, der im optischen Bereich einen Strahlungsfluß von etwa 100 Photonen pro Quadratmeter Empfangsfläche und Sekunde liefert, würde man bei einer Quantenausbeute von 0.1 % (photographische Platte) insgesamt also $1000 \cdot 10\,000/100 = 100\,000$ Sekunden benötigen, um die Genauigkeit von 1% zu erreichen. Das wäre eine Beobachtungszeit von mehr als 24 Stunden.

Da Radioquellen bei gleicher Strahlungsleistung eine millionenfach größere Zahl von Photonen liefern, treten hier derartige Schwierigkeiten nicht auf.

A 2.5.1 Antennen

Es ist die Aufgabe einer Antenne, die einfallende Strahlung aufzunehmen und sie an einen Verstärker abzugeben. Da die aufgefangene Strahlungsleistung gleich dem Energiefluß in der Strahlung multipliziert mit der effektiven Fläche der Antenne ist, müssen die Antennen eine möglichst große effektive Fläche besitzen. Außerdem muß man aber auch die Position einer Quelle möglichst genau messen können, und man muß sie von benachbarten Quellen trennen können; dafür braucht die Antenne ein möglichst hohes Auflösungsvermögen. Dies kann dadurch erreicht werden, daß man einzelne Teile einer Antennenanlage über eine größere Basis verteilt (Strahlbreite der Richtwirkung = Wellenlänge/Basislänge).

Der Dipol

Das Grundelement der Antenne ist der einzelne Dipol. Er besteht aus einem Stab, der in der Mitte unterbrochen ist. An den Enden dieser Unterbrechung setzen die Zuleitungen zum Verstärker an.

Die Empfangsleistung des Dipols hängt von zwei Dingen ab: vom Verhältnis der Dipollänge zur Wellenlänge und von der Richtung der Strahlung. Die Leistung hat ein Maximum, wenn der Dipol gerade halb so lang ist wie die Wellenlänge ($l = \lambda/2$); dieses Maximum ist um so höher und schärfer, je dünner die Stäbe des Dipols sind. Weitere, geringere Maxima folgen bei $l = \lambda$, $^3/_2 \lambda$, 2λ, usw. Die Empfangsleistung ist gleich Null für Strahlung, die aus Richtung der Achse des Dipols kommt, und sie ist am größten für Strahlung senkrecht zur Achse.

Die effektive Fläche eines Halbwellen-Dipols ist im Maximum etwa $\lambda^2/8$. Um eine große Fläche zu erreichen, gibt es zwei Möglichkeiten: Entweder man schaltet viele Dipole zu einer Diopolzeile zusammen, oder man benutzt eine große reflektierende Fläche, die alle auf sie fallende Strahlung einem einzelnen Dipol zuschickt. Diese beiden Prinzipien lassen sich auch kombinieren.

Dipolzeilen

Eine größere Anzahl einzelner Dipole D ist in einer horizontalen Zeile angeordnet. Über die Phasenschieber P und die Fußpunkte F sind sie mit einer gemeinsamen Speiseleitung L verbunden, die zum Verstärker V führt. Der gegenseitige Abstand der Dipole beträgt eine Wellenlänge.

Befände sich die zu beobachtende Strahlungsquelle genau im Zenit, so wären die bei den Dipolen D_1 und D_2 ankommenden Wellenzüge genau in Phase, d. h. alle Wellenberge kämen gleichzeitig bei den beiden Dipolen an. Ist dagegen die Quelle um den Winkel α vom Zenit entfernt, so tritt bei D_1 eine Phasenverschiebung Δ auf; die Wellen würden jetzt in der Speiseleitung gegeneinander arbeiten statt sich zu addieren. Diese Phasenverschiebung muß durch einen Phasenschieber P_1 so kompensiert werden, daß die Wellenzüge bei den beiden Fußpunkten F_1 und F_2 gerade wieder in Phase sind.

Umgekehrt bedeutet dies: Beobachtet man bei einer Wellenlänge λ, und erzeugt der Phasenschieber die Verschiebung Δ, so kann nur Strahlung aus dem Winkel α empfangen werden, nicht aber von anderen Richtungen. Diese Richtwirkung oder Bündelung der Dipolzeile ist um so stärker, je mehr Dipole sie enthält. Eine einzelne Dipolzeile bündelt den Strahl in Form eines flachen Fächers: Verläuft die Zeile z. B. von Nord nach Süd, so hat der Strahl eine große Breite in Ostwestrichtung, aber eine geringe

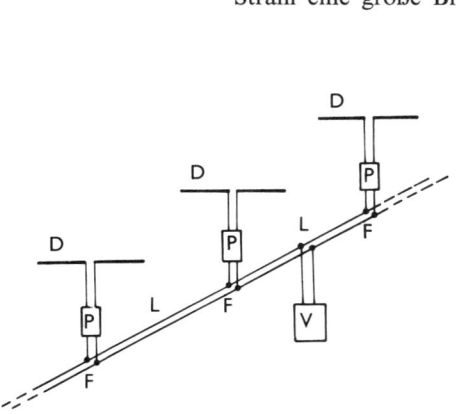
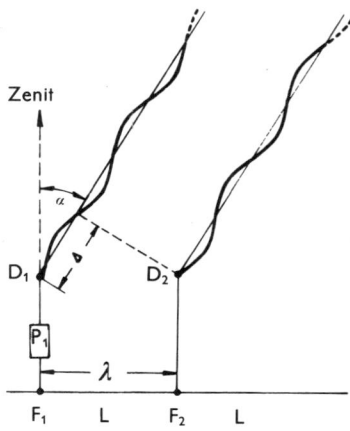

A 2.5 Instrumente der Radioastronomie

Dicke in Nordsüdrichtung. Indem man mehrere parallele Zeilen über Phasenschieber miteinander zu einem Dipolfeld verbindet, kann man nun auch noch die Breite des Fächers verkürzen und eine starke Bündelung auch in dieser Richtung erreichen. Durch Veränderung aller Phasenschieber kann man dem Strahl jede gewünschte Richtung geben, ihn z. B. auch der Umdrehung des Himmels folgen lassen.

Da für Senden und Empfangen gleiche Gesetze gelten, so spricht man auch beim Empfangen vom »Strahl« der Antenne, von Strahlrichtung und Strahlbreite. Dipolzeilen und -felder haben den großen Vorteil relativ geringer Kosten, da sich alles zu ebener Erde befindet und nichts bewegt werden muß. Demgegenüber stehen drei Einschränkungen: Erstens kommen nur längere Wellenlängen in Frage, meist 1 bis 2 Meter, da für eine bestimmte effektive Fläche die Anzahl der benötigten Dipole und Phasenschieber mit $1/\lambda^2$ geht und für kürzere λ unrentabel groß würde. Da sich die Größe der erzeugten Phasenverschiebung nur auf eine ganz bestimmte Wellenlänge bezieht, kann zweitens mit einem einmal gebauten Dipolfeld nur bei einer bestimmten Wellenlänge beobachtet werden, und drittens nur mit sehr geringer Bandbreite, was die Empfindlichkeit der Anlage herabsetzt.

Reflektoren (Spiegel)

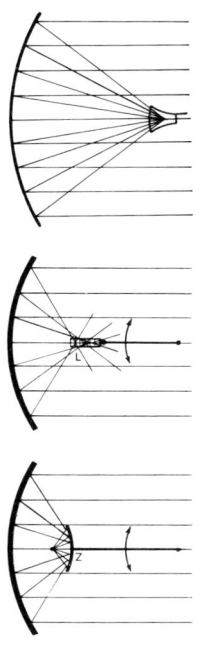

Sphärischer Spiegel;
L Linienspeisung
Z Zusatzspiegel

Der Reflektor hat die Aufgabe, die aus einer bestimmten Richtung einfallende Strahlung zu fokussieren (zu bündeln). Im Fokus (Brennpunkt) ist die Speisung (engl. feed) angebracht, die die Strahlung auffängt und zum Verstärker gibt. Um Strahlung aus verschiedenen Richtungen beobachten zu können, muß die reflektierende Fläche schwenkbar sein, und um genau zu fokussieren, muß sie genauer sein als $1/10$ der Wellenlänge. Um Gewicht und Material zu sparen, verwendet man oft Maschendraht mit einer Maschenweite von $\lambda/10$ oder geringer.

Der am meisten verwendete Typ ist der runde Parabolspiegel; für ihn gelten die gleichen Gesetze wir für optische Reflektoren (s. A 2.2.3). Strahlen, die parallel zur Achse einfallen, werden in einem Punkt fokussiert. Die hier montierte Speisung muß eine solche Richtwirkung haben, daß sie nur die Strahlung aus Richtung der reflektierenden Fläche auffängt, nicht dagegen die direkte Strahlung des Himmels oder Erdbodens. In Analogie zum Sendebetrieb spricht man auch beim Empfang von der »Ausleuchtung« der Antennenfläche durch die »Speisung«. Als Speisung verwendet man oft einen Dipol mit dahinterliegender Reflektorplatte, oder, für stärker gebündelte Ausleuchtung, eine kleine Hornantenne in Form eines gestreckten Horns oder Trichters.

Bei der Richtwirkung der gesamten Anlage gilt für die Breite des Hauptstrahls etwa (je nach Art der Ausleuchtung)

Strahlbreite = Wellenlänge / Antennendurchmesser.

Bei voller Ausleuchtung des Reflektors durch die Speisung würden schwächere Nebenstrahlen den Hauptstrahl ringförmig umgeben, doch lassen sich diese Nebenstrahlen weitgehend unterdrücken, wenn die Ausleuchtung zum Rand der Fläche hin abklingt.

A 2 Astronomische Instrumente

Voll bewegliche Radio-Parabolspiegel

Observatorium	Durch-messer in m	λ_{min} in cm	max. Winkel-auflösung	Jahr der Inbetrieb-nahme
MPIfR Bonn (Effelsberg), Deutschland	100	5	2'	
	80	2	1	1971
Nuffield RAO (Jodrell Bank) Mk I, Engl.	76.3	10	5.4	1971 Umbau
JPL (Goldstone) USA	64	3	2.0	1967
Nat. Inst. of. Aerospace Technology (INTA), Spanien	64	3	2.0	
CSIRO (Parkes) Austral.	64	4	2.6	1970 Umbau
NRC (Algonquin Park), Can	45.7	1.4	1.5	1966
Stanford USA	45.7			
AFCRL Mass., USA	45.7	15	10	
Nobeyama, Japan	45	0.3	0.2	1985
NRAO (Greenbank) USA	42.7	2	1.9	1966
Owens Valley, USA	39.6	1.2	1.3	1969

Der Hauptvorteil parabolischer Spiegel ist ihr einfaches Prinzip der Fokussierung sowie ihre Verwendbarkeit für jede beliebige Wellenlänge (oberhalb einer Genauigkeitsgrenze) und Bandbreite. Strahlung jeder Wellenlänge ist im Fokus automatisch in Phase. Ihr Nachteil ist der hohe Preis. Um ein großes Paraboloid frei in jede Richtung schwenken zu können, ohne daß eins seiner Teile um mehr als $\lambda/10$ im Wind schwankt oder durchhängt, muß ein sehr hoher konstruktiver Aufwand getrieben werden.

Außer den Parabolspiegeln werden gelegentlich auch sphärische Spiegel verwendet. Die Innenfläche einer Hohlkugel fokussiert allerdings nicht alle parallelen Strahlen in einen Punkt, doch läßt sich dies auf zwei Weisen korrigieren: durch kontinuierliche Phasenverschiebung in einer Linienspeisung, oder durch einen zweiten, kleineren Zusatzspiegel geeigneter Form. Der sphärische Spiegel bietet den Vorteil, daß man bei feststehendem Spiegel, nur durch Schwenkung der Speisung um den Kugelmittelpunkt, die Strahlrichtung verändern kann, ohne daß die Art des Fokus sich verändert. In Arecibo, Puerto Rico, wurde ein über 300 m großer Spiegel (in einem runden, kesselartigen Tal) nach diesem Prinzip gebaut.

Sonderkonstruktionen mit voll ausgelegter Aperturfläche

Observatorium	Dimensionen in m	λ in cm	Typ
Arecibo, Puerto Rico	305	< 30	fester sphärischer Refl.
Vermillion River Obs. USA	183 × 122	75	festes Zylinderparaboloid
Ohio State Wesleyan RAO, USA	103.8 × 21.4		vertikaler Parabolspiegel mit planem Zusatzreflektor
Nancay, Frankreich	300 × 35		vertikaler Parabolspiegel mit planem Zusatzreflektor
Ootacamund, Indien	530 × 30	92	bewegliches Zylinderparaboloid, in NS Richtung äquatorial montiert
Pulkovo, Rußland	105 × 3	3	parabolförmiger Sektor

A 2.5 Instrumente der Radioastronomie

Das 100 m-Radioteleskop des Max-Planck-Instituts für Radioastronomie Bonn in einem Eifeltal bei Effelsberg. Dieses Instrument ist zur Zeit das größte frei schwenkbare Radioteleskop

Auflösungsvermögen

Das Auflösungsvermögen gibt an, wie nahe beieinander zwei Quellen stehen können, wenn sie noch als getrennt wahrgenommen werden sollen. Dieser nächste Abstand ist etwa gleich der Strahlbreite. Für runde Spiegel gilt dabei

$$\text{Strahlbreite} = \frac{\text{Wellenlänge der Strahlung}}{\text{Durchmesser des Spiegels}}.$$

Es gilt also die gleiche Formel wie in der optischen Astronomie. Ein Fernrohr von 1 m Durchmesser z. B. hat für sichtbares Licht (abgesehen von der Luftunruhe) ein Auflösungsvermögen von etwa $1/10$ Bogensekunde. Beobachtet man dagegen Radiostrahlung von 5 cm Wellenlänge, so wäre für ein gleichgutes Auflösungsvermögen ein Spiegel von 100 km Durchmesser nötig; ein Spiegel von 50 m Durchmesser hat für 5 cm Wellenlänge nur ein Auflösungsvermögen von rund 3 Bogenminuten (etwa wie das menschliche Auge). Wie diese Beispiele zeigen, ist das Auflösungsvermögen eins der größten Probleme der Radioastronomie. Um die Strahlbreite herabzusetzen, muß man entweder die Wellenlänge verkleinern oder den Durchmesser erhöhen. Zur Erhöhung des Auflösungsvermögens kann man den Durchmesser künstlich erhöhen, ohne die Fläche zu vergrößern, indem man die Fläche in einzelne Teile unterteilt und diese Teile über eine größere Basis ausbreitet und in geeigneter Weise miteinander verbindet. Dies kann auf verschiedene Weisen geschehen.

Interferometer, Antennensynthese

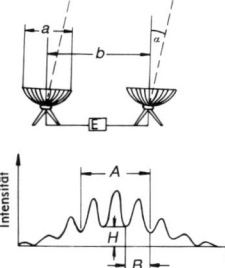

Zwei Spiegel (Durchmesser a) werden in einigem Abstand (Basis b) aufgestellt, auf den gleichen Punkt des Himmels gerichtet und mit einem gemeinsamen Empfänger E verbunden. Läuft, mit der Rotation des Himmels, eine Radioquelle durch den Richtpunkt, so ergibt sich die hier gezeichnete Interferenzkurve. Ihre Gesamtbreite ist etwa $A = \lambda/a$, und die Abstände der Interferenzstreifen betragen etwa $B = \lambda/b$. Reichen die Streifen bis zur Null-Linie herunter, so ist die Quelle praktisch punktförmig; reichen sie nur bis zur Höhe H, so ist diese ein Maß für den Durchmesser der Quelle. Aus der Lage des höchsten Streifens läßt sich der Ort der Quelle genau berechnen.

Werden mehr als zwei Spiegel so zusammengeschaltet, daß ihre Signale mit bekannten Phasenbeziehungen einem gemeinsamen Empfänger zugeführt werden, so ist die Information, die man über die Position und die Ausdehnung der Quelle gewinnt, etwa so, wie sie ein einzelner Spiegel liefern würde, dessen Ausdehnung so groß wäre wie das Areal, auf dem die einzelnen Spiegel verteilt sind. Um die Auswertung solcher Beobachtungen zu erleichtern, macht man die Spiegel gegeneinander verschiebbar. Derartige Anordnungen werden als Synthese-Teleskope bezeichnet. Bei vergleichbarem Auflösungsvermögen ist ihre effektive Antennenfläche natürlich viel geringer als die des fiktiven großen Spiegels.

Das konventionelle Interferometer, in dem die empfangenen Signale während der Beobachtung in einem für beide Radiospiegel gemeinsamen Empfänger, auch Korrelator genannt, zur Interferenz gebracht werden, kann nicht über beliebig große Basisstrek-

A 2.5 Instrumente der Radioastronomie

Schema eines Very long baseline-Interferometers

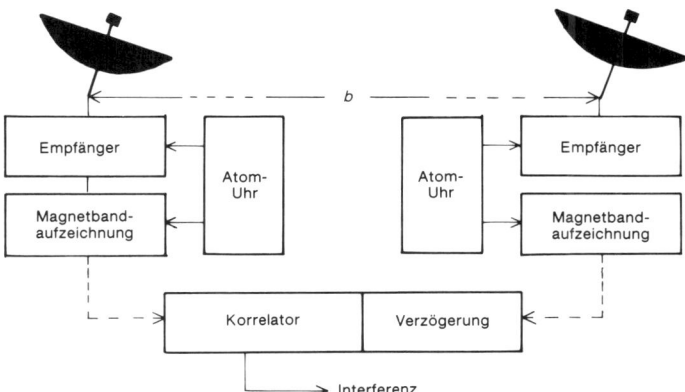

Very long baseline-Interferometer

ken betrieben werden. Da an die elektrischen Verbindungswege zwischen den beiden Interferometerspiegeln sehr hohe Ansprüche bezüglich ihrer Phasenstabilität gestellt werden müssen, lassen sich Kabelverbindungen nur über wenige Kilometer Länge technisch realisieren. Verbindungen zwischen großen Reflektoren auf dem Funkweg aufzubauen, scheiterte an umweltbedingten Funkstörungen. Deshalb verzichtet man bei den Very long baseline-Interferometern ganz auf eine direkte elektrische Verbindung. Man läßt zwei große Radioteleskope unabhängig voneinander – wie Einzelinstrumente – aber zur gleichen Zeit das gleiche Objekt beobachten. Die empfangenen Signale werden auf Magnetband aufgezeichnet und so für eine spätere Analyse gespeichert. Eine Interferenz der von einer Radioquelle empfangenen Signale im Korrelator – dies ist in diesem Fall ein großer Computer – ist aber nur zu erreichen, wenn die Laufzeiten für die Signale vom Objekt über die beiden Teleskopspiegel bis zum Korrelator so genau übereinstimmen, daß die Fehler kleiner als der reziproke Wert der Bandbreite der Beobachtungsfrequenz ist. Um so genaue Synchronisationen von Signalen im Korrelator zu erreichen, müssen auf den Magnetbändern Zeitmarken mitgespeichert werden, die in der benötigten Präzision nur von Atomuhren geliefert werden. Die einzelnen Atomstandard-Zeitmarken müssen über die örtlichen Zeitdienste einander zugeordnet werden, d. h. es müssen Zeitvergleiche über Kontinente hinweg genauer als auf eine Nanosekunde durchgeführt werden.

Trotz dieser großen Schwierigkeiten gelang es in den letzten Jahren, zahlreiche solcher Very long baseline-Interferometer-Verbindungen zwischen großen Radioteleskopen zu verwirklichen. Die längste dabei erreichte Basisstrecke wurde zwischen einem Teleskop in Green Bank (USA) und dem Radioteleskop in Parkes (Australien) hergestellt; ihre Länge betrug 95 Prozent des Erddurchmessers. Positionen am Himmel lassen sich so auf etwa 0.001 Bogensekunde genau ermitteln und Entfernungen auf der Erde – zwischen den in verschiedenen Kontinenten stehenden Teleskopspiegeln – genauer als auf 10 Zentimeter bestimmen.

A 2 Astronomische Instrumente

Große Radiointerferometer

Observatorium	Beschreibung	λ in cm	Auflösung
Bologna, Italien	Kreuzantenne, Zylinderparabol. EW 595 × 30 m, NS 320 × 30 m	73.5	4.2 × 6′
Cambridge, Engl. 1 mile Teleskop	Syntheseteleskop, 3 Parabolspiegel 18.3 m ⌀, 2 fest, 1 fahrbar auf 732 m Schiene	6 21 75	7″.5 23 80
Culgoora, NSW, Australien	96 Parabolsp. 11.75 m ⌀, auf Kreis von 3 km ⌀, Syntheseteleskop	35…10	3′.5
Molonglo b. Hoskinstown, Australien	Kreuzantenne Zylinderparabol. NS 1 580 × 12.8 m EW 1 575 × 11.6 m	73.5 270	2′.8 10′
Owens Valley, USA	Syntheseteleskop, 2 Parabolspiegel 27.5 m ⌀, 1 Parabolspiegel 39.6 m Basis: EW 490 + 1 000 m, NS 490 m	3 11 18 21 32	13″
NRAD Socorro, USA	27 Parabolspiegel 25 m ⌀, 120° Y mit Armen von je 20 km	≤ 21	< 2″
Stanford, USA	Synthesetel. 5 Parabolspiegel 18.3 m ⌀, Basis: EW 206 m	2.8	17″
Westerbork, Niederlande	Syntheseteleskop aus 12 Parabolspiegeln 25 m ⌀, davon 10 fest, 2 fahrbar Basis: 1 638 m, davon 198 m Schiene	21 6	22″ 8

Millimeter- und Submillimeter-Radioteleskope

Wie aus der Tabelle der voll beweglichen Radio-Parabolspiegel ersichtlich ist, können – mit Ausnahme des 45 m-Spiegels in Nobeyama – alle diese Instrumente nur bis zu einer minimalen Wellenlänge von etwa 1 cm benützt werden. Für kürzere Wellenlängen sind diese Instrumente nicht mehr geeignet, da die Oberflächen ihrer Spiegel nicht die nötige Genauigkeit besitzen, die mindestens $\lambda/10$ betragen muß. Demgegenüber ist der Millimeter- und Submillimeter-Bereich von großem astrophysikalischem Interesse, da es in ihm viele interessante Linienübergänge gibt und da sehr kühle Objekte, wie z. B. Kondensationen in Molekülwolken, in diesem Bereich einen Großteil ihrer Energie aussenden. Ein weiterer wichtiger Punkt ist, daß die Winkelauflösung umgekehrt proportional zur Wellenlänge ansteigt, so daß man bei sehr kurzen Wellenlängen mit einem einzelnen Teleskop schon beträchtlich günstigere Werte als z. B. im Zentimeterbereich erreicht. Wie schon erwähnt, steigen jedoch die Anforderungen an die Oberflächengenauigkeit beträchtlich. Die größten Millimeter-Teleskope sind der 45 m-Spiegel in Nobeyama, der 1985 fertiggestellt wurde und bis 3 mm arbeitet, und der 30 m-Spiegel des Deutsch-Französischen

A 2.5 Instrumente der Radioastronomie

Das 15 m-Submillimeter-Radioteleskop SEST auf Cerro La Silla in Chile; im Hintergrund das Kuppelgebäude des 3.60 m-Teleskops der ESO

Instituts IRAM (Institut de Radio Astronomie Millimétrique) auf dem Pico Veleta (Spanien), der bis zu einer minimalen Wellenlänge von 1.3 mm benützt werden kann und hier eine Winkelauflösung von etwa $0''\!.9$ erreicht. Die größten Submillimeter-Teleskope für Wellenlängen bis zu 0.3 mm, mit denen eine Winkelauflösung von $0''\!.2$ erreicht werden kann, sind das aus drei einzelnen Teleskopen bestehende Array von IRAM auf dem Plateau de Bure in Frankreich und das SEST (Swedish-ESO sub-mm telescope) auf dem Cerro La Silla in Chile.

A 2.5.2 Empfänger

Es versteht sich von selbst, daß angesichts der sehr schwachen Strahlung, welche die Antennen erreicht, die Empfänger sehr leistungsfähig sein und eine hohe Verstärkung haben müssen. Die Schwierigkeit liegt vor allem darin, daß diese hohe Verstärkung erreicht werden muß bei einem Minimum an Störungen, die im Verstärker selbst entstehen. Eine Art von Störungen – als Rauschen bezeichnet – ist unvermeidlich, da sie aus der atomistischen Struktur der elektrischen Ladung folgt (kleinste Ladungseinheit: die Elementarladung des Elektrons, $1.6 \cdot 10^{-19}$ As). Da die Elektronen in den Bauelementen des Verstärkers der thermischen Bewegung unterworfen sind, geben sie Anlaß zu schwachen hochfrequenten elektrischen Feldern oder Strömen. Die Rauschleistung dieser Ströme hängt mit der Temperatur zusammen.

Das Rauschen am Ausgang des Verstärkers kann so aufgefaßt werden, als ob am Antenneneingang eine Rauschleistung der Größe

$$P_{\text{Rausch}} = k \cdot 290 \cdot B \cdot F$$

eingegeben würde. Dabei ist $k = 1.38 \cdot 10^{-23}$ Ws K^{-1} die Boltzmann-Konstante zur Umrechnung von Temperaturen in Energien, 290 die angenommene absolute Temperatur des Empfängers in Kelvin ($\approx 27\,°$C), B die Bandbreite, d. h. die Breite des Frequenzbereichs, in dem der Empfänger verstärkt. Die dimensionslose Größe F schließlich ist die sogenannte Rauschzahl des Empfängers. Normale Empfänger haben Rauschzahlen zwischen 3 und 10, bei hochwertigen Verstärkern, wie sie in der Radioastronomie verwendet werden, kann F bis auf etwa 0.1 hinabgedrückt werden. Das Gesamtsignal am Ausgang des Verstärkers wird nun durch die Summe der von der Antenne an den Verstärker abgegebenen Leistung P_{Antenne} und der Rauschleistung P_{Rausch} bestimmt. Leider dominiert in dieser Summe fast immer der Rauschanteil.

Wenn es aber gelingt, den Verstärker in seinen Eigenschaften so stabil zu bauen, daß Verstärkung und Rauschleistung über lange Zeiträume konstant sind, so lassen sich die von der Antenne abgegebenen Leistungen auch dann noch zuverlässig messen, wenn sie weit unter der Rauschleistung des Empfängers liegen. Man benutzt hierfür Differenzmessungen, bei denen an den Antenneneingang des Empfängers abwechselnd die Antenne und eine Rauschquelle bekannter Leistung gelegt wird. Voraussetzung ist aber, daß der Empfänger über einen hinreichend langen Zeitraum eine konstante Verstärkung und Rauschzahl hat. Heute sind zuverlässige Messungen der Radiostrahlung kosmischer Quellen noch möglich, wenn die Antennenleistung nur 0.1 % der Rauschleistung beträgt.

Die Hilfsmittel und die Schaltungen, die man verwendet, um dieses Ziel zu erreichen (z. B. parametrische Verstärker, Verstärkung durch Maser) sind entweder zu technischer Natur oder verlangen eine zu ausführliche Erörterung der zugrundeliegenden Physik, als daß sie im Rahmen dieses Buchs dargestellt werden könnten.

A 2.6 Instrumente für die Beobachtung der Sonne

Zum Zweck der Sonnenbeobachtung sind einige spezielle Instrumente entwickelt worden. Sie sollen kurz beschrieben werden.

Der Heliostat: Diese Hilfseinrichtung für Sonnenbeobachtungen ist nichts anderes, als ein ebener Spiegel auf einer parallaktischen Montierung (s. A 2.1), der das Licht der Sonne, unabhängig von deren Position an der Sphäre, immer in eine bestimmte Richtung reflektiert. Üblicherweise wählt man die Richtung vertikal nach unten, wobei noch ein zweiter, fest montierter Spiegel verwendet wird. Dies ist die Anordnung in den sogenannten Turmteleskopen (auch Sonnentürme genannt). Neuerdings verwendet man auch die schräg nach unten geneigte Richtung der Stundenachse.

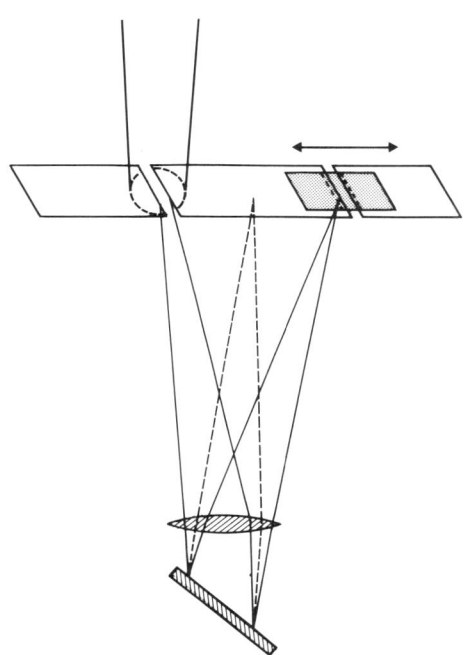

Schema eines Spektroheliographen.
Links: Das Bild der Sonne auf einem Schirm (gestrichelt), der den Eintrittsspalt des Spektrographen enthält.
Unten: Die Optik des Spektrographen mit darüberliegender photographischer Platte. Durch die Position des Austrittsspalts wird eine bestimmte Wellenlänge ausgewählt, die den Spektrographen, der als Monochromator benutzt wird, passieren kann. Strahlung anderer Wellenlänge (gestrichelt) fällt nicht auf den Austrittsspalt.
Pfeil: Bewegungsrichtung für die gleichzeitige Bewegung von Sonnenbild und photographischer Platte

Der Spektroheliograph: Dieses Instrument wird benutzt, um monochromatische Bilder der Sonnenscheibe (oder von Ausschnitten davon) herzustellen. Das Objektiv eines Sonnenteleskops entwirft zunächst ein (primäres) Bild der Sonne auf einem Schirm, in dem der Eintrittsspalt eines Spektrographen liegt. In dem entstehenden Spektrum ist die Helligkeit quer zur Dispersionsrichtung genauso verteilt, wie sie in dem Teil des Sonnenbilds war, das von diesem Eintrittsspalt erfaßt wird. Versieht man jetzt diesen Spektrographen mit einem Austrittsspalt, der nur einen winzigen Teil des Spektrums erfaßt, benutzt ihn also als Monochromator, so wird die Helligkeitsverteilung längs dieses Spalts ebenfalls ein Abbild der entsprechenden Verteilung auf dem Eintrittsspalt sein. Man hat nun aber durch die Einfügung des Spektrographen in den Strahlengang erreicht, daß am Ausgangsspalt nur Strahlung einer Wellenlänge (d. h. in einem ganz engen Wellenlängenbereich) auftritt. Jetzt ist nur noch ein einziger Schritt erforderlich, um ein monochromatisches Bild der Sonne zu erhalten: man führt das Bild der Sonne langsam über den Eintrittsspalt (natürlich quer zur Spaltrichtung) und bewegt mit gleicher Geschwindigkeit eine photographische Platte quer zum Austrittsspalt. Es gibt verschiedene Konstruktionen, die dieses bewirken.

Beobachtungen mit Spektroheliographen etwa im Licht von Hα oder den Spektral-Linien H und K des ionisierten Kalziums haben erheblich zur Aufklärung der Vorgänge in der Sonnenchromosphäre (s. 5.4.3) beigetragen.

Es ist heute möglich, unter Benutzung schmalbandiger Interferenzfilter Spektroheliogramme mit wesentlich geringerem instrumentellem Aufwand zu erhalten.

Schematischer Aufbau des Koronographen

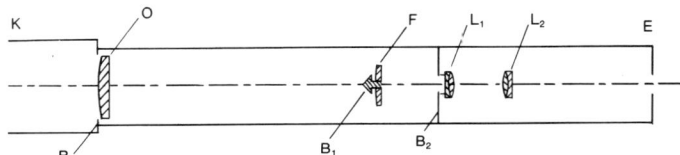

K Schutzkappe, O Objektiv, B Eintrittsblende, B_1 Kegelblende, B_2 Irisblende, F Feldlinse, L_1 u. L_2 Linsensystem, E Empfänger (Auge, Photoplatte, Spektrographenspalt)

Der Koronograph: Bis zur Konstruktion dieses Instruments durch Lyot (1931) war man bei der Beobachtung der Sonnenkorona auf die kurzen Zeiten totaler Sonnenfinsternisse angewiesen. Die Aufgabe des Koronographen ist es, die Situation einer Sonnenfinsternis zu simulieren und damit die unmittelbare Umgebung der Sonnenscheibe sichtbar zu machen, ohne daß diese Beobachtung durch die Strahlung der Sonnenscheibe gestört wird.

Das Objektiv des Koronographen besteht, um jedes Streulicht nach Möglichkeit auszuschalten, aus einer einfachen Linse mit bester Politur. Sie muß bläschenfrei und ohne jede Trübung sein. Ferner ist vorgesorgt, daß jeder Staub, der genauso stören würde, leicht entfernt werden kann. Durch dieses Objektiv wird die Sonne auf eine zentrale kegelförmige Blende abgebildet. Diese Blende deckt das Bild der Sonne ab und übernimmt damit gleichsam die Rolle des Monds bei den Sonnenfinsternissen. Die Kegelblende wird von einer Feldlinse getragen, die nicht mehr von der intensiven Strahlung der Sonnenscheibe getroffen wird, sondern nur von dem Licht der Sonnenkorona und von der Strahlung der Sonnenscheibe, soweit sie an der Eintrittsblende des Koronographen gebeugt wurde. Um diesen letzteren Teil der Strahlung, der stören würde, zu eliminieren, wird durch die Feldlinse die Ebene der Eintrittsblende auf eine weiter hinten im Instrument liegende Ebene abgebildet, in der eine Irisblende angebracht ist. In dieser Ebene ist das gebeugte Licht als ein heller Saum an der Begrenzung

A 2.6 Beobachtung der Sonne

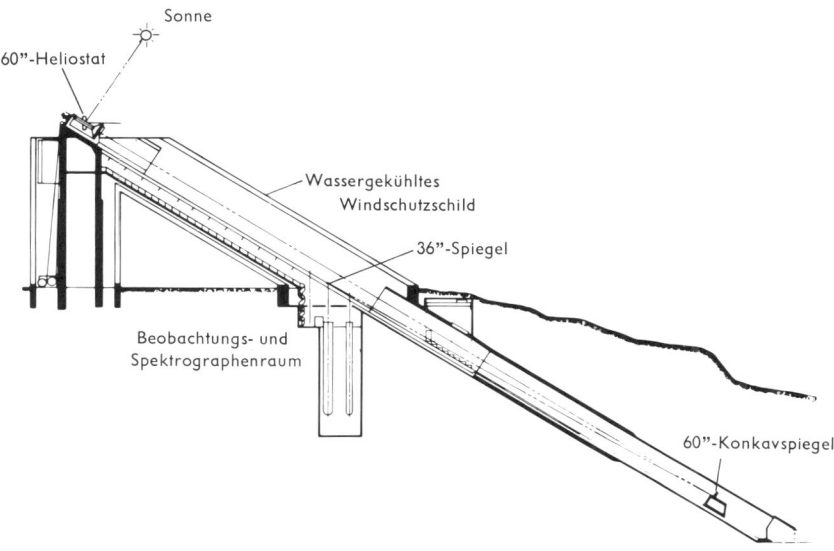

Das 60 inch-Sonnenteleskop des Kitt Peak-Observatoriums bei Tucson in Arizona, USA. Ein Spiegel auf der Spitze des Turms (Heliostat) wirft das Sonnenbild in einen schrägen, zum Teil unterirdisch angelegten, etwa 100 m langen Schacht. Der abbildende Teleskopspiegel erzeugt über einen Umlenkspiegel ein Sonnenbild von 80 cm Durchmesser im Beobachtungsraum. Hier können auch durch Ausblenden mit einem Spalt einzelne besondere Details auf der Sonnenoberfläche mit Spektrographen untersucht werden

der Eintrittsöffnung erkennbar. Dieser wird nun dadurch abgedeckt, daß man die Irisblende hinreichend weit schließt. Damit ist dann sowohl das direkt einfallende als auch das gebeugte Licht der Sonnenscheibe eliminiert. Durch ein System von folgenden Linsen kann die Ebene der Kegelblende, in der ja auch das primäre Bild der Sonnenkorona liegt, weiter abgebildet und damit der Beobachtung zugänglich gemacht werden.

A 2.7 Optische Beobachtungen mit hoher Winkelauflösung

Bei normalen Beobachtungen ist das Auflösungsvermögen der großen Teleskope durch die Luftunruhe (das Seeing) begrenzt, ihr theoretisches Auflösungsvermögen wird nicht annähernd erreicht (s. A 2.2). Es gibt mehrere Verfahren, diese Begrenzung wenigstens teilweise zu überwinden.

Das Michelson-Interferometer: Hier wird das Objektiv bis auf zwei einander gegenüberliegende randnahe Öffnungen durch einen Schirm abgedeckt. Die beiden Strahlenbündel, die durch diese Öffnungen in das Teleskop gelangen, werden durch einen Filter auf einen relativ engen Spektralbereich begrenzt und im Fokus zusammengeführt, d. h. die Lichtwellen werden überlagert. Bei perfekter Homogenität der Atmosphäre und bei einer punktförmigen Quelle der Strahlung, d. h. bei sehr kleiner Winkelausdehnung des beobachteten Sterns würde dann das Beugungsbild des Sternscheibchens von einem System von Interferenzstreifen durchzogen sein. Deren wechselseitiger Abstand nimmt zu, wenn der Abstand der Öffnungen im Schirm (die Basis des Interferometers) verringert wird.

Unter dem Einfluß der Luftunruhe werden die Streifen in der Regel verwaschen sein, aber es kann festgestellt werden, ob es überhaupt noch Momente gibt, in denen sie sichtbar sind. Bei Sternen, deren Ausdehnung auflösbar wäre, deren Winkelausdehnung also vergleichbar oder größer wäre als das Verhältnis Wellenlänge/Basislänge bleiben die Interferenzstreifen dagegen immer unsichtbar oder sind zumindest in ihrem Kontrast stark reduziert. In den ersten Jahrzehnten dieses Jahrhunderts wurden am 2.5 m-Teleskop des Hale-Observatoriums auf dem Mt. Wilson mit einem derartigen Interferometer die Winkeldurchmesser einer kleinen Zahl von Sternen bestimmt. Durch ein System von Spiegeln wurde dabei die Basis über den Durchmesser des Primärspiegels hinaus auf bis zu 6 m vergrößert. Es gibt neuerdings Versuche, unter Verwendung von zwei unabhängigen Teleskopen Michelson-Interferometer mit erheblich größeren Basislängen zu konstruieren.

Das Speckle-Interferometer: Hier wird eine andere Möglichkeit benutzt, den Einfluß der Luftunruhe auszuschalten. Das durch die Inhomogenitäten in der Atmosphäre beeinflußte Bild im Fokus ist nicht gleichmäßig diffus, die Helligkeitsverteilung ist also kein gleichmäßig runder »Lichtberg«, sondern das Bild des Sterns stellt sich zu jedem Zeitpunkt als ein zerrissenes »Lichtgebirge« dar,

A 2.7 Hohe Winkelauflösung

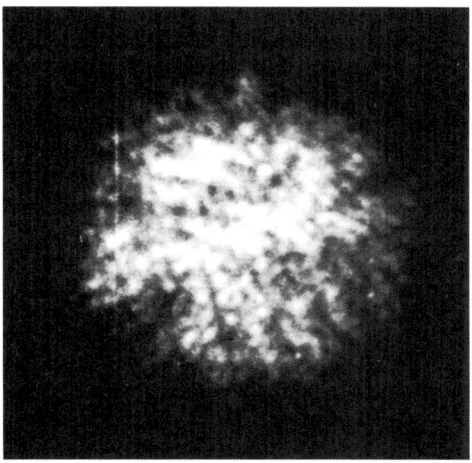

Oben: Speckle-Bild des spektroskopischen Doppelsterns ψ Sgr.
Unten: Aus 300 Speckle-Bildern rekonstruiertes wahres, beugungsbegrenztes Bild von ψ Sgr; der Abstand der beiden Komponenten beträgt 0".184

aufgelöst in viele helle Fleckchen (engl. speckle = Fleckchen), die durch dunkle Gebiete voneinander getrennt sind. (Erst auf langbelichteten Aufnahmen, wie man sie normalerweise sieht, ergibt sich das bekannte gleichmäßig diffuse Bild der Sterne, da man über viele Verteilungen der Fleckchen mittelt.)

Streng genommen ist jedes einzelne Speckle-Bild ein Interferenzmuster des Sternbildchens, das durch die Inhomogenität in der Atmosphäre verursacht wird, wobei jedes der einzelnen Speckles ein beugungsbegrenztes Bild des Objekts ist. Die Lebensdauer eines einzelnen Speckle-Bilds ist durch die Veränderungen der Inhomogenität in der Atmosphäre begrenzt; sie kann unter günstigsten Umständen bis zu 0.1 s betragen, ist im allgemeinen jedoch wesentlich kürzer. Wegen seines sehr niedrigen Signal–Rausch-Verhältnisses ist es jedoch nicht möglich, ein einzelnes Speckle-Bild auszuwerten. Bei der Speckle-Interferometrie werden nun viele Kurzzeitaufnahmen (mehrere 100 bis zu eine Million) mit Dauern von 0.01 bis 0.1 Sekunden aufgenommen, von denen eine Fourier-Transformation durchgeführt wird, und die dann anschließend überlagert werden. Hieraus kann auf die ursprüngliche Helligkeitsverteilung zurückgeschlossen werden und, beim Verfahren des Speckle-Masking, ein beugungsbegrenztes Bild des Objekts hergestellt werden.

Adaptive Optik: Unter adaptiver Optik versteht man eine Vorrichtung, bei der die Verschmierung eines Objektbilds durch das atmosphärische Seeing direkt korrigiert wird. Hierzu wird die Deformation einer Wellenfront gemessen und durch ein Korrektursystem sofort korrigiert. Das Korrektursystem besteht im wesentlichen aus einem Spiegel, der in den optischen Strahlengang eingebracht wird und dessen Form durch piezoelektrische Elemente so geändert wird, daß die Verbiegung der Wellenfront wieder aufgehoben wird. Im Prinzip ist die adaptive Optik ähnlich wie die aktive Optik (s. A 2.2.3), jedoch muß wegen der schnellen Änderung der Deformationen – die Lebensdauer beträgt unter besten Bedingungen maximal 0.1 s (s. oben) – mit sehr viel höheren Frequenzen (20 bis 50 Hz) als bei der aktiven Optik korrigiert werden. Aus diesem Grund ist es auch nicht möglich, die Korrekturen mit dem Hauptspiegel durchzuführen, da wegen dessen Größe solch schnelle Änderungen nicht möglich sind. Die Anzahl der Korrekturelemente, die am Spiegel angebracht sein müssen, nimmt mit abnehmender Wellenlänge stark zu. Es ist deshalb viel einfacher, ein adaptives Optik-System für den infraroten als für den sichtbaren Spektralbereich zu bauen. Das erste System dieser Art wird seit 1992 am 3.6 m-Teleskop der ESO bei infraroten Wellenlängen verwendet; Systeme im sichtbaren Spektralbereich befinden sich noch im Entwicklungsstadium.

Das Intensitäts-Interferometer (Korrelations-Interferometer) von Hanbury-Brown: Das Michelson-Interferometer beruht auf der Wellennatur der Strahlung, d. h. es benutzt den Effekt, daß je nach ihrer Phasenbeziehung die Überlagerung zweier Wellenzüge (die aus einer gemeinsamen Quelle stammen) eine Verstärkung bedeuten kann (wenn Wellenberg auf Wellenberg fällt) oder eine Abschwächung oder sogar Auslöschung (wenn die Berge der einen Welle in die Täler der andern fallen). Das Intensitäts-Interferometer von R. Hanbury-Brown benutzt eine andere Eigenschaft kohärenter, d. h. interferenzfähiger Strahlung.

Dadurch, daß die Dichte der Photonen in der Strahlung deren Intensität entsprechen muß, und damit dem Quadrat der Amplitude der elektrischen oder magnetischen Feldstärke, kann die Verteilung der Photonen auf dem Strahl nicht genau so sein wie die Verteilung unabhängiger Teilchen (Boltzmann-Statistik). Ihre Verteilung wird vielmehr durch die Bose-Statistik beschrieben. Sie unterscheidet sich von der Boltzmann-Statistik dadurch, daß das Vorkommen eines Photons an einem Ort mit bestimmtem Impuls die Wahrscheinlichkeit vergrößert, daß es weitere Photonen mit gleichen Daten gibt. Die Photonen sind quasi »gesellig«.

A 2.7 Hohe Winkelauflösung 593

Einer der beiden Reflektoren des Korrelations-Interferometers nach Hanbury-Brown

Wenn man die Schwankungen (das Rauschen) des Photostroms bei der lichtelektrischen Photometrie eines Sterns analysiert, so ist der größte Teil dieser Schwankungen auf die Zufälligkeit der Photonenverteilung zurückzuführen, ein kleiner Teil aber auf die »Geselligkeit«. Wird nun die Strahlung einer Quelle von zwei Instrumenten gleichzeitig in der Weise untersucht, daß nur die gemeinsamen Schwankungen (das korrelierte Rauschen) registriert werden, so ist dies genau der Teil, der von der »Geselligkeit« herrührt. Dieses korrelierte Rauschen ist ein Maß dafür, in welchem Grad die Strahlung gemeinsamen Ursprungs, also interferenzfähig ist. Dieses korrelierte Rauschen wird von der Luftunruhe praktisch nicht beeinflußt.

Damit ist die Grundidee, wie ein derartiges Korrelations-Interferometer zu konstruieren sei, vorgezeichnet. Man nehme zwei große Parabolspiegel, bringe in den jeweiligen Fokus einen Photomultiplier und messe den korrelierbaren Rauschanteil ihrer Photoströme. Verändert man den Abstand der beiden Spiegel, so wird es Veränderungen in diesem Rauschanteil geben. Diese Verändegen benutzt man, um die Helligkeitsverteilung in der Quelle, insbesondere die Durchmesser der beobachteten Sterne zu bestimmen. Ein derartiges Instrument wurde 1962 bei Narrabri in Australien installiert. Die erreichbare maximale Basislänge betrug 188 m. Die das Licht sammelnden Spiegel, an die keine hohen Anforderungen bezüglich ihrer Genauigkeit zu stellen waren, wurden aus je 252 sechseckigen Spiegeln zusammengesetzt und hatten jeder eine gesamte sammelnde Fläche von etwa 30 m². Bezüglich der gemessenen Sterndurchmesser wird auf Kapitel 7 verwiesen.

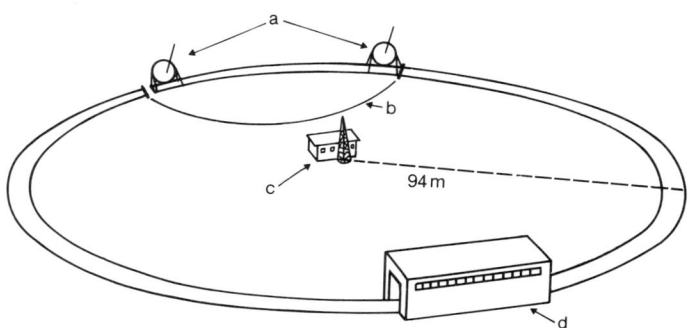

Schema des Korrelations-Interferometers in Narrabri;
a) die beiden auf einem Schienenkreis fahrbaren Parabolspiegel mit den Detektorsystemen,
b) Verbindungskabel zum Kontrollraum,
c) Kontrollraum mit Korrelator,
d) Schutzgebäude für die Spiegel

A 2.8 Hochenergieastronomie

A 2.8.1 Röntgenastronomie

Die Röntgenastronomie ist ein relativ junger Zweig der beobachtenden Astronomie. Unter dem Röntgenbereich versteht man den Teil des elektromagnetischen Spektrums, der zwischen etwa $2.4 \cdot 10^{16}$ Hz ($\triangleq$ 12.5 nm) und $1.2 \cdot 10^{19}$ Hz ($\triangleq$ 0.025 nm) oder, in Einheiten der Photonenenergie, zwischen 0.1 und 50 keV liegt. (In der Röntgenastronomie sind weder die Frequenz noch die Wellenlänge als Einheiten gebräuchlich; normalerweise verwendet man hier als Einheit die Energie der Photonen, angegeben in Elektronvolt, die über die Beziehung $E = h\nu$ mit der Frequenz verknüpft ist.) Im Gegensatz zur Radioastronomie, bei der für eine gegebene Strahlungsleistung sehr viele Photonen niedriger Energie vorhanden sind (s. A 2.5), findet man in der Röntgenastronomie bei der gleichen Strahlungsleistung nur sehr wenige Photonen von allerdings sehr hoher Energie. Diese tragen vor allem Information über hochenergetische Prozesse, worunter man solche Prozesse versteht, bei denen die Energieerzeugung pro Einheitsmasse größer als bei »normaler« stellarer Materie ist.

Da Röntgenstrahlung durch die Erdatmosphäre stark absorbiert wird, können Röntgenbeobachtungen nicht von der Erdoberfläche aus durchgeführt werden, sondern man muß Raketen oder Satelliten einsetzen, um die Beobachtungen außerhalb der Erdatmosphäre durchzuführen. Da die Absorption mit zunehmender Photonenenergie etwas geringer wird, ist es möglich, höherenergetische Röntgenstrahlung, mit $E \geq 20$ keV, auch mit Ballonexperi-

A 2.8 Hochenergieastronomie

menten zu messen. Erste Versuche wurden Ende der vierziger Jahre mit V2-Raketen unternommen, und am 6. August 1948 gelang es Burnright, weiche Röntgenstrahlung von der Sonne nachzuweisen, wobei als »Teleskop« eine simple Lochkamera und als Detektor ein photographischer Film, der sich hinter einem für Röntgenstrahlung durchlässigen Beryllium-Fenster befand, benützt wurde. Für fast 14 Jahre blieb die Sonne das einzige Objekt, von dem Röntgenstrahlung beobachtet werden konnte. Am 12. Juni 1962 gelang es R. Giacconi mit einem Geigerzähler, der mit einer Aerobee-Rakete auf eine Höhe von 230 km gebracht wurde, in insgesamt 350 Sekunden Beobachtungszeit die erste nichtsolare Röntgenquelle, Sco X-1 (ein Röntgendoppelstern, s. 8.7), und zusätzlich noch eine isotrope Röntgen-Hintergrundstrahlung nachzuweisen.

Der erste Röntgensatellit SAS-A (Small Astronomical Satellite A) wurde acht Jahre später, im Dezember 1970 von Kenia aus gestartet. Mit diesem Satelliten, der auch Uhuru genannt wurde (dies ist das Suaheli-Wort für »Freiheit«), waren zum ersten Mal längere pointierte Beobachtungen möglich. Waren vor Uhuru etwa 30 bis 40 Röntgenquellen bekannt (die Zahl der Röntgenastronomen war damals wesentlich größer als die Zahl der Röntgenquellen), enthielt der endgültige Uhuru-Katalog 339 Quellen, von denen die schwächsten einen etwa 10 000 mal geringeren Röntgenfluß als Sco X-1 haben.

Abbildende Röntgenteleskope

Ein fundamentales Problem der Röntgenastronomie ist, daß Röntgenstrahlung nicht in derselben Weise reflektiert wird wie z. B. UV-, sichtbare-, oder IR-Strahlung. Röntgenstrahlung kann vielmehr nur unter sehr kleinen streifenden Einfallswinkeln, die im günstigsten Fall nur wenig größer als zwei Grad sind, reflektiert werden. Ein weiteres Problem ist, daß es bei streifendem Einfall nicht möglich ist, mit nur einer Fläche, wie z. B. einem Rotationsparaboloid, wegen der dabei auftretenden Koma (s. A 2.2.5) eine befriedigende Abbildung zu erzielen. Für mehr als zwei Jahrzehnte verwendete man deshalb mechanische Kollimatoren, die vor dem Röntgendetektor (z. B. Proportional- oder Szintillationszähler, s. u.) eine Einengung des Gesichtsfelds bewirkten. Da solche Kollimatoren aus Stabilitätsgründen nicht in beliebiger Größe gebaut werden konnten, war mit ihnen jedoch auch nur eine räumliche Auflösung von etwa ein Grad zu erreichen. Mit Modulationskollimatoren, bei denen die Röntgenstrahlung mit Hilfe mehrerer beweglicher Drahtebenen moduliert wird, gelang es, die räumliche Auflösung auf etwa 2' zu verbessern, jedoch konnten auf diese Art nur helle Röntgenquellen beobachtet werden.

Die grundsätzliche Idee für ein abbildendes Röntgenteleskop stammt vom Kieler Physiker H. Wolter, der 1952 vorschlug, für eine Röntgenabbildung zwei abbildende Flächen hintereinander zu schalten, nämlich ein Paraboloid und ein Hyperboloid. Die entscheidende Bedingung ist, daß das Paraboloid und das Hyperboloid konfokal sein müssen, d. h. sie müssen denselben Brennpunkt besitzen. Diese Idee, die von Wolter eigentlich für ein

Röntgenmikroskop gedacht war (was aber in der Praxis nie ausgeführt wurde), wurde 1964 von R. Giacconi aufgegriffen. Nach ersten Versuchen mit Raketen kam 1978 der Start des Röntgensatelliten HEAO-B (High Energy Astrophysical Observatory-B), der auch Einstein-Observatorium genannt wurde, und der als erster Röntgensatellit ein abbildendes Röntgenteleskop an Bord hatte. Mit diesem Teleskop, das im weichen Röntgenbereich zwischen 0.1 und 4 keV empfindlich war, gelang es, eine Röntgen-Punktquelle auf einen Bereich mit etwa 2″ Durchmesser abzubilden. Um die Sammelfläche zu erhöhen, bestand es aus vier ineinandergeschachtelten Teleskopen, von denen das größte einen Durchmesser von 56 cm hatte. Mit »Einstein«, der etwa 10% des Röntgenhimmels im weichen Röntgenbereich beobachtete, wurden insgesamt etwa 6000 Röntgenquellen gefunden, von denen die schwächsten einen Fluß von etwa 10^{-7} des Flusses von Sco X-1 haben. Das entscheidend Neue war, daß mit »Einstein« Röntgenstrahlung von nahezu allen Arten von astronomischen Objekten gefunden wurde. Es sei hier auch erwähnt, daß abbildende Röntgenteleskope nur bei relativ niedrigen Energien bis zu maximal 10 keV verwendet werden können, da mit zunehmender Photonenenergie das Reflexionsvermögen auch bei streifendem Einfall stark abnimmt. Bei einer Energie $\geq$ 10 keV ist man auch in Zukunft auf nichtabbildende Kollimatoren angewiesen.

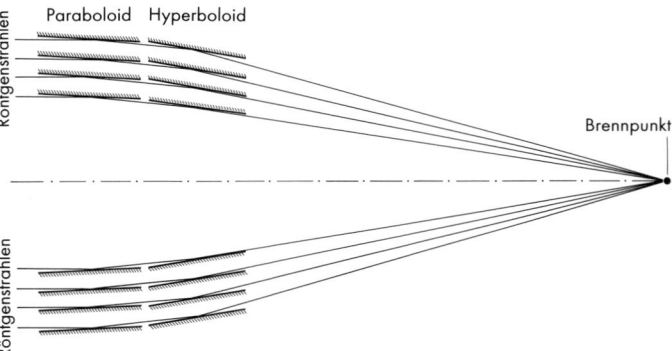

Schematische Zeichnung von vier ineinandergeschachtelten Wolter-Teleskopen

Unter den Röntgensatelliten, die während der achtziger Jahre gestartet wurden, ist besonders der europäische Staellit EXOSAT zu erwähnen. EXOSAT hatte eine hochexzentrische Umlaufbahn mit einem Apogäum von mehr als 400 000 km (also noch jenseits der Mondbahn), und es war so möglich, mit diesem Satelliten eine Quelle für mehr als 4 Tage ununterbrochen (d. h. ohne Bedeckung durch die Erde) zu beobachten. EXOSAT war deshalb besonders gut für die Untersuchung periodischer Phänomene, wie z. B. bei Röntgendoppelsternen, geeignet. (Praktisch alle andern Röntgensatelliten befinden sich auf erdnahen Umlaufbahnen in Höhen von einigen hundert Kilometer; mit ihnen kann eine Quelle normalerweise nur etwa 30 Minuten ununterbrochen beobachtet werden.)

A 2.8 Hochenergieastronomie

Schematischer Aufbau des Röntgensatelliten ROSAT. Das Spiegelsystem besteht aus vier ineinandergeschachtelten Wolter-Teleskopen

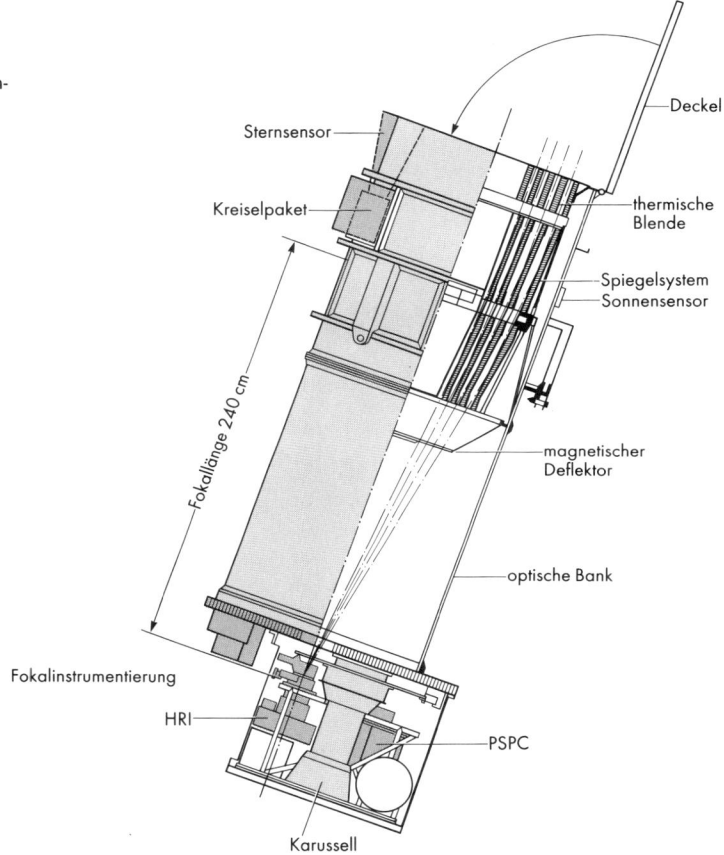

ROSAT

Mit dem Start des Satelliten ROSAT am 1. Juni 1990 begann das bislang wichtigste Experiment der Röntgenastronomie. ROSAT, dessen Wolter-Teleskop ebenfalls aus vier ineinandergeschachtelten Teleskopen mit einem maximalen Durchmesser von 83 cm besteht, führte zum ersten Mal im weichen Röntgenbereich (0.1 bis 2.4 keV) eine Durchmusterung des gesamten Himmels durch, wobei etwa 100 000 Röntgenquellen gefunden wurden. Dank seiner hohen Empfindlichkeit – mit ROSAT können Quellen nachgewiesen werden, die etwa zehnmal schwächer sind als die schwächsten »Einstein«-Quellen – erlaubt ROSAT zum ersten Mal eine Bestandsaufnahme der kosmischen Röntgenquellen mit einer ähnlichen Empfindlichkeit wie in andern Wellenlängenbereichen. Darüber hinaus ist ROSAT auch das erste astronomische Satelliten-Experiment, bei dem die Federführung bei einer deutschen Forschungseinrichtung, dem Max-Planck-Institut für Extraterrestrische Physik unter Leitung von J. Trümper, dem »Vater« von ROSAT, liegt. (An ROSAT beteiligt sind auch amerikanische und

Blick auf das ROSAT-Spiegelsystem aus vier ineinandergeschachtelten Wolter-Teleskopen

Detektoren im Röntgenbereich

britische Institute). Nach Ende der Himmelsdurchmusterung wurden die Instrumente von ROSAT zur genaueren Untersuchung einzelner Röntgenquellen verwendet.

Die meisten Detektoren im Röntgenbereich beruhen auf der photoelektrischen Absorption eines Röntgenphotons in einem Detektor-Füllmaterial. Die bislang wichtigsten Detektoren sind Gas-Proportionalzähler, die, je nach Detektorgas, über einen weiten Spektralbereich von etwa 0.1 bis 20 keV Verwendung finden. In Gas-Proportionalzählern erfolgt der Nachweis der Röntgenstrahlung durch Absorption der Photonen im Detektor-Füllgas, wobei Elektron-Ion-Paare erzeugt werden, deren Anzahl proportional zur Energie des absorbierten Röntgenphotons ist. Legt man an den Proportionalzähler eine Spannung, so werden die Elektronen zur Anode und die Ionen zur Kathode driften. Dabei werden die Ladungsträger durch das elektrische Feld beschleunigt und erzeugen sekundäre Elektron-Ion-Paare, wodurch die ursprüngliche Ladung um einen Faktor 10^3 bis 10^5 verstärkt wird. Der so erzeugte Strom-Impuls kann dann leicht gemessen werden, wobei seine Stärke proportional zur Energie des absorbierten Röntgenphotons ist. Auf Grund dieser Eigenschaft besitzen Gas-Proportionalzähler eine Energieauflösung, die allerdings nicht sehr hoch ist ($R = E/\Delta E$ liegt im Bereich 2 bis 5), und die von der Energie der einfallenden Strahlung abhängt. Typische Quantenausbeuten von Proportionalzählern liegen zwischen 30 und 50%. Für den harten Röntgenbereich, in dem keine abbildenden Teleskope möglich

A 2.8 Hochenergieastronomie

sind, wurden inzwischen sehr großflächige Zähler mit mehr als 10 000 cm² sammelnder Fläche gebaut. Um die abbildenden Eigenschaften der Röntgenteleskope auszunützen, müssen ortsempfindliche Proportionalzähler verwendet werden, die aus einem oder aus mehreren Gittern von Elektrodendrähten bestehen. Ein solcher Proportionalzähler, der PSPC (Abkürzung von engl. position sensitive proportional counter) ist das Hauptinstrument des ROSAT-Röntgensatelliten. Seine räumliche Auflösung beträgt etwa 25″.

Schematischer Aufbau eines Gas-Proportionalzählers

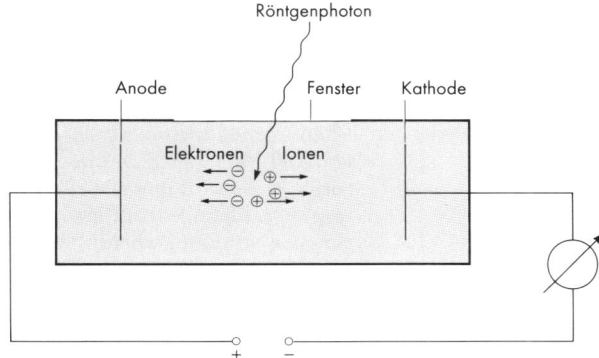

Eine sehr viel besssere Ortsauflösung besitzen die schon weiter oben erwähnten Vielkanalplatten, wie z. B. der HRI (high resolution imager) an Bord von ROSAT, mit einer Auflösung von 2 bis 3″. Allerdings besitzen Vielkanalplatten keine Energieauflösung, und auch ihre Quantenausbeute liegt mit etwa 20% deutlich unter derjenigen eines Gas-Proportionalzählers. Eine immer größere Bedeutung gewinnen, wie in der optischen Astronomie, die Halbleiterdetektoren, und hier besonders CCDs (s. A 2.3.3), bei denen allerdings intensive Entwicklungsarbeit nötig war, um sie für den Röntgenbereich zu optimieren. Da CCDs eine hohe Energieauflösung mit einer hohen Ortsauflösung vereinigen, werden sie in Zukunft sicher auch im Röntgenbereich eine ähnlich dominierende Rolle wie in der optischen Astronomie spielen. Eine Neuentwicklung sind auch die sogenannten Kalorimeter, die nach dem Prinzip des Bolometers (s. A 2.3.3) funktionieren. Kalorimeter haben eine sehr gute Energieauflösung von 1000 oder etwas mehr. Bei einem Kalorimeter mißt man die durch die Absorption eines Röntgenphotons erzeugte Temperaturerhöhung in einem Absorber-Kristall. Um thermische Schwankungen zu vermeiden, müssen Kalorimeter bei sehr niedrigen Temperaturen von 0.1 bis 0.2 K, also nur ein bis zwei Zehntel Grad über dem absoluten Nullpunkt, betrieben werden, was erhebliche Probleme bei einem Satlitenexperiment bereitet. Kalorimeter sollen bei einer neuen Generation von Röntgensatelliten eingesetzt werden, die Ende der neunziger Jahre oder zu Beginn des nächsten Jahrtausends gestartet werden.

Bei Energien $E \geq 20$ keV wird die Compton-Streuung der dominierende Effekt bei der Wechselwirkung von Photonen und Materie. (Bei der Compton-Streuung verändert sich die Wellenlänge eines Photons durch Streuung an einem Elektron, und zwar wird Energie vom Photon auf das Elektron übertragen). Detektoren, die auf diesem Effekt beruhen, sind die sogenannten Szintillationszähler, bei denen letztlich das gestreute Photon aufgrund eines Lichtblitzes in einem geeigneten Kristall (z. B. Natrium- oder Cäsiumjodid) nachgewiesen wird.

A 2.8.2 Gamma-Astronomie

Die Gamma-Astronomie beschäftigt sich mit dem energiereichsten Teil des elektromagnetischen Spektrums. Gammaphotonen beinhalten Information über die energiereichsten Prozesse und Phänomene im Universum. Ein Gammaphoton mit einer Energie von 100 MeV hat z. B. dieselbe Energie wie 100 Millionen Infrarotphotonen mit einer Wellenlänge von 1 μm. Entsprechend gering sind die Photonenflüsse in der Gamma-Astronomie, denn bei gleicher Strahlungsleistung ist die Zahl der Photonen umgekehrt proportional zur Photonenenergie. Um die niedrigen Photonenflüsse nachzuweisen, müssen Gammastrahlen-Teleskope große sammelnde Flächen besitzen, die Quantenausbeute muß hoch, und die Beobachtungszeiten müssen sehr lang sein.

Wie die Röntgenastronomie ist auch die Gamma-Astronomie auf Beobachtungen von Raumfahrzeugen oder Ballonen aus angewiesen, wobei wegen der geringen Photonenflüsse Raketenexperimente, die nur sehr kurze Beobachtungszeiten von wenigen Minuten erlauben, nicht möglich sind. Eine Ausnahme bildet der indirekte Nachweis von sehr hochenergetischer Gammastrahlung durch Luftschauer-Experimente, bei denen vom Erdboden aus durch die Gammastrahlung erzeugte Sekundärteilchen nachgewiesen werden. In der Gamma-Astronomie werden im Prinzip die gleichen Instrumente verwendet wie bei Laborexperimenten in der Hochenergiephysik, mit dem gravierenden Unterschied, daß astronomische Experimente normalerweise von einem Flugkörper (Satellit oder Ballon) aus durchgeführt werden, wodurch das Gewicht der Instrumente stark beschränkt wird. Aus diesem Grund sind z. B. Nebel- oder Blasenkammern für Satellitenexperimente ungeeignet. Der Nachweis eines Gammaphotons erfolgt durch die von ihm erzeugten Teilchen, wobei der physikalische Mechanismus von der Energie abhängt. Unterhalb von etwa 30 MeV ist Compton-Streuung der dominierende Prozeß, oberhalb von 30 MeV die Elektron-Positron-Paarerzeugung. Bei extrem energiereichen Gammaphotonen mit mehr als 300 GeV kann die Cerenkov-Strahlung, die in der Hochatmosphäre von den durch das Gammaphoton erzeugten Elektronen-Photonen-Kaskaden ausgesandt wird, auf der Erdoberfläche als kurzer Lichtblitz mit einem »Cerenkov-Teleskop«, das aus einem Array von optischen Teleskopen besteht, gemessen werden. Die hierbei nachgewiesenen Photonen sind die energiereichsten, die bis heute in der Astronomie gefunden

A 2.8 Hochenergieastronomie

wurden; da ihr Nachweis jedoch extrem schwierig ist, gelang er bisher nur bei sehr wenigen Quellen, wie z. B. dem Krebsnebel oder der Radiogalaxie Cen A.

Im Energiebereich ≥ 30 MeV, in dem die Erzeugung von Elektron-Positron-Paaren der dominierende Prozeß ist, wird zum Nachweis der Gammastrahlung ein Medium benötigt, das diese in Elektron-Positron-Paare umwandelt, die dann letztlich nachgewiesen werden. Hierzu werden gewöhnlich Funkenkammern verwendet, in denen der Weg der Elektronen und Positronen durch den Detektor verfolgt werden kann, was Rückschlüsse auf die Richtung, aus der das Gammaphoton kam, erlaubt. Im Gammabereich bis etwa 30 MeV werden die auch im harten Röntgenbereich gebräuchlichen Szintillationszähler verwendet, mit denen es möglich ist, ein sogenanntes »Compton-Teleskop« zu bauen.

Die Abbildung zeigt schematisch den Aufbau eines Compton-Teleskops, das von einer Gruppe am MPI für Extraterrestrische Physik in Garching entwickelt wurde. Es besteht aus zwei Arrays von

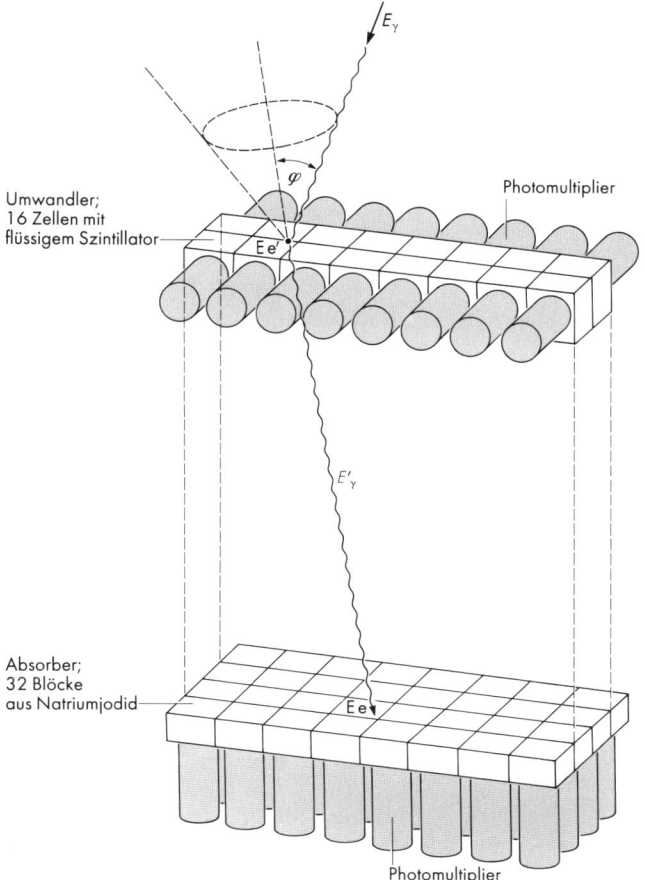

Schematischer Aufbau eines Compton-Teleskops

Szintillationszählern, die sich in einem Abstand von etwa zwei Meter befinden. Ein Gammaphoton mit der Energie E_γ, das auf das Compton-Teleskop trifft, wird im ersten Array gestreut, verläßt den Detektor mit reduzierter Energie E'_γ und wird im zweiten Array absorbiert. Im ersten Array wird die Energie $E_\gamma - E'_\gamma$ gemessen, die das Gammaphoton bei der Compton-Streuung verliert, und im zweiten die Energie E'_γ, die es nach der Streuung noch besitzt. Aus diesen beiden Messungen und der Ortsinformation kann dann der Winkel φ berechnet werden, unter dem das Gammaquant auf das Compton-Teleskop getroffen ist. Hiermit läßt sich eine Ortsauflösung von etwa einem Grad erzielen.

Schematische Zeichnung des Compton-Gammastrahlen-Observatoriums

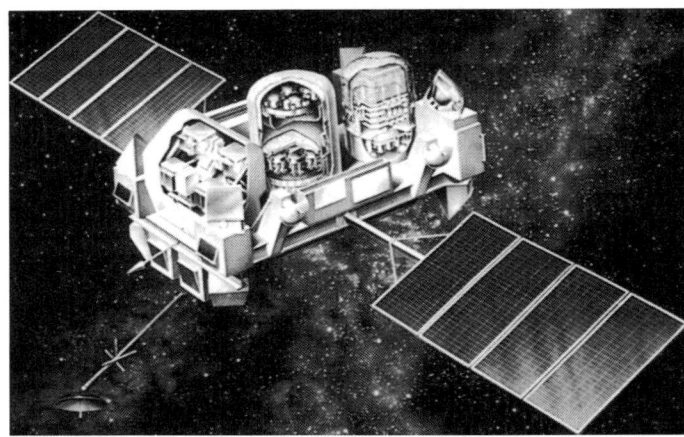

Gammastrahlen-Satelliten

Beobachtungen im Gammabereich werden seit Beginn der sechziger Jahre mit Ballonen und Satelliten durchgeführt. Das erste erfolgreiche Gammastrahlen-Teleskop befand sich auf dem »Orbiting Solar Observatory-3« (OSO-3). Mit ihm wurde zum ersten Mal Gammastrahlung von der Milchstraße und diffuse Gamma-Hintergrundsstrahlung nachgewiesen, zunächst allerdings noch mit sehr geringer Empfindlichkeit und Winkelauflösungen von etwa 20°. Die ersten Satellitenmissionen, die ausschließlich Beobachtungen im Gammabereich durchführten, waren in den siebziger Jahren SAS-2 (»Small Astronomical Satellite«) und COS-B, die beide Funkenkammern als Detektoren mit Winkelauflösungen von 1° bis 2° an Bord hatten. SAS-2 hatte nur eine sehr kurze Lebensdauer von 7 Monaten; COS-B registrierte in mehr als sechs Jahren etwa 100 000 Gammaphotonen und entdeckte dabei 25 diskrete Gammaquellen, darunter den Quasar 3C273 und gepulste Gammastrahlung von den Pulsaren in den Supernova-Überresten in den Sternbildern Taurus und Vela.

Eine neue Ära für die Gamma-Astronomie brach im April 1991 mit dem Start des Gammastrahlen-Observatoriums GRO (»Gamma Ray Observatory«) an, dessen insgesamt vier Instrumente hundertmal empfindlicher sind als alle früheren Experimente. An

A 2.8 Hochenergieastronomie

Bord von »Compton«, wie GRO auch genannt wird, befinden sich für den Energiebereich 1 bis 30 MeV ein Szintillations-Spektrometer und ein Compton-Teleskop, genannt »Comptel«, für Energien zwischen 20 MeV und 30 GeV EGRET (Energetic Gamma-Ray Experiment), eine Funkenkammer, sowie BATSE (Burst And Transient Source Experiment). BATSE besteht aus vier Detektor-Paaren, die den gesamten Himmel überwachen und Ausbruchsquellen registrieren sollen. Sobald BATSE eine Ausbruchsquelle entdeckt und lokalisiert, werden alle Detektoren des Satelliten automatisch auf diese Ausbruchsquelle gerichtet. Die geplante Lebensdauer von GRO beträgt über zehn Jahre.

A 2.8.3 Kosmische Strahlung

Bei der kosmischen Strahlung handelt es sich um hochenergetische Korpuskelstrahlung mit Teilchenenergien zwischen 10^7 eV und etwa 10^{20} eV. Viel des bereits bei der Gammastrahlung Gesagten, trifft auch auf die kosmische Strahlung zu, insbesondere, daß der Nachweis der Primärteilchen nur außerhalb der Erdatmosphäre erfolgen kann. Wie bei der Gammastrahlung besteht auch bei der kosmischen Strahlung die Möglichkeit, die durch sie erzeugten Sekundärteilchen-Schauer von der Erdoberfläche aus nachzuweisen. Da die Eigenschaften der kosmischen Strahlung und ihre Nachweismöglichkeiten schon im Kapitel über Interstellare Materie ausführlich besprochen wurden (s. 10.8), soll an dieser Stelle nicht weiter darauf eingegangen werden.

A 2.8.4 Neutrinostrahlung

Neutrinos werden in großer Zahl in astronomischen Objekten erzeugt. Nach den gängigen Modellen erzeugt die Sonne eine Neutrinoleuchtkraft von etwa $9 \cdot 10^{24}$ W, was etwa einem Vierzigstel der gesamten elektromagnetischen Leuchtkraft von $3.8 \cdot 10^{26}$ W entspricht. In Supernova-Explosionen werden nahezu 99% der Bindungsenergie in Form von Neutrinos abgegeben (s. 8.4). Man nimmt ebenfalls an, daß es einen allgemeinen Hintergrund von Neutrinos mit einer Temperatur von 1.7 K gibt, die in der Frühphase des Universums erzeugt wurden, solange die Neutrinos im thermischen Gleichgewicht mit der Materie standen (s. 15.5). Das große Problem ist, daß Neutrinos wegen ihres extrem kleinen Wirkungsquerschnitts nur sehr selten mit Materie wechselwirken. Aus diesem Grund können Neutrinos Informationen z. B. aus dem Sterninnern nach außen tragen, anderseits sind sie deswegen aber nur äußerst schwer nachzuweisen. Bisher konnten einige tausend Neutrinos von der Sonne und insgesamt 24 von der Supernova 1987A nachgewiesen werden.

Ein Neutrinodetektor muß wegen der geringen Wechselwirkung mit Materie ein großes Volumen besitzen. Eine weitere Bedingung ist, daß er so weit wie möglich von allen andern störenden hochenergetischen Strahlungsquellen, insbesondere der kosmischen Strahlung, abgeschirmt sein muß. Neutrinodetektoren befinden sich deshalb weit unter der Erdoberfläche, z. B. in alten Bergwerksstollen oder Tunnels. Kompliziert wird der Nachweis von Neutrinos durch die Tatsache, daß es verschiedene Arten von Neutrinos gibt, und daß die in astrophysikalischen Prozessen erzeugten Neutrinos unterschiedliche Energien besitzen, was jeweils andere Methoden zu ihrem Nachweis erfordert.

Das erste Neutrinoexperiment wurde von R. Davis Ende der sechziger Jahre gebaut. Der Detektor, der sich in einer alten Mine in South Dakota, USA, 1500 m unter der Erdoberfläche befindet, enthält 610 Tonnen von flüssigem Perchloraethylen, C_2Cl_4, wobei der Nachweis auf der Reaktion $v_e + {}^{37}Cl \rightarrow {}^{37}Ar + e^-$ beruht. Mit diesem Detektor gelang es Davis, im Mittel etwa 0.5 Neutrinos pro Tag nachzuweisen. Ein Nachteil dieses Experiments ist allerdings, daß es mit ihm nur möglich ist, relativ hochenergetische Neutrinos mit $E \geq 0.814$ MeV nachzuweisen, die nur etwa 20% des gesamten solaren Neutrinoflusses ausmachen.

Ein Neutrinodetektor, mit dem es möglich ist, auch niederenergetische Neutrinos bis zu $E \geq 0.233$ MeV zu messen, womit der größte Teil des solaren Neutrinoflusses nachgewiesen werden kann, ist der unter der Federführung des Heidelberger Max-Planck-Instituts für Kernphysik entstandene GALLEX-Detektor (GALLiumEXperiment), mit dem die Neutrinos auf Grund der Reaktion $v_e + {}^{71}Ga \rightarrow {}^{71}Ge + e^-$ nachgewiesen werden. Der Detektor, der sich im italienischen Gran Sasso Underground Laboratory, einem alten Autotunnel, befindet, enthält 30 Tonnen Gallium (eine halbe Weltjahresproduktion dieses Elements), die sich in einer Lösung von etwa 100 Tonnen Galliumtrichlorid befinden.

A 2.8.5 Gravitationswellen-Detektoren

Kurz erwähnt werden sollen hier auch Experimente, mit denen versucht wird, Gravitationswellen nachzuweisen, deren Existenz aus den Feldgleichungen der Allgemeinen Relativitätstheorie vorhergesagt wird. Sie sollten immer dann entstehen, wenn sich die geometrische Verteilung von Materie zeitlich ändert. Eine signifikante Stärke sollte die Gravitationsstrahlung jedoch nur dann haben, wenn sehr große Gravitationsfelder auftreten, wie z. B. bei Bahnbewegungen von Neutronensternen in einem engen Doppelsternsystem oder dem Kollaps eines Sterns in einer Supernova-Explosion. Es gibt zwei unterschiedliche Arten von Gravitationswellen-Detektoren, einmal solche, bei denen die Deformierung eines festen Körpers (z. B. eines Aluminiumzylinders) unter dem Einfluß einer Gravitationswelle gemessen wird, und solche, bei denen die durch eine Gravitationswelle verursachte Veränderung in der Armlänge eines Michelson-Interferometers gemessen wird. Bisher gelang es noch nicht, Gravitationswellen nachzuweisen, man hofft allerdings, dies mit einer neuen Generation von Interferometern, deren Dimensionen mehrere Kilometer betragen, in naher Zukunft zu erreichen. Durch solche Messungen können im Prinzip geometrische Strukturen von Objekten bestimmt werden, bei denen dies mit keiner andern Meßmethode möglich ist.

A 3 Physikalische Größen und Einheiten

Astronomie und Astrophysik zählen zu den exakten Naturwissenschaften. Ebenso wie von der Physik erwartet man von ihnen Eindeutigkeit ihrer Aussagen, d. h. Klarheit über die den Meßergebnissen und Gesetzmäßigkeiten zugrunde liegenden Größen.
Die in der »Meter-Konvention« vereinigten Staaten haben das internationale Einheitensystem als verbindlich angenommen. Dieses System hat in allen Sprachen die Abkürzung SI (für franz. »Système International«) erhalten. Es entstand aus dem Bemühen, ein für Wirtschaft, Wissenschaft und Technik gleichermaßen zweckmäßiges Einheitensystem zu schaffen, was u. a. dazu führte, daß Größen und Einheiten aufgegeben werden mußten, die in den Wissenschaften üblich waren. Dafür gibt es im SI keine komplizierten Umrechnungen zwischen einzelnen Einheiten und für jede Größe nur eine Einheit. Das SI ist – wie man sagt – kohärent; immer, wenn zwei beliebige SI-Einheiten miteinander multipliziert oder durcheinander dividiert werden, erhält man eine neue SI-Einheit.
Das metrische System ist nahezu 200 Jahre alt. Sein Geburtstag ist (nach der ISO-Norm geschrieben) 1791-03-30, denn an diesem Tag wurde es durch ein Gesetz von Ludwig XVI, König von Frankreich, eingeführt. Seit 1970 gilt in der Bundesrepublik Deutschland das »Gesetz über Einheiten im Meßwesen«, das das SI-System verbindlich vorschreibt.
Das SI beruht auf sieben Basiseinheiten, zwei zusätzlichen Einheiten und den von diesen kohärent abgeleiteten Einheiten.

A 3.1 SI-Basiseinheiten

Die Basiseinheiten des Internationalen Einheitensystems sind mit ihren Namen und ihren Einheitenzeichen in der Tabelle zusammengestellt.

Größe	SI-Basiseinheit	
	Name	Einheitenzeichen
Länge	Meter	m
Masse	Kilogramm	kg
Zeit	Sekunde	s
elektrische Stromstärke	Ampere	A
thermodynamische Temperatur	Kelvin	K
Stoffmenge	Mol	mol
Lichtstärke	Candela	cd

Die Einheitenzeichen werden in steiler Schrift, im allgemeinen in kleinen Buchstaben dargestellt; leiten sich die Zeichen von Eigennamen her, so werden (für den ersten Buchstaben) Großbuchstaben verwendet. Auf Einheitenzeichen folgt kein Punkt.

A 3 Größen und Einheiten

Definitionen der SI-Basiseinheiten

Einheit der Länge
: Das Meter ist die Länge der Strecke, die Licht im Vakuum während des Intervalls von (1/299 792 458) s durchläuft. Siehe dazu auch 2.1.1.

Einheit der Masse
: Das Kilogramm ist die Einheit der Masse; es ist gleich der Masse des Internationalen Kilogrammprototyps. Dieser Internationale Prototyp aus Platin-Iridium wird im Internationalen Büro in Paris unter den im Jahr 1889 festgelegten Bedingungen aufbewahrt.

Einheit der Zeit
: Die Sekunde ist das 9 192 631 770fache der Periodendauer der dem Übergang zwischen den beiden Hyperfeinstruktur-Niveaus des Grundzustands des Atoms des Nuklids ^{133}Cs entsprechenden Strahlung. Siehe dazu auch 1.5.6.

Einheit der elektrischen Stromstärke
: Das Ampere ist die Stärke eines konstanten elektrischen Stroms, der, durch zwei parallele, geradlinige, unendlich lange und im Vakuum im Abstand von 1 Meter voneinander angeordnete Leiter von vernachlässigbar kleinem, kreisförmigem Querschnitt fließend, zwischen diesen Leitern je 1 Meter Leiterlänge die Kraft $2 \cdot 10^{-7}$ Newton hervorrufen würde.

Einheit der thermodynamischen Temperatur
: Das Kelvin ist der 273.16te Teil der thermodynamischen Temperatur des Tripelpunkts des Wassers.

  Anmerkung: Neben der thermodynamischen Temperatur (Formelzeichen T), ausgedrückt in Kelvin, wird auch die Celsius-Temperatur (Formelzeichen t) benutzt, die durch die Gleichung $t = T - T_0$ definiert ist, wobei $T_0 = 273.15$ K per definitionem ist. Die Einheit »Grad Celsius« ist gleich der Einheit »Kelvin«, aber »Grad Celsius« ist ein spezieller Name, wenn die Celsius-Temperatur angegeben wird, und ein Celsius-Temperaturintervall oder eine Celsius-Temperaturdifferenz dürfen auch in Grad Celsius angegeben werden.

Einheit der Stoffmenge
: Das Mol ist die Stoffmenge eines Systems, das aus ebensoviel Einzelteilchen besteht, wie Atome in 0.012 Kilogramm des Kohlenstoffnuklids ^{12}C enthalten sind.

  Bei Benutzung des Mol müssen die Einzelteilchen spezifiziert sein; es können Atome, Moleküle, Ionen, Elektronen sowie andere Teilchen oder Gruppen solcher Teilchen genau angegebener Zusammensetzung sein.

Einheit der Lichtstärke
: Die Candela ist die Lichtstärke in eine bestimmte Richtung einer Strahlungsquelle, die monochromatische Strahlung der Frequenz 540 THz aussendet und deren Strahlungsintensität in dieser Richtung $(1/683)$ W sr^{-1} beträgt.

Abgeleitete SI-Einheiten

Größe	SI-Einheit Name	Einheitenzeichen
Fläche	Quadratmeter	m^{-2}
Volumen	Kubikmeter	m^{-3}
Geschwindigkeit	Meter durch Sekunde	$m\,s^{-1}$
Beschleunigung	Meter durch Sekundenquadrat	$m\,s^{-2}$
Wellenzahl	reziprokes Meter	m^{-1}
Dichte	Kilogramm durch Kubikmeter	$kg\,m^{-3}$
elektrische Stromdichte	Ampere durch Quadratmeter	$A\,m^{-2}$
magnetische Feldstärke	Ampere durch Meter	$A\,m$
Stoffmengenkonzentration	Mol durch Kubikmeter	$mol\,m^{-3}$
spezifisches Volumen	Kubikmeter durch Kilogramm	$m^3\,kg^{-1}$
Leuchtdichte	Candela durch Quadratmeter	$cd\,m^{-2}$

A 3.2 SI-Vorsätze für Vielfache und Potenzschreibweise

Im SI gilt die Forderung: Jede physikalische Größe soll nur eine Einheit haben. Das heißt, sowohl die Entfernung zu den Galaxien als auch der Atomdurchmesser müssen durch die Längeneinheit »Meter« ausgedrückt werden. Die unbequemen Zahlenwerte können weitgehend durch Vorsätze vermieden werden, mit denen dezimale Vielfache und Teile der SI-Einheiten ausgedrückt werden können.

Vorsilbe	Zeichen	Faktor	
Yotta	Y	10^{24}	= 1 000 000 000 000 000 000 000 000
Zetta	Z	10^{21}	= 1 000 000 000 000 000 000 000
Exa	E	10^{18}	= 1 000 000 000 000 000 000
Peta	P	10^{15}	= 1 000 000 000 000 000
Tera	T	10^{12}	= 1 000 000 000 000
Giga	G	10^{9}	= 1 000 000 000
Mega	M	10^{6}	= 1 000 000
Kilo	k	10^{3}	= 1 000
Hekto	h	10^{2}	= 100
Deka	da	10^{1}	= 10
Dezi	d	10^{-1}	= 0.1
Zenti	c	10^{-2}	= 0.01
Milli	m	10^{-3}	= 0.001
Mikro	µ	10^{-6}	= 0.000 001
Nano	n	10^{-9}	= 0.000 000 001
Piko	p	10^{-12}	= 0.000 000 000 001
Femto	f	10^{-15}	= 0.000 000 000 000 001
Atto	a	10^{-18}	= 0.000 000 000 000 000 001
Zepto	z	10^{-21}	= 0.000 000 000 000 000 000 001
Yocto	y	10^{-24}	= 0.000 000 000 000 000 000 000 001

Trotz verschieden großer Einheiten läßt es sich in der Astronomie nicht immer vermeiden, sehr große oder sehr kleine Maßzahlen zu verwenden. Daher schreibt man diese oft als Zehnerpotenzen, z. B.

$$350\,000 = 35 \cdot 10^{4}$$
$$= 3.5 \cdot 10^{5}$$
$$= 0.35 \cdot 10^{6}.$$

Wenn an ein mit einem Vorsatzzeichen versehenes Einheitenzeichen ein Potenzexponent angefügt ist, bedeutet dies, daß das Vielfache oder der Teil der Einheit in die durch den Exponenten ausgedrückte Potenz erhoben ist, zum Beispiel:

$$1\,\text{cm}^{3} = (10^{-2}\,\text{m})^{3} = 10^{-6}\,\text{m}^{3}$$
$$1\,\text{cm}^{-1} = (10^{-2}\,\text{m})^{-1} = 10^{2}\,\text{m}^{-1}$$
$$1\,\mu\text{s}^{-1} = (10^{-6}\,\text{s})^{-1} = 10^{6}\,\text{s}^{-1}$$

Zusammengesetzte Vorsätze, die durch Hintereinandersetzen mehrerer SI-Vorsätze gebildet werden, sind nicht zugelassen.

A 3.3 Abgeleitete und ergänzende SI-Einheiten

Größe	Name	Einheiten-zeichen	durch andere SI-Einheiten ausgedrückt	durch SI-Basis-einheiten ausgedrückt
Frequenz	Hertz	Hz		s^{-1}
Kraft	Newton	N		$m\,kg\,s^{-2}$
Druck, Spannung	Pascal	Pa	N/m^2	$m^{-1}\,kg\,s^{-2}$
Energie, Arbeit, Wärme	Joule	J	$N\,m$	$m^2\,kg\,s^{-2}$
Leistung, Energiestrom	Watt	W	J/s	$m^2\,kg\,s^{-3}$
elektrische Ladung	Coulomb	C		$s\,A$
elektrisches Potential, elektrische Spannung, elektromotorische Kraft	Volt	V	W/A	$m^2\,kg\,s^{-3}\,A^{-1}$
elektrische Kapazität	Farad	F	C/V	$m^{-2}\,kg^{-1}\,s^4\,A^2$
elektrischer Widerstand	Ohm	Ω	V/A	$m^2\,kg\,s^{-3}\,A^{-2}$
elektrischer Leitwert	Siemens	S	A/V	$m^{-2}\,kg^{-1}\,s^3\,A^2$
magnetischer Fluß	Weber	Wb	$V \cdot s$	$m^2\,kg\,s^{-2}\,A^{-1}$
magnetische Flußdichte, Induktion	Tesla	T	Wb/m^2	$kg\,s^{-2}\,A^{-1}$
Induktivität	Henry	H	Wb/A	$m^2\,kg\,s^{-2}\,A^{-2}$
Celsius-Temperatur	Grad Celsius	°C		K
Lichtstrom	Lumen	lm		$cd\,sr$
Beleuchtungsstärke	Lux	lx	lm/m^2	$m^{-2}\,cd\,sr$
Aktivität (radioaktive)	Becquerel	Bq		s^{-1}
Energiedosis	Gray	Gy	J/kg	$m^2\,s^{-2}$

Außer diesen im SI statthaften »abgeleiteten Einheiten« sind auch sogenannte »ergänzende Einheiten«, die als Basiseinheiten oder als abgeleitete Einheiten zu behandeln sind, zugelassen.

Größe	SI-Einheit Name	Einheitenzeichen
ebener Winkel	Radiant	rad
räumlicher Winkel	Steradiant	sr

Der Radiant ist der ebene Winkel zwischen zwei Radien eines Kreises, die aus dem Kreisumfang einen Bogen von der Länge des Radius ausschneiden.

Der Steradiant ist der räumliche Winkel, dessen Scheitelpunkt im Mittelpunkt einer Kugel liegt und der aus der Kugeloberfläche eine Fläche gleich der eines Quadrats von der Seitenlänge des Kugelradius ausschneidet.

Die ergänzenden Einheiten werden auch zur Bildung von abgeleiteten Einheiten benutzt.

A 3.4 Einheiten außerhalb des SI

Abgeleitete SI-Einheiten, die mit Hilfe von ergänzenden Einheiten ausgedrückt werden

Größe	SI-Einheit Name	Einheitenzeichen
Winkelgeschwindigkeit	Radiant durch Sekunde	rad s^{-1}
Winkelbeschleunigung	Radiant durch Sekundenquadrat	rad s^{-2}
Strahlstärke	Watt durch Steradiant	W sr^{-1}
Strahldichte	Watt durch Quadratmeter-Steradiant	W m^{-2} sr^{-1}

A 3.4 Einheiten, die neben dem SI benutzt werden

Es läßt sich nicht vermeiden, neben den SI-Einheiten auch solche zuzulassen, die systemfremd sind, d. h. die sich der Kohärenz des SI nicht einfügen. Solche Einheiten sind vor allem die gebräuchlichen Unterteilungen der Zeit und des Winkels.

Desgleichen läßt sich in der wissenschaftlichen Literatur eine Reihe von Einheiten, deren zahlenmäßige Beziehungen zu den SI-Einheiten nur experimentell ermittelt und somit nicht durch exakte Werte angegeben werden können, nicht völlig vermeiden. Es sind dies die auch im täglichen Leben verwendeten Zeit- und Winkeleinheiten, sowie die Astronomische Einheit (AE), das Parsec (pc) und die Werte der Zustandsgrößen der Sonne.

Name	Einheitenzeichen	Beziehung zu den SI-Einheiten
Minute	min	1 min = 60 s
Stunde	h	1 h = 60 min = 3 600 s
Tag	d	1 d = 24 h = 86 400 s
Grad	°	1° = (π/180) rad
Minute	′	1′ = (1/60)° = (π/10 800) rad
Sekunde	″	1″ = (1/60)′ = (π/648 000) rad

Name	Einheitenzeichen	Definition	(siehe auch ...)
Elektronvolt	eV	1)	
Astronomische Einheit	AE	2)	(3.2.4)
Parsec	pc	3)	(7.3.2)
(Zustandsgrößen der Sonne)			(5.1)

1) Das Elektronvolt ist gleich der kinetischen Energie, die ein Elektron beim Durchlaufen einer Potentialdifferenz von 1 Volt im Vakuum gewinnt:

$$1 \text{ eV} = 1.602\,189\,2 \times 10^{-19} \text{ J}.$$

2) Diese Einheit hat kein internationales Einheitenzeichen: es werden Abkürzungen benutzt, z. B. AE im Deutschen, UA im Französischen, AU im Englischen. Die astronomische Einheit der Entfernung ist gleich der Länge des Halbmessers der nichtgestör-

ten Kreisbahn, auf der sich ein Körper von vernachlässigbarer Masse um die Sonne mit einer siderischen Winkelgeschwindigkeit von 0.017 202 098 950 Radiant pro Tag (der Tag zu 86 400 Ephemeridensekunden gerechnet) bewegen würde. In dem System von astronomischen Konstanten (1976) der Internationalen Astronomischen Union gilt:

$$1 \text{ AE} = 1.496\,987\,0 \cdot 10^{11} \text{ m}.$$

3) Das Parsec ist gleich derjenigen Entfernung, von der aus die Astronomische Einheit unter einem Winkel von 1″ erscheint:

$$1 \text{ pc} = 206\,265 \text{ AE} = 3.0857 \cdot 10^{16} \text{ m}.$$

Einheiten, die im amtlichen und geschäftlichen Verkehr nicht mehr zulässig sind

Name	Zeichen	Beziehung zu den SI-Einheiten
Erg	erg	$1 \text{ erg} = 10^{-7} \text{ J}$
Dyn	dyn	$1 \text{ dyn} = 10^{-5} \text{ N}$
Pferdestärke	PS	$1 \text{ PS} = 735.498\,75 \text{ W}$
		$\approx 750 \text{ W}$
Gauß	Gs, G	$1 \text{ Gs entspricht } 10^{-4} \text{ T}$
Oersted	Oe	$1 \text{ Oe entspricht } (1000/4\pi) \text{ A m}^{-1}$
Maxwell	Mx	$1 \text{ Mx entspricht } 10^{-8} \text{ Wb}$
Stilb	sb	$1 \text{ sb} = 10^{4} \text{ cd m}^{-2}$
Ångström	Å	$1 \text{ Å} = 0.1 \text{ nm} = 10^{-10} \text{ m}$
Kalorie	cal	$1 \text{ cal} = 4.1868 \text{ J}$
Gamma	γ	$1 \gamma = 1 \text{ nT} = 10^{-9} \text{ T}$

Das Ångström ist für den amtlichen und gesetzlichen Gebrauch nicht mehr zugelassen. In der Sternspektroskopie wird diese Einheit jedoch nach wie vor bei der Angabe von Wellenlängen im optischen Spektralbereich verwendet, vor allem da diese Einheit in zahlreichen Tabellen, Abbildungen und Registrierkurven von Spektren verwendet wurde, die seit Jahrzehnten ständige Arbeitsgrundlage sind.

A 3.5 Konstanten und Umrechnungsbeziehungen

Lichtgeschwindigkeit im Vakuum	$c = 2.997\,924\,58 \cdot 10^{8} \text{ m s}^{-1}$
Gravitationskonstante	$G = 6.672\,59(85) \cdot 10^{-11} \text{ m}^{3} \text{ kg}^{-1} \text{ s}^{-2}$
Planck-Konstante	$h = 6.626\,075\,5(40) \cdot 10^{-34} \text{ J s}$
molare Gaskonstante	$R^{*} = 8.314\,510(70) \cdot 10^{3} \text{ J K}^{-1} \text{ kmol}^{-1}$
Boltzmann-Konstante	$k = 1.380\,658(12) \cdot 10^{-23} \text{ J K}^{-1}$
Avogadro-Konstante	$N_{A} = 6.022\,136\,7(36) \cdot 10^{26} \text{ kmol}^{-1}$
Konstante des Stefan-Boltzmann-Gesetzes	$\sigma = 5.670\,51(19) \cdot 10^{-8} \text{ W m}^{-2} \text{ K}^{-4}$
Wiensches Verschiebungsgesetz	$\lambda_{max} \cdot T = 2.898 \cdot 10^{-3} \text{ m K}$
Masse des Elektrons	$m_{e} = 9.109\,389\,7(54) \cdot 10^{-31} \text{ kg}$
Masse des Protons	$m_{p} = 1.672\,623\,1(10) \cdot 10^{-27} \text{ kg}$

A 3.5 Konstanten und Umrechnungen

Massenverhältnis von Proton
und Elektron $\quad m_p/m_e = 1838.683\,662(40)$

elektrische Elementarladung $\quad e = 1.602\,177\,33(49) \cdot 10^{-19}$ C

Entfernungseinheiten
Astronomische Einheit $\quad$ 1 AE $= 1.496\,987\,0 \cdot 10^{11}$ m
Parsec $\quad$ 1 pc $= 3.0857 \cdot 10^{16}$ m
$\quad\quad\quad\quad\quad = 3.262$ Lj
$\quad\quad\quad\quad\quad = 206\,265$ AE

Lichtjahr $\quad$ 1·Lj $= 9.4605 \cdot 10^{15}$ m
$\quad\quad\quad\quad\quad = 0.3066$ pc
$\quad\quad\quad\quad\quad = 63\,240$ AE

Zum Umrechnen von Energien

1 Joule =	$6.241 \cdot 10^{18}$ eV =	$h \cdot 1.509 \cdot 10^{33}$ Hz =	$k \cdot 7.234 \cdot 10^{22}$ K
$1.602 \cdot 10^{-19}$ Joule =	1 eV =	$h \cdot 2.418 \cdot 10^{14}$ Hz =	$k \cdot 1.160 \cdot 10^{4}$ K
$6.626 \cdot 10^{-34}$ Joule =	$4.136 \cdot 10^{-15}$ eV =	$h \cdot 1$ Hz =	$k \cdot 4.799 \cdot 10^{-11}$ K
$1.380 \cdot 10^{-23}$ Joule =	$8.617 \cdot 10^{-5}$ eV =	$h \cdot 2.084 \cdot 10^{10}$ Hz =	$k \cdot 1$ K

h Planck-Konstante
k Boltzmann-Konstante
1 Joule = 1 Wattsekunde = 10^7 erg = $278 \cdot 10^{-7}$ kWh;
1 Jansky = 10^{-26} Watt m^{-2} Hz^{-1}

Die Beziehungen zwischen den in der Astrophysik benutzten Begriffen Intensität und Strahlungsstrom und den im SI definierten Strahlungsgrößen der Lichtstärke, gemessen in Candela (cd), des Lichtstroms, gemessen in Lumen (lm), und der Beleuchtungsstärke, gemessen in Lux (lx), sind im folgenden zusammengestellt.

Strahlungsgröße	Beziehung zu den SI-Einheiten	Einheiten
Intensität	W m^{-2}sr^{-1}	—
monochromatische Intensität	W m^{-2}sr^{-1}Hz^{-1}	—
Strahlungsstrom	W m^{-2}	Jansky (Jy) 1 Jy = 10^{-26} W m^{-2}
monochromatischer Strahlungsstrom	W m^{-2} Hz^{-1}	—
Lichtstärke	W sr^{-1}	Candela (cd) 1 cd = (1/683) W sr^{-1} bei 5.4 10^{14} Hz
Lichtstrom	W	Lumen (lm) 1 lm = 1 cd · sr
Beleuchtungsstärke	W m^{-2}	Lux (lx) 1 lx = 1 cd sr m^{-2}

Mathematische Konstanten und Umrechnungsbeziehungen

$\pi = 3.14159$
$e = 2.71828$

$1 \text{ rad} = \dfrac{180°}{\pi} = 57.2957795° = 3437.74677'$
$= 206264.806''$

Umrechnungsfaktoren für Druckeinheiten

	Pa	bar	kp/m²	at	atm	Torr
1 Pa = 1 N/m² =	1	10^{-5}	$1.020 \cdot 10^{-1}$	$1.020 \cdot 10^{-5}$	$9.869 \cdot 10^{-6}$	$7.501 \cdot 10^{-3}$
1 bar = 10^6 dyn/cm² =	10^5	1	$1.020 \cdot 10^4$	1.020	0.9869	750.1
1 kp/m² = 1 mmWS =	9.807	$9.807 \cdot 10^{-5}$	1	10^{-4}	$9.678 \cdot 10^{-5}$	$7.356 \cdot 10^{-2}$
1 at = 1 kp/cm² =	$9.807 \cdot 10^4$	0.9807	10^4	1	0.9678	735.6
1 atm = 760 Torr =	$1.013 \cdot 10^5$	1.013	$1.033 \cdot 10^4$	1.033	1	760
1 Torr = 1 mmHG =	133.322	$1.333 \cdot 10^{-3}$	13.60	$1.360 \cdot 10^{-3}$	$1.316 \cdot 10^{-3}$	1

WS = Wassersäule

PERIODENSYSTEM DER CHEMISCHEN ELEMENTE

Periode	Schale	Unter-schale	Gruppe I a	Gruppe I b	Gruppe II a	Gruppe II b	Gruppe III a	Gruppe III b	Gruppe IV a	Gruppe IV b	Gruppe V a	Gruppe V b	Gruppe VI a	Gruppe VI b	Gruppe VII a	Gruppe VII b	Gruppe VIIIb (Gruppe VIII)			Gruppe VIIIa (Gruppe 0)	An-zahl
1	1. (K)	1 s	**1 H** Wasserstoff 1,0079 1																	**2 He** Helium 4,00260 2	2
2	2 (L)	2 p / 2 s	**3 Li** Lithium 6,941 1		**4 Be** Beryllium 9,01218 2		**5 B** Bor 10,81 1		**6 C** Kohlenstoff 12,011 2		**7 N** Stickstoff 14,0067 3		**8 O** Sauerstoff 15,9994 4		**9 F** Fluor 18,998403 5					**10 Ne** Neon 20,179 6 / 2	8
3	3 (M)	3 p / 3 s	**11 Na** Natrium 22,98977 1		**12 Mg** Magnesium 24,305 2		**13 Al** Aluminium 26,98154 1		**14 Si** Silicium 28,0855 2		**15 P** Phosphor 30,97376 3		**16 S** Schwefel 32,06 4		**17 Cl** Chlor 35,453 5					**18 Ar** Argon 39,948 6 / 2	8
4	3 (M) / 4 (N)	3 d / 4 s	**19 K** Kalium 39,0983 1		**20 Ca** Calcium 40,08 2		**21 Sc** Scandium 44,9559 1		**22 Ti** Titan 47,90 2		**23 V** Vanadium 50,9415 3		**24 Cr** Chrom 51,996 5		**25 Mn** Mangan 54,9380 5		**26 Fe** Eisen 55,847 6	**27 Co** Kobalt 58,9332 7	**28 Ni** Nickel 58,70 8		
4	3 (M) / 4 (N)	4 p / 4 s	**29 Cu** Kupfer 63,546 10 / 1		**30 Zn** Zink 65,38 10 / 2		**31 Ga** Gallium 69,72 1		**32 Ge** Germanium 72,59 2		**33 As** Arsen 74,9216 3		**34 Se** Selen 78,96 4		**35 Br** Brom 79,904 5					**36 Kr** Krypton 83,80 6 / 10 / 2	18
5	4 (N) / 5 (O)	4 d / 5 s	**37 Rb** Rubidium 85,4678 1		**38 Sr** Strontium 87,62 2		**39 Y** Yttrium 88,9059 1		**40 Zr** Zirkonium 91,22 2		**41 Nb** Niob 92,9064 4		**42 Mo** Molybdän 95,94 5		**43 Tc** Technetium (97) 6		**44 Ru** Ruthenium 101,07 7	**45 Rh** Rhodium 102,9055 8	**46 Pd** Palladium 106,4 10		
5	4 (N) / 5 (O)	5 p / 5 s	**47 Ag** Silber 107,868 10 / 1		**48 Cd** Cadmium 112,41 10 / 2		**49 In** Indium 114,82 1		**50 Sn** Zinn 118,69 2		**51 Sb** Antimon 121,75 3		**52 Te** Tellur 127,60 4		**53 I** Jod 126,9045 5					**54 Xe** Xenon 131,30 6 / 10 / 2	18
6	5 (O) / 6 (P)	5 d / 6 s	**55 Cs** Cäsium 132,9054 1		**56 Ba** Barium 137,33 2		**57 La** Lanthan 138,9055 1		**72 Hf** Hafnium 178,49 2		**73 Ta** Tantal 180,9479 3		**74 W** Wolfram 183,85 4		**75 Re** Rhenium 186,2 5		**76 Os** Osmium 190,2 6	**77 Ir** Indium 192,22 7	**78 Pt** Platin 195,09 9 / 1		
6	5 (O) / 6 (P)	6 p / 6 s	**79 Au** Gold 196,9665 10 / 1		**80 Hg** Quecksilber 200,59 10 / 2		**81 Tl** Thallium 204,37 1		**82 Pb** Blei 207,2 2		**83 Bi** Wismut 208,9804 3		**84 Po** Polonium (209) 4		**85 At** Astat (210) 5					**86 Rn** Radon (222) 6 / 10 / 2	32
7	6 (P) / 7 (Q)	6 d / 7 s	**87 Fr** Francium (223) 1		**88 Ra** Radium 226,0254 2		**89 Ac** Actinium 227,028 1		**104 Unq** Unnilquadium (261) 2		**105 Unp** Unnilpentium (262)		**106 Sg** Seaborgium (263)		**107 Ns** Nielsbohrium (262)						

*) Lanthanoide

5 d / 4 f	**58 Ce** Cer 140,12 2	**59 Pr** Praseodym 140,9077 3	**60 Nd** Neodym 144,24 4	**61 Pm** Promethium (145) 5	**62 Sm** Samarium 150,4 6	**63 Eu** Europium 151,96 7	**64 Gd** Gadolinium 157,25 7 / 1	**65 Tb** Terbium 158,9254 9	**66 Dy** Dysprosium 162,50 10	**67 Ho** Holmium 164,9304 11	**68 Er** Erbium 167,26 12	**69 Tm** Thulium 168,9342 13	**70 Yb** Ytterbium 173,04 14	**71 Lu** Lutetium 174,967 14 / 1

**) Actinoide

| 6 d / 5 f | **90 Th** Thorium 232,0381 2 | **91 Pa** Protactinium 231,0359 1 / 2 | **92 U** Uran 238,029 1 / 3 | **93 Np** Neptunium 237,0482 1 / 4 | **94 Pu** Plutonium (244) 6 | **95 Am** Americium (243) 7 | **96 Cm** Curium (247) 1 / 7 | **97 Bk** Berkelium (247) 8 | **98 Cf** Californium (251) 10 | **99 Es** Einsteinium (254) 11 | **100 Fm** Fermium (257) 12 | **101 Md** Mendelevium (258) 13 | **102 No** Nobelium (259) 14 | **103 Lr** Lawrencium (260) 13 / 14 / 1 |

Für die graph. Darstellung des PSE wird häufig das hier wiedergegebene *Kurzperiodensystem* gewählt, bei dem man die chem. Elemente der Hauptgruppen (a) und der Nebengruppen (b) mit gleicher Gruppennummer (rechts und links außen) in einer einzigen Spalte aufführt. Daneben sind jedoch auch weitere Arten der Darstellung möglich, so u. a. das *Langperiodensystem* (mit mehreren Varianten), bei dem in den einzelnen Spalten nur Haupt- oder Nebengruppenelemente stehen.

Bei den Elementen im PSE entspricht die vor dem Elementsymbol stehende Zahl der Ordnungszahl (Z), die unter dem Elementnamen stehende Zahl der relativen Atommasse. Bei den radioaktiven Elementen in den runden Klammern die Massenzahl des bekanntesten Isotops angegeben. Die kursiv gesetzten Zahlen, neben den Elementen, geben die Anzahl der Elektronen an, in den angefügten Elektronenschalen (dritte Spalte von links) vorhanden sind, die Ziffern rechts unter den Elementen entsprechen der Elektronenkonfiguration des vorausgehenden Edelgases.

In den Hauptgruppen nimmt der Metallcharakter der Elemente von links nach rechts ab, d. h., in den Hauptgruppen stehen Elemente mit ausgeprägtem Nichtmetallcharakter (die unter Abgabe von Elektronen positiv geladene Ionen bilden und dadurch die energetisch günstige Elektronenkonfiguration eines Edelgases erreichen) rechts, wobei von Gruppe zu Gruppe ein stetiger Übergang vom Metall zum Nichtmetall vorhanden ist. Innerhalb der Gruppen ist der Metallcharakter der Elemente von oben nach unten zu, was bes. bei den Elementen der Gruppen III a bis V a zu beobachten ist, unter denen sich auch die als Halbmetalle bezeichneten Elemente finden.

A 4 Tafeln zur Geschichte der Astronomie

A 4.1 Vor- und Frühgeschichte

Babylon Für die Babylonier war Sternkunde Astrologie und Astronomie in einem, d. h. sie betrieben astronomische Beobachtungen aus astrologischem Interesse. Astronomie ist exakte Naturwissenschaft, Astrologie dagegen, als Lehre vom Einfluß der Gestirne auf irdische Vorgänge, die bis in das Leben des einzelnen Menschen hineinreichen, hat mit Wissenschaft nichts zu tun, sie kann vielmehr als Versuch einer kosmischen Weltanschauung bezeichnet werden. Zu den religiösen und metaphysischen Belangen traten die Bedürfnisse einer genauen Zeitrechnung hinzu, so daß dadurch die babylonischen Priester veranlaßt wurden, über Jahrhunderte hinweg die Himmelsvorgänge, insbesondere die Bewegungen des Monds und der Planeten, zu beobachten und aufzuzeichnen.

Die Anfänge der babylonischen Astronomie liegen schon im 3. Jahrtausend vor Christus. Ursprünglich beschränkte diese sich auf die Registrierung von Himmelserscheinungen. Mit Zunahme der Aufzeichnungen wurde auch eine Vorausberechnung, besonders von Finsternissen, möglich. Ihren Höhepunkt erreichte die babylonische Astronomie etwa im 6. und 5. Jh. v. Chr., als die politische Macht Babylons bereits geschwunden war.

um 2750 v. Chr. Namengebung für die wichtigsten Sternbilder des nördlichen Himmels.

8. 3. 2283 Möglicherweise wurde die an diesem Datum eingetretene Finsternis aufgrund des »Saros-Zyklus« vorhergesagt. (Unter Saros-Zyklus versteht man eine Periode von 223 Synodischen Mondmonaten = 18 Jahre $11\frac{1}{3}$ Tage, in der wieder eine Finsternis eintreten kann, nicht jedoch muß.)

15. 6. 763 Älteste, sicher datierte überlieferte Beobachtung einer totalen Sonnenfinsternis.

um 400 Einführung des Lunisolarjahrs mit 19jährigem Schaltzyklus.

um 380 Mondtafeln des Kidinnu gestatten die Berechnung des Sichtbarwerdens der Mondsichel nach Neumond.

Zur gleichen Zeit wie in Babylon entwickelte sich astronomisches Wissen in andern Kulturen, bei den Ägyptern, Indern, Chinesen und den Völkern Mittelamerikas. Die Entwicklung hat nicht überall zu der gleichen Höhe geführt wie bei den Babyloniern, obwohl gegenseitige Beeinflussung nachzuweisen ist.

Ägypten Die Ägypter scheinen nicht systematisch Sonnen- und Mondfinsternisse beobachtet und aufgezeichnet zu haben. Bei ihnen stand vielmehr das Kalenderwesen im Vordergrund.

4. Jahrtsd. v. Chr. Zeitrechnung nach einem 365tägigen Sonnenjahr, das in 12 Monate zu je 30 Tagen und in fünf geheiligte Ergänzungstage eingeteilt war. Zur gleichen Zeit war wahrscheinlich schon die Sothis-Periode von 1460 Jahren bekannt. Durch Beobachtung der heliakischen Aufgänge des Sirius (Sirius = Sothis) bemerkte man

den Unterschied zwischen dem 365tägigen Jahr und dem tropischen Jahr von 365¼ Tagen. Nach einer Sothis-Periode fiel der heliakische Aufgang des Sirius wieder auf den gleichen Tag.

China In China lassen sich die Spuren astronomischen Wissens bis ins 3. Jahrtsd. v. Chr. zurückverfolgen. Es sind dies Beobachtungen über Finsternisse und Kometenerscheinungen. Diese Angaben ließen sich bislang historisch nicht sichern.

Ende 3. Jahrtsd. v. Chr. Hi und Ho sollen mit dem Tod bestraft worden sein, weil sie eine Sonnenfinsternis nicht vorhersagten.

12. oder 13. Jh. Aus dieser Zeit stammen in Stein gemeißelte Sternkarten.

9. Jh. Beschreibungen von Sternbildern in chinesischen Schriften.

Beginn 2. Jh. Einführung des Lunisolarjahrs mit 19jährigem Schaltzyklus.

um 100 Sammlung von 28 Rechenvorschriften zur Berechnung von Mondfinsternissen.

um Christi Geburt Liu Hsin verfaßt ein astronomisches Handbuch, den »Drei Zyklen Kalender«.

Mittelamerika Die Astronomie bei den alten Kulturvölkern Mittelamerikas, in erster Linie bei den Mayas, entwickelte sich unabhängig zu großer Blüte. Die astronomischen Datierungen weisen ins 3. Jahrtsd. v. Chr. zurück. Sie lassen sich aber nicht durch archäologische Befunde stützen, so daß hier noch eine ungeklärte Diskrepanz zwischen den verschiedenen Datierungen besteht.

8. 6. 8498 v. Chr. Möglicherweise Nullpunkt des Maya-Kalenders.

15. 2. 3379 Beobachtung einer totalen Mondfinsternis.

A 4.2 Griechische Astronomie

Die Griechen übernahmen das astronomische Wissen der Babylonier, behielten aber eine gewisse Rückständigkeit in der praktischen, messenden und beobachtenden Astronomie. Ihre Stärke lag vielmehr in der Anschauung sowie der anschaulichen Vorstellung und in der Theorie oder Spekulation. So schufen Griechen die ersten allgemeinen Hypothesen, Entwürfe, Denkmodelle, Überlegungen über die Gesetzmäßigkeiten am Himmel sowie Vorstellungen über die Entstehung des Weltganzen.

6. Jh. v. Chr. Pythagoreer lehren die Kugelgestalt der Erde.

um 440 Meton und seine Schule bestimmen mittels des Gnomons (Schattenstab) die Punkte der Sonnenwende.

Ende 5. Jh. Philolaos von Kroton: Erster Versuch einer Deutung der Anomalien in der Planetenbewegung, durch ein Zentralfeuer, um das sich Sonne, Erde und Planeten in konzentrischen Kreisen bewegen.

um 400 Demokrit (etwa 460–375): Die Milchstraße ist der vereinigte Glanz zahlloser schwacher Fixsterne.

Aristoteles (384–322) schließt von der Kreisform der Erdschatten bei Finsternissen auf dem Mond auf die Kugelgestalt der Erde.

um 370 Eudoxos (405–355) versucht eine Erklärung der Anomalien der Planetenbewegung mit Hilfe seines Systems homozentrischer Sphären (Sphären, an denen weitere Sphären befestigt sind).

um 345	Herakleides von Pontus (etwa 390–315) verbessert die Vorstellung des Philolaos: Erde und Sonne umkreisen derart das Zentralfeuer, daß sie stets einander gegenüberstehen. Auch die Planeten umkreisen dasselbe Zentrum. Die tägliche Bewegung des Fixsternhimmels folgt aus der Achsendrehung der Erde (diese bereits den Pythagoreern Hiketas und Ekphantos um 400 v. Chr. bekannt).
um 265	Aristarch von Samos (etwa 310–230): Versuch, die Entfernungen der Sonne und des Monds von der Erde zu bestimmen, und zwar durch Berechnung der Maßverhältnisse des im ersten und letzten Viertel rechtwinkligen Dreiecks Erde–Mond–Sonne. Als Ergebnis fand er ein Verhältnis von 1 : 19 zwischen Mond- und Sonnenentfernung, ferner den Halbmesser des Monds zu 0.36 und den der Sonne zu $6\frac{3}{4}$ Erdradien. Aristarch erkennt ferner, daß es für die Hypothese von Herakleides gleichgültig ist, welchen Radius man für die Sonnenbahn um das Zentralfeuer wählt, er setzt ihn gleich Null. Das Zentralfeuer läßt er fallen; damit ist die Sonne Mittelpunkt der Welt.
um 220	Eratosthenes (etwa 280–200): Erste Messung des Erdumfangs durch Bestimmung der Breitendifferenz zwischen Alexandria und Syene zu $7\frac{1}{2}°$. Ergebnis für den Erdumfang: 39 690 km. Eratosthenes findet die Schiefe der Ekliptik.
um 150	Hipparch von Nikaia (etwa 190–120) ermittelt die Jahreslänge mit gleicher Genauigkeit, wie sie den Babyloniern bekannt gewesen ist. Ein Vergleich des von Hipparch geschaffenen Fixsternverzeichnisses (auf Ekliptik bezogen) mit älteren griechischen Fixsternbeobachtungen führt zur Entdeckung der Präzession.
45 v. Chr.	Julianische Kalenderreform.
um 150 n. Chr.	C. Ptolemäus (etwa um 100–160): Mit ihm erreicht die griechische Astronomie ihren Höhepunkt. Das Handbuch »mathematices syntaxeos biblia XIII« enthält das gesamte astronomische Wissen der antiken Welt, u. a. das Sternverzeichnis des Hipparch.

A 4.3 Weiterbildung der antiken Astronomie durch die Araber

8. und 9. Jh. n. Chr.	Aneignung des antiken und indischen Wissensguts durch die Araber.
829	Gründung der Sternwarte Bagdad. Al Sufi (903–986): Revision des Sternkatalogs von Hipparch, zuverlässige Helligkeitsangaben der Sterne.
929	Al Battani †; Cosinussatz der sphärischen Trigonometrie. Abul Wefa (940–998): Tafeln der Funktionen Sinus und Tangens.
1000	Gründung der Sternwarte Kairo.
1009	Ibn Junis †; Bedeutende Tafeln zur Vorausberechnung von Planetenörtern.
1284	Alfons X. von Kastilien †; nach ihm benannt die Alfonsinischen Tafeln. In diese Zeit fällt auch die Weiterentwicklung der astronomischen Instrumente wie Astrolabium, Mauerquadrant, Armillarsphäre, Sonnen- und Wasseruhren.

A 4.4 Vom geozentrischen zum heliozentrischen Weltbild

um 1460 Georg Peurbach (1423–1461) und sein Schreiber Johannes Müller (1436–1476), genannt Regiomontanus, aus Königsberg/Unterfranken sammeln neue Planetenbeobachtungen und verbessern danach das System des Ptolemäus.
Nikolaus Cusanus (1401–1464) äußert die Meinung, daß die Erde nicht in Ruhe sein könne, sondern sich bewege.

1474 Regiomontanus veröffentlicht die ersten Planeten-Ephemeriden.

1505 Bernhard Walther setzt die Beobachtungen von Regiomontanus fort.

1543 Nikolaus Kopernikus, *19. 2. 1473 in Thorn; ab 1491 Studium in Krakau, von 1496 bis 1503 Studien in Italien (Theologie, Mathematik, Astronomie, Jurisprudenz, Medizin). 1501 Veröffentlichung einer kleinen Schrift, in der er vorsichtig seine Gedanken vertritt, daß nicht die Erde, sondern die Sonne Zentrum der Planetenbewegung sei. 1512 Domherr in Frauenburg. Um 1532 lag sein großes Werk über die Planetenbewegung im Manuskript vor. Er starb am 24. 5. 1543 in Frauenburg. In seinem Todesjahr erschien sein Werk unter dem von dem ev. Theologen Osiander gewählten Titel »De revolutionibus orbium coelestium libri VI«.

1544 Georg Hartmann (1489–1564) findet die Inklination der Magnetnadel.

1551 Die »Alfonsinischen Tafeln« werden durch die von Reinhold in Tübingen veröffentlichten »Preußischen Tafeln« abgelöst.

1569 Gerhard Kremer, der sich Mercator nannte (1512–1594): Herausgabe der Weltkarte für Seefahrer unter erstmaliger Verwendung der Mercator-Kartenprojektion.

1572 Tycho Brahe, *14. 12. 1546 in Knudstrup auf Schonen (Dänemark), Studium der Jurisprudenz in Kopenhagen, seit 1562 in Leipzig, von 1566 bis 1570 in Wittenberg, Rostock und Basel, seit 1570 wieder in Dänemark, beobachtet eine galaktische Supernova im Sternbild Cassiopeia. 1576 Bau der Sternwarte »Uranienburg« auf der Insel Hven. 1577 Versuch der Parallaxenbestimmung bei dem Kometen dieses Jahrs; er stellt fest, daß der Komet wesentlich weiter als der Mond entfernt sein müsse. 1584 Bau einer weiteren Sternwarte, der »Sternenburg«, dort Aufstellung seiner großen Mauerquadranten. 1588 Veröffentlichung seiner Planetentheorie. 1597 verließ er Dänemark und wurde 1599 kaiserlicher Mathematiker und Astronom bei Rudolf II. in Prag; am 24. 10. 1601 dort gestorben. Hinterließ Kepler die besten und genauesten Planetenbeobachtungen seiner Zeit.

1582 Gregorianische Kalenderreform.

1596 David Fabricius (1564–1617) entdeckt die Veränderlichkeit von Omikron Ceti.

1600 Giordano Bruno, Dominikanermönch, *1548, wird in Rom auf dem Scheiterhaufen verbrannt. Er erklärte das All für unendlich; die Sonne sei nicht Mittelpunkt der Welt, sondern es gebe unendlich viele Welten, von denen jede ihre eigene Sonne habe.

A 4.4 Zum heliozentrischen Weltbild

um 1600	Johann Napier (1550–1617) und Jost Bürgi (1552–1632) entdecken unabhängig voneinander die Logarithmen als Rechenhilfe.
1603	Johann Bayer (1572–1625): »Uranometria nova«.
1608	Lippershey aus Middelburg in Holland erfindet das Fernrohr.
1609	Galileo Galilei, *15. 2. 1564 in Pisa, 1589 Professor für Mathematik an der Universität Pisa, 1592 Professor in Padua. 1602 fand er die Gesetze des freien Falls sowie die Schwingungsgesetze des Pendels, 1609 baute er das Fernrohr des Holländers Lippershey nach, wandte es als erster auf Himmelsbeobachtungen an und entdeckte so die Mondgebirge, vier Jupitermonde, die Sonnenflecken (gleichzeitig mit andern), den Ring des Saturn und den Phasenwechsel der Venus. 1610 Hofmathematiker in Florenz, setzte sich dort leidenschaftlich in Rede und Schrift für die kopernikanische Lehre ein. 1616 vor die Inquisition geladen und ermahnt, die »falsche« Lehre des Kopernikus nicht weiter zu verbreiten. 1632 Erscheinen des »Dialogo sopra i due sistemi del mondo«. 1633 erneut vor der Inquisition, muß der kopernikanischen Lehre abschwören. Nach kurzer, milder Haft siedelt er in sein Landhaus nach Arcetri über. 1637 erblindet er. Am 8. 1. 1642 in Arcetri gestorben.
1609	Johannes Kepler *27. 12. 1571 in Weil der Stadt, 1584–1589 Klosterschüler in Adelsberg und Maulbronn, 1589 Universität Tübingen, Studium der Mathematik unter dem Professor Michael Maestlin, 1591 Magisterwürde. 1594 Professor und Landschaftsmathematiker in Graz. 1596 erstes astronomisches Werk »Mysterium cosmographicum«. 1600 Übersiedlung nach Prag als Assistent Tycho Brahes. 1601 nach Brahes Tod wird er kaiserlicher Hofastronom und Mathematiker Rudolfs II. 1609 »Astronomia nova«, enthält den Flächensatz (1602) und den Ellipsensatz (1605). 1611 »Dioptrice« enthält den ersten Entwurf für das Keplersche Fernrohr. 1619 »Harmonices mundi«, enthält das 3. Keplersche Gesetz. 1621 Hexenprozeß gegen die Mutter Keplers. 1626 Übersiedlung nach Ulm; Druck der »Tabulae Rudolphinae«. 1630 Reise zum Reichstag nach Regensburg; dort gestorben am 15. 11. 1630.
1612	Simon Marius (1573–1624) entdeckt den Andromeda-Nebel.
1614	Snellius (1580–1626) bildet die Methode der Triangulation aus.
1618	Johann Baptist Cysat (1588–1657) entdeckt den Orion-Nebel.
1630	Christoph Schreiner (1573–1650): »Rosa Ursina zu Bracciano« erscheint; dieses Werk beschäftigt sich eingehend mit den Sonnenflecken, der Rotationsperiode der Sonne und mit einer Theorie des teleskopischen Sehens.
1642	Gründung der Sternwarte Kopenhagen.
1647	Johannes Hevel (lat. Hevelius, 1611–1687): Sein Hauptwerk »Selenographia« erscheint.
1661	Hevels Sternverzeichnis erscheint; letzter auf Visierinstrumenten beruhender Sternkatalog.
1661	James Gregory (1638–1675) baut ein Spiegelteleskop.
1661	Childry beobachtet und beschreibt das Zodiakal-Licht.
1667	Montanari entdeckt die Helligkeitsänderung von Beta Persei.

1667	Bau und Gründung der Pariser Sternwarte.
1668	Hevel beschreibt die Kometenbahn als Wurflinie.
1669	Jean Picard (1620–1682) erkennt die Abhängigkeit der Strahlenbrechung vom Luftdruck und von der Temperatur.
1669–1670	Picard gibt einen zuverlässigen Wert für den Erdradius (aus der Gradmessung bei Paris).
1671	Giovanni Cassini (1625–1712) bestimmt aus Pendelmessungen die Abplattung der Erde. Mit einem Luftfernrohr von 11 bis 14 m Länge entdeckt er vier Saturnmonde und die nach ihm benannte Teilung des Saturnrings.
1672	Cassini und Richer beobachten die Parallaxe des Mars und berechnen daraus mit Hilfe des 3. Keplerschen Gesetzes den Erdbahnhalbmesser (Sonnenparallaxe = $9\frac{1}{2}$ Bogensekunden).

A 4.5 Newton und seine Zeit

1671/72	Bauweisen für Spiegelteleskope werden von Newton und Cassegrain beschrieben.
1672	G. F. Manaldi und Huygens sehen weißliche Flecken an den Marspolen.
1673	Christian Huygens (1629–1695) konstruiert die erste brauchbare Pendeluhr.
1675	Observatorium zu Greenwich entsteht.
1676	Olaf Römer (1644–1710) bestimmt die Lichtgeschwindigkeit aus der Verfinsterung der Jupitermonde.
1679	Edmond Halley (1656–1742): Erstes Sternverzeichnis des Südhimmels, aufgrund von Beobachtungen auf St. Helena, wird veröffentlicht; 1763 durch Lacaille um 10 000 Sterne erweitert.
seit 1679	Pariser Jahrbuch (Connaissance des Temps).
1681	Dörfel erkennt, daß die Kometenbahn eine Parabel mit der Sonne als Brennpunkt ist.
1684	Huygens baut ein Luftfernrohr (57 mm Öffnung, 3300 mm Brennweite) und erkennt damit die wahre Gestalt von Saturn und seinem Ring, ferner entdeckt er damit den Saturnmond Titan.
1686	Nic. Fatio weist nach, daß es sich beim Zodiakal-Licht um eine regelmäßig wiederkehrende Lichterscheinung handelt.
1687	Isaac Newton, *4. 1. 1643 in Woolstrope in Lincolnshire, 1661 Besuch der Universität Cambridge, 1669 dort Professor für Mathematik. 1671 Konstruktion eines Spiegelteskops, 1672 Mitglied der Royal Society. 1687 erscheint sein Hauptwerk »Philosophiae naturalis principia mathematica«. Dieses Werk enthält das Gravitationsgesetz und die Erklärung der Präzession. 1696 Aufseher, 1699 Vorsteher der Königlichen Münze. 1703 Präsident der Royal Society. 1704 erscheint sein Werk »Optiks«, es enthält eine systematische Zusammenstellung seiner Untersuchungen über das Licht. 1707 »Arithmetica universalis«. 1711 in seinem Werk »Analysis« werden die Grundzüge der Infinitesimalrechnung dargestellt. Am 31. 3. 1727 stirbt er in Kensington.
1690	Römer entwickelt die parallaktische Montierung.

A 4.6 Astronomie im 18. Jahrhundert

- 1700 Berliner Sternwarte entsteht. Erster Direktor: Gottfried Kirch (1639–1710); sein Sohn Christfried (1694–1740) wird sein Nachfolger.
- 1704 Römers Mittagskreis wird der Vorläufer des Meridiankreises.
- 1706 Halley wendet die Methode von Newton, nämlich die parabolische Bahn eines Kometen mit Hilfe des Gravitationsgesetzes zu berechnen, auf 24 Kometenerscheinungen an und erkennt, daß es sich bei den Kometen von 1531, 1607, 1682 um ein und denselben Kometen handeln muß (Umlaufzeit $\approx 75\ldots 76$ Jahre). Er kündigt für 1758 das Wiedererscheinen dieses Kometen an.
- 1718 Halley entdeckt durch Vergleich neuerer Kataloge mit dem Sternverzeichnis des Hipparch die Ortsveränderung einiger Fixsterne.
- 1722 George Graham (1674–1751) mißt die Stärke des Erdmagnetismus.
- 1725 John Flamsteed (1646–1719): Seine genauen Beobachtungen liegen den beiden Werken »Historia coelestis Britannica« (enthält alle im nördlichen Europa sichtbaren Sterne bis zur 7. Größenklasse) und »Atlas coelestis« (1729) zugrunde.
- 1726 Graham gibt die Quecksilber-Kompensation gegen Temperaturschwankungen für Pendeluhren an.

A 4.6 Astronomie im 18. Jahrhundert

- 1728 James Bradley (1692–1762) entdeckt auf der Suche nach Fixsternparallaxen die Aberration infolge der endlichen Geschwindigkeit des Lichts.
- 1730 Pecenas entdeckt den Gegenschein.
- 1735 John Harrison (1693–1776) baut das erste tragbare Chronometer (damit Längenbestimmungen auf See möglich).
- 1736–1737 Erdvermessungen in Lappland zwecks Feststellung der Erdabplattung.
- 1736–1743 Gleichartige Messungen in Peru.
- 1744 Leonhard Euler (1707–1783) führt die analytische Behandlung des Zweikörper-Problems aus und stellt die zehn Integrale des n-Körperproblems auf; sein Hauptwerk »Theoria motuum planetarum et cometarum«.
- 1747 Bradley entdeckt die Nutation.
- 1750 Thomas Whright: Erstes Werk über den Bau der Welt.
- 1750 Mauerquadrant von Bird (5′-Teilung, Vernier-Teilung 30″ und Schraubenmikrometer 1″).
- 1752 Tobias Mayer (1723–1762) gibt eine Methode zur Längenbestimmung auf See mit Hilfe seiner »Novae tabulae motuum Solis et Lunae«.
- 1755 Immanuel Kant (1724–1804): Erscheinen seiner »Allgemeinen Naturgeschichte und Theorie des Himmels oder Versuch von der Verfassung und dem mechanischen Ursprung des ganzen Weltgebäudes, nach Newtonschen Grundsätzen abgehandelt«.
- 1756 Dollond konstruiert das erste achromatische Objektiv.
- 1760 Sisson schlägt die als englische Fernrohrmontierung bekanntgewordene Aufstellungsart vor.

1761	Johann Heinrich Lambert (1728–1777) begründet die Photometrie, liefert Beiträge zur Kometenbahntheorie und stellt in seinen »Kosmologischen Briefen« das ganze System der uns sichtbaren Fixsterne als nicht sphärisch, sondern flach dar, etwa wie eine Scheibe, deren Durchmesser vielfach größer als ihre Dicke ist.
1761 u. 1769	Auf Vorschlag Halleys werden an 72 Stationen in drei Erdteilen die Venusdurchgänge beobachtet. Die Beobachtungen 1769 erbrachten eine Sonnenparallaxe von 8″.68.
1762	Bradleys Sternkatalog erscheint; er hat eine so große Genauigkeit, daß er im 19. Jahrhundert noch mehrmals bearbeitet wird.
1766	Formel für Planetenabstände nach Johann Titius (1729–1796), 1772 von Johann Bode (1747–1826) bekanntgemacht.
1767	Erstes Erscheinen des Nautical Almanac in London.
1776	Erscheinen des Berliner Jahrbuchs.
1778	Christian Mayer (1719–1783) lenkt die Aufmerksamkeit auf Doppelsterne durch seine Schrift »Gründliche Verteidigung neuer Beobachtungen von Fixsterntrabanten«.
1784	Charles Messier (1730–1817): Verzeichnis von 103 nebligen Objekten, 61 davon von ihm selbst gefunden.
1788	Joseph Louis de Lagrange (1736–1813) gibt in seinem Werk »Mécanique analytique« exakte Lösungen für gewisse Sonderfälle der Bewegungen dreier Körper an.

A 4.7 Friedrich Wilhelm (William) Herschel

1738	Friedrich Wilhelm Herschel wird am 15. 11. 1738 in Hannover geboren.
1766	Erste astronomische Eintragungen im Tagebuch.
1773	Selbstbau eines Gregory-Spiegelteleskops.
1781	Am 13. 3. findet er im Sternbild Gemini einen neuen Planeten, Uranus; Herschel wird Mitglied der Royal Society.
1782	Königlicher Hofastronom, seine Schwester Caroline wird seine Assistentin.
1783	»Über die Eigenbewegung der Sonne und des Sonnensystems«. Weiterer Bau von Teleskopen. Beginn der dritten Himmelsdurchmusterung.
1784	Abhandlung über die Natur der Polkappen des Mars, ferner über das Thema »Bau des Himmels«, Doppelsternkatalog.
1785	Weitere Abhandlungen »Über den Bau des Himmels«.
1786	Katalog von 1000 neuentdeckten Nebeln und Sternhaufen. Baubeginn am großen Reflektor von 40 Fuß Brennweite (122 cm Spiegeldurchmesser und 11.9 m Brennweite).
1787	Entdeckung von zwei Satelliten des Uranus.
1789	Katalog von weiteren neu entdeckten 1000 Nebeln und Sternhaufen. Vollendung des 40 Fuß-Reflektors. Entdeckung des 6. und 7. Saturnmonds (Enceladus und Mimas).
1791	Abhandlung über »Nebelsterne«.
1792	Sohn John Herschel am 7. 3. 1792 geboren.
1794	Abhandlung »Über die Natur und den Bau der Sonne und der Fixsterne«.

A 4.8 Das 19. Jahrhundert

1796–1799	Untersuchungen über die scheinbare Helligkeit und die Veränderlichkeit der Sterne. Vier Helligkeitskataloge. Abhandlung »Über die raumdurchdringende Kraft der Teleskope«.
1800	Vier Abhandlungen über die unsichtbaren Wärmestrahlen im Sonnenspektrum (Entdeckung der Infrarotstrahlen).
1802	Katalog von 500 neuen Nebeln und Sternhaufen.
1803	Entdeckung der physischen Natur der Doppelsterne.
1805	Abhandlung über »Richtung und Bewegung der Sonne«, Bestimmung des Sonnenapexes.
1811	»Astronomische Beobachtungen über den Bau des Himmels«.
1814–1817	Arbeiten über die räumliche Verteilung der Sterne, über die Milchstraße.
1821	Präsident der Royal Astronomical Society; Doppelsternkatalog.
1822	Sir William Herschel am 25. 8. 1822 in Slough gestorben.
1822–1838	John Herschel setzt die Beobachtungen seines Vaters fort, seit 1834 am Kap der Guten Hoffnung († 1871).

A 4.8 Das 19. Jahrhundert

1799	Pierre-Simon de Laplace (1749–1827) entdeckt die Unveränderlichkeit der großen Achsen der Planetenbahnen, sein Hauptwerk »Mécanique Céleste« (5 Bände) erscheint.
1799	Alexander von Humboldt (1769–1859): Leonidenbeobachtungen.
1799	Heinrich Brandes (1777–1834) und Johann Friedrich Benzenberg (1777–1846) bestimmen durch korrespondierende Beobachtungen die Höhe der Meteore.
1801	Giuseppe Piazzi (1746–1826) entdeckt den ersten Planetoid, Ceres.
1802	Wilhelm Olbers (1758–1781) entdeckt den Planetoid Pallas.
1802	William Wollaston (1766–1828) baut Spaltspektrographen.
1804	Hardung entdeckt den Planetoid Juno.
1807	Olbers entdeckt Vesta.
1809	Carl Friedrich Gauß (1777–1855) veröffentlicht seine klassische Methode zur Berechnung von Planetenbahnen in seinem Werk »Theoria motus corporum coelestium«.
1814	Joseph von Fraunhofer (1787–1826) erkennt im Spektrum der Sonne eine große Anzahl dunkler Linien.
1821	Die Fachzeitschrift »Astronomische Nachrichten« durch Heinrich Schumacher (1780–1850) gegründet.
1821–1825	Friedrich Wilhelm Bessel (1784–1846) bestimmt genaue Sternpositionen von fast 32 000 Sternen im äquatorialen Koordinatensystem.
1824	Mechanische Triebwerke zum Nachführen der Fernrohre werden eingeführt.
1830 u. 1837	Beer und Mädler schaffen eine neue Grundlage der Mondtopographie mit ihren großen Mondkarten.
1831	Erstmalige Beobachtung des roten Flecks auf Jupiter.
1833	Wiederkehr des Halleyschen Kometen.
1837	Claude Pouillet (1790–1868) macht erste Versuche, die Solarkonstante zu messen.

A 4 Geschichte der Astronomie

1838	Bessel bestimmt die Parallaxe von 61 Cygni; W. Struwe (1793 bis 1864) und Henderson bestimmen die von Wega und α Centauri.
1840	Harvardsternwarte gegründet.
1840	Friedrich Wilhelm Argelander (1799–1875) gibt eine Methode an, die Veränderlichkeit der Sterne quantitativ zu erfassen.
1841	Bessel bestimmt die Dimensionen des Erdkörpers mit großer Genauigkeit.
1841	Erste Mondaufnahme durch John W. Draper (1811–1882) auf Daguerreplatten.
1842	Otto Struve (1819–1905) gibt eine Neubestimmung der Präzessionsgrößen.
1842	Sonnenprotuberanzen werden erstmals eingehend beobachtet.
1842	Doppler-Effekt wird als Radialgeschwindigkeit gedeutet.
1843	Heinrich Schwabe (1789–1875) entdeckt die Periodizität der Sonnenfleckenhäufigkeit.
1843	Wilhelm Struve (1793–1864) bestimmt den Längenunterschied Pulkowo–Altona.
1844	Argelanders »Aufforderung an die Freunde der Astronomie zur Beobachtung der Veränderlichen Sterne«.
1845	Zerfall des Bielaschen Kometen wird beobachtet.
1845	William P. Rosse (1800–1867) erkennt die Struktur der Spiralnebel.
1846	Urbain Leverrier (1811–1877) berechnet aus Störungen der Uranusbahn den mutmaßlichen Ort eines noch unbekannten Planeten, der am 23. 9. 1846 von Johann Gottfried Galle (1812–1910) gefunden und Neptun genannt wird.
1848	Julius Robert Mayer (1814–1878): Energieprinzip, Wärmeäquivalent.
1849	Hippolyte Fizeau (1819–1896): Erste Bestimmung der Lichtgeschwindigkeit auf der Erde.
1851	Christian August Peters (1806–1880) schließt aus der gestörten Eigenbewegung des Sirius auf einen dunklen Begleiter.
1851	Léon Foucault (1819–1868): Pendelversuch.
1852	Rudolf Wolf (1816–1893) bestimmt die Sonnenfleckenperiode zu 11.1 Jahren.
1852–1859	Argelander-Schönfeld-Krüger: Bonner Durchmusterung.
1853	Hermann von Helmholtz (1821–1894) stellt seine Kontraktionstheorie auf, als Erklärungsversuch für die Sonnenenergie.
1854	Bernhard Riemann (1826–1866): Nichteuklidische Geometrie.
1854	Auf Vorschlag von Norman Pogson (1829–1891) wird die Helligkeitsskala neu festgesetzt.
1857	Peter Andreas Hansen (1795–1874): »Tables de la Lune«.
1857	George P. Bond (1825–1865): Erste Astrophotographie.
1858–1877	Leverrier: Tafeln der großen Planeten.
1859	Richard Carrington (1826–1875) stellt beschleunigte Rotation der Äquatorzone der Sonne fest.
1859	Gustav Robert Kirchhoff (1824–1887) und Robert Wilhelm Bunsen (1811–1899) entdecken das Prinzip der Spektralanalyse.
1859	Ernst Heinrich Weber (1795–1878) und Gustav Theodor Fechner: »Psychophysisches Grundgesetz«.

A 4.8 Das 19. Jahrhundert

1860–1870	Angelo Secchi (1818–1878) wendet die Spektroskopie auf die Fixsterne an und schafft die Anfänge einer Spektralklassifikation.
1862	Alvan G. Clark (1832–1897) entdeckt den Begleiter von Sirius.
1862	Arthur v. Auwers (1838–1915) berechnet die Bahn des Prokyon-Begleiters.
1863	Astronomische Gesellschaft als Fachvereinigung gegründet.
1864	William Huggins (1824–1910) bemerkt als erster die Emissionslinien in den Spektren von Nebeln.
1864	John Herschel: Verzeichnis von 6245 Nebel- und Sternhaufen.
1866	Giovanni Virginio Schiaparelli (1835–1910) beweist den Zusammenhang zwischen Kometen und Meteorschwärmen.
1868	Jules Janssen (1824–1907) und Norman Lockyer (1836–1920) machen die Sonnenprotuberanzen mit einem Spektroskop jederzeit sichtbar.
1868	Lockyer entdeckt das Helium auf der Sonne.
1869	Lane: Sterne sind Gaskugeln im hydrostatischen Gleichgewicht.
1869–1905	Präzisionsmessungen am Meridiankreis für ca. 120 000 Sterne; ein Gemeinschaftsunternehmen von 16 Sternwarten unter den Auspizien der Astronomischen Gesellschaft.
1876–1879	Bau des Potsdamer Observatoriums.
1877	Asaph Hall (1829–1907) entdeckt die beiden Marsmonde.
1878	Schiaparellis Marsbeobachtungen.
1879	Auwers: »Fundamentalkatalog ausgewählter Sterne« erscheint.
seit 1879	E. C. Pickering ⎫
1885	Pritchard ⎬ Erste brauchbare Helligkeitsmessungen.
seit 1886	Müller und Kempf ⎭
1881	Erste spektralphotometrische Messung des Sonnenspektrums durch Langley.
	Albert A. Michelson (1852–1931): Bestimmung der Lichtgeschwindigkeit zu 299 853 km/s.
1887	Erste photographische Himmelsaufnahmen von Max Wolf (1863 bis 1932).
1887	»Carte du Ciel« in Paris beschlossen.
1887	Lick-Refraktor (Mt. Hamilton, Calif.) in Betrieb genommen.
1887	Theodor von Oppolzer (1841–1886): Canon der Finsternisse.
1888	Henry A. Rowland (1848–1901): Photographische Wiedergabe des Sonnenspektrums erscheint; insgesamt etwa 20 000 vermessene Linien.
1888	Friedrich Küstner (1856–1936) entdeckt die Polbewegung (Anlaß zur Begründung des internationalen Breitendiensts).
1888–1901	Nils Dunér (1839–1914): Nachweis der Rotationsperiode der Sonne durch spektroskopische Untersuchungen.
1889	Henri Poincaré (1854–1912) entdeckt die Existenz periodischer Lösungen im allgemeinen Dreikörperproblem. Er weist auch nach, daß außer den zehn bekannten, aber für die allgemeine Lösung des Vielkörperproblems nicht ausreichenden, Integralen keine weiteren existieren.
1889	Edward Charles Pickering (1846–1919) entdeckt im Spektrum von ζ UMa gelegentliche Verdopplung der Linien; er schließt daraus auf einen Doppelstern.

1889	Hermann Carl Vogel (1841–1907) weist bei Algol eine Linienverschiebung im Spektrum nach; daraus auf Doppelsternnatur geschlossen.
1890	Vogel und Scheiner: Erste Messungen von Radialgeschwindigkeiten.
1890	Michelson mißt auf dem Mt. Wilson den Abstand sehr enger Doppelsterne und die Durchmesser einiger heller Sterne mit einem Interferometer.
1892	George E. Hale (1868–1938) und Henri Deslandres (1853–1948) führen die Photographie der Sonnenoberfläche im Licht einzelner Spektrallinien ein (Spektroheliograph).
1892	Edward E. Barnard (1857–1923) entdeckt den fünften Jupitermond.
1892–1932	Córdoba-Durchmusterung.
1893	Mitteleuropäische Zeit (MEZ) wird in Deutschland eingeführt.
1895	Photographische Entdeckung kurzperiodischer Veränderlicher in Kugelhaufen durch Bailey.
1895	Belopolsky entdeckt, daß die Radialgeschwindigkeitskurve bei periodisch Veränderlichen spiegelbildlich zur Lichtkurve verläuft.
1896	Pariser photographischer Mondatlas von Loewy und Puiseux.
seit 1897	George Hill (1838–1914) und Simon Newcomb (1835–1909): Planetentafeln auf verbesserter Grundlage.
1898	Newcomb: Weitere Untersuchungen der Präzessionsgrößen.
1898	Sternwarte auf dem Königstuhl bei Heidelberg gegründet.
1898	Witt entdeckt den Kleinen Planeten Eros.
1898	Hugo von Seeliger (1849–1924) und Jacobus Kapteyn (1851 bis 1922): Einführung der Leuchtkraftfunktion; mit statistischen Methoden Untersuchungen der räumlichen Verteilung der Sterne (Stellarstatistik).
1899	Johann Georg Hagen (1847–1930): »Atlas stellarum variabilium«.

A 4.9 Astronomie und Astrophysik in der 1. Hälfte des 20. Jahrhunderts

um 1900	Küstner, Genauigkeit eines mit Meridiankreis gemessenen Fixsternorts: $0\rlap{.}''27$ (bei Hipparch $240''$, bei Brahe $25''$, bei Bradley $2''$, bei Bessel $0\rlap{.}''7$).
1900	Messung der Gesamtstrahlung der Sonne als Grundlage der Temperaturbestimmung durch Langley und Abbot.
1901	Aufstellung einer neuen Spektralklassifikation durch Pickering und Cannon.
1902	Langley führt ein genaues Verfahren zur Messung der Solarkonstante mittels Pyrheliometers ein.
1902	Poincaré: Untersuchungen über gleichmäßig zusammengesetzte Flüssigkeiten bei langsamer Drehung (Rotationsellipsoid – Dreiachsiges Ellipsoid – birnenförmige Figur – Zerfall bei homogener Masseverteilung in zwei sich umkreisende Körper).
1903	Stereokomparator von Pulfrich erfunden.

A 4.9 Die 1. Hälfte des 20. Jahrhunderts

1904 Kapteyn entwickelt aus der Beobachtung gewisser Vorzugsrichtungen in den Sternbewegungen die Vorstellungen zweier sich durchdringender Sternströme.

1904 Johannes Hartmann (1865–1936) entdeckt die »ruhenden Kalziumlinien« in Sternspektren und schließt auf ihren interstellaren Ursprung.

1905 Albert Einstein (1879–1955): Spezielle Relativitätstheorie.

1906 Kapteyn: Eichfelderplan.

1906 M. Wolf und August Kopff (1882–1960) entdecken die ersten Trojaner.

1907 Karl Schwarzschild (1873–1916) erklärt das Phänomen der beobachteten Vorzugsrichtungen in der Bewegung der Sterne durch seine Theorie der ellipsoidischen Geschwindigkeitsverteilung.

1907 Robert Emden (1862–1940): »Gaskugeln«.

1908 Hale weist das Vorhandensein magnetischer Kraftfelder in den Sonnenflecken nach (Zeeman-Effekt).

1908 Melotte entdeckt den 8. Jupitermond.

1909 Ernest William Brown (1866–1938): Mondtheorie und Mondtafeln.

1909 Wilsing und Schreiner geben erste zuverlässige Werte von Fixsterntemperaturen.

1910 Lewis Boss (1846–1912): Fundamentalkatalog »Preliminary General Catalogue of 6188 Stars«.

1910 Längenbestimmung: Erster Versuch der Zeitvergleichung mittels drahtloser Telegraphie.

1910 Schwarzschild veröffentlicht den ersten größeren Katalog exakt gemessener Sternhelligkeiten.

1910 Frank Schlesinger (1871–1943) entwickelt Methoden zur photographischen Bestimmung von Fixsternparallaxen.

1911 William W. Campbell (1862–1923) findet die ersten Schnelläufer.

1912 Victor Franz Hess (1883–1964) weist bei Ballonaufstiegen die Existenz der kosmischen Strahlung (Höhenstrahlung) nach.

1912 Leavitt findet die Perioden-Helligkeitsbeziehung.

1912 Vesto M. Slipher (1875–1969) weist nach, daß das Leuchten gewisser Nebel auf reine Reflexion von Sternlicht zurückzuführen ist.

1913 Hertzsprung-Russell-Diagramm (Einar Hertzsprung, 1873–1967 und Henry N. Russell, 1877–1957).

1913 Paul Guthnick (1879–1947) führt die lichtelektrischen Methoden in die Astrophotometrie ein.

1913 Harlow Shapley (1885–1972) berechnet die Zustandsgrößen von 87 Bedeckungsveränderlichen.

1914 Walter S. Adams (1876–1956) und Arnold Kohlschütter (1883–1969) finden Spektralkriterien zur Bestimmung der absoluten Helligkeit (spektroskopische Parallaxenmethode).

1914 Nicholson entdeckt den 9. Jupitermond.

1915 Einsteins Allgemeine Relativitätstheorie.

1916 Arthur Stanley Eddington (1882–1944): Innerer Aufbau der Sterne.

1918 Shapleys Untersuchungen über die räumliche Verteilung der Kugelsternhaufen.

1918	Henry-Draper-Katalog; enthält die Spektraltypen für 225 300 Sterne.
1918	Aufstellung des 100 inch(2.50 m)-Spiegels auf dem Mt. Wilson.
1919	Gründung der Internationalen Astronomischen Union (IAU).
1920	Meghnad Saha (1894–1956) entwickelt die Theorie der Ionisation in Sternatmosphären.
1920	Wolf beweist aus Sternzählungen die Existenz von Dunkelwolken und gibt eine Methode zu deren Entfernungsbestimmung.
1921	Bernewitz entdeckt die große Dichte des Siriusbegleiters (Weiße Zwerge).
1922	Duncan findet in dem Spiralnebel M33 veränderliche Sterne, deren Typ er nicht erkennen kann.
1922	Edwin P. Hubble (1889–1953) entdeckt, daß Emissionsnebel nur dann auftreten, wenn das Spektrum des beleuchtenden Sterns früher als B1 ist.
1923	Hubble bestimmt die Entfernung zweier naher Spiralnebel mittels darin aufgefundener kurzperiodischer Veränderlicher zu 700 000 Lichtjahren. Damit wurde erkannt, daß Spiralnebel selbständige Sternsysteme sind.
1925	Jan Hendrik Oort (1900–1992) und Bertil Lindblad (1895–1965) finden die differentielle Rotation des Milchstraßensystems.
1929	Hubble erkennt, daß die Rotverschiebung in den Spektren der Spiralnebel proportional der Entfernung ist.
1929	Marrison konstruiert die erste Quarzuhr.
1930	Clyde W. Tombaugh (*1906) entdeckt Pluto.
1931	Bernard Lyot (1897–1952) baut den ersten Koronographen.
1932	Karl G. Jansky (1905–1950) empfängt Radiostrahlen aus der Milchstraße bei Wellenlängen von 12 bis 14 m.
1932	Bernhard Schmidt (1879–1935) konstruiert den ersten komafreien Spiegel (Schmidt-Spiegel).
1935	Schlesinger: »General Catalogue of Stellar Parallaxes«.
1938	Göttinger spektralphotometrische Messungen (Kienle, Wempe, Straßl).
1938	Bethe-Weizsäcker-Zyklus der Energieerzeugung in Sternen.
1939	G. Reber bestätigt Janskys Entdeckung der Radiostrahlung.
1940	Thermische Strahlung von Mond, Venus und Jupiter wird gefunden.
1940–1950	Bau des 200 inch-Teleskops auf dem Mt. Palomar.
1942	Hey entdeckt die galaktische Komponente der allgemeinen Radiofrequenzstrahlung bei einer Wellenlänge zwischen 4 und 6 m.
1942	Southworth entdeckt die extragalaktische Komponente der Radiostrahlung.
1944	Radar-Echo an Meteoren wird beobachtet.
1944	Walter Baade (1893–1960) erkennt unter den Sternen nach ihrer Anordnung im Hertzsprung-Russell-Diagramm zwei Populationen.
1945	Radar-Echo vom Mond festgestellt.
1945	Hendrik van de Hulst (*1918) weist darauf hin, daß im Raum eine Spektral-Linie des neutralen Wasserstoffs bei 21 cm beobachtbar sein müßte.

A 4.10 Astronomie nach 1950

1946   D. F. Martyn findet die Radiostrahlung der »gestörten« Sonne im Meter-Wellenlängenbereich (thermische Strahlung der Korona) sowie die Strahlung der ungestörten Sonne im Zentimeter-Bereich (aus der Chromosphäre).

1947   Victor A. Ambarzumian (* 1908) entdeckt die Sternassoziationen.

1949   Ewen, Purcell und Westerhout finden die von van de Hulst vorhergesagte 21 cm-Linie.

A 4.10 Astronomie, Astrophysik, Kosmologie und Weltraumforschung nach 1950

1952   Baade weist nach, daß die Entfernungsskale für Galaxien wegen Fehlbestimmung der Cepheiden-Helligkeiten zu klein angenommen worden war.

1954   Entdeckung der Radiogalaxien.

1954   Entdeckung von Sternen mit außerordentlich starkem Magnetfeld.

ab 1955   Berechnung der zeitlichen Entwicklung von Sternen mit Hilfe von Computern.

1957   Am 4. Okt. Start des ersten künstlichen Erdsatelliten Sputnik 1.

1958   James A. van Allen (* 1914) entdeckt in den vom Satelliten Explorer 1 gefunkten Daten den nach ihm benannten Strahlungsgürtel der Erde.

ab 1958   Einsatz von Ballon-Teleskopen zur Erforschung der Sonne und zu Beobachtungen außerhalb der Erdatmosphäre.

1959   Luna 3 gewinnt die erste Aufnahme von der Rückseite des Monds.

1960   Entdeckung des ersten Quasi Stellar Radio Objects (QSO); die optisch identifizierbaren Radioquellen sternartigen Aussehens wurden später auch als Quasare bezeichnet.

1961   Erster bemannter Raumflug mit Juri Gagarin.

1961   Erste Raumsonde zum Planeten Venus.

1961   Nachweis der Gamma- und Partikelstrahlung der Sonne.

1962   Unterzeichnung eines Vertrags zwecks Gründung des European Southern Observatory (ESO) durch Belgien, Bundesrepublik Deutschland, Frankreich, die Niederlande und Schweden.

1963   M. Schmidt und J. L. Greenstein erkennen in den Spektren der Quasare die starke Rotverschiebung der Spektral-Linien.

1963   Einführung des 4. Fundamentalkatalogs (FK4), erstellt am Astronomischen Rechen-Institut Heidelberg.

1964   Erstmals Registrierung kosmischer Röntgenstrahlung mit Hilfe von Raketen. Quellen: im Sternbild Skorpion, der Krebsnebel und Sagittarius A (galaktisches Zentrum).

1965   Raumsonde Mariner 4 nähert sich Mars bis auf 13 000 km und funkt 21 Aufnahmen von der Planetenoberfläche zur Erde.

1965   Arno A. Penzias (* 1933) und Robert W. Wilson (* 1936) entdecken eine kosmische Schwarze Körperstrahlung von ca. 3 K, deren Ursprung im Feuerball (Big Bang) bei der Entstehung des Universums gesehen wird.

1966/1967   Zahlreiche Raumfahrtunternehmungen zum Mond und zum Planeten Venus; s. in 2.6.2 und 3.5.2.

1968	Antony Hewish (* 1924), S. J. Bell u. a. geben die Entdeckung einer neuen Klasse pulsierender Radioquellen bekannt, der Pulsare, die dann als schnellrotierende Neutronensterne erkannt werden.
1968	Erster bemannter Flug zum Mond und 10malige Mondumrundung.
1968	Erste größere Experimente zum Nachweis solarer Neutrinos.
1969	Der Pulsar NP 0532 wird als Zentralstern des Krebsnebels, der Supernova von 1054, identifiziert. Die Pulsationen werden auch im visuellen Spektralbereich nachgewiesen.
1969	Am 21. Juli betritt N. Armstrong als erster Mensch den Mond.
1969	Entdeckung der Radiospektrallinie des ersten organischen, mehratomigen Moleküls, des Formaldehyds, im interstellaren Raum.
1970	Start des Satelliten Uhuru, des ersten ausschließlich für die Beobachtung kosmischer Röntgenquellen gebauten Satelliten.
1970	Die Radioteleskope von Green Bank (Virginia, USA) und Parkes (Australien) werden zu einem »Very long baseline-Interferometer« zusammengeschlossen.
1970	Der seit langem bekannte Veränderliche BL Lacertae wird als ein besonderer Typ aktiver Galaxien erkannt.
1971	Das 100 m-Radioteleskop des Max-Planck-Instituts für Radioastronomie, Bonn, der größte voll schwenkbare Radiospiegel, wird in Dienst gestellt.
1971	Die ersten Röntgenpulsare werden entdeckt.
1972	Gründung des »Deutsch-Spanischen Astronomischen Zentrums« und Beginn des Baus der Sternwarte des Max-Planck-Instituts für Astronomie auf dem Calar Alto bei Almeria/Spanien.
1972	Der Veränderliche HZ Herculis wird als »Röntgenstern« identifiziert.
1973	Erste Raumsonde an Jupiter vorbeigeflogen.
1974	Erste Bilder von der Merkuroberfläche werden durch die Raumsonde Mariner 10 übermittelt.
1974	Der Nobelpreis für Physik wird an Martin Ryle und Antony Hewish vergeben, für die Entwicklung der Radiointerferometer sowie Anteil an der Entdeckung und Erforschung der Pulsare.
1976	Landung der beiden Planetensonden Viking 1 und 2 auf Mars.
1977	Aus der Analyse der Bahndaten des Röntgenstern-Systems Cyg X-1 ergeben sich Hinweise, daß der unsichtbare Begleiter ein »Schwarzes Loch« ist.
1977	Bei einer Sternbedeckung durch den Planeten Uranus wird dessen Ringsystem entdeckt.
1978	Start des International Ultraviolet Explorer (IUE) für das nahe UV; noch in Betrieb (1993).
1978	Der Nobelpreis für Physik wird an Arno A. Penzias und Robert W. Wilson für die Entdeckung der 3K-Hintergrund-Strahlung (1965) verliehen.
1978	Entdeckung eines Pluto-Monds; er erhielt den Namen Charon.
1979	Erster Vorbeiflug einer Raumsonde an Saturn.
1979	Inbetriebnahme des »Multi Mirror Telescope« auf dem Mt. Hopkins, Arizona/USA, eines neuen Teleskoptyps, hier aus 6 Spiegeln bestehend, deren jeweilige Bilder präzise überlagert werden.

A 4.10 Astronomie nach 1950

1979 Die Raumsonde Voyager 1 entdeckt ein Ringsystem um den Planeten Jupiter.
1980 Inbetriebnahme des 3.8 m-Infrarot-Teleskops auf dem 4200 Meter hohen Mauna Kea auf Hawaii.
1981 Die Raumfähre Columbia startet zum ersten Shuttle-Flug mit wiederverwendbarem Flugzeug.
1983 Start des Röntgensatelliten EXOSAT.
1983 Neunmonatige Mission des Infrarotsatelliten IRAS; u. a. Entdeckung einer Staubscheibe um den A5-Hauptreihenstern Pictoris.
1983 Der Nobelpreis für Physik wird an Subrahmanyan Chandrasekhar und William A. Fowler verliehen. Ersterer erhielt den Preis für seine theoretischen Arbeiten zur Struktur und Entwicklung der Sterne, letzterer für seine Arbeiten zur Entstehung der chemischen Elemente im Kosmos.
1985 Inbetriebnahme des Instituts für Radioastronomie im Millimeter-Bereich (IRAM) auf dem Pico Veleta (Spanien, 1985) und dem Plateau de Bure (Frankreich, 1989).
1986 Periheldurchgang des Kometen Halley am 9. Februar. Vorbeiflug der Raumsonde Giotto in 500 km Entfernung.
1987 Aufleuchten einer Supernova in der Großen Magellanschen Wolke (SN 1987 A).
1987 Denkschrift »Astronomie« der Deutschen Forschungsgemeinschaft.
1989 Start des Satelliten COBE (Cosmic Background Explorer).
1989 Start der Venussonde Magellan.
1989 Start des Astrometriesatelliten Hipparcos.
1989 Inbetriebnahme des »New Technology Telescope« (NTT) bei der ESO.
1990 Hubble Space Telescope gestartet; Hauptspiegel 2.4 m Durchmesser.
1990 Röntgensatellit ROSAT gestartet.
1990 Jupitersonde Galileo gestartet.
1990 Entdeckung der »Großen Mauer« in der Verteilung entfernter Galaxien. Die Standard-Urknall-Theorie wird in Frage gestellt.
1991 Satellit GRO für Gamma-Strahlung im All gestartet.
1991 Erster Spiegelträger für das »Very Large Telescope« (VLT) der ESO (4 Teleskope mit je 8 m Durchmesser) fertiggestellt.
1993 Nobelpreis für Physik an Russel A. Hulse (*1950) und Joseph H. Taylor (*1941) für die Entdeckung des Doppelpulsars PSR 1913+16 (1974) und die Nachprüfung wesentlicher Voraussagen der Allgemeinen Relativitätstheorie.

A 5 Literatur

Das Literaturverzeichnis wurde dem breiten Spektrum der Benutzer dieses Handbuchs entsprechend angelegt. Es weist allgemeine, einführende und auch sehr spezielle Literatur zu den einzelnen Sach- und Forschungsgebieten nach. Die Bearbeiter sind sich der Lückenhaftigkeit des Verzeichnisses (besonders in einzelnen Fachgebieten) bewußt. Die Aufnahme bzw. Nichtaufnahme eines Werks in dieses Verzeichnis erfolgte nicht nach irgendwelchen qualitativen Gesichtspunkten.

Im einzelnen ist zu sagen: Die Einteilung in Kapitel entspricht etwa der Einteilung des Stoffs dieses Handbuchs. Bei der Suche nach geeigneter weiterführender Literatur gehe man immer von den allgemeinen und zusammenfassenden Darstellungen bzw. den großen Handbüchern aus. Nur bei Fragen der Grenz- und Randgebiete astronomischer Forschung oder bei der Suche nach Arbeitsmitteln sollte man direkt zum speziellen Werk greifen.

In den einzelnen Abschnitten sind die Titel rückschreitend chronologisch geordnet, so daß man die neueste Literatur an der Spitze findet. Bis auf wenige Ausnahmen beschränkt sich das Literaturverzeichnis auf Werke, die in den letzten 20 Jahren erschienen sind. Die Angaben zu den einzelnen Titeln enthalten alles, was man zur bibliographischen Feststellung und zum Bestellen eines Buchs braucht.

Im deutschsprachigen Raum erscheint seit 1962 eine Monatszeitschrift, deren Aufgabe u. a. in der Darstellung der gegenwärtigen Forschungsziele, -methoden und -ergebnisse besteht. Diese Zeitschrift – Sterne und Weltraum (abgekürzt SuW) – erscheint im Verlag Sterne und Weltraum Dr. H. Vehrenberg GmbH, Portiastraße 10, 81545 München 90. – Gerade wer über die jüngsten Entwicklungen in Astronomie und Weltraumforschung unterrichtet sein will, etwa über Einzelergebnisse der Mond- und Planetenforschung, über Neutronensterne oder Quasare, der sollte zu den letzten Jahrgängen einer Zeitschrift greifen, die nicht in speziellen Facharbeiten, sondern im Stil dieses Handbuchs berichtet.

A 5.1. Allgemeine Abhandlungen, Gesamtdarstellungen

A 5.1.1 Allgemein verständliche Darstellungen

Kippenhahn, R.: Der Stern von dem wir leben. Stuttgart 1990. Deutsche Verlags-Anstalt.

Hawking, S.: Eine kurze Geschichte der Zeit. Hamburg 1989. Rowohlt.

Chaisson, E.: Universe. An evolutionary approach to astronomy. Englewood Cliffs (N. J.) 1988. Prentice-Hall.

Eddington, A. S.: The expanding universe. Cambridge 1988. Cambridge Univ. Press.

Kutter, G. S.: The universe and life. Boston 1987. Jones & Bartlett.

MacGillivray, D.: Physics and Astronomy. London 1987. Macmillan.

Nicolson, I. und P. Moore: Das Universum. München 1987. Mosaik Verlag.

Preiss, B.: The Universe. Toronto 1987. Bantam Books.

Heller, M.: Questions to the universe. Tucson (Ariz.) 1986. Pachart Publ. House.

Harris, L.: A short introduction to astronomy. New York 1985. Vantage Press.

Narlikar, J. V.: From black clouds to black holes. Singapore 1985. World Scientific Publ.

von Puttkamer, J.: Der zweite Tag der neuen Welt. Die Raumfahrt auf dem Weg ins 3. Jahrtausend. Frankfurt a. M. 1985. Umschau Verlag.

Snow, T. P.: The dynamic universe. An introduction to astronomy. St Paul 1985. West Publ. Co.

Zeilik, M.: Astronomy. The evolving universe (4. Aufl.). New York 1985. Harper & Row.

Henbest, N. und M. Marten: Die neue Astronomie. Basel 1984. Birkhäuser Verlag.

Kippenhahn, R.: Licht vom Rand der Welt. Das Universum und sein Anfang. Stuttgart 1984. Deutsche Verlags-Anstalt.

Larson, D. B.: The universe of motion (3. Aufl.). Portland (Oreg.) 1984. North Pacific Publ.

Trefil, J. S.: Im Augenblick der Schöpfung. (Dt. von A. Ehlers). Basel, Stuttgart 1984. Birkhäuser Verlag.

Fritzsch, H.: Vom Urknall zum Zerfall. (Die Welt zwischen Anfang und Ende). München 1983. Piper Verlag.

Unsöld, A.: Evolution kosmischer, biologischer und geistiger Strukturen (2. Aufl.). Stuttgart 1983. Wiss. Verlagsgesellschaft.

Ronan, C. A.: Das Kosmosbuch der Sterne. (Dt. von H.-M. Hahn). Stuttgart 1982. Franckh'sche Verlagshandlung.

Roy, A. E. und D. Clarke: Astronomy. Structure of the Universe. (2. Aufl.). Bristol 1982. Hilger.

Sagan, C.: Cosmos. New York 1980. Dt. Ausgabe: Unser Kosmos, eine Reise durch das Weltall. München, Zürich 1982. Birkhäuser.

Kippenhahn, R.: Hundert Milliarden Sonnen (3. Aufl.). München, Zürich 1981. R. Piper und Co. Verlag.

Baker, D. und D. A. Hardy: Der Kosmos-Sternführer. Planeten, Sterne, Galaxien. Stuttgart 1979. Franckh'sche Verlagshandlung.

Heckmann, O.: Sterne, Kosmos, Weltmodelle. Erlebte Astronomie. München 1976. R. Piper und Co. Verlag.

Schaifers, K.: Geschwister der Sonne. Hamburg 1976. Hoffmann und Campe.

Ahnert, P.: Kleine praktische Astronomie. Leipzig 1974. J. A. Barth.

A 5.1.2 Einführungen, Lehrbücher der Astronomie und der Astrophysik

Kaler, J. B.: Sterne: Die physikalische Welt der kosmischen Sonnen (Dt. von M. Röser). Heidelberg, Berlin, Oxford 1993. Spektrum Akad. Verlag.

Rowan-Robinson, M.: Das Universum der Sterne, Heidelberg, Berlin, New York 1993. Spektrum Akad. Verlag.

Scheffler, H. und H. Elsässer: Bau und Physik der Galaxis (2. Aufl.). Mannheim, Wien, Zürich 1992. B.I.-Wissenschaftsverlag.

Birney, D. S.: Observational astronomy. Cambridge 1991. Cambridge Univ. Press.

Heck, A. (Hg.): Applying fractals to astronomy. Berlin, Heidelberg, New York 1991. Springer-Verlag.

Kaufmann, W. J.: Universe (3. Aufl.). New York 1991. Freeman.

Unsöld, A. und B. Baschek: Der neue Kosmos (5. Aufl.). Berlin, Heidelberg, New York 1991. Springer-Verlag.

Karttunen, H., P. Kröger, H. Oja, M. Poutanen, K. J. Donner, (Hg.): Astronomie. Berlin, Heidelberg, New York 1990. Springer-Verlag.

Scheffler, H. und H. Elsässer: Physik der Sterne und der Sonne (2. Aufl.). Mannheim, Wien, Zürich 1990. B.I.-Wissenschaftsverlag.

Winnenburg, W.: Einführung in die Astronomie. Mannheim, Wien, Zürich 1990. B.I.-Wissenschaftsverlag.

Weigert, A. und H. J. Wendker: Astronomie und Astrophysik – ein Grundkurs (2. Aufl.). Weinheim 1989. Physik Verlag.

Harwit, M.: Astrophysical concepts (2. Aufl.). Berlin, Heidelberg, New York 1988. Springer-Verlag.

Voigt, H.-H.: Abriß der Astronomie (4. Aufl.). Mannheim, Wien, Zürich 1988. B.I.-Wissenschaftsverlag.

Karttunen, H., P. Kröger, H. Oja, M. Poutanen, K. J. Donner (Hg.): Fundamental astronomy. Berlin, Heidelberg, New York 1987. Springer-Verlag.

Kitchin, C. R.: Stars, nebulae and the interstellar medium. Bristol 1987. Hilger.

Zeilik, M. und E. v. P. Smith: Introductory astronomy and astrophysics. Philadelphia, New York 1987. Sounders College Publ.

Acker, A. und C. Jaschek: Astronomical methods and calculations. (Engl. von C. Kitchin). Chichester 1986. Wiley.

Wischnewski, E.: Astronomie. Theorie und Praxis. Kaltenkirchen 1983. Selbstverlag.

Henkel., H. R.: Astronomie. Frankfurt a. M. 1982. Verlag Harri Deutsch.

Robbins, R. R. und M. K. Hemenway: Modern astronomy, an activities approach. Austin (Tex.) 1982. Univ. of Texas Press.

Shu, F. H.: The physical universe. University Science Books, Mill Valley 1982.

Giese, R.-H.: Einführung in die Astronomie. Darmstadt 1981. Wissenschaftliche Buchgesellschaft. Lizenzausgabe Bibliographisches Institut Mannheim.

Raine, D. J. und M. Heller: The science of space-time. Tucson (Ariz.) 1981. Pachart Publ. House.

Abell, G. O.: Realm of the universe. Saunders College, Philadelphia 1980.

Gondolatsch, F., G. Grosschopf u. D. Zimmermann: Astronomie I (Die Sonne und ihre Planeten), Astronomie II (Fixsterne und Sternsysteme). Stuttgart 1979, 1978 (Klett Studienbücher), E. Klett.

Pasachoff, J. M.: Contemporary astronomy. Philadelphia 1977. W. P. Saunders Co.

Roy, A. E. und D. Clarke: Astronomy (Principles and practice), Astronomy (Structure of the universe), Bristol 1977. A. Hilger.

Hoyle, F.: Astronomy and cosmology. San Francisco 1975. Freeman.

A 5.1.3 Handbücher, Sammelwerke

Zombeck, M. V.: Handbook of space astronomy and astrophysics (2. Aufl.). Cambridge 1990. Cambridge Univ. Press.

Meyers, R. A. und S. N. Share (Hg.): Encyclopedia of astronomy and astrophysics. San Diego (Calif.) 1989. Academic Press.

Woltjer, L. (Hg.): The Astronomy and Astrophysics Review. Berlin, Heidelberg, New York 1989. Springer-Verlag.

Klare, G. (Hg.): Reviews in modern Astronomy. Berlin, Heidelberg, New York 1988 ff. Springer-Verlag.

Jaschek, C. und M. Jaschek: The classification of stars. Cambridge 1987. Cambridge Univ. Press.

Liller, W. und B. Mayer: The Cambridge astronomy guide. Cambridge 1985. Cambridge Univ. Press.

Howard, N. E. (Hg.): Standard handbook for telescope making. New York 1984. Harper & Row.

Parker, S. P.: MacGraw-Hill encyclopedia of astronomy. New York 1983. MacGraw-Hill.

Muirden, J.: The amateur astronomer's handbook (3. Aufl.). Cambridge 1983. Harper & Row.

Berichte über die »IAU-Symposia«, Hg. Internationale Astronomische Union.

Handbuch der Physik. Hg. S. Flügge. Bd.50–40 Astrophysik I–V. Heidelberg 1958–1962. Springer-Verlag.

Annual review of astronomy and astrophysics. Hg. L. Goldberg u. a. Palo Alto (Calif.) 1963 ff.

A 5.1 Allgemeine Abhandlungen

Advances in astronomy and astrophysics. Hg. Z. Kopal. New York 1962 ff. Academic Press.

Space research. Amsterdam 1960 ff. North-Holland Publishing Comp.

Vistas in Astronomy. Hg. A. Beer. Oxford 1955 ff. Pergamon Press (bisher 24 Bände).

Transactions of the International Astronomical Union. New York. Academic Press.

A 5.1.4 Bibliographie, Nachschlagewerke, Lexika und allgemeine Tabellen

Schmadel, L. D.: Dictionary of minor planet names (2. Aufl.). Berlin, Heidelberg, New York 1993. Springer-Verlag.

Landolt-Börnstein: Zahlenwerte und Funktionen. Gruppe VI Vol. 2 Astronomy and Astrophysics. Subvolume c: Interstellar Matter, Galaxy, Universe. Hg. K. Schaifers und H. H. Voigt. Berlin, Heidelberg, New York 1982. Springer-Verlag.

Landolt-Börnstein: Zahlenwerte und Funktionen. Gruppe VI Vol. 2. Astronomy and Astrophysics. Subvolume b: Stars and Star Clusters. Hg. K. Schaifers und H. H. Voigt. Berlin, Heidelberg, New York 1982. Springer-Verlag.

Schewe, P. F.: Glossary of terms used in cosmology. New York 1982. American Inst. of Physics. Public Information D. N.

Wepner, W.: Mathematische Hilfsmittel für Studierende und Freunde der Astronomie. Düsseldorf 1982. Treugesell-Verlag.

Landolt-Börnstein. Zahlenwerte und Funktionen. Gruppe VI Vol. 2. Astronomy and Astrophysics. Subvolume a: Methods, Constants, Solar System. Hg. K. Schaifers und H. H. Voigt. Berlin, Heidelberg, New York 1981. Springer-Verlag.

Lang, K. R.: Astrophysical Formulae (2. Aufl.). Berlin, Heidelberg, New York 1980. Springer-Verlag.

Astronomy and Astrophysics Abstracts. Eine Publikation des Astronomischen Rechen-Instituts Heidelberg. Vol. 1 (1969) ... Berlin, Heidelberg, New York. Springer-Verlag. Derzeit erscheinen pro Jahr zwei Bände.

Astronomischer Jahresbericht. Die Literatur des Jahres ... Hg. Astronomisches Rechen-Institut Heidelberg. Berlin. Verlag W. de Gruyter & Co. Mit dem Band 68, Literatur des Jahres 1968, wurde diese Bibliographie eingestellt und ersetzt durch: Astronomy and Astrophysics Abstracts.

A 5.1.5 Für den Astronomieunterricht, Bildbände, Dia-Serien

Stevens, P. R. und K. W. Kelley: Unser wunderbarer Planet. Stuttgart 1992. Franckh-Kosmos.

Moore, P.: Der große Atlas des Universums. Planeten, Sonnensystem, Galaxien. München 1990. Mosaik Verlag.

Rükl, A.: Mondatlas. Hanau 1990. Dausien Verlag.

Briggs, G. und F. Taylor: Cambridge Fotoatlas der Planeten (2. Aufl.). Stuttgart 1985. Franckh'sche Verlagshandlung.

Moore, P. und G. Hunt: Atlas des Sonnensystems. Freiburg, Basel, Wien 1985. Herder Verlag.

Schlosser, W. und T. Schmidt-Kaler: Astronomische Musterversuche. Frankfurt 1982. Hirschgrabenverlag.

Giese, R. H. und W. Heinke: Astronomie III. Übungsaufgaben mit Lösungen. Stuttgart 1979. Ernst Klett Verlag (Klett Studienbücher).

Mallas, J. H. und E. Kreimer: The Messier album. Cambridge (Mass.) 1978. Sky Publishing Cooperation.

Herrmann, J.: DTV-Atlas zur Astronomie. München 1973. Deutscher Taschenbuch Verlag.

Vehrenberg, H.: Mein Messier-Buch (2. Aufl.). Düsseldorf 1970. Treugesell-Verlag.

Zimmermann, O.: Astronomische Aufgaben für den Physikunterricht. Mannheim 1966. Bibliographisches Institut (SuW-Taschenbuch 5).

Farbige Lichtbildreihen des V-Dia-Verlag Heidelberg 1965. Die Sternwarte (13 Bilder); Die Sonne (14); Die Erde als Planet (13); Der Mond (11); Die Planeten (14); Kometen und Meteore (13); Sternhaufen und galaktische Nebel (13); Astronautik (16).

Sterne und Weltraum im Bild. 99 Photographische Aufnahmen und 43 Seiten Text von J. Herrmann. Mannheim 1965. Bibliographisches Institut (SuW-Taschenbuch 3).

Astronomische Lichtbildreihe: Hg. Institut für Film und Bild in Wissenschaft und Unterricht. München 1957 (Gestirne I–IV; R 381–R 384).

Weitere Informationen über Dia-Serien können z. B. unter folgenden Adressen angefordert werden:

Astronomical Society of the Pacific
390 Ashton avenue
San Francisco, CA 94112
USA

MMI Corporation
P.O.Box 1990
Baltimore, MD 21211
USA

A 5.1.6 Astrologie

Parker D. und J. Parker: Astrologie (Dt. von P. Montram). 1984. Panorama Altst.

Baur, F.: Sternglaube – Sterndeutung – Sternkunde. Frankfurt a. M. 1965. Verlag J. Knecht.

Böttcher, H. M.: Sterne, Schicksal und Propheten. München 1965. Bruckmann KG.

A 5.2 Instrumente und Beobachtungsverfahren

Freiesleben, H.-C.: Trügen die Sterne? Stuttgart 1963. Kreuz-Verlag.

Herrmann, J.: Das falsche Weltbild. Astrologie und Aberglaube. Stuttgart 1962. Franckh'sche Verlagshandlung.

Reiners, L.: Steht es in den Sternen? Eine wissenschaftliche Untersuchung über Wahrheit und Irrtum der Astrologie. München 1951. Paul List Verlag.

A 5.2 Instrumente und Beobachtungsverfahren

Fraser, G. W.: X-ray detectors in astronomy. Cambridge 1989. Cambridge Univ. Press.

Lena, P.: Observational astrophysics. Berlin, Heidelberg, New York 1988. Springer-Verlag.

Genet, D. R., R. M. Genet, K. A. Genet (Hg.): The photoelectric photometry handbook. Mesa 1987. Fairborn Press.

Walker, C.: Astronomical observations. Cambridge 1987. Cambridge Univ. Press.

Rohlfs, K.: Tools of radio astronomy. Berlin, Heidelberg, New York 1986. Springer-Verlag.

Christiansen, W. N. und J. A. Hogborn: Radio telescopes (2. Aufl.). Cambridge 1985. Cambridge Univ. Press.

Egan, W. F.: Photometry and polarization in remote meaning. New York 1985. Elsevier.

Kitchen, C. R.: Astrophysical techniques. Bristol 1984. Hilger.

Eccles, M. J., E. Sim, K. P. Tritton: Low light level detectors in astronomy. Cambridge 1983. Cambridge Univ. Press.

Murray, C. A.: Vectorial astrometry. Bristol 1983. Hilger.

Hachenberg, O. und B. Vowinkel: Technische Grundlagen der Radioastronomie. Mannheim, Wien, Zürich 1982. Bibliographisches Institut.

Rohr, R. R. J.: Die Sonnenuhr. Geschichte – Theorie – Funktion. München 1982. Verlag Callwey.

Rohlfs, K.: Radioastronomie; Instrumente, Meßmethoden, Ergebnisse. Darmstadt 1980. Wissenschaftliche Buchgesellschaft.

Ingrao, H. G. (Hg.): New techniques in astronomy (engl. Übers.). New York, London, Paris 1971. Gordon and Breach.

Loske, L. M.: Die Sonnenuhren (2. Aufl.). Berlin, Heidelberg, New York 1970. Springer-Verlag.

Crawford, D. L. (Hg.): The construction of large telescopes. London 1966. Academic Press (IAU-Symposium 27).

Kraus, J. D.: Radio astronomy (2. Aufl.). Powell 1986. Cygnus-Quasar Books.

King, H. Ch.: The history of the telescopes. London 1955. Charles Griffin & Co.

A 5.3 Amateurastronomie

Roth, G. D. (Hg.): Handbuch für Sternfreunde (4. Aufl.). Berlin, Heidelberg, New York 1989. Springer-Verlag.

Duffet-Smith, P.: Astronomy with your personal computer. Cambridge 1986. Cambridge Univ. Press.

Covington, M. A.: Astrophotography for the amateur. Cambridge 1985. Cambridge Univ. Press.

Roth, G. D.: Taschenbuch für Planetenbeobachter. München 1983. Verlag Sterne und Weltraum.

Beck, R., H. Hilbrecht, K. Reinsch u. P. Völker (Hg.): Handbuch für Sonnenbeobachter. Berlin 1982. Vereinigung der Sternfreunde.

Sherrod, P. C. und T. L. Koed: A complete manual of amateur astronomy, tools and techniques for astronomical observations. Englewood Cliffs (N. J.) 1981. Prentice-Hall.

Swenson, G. W.: An amateur radio telescope. Tucson (Ariz.) 1980. Pachart Publ. House.

Herrmann, J.: Der Amateurastronom. Stuttgart 1976. Franckh'sche Verlagshandlung.

Brandt, R.: Himmelsbeobachtungen mit dem Feldstecher (8. Aufl.) Leipzig, Frankfurt 1972. Verlag J. A. Barth.

Rohr, H.: Das Fernrohr für jedermann (5. Aufl.). Zürich 1972. Orell Füssli Verlag.

Roth, G. D.: Refraktor-Selbstbau. München 1971. Verlag Uni-Druck.

Staus, A.: Fernrohrmontierungen und ihre Schutzbauten (3. Aufl.). München 1971. Verlag Uni-Druck.

Wenske, K.: Spiegeloptik. Entwurf und Herstellung astronomischer Spiegelsysteme. Mannheim 1967. Bibliographisches Institut (SuW-Taschenbuch 7).

Kutter, A.: Der Schiefspiegel. Bieberach a. d. Riß 1953. F. Weichardt.

A 5.4 Sphärische Astronomie, Positionsastronomie, Ortsbestimmung, Kartographie

A 5.4.1 Allgemeine Darstellungen, Lehrbücher

Schmidt, W. F.: Astronomische Navigation. Ein Lehr- und Handbuch für Studenten und Praktiker. Berlin, Heidelberg, New York, Tokyo 1983. Springer-Verlag.

Woolard, E. W. und G. M. Clemence: Spherical astronomy. New York, London 1966. Academic Press.

Dick, J.: Grundtatsachen der sphärischen Astronomie (2. Aufl.). Leipzig 1965. J. A. Barth Verlag.

A 5.4 Positionsastronomie

Podobed, V. V.: Fundamental astrometry. Chicago 1965. The University of Chicago Press.

Kulikov, K. A.: Fundamental constants of astronomy. London 1964. Oldbourne Press.

Eichel, H.: Ortsbestimmung nach Gestirnen. Stuttgart 1962. Franckh'sche Verlagshandlung.

Smart, W. M.: Textbook on spherical astronomy (4. Aufl.). Cambridge Mass. 1960. The University Press.

A 5.4.2 Jahrbücher, Astronomische Kalender, Tabellen

Astronomisches Rechen-Institut (Hg.): Fifth Fundamental Catalogue (FK 5). Heidelberg, Karlsruhe 1988. G. Braun-Verlag.

Adam, K.: Über Grundlagen und Grundformen des Kalenders. Bonn 1984. Wegener.

Montenbruck, O.: Grundlagen der Ephemeridenrechnung. München 1984. Verlag Sterne und Weltraum.

Astronomische Grundlagen für den Kalender ... Hg. Astronomisches Rechen-Institut in Heidelberg. Karlsruhe. Verlag G. Braun.

Das Himmelsjahr. Sonne, Mond und Sterne im Jahre ... Zusammengestellt von H. U. Keller, Stuttgart. Franckh'sche Verlagshandlung.

Kalender für Sternfreunde ... Hg. P. Ahnert, Leipzig. J. B. Barth Verlag.

The astronomical ephemeris for the year ... Issued by Her Majesty's Nautical Almanac Office, London; Nautical Almanac Office United States Naval Observatory, Washington. London. Her Majesty's Stationary Office.

The handbook of the British Astronomical Association ... Hg. C. Dinwoodie. Langholm, Dumfriesshire. British Astronomical Association.

A 5.4.3 Sternkarten, Himmelsatlanten, Kartographie

Werner, H. und F. Schmeidler: Synopsis der Nomenklatur der Fixsterne. Stuttgart 1986. Wiss. Buchges.

Schütte, K.: Jahreskarten. Stuttgart 1972. Kosmos-Verlag.

Widmann, W. und K. Schütte: Welcher Stern ist das? Stuttgart 1972. Kosmos-Verlag.

Vehrenberg, H.: Atlas Stellarum (Ein photographischer Atlas des ganzen Himmels). Düsseldorf 1971. Treugesell-Verlag.

Vehrenberg, H. und D. Blank: Handbuch der Sternenbilder. Düsseldorf 1970. Treugesell-Verlag.

Schaifers, K.: Atlas zur Himmelskunde. Mannheim 1969. Bibliographisches Institut.

Vehrenberg, H.: Atlas of Kapteyn's selected areas. Nord- und Südteil. Düsseldorf 1965. Treugesell-Verlag.

Becvar, A.: Atlas Coeli 1950.0 (4. Aufl.). Prag 1962. Verlag der Tschechoslowakischen Akademie der Wissenschaften.

Vehrenberg, H.: Photographischer Stern-Atlas für den nördlichen Himmel zwischen Pol und 26 Grad südlicher Deklination, 303 Sternkarten. Düsseldorf 1962. Treugesell-Verlag.

Widmann, W.: Drehbare Kosmos-Sternkarte. Stuttgart 1961. Franckh'sche Verlagshandlung.

Schurig, R. und P. Götz: Himmelsatlas (Tabulae caelestes). (8. Aufl.) Hg. K. Schaifers. Mannheim 1960. Bibliographisches Institut.

Becvar, A.: Atlas eclipticalis 1950.0. Prag 1958. Verlag der Tschechoslowakischen Akademie der Wissenschaften.

Argelander, F. W.: Atlas des nördlichen gestirnten Himmels für den Anfang des Jahres 1855 (3. Aufl.). Bonn 1954. Dümmlers-Verlag (Karten zur Bonner Durchmusterung).

Schönfeld, E.: Atlas der Himmelszone zwischen 1 Grad und 23 Grad südlicher Deklination für den Anfang des Jahres 1855... (2. Aufl.). Bonn 1951. Dümmlers-Verlag (Karten zur südlichen Bonner Durchmusterung).

Beyer, M.: Stern-Atlas, enthaltend: alle Sterne bis zur neunten Größe ... Hg. K. Graff. Bonn 1950. Dümmlers-Verlag.

A 5.5 Himmelsmechanik, Bahnbestimmung

Acker, A. und C. Jaschek: Astronomical methods and calculations. (Engl. von C. Kitchin). Chichester 1986. Wiley.

Marciniak, A.: Numerical solutions of the n-body problem. Dordrecht 1985. Reidel.

Taff, G.: Celestial mechanis. A computational guide for the practitioner. New York 1985. Wiley.

Schneider, M.: Himmelsmechanik. Mannheim, Wien, Zürich 1979. Bibliographisches Institut.

Siegel, C. L. und J. K. Moser: Lectures on celestial mechanics. Berlin, Heidelberg, New York 1971. Springer-Verlag.

Stiefel, E. L. und G. Scheifele: Linear and regular celestial mechanics. Berlin, Heidelberg, New York 1971. Springer-Verlag.

Bucerius, H. und M. Schneider: Himmelsmechanik I und II. Mannheim 1966. Bibliographisches Institut (BI-Hochschultaschenbücher 143/143 a und 144/144 a).

Stumpff, K.: Himmelsmechanik I. und II. Berlin 1959–1965. VEB Deutscher Verlag der Wissenschaften.

Brouwer, D. und G. M. Clemence: Methods of celestial mechanics. New York 1961. Academic Press.

Ryabov, Y.: An elementary survey of celestial mechanics. New York 1961. Dover Publications.

Smart, W. M.: Celestial mechanics. London 1960. Longmans.

Kurth, R.: Introductions to the mechanics of the solar system. London 1959. Pergamon Press.

A 5.6 Die Erde und ihr Mond

A 5.6.1 Erdkörper, Atmosphäre

Houghton, J. T.: The physics of atmospheres. Cambridge 1986. Cambridge Univ. Press.

Houghton, J. T., F. W. Taylor, C. D. Rodgers: Remote sounding of atmospheres. Cambridge 1986. Cambridge Univ. Press.

Cattermole, P. und P. Moore: The story of the earth. Cambridge 1985. Cambridge Univ. Press.

Fishkova, L. M.: The night airglow of the earth mid-latitude upper atmosphere. Tbilisi 1983. Metsnierba Publ. House.

Schindler, K.: Die Magnetosphäre der Erde und ihre Dynamik. Opladen 1980. Westdeutscher Verlag.

Miyashiro, A., K. Aki, C. Sengör: Orogenese. Wien 1979. Franz Deuticke.

Heuseler, H. und A. Brucker: Die Erde aus dem All. Stuttgart, Braunschweig 1976. Deutsche Verlags-Anstalt.

Schick, B. und G. Schneider: Physik des Erdkörpers. Stuttgart 1973. Ferdinand Enke Verlag.

Kertz, W.: Einführung in die Geophysik. Band 2. Obere Atmosphäre und Magnetosphäre. Mannheim 1971. Bibliographisches Institut. (BI-Hochschultaschenbuch 535).

Giese, R.-H.: Erde, Mond und benachbarte Planeten. Mannheim 1969. Bibliographisches Institut (Hochschulskripten).

Kertz, W.: Einführung in die Geophysik. Band 1. Erdkörper. Mannheim 1969. Bibliographisches Institut (BI-Hochschultaschenbuch 275).

A 5.6.2 Der Mond

Cook, A.: The motion of the moon. Bristol 1988. Hilger.

Guest, J. E. und R. Greeley: Geologie auf dem Mond. (dt. von W. v. Engelhardt). Stuttgart 1979. Ferdinand Enke Verlag.

Voigt, A. und H. Giebler: Berliner Mondatlas (2. Aufl.). Berlin 1974. Wilhelm-Foerster-Sternwarte.

Rükl, A.: Maps of lunar hemispheres. Dordrecht/Holland 1972. D. Reidel Comp.

Kopal, Z.: Physics and astronomy of the moon (2. Auflage). New York, London 1971. Academic Press.

A 5.7 Das Planetensystem

A 5.7.1 Gesamtdarstellungen, Ursprung und Entwicklung

Lang, K. R. und C. A. Whitney: Planeten. (Dt. von T. Bührke). Berlin, Heidelberg, New York 1993. Springer-Verlag.

Encrenaz, T. und J. P. Bibring: The solar system. Berlin, Heidelberg, New York 1990. Springer-Verlag.

Möhlmann, D. und H. Stiller: Origin and evolution of planetary and satellite systems. Berlin 1989. Akademie-Verlag.

Littmann, M.: Planets beyond, discovering the outer solar system. New York 1988. Wiley.

Wielen, R. (Hg.): Planeten und ihre Monde. Heidelberg 1988. Spektrum der Wissenschaften.

Elder, J. W.: The structure of the planets. London 1987. Academic Press.

Marov, M. J.: Die Planeten des Sonnensystems. Thun, Frankfurt a. M. 1987. Verlag Harri Deutsch.

Atreya, S. K.: Atmospheres and ionospheres of the outer planets and their satellites. Berlin, Heidelberg, New York 1986. Springer-Verlag.

Cole, J. H. A.: Inside a planet. Hull 1986. Hull Univ. Press.

Greeley, R.: Planetary landscapes. Boston 1985. Allen & Unwin.

Carr, M. H. (Hg.): The geology of the terrestrial planets. Washington D. C. 1984. NASA.

Engelhardt, W.: Planeten, Monde, Ringsysteme. Basel 1984. Birkhäuser Verlag.

Jones, B. W.: The solar system. Oxford 1984. Pergamon Press.

Lewis, J. S. und R. G. Prinn: Planets and their atmospheres. Orlando 1984. Acad. Press.

Wood, J. A.: Das Sonnensystem (Dt. von K. Hiller): Stuttgart 1984. Enke.

Henderson-Sellers, A.: The origin and evolution of planetary atmospheres. Bristol 1983. Hilger.

Köhler, H. W.: Die Planeten. Braunschweig 1983. Vieweg Verlag.

Smoluchowski, R.: The solar system. The sun, planets and life. New York 1983. Scientific american library.

Briggs, G. A. und F. W. Taylor: The Cambridge photographic atlas of the planets. Cambridge 1982. Cambridge University Press.

Chapmann, C. R.: Planets of rock and ice. New York 1982. Scribner.

Glass, B. P.: Introduction to planetary geology. Cambridge 1982. Cambridge Univ. Press.

Ryan, P.: Das Sonnensystem. München 1982.

Whipple, F. L.: Orbiting the sun, planets and satellites of the solar system. Cambridge (Mass.) 1981. Harvard Univ. Press.

Kaufmann, W. J.: Planets and moons. San Francisco 1979. Freeman and Company.

Chamberlain, J. W.: Theory of planetary atmospheres. New York, San Francisco, London 1978. Academic Press.

Gehrels, T. (Hg.): Protostars and planets. Tucson 1978. University of Arizona Press.

Hahn, H.-M.: Erde, Sonne und Planeten. Köln 1978. Kiepenheuer und Witsch.

Sandner, W.: Planeten – Geschwister der Erde. Weinheim 1971. Verlag Chemie.

Dollfus, A.: Surfaces and interiors of planets and satellites. London 1970. Academic Press.

Callatay, V. de und A. Dollfus: Atlas der Planeten. München 1969. Goldmann-Verlag.

A 5.7.2 Die großen Planeten in Einzeldarstellungen

Strom, R. G.: Mercury. The elusive planet. Cambridge 1987. Cambridge Univ. Press.

Gehrels, T. und M. S. Matthews (Hg.): Saturn. Tucson 1984. University of Arizona Press.

Hunt, G. und P. Moore: Saturn (Dt. von A. Bruzek). Freiburg i. Br. 1983. Verlag Herder.

Cooper, H. S.: Imaging Saturn. New York 1982. Holt, Rinchart, Winston.

Hunt, G. und P. Moore: Jupiter (Dt. von A. Bruzek). Freiburg i. Br. 1982.

Hunt, G. und P. Moore: The planet Venus. London 1982. Faber and Faber.

Guest, J. u. a.: Planeten-Geologie; Mond, Merkur, Mars, Venus und Jupitermonde (Dt. von A. Bruzek). Freiburg i. Br., Basel, Wien 1981. Herder Verlag.

Tombaugh, C. W. und P. Moore: Out of the darkness: The planet Pluto. Harrisburg (Pa.) 1981. Stackpole Books.

Köhler, H. W.: Der Mars. Bericht über einen Nachbarplaneten. Braunschweig 1978. Vieweg Verlag.

Lowell, P.: Mars. Bernardston 1978. Astronomy Books, P. W. Luther.

Gehrels, T.: Jupiter. Tucson 1976. The University of Arizona Press.

Doebel, G.: Dem roten Planeten auf der Spur. Köln 1971. Verlag M. DuMont Schauberg.

Grosser, M.: Entdeckung des Planeten Neptun. Frankfurt 1970. Suhrkamp-Verlag.

Alexander, A. F. O'D.: The planet Uranus, a history of observation, theory and discovery. London 1965. Faber and Faber.

A 5.7.3 Die Kleinkörper des Planetensystems

Bailey, M., S. V. M. Clube, W. Napier: The origin of comets. Oxford, Frankfurt 1990. Pergamon Press.

Huebner, W. F. (Hg.): Physics and chemistry of comets. Berlin, Heidelberg, New York 1990. Springer-Verlag.

Kippenhahn, R.: Unheimliche Welten. Planeten, Monde und Kometen. Stuttgart 1987. Deutsche Verlags-Anstalt.

MacSween, H. Y.: Meteorites and their parent planets. Cambridge 1987. Cambridge Univ. Press.

Froboese, R.: Der Halleysche Komet. Thun, Frankfurt a. M. 1985. Verlag Harri Deutsch.

Gibilisco, S.: Comets, meteors, asteroids. Blue Ridge Summit (Pa.) 1985. TAB Books.

Harper, B.: Halleys Komet. Frankfurt a. M. 1985. Krüger.

Kundt, W. (Hg.): Die Physik des Sonnensystems und der Kometen. Bonn 1985. Bovier.

Tammann, G. A. und P. Veron: Halleys Komet. Basel, Stuttgart 1985. Birkhäuser Verlag.

Whipple, F. L.: The mystery of comets. Cambridge 1985. Cambridge Univ. Press.

Wilkening, L. L. (Hg.): Comets. Tucson 1982. The University of Arizona Press.

Skinner, B. J. (Hg.): The solar system and its strange objects. Los Altos (Calif.) 1981. W. Kaufmann.

Sears, D. W.: The nature and origins of meteorites. Bristol 1978. Hilger.

Wood, J. A.: Meteorites and the origin of the planets. New York 1968. McGraw-Hill Book Co.

Krinov, E. L.: Giant meteorites. Oxford 1966. Pergamon Press.

Sandner, W.: Trabanten im Sonnensystem. Die Monde der großen Planeten. Mannheim 1966. Bibliographisches Institut (SuW-Taschenbuch 6).

A 5.8 Die Sonne

A 5.8.1 Allgemeine Abhandlungen, Gesamtdarstellungen

Fankal, P.: Solar astrophysics. New York 1990. Wiley.

Stix, M.: The sun. Berlin, Heidelberg, New York 1989. Springer-Verlag.

Zirin, H.: Astrophysics of the sun. Cambridge 1988. Cambridge Univ. Press.

Sturrock, P. A. und T. E. Holzer: Physics of the sun. Dordrecht 1986. Reidel.

McLean, D. J. und N. R. Labrum (Hg.): Solar radio astronomy. Cambridge 1985. Cambridge Univ. Press.

Giovanelli, R. G.: Secrets of the sun. Cambridge 1984. Cambridge Univ. Press.

Ekrutt, J. W.: Die Sonne – Die Erforschung des kosmischen Feuers. Hamburg 1981. Geo-Buch.

A 5.8.2 Sonnenatmosphäre und Korona

Benz, A. O.: Plasma astrophysics. Dordrecht 1993. Kluver.

Durrant, C. J.: The atmosphere of the sun. Bristol 1988. Hilger.

Akasofu, S.-I. und Y. Kamide (Hg.): The solar wind and the earth. Tokyo, Dordrecht 1987. Tera Scientific Publ., Reidel.

Priest, E. R.: Solar magneto-hydrodynamics. Dordrecht 1984. Reidel.

Krüger, A.: Introduction to solar radio astronomy and radio physics. Dordrecht, Boston, London 1979. D. Reidel.

Brandt, J. C.: Introduction to the solar wind. San Francisco 1970. Freeman Comp.

Macris, C. J. (Hg.): Physics of the solar corona. Dordrecht/Holland 1970. D. Reidel Comp.

Moore, Ch. E. u. a.: The solar spectrum 2935 A to 8770 A. Second revision of Rowland's preliminary table of solar spectrum wavelengths. Washinton D. C. 1966. U. S. Government Printing Office.

Jager, C. de: The solar spectrum. Dordrecht/Holland 1965. D. Reidel Publ. Comp.

A 5.8.3 Sonnenaktivität

Bray, R. und R. E. Loughhead: Sunspots. London 1964. Chapman & Hall.

Smith, H. J. und E. V. P. Smith: Solar flares. New York 1963. The Macmillan Comp.

Waldmeier, M.: The sunspot activity in the years 1610–1960. Zürich 1961. Schuthess & Co.

A 5.9 Physik des einzelnen Sterns

A 5.9.1 Sternatmosphären, Spektren der Sterne

Elitzur, M.: Astronomical maser. Dordrecht 1992. Kluwer.

Collins, G. W.: The fundamentals of stellar astrophysics. New York 1989. Freeman.

Kaler, J. B.: Stars and their spectra. Cambridge 1989. Cambridge Univ. Press.

Cross, R.: An introduction to Alfven waves. Bristol 1988. Hilger.

Gray, D. F.: Lectures on spectral-line analysis: F, G and K stars. Arva (Ont.) 1988. The Publisher.

Schaefer, H.: Elektromagnetische Strahlung. Informationen aus dem Weltall. Braunschweig, Wiesbaden 1985. Vieweg.

Mihalas, D. und B. Mihalas: Foundations of radiation hydrodynamics. New York, Oxford 1984. Oxford Univ. Press.

Thomas, R. N.: Stellar atmospheric structural patterns. Paris 1983. Centre National de la Recherche Scientifique.

Cowan, R. D. The theory of atomic structure and spectra. Berkley, Los Angeles, London 1981. Univ. of Calif. Press.

Swihart, T. L.: Radiation transfer and stellar atmospheres. Tucson (Ariz.) 1981. Pachart Publ. House.

Rybicki, G. B. und A. P. Lightman: Radiative processes in astrophysics. New York 1979. Wiley.

Mihalas, D.: Stellar atmospheres (2. Aufl.). San Francisco 1978. Freeman and Co.

Seitter, W. C.: Atlas für Objektiv-Prismen-Spektren. Bonn 1970. Dümmlers-Verlag.

Jefferies, J. T.: Spectral line formation. Waltham (Mass.) 1968. Blaisdell.

Aller, L.: Astrophysics. The atmospheres of the sun and stars (2. Aufl.). New York 1963. The Ronald Press Comp.

Unsöld, A.: Physik der Sternatmosphären (2. Aufl.). Berlin 1955. Springer-Verlag.

Morgan, W. W., P. C. Keenan, E. Kellman: An atlas of stellar spectra. With an outline of spectral classification. Chicago 1942.

A 5.9.2 Innerer Aufbau und Entwicklung der Sterne

Kippenhahn, R. und A. Weigert: Stellar structure and evolution. Berlin, Heidelberg, New York 1990. Springer-Verlag.

Collins, G. W.: The fundamentals of stellar astrophysics. New York 1989. Freeman.

Kaplan, S. A.: Physik der Sterne. Leipzig 1980. Teubner.

Meadows, A. J.: Stellar evolution (2. Aufl.). Oxford, New York, Toronto, Sydney, Paris, Frankfurt 1978. Pergamon Press.

Cox, J. P. und R. T. Giuli: Principles of stellar structure. Vol. 1: Physical principles. Vol. 2: Application to stars. New York 1968. Gordon and Breach.

Menzel, D. H. u. a.: Stellar interiors. London 1963. Chapman & Hall.

Frank-Kamenetskii: Physical processes in stellar interiors (Engl. Übers.) London 1962. Oldbourne Press.

Schwarzschild, M.: Structure and evolution of the stars. Princeton 1958. University Press.

Chandrasekhar, S.: An introduction to the study of stellar structure. New York 1957. Dover Publications.

A 5.9.3 Sterne besonderen Typs

Lozinskaja, T. A.: Supernovae and stellar wind in the interstellar medium. New York 1992. Am. Inst. of Physics.

A 5.9 Sternphysik

Novikov, I. D.: Black holes and the universe. Cambridge 1990. Cambridge Univ. Press.

Petschek, A. G. (Hg.): Supernovae. Berlin, Heidelberg, New York 1990. Springer-Verlag.

Bode, M. F. und A. Evans: Classical novae. Chichester 1989. Wiley.

Kopal, Z.: The Roche problem and its significance for double star astronomy. Dordrecht 1989. Reidel.

Futterman, J. A. H., F. A. Handler, R. A. Matzner: Scattering from black holes. Cambridge 1988. Cambridge Univ. Press.

Genet, R. M. (Hg.): Supernova 1987A. Mesa 1987. Fairborn Press.

Petit, M.: Variable stars. Chichester 1987. Wiley.

Clark, D. H.: The quest for SS433. New York 1986. Penguin Books.

Kenyon, S. J.: Symbiotic stars. Cambridge 1986. Cambridge Univ. Press.

Thorne, K. S., R. H. Price, D. A. MacDonald (Hg.): Black holes: The membrance paradigm. New Haven 1986. Yale Univ. Press.

Boslough, J.: Beyond the black holes. London 1985. Collins.

Murdin, P. und L. Murdin: Supernovae. Cambridge 1985. Cambridge Univ. Press.

Sahade, J. und F. B. Wood: Interacting binary stars. Oxford, Frankfurt a. M. 1985. Pergamon Press.

Clark, D. H.: Superstars. New York 1984. McGraw-Hill.

Hoffmeister, K., G. Richter, W. Wenzel: Veränderliche Sterne (2. Aufl.). Berlin, Heidelberg, New York 1984. Springer-Verlag.

Chandrasekhar, S.: The mathematical theory of black holes. Oxford 1983. Clarendon Press.

Greenstein, J.: Frozen star. New York 1983. Freundlich Books.

Lewin, W. H. G. und E. P. J. den Heuvel (Hg.): Accretion-driven stellar X-ray sources. Cambridge 1983. Cambridge Univ. Press.

Shapiro, S. L. und S. A. Tenkolsky: Black holes, white dwarfs, and neutron stars. The physics of compact objects. New York 1983. Wiley.

Kaufmann, W. J.: Black holes and warped spacetime. San Francisco 1979. Freeman and Company.

Sexl, R. und H. Sexl: Weiße Zwerge – Schwarze Löcher. Einführung in die relativistische Astrophysik. Braunschweig, Wiesbaden 1979. Vieweg & Sohn.

Heintz, W. D.: Double stars. Dordrecht, Boston, London 1978. Reidel Publishing Comp.

Clark, D. H. und F. R. Stephenson: The historical supernovae. Oxford, New York, Toronto, Sydney, Paris, Frankfurt 1977. Pergamon Press.

Smith, F. G.: Pulsars. Cambridge, London, New York, Melbourne 1977. Cambridge University Press.

Glasby, J. S.: The nebular variables. Oxford, New York 1974. Pergamon Press.

A 5.10 Das Milchstraßensystem

A 5.10.1 Allgemeine Darstellung, Struktur und Dynamik

Scheffler, H. und H. Elsässer: Bau und Physik der Galaxis (2. Aufl.). Mannheim 1992. B.I.-Wissenschaftsverlag.

Battin, R. H.: An introduction to the mathematics and methods of astrodynamics. New York 1987. AIAA Educations Series.

Binney, E. und S. Tremaine: Galactic dynamics. Princeton (N. J.) 1987. Princeton Univ. Press.

Bok, B. J. und P. F. Bok: The milky way (5. Aufl.). Cambridge (Mass.) 1981. Harvard University Press.

Mihalas, D. und J. Binney: Galactic astronomy – structure and kinematics (2. Aufl.). San Francisco 1981. Freeman and Comp.

Chandrasekhar, S.: Principles of stellar dynamics. New York 1960. Dover Publications Inc.

A 5.10.2 Katalog galaktischer und extragalaktischer Objekte

Sinnott, R. W. (Hg.): NGC 2000.0 – The complete new general catalogue and index catalogue of nebulae and star clusters by J.L.E. Dreyer. Cambridge 1988. Cambridge Univ. Press.

Hoffleit, D. (Hg.): Catalogue of bright stars. New Haven (Conn.) 1965. Yale University Press.

Vaucouleurs, G. de und A. de Vaucouleurs: Reference catalogue of bright galaxies. Austin 1964. The University of Texas Press.

Elsmore, B. u. a.: The positions, flux densities and angular diameters of 64 radio sources observed at a frequency of 178 Mc/s. London 1963. Memoirs of the Royal Astronomical Society. (Der Katalog ist bekannt unter der Abkürzung: 3 C = 3. Cambridge-Katalog).

Gliese, W.: Katalog der Sterne näher als 20 Parsec für 1950.0. Heidelberg 1957. Mitteilungen des Astronomischen Rechen-Instituts, Serie A Nr. 8.

Becvar, A.: Atlas coeli. Skalanate Pleso II. Katalog 1950.0. Prag 1951. Verlag der Tschechoslowakischen Akademie der Wissenschaften.

Aitken, R. G.: New general catalogue of double stars within 129 deg. of the north pole. Washington 1934.

Cannon, A. J. und E. C. Pickering: The Henry Draper catalogue. Cambridge (Mass.) 1918. Harvard Observatory Annals.

Dreyer, J. L. E.: New general catalogue of nebulae and clusters of stars. London 1888. Memoirs of the Royal Astronomical Society.

A 5.10 Das Milchstraßensystem

A 5.10.3 Interstellare Materie

Flower, D. R.: Molecular collisions in the interstellar medium. Cambridge 1990. Cambridge Univ. Press.

Osterbrock, D. E.: Astrophysics of gaseous nebulae and active galactic nuclei. Mill Valley 1989. Univ. Science Books.

Verschuur, G. L.: Interstellar matters. Berlin, Heidelberg, New York 1989. Springer-Verlag.

Kitchin, C. R.: Stars, nubulae and the interstellar medium. Bristol 1987. Hilger.

Aller, L. H.: Physics of thermal gaseous nebulae. Dordrecht 1984. Reidel.

Duley, W. W. und D. A. Williams: Interstellar chemistry. London 1984. Academic Press.

Audouze, J., J. Lequeux, M. Levy, A. Vidal-Madjar: Diffuse matter in galaxies (Cargese 1982), Dordrecht/Holland 1983. D. Reidel Publishing Company.

Bohren, C. F. und D. R. Huffman: Absorption and scattering of light by small particles. New York, Chichester, Brisbane, Toronto, Singapore 1983. J. Wiley & Sons.

Spitzer, L.: Searching between the stars. New Haven, London 1982. Yale Univ. Press.

Spitzer, L.: Physical processes in the interstellar medium. New York, Chichester, Brisbane, Toronto 1978. J. Wiley & Sons.

Kaplan, S. A. und S. B. Pikelner: The interstellar medium. Cambridge (Mass.) 1970. Harvard University Press.

Hulst, H. C. van de: Light scattering by small particles. New York 1957. J. Wiley & Sons.

Aller, L. H.: Gaseous nebulae. London 1956. Chapman & Hall.

Wurm, K.: Die planetarischen Nebel. Berlin 1951. Akademie Verlag.

A 5.10.4 Entstehung und Häufigkeit der chemischen Elemente

Oberhummer, H.: Kerne und Sterne. Leipzig, Berlin, Heidelberg 1993. Barth.

Arnett, D. und J. W. Truran: Nucleosynthesis. Challenges and new developments. Chicago 1985. Univ. of Chicago Press.

Audouze, J. und S. Vauclair: An introduction to nuclear astrophysics. Dordrecht/Holland 1980. D. Reidel Comp.

Tayler, R. J.: The origin of the chemical elements. London and Winchester 1972. Wykeham Publications (London) Ltd.

Fowler, W. A. und F. Hoyle: Nucleosynthesis in massive stars and supernovae. Chicago 1965. University of Chicago Press.

Craig H. (Hg.): Isoptopic and cosmic chemistry. Amsterdam 1965. North-Holland Publ. Co.

Aller, L. H.: The abundance of the elements. New York 1961. Intersicience Publishers.

A. 5.10.5 Sternentstehung und -entwicklung

Kippenhahn, R. und A. Weigert: Stellar structure and evolution. Berlin, Heidelberg, New York 1990. Springer-Verlag.

Pottasch, S. R.: Planetary nebulae, a study of late stages of stellar evolution. Dordrecht/Holland 1984. D. Reidel Publishing Company.

Cameron, A. G. W. und R. F. Stein: Stellar evolution. New York 1966. Plenum Press.

Baade, W.: Evolution of stars and galaxies. Hg. C. Payne-Gaposchkin. Cambridge (Mass.) 1963. Harvard University Press.

Hayashi, C. u. a.: Evolution of the stars. Kyoto 1962.

Burbidge, G. R. u. a.: Die Entstehung von Sternen durch Kondensation diffuser Materie. Berlin 1960. Springer-Verlag.

Cameron, A. G. W.: Stellar evolution, nuclear astrophysics and nucleogenesis. Chalk River 1957. Atomic energy of Canada.

A 5.10.6 Hochenergie-Astrophysik

Mohapatra, R. N. und P. B. Pal: Massive neutrinos in physics and astrophysics. Singapore 1991. World Scientific Publ.

Bahcall, J. N.: Neutrino astrophysics. Cambridge 1990. Cambridge Univ. Press.

Katz, J. I.: High energy astrophysics. Menlo Park (Calif.) 1987. Addison-Wesley Publ.

Lamb, F. K.: High energy astrophysics. Menlo Park (Calif.) 1985. Benjamin/Cummings Publ. Co.

Tucker, W. und R. Giacconi: The X-ray universe. Cambridge (Mass.) 1985. Harvard Univ. Press.

Hillier, R.: Gamma-ray astronomy. Oxford 1984. Clarendon Press.

Longair, M. S.: High energy astrophysics. Cambridge Mass. 1981. Cambridge University Press.

Dautcourt, G.: Relativistische Astrophysik. Berlin 1972. Akademie-Verlag.

Greisen, K.: The physics of cosmic X-ray, gamma-ray and particle sources. New York, London, Paris 1971. Gordon and Breach.

Ginzburg, V. L.: The origin of cosmic rays. New York, London, Paris 1969. Gordon and Breach.

A 5.11 Sternsysteme, die Welt als Ganzes

A 5.11.1 Galaxien, Galaxienhaufen

Goetz, W.: Die offenen Sternhaufen unserer Galaxie. Thun, Frankfurt a. M. 1990. Verlag Harri Deutsch.

Beckmann, J. E. und B. E. J. Papl: Evolutionary phenomena in galaxies. Cambridge 1989. Cambridge Univ. Press.

A 5.11 Sternsysteme, die Welt als Ganzes

Hodge, P. W.: Galaxies. Cambridge (Mass.) 1986. Harvard Univ. Press.

Tayler, R. J.: Galaxien. Aufbau und Entwicklung. (Dt. von M. Grewing). Braunschweig, Wiesbaden 1986. Vieweg.

MacCallum, M. A. H. (Hg.): Galaxies, axisymmetric systems and relativity. Cambridge 1985. Cambridge Univ. Press.

Saslaw, W. C.: Gravitational physics of stellar and galactic systems. Cambridge 1985. Cambridge Univ. Press.

Mihalas, D. und J. Binney: Galactic astronomy (2. Auflage). San Francisco 1981. Freeman.

Kaufmann, W. J.: Galaxies and quasars. San Francisco 1979. Freeman and Co.

Mitton, S.: Die Erforschung der Galaxien. Berlin, Heidelberg, New York 1978. Springer-Verlag.

Tayler, R. J.: Galaxies: Structure and evolution. London and Winchester 1978. Wykeham Publications (London) Ltd.

O'Connel, D. J. K. (Hg.): Nuclei of galaxies. Amsterdam 1971. North-Holland Publishing Comp.

Arp, H.: Atlas of peculiar galaxies. Pasadena (Calif.) 1966. Publ. by California Institute of Technology.

Hodge, P. W.: Galaxies and cosmology. New York 1966. McGraw-Hill Book Co.

Zwicky, F.: Catalogue of galaxies and of clusters of galaxies. Zürich 1963. Offsetdruck L. Speich.

Sandage, A.: The Hubble atlas of galaxies. Washington D. C. 1961. Carnegie Institution of Washington.

Shapley, H.: Galaxies. Cambridge (Mass.) 1961. Harvard University Press.

Hubble, E.: The realm of nebulae. New York 1958. Dover Publ. Inc.

A 5.11.2 Relativitätstheorie, Kosmologie

Börner, G., J. Ehlers, H. Meier (Hg.): Vom Urknall zum komplexen Universum. München, Zürich 1993. Piper.

Breuer, R. (Hg.): Immer Ärger mit dem Urknall. Hamburg 1993. Rowohlt.

Börner, G.: The early universe (2. Aufl.). Berlin, Heidelberg, New York 1992. Springer Verlag.

Fang, L. Z. und S. X. Li: Creation of the universe. Singapore 1989. World Scientific Publ.

Iyer, B. R., N. Mukunda, C. V. Vishveshwara (Hg.): Gravitation, gauge theory and the early universe. Dordrecht 1989. Kluwer.

Motz, L. und J. H. Weaver: The unfolding universe. New York 1989. Plenum Press.

Ellis, G. F. R. und R. M. Williams: Flat and curved space-times. Oxford 1988. Clarendon Press.

Kolb, E. W. und M. S. Turner (Hg.): The early universe. Redwood City (Calif.) 1988. Addison-Wesley Publ.

Narlikar, J. V.: The primeval universe. Oxford 1988. Oxford Univ. Press.

Barrow, J. D. und F. J. Tipler: The anthropic cosmological principle. Oxford 1987. Clarendon Press.

Kaufmann, W. J.: Discovering the universe. New York 1987. Freeman.

Schrödinger, E.: Die Struktur der Raum-Zeit (Dt. von J. Audretsch). Darmstadt 1987. Wissenschaftliche Buchgesellschaft.

Abbot, L.: Inflationary cosmology. Singapore 1986. World Scientific Publ.

Gribbin, J.: In search of the big bang. London 1986. Heinemann.

Narlikar, J. V.: Gravity, gauge theories and quantum cosmology. Dordrecht 1986. Reidel.

Dadhich, N. und J. K. Rao: A random walk in relativity and cosmology. New Delhi 1985. Wiley Easter Line.

Demianski, M.: Relativistic astrophysics. Oxford 1985. Pergamon Press.

Thuering, B.: Methodische Kosmologie. Alternative zur Expansion des Weltalls und zum Urknall. Frankfurt a. M. 1985. Herchen Verlag.

Barrow, J. D. und J. Silk: The left hand of creation. The origin and evolution of the expanding universe. London 1984. Heinemann.

Bernstein, J.: Three degrees above zero. New York 1984. Scribner.

Fang, L. Z. und R. Ruffini: Cosmology of the early universe. Singapore 1984. World Scientific Publ.

Kippenhahn, R.: Licht vom Rand der Welt, das Universum und sein Anfang. Stuttgart 1984. Deutsche Verlags-Anstalt.

Wald, R. M.: General relativity. Chicago, London 1984. The Univ. of Chicago Press.

Harrison, E. R.: Kosmologie – Die Wissenschaft vom Universum (Übers. von H. und G. Schwarz). Darmstadt 1983. Verlag Darmstädter Blätter.

Narlikar, J. V.: Introduction to cosmology. Boston 1983. Jones and Bartlett.

Gal-Or, B.: Cosmology, physics, and philosophy. New York 1981. Springer-Verlag.

Silk, J.: The big bang. San Francisco (Calif.) 1980. Freeman.

Stephani, H.: Allgemeine Relativitätstheorie. Eine Einführung in die Theorien des Gravitationsfeldes (2. Aufl.). Berlin 1980. Deutscher Verl. d. Wiss.

Narlikar, J. V.: Lectures on general relativity and cosmology. London 1979. Macmillan Press Ltd.

Sexl, R., H. K. Schmidt: Raum – Zeit – Relativität (2. Aufl.). Braunschweig, Wiesbaden 1979. Vieweg & Sohn.

Hawking, S. W. und G. F. R. Ellis: The large scale structure of space-time. Cambridge (1977). Cambridge Univ. Press.

Kaufmann, W. J.: Relativity and cosmology (2. Aufl.). New York, Hagerstown, San Francisco, London 1977. Harper & Row.

Kaufmann, W. J.: The cosmic frontiers of general relativity. Boston 1977. Little, Brown and Company.

Rindler, W.: Essential relativity (2. Auflage). New York, Heidelberg, Berlin 1977. Springer-Verlag.

Weinberg, S.: Die ersten drei Minuten. Der Ursprung des Universums (Dt. von F. Griese) München, Zürich 1977. R. Piper & Co. Verlag.

Segal, I. E.: Mathematical cosmology and extragalactic astronomy. New York 1976. Academic Press.

Sexl, R. U. und H. K. Urbantke. Gravitation und Kosmologie. Eine Einführung in die allgemeine Relativitätstheorie. Mannheim 1975. Bibliographisches Institut.

Misner, C. W., K. S. Thorne, J. A. Wheeler: Gravitation. San Francisco 1973. Freeman and Comp.

Peebles, P. J. E.: Physical cosmology. Princeton 1971. Princeton University Press.

Sciama, D. W.: Modern cosmology. Cambridge 1971. Cambridge Univ. Press.

Heckmann, O.: Theorien der Kosmologie (2. Aufl.). Berlin, Heidelberg, New York 1969. Springer-Verlag.

Treder, H.-J.: Relativität und Kosmos. Berlin 1968. Akademie-Verlag.

Born, M.: Die Relativitätstheorie Einsteins. Berlin 1965. Springer-Verlag (Heidelberger Taschenbücher 1).

McVittie, G. C.: General relativity and cosmology (2. Aufl.). London 1965. Chapman & Hall.

North, J. D.: The measure of the universe. A history of modern cosmology. Oxford 1965. Clarendon Press.

Bondi, H.: Cosmology (2. Aufl.). Cambridge 1961. Cambridge University Press.

A 5.11.3 Radiogalaxien, Quasistellare Objekte

Verschuur, G. L. und K. I. Kellermann (Hg.): Galactic and extragalactic radio astronomy (2. Aufl.). Berlin, Heidelberg, New York 1988. Springer-Verlag.

Arp, H.: Quasars, red shifts and controversies. Berkley (Cal.) 1987. Interstellar Media.

Verschuur, G. L.: The invisible universe revealed. The story of radio astronomy. New York, Berlin, Heidelberg 1987. Springer-Verlag.

Kraus, J. D.: Radio astronomy (2. Aufl.). Powell (Oh.). 1986. Cygnus-Quasar Books.

Thompson, A. R., J. M. Moran, G. W. Swenson: Interferometry and synthesis in radio astronomy. New York 1986. Wiley.

Weedman, D. W.: Quasar astronomy. Cambridge 1986. Cambridge Univ. Press.

Cadogan, P. H.: From quark to quasar. Cambridge 1985. Cambridge Univ. Press.

Sersic, J. L.: Extragalactic astronomy. Dordrecht 1982. Reidel.

Rohlfs, K.: Radioastronomie; Instrumente, Meßmethoden, Ergebnisse. Darmstadt 1980. Wissenschaftliche Buchgesellschaft.

Pacholzyk, A. G.: Radio galaxies. Oxford, New York 1977. Pergamon Press.

Hey, J. S.: Das Radiouniversum (Dt. von H. Scheffler). Weinheim 1974. Verlag Chemie GmbH.

A 5.12 Weltraumforschung

A 5.12.1 Künstliche Satelliten und Raumsonden

Friedrich, K. und G. Meyer: Astronomie und Raumfahrt (2. Aufl.) Berlin 1988. Volk u. Wissen.

Shapland, D. und M. Rycroft: Spacelab (Dt. von K. Knott). Weinheim 1986. VCH Verl. Ges.

von Puttkamer, J.: Der zweite Tag der neuen Welt. Die Raumfahrt auf dem Weg ins 3. Jahrtausend. Frankfurt a. M. 1985. Umschau Verlag.

Burdakow, W. P. und F. J. Sigel: Raumfahrt und Weltraumforschung, Grundlagen und Aspekte. Berlin 1979. Akademie-Verlag.

Sänger, E.: Raumfahrt heute – morgen – übermorgen. Düsseldorf 1963. Econ-Verlag.

Stuhlinger, E. u. a.: Astronautical engineering and science. From Peenemünde to planetary space. New York 1963. McGraw-Hill Book Comp.

Braun, W. von u. a.: Griff nach den Sternen. München 1962. Ehrenwirth Verlag.

A 5.12.2 Leben auf anderen Himmelskörpern

Couper, H. und N. Henbest: New worlds. In search of the planets. Reading (Mass.) 1985. Addison-Wesley Publ.

Goldsmith, D. und T. Owen: The search for life in the universe. Menlo Park (Calif.) 1980. Benjamin/Cummings.

Breuer, R.: Kontakt mit den Sternen, Frankfurt a. M. 1978. Umschau Verlag.

Morrison, P., J. Billingham u. J. Wolfe (Hg.): The search for extraterrestrial intelligence (SETI), Washington 1977, NASA SP-419.

Sagan, C. und J. Agel: Nachbarn im Kosmos. Leben und Lebensmöglichkeiten im Universum. (Dt. von C. Francke). München 1975. Kindler Verlag.

Fuchs, W. R.: Leben unter fernen Sonnen? Wissenschaft und Spekulation. München, Zürich 1973. Droemer Knaur.

Doebel, G.: Der Mensch lebt nicht allein im All. Köln 1966. Verlag DuMont Schauberg.

Herrmann, J.: Leben auf anderen Sternen? Gütersloh 1963. Bertelsmann Verlag.

Drake, F. D.: Intelligent life in space. New York 1962. Macmillan Comp.

Ovenden, M. W.: Leben im Weltall? München 1961. Verlag Kurt Desch (Taschenbuch W 19).

Spencer-Jones, H.: Life on other worlds. London 1952. English Univers. Press.

A 5.13 Geschichte der Astronomie

Learner, R.: Die Geschichte der Astronomie und die Entwicklung des Teleskops seit Galilei. Bindlach 1991. Gondrom Verlag.

Taton, R. und C. Wilson (Hg.): Planetary astronomy from the renaissance to the rise of astrophysics. Cambridge 1989. Cambridge Univ. Press.

Evans, D. S.: Under capricorn. A history of southern hemisphere astronomy. Bristol 1988. Hilger.

Schmeidler, F.: Die Geschichte der Astronomischen Gesellschaft. Jubiläumsband 125 Jahre Astronomische Gesellschaft. Hamburg 1988.

Zinner, E.: Entstehung und Ausbreitung der copernikanischen Lehre (2. Auflage): (H. M. Nobis und F. Schmeidler Hg.). München 1988. Beck.

Bennett, J. A.: The divided circle. A history of instruments for astronomy, navigation and surveying. Oxford 1987. Phaidon.

O'Neil, W. M.: Early astronomy. From Babylonia to Copernicus. Sidney 1986. Sidney Univ. Press.

Friedlander, M. W.: Astronomy. From stonehenge to quasar. Englewood Cliffs (N. J.) 1985. Prentice Hall.

Abbot, D. (Hg.): Astronomers. Wimbledon, London 1984. Blond educational.

Bobrovnikoff, N. T.: Astronomy before the telescope. Tucson (Ariz.) 1984. Pachart Publ. House.

Hamel, J.: Friedrich Wilhelm Bessel. Leipzig 1984. Teubner Verlag.

Herrmann, D. B.: Geschichte der modernen Astronomie. Berlin 1984. Deutscher Verl. d. Wiss.

Sullivan, W. T. (Hg.): The early years of radio astronomy. Reflections fifty years after Jansky's discovery. Cambridge 1984. Cambridge Univ. Press.

Schmeidler, F.: Leben und Werk des Königsberger Astronomen Friedrich Wilhelm Bessel. Kelkheim/T. 1984. ILMA-Verlag.

Dobrzycki, J. und M. Biskup: Nicolaus Copernicus. Leipzig 1983. Teubner Verlag.

Lovell, A. C. B.: Das unendliche Weltall. München 1983. Beck.

Neugebauer, O.: Astronomy and history. Berlin, Heidelberg, New York 1983. Springer-Verlag.

Herrmann, D. B.: Karl Friedrich Zöllner. Leipzig 1982. Teubner Verlag.

Sexl, R. und K. von Meyenn (Hg.): Galileo Galilei. Dialog über die beiden hauptsächlichsten Weltsysteme, das ptolemäische und das kopernikanische. Stuttgart 1982. Teubner Verlag.

Smith, R. W.: The expanding universe. Astronomy's »great debate« 1900–1931. Cambridge 1982. Cambridge Univ. Press.

Schmeidler, F.: Planeten und Sternbilder im Wandel der Geschichte. München 1980. Deutsches Museum.

King, H. C.: The history of the telescope. New York 1979. Dover Publications Inc.

Lang, K. R. und O. Gingerich: A source book in astronomy and astrophysics, 1900–1975. Cambridge (Mass.) 1979. Harvard University Press.

Dorschner, J., C. Friedemann, S. Marx, W. Pfau: Astronomie vom Altertum bis heute. Frankfurt a. M. 1975. Umschau-Verlag.

Herrmann, D. B.: Geschichte der Astronomie von Herschel bis Hertzsprung. Berlin 1975. VEB Deutscher Verlag der Wissenschaften.

Gerlach, W.: Johannes Kepler und die Copernikanische Wende. Leipzig 1973. J. A. Barth Verlag.

A 5.14 Zeitschriften

Astronomy and Astrophysics. A European Journal. Springer-Verlag, Berlin, Heidelberg, New York. ISSN 0004-6361

The Astronomical Journal. Published for the American Astronomical Society by the American Institute of Physics, 335 East 45th Street, New York, N. Y. 10017, USA. ISSN 0004-6256

Astronomische Nachrichten. Akademie-Verlag, 10117 Berlin, Leipziger Str. 3–4. ISSN 0004-6337

The Astrophysical Journal. Published by the University of Chicago Press for the American Astronomical Society. The University of Chicago Press, 5801 S. Ellis Avenue, Chicago, Ill. 60637, USA. ISSN 0004-637X

Astrophysics and Space Science. An International Journal of Cosmic Physics. Kluwer Academic Publishers. Spinboulevard 50. P.O.Box 17, 3300 AA Dordrecht, Netherlands.

Icarus. International Journal of Solar System Studies. Academic Press Inc. New York, London. ISSN 0019-1035

Journal of the British Astronomical Association. The British Astronomical Association, Burlington House, Piccadilly, London SW8 ISZ England. ISSN 0007-084X

Mitteilungen der Astronomischen Gesellschaft, Hamburg. Planetarium Stuttgart. Neckarstr. 47, 70173 Stuttgart. ISSN 0374-1958.

Monthly Notices of the Royal Astronomical Society. Published for the Royal Astronomical Society by Blackwell Scientific Publications, Oxford, London, Edinburgh, Boston, Melbourne. ISSN 0035-8711

The Observatory. A Review of Astronomy. Royal Greenwich Observatory, Herstmonceux Castle, Hailsham Sussex, BN27 lRP England, ISSN 0029-7704

Orion. Zeitschrift der Schweizerischen Astronomischen Gesellschaft (SAG), Zentralsekretariat, Hirtenhofstr. 9, CH-6005 Luzern, Schweiz. ISSN 0030-557X

Planetary and Space Science. Pergamon Press, Oxford, New York, Paris, Frankfurt. ISSN 0032-0633

Publication of the Astronomical Society of the Pacific. The Astronomical Society of the Pacific, 1290 24th Avenue, San Francisco, Calif. 94122, USA. ISSN 0004-6280

Scientific American. Scientific American Inc., 415 Madison Avenue, New York, N. Y. 10017, USA. ISSN 0036-8733.
Dt. Ausgabe: Spektrum der Wissenschaft. Spektrum der Wissenschaft Verlagsgesellschaft, Mönchhofstr. 15, 69120 Heidelberg

Sky and Telescope. Sky Publishing Cooperation, 49 Bay State Road, Cambridge, Mass. 02238-1290, USA. ISSN 0037-6604

Die Sterne. J. A. Barth, 04103 Leipzig, Salomonstr. 18 b. ISSN 0039-1255

Sterne und Weltraum. Astronomische Monatsschrift. Verlag Sterne und Weltraum Dr. Vehrenberg GmbH, Portiastraße 10, 81545 München 90. ISSN 0039-1263

Der Sternenbote. Österreichische Astronomische Monatsschrift. Astronomisches Büro, Hasenwartgasse 32, A-1238 Wien, Österreich. ISSN 0039-1271

Solar Physics. A Journal for Solar and Solar-Stellar Research and the Study of Solar-Terrestrial Physics. Kluwer Academic Publishers. Spinboulevard 50. P.O.Box 17, 3300 AA Dordrecht, Netherlands.

Zenit. Populair-wetenschappelijk maandblad over sterrenkunde, weerkunde, ruimtevaart, ruimte-onderzoek en aanverwante wetenschappen en technieken. Stichting De Koepel, Nachtegaalstraat 82 bis, Utrecht, The Netherlands. ISSN 0165-0211

Register

A

α² Canum Venaticorum-
   Sterne 273
α-Teilchen 299
Abbremsungsparameter 517
Abendstern 87, 99
Abendweite 5, 12
Aberration 535, 621
- chromatische 565
- sphärische 557, 562, 565
Absorption 59, 375, 535 ff.
- Erdatmosphäre 540
- Lichtquanten 346
Absorptionslinien 458
- interstellare 365 f.
Achondrite 168
Achromate 565
Adaption, Auge 567
adaptive Optik 592
adiabatische Expansion 345, 351
Adrastea, Jupiter-Mond 94, 124
AE, Einheit 91
Airglow 174
Akkretion 300, 322
Akkretionsscheibe 284 ff., 294, 321 f., 420, 500
aktive Galaxien 449, 488 ff., 630
aktive Optik 559
Albedo, Planeten 94
Alfvén-Wellen 189
Algol-Typ 415 f., 422
Alkor 405
Allgemeine Relativitätstheorie 96, 138, 316, 324 f., 509
Alter, radiogenes 168 f.
- Sterne 359 ff., 505
Amalthea 94, 124
AM Herculis-Sterne 285 ff.
Amor-Typ 172
Analysator 548
Ananke 94, 124
Anastigmate 566
Andromeda-Nebel 204, 296, 432, 458 f., 476, 619
Ångström 529, 610
annus fictus 20
Anomalie 91
Anregungstemperatur 239
Antapex 242
Antennen 548, 577 ff.
Antennensynthese 582

Antimaterie 512
Antineutrino 315
Apastron 407
Apex 242
Aphel 89
Aphrodite Terra 102
Aplanate 566
Apollinaris Patera 110
Apollo-Typ 144, 172
Apsidenlinie, Drehung 96, 324
Aquariden 160, 167
Äquator 9, 51
Äquatorsystem 9
Äquinoktien 23, 51, 92
Äquipotentialflächen 420 f.
Ares Vallis 110
Argyre Planitia 107
Ariel 95, 134
Array von Teleskopen 560
asphärische Flächen 565
Assoziationen 335, 361 ff., 422 ff.
Asteroide (s. Planetoide) 141
Astigmatismus 557, 562, 566
Astrographen 246, 554
Astrometrie 243, 245, 555
Astronomische Einheit 91, 609 ff.
Astrophysik 246
Asymmetrien im Kosmos 511
Aten-Typ 144, 172
Atlas, Saturn-Mond 95
Atlas of Peculiar Galaxies 458
Atlas of Stellar Spectra 227 ff.
Atmosphäre 7, 56, 103
- Erde 55
- Erde, Einfluß auf Beobachtungen 58
Atome, Alter 505
Atomsekunde 19
Atomuhren 583
AU, Einheit 91
Aufgang 12
Aufgangspunkt 5
Auflösung, Gas-Proportionalzähler 598
Auflösungsvermögen 256, 266, 553, 590
- Radioastronomie 582
- theoretisches 554
Auge 547 f., 566
- spektrale Empfindlichkeit 567
Ausbreitungsrichtung 531

Ausreißer 362
Autoguider 551
Azimut 9, 12, 59

B

β Canis Majoris-Sterne 272, 279 f., 282
β Cephei-Sterne 272, 279, 282
β Lyrae, Lichtkurve 417
- Modellvorstellung 417
β Lyrae-Typ 415, 422
β Pictoris 404
Babinetsches Theorem 531
Bahn, Bestimmung 90
- Elemente 90 f.
Bahndrehimpuls 402
Bahngeschwindigkeit 24, 258
Balkenspiralen 460, 466, 480
Bandbreite 576, 579, 586
Banden 538
Bandentemperatur 239
BC 236
Becklin-Neugebauer-Objekt 400
Bedeckungsveränderliche 257, 263 f., 267, 409, 415
- Daten 419
- Durchmesserbestimmung 258
- Perioden 263, 418
- Rotationsgeschwindigkeiten 263, 265
Beleuchtungsstärke 533, 611
Belinda 95
Benennungen 199 ff., 203, 206
Beobachtungsmethoden 547 ff.
Besselsches Jahr 20 f.
Be-Sterne 327, 329
Bestrahlungsalter 168 f.
Bethe-Weizsäcker-Zyklus 628
Beugung 259, 531 f.
Beugungsgitter 572
Beugungsscheibchen 531
- Winkeldurchmesser 553
Bewegungshaufen 427, 429 f.
Bezugssysteme, beschleunigte 508
- gleichförmig bewegte 508
BF Cyg, Lichtkurve 275
Bianca 95
big bang 524
Bildfehler 565 f.

Bildfeld 554
Bildfeldwölbung 563, 566
Bildverstärkerröhren 570
Binärpulsare, Periastron-
  Drehung 324
– PSR 1913 + 16 324
bipolare Strömungen 333
Blaufärbung des Taghimmels 59
Blauverschiebung 246
BL Lac-Objekte 498
Bogenmaß 532
Bohr, N., Atommodell 536f.
Bolide 164
Bolometer 236, 549, 569
bolometrische Korrektion 236f.
Boltzmann-Konstante 542, 610
Boltzmann-Statistik 592
Bonner Durchmusterung 202
Bose-Statistik 577, 592
Bottlinger-Diagramm 444, 446
Braune Zwerge 517
Breccien 76
Brechungsindex, Brechzahl 529
– Gläser 530
– Luft 61
breitbandige Zerlegung 576
Breite, ekliptikale 9
– galaktische 9
– geographische 5, 7, 13, 23
Breitenänderung 48
Breitengrad 38
Bremsstrahlung 481, 544
Brennfleck 323
Brennweite 553
Brownlee-Teilchen 160, 175
BS, Katalog 202
Bulge 463
Bureau International de l'Heure
  (BIH) 17
BY Draconis-Veränderliche 272

C

Callisto 86, 94, 125
Caloris-Becken 97f.
Calypso 95, 131
Candela 533, 606, 611
Carme 94, 124
Cassegrain-Fokus 556
– Spektrographen 574
Cassinische Teilung 128
Catalogue of Galaxies and
  Clusters of Galaxies 476
Catalogue of Quasars and Active
  Nuclei 458

CCD 571f., 599
Centaurus A 458, 491, 601
Cepheiden 265, 269f., 281ff.,
  351
– Zustandsgrößen, Tab. 280
Cepheiden-Streifen 279, 355
Cerenkov-Effekt 388
– Strahlung 600
– Teleskop 600
Cervit 555
Chandlersche Bewegung 49
Chandrasekhar-Grenze 294,
  299f., 313, 323
Charge Coupled Device
  (CCD) 571f., 599
Charon 95, 137, 630
chemische Elemente 255
Chondren 167
Chondrite 118, 160, 167
Chromosphäre 179, 327
Chronologie 29f.
Chryse Planitia 110, 112
Cirrusnebel 304
CNO-Zyklus 182, 292, 339ff.,
  352, 355, 357f.
COBE 504, 631
Coma-Haufen 479, 481f.
Compton-Streuung 600
– Teleskop 601ff.
Conusnebel 378
Cooling-Flows 481
Cordelia 95
Córdoba-Durchmusterung 202
Coudé-Fokus 557
– Spektrographen 574f.
CP-Symmetrie 524
Cressida 95
Cygnus A 488, 490, 492
Cygnus X-1 326, 350

D

δ Cephei-Sterne 279, 473
δ Scuti-Sterne 269, 279
3α-Prozeß 340f., 356ff.
3 K-Hintergrundstrahlung 514,
  520, 525, 630
3 K-Hohlraumstrahlung 504
Dämmerung 6ff.
Dämmerungserscheinungen 6f.
Dawes-Formel 405
Dearborn-Durchmusterung 231
Deimos 94, 116ff.
Deklination 9, 12f., 21, 62, 549
Deklinationsachse 549

Desdemona 95
Detektoren 566ff.
– photoelektrische 548
– radiochemische 182
– Röntgenbereich 598f.
Dichtestörung, kritische
  Länge 397
– kritische Masse 397
Differenzmessungen 586
Dione 95, 131
dioptrische Elemente 530
Dipol 577ff.
dispergierendes Element 572
Doppelquasare 499
Doppelsterne 256ff., 260, 350,
  358, 405ff., 622f., 626
– astrometrische 406, 409
– Bezeichnung 408
– enge 273, 284, 291, 321
– Entfernung 407f.
– Kataloge 408
– Massenbestimmung 406
– Materieaustausch 359
– optische 405
– photometrische 415ff.
– physische 405
– scheinbare relative Bahn 407
– spektroskopische 406, 409,
  412ff.
– visuelle 263, 406, 409ff.
Doppelstern-Systeme 257f.,
  326, 396, 421
– enge 420
– halbgetrennte 421
– Kontaktsysteme 421
– Roche-Modell 420f.
Doppel- und Mehrfach-Systeme,
  Häufigkeiten 419
Doppler-Effekt 246, 262ff.,
  412f., 503, 513, 534f.
Doppler-Verschiebung 186, 330,
  366f., 414, 437, 501
– periodische 365, 413
DQ Herculis-Systeme 287
Drehimpulserhaltung 396, 400
Dreifachsysteme 396
Dreikörperproblem 143, 625
Druck 348
Druckeinheiten 612
Dumbbellnebel 204
Dunkelwolken 335, 376ff.,
  394ff.
dunkle Materie 442, 485, 517
Duran 555
Durchmesserbestimmung 263

Register

Durchmischung 358
Durchmusterungen 206
Durchmusterungskatalog 268
Durchsichtigkeit 346
Dynamical Time 19
Dynamoschicht 57
Dynamotheorien 63
Dynoden 569

E

η Carinae-Nebel 374
21 cm-Beobachtungen 367, 387
21 cm-Linie 367 f., 437, 629
- Profil 368 f.
Echelle-Spektrographen 574
Edelgasalter 168
effektive Fläche 582
- Dipolfeld 579
- Halbwellen-Dipol 578
effektive Temperatur 184, 235, 260, 543
effektive Wellenlänge 576
Eichung 243
Eigenbewegung 202, 241, 243 ff.
Einheiten 605 ff.
Eisenkern 341
- Sterne 299
Ekliptik 14 f., 20 f., 24, 49, 91 f.
Ekliptikales System 9
Elara 94, 124
elektromagnetische Strahlung 529 ff., 547 f.
Elektron 537, 610
Elektronengas 371
- entartetes 313, 315
Elektronenstoß 372
elektronische Detektoren 567 ff.
Elektron-Positron-Paarerzeugung 600
Elektronvolt (eV) 594, 609
Elementarprozeß 538
Elementarteilchen 524
elliptische Galaxien 300, 480, 491
- Unterklassen 471
elliptischer Fall 515 f.
Elongation 87
Emission 535, 538, 542 ff.
Emissionslinien 458, 625
- interstellare 367 f.
- Sterne 327
Emissionsmaß, Nebel 374
Emissionsnebel 291, 380
- Knoten 333

Empfänger 549
- Radioastronomie 586
Empfangsleistung, Dipol 577
Empfindlichkeitsfunktion 232
Enceladus 131, 622
Enckesche Teilung 128
Energieauflösung 599
Energiedichten 387
Energiefluß 532 f.
Energiegleichgewicht 185
Energieproduktion 348, 352
Energiespektrum 533
Energietransport
- Konvektion 182, 184, 345
- Strahlung 182, 184, 345
- Wärmeleitung 345
Energievorrat der Sterne 338
entartete Materie 291, 299, 345
Entartung 313, 343
- relativistische 315
- vollständige 344
Entfernungskriterien 502
Entfernungsmaß 240
Entfernungsmodul 248, 283
Entfernungsskale, kosmische 241
Entmischungsvorgänge 266
Entropie 510 f.
Entwicklungsalter 360, 505
Entwicklungswege im HRD 355
Ephemeriden, Rechnung 90
- Sekunde 17, 19
- Zeit (ET) 17, 91
Epimetheus 95, 131
Erdatmosphäre 388 f., 404
- Absorption 540 f.
Erdbahn 15, 22
Erd-Crosser 144
Erde 37 ff., 86
- Alter 47, 505
- Atmosphäre 37, 54 ff.
- Bahnbewegung 48
- Dichte 37
- Figur 38 f.
- Magnetfeld 62 ff., 389
- Masse 37
- Rotation 16, 37, 47 ff.
- Schwerebeschleunigung 39
- Umlaufzeit 88
- Temperatur im Innern 41
- Vermessung 38
erdgeschichtliche Zeittafel 42
Erdkörper, chemische Zusammensetzung 45
- Dichte und Druck 41
- Gliederung 40

erdmagnetische Stürme 198
Ereignishorizont 326
Erhaltungssätze 394
eruptive Veränderliche 269, 284
- Typen 274
ESO/Uppsala Survey of the ESO (B) Atlas 458
ET 17
euklidisch 515
Eulennebel 205, 308, 311
Europa 86, 94, 122, 124 ff.
eV 609
Evektion 66
Evershed-Effekt 192
Exosphäre 57 f.
Expansion, adiabatische 345, 351
Expansion des Kosmos 501, 503, 505, 513 f.
Expansionsalter, Welt 505, 518
Extinktion 37, 58 f., 375, 540 f.
- allgemeine interstellare 377
extragalaktische Systeme 460

F

Fackeln 194
falsches Vakuum 521
Farbabweichung 555
Farben-Helligkeits-Diagramm (FHD) 250, 252
- Kugelhaufen M 3 253
- Population I, II 254
- sonnennahe Sterne 251
- Sternhaufen NGC 2264 361
Farbexzeß (FE) 234, 238, 243, 377, 381
Farbindex (FI) 232, 234 f., 238, 250, 252
Farbsysteme 231
Farbtemperatur 238
FCKW 55
fehlende Masse 479, 481, 485
Feldsterne 362, 426, 428 f., 432
Fenster der Durchlässigkeit 541
Fermatsches Prinzip 530
Fermi-Energie 315, 344
- Mechanismus 392
- Prozeß 305
Fernbedienung 551
Fernrohr 547
Festkörper 382
Festtagsrechnung, christliche 30
Feuerball 522 ff.
Feuerkugeln 164 f.

FHD 250, 252
FI, Farbindex 232
Filamente 194 f.
Finsternisse, Mond- 26, 28
- Sonnen- 26 f.
FK 5 203, 245
FK Comae-Veränderliche 272 f., 420
F-Korona 173
Flächensatz 260, 619
Flachheitsproblem 520 f.
Flares 195 f., 198, 284
Flare-Sterne 276
Flare-Surges 195
Flash-Spektrum 186, 190
- Stadium 196
Fluchtgeschwindigkeit 429
Fluchtpunkt 241, 429
Fokalsysteme 555 f.
Forbush-Ereignisse 389 f.
Fovea centralis 566
Fragmentation 398 f.
Fraunhofer-Linien 179 f., 186, 188, 190 f., 194, 238
frei-frei-Emission 374
- Übergang 346 f.
Frequenz 529
Friedmann-Alter 518
- Modelle 515
Frühlingsanfang 5, 21, 30
Frühlingspunkt 9, 14 f., 20 ff., 25, 48, 50 f., 91
Fundamental-Koordinatensystem 245
Fundamentalsterne 245
Fünfter Fundamentalkatalog (FK5) 203, 245
FU Orionis-Veränderliche 276

G

γ Cassiopeiae-Sterne 274
γ-Quanten 299, 301
Gal 39
galaktische Ebene 368, 377, 386
galaktischer Kern 449 ff.
- Gesamtmasse 451
galaktische Scheibe 321
galaktisches System 9, 252
galaktisches Zentrum 9, 308, 369 f., 453 f.
Galaxien 380, 394, 435, 457 ff.
- Aktivitätszentren 456
- elliptische 460, 462
- Entfernungen 432, 471 ff.

- Farbindex 486
- Flächenhelligkeit 465
- Häufigkeiten 470
- Helligkeit 502
- Hubble-Diagramm 470
- irreguläre 460, 469
- Kataloge 457 f.
- Kerne 456
- Klassifikation 460 ff.
- Leuchtkraftfunktion 471
- linsenförmige 460, 468
- Masse-Leuchtkraft-Verhältnis 483, 485 f.
- Massen 465, 483 ff.
- Radialgeschwindigkeit 502
- Rotation 483 f.
- Spektrum 486
- Sternpopulationen 485 ff.
- Verteilung im Raum 476 ff.
- Wechselwirkungen 482 f.
- Zweifarbendiagramm 487
Galaxienhaufen 476, 478 ff., 482, 485
- Entfernung 503
- Massen 479
- Radialgeschwindigkeit 503
- Röntgenquellen 481
Galaxien-Kannibalismus 479
Galaxis s. Milchstraßensystem
GALLEX-Experiment 183
Gamma, Einheit 610
Gamma-Astronomie 600 ff.
Gammastrahlung 529
Ganymed 86, 94, 122, 124 ff., 131, 143
Gas, entartetes 343
Gasdruck 343
Gas-Proportionalzähler 598 f.
Gaswolken 365
Gauß, Einheit 610
GC 457
GCVS 268
gebrochene Symmetrie 521
gebunden-frei-Übergang 346 f.
gebunden-gebunden-Übergang 346
Gegenschein 174
Geminiden 167
General Catalogue 457, 627
General Catalogue of Variable Stars 268
Geodäten 509 f.
Geoid 38 f.
Geokorona 37
geometrische Verdünnung 533
Geradsichtprisma 247

Gesamtstrahlung 260
Gezeitenkräfte 117, 136, 284, 358
Gezeitenreibung 48, 67, 404
Gezeitenwirkung 420, 482, 488
Giotto-Mission 157 f.
Gitterspektrograph 572 f.
Glaskeramik 555
Gleichgewicht, energetisches 349
- hydrostatisches 349
Globulen 379
GMT 16
Gondwana 46
Grad 12, 609
Gravitation 49, 89, 284, 405
- Theorie 508 f.
Gravitationsenergie 294, 299 f., 322, 325, 399, 500
Gravitationsgesetz 243, 620
Gravitationskollaps 322, 398
Gravitationskonstante 89, 516
- Einsteinsche 509
- Newtonsche 509, 610
Gravitationskräfte 315, 428, 440
Gravitationslinsen 499
Gravitationspotential 421
Gravitations-Rotverschiebung 325, 503
Gravitationsstrahlung 547
Gravitationswellen 456
- Abnahme der Bahnenergie bei PSR 1913+16 325
Gravitationswellen-Detektoren 604
Greenwich mean time (GMT) 16
Grenzgröße, visuelle Beobachtung 567
- photographische Aufnahmen 568
Größe, Größenklasse 209 f., 247 f.
Große Magellansche Wolke 458
Große Mauer 482, 631
Größen und Einheiten 605
Großer Roter Fleck 119 f.
Große Ungleichheit 65
Große Vereinheitlichte Theorien (GUT) 520
Großkreis 9
Grundebene, -kreis 8
Grundniveau 537
Gruppengeschwindigkeit 530

Register

H

Hadronen-Ära 523 ff.
Halbleiterdetektoren 571 f.
– infrarotempfindliche 549
Halo 440
– galaktischer 253
Halo-Population 253
Haman-Seaton-Sequenz 357
Hantel- oder Dumbbellnebel 308
Hartley-Bande 540
Harvard-Klassifikation 225 ff.
Haufensterne 241, 362
Haufenveränderliche 270, 279 ff.
Hauptreihe 250, 355, 359 ff., 428, 430, 433
Hauptreihensterne 231, 237, 251, 261, 346, 359, 419
– heiße 273
Hauptsequenz 250, 253, 255, 260, 265, 355, 358
Hayashi-Linie 399 f.
– Phase 397
HD 203
Hecuba-Lücke 143 f.
heiße Komponente, interstellares Medium 386
Heißer Fleck 285 f.
Helene 95, 131
Helioseismologie 182, 187
Heliostat 587
Helium-Brennen 341, 354, 357
– Flash 350, 356
Hellas Planitia 106 f.
Helle Riesen 231
Helligkeit, absolute 237, 247 ff., 252, 283, 395
– bolometrische 235 f., 260 f.
– photographische 236
– scheinbare 209 f., 247, 256
Helligkeitsklasse 209
Helligkeitssysteme 231
Hemisphäre 88
Henry-Draper-Katalog 203, 225, 231, 628
Herbig Ae/Be-Sterne 331 f.
Herbig-Haro-Objekte 333, 335
Herbstanfang 5, 21
Herbstpunkt 21
Hertz, Einheit 529
Hertzsprung-Lücke 253, 351, 427
Hertzsprung-Russell-Diagramm (HRD) 249 ff., 278, 331, 351, 354, 399 f., 627

Hestia-Lücke 143
Heterosphäre 56
HH-Ojekte 333
HII-Gebiete 335, 371 f., 374, 387, 393 f.
HII-Regionen 291, 437, 460, 474
Hilda-Gruppe 143
Himalia 94, 124
Himmelsäquator 21, 23
Himmelsmechanik 90, 142
Himmelspol 50
Himmelssphäre 8
Hintergrundstrahlung 503 f., 522
HMXB 322
Hochenergieastronomie 594 ff.
Höhe 9, 12
Höhenstrahlung 388
Hohlraumstrahlung 235 ff., 256
Hohlraum-Strahlungsfeld 542
Hohlspiegel 555
homogen 520
Homogenität 512 f.
Homosphäre 56
Honigwaben-Spiegel 560
Horizont 9
Horizontalast 253
Horizontproblem 519 ff.
Horizontsystem 9
HR 202
HRD 249 f., 252, 254 f., 358 ff.
Hubble Atlas of Galaxies 458
Hubble-Konstante 501, 505, 516, 518
Hubble-Sequenz 460, 466
Hubble Space-Telescope 474, 497, 561, 631
Hüllen-Spektren 327, 329 f.
Hyaden 241, 429 f.
hydrostatisches Gleichgewicht 181, 184, 347, 625
hyperbolischer Fall 515 f.
Hyperion 95, 132

I

Iapetus 95, 132
IAU 91, 628
IC 206, 457
Impaktstrukturen 171
Importance 196
Impulserhaltung 396
Index-Catalogue (IC) 206, 457
Indexkatalog 408
Inflationäres Universum 521

Information 547
Infrarot-Exzeß 332
Infrarotgalaxien 487
Infrarotobjekte 331 ff.
Infrarotquellen 333, 379
Infrarotstrahlung 529, 623
Inklination 62
Instabilität 350 f.
– gravitative 398
– thermische 398
Instabilitätsstreifen 279
Instrumente 547 ff.
Intensität 209 f., 532 f., 611
Intensitäts-Interferometer 592
Interferenzfähigkeit 256 f.
Interferenzstreifen 582, 590
Interferometer 256, 582 f., 626
Internationale Atomzeit 19
Internationaler Breitendienst 16
interplanetare Materie 58, 172 ff.
interplanetares Gas 176
interstellare Absorptionslinien 366
interstellare Extinktion 383
interstellare Materie 365 ff., 534
interstellare Polarisation 383
interstellarer Raum, mittlere Dichte 365
interstellarer Staub 365
– aktive Molekülgruppen 382
– Eigenschaften 380
– Extinktionskurven 381
– Teilchengröße 382
– Ursprung 383 f.
interstellarer Wasserstoff 367
interstellares Gas 440
– physikalischer Zustand 387
interstellares Magnetfeld 382
interstellares Medium 393
– Dichte 385
– heiße Komponente 385, 387
– kalte Komponente 387
– Masse 370
– Masseanteil an der Galaxis 385
– Metallgehalt 447
– Moleküle und Radikale 369
– physikalischer Zustand 386
– räumliche Verteilung 386
– Staubkomponente 375 f.
interstellare Verfärbung 238
interstellare Wolken, Molekülbildung 369
– Temperaturen 367
Intramerkurieller Planet 138

Io 86, 94, 122, 124 f.
Ionisationstemperatur 238
Ionisierungsenergie 537
Ionosphäre 56, 198, 541
IR-Objekte 335
- Quellen 379 f.
- Strahlung 450 f., 453
irreversibel 510
Ishtar Terra 102
isophote Wellenlänge 232
Isotropie 512 f.

J

Jahr 20 f.
- Anomalistisches 20, 48
- Finsternis- 20
- Kalender- 20
- Lunar- 29
- Lunisolar- 29, 31
- Mond- 29, 31
- Platonisches 21, 49
- Siderisches 20, 48
- Tropisches 17, 19 f., 30, 48
Jahrbücher 19
Jahreszeiten 23
jährliche Ungleichheit 66
Jansky, Einheit 490, 611
Janus 95, 131
J. D. 33
Jeanssches Kriterium 399
Jets 333, 490, 493, 497, 500
JHKLMNQ, Filter 576
Johnson-System 576
Julianische Periode 33
Julianisches Datum (J.D.) 33 ff.
- Modifiziertes (M.J.D.) 33
Juliet 95
Jupiter 86, 118 ff., 142 ff.
- Atmosphäre 118 ff.
- galileische Monde 123, 125
- interne Wärmequelle 121
- Magnetfeld 122
- Monde 123
- Nomenklatur 119
- Radioquelle 122
- Raumfahrtmissionen 120
- Ringsystem 123
- Wolken 121

K

Kalender 28 ff.
- bürgerlicher 30

- Gregorianischer 30
- Islamischer 29, 32
- Jüdischer 29, 31
- Julianischer 30
- Mond- 28
- Sonnen- 28
Kallisto 124, 126
Kalorimeter 599
Kanal-Elektronenverstärker (KEV) 569 f.
Kataklysmische Veränderliche 285 ff., 300, 420
- Bahnperioden 287
- magnetische 286
- Tabelle 286
Katalog der hellsten Sterne 211 ff.
Kelvin, Einheit 606
Keplersche Gesetze 88, 260
Kernenergie 297, 337
Kernfusion 181, 337
Kernreaktionen 338 ff., 359
Kernspaltung 337
Kernspurplatten 388
Kerr-Metrik 326
Kilogramm 606
K-Korona 173
Klammersymbol [ ] 371
klassische Cepheiden 268
Kleine Magellansche Wolke 283, 458
Kleiner Hantelnebel 308
Kleinmann-Low-Nebel 334
Knoten 24 ff.
- aufsteigender 90 f.
- Bewegung 24
- Linie 91
kohärente Detektoren 569
Kohlenmonoxid 369
Kohlenstoff-Brennen 355
Kohlenstoffisotope 370
Kohlenstoffkern 357
Kohlenwasserstoffe, polyaromatische 369, 384 f.
Kollaps 299, 325, 397
- Eisenkern 341
- innere Bereiche 342
- Wolken 335
- zu einem Neutronenstern 319
Kollimator 572
Koma 557, 562, 565
Komet 141, 169
- Halley 149, 154, 156 ff., 160 ff.
- langperiodischer 138
- Shoemaker-Levy 9 150
- West 146

Kometen 146 ff., 169, 172, 403
- Auflösung 163
- Bahnen 148 f., 154
- Dimensionen und Massen 156
- Entdeckung, Benennung 147
- Familien 150
- Gasatmosphäre 156
- Helligkeit 152
- Herkunft 163
- Kern 147, 153 f., 161
- Koma 153, 159
- Kopf 148, 156
- kurzperiodische, Tab. 150 f.
- Leuchterscheinungen 155
- Schweif 148, 154, 156 ff.
- Spektren 153
- Wasserstoff-Korona 155 f.
Kommensurabilität 142
Kompression, adiabatische 351
Kondensation, Planetenentstehung 403
Konjunktion 25
- obere 87
- untere 87
Konstanten 610 ff.
Konstellationen 25, 199
Kontinuum 537 f.
Konvektion 181 f., 346, 348, 356
Konvektionszonen 265, 351, 396
Konvergenzpunkt 241, 429
Koordinaten 200
- Änderungen 50 f.
Koordinatensysteme 8, 37
Koordinierte Weltzeit (UTC) 19
kopernikanisches Prinzip 512
Kopernikus, Krater 74
Kopernikus, N., Weltsystem 85 ff.
Korona 141, 265, 327, 440
Koronalicht 173
Koronograph 187, 588, 628
Korpuskelstrahlung 388
Korrektionsplatte 562
Korrelationsinterferometer 257, 259, 592 ff.
Korrelator 582 f.
kosmische Expansion 475
kosmische Häufigkeit der Elemente 390
kosmische Maser 335
kosmische Materie 547
kosmische Strahlung 198, 388 ff., 545, 547, 603, 627
Kosmologie 501, 503 f.
kosmologisches Prinzip 513

Register

Kosmos 388, 501
- Alter 505
- Expansion 505
- hierarchischer Aufbau 457
Krater 76, 78, 102, 105
- Einschlag- 75
- Impakt- 76
- Ketten 75
- Strahlensysteme 97
Krebsnebel 204, 303, 305 ff., 316, 320
Krebs-Pulsar, Lichtkurve 317
kritische Masse 291
Krümmung des Raums 509 f.
kugelförmige Sternhaufen 430 f.
Kugelhaufen 270, 363, 423, 430 ff., 436, 474
- Alter 430
- Hertzsprung-Russell-Diagramm 430
- Leuchtkraftfunktion 433
- M 3 253, 431 f.
- Massen 432 f.
- räumliche Verteilung 432
Kulmination, obere 13
- untere 13

L

Λ-Term 522
Lagrange-Punkte 131
Lagunennebel 374
Länge 606
- ekliptikale 9, 21
- galaktische 9
Längenänderung 48
Längengrad 17, 38
Längenkontraktion 507
Langperiodisch-Veränderliche 265
Laurasia 46
LBV 330
Leben 404
Leda 94, 124
Leoniden 165 f., 623
Leptonen-Ära 523 ff.
leuchtende Gasnebel 365, 371 ff., 428, 460
- Emissionslinien, Tab. 372
- interstellare Materie 464
leuchtende Gaswolken 335, 380
Leuchtkraft 59, 227, 247 f., 338 f., 358 f.
- bolometrische 249
- Sonne 178

- Sterne 338
Leuchtkraftfunktion 395, 626
Leuchtkraftklassen 231, 234, 237, 252, 261
- Galaxien 471
Leuchtkraftkriterien 262
Leuchtkraftverteilung 395
Libration
- in Breite 67
- in Länge 67
- Parallaktische 67
Librationspunkte 143, 285, 421
Licht 620
- absorbierende Medien 539
- Absorption 535
- elastische Streuung 535
- Emission 535
- kaltes 544
- natürliches 532
- sichtbares 540
- weißes 533
Lichtgeschwindigkeit 391, 506, 529 f., 610
Lichtjahr (Lj) 240, 611
Lichtkurven 258 f., 284
Lichtphasen 25, 87 f.
Lichtquanten 536
Lichtschwächung 540
Lichtsignal 530
Lichtstärke 211, 533, 606, 611
- Spektrographen 573
Lichtstrahlen 531
Lichtstrom 211, 533, 611
Lichtwechsel 145, 268
Lichtweg 531
Lineardispersion, Spektrographen 573
Linsen 548
Linsenteleskope 553
Lithosphäre 40, 45
Lj 240
LMC 476
LMXB 322
Lokale Gruppe 476 f.
Lorentz-Transformation 507
Luft, Zusammensetzung 55
Luftschauer 388
Luftunruhe 58, 60
Lumen 533, 611
Luminous Blue Variables (LBV) 274 f., 330
Lunation 25, 29, 74
Lux 533, 611
Lyriden 165 f.
Lysithea 94, 124

M

M 457
Magellanscher Strom 483
Magellansche Wolken 440, 468 ff., 476
Magnetfeld, Erde 62 ff., 388
- terrestrisches 37
Magnetfelder 396
magnetische Systeme 285
magnetohydrodynamische Stoßfronten 392
Magnetosphäre 58, 63 f., 158
Mai-Aquariden 166
Maksutow-Cassegrain-System 565
Mare 69, 105
- Imbrium 69, 78
- Nectaris 69
- Nubium 69 f.
Maria 69, 72, 78
- epi-terra 69
Mars 86, 103 ff.
- Atmosphäre 104 f., 112 ff.
- Boden 110, 112
- Eis 110
- Impaktstrukturen 106
- Jahreszeiten 104
- Kanäle 105
- Leben 116
- Magnetfeld 115
- Monde 116
- Oberfläche 104, 106, 114
- Raumsonden 105 f.
- Sandstürme 105
- tektonische Aktivitäten 108
- Temperaturen 114 f.
- Vulkane 106, 114
- Wasser und Wind 110
- Winter 104
Mars-Crosser 144
Maser 586
Masse 606
- schwere 508
- träge 508
Masseaustausch 358
Massebestimmung, Galaxien 484
Masse-Leuchtkraft-Beziehung 261, 359, 395, 407, 409, 481
- empirische 263
Masse-Leuchtkraft-Verhältnis 475
Massenanziehung 260
Massendefekt 337
Massenerhaltung 347

Massenspektrum 533
Masseverlust 358
Masseverteilungsfunktion 395
Materie-Ära 523
Materiefeld 525
Maxwell Montes 102
Mehrfachsysteme 359, 396
- Mobile-Diagramme 420
Mehrkörperproblem 90
Memnonia Fossae 107
Meridian 9, 13, 208
Meridiankreis 244, 621
Merkur 86, 96 ff., 324
- Atmosphäre 99
- Bahn 96
- Durchgang 96
- Magnetfeld 97
- Raumsonden 96
- Zwischenkrater-Ebenen 98 f.
Mesosphäre 56
Messier-Katalog 204, 457
Metalle 481
- Sternspektroskopie 447
Metall-Linien 255, 297
Meteor-Crater 170
Meteore 164 ff., 623
Meteorite 78, 164 ff.
- Alter 168 f.
- Einteilung 166 ff.
- Eisen- 166 f.
- Eisen-Stein- 166 f.
- Herkunft 169
- Riesen- 170
- Stein- 166 ff.
Meteoriten 78
- Aufschlag 170
- Einschläge 169
- Fälle 165
- Funde 169
- Krater 169 f., 172
Meteoroide 164 f., 169, 403
Meteorschauer 163, 165
Meteorströme 160, 165 ff., 169
Meter 38, 529, 606
Metis 124
Metrik 316, 513, 515
- nichteuklidische 508
- Raumzeit 326
- Robertson-Walker 514
MEZ 17, 626
Michelson-Interferometer 257, 590, 604
Midas 128
Mie-Theorie, Lichtstreuung 380
Mikrokanalplatte 570
Mikrometeorite 175

Milchstraße 435
- Sternzahlen 452
- südliche 437
Milchstraßensystem (Galaxis) 177, 393 ff., 426, 435 ff.
- Daten 449
- Dichte 436, 442, 444, 450
- Frühstadium 431
- Masse 440 ff.
- Masse-Leuchtkraft-Verhältnis 485
- mittlerer Abstand verschiedener Komponenten 443
- Rotation 368, 440 ff.
- Spiralstruktur 368, 437
- Wolkenstruktur 387
- Zentrum 450 f.
Millisekundenpulsare 320 f.
Mimas 95, 131, 622
Minute 609
Mira Ceti-Sterne 271
Miranda 95, 134
Mira-Sterne 271, 273, 279, 283 f.
missing mass 442
Mitteleuropäische Zeit 17
Mittelpunktgleichung 66
mittlere Sonne 14
Mizar 405
M. J. D. 33 f.
MK-Klassifikation 227, 231
Mobile-Diagramme 420
Mögel-Dellinger-Effekt 198
Mohorovičić-Diskontinuität 40
Moleküle 370
Molekülspektren 538
Molekülwolken 335, 369 ff.
- Gravitationskollaps 371
- mittlere Eigenschaften 370
Monat 30
- Anomalistischer 25
- Drakonitischer 25
- Siderischer 25
- Synodischer 25
- Tropischer 25
Mond, Erdmond 24 ff., 49, 64 ff., 257, 404
- Altersbestimmung 81
- Apogäum 67
- Apsiden 66
- Bahn 65
- Beben 82
- Bewegung 65
- Breccien 76
- Durchmesser, scheinbarer 26
- Entstehung 83
- Gebirge 72 f.

- Gesteine und Mineralien 79 f.
- Gradnetz 65
- innerer Aufbau 81
- Knoten 66
- Krater 72
- Perigäum 66 f.
- Raumfahrt-Unternehmungen 75 ff.
- Regolith 76
- Störung der Bewegung 66
- Strahlensysteme 74
- Vulkane 78
Monde 94 f.
- ko-orbitale 131
Mondphasen 24 f., 29 f.
Monopole, magnetische 520 ff.
Montierungen 549 f., 559
Morgenstern 87, 99
Morgenweite 5, 12
Multi-Mirror-Teleskop 560
Multi-Objekt-Spektrographen 576
Myonen, Lebensdauer 507

N

Nachführung 549, 551
Nachthimmel 519
Nachthimmelsbogen 174
Nachthimmelslicht 7
Nadir 9
Nasmyth-Fokus 556
Nebel, diffuse 371
- Planetarische 371
Nebelstadium 288 ff.
Nebulium 371
negativer Druck 521
Neptun 86, 135 f., 624
Nereid 95
Netzhautgrube 566
Neutrinodetektor 603
Neutrinos 182, 300, 339 f., 442, 485, 604
Neutrinostrahlung 301, 547, 603
Neutron 315
Neutronengas, entartetes 315
Neutronensterne 297, 314 ff., 319, 321 ff., 342, 357, 392
- Beobachtung 316
- Bildung 299 f.
- Dichte 262
- Magnetfeldstärke im Brennfleck 323
- Massegrenze 350
- Massen 323

Register

- Metrik des Raums 316
- thermische Emission 322

Neutrosphäre 57
New General Catalogue 457
New General Catalogue of Nebulae and Clusters 206
New Technology Telescope 552, 559, 631
Newton, I., Gravitationsgesetz 89
Newton-Fokus 556
NGC 206, 457
nicht-thermische Strahlung 543
Niveauschema 537
Nordlicht 389, 544
Nördlinger Ries 170 ff.
Nordpol, geomagnetischer 62
Notation, Spektral-Linien 327
Nova-Ausbruch 291
Novae 227, 274, 284 f., 392, 473
- Absorptionssysteme 289
- Elementhäufigkeiten 293
- Hüllen 291
- klassische 287 ff.
- Lichtkurven 288 f.
- rekurrierende 274, 285, 288, 293 f.
- Spektren 289 f.
- Zerfallszeit 288

Novahülle 292
NTT 455, 552, 559, 631
Nutation 49 ff., 67, 621

O

OB-Assoziationen 362 f., 370 f., 394, 426
Oberflächentemperatur 225
Oberon 95, 134
Objektivprisma 247, 555, 575
OB-Sternassoziationen 424 f.
OB-Sterne 488
Oceanus Procellarum 69
offene Sternhaufen (Haufen) 363, 422 ff., 426 ff., 460
- Alter 360, 427
- Auflösung 361
- Daten 427
- Hertzsprung-Russell-Diagramme 427 f.
- Leuchtkraftfunktion 433
- Masse 433
- räumliche Verteilung 427

Öffnungsverhältnis 553
Of-Sterne 330

Olberssches Paradoxon 518
Olympus Mons 109
Omeganebel 204, 374
Oortsche Wolke 163
Ophelia 95
Opposition 25, 88, 119
optische Astronomie 542
optische Dicke 370, 538 ff.
optisches Paar 405
optische Systeme 553 ff.
optische Tiefe 235
Orion-Arm 437
Orion-Assoziation 361
Orioniden 160, 166
Orion-Nebel 204, 374, 376, 619
Ortsauflösung 570, 599
Ortsmeridian 14 f.
Ortspunkt 5
oskulierende Elemente 92
Osterfest, Datum 30
Ostpunkt 5
Ozon 540
Ozonloch 55

P

Pandora 95
Pangäa 46
parabolischer Grenzfall 515 f.
Parabolspiegel 548
- Radioastronomie 579 f.
Parallaxe, dynamische 407
- säkulare 242
- spektroskopische 242
- trigonometrische 239 f.
parametrische Verstärker 586
Parsec (pc) 240, 609 ff.
Pasiphaë 94, 124
Pateren 109
Pauli-Verbot 343
PCA 198
PCT-Invarianz 511
P Cygni-Profile 330 f.
Pekuliarbewegung 242, 440
Pekuliar-Sterne 267
Penumbra 191 f.
Perek-Kohoutek-Katalog 309
Periastron 407
Perigäum 25
Perihel 48, 89 f.
Periheldrehung 97, 138, 509
Perioden-Leuchtkraft-Beziehung 270, 282 f.
Periodensystem der chemischen Elemente 613

Perseiden 165 f.
Perseus A 458
Perseus-Arm 437
Pferdekopfnebel 380
Phasengeschwindigkeit 530
Phaseninterferometer 259
Phasenschieber 578
Phasenstabilität 583
Phasenwechsel, Venus 99
Phasenwinkel 88
Phobos 94, 107, 116 ff., 141
Phoebe 95, 132
Photodesintegration 299
Photodetektoren, infraroter Spektralbereich 572
Photoeffekt, innerer 571
photographische Platte 244 f., 547, 563, 567 f.
Photokathoden 569 f.
Photometrie 576, 622
- Grundgesetz 242
photometrische Systeme 232
Photomultiplier 569 f.
Photonen 325, 536, 592
- Energien 577, 594
Photonen-Detektoren 569
Photonenfluß 569
Photosphäre 327
Photostrom 569
Photosynthese 404
Pisciden 167
Pixel 568, 572
Planck-Funktion 238, 260, 335, 374, 542
Planck-Konstante 536, 610
Plancksches Wirkungsquantum 536
Planck-Zeit 523
Planetarische Nebel 291, 298, 308 ff., 357, 474
- Bildungsrate 314
- Daten 309
- M 97, Eulennebel 311
- NGC 7009, Aufnahme 309
- Zentralsterne 308, 331
Planeten 49, 85 ff.
- äußere 86
- Bahndaten 92
- Bahnumlauf 401
- Bewegungen 87 f.
- Daten 93 f.
- Entfernungen 92
- erdähnliche 86, 401
- Gesamtmasse 118
- innere 86
- jupiterähnliche 86, 401

- Monde 94 ff.
- obere 86
- Rotation 401
- terrestrische 37, 86
- untere 86
Planetenringe 141
Planetensystem, Alter 404
- Entstehung 401 ff.
Planetesimale 141, 163
Planetoide 141 ff., 169 ff., 403
- Gesamtmasse 145
- Hauptgürtel 143
- Tabelle 144
Plasma 343
Plasmoid 64
Platten, Erdkörper 43
- Aufbau 45
- Tektonik 45
Plejaden 204, 428, 430
Pluto 86, 136 ff., 628
Polar Cap Absorption 198
Polare 285 ff.
Polaris 210
Polarisation 265 f., 381, 532
- elliptische 532
- lineare 532
- zirkulare 532
Polarisationsmessung 145
Polarlichter 64, 198
Polarstern 210
Polbewegung 16, 48, 625
Pole 8 f.
- magnetische 62
Polhodie 50
Polhöhe 13
Polsequenz 210
Polwanderung 37
Population I 252, 261, 266, 280, 394, 443 ff., 487
- Häufigkeit chemischer Elemente 448
- Raumgeschwindigkeiten 446
Population II 253, 261, 270 f., 280, 308, 356, 394, 430, 443 ff., 465, 487
Portia 95
Positionsbeobachtungen 245
Positionsmessung 51
Postnova 288
pp-Kette 182, 338 f.
PPM Star Catalogue 203
pp-Reaktion 338, 341, 352, 355 f.
Praenova 288
Praesepe 204
Prae-Supernova 301
Präzession 20 ff., 49 ff., 67, 620

- in Deklination 54
- in Rektaszension 52 f.
- Zahlenwerte 51
Primärfokus 555 f.
Prismen 572
Prismenspektrograph 573
Prokyon 409
Prometheus 95
Proton 610
Proton-Proton-Reaktionen 292, 338
proto-planetarer Sonnennebel 121
proto-planetare Scheibe 404
Protosterne 335, 380, 399 f.
Protostern-Entwicklung 377
Protuberanzen 194 f.
PSPC 599
PSR 318
Ptolemäus, C., Weltsystem 85
Puck 95
Pulsare 303, 305, 307, 314, 316 ff., 320, 392, 630
- Alter 321
- Anzahl 321
- Daten 318
- Entstehungsrate 322
- Gammastrahlung 602
- optisch veränderliche 272
- Periodendauer 317
- Verlangsamung 320
Pulsation, Mechanismus 280
Pulsationen 351
Pulsationskonstante 281
Pulsationsveränderliche 269 ff., 278 ff.
Puppis A, Röntgenspektrum 305
Purkinje-Effekt 567
Pyrex 555
Pyrheliometer 178, 626

Q

QSO 495 ff., 629
- kosmologische Rotverschiebung 498
Quadratur 25
Quantenausbeute 577, 598
- CCD 568, 571
- Gammastrahlen-Teleskope 600
- Photoplatte 568
- Potokathoden 569
- Vielkanalplatten 599
Quantenmechanik 537

Quarz 555
Quasar 3C273 602
- Spektrum 495
Quasare 458, 629
- Rotverschiebungen 496, 503
Quasi-stellare Objekte (QSO) 495 ff.
Querdispersionsgitter 574

R

Radar 74, 96, 100 f., 103
Radialgeschwindigkeit 241, 245 ff., 367
Radialgeschwindigkeitskurve 413 f.
Radiant 165
Radioastronomie 542
- Instrumente 577 ff.
radioastronomische Beobachtungen 451, 547
Radiobereich 372, 553
Radiobursts 196 f.
Radiogalaxien 489 ff., 629
- mit aktiven Kernen 494
Radiointerferometer, Tab. 584
Radiometer 236
Radiopulsare 273, 324
- Bezeichnung 318
- Emissionsmechanismus 320
Radioquellen 316
Radiostrahlung 372, 491, 529
- Punktquellen 335
Randverdunklung 257
R-Assoziationen 424
Raum, Deformation 326
- interplanetarer 37
Raumbewegung, Sterne 243 ff.
Raumflug, Gefahren 198
- Kollision mit einem Meteoroid 176
Raumgeschwindigkeit, Sterne 241, 243
Raumkrümmung 515
Raumsonden, Jupiter 120, 630
- Mars 105 f.
- Merkur 96
- Saturn 127
- Venus 100 ff., 629
Raum und Zeit 506 ff.
Rauschen 586, 593
Rayleigh-Jeans-Bereich 542
R Coronae Borealis-Sterne 270
Referenzstern 560
Reflektoren 553, 555 ff., 579

Register

Reflexionsnebel, Daten 375
Refraktion 5, 14
- astronomische 58, 61
Refraktoren 553 f.
Region Beta 102
Regolith 76
Reiterlein 405
Rektaszension 9, 12, 21, 549
Relativitätstheorie 51, 343
- Allgemeine 96, 508 f., 531
- Spezielle 506 f., 535, 627
Resonanz 144
Restfehler 554, 565
Rhea 95, 130 f.
Richtungsanalysator 548
Riesen 226, 237, 251, 253, 255, 257, 261, 264, 271, 350, 419
- kühle 384
Riesenast 251 ff.
Riesenstadium 298, 359
Ringgebirge 73
Ringnebel 205, 308
Ritchey-Chrétien-System 557
Roche-Fläche 285, 421
Roche-Grenze 117, 136, 416, 421
Röntgenastronomie 542, 594 ff.
Röntgenbursts 324
Röntgendoppelsterne 274, 284, 322 f., 326, 420
Röntgenleuchtkraft 322 ff.
Röntgen-Novae 324
Röntgenquellen 596
Röntgenstrahlung 462, 529, 629
- Sonne 595
Röntgenteleskope, abbildende 595 ff.
Rosalind 95
ROSAT 322, 481, 497, 597 ff.
Rosettennebel 374
Rotation, differentielle 119
- galaktische 367
- gebundene 420
Rotationsdrehimpuls 402
Rotationsgeschwindigkeit 262, 265
Rotationslichtwechsel 415, 418
Rotationsperiode der Sonne 262, 264, 625
Rotationsveränderliche 269
- Typen 272
Rote Riesen 284, 345 f., 353, 356, 358, 360, 427
Rote Überriesen 358
Rotverschiebung 246, 475, 496, 501, 503, 512, 518, 628 f.

RR Lyrae-Sterne 269 f., 279, 440
- Lichtkurven 272
run away stars 394
RV Tauri-Sterne 269, 271, 279

S

Saat-Teilchen 383
Sagittarius 436, 450 ff.
Sagittarius A 453, 629
Sagittarius-Arm 437
Sagittarius B2 453
säkulare Akzeleration 66
Säkularjahr 30
Sanduleak 301
SAO Star Catalogue 203
Saros-Zyklus 26, 615
Satelliten-Systeme 403
Satellitenteleskope 561 f.
Saturn 86, 126 ff.
- Daten 427
- Monde 130
- Raumfahrtmissionen 127
- Ringsystem 126, 128 ff.
Schalenbrennen 356 f.
Schaltjahr 30
Schaltmonat 29
Schaltregeln 30
Schaltsekunde 19
Schalttag 29 f.
Scheibenpopulation 253, 270 f., 445
Schlieren 553
Schmidt-Kameras, Tabelle 563
Schmidt-Spiegel (Teleskope) 207, 555, 563 f., 628
Schnelläufer 253 f., 444, 627
Schurig-Götz-Schaifers, Himmelsatlas 207
Schwarze Löcher 325 f., 442, 485, 499 f.
Schwarze Mini-Löcher 517
Schwarzer Strahler 178, 235 f., 238, 256, 542
- Energieverteilung 238
Schwarzes Loch 297, 322, 326, 350, 357, 630
Schwarzschild-Radius 325 f., 350, 499
Schwerebeschleunigung 348
Sco X-1 595
S Doradus 330
S Doradus-Sterne 274
Seeing 553, 590
Seismologie 40

Sekundärelektronen-Vervielfacher 569
Sekunde 38, 606, 609
selektive Absorption 534
Seyfert-Galaxien 458, 493 f.
Sgr A 454 f.
Shapley-Curtis-Debatte 458
siderische Umlaufzeit 88, 91
Siebengestirn 430
SI-Einheiten 605 f.
Signalverarbeitung 549
Silizium-Brennschale 299
Sinope 94, 124
Sirenum Fossae 107
Sirius 409, 615, 624 f.
Sirius A, B 409
Siriusbegleiter 312
SI-Sekunde 19
SI-System 605
Skalenfaktor 522
Sky-Survey 207
SMC 476
SN 1987A 298 f., 301
SN I, II 297 ff., 322
SNR 302 f.
solare Seismologie 187
solares Neutrinoproblem 183
Solarkonstante 177 f., 623, 626
solar-terrestrische Beziehungen 198
Solstitien 23
Sombrerogalaxie (-nebel) 458, 472
Sommeranfang 21
Sommersonnenwende 5, 21
Sonne 49, 177 ff., 235, 262, 402
- Aktivität 176, 187, 191 ff.
- Alter 338
- Atmosphäre 121, 179, 181, 183, 185
- Aufbau 181 ff.
- Chromosphäre 181, 184, 187 ff.
- Daten 177
- Energieerzeugung 181
- Energievorrat 337
- Eruptionen 195
- Granulation 185 f.
- häufigste Elemente 448
- Korona 172 f., 181, 184, 187 ff., 194
- Leuchtkraft 178
- Modelle 181 ff., 187
- Neutrinos 182 f.
- Photosphäre 181, 183 f., 186 f., 190

- Spektrum 178 ff.
- Strahlungsstrom 178
- Supergranulation 186
- Zustandsgrößen 177, 262
Sonnenatlas, Utrechter 179
Sonnenbeobachtung 587
Sonnendurchmesser, scheinbarer 22
Sonnenfinsternis 186 f., 190, 615
Sonnenflecken 188, 191 ff., 262
- Klassifikation 192
- Relativzahl 58, 193
- Zyklus 173, 191 f., 266
Sonnenfleckenminimum 390
Sonnenjahr 28 ff., 615
Sonnenlänge 21, 24
Sonnenscheindauer 5 f.
Sonnenstürme 587
Sonnensystem 37, 86, 90, 163
- Distanzen 100
Sonnentag 14 f., 33
Sonnenwende 23, 616
Sonnenwind 63 f., 116, 158, 176, 389, 547
Sonnenzeit 14 f.
Spallationsprodukte 168
Spaltspektrograph 572 ff., 623
Speckle-Interferometrie 256, 407, 590 f.
Spektralanalyse 225, 543, 624
Spektraldurchmusterung 231
spektrale Zerlegung 576
Spektralklasse D 312
Spektralklassen 202, 226 f., 234, 237, 250, 255, 261
Spektralklassifikation 225 ff.
Spektral-Linien 536 f.
- Verschiebung 246
Spektralsequenz 225, 227
Spektraltyp 248 f., 252, 259
Spektrographen 246, 266, 572 ff.
- fasergekoppelte 575 f.
- spaltlose 575
Spektroheliogramm 191
Spektroheliograph 587, 626
Spektrum 533 f.
Sphäre 8 f., 50 f., 405
Spiegel 548, 579 ff.
- hyperbolisch 557
- parabolisch 557
Spiegelflächen, Flächengenauigkeit 555
Spiegelteleskope 547, 553, 555
- komafreie 562 f.
- Tabelle 557 f.
Spikulen 191, 194

Spin 343
Spiralarme 426, 436 f., 440, 466
- Galaxis 386
Spiralgalaxien 435, 460, 463 ff.
- Halo 464
- interstellare Materie 464
- Rotation 442
Spiralnebel 458, 624, 628
Spiralstruktur 465
SR-veränderliche Riesen 270
SR-veränderliche Überriesen 270
SS Cygni-Sterne 275, 294
Stäbchen 566 f.
Stabilität 398
Stabilitätsgrenze 265
Standardmodell, Kosmologie 514 ff., 520
Starburst-Galaxien 488, 494
Staub 379 f.
- Impulsübertragung 377
- selektive Absorption und Emission 381
Staubanteil, interstellares Gas 375
Staubhüllen 400
Staubkondensation 384
Staubkörner 381
- Größe 375
Staubkühlung 377
Stefan-Boltzmann-Gesetz 249, 260, 514, 543
Steinheimer Becken 170 ff.
Stellarastronomie 199 ff.
Stellardynamik 243, 439
stellare Winde 265, 393
Stellarstatistik 239
Stephans Quintett 458
Stern, spektrale Gesamthelligkeit 260
Sternaggregate 395
Sternassoziationen 396, 629
Sternatmosphären 326
Sternbedeckung 257
- durch den Mond 258
Sternbilder 22, 199 ff., 267, 615 f.
Sterndurchmesser 256 ff.
Sterne 393
- Alter 338, 359 ff.
- Aufbaugleichungen 347
- Bewegung 243 ff.
- Energiebilanz 337 f.
- Energietransport 345 f.
- Entwicklungsalter 359
- innerer Aufbau 337 ff., 347 f.
- junge 352, 371

- Leuchtkraft 360
- Magnetfelder 265 f.
- magnetische 262, 266
- Masse 360
- Masseverlustraten 358
- Masseverteilungsfunktion 394
- Modellrechnungen 355
- Rotation 262, 264, 397
- Stabilität 349
- symbiotische 274, 284
- Winkeldurchmesser 256
- zeitliche Entwicklung 338
- Zustandsgrößen 249, 261, 394
Sterne mit Emissionslinien 267, 326 ff.
Sternentfernung 239 ff.
Sternentstehung 331, 335, 365, 370, 394 f., 397, 426, 440, 462
- Orte 393 f.
- Rate 254, 371
Sternentwicklung 254, 297, 352, 356, 359, 427, 440, 505
- Doppelsternsysteme 314
- Durchmischung 357
- Endstadien 314 f., 325
- Geschwindigkeiten 254
- Masseverlust 357
- Materieaustausch 357
Sternhaufen 422 f., 622 f.
- galaktische 422
- junge 361
- kugelförmige 360, 422
- Leuchtkraftfunktion und Masse 432 f.
- Massebestimmung 433
- offene 233, 360
- Parameter 423
Sternkarten 206, 616
Sternkataloge 202 f.
Sternleeren 378, 384
Sternmassen 260 f., 394 f.
Sternmaterie, physikalischer Zustand 342, 344
Sternmodelle 346 ff., 352
Sternnamen 199 ff.
Sternpopulationen 252, 443 ff.
- chemische Zusammensetzung 447
- Hertzsprung-Russell-Diagramme 447
- Leuchtkraftfunktionen 447
Sternpositionen 623
Sternschnuppen 164 f.
Sternschwingungen 278
Sternspektren 225 ff.

- zusammengesetzte 412
Sternstromparallaxe 240 f.
Sterntafeln des Anhangs 208
Sterntag 14
Sterntemperatur 235 ff., 259
Sterntypen, spezielle 267 ff.
Sternwinde 333, 384
Sternzählungen 436
Sternzeit 14, 549
Stimmgabel-Diagramm 471
Störmersche Theorie 389
Störungsrechnung 145
Störungstheorie 349
Stöße 387
Stoßwellen 190, 300, 302, 305
Strahlen-Ära 523
Strahlenoptik 531
Strahlung 346, 348, 387
- nicht-thermische 543
- thermische 543
Strahlungs-Ära 525
Strahlungsdruck 343 f.
Strahlungsempfänger 548, 566 ff.
Strahlungsfeld 513, 536
Strahlungsgürtel 389, 629
Strahlungsintensität 375
Strahlungsstrom 209 f., 236, 238, 248, 532, 611
Strahlungstemperatur 236, 260
Stratopause 7
Stratosphäre 7, 56
Streuung 59, 375
Stroemgren-System 576
Stunde 609
Stundenachse 549
Stundenwinkel 9, 549
Südliche Bonner Durchmusterung 203
Südpol, geomagnetischer 62
Südpunkt 9
Superhaufen 482
Supernova 1987A 296, 300 f.
Supernovae 274, 295 ff., 357, 384, 473
- Ausbrüche 284, 371, 391
- extragalaktische 296, 298
- galaktische, Tab. 298
- Klassifikation 297
- Lichtkurven 296
- Typ I, II 297 ff., 300
Supernova-Explosionen 355, 386 f., 604
- Mechanismen 297 ff.
- Neutrinos 603
Supernova-Überreste (SNR) 295 ff., 302 ff., 321 f.

- Krebs-ähnliche oder gefüllte 302 f.
- Röntgenemission 305, 386
- Schalen 302
Surges 195
SU Ursae Majoris-Sterne 294
SX Arietis Veränderliche 272
SX Phoenicis-Veränderliche 271
symbiotische Systeme 274, 284
Symmetrie 510
Synchrotronstrahlung 122, 303, 319 f., 489, 494, 544 f.
synodische Umlaufzeit 88, 91
Synthese-Teleskope 582
Szintillation 58, 60, 256
Szintillations-Spektrometer 603
Szintillationszähler 600, 602

T

Tag 404, 609
Tagbogen 13
Tageslänge 6
Tagundnachtgleiche 21
TAI 19
Tangentialgeschwindigkeit 244
T-Assoziationen 332, 362, 424
Tauriden 167
TD 17
Teleskop 548
Telesto 95, 131
Temperatur 227, 348, 606
- effektive 178, 184, 235, 260
- schwarze 238
Terminator 25, 74
Terrae 69, 72, 102, 105
Tethys 46, 95, 131
Tharsis Montes 109
Thebe 94, 124
Thermalisierung, Staub 375
thermische Ausdehnungskoeffizienten 555
thermische Strahlung 543
Thermoelemente 236
Thermonuclear-Runaway-Modell 291
Thermosphäre 56
Third Reference Catalogue of Bright Galaxies 458
Tierkreis 22, 87
Tierkreislicht 173 ff.
Titan 86, 95, 130 f.
Titania 95, 134
Tithonius Lacus 108
Totalitätszone 26

Totalitätszonen, Sonnenfinsternisse 29
tote Vergrößerung 553
Transmissionsgitter 575
Transpluto 138
- 1992 QB1 139
Treibhauseffekt 55 f., 100, 114
Trennungsvermögen 405 f.
Triangulumgalaxie 458, 476
Trifidnebel 204, 374
Triton 86, 95, 135
Trojaner 131, 143 f., 627
Tropopause 7
Troposphäre 56
Trübungskoeffizient 59
T Tauri-Sterne 331 ff., 394, 424
Tully-Fisher-Relation 475
Tunguska, Steinige 170
Turbulenz 60
Turmteleskope 587
Tychos Supernova-Überrest 302 f.

U

Übergangswahrscheinlichkeit 538
Überriesen 226, 231, 237, 251, 253, 255, 257, 261, 264, 271
- kühle 384
Über-Überriesen 231
UBV-Photometrie 377
UBVRI, Filter 576
UBV-System 232
U Geminorum-Sterne 294
Ultrastrahlung 388
Ultraviolettstrahlung 529
Umbra 191
Umbriel 95
Unbestimmtheits-Relation 523
Universal Time (UT) 16
Untergang 12
Untergangspunkt 5
Unterriesen 231
Unterzwerge 226, 231
Uppsala General Catalogue of Galaxies 457
Uranus 86, 132 ff., 622
Urknall 521, 524, 631
Ursa Major-Haufen 430
UT 16 f.
UTC 19
Utopia Planitia 112
UV Ceti-Sterne 276
UX Ursae Majoris-Systeme 295

V

Vakuum 521
Valles Marineris 108
Van Allen-Gürtel 63, 122, 389
Variation 66
Vedra Valles 110
Venus 86, 99 ff.
– Durchgänge 99 f.
– Leben 103
– Magnetfeld 103
– Raumsonden 100 ff.
– Vulkane 103
Veränderliche 268 ff., 274, 431
– Benennung 267
– Ellipsoidische 272
– eruptive 269, 284 ff.
– Halb- und Langperiodische 283
– Hertzsprung-Russell-Diagramm 279
– irreguläre 269
– junge irreguläre 276
– Kataklysmische 285
– nova-ähnliche 285, 295
– physische 267
– Symbiotische 420
Veränderlichen-Katalog 276 ff.
verbotene Linien 290, 297, 332, 371 f., 494
Vergangenheit 511
Verschiebungsgesetz, Wiensches 543
Verstärkung 586
Very Large Telescope (VLT) 560, 631
Very long baseline-Interferometer (VLBI) 583, 630
Verzeichnungen 566
Vielkanalplatten 599
Virginiden 167
Virgo A 458, 490
Virgo-Haufen 472, 474, 478
Virialsatz 347, 349, 479, 485
visuelle Strahlung 529
VLBI-Beobachtungen 497
Voids 482
Vor-Hauptreihensterne 267, 331 ff.
Vorsätze bei Einheiten 607
VY Sculptoris-Sterne 295

W

Wahrscheinlichkeit 510 f.
Wärmeleitung 346, 387
Wasserdampf, Bandenabsorption 541
Wasserstoff 400, 537, 628
– Brennen 341, 352 ff., 357
– Konvektionszone 356
– Schalenquelle 354
– Skalenhöhe 368
Wasserstoffatom 367
WC-Sterne 331, 358
Wega 404
Weiße Zwerge 251 f., 285 ff., 291, 300 f., 310 ff., 345 f., 357
– Dichte 262
– Endstadien der Sternentwicklung 298, 314
– Geburtsrate 314
– in Doppelstern-Systemen 313
– innerer Aufbau 313 f.
– Massegrenze 350
– Spektralklassen 312 f.
– veränderliche 272, 279
Wellen, longitudinale 532
– magneto-hydrodynamische 189, 198
– transversale 532
Wellenflächen 531
Wellenlänge 529
Wellenzahl 529
Welt 501
– Alter 502, 506
Weltbild, geozentrisches 85
– heliozentrisches 85
Welthorizont 513, 523
Weltmodell 512 ff., 522
– elliptisches 517
– hyperbolisches 517
– parabolischer Grenzfall 517
Weltradius 515
Weltzeit 16, 47
Westpunkt 5
Whirlpoolgalaxie 458
Wiechert-Gutenberg-Diskontinuität 41
Wien-Bereich 542
Wiensches Verschiebungsgesetz 543
WIMPs 517
Winkelauflösungsvermögen 553
Winkeldispersion 573
Winkelgeschwindigkeit 244
Wintersonnenwende 5, 21
Wirkungsquerschnitt 381
WN-Sterne 331, 358
Wolfe Creek 172
Wolf-Palisa-Karten 207
Wolf-Rayet-Sterne 227, 308, 327, 330 f., 358
Wolken, räumliche Verteilung 370
– Gesamtmasse 370
Wolter-Teleskop 596 ff.
W UMa-Typ 416, 422
W Virginis-Sterne 279 f., 282
– Lichtkurven 269

Z

Zählrohre 388
Zählrohrteleskope 388
Z Andromedae-Sterne 274 f.
Zapfen 566 f.
Z Camelopardalis-Sterne 294
Zeeman-Effekt 191, 265
Zeit 14, 606
Zeitdilatation 325, 507
Zeitgleichung 15 f.
Zeitmaß 12
Zeitskale, universelle kosmische 513
Zeitzonen 17 f.
Zenit 9
Zenitdistanz 9, 61
Zenitextinktion, Dunststreuung 60
– Rayleigh-Streuung 59
Zenitreduktion 58
Zentralstern 371
Zentrifugalkraft 358, 401
Zerfallsreihen 168
Zerodur 555
Zirkumpolarsterne 13
zirkumstellare Hüllen 358
– Scheiben 333
– Staubhüllen 379
Zitterbewegung 60
Zodiakallicht 141, 172 ff., 190
Zodiakus 22, 87
Zonenzeit 17
Zukunft 511
Zustandsdiagramme 249
Zustandsgleichung 344, 348 f.
Zustandsgrößen 225 ff., 237, 249 f., 254, 262, 267, 627
Zweifarbendiagramm 255 f.
Zwergcepheiden 271, 279 f., 282
Zwerge 231
Zwerggalaxien 470
Zwergnovae 274, 284 f., 294
Zwergsterne 226, 273, 485
Zwiebelschalenstruktur 341 f.
ZZ Ceti-Sterne 270, 279, 282